Encyclopädisches

Wörterbuch

der

medicinischen Wissenschaften.

Herausgegeben

von den Professoren der medicinischen Facultät zu Berlin:

D. W. H. Busch, C. F. v. Gräfe,

E. Horn, H. F. Link, J. Müller, E. Osann.

Einundzwanzigster Band.

(Lähme der Füllen — Luscitas.)

Berlin:

Verlag von Veit et Comp.

1839.

Verzeichnifs

der Herren Mitarbeiter mit der Namenchiffre:

Herr Dr. *d'Alton*, Professor zu Halle. d'A — n.
— — *v. Ammon*, Hofrath, Leibarzt und Professor zu Dresden. v. A—n.
— — *Andresse*, pract. Arzt zu Berlin. A — e.
— — *Balling*, Professor zu Würzburg. B — g.
— — *Barez*, Geheimermedicinalrath und Professor zu Berlin. B — z.
— — *Baumgärtner*, Hofrath, Professor und Director des med. Klinikums zu Freiburg. B — r.
— — *Berndt*, Geheimermedicinalrath und Professor zu Greifswald. B — dt.
— — *Burtz*, pract. Arzt zu Berlin. B — tz.
— — *Bischoff*, Professor zu Heidelberg. B — ff.
— — *Brandt*, Director des zoologischen Museums zu St. Petersburg. Br — dt.
— — *von dem Busch*, pract. Arzt zu Bremen. v. d. B — sch.
— — *Casper*, Geheimermedicinalrath und Professor zu Berlin. C — r.
— — *Ebermaier*, Kreisphysicus zu Düsseldorf. E — r.
— — *Eulenburg*, pract. Arzt zu Wriezen a. d. O. E — rg.
— — *Feist*, pract. Arzt zu Mainz. F — st.
— — *Fest*, Regimentsarzt zu Luxemburg. F — t.
— — *Fischer*, Medicinalrath in Lüneburg. F — r.
— — *Fraenzel*, Regimentsarzt zu Dresden. F — l.
— — *Froriep*, Medicinalrath und Professor zu Berlin. F — p.
— — *Geisler*, Regimentsarzt zu Lüben. Ge — r.
— — *E. Graefe*, Medicinalrath und Privatdocent zu Berlin. E. Gr—e.
— — *Grofsheim*, Regimentsarzt zu Berlin. G — m.
— — *Günther*, Medicinalrath zu Cöln. Gü — r.
— — *Gurlt*, Prof. zu Berlin. G — t.
— — *Hecker*, Professor zu Berlin. H — r.
— — *Hedenus*, pract. Arzt zu Dresden. H — s.
— — *Henle*, Privatdocent zu Berlin. H — e.
— — *Hertwig*, Professor zu Berlin. He — g.
— — *Heyfelder*, Medicinalrath zu Sigmaringen. H — der.
— — *Hohl*, Professor zu Halle. H — l.
— — *Hollstein*, pract. Arzt zu Berlin. H — n.
— — *W. Horn*, Kreisphysikus in Halberstadt. W. H — n.
— — *Hüter*, Professor zu Marburg. Hü — r.

Herr Dr. *Jacobi*, Obermedicinalrath und Director der Irrenanstalt zu Siegburg. J — i.
— — *Jessen*, Director der Irrenanstalt zu Schleswig. J — n.
— — *Klose*, Professor zu Breslau. Kl — e.
— — *v. Köhrig*, Leibarzt zu Stollberg. v. K — g.
— — *Krombholz*, Professor zu Prag. Kr — lz.
— — *Lehfeldt*, pract. Arzt zu Berlin. L — dt.
— — *Maier*, pract. Arzt zu Berlin. Ma — r.
— *R. Marchand* zu Berlin. R. M — d.
— Dr. *Michaelis*, pract. Arzt zu Berlin. M — lis.
— — *Naumann*, Professor zu Bonn. Na — n.
— — *Neumann*, Regierungsrath zu Aachen. Ne — n.
— — *Phoebus*, Privatdocent zu Berlin. Ph — s.
— — *Pockels*, Generalstabsarzt zu Braunschweig. P — s.
— — *Purkinje*, Professor zu Breslau. P — e.
— — *Ruhts*, Stabsarzt zu Berlin. R — s.
— — *Ratzeburg*, Professor zu Neustadt-Eberswalde. R — g.
— — *v. Schlechtendal*, Professor zu Halle. v. Sch — l.
— — *Schlemm*, Professor zu Berlin. S — m.
— — *Schultz*, Professor zu Berlin. C. H. S — tz.
— — *Schwann*, Professor zu Löwen. Sch — n.
— — *Seifert*, Professor zu Greifswalde. S — rt.
— — *Seiler*, Hofrath und Director zu Dresden. S — r.
— — *Siebenhaar*, Amtsarzt zu Dresden. Si — r.
— — *Ed. v. Siebold*, Professor zu Göttingen. Ed. v. S — d.
— — *Simon*, jun., pract. Arzt in Hamburg. S — n. jun.
— — *Simonson*, pract. Arzt zu Berlin. S — n.
— — *Stannius*, Professor zu Rostock. St — s.
— — *Stark*, Geheimer Hofrath und Professor zu Dresden. S — rk.
— — *Staub*, Physicus zu Bamberg. S — b.
— — *v. Stosch*, Geheimerrath, pract. u. Leibarzt zu Berlin. v. S—ch.
— — *Tott*, pract. Arzt zu Rybnik. T — tt.
— — *Troschel*, Privatdocent zu Berlin. T — l.
— — *Ullmann*, Professor zu Marburg. Ull — n.
— — *Ulsamer*, Professor zu Landshut, U — r.
— — *Valentin*, Professor zu Bern. V — n.
— — *Vetter*, pract. Arzt zu Berlin. V — r.
— — *Wagner*, Geheimermedicinalrath u. Professor zu Berlin. Wg—r.
— — *Warnatz*, pract. Arzt zu Dresden. W—tz.

Die Chiffren: B — h., v. G., H — rn., L — k., J. M — r. und O — n. zeigen die Namen der Herausgeber.

L.

LAEHME DER FUELLEN, Füllenlähme, Füllenkrankheit, Füllensucht, Gelenkkrankheit, Knochenkrankheit der Füllen, Englische Krankheit, Darrsucht, Atrophie u. s. w., ist ein eigenthümliches Leiden der Füllen, welches in den mannichfaltigsten Formen auftritt, von den Schriftstellern aber am meisten mit der englischen Krankheit der Kinder verglichen wird.

Obgleich diese Krankheit jetzt sehr häufig vorkommt, und der Pferdezucht, namentlich in den Gestüten, die gröfsten Verluste zuzieht, so findet man sie doch erst seit der letzten Hälfte des vorigen Jahrhunderts beschrieben, und Vieles über sie ist noch sehr dunkel und mangelhaft. Wahrscheinlich existirte das Uebel auch früher schon; aber der niedrige Standpunkt der Thierarzneikunde, verhinderte bis dahin seine Auffassung und Deutung als ein selbstständiges Leiden.

Die Krankheit tritt zuweilen schon einige Tage nach der Geburt ein, und hat meistens schon im Fötus begonnen; in andern Fällen findet sie sich später erst nach mehreren Wochen, und selbst nach 3—6 Monaten. Ihre Erscheinungen sind, je nachdem die Krankheit zuerst als ein inneres, oder zuerst blofs als ein äufseres örtliches Leiden hervortritt, sehr verschieden. Im letztern Falle sind die Füllen eine Zeitlang anscheinend munter; sie saugen mit Lebhaftigkeit, und scheinen auch zu gedeihen; nach einiger Zeit aber findet sich Mattigkeit und Steifigkeit im Gange, und hierauf an einem oder dem andern Fuſse, und zwar bald am Knie- oder Sprung-Gelenke, bald am Fesselgelenke, zuweilen auch am Bug- oder Hüftgelenke, seltener am Kronengelenke, eine Anschwellung, die etwas vermehrt warm, aber sehr wenig schmerzhaft ist. Die vorhandene Steiſigkeit oder Lahmheit verbreitet sich, ohne sichtbare Veranlassung, über mehrere Füſse und über noch andere als die genannten Gelenke, so daſs die Thiere zuletzt nicht mehr gehen können, sondern anhaltend liegen müssen. Selbst zum Saugen können sie nicht mehr stehen, sondern sie müssen hierzu in die Höhe gerichtet werden, wobei sie meistens die Füſse steif ausstrekken, sich aber auf dieselben nicht stützen können, sondern stark zittern und bald wieder zusammenstürzen. Im Verlaufe des Uebels finden sich nicht selten auch an anderen Stellen des Körpers, namentlich an den Sehnen, ähnliche Geschwülste. Die Anschwellungen der Gelenke entwickeln sich schnell, zuweilen schon in 12—16 Stunden zu bedeutendem Umfange; sie sind heiſs, bei der Berührung schmerzhaft, meistentheils etwas fluctuirend und enthalten eine, zuerst lymphatisch-seröse, späterhin eine übelriechende, jauchigte Flüssigkeit. In der Nähe dieser Anschwellungen entstehen oft Andere. Auch entstehen in manchen Fällen an den geschwollenen Gelenken, oder auch in den Muskeln und im Zellgewebe bedeutende Eiterabscesse, die auch zuweilen von selbst sich öffnen; in andern Fällen findet sich schnell Caries der Gelenkenden und selbst der Gelenkknorpel hinzu. Zuweilen verschwinden oder verkleinern sich die Anschwellungen, und die Thiere scheinen für eine Zeitlang wieder etwas munter; aber bald treten neue Anschwellungen an einem oder mehreren Gelenken ein, und nach mehreren solchen Abwechselungen führen sie zuletzt, fast immer an irgend einer Stelle Abscesse, Geschwüre und Caries herbei. Die Füllen liegen sich dabei an mehreren Stellen wund; sie magern sehr ab, und gehen bald langsam an einem Zehrfieber, bald mehr schnell unter anderen Erscheinungen eines inneren Leidens zu Grunde. — Das innere Leiden spricht sich ausserordentlich verschieden aus. Zuweilen äuſsert es sich gleich nach der Geburt dadurch, daſs die Füllen gar nicht im Stande sind, sich auf den Beinen in die Höhe zu richten, daſs sie brummende Laute von sich geben, den Kopf und die Füfse mehrfach wechselnd, in verschiedene ungewöhnliche Stellungen legen, oder diese Theile zwecklos bewegen, und dafs sie dann in 2, 4, 6 bis 24 Stunden sterben. In anderen Fällen stehen zwar die Füllen nach der Geburt auf, zeigen aber sehr bald Kolikschmerzen, oft mit Verstopfung, oft auch wieder mit Durchfall, bei welchem Letzterem die Excremente entweder weifs oder grau, zuweilen auch braun erscheinen; die Thiere werden schnell sehr matt, können mit dem Hintertheile nicht recht aufkommen, und bei genauer Beobachtung findet sich meist das Kapselband eines der Sprunggelenke bedeutend angefüllt. Nach Verlauf von 8 bis 12 Stunden ist auch gewöhnlich ein Vorderfufs in der Schulter oder im Fufswurzelgelenk auf dieselbe Weise ergriffen. Das Füllen mufs nun schon zum Saugen aufgehoben werden; es zeigt sich stets durstig, hat meist merkliches Fieber, sehr pochenden Herzschlag, schnellen Puls u. s. w. Endlich erfolgt Ausleerung einer Menge harten Füllenpechs und gleich darauf einer braunen, dem Kinderkoth ähnlichen Materie. Die Kolik hat ein Ende; aber die Anschwellungen der Kapselbänder sind stärker, runder geworden, und es finden sich Oedeme hinzu; das Füllen wird nur mit Mühe noch auf die Beine gebracht, folgt der Mutter halb ohnmächtig, die Augen fallen ein, das Thier legt sich für immer und stirbt mehrentheils ganz ruhig, 4—8 Tage alt; und zuweilen haben die Krankheitserscheinungen nur 24—36 Stund. gedauert. (*Träger.*) In manchen Fällen tritt Verstopfung des Leibes oder der weifse Durchfall nur vorübergehend, und ohne bedeutende andere Zufälle, gleichsam als eine gutartige Form der Krankheit ein; in andern Fällen dagegen nimmt sie die Gestalt der Hirn- oder Augen-, Lungen-, Herz-, bisweilen Bauchfell- und Darmentzündung an. In noch anderen Fällen kommen Krämpfe, selbst der Starrkrampf und andere Nervenzufälle hinzu, es treten namentlich epileptische Krämpfe, Schlafsucht und Apoplexie ein. — Manche Füllen bleiben durch 2 — 3 Monate anscheinend gesund, wechseln aber oft mit dem Appetit, zeigen etwas Gelbfärbung in der Bindehaut der Augen, gestörte Verdauung, bald mit Verstopfung, bald mit Diarrhöe. Hierzu finden sich endlich Steifigkeit oder schonender hinkender Gang in dem einen oder dem andern Fufse; es entwickeln sich die Geschwülste an den Gelenken u. s. w.

wie bereits oben angegeben. Zuletzt gehen die Thiere an einem schleichenden abzehrenden Fieber, zuweilen aber auch schnell an einem oder dem andern mehr akuten Leiden zu Grunde.

Die Section der Kadaver zeigt, bei der grofsen Verschiedenheit der Krankheit, auch sehr verschiedene pathologische Veränderungen. In dem Gehirne findet man zuweilen unter der Spinnwebenhaut, oder in den Hirnkammern Anhäufung von Serum, einzelne Partieen des Gehirns, wie namentden pons Varoli, die medulla oblongata etc. etwas mehr derb als im gesunden Zustande; zuweilen auch die Arachnoidea des Rückenmarks an verschiedenen Stellen, oft dem Sitze der vorhanden gewesenen Lähmungen entsprechend, etwas fester. An den Nerven ist nirgend etwas krankhaftes zu entdecken. Das Herz erscheint zuweilen vergröfsert und substantiell stärker, dabei etwas derber, gewöhnlich bleich, aber mit rothen Flecken in verschiedener Form und Stärke versehen. Der Herzbeutel adhärirt zuweilen dem Herzen, er ist hin und wieder blutfleckig, und enthält zuweilen eine gröfsere, als die gewöhnliche Quantität Serum. Die Arterien bieten nirgends eine mit der Krankheit in Verbinduug stehende Abnormität dar. Dagegen sind die Venen häufig, besonders im Hinterleibe, dunkler geröthet. In der Nähe der entzündeten Gelenke, und an den entzündeten Knochenflächen, war dies ganz besonders der Fall. *Träger* fand hier zuweilen Punkte und schmale Streifen, die unter dem Vergröfserungsglase wie wund erschienen. Auch glaubt derselbe in der Nähe von Abscessen oder ulcerirender Stellen zuweilen Eiter in den Venen gefunden zu haben. — Die Lungen enthalten oft bedeutende Abscesse, Vereiterungen der Bronchialdrüsen, und oft auch die Veränderungen, die sonst durch Pneumonie und Pleuresieen bewirkt werden. Zuweilen findet man sie aber auch blafs und welk. Die Leber ist fast ohne Ausnahme, ia dem einen oder dem andern krankhaften Zustande, bald sehr blafs, weifslich, bald rosaroth, schmutzig gelb, selbst schwarzgrau, oft vergröfsert, verhärtet, erweicht oder vereitert. An der Milz findet man gewöhnlich nichts Abnormes. Die Nieren dagegen sind mehrentheils vergröfsert, dabei bald sehr blafs und hart, oder mehr dunkelroth, aufgelöst, selbst mit Abscessen versehen. Hoden und Saamenstränge sind zuweilen durch und durch sulzig und blutig angeschwollen, die Häute verdickt u. s. w. Der Magen erscheint fast immer gesund; zuweilen enthält er bei Saugfüllen, die blos Muttermilch zu sich nahmen, den Käsestoff der letztern, coagulirt in einer gelblichen, bitterlichen, etwas scharf schmeckenden Flüssigkeit schwimmend. *Träger* beobachtete dies da, wo ein bisheriges Laxiren einige Zeit vor dem Tode, plötzlich inne hielt, die Thiere aber dennoch viel prefsten und drängten; er hält daher diese Erscheinung für Folge einer antiperistaltischen Bewegung. — Der Darmkanal ist bald welk, bleich, bald mit Spuren einer geringen, bald dagegen mit denen einer heftigen, brandigen Entzündung versehen. Namentlich ist die Schleimhaut der Sitz der Entzündung. Bauchfell und Gekröse sind oft unverändert, in andern Fällen theilen sie die allgemeine Entzündung der Baucheingeweide, oder sie bewirken Ausschwitzung, Pseudo-Membranen, Verwachsungen und Bauchwassersucht. Das lymphatische System bietet mannigfache Erscheinungen dar, namentlich Entzündung, Anschwellung, Verhärtung, selbst Vereiterung an verschiedenen Stellen. Die Gekrös- und Bronchialdrüsen stehen hierin auffallend voran; doch finden sich dergleichen Veränderungen auch an andern Stellen des Körpers. Die Anschwellungen der Drüsen variiren von der Gröfse einer Haselnufs bis zu der eines Kinderkopfes. — Die Gelenke mit ihren Ligamenten, die Sehnen, Sehnenscheiden, sehnigen Ausbreitungen, die Knochen und Knochenhaut, zeigen verschiedene Grade von Röthung und Injection, von Verdickung und Ausschwitzung bis zu brandig blaurother Färbung, oft auch Eiterung und Verjauchung. Die Deckhaut ist mit den sulzigen Massen der Gelenke fest verbunden; zuweilen liegen die Abscesse nahe unter der Haut, zuweilen aber bespült der Eiter die Haut und die Gelenkflächen zugleich; zuweilen ist das Gelenk noch geschlossen, aber im Innern trocken, oder entgegengesetzt, die Kapsel ist mehr oder weniger ausgedehnt, durch trübe, bald der Synovia, bald dem Eiter ähnliche Flüssigkeit. Dabei können die Gelenkflächen des Knochens normal beschaffen sein, mitunter erscheinen sie aber blau-schwärzlich, wie von Stockflecken durchdrungen. Spaltet man die Knochen, so sieht man die aufgetriebenen Gelenkansätze stark mit Blut unterlaufen;

auch sind die Gelenkansätze zuweilen von den Mittelstücken getrennt. Unter den sehnigen Ausbreitungen zeigen sich häufig bedeutende jauchige, oder sulzige Ablagerungen, an denen die Muskeln zuweilen Theil nehmen; die letztern enthalten auch zuweilen Abscesse.

Die Ursachen der Füllenkrankheit müssen wohl weniger in unmittelbarer Beziehung auf die Füllen selbst, als vielmehr in Beziehung auf die Eltern derselben, und hauptsächlich in Hinsicht der Mutterstuten betrachtet werden. Denn alle Umstände deuten mit der gröfsten Bestimmtheit darauf hin: dafs die Füllenlähme ihren Ursprung schon in dem Foetalzustande der betreffenden Thiere nimmt, und dafs sie sehr oft ein von der Mutter ererbtes Leiden ist. *Träger* hat diese Ansicht, aufser anderen Gründen auch durch die dem ausgebreiteten Erscheinen der Krankheit fast immer vorhergehenden häufigen Fehlgeburten, und durch die eigene Beschaffenheit der Eihäute bei diesen und bei vielen anderen Geburten, (zu frühzeitige Lostrennung des Chorions) sehr überzeugend bestätiget. — Die Gelegenheits-Ursachen sind bis jetzt noch fast gänzlich unbekannt. Man hat zwar fehlerhafte, auch zu reichliche, wie zu wenige Nahrung, kaltes Getränk, Mangel an Bewegung, so wie entgegengesetzt zu viele Bewegung, nafskalte, rauhe, wechselnde Witterung u. dgl. in einzelnen Fällen beschuldigt; die Erfahrung zeigt jedoch in anderen Fällen, dafs diese Ursachen nicht zugegen waren, und dennoch das Uebel entstand. Am meisten constant hat sich die nafskalte, wechselnde, zu rheumatischen und catarrhalischen Leiden disponirende Witterung nachtheilig gezeigt. Wahrscheinlich ist auch häufig eine eigenthümliche, nicht näher nachzuweisende atmosphärische Constitution, ein Miasma im Spiele. Aufserdem scheint auch die Constitution und Race der Thiere, namentlich die durch Kreuzung von sehr edlen und von gemeinen Pferden entstandene gemischte Körperconstitution häufig eine Prädisposition zu dieser Krankheit zu bedingen. Gewifs ist es, dafs eine solche Disposition in manchen Stuten, und ebenso in manchen Hengsten vorhanden ist; denn genaue Beobachtungen in Gestüten beweisen, dafs oft in mehr als drei Generationen, der gröfste Theil der Nachkommen von solchen Pferden an der Füllenlähme zu Grunde geht, obgleich das ganze diätetische Verhalten solcher Stuten und ihrer Füllen in jeder Hinsicht höchst sorgfältig und zweckmäfsig ausgeführt wird.

Die Ansichten über das Wesen der Füllenlähme sind bis jetzt nur verschiedene Deutungen und Analogieen. Fast allgemein hat man das Uebel mit der Skrophelkrankheit, und mit der Rhachitis der Kinder für identisch gehalten. Nach *Träger* ist es aber im Wesentlichen ein Entzündungszuständ des Organismus, als Reaction auf ein überwiegend venös gewordenes Blut, und ein Entzündungszustand dieses venösen Blutes selbst, oder eine allgemein entzündliche Venosität, die den Katarrh, mehr aber den Rheumatismus im erdenklich weitesten, wie im engsten Sinne darstellt und durch ihre örtlichen Affectionen das lymphatische Drüsensystem, und zwar vorzugsweise das gastrische, durch die ganze Scala der Entartungen führt. — Nach dieser Grundansicht lassen sich allerdings die meisten Erscheinungen auf eine befriedigende Weise deuten, und eben so läfst sich einigermaafsen eine entsprechende Behandlung hierauf gründen.

Die Prognosis ist nach den übereinstimmenden Beobachtungen der Thierärzte, fast immer ganz ungünstig; bei dem acuten Verlauf tödtet die Krankheit, wie oben angedeutet, nicht selten in Zeit von 12 Stunden bis zu 2, 3 Tagen, ohne dafs es gelingt, durch Heilmittel einen günstigeren Ausgang zu erzwingen; bei dem chronischen Verlauf führt sie durch schleichende Zerstörung innerer Organe, oder der Gelenke u. s. w., oder auch durch Auszehrung, ebenfalls häufig den Tod herbei. Einige Hoffnung zur Wiederherstellung besteht nur da, wo das ergriffene Thier kräftig, und schon einige Wochen alt, die Krankheit frisch entstanden, zum langsamen Verlaufe neigend, fast allein als äufserliches Uebel auftritt, wenigstens ohne auffallendes Mitleiden innerer Organe besteht, und wo die äufseren Umstände für die Genesung günstig sind. In letzterer Hinsicht ist es namentlich von Bedeutung, ob eine gleichmäfsig warme und trockene Witterung durch längere Zeit herrschend ist, oder ob entgegengesetzte Witterungsverhältnisse bestehen. Eben so ist es bei der Prognosis sehr wichtig, ob bereits frühere Füllen, die von derselben Mutter oder von demselben Vater abstammen, von der Krankheit ergriffen worden sind. Denn im letztern Falle ist die Prognosis, bei der wahrscheinlich sehr tief wurzelnden ererbten Disposition zu dem Uebel, sehr ungünstig. — Selbst da, wo die schwer krank gewesenen Füllen eine bedeutende Besserung ihres Zustandes zeigen, darf man eine günstige Prognosis mit Bestimmtheit niemals aussprechen, weil eine solche scheinbare Genesung in den meisten Fällen sehr täuschend ist, indem nach den bisherigen Beobachtungen die meisten von dergleichen Füllen, früher oder später doch wieder in die Krankheit zurückfallen und derselben erliegen, oder auch langsam verkümmern. Die meiste Gefahr entsteht unter solchen Umständen da, wo die vorhandenen Anschwellungen oder Abscesse der Gelenke plötzlich verschwinden; denn hier tritt fast immer ein metastatisches, schnell tödtendes Entzündungsleiden der Brust- oder Baucheingeweide ein.

Die Prophylaxis ist bei dieser Krankheit eine sehr schwierige Aufgabe, weil sie theils gegen einen unsichtbaren Feind gerichtet ist, theils auch grofse Geldopfer erfordern kann. Nach der bisherigen Kenntnifs des Uebels mufs die Hauptrücksicht bei der Verhütung desselben mehr auf die Aeltern des Füllens, als auf das Letztere selbst genommen werden, und namentlich hat man bei den erstern darauf zu sehen, ob 1) eine Stute mehrentheils Füllen zur Welt bringt, die an irgend einer hierher gehörigen Krankheitsform leiden oder sterben; 2) ob an einem und demselben Orte die Krankheit unter verschiedenen Formen fast alljährlich mehr oder minder bedeutend vorkommt, und 3) ob die Füllenlähme an einem Orte, der sie sonst nicht kannte, oder wo sie nur zuweilen sporadisch auftrat, in immer kürzern Zwischenzeiten und häufiger erscheint, als sonst. In diesen drei Punkten wird das vorherrschende individuelle (sporadische), das epizootische und das enzootische Causalverhältnifs der Krankheit berücksichtigt.

Im Allgemeinen mufs bei der Prophylaxis die über das Wesen der Krankheit von *Träger* ausgesprochene Ansicht über eine vorwaltende Venosität wieder zur Basis dienen. Dem gemäfs wendet man, neben einer mäfsigen Fütterung der Stuten mit gesunden Nahrungsmitteln, neben reiner Luft und Trockenheit in den Ställen, und angemessener Bewegung in freier Luft, hauptsächlich die gelind laxirenden Neutral- und Mittelsalze in kleinen Gaben an, etwa täglich eine halbe Unze. Aufserdem empfiehlt *Träger* in der zweiten Hälfte der Tragezeit, der Stute alle 4 Wochen eine mäfsig wirkende Aloe-Purganz zu geben. Kommt es nun zur Abfohlung und erscheint die Krankheit unter den Füllen, so tritt ein streng diätetisch-medicinisches Regimen allgemein ein; die Mütter erhalten reichliche Salzgaben, nur ein Drittheil ihrer Körnerration, wenig oder gar kein Heu, oder dasselbe mit Sommerstroh gemengt; den Füllen, die es nehmen wollen, giebt man im Futter oder Getränk etwas Glaubersalz, Salpeter oder Kochsalz. Drohen Fehlgeburten, so kann man aufserdem den Stuten noch Aderlässe, ihrer Konstitution entsprechend, machen. Bei schon etwas kräftigeren Fohlen kann man bei eintretender Störung der Verdauung, und zwar bei Diarrhöe, bittere Mittel mit absorbirenden Mitteln, und selbst die Aloe in kleinen Gaben, bei Verstopfung aber die Salze in gröfseren Gaben, und in Verbindung mit bitteren Mitteln geben. In den oben bezeichneten Fällen der erstern Art mufs man, wenn die prophylactische Behandlung nichts fruchtet, lieber die betreffende Stute von der Zucht ausschliefsen. — In Fällen der zweiten und dritten Art mufs man, aufser der unmittelbaren Einwirkung auf die Mutterthiere, auch noch alle übrigen Einflüsse, die in der Localität, in der Beschaffenheit der Weiden u. s. w. begründet sein können, umzuändern suchen, so dafs sie der oben angedeuteten Ansicht mehr entsprechend wirken.

Die Cur der Füllenlähme mufs ebenfalls der ausgesprochenen Grundansicht entsprechen. Dem gemäfs steht nach *Träger*, an der Spitze aller Heilmittel, der Aderlafs, welcher, wenn er zeitig, ergiebig und schnell auf einander folgend, in Anwendung gebracht wird, häufig einen sehr guten Erfolg herbei führt. Ist jedoch die Krankheit schnell zu einem deutlich ausgebildeten Grade gediehen, und in demselben über 24 Stunden vorhanden, so leistet er nicht mehr Alles, doch aber oft noch das Beste. *Träger* empfiehlt aufserdem da, wo die Krankheit minder bedeutend auftritt, und wo man im Zweifel ist, ob man Blut entziehen soll oder nicht, den Akonit, in Form der Tinctur zu 5 — 10 Tropfen, täglich 2 — 3 Mal zu geben, und wo vorzugsweise gastrische Mifsverhältnisse bestehen, die Bryonia, ebenfalls in der Tinctur zu 8 — 12 Tropfen. In den Fällen, wo nervöse Zufälle, epileptische Erscheinungen und Tetanus bestehen, ist die Aloë zu 5—10 Gran, und nach Umständen wiederholt, nützlich gewesen; und da, wo acute Wasserergiefsung im Gehirn und Rückenmark sich zu bilden scheinen, bei Drehen nach einer Seite, bei dem Ueberbiegen des Kopfes nach rückwärts, bei Schlafsucht etc., soll die Belladonna, das Calomel, die Digitalis, das Chlorwasser etc. sich nützlich gezeigt haben. Der Brechweinstein hat sich, sowohl in den ersten Anfällen, wie auch da, wo bereits entzündliche, innere Leiden, oder wo rheumatische Steifigkeit und selbst, wo bereits Gelenkgeschwülste bestanden, bei meinen Beobachtungen über diese Krankheit wirksamer gezeigt, als jedes andere Arzneimittel; man giebt ihn, je nach der Constitution und Gröfse des Füllens, zu 3—10 Gran täglich 3 Mal. Andere rühmen bei der mehr vorgerückten Krankheit das Calomel zu 3 Gran, Goldschwefel zu 6 Gran, mit bittern und bitter-aromatischen Mitteln. Auch die Thierkohle, das Jod u. dgl. den Ernährungs-Prozefs umstimmende Mittel, können bei diesem langsamen Verlaufe des Uebels zur Anwendung kommen. — Aeufserlich werden bei bestehender Diarrhöe Einreibungen von Kampherspiritus, oder von Terpenthinöl mit Lein- oder Baumöl angewendet; ähnliche Einreibungen oder aromatische Bähungen kann man bei lähmungsartigen Zufällen an den leidenden Theilen anbringen. Auf die entzündeten Anschwellungen der Gelenke, soll man nach *Straufs* anhaltend kalte Umschläge machen, nach *Dieterichs* die graue Mercurialsalbe einreiben. Abscesse und Knochengeschwüre werden nach allgemeinen Regeln behandelt.

Literatur:

Brugnone, von der Zucht der Pferde, Esel und Maulthiere, und von d. gewöhnlichsten Gestütskrankheiten. Aus dem Italien. von *Fechner*. Wien 1790. — *Tscheulin*, Kunst, die Ausschlags- und Abzehrungskrankheiten der Hausthiere zu erkennen. — *Dieterichs*, Gestüt- und Züchtungskunde. Berlin 1824. — Desselben Handb. der spez. Pathologie und Therapie. Berlin 1828. S. 446. — *Roupp*, Observations de paralysie dans les poulains. (Recueil de méd. vétér. 1825, p. 295). — *Bénard*, mémoire sur plusieurs maladies des poulains, inflammation des articulations. (Recueil 1828, p. 144.) — N. N. Preisschrift üb. d. Fohlensucht; in *v. Hochstetter's*, Zeitschr. f. Gestüte u. Reitbahnen. Jahrg. I. (1830). Heft 1 u. 2. — *Straufs*, die Darrsucht der Füllen u. ihre symptomat. Gelenkentzündungen. Wien 1831. — *Träger*,

Th. Die Füllenkrankheiten, ein Handbuch f. Thierärzte und grössere Züchter. Weimar, 1839. He — g.

LAEHME DER KAELBER, Kälberlähme (Rhachitis vitulorum, *Veith*), ist eine, der Füllenlähme höchst ähnliche und ebenfalls erst in der neueren Zeit mehr beobachtete Krankheit der Kälber. Es gilt im Wesentlichen alles, von der Füllenlähme Angegebene vergleichungsweise auch hier. Siehe: *Veith*, Handbuch der Veterinärkunde, Bd. 2. 3. Aufl. S. 599. — *Wirth*, Versuch einer Beantwortung d. Preisfrage über d. Kälberlähme, im Archiv f. Thierheilk. Bd. IV. Zürich 1829. — Encyclopädie d. gesammten Pferde- und Rindviehheilkunde von *Rychner* und *Im-Thurn*. Bd. 3. S. 343. — *Rychner*, Bujatrik. Bern 1835. He — g.

LAEHME DER LAEMMER, Lämmerlähme, Starrkrampf der Lämmer, Tetanus agnorum, *Hofacker*). Diese Krankheit, welche vorzugsweise die Mennos-Lämmer in den ersten 4 — 6 Wochen ihres Lebens befällt, ist in neuerer Zeit sehr häufig vorgekommen, und hat in vielen Schäfereien einen nicht geringen Theil der Lämmer weggerafft. In den älteren thierärztlichen und landwirthschaftlichen Schriften finden sich nur höchst dürftige Andeutungen in Bezug auf sie, und in den meisten ist sie gar nicht erwähnt. Sie giebt sich durch folgende Merkmahle zu erkennen: die von der Krankheit ergriffenen Lämmer folgen ihren Müttern nur langsam, stehen mehr oder weniger traurig, springen nicht mehr munter umher, liegen viel und, ihr Gang zeigt etwas gespanntes. Diesem Zustande, der als Vorbote der Krankheit zu betrachten ist, folgt bald ein wirkliches Lahmgehen, das sich entweder über alle vier Schenkel zugleich, bald aber auch nur über die hintern oder vordern erstreckt; in einzelnen Fällen auch wohl nur auf einen Schenkel beschränkt bleibt. Sind alle vier Füfse ergriffen, so liegen die Kranken fast beständig, und wenn sie aufstehen oder dazu veranlafst werden, fürchten sie das Niederlegen, und zaudern lange, ehe sie es thun. Bei weiterem Fortschreiten des Uebels können sie sich nicht mehr allein erheben, und eben so wenig auf den Beinen erhalten. In diesem Falle ist in der Regel der Hals mit ergriffen, das Genick wird steif, und die Kranken sind unvermögend unter der Mutter zu saugen; leiden gleichzeitig Lippen,

Zunge und Schlundkopf mit, so können sie gar nicht mehr saugen, und es tritt dann leicht förmliche Lähmung des Schlundkopfes hinzu, wodurch, da alles Zusichnehmen von Nahrungsmitteln aufhört, die jungen Thiere dem Tode sehr bald verfallen. Das Mitergriffensein der Zunge und des Schlundkopfes giebt sich durch ein Speicheln zu erkennen, und es dringt zwischen den Lippen ein Schaum hervor.

Nicht so heftig tritt die Krankheit auf, wenn sich die Lähme blofs auf die vordern oder hintern Fxtremitäten beschränkt; die Kranken können alsdann noch besser gehen, und sich länger auf den Beinen erhalten; jedoch gesellen sich im weitern Verlaufe, im ersten Falle leicht die vorhin beschriebenen Zufälle hinzu, so wie im letztern oft Lähmung des ganzen Hintertheils erfolgt, in welchem Falle dieses, welches bis dahin nur ein Schwanken zeigte, ganz nachgeschleppt wird.

Ist nur ein Bein ergriffen, so bemerkt man aufser einem Hinken auf demselben, und einiger Niedergeschlagenheit des Thieres, keine auffallenden Symptome; wird aber die nöthige Hülfe verabsäumt, so pflegt es zu geschehen, dafs bald darauf noch ein Bein ergriffen wird, und dann die Krankheit ganz den Verlauf nimmt, wie bei den vorhin beschriebenen Zuständen; auch geschieht es wohl, dafs das Lahmen auf dem zuerst ergriffenen Schenkel aufhört, und auf einen andern übergeht.

In den meisten Fällen bilden sich im Verlaufe der Krankheit Geschwülste aus, die an den Gelenken oder in der Nähe derselben vorzukommen pflegen, später (wenn die Thiere nicht schon früher sterben,) oft in Eiterung übergehen, üble Geschwüre bilden und fast immer der Krankheit einen tödtlichen Ausgang geben. In andern Fällen gehen die Geschwülste dem sichtbaren Lahmen vorher.

Neben genannten Zeichen leiden die Kranken auch an Appetitlosigkeit und bald an Verstopfung bald auch an Durchfällen, bei welchen zuerst gelbe, dann schwarze Exkremente abgehen, und die Thiere in Zeit von 6—8 Tagen, nach dem ersten Eintritt des Uebels sterben. Manche Lämmer zeigen auch Aufgetriebenheit und eine zusammengekrümmte Haltung des Leibes; die meisten magern sehr ab.

Die Krankheit erscheint am gewöhnlichsten gegen Ende

des Winters und hört bei beginnendem Weidegange in der Regel wieder auf. Sie befällt meistens die zuletzt gebornen Lämmer und verschont oft diejenigen, die schon einige Wochen alt sind; nur selten wird die ganze Nachzucht von ihr ergriffen; unveredelte Heerden leiden weniger als veredelte, und bei dem Bauernviehe beobachtet man die Krankheit sehr selten.

Die Section der Cadaver zeigt, aufser den Anschwellungen oder den Geschwüren der Gelenke, nur hochrothe Flecke und Streifen an den Gedärmen und am Gekröse; einige Klumpen einer butterähnlichen Substanz im vierten Magen und im Duodenum; Leere des übrigen Darmkanals, etwas Auftreibung desselben durch Luft; alle übrige Organe normal.

Die Ursachen dieser Krankheit werden sehr verschieden angegeben. Einige leiten sie von der Muttermilch, Andere von dem guten Genährtsein der Mütter her; von vielen werden wieder gewisse Futterarten, als Roggen, Wicken, unverdünnte Branntweinsschlampe etc., so wie schlechte und verdorbene Futterstoffe, als: saure Weide, saures Heu, multrig riechendes und schimmliges Heu, erfrorne Kartoffeln etc. angeklagt. Alle diese Umstände, so wie die zu späte Herbstweide, können zwar zur prädisponirenden Ursache der Lämmerlähme werden, allein das häufig erfolgte plötzliche Eintreten der Krankheit so wie auch genaue Beobachtungen haben gelehrt, dafs vorher gegangene Erkältung der Thiere die Krankheit ins Dasein rufe, und dafs obige Ursachen nur von Einflufs auf den Charakter und den Verlaufe derselben sind.

Die Prophylaxis verlangt, diesen Ursachen entsprechend, zunächst ein Verhalten der Lämmer und ihrer Mütter, welches sie gegen Erkältungen jeglicher Art schützt, so wie auch Vermeidung jeder anderweitigen von den genannten Ursachen, wodurch den Lämmern eine gröfsere Disposition zu der Krankheit verliehen wird. Das Austreiben säugender Mütter bei kaltem und regnigem Wetter, jede Zugluft im Stalle, welche durch unzweckmäfsig angebrachte Fenster bei geöffneten Thüren leicht veranlafst wird, sind vorzugsweise als höchst schädlich zu betrachten, und deshalb zu vermeiden.

Ist die Krankheit ausgebrochen, und ist das Futter in solchem Falle zu nahrhaft oder tadelnswerth, so mufs hierin unverzüglich eine Aenderung getroffen werden. Zweckmäfsig ist es alsdann auch, den Müttern während der Krankheitsdauer ab und zu eine Lecke aus Glaubersalz, oder aus Kochsalz, Wachholderbeeren und Wermuth zu reichen, welches um so nothwendiger wird, wenn ein Futterwechsel grofser Umstände wegen nicht gut möglich zu machen ist.

Kur. Sobald man die ersten Spuren der Krankheit bemerkt, werden den betreffenden Lämmern unverzüglich Haarseile gezogen, die aus doppeltem Wollgarn mit Terpenthinöl getränkt bestehen, und zwar, wenn die Lähme sich auf die Vorderschenkel beschränkt, auf beide Schultern, und wenn nur das Hintertheil davon ergriffen auf beide Hüften; leiden aber alle vier Schenkel, so werden vorn und hinten an den genannten Stellen Haarseile gezogen; so wie es hingegen nur eines Haarseils bedarf, wenn ein Schenkel leidet. Man zieht die Haarseile nicht unmittelbar über die Schulter- und Hüftgelenke, sondern nur in deren Nähe, nicht über 2 Zoll lang, und vermeidet dabei in die Muskelsubstanz zu dringen; am besten geschieht dies mit einer Sonde, die mit einem Nadelloche versehen ist, indem die Haut der jungen Lämmer nur locker sitzt, und sich die Sonde deshalb leicht unter derselben einschieben läfst. — Gleich nach der Application der Haarseile wird, wo Verstopfung des Leibes besteht, ein Klystir aus warmen Wasser, in dem etwas Salz gelöst, gegeben; bei Durchfällen sind schleimige Klystire mit Chamillenthee zu appliciren. Diese Klystire sind während der Krankheitsdauer zu wiederholen. Eine gewöhnliche Wundspritze ist zur Application grofs genug.

Innerlich bekömmt jedes der erkrankten Lämmer, nach Verhältnifs der Gröfse und des Alters, 2—3 Gran Brechweinstein, mit einer Tasse Fliederblumenthee auf 4 Mal in 24 Stunden ein. Diese Dosis kann ganz oder zur Hälfte, wenn es nöthig erscheint, am 2ten oder 3. Tage wiederholt werden. Man hüte sich aber, eine gröfsere Dosis Brechweinstein, oder ihn anhaltend zu geben, weil dieses leicht nachtheilige Folgen hat. Sind Durchfälle zugegen, so wird der Brechweinstein nur von 2—3 Gran, und mit einem Thee aus Wermuthkraut und Chamillenblumen bereitet gegeben; bei grofser Schwäche der Kranken mit einem Zusatze von Pfeffermünze und Camphor.

Nächst der innerlichen Behandlung mufs man auch die äufserliche nicht verabsäumen, und diese ist unerläfslich, wenn Geschwülste vorkommen. Bei frühzeitigem Ziehen der Haarseile treten sie in der Regel zwar nicht mehr ein, und wenn sie noch nicht bedeutend waren, so pflegen sie nach solchen sich zu verlieren. Reibungen der Schenkel mit einem wollenen Lappen, auf dem etwas abgeriebener Camphor gestreut, oder Einreibungen von Camphorspiritus, leisten in solchen Fällen die besten Dienste. Brechen die Geschwülste auf, so mufs man für Reinigung der Geschwüre sorgen, und dieselben mit einer Mischung von Enzianwurzel- und Myrrhenpulver zu gleichen Theilen bestreuen, auch ist ein Zusatz von Camphorpulver zweckmäfsig. Nehmen aber die Geschwüre einen üblen fauligen Charakter an, welches alle Mal geschieht, wenn die Kranken àn heftigen Durchfällen leiden, so richtet die Kunst nichts mehr aus, und die Thiere sterben jedenfalls, weshalb bei einem solchen Zustande jede Behandlung als nutzlos ausgesetzt wird.

Da, wo Verstopfungen vorhanden sind, oder überhaupt auch der Mist mit Beschwerde und hart abgesetzt wird, ist es zweckmäfsig, den Müttern der kranken Lämmer 3 bis 4 Loth Glaubersalz in Wasser gelöst, innerlich zu geben.

Ein glücklicher Erfolg der angegebenen Behandlung läfst sich aber nur dann erwarten, wenn neben dieser ein gutes diätetisches Verhalten nicht aufser Acht gelassen wird, und den Kranken jene sorgsame Pflege und Wartung wird, wie sie es gerade in dieser Krankheit bedürfen. Durch das Lahmen sind die Lämmer nicht nur verhindert, ihren Müttern gehörig zu folgen, sondern das Saugen wird ihnen auch sehr beschwerlich, in einzelnen Fällen sogar unmöglich; deshalb ist es eines der ersten Erfordernisse, die Kranken mehrere Male des Tages saugen zu lassen, wobei man den Müttern eine solche Lage auf dem Rücken giebt, dafs das Junge zum Euter kann, und wo es wegen Lähmung der Lippen nicht mehr saugen kann, mufs ihm die Milch eingemelkt werden. Fehlt es der Mutter an Milch, so mufs durch zweckmäfsige Auswahl eines andern Mutterschafes dem Kranken zu Hülfe gekommen werden. Um das Geschäft zu erleichtern, müssen die Kranken mit ihren Müttern allein in einen Verschlag gestellt werden. Bei Verabsäumung genannter Vorsicht sterben die Lämmer oft mehr in Folge des Verhungerns, als in Folge der Krankheit selbst. Zu dem Orte, wohin man die Kranken placirt, mufs eine warme, von aller Zugluft freie Stelle im Stalle ausgesucht werden.

Literatur:

Hofacker, Lehrbuch über d. gewöhnl. allgem. Krankheiten des Pferdes u. s. w. Tübing. 1823. S. 180. — *Stoerig*, in d. Möglinschen Annalen, Band X. Stück 2. — Derselbe, Beschreibung sieben verwandter Krankheiten etc. Berlin. — *André*, ökonom. Neuigkeiten, 1818. S. 575, 1819. Beilage Nr. 5. — *Dieterichs*, Handbuch d. spez. Pathologie und Therapie. Berl. 1828. S. 331. — *Veith*, Handbuch d. Veterinärkunde. 3. Aufl. 2 Bd. S. 719. — *v. Monteton*, Preisschrift üb. zwei der wichtigsten Lämmerkrankheiten etc. Potsdam 1833.

He — g.

LAEHMUNG, (paralysis *Graec.* im Allgemeinen, resolutio nervorum *Cels.*), nennen wir im weitesten Wortverstande, eine Beschaffenheit bewegender oder empfindender Organe, in welcher diese zur Ausführung ihrer Verrichtungen aus einem inneren Grunde unfähig geworden sind, so wie den hieraus hervorgehenden Zustand der Bewegungs- und Empfindungslosigkeit.

In diesem allgemeinsten Sinne wird jedoch Vieles in das Reich der Lähmungen hineingezogen, das man gewöhnlich von ganz anderer Seite her betrachtet. Die Bewegungen im Organismus sind von sehr verschiedener Art, und wir müssen uns erst über das verständigen, was, für den Begriff der Lähmung, als bewegendes Organ zu betrachten ist, ehe wir den Ersteren, zur Bezeichnung einer eigenen Classe pathologischer Erscheinungen benutzen können.

Die neueste Physiologie lehrt uns, dafs es zwei verschiedene Arten lebendiger Bewegungen in den festen Theilen giebt: diejenige sich zusammenziehender Fasern, und diejenigen flimmernder Wimpern. Von der letzteren wissen wir nur, dafs sie sich in grofser Selbstständigkeit und Unabhängigkeit von allem Demjenigen behauptet, was wir als einflufsreich für die contractile Faser erkannt haben, und es ist bisher noch nicht möglich gewesen, die Erscheinungen der Flimmerbewegung in einen deutlichen Zusammenhang mit der Pathologie zu bringen. Von den contractilen Fasern ist es dagegen bekannt, dafs sie sich im Wesentlichen aus zwei durchaus entgegengegengesetzten Ursachen zusammenziehen: entweder nämlich, nachdem und weil sie mechanisch ausgedehnt worden waren, oder weil ein Reiz auf sie wirkte.

Die Eigenschaft, sich in Folge mechanischer Ausdehnung zusammenzuziehen, sobald die ausdehnende Ursache aufhört, kömmt mehr oder weniger allen festen Theilen zu, tritt aber in besonderer Bedeutung in der elastischen Faser hervor. Den Grund dieser Eigenschaft haben wir (vorzugsweise?), in der chemisch-atomistischen Beschaffenheit des elastischen Gewebes zu suchen. Die Aufhebung derselben, kann also in gleichem Maafse, nur aus einer Veränderung dieser Beschaffenheit hervor gehen. Die auf solche Weise aufgehobene Bewegung, beruht auf dem Verluste der Bewegungsfähigkeit in den zu bewegenden Organen, nicht aber auf Zerstörung der bewegenden Ursache; sie gehört also nicht in das Gebiet der Lähmung.

Die Frage, ob das elastische Gewebe noch in Folge anderer Ursachen, als einer mechanischen Ausdehnung — ob es namentlich vermöge dynamischer Reize sich bewegen könne, ist allerdings eine sehr streitige, und somit auch die Untersuchung, ob es eine Lähmung des organischen Gewebes gebe, nicht wohl zum Schlusse zu bringen. Gewifs ist, dafs die vermittelst des elastischen Gewebes bewegten Flüssigkeiten, in Folge örtlicher Reizungen, ihre Bewegungen abändern, bald beschleunigen, bald vermindern; und da wir einen physicalischen Grund dieser Thatsache nicht aufzufinden vermögen, noch irgend wie voraussetzen können, so müssen wir nothwendig einen vitalen annehmen: eine Veränderung in der Wirkung der bewegenden Ursache, die, wenn sie mit Aufhebung der Bewegung verknüpft ist, zwar den Namen der Lähmung erhalten kann, aber doch nur unter der Voraussetzung, dafs nicht die Aufhebung der Bewegung von einer anderen, stärkeren, vitalen Gegenwirkung herrühre. In diesem letzteren Falle befindet sich z. B. das Phänomen der entzündlichen Stockung. Wenn der Entzündungsreiz dieses Aufhören der Blutbewegungen hervorgebracht hat, so konnte dies sowohl geschehen, indem er die Zusammenziehungsfähigkeit, vermöge deren die Gefäfshäute ihren Inhalt weiter treiben, aufhob, als auch, indem er eine stärker wirkende Ursache erzeugte, wodurch der mechanisch dem Blute mitgetheilte Impuls überwunden wurde; Letzteres ist aus vielen Gründen wahrscheinlicher als Ersteres; aber es läfst sich doch nicht läugnen, dafs manche Vorgänge, wie z. B. die Verengerung der Gefäfse, als erste Folge der Reizung, einen unmittelbaren Einflufs auf die contractilen Fasern anzudeuten scheinen, dessen Ursache man nicht wohl in etwas anderem, als in der Wirkung organischer Nervenfasern suchen kann.

Es ist demnach möglich, dafs bei den Nerventhieren die Schwächungen und Aufhebungen des Ernährungsprocesses vielfach, und nicht blos indirect auf einer Zerstörung des innervirenden Princips beruhen, und daher die hier obwaltenden Hemmungen der Bewegung, den Namen der Lähmungen verdienen. Die Pathologie bietet uns viele, mit mehr oder weniger deutlichem Bewufstsein auf diese Ansicht begründete Erklärungen von krankhaften Processen dar.

Wenn wir die Ansicht festhalten, welche auf wohlbeobachtete Thatsachen begründet, kaum einen Zweifel zuläfst, dafs nämlich alle organischen Verrichtungen, Bildungen und Absonderungen, unter dem Einflusse des organischen Nervensystems stehen, so läfst sich auch überall Aufhebung dieses Nerveneinflufses, als eine der möglichen Ursachen der aufgehobenen Bewegungen zum Zwecke solcher Productionen denken, und wir können also diejenigen Schwächungen in den organischen Thätigkeiten, welche keine andere unmittelbare Veranlassung deutlich zeigen, als Lähmungen darstellen. Eben so mögen wir dann gewisse Zustände der festen Theile, worin sie in Ausübung ihrer Verrichtungen, in ihrem Widerstande gegen das Durchdringen der flüssigen Stoffe u. s. w. geschwächt werden, in Abwesenheit physicalischer Ursachen, auf Schwächung der innervirenden Kraft, und in letzter Instanz auf Lähmung zurückführen, da es dann immer das Nervensystem ist, welches jenen organischen Einflufs verloren hat: die Bewegungen der vitalen Verrichtungen regelmäfsig, und in hinreichender Stärke zu veranlassen und zu unterhalten.

Die Schriftsteller pflegen schlechthin zu sagen, dafs man von Lähmung secernirender Organe nicht sprechen dürfe; dafs es nicht erlaubt sei, eine durch Schwäche der Innervation, oder mechanische Kränkung des Nerven aufgehobene

Nierenabsonderung auf Lähmung dieses Organs zurückzuführen; und sie stützen sich hierbei auf eine willkürlich in der Definition gebildete Einseitigkeit, als könne nämlich Lähmung nur im animalischen Systeme obwalten. So eigenthümlich aber auch die Anordnung und Verflechtung des rythmisch und periodisch bewegenden Nervensystems ist, so sehr es, durch die Dauer seiner Ladungsfähigkeit, durch seine daherrührende gröfsere Unabhängigkeit von den Centralorganen, und durch andere bekannte Eigenschaften, sich von den Nerven des willkürlichen Lebens unterscheidet, so wenig ist man berechtigt, den Einflufs, welchen es auf die Bewegungen übt, bei der Lehre von der Lähmung ganz zu übersehen: um so mehr, weil es auch in dem Falle einer Lähmung im willkürlichen Systeme von Wichtigkeit ist, zu unterscheiden, wie sich die Ernährungsbewegungen in dem gelähmten Theile verhalten. Beschränkt man den Begriff der Lähmung lediglich auf das System der willkürlichen Bewegungen, so ist es auch nicht erlaubt, von Lähmungen des Darmkanals, der Harnblase oder des Herzens zu sprechen, und wir würden genöthigt sein, für den aufgehobenen Nerveneinflufs auf diese und andere vitale Verrichtungen, einen neuen Namen zu ersinnen, ohne dafs wir damit einen neuen Begriff verbinden dürften. Die Erklärungen, welche wir uns von den Wirkungen der Narcotica, von den Gegenreizen, von vicariirenden Absonderungen, und von dem Einfluss dynamischer und physikalischer Reize auf die secretiven Thätigkeiten und die Verrichtungen der Ernährung machen, würden auf solche Weise aufser Zusammenhang gesetzt werden mit den allgemeinen Lehren und Gesetzen der Physiologie, und insbesondere mit der für die Pathologie nie genug zu würdigenden Lehre von der Reizung.

Denn in der That ist Lähmung nichts, als eine Unempfindlichkeit gegen den Reiz, eine Störung der Impressibilität in den organischen Theilen, und somit ein Zustand, dessen bedingende Momente der mannigfaltigsten Art sein können, während er selbst immer als aufgehobene Thätigkeit zur Erscheinung kömmt.

Die Lähmung ist also ein Symptom, und in diesem Sinne ist sie auch von den Alten aufgefafst worden. Sie bildet keine abgeschlossene Form des Krankseins, noch bedingt sie an sich irgend einen anderen Vorgang der Erkrankung oder Zustand des Krankseins, als denjenigen, welcher aus der aufgehobenen Verrichtung hervorgeht. Sie ist bald Aufhebung des Ernährungsprocesses oder der Verrichtungen der vegetativen Organe in Folge aufgehobener (oder geschwächter) Innervation, bald eben solche Störung im Empfindungs- und Bewegungsleben, zuletzt auch im Sinnesleben und Bewufstsein.

Die nächste Ursache solcher Erscheinung ist immer und nothwendig Aufhebung (oder intensive Schwächung) des Nerveneinflusses, auf die bewegenden oder empfindenden Verrichtungen der Theile. Ohne eine solche Aufhebung kann keine Lähmung gedacht werden; aber es ist nicht nöthig, dafs dabei das Nervensystem irgend eine pathologische Veränderungen eingegang sei; denn der Einflufs dieses Systems kann gehemmt und aufgehoben werden, ohne dafs es für sich selbst krankhaft umgebildet oder zerstört wird.

Der Lähmung entspricht in dieser allgemeinsten Anschauung die erregende und reizende Behandlung; aber in Bezug auf ihre Ursachen, kann sie Gegenstand der mannigfaltigsten Heilmethoden werden. Abgesehen von dem ursächlichen Momente, haben wir aber insbesondere zwei Arten von Einflüssen hervorzuheben, die überall bei Lähmungen zunächst Berücksichtigung verdienen: den directen und den Gegenreiz.

Der directe Reiz ist entweder ein allgemeiner, durch den man überall im Bereiche des Nervensystems verwandte Erscheinungen hervorruft; dahin gehören die physicalischen Einflüsse des Mechanismus und Chemismus; oder er ist ein specifischer, insofern er der Verrichtung des gelähmten Organs entspricht, und dahin gehören der Einflufs des Willens auf die Bewegung der animalischen, der der Leidenschaften auf die Zusammenziehung der organischen Bewegungsfasern, die verschiedenen Empfindungsreize für das Gefühl und die Sinne, als solche angewendet, und der Einflufs des Bewufstseins auf ihre Wahrnehmung (Aufmerksamkeit), die bestimmte Beziehung der Medicamente zu einzelnen Organen oder Organensystemen (Nervina, Alterantia, Diuretica, u. s. w.), endlich aber das Nervenfluidum oder die Nervenkraft selbst, insofern sie, bei nicht vollständig aufgehobener Einströmung oder Leitung, sich allmälig zu einem höheren Grade der Erregbarkeit wieder anhäuft. —

Schwäche, Lähmung, Krampf und Erethismus (im weitesten Sinne erhöhte Empfindlichkeit, wozu dann alle Hallucinationen, Schmerzen und krankhafte, subjective Sinnesthätigkeiten gehören) sind die Formen, in denen ein geminderter, aufgehobener oder perverser Nerveneinflufs sich ausspricht. Die nahe Verwandschaft aller dieser Zustände unter einander geht zur Genüge aus den betreffenden, pathologischen Erscheinungen hervor. Sie können, nach den Gesetzen der Neurostatik, bald auf die kleinsten Theile beschränkt, bald anf grofse Particen verbreitet sein; sie können nur eine Seite der Nerventhätigkeit — nur das organische, das motorische oder sensible System, nur das höhere Bewufstsein ergreifen, oder gleichzeitig in mehreren oder allen diesen Sphären obwalten. Es ist aber die im Nervensysteme selbst beruhende Ursache solcher Erscheinungen immer an einem Orte zu suchen, welcher dem Centralorgane näher liegt, als der krankhaft ergriffene.

Die im Obigen ausgesprochene Deutung der Lähmungen scheint mir die einzige Art, diese Phänomene auf eine, dem physiologischen Begriffe vom Nerveneinflusse entsprechende Weise in der Pathologie aufzufassen, und den naturgemäfsen Zusammenhang, einerseits zwischen Krampf, Neurose und Lähmung, andererseits aber auch zwischen dieser und der Entzündung in ihrem Ausgange in vollkommene Lähmung aller sensiblen, motorischen und vegetativen Verrichtungen, das heifst in den Brand, festzuhalten.

Wenn man hiergegen einwendet, dafs die Erscheinungen verminderter oder aufgehobener Thätigkeit in den für die Bildung und Erhaltung specifischer Structur und Mischung bestimmten Organen nicht selten ganz deutlich auf Ursachen beruhen, welche in ihrer materiellen Wirkungskraft die Nothwendigkeit eines vom Nervensysteme vermittelten Centraleinflusses nicht vorauszusetzen scheinen, so wird hiermit die ziemlich unfruchtbare Fehde über das Primäre und Secundäre des Einflusses von Nerv, Blut und Substanz, oder gar nur von beiden Ersteren, zu leicht angeregt, als dafs wir nicht hier darüber möglichst hinweggehen sollten. Soviel bleibt jedoch zuzugeben, dafs jede, die vegetativen Thätigkeiten im

Organismus verändernde Ursache ein allgemeines, dynamisches Resultat erst haben kann, wenn sie irgend eine Veränderung in dem Nervensysteme und dem Standpuncte der Innervation hervorgebracht hat; eine Wahrheit, welche sich aus allen Erscheinungen des Nervenlebens und Nerveneinflusses ergiebt, und der man die Versuche mit Giften bei durchschnittenen Nerven und unverletzten Gefäfsen selbst dann noch nicht mit Erfolg würde entgegenstellen können, wenn man jede Möglichkeit erhaltener, organischer Nervenfasern für die vegetative Verrichtung beseitigt hätte. Denn es ist hinreichend erwiesen, dafs die Innervation in den Nerven nach der Trennung vom Centralorgane um so später entweicht, je unabhängiger die Nervenverrichtungen überhaupt vom fortdauernden Einflufs des Letzteren werden, und je länger die Perioden zwischen den Ladungen durch das Nervenprincip sein können; dergestalt, dafs man niemals wird beweisen können, dafs die Verrichtungen der Aufsaugung nicht auch nach der Trennung vom Organismus durch den Einflufs organischer Nervenfasern bedingt werden sollten.

Diese und ähnliche Betrachtungen, welche allerdings berechtigen, das Gebiet der Lähmung überall hin auszudehnen, wo erlaubt ist von Schwäche zu sprechen, heben damit die wichtigeren Unterschiede nicht auf, welche uns veranlassen, bei den verschiedensten, hierhergehörigen Krankheitsformen das Gemeinsame der in der Innervation begründeten Abweichung zu übersehen; eine empirische Auffassung des qualitativ Verschiedenen ist, gegenüber diesen quantitativen Bestimmungen, immer noch unerläfslich, da wir so wenig im Stande sind, die zwischen beiden gewifs bestehenden Beziehungen und ihr Endverhältnifs zu der beherrschten Materie zu erkennen und festzusetzen.

Es dürfte jedoch nicht ganz ohne Nutzen sein, an jenen Umstand erinnert zu haben, wenn man bedenkt, in welchem Grade auch die Therapie zuletzt wieder auf Berücksichtigung so allgemeiner Indicationen angewiesen ist, als sie aus der Ansicht von der wesentlichen Theilnahme des organischen Nervensystems an den Krankheiten des vegetativen Lebens hervorgehen müssen, und wenn man bedenkt, seit wie kurzer Zeit die Skoliosis aus dem Gebiete einer fast mechanischen Abweichung in das eines Leidens aus Lähmung hinübergeführt worden ist, so läfst sich die Möglichkeit einer umfassenderen Anwendung derselben Principien in der Pathologie weder leugnen noch hinwegwünschen, wenn man die Fruchtbarkeit der gewonnenen Ergebnisse bedenkt.

In dem gebräuchlichen, engeren Sinne der Neueren bezeichnet Lähmung lediglich eine Krankheit aus aufgehobener Verrichtung im animalischen Nervensysteme. Bei den Alten war die Bedeutung des Wortes paralysis zum Theil noch eingeschränkter, als selbst dieser engere Begriff. Der Verfasser des untergeschobenen Hippokratischen Briefes an den König *Perdikkas* bezeichnet sie nur als ein aus dem Herabsteigen kalter und roher Feuchtigkeit aus dem Gehirne entstandenes Leiden des Auges, eines Theiles der Lippen, des ganzen oder halben Gesichts. Apoplexia, dialysis, paralysis, paraplegia oder paraplexia und paresis, waren bei den Alten ihrer Bedeutung nach sehr unbestimmt gebrauchte Namen; doch bezog sich apoplexia nach *Celsus* auf die allgemeine, paralysis auf die Lähmung einzelner Theile, später aber ward beiden Arten der Name paralysis gegeben. Paresis und paralysis werden von *Hippokrates* gleichbedeutend gesetzt (Epid. 4.), und nach *Aretäus* bezeichnen alle angeführten Worte ein Schwinden (ἔκλειψις) des Gefühls, oder der Bewegung, oder beider zugleich; paraplegia sei eine paresis (Lähmung) der Bewegung und Empfindung in einem einzelnen Gliede; paralysis bezeichne die blofse Lähmung der Bewegung, und so bezeichnet sie auch *Galen* (loc. affect. 1., 30.). Nach des Letzteren Aussage nannte *Hippokrates* die aus einer Apoplexie entstandenen Paralysen einzelner Theile Paraplegieen (Comment. in epid. 2.); er selbst aber nennt (loc. affect. 4., und def. med.) Paraplegie die halbseitige Lähmung, zum Unterschiede von der vollständigen, der Apoplexie. Hemiplegie ist ein jüngeres Wort für Paraplegie in diesem Sinne (*Paul Aegin.* 3., 18.). Zu gleicher Zeit wurde die Paresis als Lähmung aller oder einzelner Theile des Körpers bei unverletzten Geistesverrichtungen dargestellt (*Paul Aegin.* l. c.), und mit diesem Worte z. B. die aus Durchschneidung des motorischen Nerven entstehende Lähmung bezeichnet.

Ueber alles dieses geben die Alten und ihre Commentatoren einen Aufschlufs, welcher im Ganzen nur beweist, dafs man sich um strenge Sonderung jener Namen und Begriffe keineswegces ängstlich bekümmerte, wenn auch hier und da gewisse Unterscheidungen vorübergehend aufgestellt wurden. Wir sind auch noch gegenwärtig nicht über eine gewisse Verwechselung der, ihrer ursprünglichen Bedeutung überhaupt mehr oder minder entfremdeten Benennungen hinaus. So finden wir z. B. das Wort paresis beim *Aretäus* ausdrücklich auf die Lähmung der Blase bezogen, während man jetzt diesen Ausdruck gewöhnlich für einen geringeren Grad der Lähmung (Paralysis) setzt, die Lähmung der unteren Theile (mit Einschlufs der Blase) aber als Paraplegie bezeichnet. Andere nennen nun wieder die zitternde Lähmung der Glieder, z. B. bei der Colica pictonum Paresis.

Phänomenologie der Lähmung. Die Aufhebung der Verrichtung, welche das Resultat der aufgehobenen Innervation ist, thut sich, je nach den ursächlichen Momenten, bald plötzlich, bald allmälig kund. Wenn ein Muskelnerv durchschnitten ist, so vermögen Reizungen des Muskels noch eine kurze Zeit hindurch Bewegungen in demselben hervorzubringen, und wir dürfen, weil diese Bewegungen auf Reizungen folgen, auch eine gewisse Fortdauer der Empfindlichkeit voraussetzen, so lange, bis die innervirenden Kräfte erloschen sind. Der Gesammtorganismus aber ist, vom Augenblicke der Trennung an, ohne Empfindung von dem getrennten Theile und ohne Einflufs auf dessen Bewegungen; die Durchschneidung des Nervens hebt also die Empfindlichkeit und die Verrichtung des Muskels binnen eines gewissen, kurzen Zeitraumes, das Bewufstsein von beiden aber und die Möglichkeit sie zu erneuen unmittelbar auf. Der Zustand des Muskels jenseit der Durchschnittstelle des Nerven ist vollkommene Lähmung aller Verrichtungen, die von diesem Nerven abhingen. Diese Lähmung verwandelt sich in eine unvollkommene, wenn im Nerven auf die bekannte Weise durch Coalition eine unvollständige Leitung hergestellt wird.

Ein gedrückter Nerv erregt das Gefühl von Taubheit, Kitzel und unvollkommener Willkür der Bewegungen; diese Zustände gehen allmählig in Lähmung über, gewöhnlich indem sie von schmerzhaften Zusammenziehungen unterbrochen werden. Die Temperatur des Theils vermindert sich in der Regel, sein Gewebe wird geschwächt. So entsteht die Lähmung aus mechanischen Beschränkungen der Thätigkeit einzelner Nerven, durch Druck von Geschwülsten, Excrescenzen, Aneurysmen, durch Zerrung der Nerven oder gewaltsame Quetschung.

Je mehr Nervenfasern auf diese Weise in ihrer Verbindung mit dem Ganzen gehemmt werden, um so allgemeiner tritt die Lähmung auf. Finden ähnliche Ursachen, wie die genannten mechanischen, oder Blutüberfüllungen, Austretungen von Serum und Vermehrung der eiweifsstoffigen Rükkenmarksflüssigkeit, Verhärtungen der Dura mater, Bildung von Knoten, oder was immer sonst beschränkend und hemmend auf die Leitung des Nervenfluidums einwirken kann, im Rückenmarke Statt, so entwickelt sich, wenn diese Ursachen allmälig einwirken, eine von unten nach oben aufsteigende Unempfindlichkeit und Unbeweglichkeit, so dafs zuerst die am weitesten unterhalb der betroffenen Stelle gelegenen Nervenenden ihrer normalen Innervation beraubt werden, die Zehen ihr Gefühl und ihre Beweglichkeit verlieren, der Tritt unsicher wird, und der Fufs, wegen der verschiedenen Empfindlichkeit seiner Sohle, nicht mehr gleichzeitig, sondern mit der Ferse zuerst aufgesetzt wird. Die höher gelegenen Theile sind taub, kalt, die Glieder schlafen leicht ein; am Schwersten wird, sie nach der Ruhe in Bewegung zu setzen. Die Theile, welche der willkührlichen Bewegung und normalen Empfindlichkeit beraubt sind, bleiben dann dennoch mehr oder weniger den Zusammenziehungen und Schmerzen unterworfen, ehe die Nerventhätigkeit ganz erloschen ist. Es scheint also, und für gewisse Hirntheile ist es erwiesen, dafs Nervenfasern, welche nicht mehr im Stande sind, Willenseinflüsse und Empfindungseindrücke zu leiten, doch noch eine Leitungsfähigkeit für diejenigen Zustände besitzen, welche offenbar stärkere Reizungen voraussetzen, d. h. für den Schmerz und Krampf; ein Phänomen, das beiläufig ziemlich lebhaft gegen ein materielles Nervenfluidum spricht.

Es giebt kaum zureichende Zeichen, um Lähmungen, welche vom Drucke auf einzelne Nerven oder auf das Rükkenmark, von materiellen Veränderungen in diesen Theilen, oder von einem anzunehmenden Erlöschen ihrer Lebensthätigkeit ausgehen, von solchen zu unterscheiden, deren Ursache höher hinauf im Gehirne und verlängerten Marke gesetzt werden mufs. In vielen Fällen belehrt erst die Leichenöffnung über den Sitz der Ursache; in nicht wenigen bleibt auch sie ohne Resultat. Die allgemeine Ausbreitung des Leidens über ganze Particen ergiebt freilich den Schlufs auf Affection an oder oberhalb der, diese Partieen mit Nerven versorgenden Centralstellen; aber dies ist nur eine sehr unbestimmte Feststellung, theils, weil man aus ihr nicht im Stande ist, zu bestimmen, wie weit hinauf der Sitz der Veränderung zu suchen ist, theils weil es allerdings auch Lähmungen giebt, die eine peripherische Ursache zu haben scheinen, wenn man von dem Leiden der organischen Nerven absieht, das ihnen zum Grunde liegt. Die Innervationsfähigkeit ist dann nicht erloschen, also Lähmung im wahren Sinne auch nicht anzunehmen; aber die Substanz hat das Vermögen, innervirt zu werden, durch eine Veränderung in ihrer Ernährung eingebüfst, und das relative Ergebnifs, die Erscheinung, bleibt dieselbe. Dieser Fall zeichnet sich zwar in der Regel durch gewisse Beschränkungen der Gefäfsthätigkeit aus, insofern Verschliefsungen, Verknöcherungen u. s. w. der Gefäfse Ursache der motorischen Lähmung sind; dessenungeachtet ist er an Symptomen oft anderen Lähmungen ganz ähnlich, und durch nichts Wesentliches von ihnen verschieden. Als Zeichen, dafs die Lähmung ihren Sitz im Rückenmark habe, giebt man im Allgemeinen eine Empfindlichkeit einzelner Stellen, z. B. bei der Berührung mit einem heifsen Schwamme, einen höheren Grad von Muskelreizung, Krampf, Convulsionen oder auch hartnäckige Contractur, Ameisenlaufen und Anästhäsie als Vorläufer an. Auch bemerkt *Todd* mit einigem Rechte, dafs gerade in diesen Fällen das Leiden der Bewegung und Empfindung sich am Häufigsten und Strengsten scheide; jedoch ist dies auch bei Organen der Fall, deren Innervirung vom Gehirne und verlängerten Marke ausgeht, wie bei den Gesichtsmuskeln und der Zunge. Was ferner das tiefere Sinken der Temperatur bei Lähmungen betrifft, die vom Rückenmarke ausgehen, so ist dieses Zeichen weder deutlich noch beständig genug, um als Solches zu gelten. Die Angabe *Mitscherlich's d. j.* und

Kriemer's, dafs der Urin bei Lähmungen, so vom Rückenmarke ausgehen, alkalisch reagire, ist ebenfalls noch zweifelhaft, verdient aber gewifs Berücksichtigung.

Die sich allmählig entwickelnde Lähmung, welche von einem Leiden des Centralorgans herrührt, bildet oft das einzige Symptom des die Verrichtung jenes Organes beschränkenden Grundleidens. In dieser Beziehung ist es von Wichtigkeit, dafs man die centrale Ursache des Phänomens nicht unterhalb der Nervenausgänge des gelähmten Theils suchen kann, dafs keine Verletzung des Rückenmarks an und für sich eine Lähmung der Gesichtsmuskeln, keine Gewaltthat gegen den unteren Theil desselben eine Unbeweglichkeit der oberen Glieder herbeiführen kann. Wie hoch aber über dem gelähmten Theile der eigentliche locus affectus liege, läfst sich keinesweges aus dem Character der Lähmnng bestimmen, obwohl man aus anderen Symptomen auf diesen oder jenen Ort des Grundleidens schliefsen darf. Eine allgemeine Lähmung läfst zwar auf eine allgemeine Ursache schliefsen; dennoch ist es ebensowohl möglich, dafs eine Veränderung des Rückenmarkes in weiter Ausdehnung das Hauptmoment bei der Lähmung abgebe, als dafs dieses in einer krankhaften Affection des Gehirns, oder etwa, wie *Portal* will, in einer Verengerung des Hinterhauptsloches u. dgl. bestehe. Bedeutende Affectionen des grofsen, und selbst des kleinen Gehirns, können Statt finden, ohne dafs nothwendig Lähmung eintritt; und wenn sie eintritt, braucht sie deshalb noch nicht allgemein zu sein. Jedoch giebt es gewisse Maxime der Affection, wie auch Centraltheile im Gehirn, die wahrscheinlich immer allgemeine Lähmung herbeiführen, wenn sie bis zu einem stärkeren Grade verhärtet, gedrückt und selbst erweicht sind. Die Erweichung der Nervensubstanz kann einen hohen Grad erreichen, ehe sie totale Lähmung hervorruft. Dieser Zustand stimmt noch am meisten mit Unbeschränktheit der Verrichtungen in den nicht zerstörten Fasern zusammen. Nach *Foville* und *Pinel* soll die Lähmung der oberen Gliedmafsen im Sehhügel, die der unteren im gestreiften Körper Störungen voraussetzen, die Hemiplegie also eine gleichzeitige Affection Beider sein, wenn sie überhaupt vom Gehirne ausgeht. Die Lähmung, welche mit Apoplexie in Verbindung steht, läfst immer auf ein Leiden des Gehirns schliefsen, selbst wo die Letztere auf die Erstere folgt. Sie ist in diesem Falle beinahe immer ziemlich ausgebreitet, und besonders durch die Plötzlichkeit ihres Auftretens charakterisirt. Soporöse Affectionen, heftige Kopfschmerzen, Convulsionen, epileptische Zufälle, lassen, wenn sie der Lähmung vorangingen, auf Druck, Erweichung oder Verhärtung der Hirnsubstanz schliefsen; für den Druck ist insbesondere der plötzliche Verlust des Bewufstseins wichtig, wo keine wahre Apoplexie eintritt, wo gleichzeitig die Lähmung sich nur nach und nach entwickelt, während die Zufälle von plötzlicher Unbesinnlichkeit sich mehrfach wiederholen. Fällt dabei das Augenlid vor, oder wird die Zunge gelähmt, oder der Mund verzogen, so darf man nur den Ursprüngen des Facialis nachgehen, um den ungefähren Sitz der Affection zu bemerken. Mit der Lähmung der Zunge verbindet sich auch wohl immer Gedächtnifsschwächung. Für die Lähmungen im Rückenmarke ist zu bemerken, dafs keine Affection der oberen Glieder von einem Leiden des unteren Theiles herrühren kann, dafs eine lähmende Ursache unter dem vierten Halsnerven den Zwerchfellnerven ungelähmt läfst u. s. w.

Die Lähmung, welche ihren Sitz nur an einer Seite des Körpers hat, hat gewöhnlich ihren Ursprung, wenn er über der Med. oblonga liegt, an der, der gelähmten entgegengesetzten Seite im Centralnervensystem, vor der Kreuzung der Fasern. Wie oben bemerkt, ist es bei der halbseitigen Lähmung (Hemiplegie) vorzugsweise eine Affection der Corpora striata und des Sehnhügels, die man sehr häufig mit derselben zusammen beobachtet hat, und die mit wenigen Ausnahmen stets die der Lähmung entgegengesetzte Seite betraf. Dasselbe ist auch mit den Gesichtsmuskeln der Fall, obgleich ihre Ursprünge sich nicht offenbar kreuzen, und wenigstens gröfstentheils vor der Kreuzung der Fasern in den Pyramiden abgehen. Dennoch hat ein Extravasat in der einen Halbkugel auch hier fast immer die Lähmung der entgegengesetzten Seite des Gesichts zur Folge. Schon *Morgagni* hat die Bemerkung gemacht, dafs die Vertheilung der Gefäfse in den gestreiften Körpern und Sehhügeln der Grund der dort so häufig bei der Apoplexie und Lähmung aufzufindenden Extravasate sei, die unter 15 Fällen 10 Mal auf der rechten, 3 Mal auf der linken, und 2 Mal auf beiden Seiten gefunden wurden.

Wenn die Muskelapparate einer gelähmten und ungelähmten Partie mit einander im Zusammenhange stehen, so ist eine ungleiche Wirkung, und demnächst die Contractur derselben an der ungelähmten Seite natürliche Folge. Dies ist der Fall bei der halbseitigen Lähmung der Gesichtsmuskeln, wo Auge, Nase und Mundwinkel der Richtung der noch innervirten Muskeln folgen, während die Spitze der Zunge, wegen stärkerer Wirkung der Muskeln auf ihre Wurzel nach der gelähmten Seite gerichtet ist. Die Lähmung oder lähmungsartige Schwäche der Rücken- und Brustmuskeln begründet Verkrümmungen nach der entgegengesetzten Seite, und dasselbe ist mit den Beckenmuskeln der Fall. Auch das Collum obstipum tritt als Folge partieller, seitlicher Lähmung, oder doch immer ihr analoger Schwäche auf.

Je länger eine Lähmung anhält, und je höher hinauf im Centralsysteme ihr ursächliches Moment zu suchen ist, um so leichter werden gleichzeitig die vitalen Verrichtungen mit beschränkt. In vielen Fällen findet sich wahre Atrophie ein, in anderen vermindert sich wenigstens der Umfang des Gliedes, die gesunde Farbe und Temperatur der Haut. Der Puls erhält sich am längsten ungestört, während er bei Lähmungen, die im Ernährungsleben entstehen, die eintretenden Veränderungen im Gefäfssysteme durch sein Schwächerwerden ziemlich früh ankündigt.

Die Lähmungen werden der Form nach in Lähmungen der Empfindung (Anästhesieen) und der Bewegung (Paralysen im engeren Sinne, Akinesieen) unterschieden. Die ersteren sind entweder Lähmungen der Sinneswerkzeuge, und diese bilden also die vier Formen der paralytischen Amaurosis, Kophosis, Ageustie, Anosmie oder Lähmungen des Allgemeingefühls, Anästhesieen, wozu, insofern der Tastsinn nur durch das Organ modificirtes Allgemeingefühl ist, auch die Gefühllosigkeit der Hand gehört. Die Aufhebung einer Sinnesverrichtung kann auf zweierlei Weise geschehen, entweder durch Zerstörung des zur Verrichtung nothwendigen, eigenthümlichen Organes, oder durch Aufhebung der Wirkungsfähigkeit des Nerven. Die letzteren Fälle gehören, genau genommen, alle in das Gebiet der Lähmung, das heifst der Aufhebung einer bestimmten Verbindungsfähigkeit zwischen dem Sinnesorgane und dem Bewufstsein; jedoch unterscheidet man hier diejenigen Zustände, wo die Verrichtung des Nerven durch Veränderungen in seiner Structur oder seiner Textur, oder immaterielle Abweichungen u. s. w. aufgehoben ist, von denen, wo sie durch irgend eine, im Centralsysteme liegende Ursache, durch Congestion (Blutdruck), Ergiefsung, durch allgemeine Schwäche oder organische Veränderungen der oben erwähnten Art, bald vorübergehend, oder doch, nach unseren Einsichten, nicht ganz nothwendig, nur deuteropathisch, bald für immer gestört ist. In diesem Falle sind auch die subjectiven Sinnesthätigkeiten verschwunden, welche dagegen fortdauern, wenn noch ein oberer Theil der Primitivfasern nicht ergriffen ist, und die sich dann oft bemerklich machen.

Die Anästhesie, als über die ganze Oberfläche verbreitete Lähmung der Empfindlichkeit, ist eine seltene Form, die jedoch nach den von *Andral* und *Ollivier* mitgetheilten Beobachtungen wohl vorkommt. In dem von *Andral* erwähnten Falle entstand zuerst Blindheit, dann Taubheit, und zuletzt vollkommene, allgemeine Gefühllosigkeit, mit Ausnahme eines kleinen Flecks auf der Wange, durch welchen man sich, indem man darauf schrieb, dem Kranken verständlich machen konnte. Erst später trat auch Akinesis hinzu, und der Kranke starb an Decubitus. Oertliche Anästhesieen sind häufiger. Sie sind bald über die halbe Seite des Körpers ausgebreitet, bald auf einzelne Theile, das halbe Gesicht, die Hand, ja auf ganz einzelne Flecke der Haut beschränkt. Sie geht dann nicht immer durch die ganze Substanz hindurch, wie dies bei verbreiteteren Anästhasieen ganzer Theile der Fall ist. So wird z. B. ein Theil nicht allein unterhalb einer Narbe unempfindlich, sondern es kann sich auch dieser Zustand nach oben hin verbreiten, und ein mehr oder minder ausgedehntes Stück der Hautfläche befallen. Dieser Mangel an Empfindlichkeit ist bisweilen kaum krankhaft zu nennen, da er sich der natürlichen Empfindungslosigkeit kleiner, nicht innervirter Hautstrecken, z. B. auf dem Rücken oder der Aufsenseite der Schenkel, nähert. Man findet bisweilen Personen, die sich Nadeln und dergleichen tief in die Haut stechen, ohne Schmerz dabei zu fühlen; sie suchen aber dann eben die unempfindlichen Stellen aus, und vermeiden die benachbarten Partieen wo Nerven laufen. Die Anästhesie nach Durchschneidung einzelner Nerven kommt besonders häufig an den Fingerspitzen vor. Wenn sie unvollkommen ist, so wird sie durch ein kitzelndes Gefühl in der Tiefe, durch Formicationen und Ziehen im Verlaufe des Nerven lästig. Auf ähnliche Weise beginnen nun auch oft Empfindungslosigkeiten gröfserer Körpertheile, über welche wir viele interessante Daten besitzen. Die Empfindungslosigkeit im Gesichte beruht auf einem Leiden des fünften Nervenpaars in seinen Ursprüngen oder Verzweigungen; und man kann aus der Allgemeinheit oder Beschränkung der Anästhesie auf das Ergriffensein der Ursprungsstellen oder blofs der Zweige schliefsen. *Romberg* hat hierüber eine Reihe von Beobachtungen mitgetheilt, die vieles Licht auf den Gegenstand geworfen haben. Die Ephem. Nat. Cur. Cent. II. Obs. 196. erzählen einen Fall von Lähmung, wo auf der einen Körperseite das Gefühl, auf der anderen die Bewegung verschwunden war. — Ein Kranker, welcher binnen 8 Monaten zwei Mal paralytisch geworden, habe das erste Mal das Gefühl vollständig, die Bewegung theilweise eingebüfst. Das zweite Mal geschah ihm das Gegentheil.

Der Verlust des Gefühls ist ein Leiden, das nicht ohne Gefahren für das Individuum ist, welches anscheinend durch denselben über alle Widerwärtigkeiten hinweggesetzt wird. Ein Glied, welches man brennen, stechen und schneiden kann, ohne dafs dadurch eine Thätigkeit des Bewufstseins erregt würde, steht nicht mehr unter dem Schutze des animalischen Systems; es führt weder selbst autonomische Bewegungen aus, um sich Gefahren zu entziehen, noch reizt es andere Theile zu solchen. Wir haben Gefühl in den Füssen, um beim Treten zu empfinden, wohin wir den Fufs setzen, und die Anästhesie, welche so häufig Paraplegieen einleitet, wird dadurch schon im Anfange so lästig, dafs sie Stolpern, ungleiche Schritte und häufiges Fallen erzeugt.

Die Unempfindlichkeit ist nicht blofs auf Haut und Muskeln beschränkt; sie kann sich auch über die Schleimhaut ausdehnen, wie man dies sowohl an der Zunge und dem inneren Theil der Wange, als an der Nase, der Bindehaut des Auges, dem Mastdarme und der Harnröhre beobachtet hat.

Ein Fall der letzteren Art wird von *Broughton* erzählt. Die nach Genesung von einer Paraplegie entstandene Anästhesie in der Haut der Nates, des Perinäums, des Penis und Obertheils der Schenkel verbreitete sich fast über die ganze Schleimhaut der Harn- und Geschlechtswerkzeuge, so dafs der Kranke das Einbringen eines Catheters nicht spürte, und Erection, Ejaculation und Urinentleerung unbemerkt vor sich ging.

Es braucht kaum erwähnt zu werden, dafs ein anästhetischer Theil dennoch schmerzen kann; nicht in Folge äufserer Eindrücke auf ihn selbst, sondern in Folge der Erregung der empfindenden Primitivfasern oberhalb der gelähmten Stelle, weil, wie aus den Gesetzen der Nervenleitung hervorgeht, die Erregung des Primitivfadens die Vorstellung erregt, welche seinem peripherischen Ende eingeboren ist (vgl. *Müller's* Phys. I. 675.).

Die Empfindungslosigkeit kann offenbar ganz auf ähnliche Weise vertheilt sein, wie die Bewegungslosigkeit und die folgenden Unterscheidungen der Acinesis, lassen sich daher auch auf sie anwenden, obgleich man, wegen der selteneren Beobachtungen, sie meist nur im Allgemeinen als Paralysen, mit besonderer Rücksicht auf das verlorene Bewegungsvermögen, aufgezählt hat (vgl. Anaesthesie).

Die halbseitige Lähmung der Bewegung, Hemiplegie, besteht in einer, die Mittellinie des Körpers zur Grenze habenden Aufhebung der motorischen Thätigkeit einer, und zwar vorzugsweise häufig der linken Seite. Selten ist die Empfindung ganz ungestört; auch die Ernährung scheint meist beeinträchtigt. Das Leiden entsteht am häufigsten plötzlich; aber es kann auch in verschiedenen Absätzen, gleichsam stofsweise, sich ausbilden, so dafs z. B. zuerst das Gesicht, dann Arm und Fufs gelähmt wird. Von ihr ist die sogenannte gekreuzte Lähmung (paralysis cruciāta) unterschieden, welche die obere Extremität der einen, und die untere der entgegengesetzten Seite befällt. Es wird schwer sein, sich das neurostatische Verhältnifs des letzteren Vorganges mit Deutlichkeit zu entziffern; was dagegen die reine Hemiplegie betrifft, so erklärt die Affection der entgegengesetzten Hirnhemisphäre vor der Kreuzung oder ausgedehnter Particen des oberen Theiles des Rückenmarks derselben Seite hinreichend

die

die Unmöglichkeit der motorischen und sensiblen Innervation in der ganzen Ausbreitung der vom Locus affectus ausgehenden Primitivfasern.

Paraplegie nennt man die Lähmung der unteren Extremitäten, mit Einschlufs der halbwillkührlich bewegbaren Muskeln des Mastdarms und der Blase. Sie begründet sich meist auf eine Affection des unteren Theils des Rückenmarks von der Gegend am letzten Brustwirbel abwärts, und die gewöhnlichste Form ist eine Ueberfüllung dieses Organs mit venösem Blute, daher diese Krankheit in so naher Beziehung zu den Leiden der erhöhten Venosität steht. Warum der untere Theil des Rückenmarks vorzugsweise zum Sitze solcher Ueberfüllungen werde, läfst sich wohl aus der überhaupt jenen Regionen des Körpers entsprechenden, vorherrschend venösen Stimmung erklären. Alle anderen Ursachen, welche die Thätigkeit und Verrichtung des unteren Theils des Rückenmarks beschränken, geben gleichfalls Veranlassung zu dieser eigenthümlichen Form. Die Paralyse tritt selten plötzlich ein; in der Regel kriecht sie von aufsen nach innen. Als erstes Zeichen tritt ein Kältegefühl, leichtes Einschlafen der Füfse und leichte Ermüdung hervor; auch Wadenkrämpfe sind in dieser Beziehung zu berücksichtigen. Allmählig wird die Bewegung der Füfse unsicher, der Kranke tritt auf die Fersen, stolpert leicht, und vermag bald nur mit gröfster Schwierigkeit die Treppen aufwärts zu steigen; hinab geht er wie auf Stelzen. In manchen Fällen bleibt der Fufs in Bewegung, selbst wenn der Kranke stehen will, die Beine laufen, nach dem Ausdrucke der Leidenden, mit ihnen fort, und sie müssen sich anhalten, um stehen zu bleiben. Dies ist ein merkwürdiger Belag dafür, dafs auch die willkürlichen Muskeln auf längere Zeit hinaus innervirt werden. Wenn es dem Patienten gelungen ist, die zum Gehen erforderlichen Zusammenziehungen hervorzubringen, so fehlt ihm dann wieder das Mittel, durch willkührliche Erregung anderer Contractionen diese aufzuheben, und während der vergeblichen Bemühungen zu diesem Zwecke verharrt das Bein noch eine Zeit lang in den, dem ersten Eindrucke entsprechenden Zusammenziehungen. Unerträgliches Hautjucken ist ein sehr lästiges Symptom bei dieser Form; in den höheren Graden gänzlicher Unbeweglichkeit magern die Theile bedeutend ab.

Dieses sind die häufigsten Formen ausgebreiteter Aufhebung des Bewegungsvermögens. Die allgemeine Lähmung, p. universalis, ist fast immer eine Folge der Apoplexie. Aber unvollkommene Formen (paresis) mit Zittern, Schwäche oder doch mehr vorübergehenden Zufällen kommen in Folge vieler anderen Ursachen vor. Das Delirium tremens, die Colica pictonum und die chronische Arsenikvergiftung sind öfter von solchen lähmungsartigen Zuständen begleitet. Auch giebt es eine allgemeine Schwäche der Innervation, wobei die Muskeln leicht und häufig ihren Dienst versagen, ohne dafs irgend Symptome des aufgehobenen Bewufstseins, der Asphyxie oder des Krampfes vorhanden wären. Gewöhnlich zeigt sich diese lähmungsartige Schwäche in den unteren Extremitäten, aber doch nur deshalb, weil ihre Dienste am meisten gefordert werden; denn die Schwäche in anderen Theilen ist kaum geringer. Von einer eigenthümlichen Art der Paraplegie, dem Beriberi, wird zu Ende dieses Artikels gesprochen werden.

Oertliche Lähmungen (p. locales topicae) giebt es im Grunde so viele, als es Muskeln giebt. Wenn ein, in bestimmter Bewegung wirksamer Muskel diese nicht mehr ausführt, sondern von seinem Antagonisten überwunden wird, ist es oft nicht leicht zu unterscheiden, ob krampfhafte Contractur des wirkenden oder Lähmung des unwirksamen Muskels hieran Schuld sei. Bei dem schiefen Halse und dem Klumpfufse, so wie beim Schielen, nimmt man in der Regel eine abnorme Kraft des Sternocleidomastoideus, des Gastrocnemius, des inneren Augenmuskels an, — bei der Skoliosis und Lordosis dagegen bezieht man die ungleiche Wirkung der Muskeln zu beiden Seiten des Stammes auf lähmungsartige Schwäche der Muskeln der concaven Seite, besonders freilich derjenigen, welche, wie der Serratus, der organischen Bewegung beim Respirationsgeschäfte dienen (vgl. *Strohmeyer* a. u. a. O.), oder wie die Psoae neben ihrer Verrichtung als Beugemuskeln noch zur Erhaltung der natürlichen Einbiegungen der Lendenwirbel, vermöge ihrer organischen Spannung, dienen sollen. Wir erwähnen noch als häufigere Formen die Gesichtslähmung (Hemiplegia facialis), Zungenlähmung (Glossolysis, Glossoplegia), Augenliderlähmung (Blepharoplegia), des Larynx, Pharynx, Oesophagus, Sphincter Ani, Colli vesicae, digitorum.

Ursachen der Lähmungen. Die Art und Weise, wie Nerven ihres Einflusses auf Centrum oder Peripherie beraubt werden können, ist keinesweges überall hinreichend erkannt. Wir haben im Vorigen besonders Rücksicht genommen auf die sich im Centralsysteme geltend machenden, mehr oder weniger rein mechanischen Hemmungen oder Aufhebungen der Innervation zuzuschreibenden, ursächlichen Momente, auf welche wir nicht weiter zurückkommen werden. Alles was eine solche Zerstörung oder Hemmung im Centralsysteme bedingte, kann somit auch Lähmung erzeugen. Wunden, Erschütterungen, Entzündungen und ihre verschiedenen Ausgänge, sowohl in dem Gewebe als selbst in den Häuten der Centralorgane, Aftergewebe, Geschwülste, Hydatiden, Tuberkeln, alles dieses kommt hierbei zur Sprache.

Aber es giebt Lähmungen, welche keinesweges so offenbare Zeichen ihrer Entstehung an sich haben. Denn einerseits können apoplectische Anfälle und gewisse, das Nervenmark schwächende Einflüsse psychischer oder physischer Art, Geschlechtsüberreizungen, die Miasmen böser Fieber oder metallische und manche vegetabilische Giftstoffe, endlich auch rheumatische Krankheitsursachen, Veränderungen im Nervensysteme zurücklassen, die wir zwar in ihrer Erscheinung, als Lähmungen, nur zu deutlich wahrnehmen, die aber viel zu sehr die freiere Mischung in der Organisation betreffen, um dem Messer und Auge zugänglich zu sein. Andererseits ist vielleicht eine solche Veränderung auch gar nicht einmal unbedingt erforderlich. Es giebt offenbar Ursachen, welche die Nervenkraft ableiten, wie eine Kette die Electricität hinwegführt, ohne deren Concentration zu gestatten. Die Kälte gehört zu diesen Ursachen; sie hebt, vorübergehend oder auf die Dauer, den Einfluſs der Nerven auf Bewegung und Empfindung auf; wahrscheinlich, weil der Chemismus des Nervenlebens, wie derjenige des durch Verdichtung am Platin verbrennenden Wasserstoffgases, zwar geschickt ist, gewisse höhere Wärmegrade zu erzeugen und zu unterhalten; dennoch aber auch eine bestimmte Temperatur voraussetzt, um überhaupt wirksam sein zu können. Wenn durch Muskelanstrengungen und gleichzeitige Erkältungen eine Lähmung herbeigeführt wird, während durchaus keine Spur eines materiellen Leidens vorhanden ist, wie dies z. B. mit der Paraplegie bei kräftigen Personen geschehen kann, die sich durch starkes Reiten mit wenig bedecktem Rücken geschadet haben, wenn ein gesundes Individuum, welches in einer frischgescheuerten Stube schläft, am Morgen mit Lähmung der entblöfst gewesenen Glieder erwacht, ein Anderes, das sich erhitzt an einem zugigen Orte niedergelassen, nach einigen Minuten nicht wieder aufzustehen vermag, so sind dies alles Fälle, in denen man schwerlich eine Affection des Centralorgans voraussetzen darf, und wo überhaupt das Materielle sehr in den Hintergrund tritt. Ein heftiger Schreck kann Lähmung erzeugen, wie er sie heilen kann; in keinem von beiden Fällen wird man eine materielle Veränderung voraussetzen dürfen. Jene Frau, welche nach einem Knochenbruche des anästhetischen Arms im chirurgischen Klinikum zu Bonn amputirt wurde, und die, während sie zuvor nicht das geringste Gefühl gehabt hatte, in der Nacht nach der Amputation über Schmerz in den Fingern zu klagen anfing, konnte ihre Empfindung unmöglich aus einer centralen Ursache verloren haben. Lähmung kann ganz allein durch Vernachläfsigung und Unterlassung von Bewegungen entstehen. Ein heftiger Schmerz aus irgend einer Ursache, welcher andauernd die Bewegung einzelner Muskeln zu vermeiden auffordert, hinterläfst diese Theile gelähmt oder lähmungsartig geschwächt; der Art sind die Lähmungen der Muskeln bei chronischen Gelenkkrankheiten.

Bisweilen nimmt man in den Nerven einige Veränderungen wahr, die aber doch weder beständig, noch selbst häufig vorkommen. Man findet sie härtlich, gelblich, mit verdickten Scheiden, mit knotigen Geschwülsten, selten geschwunden und an Volumen verringert. Die Erweichung des Nervenmarks ist im peripherischen Theile seltener als im centralen, und dürfte im ersteren wohl immer auf Entzündung beruhen. Dafs einfache Congestionen hinreichen, topische Lähmungen in den Nerven hervorzubringen, geht aus der durch Unterbindung eines Gliedes zu erzeugenden Taubheit desselben hervor. Aber eine noch wichtigere Ursache der Lähmung entwickelt sich aus dem verminderten

Zuflusse des Blutes. Der Nerv bedarf offenbar einer Wechselwirkung mit dem Blute, um frei zu wirken.

Man hat in der neuesten Zeit viele unter den im Obigen angeführten Ursachen der Lähmung als solche verläugnet, und namentlich die Metallvergiftungen, die rheumatischen Ursachen, Arthritis und abdominelle, besonders Wurmreize, aus dem Bereiche der Lähmung erzeugenden Einflüsse hinwegweisen wollen. Um Worte kann man allerdings streiten, und z. B., wenn in Folge einer Erkältung plötzliche, allgemeine oder halbseitige Lähmung eintritt, deren Hebung in den meisten, nicht veralteten Fällen möglich ist, und selbst bisweilen von der Natur bewirkt wird, den rheumatischen Charakter des Uebels nicht anerkennen wollen. Aber sowohl die einzige, erfolgreiche Behandlungsmethode, als die Umstände, sprechen für diesen. *Marx*, dessen vortreffliche Abhandlung (S. unten) wir übrigens aus vollster Ueberzeugung als eine der besten nennen können, so über diesen Gegenstand erschienen, behauptet, dafs, wenn aus Erkältung Paralyse eintrete, der Körper gewifs schon sehr geschwächt sei, und nicht selten in Folge geschlechtlicher Ausschweifungen. Dies ist jedoch keinesweges immer der Fall, und ich habe sogar im Gegentheile gesehen, dafs Personen, von dem blühendsten Habitus, und namentlich von sehr normaler Hautthätigkeit (die bei geschlechtlichen Ausschweifungen in der Regel beeinträchtigt ist) von solchen Lähmungen befallen wurden, und zwar, soweit meine Beobachtungen reichen, immer in der Nacht, im Bette schlafend, so dafs sie beim Erwachen die entblöfste Seite gelähmt fanden. Die Krisen erfolgen hier, wie die rheumatischen, und bisweilen erst nach Jahrelang fortgesetzter Behandlung. Ich will nicht läugnen, dafs ab und an noch andere Ursachen in's Spiel kommen können, wie z. B. ein (im Schlafe) Stunden lang fortwirkender Druck auf Gefäfse und Nervenstämme, wodurch die organische Erwärmung der Theile gehindert, und somit der Einflufs der äufseren Kälte erhöht wird; dies sind jedoch nur Nebenbedingungen, indem man durch blofsen, Stunden lang fortgesetzten Druck wohl Einschlafen und Taubheit, aber für sich allein nie Lähmung erzeugen wird.

Gicht als primäre Ursache der Lähmung kann wohl eher zweifelhaft sein, da andere Ursachen der Unbeweglichkeit hier obwalten, so wie auch die durch die Gicht erzeugten krankhaften Veränderungen zu secundären Ursachen dieses Symptoms werden können; was dagegen die lähmenden Effecte mineralischer Gifte betrifft, so kann *Falconer's* Angabe: I never saw a true palsy or hemiplegia, that wàs owing to such causes (t. s. mineral poisons) — ihren Grund nur in Zufälligkeiten haben; denn nichts ist entschiedener als die Lähmung der Hütten-, Berg- und Metallarbeiter, welche in Arsenik-, Kupfer-, Quecksilber- und Bleiwerken arbeiten, in welchen letzteren dann auch die Colica pictonum als einleitendes oder begleitendes Moment nicht fehlt. Woher kommen dann die häufigen Lähmungen der Maler, Anstreicher, Farbenreiber, Vergolder, von denen alle Schriftsteller sprechen, und die allerdings theils unvollkommen, theils vollkommen sind, wenn sie nicht auf dieser Ursache beruhen; mag man nun mit *Richter* den Metallen eine die Nerven austrocknende Kraft zuschreiben, oder mit *van Swieten* eine sympathische Reizung, oder mit *Paul von Aegina* eine Metastase der Krankheitsmaterie annehmen. Im Uebrigen ist es auch zwar der gewöhnliche, aber nicht der ausschliefsliche Fall, dafs Bleivergiftungen Lähmung der oberen Extremitäten erzeugen; vielmehr kommt auch, wie ich selbst beobachtet habe, Paraplegie aus dieser Ursache vor.

Es giebt wahrscheinlich eine Anlage zur Lähmung, mindestens läfst sich die Erblichkeit der Neigung zu dieser Art von Leiden aus vielen Beispielen darthun. Aber es ist nicht möglich, charakteristische Zeichen für diese Anlage beizubringen, wenn man vielleicht die aus Apoplexie hervorgehenden Lähmungen ausnimmt, die sich dann durch den, freilich kaum sicherer festzustellenden Habitus apoplecticus begründen würden. Alle Nervenkrankheiten, sowohl die mit Affectionen des Gehirns und Rückenmarks, als auch der Ganglien verbundenen Fieber, als die Neurosen, die Distensionen, Epilepsie, Chorea, alle Leiden, welche mit heftigen Schmerzen verbunden sind, ferner mancherlei Reize auf die Nerven des vegetativen Lebens (Paralysis sympathica), Würmer, Sordes gastricae, schwächende Ausleerungen, so wie gewisse Krankheitsreize, die gern unter verschiedenen Formen auftreten (Metastasen bilden), können Lähmungen veranlassen und begünstigen; entweder indem sie eine Affection des Gehirns begründen, oder auch indem sie, ohne vorhergehende Apoplexie, einzelne Theile ihrer Nervenerregbarkeit berauben. Die zersetzte Materie ist an und für sich gelähmt, der brandige Theil weder der Empfindung noch der Bewegung fähig. Die Paralysie complicirt, wie ***Esquirol*** sich mit Genauigkeit ausdrückt, alle Geisteskrankheiten; doch sagt er, dafs geisteskranke Frauen selten paralytisch seien.

Erkenntnifs. Die entwickelte Lähmung ist in der Regel leicht zu erkennen; jedoch ist damit noch nicht viel gewonnen. Vielmehr ist es nöthig, einerseits aus den vorgängigen Zeichen und Umständen die Möglichkeit einer Lähmung und die Tendenz zu derselben vorherzusehen, andererseits die zum Grunde liegenden ursächlichen Momente zu erforschen. Man mufs also zuerst die Form der Krankheit, sodann das Individuum und die Umstände ins Auge fassen, um in Fällen, wo die Ursachen dunkel sind, der Erkenntnifs derselben näher zu kommen. Nirgends ist die Kenntnifs der Lage der Theile, und namentlich des Ursprungs und Verlaufs der Nerven, von gröfserer Bedeutung als hier. Eine Narbe oberhalb des gelähmten Theils erklärt Alles, wenn sie den Verlauf seines Nerven durchschneidet, Nichts, wenn sie ihn unberührt läfst. Jede allgemeine Form der Lähmung, die Anästhesis sowohl als die Akinesis, setzt eine allgemein wirkende Ursache voraus; aber es ist damit noch nicht entschieden, ob diese in einem, die Nervencentra ergreifenden Einflusse, oder in einem peripherischen bestehe. So hat man, bei der allgemeinen Lähmung, der Hemiplegie, der Paraplegie, beiden Ursachen nachzuforschen. Die Beleidigung der Nervencentra ist, obgleich in allgemeinen Erscheinungen reflectirt, an und für sich ein topisches Leiden, und der Locus affectus mufs mo möglich erforscht werden. Oertliche Schmerzen können hierüber einen, wenngleich nicht ganz sicheren Aufschlufs geben; ungleiche Temperatur, erhöhte Wärme an einzelnen Stellen des Schädels oder längs der Wirbelsäule ist nicht ohne Bedeutung. Mit ziemlicher Genauigkeit läfst sich angeben, welche Primitivfasern ergriffen sind; aber weit schwerer ist die Bestimmung, wie hoch hinauf im Centralorgane der Sitz der Veränderung zu suchen sei. Denn das Gehirn kann die Ursache einer ganz örtlichen und beschränkten Lähmung ebensowohl, als die einer allgemeinen enthalten. Man darf annehmen, dafs ein Leiden der hinteren Stränge des Rückenmarks Anästhesie hervorrufe, wie das der vorderen Akinesis; aber man kann, bei vorhandener Anästhesis und Akinesis nicht unbedingt auf ein Leiden der genannten Theile schliefsen, — einerseits allerdings nur, weil es noch nicht mit Entschiedenheit erwiesen ist, dafs die Stränge des Rückenmarks functionell identisch mit den entsprechenden Wurzeln sind, andererseits aber, weil der Sitz der Krankheit auch weit höher aufwärts gesucht werden kann. — Im Gehirn findet man, nach *Flourens* Versuchen, Apparate, deren Verletzung Zuckungen hervorbringt, so wie andere, die nur Lähmung, ohne Zuckungen veranlassen. Wenn also Krampf und Lähmung in einem Zusammenhange auftreten, darf man, falls die Ursache überhaupt in den Centraltheilen zu suchen ist, vorzugsweise die Vierhügel, das verlängerte Mark und das Rückenmark als beleidigt voraussetzen, wogegen die nicht von Zuckungen eingeleitete oder begleitete Lähmung in den übrigen motorischen Apparaten, den gestreiften Körpern, den Sehhügeln, den Halbkugeln, der Brücke und dem kleinen Gehirn gesucht werden darf, obgleich es allerdings nicht entschieden behauptet werden kann, dafs eine Beleidigung der letztgenannten Theile nicht auch sympathische Zuckungen erzeuge.

Rücksichtlich der formellen Erkenntnifs ist die Kreuzung der Wirkungen oberhalb des verlängerten Markes von einiger Wichtigkeit, obgleich die Thatsachen hier keinesweges in dem Grade feststehen, als insbesondere von fremden Pathologen behauptet wird. Jedoch giebt es Schlüsse von sehr grofser Genauigkeit. Lähmung auf der einen Seite, mit Zuckung auf der entgegengesetzten, läfst mit höchster Wahrscheinlichkeit auf eine Verletzung auf der Seite, wo die Zuckungen erfolgen, und zwar von solcher Art schliefsen, dafs nicht kreuzende Fasern eines Zuckung bedingenden Theils (also des Rückenmarks oder der med. oblongata) zugleich mit kreuzenden Fasern einer blofs Lähmung ohne Zukkung veranlassenden Hirnpartie beleidigt seien. Bei einseitigen Lähmungen der Gesichtsmuskeln ist jedoch weit weniger ein bestimmter Schlufs gestattet; unter 38 Fällen fand sich nach *Burdach* der Hirnfehler sogar 28 Mal auf der entgegengesetzten, und nur 10 Mal auf derselben Seite. Im

Uebrigen gilt hier das oben über die Erscheinungen und Ursachen Gesagte zur Auffindung des Sitzes.

Ist es nun auf diese Weise möglich gewesen, den Ort, wo die Lähmung ihren Ursprung nimmt, aufzufinden, so wird die Untersuchung desselben möglicherweise ein entschiedenes Licht auf die Form werfen. Lange bestandene Epilepsie läfst auf ein tiefes Ergriffensein der Centralorgane schliefsen. Die Spuren örtlicher Entzündungsprocesse an Wirbelsäule und Schädel, vorangegangene Verletzungen, Dyscrasieen, welche allerlei Afterorganisationen zu begründen im Stande sind, venöse Ueberfüllungen in anderen Organen erlauben in der Regel Schlüsse auf den allgemeinen Charakter des Uebels. Auch den Beschäftigungen, Gewohnheiten und zufälligen vorhergegangenen Umständen werden wir nachzuforschen haben. Wir werden selten irren, wenn wir die Lähmungen von Vergoldern, Bergleuten und Hüttenarbeitern auf metallische Vergiftungen, auf Quecksilber-, Blei-, Kupfer- und Arsenikwirkungen beziehen, wenn wir diejenige, welche die unteren Extremitäten von Strapazen des Krieges angegriffener Soldaten betrifft, auf rheumatische Ursachen zurückführen, oder dem schwächenden Einflusse der übermässigen Anstrengungen selbst zuschreiben, wenn wir bei Trinkern die Alkoholwirkung, bei denen, die nur eben einen reichlichen Gebrauch von erhitzenden und reizenden Dingen machen, die gemeinschaftliche Ursache der Hämorrhoiden oder der Gicht beschuldigen, und bei Lähmungen nach Wechselfiebern und Typhen ähnliche Einflüsse des nicht hinreichend entkohlten Blutes voraussetzen. Jedoch dürfen wir uns nicht über Ursachen und Folgen täuschen. Ein offenbares Leiden der Unterleibsorgane, Pulsationen, Beängstigungen, Einschnürungen, können ebensowohl Folgen der andererseits Lähmung hervorrufenden Ursache sein; ja sie können vielleicht erst entstehen in Folge der durch die Lähmung gehinderten Körperbewegung oder einer Unregelmäfsigkeit in der Haut- und Darmthätigkeit, wie sie aus der Lähmung hervorgehen kann. Sehen wir einen Theil nach übermäfsiger, vorgängiger Anstrengung von Zittern, lähmungsartiger Schwäche und Lähmung befallen werden, so haben wir in der Regel die locale Ueberreizung als Ursache vorauszusetzen; sehen wir ihn aus gänzlicher Bewegungslosigkeit erlahmen, so ist am Meisten an ein Schwinden der Nervenkraft, ja des Nerven selbst zu denken. Hat doch *Magendie* durch Exstirpation des Auges den Sehnerven und den Sehhügel atrophisch gemacht.

Die aus Apoplexie hervorgegangene Lähmung ist durch die Erscheinungen der ersteren leicht erkennbar und theilt die Vorboten derselben. Andere Lähmungen kündigen sich wohl auch bisweilen durch Vorboten an, wie die Hemiplegie durch Kopfschmerzen, Störungen in den Geistesfähigkeiten, mit oder ohne Fieber, durch allerlei abweichende Bewegungen in den Muskeln, Herabfallen des Augenlides u. s. w.; im höheren Alter, wo diese Form häufig vorkommt, durch allgemeines Stumpfwerden und offenbare Beeinträchtigung der Seelenthätigkeit, Erlöschen der Sinne, Schwierigkeit der Sprache, Erschlaffung einzelner Muskeln, mit oder ohne Zukkungen. Wenn eine Lähmung an einem einzelnen peripherischen Theile begonnen hat, und sich von dorther über andere benachbarte Theile allmählig hinaufverbreitet (p. reptans rec.), so ist die Verwandlung derselben in eine Form der allgemeinen Lähmung, entweder in p. universalis oder doch paraplegia zu befürchten. Die vorangehenden Zeichen der letzteren sind am meisten beständig, und aus dem oben Gesagten zu entnehmen. Man mufs jedoch sehr aufmerksam sein, und sich nicht von den Bildern der Schriftsteller täuschen lassen, welche entwickelte und zu den höheren Graden gediehene Formen vor Augen hatten. Denn die gefährlichsten, am wenigsten der Heilung fähigen Formen der Paraplegie sind diejenigen, welche unter vollkommenem Wohlsein, oft bei dem blühendsten Ansehen der Patienten, langsam und fast unmerklich heranschleichen. Leichte Ermüdbarkeit und Kältegefühl, allenfalls häufiges Einschlafen der Glieder, sind die oft einzigen Vorläufer. Aber der Charakter der Ermüdbarkeit ist von eigener Art, und die Kranken werden oft vom Sitzen müder als vom Gehen; ja manche ertragen grofse Anstrengungen, starke Märsche u. s. w. wenn sie einmal im Gange sind. Die Schwierigkeit der Innervirung zeigt sich besonders darin, dafs es ihnen schwer wird, in Gang zu kommen, dafs sie beim Aufstehen vom Stuhle einige unsichere und schwankende Bewegungen mit den Füfsen hin und her machen, ehe sie im Stande sind, den Muskeln einen entsprechenden Willenseindruck beizubringen. Verschiedene andere Zustände von geringerer Bedeutung kommen indefs hiermit überein. Die Schwangerschaft, und eine allgemeine Schwäche, welche bei Frauen von grofser Reizbarkeit leicht vorkommt, haben ähnliche Schwierigkeiten des Gehens zur Folge, und doch ist auch bei letzterer der Uebergang in Lähmung nicht direct zu besorgen.

Das Unvermögen zu gehen, welches bei der Rhachitis vorkommt, und dessen Grund in ganz anderen Momenten, als in einer Lähmung motorischer Apparate zu suchen ist, kann eben so wenig, als etwa die aus einer Fractur hervorgehende Unbeweglichkeit mit wahrer Paralyse verwechselt werden; jedoch mufs man auch den oben erwähnten Umstand berücksichtigen, dafs ein längerer Nichtgebrauch der Theile die Innervation schwächt.

Anästhesieen werden, wenn sie mit Acinesieen verbunden sind, leicht zugleich erkannt; dagegen giebt es manche, an sich dann freilich wenig bedeutende Form, auf welche der Unempfindliche kaum aufmerksam ist. Man findet dergleichen locale Anästhesieen theils angeboren, theils erworben. Die peripherische Reizbarkeit einzelner Empfindungsfasern ist in der That leicht erschöpft, und Verbrennungen, Blasenpflaster, chemische Reize, hinterlassen nicht gar selten örtliche Empfindungslosigkeit. Man darf jedoch diese Fälle nicht mit denen verwechseln, wo eine bedeutende Entwikkelung und Veränderung der Epidermis, die Nerven der Cutis den äufseren Einflüssen mehr entzieht. Da jedoch ein normales, sehr dichtes Horngewebe die Berührungen hinreichend leitet, und durchaus keine wahre Unempfindlichkeit hervorbringt, sind beide Fälle nicht schwer von einander zu unterscheidan.

Prognose der Lähmung. Der Ausgang des Uebels richtet sich nach der Art seiner Entstehung, den obwaltenden Ursachen, und der Dauer desselben. Vollkommene Heilungen sind selten, Verbesserungen des Zustandes häufiger; aber diese haben wir doch weit öfter der Naturkraft und einer Art von Gewöhnung zu danken, und leider scheitert in der grofsen Mehrzahl der Fälle das Bemühen der Kunst an der Hartnäckigkeit des Leidens. Nur da, wo die ursächlichen Momente nicht in materiellen Veränderungen des Central-Nervensystems zu suchen sind, kann man auf gröſsere Erfolge rechnen. Die durch Apoplexie hervorgebrachten Störungen im Gehirne gehen bisweilen, unter günstigen Umständen, in vollkommene Heilung über. Die Ergieſsungen werden dann aufgesogen, und mit dem Verschwinden derselben stellt sich auch die Nervenkraft in den gelähmten Theilen wieder her. Der Druck, welchen Aftergewebe, Cysten u. dgl. üben, bedingt bisweilen in seiner Entstehung eine bedeutendere und vollkommenere Lähmung, als später, wo die gedrückten Theile eine, wenn auch unvollständige Verbindung mit dem Centralorgane wieder hergestellt haben. Selbst in durchschnittenen Nerven stellt sich eine Leitung wieder her, wenn der Substanzverlust gering war, und die Vereinigung unter günstigen Bedingungen geschah. Ganz vollkommen dürfte sie jedoch schwerlich jemals sein, und zwar um so weniger, je bedeutendere Nervenstämme getrennt wurden. Sind keine Hauptstämme verletzt, so scheinen die nicht getrennten Verzweigungen durch eine stärkere Innervation, die Verminderung der peripherischen Endungen einigermaſsen zu verbergen. Deuten gleichzeitige Gedächtniſsschwäche, Lähmungen in den Hirnnerven und ähnliche Symptome, auf ein ausgebreiteteres Leiden des Gehirns, so läſst sich, wenn die Krankheit einige Zeit lang bestanden hat, nichts hoffen; eben so wenig, wenn gröſsere Partieen des Rückenmarks betheiligt sind. Bei Lähmungen durch Druck auf einzelne Nerven entsteht nur die Frage: ob die drückende Ursache zu beseitigen ist. Lähmungen in bösartigen Fiebern verlaufen mit der Krankheit; die intermittirenden sollen bisweilen einer, der Behandelung der f. intermittens entsprechenden Methode gewichen sein. Ich habe kein Beispiel von solchen wahren Wechselfieber-Lähmungen (welche von denen, die mit und durch Nachkrankheiten eintreten, wohl zu unterscheiden sind), selbst beobachtet; indessen gestattet bereits die bekanntere Form einer f. apoplectica intermittens die Annahme ihrer Möglichkeit. Am meisten Hoffnung und Sicherheit der Heilung gewähren die aus Metallvergiftungen entstandenen, die auf consensuellen Reizungen beruhenden, so wie die rheumatischen Lähmungen und immer diejenigen, welche plötzlich entstanden sind, mehr als die, so sich allmählig und schleichend entwickelt haben.

Auch ist mehr zu erwarten, wo Bewegung und Empfindung nicht vollständig aufgehoben sind, oder nur eine von beiden leidet; theils weil dies seinen Grund nur in einer geringeren Intensität der Krankheitsursache haben kann, theils weil dann noch die Möglichkeit einer directen Einwirkung auf die afficirten Theile auf anderem Wege, als blos vermittelst des vegetativen Lebens, übrig bleibt. Wo sich bereits ein Erlöschen der vegetativen Thätigkeit zeigt, die Haut welk, trocken, das Glied kalt, abgemagert ist, läfst sich immer das Wenigste hoffen; wie dann überhaupt alle Lähmungen, welche bereits Monate lang bestanden haben, eine schlechte Prognose erheischen, da selbst, wo specifische und überwindbare Ursachen zum Grunde liegen, dennoch Veränderungen in den Nerven durch die längere Dauer der aufgehobenen Thätigkeit entstanden sein können.

Im Gegentheile sind alle Zeichen günstig, welche für ein noch nicht gänzlich erloschenes, oder ein wiedererwachendes Leben sprechen. Dahin gehören alle zum Bewufstsein kommenden Empfindungen, Schmerzen, Formication, selbst Taubheit, wenn sie als solche gefühlt wird; ferner Zuckungen, Erregbarkeit durch stärkere Reize u. dgl. mehr.

Was endlich die Individualität des Kranken angeht, so sind ältere Personen hoffnungsloser als jüngere, Geschwächte mehr als Kräftige. Das cholerische Temperament und die straffe Faser, scheint vorzugsweise zu Lähmungen disponirt; und läfst schon wegen leichter Rückfälle keine günstige Prognose zu. Ueberhaupt sind recidive Lähmungen fast niemals heilbar.

Die Lähmung geht endlich in den Tod über; entweder indem wichtige Centralorgane ergriffen werden, das Herz, die Respirationsmuskeln ihre Dienste versagen, oder durch die Fortschritte der lähmenden Localursachen, oder durch örtlichen Brand in den gelähmten oder anderen Theilen (decubitus), oder durch wahre Erschöpfung.

Behandlung der Lähmung. Von der Behandlung der Grundursache, kann hier nur so weit die Rede sein, als sie eine locale ist. Die allgemeinen Veranlassungen und ursächlichen Krankheitsformen, erheischen die ihnen entsprechenden Mittel und Methoden, und auf genaue Diagnose in dieser Beziehung kommt alles an. Die Dyscrasieen und Kachexieen, die Vergiftungen, die consensuellen Reizungen, Würmer, Hämorrhoidalmolimina, Dysarthritis, die rheumatische Krankheitsmaterie, wie überhaupt die unterdrückte Hautthätigkeit, und was sonst noch als Ursache der Lähmung betrachtet werden muſs, erfordert die eigenthümliche Bekämpfung, welche seinem Charakter angemessen ist. Congestion und apoplectische Lähmungen, werden nach den beim Schlagfluſs (Apopl.) entwickelten Grundsätzen behandelt. In diesen Beziehungen ist die Reihe der anzuwendenden Mittel unübersehlich, und geht von einer entschieden antiphlogistischen, bis zur stärksten erregenden Methode über.

Die örtliche Behandlung verdient dagegen nähere Erwägung. Sie ist theils centrale, theils peripherische; theils bezieht sie sich auf gewisse, aus der Lähmung hervorgehende functionelle Symptome.

Die centrale Behandlung wird durch Mittel ausgeführt, welche direct auf die Nervencentren wirken, oder indirect eine Reizung derselben erregen. Zu den ersteren gehören insbesondere einige Narcotica und Nervina volatilia, welche zur Herstellung des Nerveneinflusses vom Centrum aus, sich in Fällen wirksam erweisen, wo keine Entzündung und überhaupt keine activen Reizungen der Centralorgane mehr obwalten. Man ist vom Gebrauche dieser Mittel zu sehr abgegangen, seitdem Erfahrung und Untersuchung, den wesentlichen und vorherrschenden Einfluſs der Blutüberfüllungen bei der Apoplexie, und somit auch bei einem groſsen Theile der Lähmungen nachgewiesen haben. Aber der Moschus, die Arnica und die Belladonna bei Lähmungen, deren centrale Ursachen im Gehirne zu suchen ist, das Strychnin, die Asa fötida und das Dippelsche Oel bei denen, wo mehr das Rükkenmark in seinen Ursprüngen ergriffen scheint, bleiben unschätzbare Mittel, deren man sich nicht begeben kann, ohne Fälle ungeheilt zu lassen, deren Heilung mit ihnen noch möglich war. Wo Erschütterungen der Centralorgane die Lähmung veranlaſst haben, und die Verletzung keine entzündliche Reaction erzeugte, oder diese doch schon beseitigt ist, läſst sich, besonders in Formen der allgemeinen Lähmung, oder derjenigen der Gesichtsmuskeln von diesen Mitteln vieles erwarten. Sie werden nach Umständen mit andern, zum Theil noch flüchtigeren Reizen, ätherischen Oelen und Aethern, Campher, Wein, flüchtigem Ammonium u. dgl. vertauscht oder gewechselt. Wenn in späteren Lebensjahren, in Folge eines apoplectischen Anfalls, Hemiplegie eingetreten ist, wird man nie vergessen dürfen, die Wirkung dieser Mittel zu berücksichtigen. Später kann man denn auch die Tonika, China, Eisenmittel u. dgl. in Gebrauch ziehen. Nicht weniger giebt es Fälle, wo scharfe Pflanzengifte, das Rhus, die Colocinthen, der Cayennepfeffer, und ähnliche Stoffe gute Dienste leisten, die sich wohl besonders durch ihre Beziehung zur Haut und den Schleimhautnerven erklären.

Gewöhnlich aber im Anfange der Krankheit jedoch, und nicht selten auch während ihres späteren Verlaufes, haben wir es noch mit Reizzuständen zu thun, auf welche sich durch innerliche Mittel nur ein indirecter Einflufs üben läfst. Die Wirkungen des Calomels, des Nitrums, des Tart. stibiatus, sind längst gewürdigt; überhaupt ist ein ableitendes, gegen den Darmkanal gerichtetes Verfahren, so wie die kühlende, herabstimmende Wirkung der Neutralsalze, hier angemessen. Die eigentlichen Specifica — Jod, Brom, Leberthran, Antimonialia u. dgl., insbesondere bei scrophulösen, Schwefel und Schwefellebern bei metallisch-dyscrasischen, herpetischen u. dgl. Leiden, gehören der allgemeinen Behandlung an; bisweilen aber mögen sie wohl unmittelbar die Krankheitsursache auch am Sitze des Uebels angreifen. Dasselbe gilt von den kräftigeren Mineralbrunnen, wie Karlsbad, Marienbad, Pyrmont, Kissingen u. s. w. Von örtlichen Mitteln, welche in der Absicht einer Einwirkung auf die Nervencentra angewendet werden, sind besonders die Epispastica, die Moxen und Eiter erzeugenden Mittel von Bedeutung, Haarseile im Nacken und Fontanellen am Schädel, das Glüheisen in längeren Streifen längs des Rückenmarks hinabgezogen, der Galvanismus, wiederholte Einreibungen mit flüchtigen, reizenden Mitteln — diese, theils ableitenden, theils erregenden Potenzen kommen eben sowohl, als die Blutegel, Schröpfköpfe, und die Mercurial- und Jodeinreibungen in Betracht.

Warme sowohl als kalte Bäder und Douchen, sind mächtige Mittel zur Erweckung einer allgemeinen peripherischen Thätigkeit, somit zur Rückwirkung auf die Nervencentra, und von da aus zur Herstellung der Innervation in geschwächten oder gelähmten Theilen. Sie dienen demnächst auch, namentlich die Thermen, in ihrer heilkräftigen Mischung, zur Hebung der obwaltenden constitutionellen Ursachen. Rheumatische Lähmungen kann man, wenn sie kürzere Zeit bestanden haben, durch den alleinigen Gebrauch der Dampfbäder, in angemessenen Hitzegraden öfter ganz heben.

Was nun die Behandlung des gelähmten Theils betrifft, so erheischt er intensive Reizungen, ein warmes, erregendes, die Lebenskraft möglichst zusammenhaltendes Verfahren, und in Fällen, wo zugleich die vegetativen Verrichtungen geschwächt sind, eine möglichste Steigerung seines localen Ernährungsprocesses. Die Rücksicht auf die Ursachen waltet auch hier ob. Bei Anästhesieen giebt es in der That keine, irgend wie Vertrauen verdienende Methoden. Man bedient sich eben derselben Mittel, wie bei Acinesieen, ist aber eines Erfolgs noch weniger versichert. Die warmen aromatischen, die vegetabilischen und thierischen Localbäder, so wie die Reibungen mit Flanell, Bürsten und andern rauhen Körpern, unter Zuziehung aromatischer, erregender Substanzen, Liniment, u. s. w. sind wohlthätige, aber gelind wirkende Mittel von örtlichem Gebrauche. Wein, Spirituosa und scharfe Stoffe, so wie die örtlichen Räucherungen mit Bernstein, Weihrauch, die Dampfbäder, und vorzüglich die Dampfdouchen, deren Strahl man gegen den Verlauf des Nerven richtet, und deren Wirkung um so intensiver ist, jemehr sie zusammengehalten und comprimirt wurden, wirken viel kräftiger. Der Galvanismus ist von Vielen gerühmt worden, und gewifs ein wirksames Mittel, aber doch keinesweges in höherem Grade als die Hitze, auf welche wir bei Lähmungen am Meisten zu rechnen haben. Die Brenncylinder, die Moxen, die brennende Kerze, in der Nähe des Theils so gehalten, dafs sie die Organisation der Haut nicht zerstört und die Primitivfasern der Haut nur reizt, ohne ihr Leben zum Verlöschen zu bringen; das strahlende Feuer des Kamins zu gleichem Zwecke; diese Mittel besitzen eine so intensiv reizende Kraft, dafs man, wenn es ihnen nicht gelingt, von der Peripherie aus eine Verbindung mit dem Centrum wieder herzustellen, in der That auf unüberwindliche Hindernisse zu schliefsen, in der Regel berechtigt ist. Hat man Grund, irgend eine Localaffection des Nerven voraus zu setzen, und ist man im Stande, auf diese örtlich

lich einzuwirken, so dürfte ein den Umständen nach geleitetes bald antiphlogistisches, oder eine krankhafte Plastik beschränkendes, bald erregendes und reizendes Verfahren gute Dienste leisten. Dies bezieht sich besonders auf die Folgen von Quetschungen, Fracturen u. dgl., wobei Empfindung oder Bewegung gelitten haben.

Wenn ein gelähmtes Glied noch einiger Bewegungen fähig ist, oder diese Fähigkeit sich in ihm herstellt, so suche man, wie gering immer der Grad dieser Fähigkeit sei, denselben unmittelbar zur Heilung zu benutzen. Einen fast ganz erlahmten Theil unbeweglich lassen, oder ein amblyopisches Auge gegen das Licht verdecken, ist dasselbe. Die der Function entsprechenden Reizungen sind und bleiben stets die angemessensten Mittel, die Thätigkeit eines Theils zu erhalten und wieder herzustellen. Daher unterlasse man nicht, Gelähmte mit Hülfe von Krücke und Stock zum Gehen zu veranlassen; man gebe ihnen Gegenstände zu halten, und lasse sie greifen, tasten, und Versuche mit Körpern von grösserem, selbst auch von kleinerem Volumen machen. Das Fahren in nicht gefederten, stark stofsenden Wagen habe ich bei Paraplegie stets wohlthätig gefunden; bisweilen soll es für sich allein Herstellung bewirkt haben. Die psychischen Einflüsse dürfen ebenfalls nicht vernachlässigt werden. Wenn das Gehirn nicht selbst Sitz des Leidens ist, pflegt es, seiner Macht über einzelne Organe beraubt, desto lebhafter in seinem eigenen Reiche, in dem der Gedanken und sittlichen Seelenvermögen zu wirken. Gelähmte sind von dieser Seite her sehr vielvermögend; ein grofser Theil derselben erhebt sich bald mit philosophischer Ruhe über sein Schicksal, aber bei Andern tritt auch, theils aus psychischen, theils aus materiellen Gründen eine, selbst bis zur schwärzesten Melancholie gesteigerte, hypochondrische Verstimmung hervor, die der Heilung des Uebels durchweg hinderlich, seinen Fortschritten günstig ist. Was die symptomatischen Hülfsmittel angeht, so beziehen sie sich vornämlich auf Berücksichtigung der Lähmung der Sphincteren; also Entleerung der Blase mit Hülfe des Catheters, und eines gelinden Druckes über dem Schaambogen, die nöthigen Vorkehrungen bei Enuresis, ähnliche Berücksichtigungen der Darmausleerung u. s. w.

Zusatz. Die Beriberi oder Barbiers. Diese Krankheit, ein endemisches Leiden auf der Halbinsel von Dekan, und insbesondere auf der Küste von Malabar häufig, ist zuerst gründlich durch *Bontius* beschrieben, und von *Tulpius* so viel bekannt, zum ersten Male in Europa beobachtet worden (obs. med. IV, 5.; pag. 286). Die Schriftsteller über Krankheiten der tropischen Climate haben sich vielfach mit ihr beschäftigt, und ihr bald mehr den Charakter eines acuten Hydrops ascites, bald den einer Paraplegie zugeschrieben; letztere Ansicht hat jedoch das Uebergewicht behauptet.

Die Krankheit, welche wie gesagt, auf der Küste von Malabar am häufigsten gefunden wird, erstreckt sich auch über Ceylon, Bengalen und die Coromandelküste, aber nur selten in einer Gegend, welche über 60 (engl.?) Meilen von der See entfernt ist. Ihren malabarischen Namen, Beriberi, hat sie, wie *Bontius* sagt, vom Schaafe, dessen Tritt die Kranken nachahmen. *Wright*, der neueste uns bekannte Schriftsteller über diese Krankheit, erklärt sie für ein primäres, von dem Clima und der Localität herrührendes, und allem Anscheine nach niemals durch andere Krankheiten veranlafstes Uebel, das nur Erwachsene, selten Frauen befällt, ein Stadium der Vorläufer hat, und unter drei verschiedenen Formen auftritt.

1) Hitzige oder entzündliche Form. Der Leidende klagt über die Unmöglichkeit sich anzustrengen, indem der Gebrauch der unteren Glieder theilweise verloren gegangen ist. Dieser Zustand steigert sich schnell, das Gehen wird unmöglich und ein Oedem ergreift, von den Gliedern aus, bald den ganzen Körper. Die Haut ist heifs, trocken, der Urin sparsam, dunkel gefärbt, der Unterleib verstopft, der Magen gereizt, der Puls schnell und voll, in den Gliedern wechselnd, mit Klopfen der grofsen Stämme; gewöhnlich sind Dyspnoe und Zeichen der Ergiefsung in der Brust vorhanden, oft aber auch Kopfweh, Unruhe, Delirium mit langsamem und vollem Pulse, als Zeichen seröser Ergiefsung und Drucks auf das Gehirn. Das Uebel schreitet rasch vorwärts.

2) Die asthenische Form mit vorherrschender Bauchwassersucht, wird von Zeichen der allgemeinen Schwäche, kleinem und schnellem Pulse, Verstopfung, sparsamem Urine, Mangel der Efslust, allgemeinem Oedeme, bedeutender Verlie-

fung beim Drucke auf die Geschwulst und Lähmung der Glieder, wie im vorigen Falle bezeichnet.

3) Die örtliche Form besteht nur in einer Stumpfheit der unteren Glieder mit Starrheit, und einem Gefühle der Schwere, und theilweisem Verluste ihres Gebrauchs; nur diese Theile haben ein, nur wenig teigiges Oedem; der Puls ist selten abweichend, der Urin sparsam, die Efslust unverändert.

Einige unterscheiden nur die ersteren beiden Formen, indem sie wohl die dritte zur zweiten stellen. In den acutesten Fällen sterben die Kranken oft nach 6—36 Stunden, in der Regel aber verläuft das Uebel sehr chronisch.

Die Resultate der Leichenöffnung werden übereinstimmend dahin angegeben, dafs die Brusthöhle und der Herzbeutel wäfsrige Exsudate in geringer oder doch mäfsiger Menge enthielt, Anasarka allgemein war, und wäfsrige Ergiefsungen und Infiltrationen sich auch im Unterleibe und den Lungen zeigten. Bisweilen ist das Gehirn mit dunklem, venösem Blute und ergossenem Serum überfüllt, gewöhnlich aber wird kein Ergufs gefunden. In der Rückenmarkshöhle findet sich dieselbe dunkelvenöse Blutüberfüllung des Markes und Extravasat von den Häuten. Bisweilen zeigen sich wohl auch Spuren von Entzündungen an Herzbeutel, Lungen und Brustfell. In den mildesten Formen scheint sich der seröse Ergufs, auf die unteren Theile des Rückenmarks zu beschränken.

Das beständigste Symptom der Beriberi ist die charakteristische paralytische Affection der unteren Glieder, welche sich bei allen Formen vorfindet; die Schnelligkeit, mit welcher in der hitzigen Form das Oedem allgemein wird, und die dunkel-schmutzige Beschaffenheit des Blutes, welches dem eines Cholerakranken gleicht. In einigen Fällen begleitet ein remittirendes Fieber den Verlauf. (*Wright* a. a. O.)

Die entfernteren Ursachen dieses Leidens werden fast gleichlautend auf atmosphärische und endemische Einflüsse zurück geführt. Schon *Bontius* beschuldigt den feuchten Himmel, und *John Clark* sagt ausdrücklich, die Krankheit werde verursacht, wenn man sich den kalten Landwinden im Januar und Februar aussetze. Es ist dies die Zeit der wehenden Monsoons, und ihr Einflufs auf im Freien Schlafende thut sich sehr häufig durch Schmerzen in der Knochenhaut, den Armen und Schenkeln kund, welche bei kräftigen Personen mit der wärmeren Mittagszeit abnehmen, bei Anderen aber länger anhalten, mit Schwäche der Kniee und unangenehmen Empfindungen in den Waden und Fufssohlen beim Gehen bezeichnet.

Nach *Wright* ist zwar die Aetiologie der Beriberi noch wenig erforscht, und es ist schwer zu beweisen, ob sie von Sumpfmiasma, eigenthümlichen Veränderungen in Clima und Temperatur, oder einer schädlichen Eigenschaft, welche das Wasser annimmt, herrühren. Jedoch sei die Krankheit offenbar zu Ende der regnigten Jahreszeit am häufigsten, wo die Nachtwärme um viele Grade unter der des Tages steht. Im Jahre 1832 war das Wetter vom April bis August immer heifs, und es gab wenige solche Kranke; vom August zum December aber, wo gewaltiger Regen, mit theilweise schwülen Tagen und grofsem Wärmewechsel eintrat, und die Aushauchungen stärker waren, wuchs die Zahl der im Hospitale Aufgenommenen. *Wright* scheint irgend einer, in dem stehenden Wasser sich entwickelnden Schädlichkeit das Meiste zuzuschreiben, und dies ist auch im Allgemeinen die Ansicht der Eingeborenen und der Hinduärzte. *Tulpius* giebt in dem von ihm beobachteten Falle unmäfsig gebrauchten kalten Bädern und Begiefsungen unter dem heifsen Himmel von Coromandel die Schuld, und *Bontius* meint, dafs die heftigere Form wohl nächst den Erkältungen vom unmäfsigen Genufs des kühlenden Palmweins herrühren möge.

Die Ansichten über die Natur des Leidens sind, wie bemerkt, sehr verschieden. *Roger* nennt sie einen Hydrops asthmaticus, *Wright* einen Hydrops mit entzündlichem Charakter, *Clarke* und *Lind* einer Art von Lähmung, *Tulpius* eine Paralysis imperfecta. Dies war die mildeste Form. *Thion de la Chaume*, der franz. Herausgeber des *Lind*, erklärt sie für ein rheumatisches Uebel mit Lähmung. Man mufs sich nicht verleiten lassen, diese Krankheit wegen des Oedems mit dem Beine von Cochin zu verwechseln, eine über Hindostan und die Küstenländer von Dekan und Hinterindien, besonders aber über die Südspitze von Dekan und über Cochin verbreiteten Krankheit, die in einer eigenthümlichen, durchaus beschwerde- und gefahrlosen Anschwellung des Beins besteht, und die man ebenfalls eigenthümlichen Einflüfsen des Trinkwassers zuschreibt.

Ueber die Prognose sind die Urtheile getheilt; indefs scheint sich der Widerspruch einigermaafsen dadurch zu lösen, dafs die Schriftsteller den günstigen Ausgang von einer Veränderung des Clima's abhängig machen. Wo diese nicht Statt findet, scheint die Vorhersagung fast immer ungünstig.

Die Behandlung durch Blutentziehungen und Calomel wird der durch Reizmittel jetzt im Allgemeinen vorgezogen, und hat die Symptome der Blutüberfüllung im Gehirne und Rückenmarke für sich. Die eingeborenen Aerzte wenden in der Regel das Sandbad an, indem sie den Kranken in der heifsen Tageszeit bis an den Hals eingraben. Auch das von ***Bontius*** empfohlene Steinöl von Sumatra, das unter dem Namen Miniac Tennah genannt wird und ein sehr reines Petroleum zu sein scheint, wird von ihnen angewendet. Der Guajac, Sassafras und ähnliche Mittel, besonders aber der Camphor und der Saft einer eingeborenen Pflanze (Melia azadirachta Linné?), wurden früher von europäischen Aerzten empfohlen; ***Fontana*** wendete gegen die beginnenden und leichteren Fälle mit Glück Thee und verdünnende Getränke an, die reichlichen Schweifs erregten; aber die hartnäckigeren Lähmungen trotzten nach ihm, wie nach ***Lind***, allen Mitteln, mit Ausnahme der Veränderung der Luft.

Literatur:

Hippocrat., de morbis; de articulis etc. — *Galenus*, de loc. affect., de sympt. caussis, de tumorib. praeter naturam. — *Celsus*, lib. III, 27. *Paul Aeginet*, lib. III, cap. XXIII; besonders merkw. der letzte Abschnitt, welcher von einer epidemischen Colik mit Paresis berichtet. — *Bellini*, de morb. capitis. — *Rolfink*, diss. de paralys. Jen. 1632. — *Michaelis*, diss. de paralysi. Lips. 1636. id. de paresi ex colica Lips. 1660, — *Diemerbroek*, diss. de paralysi et tremore. Ultrajecti 1652. — *Wedel*, pr. de paralysi torquenti. Jen. 1690. — *Henr. Regius*. prax. med. (edid. Craanen, anim. Broen.). Lugd. Bat. 1694. — *Fr. Hoffmann*, de nervor. resolutionib. in Opp. III. — *Escher*, diss. de paralysi membr. infer. Basil. 1753. — *Klein*, Interpr. clin. Frcf. et Lips. 1753. — — *van d. Straaten*, diss. de paralysi. Ultraj. 1751. — *Percival*, in: Samml. auserl. Abh. u. s. w. II. — *Falconer*, in: mem. of the med. society of London. — *Heberden*, comment. de morb. hist. et curatione ed. Soemmerring. Frcof. 1804. — *Cooke*, a treatise on nervous diseases. 2 Vol. Lond. 1823. — *Calmeil*, de la paralysie. cosiderée chez les aliénés Par. 1826. — *Albers* Beobacht. auf dem Geb. d. Pathol. Bonn 1826. — *Strohmeyer*, über Paralyse der Inspirat. Muskeln. Hannov. 1836. — *Marx*, (R. H.) zur Lehre von d. Lähmung der unteren Gliedmaassen. Carlsruhe und Baden 1838. — Die Werke von *Richter, P. Frank, Abercrombie, Todd* (Cyclop.) *Andral* u. a. m. — Sehr wichtig *Joh. Müller*, Physiol. a. o. a. O. — *Beriberi, Bontius*, de medicina Indorum. Lugd. Bat. 1642. — *Nic. Tulpii*, observ. medicae (edid. 6a). Lugd. Bat. 1739. — *J. Lind*, Versuch über d. Krankh. d. Eur. in warmen Ländern. Mit Anmerk. von *Thion de la Chaume*. Riga 1792. — *Fink*, med. Geogr. I. Lpz. 1792. — *John Clark's* Beob. über d. Krankh. auf langen Reisen etc. Kopenh. u. Lpz. 1798. — *Hasper*, über Natur und Behandlung der Krankh. der Tropenländer. 1ster Th. Lpz. 1831. — *P. W. Wright*, Esq.: remarks on Beriberi. Edinb. med. Journ. 1834. Vol. 4.

V — r.

LAEHMUNG DER AUGENLIDER. S. Augenliderlähmung.

LAEHMUNG DER HARNBLASE, Paralysis vesicae urinariae. Die Harnblase besitzt eine Muskelhaut, die aus einer doppelten Reihe von Muskelfasern besteht; die äufseren Muskelfasern, welche mehr nach der Länge der Blase laufen, indem sie unten und vorn am Blasenhalse, beim männlichen Geschlechte an der Prostata und von den Schaambeinen anfangen, nach aufwärts gehen, über den Grund der Blase und an der hinteren Fläche wieder herab bis zur Prostata laufen, sind dazu bestimmt, durch ihre Zusammenziehung den Harn auszutreiben. Die unter diesen Muskelfasern (Detrusor urinae) liegende Muskelschicht, bildet eine Reihe von Ringfasern, die um so dichter werden, je näher sie dem Blasenhalse kommen, so dafs sie an diesem einen ringförmigen Muskel (Sphincter vesicae) bilden, dessen Bestimmung darin besteht, die Blase zu verschliefsen, und in ihr den sich ansammelnden Harn zurückzuhalten.

Wird nun die Muskelhaut der Harnblase ihres Contractionsvermögens beraubt, gelähmt, so tritt diese Aufhebung der Muskelthätigkeit, Lähmung der Harnblase, in die äufsere Erscheinung, indem sie zwei Krankheitsformen darstellt, die der Erscheinung nach zwei ganz verschiedene, einander gerade entgegengesetzte Krankheitszustände sind, deren Wesen aber in der That nur ein und dasselbe ist. Je nachdem nämlich die mehr nach der Länge der Blase laufenden Muskelfasern (Detrusor urinae) gelähmt sind, und durch den

Verlust ihres Contractionsvermögens auch die Fähigkeit, den Harn auszutreiben, verloren haben, entsteht eine widernatürliche Zurückhaltung des Harns in der Blase (Ischuria paralytica, Paralysis corporis vesicae urinariae); dagegen wird durch die Lähmung der den Blasenhals ringförmig umgebenden Muskelfasern (Sphincter vesicae), die dem Drange des Harns keinen Widerstand mehr zu leisten vermögen, ein fortwährendes Ausfliefsen des Harns, Harnflufs (Incontinentia urinae) bedingt. Beide Krankheitszustände sind aus ihren Erscheinungen leicht zu erkennen.

Die paralytische Harnverhaltung od. Lähmung des Blasenkörpers beginnt damit, dafs, so lange der Detrusor urinae seines Contractionsvermögens noch nicht ganz beraubt ist, der Harn zwar noch ausfliefst, jedoch langsamer, als bei normaler Beschaffenheit der Harnwerkzeuge, und nicht ohne Anstrengung für den Kranken; der ausfliefsende Harn bildet keinen bogenförmigen Strahl, sondern fliefst von der Harnröhrenöffnung gerade herunter; bisweilen erfolgt der Abflufs des Harns nur tropfenweise; es vergeht einige Zeit über die Bemühungen des Kranken, durch Zusammenziehung der Bauchmuskeln und Zurückhaltung des Athems, es zum Ausflusse des Harns zu bringen. Bald nach Befriedigung des Bedürfnisses, den Harn zu lassen, stellt sich der Drang hierzu von Neuem ein, und der Kranke sieht sich genöthigt, ihm von Neuem unter denselben Erscheinungen nachzugeben. Dieses sich oft einstellende Bedürfnifs des Harnens, hat seinen Grund in der nur unvollkommen erfolgenden Entleerung der Blase vom Harne. Unter solchen Erscheinungen nun, die noch nicht die wirkliche, vollkommene Lähmung der Muskelhaut des Blasenkörpers andeuten, sondern erst als die Vorboten oder vielmehr als das erste Stadium der Lähmung zu betrachten sind, und unter dem gemeinschaftlichen Namen: Harnblasenerschlaffung oder Harnblasenschwäche (Atonia vesicae urinariae, Ischuria atonica) zusammengefafst werden können, nimmt die Fähigkeit des Kranken, den Harn willkührlich zu lassen, immer mehr ab, der Kranke fühlt weniger Drang zum Harnen, und endlich ist er gar nicht mehr im Stande, die Blase von ihrem Inhalte zu entleeren, so dafs nun an die Stelle des früheren Schwerharnens, eine völlige Harnverhaltung tritt, welche die ter in die Blase geführt werden kann, der freiwillige Ausflufs des Harns durch den Katheter, wenn ein Druck auf die Bauchwand ausgeübt wird, und durch sorgfältige Berücksichtigung der ursächlichen Momente, der Körperconstitution des Kranken u. s. w., unterscheidet man die durch Paralyse bedingte Harnverhaltung leicht von der, welche durch Entzündung, Krampf der Blase, Geschwülste der Prostata, steinige Concremente, die im Blasenhalse oder der Harnröhre stecken u. s. w., bedingt ist. S. *Ischuria.* Die bedeutenden Ausdehnungen der Blase haben zur Verwechselung mit Bauchwassersucht, ja selbst mit Schwangerschaft Veranlassung gegeben.

Wenn der Schliefsmuskel der Harnblase oder die den Blasenhals ringförmig umgebenden Muskelfasern gelähmt sind (Lähmung des Blasenhalses), so ist die Folge hiervon ein Krankheitszustand, welcher dem so eben beschriebenen gerade entgegengesetzt ist, nämlich ein fortwährender unwillkührlicher Harnflufs (Incontinentia urinae, Enuresis), wobei weder ein Drang zum Harnlassen, noch irgend eine andere Empfindung Statt findet. So lange jedoch der Schliefsmuskel der Blase sein Contractionsvermögen noch nicht ganz verloren hat, vermag zwar der Kranke den Harn noch bei sich zu behalten; sobald aber Drang zum Harnlassen entsteht, fliefst auch der Harn unwillkührlich ab. Das Uebel ist zwar weder mit Schmerzen, noch mit Gefahr für das Leben verbunden, aber sehr lästig, und für den Kranken sowohl als für seine Umgebung beschwerlich, da der fortwährend ausfliefsende Harn meistens stark riecht und sehr scharf ist, in der Haut, an welcher er herabrinnt, ein Jucken und Brennen verursacht und sie sogar wund macht. Die Unterscheidung dieses Uebels von der paralytischen Harnverhaltung unterliegt in den meisten Fällen keiner Schwierigkeit; doch hat man sich vor einer Verwechselung dieser beiden Zustände in den Fällen zu hüten, wo bei einer Lähmung des Blasenkörpers, der Harnausflufs nicht ganz unterdrückt ist; in Fällen dieser Art kann man wohl den Irrthum begehen, die paralytische Harnverhaltung für eine Incontinentia urinae zu halten. Es schwindet aber die Möglichkeit, sich zu irren, wenn man die Blase mittelst eines Catheters vollkommen ausleert, worauf das unwillkührliche Harntröpfeln, wenn es durch eine Lähmung des Blasenkörpers bedingt ist, längere Zeit aufhört;

ist dagegen eine Lähmung des Blasenhalses die Ursache des Harnflusses oder Harntröpfelns, so fliefst nichts durch den Catheter aus, und das Tröpfeln des Harns dauert fort.

Die Ursachen der Blasenlähmung sind sehr verschieden. Am häufigsten erscheint sie im Gefolge der Beschwerden des hohen Alters, in welchem die Erregbarkeit des Gesammtorganismus überhaupt, und einzelner Theile desselben insbesondere vermindert ist. Vorzüglich sind Solche der Blasenlähmung unterworfen, welche vollsaftig, phlegmatisch sind, eine sitzende Lebensweise führen, und dabei die üble Gewohnheit besitzen, den Harn lange an sich zu halten, und die Blase niemals ganz von ihm zu entleeren, so dafs ein Rückstand in ihr bleibt, der die Muskelfasern mit der Zeit erschlafft, und sie ihrer Elasticität beraubt. Nicht selten ist die Blasenlähmung eine Folge von Ausschweifungen, namentlich im Genusse der Liebe, von lang fortgesetzter Onanie; ferner vom Mifsbrauche harntreibender Mittel, welche die Blase überreizen und zuletzt eine Erschlaffung der Muskelfasern hinterlassen. Plötzliche Schwächung und Depression der Thätigkeit des Nervensystems, besonders des Gehirns, durch heftige Gemüthsbewegungen, wie Aerger, Zorn, Schreck, ist ebenfalls im Stande, eine Lähmung der Blase, die entweder nur vorübergehend oder anhaltend ist, herbeizuführen; eben so Erschütterungen des Gehirn- und Nervenmarks durch einen Schlag oder Fall auf die Wirbelsäule; ferner Druck auf den Lumbar- und Sacraltheil des Rückenmarks durch Blutextravasat, Eitererguſs, Wasseransammlung, Dislocation der Wirbelknochen in Folge von Caries; Druck auf die Sacralnerven, bedingt durch mancherlei Geschwülste in der Beckenhöhle, führt ebenfalls Blasenlähmung herbei. Sehr oft auch erscheint das Leiden als eine Folge der Apoplexie. Die Ursachen der Lähmung des Blasenhalses oder der Incontinentia urinae, sind theils die bereits aufgeführten, theils solche, welche den Blasenhals ausschliefslich treffen, wie schwere Geburten, bei welchen der Blasenhals lange gedrückt und gequetscht worden ist, oder Harnsteine, die lange Zeit in dem Blasenhalse gesteckt und ihn sehr ausgedehnt haben; oder es ist der Blasenhals bei der Operation des Steinschnittes sehr ausgedehnt worden.

Die Prognose richtet sich nach den Ursachen und der

vollständige Lähmung des Blasenkörpers oder der Muskelhaut der *Blase* anzeigt. Die nächste Folge dieser Verhaltung des Harns, ist nun eine bedeutende Ausdehnung der Blase, die eine äuſserlich an der Unterbauchgegend fühlbare Geschwulst von bisweilen auſserordentlicher Gröſse bildet; sie reicht nämlich in manchen Fällen bis zum Nabel hinauf; am deutlichsten fühlt man sie an der Unterbauchgegend über den Schaambeinen; sie ist umschrieben und gespannt, ohne Veränderung der Hautfarbe und ohne Härte in ihrem Umfange, unten breiter als oben, fluctuirend, wenig schmerzhaft beim Anfühlen; drückt man mit der Hand etwas stark auf den Bauch, so entsteht dadurch Drang zum Harnen, worauf bisweilen etwas Harn abflieſst oder abtröpfelt. Bei Männern fühlt man auch die Geschwulst in dem Mastdarme, bei Weibern in der Mutterscheide, und man entdeckt sie leicht, wenn man mit einem Finger in den Mastdarm oder die Scheide eingeht. Sehr bezeichnend für die Anschwellung der Harnblase ist auch die Fluctuation, die man wahrnimmt, wenn man wechselsweise den Finger bald an die Unterbauchgegend, bald an die in dem Mastdarm oder der Scheide bemerkbare Geschwulst anlegt. Hat die Ausdehnung der Blase einen hohen Grad erreicht, so wird dadurch der Mastdarm oder die Scheide mehr oder weniger zusammengedrückt oder beengt. In einem solchen Zustande von übermäſsiger Ausdehnung enthält die Blase bisweilen eine auſserordentliche Menge von Harn; man beobachtete Kinder von 18 Monaten, deren Blase eine Pinte Harn enthielt; in der Blase Erwachsener fand man 6—7 Pinten; *v. Haller* fand die Harnblase eines starken Trinkers so ausgedehnt, daſs sie wohl an 20 Pfund Wasser fassen konnte; *W. Hunter* sah eine Harnblase, die bis in die Herzgrube hinauf ausgedehnt war. Nach *Desault* geschieht es, wiewohl auſserordentlich selten, daſs die Blase bei einer solchen übermäſsigen Ausdehnung durch den Bauchring oder das Poupart'sche Band drang und Brüche bildet. In den meisten Fällen aber, wo die Bauchwandungen dem durch die ausgedehnte Blase auf sie ausgeübten Drucke nicht mehr nachgeben können, flieſst, wenn nicht andere Umstände daran hinderlich sind, der Harn unwillkürlich ab, indem er den Widerstand, welchen der Sphincter vesicae leistet, überwindet. Der Kranke fühlt sich durch diesen Abgang des Harns erleichtert; ja es pflegt auch wohl zu geschehen, dafs, wenn ein solcher Harnabflufs zu Anfange der Krankheit, bei offner Harnröhre und offnem Blasenhalse Statt findet, und übrigens keine bedeutenden Zufälle vorhanden sind, die Krankheit anfangs unbemerkt bleibt, oder zu einem diagnostischen Irrthume verleitet, indem sie, anstatt für eine beginnende Lähmung des Blasen körpers gehalten zu werden, für eine Lähmung des Blasen halses gehalten wird, und dieser Irrthum ist um so leichter, als in manchen Fällen die Quantität des entleerten Harns mit der des genossenen Getränkes ziemlich im Verhältnisse steht. Wenn aber der Harn nicht ausfliefst, und die Ausdehnung der Blase immer mehr überhand nimmt, so gesellen sich zu den die Blase selbst betreffenden Krankheitserscheinungen viele andere Zufälle, namentlich ein Gefühl von Schwere im Mittelfleische, Stuhlzwang, Verstopfung, lebhafte Schmerzen in der Unterbauchgegend, die sich bis in die Nierengegend erstrekken; hierzu kommen grofse Unruhe und Beängstigung, Ohnmacht, Uebelkeit und wirkliches Erbrechen, kalter Schweifs, bisweilen ein Gefühl von Taubheit in den Schenkeln, erschwertes Athmen u. s. w.; die schmerzhaften Empfindungen in der Unterbauchgegend werden beim Gehen und Husten heftiger. Dagegen lassen sie nach, wenn der Kranke sich bückt und dadurch die Bauchmuskeln erschlafft. Im ungünstigsten Falle, wenn durchaus kein Abflufs des Harnes stattfindet, bersten entweder die Blasenhäute, und es entsteht ein tödtlicher Ergufs des Harns in die Beckenhöhle, in das Zellgewebe des Hodensackes, in die allgemeinen Bedeckungen des Penis, in den oberen Theil des Schenkels u. s. w., oder es entsteht durch die scharfe Beschaffenheit des Harns in Folge seines langen Aufenthaltes in der Blase, Reizung und Entzündung der Blasenwände, die mit brandiger Zerstörung derselben endigt und den Tod herbeiführt. Der Ausgang in Berstung und brandige Zerstörung der Blasenhäute ist aber selten, weil in den meisten Fällen durch den freiwilligen Abflufs einer, wenn auch geringen Quantität die Steigerung der Zufälle bis zur Entzündung verhütet wird.

Die Diagnose der paralytischen Urinverhaltung ist gewöhnlich nicht schwer; durch den meistens geringen Schmerz in der Blasengegend, die Leichtigkeit, mit welcher der Cathe-

Dauer der Krankheit, so wie nach dem Alter des Kranken. Im Allgemeinen ist sie bei der Verhaltung des Harns ungünstiger, als bei dem Unvermögen, ihn zu halten, weil die erstere Ausgänge nehmen kann, die dem Leben Gefahr drohen, was bei der letzteren nicht der Fall ist. Hohes Alter, schwer heilbare Krankheiten des Gehirns und Rückenmarks, welche der Lähmung zum Grunde liegen, Geschwülste, welche auf die Blase oder die Sacralnerven drücken, geben die ungünstigste Prognose; dagegen läfst sich bei derjenigen Blasenlähmung, welche rein örtlich, z. B. durch die üble Gewohnheit, den Harn lange zurückzuhalten, entstanden ist und welche junge, noch lebenskräftige Personen betrifft, ein ungleich günstigeres Prognosticon zu stellen.

Bei der Behandlung der Blasenlähmung hat man es mit der Erfüllung zweier Hauptindicationen zu thun, nämlich: 1) die entfernten Ursachen der Lähmung wo möglich zu beseitigen; 2) das Contractionsvermögens der erschlafften und gelähmten Muskelfasern selbst wieder herzustellen. Zu diesen Indicationen aber gesellt sich bei der Behandlung der Harnverhaltung noch eine dritte, ohne deren Erfüllung keine Heilung möglich ist, nämlich die künstliche Entleerung der Blase vom Harne; mit ihr mufs man den Anfang der Behandlung machen. Man führt zu diesem Zwecke einen Catheter in die Harnblase, und fährt mit dessen Anwendung so lange fort, bis die Muskelhaut ihr Contractionsvermögen wieder erhalten hat, und selbst die Austreibung des Harns zu bewirken im Stande ist. Die Meinungen über die Zweckmäfsigkeit, den Catheter beständig in der Harnblase liegen und den Harn durch ihn ausfliefsen zu lassen, oder jenes Instrument nur von Zeit zu Zeit einzuführen, und die Blase so oft als nöthig von ihrem Inhalte zu entleeren, waren früher getheilt. Man hielt nämlich dafür, dafs, wenn der Catheter fortwährend in der Blase liegen bliebe und der Harn beständig ausfliefsen könne, so dafs sie immer leer erhalten werde, die Muskelhaut der Blase ihr Contractionsvermögen eher wieder erhalte, als wenn das Ausfliefsen des Harnes nur von Zeit zu Zeit, so oft sich Drang zum Harnlassen einstellt, durch jedesmalige Einführung des Catheters bewirkt werde. Allein ein solches Verfahren hat mancherlei Nachtheile; denn abgesehen von der Unannehmlichkeit für den Kranken, stets liegen und das Bette hüten zu müssen, und von dem beständigen Auströpfeln des Harns verunreinigt zu werden, entsteht durch den Schnabel des Catheters sehr leicht eine Reizung der Wände der leeren Blase, Schmerz und selbst Entzündung; auch scheint es, als ob das Vorhandensein einer geringen Quantität Harns in der Blase durch den Reiz, welchen der Harn auf die Blasenwände ausübt, mehr zur Wiederherstellung der Spannkraft der Muskelfasern, als zur Erschlaffung derselben beitrüge. Deshalb ist es jedenfalls rathsamer, den Catheter nur von Zeit zu Zeit einzuführen, und die Blase je nach Umständen etwa alle 2—3 Stunden, vom Harn ganz zu entleeren; doch darf man nicht so lange warten, bis sich Drang zum Harnen einstellt, weil dieser bei grofser Erschlaffung und Ausdehnung der Blase, nicht selten erst erfolgt, wenn der Harn wiederum in grofser Menge sich angesammelt, und die Blase von Neuem übermäfsig ausgedehnt hat. Ueber die Art und Weise, wie der Catheter eingeführt und die Blase entleert wird, vergl. man den Art.: Catheterismus. In den meisten Fällen macht sich der Kranke selbst nach und nach die Fertigkeit zu eigen, den Catheter so oft als nöthig selbst einzuführen.

Was die Erfüllung der anderen Indicationen anlangt, welche nicht blos vorübergehende Erleichterung, sondern wirkliche Heilung des Uebels bezwecken, so mufs die Behandlung eben so verschieden sein, als es die entfernten Ursachen der Blasenlähmung sind. Man hat deshalb die krankhaften Zustände, als deren Symptom die Blasenlähmung erscheint, möglichst zu erforschen und einer arzneilichen Behandlung zu unterwerfen, z. B. die allgemeine Schwäche und gesunkene Erregbarkeit des Organismus, die Abstumpfung des gesammten Nervensystems in Folge hohen Alters, geschlechtlicher Ausschweifungen, die Lähmung der Centralorgane des Nervensystems in Folge von Apoplexie u. s. w. Mit dieser gegen die entfernten Ursachen der Blasenlähmung gerichteten Behandlung, ist gleichzeitig diejenige zu verbinden, welche die Beseitigung der nächsten Ursache durch Wiederherstellung des verlorengegangenen Contractionsvermögens der Muskelhaut der Blase zum Zwecke hat; man erreicht diesen durch Stärkung der Blase und der zu ihr gehenden Nerven, und bedient sich hierzu im Allgemeinen der

Roborantia, Excitantia und Adstringentia, und wendet diese Mittel je nach Umständen, sowohl innerlich als äufserlich an. Von ausgezeichneter Wirkung sind die äufserlich, in der Nähe der Blase angewendeten Mittel; in noch nicht veralteten Fällen von Blasenlähmung, und noch mehr in den Fällen, wo man es nur mit einer Atonie der Blase, bei welcher noch keine völlige Lähmung vorhanden ist, zu thun hat, leistet die Kälte in mehrfacher Anwendungsweise ganz vortreffliche Dienste. Man macht Waschungen und Bähungen mit eiskaltem Wasser auf die Unterbauchgegend, auf das Kreuzbein und Mittelfleisch, spritzt kaltes Wasser in die Blase ein, läfst kalte Sitzbäder nehmen, wendet die kalte Douche an; bei Frauen legt man wohl auch Schwämme, die mit kaltem Wasser befeuchtet sind, in die Scheide ein. Der Rath, den Kranken auf einem mit kaltem Wasser befeuchteten Boden, nackt und mit blofsen Füfsen einhergehen zu lassen, möchte nicht unbedingt zu befolgen sein. Ferner sind äufserlich anzuwenden, die Aromatica in Form von Waschungen oder Bähungen, wozu man sich eines Aufgusses der Species aromaticae, in Verbindung mit Spirituosis, wie Wein, Branntwein u. a. bedienen kann; auch läfst man reizende, mit ätherischen Oelen bereitete Salben einreiben, als das Linim. volatile, Ung. nervinum, den Opodeldoc; ferner die Cantharidentinctur mit Spir. serpylli und Liquor ammon. causticus ins Rückgrath und Kreuzbein; macht Einspritzungen von stärkenden und zusammenziehenden Mitteln in die Blase. Die wiederholte Application von Vesicatorien auf das Kreuzbein leistet ebenfalls gute Dienste; eben so Electricität und Galvanismus. Die Behandlung der Blasenlähmung durch innerliche Mittel mufs mit der durch äufserliche übereinstimmen; man bedient sich deshalb der das Nervensystem und die Muskelfasern reizenden und stärkenden Mittel; den Anfang macht man mit den flüchtigen, und geht dann zu den mehr tonisch wirkenden über: daher Campher in Emulsion, Arnica, Valeriana, die Cantharidentinctur zu 15—20 Tropfen mit Mandelmilch, Oleum animale Dippelii, Oleum Terebinthinae, Bals. Peruv. u. Acidum phosphoricum dilutum. *Lafaye* (*Froriep's* Notizen No. 6. Bd. XXI. 1828. S. 96. — No. 14. Bd. XXVII. 1830. S. 224) verordnete das Extract der Nux vomica zu 2 Gran Morgens und Abends, und *Bailly* bediente sich mit günstigem Erfolge des Strychnins zu $\frac{1}{10}$ — 1 Gran in 24 Stunden. Aufgüsse der Baccae juniperi, Folia uvae ursi u. a., eignen sich zur Anwendung als Thee. Gegen die Lähmung des Blasenhalses verordnete *Selle*, Alaun innerlich alle 4 Stunden zu einem halben Quentchen mit 10 Gran arabischem Gummi. Nach erfolgter Wiederherstellung des Contractionsvermögens der Blase darf der Wiedergenesene nie lange den Harn an sich halten, sondern mufs sorgfältig auf den Drang zum Harnlassen achten, und ihn augenblicklich befriedigen.

Was das Unvermögen, den Harn zu halten, noch insbesondere betrifft, so mufs man, wenn dieses Uebel unheilbar ist, wie dies meistens bei sehr alten Personen der Fall zu sein pflegt, die mit ihm verbundenen Unannehmlichkeiten und Beschwerlichkeiten so viel möglich zu vermindern, und dadurch den Zustand des Kranken zu erleichtern suchen. Man hängt zu diesem Zwecke beim Harnflusse der Männer ein flaschenförmiges Gefäfs (Harnrecipient) an, welches dazu bestimmt ist, den Harn aufzunehmen; dieser Recipient wird so an dem Kranken befestigt, dafs das Glied in ihm liegt. Andere Vorrichtungen, wie das Nuck'sche Druckwerkzeug, bezwecken eine Verschliefsung der Harnröhre durch Druck auf sie, empfehlen sich jedoch nicht zur Anwendung, da sie entweder zu wenig drücken, und in diesem Falle ihren Zweck nicht erfüllen, oder Schmerz erregen. Bei dem weiblichen Geschlechte dagegen, läfst sich das fortwährende Ausfliefsen des Harns nicht anders verhüten, als durch Compression der Harnröhre, die am einfachsten und sichersten durch einen elastischen Mutterkranz bewirkt wird, der so beschaffen und in die Mutterscheide gelegt werden mufs, dafs er die Harnröhre gegen die Schaambeine drückt. Die Vorrichtungen von ***Desault***, ***Böttiche***r und ***Richter*** sind zu umständlich, und möchten auch nicht immer ihren Zweck ganz erfüllen.

L i t e r a t u r :

G. Albrecht, Diss. de ischuria. Gott. 1767. 4. — *J. Wagner*, Diss. de ischuria vesicali atque vesicae paracentesi. Argent. 1779. 4. — *P. Frank*, Oratio de Signis morborum ex corporis situ partiumque positione petendis. Ticini, 1788. — *Schwarze*, lotii suppressio unde? Dissert. Marburgi 1790. — *Jos. Nessi*, Unterricht in d. Wundarzneikunst. Aus d. Ital. Leipz. 1790. Bd. 2. S. 380. — *J. A. Schmidt*, commentarius de nervis lumbalibus. Vindob. 1794. S. 87. — *Wichmann*, Ideen zur Diagnostik. 3 Th. 1802. S. 39. — *Richter*, Anfangsgründe der Wundarzneikunst. Gött. 1802. Bd. 6. — *A. B. Bakker*, Diss. de urina medice vel chirurgice eliminanda. Workum 1803. — *Jesse-Foot*, practische Fälle vom Nutzen der Einspritzungen in den Krankheiten der Harnblase. Nach d. 2ten Ausgabe übersetzt von *Meinike.* Berlin 1804. — *Nauche*, nouvelles récherches sur les rétentions d'urine. 3me édit. Paris 1806. — *Schmidt W.*, über diejenigen Krankheiten der Harnblase, Vorsteherdrüse u. Harnröhre, (mit Ausnahme d. Blasensteins,) denen Männer vorzüglich im hohen Alter ausgesetzt sind, 1806. — *Desault*, auserlesene chirur. Wahrnehmungen. Aus d. französ. von *Doerner*. Frankf. 1806. L. 11, 12. S. 154. — *Chopart*, traité de maladies des voies urinaires. Nouv. édit. par *E. H. Felix Pascal.* Paris 1821. 2me Vol. — *B. Bell's* chirur. Abhandlung über die Krankheiten der Harnwege, des Mastdarms u. deren Behandlung. In d. chirur. Handbibliothek. Weimar 1821. Bd. 2. — *S. T. Soemmerring*, Abhandlung über die schnell und langsam tödtenden Krankheiten der Harnblase und Harnröhre bei Männern im hohen Alter. 2te Ausgabe. Frkf. 1822. 8. — *R. Bingham*, pract. Anmerk. über d. Krankheiten und Verletzungen der Blase. Aus d. Engl. von *Dohlhoff.* Magdeb. 1823. — *F. Howship*, on the diseases of the urine and the urinary organs. London 1823. — Hamburger Magazin 1824. Sept. Octbr. S. 285. — *M. F. Chelius*, Handb. d. Chirurgie. Bd. 2. H — s.

LAEHMUNG DER SPEISEROEHRE. S. Dysphagie.

LAEMMERGRIND. S. Maulgrind.

LAEMMERLAEHME. S. Lähme der Lämmer.

LAEMMERRUHR. S. Ruhr der Lämmer.

LAENGENBINDE, vordere und hintere. S. Ligamentum longitudinale.

LAENGENBLUTLEITER. S. Sinus.

LAENGENBRUCH. S. Fractura.

LAENGENMESSER, Mecometrum, von μῆκος Länge und μέτρον Maafs, le Mécomètre, ein im Hospice de la Maternité zu Paris behufs der Messung der Ausdehnung des Körpers häufig gebräuchliches Instrument, das aus einem in Decimeter, Centi- und Millimeter eingetheilten, hölzernen Stabe besteht, der an einem Ende mit einer senkrecht stehenden Platte von Kupfer versehen ist, und auf welchem ein sogenannter Läufer von demselben Metalle hin- und hergeschoben werden kann. E. Gr — e.

LAENGENSCHNITT. S. Incisio.

LAESIO drückt im Allgemeinen jede Verletzung aus, wodurch eine Störung der Function eines Theiles und durch diese eine Krankheit herbeigeführt wird; sonst versteht man auch insbesondere unter Laesio eine Verletzung durch äussere Gewalt, durch schneidende Werkzeuge etc. S. Krankheiten, Morbus und Vulnus. E. Gr—e.

LAEUSEKRAUT. S. Pedicularis.

LAEUSESAMEN. S. Veratrum.

LAEUSESUCHT. S. Phthiriasis.

LAEUTEN IN DEN OHREN. S. Ohrentäuschung.

LAGE, abnorme. S. Situs inversus.

LAGERUNG. Fassen wir diesen Begriff im weitesten Sinne des Wortes, und begreifen wir darunter alles dasjenige, was in Betreff der Art der Lagerung 1) eines Kranken überhaupt, 2) bei den einzelnen chirurgischen Krankheitszuständen insbesondere, und 3) zum Behufe einer zu unternehmenden Operation, dem Wundarzte zu beachten von Wichtigkeit ist, so gehört dieser Gegenstand gewifs zu einem der bedeutendsten der Chirurgie. Wie sehr erleichtert eine passende Lage die Ausführung schwieriger, an weniger zugänglichen Theilen zu unternehmender Operationen, die Einrichtung von Dislocationen, die Verhütung von Eitersenkungen, die Heilung klaffender, auf andere Weise nicht zu vereinigender Wunden u. s. w.; ja Englische Aerzte haben in neuerer Zeit die Ansicht aufzustellen gewagt, man könne bei Beinbrüchen aller Bandagen und Schienen gänzlich entbehren, und die blofse zweckentsprechende Lagerung reiche völlig zur sicheren und vollständigen Heilung derselben hin. Freilich lassen sich die Regeln, welche man in Hinsicht der verschiedenen Lagerung für alle jene einzelnen Fälle zu beobachten hat, nicht leicht unter allgemeine Principien zusammenfassen, ebenso wie es der Beurtheilung des Wundarztes anheim gestellt bleiben mufs, sich hierbei von der jedesmaligen Individualität des Subjects und der Umstände bestimmen zu lassen; indefs können doch einige Grundsätze aufgestellt werden, um als leitende Richtschnur zu dienen.

Bei der Bestimmung der Lagerung eines Kranken überhaupt mufs man besonders die Rücksicht im Auge behalten, dafs dieselbe bequem und dem Kranken vollkommen behaglich sei, da letzterer dabei meistens von einem fast instinctartigen Gefühle geleitet wird, nur die Lage für angenehmer zu finden, die zugleich auch die zweckmäfsigste ist; nur selten kommen Fälle vor, wo man wegen einer besonderen Heilintention von diesem Grundsatze abweichen mufs. Besonders zu beachtende Puncte nun sind die Wahl des Krankenzimmers und des Krankenlagers. In ersterer Beziehung hat man allerdings nicht immer, namentlich bei der ärmeren Volksclasse und in der Privatpraxis freie Wahl; geht es aber an, so wähle man ein Zimmer, das von störendem Geräusche fern liegt, mit seinen Fenstern nach einer freien, gesunden Gegend blickt, mäfsig hoch, und in seinem Raume nicht zu beengt ist. In öffentlichen Krankenanstalten erfordert es daher noch besondere Sorgfalt, dafs nicht zu viele Kranke in einem beschränkten Raume zusammenliegen, wodurch am sichersten jenem Uebelstande, dessen Verhütung eine Hauptaufgabe der Krankenpflege ist, nämlich der Anfüllung der Luft mit schädlichen Gasarten, vorgebeugt wird. — Als Lagerstätte dient gewöhnlich das Bett, und nur in den seltenen Fällen, wo eine Ansammlung von Flüssigkeiten in der Brusthöhle, Aneurysmen der Aorta u. s. w. eine perpendiculaire Richtung des Körpers nöthig machen, auch der Stuhl. Das Bett darf weder zu hoch noch zu niedrig sein, damit der Wundarzt sich bequem mit dem Kranken beschäftigen könne; es mufs fest gebaut sein, und in öffentlichen Krankenhäusern gebraucht man am zweckmäfsigsten eiserne Bettstellen; es darf nicht zu breit sein, und mufs frei dastehen, damit man es wenigstens von drei Seiten umgehen könne; über besondere Krankenbetten und Krankenstühle siehe die betreffenden Artikel. Die Unterlagen sind ein Gegenstand von besonderer Wichtigkeit; sie dürfen nicht zu erhitzend, nicht zu weich und nachgiebig sein, müssen dagegen eine gewisse Festigkeit und Elasticität besitzen, um stets eine gleichmäfsig ebene Fläche zu bilden; am unpassendsten sind daher Federbetten, zweckmäfsig dagegen Matratzen, namentlich die mit Rofshaaren ausgestopften. Die Decken müssen leicht sein, und ihre Zahl und Dicke der Temperatur des Zimmers entsprechen; Federbetten wären daher hier natürlich vollends unpassend. Das Umzäunen der Krankenbetten mit Gardinen und sogenannten Wänden ist öfterer in der Privat- als in der Hospitalpraxis anzurathen, weil bei letzterer der Kranke hierdurch der Beobachtung des meistens für mehrere Kranke gemeinschaftlich bestimmten Wärters zu sehr entzogen wird (S. auch Krankenbett u. Krankenzimmer).

Die specielle Lagerung des Körpers zur Erreichung irgend eines Heilzweckes mufs natürlich verschieden sein, je nach den verschiedenen Krankheitszuständen. Eine horizontale Lage des Rumpfes ist in allen den Fällen erforderlich, wo der Körper in einen möglichst unthätigen, erschlafften Zustand versetzt werden soll, sei es, um den Kreislauf und die Gefäfsthätigkeit zu schwächen, sei es, um die Activität der Muskeln zu beschränken. Aus letzterem Grunde ist die horizontale Lage, namentlich auf einer festen und ebenen Unterlage, ein so wichtiges Moment zur Heilung von Rückgrathskrümmungen, und bei geringeren Graden von Lordosis reicht dieselbe, einige Zeit lang consequent fortgesetzt, vollkommen zur Heilung aus. Dasselbe gilt bei der Kur von Prolapsen und Hernien, wo eine längere Zeit und ununterbrochen fortgesetzte horizontale Lage allein oft im Stande ist, radicale Heilung zu bewirken. Von nicht minderem Nutzen ist eine solche Körperrichtung bei Mutterblutflüssen, sowohl wegen der dadurch bewirkten allgemeinen Ruhe, als auch wegen des verminderten Blutzuflusses zu dem afficirten Organe, desgleichen bei grofser Neigung zum Abortus oder zu übereilten Geburten, die ebenfalls durch eine länger oder kürzer andauernde, horizontale Lage bisweilen verhütet werden können. Ferner wird dieselbe, aber Monate lang fortgesetzt, von *Cooper* als wirksam erklärt zur Beseitigung von chronischer Orchitis, von *Davis* zur Heilung von Dysmenorrhoe, wenn gleichzeitig hin und wieder örtliche Blutentziehungen am Muttermunde vorgenommen werden, ferner bei Varicocele, bei Varices und varicösen Geschwüren an den unteren Extremitäten, bei oedematöser Anschwellung derselben, überhaupt so oft es darauf ankommt, den Säfteandrang nach der unteren Körperhälfte zu verringern. — Eine nach vorwärts geneigte Lage wird erforderlich bei allen bedeutenden Querwunden an der Vorderfläche des Halses, der Brust und des Unterleibes, umgekehrt aber eine möglichst nach rückwärts gebeugte Lage bei Längenwunden jener Theile, so oft nämlich die schnelle Vereinigung beabsichtigt wird, weil auf diese Weise die Wundränder am natürlichsten einander genähert und in Contact erhalten werden. Dies findet namentlich seine Anwendung bei Wunden der Luftröhre, bei denen, mit Hintansetzung aller anderen Contentivmittel, lediglich durch Vorwärtsneigen oder Zurückbeugen des Kopfes, je nachdem es eine Quer- oder Längenwunde ist, das Zusammenhalten der Wundränder bewirkt wird. — Bisweilen ist eine seitliche Lage besonders wohlthätig und angenehm, so bei mehreren chronischen Krankheiten der Brust, bei schweren Geburten, bei entzündlichen Uebeln der entgegengesetzten Körperseite. Endlich kann noch irgend eine einzelne Körperstelle Gegenstand besonderer Aufmerksamkeit werden, um dieselbe gegen Druck und Reibung zu schützen, Infiltrationen oder Ansammlungen von Eiter zu verhüten u. s. w., was durch eine passende Lagerung häufig genug erreicht wird.

Noch besondere Erwähnung verdient die Lagerung zum Behufe der Heilung von Fracturen. Hierbei wird stets das Princip in Anwendung gesetzt, nach geschehener Reduction, das Glied in eine solche Lage zu bringen, in welcher die Muskeln, welche sich an die gebrochenen Knochenenden anheften, in möglichste Erschlaffung versetzt werden, und daher dieselben durch ihre Actionen wieder zu verrücken nicht im Stande sind. Darauf streben auch gröfstentheils alle jene Vorrichtungen hin, die unter dem Namen der Schweben, Laden, Hängeapparate u. s. w. bekannt sind; auch giebt es Fracturen, wo andere Retentionsmittel, als eben eine zweckmäfsige Lagerung, anatomischer Verhältnisse wegen gar nicht möglich sind, so z. B. bei Brüchen des Heiligenbeins, des Sitz- und Schambeins, der Fortsätze des Schulterblatts u. s. w. So einfach es nun beim ersten Anblick scheinen dürfte, für solche Fälle die anzuwendende Richtung des Gliedes zu bestimmen, indem man blofs die sich ansetzenden Muskeln und deren gröfste Erschlaffung zu berücksichtigen nöthig hat, so ist dies doch oft wegen der, obgleich antagonistisch wirkenden, sich dennoch gemeinsam an einen Knochen heftenden Muskeln, a priori kaum festzustellen möglich, und daher die sich oft widersprechende Angabe der Wundärzte erklärlich. So halten Einige beim Bruch des Olecranon die ganz ausgestreckte Lage des Vorderarms für die passendste, während Andere die stärker oder schwächer flectirte vorziehen; ähnliche Debatten erhoben sich in Betreff des Bruches des Schenkelhalses, überhaupt über die Lagerung bei Brüchen der unteren Extremitäten. In früheren Zeiten wurde bei diesen allgemein die gerade ausgestreckte Richtung, wobei der Rumpf mit den unteren Extremitäten sich in einer Linie befindet, angewandt; dagegen machte sich später namentlich durch *Pott* die Ansicht geltend, dafs vorzüglich die gebogene Lage der unteren Extremität, wobei der ganze Körper auf der Seite ruhen mufs, diejenige ist, welche am vollkommensten eine Erschlaffung sämmtlicher Muskeln, die sich an die Bruchenden inseriren, gestattet.

Ohne uns hier in die genaueren Details über die Vorzüge des einen oder anderen Verfahrens bei den einzelnen Fracturen zu verlieren, welches der speciellen Exposition derselben überlassen bleiben mufs, wollen wir nur noch kurz die Ansicht anführen, welche neuerlich von *Wardrop* und *Radley* über die Bedeutung der Lagerung bei der Heilung von Beinbrüchen ausgesprochen worden ist. Sie verwerfen unbedingt alle künstlichen Verbände, selbst das Anlegen einfacher Schienen, und halten dieselben nicht blofs für unwesentlich und überflüssig, sondern sogar für schädlich. Sind die gebrochenen Knochenenden erst einmal in ihre normale Lage reducirt, so erfolgt der weitere Heilungsprocefs ganz von selbst, ohne nöthiges Hinzuthun der Kunst; ein Verschieben der Bruchenden könnte nur dadurch eintreten, dafs die an dieselben sich anheftenden Muskeln in Contraction versetzt würden; jeder Versuch dazu ist indefs mit solchen Schmerzen verbunden, dafs der Kranke von selbst gewifs keine Bewegungen unternehmen wird, wogegen dieselben allerdings durch Anlässe von aufsen, wie eben durch den Druck von Schienen u. s. w. unwillkührlich angeregt werden können. Von dieser Idee ausgehend, beschränken sich die genannten Aerzte daher darauf, den Fracturirten auf eine feste Matratze zu bringen, die Fractur zu reduciren, und dann das gebrochene Glied auf ein einfaches Heu- oder Seegraskissen so zu lagern, dafs dasselbe jenes auch von den Seiten umgiebt, was vermittelst herumgeführter Bänder bewirkt werden kann; nächstdem sorgen sie blofs noch dafür, dafs sämmtliche Vertiefungen, z. B. die Kniekehle, Ferse u. dgl. so ausgefüllt werden, dafs die Extremität bequem ruht, und kein einziger Muskel zu wirken nöthig hat. Die Vortheile dieses Verfahrens sind hervorstechend; man erspart den mühsamen, oft schwer herbeizuschaffenden Verband, überhebt den Kranken der Schmerzen beim Anlegen desselben und während der Dauer seiner Anwendung, und ist leicht im Stande, bei etwa vorhandenen Complicationen des Bruches, die nöthigen örtlichen Mittel anzuwenden, so dafs, wenn die Resultate jenes Verfahrens sich als stets so sicher und vollkommen ergeben sollten, wie sie in den von jenen Englischen Aerzten mitgetheilten Fällen beobachtet worden sind, dasselbe gewifs als ein sehr nützlicher Fortschritt zur einfacheren Behandlung der Knochenbrüche betrachtet werden müfste.

Bei der Lagerung des Kranken zum Behufe der Ausführung einer chirurgischen Operation sind mehrere Puncte im Auge zu behalten, dafs nämlich die Operationsstelle gehörig beleuchtet werde, dafs sie dem Operateur leicht und bequem zugänglich sei, dafs dieser und die Assistenten den erforderlichen Raum, um sich frei bewegen zu können, haben, und dafs endlich der Kranke selbst sich in einer möglichst behaglichen oder doch am wenigsten lästigen Stellung befinde. Den zu Operirenden läfst man entweder sitzen oder liegen, was von der Körpergegend, an welcher das Uebel sich befindet, von dem Kräftezustande des Patienten und der Gewohnheit des Operateurs abhängt. Im Allgemeinen ist die sitzende Stellung in allen den Operationen vorzuziehen, die am Gesichte und Schädel, an den oberen Extremitäten, an der Rückenfläche des Rumpfes, am Penis und Scrotum vorzunehmen sind, vorausgesetzt, dafs man die Ueberzeugung hat, den Kranken auf diese Weise gehörig fixiren zu können. Bei sehr unruhigen Individuen dagegen, namentlich wenn es an hinlänglicher Assistenz fehlt, ferner bei allen bedeutenderen und sehr schmerzhaften Operationen, desgleichen bei den meisten Operationen am Halse, an der Brust, dem Unterleibe, der Perinäalgend, und an den unteren Extremitäten verdient die liegende Stellung den Vorzug.

Der Stuhl, auf welchem der zu Operirende sitzt, mufs mäfsig hoch und fest sein, seine Rückenlehne, die mit einem Kissen ausgepolstert wird, darf, wenn die Operation am Kopfe Statt findet, nicht höher als bis zum Nacken des Patienten reichen. Die Lage des Letzteren ist nun verschieden, je nach dem Sitze des Uebels. Soll eine Operation am Halse, am Gesichte, namentlich an den Augen, vorgenommen werden, so neigt der Kranke seinen Kopf über die

Rücklehne des Stuhles zurück, und lehnt denselben gegen die Brust eines dahinter stehenden Gehülfen, der denselben mit beiden Händen fixirt, und zugleich einen Theil der Assistenz, z. B. das Heraufziehen des oberen Augenlides, das Festhalten von Ligaturfäden u. s. w. übernimmt; seine Arme läfst der Kranke gerade am Rumpfe herabhängen, auch können sie, wenn man gewaltsame Bewegungen besorgt, durch das Tuch, welches, um die Kleidung gegen Blutung zu schützen, dem Kranken vorgelegt wird, mit eingehüllt werden; die unteren Extremitäten werden einander genähert und gerade ausgestreckt, die Kniee nöthigenfalls von einem Gehülfen herabgedrückt, so dafs die Füfse frei in der Luft schweben und keinen festen Stützpunct haben, um den Körper sammt dem Stuhle nach rückwärts zu beugen. Geschieht die Operation am Schädel oder an der Seitenfläche des Halses, so wird der Kopf demgemäfs entweder aufrecht auf dem Rumpfe gehalten, oder nach der einen oder anderen Schulter hingeneigt. Wird am Nacken oder Rücken operirt, so placirt man den männlichen Kranken so, dafs er in reitender Stellung auf dem Stuhle sitzt, mit der Brust der Rückenlehne zugekehrt, und mit seinem Kopfe sich über dieselbe hinwegneigend. Soll er am Penis oder Scrotum im Sitzen operirt werden, so mufs der Kranke sich möglichst nahe an den vorderen Stuhlrand setzen, so dafs der zu operirende Theil frei vor demselben herabhängt, die Schenkel werden möglichst weit von einander gezogen, und in dieser Lage von zwei Gehülfen fixirt.

Um den Kranken liegend zu operiren, läfst man ihn entweder in seinem Bette, oder man bringt ihn auf einen Tisch. Ersteres hat allerdings den Vortheil, dafs der Kranke viel weniger in seiner Ruhe gestört wird, und verdient daher den Vorzug in den Fällen, wo eine sehr bedeutende Schwäche obwaltet, oder wo jede Bewegung mit grofsen Beschwerden und Schmerzen verknüpft ist, z. B. bei Ascites, bei sehr complicirten Fracturen, eingeklemmten Brüchen u. s. w., oder endlich, wenn die Operation an sich eine so leichte ist, dafs sie auch im Bette sehr bequem ausgeführt werden kann; dagegen hat dies Verfahren allerdings die Nachtheile, dafs das Krankenbett selten eine solche Construction hat, dafs der Operateur und die Gehülfen bequem von allen

Seiten zur Operationsstelle gelangen können, und dafs ferner sehr leicht Unterlagen und Decken von Blut beschmutzt werden, was daher dennoch ein Umbetten nöthig macht. Deshalb wird es gröfstentheils zweckmäfsig sein, den Kranken wenigstens nicht in demselben Bette, in welchem er während der Dauer der Heilung bleiben soll, zu operiren, und mufs doch einmal noch ein zweites Bett benutzt werden, so ist, wegen der meist unbequemen Construction desselben, doch jedenfalls die Lagerung auf einen Tisch vorzüglicher. Hierzu kann man sich eines jeden gewöhnlichen Tisches bedienen; nur mufs derselbe fest und so hoch sein, dafs der Operateur sich weder zu stark überzubeugen, noch auch zu sehr hinauf zu langen nöthig hat, auch darf er nicht zu breit sein. Zu umstellbaren, allen jenen Anforderungen am besten entsprechen Operationstischen gab *v. Gräfe* ein, nun schon seit vielen Jahren bewährtes und mehrfach nachgeahmtes Muster an (S. *v. Gräfe's* etc. Journ. Bd. I. p. 61. Taf. IV. und V.). Ueber den Tisch wird, um ihn von Blut rein zu halten, eine Wachstuchdecke ausgebreitet, und der Kranke darauf, je nach der Operationsstelle, verschieden gelagert. Befindet sich dieselbe an der hinteren Fläche des Körpers, so mufs der Kranke natürlich auf dem Bauche liegen, während er sich mit beiden Füfsen auf zweien, am Fufsende des Tisches befindlichen, niedrigen Stühlen aufstützt; soll eine Operation an der vorderen Fläche des Körpers vorgenommen werden, so liegt der Kranke ganz horizontal auf dem Rücken, indem man blofs den Kopf durch ein Kissen unterstützt; der Operateur tritt alsdann zur Seite des Tisches. Wird endlich am Perinäum oder After operirt, so lagere man den Kranken so, dafs er mit den Nates etwas über den Tischrand hervorragt, neige die im Knie flectirten unteren Extremitäten stark gegen den Bauch zurück, und lasse dieselben von zwei Gehülfen weit von einander halten. Individuelle Fälle können freilich sowohl ein Abweichen von den aufgestellten Principien, als auch die Anwendung ganz eigenthümlicher Attituden des zu Operirenden nöthig machen, z. B. die Lagerung auf Ellenbogen und Kniee (position à la vache) zu mehreren geburtshülflichen Operationen, zur Reposition mancher Dislocationen des Uterus u. s. w., ferner die mannigfachen Körperstellungen zur Reduction von Hernien und Luxationen, zur Exploration verschiedener Höhlen u. dgl., wie es bei der speciellen Darstellung jener Operationen gelehrt wird.

Ein sehr zu beachtender Gegenstand bei der Bestimmung der Lagerung eines zu Operirenden ist die Art der Befestigung desselben, da, selbst bei der gröfsten Besonnenheit und Kaltblütigkeit des Kranken, die Heftigkeit des Schmerzes ihn zu unwillkührlichen Bewegungen veranlassen kann, die den Erfolg der Operation zu vereiteln oder bedeutende Nebenverletzungen zu erzeugen vermögen. Sonst bediente man sich hiezu vielfach der Laquei, in der Mehrzahl der Fälle indefs werden dergleichen todte Befestigungsmittel nicht nöthig sein, und einige zweckmäfsig angestellte Gehülfen, welche ihre Kraftanwendung aber stets den Widerstandsversuchen des Kranken accommodiren müssen, werden hierzu vollkommen ausreichen. Operirt man junge Kinder, so kann man diese auf keine Weise sicherer lagern, als indem man sie von einer ihnen bekannten Person auf den Schofs nehmen läfst, oder sie total in ein Tuch einwickelt, und auf den Tisch hinlegt.

Welches übrigens die Lagerung sei, die man für eine Operation wählt, immer mufs man mit Umsicht dafür sorgen, dafs die Operationsstelle hinreichend beleuchtet werde, was am vollkommensten durch das Sonnenlicht geschieht. Kann dieses von oben herab in das Operationszimmer einfallen, so wird dies freilich die günstigste Beleuchtung gewähren; sonst mufs man dies dadurch zu erreichen suchen, dafs man den Lagerungsapparat möglichst dem Fenster nähert, eine jede Verdunkelung, sie geschehe durch Körpertheile des Kranken, durch die Assistenten oder durch den Operateur selbst, durch zweckmäfsige Placirung verhindert, die zu operirende Stelle durch untergeschobene Kissen u. dgl., zum hervortretendsten Theile des Körpers macht, nöthigenfalls aber auch sich des Kerzenlichts bedient. Ho — n.

LAGOCHILUS. S. Labium leporinum.

LAGOECIA. Eine Pflanzengattung aus der natürlichen Familie der Umbelliferae, im Linnéischen System in der Pentandria Digynia stehend. Sie besteht nur aus einer einzigen, im südlichsten Europa und im Orient wachsenden, einjährigen Art, und ist sehr ausgezeichnet durch die 5 kammförmig, fiederspaltigen Kelchzähne, die kleinen, gegrannt zweilappigen Blumenblätter und durch die einsamige Frucht, an welcher die eine Hälfte stets fehlschlägt. Die Dolde wird anfangs hängend, dann fast kugelig, vielstrahlig, die Döldchen nur einblumig, Hüllen und Hüllchen kammartig gefiedert. Man benutzte sonst Kraut und Früchte der aromatischen Pflanze als ein Magenmittel bei Anorexie unter der Benennung Ammios veterum herba et semina. Es ist das Κύμινον ἄγριον des *Dioscorides*, und wird im Orient als Gewürz gebraucht. v. Schl — l.

LAGONTOMUM. S. labium leporinum.

LAGOPHTHALMIA, LAGOPHTHALMOS, LAGOPHTHALMUS. S. Hasenauge.

LAGOPUS. S. Trifolium.

LAGOSTOMA. S. Labium leporinum.

LAKRITZENSAFT. S. Glycyrrhiza.

LALLATIO. S. Stammeln.

LALLIAZ. Der Badeort Lalliaz oder La Liaz, einer der besuchtesten der Schweiz, in der Gemeinde Blonay, Kanton Waadt, liegt sehr malerisch auf einem Bergabhange, hoch über dem linken Ufer des oft verheerenden, in der Nähe entspringenden, und bei Clarens in den Genfersee mündenden Baches la Baye de Clarens, 2910 F. über dem Spiegel des Meeres, — zwei Stunden nordöstlich von Vevay (Vivis) entfernt, zwei Stunden nördlich von Montreux, zwei Stunden südöstlich von Chatel-Saint-Denis, sechs Stunden östlich von Lausanne, vierzehn Stunden südlich von Freiburg. — Westlich und östlich darüber erheben sich die Höhen la Playan und Plan de Chates, zwischen denen sich die tiefe, vom oben erwähntem Bache durchströmte Thalschlucht Villars von Norden nach Süden zieht.

Obgleich die Heilquelle schon im sechszehnten Jahrhundert bekannt war, und ihrer von *C. Collinus*, Arzt in Sitten, in einem Briefe an *C. Gessner* vom Jahre 1561 bereits erwähnt wird, so kam sie doch eine Zeit lang in Vergessenheit, erlangte aber in neuerer Zeit wieder so grofsen Ruf, dafs zu der im Jahre 1813 neu angelegten und mit zweckmäfsigen Einrichtungen zum Baden und zur Bequemlichkeit der Kurgäste versehenen Badeanstalt im Jahre 1827 noch ein zweites grofses Gebäude zur Aufnahme der herbeiströmenden Kurgäste errichtet werden mufste.

Die Hauptquelle kommt ganz in der Nähe des Bades zwischen senkrechten Lagern von Kalkstein- und Mergelschiefer zu Tage, und wird in einen Behälter geleitet, aus welchem sodann das Wasser in eine besonders erbaute Siedehütte gelangt.

Das Mineralwasser ist an der Quelle durchaus klar, bildet jedoch einen weifsen, schwefelartigen Niederschlag, hat bei 15° R. der Atmosphäre eine Temperatur von 6,5° R. und ein spec. Gewicht = 10025. Der Geschmack des Wassers ist dem der Schwefelwasser gleich, doch weniger unangenehm als bei denjenigen, welche mehr Schwefelwasserstoffgas enthalten. Der Schwefelgeruch erhält sich lange, und verliert sich erst nach anhaltendem Kochen, wonach das Wasser trübe wird, bitter-salzig schmeckt, und einen erdigen Bodensatz bildet. Der atmosphärischen Luft ausgesetzt, entsteht auf der Oberfläche des Wassers ein leichter, schwefeliger Ueberzug.

In sechszehn Unzen dieses Wassers fand *Struve* im Jahre 1813:

Salzsaure Bittererde	0,67 Gr.
Kohlensaure Bittererde	0,08 —
Schwefelsaure Bittererde	6,72 —
Kohlensauren Kalk	1,92 —
Schwefelsauren Kalk	13,12 —
	22,51 Gr.
Kohlensaures Gas	1,772 K.-Z.
Geschwefeltes Stickgas	1,590 —
	3,362 K.-Z.

Dr. *Verdeil* fand auch Schwefelwasserstoffgas, und zwar im Verhältnifs zu Stickgas wie 19 zu 11.

Das Mineralwasser von Lalliaz wird innerlich und äusserlich gebraucht. Man trinkt 4—6 Gläser täglich, badet zuerst nur eine Stunde lang, und steigt dann allmälig bis zu drei und vier Stunden.

Getrunken, vermehrt es den Appetit, befördert die Verdauung, und bethätiget die Se- und Excretionen der Verdauungswerkzeuge.

Aeuſserlich bedient man sich desselben besonders bei chronischen Hautausschlägen, Krätze, Flechten, chronischen Geschwüren und lymphatischen Geschwülsten, — in Verbindung mit der Trinkkur gegen Kopfgrind und bei alten Wunden, schlaffen und dyscratischen Geschwüren.

Literatur: *G. Rüsch*, Anleitung zum richtigen Gebrauch der Bade- und Trinkkuren überhaupt, mit besonderer Betrachtung der schweizerischen Mineralwasser und Badeanstalten. Ebnat (K. St. Gallen), 1826. Th. II. S. 164 u. folg. — Beschreibung aller berühmten Bäder in der Schweiz. Aarau 1830. S. 139 u. folg. O — n.

LAMBDACISMUS, Labdacismus, Psellismus lambdacismus, λαβδακισμός, λαμβδακισμός, das Unvermögen besondere Consonanten, L. u. R., namentlich den Buchstaben L. aussprechen zu können, welches herrühren kann 1) von einer fehlerhaften Bildung der Zunge, indem diese entweder zu kurz oder zu lang, oder ungewöhnlich dick ist; 2) von einem fehlerhaften Stande der Zähne; 3) endlich beobachtet man gewöhnlich bei solchen männlichen Individuen, bei welchen die Hoden noch im Unterleibe zurückgeblieben sind, daſs sie das R nicht aussprechen können. Vergl. Stammeln und Stottern. E. Gr — e.

LAMBDANAHT. Die Nahtverbindung der Scheitelbeine und der Schuppe des Hinterhauptbeins.

LAMINA, chirurgisch. S. Brettchen, Schienen.

LAMINA CRIBROSA. S. Siebbein.

LAMINA FUSCA SCLEROTICAE. S. Augapfel.

LAMINA PAPYRACEA. S. Siebbein.

LAMINA PERPENDICULARIS OSS. ETHM. S. Siebbein.

LAMINA SPIRALIS COCHLEAE. S. Gehörorgan.

LAMIUM. Eine Pflanzengattung aus der natürlichen Familie der Labiatae Juss., zur Didynamia Gymnospermia des Linnéischen Systems gehörig. Sie begreift einjährige und ausdauernde Pflanzen mit vierseitigen Stengeln, gegenständigen, gestielten, herzförmigen, am Rande gezähnten oder gekerbten, meist etwas runzeligen und behaarten Blättern und quirlständigen Rachenblumen, deren Oberlippe gewölbt ist, und die 4 einander genäherte Staubgefäſse umfaſst, an denen die Staubbeutel durch eine gemeinsame Längenritze aufspringen, deren Unterlippe endlich sehr kleine oder gar keine

keine Seitenlappen hat. Mehrere Arten, welche sämmtlich einen unangenehmen-aromatischen Geruch haben, wachsen bei uns wild, und werden gebraucht, besonders aber:

1) L. album *L.*, weifse Taubnessel, eine ausdauernde Pflanze mit Blättern, welche denen der grofsen Brennnessel ähnlich sehen, und weifse, ziemlich grofse Blumen trägt. Man gebrauchte sonst bald das Kraut, welches von bitterlichem und etwas kratzendem Geschmack ist, bald die Blumen (Herba, Flores Lamii albi v. Urticae mortuae), welche mehr süfslich-schleimig schmecken. Diese letzteren in Form eines Thee's oder einer Conserve bei Catarrhen, ersteres theils im Aufgufs, theils in Fleischbrühe, gegen Blutflüsse des Uterus, weifsen Flufs und Scropheln. Schon *Linné* nennt es ein veraltetes, zweifelhaftes Mittel, welches aber als Hausmittel noch jetzt vorkommt. Ebenso wurde benutzt das sehr ähnliche L. maculatum *L.* mit rothen Blumen, das auch gegen Milzkrankheiten empfohlen wird, und das stärker riechende L. purpureum *L.* (Herba et Flores Lamii rubri s. purpurei).

2) L. Orvala *L.* (Orvala lamioides De C.), ebenfalls eine ausdauernde Art des südlichen Europa, mit doppeltgesägten, breit-eiförmigen und zugespitzten, etwas zottigen Blättern, grofsen, purpurnen Blumen, deren gerade Röhre innen einen Haarring hat, der in einen weiten, vorn mit Zähnen besetzten Schlund ausgeht. Die kahlen Staubbeutel unterscheiden diese Art von den übrigen Lamiumarten. Man bedient sich in einigen Gegenden der Schleim absondernden Früchtchen dieser Pflanze, um fremde Körper, welche zwischen den Augapfel und die Augenlider gerathen sind, zu entfernen, indem sie, eben dahin gebracht, keinen Schmerz verursachen, und die fremden Körper an sich kleben.

v. Schl — l.

LAMOTTE. Die Mineralquelle von Lamotte entspringt im Departement de l'Isère, fünf Lieues von Grenoble, und enthält nach einer älteren Analyse von *Nicolas* als vorwaltende, feste Bestandtheile Chlornatrium, schwefelsaure Kalk- und Talkerde, — in geringerer Menge kohlensaure Kalkerde und eine geringe Beimischung von Extractivstoff in einer Pinte:

Chlornatrium	48,00 Gr.
Schwefelsaure Talkerde	18,00 —
Kohlensaure Kalkerde	3,50 —

Ihre Temperatur beträgt nach *Patissier* 45, nach *Alibert* 67, und nach *Rivière* 64° R.

Getrunken wirkt sie auflösend, abführend und diuretisch, und wird ähnlich den Thermalquellen von Bourbon Lancy (Vergl. encyclop. Wörterb. Bd. VI. S. 185.) als Getränk, Wasserbad und Douche bei Stockungen im Unterleibe, besonders im Leber- und Uterinsystem, Fluor albus, Amenorrhoe, Gelbsucht, und bei rheumatischen Leiden gebraucht.

O—n.

LAMPSANA (Rainkohl). Eine Pflanzengattung aus der natürlichen Familie der Cichoraceae in der grofsen Gruppe der Compositae oder Synanthereae; bei *Linné* in der Syngenesia aequalis. Man begreift jetzt hierunter Pflanzen mit einer Hülle, die aus einer inneren, einfachen Reihe von 8 bis 10 Blättchen, und einer äufseren, kürzeren, welche aufrecht und unverändert bleibt, besteht, mit nacktem Fruchtboden und zusammengedrückten, geriefsten Früchten, welche oben einen abfallenden, undeutlichen Rand zeigen. Von unserem, sowohl in Gebüschen und Hecken, wie zwischen dem Getreide vorkommenden gemeinen Ackerkohl, wilder Salat, L. (Lapsana bei *Linné*) communis *L.* wurden die frischen Blätter als äufserliches, beruhigendes Mittel bei excoriirten Brustwarzen gebraucht. Auch zu einem bittern, wenig angenehmen Gemüse sind sie wohl benutzt worden; frisch schmecken sie etwas rettigartig, und werden als Salat gegessen.

v. Schl—l.

LAMSCHEID. Die kalte, alkalisch-erdige Eisenquelle zu Lamscheid entspringt im Regierungsbezirke Coblenz, im Kreise St. Goar, dicht an der grofsen, von Coblenz über Boppard und Simmern nach Kreuznach führenden Landstrafse, in einem freundlichen Wiesenthale des Hundsrück.

Analysirt wurde sie im Jahre 1808 von *Funke*, und im Jahre 1827 von *G. Bischof*. Nach Letzterem beträgt die Temperatur des Wassers 14,5° R., bei 25° R. der Atmosphäre, sein spec. Gewicht 1,0013986.

Sechszehn Unzen dieses Mineralwassers enthalten:

	a) nach *Funke*:	b) nach *G. Bischof*:
Kohlensaure Talkerde	1,440 Gr.	0,55219 Gr.
Kohlensaure Kalkerde	3,520 —	
Kohlensaure Kalkerde mit Spuren v. Baryt u. Strontian		2,68262 —
Kohlensaures Natron		0,30162 —
Chlorcalcium	0,080 —	
Chlornatrium		0,04902 —
Schwefelsaure Kalkerde	0,160 —	
Schwefelsaures Natron		0,02341 —
Schwefelsaures Kali		0,00749 —
Kohlensaures Eisenoxydul		1,00834 —
Kohlensaures Manganoxydul		0,07047 —
Eisenoxyd	0,160 —	
Kieselerde		0,17687 —
Flufssaure Kalkerde		Spuren.
	5,360 Gr.	4,87203 Gr.
Kohlensaures Gas		42,541 K.-Z.

Innerlich und äufserlich wird es in allen den Fällen empfohlen, wo kräftige, alkalisch-erdige Eisenwasser indicirt sind, namentlich bei Schwäche des Muskel-, Gefäfs- und Nervensystems atonischer Art, Krankheiten der Verdauungswerkzeuge und des Uterinsystems von Schwäche, — Hypochondrie, Hysterie, Würmern, Unfruchtbarkeit, Impotenz, Bleichsucht, passiven Blut- und Schleimflüssen, besonders Fluor albus, — ferner als Stärkung in dem Stadium der Reconvalescenz nach sehr schweren, acuten Krankheiten, so wie als stärkende Nachkur nach den von Lamscheid nur 10 Stunden entfernten Thermalquellen zu Bertrich.

Literat.: *E. Osann*, phys. med. Darstellung der vorzügl. Heilquellen Europa's. Th. II. S. 421. O — n.

LANCEOLA, LANCETTE. S. Lanzette.

LANCINIREND sagt man von einem mit Blitzesschnelle durchschiefsenden Schmerze, wie derselbe vorzüglich beim Scirrhus und Krebse, zuweilen auch bei Neuralgieen vorkommt. E. Gr — e.

LANDECK. Das Bad Landeck, unfern der Stadt Landeck, im Habelschwerdter Kreise der Grafschaft Glatz, Regierungsbezirks Breslau, drei Meilen südlich von der Stadt

Glatz, funfzehn Meilen von Breslau entfernt, liegt in dem malerischen Thale der Biela, von sehr hohen Bergen im Süden, Osten und Westen umschlossen, 1398 Fufs nach *Prudlo* (*Prudlo's* Höhenmessungen in Schlesien etc. Breslau 1837) über dem Meeresspiegel erhaben.

Die bereits in früheren Zeiten, nach einigen Nachrichten schon gegen Ende des zwölften Jahrhunderts, nach anderen des dreizehnten, benutzten, dann aber zuerst in Folge des Einfalls der Tartaren in Schlesien, und später der Hussitischen Verwüstungen wieder vernachlässigten Quellen erfreuen sich bequemer Wohnungen für Kurgäste und guter Vorrichtungen zur Benutzung der Quellen, wie denn Landeck schon im Jahre 1788 ein Douchebad besafs, das indefs wegen der sich mehrenden Zahl der Kurgäste im Jahre 1818 erweitert werden mufste. Eben so haben die von Alters her bestandenen Einrichtungen in der neuesten Zeit zweckmäfsige Umformungen erfahren, so dafs gegenwärtig daselbst zweckmäfsige Vorrichtungen zu Douche-, Dampf- und Schwitzbädern (seit 1837), und zu Inhalations- oder Gasbädern (seit 1838) sich vorfinden.

Hinsichtlich der Monographieen über Landeck schliefst sich an die älteren von ***Burghard***, ***Mogalla***, ***Förster*** die neueste, sehr umfassende, von Dr. ***Bannerth***, gegenwärtigem Brunnenarzte zu Landeck.

Die einem Lager von Gneis entspringenden Mineralquellen gehören zu der Classe der lauwarmen, erdig-salinischen Schwefelquellen. Ihr Wasser ist klar, durchsichtig, in den Bassins von bläulich-grünlicher Farbe und einem schwachen Schwefelgeruch und Geschmack.

Man unterscheidet: 1) das St. Georgsbad oder das alte Bad; 2) das Marien- oder Unser lieben Frauen- oder das neue Bad, beide von 1000,102 spec. Gewicht, und einer Temperatur von 23° R. nach ***Fischer***; 3) die Douchequelle, bei der im Jahre 1838 ein Brunnenhaus mit Einrichtungen zu Inhalations- oder Gasbädern errichtet wurde; 4) der Marianenbrunnen, nach der Prinzessin Albrecht von Preufsen genannt, oder die Trinkquelle von 1000,104 spec. Gew. und einer Temperatur von 16° R.; 5) die Mühl- und 6) die Wiesenquelle, erstere von

14° R., letztere, die erst 1837 wieder aufgegraben wurde, von 17,5° R. Temperatur.

Chemisch analysirt wurden die Schwefelquellen zu Landeck von *Mogalla* und *Günther* im Jahre 1797, und von *Fischer* im Jahre 1834—1835. Da die von Letzterem unternommene Analyse den Gehalt der Quellen an festen und gasförmigen Bestandtheilen in ein ganz verschiedenes Verhältniſs von der durch Ersteren gemachten gestellt hat, so folgen hier, um den Unterschied beider hervorzuheben, beide neben einander:

In sechszehn Unzen Wasser enthalten:

1) das alte oder St. Georgsbad

	a. nach *Fischer*:	b. n. *Mogalla* u. *Günther*:
Schwefelsaures Natron	0,248 Gr.	0,858 Gr.
Kohlensaures Natron	0,286 —	
Quellsaures Natron	0,165 —	
Chlorkalium	0,081 —	
Chlornatrium		0,025 —
Chlorcalcium		0,066 —
Phosphorsaure Kalkerde	0,042 —	
Schwefelsaure Kalkerde	0,008 —	0,100 —
Kohlensaure Kalkerde	0,081 —	0,132 —
Magnesia	0,009 —	
Phosphorsaure Thonerde nebst Eisen und Mangan	0,012 —	
Kieselerde	0,271 —	
Alaunerde	0,100 —	
	1,28 Gr.	1,879 Gr.
Schwefelwasserstoffgas	Spuren	4,333 K.-Z.
Kohlensaures Gas	0,26 K.-Z.	1,25 —
Stickgas	0,62 —	
	0,88 K.-Z.	5,583 K.-Z.

2) das neue oder St. Marienbad

	a. nach *Fischer*:	b. n. *Mogalla* u. *Günther*:
Schwefelsaures Natron	0,213 Gr.	1,200 Gr.
Kohlensaures Natron	0,231 —	
Quellsaures Natron	0,231 —	
Chlorkalium	0,029 —	

Chlornatrium		0,100 Gr.
Chlorcalcium		0,093 —
Phosphorsaure Kalkerde	0,032 Gr.	
Schwefelsaure Kalkerde	0,029 —	0,300 —
Kohlensaure Kalkerde	0,069 —	0,111 —
Magnesia	0,018 —	
Phosphorsaure Thonerde nebst Eisen und Mangan	0,115 —	
Kieselerde	0,337 —	
Alaunerde		0,055 —
	1,440 Gr.	2,047 Gr.
Schwefelwasserstoffgas	Spuren	3,555 K.-Z.
Kohlensaures Gas	0,26 K.-Z.	2,222 —
Stickgas	0,62 —	
	0,88 K.-Z.	5,777 K.-Z.

3) Der Marianenbrunnen oder die Trinkquelle

	a. nach *Fischer*:	b. n. *Mogalla* u. *Günther*:
Schwefelsaures Natron	0,224 Gr.	1,050 Gr.
Kohlensaures Natron	0,314 —	
Quellsaures Natron	0,239 —	
Chlorkalium	0,081 —	
Chlornatrium		0,235 —
Chlorcalcium		0,100 —
Phosphorsaure Kalkerde	0,059 —	
Schwefelsaure Kalkerde		0,300 —
Kohlensaure Kalkerde	0,089 —	0,033 —
Magnesia	0,009 —	
Phosphorsaure Thonerde nebst Eisen und Mangan	0,040 —	
Kieselerde	0,241 —	
Alaunerde		0,053 —
	1,32 Gr.	2,621 Gr.
Schwefelwasserstoffgas	Spuren	4,333 K.-Z.
Kohlensaures Gas	0,26 K.-Z.	1,000 —
Stickgas	0,44 —	
	1,7 K.-Z.	5,333 K.-Z.

Die Mineralquellen von Landeck wirken, in Form von Bädern angewendet, gelind reizend und stärkend auf das ganze Nervensystem, die äufsere Haut und die Schleimhäute,

— getrunken, gelind reizend auf alle Se- und Excretionen, namentlich den Darmcanal, das Leber-, Pfortader-, Lymph- und Drüsensystem.

Man badet in dem alten und neuen Bade, gemeinschaftlich in den Bassins und in Wannen; — das Wasser wird aber auch häufig getrunken, sowohl allein, als auch mit Ziegenmilch oder Molken, die in der hier befindlichen Molkenanstalt frisch bereitet werden. Die Badekur wird gewöhnlich mit einigen Wannenbädern begonnen, und dann in Bademänteln gemeinschaftlich, doch seit dem Jahre 1814 in dem Geschlechte nach gesonderten Bassins gebadet.

Sehr hülfreich erwiesen sich die Mineralquellen zu Landeck in allen den Fällen, wo mildere salinische Schwefelquellen indicirt sind, namentlich: 1) bei krankhaften Störungen des Uterinsystems, Neigung zu Frühgeburt, Fluor albus, Störungen der Menstruation, Bleichsucht; 2) bei chronischen Leiden der Verdauungswerkzeuge, besonders Verschleimungen; 3) Dyscrasieen und Cachexieen, Gicht und Rheumatismen, Plica polonica, Scropheln, Lithiasis; 4) Verschleimungen und Blennorrhoeen der Bronchien und Lungen, und endlich 5) chronischen Krankheiten der äufseren Haut, Hautausschlägen und Geschwüren.

Literatur:

G. H. Burghard, hist., phys. und med. Abhandlung von den warmen Bädern bei Land-Ecke. Breslau 1744. — *G. P. Mogalla*, die Bäder bei Landeck. 1798. — *A. G. Förster*, über die Bäder bei Landeck und deren Gebrauch. Glatz 1805. — *E. Osann*, phys. med. Darstellung der vorzügl. Heilquellen Europa's. Th. II. S. 368. — *H. Bannerth*, die Heilquellen zu Landeck in der Grafschaft Glatz. Breslau 1838. — *K. Chr. Hille*, die Heilquellen Deutschlands und der Schweiz. Leipz. 1838. Th. I. Hft. 3. S. 121—137. — *v. Gräfe* und *Kalisch* Jahrbücher für Deutschlands Heilquellen und Seebäder. I. Jahrg. 1836. S. 41—50 u. S. 235—266. — II. Jahrg. 1837. S. 209—229. — III. Jahrg. 1838. S. 317—335. O—n.

LANGENAU. Im Baierschen Landgericht Naila, zwei Stunden von Steben, zwischen den Dörfern Geroldsgrün und Hertwigsgrün, entspringt die Mineralquelle von Langenau, deren von den Kurgästen in Steben häufig als Getränk benutztes Wasser, nach *Vogel* in sechszehn Unzen enthält:

Kohlensaures Natron	1,15 Gr.
Chlornatrium	0,20 —
Humusextract	0,25 —
Kohlensaure Kalkerde	5,45 —
Kohlensaure Talkerde	1,25 —
Kohlensaures Eisenoxydul	0,35 —
Kieselerde	1,15 —
	9,80 Gr.
Kohlensaures Gas	31,5 K.-Z.

Literat.: *A. Vogel*, Mineralquellen des Königreichs Baiern. S. 33.

O—n.

LANGENBRUECKEN. Schon im Jahre 1766 wurden die Mineralquellen zu Langenbrücken, einem zwischen Heidelberg und Bruchsal im Großherzogthum Baden, Oberamts Bruchsal gelegenen Marktflecken, von dem Fürstbischof von Speyer, *Franz Christoph von Hütten-Stolzenberg* mit einem gut eingerichteten Badehause ausgestattet, nach dem Tode des Bischofs aber wieder vergessen, und erst im Jahre 1825 durch den damaligen Besitzer, Herrn *Sigel*, zu einem der besteingerichteten Kurörter Deutschlands erhoben, und das Etablissement zu Ehren der Markgräfin „Amalienbad" genannt.

Die zur Classe der kalten, erdig-salinischen Schwefelwasser gehörenden Mineralquellen entspringen aus Schiefer; — 14 derselben werden zum Kurgebrauche verwendet, von denen zwar nur wenige zu Tage kommen, die anderen aber unterirdisch gefaßt und in Reservoirs geleitet sind. Die wichtigsten sind: 1) die Trinkquelle; 2) die Gasquelle (erst 1834 in einer Tiefe von 120′ gewonnen); 3) die Springquelle. Sämmtliche Quellen geben eine Wassermenge von 1700 Ohm in 24 Stunden.

Das Mineralwasser ist krystallhell, perlend, von starkem, hepatischem Geruch, und reinem, hepatisch-harzigem Geschmack. Die Temperatur beträgt 9—10° R., die der Springquelle auf ihrer Oberfläche 10,5, in der Tiefe 11° R., ihr spec. Gewicht 1,002.

Nach *Geiger* enthalten in sechszehn Unzen

	1) d. Trinkq.:	2) d. Q. i. Canal:
Schwefelsaures Natron	0,480 Gr.	0,525 Gr.

Natron, zum Theil kohlensaures u. an Extractivstoff gebund.	0,090 Gr.	0,105 Gr.
Schwefelsaures Kali	0,030 —	0,036 —
Schwefelsaure Talkerde	0,017 —	0,034 —
Chlortalcium mit etwas Chlornatrium	0,030 —	0,040 —
Kohlensaure Talkerde	0,647 —	0,758 —
Kohlensaure Kalkerde	2,260 —	0,930 —
Kieselerde	0,170 —	0,260 —
Kohlensaures Eisenoxydul	0,053 —	0,044 —
Schwefelhaltiges Harz	0,055 —	0,110 —
Extractivstoff	0,260 —	0,240 —
Manganoxyd, Thonerde	Spuren	Spuren
Kohlensaures Gas	2,500 K.-Z.	3,000 K.-Z.
Schwefelwasserstoffgas	0,250 —	0,220 —
Stickgas	0,625 —	0,625 —
	3,375 K.-Z.	3,845 K.-Z.

Das Mineralwasser, welches man versendet, wird als Getränk und Bad benutzt, letzteres in den Formen warmer Schwefelbäder, allgemeiner Dampfbäder oder örtlich, als Douche und Einspritzungen und zum Einathmen des Gases (Inhalationen); — seine Wirksamkeit wird durch die zweckmäfsigen Vorrichtungen zur Anwendung der Douche in mannigfachen Formen, zu Schauer-, Regen-, Tropf- und Dampf bädern, Dampfdouche und pneumatischen Gasbädern wesentlich erhöht.

Die Krankheiten, in denen das Mineralwasser sich besonders hülfreich bewiesen hat, sind: chronische Krankheiten der äufseren Haut, veraltete und weit verbreitete Flechten, Geschwüre, Krätze, Milchschorf und andere, durch psorische Metastasen entstandene Leiden; — Verschleimungen und Blennorrhoeen, Phthisen; — Stockungen im Leber- und Pfortadersysteme, Hypochondrie, Gicht, Hämorrhoiden; — Leiden der Geschlechts- und Harnorgane, Unfruchtbarkeit, Neigung zu Abortus, Anomalieen der Menstruation, Fluor albus; — Neuralgieen, Lähmungen; — chronische Metallvergiftungen.

Literat.: *E. Osann*, phys. med. Darstellung der vorzüglichst. Heilq. Europa's, Th. II. S. 616. — *v. Gräfe* und *Kalisch* Jahrb. für

Deutschlands Heilq. und Seebäder. Jahrg. I. 1836. S. 269—326; Jahrg. II. 1837. S. 205—208; Jahrg. III. 1838. S. 475—514. — *Fr. J. Hergt*, die Schwefelquellen und Bäder zu Langenbrücken im Grofsherzogth. Baden. Heidelberg 1836. O—n.

LANGENSALZA. Die einige hundert Schritte von der Stadt dieses Namens, drei Meilen von Erfurt, in einer der fruchtbarsten Ebenen Thüringens entspringende Schwefelquelle zu Langensalza ist erst seit 1811 bekannt, gut gefafst, mit einem Badehause versehen, und gehört zur Classe der kalten salinischen Schwefelquellen. Das klare Wasser derselben wird beim Zutritt der atmosphärischen Luft trübe milchig, besitzt einen starken Schwefelgeruch, einen schwefelig-salzig-bitterlichen Geschmack, und hat eine Temperatur von 10 bei 15° R. der Atmosphäre.

Nach *Trommsdorff's*, im Jahre 1812 unternommenen Analyse, deren Ergebnisse durch die von *Brockmann* später angestellte bestätigt wurden, enthalten in sechszehn Unzen:

Schwefelharz	0,100	Gr.
Hydrothionsaure Talkerde	0,150	—
Hydrothionsaure Kalkerde	1,250	—
Chlortalcium	0,250	—
Schwefelsaure Talkerde	2,000	—
Schwefelsaures Natron	1,050	—
Schwefelsaure Kalkerde	11,150	—
Kohlensaure Talkerde	0,650	—
Kohlensaure Kalkerde	2,200	—
Thonerde	0,250	—
Kieselerde	0,150	—
Extractivstoff	0,075	—
	20,075	Gr.
Kohlensaures Gas	1,628	K-Z.
Schwefelwasserstoffgas	3,732	—
	5,360	K.-Z.

Das Mineralwasser, in Form von Bädern angewendet, wirkt vorzugsweise auf die äufsere Haut reizend, belebend, diaphoretisch, ihre Absonderung verbessernd, — dann auf die Schleimhäute, — und erwies sich hülfreich: — bei hartnäckigen, rheumatischen und gichtischen Leiden, chronischen Hautausschlägen, namentlich herpetischer und scabiöser Art, und bei durch rheumatische oder gichtische Ursachen veranlafsten Lähmungen.

Literat.: *E. Osann*, med. phys. Darstellung der vorzüglichsten Heilquellen Europa's. Th. II. S. 482. O—n.

LANUGO. S. Wollhaar.

LANZE, Staarlanze, eine lanzenförmige, von *Beer*, zur Operation der Cataract angegebene Staarnadel. S. Cataracta.

LANZETTE. Dieses bekannte chirurgische Instrument, dessen nächste Bestimmung die der Adereröffnung (Aderlafslanzette) ist, welches man aber auch zu verschiedenen anderen Zwecken benutzen kann, wie z. B. zur Eröffnung von Abscessen, zur Luftröhrenkopferöffnung, zur Trennung von Atresieen, zur Kuhpockenimpfung, zum Scarificiren u. s. w., besteht aus einer sehr dünnen zweischneidigen Klinge mit scharfer Spitze, welche zwischen zwei kleine, sehr dünne Schaalen befestigt ist, und sowohl durch Stich als auch durch Schnitt wirkt.

Die Geschichte der Lanzetten überhaupt, fällt mit der der Aderlafslanzetten zusammen, da der ursprüngliche Zweck der Lanzetten nur der der Adereröffnung gewesen; daher verweisen wir in dieser Hinsicht auf den Artikel: Aderlafslanzette. Ob dieses Instrument den Alten wirklich bekannt gewesen ist, hat nach *Krombholz* (Abhandl. a. d. Gebiete d. Akologie. Prag 1825. S. 124), dem wir bei Abfassung dieser geschichtlichen Bemerkungen folgen wollen, bis jetzt nicht ermittelt werden können, indem die Geschichte nur so viel berichtet, dafs *Podalirius* u. *Aesculap* der Aeltere, den Aderlafs mittelst eines scharfspitzigen Messers verrichtet hätten, dafs *Aesculap* von einem spitzigen Messer spricht, μαχαίριον ὀξὺ oder σιδήριον ὀξύτατον, dessen er sich zum Scarificiren von Geschwülsten bedient habe. Eben solche unbestimmte und unvollständige Nachrichten haben wir von der Gestalt des Instruments, welches *Celsus* und *Galen* zur Aderöffnung gebraucht hatten. *Paul von Aegina* soll sich beim Aderlafs, so wie bei Eröffnung von Abscessen eines lanzettförmigen Instrumentes bedient, auch einen Sacrificator mit drei Lanzetten besessen, so wie *Avicenna* ein Instrument gehabt haben, welches er bei der Venaesectio gebrauchte, und zwar mit und ohne pilum, d. h. mit und ohne ein Scheibchen, welches an dem Instrumente angebracht werden konnte und den Zweck hatte, das zu tiefe Eindringen des Messers zu verhindern. Bestimmter spricht sich schon *Albucasis* über mehrere lanzettförmige Instrumente aus, die in seinem Werke (Lib. II. Cap. 95. Basil. 1561) abgezeichnet sind (s. Aderlafslanzetten) und die er Fossorium, Alnessil, Phlebotomus myrtinus und olivaris nennt, alles Instrumente zur Aderöffnung bestimmt, so wie Magdaham, ein Instrument zur Staaroperation und endlich Spatumile, ein lanzettförmiges Messerchen zur Eröffnung von Abscessen.

Im 12ten Jahrhunderte construirte *Fliet* ein Instrument, welches nach ihm Fliete genannt wurde, und das man bis zu *Heister's* Zeiten gebraucht hatte. Nach *Krombholz* fällt die Erfindung und Bestimmung der Lanzetten, wie sie jetzt gebraucht werden, ins 13te Jahrhundert, und es wurden nun viele dergleichen Instrumente, wie wir weiter unten sehen werden, von verschiedenen Formen construirt.

Nach dieser kurzen geschichtlichen Einleitung, wollen wir nun zur speciellen Beschreibung der Hauptarten der Lanzetten übergehen, bemerken jedoch, dafs wir die einzelnen Lanzetten, mit Ausschlufs der eigentlich zum Aderlafs bestimmten, nur nennen wollen, da sie in *Krombholz's* gedachten Werke genau geschildert und abgebildet sind; wo diefs nicht der Fall sein sollte, werden wir diejenigen Schriften angeben, in welchen die fragliche Beschreibung sich vorfindet.

Man theilt (*Krombholz*) die Lanzetten ein in: A. einfache; diese sind nun wiederum:

a) gerstenkorngestaltige.
b) haferkornförmige.
c) Pyramidenlanzette.
d) Abscesslanzetten.
e) spanische Lanzette.
f) säbelförmige.
g) englische Abscesslanzette mit halbrunder Spitze.
h) Solingen's Lanzette mit ganz zunder Spitze, und
i) die Fliete, welche letztere wie gesagt, wir ganz übergehen, da sie bereits im Artikel: Aderlafslanzette abgehandelt worden ist.

B. Zusammengesetzte Lanzetten.

A. Die einfachen Lanzetten.

Eine jede Lanzette besteht aus der Klinge u. der Schaale.

1. Die aus gut gehärtetem Stahl gearbeitete, äufserst dünne, platte, vollkommen gerade Klinge, ist pyramidenförmig gestaltet; gewöhnlich unterscheidet man daran:

a) die Basis (Ferse, Talon). Sie ist 3—7 Linien breit, 4 — 6 Linien lang, in der Regel der breiteste und dickeste Theil der Klinge, besitzt ein Loch, worin sich ein Niet frei bewegen kann, vermittelst dessen die Klinge an der Schaale befestigt wird, und geht über in

b) den Mitteltheil (Körper). An der Uebergangsstelle ist dieser Lanzettentheil weniger polirt, an beiden Seiten nicht schneidend, weil man sich an ihm, woran das Instrument gehalten wird, sonst schneiden würde, etwas gewölbt (biconvex), nicht so dick wie die Basis, entweder weniger oder mehr breit als die ebengedachte, 7 — 14 Lin. lang und matt geschliffen;

c) der Vordertheil (Schneidetheil, Spitze), ist in der Mitte etwas dicker, hat sehr scharf schneidende Ränder, ist spiegelblank polirt, 7 — 8 Linien lang, nimmt allmählich an Breite ab, und endet sich in eine scharf stechende Spitze.

Die Länge einer Lanzettenklinge würde demnach zwischen 18 — 24 Linien betragen; sie richtet sich nach dem Zwecke, den man durch sie erreichen will; denn zur Venaesection z. B., braucht man nicht eine so lange Lanzette als zur Eröffnung von Abscessen etc.

2) Die Schaale (Heft, Fassung, Chasses), besteht aus zwei sehr dünnen, an ihrer innern Fläche ebenen, an der äufsern dagegen gewölbten Platten, die gewöhnlich aus Horn, Schildkrötenschaalen oder Perlmutter gearbeitet sind und dieselbe Gestalt wie die Klinge haben, nur dafs sie die letztere, zum Behuf sicherer Bewahrung, an Breite und Länge etwas übertreffen; an dem Hinterende sind sie entweder quer abgeschnitten oder geschlossen; am vordern dagegen ist die Klinge an beiden Schaalen mittelst Niets und Rosettchen befestigt, so dafs sich die Klinge leicht um das Niet bewegen läfst. Eine Art von Lanzetten, *Scultet's* Seton-Lanzette, läfst sich an einem breiten Stift, welcher in einer der, durch ein besonderes Niet zusammengefügten Schaalen befindlich und mit einen starkem Vorsprunge versehen ist, einlegen und gänzlich abnehmen, und ohne Beihülfe der Schaalen handhaben.

Will man mit der Lanzette operiren, so öffnet man sie

zuvor dergestalt, dafs die Klinge mit der Schaale in einen Winkel zu stehen komme, der den eines rechten etwas überschreitet, fafst dann die Klinge an ihrem Spitztheil zwischen Daumen und Zeigefinger der freien Hand dermafsen, dafs von dem Schneidetheile nur so viel vor den Fingern vorstehe, als die beabsichtigte Continuitätstrennung tief gehen soll, spannt nun mit den Fingern der andern Hand die betreffende Hautstelle fest an, stützt die drei übrigen Finger der Hand, mit der man die Lanzette gefafst hat, setzt die Spitze derselben auf die zu eröffnende Hautstelle, und verfährt darauf nach der Regel der Kunst. (S. Incisio.) Das Verfahren bei der Impfung der Schutzpockenlymphe, weicht in etwas von dem ebenbeschriebenen ab. (S. Kuhpockenimpfung).

Immer mufs man, ehe man sich einer Lanzette bedient, nachsehen, ob sie auch ganz rein, nicht rostig und ob sie gut geschliffen, abgezogen ist. Zum letzteren Behufe prüft man sie auf dem Canepin, sogenannten Hühnerleder (die Epidermis vom Rehfelle, oder auch statt dessen weifsgegerbtes Schaaf- oder Ziegenfell), indem man dasselbe anspannt und die Spitze der Lanzette darauf perpendiculair aufsetzt; dringt sie nun leicht und ohne Widerstand ein, so ist sie gut beschaffen.

Zu den einfachen Lanzetten gehören, wie wir bereits gesehen haben, mehrere Unterarten, die wir nun näher betrachten wollen.

a. Die gerstenkorngestaltige, englische Lanzette, (Lancette à grains d'orge), zerfällt wiederum in zwei Species, nämlich:

α) gerstenkorngestaltige Lanzetten nach *Garangeot*; sie hat eine breite Klinge, mäfsige Spitze, an der sie beinahe erst ihre Breite verliert, und eine fast ovale Gestalt; diese Construction macht, dafs die Lanzette gleich bei ihrem Eindringen eine breite Wunde macht, daher sie sich zur Eröffnung grofser, voller und oberflächlich liegender Venen pafst. Es gehören hierher die Lanzetten von *Garangeot*, *Brambilla*, *Bell*, *Koehler*, *Knauer*, *Rudtorffer* und *Savigny*. (S. *Krombholz* l. c. pag. 130.)

β) gerstenkorngestaltige Lanzetten nach *Perret*; sie hat eine bis zu ihrer Mitte gleich breite Klinge, welche von da aus in eine, fast gerade, durch scharfe Ränder gebildete Spitze übergeht. *Langenbeck* empfiehlt diese Art Lanzetten vorzüglich zum Aderlafs. Es gehören hierher: die Lanzetten von *Perret*, *Heister*, *la Faye*, *Koehler*, *Brambilla*, *v. Rudtorffer* und *Langer*.

b. Die haferkornförmigen oder deutschen Lanzetten (Lancettes à grain d'avoine), unterscheiden sich von den vorherigen durch eine längere Spitze. Es gehören hierher die Lanzetten von *Dryander*, *Paré*, *Botalli*, *Scultet*, *Cron*, *Garengeot*, *Petit*, *Heister*, *la Faye*, *Perret*, *Brambilla*, *Bell*, *Knauer*, *Savigny*, *v. Rudtorffer* und *Scultet's*, zur Hornhauteröffnung bestimmte Lanzette mit einer Gräthe längs der Mitte beider Fächer versehen.

c. Die pyramiden- oder altitalienischen Lanzetten, Schlangenzungen, (Lancettes à langue de serpent), verliert an oder nahe der Basis ihre Breite, geht allmählig in eine sehr lange, feine Spitze über, welche pyramidalförmig ist, und wird zur Eröffnung tiefliegender Venen empfohlen, öffnet sie aber zuweilen nicht hinreichend, und verletzt dieselben sehr leicht. Es gehören hierher: die Lanzetten von *Albucasis*, *Dryander*, *Paré*, *Garengeot*, *Petit*, *Perret* und *Knauer*.

d. Die Abscesslanzetten (Lancettes à abscés), sind länger, stärker und gewölbter, auch nicht so fein polirt als die bisher erwähnten. Dergleichen Lanzetten haben angegeben *Petit* und *Perret*.

e. Die spanischen Lanzetten unterscheiden sich dadurch, dafs die Klingen in ihrem Verlaufe von der Basis schmäler werdend, eine Lanzettengestalt annehmen, und sich in eine sehr feine Spitze endigen, dafs sie ferner an der Basis abgerundet, durchbohrt und mit einem stumpfen Schnabel, zur Bewegung und Haltung der Klinge bestimmt, versehen sind. Man bedient sich ihrer zum Impfen, und es gehören hieher *v. Rudtorffer's* und *Husson's* Impflanzetten.

f. Die säbelförmigen Lanzetten (Lancettes à sabre), haben einen convexen und concaven Rand und werden da gebraucht, wo man auf einer Haut operiren will, welche gröfseren Widerstand leistet. Es haben dergleichen Gestalt das myrtenförmige Messer, Phlebotomus, von *Albucasis*, *So-*

lingen's Abscesslanzette, die säbelförmigen Lanzetten von *Petit*, *Brambilla* und *Savigny*.

g. Die englische Lanzette mit halbrunder Spitze, wozu *Lafaye's* Lanzette gehört, und welche in den Fällen, wie die säbelförmigen gebraucht wird.

h. Die Lanzette mit ganz runder Spitze, nach *Solingen*, bestimmt zur Trennung der Atresieen der Augenlider.

i. Die Fliete, (s. den Artikel: Aderlaſslanzette).

B. Zusammengesetzte Lanzetten.

Es gehören hierher die unter dem Artikel Aderlaſslanzetten (s. d. Art.) abgehandelten, zur Venaesection bestimmten, und die fünffache Lanzette *Dryander's*, *Husson's* aiguilles cannelées, eine zweifache zur Pockenimpfung bestimmte, so wie *Marchetti's* Impflanzette.

Literat. *Krombholz's* bereits erwähntes Werk, so wie *v. Rudtorffer's* Armament. chirurg. Vienn. 1817. E. Gr—e.

LANZETTTROICART. S. Troicart.

LAPAROCELE. S. Hernia.

LAPAROELYTROTOMIA. S. Kaiserschnitt.

LAPAROENTEROTOMIE, Bauchdarmschnitt, heiſst die künstliche Eröffnung einer Stelle des Darmcanals, nach geschehener Incision der Bauchwandungen. Daſs diese Operation zu den sehr gefährlichen gehört, und daher nur in den verzweifeltsten Fällen vorgenommen werden muſs, versteht sich von selbst; daſs sie aber in letzteren nicht ohne Hoffnung auf Erfolg ausgeführt wird, zeigen die nicht gar zu seltenen Beispiele von glücklicher Heilung bedeutender Unterleibswunden mit Darmverletzung. Als Indicationen zur Operation sind alle die Bedingungen zu betrachten, welche die Permeabilität der Därme auf eine solche Weise stören, daſs dadurch lebensgefährliche Zufälle eintreten. Dies geschieht entweder aus mechanischen Ursachen, z. B. durch Verschlucken eines fremden Körpers, der sich an irgend einer Stelle des Darmcanals festgesetzt hat, und denselben versperrt, durch Geschwülste, die sich zwischen den Häuten des Darmes oder in dessen Nähe entwickelt haben, und ihn comprimiren, durch ligamentöse Stränge, die bisweilen über eine Stelle des Darmcanals hinweglaufen und diese gleichsam stranguliren, oder es kann die untere Mündung des Darmcanals, sei es als Bildungsfehler, oder in Folge späterer Krankheiten organisch verschlossen, und dadurch der Austritt der Excremente verhindert sein; was beides den unausbleiblichen Tod zur Folge hat. Mehrere der hier bezeichneten Umstände erzeugen die, unter dem Namen von Ileus bekannte Krankheit, und würden gewiſs nicht selten zur Ausführung jener Operation Veranlassung geben, wenn die Diagnose, namentlich in Betreff des Sitzes derselben, nicht so äuſserst schwierig wäre. Die Operation bleibt daher nur auf jene Fälle beschränkt, 1) wo bei Erscheinungen des Ileus, sich an irgend einer Stelle des Unterleibes, eine durch das Gesicht oder Gefühl erkennbare Auftreibung zeigt, die mit einem fixen, anhaltenden Schmerze verbunden ist, und deren Grund in einem der früher angeführten Umstände zu vermuthen, man berechtigt ist; 2) beim anus imperforatus oder clausus.

Der zu Operirende wird wie zur Bauchöffnung überhaupt (s. den Art.) gelagert, und die Operation alsdann, je nach der Verschiedenheit des Falles, verschieden ausgeführt. Ist es eine bestimmte Stelle des Darms, die zur Entfernung eines fremden Körpers u. dergl. incidirt werden soll, so ist die Stelle der Incision hierbei schon von selbst gegeben. Man führt einen Längeschnitt, der ungefähr 2 Zoll beträgt, und dessen Mitte der stärksten Hervorragung entspricht, durch die Bauchdecken, läſst die Wundränder mit stumpfen Haken auseinanderhalten, und eröffnet das Bauchfell in derselben Richtung, wie die Bauchdecken. Nun geht man mit dem linken Zeigefinger in die Unterleibshöhle bis zu der Stelle, wo der Darm incidirt werden soll, ein, und führt auf demselben ein spitziges Bistouri bis zu jener hin, sticht damit die vordere Wand des Darms vorsichtig an, führt in die Stichwunde, unter steter Leitung des linken Zeigefingers, ein geknöpftes Bistouri ein, und erweitert mit demselben die Wunde, in der Längenaxe des Darms, bis zur erforderlichen Gröſse. Alsdann wird eine gerade oder gekrümmte Zange, wenn nämlich ein fremder Körper zu extrahiren ist, in den Darm eingebracht, und die Extraction vollzogen. Ist der Zweck der Operation erfüllt, so kömmt es besonders darauf an zu verhüten, daſs aus der Darmwunde kein Extravasat in die Bauchhöhle erfolge, was man am besten dadurch verhütet, daſs man eine Gekrösschlinge durch das Mesenterium, an der der Darmwunde entsprechenden Stelle hindurchführt, dieselbe durch die Bauchwunde nach auſsen leitet, und daselbst befestigt, wodurch die Darmwunde der äuſsern Wunde genähert wird, und deſshalb die Contenta des Darms nur nach auſsen ausgeleert werden können (s. den Art. Sutura). Der weitere Verband ist wie zur Laparogastrotomie.

Wird die Operation wegen Aftersperre unternommen, wo also die Aufgabe darin besteht, einen künstlichen After zu bilden, so ist die Stelle der Incision nicht durch die Krankheit selbst gegeben, sondern hängt von der Wahl des Wundarztes ab. Die Ansichten über die geeignetste Stelle für dieselbe sind indeſs getheilt, indem einige den Einschnitt in der rechten Hüftgegend zu machen, und das Coecum zu öffnen rathen, während andere den Einschnitt in der linken Bauchseite gemacht wissen wollen, um die Eröffnung des Colon descendens oder der Flexura sigmoidea vornehmen zu können. In der That ist es oft schwer zu bestimmen, an welcher Stelle am besten die Eröffnung des Darms vorzunehmen sei, da bei der Verschlieſsung des Afters, oft gleichzeitig ein Mangel des unteren Theils des Darmcanals mit zugegen ist, dessen geringere oder gröſsere Ausdehnung sich vorher nicht bestimmen läſst. Der günstigste Fall ist der, wenn in Folge der Anhäufung der Faeces am unteren blinden Ende des Darms, eine von auſsen sichtbare Hervortreibung gebildet wird; alsdann wird man natürlich diese zur Leitschnur nehmen, die Weichtheile über derselben in der Länge von ungefähr 2 Zoll incidiren, den Darm vermittelst des linken Zeigefingers aus der Wunde hervorziehen, ihn an der Stelle, wo die Kothanhäufung, statt findet, anstechen, und die Stichwunde nach oben zu ungefähr bis zu einem Zoll verlängern, worauf man die Darmwunde vermittelst der Gekrösschlinge, wie oben beschrieben worden ist, der Bauchwunde genähert hält. Wird man dagegen von keiner solchen Auftreibung geleitet, so soll, wie die meisten anrathen, ein Längeschnitt in der Ausdehnung von 2 Zoll, der 1 Zoll oberhalb der Spina ant. sup. beginnen, und ungefähr 1 Zoll vor ihr herablaufen, in der regio iliaca sinist. durch die Bauchdecken geführt werden, wodurch man auf die Flexura sigmoidea gelangt, die man hervorzieht, incidirt, und weiter, in der eben beschriebenen Weise verfährt. Da es hier Aufgabe ist, die Darmwunde für immer offen zu erhalten, so mufs man ihre spontane Heilung durch eingeführte Bourdonnets zu verhüten suchen, und diese zur jedesmaligen Kothentleerung entfernen; der übrige Verband besteht in Heftpflasterstreifen zur Vereinigung der Bauchwunde und in einer Bauchbinde.

Die Nachbehandlung bei der Laparoenterotomie ist ähnlich wie die bei der Laparogastrotomie. Berücksichtigung der eintretenden Entzündung und Verhütung derselben durch kräftige Blutentziehungen sind die Hauptaufgabe, desgleichen mufs der Operirte die höchste Ruhe beobachten, und seine Diät aufs möglichste beschränkt werden. Wenn auch kein so völliges Enthalten aller Speisen und Getränke, wie bei der Incision des Magens, erforderlich ist, indem ein Austritt derselben durch die Darmwunde in die Unterleibshöhle weniger zu besorgen steht, so ist doch schon die blofse Verstärkung der peristaltischen Bewegung zur Verdauung des Genossenen, von so nachtheiligen Folgen für die Conglutination der Wundränder, dafs man sie schon defshalb möglichst vermeiden mufs. Letztere ist in der Regel nach 48 — 72 Stunden vollendet, nach welcher Zeit auch die Adhäsion des Darmes an der Bauchwand erfolgt ist, weshalb nun die Gekrösschlinge entfernt werden kann. Unter ungünstigen Umständen kann freilich auch in jenen Fällen, wo es nicht Zweck der Operation ist, ein ganzes oder theilweises Offenbleiben der Darmwunde fortbestehen, wo alsdann später die Operation des künstlichen Afters vorgenommen werden mufs.

Literat. *Hevin*, in den unter dem Art. Laparogastrotomie angeführten Aufsätzen. — *Besserus*, praes. *Birkholz*, dissert. de Laparotomia. 4. Lps. 1805. — *Fiedler*, diss. de Laparotomia. 4. Witteb. 1811.

Ho — n.

LAPAROGASTROTOMIE, Bauchmagenschnitt, ist diejenige Operation, wo nach Eröffnung der Bauchdecken vermittelst der Incision, ein Einschnitt in die vordere Wand des Magens gemacht wird. Die Gefahren derselben sind ausser denen, welche bei Eröffnung der Bauchhöhle überhaupt in Betracht kommen, noch die bei Magenwunden insbesondere zu berücksichtigenden, nämlich der Austritt von Speisen in die Unterleibshöhle, und die bedeutende entzündliche

Reaction nach Verletzung eines so wichtigen Organs. Indicirt ist dieselbe daher nur dann, wenn sie wirklich als einziges Mittel zur Lebensrettung betrachtet werden mufs, namentlich in den Fällen, wo fremde, in den Magen gedrungene Körper, die wegen ihrer Gestalt und Oberfläche nicht die Entfernung durch den Darmcanal gestatten, dringende Erscheinungen veranlassen. Allerdings mufs man sich hierbei nicht übereilen, indem nicht selten, selbst unter den unwahrscheinlichsten Umständen, dennoch ein Abgang jenes Körpers durch den After erfolgt ist; indefs darf sie ebenfalls auch nicht so lange verschoben werden, bis bereits heftige Entzündung, oder gar exulcerative Zerstörung des Magens eingetreten ist. Die gewöhnliche Veranlassung zum Eindringen eines solchen Körpers in den Magen, ist das Verschlukken derselben, insbesondere bei dem Versuche, sich vermittelst einer Gabel, eines Messers u. dergl., die man an den Gaumen und Schlund führt, künstlich zum Brechen zu reizen, in welchem Falle die Operation auch bereits mehrmals mit günstigem Erfolge vollführt worden ist, so von *Schwabe* in Königsberg, von *Hübner* in Rastenburg (*Hévin* in Mém. de l'Acad. de Chir, T. IV. p. 597), von *Gayroch*, *Renaud* u. A.; ob auch in den Magen gedrungene, oder vielmehr in demselben zur Entwickelung gekommene Thiere, so z. B. Frösche u. dgl., wie es zum öfteren behauptet worden ist, die Operation erforderlich machen können, ist noch sehr ungewifs, obgleich der bei *Richerand* vorgekommene Fall, wo einem Bauer, durch einen Einschnitt in den Magen, eine $2\frac{1}{2}$ Fufs lange, und 18 Linien im Umfang haltende Schlange, entfernt worden sein soll, dafür zu sprechen scheint.

Die Operation an sich hat durchaus keine Schwierigkeit, indem der Magen dicht hinter den Bauchwandungen liegt, und daher keine Verletzung anderer bedeutender Organe zu besorgen steht. Die Stelle, wo die Incision gemacht, werden soll, ist fast stets durch den hervorragenden Theil des fremden Körpers geboten; nur hat man darauf zu achten, dafs man die Curvaturen vermeide, weil an diesen sich die grofsen Gefäfskränze befinden. Da nun aber während der Anfüllung des Magens mit Speisen und Getränken, derselbe bekanntlich eine solche Richtung annimmt, dafs seine grofse Curvatur sich gerade nach vorne richtet, bei völliger

Leere

Leere dagegen er so zusammenhält, dafs seine Incision sehr schwierig würde, so scheint ein Mittelzustand, nämlich eine mäfsige Anfüllung, für die Operation die geeignetste. Man läfst daher den Kranken, ehe man zu derselben schreitet, einiges schleimige Getränk zu sich nehmen, lagert ihn alsdann auf einen Tisch, oder ein Bett mit fester Unterlage (s. den Art.: Bauchöffnung), und macht einen Hautschnitt von ungefähr 3 Zoll Länge. Die Richtung desselben mufs der Hervorragung des fremden Körpers entsprechen; findet sich eine solche aber nicht vor, so führt man denselben parallel mit der Linea alba, 1¼ Zoll links von ihr entfernt, 1 Zoll unterhalb des Schwertfortsatzes beginnend, und bis 1½—2 Zoll oberhalb des Nabels hinabreichend. Nach Durchschneidung der Bauchwandungen, incidire man in derselben Richtung das Peritonaeum, unterbinde blutende Gefäfse, und schreite alsdann zur Eröffnung des Magens. *Schwabe* verfuhr dabei auf die Weise, dafs er den Magen vermittelst einer krummen Nadel in die äufsere Wunde hervorzog; in den neuerlich bekannt gewordenen Fällen zeigte sich dieses indefs unnöthig, indem man vollkommen zum Ziele gelangte, wenn man den linken Zeigefinger in die Wunde bis zur vorderen Magenwand einführte, auf dessen Volarfläche ein spitziges Bistouri bis zu der Stelle, wo der fremde Körper zu fühlen war, hinleitete, und gerade auf denselben einstiefs, die gebildete Stichwunde hierauf vermittelst des geknöpften Bistouris, nach einer oder nach beiden Seiten hin, je nach dem Umfange des zu entfernenden Körpers, dilatirte, und letztern alsdann, vermittelst einer geraden oder gekrümmten Zange, durch vorsichtige Tractionen auszog. Wäre eine durch den fremden Körper gebildete, besonders prominirende Stelle an der vorderen Magenwand nicht zu fühlen, der Magen im Gegentheil sehr collabirt, so müfste man denselben entweder, wie *Schwabe* es that, mit einer gekrümmten Nadel hervorziehen, oder mit einer Pincette fassen, ein kleines Stückchen excidiren, und dann die Wunde erweitern.

Hat man den Zweck der Operation erfüllt, so kömmt es nur darauf an, die, wenn man die Curvaturen sorgfältig vermieden hat, stets nur unbedeutende Blutung zu stillen, um sogleich zum Verbande zu schreiten. Die Magennaht anzuwenden, ist in keinem Falle räthlich, da die Conglutination der Wundränder ganz von selbst erfolgt, im Gegentheil durch die von den Suturen angeregte Entzündung gestört würde; man läfst daher die Magenwunde ganz unberücksichtigt, vereinigt die Bauchwunde, deren unterer Winkel jedoch zum freien Abflufs der Wundsecrete durch ein kleines Bourdonnet offen erhalten bleiben mufs, vermittelst langer Heftpflasterstreifen, und legt darüber eine Bauchbinde an. Die nächste Sorge bezieht sich nun auf die in der Regel eintretende lebhafte Gastritis, die sich durch bedeutenden Schmerz in der Magengegend, Uebelkeit, wiederholtes oft blutig gefärbtes Erbrechen, Singultus u. s. w. documentirt. Alsdann sind kräftige Blutentziehungen, gewöhnlich reichliche Aderlässe nöthig, desgleichen Fomente über den Unterleib, ableitende Clystire; innere Arzneien sind, wegen des steten Erbrechens, und des zu besorgenden Austrittes derselben in die Unterleibshöhle, nicht anwendbar. Aus letzterem Grunde mufs der Operirte ferner sich in den ersten Tagen aller Nahrung und Getränke möglichst enthalten; den gewöhnlich sehr heftigen Durst lindere man durch hin und wieder gereichte Citronenscheiben mit Zucker, die der Kranke in den Mund nimmt, durch einige Tropfen säuerlichen Getränks, mit denen man ihm die Mundhöhle befeuchtet, durch Umschläge von Wasser und Milch über verschiedene Körperstellen; die Ernährung bewirkt man durch Lavement's mit Bouillon und Eigelb, Halbbäder mit Milch u. dgl. Spätestens nach 3 Tagen ist in der Regel die Magenwunde geschlossen, wo alsdann schon einiges Breiige, Gallerten gereicht werden können, worauf man allmählig wieder zur gewöhnlichen Nahrung übergeht; die Wunde der Bauchwandungen ist gewöhnlich nach 2—3 Wochen ebenfalls geschlossen. Ein nicht immer zu vermeidendes Nachübel, ist das Zurückbleiben einer Magenfistel oder eines Magenbruches, gegen welche später kunstgemäfs verfahren werden mufs.

Literatur:

Hevin, Précis d'observations sur les corps étrangers arrêtés dans l'oesophage. etc.; in Mémoir. de l'Academ. de Chirurg. Paris 1743, 4. T. I. p. 590 u. f. — *Hevin,* Récherches historiques sur la Gastrotomie etc.; in Mémoires de l'Acad. T. IV. p. 201. — *Baldinger's* neues Magazin für Aerzte. Lpz. 1791. Bd. 13. S. 93, 182 und 568. — *Gayroche,* in Nouv. Journ. de Médec. Chir. et Pharm. etc. Paris 1819.

T. IV.; im Auszuge in *Rust's* Magazin 1820. Bd. VIII. Heft 1. S. 124. *Renaud* in *Froriep's* Notizen 1822. No. 36. S. 224. — *Richerand* in *Frorieps* Notizen 1822. No. 44. S. 352. Ho—n.

LAPARONEPHROTOMIE, ist die künstliche Eröffnung der Niere, nach Einschneiden der Bauchdecken, und hat stets zum Zweck, die Entfernung eines in jenem Organe haftenden Krankheitsproductes. Vorzüglich sind es Steine, die sich in den Nieren bilden, und wenn sie wegen ihrer Gröfse durch die Ureteren nicht entfernt werden können, Erscheinungen erzeugen, welche die Operation erfordern, die deshalb oft auch κατ'ἐξοχήν mit dem Namen Nephrolithotomie bezeichnet wird. Auch Nierenabscesse, die in Folge einer einfachen Entzündung entstanden sind, können die Operation nöthig machen; dieselbe besteht aber alsdann blofs in einer einfachen Punction der Geschwulst mit der Lanzette, wenn nicht etwa, was häufig der Fall ist, der Abscessbildung dennoch ein Stein zu Grunde liegt.

Schon in den hippocratischen Schriften findet sich die Operation angerathen; der erste Fall von wirklicher Ausführung derselben, über dessen Auslegung jedoch die Schriftsteller nicht einerlei Ansicht sind, scheint in das letzte Drittheil des funfzehnten Jahrhunderts zu fallen, wo die Facultät zu Paris, sie, mit Erlaubnifs Carls VIII, an einem zum Tode verurtheilten Missethäter ausführen liefs. Namentlich aber war es *Rousset*, der die Operation dringend empfahl, hierin jedoch viele Gegner fand, welche dieselbe absolut verwarfen. Betrachtet man die anatomische Lage der Niere, die von allen Seiten von so wichtigen, der Verletzung ausgesetzten Organen umgeben ist, die ferner so weit von den Bauchwandungen entfernt liegt, dafs, um zu ihr zu gelangen, sehr tiefe Incisionen gemacht werden müssen, die man fast im Dunkeln zu führen genöthigt ist, daher man eine Verletzung der Därme durchaus nicht mit Sicherheit vermeiden kann, eben so wenig, wie sich auch der Austritt von Blut und Harn in die Unterleibshöhle sicher verhüten läfst, so geht daraus allerdings die grofse Gefahr, und wirkliche Unausführbarkeit der Operation für jene Fälle, wo die Niere sich in ihren normalen Verhältnissen befindet, deutlich hervor. Ein Nierenstein als solcher daher, dessen Symptome zudem immer zweifelhaft und trügerisch sind, kann noch keine Indication zur Nephrotomie geben; ganz anders dagegen verhält sich die Sache, wenn derselbe bereits organische Veränderungen veranlafst hat. Diese bestehen bisweilen in einer Verhärtung, die sich durch entzündliche, albuminöse Ausschwitzung rings um den Stein bildet; häufiger jedoch tritt Suppuration als Ausgang des durch den fremden Körper erzeugten Entzündungsreizes ein; es bildet sich ein Abscefs, der unter glücklichen Umständen von selbst nach aufsen aufbricht und das Streben der Natur, den Stein auf diese Weise zu entfernen, hierdurch deutlich zu erkennen giebt. Dies gelingt indefs meistens, ohne Hinzuthun der Kunst, nicht; es findet aus der kleinen Fistelwunde Monate- selbst Jahrelang ein Eiterausflufs statt; bisweilen schliefst sich auch jene, um später wieder aufzubrechen. Unter diesen Umständen daher, wenn nämlich entweder ein deutlich fluctuirender Nierenabscefs vorhanden ist, dessen Aufbruch sich verzögert, oder wenn sich in der Nierengegend eine Fistelöffnung zeigt, welche die eingeführte Sonde auf einen Stein leitet, oder endlich, wenn bei vorhandenen urgirenden Symptomen eines Niersteins, sich eine Narbe in der Nierengegend an den Bauchwandungen vorfindet, die auf eine dagewesene Abscefsöffnung hindeutet, mufs die in Rede stehende Operation unternommen werden, und die oben geschilderten Gefahren werden deshalb hierbei weniger in Anschlag kommen, weil bei der vorangegangenen Entzündung sich eine Verwachsung der vorderen Fläche der Niere mit den Bauchwandungen voraussetzen läfst.

Die Vorschriften zur Ausführung der Operation sind sehr einfach, indem hierbei blos die Principien, welche bei Eröffnung von Abscessen und Behandlung von Fistelgeschwüren überhaupt leiten müssen, in Betracht kommen. Zeigt sich nämlich ein deutlich fluctuirender Abscefs, so wird dieser einfach mit der Lancette oder dem convexen Bistouri eröffnet; dann wird mit der Sonde eingegangen und die Anwesenheit nebst dem Sitze des Steins explorirt; hierauf wird die Wunde bis zur nöthigen Gröfse erweitert, wobei man es vorzieht, Querwunden der Niere zu bilden, da diese weniger bluten als Längsschnitte, und entfernt den Stein vermittelst einer eingeführten Zange. Besteht hingegen bereits eine Fistelöffnung in der Nierengegend, und läfst sich zwar durch die Sonde kein Nierenstein entdecken, ist dessen Anwesenheit indefs durch die fortdauernde Eiterabsonderung und andere Symptome wahrscheinlich, so mufs man die Fistel mit Prefsschwamm oder Bougies allmählig erweitern und dann, wie oben angeführt worden, weiter verfahren; findet sich die Narbe einer früher dagewesenen Abscefsöffnung vor, so wird der Schnitt gerade durch dieselbe hindurchgeführt. In allen Fällen mufs man sehr ruhig und bedächtig, niemals aber sehr gewaltsam verfahren. Die Steine sind bisweilen von so unregelmäfsiger Gestalt und zackiger Oberfläche, oft auch mit der Nierensubstanz so innig verwachsen, dafs die vehemente Extraction derselben ein sehr gefährlicher Eingriff wäre, der heftige Nierenentzündung und deren Ausgänge zur Folge hätte; gerathener ist es daher, wenn bei leichteren Extractionsversuchen der Stein nicht folgt, die Austreibung desselben der doch bald eintretenden Eiterung zu überlassen, wobei man die Wunde blos vorläufig mit etwas Charpie ausfüllt. Hat man den Stein entfernt, so mufs man sich damit noch nicht begnügen, sondern wiederholt und vorsichtig untersuchen, ob nicht vielleicht noch mehrere dergleichen vorhanden sind, die bisweilen selbst in verschiedenen Höhlen eingesackt sind, deren Zwischenwände durchschnitten werden müssen.

Der Verband ist wie bei einer einfachen Abscefsöffnung; die schnelle Vereinigung ist bei dem fast immer gegenwärtigen krampfhaften Zustand der Niere nicht gut möglich; man fülle daher die Wunde mit etwas Charpie aus, und bedecke diese mit Heftpflasterstreifen und einer Compresse. Zeigt sich in den folgenden Tagen beim Verbande, dafs kein fremder Körper mehr zugegen ist, so setzt man dem Schliefsen der Wunde keine Hindernisse entgegen; sind dagegen Gründe da, die noch einen zweiten Stein besorgen lassen, oder war es bei der Operation unzulässig, den Stein sogleich zu extrahiren, so mufs die Wunde so lange durch Dilatationsmittel offen erhalten werden, bis dieses gelungen ist. Bei der Nachbehandlung ist besondere Sorgfalt für den gehörigen Abflufs der Wundsecrete, besonders auch des aus der Wunde ausfliefsenden Harns, durch eine zweckmäfsige Lage und reinigende Injectionen zu sorgen. Das Regimen mufs allerdings Anfangs stets antiphlogistisch sein, um der zu besorgenden

Unterleibsentzündung vorzubeugen; sehr häufig indefs wird man, wegen der durch die vorangegangene meist langjährige Krankheit sehr erschöpften Kräfte des Operirten, bald zur stärkenden Methode übergehen müssen, auch nachher das gegen die Bildung von Harnsteinen überhaupt einzuleitende Verfahren nicht verabsäumen dürfen.

Literatur:

Bordeu, praes. *Bringaud.* Ergo, ut suppurato Reni, sic calculoso ferrum. Paris 1754. — *Masquelier*, praes. *Bordenave.* Ergo Reni calculoso integro ferrum non est adhibendum. Paris 1754. — *Laffitte.* Sur les cas, où la nephrotomie se fait avec succés; in Mém. de l'Acad. de Chir. Paris 1753. 4. T. II. p. 233. — *Hevin.* Récherches historiques sur la nephrotomie etc.; in Mém. de l'Acad. etc. T. III. p. 238. — *Reichelii*, observ. de calculis renal. Lps. 1772. p. 23 etc. Vermischte Bemerk. u. Unters. aus d. ausübenden Arzneiwissenschaft. Copenh. u. Lpz. 1765. 8. B. I. p. 244. — *Troja*, über die Krankheiten der Nieren und Harnorgane. Lpz. 1788. — *Combaire*, sur l'exstirpation des reins. Paris 1804. 4. *Ehrlich's* chirurg. Beobachtungen. 1815. Th. II. S. 24. Ho — n.

LAPAROSCOPIA (eigentlich Laparaskopia, von λαπάρα, die Weiche, der schlaffe Theil des Unterleibes). Untersuchung des Unterleibes ist ein sehr wichtiger Gegenstand für die Diagnostik, und hat von jeher als solcher die Aufmerksamkeit der besten Aerzte beschäftigt. Der Zustand des Unterleibes bietet eine Menge Zeichen dar, welche theils über vorgängige und gegenwärtige Gesundheitsverhältnisse Aufschlufs geben, theils uns über bevorstehende belehren. Die Beschaffenheit seiner Bedeckungen macht ihn mehr, als irgend eine andere Höhle des Körpers, der Untersuchung mittelst des Tastsinnes zugänglich, aber auch Auge und Ohr sind nicht ausgeschlossen von seiner Erforschung.

Um den Unterleib mit Nutzen zu untersuchen, mufs man die normale Beschaffenheit desselben in den verschiedenen Lebensaltern und bei beiden Geschlechtern durch fleifsige Beschauung todter und lebender Körper sich zu eigen machen. Mannigfaltig sind die Veränderungen, welche dieser Theil von der Geburt an bis zum Aufhören der Zeugungsfähigkeit bei beiden Geschlechtern physiologisch erleidet.

Der Unterleib des Neugebornen ist rund, erhaben, fett, verhältnifsmäfsig weit stärker als die knöchernen Höhlen der

Brust und des Beckens entwickelt. Die Nabelscheide umgiebt noch den kindlichen Theil der Nabelschnur als ein hervorragender Ring, und verwandelt sich später in eine glatte, mäfsig eingezogene Narbe, welche tiefer abwärts, als beim Erwachsenen sitzt. Die Präcordien sind weich, aber erhaben, die Leber reicht weit und tief nach der linken Seite und unten. Beim männlichen Geschlechte sind die Hoden durch den Leistencanal und Bauchring aus dem Unterleibe getreten, letzterer geschlossen; ebenso der Nabelring. Der Unterleib fühlt sich gleichmäfsig weich an, ohne dafs das Kind schreit.

Mögliche Abweichungen bieten hier der angeborene Leisten- und Nabelbruch (S. d. Art.). Eine bedeutendere Volumenvermehrung in der Lebergegend und stärkeres Hervortreten dieses Organs deutet auf Ueberfüllung desselben, und läfst Icterus vorhersehen; rothe, rosenartige, mehr oder weniger verbreitete Flecken um die Nabelgegend bezeichnen oft zuerst den Eintritt des Erysipelas neophytorum. Ein sehr hoch aufgetriebener Unterleib, bei Knaben mit gleichzeitiger Anschwellung des Hodensackes, deutet eine rasch tödtliche, gelatinöse Bauchwassersucht an; im Uebrigen hat man bei Meteorismus mögliche Atresieen zu berücksichtigen.

Die bedeutenderen Hemmungsbildungen, wie Umstülpung der Blase, Mangel einzelner Darmtheile u. dgl. m. sind mehr Gegenstände der physiologischen Wissenschaften, und werden von dieser Seite her besser behandelt (Vergl. d. Art. Mifsgeburt u. s. w.).

Bei dem Erwachsenen rückt der Nabel in seiner verhältnifsmäfsigen Lage immer höher gegen die Brust, der Unterleib wird graciler, verhältnifsmäfsig kleiner, Becken und Brust treten mehr hervor, und die mesogastrische Gegend nimmt zwischen den untersten Rippen und dem Darmbeine eine mehr ausgeschweifte Gestalt an. Das Fett ist weniger bedeutend, die Leber, der Magen, die vorliegenden Theile der Därme lassen sich durch die dünnen Bedeckungen hindurch leicht fühlen, ohne an einzelnen Stellen Hervorragungen, Knoten, Geschwülste u. s. w. zu bilden. Die Haut hat ein gesundes, weifses Ansehen, ist glatt und fest, die Narbe des Nabels ist wenig vertieft. Die Hautnerven sind gegen leise Berührung leicht empfindlich (kitzlich); stärkerer Druck wird ohne Schmerz ertragen. Die Elasticität der Bedeckungen ist grofs, ohne Spannung.

Ein aufgetriebener, um die Nabel- und Präcordialgegend besonders hervorstehender, gespannter Unterleib, welcher das Eingreifen mit der Hand unter die Rippen nicht gestattet, ist Zeichen einer krankhaften Ernährung, der Säurebildung, krankhafter Gasentwicklungen, der scrophulösen Diathese, abdomineller Anschoppungen. Bedeutende Fettbildung um diesen Theil ist bei Jüngeren widernatürlich, und zeigt ebenfalls ein Leiden der Ernährung an. Sind die übrigen Theile gleichzeitig abgemagert, die Hautfarbe erdfahl, die Hals-, Achsel- und Leistendrüsen strangartig angeschwollen, so spricht dies für höhere Grade der Atrophie. Eine eingezogene Stelle um den Nabel deutet auf häufige Schmerzen, gewöhnlich auf vorherrschendes Wurmleiden.

Bei Erwachsenen männlichen Geschlechts erstreckt sich die Fortsetzung des Haarwuchses vom Schamberge die weifse Linie aufwärts. Ein schwacher, gleichsam abgeschnittener Haarwuchs, deutet auf Efföminität und schlaffe Faser. Bemerkbare, strangartige Venen sprechen bei Männern für einen hohen Grad der Venosität; eine lappige, schlaffe Oberhaut auf vorgängige Wassersucht oder bedeutende Fettsucht, oder grofse Hernien. Gelbe, verbreitete Hautflecken deuten auf abdominelle Störungen; auch ist der Unterleib nicht selten der Sitz von Flechten, deren Character stets aus einer venösen Constitution hervorgeht. Eingesunkene Narbenstellen machen auf vorgängige Geschwüre mit Substanzverlust, in der Lebergegend auf Leberabscesse aufmerksam. Hypertrophieen der Leber, der Milz, bedeutende Anhäufungen von Darmkoth in den Colis, Wasseransammlungen im Zellgewebe und der Höhle des Bauchfells, Gasauftreibungen u. s. w. lassen sich durch das Gefühl, durch Succussion und Auscultation mit mehr oder weniger Sicherheit, je nach der Fettigkeit und Spannung der Decken, zum Theil auch sichtbar wahrnehmen.

Bei Frauen wird der Umfang des Unterleibes und seine Gestalt durch die Schwangerschaft (S. d.) wesentlich verändert. Zurückbleibende Querfalten und weifse, narbenähnliche Striche, eine schlaffe, von strangartigen Venen durchzogene Haut sprechen, je nach ihrer Beschaffenheit für einmalige oder wiederholte, längere oder kürzere Schwangerschaft. Jedoch können ähnliche Zustände auch, wie bei Männern, durch andere, die allgemeinen Bedeckungen stark ausdehnende Ursachen hervorgebracht werden. Ein mäfsig fester, mehr oder weniger glatter, vom Schamberge ohne bemerklichen Absatz oder Ueberhang aufsteigender Unterleib spricht für eine wohlorganisirte, normal elastische Faserung, und für kräftig contrahirte Muskeln. Das Ueberhängen des Leibes ist Folge vieler Schwangerschaften oder abnormer Fetterzeugung. Harte, zusammengezogene Stellen an verschiedenen Theilen des Unterleibes begleiten, ebenso wie Auftreibungen und Meteorismus die höheren Grade der Hysterie. Ueber die Zeichen aus dem Unterleibe bei Extra-Uterinschwangerschaften, bei eingeschlossenen Wassersuchten, Verhärtungen der Ovarien u. s. w. vergl. d. betr. Artikel.

Je älter die Individuen werden, desto schlaffer, runzeliger, welker stellt sich normal der Unterleib dar. Ausnahmen hiervon sind Folge abweichender Ernährung oder der genannten krankhaften Zustände. Dagegen giebt es Personen, welche bis ins hohe Alter gleichmäfsig gespannte, gesunde und glatte Bauchdecken bewahren, woraus dann zu schliessen, dafs sie niemals sich in Zuständen befunden haben, welche eine starke Ausdehnung dieser Theile bedingen; dafs sie niemals an übermäfsiger Fetterzeugung, den gröfseren Brüchen, Wassersucht oder chronischer Flatulenz gelitten; bei Frauen, dafs sie nie, oder doch selten, und vor langer Zeit schwanger waren. Je später im Alter die erste Schwangerschaft eintritt, desto deutlichere und unverwischbarere Spuren pflegt sie in dieser Beziehung zu hinterlassen.

Art der Untersuchung des Unterleibes. Wir übergehen hier sowohl die obstetricischen Anweisungen, als diejenigen, welche rücksichtlich der Hernien bereits früher gegeben worden sind.

Eine der wichtigsten Untersuchungen ist die in Bezug auf die Empfindlichkeit des Unterleibes. Es ist hier zu unterscheiden: 1) ein ohne äufseren Einflufs empfundener, mehr oder weniger lebhafter Schmerz. Ist ein solcher vorhanden, so dient die Untersuchung des Unterleibes zur genaueren Erforschung seines Sitzes und zur Erkenntnifs seines Verhaltens gegen Druck. Bei Bauchfell- und heftigen, allgemeinen Unterleibsentzündungen ist der Schmerz bisweilen so grofs, dafs der Kranke kaum die gelindeste Berührung und den Druck der leichtesten Bedeckung erträgt. Daher ist es Regel der Wohlanständigkeit und Humanität, jede Untersuchung in Bezug auf Schmerz im Unterleibe mit Vorsicht und gelind zu beginnen. Steigert sich der Schmerz unter gelindem Drucke lebhaft, so schliefst man, nach Ausmittelung der schmerzhaften Localität, die Untersuchung. Nimmt er ab, so verstärkt man den Druck, um sich zu überzeugen, dafs die Verminderung nicht zufällig oder scheinbar sei. Man findet durch begrenzendes Tasten, ob der Schmerz flüchtig oder auf einen bestimmten Ort beschränkt, mit Anschwellung, Volumenvergröfserung, oder auch mit Einziehung, Verkleinerung des Umfangs der Bauchhöhle vorhanden sei. Diese verschiedenen Formen des Schmerzes werden nun zu diagnostischen Mitteln bei Entzündungen, chronischen Ueberfüllungen von Milz und Leber, bei Krankheiten krampfhafter Art und denen einzelner Theile des Unterleibes.

2) Ein nicht ohne äufseren Einflufs empfundener, mehr oder weniger wahrnehmbarer und lebhafter Schmerz. Dieses Zeichen ist von Wichtigkeit, sowohl überhaupt in Bezug auf die Natur des Schmerzes, als insbesondere in gewissen Fällen rücksichtlich dessen, dafs er nicht von selbst zum Bewufstsein kommt. Bei allen Krankheiten der Kinder und Geisteskranken, wo die Empfindung, auch wenn sie deutlich wäre, sich doch oft nicht in deutlichen Zeichen auszusprechen vermag, mufs man auf ähnliche Weise verfahren; am wichtigsten aber ist die Untersuchung des Unterleibes immer bei Typhomanie und fieberhaftem Stupor. Man mufs hier mit der Hand kräftig und rasch auf die Bauchdecken drücken, indem man zugleich die Gesichtszüge des Kranken beobachtet, und aus diesen über Art und Grad der erregten Empfindung urtheilt.

3) Ein Schmerz, der sich beim äufseren Drucke vermindert, kann im Allgemeinen nur so gedeutet werden, dafs eine von innen nach aufsen wirkende Gewalt nachgiebige Theile in dieser Richtung bewegt, und so durch Zerren, Spannung u. dgl. beleidigt; wogegen dann der äufsere Druck einen Theil jener inneren Gewalt aufhebt. Die daraus zu

gewinnenden Schlüsse beziehen sich meist auf Krampfkrankheiten; aber auch auf Lageveränderungen, Vergröfserungen einzelner Theile u. s. w. Die Entzündung oder entzündliche Ausspritzung im organischen Muskelgewebe ist ebenfalls nicht immer gegen Druck in höheren Grade empfindlich; wo der Druck eine organische Bewegung vermindert oder aufhebt, kann er ganz schmerzstillend wirken, und wir sehen dies am deutlichsten bei der Herzentzündung.

Nächst der Empfindlichkeit ist nun das Volumen des Unterleibes im Allgemeinen und das seiner einzelnen Theile zu berücksichtigen. Der Kranke wird zu diesem Zwecke in die verschiedenen, der muthmafslichen Abweichung entsprechenden Lagen und Stellungen gebracht, wobei vornehmlich das mechanische Gesetz, die Schwere, berücksichtigt wird. Ueber die Untersuchung in Bezug auf den Inhalt vergl. d. Art. Succussion, Percussion. Bewegliche Theile werden am besten bei vor- und abwärts gebeugtem Unterleibe, in stehender Stellung untersucht; um sich von der Beschaffenheit der Leber zu überzeugen, läfst man den Kranken ausgestreckt auf dem Rücken liegen, und dringt in der Lebergegend mit der Hand so tief als möglich unter die Rippen ein, sucht den Rand der Leber zu umfassen, die gleichmäfsige Rundung ihrer oberen Fläche zu erkennen u. s. w. Auf ähnliche Weise verfährt man in Bezug auf Magen und Milz, und wählt bei chronischen Leiden die Zeit nach vollbrachter Digestion. Bei Scrophulösen beachte man besonders den Gesammthabitus des Unterleibes, seine Aufgetriebenheit; auch die Anwesenheit geschwollener Drüsen in den Weichen.

Vorgebliche und versteckte Leiden, worüber die Untersuchung des Unterleibes Aufschlufs gewährt, sind in mancher Beziehung von Wichtigkeit. Erstere dürften selten auf etwas anderes als auf Krämpfe und krampfhafte Schmerzen sich beziehen, wo denn, bei einigermafsen Geübten die Erkenntnifs nicht immer leicht ist. Der Ausdruck des Gesichts und die Zusammenziehung der Bauchwandungen ist von Wichtigkeit. Ist der Nabel eingezogen, sind einzelne Muskeln in wulstiger Zusammenziehung, finden die Kranken sich durch Druck erleichert, so läfst sich im Allgemeinen auf ein wahres Leiden schliefsen; beim Gegentheile müssen die speciellen Umstände berücksichtigt werden. Versteckte Leiden und Veränderungen sind in Bezug auf Laparaskopie von gröſserer Wichtigkeit. Dahin gehören insbesondere die Brüche, die Schwangerschaft (S. d. Art.) und die Pestbeulen. Bei letzteren ist aber, selbst wo noch keine wahrnehmbare Geschwulst vorhanden ist, der Schmerz so bedeutend, daſs mäſsiger Stoſs fast unmöglich ohne deutliche Zeichen des Schmerzes ausgehalten werden kann. In den Quarantainen verläſst man sich in hohem Grade auf dieses Zeichen.

Die Untersuchung des Unterleibes muſs immer mit Achtung vor dem Schamgefühle, besonders bei Frauen und jungen Leuten, mit Rücksicht auf die individuelle Lage des Kranken, mit warmer Hand, im Uebrigen mit Festigkeit und ohne schwankendes Hin- und Hertasten ausgeführt werden

V—r.

LAPAROTOMIA. S. Kaiserschnitt.

LAPATHUM. S. Rumex.

LAPIDES CANCRI. S. Astacus.

LAPIDILLUM, der Steinlöffel. S. Blasensteinschnitt.

LAPILLI CANCRORUM. S. Astacus.

LAPIS BEZOAR. S. Bezoar.

LAPIS CAERULEUS. S. Kupfer.

LAPIS CALUMINARIS. S. Zink.

LAPIS CAUSTICUS (CHIRURGORUM). S. Kali.

LAPIS DIVINUS. S. Schwefelsäure.

LAPIS HAEMATITES. S. Blutstein.

LAPIS HYSTRICUS. S. Bezoar.

LAPIS INFERNALIS. S. Salpetersäure.

LAPIS MALACCENSIS. S. Bezoar.

LAPIS MEDICAMENTOSUS.
LAPIS MIRACULOSUS. } S. Schwefelsäure.

LAPIS NEPHRITICUS, NEPHRETICUS, TALCUM NEPHRITICUM, der Grieſs-, Nieren-, Lenden- oder Beil-Stein, Nephrit, Zade, Pierre néphrétique, Jade, Jade nephrite, orientale, ein zum Talkgeschlecht gehörender, lauchgrüner Stein von fettigem Ansehen, wurde ehedem häufig als Amulet und Präservativ gegen epileptische Anfälle gebraucht. In den neuesten Zeiten lieſs *v. Gräfe* nephritische Steine bei Epileptischen in den Oberarm einheilen, was den Nutzen gewährte, daſs die Anfälle, welche schon seit Jahren täglich, trotz allen inneren Mitteln, 2—3 Mal eingetreten waren, nur alle 4—6 Wochen ein Mal wieder erschienen. *v. Gräfe's* Bericht über das klinische, chirurgisch-augenärztliche Institut der Universität zu Berlin für das Jahr 1822. Berlin 1823. und: *desselb.* u. *v. Walther's* Journ. Bd. IV. pag. 586. Vgl. Epilepsia.

E. Gr. — e.

LAPIS OPHTHALMICUS. S. Schwefelsäure.

LAPIS PORCI CEYLANICUS, LAPIS PORCINUS. S. Bezoar.

LAPIS PRUNELLAE. S. Salpetersäure.

LAPIS PUMICIS, so viel als Pumex. S. Bimsstein.

LAPPA. S. Arctium.

LAPPEN DES GEHIRNS, der Leber, Lungen. S. Encephalon, Leber, Lungen.

LAPPENAMPUTATION. S. Amputation.

LAPSANA. S. Lampsana.

LAPSUS. S. Prolapsus.

LAPSUS CAPILLORUM. S. Alopecia.

LAPSUS PALPEBRAE SUPERIORIS. S. Augenliderauswärtskehrung.

LAPSUS UNGUIUM. S. Onychia,

LAQUEUS. S. Bandschleife.

LAQUEUS GUTTURIS. S. Angina.

LARIX. S. Pinus.

LARYNGEA ARTERIA. S. Thyreoidea arteria sup et inf.

LARYNGEUS NERVUS. S. Vagus.

LARYNGITIS. S. Angina.

LARYNGITIS SUPPURATORIA nennt man den Uebergang der Entzündung des Larynx in Abscedirung; demnach bedeutet diese Benennung so viel wie Kehlkopfabscefs. S. d. Artikel Angina.

LARYNGORRHAGIA. S. Blutung.

LARYNGOTOMIA, LARYNGOTRACHEOTOMIA. S. Bronchotomia.

LARYNX. S. Kehlkopf.

LASERPITIUM. Eine Pflanzengattung aus der natürlichen Familie der Umbelliferae, im Linnéischen Systeme in der Pentandria Digynia stehend; sie charakterisirt sich durch folgende Kennzeichen: Kelchrand fünfzähnig; Blumenblätter verkehrt-eiförmig, ausgerandet, mit einwärts gebogenen Endläppchen; die Fruchthälften mit je 5 fadenförmigen Hauptreisen und 4 flügelartigen Nebenreifen, neben deren jedem ein Oelbehälter liegt. Es sind ziemlich grofse Doldengewächse mit doppelten dreitheiligen oder doppelt gefiederten Blättern, grofsen, weifsblumigen Dolden, vielblättrigen Hüllen und Hüllchen; sie wachsen im mittleren Europa auf Gebirgen und in Wäldern. Zwei Arten sind medicinisch benutzt worden:

1) L. latifolium *L.* Eine ausdauernde, in Wäldern und Gebüschen in Deutschland und den angrenzenden Ländern vorkommende Art, deren untere Blätter dreizählig-doppelt-gefiedert sind, mit herz-eiförmigen, gesägten, ungetheilten oder dreispaltigen Blättchen, und kahlem, runden, feingerillten Stengel; sie kommt bald mit kahlen, bald mit behaarten Blättern vor, und hat flache oder gekrauste Fruchtflügel. Die dicke, innen weifsliche, tief herabsteigende, aromatisch scharfe und bitterliche Wurzel war unter der Benennung Radix Gentianae albae, weifser Enzian oder weifse Hirschwurz officinell; sie soll magenstärkend, urintreibend und die Menstruation befördernd wirken. *Haller* sagt, dafs sich die Landleute ihrer als Hausmittel bedienen. Auch als Thierheilmittel wird sie von Einigen gerühmt.

2) L. Siler *L.* Diese auf den niedrigen Gebirgen und Voralpen des südlichen Deutschlands wachsende Art ist ebenfalls ausdauernd, hat einen runden, kahlen, gerillten Stengel, dreifach gefiederte untere Blätter, deren kahle Blättchen lanzettlich-ungetheilt, oder dreilappig und ganzrandig mit schiefen Hauptadern sind, und schmale, längliche Früchte. Die Wurzel dieser Pflanze wird von den Alpenbewohnern als Heilmittel benutzt; ebenso kräftig und stark riechend ist die Frucht (Semen Sileris montani s. Seseleos), welche auch unter der Benennung von Seseli creticum in die Officinen gekommen sein soll, jetzt aber verschwunden ist. Minder stark schmeckend und riechend als Semen Cumini sollte es den Magen reizen, Blähungen und Urin treiben, auch die Menstruation befördern, also wie viele andere, ähnliche Mittel derselben Familie wirken. v. Sch—l.

LASSBECKEN, LASSEISEN. S. Aderlafs und Aderlafseisen.

LASZINA. Der Sauerbrunnen von Laszina entspringt in Ungarn, eine halbe Stunde vom Dorfe Laszina, fünf Stunden von Karlstadt, wird als Getränk bei Verschleimungen und Säure des Magens empfohlen, und enthält nach *Gürth's* Analyse in sechszehn Unzen:

Kohlensaure Kalkerde	5,293	Gr.
Schwefelsaure Talkerde	1,817	—
Schwefelsaures Natron	18,518	—
Salzsaures Natron	10,360	—
Kohlensaures Eisen	0,133	—
Extractivstoff	0,370	—
	36,991	Gr.
Kohlensaures Gas	56,888	K.-Z.

O—n.

LATERALIS SECTIO. S. Blasensteinschnitt.

LATHRAEA. Zu der merkwürdigen Familie der Orobancheen Juss., welche früher der Familie der Pediculares beigezählt wurde, gehört die Gattung Lathraea, welche sich bei *Linné* in der Didynamia Angiospermia findet. Es gehören dazu Pflanzen ohne Grün, mit schuppenförmigen Blättern, deckblättrigen Blumen, deren Kelch vierspaltig, die Blumenkrone rachenförmig, ganz abfallend, der Fruchtknoten vorn mit einer freien Drüse unterstützt, die Frucht aber eine einfächerige, zweiklappige, mit wandständigen Samenträgern versehene Kapsel ist. Unsere einheimische:

L. Squamaria *L.* (Schuppenwurz), welche in schattigen Laubhölzern einzeln vorkommt, und auf einfachen Stengeln einseitswendige, hängende Blüthentrauben trägt, während der untere verzweigte, mit Schuppen bedeckte Theil der Pflanze unter der Erde befindlich ist, wurde sonst medicinisch benutzt. Während des Lebens ist der oberirdische Theil der Pflanze röthlich, der unterirdische aber weifs; beide werden beim Trocknen schwarz. Man hielt die eigenthümlich, fast veilchenartig riechende, und adstringirend bitterlich schmeckende Pflanze für wundheilend und den unteren Theil (Radix Squamariae s. Dentariae majoris) für heilbringend bei Epilepsie, Convulsionen und Koliken; man mufste das daraus bereitete Wasser nüchtern trinken. v. Schl—l.

LATHYRUS. Eine Pflanzengattung aus der natürlichen Familie des Leguminosae Juss., im Linnéischen Sexualsystem in der Diadelphia Decandria befindlich. Kräuter mit unpaar gefiederten Blättern, welche sich in einer Wickelranke enden; die Blumen stehen einzeln oder in Trauben, sind schmetterlingsartig mit zweibrüdrigen Staubgefäfsen, einem unter der Narbe nach unten behaarten Griffel, und zweiklappigen, einfächerigen, zwei- bis vielsamigen Hülsen. Auf Aekkern im fetten Lehmboden kommt im mittleren Europa eine Art, der

1) L. tuberosus *L.* vor, ausgezeichnet durch zahlreiche, schön rothe Blumen, einpaarige Blätter, ungeflügelte Blattstiele und schwarze Knollen tragende, ausdauernde Wurzeln. Diese Knollen, unter dem Namen der Erdnüsse, Erdmandeln, Erdmäuse, Erdeicheln und Erdfeigen bekannt, werden gekocht gegessen; sie sind von einem angenehmen, den Kastanien ähnlichen Geschmack, sollen aber nach Einigen blähend und stopfend wirken. Roh sollen sie zusammenziehend schmecken, und daher sonst bei Blutflüssen gebraucht sein. Das über die Blumen destillirte Wasser kommt an Geruch dem Rosenwasser beinahe gleich.

2) L. sativus *L.*, die efsbare Platterbse, deutsche Kicher, ist eine einjährige Art, welche ihrer Früchte wegen gebaut wird; sie hat einblumige Blüthenstiele, blaue, selten weifse Blumenkronen, welche kürzer sind als das einpaarige Blatt, und flache, elliptisch-längliche, netzadrige Hülsen, deren oberer gekrümmter Rand zweiflügelig ist. Die kantigen, glatten Samen sind mehlig, werden aber von Einigen für ungesund gehalten. Dieser Art ist sehr ähnlich:

3) L. Cicera *L.*, welche im nördlichen Europa wächst, und sich von der vorigen durch rothe Blumen und schmalere, am oberen Rande nur rinnige Hülsen und gröfsere Samen unterscheidet, soll durch den Genufs dieser letzteren Convulsionen und Lähmungen hervorbringen.

v. Schl l.

LATICA FEBRIS ist ein Ausdruck, der nach *Sauvages* für Febris quotidiana continua exquisita *Johnston*, als eine Species des verlängerten Quotidianfiebers mit anhaltendem Typus (Amphimerina) gebraucht wird. Die Amphimerina latica des *Sauvages* ist ein Fieber mit sehr langen, bis 18stündigen Paroxysmen, abendlichen Exacerbationen, meist leichterem Froste der Glieder und gelinder, aber anhaltender Hitze. Es ist so hartnäckig, dafs es, sich selbst überlassen, länger als 2 Monate anhält. Der Name Laticus ist barbarisch a calore latente genommen, zuerst von *de Calderia*

(Opp-

(Opp. I., 284 sqq.) gebraucht worden. Name und Begriff sind Denkmale scholastischer Auffassungsart der Natur.

V—r.

LATISSIMUS COLLI. S. Halsmuskeln.

LATISSIMUS DORSI. S. Rückenmuskeln.

LATTICH } S. Lactuca.
LATTICHOPIUM }

LAUBFLECK. S. Chloasma.

LAUCH. S. Allium.

LAUCHSTAEDT. Dicht bei der Stadt dieses Namens, mit welcher sie durch eine Allee verbunden ist, in der fruchtreichen Ebene zwischen Halle, Merseburg und Naumburg, entspringt eine zur Klasse der erdig-salinischen gehörige Eisenquelle, die zuerst im Jahre 1710 gefafst, und durch die Empfehlung *F. Hoffmann's* bald bekannt und benutzt wurde. Seit dem Jahre 1837 besteht hier auch eine Anstalt künstlicher Mineralwasser nach *Struve.*

Das Mineralwasser ist klar, durchsichtig, perlt wenig, hat einen säuerlich zusammenziehenden Geschmack, und bildet, der Einwirkung der atmosphärischen Luft ausgesetzt, einen ockerartigen Niederschlag; — seine Wassermenge beträgt in einer Minute 3343 Pfund Wasser, seine Temperatur 4° R., sein spec. Gewicht 1,001.

Sechszehn Unzen des Mineralwassers enthalten:

	nach *Rein*:	nach *Stoltze*:
Kohlensaure Kalkerde	0,01 Gr.	0,459 Gr.
Kohlensaure Talkerde		0,932 —
Schwefelsaure Kalkerde	0,01 —	2,340 —
Schwefelsaure Talkerde	2,01 —	1,982 —
Chlorkalcium	0,07 —	0,242 —
Schwefelsaures Natron		0,932 —
Kieselerde	0,80 —	
Harz	0,03 —	
Eisen	1,20 —	0,283 —
	5,15 Gr.	5,603 Gr.
Kohlensaures Gas	3,37 K.-Z.	3,862 K.-Z.

Das vorzugsweise als Wasserbad, auch als Wasserdouche in dem mit Badezellen versehenen Badehause benutzte Mineralwasser wirkt stärkend, zusammenziehend, weniger die Se- und Excretionen befördernd, als die an auflösenden Salzen und freier Kohlensäure reicheren Mineralquellen dieser Klasse, — und wird daher vorzugsweise benutzt gegen allgemeine Abspannung, Zittern der Glieder, Lähmungen, Schleim und Blutflüsse passiver Art, rheumatische und gichtische Leiden nervöser Art, Krankheiten des Uterinsystems durch allgemeine oder örtliche Schwäche bedingt, Bleichsucht, Unfruchtbarkeit, Cachexieen, Rhachitis. (*E. Osann*, phys. med. Darstellung der vorzüglichsten Heilq. Europa's. Bd. II. S. 484.) O—n.

LAUCHWARZE, Verruca rhagoidea, ist eine Warze welche, gewöhnlich sehr grofs und viele Jahre vorhanden, durch Spalten, Risse, in mehrere Theile getrennt ist. Siehe Warze.

LAUDANUM. S. Papaver.

LAUGE, LAUGENSALZE. S. Kali, Natrum etc.

LAUNE. S. Staupe.

St. LAURENT, oder St. Laurent les bains. Die Mineralquellen von St. Laurent, benannt nach dem Dorfe dieses Namens, in dem Departement de l'Ardèche, vier Lieues von Langonge, fünf Lieues von Joyeuse entfernt, enthalten nach *Furet*: kohlensaures Natron, Chlornatrium, schwefelsaures Natron und Kieselerde, — nach *Reynaud* dagegen in 40 Litres 340 Gr. feste Bestandtheile, in welchen schwefelsaure Talkerde und kohlensaure Kalkerde die vorwaltenden sind. Man unterscheidet zwei Mineralquellen, von welchen die heifseste die Temperatur von 43,5° R. besitzt.

Benutzt werden sie als Getränk täglich zu zwei bis drei Pinten, und in Form von Wasserbädern und Douche bei gichtischen und rheumatischen Leiden, Paralysen und chronischen Hautausschlägen. O—n.

LAUREOLA. S. Daphne.

LAUROCERASUS. S. Prunus.

LAURUS (Lorbeer). Die Linnéische Pflanzengattung Laurus, welche im Sexualsystem in die Enneandria Monogynia gestellt ist, bildet gegenwärtig, in mehrere Gattungen getrennt, die natürliche Familie der Laurineae. Die Gattung Laurus enthält nach ihrer älteren Umgrenzung lauter Holzgewächse, zum Theil ansehnliche, Wälder bildende Bäume, mit meist lederartigen, mehrjährigen, oder dünneren einjährigen, gestielten, ganzen und ganzrandigen, höchst selten gelappten, ein- oder mehrnervigen, fiederigen Blättern, welche auf ihrer Unterseite zuweilen in den Aderwinkeln drüsige Vertiefungen oder eigenthümliche Behaarung zeigen, sonst aber meist unbehaart, oder nur mit feinen Flaumhaaren bedeckt sind. Sie stehen am Stengel in der Spirale, mit einer Neigung jedoch sich in Wirtel oder in Paare gegenüber zu stellen. Die Blumen sind klein, unansehnlich, verschiedenartig, oft rispenartig gruppirt; sie bestehen aus einem einfachen, kelchartigen Perigon, welches 6- oder 4theilig ist, bei der Fruchtentwickelung auswachsend bleibt, oder seinem gröfseren oder geringeren Theile nach stehen bleibt, oder ganz abfällt; dann aus einer Mehrzahl (8 bis 12) von Staubgefäfsen, die in mehreren Reihen stehen, und von denen ein Theil gewöhnlich fehlschlagend in Form gestielter Drüsen auftritt; ihre Staubbeutel öffnen sich durch 2 oder 4 nach oben aufschlagende Klappen, die der äufseren Reihe nach innen, die der inneren nach aufsen, und die Staubfäden tragen oft je 2 gestielte Drüsen; endlich aus einem einfachen, eineyigen Fruchtknoten, mit 2—3lappiger Narbe. Die Frucht ist fleischig, einsamig, von dem ganzen Perigon, oder einem Theil desselben, oder nur vom verdickten Blüthenstiel unterstützt. Der Samen ist ohne Eiweifs, der Embryo mit grofsen, aufsen convexen, über ihrer Basis angehefteten Samenblättern und einem nach dem Griffel gerichteten Würzelchen. In fast allen Theilen zeigen diese Lorbeerarten kleine Oelbehälter, welche das sehr verschiedenartige, aetherische Oel dieser Gewächse enthalten, und deren kräftigen, meist angenehm-aromatischen, zuweilen aber auch widrigen Geruch bedingen; sie enthalten aufserdem fettes Oel, Gerbstoff, Farbstoffe, Extractivstoff. Die ganze Gruppe gehört den Tropen an, und erstreckt sich nur mit einzelnen Formen über die Wendekreise. Viele Arten liefern Arzneimittel und Gewürze, von welchen hier die vorzüglichsten folgen, als Glied der Gattung Laurus aufgeführt, aber mit ihrem jetzigen Gattungsnamen bezeichnet.

1) L. (Cinnamomum) Cinnamomum *L.* (Cinnamomum Zeylanicum *Breyns* und der Neueren). Ein kleiner Baum oder Strauch, mit fast vierseitigen und kahlen jüngeren Zweigen, eiförmigen, oder eiförmig-länglichen, in eine stumpfe Spitze vorgezogenen, drei- oder dreifach-nervi-

gen, unten netzadrigen, kahlen Blättern, welche nach der Spitze der Zweige hin kleiner werden, und aus ihren Achseln gestielte Rispen entwickeln, die aber auch endständig erscheinen, und mit ihren Blumen, deren längliche Perigonzipfel bei der Fruchtreife zur Hälfte abbrechen, grauweifsseidig behaart sind. Es giebt mehrere Abänderungen dieses ursprünglich in Ceylon einheimischen, nun aber durch die meisten Kolonieen verbreiteten Baums, theils in Bezug auf Form und Gröfse der Blätter, theils rücksichtlich des Geruchs, welcher zuweilen ganz fehlt, bei anderen bald lieblicher, bald stärker hervortritt. Einige dieser Abänderungen mit länglichen oder elliptischen, unten spitzen, oben aber länger zugespitzten Blättern nannte *Linné*: Laurus Cassia, und glaubte, dafs derselbe den Cassienzimmt (Cortex Cassiae Cinnamomeae) liefere, der aber von der folgenden Art herkommt. Sie giebt aber eine andere gewürzige Rinde, nämlich die Holzcassie oder den Malabarischen Zimmt (Cortex Cassiae ligneae, Cassia lignea, C. glutinosa, Xylocassia, Canella Malabarica), welche bei uns seltener gefunden wird, stärker und dicker ist als der ächte Zimmt, in ganzen oder halben Röhren vorkommt, von dunkelbrauner oder braunrother Farbe, zuweilen mit schmutziggrau-grünlicher, öfters abgeriebener Oberhaut, von schwach zimmetartigem Geruch und Geschmack, beim Kauen etwas zusammenziehend, endlich schleimig schmeckend. Zuweilen soll Zimmtrinde, welche ihr aetherisches Oel verloren hat, oder Mutterzimmt dafür gegeben werden. — Von den übrigen Abänderungen liefert die Rinde der jüngeren, besonders der dreijährigen Zweige, den ächten Zimmt (Cort. Cinnamomi veri, officinalis, acuti, Zeylanici, Canella zeylanica, ächter oder brauner Caneel). Die Rinde wird frisch abgeschält, von der Oberhaut befreit, getrocknet; wir erhalten sie in langen, gerollten Stücken, von gelblich-bräunlicher, etwas ins Rothe neigender Farbe, welche letztere auch beim Anfeuchten mehr hervortritt, von geringer Dicke, faserigem Bruche, dabei zähe, von angenehm mild-gewürzhaftem, aber erwärmendem Geschmack, und kräftigem, angenehmen Zimmtgeruch. Unter dem Mikroscop betrachtet zeigt sie lange Fasern, durchsetzt von breit-lanzettlichen, aus 2—3 Zellenreihen bestehenden Strahlenbündeln, welche die Oelzellen enthalten. Nicht selten sind beigemengt oder werden allein gegeben geringere, dickere, weniger aromatische, dunklere und zerreiblichere Stücke, gleichsam von sandig-körniger Textur. Solche und andere geringere Verschiedenheiten der Zimmtrinde sollen von der Beschaffenheit des Bodens, der Art und Zeit des Einsammelns, vom Alter der benutzten Zweige und von der beim Einsammeln herrschenden Witterung abhängen. Aus den Abgängen beim Sammeln, aus den zum Verkauf zu alten Rinden wird durch Destillation mit Salzwasser das Zeylonsche Zimmtöl (Oleum Cinn. Zeylanici, Cinn. veri, Cinn. destillatum) gewonnen. Es ist von anfangs gelblicher, dann röthlich-gelber Farbe, angenehmem, feinem Zimmtgeruch, und zuerst süfslichem, dann brennendem und sehr scharfem Geschmack; es ist ziemlich dickflüssig, und sein spec. Gewicht ist gleich 1,044. Verfälscht wird es mit Zimmtcassienöl, Zimmtblüthenöl, Kirschlorbeeröl und destillirtem, bitterm Mandelöl. Es besteht aus zweien Oelen, von denen das eine leichter, das andere schwerer als Wasser ist, setzt bei längerem Aufbewahren Krystalle von Benzoësäure ab, und enthält 81,44 Kohlenstoff, 7,68 Sauerstoff und 10,88 Wasserstoff. Die Zimmtrinde enthält nach *Vauquelin* ein scharf schmeckendes, flüchtiges Oel, eisengrünenden Gerbstoff, Gummi, verschiedene Kalk- und Kalisalze, und zuweilen noch einen rothgelben Farbstoff. v. Schl—l.

Zimmt, Κιννάμωμον, Cinnamomum, bei *Plinius* Cinnamum, Cinnamomum acutum, Ph. Bor., C. verum s. Zeylonense s. Canella Zeylanica ist die, als kostbares Gewürz seit langen Zeiten bekannte, bereits von *Herodot*, *Theophrast* und *Dioscorides* erwähnte Rinde der jüngeren Zweige des ächten Zimmtbaumes (Laurus C. s. oben), deren ursprüngliches, höchst beschränktes Vaterland der südwestliche Theil der Insel Ceylon, jenseit des Flusses Chilan, ist, wo sich der Mutterbaum wild auf dem bergigen Binnenlande, aber auch hier nur ausschliefslich vorfindet (vgl. hierüber *Ritter* Erdkunde von Asien IV. 2. Abth. S. 123. folg.; *Nees v. Esenbeck* l. inf. c.), indem er erst spät durch Anbau nach Isle de France, St. Thomas, Martinique und Cayenne verbreitet worden ist. Lange achtete man alle andere Hervorbringungen der an Naturschätzen so reichen Insel Ceylon für nichts neben diesem einzigen Baume, dessen Verpflanzung in die Gärten an der Küste auf den Rath *de Kock's* um das Jahr 1790 ausgeführt wurde.

Laurus cinnamomum allein liefert den ächten Zimmt, oder diejenige Sorte, welche unter dem Namen Rasse Coronde gesetzlich lange Zeit allein in den holländischen Handel kommen durfte, obwohl Verfälschungen ziemlich häufig waren. Der Baum ist reich an den trefflichsten Aromen, es liefert nämlich seine Wurzel ein Oleum Caryophyllorum, sein Bast das Oleum Cinnamomi, seine von allerlei Vögeln gern genossene Frucht ein aetherisch-fettiges Oel; seine Blätter sind ein angenehmes Futter für Rinder, Schafe und Pferde (*Nees v. Esenbeck* p. 53.).

Das Einsammeln der Zimmtrinde geschah bis zum Jahre 1833 durch die Kaste der Chaliahs, eine ungemein bedrückte und elende Menschenclasse, deren Anzahl sich auf 20000 Menschen belief. Seitdem ist in Folge der über das Innere von Ceylon ausgebreiteten, britischen Herrschaft dieses Gewerbe ganz freigegeben, die Ausfuhr aber, mit einer Steuer von 3 Schilling auf das Pfund, gleichviel von welcher Qualität belastet, auf die beiden Häfen Colombo und Pto. de Galle beschränkt. In den Jahren 1830 und 31 wurden jährlich an 500000 Pfund, nämlich 90000 bester, 230000 zweiter und 180000 Pfund dritter Sorte, zum Verkaufswerthe von ohngefähr 7, 6 und $4\frac{1}{2}$ Schilling abgesetzt.

Dieser ächte ceylonische Zimmt bildet, wie man aus vorstehender Angabe entnehmen kann, bei Weitem den geringsten Theil des im Handel unter diesem Namen vorkommenden Gewürzes. Der von Isle de France und den Antillen kommende steht ihm jedoch sehr nahe, und wird, als von derselben Art gewonnen, ihm gleichgeschätzt, wobei die Pharmakopoeen gewöhnlich nur vorschreiben, die dünnsten, nicht holzigen Rinden der jüngeren Zweige auszulesen.

Der Zimmt gehört in die Reihe der reinen, tonischen Aromata, und wird von *Vogt* den „auf das vegetative System wirkenden Arzneien, welche vorzugsweise auf den bildenden Procefs gerichtet sind," und zwar deren erster Abth., der „das Digestionsgeschäft belebenden" zugerechnet, und neben Piper, Zingiber, Canella alba, Vanilla, Nux moschata u. s. w. und deren heimischen Vertretern aufgezählt. *Richter* rechnet ihn zu den flüchtigen, aromatischen Mitteln, *Sundelin* zur 7.

Abth. seiner „stärkenden Mittel“, nämlich zu den gewürzhaften, in ähnlicher Zusammenstellung. Von *Gren* und *Sobernheim* wird er in die Ordnung der Aethereo-Oleosa aufgenommen, eine umfassendere Bezeichnung, welcher sich die durch eine besondere Beziehung zu den Nerven der Darmschleimhaut ausgezeichneten Gewürze unterordnen lassen, während sie aufserdem noch Mittel von einer Wirkung auf das höhere Nervenleben einschliefst.

Die Stellung des Zimmts in der Reihe der Arzneimittel läfst sich als eine mittlere zwischen dem Kamphor und der China bezeichnen. Weniger flüchtig und erhitzend als jener, erhebt er sich doch in seinen erregenden Einflüssen auf das Gangliensystem über diese, und besitzt zugleich einen gewissen Grad von jener rein tonisirenden Wirkung, wodurch die China so ausgezeichnet ist.

Wirkung und Anwendung. In kleiner Gabe wirkt der Zimmt erregend und einigermafsen stärkend auf die Schleimhaut des Darmcanals unter Erscheinungen, welche denen eines gesteigerten Digestionsprocesses entsprechen. Der Puls hebt sich, wird voller, gröfser, die Hautthätigkeit steigert sich, und die Harnabsonderung wird quantitativ vermehrt. Ungeachtet der erregenden Kraft des Medicaments wird doch selbst ein fortgesetzter, mäfsiger Gebrauch die assimilative Thätigkeit kaum jemals überreizen, wohl aber kann ein solcher zu stürmischeren Bewegungen im Gefäfssysteme Anlafs geben.

In gröfserer Gabe tritt die Wirkung auf dieses lebhafter hervor. Es entsteht allgemeiner Turgor bei gesteigertem Pulsschlage, Röthe des Gesichts und gesteigerter Muskelaction. Mit dem Kamphor scheint er eine gewisse Einwirkung auf die Geschlechtssphäre gemein zu haben, die sich jedoch hier nur dadurch Kund thut, dafs er auch in dieser Sphäre eine stärkere Thätigkeit des arteriellen Kreislaufes hervorruft, welche zur Ausgleichung unregelmäfsiger Blutbewegungen überall dienen mag, wo diese auf asthenischen Momenten beruhen. Dieses gilt übrigens nicht allein von den Gefäfsen des Uterus, sondern überhaupt von den venösen Geflechten des gesammten Darmcanals, ja selbst der Lungen.

In der Regel nimmt jedoch der Zimmt in unserem Heilverfahren nur die Stelle eines Adjuvans ein, und dient gewissermaſsen zur Würzung der Arzneien, namentlich der rein tonischen, wie der China, des Eisens u. dgl., so wie andererseits zur Unterstützung der Wirkungen flüchtigerer oder tiefer in das Nervenleben eingreifender Mittel, wie des Kamphors, Opiums, Castoreums u. s. w. Verbindungen, in denen er besonders durch Beschleunigung der Digestion des Hauptmittels höchst wohlthätig erscheint. Kinder und Frauen pflegen ihn gern zu nehmen; eigentliche Idiosyncrasieen gegen sein Aroma sind mir nie bekannt worden.

Die Krankheiten, in denen man den Zimmt vorzugsweise empfohlen hat, sind:

1) Asthenische Fieber, besonders da, wo die Schwächung sich vorzugsweise im Gefäſssysteme ausspricht, venöse Ueberfüllungen obwalten, und die Thätigkeit des Darmcanals darniederliegt. *Jahn* sagt, in typhösen Fiebern, zumal wenn sie mit dem gefahrvollen Erbrechen oder anderen Beschwerden des Magens und Unterleibs eintreten, kenne er nicht leicht ein besseres Mittel, als einen Aufguſs von Zimmt, einige Löffel Zimmtwasser oder einige Theelöffel Zimmtessenz. Active Erregungszustände vertragen sich jedoch mit seiner Anwendung nicht, wogegen passive Ueberfüllungen bedeutender Organe durchaus keine Gegenanzeige bilden, wie denn *Horn* in asthenischen Peripneumonieen von ihm Nutzen sah.

Wo bei Wechselfiebern der asthenische Character entschieden hervortritt, sie in Erscheinungen und Verlauf einen schleichenden, nervösen Typus verrathen, die Verdauung geschwächt ist, ohne eigentlichen Gastricismus, da paſst die Zimmtrinde in Verbindung mit Chinarinde vorzugsweise, und um so mehr, je protrahirter, undeutlicher die Anfälle verlaufen. — Man kann sie ferner auch da noch empfehlen, wo das Blut zur Zersetzung neigt, die mannigfachen Arten venöser Sugillationen sich hervorthun, also in den sogenannten septischen, putriden, pestilentiellen Fiebern. Sie dient hier überall, die Thätigkeit im arteriellen Systeme aufrecht zu erhalten, somit die Möglichkeit critischer Vorgänge zu erleichtern, und den Verfall der Kräfte abzuwenden.

2) Venöse Blutanhäufungen, Blutungen und Gefäſserweiterungen finden in ihr ein um so zuverläſsigeres Gegenmittel, je mehr sie auf reiner Schwächung dieses Gefäſssy-

stems beruhen. Daher ist der Zimmt anwendbar bei Hämorrhoiden, Hämatemesis, Hämoptysis und scorbutischen Krankheitsformen, wo ein solcher Character ihnen zukommt; bei activen Blutungen ist er dagegen zu vermeiden. Auch in der Chlorosis, und überall, wo Eisenpräparate angezeigt sind, wird er nützlich mit diesen verbunden. Am entschiedensten ist sein Nutzen bei passiven Metrorrhagieen, aus schlaffem, welkem, incontractilem Uterus, und er nimmt hier in der Reihe der vorhandenen Mittel eine der ersten Stellen ein. Zugleich wirkt er aber eben in Folge seiner allgemeinen Eigenschaften auch verbessernd und regelnd auf eine zu schwache Reaction im venösen Systeme ein, dient daher bei Menostasis und Dysmenorrhoe, und erstreckt seine Wirkungen auch

3) auf die Schleimhäute, besonders der Geschlechtssphäre, daher er bei atonischen Leucorrhoeen gute Dienste leistet. Hierher gehört nun auch seine die Digestion erhöhende Kraft, die ihn zum Range der Gewürze erhebt. Durch diese Eigenschaft wird er ein unentbehrliches Mittel in der Kinderpraxis, wo er mit dem gröfsten Nutzen die Stelle anderer Erregungsmittel einnimmt, und offenbar eine tonisirende Wirkung mit ausübt. Trefflich wirkt er bei durch Asthenie unvollkommen entwickelten Exanthemen. *Stoll* empfahl auch gegen veraltete Diarrhoe den Tag über Zimmtrinde zu kauen, und den Speichel nieder zu schlucken. —

4) Empfiehlt man ihn auch bei lähmungsartiger Schwäche der Muskelfasern des Darmcanals, bei Dysphagie aus diesem Grunde und arthritischen Metastasen auf Magen und Darmcanal. Er dient hier als ein kräftiges, die Vitalität in diesen Gebilden erregendes Mittel, ohne doch in der ersten Reihe zu stehen.

Praeparata et Composita. 1) Pulvis corticis besitzt am meisten die gelind adstringirenden Eigenschaften der Rinde. Es dient als Conspergens, und bildet einen Bestandtheil des Pulv. aromaticus der Pharmacopoe, wird jedoch in den meisten, des Preises wegen, durch P. cassiae ersetzt. Gabe von 5 — 10 Gr. — 1½ Scupel. — 2) Wässrige Aufgüsse; dahin gehören die Aq. cinnamomi simpl., welche nach der Ph. B. von Cassia cinnamomea bereitet wird; Gabe efslöffelweise; kalte und warme Aufgüsse zu 2 Dr. — ½ Unze auf 6 Unzen, zweistündl. efslöffelweise; zum Thee ½—1 Dr. auf die Tasse. 3) Weinige Aufgüsse, Aq. Cinnamomi vinosa Ph. Bor. (aus Cass. cinn.), in dieser Bereitungsart durch die Tinctur entbehrlich, halbe und ganze Efslöffelweise; zu Mixturen Unzenweise; Tinctura cinnamomi, 10—30 Tropfen, auch Theelöffelweise; zu Mixturen drachmenweise, anfänglich weniger; 3) Aether. Oel, Oleum cinnamomi, aus den gröberen Theilen der Rinde in Ceylon u. s. w. selbst bereitet, bildet einen Bestandtheil der Mixt. oleoso-balsamica, wird zu Oelzuckern, Morsellen, Trochiscen u. dgl. benutzt, und dient in der Gabe von 1—2 Tropfen als concentrirtestes Präparat des Zimmtes. Aus 250 engl. Pfund werden nur 20—22 Unzen des Oels gewonnen. 4) Syrupus cinnamomi; angenehmes Corrigens für Magenmittel u. dgl.

2) Zimmtcassie, Cassia cinnamomea, auch Zimmt von Malabar, Xylocassia der Alten; ein im ganzen südöstlichen Asien weit verbreiteter Baum (s. ***Ritter*** Erdk. 5,823), dessen Product als allgemeinstes Surrogat der Zimmtrinde dient, besonders nachdem im Jahre 1825 durch Herabsetzung der Zölle eine ungemeine Preisermäfsigung gegen den ceylonischen Zimmt eingetreten ist. Im Jahre 1832 wurden über 8000 Centner auf den englischen Markt gebracht.

Die Wirkung, Anwendung und Bereitung ist der des Zimmts gleich, nur dafs das Arom der Cassia nicht so fein und die Rinde nicht ganz in gleicher Menge mit aetherischem Oele geschwängert ist.

3) Flores cinnamomi, Calyces Cassiae oder Clavellae Canellae, die unentwickelten Blüthenknospen, Zimmtnägelein; ein obsoletes, durch die Rinde vollkommen ersetztes Gewürz.

Literatur.

Herodot III., 110, 111. — *Theophrast,* hist. plant. 9, 5. — *Dioscorid.* I., 12, 13. — *Plin.*, hist. nat. XII., 19. — *Hippokrat.* cf. *Sprengel,* hist. rei herb. I., 42. — *Galen,* de simplic. medic., de antidotis. — *Lintschotten,* d. orient. Indien IV. p. 49. — *Joh. Bauhin,* Hist. plant. I. p. 433. — *Piso,* de Ind. orient. re nat. et med. — *Dexbach,* de Cassia cinnamom. et Malabathro diss. Marp. 690. — *Burmannus,* Museum Zeylanicum 1737. 62. t. 27. — *Linné,* Syst. vegetab. ex edit. *Murray* et *Persoon,* 1797. p. 410. — *Desselb.*, Pflanzensystem nach d. *Hottuynschen* Bearb. Nürnb. 1777. I. p. 504. — *Burmannus,* Flora Indica. 1768. p. 91. — *Zorn,* icon. pl. med. 359, 340

— *Marshall*, letter to Sir *Joh. Banks*, in Annals of philosophy Oct. 1817. — *Nees v. Esenbeck, fratr.*, in amoenit. botan. Bonnenses, fasc. I., de cinnamomo. Bonn 1823. — *Fechner*, Result. d. bis jetzt untern. Pflanzenanalysen. 1829. S. 129.; enth. die Annal. von *Buchholz, Vauquelin* und *Buchner*. — *Jourdan*, Pharm. univ. I., 379. — *Phöbus*, Arzneiverordnungslehre II., 107 u. 124. — *Vogt*, Pharmakodyn. II., 511. — *Voigtel*, Arzneimittellehre. II., 2., 465. — *G. A. Richter*, ausf. Arz. M.L. III., 117. — *Sobernheim*, Hdb. d. pr. Arz. M.L. 138. — *Sundelin*, spec. A.M.L. II. 210. — *Jahn*, Mat. med. I. p. 597. V—r.

2) L. (Cinnamomum) Cassia *Nees jun.* nicht *Linné's* (Cinnamomum aromaticum *Nees sen.*). Ein grosser, in China und Cochinchina wildwachsender, auf Java cultivirter Baum mit vierseitigen, nebst den Blattstielen striegelig-filzigen Zweigen, mit länglichen, an beiden Enden spitzlichen Blättern, welche unten bogig-gekrümmte Adern haben, und deren dreifache Nerven nach der Spitze hin verschwinden; mit schmalen, seidenhaarigen Rispen und 1½ Lin. langen Blüthen, deren eiförmige, stumpfe Zipfel sich fast an ihrem Grunde ablösen. Rinde und Blätter haben einen starken und scharfen Zimmtgeruch. Die erstere ist die officinelle Zimmtcassie, auch englischer, französischer, chinesischer, indischer Zimmt genannt (Cort. Cassiae Cinnamomeae, Cassia cinnamomea); sie ist dem ächten Zimmt ähnlich, von dunkel zimmtbrauner, zuweilen ins Rothe spielender Farbe, aussen auch wohl schmutzig-gelbbraun gefleckt, sonst ziemlich gleich auf beiden Seiten, von etwas faserigem Bruch, aber dickerer Substanz und schärferem Arom als der ächte Zimmt. Die Strahlenbündel bestehen hier gewöhnlich aus 3—4 Zellenreihen, und liegen dichter bei einander, und das Bastgewebe ist dichter. Auch von diesem Baum wird im Vaterlande ein Oel bereitet, das Zimmtcassienöl (Ol. Cassiae cinnamomeae, verae, Cass. sinensis etc.), welches anfangs gelblich ist, später ins Braune übergeht, einen angenehmen Zimmtgeruch, und einen anfangs süfsen, nachher brennendscharfen Geschmack hat. Es ist schwerer als Wasser, sein spec. Gewicht gleich 1,071. Statt desselben erhält man wohl das aus den Zimmtblüthen destillirte Oel, welches dünnflüssiger, schwach gelb gefärbt ist, und weniger angenehm riecht. Auch dieses Oel setzt einen krystallinischen Bodensatz von Benzoësäure ab, und röthet das Lakmuspapier. Nach *Buch-*

holz (Taschenb. 1814) besteht der französische Zimmt aus flüchtigem Oel, einem geschmacklosen, gelbbraunen Weichharz, Extractivstoff, Holzfasern u. s. w.

3) L. (Cinnamomum) Loureirii *Nees* (Laurus Cinnamomum *Loureiro*). Ein in Cochinchina und Japan wachsender Baum, mit kahlen, zusammengedrückt-vierseitigen Aestchen, fast ovalen, an beiden Enden verschmälerten, zugespitzten oder abgestumpften, unten mit sehr zarten Schüppchen bedeckten, dreifach-nervigen Blättern, deren Mittelnerv sich unterhalb der Spitze, und die Seitennerven nach aufsen adernervig verzweigen. *Loureiro* giebt an, dafs die sehr dicken Zweige dieses Baums einen schlechten Zimmt gäben, die jüngeren Zweige eine dem ceylonischen Zimmte ähnliche, aber viel schärfere Rinde, die von den Eingebornen als Gewürz benutzt würde, die mittleren Zweige aber eine etwa 1 Lin. dicke Rinde lieferten, die viel höher geschätzt und bezahlt werde als der ächte Zimmt, und medicinische Anwendung finde; auch ein rothbraunes Oel werde aus der Rinde gewonnen, milder von Geschmack als das Zimmtöl. *v. Siebold* erfuhr von einem Chinesen, dafs von diesem Kio Kui benannten Baume das Gewürz komme, welches im Handel als Cassienblumen oder Zimmtblüthen (Zimmtnägelein, Flores Cassiae immaturae, Calyces C. Cal. Cassiae c. semine mixti, Flores Cinnamomi, Clavelli Cinn., Semina Cass.) bekannt sey. Es sind dies die bis zu einem Viertheil ihrer Gröfse ausgewachsenen Früchte, von ihrem Perigon umgeben, dessen Zipfel nach innen eingeschlagen sind; ihre Farbe ist dunkelgraubraun; in Geruch und Geschmack gleichen sie dem Zimmt. Häufig sind auch noch die minder kräftigen Blüthenstiele dabei, welche bis etwa 27 Procent betragen. Durch Destillation geben sie ein schweres, schwach gelb gefärbtes Oel. *Martius* hat darauf aufmerksam gemacht, dafs die im Handel vorkommenden, geschmacklosen Zimmtblüthen, nicht, wie man glaubte, dieselben ihres ätherischen Oels beraubten Früchte seien, sondern einem anderen Baume angehören müfsten; sie sind nämlich länger gestielt, nicht so runzelig, mit sechstheiligem Perigon, von bitterlichem, schwach kubebenartigem Geschmack, und unbedeutendem, zimmtartigen Geruch. Früher glaubte *Nees*, dafs die Zimmtblüthen von Cinnamomum Cassia oder von Cinn. dulc. gesammelt

würden, während andere bald Cinn. zeylanicum, bald Cinn. Tamala, bald Myrtus caryophyllata als die Stammpflanze ansahen, für welche *Hamilton* Laurus Cubeba erklärte.

4) L. (Cinnamomum) nitida *Hook.* (nicht *Nees*, Cinn. eucalyptoides *Nees*). Ein auf Java häufiger, aber auch auf Ceylon und dem Festlande Ostindiens vorkommender Baum, dessen jüngere Aestchen und Blattstiele kahl sind, an welchen die Blätter fast gegenüberstehen, elliptisch-oval, oder elliptisch-länglich, an beiden Enden etwas verschmälert, an der Spitze sehr oft fast wie angesengt erscheinen, übrigens kahl sind, und dreifache, bis zur Spitze hinaufgehende Nerven haben. Die in achsel- und endständigen Rispen stehenden Blumen sind nebst ihren Stielen silbern seidig behaart, und ihre Perigonzipfel fallen in der Mitte ab. *Hooker* glaubte, dafs dieser Baum die von *Marsden* auf Sumatra beobachtete Cassia sei, welche in ihrer Wurzel nach diesem Beobachter vielen Campher enthält, deren Rinde aber als wahrer Zimmt nach Spanien ausgeführt werde. Die frischen Blätter sollen auch in der That denen der Zimmtcassia sehr ähnlich riechen. Dafs, wie *Friedrich Nees* meint, die ächte Culilavanrinde von diesem Baume herkomme, bestreitet *Blume*, welcher die Rinde dieses Baumes nie auf den indischen Märkten sah. Die Blätter aber werden auf Java zu einem Thee benutzt, und nach *Blume's* genauen Untersuchungen machen sie einen beträchtlichen Theil der Folia Malabathri (oder Tamalapatra) aus, welche früher auch bei uns officinell waren, und ein Gemenge verschiedener Blätter sehr ähnlicher Laurusarten sind (vgl. Laurus Tamala). Uebrigens giebt es von diesem Cinn. nitidum mehrere Abänderungen nach der Blattform.

5) L. (Cinnamomum) Sintoc javanicum. *Blume.* Ein auf Java, Sumatra und vorzüglich auf Borneo häufiger Baum mit einem Stamm von 20—25 Fufs Höhe. Die jüngsten Zweige rund, braun oder bläulich filzig, die Blätter ziemlich grofs, elliptisch-länglich, zugespitzt, am Grunde spitz, drei- oder kurz dreifach nervig, in die Queere netzadrig, die Nerven an der Spitze zusammenfliefsend, unten nebst den Aederchen, nebst Blattstielen, Zweigen und den ausgebreitet ästigen endständigen Rispen, nebst Aussenseite der Blumen dicht filzig; letztere sind immer etwas flaumig, mit 6-, sel-

tener 4- oder 8-stieligen Perigon, deren Zipfel breit-eiförmig stumpf sind. Es liefert dieser Baum nach *Blume* den ächten Cortex Sintoc, (Rumphia Tab. 21. A.), welcher gegen spastische Coliken und Schmerzen nach der Geburt mit Erfolg gebraucht, und von *Waitz* (prakt. Beobacbt. über javan. Arzneimittel, übersetzt *v. Fischer*. S. 17), als ein vorzügliches Mittel hervorgehoben wird. Diese Rinde (auch Sindoc, Sindoch, Lindoc genannt), wird entweder unter die Culilawan-Rinde gemischt, oder für sich allein verkauft. Sie unterscheidet sich von jener durch röthere Farbe, Härte und Zerbrechlichkeit, weniger angenehm aromatischen nachher bittern Geschmack, weniger angenehmen, nicht so rein nelkenartigen, stärker nach Muscatennufs neigenden Geruch, endlich durch gröfsere Trockenheit und körniges Wesen beim Kauen. In Indien kommt sie in langen schmalen Rindenstücken vor, in Europa gewöhnlich mehr verkleinert.

6) L. (Cinnamomum) Sintoc spurium Blume. Ein grofser 80 Fufs hoher Baum in Bergwäldern auf Java, so wie auch auf den Nilaghiri-Bergen. Die jungen Aestchen und Blattstiele sind kahl; die Blätter gegenständig, eiförmig oder lanzettlich-länglich, stumpflich-zugespitzt, am Grunde kaum spitz, dreifachnervig, kahl, unten undeutlich netzaderig, die Seitennerven am Grunde oft zweispaltig, nach der Spitze hin verschwindend; die Blumen bilden gegen die Enden hin schlaffe zusammengesetzte Rispen, die mit einem braunen Sammtflaum überzogen sind; die Perigonzipfel fallen an der Basis ab. Die Rinde dieses Baums ist der des Laur. Culilawan sehr ähnlich, und kommt auch als Cortex Sintok (Culit Sintok der Javaner) vor, ist aber von der ächten Sintok-Rinde ganz verschieden.

7) L. (Cinnamomum) Culilawan Blume (nicht *Nees*). Diese Lorbeerart, welche Linné schon als L. Culilaban aufführt, wächst auf Amboina und wahrscheinlich auch auf mehreren andern moluckischen Inseln, aber nicht auf Java. Es ist ein grofser Baum, dessen jüngste Zweige zusammengedrückt, einseitig und kahl sind, seine Blätter sind eiförmig- oder lanzettlich-länglich, scharf zugespitzt, am Grunde spitzlich, 3 — 6 Zoll lang, 1 — 2 Zoll und darüber breit, dreifachnervig, kahl, unten undeutlich netzadrig, die Seitennerven an der Spitze verschwindend. Die Blumen ste-

hen in wenig blumigen, end- oder achselständigen zusammengesetzten Trauben oder dreigabligen Trugdolden, und die Perigonialzipfel fallen unter der Spitze ab. Es liefert dieser Baum die Culilawanrinde (Cort. Culilawan s. Cul. albus, *Rumph* aus Culit Bast und Lawen oder Lawan, oder Lawang, Gewürznelke), unter welchen Namen aber die Rinden verschiedener ähnlicher und verwandter Lorbeerarten begriffen werden, daher dann auch schon *Rumph* mehrere Sorten unterschieden hat, was *Blume* bestätigt und zugleich bemerkt, dafs auch diese Culilawanrinde in einigen Gegenden Java's Sintok benannt werde. Die ächte Culilawanrinde (Cort. Culilawan albus s. verus, abgeb. *Rumph.* Tab. 20. A.), kommt in bis 2 Fufs langen, 2—4 Zoll breiten Stücken in den Handel, welche meist wenig gebogen, 3—5 Linien dick und von kräftiger Zimmtfarbe sind, oder von dünnern Zweigen herstammend, dünner nur 1—2 Lin. dick und blasser ist. Die Oberfläche der Rinde erscheint durch vielbeugige Längs- und Querritzen wie gewürfelt, besonders da, wo noch die graulich bleichgelbe, stellenweifs auch kreidenartige Epidermis darauf ist; fehlt diese, so ist sie ziemlich eben, oder von unregelmässigen leichten Längsfurchen und Grübchen undeutlich runzlich. Die Innenseite ist zimmtfarben ockergelb, fast gleichartig, mit der Loupe angesehen aber sehr fein und dicht nadelartig gestreift; der Queerbruch ist undeutlich faserig. Ihr Geschmack ist anfangs scharf mit etwas Bitterkeit, bei längeren Kauen aber schleimig; der Geruch angenehm und kräftig nelkenartig. Die rothe Culilawanrinde ist nach *Rumph* mehr roth, dünn und zerbrechlich. *Blume* nennt den Baum, welchen er nur aus *Rumph's* Abbildung kennt., Cinnamomum (caryophylloides) rubrum.

v. Schl—l.

Cortex Culilaban oder Culilawang; Sendock oder Salakal, malaiische Nägelrinde; Culilawanrinde; ecorce girofle d'Amboine, ein obsoletes Medicament, das jedoch noch in der amsterdamer, belgischen, englischen, französischen und würtembergischen Pharmakopöe gefunden wird. Die Rinde nähert sich an Geruch und Geschmack den Gewürznelken, ist jedoch schwächer. Die Pharm. wirt. läfst daraus eine geistige Tinctur durch viertägige Digestion von 4 Unzen der Rinde, mit anderthalb Pfund Alkohol bereiten.

Das ätherische Oel, welches ebenfalls auf den holländ. Märkten vorkömmt, ist von *Funn* äufserlich als Mittel gegen Gichtschmerzen in Verbindung mit einem aus 1½ Unz. Weinsteinsalz in 1½ Pinten Wasser gelöst, 3 Unz. Terpentinöl, 2 Unz. venetian. Seife und 2 Unz. Spirit. matricalis oder Spir. juniperi gewonnenen Linimente empfohlen. Auf eine Unze dieses sogenannten Balsamus vitae werden 50 Tropfen Culilawangöl zugesetzt. Man verband sie früher sehr häufig mit der Massoyrinde, einem ebenfalls obsoleten, aus Neuguinea stammenden Medicamente, und empfahl sie äufserlich noch besonders gegen Frostbeulen.

Innerlich wurde sie unter ähnlichen Umständen, wie die verwandten Aromata zu Gaben von 5—20 Gran im Pulver, von ½—1 Drachme im Aufgufs mit Wein und zu 20—40 Tropfen in der weingeistigen Tinktur gereicht. Das ätherische Oel wird von den Einwohnern von Amboina zu 3—6 Tropfen mit Arrak gegen Urinverhaltungen genommen.

Literatur:

Rumph, flor. amboinens. II. p. 65. — *Nees von Esenbeck*, fratres: de cinnamomo disp. p. 61. — *Boekler*, cynosura mat. med. p. 128. — *Gleditsch*, Einleitung in die Wissenschaften der rohen und einfachen Arzeneimittel. III. 322. — Gelehrte Pharmacologie von *Bernhardi* u. *Buchholz*. I. 445. — *Jourdan*, Pharm. universal. I. 580. — *Dierbach*, med. pharm. Bot. 154. — *Funn*, Sammlung auserlesener Abhandlungen. I. IV. 54. — *G. A. Richter*, ausführliche Arzneimittellehre. III. 126.

V—r.

8) L. (Cinnamomum) xanthoneuros *Blume.* Ein Baum in Bergwäldern vou Neu-Guinea, wahrscheinlich auch auf mehreren Molucken und vielleicht auf den Philippinen, von welchen wir aber bis jetzt weder Blumen noch Früchte kennen. Die jungen Zweige sind zusammengedrückt-vierseitig, dicht, fast seidig flaumhaarig; die Blätter länglich oder länglich lanzettlich, stumpflich zugespitzt, unten spitz, kurz dreifachnervig, unten netzaderig und graulichsammtig; die Nerven verästeln sich über der Mitte in Adern. Die Rinde dieses Baums der Cortex Culilawan Papuanus (*Rumphia* Tab. 20. B.), welche im äufseren Ansehen durch den unangenehmen, stark aromatischen campherartigen Geruch und die Schärfe des Aroma der Rinde, welche im malayischen Archipel als Massoi bekannt ist, viel ähnlicher ist, als der Culilawan-

lawanrinde, welcher jene häufig beigemengt ist, von der sie sich aber unterscheidet: durch gröfsere Dicke (von 4—8 Lin.), durch braunere Farbe, durch ein mehr blättriges Gefüge, welches sich besonders an der innern Fläche an den Rändern zeigt, ferner durch die graubräunliche Epidermis, die dicker und korkartig ist, nicht gewürfelt erscheint, sondern in unregelmäfsigen Schuppen abgeht, durch gröfsere Ungleichheit der Oberfläche, wo die Oberhaut fehlt. Die bräunliche Innenseite ist mit unregelmäfsigen dunkeln Flekken besetzt. Der Bruch ist ungleich, innen etwas faserig; die äufsere Lage erscheint ambrabraun und bildet bei glatten Abschnitten eine nach innen gezähnte Figur gegen die innere hellere, rothbraune Substanz. Der Cortex Massoi (vgl, d. Art.) ist von ähnlichem Ansehen, aber weniger dick, mit bleichbrauner Epidermis und Innenseite, scharf balsamischem, keineswegs nelkenartigen Geruch. Ueber die Abstammung dieser letztern Rinde sind auch jetzt noch keine sicheren Nachrichten bekannt; denn ***Blume***, der uns eine Abbildung der Rinde (***Rumphia*** Tab. 21. B.) liefert, spricht sich nur so weit darüber aus: dafs er sagt, die Mutterpflanze des Cort. Massoi gehöre nicht zur Gattung Cinnamomum.

9) L. (Cinnamomum) ***Tamala***, ***Hamilton*** und ***Nees***. Ein mittelmäfsig grofser Baum, auf dem Festlande Ostindiens wachsend, mit fast runden Aesten, von denen die jungen scharfflaumhaarig sind; die Blätter werden bis 6 Zoll lang und $1\frac{1}{2}$ Zoll breit, sind länglich lanzettlich, zugespitzt, am Grunde spitzig, kahl, dreinervig, der Mittelnerv vor der Spitze aufhörend; die Blumen bilden an der Zweigspitze und in der Blattachsel stehende, gestielte, ausgebreitete Rispen; das Perigon ist glockig, auf beiden Seiten grauseidig und dessen umgekehrt eiförmige, etwas spitze Zipfel, fallen unter der Mitte ab. Nach ***Friedr. Nees*** liefert dieser Baum die ächten Folia Malabathri (Fol. Tamalabathri, Fol. Indi); doch sollen jetzt gewöhnlich nur als Seltenheit die Blätter von Cinnam. Zeylanicum, Cin. nitidum und obtusifolium statt jener bei uns vorkommen. ***Blume*** aber, gestützt auf die Untersuchungen älterer Sammlungen, giebt an, dass die Fol. Malabathri gröfstentheils aus den Blättern der Cinn. nitidum, sodann aus denen des Cinnam. Rauwolfii, eine sonst unbe-

kannte Art und auch wohl des Cinn. iners., vielleicht auch aus anderen ähnlichen Arten zusammengesetzt gewesen sind.

10) L. Camphora L. (Camphora officinarum *Nees*). Dieser in China und Japan einheimische große Baum, hat ein weißliches, röthlich marmorirtes Holz, welches wie fast alle Theile nach Camphor riecht; eine außen mehr graue, innen braune Rinde, wechselständige, breit lanzettliche oder elliptisch lanzettliche, dreifachnervige, oben leuchtende, unten weißliche, mit einem Drüschen in den Hauptaderachseln versehene Blätter. Die kleinen, zuweilen getrennt-geschlechtigen Blumen, bilden kleine in den Blattwinkeln stehende Rispen; das Perigon ist 6- oder 5theilig, die Zipfel sind außen kahl, innen seidenhaarig und fallen bei der Frucht ganz ab. Die 12 Staubgefäße stehen in 2 Reihen, drei von denen der innern Reihe sind in gestielte drüsige Körper verwandelt, die drei andern haben jederseits an ihrem Staubfaden eine gestielte Drüse; die Antheren sind vierklappig; die erbsengroße, schwarze, einsaamige, beerenartige Frucht, steht auf der kreiselförmigen Basis des Perigons, und schmeckt und riecht stark nach Campher und Zimmt. Aus allen Theilen des Baums wird der Campher bereitet, indem man sie zerschnitten mit Wasser in einen Kolben von Eisen, dessen oberer irdener Helm mit Stroh gefüllt ist, einer Destillation unterwirft; der Campher setzt sich dann als eine grauliche unreine Masse an das Stroh an, und ist so als Rohcampher (Camphora cruda) Gegenstand des Handels. Nach Europa gebracht, unterwirft man denselhen einer nochmaligen Destillation unter Zusatz von etwas Kohle, ätzendem Kalk oder Kreide, und erhält so den gereinigten Campher, welcher in runden oben convexen, unten concaven, in der Mitte gewöhnlich mit einem Loche versehenen Broden verkauft wird. Er ist weiß, halb durchsichtig, von krystallinischem eckigkörnigem Gefüge, leicht zerbröckelnd, für sich nicht pulverisirbar, von starkem eigenthümlich aromatischem Geruch, anfangs erhitzendem und starkem, dann aber kühlendem bitterlichem Geschmack. Er verdunstet der Luft ausgesetzt allmählig, läßt sich durch Sublimation in Octaeder oder sechsseitige Blätter krystallisiren, schmilzt bei 110 Grad R., indem er ölartig wird, kocht und sich in Dampfform verflüchtigt. Es ist ein Stearoptän, welcher mit einem flüchtigen Elaeoptän im Cam-

pherbaum vorkommt, und sich hier auch nicht selten im Innern, besonders in der Wurzel ausgeschieden zeigt, auch auf ähnliche Weise bei andern Lorbeeren, namentlich dem Zimmtlorbeer, und dann auch bei Dryobalanops (s. die Art.) in einer anderen Familie erscheint. Wasser löst den Campher nur sehr wenig auf; durch Zucker, Gummi, Eigelb aber wird die Auflösung vermittelt; kleine Campherstückcheu zeigen auf Wasser geworfen einige drehende Bewegungen. Wenige Tropfen Weingeist machen den Campher pulverisirbar, grössere Mengen Alcohol lösen ihn auf, ebenso fette und flüchtige Oele, Aether, concentrirte Schwefel- und Essigsäure; aber Alcalien äufsern keine Wirkung auf ihn. Mit Schwefel und Phosphor läfst er sich zusammenschmelzen. Salpetersäure bildet aus ihm eine eigene Säure, die Camphorsäure, welche sich krystallinisch darstellen läfst. Mit Harzen und Gummiharzen im getrockneten und pepulverten Zustande zusammengemengt, liefert er bald trockne, bald anfangs trockne, dann krümlich oder weich, oder halbflüssig werdende, oder gleich anfangs weiche Massen, bei denen der Camphergeruch entweder ganz oder zum Theil verloren geht, oder wohl gar noch heftiger wird. (*Plancher* im Journ. de Pharmac. 1838.) v. Sch—l.

Kamphor, Camphora, das arab. Kamphur oder Kaphor, ein von den Arabern uns überkommenes Arzeneimittel von ganz vorzüglicher Bedeutsamkeit für den Heilschatz. Seine Zusammensetzung aus 10 Atomen Kohlenstoff, 16 Atomen Wasserstoff und 1 Atom Sauerstoff, ergiebt die Formel C 10 H 16 O, welche materiell gleich ist dem Oxyde eines aus einem Doppelatom Terpenthin- oder Citronenöl bestehenden Radicals. Als solches hat auch *Dumas* den Campher betrachten wollen, und dem gemeinschaftlichen Radicale den Namen Camphogen beigelegt; jedoch scheint diese Anschauungsweise nicht hinreichend begründet oder förderlich. Behandelt man Terpenthinöl mit Chlorwasserstoffsäure, so erhält man die von *Kind* entdeckte, unter dem Namen des künstlichen Camphors bekannte, und dem natürlichen im äufseren Ansehen entsprechende Verbindung, welche durch die Formel C20, H32 und 2HCl ausgedrückt wird, oder worin ein Atom Chlorwasserstoffsäure die Stelle des Sauerstoffs in der natürlichen Verbindung vertritt. Dieses Verhalten ist merkwürdig genug, um zu ferneren Untersuchungen aufzufordern.

Wirkung und Anwendung. Wie das chemische Verhalten des Camphors, obwohl dem der ätherischen Oele nahe stehend, dennoch so weit von diesem abweicht, dafs es nicht angemessen scheint, beide in eine Ordnung zusammen zu bringen, so werden auch seine arzeneilichen Eigenschaften durch einen hohen Grad selbständiger Eigenthümlichkeit, von denen der verwandten Stoffe unterschieden. Wenn die ätherischen Oele, abgesehen von dem Einflusse, den sie in unmittelbarer Berührung mit den Schleimhautflächen äufsern, im Allgemeinen vorzugsweise eine flüchtig reizende Wirkung auf die peripherischen Endungen des Knotennervensystems üben, so läfst sich ein solcher allgemeiner Charakter auch dem Campher nicht absprechen. Dabei aber tritt an ihm auch das causale Moment, der Centralreiz, vermöge dessen jene Wirkungen erzeugt werden, kräftig hervor; dieselben beschränken sich zudem nicht auf die Gebilde des Unterleibes, sondern erstrecken sich weiter auf die das Blut potenzirenden Eingeweide der Brust. In der That giebt es kaum ein Mittel, dessen directe Beziehung auf die Lungen sich mit gröfserer Evidenz nachweisen liefse, als dies beim Campher der Fall ist, dessen Geruch man bei fortgesetztem Gebrauche im Athem wiederfindet, und dessen Wirkung auf alle venöse Stockungen in diesen Organen mehr noch, als sein Einflufs auf die Hoden specifisch genannt zu werden verdient, obwohl diese letztere Eigenschaft weit allgemeiner beachtet und hervorgehoben worden ist.

Wenn der Charakter eines ätherischen Oels im Allgemeinen als Radical einer organischen Säure vom chemischen Standpunkte aus bezeichnet werden mufs, wenn bei dem Vorkommen eines Atoms Sauerstoff im Campher, und der durch seine Zersetzung gebildeten Camphersäure noch stärker ein solcher electronegativer Charakter hier bereits als entschieden entwickelt vorausgesetzt werden müfste, so steht doch eben die lebhafte Verwandschaft dieses Stoffes zu den Säuren, verglichen mit seiner geringen Neigung Verbindungen mit Alcalien einzugehen, in einem auffallenden Widerspruch mit diesen allgemein begründeten Voraussetzungen, und spricht bereits vom chemischen Standpunkte aus für dessen höchst eigenthümliche Natur.

Noch mehr aber wird eine solche Ansicht bestätigt, wenn wir das abweichende Verhalten dieses Stearoptens von dem der ihm zunächst stehenden ätherischen Oele, vom pharmakodynamischen Gesichtspunkte aus betrachten. Denn die Erregung der Nervengebilde, welche von ihm ausgeht, ist zugleich so rasch und flüchtig in ihrem Entstehen, so intensiv und fix in ihrer Fortwirkung, dafs wir, wie dort zwischen Säure und Alcali, so hier zwischen Erregungs- und Stärkungsmittel ein Glied vor uns sehen, das nach beiden Seiten hin gleiche Ansprüche und Forderungen hat.

Im Ganzen scheint es jedoch, dafs die Muskelfaser des unwillkührlichen Systems, nicht allein in Herz und Eingeweiden, sondern selbst in den kleinsten Gefäfsen und Ausführungsgängen, vorzugsweise jene erregend-belebende Einwirkung des Camphers erfahre. Denn wenn auch die stärkeren Gaben dieses Mittels Symptome einer ungemein starken, und bis zur Narcose steigenden Hirnerregung erzeugen, die sich besonders in der Innervation des respiratorischen Systems deutlich hervorthut, und bei welcher die Blutüberfüllung des Gehirns als Wesentlichstes erscheint, so bleibt doch in den kleineren Gaben jene Wirkung stets mehr auf die Thätigkeit des Herzens und der grofsen Gefäfse beschränkt, und so wenig es überhaupt von Nutzen sein kann, für die Betrachtung der Wirkungen der Arzeneistoffe jenes extreme Moment aufzusuchen, wo das Mittel den Organismus überwunden hat, und die Lebensfactoren besiegt auseinanderfallen, ein Moment, in welchem sehr differente Kräfte doch schliefslich übereinkommen können, so wenig kann man auch beim Campher nur eben die Letztwirkung hervorheben, ohne zugleich den Grad der Erregung zu berücksichtigen, welchen er in minderen Gaben hervorbringt.

Man hat viel darüber gestritten, ob der Campher zu den reizenden oder beruhigenden Arzeneimitteln zu zählen sei; wie man dies mit dem Opium und anderen Stoffen gethan hat. Dieser Streit ist ein reines Wortgefecht, wobei man über den Erscheinungen den Grund derselben übersehen und vergessen hat, dafs, der Campher möge nun Aufregung, Hitze, fliegenden, vollen Puls, Schweifs oder andere

Symptome der Aufregung erzeugen, oder im Gegentheile Schmerzen heben, copiöse Ausleerungen, besonders durch die Haut vermindern und auf ähnliche Weise beschränkend in eine perverse Thätigkeit des Empfindungs- und vegetativen Lebens eingreifen, immer dieselbe, rasch und anhaltend auf die irritable Gefäfsfaser einwirkende, erregende Kraft es ist, welche den normalen Lebensprocefs steigert, den gesunkenen aber zur Norm und Beruhigung zurückführt.

In kleinen Gaben bewirkt der Campher eine allgemeine, gelinde und anhaltende Erregung. Dabei ist der Puls beschleunigt und voll, die Respiration freier, die Wärme und Ausdünstung der Haut erhöht, ein leises Gefühl höherer Wärme wird nach dem Genusse des Mittels in der Speiseröhre, und noch mehr in der Magengegend empfunden. Das Gesicht ist stärker geröthet, und bei Thieren beobachtete *Hertwig* Ausspritzung der Gefäfse der Conjunctiva, der Nasen- und Mundschleimhaut, einen deutlichen Camphergeruch der ausgeathmeten Luft und ein heller geröthetes, cruorhaltigeres und gerinnbareres Blut.

Wird die Gabe verstärkt, so steigern sich diese Erscheinungen auf entsprechende Weise, und der Blutandrang nach dem Kopfe erzeugt die bekannten Symptome von fliegender Hitze, leichtem Schwindel, subjectiven Sinnesempfindungen u. dgl. m. Es treten sodann auch Zeichen von Localreizung ein, Brennen im Mund und Schlunde bis in den Magen, Uebelkeit, Erbrechen. Im höchsten Grade der Wirkung treten die Symptome der Lähmung hervor. Nach den Erscheinungen der heftigsten Erhitzung und des stärksten Turgors wird der Schweifs kalt; es stellt sich ein allgemeines Frostgefühl ein, das Gesicht wird blafs, die Muskeln, besonders die respiratorischen, erschlaffen in abwechselnden krampfhaften Zusammenziehungen, Betäubung und Schlafsucht wechselt mit Delirien, und der Tod erfolgt durch Hirnlähmung.

Purkinje beobachtete an sich selbst in Folge einer Gabe von 1 — 6 Gran Campher gelindes Magenbrennen, welches sich bis zum Schlunde hinaufzog; bei 12 Gr. erhöhte Hautthätigkeit mit duftender Wärme, allgemeine behagliche Nervenaufregung, und eine eigenthümliche Excitation des Sensoriums und der sensoriellen Verrichtungen, welche sich dem

Zustande der Berauschung näherte; als er bis zu 2 Scrupel genommen, empfand er ein dringendes Bewegungsgefühl in den Muskeln, wobei alle Bewegungen ungemein leicht von Statten gingen, und die Schenkel sich über die Masfsen hoben (Zeichen der erregenden Einwirkung auf die motorische Hälfte des Rückenmarkes); die Empfindlichkeit schien etwas verringert, die psychische Thätigkeit über Mafs erregt, so dafs bei einer verworrenen und dicht gedrungenen Fluth von Gedanken und Vorstellungen, einer wahren Ideenjagd, nichts mit Stätigkeit festgehalten werden konnte, und selbst das Bewufstsein der Persönlichkeit unterging, ein Zustand, welcher offenbar mit der Narrheit (folie) identisch erscheint, und sich von der durch Narcotica erzeugten Verzückung (Ekstasis) und darauf folgenden Melancholie deutlich unterscheidet. Nach Entfernung des Camphers durch künstlich erregtes Erbrechen, kehrte zwar theilweise Besinnung zurück, aber Vergefslichkeit und Gedankenfluth hielten an, bis das Bewufstsein schwand und der Versuchende mit geröthetem Gesicht und einigen convulsivischen Bewegungen in Betäubung verfiel, worin er eine halbe Stunde lang mit langsamen Athmen lag, und beim Erwachen erst spät zu vollem Bewufstsein gelangte. Aus seinen Versuchen an Thieren schliefst *Orfila*, dafs der Campher, zu 3 — 4 Drachmen mit Oel in den Magen eines Hundes gebracht, bald absorbirt und in den Blutstrom übergeführt wird, und dafs er durch kräftige Aufregung des Gehirns und ganzen Nervensystems, unter den schrecklichsten Convulsionen rasch den Tod herbeiführt; dafs er in die Venen eingespritzt dasselbe noch weit schneller, langsamer dagegen bewirke, wenn er auf das Zellgewebe an der inneren Seite des Schenkels gebracht wird, dafs die Thiere fast in allen Fällen an Asphyxie sterben, welche Folge des völlig aufgehobenen oder erschwerten Athmens ist, wie es während der heftigen convulsivischen Stöfse Statt hat, dafs die Wirkungen des Camphers nicht mit den blos auf das Rückenmark beschränkten der Strychnosarten zu vergleichen sind, dafs er in Stücken nicht verdaut wird, aber örtlich den Tod durch Verschwärung des Magens zu erzeugen vermag, (man fand solche Schleimhautverschwärungen, in deren Mittelpunkt jedes Mal ein Stückchen Campher safs); dafs die nervösen Wirkungen gröfserer Stücken auf Ablösung kleinerer Theile beruhen und endlich, dafs der künstliche Campher keine Nervenphänomene, sondern nur Schleimhautverschwärungen erzeugt.

Fassen wir das Gesagte kurz zusammen, so ergiebt sich die Wirkung des Camphers als eine centrale, vorzüglich auf das kleine Gehirn, das verlängerte und Rückenmark, und zwar vorherrschend auf dessen motorische Seite; eine Wirkung, welche sich anfänglich nur in peripherischen Erregungen der irritablen Gebilde, namentlich der Muskel- und contractilen Fasern manifestirt und als arterielle, zuströmende Bewegung, erhöhte Expansion im Flüssigen erscheint, die eben auf jener Steigerung der Erregung und des Zusammenziehungsvermögens in der contractilen Faser beruht. Die Erscheinungen werden aber, sobald der Arzeneieinflufs intensiver war, offenbar in drei Reihen gespalten, nämlich 1) in diejenigen des localen Reizes, welche die örtliche Verschwärung bedingen und mit den eigentlichen Nervenwirkungen nichts gemein haben; 2) in diejenigen auf die Klein-Gehirn- und Medullarfasern, welche jene Symptome erzeugen, die oben als ganz analog mit denen der Narrheit bezeichnet wurden, und wobei die niedere Nervenkraft zu einer selbstständigen Trennung von dem höheren Bewufstsein erregt wird, dieses eben dadurch seinen materiellen Halt, seine Stätigkeit verliert, das Bewufstsein seiner Individualität aufgiebt, und sich in die allgemeine Idee auflöst; und endlich 3) in diejegen, welche aus der erhöhten Thätigkeit des Gefäfslebens, der daher entstehenden activen Congestion und Blutüberfüllung in den grofsen Eingeweiden, namentlich in Gehirn und Lungen hervorgehen.

Es ergeben sich nun die Indicationen für die Anwendung des Camphers in folgenden Krankheitsformen.

1) In allen asthenischen Fiebern mit deutlichem Darniederliegen der irritabeln Innervation, vom einfachen nervösen Fieber bis zum Faulfieber. Der Campher wirkt hier vornämlich auf Herstellung des Wirkungsvermögens nach der Peripherie, auf Steigerung der Thätigkeit und Energie im Gefäfssysteme, Hebung des Pulses, Beförderung unterdrückter, so wie Mäfsigung passiver Hautthätigkeit; er wirkt auf das Entschiedenste zur Hervorrufung activer kritischer Bewegungen, und ist namentlich in allen Gattungen bedenk-

licher, tief in die Lebenskraft eingreifender Fieber, welche mit venösen Ueberfüllungen gröfserer Organe verbunden sind, bei dem Hirn-, Lungen- und Abdominaltyphus, ein unersetzliches Mittel. Man sucht ihn hier auf alle Weise dem Körper einzuverleiben, und benutzt zu diesem Zwecke aufser dem Magen auch Haut und Mastdarm, so wie selbst die Lungen.

2) Bei den asthenischen und gangränescirenden Entzündungen, empfiehlt man ihn mit gleichem Rechte. Insbesondere ist er bei der bekannten Form der Pneumonia notha indicirt, so wie in allen Fällen, wo die Lungen durch Erschütterung und mechanische Gewalt, in Folge einer catarrhalischen Entzündung, die sich bis in ihre Trachealzellen erstreckte, oder aus anderen Ursachen mit venösem Blute überfüllt sind. Er macht das Athmen frei, hebt die Beklemmungen, die Stiche oder den Druck, den Husten u. s. w., und obgleich er nach einer ganz entgegengesetzten Seite, wie der Aderlafs hinwirkt, ist er doch in seinen günstigen Primärwirkungen nicht weniger rasch, in den secundären aber unendlich sicherer und zweckmäfsiger. Seine Wirkung in allen Entzündungsprozessen häutiger Flächen, es mögen nun die serösen betroffen, oder catarrhalische, rheumatische oder exanthematische sein, beruht ebenfalls auf dieser fixerregenden, das Blutleben erhöhenden Kraft, und ist daher in allen den Fällen wohlthätig, wo der über die weite Nervenausbreitung hinwirkende Reiz einen asthenisirenden Einflufs auf das Centralnervensystem ausübt, und das die Hautentzündung begleitende Fieber dem zu Folge einen asthenischen, nervösen, erethischen oder torpiden Charakter angenommen hat. So empfiehlt man also den Campher mit Rücksicht auf diesen seinen Wirkungscharakter bei Pleuritis, Peritonaeitis, Cystitis, bei Angina gangränosa, bei Erysipelas malignum, allen Arten nervöser Masern, Blattern, Rötheln, des Scharlachs u. s. w., bei nervösen rheumatischen Fiebern und eben solchen oder chronischen, torpiden Catarrhen; so wie 3) ebenfalls beim fixen Rheumatismus ohne Fieber, bei torpider Arthritis und verwandten Formen. —

4) In allen asthenischen und zur Lähmung neigenden Reizungszuständen des Darmkanals, bei chronischer Diarrhöe,

Ruhren, der Cholera orientalis, nimmt der Campher unter den vorhandenen Mitteln eine wichtige Stelle ein.

5) Angezeigt ist er ferner in vielen Krankheiten der von dem Beckengeflechte aus innervirten Theile. Seine beschränkende Heilkraft gegen übermäfsige Geschlechtsthätigkeit hinwegleugnen, hiefse den positivsten Erfahrungen entgegentreten; aber man vergesse nicht, dafs es sich hier lediglich von Zuständen mit vorherrschend venösem Charakter, von Ueberfüllungen und daher rührenden Nervenreizungen handelt. Ueberall, wo active Einströmungen vorherrschen, wird der Campher den Reiz nur mehren. Bei obwaltendem Hämorrhoidalreiz, Venenanschwellungen in der Blase, bei den entsprechenden Zuständen des Uterus und der Vagina, selbst der Ovarien, ist er daher von dem entschiedensten Nutzen, nicht minder da, wo eine rein krankhafte gesteigerte Sensibilität, ohne andere active Phänomene und mit wesentlich geschwächtem Wirkungsvermögen zum Grunde liegt. So heilt er nächtliche Erectionen, Pollutionen dieser erethischen Art, Satyriasis, Nymphomanie, thut gute Dienste bei Leukorrhöen und Gonorrhöen mit passivem Charakter, und ist selbst gegen passive Metrorrhagieen und eine auf zu hoher Sensibilität beruhende Unfruchtbarkeit zu Hülfe zu ziehen.

6) Auch gegen allerlei Krampfkrankheiten, sowohl wo die Geschlechtssphäre in Mitleidenschaft gezogen ist, als wo sie sich in den willkürlichen Bewegungsorganen oder überhaupt in der contractilen Faser darthun, wird er da mit Nutzen angewendet, wo der Grad der Energie dem Grade der Empfindlichkeit nicht entspricht. Hiernach bestimmt sich auch seine Heilkraft bei Lähmungen.

7) Seinem Einflufs auf das kleine Gehirn und verlängerte Mark, steht seine Heilkraft in psychischen Krankheiten zur Seite, und er dürfte gewifs bei der zum Blödsinn hinneigenden Narrheit noch mehr als bisher geschehen, Beachtung verdienen. Ueberhaupt aber ist er ein kräftiges Erregungsmittel des Gehirns und daher in allen Fällen von Nutzen, wo nach dem Aufhören der Phänomene einer activen Einströmung, die indirecte Schwäche sich kund thut.

8) Dies gilt nun auch von der Art, wie er den dynamischen Folgen der Opiumvergiftung einerseits, der Cantha-

ridenvergiftung anderer Seits entgegenwirkt. Hier ist er ein Erregungsmittel für das, unter der Narkose erliegende Seelenorgan; dort stellt er, in den peripherischen Nervenendungen, das Gleichgewicht zwischen Empfindlichkeit und Kraft wieder her,, und beseitigt somit die Symptome der Reizung mit Schwäche.

9) Gebraucht man den Campher noch als Corrigens verschiedener Mittel: der Canthariden, der Squilla, der Drastica, der Mercurialien und anderer Metalle.

10) Aeufserlich wendet man den Campher an zur Beförderung der activen Reaction bei Abstofsung brandiger Theile, wie überhaupt gern bei erethisch-atonischen Formen, schmerzhaften adynamischen Geschwüren, profuser Secretion, auch beim Brande der Alten, dem Hospitalbrande u. s. w., ferner als Reizmittel auf die Haut zur Erregung kräftigerer Ausdünstung, zu Einreibungen und Waschungen bei rheumatischer Schwäche, übermäfsigen, passiven Schweifsen und dgl. mehr.

Form und Verbindungen. Man giebt den Campher innerlich 1) in Pulverform, mit Hülfe von Weingeist fein vertheilt (alcoholisirt), am Besten in einem gummösen Vehikel mit Zucker zu 1 — 2 Gran zweistündlich oder seltener. In dieser Form wird er mit Opium, Goldschwefel, Mercur u. dgl. verbunden mit der Vorsicht, die Pulver in luftdichtes Papier (Charta cerata) zu schlagen. 2) In Auflösung, namentlich mit Aether, Pflanzensäuren, aber auch mit Alkohol, Oelen u. s. w., wo die Dosis verhältnifsmäfsig ein wenig schwächer sein soll, insofern diese Auflösung die Primärwirkung beschleunigt und verstärkt. 3) Suspendirt, mit Pflanzenschleimen, Eigelb in Form der Emulsion, eine sehr zweckmäfsige Art der Vorschrift. Man bedient sich hierzu am Besten des fetten Mandel- und des Mohnöls mit Gummi mimosae oder tragac. Die Formen der Latwerge, des Bolus, Julep und dgl., sind durch die physische Beschaffenheit des Mittels nicht gerade vorgeschrieben, insofern sie nicht durch die zugleich angewendeten anderen Stoffe nöthig werden sollten. Pillenform ist am Wenigsten zu empfehlen.

2) Zu Klystiren wendet man den Campher in öligen Auflösungen an. Die Gabe sei 10 — 12 Gran; darüber mit Vorsicht.

3) Zu Räucherungen wird der Campher benutzt, indem man ihn entweder in Substanz, oder aus weingeistigen Lösungen bei einer Temperatur von 50—100 Grad verdunsten läfst. Man setzt ihn auch anderen Räuchermitteln zu.

4) Aeufserlich bedient man sich desselben 1) in Pulverform sowohl zu Einreibungen auf trockenen Flanell gestreut und gehörig verrieben, als zu trockenen Fomenten u. dgl.; 2) in Form von Linimenten mit fetten Oelen; 3) in Seifen; 4) in weingeistiger oder ätherischer Auflösung.

Literatur:

Kaempf, amoen. jap. p. 770. — *Blackwell*, herb. t. 347. — *Linné*. Pflanz. Syst. von *Hottuyn* I. 517; id. syst. vegetab. ex ed. *Murray* u. *Persoon*, p. 410. — *Gren*, Pharmacol. I. 422. — *Phoebus*, Arz. V. L. II, verschiedentl. — *Jourdan*, Pharmac. univ. I. 370. — *Berzelius*, Chemie IV. 648. — *Orfila*, Toxicologie von *Kühn* II. 343. — *Sobernheim* und *Simon*, prakt. Toxicologie 618. — *Vogt*, Pharmakodyn, I. 388. — *Sundelin*, Heilm. Lehre II. 146. — *G. A*, *Richter*, ausführl. Arzen. Mittellehre III. 361. — *Sobernheim*, prakt. Arznei-Mittell. 124. — *Jahn*, prakt. Mat. med. I. 467. (eine sehr gute und prakt. brauchbare Abhandlung). V—r.

11) L. Sassafras L. (Sassafras officinarum *Hayne* Euosmus Sass. *Nuttall*, Persea Sassf. *Sprengel*). Der, je nach Beschaffenheit des Bodens bald nur als Strauch, bald als Baum auftretende rothe Sassafras (red Sassafra), wächst im nördlichen Amerika von Canada bis Florida. Die gestielten, wechselnd stehenden, einjährigen Blätter sind von sehr veränderlicher Gestalt und Gröfse, bald lanzettlich, bald umgekehrt eiförmig, immer in den Blattstiel keilförmig herablaufend, ein- oder dreifachnervig, bald ganz, bald drei- oder nur zweilappig, mit stumpflichen Lappen, unten blasser grün und schwach flaumhaarig. Die wohlriechenden Blumen, gewöhnlich getrennten Geschlechts, treten aus eignen Knospen hervor, und stehen in wenigblumigen mit einigen Blättern versehenen Trauben. Das Perigon ist grünlichgelb, tief 5 bis 6spaltig mit linealisch spitzen drei- oder einnervigen Zipfeln. Die männlichen Blumen enthalten 6 oder 8 vollkommene, vierklappig aufspringende und 3 oder 4 zu Drüsen verkümmerte Staubgefäfse; die weiblichen verkümmerte Staubgefäfse und einen einfachen drüsigpunktirten Stengel. Die Frucht ist eine blaue Beere, welche in dem dunkel mennig-

rothen etwas verdickten, und oben ausgehöhlten Blumenstiel steht. Von dieser Art ist wenig verschieden:

12) L. (Sassafras) albida *Nuttall* (Untergattung Euosmus von *Nuttall*, Sassafras von *Nees*), durch kahle jüngere Zweige und Blätter, welche letztere dünner, blaugrün und auf der untern Seite kaum bemerklich geadert sind; ferner durch die während des Blühens kugelig gedrängten Blüthentrauben. Dieser Baum, welcher in Nord- und Südkarolina häufiger als die vorige Art ist, wird weifser Sassafras (white Sass.) genannt, weil das Wurzelholz, das auch strenger campherartig schmeckt, fast weifs ist.

Von diesen beiden Bäumen benutzt man das Holz, die Rinde und seltner auch die Blumen. Das Holz, welches gewöhnlich von der Wurzel genommen wird, das Fenchel- oder Sassafrasholz (lignum Sass.), kommt sehr verschiedenfarbig vor, von fast weifs und gelblich bis in das Röthlichbraune und Graulichblaue; es ist sehr leicht und locker von Textur, von gewürzhaft fenchelartigem Geruch und eigenthümlich gewürzhaften Geschmack, es kommt in grofsen knorrigen Stücken vor, die zum Theil noch mit der Rinde bekleidet sind, und $\frac{1}{4}$ — $\frac{1}{2}$ Fufs dick und bis zu 2 Fufs lang sind. Das Holz des Stammes ist blasser, dichter, schwerer, mit fester ansitzender Rinde von schwächerem Geruch. Die Rinde (Cortex Sass.) ist ebenfalls von der Wurzel; es sind unregelmäfsige, flache, 1 — 1$\frac{1}{2}$ Linie dicke Stücke, die aufsen runzlich, rissig und höckerig sind, von einer schmutzig grauen oder braunen Oberhaut bedeckt, innen glatt, etwas feinfaserig, rothbraun; die Substanz ist schwammig und locker, leicht brechend, mit etwas unebenem aber nicht faserigem Bruch; der Geruch ist stärker fenchelartig als der des Holzes, der Geschmack beifsend gewürzhaft, etwas campherartig. Die Blumen (Flores Sass.) sind ein Gemenge von Blumen, Hüllblättern, aufbrechenden Blattknospen und weifsen Früchten; sie zeigen den Geruch und Geschmack der übrigen Theile in stärkerem Grade. Durch Destillation kann man aus diesem Baume ein ätherisches Oel gewinnen, welches in Wasser zu Boden sinkt, dessen spec. Gewicht gleich 1,094 ist, welches jedoch flüchtiger als Nelkenöl erscheint.

v. Schl—l.

Sassafras, Sassafrasholz, lignum sassafras s. pavanum

s. foeniculatum, s. anticatarrhale, auch Fenchelholz genannt, ein durch sein mit Extractivstoff und Gerbestoff verbundenes äther. Oel wirksames, flüchtig reizendes Mittel, dessen man sich früher häufiger als jetzt zur Herstellung unterdrückter Haut- und Urinthätigkeit, und zur Beförderung der auf diesem Wege beabsichtigten kritischen Ausleerungen bediente. Noch jetzt benutzt man es bisweilen bei chronischen Hautkrankheiten, Mercurialdyskrasieen, secundärer Lues, auch wohl zur Bethätigung eines kräftigeren Assimilations- und Absonderungsprocesses in der Scrophulosis (*Hufeland* über d. Scrophelkrankheit. Seite 220), bei Catarrhen, Arthritis u. s. w. Es bildet einen Bestandtheil verschiedener Zahntincturen und Gurgelmittel. *Selig* empfahl es gegen Herp. exedens.

Man gebraucht es in Abkochungen oder besser in Aufgüssen zu 2 Drachm. und darüber, auch zum Getränk eine halbe Unze mit 2 Pfd. Wasser auf 1 Pfd. eingekocht. Es ist reich an Oel, von welchem 1 Pfd. etwa 160 Gran liefert und das man zu gutt. 1 — 3 — 5 gegen arthritische Leiden, so wie äufserlich nach *Stark* gegen Caries benutzt. Auch gegen Krampfasthma ist es von *Wolff* und A. empfohlen worden.

Neandri, Sassafrassologia. Brem. 1627. — *Gleditsch*, mat. med. III. 326. — *Richter*, ausf. A. M. L. III. 175. — *Jahn*, mat. med. II. 502. V — r.

13) L. Benzoin L. (Benzoin odoriferum *Nees*, Euosmus Benz. Nuttall). Ein kleiner Baum, welcher an schattigen feuchten Orten an den Ufern der Bäche und Flüsse von Canada bis Florida wächst, und gewöhnlich Spice wood (Allspice bush, Fever bush) genannt wird. Die Rinde des Stämmchens ist aschgrau, oft weifs gefleckt, die kleinen gelblichgrünen, polygamischen Blumen, welche kahl und tief 6-theilig sind, erscheinen Ende März oder Anfang April an den blattlosen Zweigen, in kleinen 2—5 blumigen, sitzenden Döldchen, aus eigenen seitlichen Knospen. Die Blumen enthalten gewöhnlich 9 Staubgefäfse mit 2 klappigen Staubbeuteln, und zwischen den Staubgefäfsen drüsige unausgebildete Staubgefäfse in verschiedenen Zahlen von 6 — 8. Später entwickeln sich die keilförmig ovalen Blätter, die unten weifslich und etwas flaumhaarig sind. Die Beeren sind oval und scharlachroth. Man benutzt in Nordamerika Rinde und Früchte dieses angenehm gewürzhaften Lorbeers, die letztern auch wohl

statt des Piments, wie dies ziemlich allgemein während des amerikanischen Krieges der Fall war. Die Rinde wird im Decoct oder Pulver als ein sehr gewürzhaftes, stimulirend und tonisch wirkendes Mittel, besonders bei Wechselfiebern, oder auch in wäfsriger Infusion der jüngern Zweige als wurmtreibendes Mittel empfohlen; auch die Blätter hat man zu einem Thee benutzt. Die Indianer sollen von diesem Mittel sarken Gebrauch machen. (*Barton*, Med. Bot. 2. p. 91. t. 33.)

14) L. nobilis L. Der Lorbeer der Dichter und Helden, die Daphne der Alten, ist ein mäfsiger immergrüner Baum, welcher im südlichen Europa und Kleinasien wächst, und gegenwärtig die Grundform der Gattung Laurus bildet. Die kurzgestielten, wechselständigen, lederartigen, schöngrünen Blätter dieses durchaus kahlen Baumes sind lanzettlich, bald schmäler, bald breiter, mit bald ebenen, bald wellig gekraustem Rande. Aus ihren Winkeln erheben sich gestielte wenigblumige Dolden mit vierblättriger Hülle und weifsen, tief 4theiligen, getrennt geschlechtigen Blumen, von denen die männl. 8—12 Staubgefäfse, deren Beutel 2klappig, die Fäden aber 2drüsig sind, enthalten, die weibl. aber ein Pistill und 4 unvollkommene Staubgefäfse. Die Beeren sind reif schwarz. Sowohl die Blätter (Folia Lauri) als auch die Beeren sind sonst häufiger medicinisch angewendet worden; sie haben einen eigenthümlichen, angenehmen aromatischen Geruch und scharf gewürzhaften Geschmack. Die Blätter dienen jetzt meist nur als Gewürz für manche Speisen; die Beeren sind mehr in der Thierheilkunde im Gebrauch; als Drogue erscheinen sie als ovale, stumpfe, etwas runzlige Körper von dunkelbrauner Farbe, in welcher unter einer zerbrechlichen Schaale, der gelblich braune, ölhaltige, leicht in seine beiden Saamenblätter theilbare Embryo liegt. Sie enthalten nach *Bonastre* in 100 Theilen: ätherisches Oel 0,8; Lorbeercampher oder Laurin 1,6; grünes fettes Oel 12,8; Talg aus Oel und Wachs bestehend 7,1; Harz 1,6; Stärkemehl 25,9; Gummi 17,2; Bassorin 6,4 u. s. w. Im südlichen Europa gewinnt man durch Kochen und Auspressen der reifen und frischen Beere das Lorbeer- oder Loröl (Oleum laurinum); es ist körnig-butterartig, von gelblichgrüner Farbe, mit dem Alter heller werdend, angenehm nach Lorbeern riechend. Es röthet

das Lakmuspapier, wird theilweise vom Alcohol, ganz vom Aether aufgelöst, bildet mit Kali und Natrum schäumige Seifen, und mit Bleiglätte gekocht ein hartwerdendes Pflaster. Es dient besonders zum äufserlichen Gebrauch. Oft soll es nachgemacht werden, indem man Butter und Schweinefett mit Lorbeern kocht, und durch Zusatz von Hammeltalg oder Quarzsand das körnige Ansehn, den Geruch aber durch ätherischen Lorbeeröl giebt; die grüne Farbe soll auch durch Curcuma- und Indigolösung hervorgebracht werden.

v. Schl—l.

Lauri Baccae und Folia, Lorbeerbeeren und Lorbeerblätter, erstere nur wenig, letzere gar nicht mehr anders als in der Küche benutzt; wirksam durch ein ätherisch-fettiges Oel, das, wegen seiner eigenthümlichen Schärfe und flüchtigen Reizkraft, die dem ätherischen Oele angehört, so wie wegen der erschlaffenden, reizmildernden Eigenschaften des Fettes äufserlich zu Einreibungen bei Lähmungen, rheumatischen und arthritischen Affectionen, Coliken und atonischen Krampfzufällen des Darmkanals, der Blase u. s. w., als ableitendes und krampfstillendes Mittel angewendet, auch gegen Krätze, Ungeziefer u. dgl., so wie endlich zum Einbalsamiren benutzt wird. Die Beeren sind als die Circulation des Blutes kräftigendes Mittel, besonders bei Stockungen in der Blutbewegung des Unterleibes, namentlich des Uterus, neuerlich auch von *Gölis* gegen Atrophie und scrophulöse Anschoppungen bei Kindern wieder empfohlen worden, nachdem sie, im Ofen zu Brodteig getrocknet, und so ihrer Schärfe beraubt worden. Er giebt sie zu 3 Unz. mit 4 Drachm. Rad. Liq. einjährigen Kindern zu $\frac{1}{2}$, 2—3 zu 1 Theelöffel 2 Mal täglich. Jedenfalls ist das Mittel entbehrlich, das Lorbeeröl bildet einen Bestandtheil des Ungt. Roris marini comp. und der Tinct. carminativa. Schon *Hippocrates* bediente sich desselben bei bösartigen Verletzungen.

Liter. *Gren*, Pharmacol. III. 244 und 504.— *Sobernheim*, praktische Arzenei-Mittellehre. 376. — *Richter*, ausführliche Arzenei-Mittellehre. 105. — *Vogt*, Pharmacod. II. 516. V—r.

15) L. (Ocotea) Puchury major *Mart.* (von *Nees* zur Gattung Nectandra gebracht), ein ansehnlicher Baum Brasiliens, besonders am Rio negro vorkommend. Alle Theile desselben sind kahl, die Aestchen sind aufrecht-abstehend, innen

innen röthlich; die Blätter sind dick, glänzend, eiförmig-länglich, zugespitzt, am Grunde spitz; die Blumenstiele kommen einzeln, oder wenige zusammen, aus den Blattachseln; sie sind halb so lang als die Blätter; die fleischige, bläulich-rothe Frucht hat die Gröfse einer Damascenerpflaume (ist fast 2 Z. lang), und steht in dem schwammigen sehr grofs gewordenen Perigon; sie schmeckt und riecht, wie alle Theile aromatisch kampferartig. Die Cotyledonen dieser Frucht sind die grofsen Pichurimbohnen (Fabae s. Semina Pichurim majores, Pechurim, Pecuris, brasilische Muscatenbohnen, Sassafrasnüsse u. s. w.); sie sind über $\frac{1}{2}$ Zoll lang, braun, von länglich elliptischer Fläche, auf der einen Seite flach oder wenig vertieft, und nahe dem einem Ende den Anheftungspunkt oder Theile des Embryo zeigend, auf der andern convex, gewöhnlich einzeln, selten nahe zusammenliegend. Da sie am Feuer getrocknet werden, so verlieren sie dadurch einen Theil ihres ätherischen Oels, und sind daher nicht mehr so aromatisch als im frischen Zustande; sie riechen stark nach Muscaten und Sassafras, und schmecken den Muscatennüssen ähnlich gewürzhaft, sind übrigens dicht und hart.

16) L. (Ocotea) Puchury minor Mart. (fragweise zur Gattung Nectandra von *Nees* gebracht). Ein minder grofser Baum als der vorige, in derselben Gegend vorkommend. Rinde und Holz schmecken fast wie Sassafras, sind aber weniger kräftig aromatisch als bei L. Puchury major. Alle Theile des Baums sind kahl, die Aeste stehen ab; die Blätter sind länglich, zugespitzt, am Grunde spitz; die Blumen stehen in den Blattwinkeln in wenig blumigen Trauben; die Früchte finden sich daher daselbst fast einzeln; sie sind fleischig, 1 Zoll lang und ruhen auf dem dünnrandigen, am unteren Theile aber höckerigen und furchigen Perigon; ihre Saamenblätter sind die kleinen oder falschen Pichurimbohnen (Fabae Pichurim minores), welche den gröfseren ähnlich, aber nur $\frac{3}{4}$ Zoll lang, rundlicher und dicker, und weniger aromatisch als diese sind; frisch haben sie einen sehr angenehmen, dem peruanischen Balsam ähnlichen Geruch. Auf ihrer Oberfläche zeigen sich zuweilen kleine Krystallisationen von ätherischem Oele, denen der Benzoësäure ähnlich. — Früher hat man die Pichurimbohne von verschiedenen Bäumen herleiten wollen. Die preufs. Pharmacopöe führt bei

dieser Drogue Tetranthera Pichurim von *Sprengel* (im Jahrbuch d. Pharmacie Bd. 22. T. 3 aufgeführt), fraglich als deren Mutterpflanze an. *Kunth* beschrieb nun die Humbold'tsche, von welcher er jedoch im Jahre 1822 noch fragt, ob von ihr wohl die Pichurimbohnen herkämen; im Jahre 1834 aber (Anleit. zur Kenntn. offic. Gewächse) bestimmt sagt, dafs die Früchte derselben die Pichurimbohnen geben, und dafs Tetranthera Pichurim Spr., deren in späteren Werken *Sprengel's* nicht mehr Erwähnung geschieht, ein Synonym dazu sei. *Martius* aber beschrieb in *Buchner's* Repertorium, so wie in seiner Reise, jene oben erwähnten beiden Arten, als die ächten Mutterpflanzen beider Droguen. Schl — l.

Pichurim, Faba p. major und minor s. oben *Laurus*. Puchury Mart., eine Frucht von sehr aromatischem Geruche und bittergewürztem, angenehmen Geschmacke. Die grofsen Bohnen liefern nach *Kobes* viel braunes, flüchtiges Oel, das theils leichter, theils schwerer als Wasser ist, die kleinen (unentwick. Saamenkapseln) weniger flüchtiges, dagegen 10 pCt. fettes Oel von der Consistenz der Cacaobutter. Nach *Bonastre* enthalten die kleinen Bohnen 3,0 concretes flüchtiges Oel; 10 fixes butterart. Oel; 25,0 Stearin; 3,00 glutinöses Harz; 8,0 braunen Farbestoff; 0,8 uncrystallin. Zucker; 11,0 Satzmehl; 12,0 auflösliches u. 1,2 tragantähnl. Gummi; 20,0 Parenchym; 0,4 Säuren mit fremdart. Materien verbunden; 1,5 Salze; 6,0 Wasser; Verlust 1,2. Die Bohne ist ziemlich selten, welchem Umstande allein ihre beschränkte Anwendung zuzuschreiben scheint, da sie in ihrer Wirkung als ein bitteres, flüchtiges Aroma, das durch Pflanzenfett eingehüllt ist, unter Umständen wohl selbst der Columbo den Rang streitig machen dürfte. *Heuermann* empfiehlt sie bei Ruhren, *Kopp* gegen Leucorrhöe; auch gegen colikenartige Durchfälle ist sie von *Bück*, *Darell* u. A. mit Erfolg angewendet worden. Die Hamburger Armen-Pharmacopöe enthält eine Vorschrift zu einem pulvis antileucorrhoicus aus Pichurim und Zucker gleichtheilig zu 2 Scrupel der Mischung p. d.

Liter. *Vogt*, Pharmacodyn. II. 517. — *Gren*, Pharmacol. I. 447. — *Fechner*, Pflanzenanal. 19. — *Sobernheim*, A. M. L. 376. — *G. A. Richter*, Arz. M. L. III. 112. — *Jahn*, mat. med. I. 631. — *Voigtel*, Arz. M. L. II. 2. 518. V — r.

17) L. (Persea) caryophyllata Mart. (Dicypellium caryoph. *Nees*). Dieser, in den brasilischen Wäldern wachsende 30 Fufs hohe Baum, wird in der Sprache der Eingebornen Ibyra Quiynha, d. h. lignum Capsici, von den Portugiesen aber Paõ cravo, d. h. Nelkenholz genannt. Die Aeste sind rund und kahl, von einer braunen nicht sehr starken Rinde bekleidet, welche den Geruch der Gewürznelken und einen ähnlichen aber schärferen, pfefferartigen Geschmack hat. Die kahlen glänzenden Blätter sind länglich, unten spitzlich, oben ausgezeichnet in eine stumpfliche Zuspitzung vorgezogen; die kleinen Blumen sind getrennten Geschlechts, stehen in wenig blumigen Trauben unter der Endknospe; ihr Perigon ist sechstheilig; es wächst bei der Fruchtreife, indem der Rand sich erweitert und etwas fleischig wird, aus, und 6 unvollkommene Staubgefäfse bilden eine 6eckige sternförmige Unterlage, gleich einem zweiten Kelche, unter der etwa ¾ Zoll langen eiförmigen Fleischfrucht. Die Rinde wird nach der Regenzeit geschält und in 2 Fufs langen Stücken, schichtweise über gelindem Feuer bis zu 1 Zoll Dicke zusammengerollt, und zuweilen auch von der Oberhaut befreit. Sie ist glatt, dünn, dunkelbraun, zuweilen mit weifslichgrauer Oberfläche; der Bruch ist glatt, dunkelrothbraun und führt den Namen Nelkencassie, Nelkenzimmt, Nelkenholz, Nelkenrinde, Nelken von Maranhon, Cassia de Cravo, Canella Cubana, Cortex Caryophyllatae. *Trommsdorf* (s. das Neue Journal Bd. 23) fand diese Rinde zusammengesetzt aus: etwa 4 pCt. äther. Oel; 9 — 10 pCt. in Aether unlöslichem saurem Hartharz; 8 — 9 pCt. in Aether löslichem Weichharz; etwa 8 pCt. eisengrünenden Gerbestoff; 10 pCt. Gummi mit etwas Stärkemehl, phosphorsaurem Kalk und 56 — 60 pCt. Holzfaser. Ein anderer Nelkenzimmt in dünnen 2 Fufs langen, innen schwarzbraunen, aufsen braunen oder grauen Rindenstücken, ohne Geruch und schwachem aromatischem etwas brennendem Geschmack, soll von Myrtus (Myrcia) caryophyllata abstammen (s. d. Art.). Bis jetzt ist diese Rinde in Europa noch nicht oft angewendet worden.

18) L. (Cryptocarya) pretiosa *Mart.* (Mespilodaphne pretiosa *Nees*). *Martius* fand diesen Baum in Brasilien in Wäldern am Rio Negro, wo er bei den Indianern Pereiorà, bei den Portugiesen Pao oder Casca preciosa heifst. *Hum-*

boldt aber sammelte ihn am Maypure, wo er Canelillo genannt wird, und als Zimmt vom Orinoco berühmt ist. Die Zweige sind kahl, rundlich; die glänzenden Blätter länglich, oben in eine am Ende stumpfliche Spitze endend, unten spitz in den halbzolllangen Blattstiel ausgehend. Die Blumen stehen in kleinen seitlichen Rispen unter den neuen Jahrestrieben; sie sind kahl, weifs, 6theilig mit eiförmigen stumpfen Zipfeln. Die Frucht wird vom Perigon, welches später seine Zipfel verliert, ganz eingeschlossen; sie hat ganz die Gestalt einer kleinen 3 — $3\frac{1}{2}$ Lin. langen, aufsen rostbraun getüpfelten Feige. Die Rinde dieses Baumes wird in wenig gebogenen, oft mehrere Fufs langen, einige Linien dicken Stücken gesammelt; sie ist von ausgezeichnet hartfaseriger und leichtbrüchiger Textur, innen dunkel zimmtbraun, aufsen ziemlich glatt, mit rundlich flach erhabenen Wärzchen, auch wohl mit jungen Flechten besetzt und von gelblich brauner Epidermis. Der Geruch ist wie von Zimmt und Sassafras, der Geschmack zimmtähnlich, süfslichbrennend, gewürzhaft. Das besonders im Basttheile enthaltene ätherische Oel ist schwerer als Wasser. Ein wäfsriger Aufgufs der Rinde wird von Eisensalzen grün gefärbt, und Leim giebt einen flockigen Niederschlag. Man gebraucht das Decoct als Infusum gegen Nervenschwäche, Oedem der Füfse in Folge von Erkältungen, bei chronischen Catarrhen, Wassersucht, Gicht, Syphilis. Die Saamen, welche das ätherische Oel in stärkerem Verhältnisse enthalten, werden geschabt, mit Wein besonders gegen Magenschwäche, Dyspepsie, Flatulenz u. a. mehr angewendet.

Aufser den oben aufgezählten Arten giebt es noch viele, welche in ihrem Vaterlande Heilmittel geben, die jedoch weder bei uns versucht, noch in den Handel gekommen sind, und die wir daher stillschweigend übergehen. Einer Erwähnung scheint es aber werth, dafs sich unter allen den Lorbeeren auch eine findet, deren fleischige Frucht ein beliebtes Nahrungsmittel ist. Es ist die L. Persea L. (Persea gratissima Gärtn., l'Avocatier der Franzosen; Ayuacuale der Spanier). Die Frucht ist von der Gröfse einer mittelmäfsigen Birne, schmeckt nicht allein sehr angenehm, sondern ist auch sehr gesund und wird auch von Thieren, sogar von Hunden gefressen.

v. Schl — l.

LAUSIGK. Das Herrmannsbad bei L., so benannt von seinem Besitzer, Herrn *Herrmann*, liegt im Königreich Sachsen, auf einer Anhöhe bei der Stadt L., 3 Stunden von Grimma, 7 Stunden von Leipzig entfernt.

Das Wasser der zur Klasse der Vitriolwasser gehörenden Mineralquelle, hat nach *Lampadius* eine Temperatur von 10° R. und enthält in 10 Pfund:

Schwefelsaure Kalkerde	4,75000 Gr.
Schwefelsaure Talkerde	1,48080 —
Schwefelsaure Thonerde	5,66246 —
Schwefelsäure	0,57537 —
Schwefelsaures Eisenoxydul	3,02368 —
Kieselsäure	0,45000 —
	15,94231 Gr.

Nach *Uhlich's* Erfahrungen hat sich dasselbe hülfreich erwiesen bei Gicht, Lähmungen, Hämorrhoidalbeschwerden, chronischen Hautkrankheiten und Nervenkrankheiten krampfhafter Art. (*E. Osann*, phys. med. Darstellung d. vorzügl. Heilquellen Europa's. Th. II. S. 733.) O—n.

LAVAMENTUM. S. Bähung.

LAVANDULA. Eine Pflanzengattung aus der Familie der Labiatae Juss., wie die meisten derselben zur Didynamie Gymnospermia *Linné's* gehörend. Sie umfafst eine geringe Menge von Arten, welche sämmtlich die Gegenden um das mittelländ. Meer bewohnen; kleine wohlriechende Sträucher, mit ganzen oder mehr oder weniger fiederspaltig eingeschnittenen Blättern und blauen Blumen, die lang gestielte, cylindrische, zuweilen unterbrochene Blüthenschweife bilden. Der röhrige Kelch ist 13nervig; einer seiner kurzen Zähne ist breiter, zuweilen helmartig, die Oberlippe der Blumenkrone ist 2spaltig, die Unterlippe in drei fast gleiche Zipfel getheilt. Die Staubgefäfse sind didynamisch, mit nierenförmigen Antheren; die Narbe ist kaum gespalten. Die Frucht sind vier Achaene im Grunde des Kelches. Folgende Arten dieser angenehm riechenden und mit einem ätherischen Oel erfüllten Gewächse, haben besonders medicinische Anwendung erhalten:

1) L. Stoechas L. Ein 2—3 Fufs hoher Halbstrauch in Südeuropa, Nordafrika und Kleinasien, mit beblättertem Stengel, länglich-lanzettlichen, ganzrandigen, graufilzigen Blät-

tern; gedrängter, zusammengesetzter und geschopfter Achre, vielblumigen Deckblättern; Blume ohne Deckblättchen, eiförmigen grauen Kelchen, welche kürzer als die Kronenröhre sind. Dies ist die Stichas oder Stoichas der Alten, und ward von ihnen medicinisch angewendet; vor allen mit dem stärksten kräftig campherartigen Geruch.

2) L. vera *De Candolle* (L. Spica α Linné, L. angustifolia *C. Bauh.*). Dieser dünnfilzige Strauch wächst auf trocknen Hügeln in Südeuropa, zwischen dem 40 — 44sten Grad nördl. Br. und auf den Hügeln am Atlas, wird aber in Gärten bis zu 56 Gr. n. Br. cultivirt, bei uns unter dem Namen der Spike bekannt, von angenehm erfrischendem Wohlgeruch. Der Stengel ist oben nackt, in eine unterbrochene Achre ausgehend; die Blätter sind lanzettlich, ganzrandig; die Deckblätter herzförmig zugespitzt, trockenhäutig, ziemlich kahl, kürzer als die Kelche; die Blumen sind mit Deckblättchen versehen; der Kelch ist eiförmig filzig, doppelt so kurz als die Kronenröhre; seine Zähne sind undeutlich, die breiten eiförmig.

3) L. Spica De Candolle (L. Spica, β *Linné*, L. latifolia *C. Bauh.*). Dieser 1 — $1\frac{1}{2}$ F. hohe sehr graue Strauch, wächst in Südeuropa und Nordafrika zwischen den 37 bis 44sten Gr. n. Br., und erträgt unsere Winter nicht gut. Er unterscheidet sich von der vorigen Art durch spathelig-linealische Blätter, sammtige linearische Bracteen und den rhomboidalisch-eiförmigen breiteren Kelchzahn. Der Geruch dieser Art ist stärker und kräftiger als bei der vorigen.

In diesen drei Arten herrscht das ätherische Oel besonders in den Blüthentheilen vor, und der bittere Stoff ist nur untergeordnet; daher wirken sie auf Gehirn und Nerven, wenngleich nur vorübergehend, aufregend. In Südfrankreich und Spanien bereitet man von L. Spica ein empyreumatisches, unangenehm riechendes Oel, Spiköl (huile de Spic od. d'aspic); es wird theils in der Thierheilkunde, theils in den Künsten angewendet. Das angenehm riechende Lavendelöl dagegen wird von der L. vera bereitet (huile ou essence aromatique de Lavande). Beide Oele kommen selten rein in den Handel; sie werden mit fetten Oelen, mit Terpentinspiritus und das Lavendelöl mit Alkohol gemengt. Die erstern hinterlassen, auf Papier getropft und einer mäfsigen Hitze ausgesetzt einen Fettfleck, das letztere giebt zugesetztem Wasser ein milchiges Ansehen. Medicinisch benutzte man zuerst die L. Stoechas als äufserliches und innerliches Mittel in verschiedenen Formen; allmählig hat sich aber die Anwendung dieser Art verloren, und es sind dafür die beiden andern eingetreten, von welchen jetzt nur noch die Blumen (Flores Lavandulae) und das Oel (Oleum Lavandulae) in Gebrauch sind; die ersteren werden gewöhnlich von der bei uns in Gärten cultivirten L. Spica genommen; das Oel kommt aus Frankreich, ist grünlich-gelblich, angenehm wohlriechend, von einem spec. Gewichte gleich 0,877; es ist darin nach *Proust's* Untersuchungen Campher enthalten. Man bereitet aufserdem einen aromatisches Lavendelwasser, einen Lavendelspiritus, einen Lavendelessig, welche nur als Parfum's oder als cosmetische Mittel in Gebrauch sind.

v. Schl — l.

LAVEY. Bei dem Dorfe L. im Canton Vaud entspringt einem Lager von Gneufs, der in fast verticalen Schichten von Nordost nach Südwest streicht, am Fufse der Dent de Morcles unfern St. Maurice, in der Fortsetzung des mahlerischen Thales, durch welches die Rhone fliefst, eine Thermalquelle, die zwar erst seit dem 27. Febr. 1831 entdeckt, doch bereits, aufser den zur Aufnahme von Kurgästen eingerichteten Hotels, mit den nöthigen Badeeinrichtungen und Apparaten zu Douche- und Dampfbädern, so wie eine zur Aufnahme von 16 armen Kranken bestimmten Heilanstalt ausgestattet ist. Die Lage des ganzen Etablissements zwischen der Rhone und dem steilen Bergabhange, welchen die Dent de Morcles krönt, bietet nicht allein einen grofsen Reichthum an Naturschönheiten, sondern auch durch die Nähe von St. Maurice, in welchem sich die Hauptstrafsen des Simplon von Savoyen und Lausanne vereinigen, einen besondern Vortheil dar.

Das Thermalwasser ist klar, durchsichtig, von schwachem hepatischem Geruch, hat an der Quelle die Temperatur von 36° R., in dem Badeetablissement 29° R.; seine spec. Schwere beträgt 1,00114, die Wassermenge 40 Pots Vaudois (1 Pot Vaudois gleich 1 Litre und 35 Centilitres) in einer Minute.

Nach der von *Sam. Baup* im October 1833 unternommenen Analyse enthalten 1000 Grammes oder 1 Kilogramm:

Chlorkalium	0,0034	Gramm.
Chlornatrium	0,3633	—
Chlorlithium	0,0056	—
Chlorcalcium	0,0015	—
Chlormagnium	0,0045	—
Schwefelsaures Natron	0,7043	—
Schwefelsaure Talkerde	0,0068	—
Schwefelsaure Kalkerde	0,0907	—
Schwefelsauren Strontian	0,0023	—
Kohlensaure Kalkerde	0,0730	—
Kohlensaure Talkerde	0,0018	—
Kieselerde	0,0566	—
	1,3128	Gramm.
Schwefelwasserstoffgas	3,51	Centimetr. Ant.
Kohlensaures Gas	4,34	— —
Stickgas	27,80	— —

Das in Form von Getränk, Wasserbad, Wasserdouche und Einspritzungen benutzte Thermalwasser, wirkt nach den bisherigen Erfahrungen analog ähnlichen Schwefel-Thermalquellen erregend und belebend auf das Nerven- und Blutsystem, und die Ab- und Aussondernngen; — getrunken den Appetit vermehrend, die Functionen der Digestionsorgane bethätigend, das Blutsystem im Allgemeinen erregend, die Circulation des Blutes beschleunigend, die Secretion der Schleimhäute, besonders die Expectoration, so wie die Thätigkeit der äufseren Haut, die Ausdünstung befördernd, diuretisch; — äufserlich in Form von Wasserbädern angewendet, besitzt dasselbe eine erweichende Wirkung auf die äufsere Haut. Benutzt wurde es bisher nach *Besencenet* gegen chronisch-entzündliche und congestive Leiden, wassersüchtige Beschwerden, Krankheiten der Digestionsorgane, der Milz, Leber, Harnwerkzeuge, der Respirationsorgane, der äufseren Haut, des Uterinsystems, Neurosen, Gicht und Rheumatismen, — endlich äufsere Verletzungen und chirurgische Krankheiten. —

(Notice sur les eaux thermales de *Lavey*. Par *G. Besencenet*, Dr. Méd. Lausanne 1836. O — n.

LAVIPEDIUM, PEDILUVIUM. S. Bad. Bd. IV. S. 563 dieser Encyclopaedie.

LAWSONIA. Eine Pflanzengattung aus der natürlichen Familie der Lythraricae Juss., im Linné'schen System zur Octandria Monogynia gehörend. Die einzige mit Sicherheit bekannte Art derselben ist die Lawsonia alba Lamarck, welche von *Linné* nach der verschiedenen Altersbeschaffenheit als aus zwei Arten bestehend betrachtet wurde, welche er L. inermis (der jüngere Zustand ohne dornige Zweige), und L. spinosa nannte. Es ist dies der Κύπρος der Alten, die Henna (Alhenna, Alcanna) der Araber, ein im Orient bis nach Ostindien, und nun auch in Amerika theils cultivirter, theils wild vorkommender, kahler, 8—12 F. hoher Strauch, mit gegenständigen, oval-lanzettlichen ganzen Blättern und weifsen, den Orientalen wohlriechenden, in einer Rispe stehenden Blumen, deren viertheiliger Kelch vier genagelte, umgekehrt-eiförmige Blumenblätter und 8 Staubgefäfse trägt, dessen Frucht aber eine vielsaamige, kugelige, trockenhäutige, vierfächrige Beere ist. Die etwas zusammenziehend wirkende Wurzel, soll nach den älteren Pharmacognosten eine braunrothe Farbe haben, und als rothfärbendes, adstringirendes Mittel (Rad. Alkannae verae s. orientâlis) benutzt sein; neuere jedoch sagen, es sei dieselbe nie zu uns gekommen und diene blos zum Gelbfärben. Seit den ältesten Zeiten aber bedient man sich der Blätter um gelb, roth und braun zu färben; namentlich werden von den Orientalen Nägel, Hände, Haare, Bart und andere Theile des Körpers, auch Mähnen und Schwanz, so wie die Füfse der Pferde damit gefärbt; es soll genügen zu diesem Zweck einen Brei aus dem Pulver der Blätter auf die Theile zu legen. Aufserdem aber werden sie äufserlich wie innerlich als adstringirendes Mittel gebraucht, z. B. bei Fufsschweifsen, Zahnfleischgeschwüren u. a. m., bei Gelbsucht, Blasencatarrh u. s. w. In unseren Gegenden hat der Gebrauch dieses Mittels keinen Eingang gefunden.

v. Schl—l.

LAXANTIA (medicamina), abführende Mittel, werden entweder diejenigen genannt, welche vermehrte peristaltische Bewegungen mit Ausscheidung des Darminhalts hervorbringen (cathartica im Allgemeinen), oder, zum Unterschiede von den Purgantibus (drasticis) die gelind ausleerenden Mittel (eccoprotica). Alles, was auf den Darmcanal einen gelind erregenden Einflufs ausübt, gehört im Grunde in die letztere Categorie; anderer Seits aber wirken auch manche direct schwächende Einflüsse auf ähnliche Weise. Die äufsere Kälte, besonders Erkältung des Unterleibes, wirkt als Laxans durch die erregte Gegeneinströmung in der Schleimhaut; kaltes Wasser als Getränk, besonders am Morgen genossen, bringt leicht eine entgegengesetzte, mehr auf Herabstimmung der Muskelcontraction beruhende Abführung hervor. Der Taback führt ab, das Opium hält an; Schreck bewirkt Laxiren, geistige Beschäftigung, Blödsinn hemmt den Stuhlgang. Die Verschiedenartigkeit des Ursächlichen in den Mitteln und Einflüssen, die Abführen hervorrufen, ist noch bei Weitem nicht hinreichend erforscht; bald, wie bei den Salzen und Säuren ist es eine chemische Wirkung auf die Schleimhaut und deren dadurch gesteigerte Absonderung; bald, wie bei manchen Narcoticis, eine eigenthümliche Erregung (Schwächung, Lähmung!) in den Muskelfasern des Darms, welche das Laxiren erzeugt; in vielen Fällen aber können wir nur im Allgemeinen medicamentöse Eigenschaften der laxirenden Stoffe, als Ursache des Abführens angeben, und es ist hierbei bekannt, dafs die individuelle Erregbarkeit des Darms, rücksichtlich der qualitativen wie der quantitativen Wirksamkeit, von gröfstem Gewichte ist. V—r.

LAXATOR TYMPANI. S. Gehörorgan.

LAXITAS, Schlaffheit, nennt man in der Pathologie diejenige Beschaffenheit des Gewebes, bei welcher seine einzelnen Fasern nicht hinreichend fest mit einander verbunden, oder ihrer Seits selbst zu weich, nachgiebig und durchdringbar sein sollen, eine Vorstellung, welcher diejenige der Sprödigkeit gegenüber steht. Die Laxität ist eine Eigenschaft, die wir recht wohl überall anzunehmen berechtigt sind, wo Thatsachen, wie die reichliche Absonderung von Schleim, die leichte Blutunterlaufung, die geringe Energie in den Muskelzusammenziehungen, grofse Neigung zu wäfsrigen Ausschwitzungen, zu Fettbildung und nichtentzündlichen Anschwellungen angetroffen werden. Sie kommt vorzugsweise dem frühesten Lebensalter und dem weiblichen Geschlechte zu.

V—r.

LAXITAS, chirurgisch. S. Relaxatio.

LAZARI MORBUS. S. Lepra.

LEAMINGTON oder Leamington Priors, ein fleifsig besuchtes Mineralbad in Warwickshire, von Birmingham 22, von London 90 engl. Meilen entfernt.

Leamington, früher ein unbedeutender Ort, später fleifsig von Curgästen besucht, jetzt sehr vergröfsert und verschönert, mit bequemen und geschmackvollen Wohnungen für Kurgäste und sehr zweckmäfsigen Einrichtungen von Wasserbädern versehen, gehörte früher dem Kloster Kenilworth, fiel, als die Klöster unter Heinrich VIII. aufgelöst wurden an die Krone, und wurde später von der Königin Elisabeth an Ambrose, Earl von Warwick und seinen Erben verliehen.

Die Lage von L. an den Ufern des Flusses Leam ist sehr angenehm, fast im Mittelpunkte des Landes und in der Nähe mehrerer, in historischer Hinsicht interessanten Orte, — 2 engl. Meilen von dem viel besuchten Warwick-Castle, — 5 von den Ruinen von Kenilworth-Castle, wo Robert Dudley, Earl von Leicester, der Königin Elisabeth 17 Tage so glänzende Feste gab, — 3 von Guy-Cliff und endlich 10 von Stratford upon Avon, dem berühmten Geburtsorte des unsterblichen Shakespeare.

Der Mineralquellen von L gedenken schon *Camden* im Jahre 1586, *Speed* im Jahre 1596 und *Dugdale* im J. 1656. — Die Mineralquelle, welche die alten Bäder versorgt, wurde im J. 1786 entdeckt, die der neuen Bäder im J. 1790.

Sämmtliche Mineralquellen sind kalt, enthalten als vorwaltende feste Bestandtheile Chlorsalze, — nächst diesem schwefelsaures Natron, eine wechselnde, aber geringe Beimischung von Eisenoxyd, — einige von Schwefelwasserstoffgas. *Daubeny* fand Jod und Brom.

Analysirt wurde sie von *Lambe*, *Weather*, *Head*, *Loudon* und *Scudamore*.

In Leamington unterscheidet man folgende Mineralquellen:

1. Saline Water, durchsichtig, von einem sehr bitterlich-salzigen Geschmack; sein specifisches Gewicht beträgt 1,0119, seine Temperatur betrug im November 1819: 46°, im Juli 1820: 56° F.

Nach *Scudamore* enthielt eine Pinte:

Chlornatrium	53,75 Grad.
Chlorcalcium	28,64 —

Chlortalcium	20,16 —
Schwefelsaures Natron	7,83 —
Eisenoxyd	Spuren
	110,38 Gran.

2. Sulphur Water, von hepatisch-salzigem Geschmaak, hepatischem Geruche, enthält Schwefelwasserstoffgas, dessen Menge von *Scudamore* aber nicht näher bestimmt wird; sein spec. Gewicht beträgt 1,0042.

An festen Bestandtheilen enthält eine Pinte nach *Scudamore:*

Chlornatrium	15,00 Gran.
Chlorcalcium	7,96 —
Chlortalcium	3,30 —
Schwefelsaures Natron	11,60 —
Eisenoxyd	Spuren
	37,86 Gran.

3. Lord Aylesford's Spring ist von einem eisenhaft-salzigen Geschmack, von 1,0093 spec. Gewicht, und enthällt in einer Pinte nach

	Scudamore:	*Loudon:*
Chlornatrium	12,25 Gran	40,770 Gran.
Chlorcalcium	28,24 —	20,561 —
Chlortalcium	5,22 —	3,266 —
Schwefelsaures Natron	32,96 —	40,398 —
Eisenoxyd	geringe Menge	
	78,67 Gran	104,995 Gran.
Kohlensaures Gas		2,103 Cub. Z.

4. Mr. Robins's Spring von 1,0118 spec. Gewicht enthält nach *Scudamore* in einer Pinte:

Chlornatrium	46,75 Gran.
Chlorcalcium	17,20 —
Schwefelsaures Natron	31,20 —
Eisenoxyd	geringe Menge
	95,15 Gran.

5. Mr. Smith's Spring von 1,0085 spec. Gewicht enthält nach *Scudamore* in einer Pinte:

Chlornatrium	22,80 Gran.
Chlorcalcium	20,24 —
Chlortalcium	5,22 —

Schwefelsaures Natron	28,16 —
Eisenoxyd	geringe Menge
	76,42 Gran.

Mr. Wiese's Spring von 1,010 spec. Gewicht enthält nach *Scudamore* in einer Pinte:

Chlornatrium	30,30 Gran.
Chlorcalcium	21,52 —
Chlortalcium	5,22 —
Schwefelsaures Natron	33,44 —
Eisenoxyd	geringe Menge
	90,48 Gran.

Das Mineralwasser der Marble Bath Pump Room, enthält dieselben Bestandtheile, nur in verschiedenen Verhältnissen, — eine Pinte des Mineralwassers der Right Urn 105,38 Gran, — der Left Urn 30,91 Gran, — der Middle Urn 30,91 Gran.

Als Getränk und Wasserbad werden die Mineralquellen von Leamington empfohlen gegen Gicht, chronische Rheumatismen, Lähmungen, Stockungen im Unterleibe, Leiden der Harnwerkzeuge, chronische Hautausschläge, insbesondere wenn gleichzeitig grofse Unthätigkeit und atonische Schwäche der Organe der Digestion und Assimilation, und in Folge dieser Hartleibigkeit vorhanden sind. So wirksam indefs in solchen Fällen der innere Gebrauch dieser Mineralquellen ist, so erfordert er Vorsicht und oft zuvor eine vorbereitende Cur.

Literatur:

Lambe, in Manchester memoirs. Vol. V. P. 1. — *Charl. Scudamore*, chemical and medical report of the properties of the mineral waters. 1820. p. 215. — A guide to all the watering and sea bathing places. London. p. 335. — *Charl. Weatherhead*, analysis of the Leamington spa, with remarks on its use and medicinal qualities. London 1820. — *Charl. Loudon*, practical dissertation on the waters of Leamington spa. Leamington 1828. — *Charl. Daubeny*, report on the present state of our knowledge with respect to mineral an thermal waters. London 1837. p. 17. — *Ed. Lee*, additional remarks on the use of english mineral springs, especially those of Bath, Cheltenham and Leamington. London 1837.

O—n.

LEBENSALTER. S. Alter.

LEBENSBAUM DES KLEINEN GEHIRNS. S. Encephalon.

LEBENSDAUER. Es ist eins der Hauptkennzeichen

der organischen Wesen, dafs sie ein, nicht blofs von Aufsendingen abhängiges, den unorganischen Körpern eigenes, sondern ein durch sich selbst bestimmtes, durch ihre eigene Entwicklung bedingtes Dasein haben. Der Begriff des Lebens schliefst mithin auch den des Todes ein, da alles, was einer selbstständigen Entwicklung fähig ist, nothwendig einmal den Punkt erreichen mufs, wo der Cyklus der Bildungsthätigkeiten abgelaufen, der Wiederersatz im Einzelwesen erschöpft, und somit dessen Bestandtheile höheren Gesetzen zufolge der Gesammt-Naturkraft wieder anheim gefallen ist. Aber abgesehen davon, dafs überhaupt Alles Lebende stirbt, so ist auch eine extensive Länge des Daseins jedweder Gattung lebender Wesen, wie ein gewisses Mafs des Wachsthums zuzuerkennen, d. h. es kommt ihr gesetzmäfsig eine gewisse Lebensdauer zu, freilich dann verschieden, nach Individualität und von aufsen her einwirkenden Einflüssen. Der Tod selbst ist nun entweder ein nothwendiger (normaler, natürlicher) d. h. ein solcher, der auch unter den günstigsten Aufsenverhältnissen eintritt, weil bei dem ununterbrochenen Fortschreiten des Lebens, zuletzt die Summe der Lebensreize gleichsam verzehrt, die Restauration unmöglich geworden; oder er ist ein zufälliger, welcher durch individuelle Verhältnisse, früher als der Charakter der Gattung es erfordert, also durch Aufhebung der Lebensbedingungen, durch Unterbrechung des Blutlaufs, des Athmens oder der Hirnthätigkeit erfolgt. Wenn es sich nun darum handelt zu bestimmen, in wie weit die Lebensdauer der verschiedenen Arten organischer Wesen verschieden sei, so hat dies allein schon seine grofsen Schwierigkeiten, da so vieles hierbei sich unserer Beobachtung entzieht; aber nun gar für dasjenige, was die Erfahrung darüber gelehrt hat, ein bestimmtes Gesetz nachzuweisen, wird deshalb fast ganz unthunlich, weil selbst bei fast ganz gleichen Bedingungen der Organisation und der Aufsenverhältnisse, dennoch höchst abweichende Lebenslängen für die Einzelwesen der Thier- und Pflanzenwelt angegeben sind. So dauern manche Pilze nur Tage, Flechten und Farrnkräuter mehrere Jahre. Gräser, Liliengewächse, Palmen, andre Monokotyledonen, welche Verschiedenheiten bieten sie in dieser Beziehung dar, von dem jährig lebenden Getraide bis zum tausendjährigen Dracocephalus Draco und der Adansonia digitata. Unter den Dicotyledonen ist bekannt, dafs Eichen Jahrhunderte alt werden, während es in Sicilien einen Kastanienbaum von einem tausendjährigen Alter giebt. (*Hufeland's* Makrobiotik 1793. I. p. 53.) Von den Korallenthieren leben Tubularien einige Wochen, der Armpolyp nach *Trembley* 2 Jahre; Entozoen Monate und Jahrelang wie *Filaria* nach *Rudolphi*; Schnecken 4, gröfsere Muscheln 20—25 Jahre. Unter den Insekten ist Mantis religiosa 10 Jahre verpuppt, die Ephemere 3 Jahre, um dann vom Abend bis zum Morgen zu leben. Von den Entomostraceen und Isopoden leben Daphaien 3 Wochen, Decapoden 20 Jahre; Fische von 5 — 100 Jahre, eben so lange manche Batrachier, ja Schildkröten bis auf 200 Jahre. Noch gröfser ist die Verschiedenheit der Lebensdauer bei den Vögeln. Denn während Hühner 12, Nachtigallen, Lerchen 20, Gänse, Pelikane, Kukuke, Holztauben und Habichte 25—50 Jahre alt werden, erreichen, Adler, Papageien und Raben ein Alter von 100 Jahren. Von den Säugethieren leben Nager 4—10, Carnivoren von 15—25, Wiederkäuer 18 (Reh, Rennthier, Elenn), 25 (Gemse, Dammhirsch, Rind), 40 (Edelhirsch), 50 bis 100 (Kameel) Jahre. Pferd und Esel werden 35 der Elephant 100—200 Jahre n. *Burdach's* Angabe im Durchschnitte alt. So grofs nun auch die Zahlenverschiedenheit der Lebensdauer in den einzelnen Thierklassen ist, so hat doch gewifs bei vielen, nur einseitige Beobachtung und Erfahrung die Zahlen festgestellt, und es bleibt oft recht unentschieden, ob diese oder jene Angabe der natürliche Höhenpunkt eines Thierlebens sei, da einer Seits bei den Hausthieren gänzliche Veränderung der Aufsenverhältnisse, Gewöhnung, Lebensart etc. den Gesichtspunkt sehr verrückt, andrer Seits aber bei den übrigen nicht immer gewufst wird, ob der Tod ein normaler oder zufälliger gewesen, zumal da in der Thierpathologie noch so Manches genauerer Forschung bedarf. Aber es läfst sich mit hoher Wahrscheinlichkeit teleologisch annehmen, dafs so wie alles in der Natur strengen Gesetzen unterworfen, so wie unabänderlich z. B. auf 21 Knaben 20 Mädchen, beim Durchschnitt auf der Erde geboren werden, so wie das Aussterben von Thiergattungen bei den tellurischen Umwälzungen, andern Formationen Platz machend und an bestimmte Verhältnisse gebunden, der Uebervölkerung vorbeugt u. s w., daſs es auch eine Statistik der gesammten Thier- und Pflanzenwelt gebe, nur daſs diese sich so gänzlich noch der Beobachtung und der Erforschung entzieht. —

Dagegen hat man seit ungefähr 200 Jahren sich bemüht, der Statistik des Menschenlebens, als des uns am nächsten Liegenden, bestimmte Gesichtspunkte abzugewinnen, deren Gesetze wo möglich festzustellen, und jene wo möglich zu einer Wissenschaft zu erheben, deren Bedürfniſs *Quetelet* sehr wahr, als mit der Civilisation Hand in Hand gehend betrachtet. Denn der bei den Alten üblichen Volkszählungen zu geschweigen, der alten römischen Tafel des *Ulpian*, die höchst unvollständig nur römische Bürger nicht Sklaven bei den Zählungen berücksichtigte u. s. w., so haben doch seit *J. Graunt* (Annotations made upon the bills of mortality. London 1661. 4.) *Petty*, *Short*, *Halley*, *Simpson*, *de Moivres*, *Déparcieux*, *Duvillard*, *Kerseboom*, *Struyk*, *Wargentin*, *Nicander*, *Süſsmilch*, *Muret*, *Baumann*, später *Malthus*, *Finlaison*, *Babbage*, *Sadler*, *Benoiston de Chateauneuf*, *Villermé*, *Virey*, *Quetelet*, ganz neuerlichst *Casper* (die wahrscheinliche Lebensdauer des Menschen, von Dr. *J. L. Casper*, Medicinal-Rath etc. Berlin 1835), und *Moser* (die Gesetze der Lebensdauer u. s. w. Berlin 1839, das neueste Werk, das so eben die Presse verläſst), diese Wissenschaft mannigfach gefördert, wenn auch der Natur der Untersuchungen nach, bei weitem noch nicht alles erschöpft worden, und einzelnes wegen zu groſser Beschränkung der vorliegenden Tabellen und Zahlen, wie z. B. in Dr. *Berlinskis* Inaugural-Dissert. über die Verschiedenheit der Zahl von Geburten und Sterbefällen nach den verschiedenen Tageszeiten (Berlin 1834), noch allgemeinerer, nur im Groſsen wahrnehmbarer Bestättigung bedarf.

Was nun die Bestimmung des menschlichen Lebenszieles betrifft, so hat man hierzu den mittleren Jahresdurchschnitt, der für Alle erreichbar scheint, oder das fernste nur unter den günstigsten Verhältnissen erreichbare Lebensjahr benutzt; und dieser nicht immer gehörig festgehaltene Unterschied begründet denn auch die groſse Verschiedenheit in den Angaben der Schriftsteller über die längste Lebensdauer. So setzt *Ploucquet* (Dissert. sistens aetates humanas earumque jura) mit dem Psalmisten und Moses unsere Lebensdauer

dauer auf 70 — 80 Jahre fest. Nach *Blumenbach* (Institut. physiologic. §. 665) und *Hildebrand* (Lehrbuch der Physiol. 3te Aufl. §. 856) überleben Greise in Europa selten das 84. Jahr. *Claudius Deodatus* (Pantheum hygiasticum ex hominis vita ad CXX annos producenda L. IV. Bruntruti 1728), setzt das Ziel des Menschenlebens auf 120 Jahre fest. *Boerhave* (Lection. academ. T. III. p. 621), berechnete aus den Kräften der festen Theile des Menschen, die Möglichkeit zu leben auf 150 Jahre. Von 20 Menschen sollen nach *Haller* einer das 70ste, von 100 einer das 90ste, von 1000 einer das 96ste erreichen. 150 Jahre sollen höchstens 2 binnen einem Jahrhundert alt werden.

Im Allgemeinen hat Erfahrung, Vergleichung von Sterbelisten und Geschichte so viel festgestellt, dafs bei allen Völkern und in allen Zeitaltern das menschliche Leben 70 bis 80 Jahre dauere, wobei denn freilich einzelne Fälle eines seltenen und höheren Alters der Beobachtung nicht fehlten. So haben *Haller* (Elem. Physiolog. T. VIII. P. 2. p. 89 — 120. Lausanne 1760.), *Bacon* (Franc. Baconis Baronis de Verulamio opera omnia Fr. ad M. 1666. Fol. p. 507 — 515), *Hufeland* (a. a. O. S. 96 — 105) dergleichen zahlreich gesammelt. Um hier einige von denen anzuführen, deren *Burdach* (die Phys. als Erfahrungswissenschaft Lpz. 1830. 3ter Band. p. 564) erwähnt, so gehören namentlich hierher ein gewisser *Lahaye*, der im 70sten Jahre noch 5 Kinder hatte und 120 Jahr alt ward, der Däne *Drakenberg* (146 Jahr), *Thomas Parre*, der noch im 142sten Jahre die Begattung vollzog, und im 152sten starb; *Johann Surrington* in Norwegen (160 J.), *Jenkin's* (169 J.), der Schotte *Kintingern* und der Ungar *Peter Czartan* mit 180 Jahren.

Es ist hier nicht der Ort, mehrere solcher Beispiele anzuführen, zumal da auch Tagesblätter nicht gar selten dergleichen erwähnen; wohl aber scheint es angemessen, die Feststellung der Ursachen der verschiedenen Lebensdauer im Allgemeinen zu versuchen, um daran Einiges über die des Menschen in hygiastischer und statistischer Beziehung anzuknüpfen.

Bei den verschiedenen organischen Wesen wird die Lebensdauer da um so länger sein, je vielseitiger sich das Leben äufsert; denn hier bedarf es längerer Zeit, um seine vollkommene Entwicklung zu erlangen. Der Mensch, dessen

Geist bis ins höchste Alter sich noch entwickelt, wird daher viel älter, als andere Thiere gleicher Gröfse, denen die Entfaltung von Seelenthätigkeiten nicht Lebensbedingung ist. Die Erhaltung der Gattung ist für viele Organismen der Hauptlebensbegriff, und sie gehen daher nach vollendeter Zeugung zu Grunde. Aehnlich der höhern Geistesentwicklung ist auch im Allgemeinen die normal gröfsere Körperlichkeit ein Moment für die Länge der Lebensdauer; denn sie bedarf längerer Zeit zu ihrer Ausbildung. Freilich gilt dies nicht von übereilt emporgeschossenen Organismen; denn bei ihnen ist der Gang der Entwicklung ein viel rascherer, somit auch die Gröfse der Consumtion erhöhter, und der Tod mufs früher erfolgen, wie im Sauerstoffgas trotz der helleren Flamme ein Licht schneller verbrennt; während bei langsamerer Entwickelung die Lebensdauer viel länger ist. Diesem gemäfs läfst sich auch aus dem Foetusleben ein ziemlich gültiger Schlufs auf die Lebensdauer ziehen, so dafs sie im Parallelverhältnisse zu der Länge jenes steht. Beim Menschen kommen hiernach ungefähr auf eine Woche seines Foetuszustandes zwei Lebensjahre. Dies Prinzip zeigt sich auch weiterhin befolgt; so dafs je früher die Zeugungsfähigkeit, diese Blüthe des Thierlebens eintritt, desto rascher auch der Lebensverlauf ist.

Von grofser Bedeutung für die Lebensdauer der Organismen ist ferner die gröfsere oder geringere Stärke des Wiederersatzes. Wo dieser schwach ist, erhält sich das Leben nicht lange gegen das Einwirken der kosmischen Verhältnisse. Hat jedoch die Restauration einen hohen Grad von Kraft erreicht, so darf selbst die Comsumtion schneller, das Leben aufgeregter sein, und dennoch dauert das Leben länger. Ja, in gewisser Weise bedingt das gröfsere Mafs von Lebensthätigkeit eben durch die schnellere Consumtion, die Stärke des Wiederersatzes. So ist es bei dem Menschen der Fall, der gleich grofse Thiere an Lebensdauer, eben durch die Regsamkeit seiner Lebenskraft, bei weitem übertrifft. Es braucht nicht erwähnt zu werden, dafs die Nahrung, als das von aufsen her hinzukommende Moment für den Wiederersatz, auch nicht ganz bedeutungslos sein werde, in so fern, als conzentrirtere Nahrungsstoffe besseren Wiederersatz und somit längere Lebensdauer verheifsen werden, als deren Gegentheil.

Während nun alle bisher erwähnten Momente ihren Einflufs auf das frühere oder spätere Eintreten des natürlichen Todes äufsern, so müssen auch hier noch diejenigen eine Stelle finden, welche den zufälligen Tod, die viel häufigere Ursache der begrenzten Lebensdauer in der organischen Welt veranlassen. Das Zusammenwirken der organischen Thätigkeiten zum Ganzen ist die nächste Bedingung des Lebens. Einige derselben, Athmen, Blutlauf, Gehirnthätigkeit, stehen in unmittelbarer Beziehung zum Leben selbst, und die Aufhebung einer derselben bedingt unmittelbar den Tod. — Einerseits wird nur die günstige Beschaffenheit derselben, die nun selbst wieder bedingt ist durch die Trefflichkeit der Organisation, der Gröfse, Gestalt, Lage der Organe, durch Mischung, Cohäsion, Quantität der flüssigen und festen Theile, durch die zum Leben nöthigen Aufsendinge, Wärme, Luft, Nahrung, eine gröfsere Sicherstellung der Lebensdauer gewähren; so wie andererseits in dieser Hinsicht die Gröfse der Widerstandskraft in den Organismen gegen die schädliche Einwirkung der Aufsendinge, die Fähigkeit kräftiger Reaction in Anschlag zu bringen sein wird. So wie sich diese passiv bei niederer Organisation am stärksten als Lebenszähigkeit äufsert, so ist sie activ beim Menschen am höchsten gesteigert, und er vermag eher als andere Organismen, durch körperliche und geistige Fähigkeiten die Ungunst der Aufsenverhältnisse zu besiegen. Doch finden auch hier im Einzelnen in Bezug auf Constitution manche Verschiedenheiten statt. So widersteht oft die stärkere Constitution schädlichen Einflüssen weniger als die schwächere. Der Neugeborne erträgt Verletzungen der Athemfunction, des Hirns und der Zeugungstheile besser als der Erwachsene; jüngere kräftige Individuen ertragen den Hunger am schwersten; Frauen und Schwächliche viel leichter. Wunden dagegen werden von festen, muskelstarken, nicht sehr sensiblen Körpern am leichtesten ertragen u. s. w.

Um nun die statistische Seite der Lebensdauer des Menschen zu betrachten, so ist zuförderst zu bemerken, dafs, wenn auch der Tod des Einzelnen etwas Zufälliges erscheint, den Beobachtungen im Grofsen zufolge, Leben und Tod auch dem Zahlenverhältnisse nach, gewissen, festen, unwandelbaren Gesetzen nachkomme. In bestimmten Bevölkerungen wiederholen sich in stehenden Verhältnissen die Sterbefälle nach Jahren, Monaten, Tageszeiten und den verschiedenen Lebensaltern. Als das erste die Sterblichkeit im Allgemeinen bestimmende Moment ist nun das Lebensalter zu nennen, da in den verschiedenen Lebenszeiträumen, auch das Leben selbst verschiedenartig gefährdet ist; und es läge hier sehr nahe, die Häufigkeit der Krankheiten, an welchen in denselben der Tod erfolgt, zum Mafsgebenden zu machen, wenn nicht eine allgemeine und sichere Kenntnifs derselben bisher noch vermifst würde. Genaue Todtenlisten ganzer Reiche über einen grofsen Zeitraum allein können hier entscheiden, da in einzelnen Städten und Districten je nach Bevölkerung, Sittlichkeit, Erwerbsmitteln, Wohlhabenheit und Armuth und den andern durch die Geselligkeit so häufig bedingten Extremen grofse Verschiedenheiten statt finden, so wie auch einzelne Jahre durch Epidemien, Kriege, Revolutionen, meteorologische Verhältnisse u. s. w., der Lebensdauer und den Lebensaltern feindlicher zu sein scheinen als andere.

Es kann hier nicht der Ort sein, die einzelnen Sterbelisten aufzuführen. Es finden sich solche in den Nouveaux mémoires de l'académie royale des sciences et belles lettres de Bruxelles. Brux. 1823. 4. pag. 141, wo *Quetelet* nach 100,000 Todesfällen in den Niederlanden die Sterblichkeit berechnet; ferner in dem: Annuaire pour l'an 1829, présenté au roi par le bureau des longitudes. Paris 1828. 12, wo *Duvillard* p. 85 die Berechnung der Sterblichkeit in Frankreich im Jahre 1808, aus einer Million Todesfälle gegeben hat; ferner in *Wilhelm Blacks* Vergleichung der Sterblichkeit des menschlichen Geschlechts in allen Altern, ihren Krankheiten und Unglücksfällen (Leipz. 1789. 8. p. 40, 44); in der Correspondenz der schlesis. Gesellschaft für vaterländische Kultur (Breslau 1820. 8. p. 60); in den Geburts- und Sterbelisten von Breslau in den Jahren 1813 — 22 von Dr. *Hahn*, und in den Mémoires de l'Institut de France. (Paris 1801 — 18. p. 33 u. f.) Aufserdem hat *Burdach* (a. o. a. O.) am Schlufs des 3ten Bandes seiner Physiologie 6 Tabellen, meist aus obigen (mit Benutzung der durch *Baumann* berichtigten Süfsmilchschen) zusammengestellt, und *Casper* in seinem Werke (p. 11 u. fg., p. 81, 94, 182 und an vielen a. O.) alles hierher Gehörige, über Construktion von Sterblichkeitstafeln u. s. w. für jetzt erörtert, so dafs darauf zu verweisen ist; hier sollen daher nur aus diesen die wichtigsten Resultate angeführt werden.

Es ergiebt sich aus denselben nämlich, dafs die gröfste absolute Sterblichkeit, d. h. die Zahl der Todesfälle in einem bestimmten Lebensjahre von Menschen, die in demselben Jahre geboren sind, in das erste Lebensjahr fällt, die kleinste in das höchste dem Menschen erreichbare Alter. Während unter 10,000 gebornen 1964 Kinder im ersten Jahre sterben, erreicht nur einer der in diesem Jahre geborenen das 99ste Jahr. Dies beruht hauptsächlich darauf, dafs 1) Kinder dieses Lebensalters fast immer $\frac{1}{25}$ der Gesammtbevölkerung ausmachen; 2) das Leben derselben durch äufsere Schädlichkeiten auch am meisten gefährdet ist; dafs andrerseits die kleine Zahl des Greisentodes sich daraus erklärt, dafs nur wenig Menschen ein so hohes Alter erreichen, um im 100sten Jahre z. B. sterben zu können. Hinsichtlich der absoluten Sterblichkeit, läfst sich das menschliche Leben in 3 Zeiträume theilen, von denen der erste von der Geburt bis zur Pubertät (s. Alter), der zweite bis zum Beginn des Grofsalters reicht, der dritte das Urgrofsalter umfafst. In dem ersten dieser Zeiträume vermindert sich die Sterblichkeit den Listen nach bis auf ihr erstes Minimum, im zweiten erreicht sie ihr zweites Maximum (das erste Maximum fiel, wie oben erwähnt, auf das erste Jahr nach der Geburt); im dritten endlich sinkt sie auf das eigentliche zweite Minimum herab. In Bezug auf die Jahre, welche nach den Listen der einzelnen Städte oder Länder, die Grenzpunkte jener drei Perioden bilden, herrscht manche Verschiedenheit; doch ist die Durchschnittszahl der Anfangs- und Endgränze des zweiten Zeitraums das 16te und 69ste Jahr. Die Sterblichkeit nimmt rascher im ersten und dritten Zeitraume ab, als sie im zweiten steigt, und in den ersten Lebensjahren ist diese Abnahme am bedeutendsten; so dafs, wenn z. B. von 8000 im zweiten Lebensjahre 687 sterben, so sterben im dritten nur 343. Gleichwohl läfst sich keine regelmäfsige Progression für die Sterblichkeit in den einzelnen Jahren angeben; auch ist diese in den verschiedenen Listen nicht gleich; und die Schwankung der Sterblichkeit ist gröfser bei geringerer Bevölkerung. Das Bezeichnende der absoluten Sterblichkeit also ist, dafs von einer bestimmten Summe Lebender die Zahl der Todesfälle angegeben wird, welche in demselben Lebensjahre erfolgen; diesem entgegengesetzt wird zur Bezeichnung der relativen Sterblichkeit, die Zahl von Lebenden Gleichaltrigen angegeben, von denen einer während eines bestimmten Zeitraums von Jahren stirbt. Wenn also im ersten Lebensjahre von 4 Lebenden, im 2ten von 11, im 11ten von 137, im 22sten von 100, im 70sten von 11, im 93sten von 2 Lebenden einer stirbt, (wie sich dies aus den Listen der Kurmark ergiebt), so ist dies in den verschiedenen Lebensaltern verschiedene Sterblichkeitsverhältnifs, die relative Gröfse der Sterblichkeit. Während wie oben erwähnt die absolute Sterblichkeit im höchsten Alter am geringsten war, weil überhaupt die wenigsten Menschen dies Alter erreichen, so ist die relative Sterblichkeit natürlich grade im höchsten Alter am gröfsten, weil hier die Lebensbedingungen des Individuums auch den Entwickelungsgesetzen der Organismen gemäfs, am meisten gefährdet sind. So erreicht nach den Sterbelisten zwar nur einer von 1,000,000 Menschen das 110te Jahr, stirbt aber auch in demselben. Will man das Leben nach relativer Sterblichkeit eintheilen, so ergeben sich zwei Hauptzeiträume, von denen der erste von der Geburt bis ins 14te Jahr (als Durchschnittszahl) reicht, bis wohin die Sterblichkeit rasch abnimmt; der zweite hingegen, mit stets zunehmender bis ins höchste Alter reicht. Im ersten Zeitraume ist die Abnahme der Sterblichkeit in den ersten 6 Jahren langsamer als in den letzten 8, während welcher das Leben mehr Energie gewinnt; dagegen im zweiten Zeitraume nimmt die Sterblichkeit bis zum 70sten Jahre schnell zu; der Lebenden werden immer wenigstens um eine ganze Zahl weniger, (s. die 2te Tabelle in *Burdach's* Physiologie. Bd. 3.); langsamer jedoch vom 70sten Jahre bis ins höchste Alter, wo die Zahl der Lebenden von denen einer stirbt, nur um Bruchstellen kleiner wird. Um dies übersichtlich zu zeigen, so nimmt die Zahl der Lebenden von denen jährlich einer stirbt, durchschnittlich zu:

vom 1. — 6ten Jahr jährlich um 8,81
— 7. — 14. — — — 12,88

nimmt durchschnittlich dagegen ab:

vom 15. — 23. — — — 7,17

vom 23. — 70ste Jahr jährlich um 1,50
— 71. — 110. — — — 0,31

Es ergiebt sich hieraus, dafs weder Evolution noch Involution auf die Sterblichkeit bedeutenden Einflufs haben, da auf den Uebergangspunkten aus einer Periode in die andere, jene nicht gröfser ist, als während der Periode selbst. Somit sind auch die Entwickelungskrankheiten nicht von der Wichtigkeit für die Lebensdauer, die man ihnen zugeschrieben hat. Blos die Pubertätszeit scheint gefährdeter; doch sie ist es auch nur absolut, nicht aber wenn man sie gegen die folgenden dreifsiger Jahre ins Verhältnifs setzt. Zur Zeit des Zahnens ist die Sterblichkeit geringer als früher, ebenso um die Zeit des Zahnwechsels; und auch um die Zeit der Involution vermehrt sich jene nicht, wie dies auch *Chateauneuf* (*B. de Chateauneuf* Mémoire sur la Mortalité des femmes de l'age de 40 — 50 ans. Paris 1822. 8.) von Frauen in der Zeit der Menstruations-Cessation erwiesen hat. So gilt denn auch dasselbe von den sogenannten Stufenjahren (anni climacterici, gradarii, decretorii, critici, fatales), d. h. den menschlichen Lebensjahren, in welchen die Zahl 7 aufgeht, auf die das Alterthum, insbesondere auf das 49ste und 63ste Jahr, in Bezug auf Lebensgefährlichkeit grofses Gewicht legte. Sie sind für das Leben nicht gefährlicher als andre. Wenn man nämlich aus einer relativen Sterblichkeitstabelle die Durchschnittszahl jedes Lebensjahres von der des folgenden abzieht, und die Differenz sowohl der Zunahme als auch der Abnahme von Lebenden, unter denen jährlich einer stirbt, sich verschieden bezeichnet, so dafs man dann die Lebensjahre nach Heilsamkeit und Verderblichkeit für die Lebensdauer scheiden kann, so ergiebt sich, dafs weder in den sogenannten Stufenjahren noch auf den Uebergangspunkten der oben angegebenen drei Zeiträume des Lebens, (wenn man hier die einzelnen Differenzen nämlich addirt hat), eine gröfsere Sterblichkeit stattfinde; wohl aber sind die ungradzahligen Jahre dem Leben im allgemeinen verderblicher als die gradzahligen, wenigstens bis zum 72sten Jahre, von wo an aber das umgekehrte Verhältnifs statt findet. (*Burdach* l. c. p. 574.)

Wir haben also gesehen, dafs die absolute Lebensdauer, d. h. das Alter, welches der Mensch überhaupt erreicht, mit Berücksichtigung der Sterbelisten sowohl der absoluten als relativen Sterblichkeit, ungefähr um das 70ste Jahr fällt. — Die relative Lebensdauer hingegen ist die Proportion der Zahl von Menschen, die ein gewisses Lebensalter erreichen, zu der Zahl von Menschen, die in demselben Jahre geboren sind. Die Listen, die hierfür angefertigt sind, und welche z. B. angeben, dafs unter 1000 Menschen von 2 gleichzeitig gebornen, einer im 21sten Jahre stirbt,

von 10	einer im	68sten
— 20	— —	77sten
— 30	— —	80sten
— 40	— —	82sten
— 173	— —	90sten
— 3419	— —	100sten
— 1,000,000	— —	110sten

leiden zwar im Allgemeinen an mancher Unvollkommenheit, und erlauben, weil sie theils nicht alle gleich weit gehen, theils nicht eine gleiche Menschenzahl umfassen, nur eine ungefähre Schätzung, ergeben aber doch so viel, dafs bis ins Grofsalter (73) die Zahl von Jahren, die einer von der bestimmten Zahl gleichaltriger Menschen zurücklegt, in Sprüngen steigt, während diese in stetiger Reihe fortgeht, dafs von da an beide, Jahres- und Menschenzahl, in Parallelverhältnissen zunehmen bis in die achtziger Jahre, von wo an die Jahreszahl stetig fortgeht, aber die Menschenzahl in immer gröfseren Sprüngen steigt. (S. *Burdach* l. c. Taf. 5 und 6.) Es sind hiermit wieder 3 Perioden des Lebens ausgesprochen, von denen weder die erste (weil sie auch Kindheit und Mittelalter enthält), noch auch die dritte (da sie die seltenen Fälle höchsten Alters in sich schliefst), die normale Lebenszeit angeben kann. Es fällt daher dieselbe in die zweite jener Perioden, mithin in die 70ger Jahre.

Was nun die Bestimmung der wahrscheinlichen Lebensdauer eines Menschen, Behufs mannichfacher staatswirthschaftlicher und politischer Zwecke, Behufs eines Mafsstabes für die Volkswohlfahrt, der Lebersversicherungsanstalten u. s. w. betrifft, so nimmt man hier nach der einen Methode dasjenige Jahr an, in welchem von einer bestimmten Zahl mit jenem gleichaltriger noch die Hälfte am Leben war, indem man nämlich in den Tabellen der absoluten Sterblichkeit, die Zahlen aller gestorbenen bis zu dem bestimmten Jahre addirt, und diese Summe von jener bestimmten Menschenzahl abzieht. Wenn also von 1000 gleichzeitig gebornen Menschen z. B. nach 20 Jahren 500 gestorben sind, von den übrigen 500 nach dem 55sten Jahre noch 250, von diesen im 69sten Jahre noch 125 am Leben sind, so wird angenommen, dafs ein Neugeborner 20 Jahre, ein 20jähriger 55 Jahre, ein 55jähriger 69 Jahre durchschnittlich alt wird. Diese von *Halley* angegebene Methode läfst sich kürzer in folgender Formel darstellen. Wenn im Lebensjahre a,h Menschen leben, und im Lebensjahre n noch $\frac{h}{2}$ Menschen übrig sind, so drückt n die wahrscheinliche Lebensdauer aus, und n — a ist die Zahl der noch zu hoffenden Jahre von h (*Casper* l. c. p. 14.). Diese Wahrscheinlichkeit bezieht sich natürlich nicht auf den Einzelnen, sondern auf eine Versicherungsanstalt, und dies auch nur bei einer möglichst grofsen Zahl zu ihr gehöriger Individuen. Dasselbe gilt bei vielen auf Leibrenten sich gründenden Lebensversicherungsanstalten, den sogenannten Tontinen. Hier zählt man, um die mittlere Lebensdauer zu berechnen, nach der andern Methode *Déparcieux's*, die Jahre, die eine bestimmte Menschenzahl erlebt hat, zusammen, und dividirt die Summe mit der Zahl der Individuen, und der Quotient stellt dann die mittlere Lebensdauer jedes einzelnen, d. h. die Zahl der Lebensjahre dar, die ein Jeder von diesen Menschen gelebt haben würde, wenn die durchlebten Jahre unter alle gleich vertheilt gewesen wären.

Zur Verdeutlichung sind hier die Zahlen aus der Halley'schen Tabelle der absoluten Sterblichkeit benutzt. Von 232 unter 1000 im ersten Jahre gestorbenen Menschen sind doch alle entweder bei der Geburt oder am Ende des ersten Jahres, oder in dessen Mitte gestorben; durchschnittlich ist also jeder $\frac{1}{2}$ Jahr alt geworden. Es haben also diese 232 Menschen zusammen 232 halbe Jahre, also 116 ganze Jahre gelebt. Von 95 im 2ten Jahre gestorbenen, hat jeder durchschnittlich $2\frac{1}{2}$ Jahre gelebt, also Alle, 95 ganze und 95 halbe Jahre oder $142\frac{1}{2}$ Jahre zusammen gelebt, und so wird bis in das Lebensjahr fortgefahren, wo von den 1000 Menschen alle gestorben sind; diese Zahlen der zurückgelegten Jahre werden dann zusammengezählt und durch 1000 dividirt. Der

Quotient ist die mittlere Lebensdauer des Individuums, und so erhält man die Zahl 28, als mittlere Lebensdauer, während wir oben als wahrscheinliche aus den Tabellen 20 fanden. *Süfsmilch* hält die mühsame Berechnung von *Déparcieux* mit Unrecht für unnütz, da sie annäherungsweise, für gröfsere, ganze Länder umfassende Listen, fast dasselbe Resultat mit der Halley'schen Probabilitätsberechnung gäbe; doch hat *Lambert*, (Beiträge zum Gebrauch der Mathematik und deren Anwendung. 3ter Theil. Berlin 1772. pag. 501) die Unterschiede beider Methoden genauer nachgewiesen. — Andere, *Malthus* und *Price* z. B. haben ein leichtes Verfahren, die mittlere Lebensdauer (freilich nur bei der Geburt) zu finden angegeben. Man soll das Mittel nehmen zwischen dem Verhältnifs der Geburten und der Sterbefälle zur Bevölkerung. In Preufsen z. B. verhalten sich — nach den von *Casper* p. 192 angegebenen Tabellen — die Geburten zur Bevölkerung wie 1 : 25,9, die Sterbefälle zur Bevölkerung wie 1 : 35,3; demnach würde nach *Price* und *Malthus* die mittlere Lebensdauer für Preufsen 30,6 Jahre betragen. Obwohl aber auch *F. Corbaux* in seiner Schrift: (On the natural and mathematical laws concerning population, vitality and mortality. London 1833. 8. S. 20) dieser Methode das Wort redet, die „Expectation of life", die „wahrscheinliche" Lebensdauer — (also promiscue mit mittlerer Lebensdauer gebraucht) — zu berechnen, so giebt sie doch überall nur annähernde, ja so gar viel zu grofse Zahlen, und mufs der Berechnung *Déparcieux's* weichen. *Finlaisons* Berechnung der wahrscheinlichen Lebensdauer, der sie das Sterblichkeitsverhältnifs eines Landes nennt, hat schon *d'Ivernois* in Genf genügend widerlegt. Nach *Casper* (p. 19) drückt bei irgend stationairer Bevölkerung: das Verhältnifs der Geburten zu dieser, die mittlere Lebensdauer derselben bei der Geburt aus; und in der That liefse sich schon a priori die Richtigkeit dieses Satzes einsehen, da in dem gewöhnlichen Laufe der Dinge die Zahl der Menschen die Mittel zu ihrer Existenz, das Verhältnifs des Raums, auf dem sie leben, in gewisser Weise nicht überschreiten kann, wenn dies nicht auch durch gröfsere Sterblichkeitstafeln nachweisbar wäre. Am passendsten schliefse sich hier die mittlere Lebensdauer in den verschiedenen Ländern Europa's, so weit dies durch Listen nachweisbar ist, an. Es beträgt demnach die

mittlere (*Déparc.*) Lebensdauer in			wahrscheinl. (*Halley*)
Preufsen	29,4 Jahre		
Frankreich	35,8 —		20,20 Jahr
England	38,5 —		26 Jahr
Belgien	36,5 —		25 —
Rufsland	21,3 —		10 —
			(*Casper* p. 88)
Schweiz	34,6 —	Waadtland	41 Jahr
		St. Gallen u. Thurgau	20 —
		Graubündten	37 —

Auch nach den, wie oben schon bemerkt, nicht ganz vollständigen, aber doch 1000 Jahre umfassenden Bevölkerungslisten der Römer, betrug die mittlere Lebensdauer nach *Ulpian* für einen Neugebornen 30 Jahre. Die wahrscheinliche Lebensdauer anlangend, lebt nach ihm ein

20 jähriger	noch	30	Jahr
25 —	—	28	—
30 —	—	25	—
35 —	—	22	—
40 —	—	20	—
45 —	—	15	—
50 —	—	10	—
55 —	—	9	—
60 —	—	7	—
70 —	—	5	—

Alle diese Angaben beziehen sich weniger auf das Individuum als auf das Allgemeine. Die Lebensdauer jenes aber betreffend, so wird sie hauptsächlich bedingt durch die ursprünglichen Lebensverhältnisse desselben. Die Abstammung von gesunden, kräftigen Eltern (nach *Baco* von bejahrten Vätern und jugendlichen Müttern), überhaupt aus Familien, wo sich das Altwerden wie erblich fortpflanzte, ferner von einem unter gemäfsigten Himmelsstrich wohnenden Völkerstamm geben (eine gröfsere) Wahrscheinlichkeit einer längeren Lebensdauer. Unter den Raçen erreicht wohl die caucasische ein höheres Alter als die malayische und mongolische. Nach *Humbold* (Reise in die Aequinoctialgegenden des neuen Continents in den Jahren 1799—1804 von *Humbold* und *Bon-*

pland. Stuttgart 1815—19) werden die Mexicaner sehr alt. — Auch das Geschlecht ist von Einflufs; das Weib lebt länger, da es im Allgemeinen mit einer intensiveren Lebensenergie begabt ist. Es leidet zwar mehr als der Mann, hat aber auch gröfsere Widerstandskraft gegen nachtheilige Aufsenverhältnisse, da dieser sich mehr in Extremen bewegt, und leichter unterliegt. So ergiebt sich auch bei Volkszählungen durchschnittlich ein Uebergewicht lebender Frauen. Nach den in dieser Beziehung abgefafsten Mortalitätstabellen (*Burd.* T. 2. p. 595 et sq.) sterben bis zum 10. Jahre mehr Knaben als Mädchen. Umgekehrt ist es bis zum 15. Jahre, so dafs also die Entwickelungsepoche eine etwas gröfsere Sterblichkeit des weiblichen Geschlechts bedingt, was auch *Casper* wenigstens für Grofsstädte zugiebt, wenn auch im Allgemeinen nach *Osiander* die Entwickelungskrankheiten im Ganzen wenig Gefahr für das Leben haben. Später tritt das vorige Verhältnifs wieder ein, und selbst Schwangerschaft, Geburt und Säugen machen hierin keine Veränderung, eben so wenig als die Zeit der Involution und die Periode die auf sie folgt. So gab es von 1752—55 von 90jährigen 21 Männer und 55 Frauen. Einzelne Beispiele des höchsten Alters sind jedoch bei Männern häufiger, wenn nämlich (*T. Parre* mit 152 Jahre 9 Monate, und *H. Jenkins* mit 169 Jahre ausgenommen) die Angaben solch hoher Lebensalter, wie *Casper* richtig andeutet (p. 61.), immer ganz authentisch nachweisbar wären. Des *Plinius* Angaben (Hist. nat. l. 7 c. 49) freilich sind in dieser Beziehung wohl nicht ganz zu verwerfen, da sie sich auf Volkszählungen gründen. Im Allgemeinen läfst sich sagen, dafs sowohl in der psychischen als materiellen Seite des Weibes seine längere Lebensdauer gegründet ist. Hauptsächlich ist hier die überwiegende Sensibilität und Reproduction und ein ruhigeres Gleichmafs der psychischen Vermögen im Weibe als bedingend zu nennen. Die überwiegende Reproduction bedingt einen rascheren Ersatz des consumirten; die Genesung nach Krankheiten erfolgt rascher, und ich habe oft nicht genug staunen können, wie schnell oft die schwersten Entbindungen und die Schmerzen nöthiger Instrumentalhülfe bei Frauen vergessen waren. Dieser leichte Sinn der Psyche, diese Ausgleichungskraft der weiblichen Seele, schützt den

Körper vor dem Sturm der feindlichsten Lebensschädlichkeiten, denen der Mann selten widersteht. — Aufser den bisher erwähnten Momenten ist aber auch der Gang der Entwicklung des Individuums von grofsem Einflufs auf seine Lebensdauer. Wo Geist und Körper allmählig sich ausbilden, der Fortschritt ein langsamer ist, darf längeres Leben erwartet werden.

Unter den Verhältnissen, welche theils von Seiten des Willens, theils von äufseren Einwirkungen sich als die Lebensdauer begünstigend zeigen, sind zu nennen: 1) die Gewohnheit gesund zu sein, oder bei habitueller Kränklichkeit Aufmerksamkeit auf das richtige Verhältnifs zwischen Consumtion und Restauration, gute Zähne (wiewohl diese nach mancher Erfahrung nicht absolut zu hohem Alter nöthig sind), der mäfsige Genufs einfacher, kräftiger Nahrung, welches Moment durch einzelne Beobachtungen hohen Alters bei Branntweintrinkern (bei *Haller* El. phys. VIII. C. 2. p. 115.) nicht entkräftet wird; ferner mildes Klima, mäfsige Erhebung über den Meeresspiegel, mittlere Trockenheit der Luft; der Aufenthalt auf dem Lande oder in kleineren Städten (Kindheit und Greisenalter scheinen in gröfseren Städten gesicherter), mäfsige Uebung der körperlichen Kräfte; ferner vor allem der psychische Zustand, Gemüthsruhe, Zufriedenheit, Charakterfestigkeit; aufserdem aber theils sowohl Reichthum, als auch ein thätiger Gewerbfleifs. Unter Bettlern und Vagabunden ist die Sterblichkeit ungeheuer, nach *Villermé.* Aehnliches fand *Quetelet* (Nouveaux mémoires de l'Acad. roy. des Scienc. et bell. lettres de Bruxelles. 1823. 4. V. p. 149), da nach ihm die relative Sterblichkeit in den Aufbewahrungsanstalten solcher sich wie 1 : 8,91 verhält, während sie überhaupt in den Niederlanden 1 : 43,80 ist.

Es dürfen ferner als längeres Leben begünstigend nicht unerwähnt bleiben: mittlere Gröfse, gute Brust, starker Magen, kräftiger Puls, Zeugungsfähigkeit, insofern sie der Ausdruck der normalen Entwicklung des Gattungscharakters sind. Riesen und Zwerge, so wie Castraten werden nicht alt, und die meisten Mifsgeburten sterben bald nach der Geburt.

Ganz abgesehen von allen diesen Momenten hat aber überhaupt in der Gegenwart die Sterblichkeit gegen die früherer Jahrhunderte bedeutend ab-, die wahrscheinliche Lebensdauer somit zugenommen, wie die Beobachtungen *B. de Chateauneuf's* (l. c.), *Odier's* und *Serre-Mallet's*, so wie *Schübler's* beweisen, wovon einen grofsen Antheil theils die Schutzpocken, die Zunahme des Wohlstandes nach *Mathieu*, die Verbesserung der Erziehung, die gröfsere Sittlichkeit, und vielleicht auch die Fortschritte der Medicin sich wohl vindiciren können, da alles dieses, wie *Casper* (l. c. 129.) richtig bemerkt, der Ausdruck der Fortschritte und der Ausbildung des menschlichen Verstandes ist.

Nichtsdestoweniger ist aber dennoch das Sterblichkeitsverhältnifs auf der Erde ein genau bestimmtes, und es ist dies nothwendig, da, wenn jedes Individuum sein höchstmögliches Alter immer erreichte, bald der Raum bei dem sich Gleichbleiben der Bevölkerungszunahme für die Gattung fehlen würde. Hier ergiebt sich die Nothwendigkeit des Todes, der Seuchen, Kriege, Revolutionen. Jedesmal wo die Zahl auf bestimmtem Flecke zusammenwohnender Menschen eine gewisse Grenze übersteigt, nimmt auch die Sterblichkeit eben so zu; doch ist sie nie so grofs, dafs die Fortdauer der Gattung dadurch gefährdet würde. Im Durchschnitt stirbt von 35 Menschen jährlich einer, trotz der gröfsten Verschiedenheit des einwirkenden Clima's, der Mannigfaltigkeit der zufälligen Todesursachen, Vergiftungen u. s. w.

Sterben in Dörfern jährlich einer von 40, in kleinen Städten von 32, in grofsen von 28 und 24, so bleibt doch in ganzen Ländern die Zahl 35.

Es stirbt jährlich einer

in	von	
Würtemberg	31	Menschen
Hannover	34	—
Schweden	36	—
England	38	—
Frankreich	39	—
Rufsland (*Wichmann*)	40	—
Niederlande (*Quetelet*)	42	—
Stockholm, Amsterdam	24	—
Rom, London	25	—
Berlin	28	—

in	von
Breslau	29 Menschen
Chur	34 —
Philadelphia	33 —
Baltimore	37 —
New-York	40 —
Boston	44 —
St. Paul in Brasilien	46 —

In Bezug auf Rufsland sind die Listen unsicher, und nur auf die griechischen Religionsmitglieder beschränkt.

Wo die Sterblichkeit abnimmt, vermindert sich auch die Fruchtbarkeit, und umgekehrt, in den Monaten der meisten Todesfälle werden auch die meisten geboren. So wird auch nach gröfserem Völkerunglück gröfsere Fruchtbarkeit wahrgenommen.

Nach *Süssmilch* aber werden eher mehr Menschen geboren als sterben, was jedoch nur von ganzen Ländern gilt, und es bleibt noch ferneren Untersuchungen überlassen, ob, wie *Casper* behauptet, das Verhältnifs der Zeugungen mit dem der Sterblichkeit immer ganz gleichen Schritt halte, die Ehen somit die „Regulatoren des Todes" zu nennen seien. Dafs jenes Verhältnifs jedoch vom entschiedensten Einflufs auf Sterblichkeit und Lebensdauer einer Bevölkerung sein müsse, kann keinem Zweifel unterworfen sein.

Die Verhältnifszahl der Todesfälle zu den Geburten ist nach *Süssmilch* (l. c.) wie 1 : 1,10—1,15, durchschnittlich ungefähr wie 4 : 5. (Wenn man den Zeitraum von der Geburt bis zum 33. Jahre, als den Zeitpunct vollkommener Reife, eine Generation nennt, so kommen also drei Generationen auf ein Jahrhundert. Aber diese Zahl scheint nach *Casper* zu grofs (p. 27), da für Berlin z. B. ein Menschenalter $27\frac{1}{1}\frac{3}{4}$ Jahre dauert. Im Allgemeinen aber bilden von den Zeitgenossen die gröfste Zahl die, welche das reife Alter erreicht haben, in den Jahren von 20 bis 30, und dieses wird durch die Sterblichkeitsverhältnisse sowohl, als durch die Mortalitätslisten bestätigt.)

Hier scheint es passend, schliefslich die Resultate hinzuzufügen, welche nach *Casper* Stand, Amt, Gewerbe, Ehen und sonstige Lebensverhältnisse auf die Lebensdauer im Allgemeinen haben. Was erstens den Stand betrifft, so hat, abgesehen von den Professionen, deren längere oder kürzere Lebensdauer noch ferneren Untersuchungen überlassen bleibt, (da die Werke über die Krankheiten der Handwerker [von *Ramazzini* etc.] nichts genügendes darüber geben), der Stand der Theologen die längste Lebensdauer. Einer langen erfreuen sich auch Landwirthe und Forstleute, so wie höhere Beamte. Kürzere Zeit leben Künstler und Lehrer; die kürzeste Lebensdauer hat der Stand der Aerzte (*Casper* l. c. p. 138). Ferner ist die Sterblichkeit in Gegenden, wo viele Fabriken sind (wie in den Englischen Manufacturdistricten), bei weitem gröfser, als in Ackerbau treibenden. Gröfser ist die Lebensdauer bei Verheiratheten als aufser der Ehe, doch wird der Hagestolz älter als das unverheirathete Weib (l. c. p. 163).

Im Gegensatze mit Anderer Untersuchungen über die verschiedene Sterblichkeit der Pariser Stadtviertel, aus denen sich gerade längeres Leben der Gewerbfleifsigen als der blofs Reichen (und Unthätigen) ergiebt, hat der Reichthum (nach *Villermé*, *Chateauneuf*) und *Casper* in allen Lebensaltern unbedingt gegen die Armuth gröfsere Wahrscheinlichkeit längerer Lebensdauer. Gerade noch einmal so viel Reiche als Arme erreichen das natürliche Lebensziel, das 70. Jahr. So ist auch die Lebensdauer der durch Anstalten Lebensversicherten eine sehr hohe, und nach *d'Ivernois* ergaben die Resultate der Equitable company in England, dafs unter 5000 gestorbenen Mitgliedern dieser Gesellschaft die mittlere Lebensdauer sich auf 48 Jahre, 9 Monate und 24 Tage belief, etwas was wohl auf das glänzendste die Vortheile einer solchen Gesellschaft in helles Licht zu setzen geeignet ist.

Ganz kurz vor dem Druck dieses Artikels ward mir Gelegenheit, ein so eben beendetes Werk über die hierhergehörigen Gegenstände zu vergleichen: *Die Gesetze der Lebensdauer etc. von Lud. Moser, Prof. in Königsberg. Ein Lehrbuch. Berlin* 1839. *Veit et Comp.* Es scheint darin mit so reichen Mitteln und so klarem Verstande jede hierher gehörige Frage echt wissenschaftlich erörtert, viele der schwierigsten Probleme durch die einleuchtendsten mathematischen Beweise erläutert, dem Felde der statistischen Untersuchungen ein so ganz anderer Standpunct angewiesen, und dem wirklich fühlbaren Mangel eines Lehrbuches über diese Gegenstände auf das entspresprechendste abgeholfen zu sein, dafs es wohl gerechtfertigt ist, wenn darauf gänzlich verwiesen wird. Der Resultate sind so viele, so neue und interessante, zum Theil oben Berührtes widerlegende, dafs es schwer ist für den Zweck und den so beschränkten Raum dieser Encyclopädie das Wichtigste auszuwählen. Als die Basis jener Ergebnisse erscheint jedoch der Satz, dafs es gänzlich ungerechtfertigt sei, bei Berechnung der wahrscheinlichen und mittleren Lebensdauer eine stationäre Bevölkerung anzunehmen. Es giebt dies zu ungünstige Resultate der Sterblichkeit beim Zu-, zu günstige beim Abnehmen einer Bevölkerung. Alle jene Berechnungen von *Halley*, *Déparcieux*, *Chateauneuf*, *Villermé* und *Casper* über Einflufs von Stand, Lebensverhältnissen, Reichthum u. s. w. sind richtige Folgerungen aus unrichtiger Prämisse. Jene Ansicht der Antipopulationisten also, dafs mit schnell zunehmenden Geburten auch die Lebensdauer kürzer werde, worüber oben schon a priori ein leiser Zweifel angeregt ward, erhält hier ihre beweiskräftige Widerlegung.

Das mathematische Gesetz, wonach die Sterblichkeit regulirt ist, lautet nach *Moser*: die Anzahl der Todten bis zu einem gewissen Lebensalter ist proportional der vierten Wurzel aus diesem Lebensalter. Dies gilt auch mit geringen Modificationen, wenn das gewisse Lebensalter die ersten 30 Jahre nach der Geburt überstiegen; die Sterblichkeit der Kinder im ersten Jahre, in den ersten Tagen nach der Geburt, ihr wahrscheinliches Leben, ja, was noch interessanter, die Zahl der Todtgeborenen ist annähernd gegeben, sobald man nur weifs, wie viele 20jährige z. B. von einer bestimmten Anzahl derselben in einem Jahre sterben. So fand *Moser* unter anderen, dafs die Zahl der Todtgeborenen nahe gleich sei der Sterblichkeit in den ersten 24 Stunden nach der Geburt. Im Allgemeinen müsse bei Annahme einer veränderlichen Bevölkerung die Lebenskraft in den verschiedenen Altern das Fundament jeder Berechnung bilden. Darnach erleidet dann auch die Sterblichkeit der verschiedenen Stände, der Reichen und Armen u. s. w., mannigfache Abänderungen. Medicinisch interessant sind die Ergebnisse über den Einflufs der Krankheiten, besonders ansteckender, auf die Sterblichkeit. Hier fand *Moser*, dafs alle ansteckenden Krankheiten, sie mögen contagiöser oder miasmatischer Art sein, vorausgesetzt, dafs sie für gewöhnlich herrschen, vorzugsweise die ersten Jahre nach der Geburt befallen, die späteren Lebensjahre dagegen wenig; und umgekehrt, wenn eine Krankheit das jugendliche Alter besonders trifft, die späteren Lebensalter weniger, so müssen die sie begründenden Ursachen äufsere sein, die der Organismus nach und nach sich zu assimiliren und unschädlich zu machen im Stande ist. Doch müssen diese für gewöhnlich und häufig vorhanden sein, wie es z. B. die Cholera nicht ist.

Alles über Sterblichkeit der an der Cholera Erkrankten, über Fruchtbarkeit der Ehen, über die Verhältnisse der Geschlechter bei der Geburt, über den Einflufs der Witterung auf die Lebenserscheinungen Gesagte, so trefflich es ist, hierherzusetzen, würde bei Weitem den Zweck und die Grenzen dieses Artikels überschreiten, und so wie dies für genaueres Studium in der That durch dieses Lehrbuch überflüssig geworden, so möge es genügen, hier schliefslich darauf hingedeutet zn haben. L—dt.

LEBENSFAEHIGKEIT. S. Lebensreiz.

LEBENSFAEHIGKEIT DER KINDER (vitalitas, vitabilité). Lebensfähig ist jedes Kind, das bei seiner Geburt die hinlängliche Ausbildung der zum Leben nöthigen Organe besitzt, um unabhängig von der Mutter sein Leben fristen zu können. — Nicht lebensfähig ist ein Kind, wenn die zum Leben erforderlichen Organe nicht so weit ausgebildet sind, dafs sie die von der Natur ihnen angewiesenen Functionen übernehmen können, oder wenn ein zum Leben nöthiges Organ der Art mifsbildet ist, dafs es nicht gehörig functioniren kann, oder wenn das eine oder das andere für das Leben nothwendige Organe fehlt. Die Lebensfähigkeit ist demnach von einem gewissen Grade der Reife und von der gehörigen Entwickelung der zum Leben nöthigen Organe der Frucht bedingt. Da das allmählige Reifen der Frucht mit der Dauer des Aufenthaltes derselben im Uterus einen gleichen Schritt hält, und das Kind um so lebensfähiger wird, je näher es dem Schwangerschaftsende kommt, so geht daraus hervor, dafs die Bestimmung des Zeitpunctes der Schwangerschaft, in welchem das Kind eine solche Reife erlangt hat, dafs es aufserhalb der Gebärmutter fortleben kann, von Wichtigkeit ist. Allein die Physiologen,

Geburtshelfer und Gerichtsärzte haben sich bis jetzt über diesen Punct noch nicht vereinigen können. —

Hippokrates und *Aristoteles*, denen sich *Plato*, *Galenus* und *Plinius* anschliefsen, betrachten es als eine Auszeichnung des menschlichen Geschlechtes, dafs bei demselben die Schwangerschaft und die Ausbildung des Fötus keinen bestimmten Termin, wie bei den Thieren, hätte. *Hippokrates* nimmt an, dafs am 182. Tage der Schwangerschaft ein vollkommen ausgebildetes Kind geboren werden könne, und auf ihn stützt sich das römische Recht, indem es sagt:

„Septimo mense nasci perfectum partum jam receptum est propter auctoritatem doctissimi viri Hippocratis, et ideo credendum est ei, qui ex justis nuptiis septimo mense natus est, justum filium esse.“ Digest. Lib. I. Tit. 5. L. 12 (de statu hominum), und ferner:

„De eo autem, qui centesimo octogesimo secundo die natus est, *Hippokrates* scripsit, et divus *Pius* pontificibus rescripsit, justo tempore videri natum, nec videri in servitute conceptum, cum mater ipsius ante centesimum octogesimum secundum diem esset manumissa.“ Digest. Lib. 38. Tit. 16. Lib. 3. §. 12. (de suis et legitim. hered.)

Diese beiden Stellen werden von den Schriftstellern citirt, um zu beweisen, dafs man schon in dem römischen Rechte auf die Lebensfähigkeit der Kinder Rücksicht genommen, und eine Zeit festgesetzt habe, wo ein Kind für lebensfähig zu halten sei. Allein es ist auf den ersten Blick klar, dafs diese beiden Stellen nicht von Vitalität sprechen, indem aus der ersten nur hervorgeht, dafs nach dem Ausspruche des *Hippokrates* am 182. Tage schon ein gehörig ausgebildetes Kind geboren werden könne, und demnach zu präsumiren sei, dafs es den zum Vater habe, welcher 182 Tage vorher mit der Mutter sich verehelichte, — dafs sie demnach nur von der Legitimität des Kindes spricht; — die zweite Stelle aber bezieht sich auf die Ingenuität, d. h. auf das Geborensein als Freier. Wer von einer Sclavin concipirt war, war kein Ingenuus, wenn sie auch nach der Empfängnifs freigelassen worden war. Diese Stelle sagt nur, dafs derjenige, der 182 Tage nach der manumissio der Mutter geboren werde, ein Ingenuus sei. Mittelbar geht wohl aus diesen Stellen hervor, dafs man die vom 182. Tage nach geschlossener Ehe, oder nach der Freilassung einer Sclavin geborenen Kinder für lebensfähig gehalten habe, indem sonst diese Gesetzesstellen, namentlich in ihrem Zusammenhange, ohne besonderen Belang seien würden. Direct sprechen sie aber nicht von Lebensfähigkeit.

J. Bohn (de officio medici duplici clin. nimirum ac forens. p. 630.) hält weder die im 7. noch im 8. Schwangerschaftsmonate geborenen Kinder für lebensfähig.

M. Alberti (system. jurisprud. med. Tom. I. Cap. VII.) erklärt die achtmonatlichen Früchte für lebensfähig und legitim, sagt aber, die im siebenten Monate zur Welt gekommenen Kinder seien schwach, und lebten selten lange. Er bezieht sich hierbei jedoch auf das Urtheil anderer Aerzte und der Rechtsgelehrten, die auch solche Kinder für lebensfähig und legitim hielten.

Teichmeyer (institut. medic. leg. Cap. IX. Qu. 9.) hält die am 180. oder 182. Tage geborenen Kinder für lebensfähig, giebt jedoch zu, dafs sie selten eine längere Reihe von Jahren am Leben bleiben. Mit ihm stimmt *J. E. Hebenstreit* (Anthropolog. forens. p. 200) nicht blofs überein, sondern er geht noch weiter, indem er glaubt, die von den Gerichten angenommene Norm, dafs ein vor dem 182. Tage geborenes Kind nicht für lebensfähig zu halten sei, könne wohl erschüttert werden, insofern nämlich ein noch früher geborenes Kind so stark zur Welt komme, dafs man an seine Erhaltung glauben dürfe, wenn es nämlich Laute von sich gebe, sauge, und einige Tage fortlebe.

An *Hebenstreit* schliefst sich *Ludwig* (instit. med. forens. §. III.) an, indem dieser selbst die vor Anfang des 7. Monats geborenen Kinder für lebensfähig erklärt wissen will, wenn sie wimmern, saugen oder schlingen können.

A. v. Haller (Vorles. über die gerichtl. Arzneiwissenschaft. Bd. I. S. 113) meint, dafs man den Begriff von der Vitalität siebenmonatlicher Geburten mehr aus Schlendrian, als aus hinreichenden Gründen dulde, und die durch wenige, etwa am Leben bleibende, siebenmonatliche Kinder entstehende Ausnahme höher in Rechnung bringe, als sie verdiene. Die achtmonatlichen Kinder hält er (gegen [Pseudo-] *Hippokrates*, welcher den siebenmonatlichen mehr Vitalität als den achtmonatlichen zuschreibt), für vollkommener und lebensfähiger als die siebenmonatlichen. Mit Recht dringt er für jeden Fall auf eine genaue Untersuchung, um zu ermitteln, ob die vor dem Forum für 6—7—8monatliche Kinder ausgegebenen Früchte auch wirklich die Beschaffenheit solcher Früchte hätten.

J. D. Metzger (Kurzgefafstes System der gerichtlichen Arzneiwiss. 2. Aufl. §. 285) gesteht den siebenmonatlichen Kindern Vitalität zu, fügt aber bei, dafs er die achtmonatlichen für mehr lebensfähig halte.

A. Henke (Lehrb. der gerichtl. Medicin. 2. Aufl. §. 87., und Abhandlungen a. d. Gebiete der gerichtl. Med. Bd. I. S. 9. ff., und Bd. III. S. 263. ff.) spricht sich dahin aus, dafs er jeder vor Ablauf des 7. Monats nach der Empfängnifs geborenen Frucht, wenn sie auch lebend zur Welt kommt, und mehrere Stunden oder Tage fortlebt, für nicht lebensfähig erklärt. — Derselben Ansicht ist auch *Schmidtmüller* (Handb. der Staatsarzneik. §. 356.).

Jos. Bernt (System. Handb. der gerichtl. Arzneik. 2. Aufl. §. 757.) sagt: „Lebensfähig kommt die Frucht, wenn sie nach dem sechsten Monate, wo sie vermöge des erlangten Grades der thierischen Ausbildung selbstständig fortleben kann, durch eine frühe oder zeitige Geburt von der Mutter getrennt wird.

L. J. C. Mende (Ausführl. Handb. der gerichtl. Medic. Thl. II. S. 329 und 359) behauptet, ein im 7. Monate der Schwangerschaft geborenes Kind lebe immer nur wenige Stunden, und wo es länger lebe, habe man nach Sonnenmonaten gezählt; er nimmt die Möglichkeit der Lebensfähigkeit mit Ablauf des 7. Mondsmonats an.

Nach *Masius* (Lehrb. der gerichtl. Arzneik. Thl. II. §. 428.) sind die siebenmonatlichen Kinder lebensfähig.

Klose (System der gerichtl. Physik. S. 140.) äufsert sich dahin, dafs nach der Erfahrung ein Kind vor Ablauf der 28. Schwangerschaftswoche noch nicht lebensfähig sei.

Albr. Meckel (Lehrb. d. gerichtl. Med. S. 333.) hält die genaue Bestimmung eines Termins der Vitalität für willkührlich, theils, weil das erste Erscheinen des Embryo nicht immer auf denselben Tag nach der Schwängerung fällt, sondern von der Menstruationsperiode abhängig zu sein scheint, theils, weil nach *Autenrieth* die ganze normale Entwickelung des Fötus, nicht nur beim Menschen, sondern auch bei den übrigen Säugethieren, nicht immer denselben Schritt und Typus beobachtet.

Chaussier (Mémoire médico-légale sur la viabilité de l'enfant naissant. Paris 1826.) erklärt alle vor den drei letzten Schwangerschaftsmonaten geborenen Früchte für nicht lebensfähig, und wünscht durch einige Zusatzartikel die Gesetzgebung über Lebensfähigkeit zu ergänzen.

Nach *W. Hunter* kann ein Kind nach 3 Monaten lebendig geboren werden, aber vor dem 7. Calendermonate wird keins mit der gehörigen Kraft geboren, um zu dem Alter der Mannbarkeit zu gelangen. In dem 6. Monate ist dies unmöglich.

Die Geburtshelfer sind hinsichtlich des Zeitpunktes, wann ein Kind als lebensfähig (vitalis, viable) erklärt werden müsse, eben so uneinig wie die Gerichtsärzte. Es wird wohl genügen, hier die Ansichten einiger berühmten Fachgenossen anzuführen.

F. B. Osiander (Grundrifs der Entbindungsk. Götting. 1802. Thl. I. §. 412.) sagt: „Ein unzeitiges Kind von 4 bis 5 Monaten kann lebendig zur Welt kommen, und einige Minuten aufser der Mutter leben; länger, in den Häuten eingeschlossen, in mäfsig warmem Wasser als an freier, und zumal kühler Luft. — Eine Frucht von 22—30 Wochen kann ihr Leben auf mehrere Stunden bringen, athmen, aber kaum vernehmliche Töne von sich geben, und keine Nahrung wohl zu sich nehmen. — Ein Kind von 30—32 Wochen kann sein Leben, bei einer sehr sorgfältigen Pflege, auf mehrere Tage und Wochen bringen, kommt aber höchst selten über die Zeit des Wochenbettes der Mutter. — Ein Kind von 32—36 Wochen kann unter sorgfältiger Pflege schon sein Leben über Jahr und Tag bringen, und das Alter eines Erwachsenen erreichen.

L. F. v. Froriep (Theoret. pract. Handb. d. Geburtsh. 1806. 8. Aufl. 1827. §§. 167. u. 168.) spricht dem im 7. Monate geborenen Kinde die Lebensfähigkeit ab, gesteht aber zu, dafs ein im 8. Monate geborenes Kind bei sehr grofser Sorgfalt erhalten werden könne.

A. E. v. Siebold (Lehrb. der theoret.-pract. Entbindungskunde. 1803. 3. Aufl. 1812. §§. 291., 292., 293.)

sagt: „Ein im sechsten Mondsmonate geborener Fötus kann athmen, schreien, schlucken, aber kaum über zwei Stunden leben. Ein Gleiches gilt von einem im siebenten Monate geborenen. Ein im achten Monate zur Welt gekommener Fötus kann bei der genauesten Pflege und Sorgfalt für sein Erhalten das Leben zuweilen fortsetzen."

W. Josephi (Lehrb. der Geburtsh. für d. Hebammen 3. Aufl. 1833. S. 51. sq.) glaubt, dafs die im 7. Monate geborenen Früchte bei der sorgsamsten Pflege nicht länger als ein Paar Stunden leben können. Wird aber eine Frucht im 8. Monate, und besonders gegen das Ende desselben, also nach der 31. Woche lebendig geboren, so pflegt sie zwar meistens auch schon in den ersten Tagen zu sterben, kann aber doch in seltenen Fällen, wenn sie sonst gesund ist, bei sorgsamer Pflege am Leben erhalten werden, und ist lebensfähig.

F. A. Ritgen (Handb. der niederen Geburtsh. 1824. §§. 316. und 317.) sagt: In sehr seltenen Fällen ist ein im 7. Monate geborenes Kind am Leben erhalten worden; doch diese Fälle sind so selten, dafs man nie darauf rechnen kann. Das zwischen der achtundzwanzigsten und zweiunddreifsigsten Woche geborene Kind, welches man ein frühzeitiges nennt, kann fortleben, allein es fordert ganz ungemeine Pflege.

Nach *J. Chr. Gottfr. Joerg* (Handb. der Geburtsh. 2. Aufl. §. 120. ff.) kann der im 6. Monate geborene Fötus Athem holen, schreien, schlucken, und etwa gegen zwei Stunden fortleben. Ein im 7. Monate geborener Fötus besitzt nicht die zur Fortsetzung des Lebens nöthige Dauer und Kraft; er stirbt gewöhnlich nach 1—2 Stunden. Wird alle Sorgfalt aufgewendet, so kann ein im achten Monate geborener Fötus sein Leben aufserhalb der Mutter fortsetzen.

C. G. Carus (Lehrb. der Gynäkologie. 2. Aufl. Th. II. §§. 703. u. 705.) äufsert sich dahin: Wird das Kind im 7. Monate geboren, so lebt es zuweilen nicht nur einige Stunden, sondern selbst Tage lang, kann aber dessenungeachtet schwerlich je erhalten werden. Dagegen ist ein im 8. Monate geborenes Kind lebensfähig.

D. W. H. Busch (Lehrb. der Geburtsk. 2. Aufl.

§§. 150. und 151.) sagt: Kinder, welche kurz vor dem siebenten Monate geboren werden, leben zwar kurze Zeit nach der Geburt, sterben aber alsdann beinahe immer, und selbst in dem 7. Monate geborene Früchte können nur wenige Stunden nach der Geburt ihr Leben fortsetzen, und werden nur in sehr seltenen Fällen, bei besonders guter Pflege, am Leben erhalten. — Von dem achten Monate an ist das Kind erst lebensfähig, das heifst, es ist so entwickelt, dafs es bei guter Pflege nicht selten erhalten werden kann.

F. C. Naegele (Lehrb. der Geburtsh. für Hebammen. 1. Aufl. §. 178.; 3. Aufl. §. 176.) sagt: Nach vollendetem sechsten Monate, nämlich nach der 26. Woche, hat die Frucht, obgleich an ihrer Reife natürlich noch viel fehlt, eine solche Ausbildung und Stärke, dafs sie bei sorgfältiger Wartung und Pflege nach der Geburt fortleben kann, und darum wird sie von dem erwähnten Zeitpuncte an lebensfähig genannt.

Aus diesen Mittheilungen geht hervor, dafs die genannten Geburtshelfer über den Termin der Schwangerschaft, in welchem ein Kind lebensfähig geboren werden könne, nicht übereinstimmen, dafs nur *Naegele* den in der zweiten Hälfte des siebenten Schwangerschaftsmonats geborenen Kindern Vitalität zugesteht, dafs die übrigen die Lebensfähigkeit erst im achten Monate beginnen lassen, und dafs nur Einige die Möglichkeit einräumen, dafs unter höchst günstigen Verhältnissen ein im siebenten Mondsmonate geborene Kind vielleicht einige Zeit erhalten werden könne.

Allein es finden sich Beispiele aufgezeichnet, wo Kinder, in früheren Schwangerschaftsmonaten geboren, ihr Leben gefristet haben, und diese dürfen bei Beantwortung der Frage über Lebensfähigkeit nicht aufser Acht gelassen werden; denn wäre auch nur ein solcher Fall als Thatsache constatirt, so könnte die Möglichkeit der Lebensfähigkeit für diesen Zeitraum nicht mehr bestritten werden. — *Meli* (Dei parti naturali anticipati dell attitudine a vivere de prematuri nascenti, e dei loro diritti civili. 1826.) sammelte die Fälle, die den Beweis liefern sollen, dafs auch die vor dem 7. Monate geborenen Kinder für legitim und lebensfähig zu erklären seien.

Wir übergehen die von *Cardanus*, *Diemerbroeck*, *For-*

tunatus, *Licetus*, *Schenk* u. A. erzählten Beobachtungen, welche Kinder von 5 und 6 Monaten aufzählen, die das Alter der Erwachsenen erreicht haben sollen, theils weil sie nicht genau bewiesen, theils weil sie sehr bekannt sind, und wenden uns sogleich zu einigen Fällen, die in neuerer Zeit veröffentlicht worden sind.

Belloc (Cours de médecine légale p. 78.) sagt: „J'ai vu une fille, qui n'avoit qu'un pied de longueur, dont la peau étoit d'un rouge marbré, la tête couverte d'un poil follet, les ongles mal formés, ressemblant à un petit lapin écorché. On la nourrit à la cuiller pendant huit jours, parcequ'elle ne put, ni ne voulut téter pendant tout ce temps. Cependant, non seulement elle a vécu et elle vit encore, âgée de dixsept ans; mais elle étoit persuadée, qu'elle n'étoit pas à terme même de sept mois: je la jugeai tout au plus à six."

Der Schwangerschaftstermin, in welchem das Kind zur Welt gekommen, ist hier freilich nicht mit Sicherheit angegeben; allein die Umstände und Merkmale sprechen jedoch dafür, dafs dasselbe vor dem Schlusse des 7. Mondsmonats geboren worden ist.

Rodmann (vergl. Salzburger medicinisch-chirurg. Zeit. Jahrg. 1816. No. XIII. S. 199.) theilt einen Fall von einer Frucht, die zwischen dem 4. u. 5. Monate geboren wurde, und am Leben blieb, mit. Das Kind war so schwach und zart bei der Geburt, dafs man erst nach 3 Wochen das Gewicht und die Länge desselben bestimmen zu können glaubte. Sein Gewicht betrug 1 Pfund 13 Unzen, seine Länge 13 Zoll. Als der Bericht niedergeschrieben wurde, war das Kind beinahe 4 Monate alt, und wurde mit grofser Vorsicht zuweilen an die Luft getragen.

Henke bezweifelt die Wahrheit dieses Falls, und wirft folgende Fragen auf:

1) Wurde das Kind wirklich schon im 5. Monate der Schwangerschaft geboren, oder fand ein Rechnungsfehler Statt?

2) Hat das Kind nach dem mitgetheilten Berichte noch länger gelebt?

Wir wollen zugeben, dafs ein Rechnungsfehler Statt gefunden habe; keines Falles kann er aber, nach dem angegegebenen Gewichte und der bezeichneten Länge erheblich gewesen sein. — Die zweite Frage ist hier ohne allen Belang, denn, wenn ein Kind 4 Monate getrennt von der Mutter sein Leben fristen konnte, so kann ihm die Lebensfähigkeit nicht abgesprochen werden. Es ist kaum zu bezweifeln, dafs ein jeder Arzt, dem ein 4 Monate altes Kind, sei es todt oder lebendig, vorgezeigt würde, dasselbe für lebensfähig (habile à vivre) erklären würde, wenn er auch wüfste, dafs es im 5. oder 6. Mondsmonate geboren wäre: denn wo wären physiologische Gründe zur Beweisführung des Gegentheils zu finden? Warum sollte ein Kind, dafs aufserhalb des Schoofses der Mutter 4 Monate lang gelebt hat, nicht noch länger leben können, wenn nicht eine Krankheit sein Ende herbeiführt? Wie lange müfste ein zu frühe geborenes Kind leben, bis man geneigt wäre, es für lebensfähig zu erklären?

Henke selbst (Abhandlungen etc. Bd. III. S. 271.) theilt einen merkwürdigen, von ihm und ***Fleischmann*** beobachteten, hierher gehörigen Fall mit: „Eine Frau, die bereits 10 Kinder geboren hatte, wurde im Februar 1818 von einem Kinde in der 26. Woche der Schwangerschaft nach ihrer Berechnung entbunden. Dieses Kind wog 1 Pfd. u. 10 Loth Baier. Civilgewichts, war 11 Zoll lang, hatte Nägel an Händen und Füfsen, die in Hinsicht der Länge ausgebildet, übrigens aber sehr zart waren, sah dunkelroth am ganzen Körper aus, war mit wolligen Härchen bedeckt, hatte die ältlichen Gesichtszüge, die man gewöhnlich bei Kindern dieses Alters findet. Es bewegte sich lebhaft, schrie sehr vernehmlich und ziemlich laut, und lebte bis zum zehnten Tage nach der Geburt fort. Es leerte Kindespech und später gewöhnlich gefärbte Excremente und Urin aus, und die Nahrung, aus Milch und Zuckerwasser bestehend, wurde ihm durch einen Federkiel und mit dem Löffel eingeflöfst."

Henke spricht diesem Kinde dauernde Lebensfähigkeit ab. — Nach unserm Dafürhalten hätte dieses Kind, sobald es das Object einer Rechtsfrage geworden wäre, für lebensfähig erklärt werden müssen; denn seine zum Leben nöthigen Organe waren in ihrer Entwickelung so vollkommen, dafs sie ihren Functionen vorstehen konnten. Das Kind bewegte sich, athmete, schrie und verdaute.

Die Haut, die Muskeln, die Athmungswerkzeuge, der Schling- und Verdauungsapparat waren demnach so ausgebildet, dafs sie functioniren konnten und wirklich functionirten; die Circulation mufste gehörig von Statten gehen, indem sonst das Kind nicht bis zum zehnten Tage gelebt haben würde. — Der hochachtbare, verdienstvolle *Henke* selbst scheint durch diesen Fall in seiner Ansicht etwas schwankend geworden zu sein, was wir aus dem Epitheton „dauernd" schliessen. Ueberall ist nur von Lebensfähigkeit die Rede; nirgends finden wir eine Eintheilung in dauernde und nicht dauernde Lebensfähigkeit. Eine dauernde Lebensfähigkeit widerspricht schon der Endlichkeit aller irdischen Wesen. Die Annahme einer solchen Eintheilung würde uns in ein Labyrinth führen, aus dem uns kein Faden geleiten könnte.

Buchholz (Beiträge zur gerichtlichen Arzneigelahrtheit. Bd. II. S. 104.) erzählt einen Fall von einem Kinde, das in der 27. Woche der Schwangerschaft zur Welt kam, 1½ Pfd. wog, 14 Zoll lang war, und 50 Stunden lebte und wimmerte.

Maygrier (vgl. *Kopp's* Jahrb. der Staatsarzneikunde. Bd. VIII. S. 350. In der medic.-chir. Zeit 1814. No. XXXV. S. 151.) sah ein Kind, das in der 26. Schwangerschaftswoche geboren ward, 14 Stunden lebte, sich bewegte, und deutlich schrie.

Kopp (Jahrb. Bd. III. S. 128.) theilt einen Fall mit, wo ein Kind von 6 Monaten 5 Nächte und 4 Tage lebte. Die Mutter hatte schon vorher mehrere gesunde Kinder geboren, und wurde von diesem nach mehreren Blutflüssen entbunden. Es war männlichen Geschlechts 11½ Pariser Zoll lang, 2 Pfund schwer; die Kopfdurchmesser waren halb so grofs als gewöhnlich. Der ganze Körper war roth und voll Runzeln, überall mit wollartigen, weichen Haaren bedeckt. Die Nägel waren blofs angedeutet. Die Augen öffnete es nur im Dunkeln. Die Pupille war sehr klein, die Stimme schwach und fein. Im Hodensacke fanden sich noch keine Testikel, und der Penis war unausgebildet. Oeffnung hatte es täglich 3—4 Mal, auch harnte es in einem starken Strahle. Weil es die Warze nicht ergreifen konnte, so brachte man ihm mit Wasser verdünnte Milch über einem

Stückchen leinenen Tuchs bei. — *Kopp* erklärt dieses Kind ausdrücklich für nicht lebensfähig. — Allein auch dieser Erklärung können wir aus den oben angegebenen Gründen nicht beistimmen. Es war ein gliedmäſsiges Kind, athmete, schrie, nahm Nahrung zu sich, und verdauete. Auch hier muſs der Blutumtrieb gehörig von Statten gegangen sein. Es standen also die zum Leben nothwendigen Organe ihren Functionen vor.

Die Erzählung *Brouzet's* (Mahon médicine légale et police médicale. Tom. I. p. 243.) übergehen wir, weil sie des Unwahrscheinlichen zu viel enthält, und wenden uns zu der sehr merkwürdigen, lehrreichen Beobachtung von

d'Outrepont (Abhandlungen und Beiträge geburtsh. Inhalts. Th. I. S. 167. ff.), und lassen dieselbe, mit einigen Abkürzungen, ziemlich wörtlich folgen:

Anna Marie N. verheirathete sich im October 1805. in einem Alter von 24 Jahren. Sie hatte einen schwächlichen Körperbau; ihre Menstruation war in ihrem 16. Jahre regelmäſsig eingetreten, und von da an alle 4 Wochen ohne Beschwerde erschienen. Sie bekam 10 Tage nach dem ersten Beischlafe ihre Reinigung noch ein Mal, und zwar ebenso regelmäſsig in Bezug auf Zeit und Verlauf, und eben so reichlich wie im ledigen Stande, und zwar zwischen dem 22.—26. October. Von diesem Zeitpuncte an blieb die Periode aus, nachdem die ehelichen Umarmungen nach dem letzten Erscheinen derselben mehrere Male erfolgt waren. Die stattgehabte Conception kündigte sich in der ersten Hälfte des November durch Erbrechen, Uebelkeiten in der Kirche und einen veränderten Habitus an; — die Menstruation kehrte nicht wieder, und die N. zweifelte um so weniger an einer beginnenden Schwangerschaft, als sie ihre Catamenien früher niemals verloren, und an den eben erwähnten Zufällen zuvor niemals gelitten hatte. Diese Beschwerden dauerten nun anhaltend fort, und kein Mittel vermochte sie zu lindern. Im Anfange des 4. Monats nahm der Unterleib an Dicke zu, und 20 Wochen ungefähr nach der letzten Erscheinung der monatlichen Reinigung spürte sie die Kindesbewegungen. Die oben berührten Beschwerden lieſsen zwar nach, dagegen aber stellte sich ein Gefühl von Drängen nach abwärts in die untere Beckengegend mit aussetzenden, wehenartigen Schmerzen ein; sie blieb selten einen Tag oder eine Nacht von solchen Schmerzen verschont, und insbesondere war ihr jede körperliche Bewegung beschwerlich. Sieben und zwanzig Wochen nach der letzten Erscheinung der Reinigung, und 5 Wochen nach der ersten fühlbaren Bewegung des Kindes bekam sie wahre Geburtswehen. *d'Outrepont* wurde zu Rathe gezogen, und bei der Untersuchung fand er den Abgang von vielem, theils geronnenem, theils nicht geronnenem Blute, die Vaginalportion stand am Eingange des Beckens, war äufserst weich und noch $\frac{1}{2}$ Zoll lang. Die bedeutende Hämorrhagie liefs ihn vermuthen, dafs hier der Mutterkuchen entweder auf dem Muttermund säfse, oder losgetrennt sei; doch liefs der Umstand, dafs unter jeder Wehe der Blutflufs sich vermehrte, und dafs gar keine äufsere Veranlassung zu einer Lostrennung des Mutterkuchens eingewirkt hatte, nebst dem anhaltenden, beschwerlichen Drucke in der Beckengegend, die Vermuthung zu, dafs der Mutterkuchen seinen Sitz auf dem Muttermunde habe. Er verordnete angemessene Mittel. Da aber der Blutflufs immer heftiger wurde, und er bei einer wiederholten Untersuchung fand, dafs nicht blofs die Vaginalportion immer mehr verstrich, sondern auch der innere Muttermund sich so weit eröffnete, dafs er mit dem Zeigefinger eindringen, und das Vorliegen der Placenta erkennen konnte, so entschlofs er sich nun zum Accouchement forcé, und wartete nur so lange, bis durch die Wirkung der kräftigen Wehen der Muttermund so weit eröffnet war, dafs er mit drei Fingern eindringen konnte. Er eröffnete dann den Muttermund ganz, trennte den Mutterkuchen los, schob ihn auf die Seite, sprengte die Häute, und machte die Wendung auf die Füfse. Die Eröffnung des Muttermundes bot äufserst wenig Schwierigkeiten dar. Die Extraction des Kindes war sehr leicht. Das Kind lebte, und fing, nachdem es kaum aus den Geschlechtstheilen gezogen war, an zu athmen. Die Pulsation der Nabelschnur dauerte noch 7 Minuten, ungeachtet der Mutterkuchen nicht allein ganz losgetrennt, sondern auch ganz ausgeschieden war. Das Kind wurde in trockene, warme Tücher eingehüllt und in ein warmes Bett gebracht. Nachdem *d'Outrepont* das Kind aufmerksam betrachtet, und er dasselbe nach der gewöhnlichen Ansicht als unreife Frucht anerkannt hatte, verlor er die Hoffnung es zu erhalten. Er gab ihm die Nothtaufe, und verliefs es mit dem Glauben, am anderen Tage es todt zu finden, und seine Verwunderung war nicht geringe, als er dasselbe am folgenden Tage noch lebend antraf. Die Schwester der Wöchnerin, eine aufmerksame Person, welche mit gutem Erfolge die Pflege schwächlicher Kinder besorgt hatte, nahm sich vor zu erfahren, wie lange man mit einer sorgfältigen Behandlung eine so schwächliche Frucht am Leben erhalten könne, und ihr ist es zu verdanken, dafs diese Frucht am Leben blieb.

Die Frucht wurde nun gewogen und gemessen; sie wog $1\frac{1}{2}$ Pfund und mafs $13\frac{1}{2}$ Zoll. Sie war mit Wollhaaren bedeckt, schlief fast unausgesetzt, und öffnete die Augen selten. Es war ein Knabe, beide Hoden waren noch im Unterleibe. An den Wangen, Schultern, dem Nacken und an der Brusthaut hatte die Fettbildung bereits begonnen; die Wollhaare waren nicht kraus, sondern glatt, und zogen sich nach verschiedenen Richtungen; sie waren besonders in grofser Menge vorhanden an der Stirn und an den Backen, am Rücken, vorzüglich aber an der äufseren Seite der oberen und unteren Extremitäten. Die Nägel an den Fingern und Zehen gaben sich als weifse, feste Hautfalten zu erkennen; übrigens war die ganze Haut im Allgemeinen noch sehr faltig; obere und untere Extremitäten waren im Verhältnisse zum ganzen Rumpfe sehr mager; man bemerkte noch die Membrana pupillaris. Es behielt die Stellung bei, die es im Mutterleibe hatte, nämlich das Kinn gegen die Brust angedrückt, die Oberschenkel am Bauche angezogen, die Unterschenkel an die Oberschenkel, die oberen Extremitäten hielt es über die Brust; es fing auch an zu winseln, sobald man ihm eine andere Lage gab, schrie aber nicht; Herz- und Pulsschlag waren so unregelmäfsig, dafs man mit Sicherheit Nichts genau beobachten konnte; nach der geringsten Bewegung wurde der Pulsschlag lebhafter. Es wurde nun in ein Körbchen, welches mit Baumwolle angefüllt war, hingelegt, und es schien als sei ihm wohl, wenn man es horizontal liegen liefs. Es hatte keine geringere Temperatur als der erwachsene Mensch; man reichte ihm die ersten Tage Wasser mit einem Zusatz von Zucker, und späterhin etwas verdünnte Milch; es verschluckte sie saugend. Den 7. Tag erschien die erste Urinsecretion, doch war der Urin so blafs, dafs er die Wäsche kaum färbte. Am 9. Tage kam die erste Leibesöffnung; sie war eine meconiumähnliche Feuchtigkeit, jedoch etwas dicklicher und grünlicher, war mehr gallenartig. Man gab sich nun alle Mühe das Kind zu erhalten, liefs es in seinem Körbchen ruhig liegen, bis es erwachte; dann gab man ihm sein lauliches Getränk. Es erwachte kaum alle 24—26 Stunden; man reichte ihm dann seine flüssige Nahrung, die kaum 2—3 Efslöffel voll betrug, worauf es sogleich immer wieder einschlief. Es schien, dafs jede Bewegung ihm schädlich sei, denn es wurde dabei kälter; man bewegte es daher nur, um es zu reinigen und trocken zu legen, man wusch ihm blofs den Mund, den After und die Geschlechtstheile. Man unterhielt immer eine Wärme von 15—18° R. Es machte die Augen nur selten auf, und es schien dabei für das Licht unempfindlich zu sein. Für die Einwirkung des Schalles hatte es gewifs die 3 ersten Monate hindurch keine Empfindlichkeit. Urin- und Darmsecretion blieben lange Zeit sehr sparsam, Urin ging alle 24 Stunden ab, und Stuhlgang erfolgte alle 2—3 Tage, und erst nach einigen Monaten alle 36 Stunden. Mehrere Wochen lang war er nur meconiumartig; späterhin wurde er weifslich und hart, schien auch bei seinem Abgange unangenehme Empfindungen zu erregen. Nach 4 Wochen fielen die Wollhaare ab, und bald darauf bemerkte man einige Feuchtigkeit an der Haut. Auffallend war das äufserst geringe Wachtsthum des Kindes, es nahm zwar an Dicke zu, es verloren sich die Falten an den Gliedmafsen gänzlich, allein 15 Wochen nach seiner Geburt hatte es kaum $1\frac{3}{4}$ Zoll an Länge zugenommen; dann aber schien wie plötzlich ein neues Leben in ihm zu erwachen, sein Winseln verwandelte sich in ein schwaches Schreien, der Schlaf war minder anhaltend, das Bedürfnifs nach Nahrung lebhafter, das Kind vertrug die Bewegung leichter, und wurde auch für äufsere Eindrücke empfindlich. Das Licht schien es zu beruhigen; man gab ihm nun eine festere Nahrung, namentlich einen dünnen Mehlbrei mit vielem Zucker. Nun begann ein schnelleres Wachsthum, der Urin färbte sich mehr, der Stuhlgang wurde weicher und etwas grünlich; jetzt erst fing das Kind an sich zu strecken, und glich in seinen Bewegungen, ungeachtet es so klein war, einem ausgetragenen Kinde. Merkwürdig ist es, dafs diese Veränderungen in jenem Zeitpuncte eintraten, wo das Kind jene Zeit erreichte, wo es, wenn es im Mutterleibe geblieben wäre, seine völlige Reife würde erreicht haben. — Vierzehn Monate nach seiner Geburt hatte es die Länge und das Gewicht eines ausgetragenen Kindes. Es war drei Jahre und 5 Monate alt als es gehen lernte. Es unterschied sich von anderen Kindern immer nicht allein durch seine Kleinheit, sondern auch durch ein auffallend altes Ansehen. Die Geisteskräfte eilten doch den körperlichen voraus. *d'Outrepont* sah es noch im Jahre 1816.; damals war es 11 Jahre alt, und hatte die Gröfse eines 7—8jährigen Knaben, war blond, fing an zu lesen und zu schreiben. — Nach dem Verluste der Wollhaare hatte das Kind ganz kurze, schwarze Haare, auch gleichzeitig Augenwimpern und schwarze Augenbraunen bekommen. Erst 15—16 Monate nach seiner Geburt wurden die Haare blond. Es war schon $1\frac{1}{2}$ Jahre alt, als die Hoden in das Scrotum hinabstiegen; dies geschah ohne Beschwerden. In seinem 3. Jahre kamen die Zähne, und zwar ohne Beschwerden, zum Vorschein.

Henke (Zeitschr. für Staatsarzneikunde. Dritter Jahrgang. 1823. Drittes Vierteljahrheft. S. 17. ff.) glaubt, dafs *d'Outrepont's* Erfahrung, so interessant und lehrreich sie auch besonders für die practische Medicin und Geburtshülfe sei, auf die Entscheidung der Frage über Lebensfähigkeit nur von geringem Einflusse sei, da der Fall doch nur eine Ausnahme bilde. — Allein wie stünde es um diesen Fall, wenn dieses Kind in den ersten Tagen nach seiner Geburt ein Objectum litis geworden wäre? Wenn z. B. sein Vater vor der Entbindung gestorben wäre, und sich ein Procefs über die väterliche Verlassenschaft entsponnen hätte, und ein Arzt zur Begutachtung der Lebensfähigkeit dieses Kindes aufgefordert worden wäre? Wie, wenn der Gerichtsarzt das Kind für nicht lebensfähig erklärt, und der Richter dieser Erklärung Folge gegeben hätte? Dann wäre das Kind aller Erbrechte verlustig gewesen! Und wie wäre der Fall zu beurtheilen, wenn dieses Kind einige Zeit nach seiner Geburt getödtet worden wäre? Sollte an diesem Kinde kein Mord begangen worden sein können, weil man nach der Ansicht

der

der Schule dasselbe für einen nicht lebensfähigen Abortus hätte erklären müssen? Hier liegt eine erwiesene Thatsache vor, und die gerichtliche Medicin mufs sich auf dieselbe stützen. Wenn auch nur diese eine genau nachgewiesene Beobachtung vorhanden wäre, so müfste die gerichtliche Medicin die Möglichkeit der Erhaltung eines so frühe zu Tage geförderten Kindes zugestehen. Auch wir pflichten der Ansicht bei, dafs es nur selten gelingen werde, ein solches Kind am Leben zu erhalten, aber die Möglichkeit des Fortlebens ist medicinisch nicht zu bestreiten.

Aus dem hier Mitgetheilten geht hervor, dafs sich über den Zeitpunct der Schwangerschaft, wo die Lebensfähigkeit der Frucht anfängt, medicinisch keine Gewifsheit geben läfst. Es ist bei vorzeitigen Geburten nur äufserst selten mit Sicherheit der Termin, in welchem das Kind zu Tage gekommen ist, anzugeben. Absichtliche und nicht absichtliche Täuschungen führen hier irre. Es ist deshalb nothwendig, dafs die Aerzte ihr Gutachten über die Vitalität der Kinder auf die Entwickelung der zum Leben nöthigen Organe gründen. Sind die Werkzeuge der Respiration, der Circulation, des Schlingens, der Verdauung, der Ab- und Aussonderung zu einer solchen Ausbildung gekommen, dafs sie ihre Functionen übernehmen können, und fehlt kein zum Leben erforderliches Organ, oder ist kein solches der Art mifsbildet, dafs es seinen Verrichtungen nicht vorstehen kann, so ist das Kind von Seiten des Arztes als lebensfähig zu erklären. Der Gerichtsarzt hat stets einen concreten Fall zu beurtheilen, und es wird ihm nicht schwer fallen, sowohl bei einem lebenden, als bei einem todten Kinde auszumitteln, ob dessen Organe so vollständig entwickelt sind, dafs es fortleben kann oder konnte. — Unseres Erachtens sollten sich die Aerzte bei Begutachtung der Lebensfähigkeit eines Kindes gar nicht auf den Zeitpunct der Schwangerschaft, in welchem das Kind zur Welt kam, einlassen, sondern das Urtheil blofs auf den Bau, auf die Organisation, auf die Reife der Organe, welche den wichtigsten Lebensverrichtungen vorstehen, stützen. Freilich wäre es wichtig, auszumitteln, in welchem Monate der Schwangerschaft die Vitalität der Frucht beginne; allein wir haben schon oben gesehen, wie uneinig hierüber verschiedene Gerichtsärzte und verschiedene Geburtshelfer sind.

Die Frage über Lebensfähigkeit kommt in der Jurisprudenz in mehrfacher Beziehung vor, weshalb es hier auch nöthig wird, die verschiedenen Verhältnisse zu erläutern, unter welchen dieser Gegenstand zur Sprache gebracht wird.

Das römische Recht stellt den Grundsatz Fr. 7. Dig. 1. 5. auf: „Nasciturus pro jam nato habetur, si de ejus commodo agitur.“

Es wird demnach auch der Embryo, insofern es auf seinen Vortheil ankommt, schon als Mensch betrachtet, und alle Rechte, die er gehabt oder erworben haben würde, wenn er zur Zeit, als dieselben eröffnet wurden, schon geboren gewesen wäre, bleiben ihm bis zu seiner Geburt vorbehalten, so z. B. darf der Embryo vom Testator nicht übergangen werden (Qui in utero est, perinde ac si in rebus humanis esset, custoditur, quotiens de commodis ipsius partus quaeritur; quamquam alii, antequam nascatur, nequaquam prosit. Fr. 7. Dig. 1. 5.). Damit er aber die ihm präservirten Rechte wirklich erwerbe, wird erfordert, dafs er geboren werde, und zwar:

a) als Mensch (kein Monstrum);

b) lebendig;

c) lebensfähig (nach vielen Rechtslehrern).

Nach dem römischen Rechte wird als Mensch nur dasjenige vom Weibe geborene Wesen angesehen, welches eine menschliche Gestalt hat, wenn auch das eine oder andere Glied seines Körpers fehlerhaft gebildet sein sollte (portentum, ostentum). Fehlen ihm dagegen die menschliche Gestalt, die physischen Anlagen, welche das Characteristische des Menschen begründen, so ist es eine Mifsgeburt (Monstrum) und aller Rechte unfähig (Fr. 14 de statu hominum Dig. 1. 5. — Fr. 38. 135. Dig. 50. 16.), wiewohl das Leben desselben im Staate nicht der blofsen Willkühr der Eltern überlassen werden kann (*Haller* gerichtl. Arzneiw. Thl. 1., SS. 184. 185.), und die Gesetze zuweilen eine solche Mifsgeburt zum Vortheile der Eltern als Kind betrachten (Fr. 135. de V. S.). Man vergl. *P. Zaunschliffer* de jure monstror. Marb. 1648. — *J. Weber* de jure monstror. Giess.

1712. — *Ludwig* Obs. phys. med. Obs. 1. — *Walch* ad *Eckhard* herm. jur. §. 199. u. A.

Dafs ein Kind lebendig geboren sei, erkennt man nach dem römischen Rechte nicht blofs aus dem Geschrei, sondern jedem anderen sichern Lebenszeichen (L. 3. C. de posth. hered. inst. 6. 29.) Dagegen fordert man nach den Rechten des Mittelalters als Zeichen des Lebens geborener Kinder, dafs man des Kindes Stimme gehört, oder dafs es die vier Wände des Hauses beschrieen habe (Sachsenspiegel Bd. I. Art. 33., und im Lehnrecht Cap. 20. *J. Heumann* med. de Juris germanici genio recte internasc. §. 10., in seinen Exercitat. juris univ. Vol. II. p. XXV. — *Joh. Val. Chr. Tresenreuter* Obs. jur. germ. Obs. I. §. 2. sq. — *C. F. Walch* Diss. de infante herede, in Opusculis T. II. p. 138. sq.).

Für lebensfähig wird von den Juristen das Kind gehalten, wenn das lebendig geborene Wesen so lange von der Mutter getragen ist, dafs es, auch wenn es noch nicht ganz vollkommen ausgetragen sein sollte, dennoch aufser der Mutter sein Leben fortsetzen kann. — Ueber den Termin der Schwangerschaft, in welchem das Kind, auf dessen Lebensfähigkeit Anspruch gemacht wird, geboren sein müsse, sind die römischen Rechtsgelehrten ebenso uneinig wie die Gerichtsärzte und Geburtshelfer.

Die meisten juristischen Schriftsteller, z. B. *A. F. Just. Thibaut* (System des Pandekten-Rechts. V. Ausg. Bd. I. §. 210.), *J. N. v. Wening-Ingenheim* (Lehrbuch des gemeinen Civilrechts. Bd. I. §. 76.) und *Mühlenbruch* (Pandect. §. 209. Not. 2.) glauben, zur Vitalität werde von den Gesetzen gefordert, dafs ein Kind nach 181 Tagen vom Augenblicke der Conception geboren werde. Es sei dagegen ein Abortus und habe keine Kindesrechte, und sei demnach gar nicht als geboren anzusehen, wenn es vor dem 181. Tage nach der Empfängnifs geboren werde, auch wenn es den 182. Tag seiner Existenz erreichen und überleben sollte (Vergl. Fr. 12. 1. 5. — *W. G. Ploucquet* über die phys. Erfordernisse der Erbfähigkeit. §§. 71. 72. — *G. C. Baumgärtner* de differ. part. vital. et non vital. Alt. 1747. — *Oelze* de partu vivo vitali et non vitali praecipue rat.

transmiss. hered. Jen. 1768.). — Das Gegentheil hiervon behauptet *Glück* (Comment. II. §. 115.).

Die oben genannten Schriftsteller berufen sich auf die schon oben wörtlich citirten Stellen. Digest. Lib. 1. Tit. 5. L. 12. (de statu homin.) und Digest. Lib. 38. Tit. 16. L. 3. §. 312. (de suis et legitim. hered.). Allein *Ferd. Mackeldey* (Lehrbuch des heutigen Römischen Rechts. X. Ausg. Bd. I. §. 118. Not. c.) behauptet, es lasse sich im Allgemeinen nicht bestimmen, ob und wann ein Kind für lebensfähig zu halten sei, und die Annahme, dafs es nicht vor dem 182. Tage geboren sein dürfe, und die Berufung auf die beiden eben angezogenen Stellen des Röm. Rechts seien nicht begründet; denn die erste Stelle spreche von der Legitimität und die zweite von der Ingenuität der Kinder, in beiden Stellen sei aber von der Vitalität gar nicht die Rede. Aufser *Mackeldey* haben *Seuffert* (Erörter. Bd. I. S. 50.), *Daehne* (*Elvers* Themis. Bd. II. S. 356.) und Andere diese beiden Stellen bezüglich der angenommenen Vitalitätserklärung bekämpft.

Das österreichische Gesetzbuch (Allgem. bürgerliches Gesetzb. Thl. III. §. 135.) setzt im Allgemeinen fest, dafs Kinder, die im 7. bis 10. Sonnenmonate geboren werden, für rechtmäfsig zu erkennen sind. Allein auch diese Bestimmung spricht nicht von Lebensfähigkeit, und bezieht sich auf Paternität und Legitimität, und scheint mehr in favorem partus et matrimonii gegeben zu sein, als um die Frage über Vitalität anzuregen.

Das Französische Gesetzbuch (Code civil. Tit. VII. Art. 312.) sagt:

„L'enfant conçu pendant le mariage a pour père le mari. Néanmoins celui-ci pourra désavouer l'enfant, s'il prouve que, pendant le temps qui a couru depuis le trois-centième jour avant la naissance de cet enfant, il était, soit par cause d'éloignement, soit par l'effet de quelque accident, dans l'impossibilité physique de cohabiter avec sa femme.“ Ferner Art. 314.:

„L'enfant né avant le cent-quatre-vingtième jour du mariage, ne pourra être désavoué par le mari, dans le cas suivant: 1) s'il a eu connaissance de la grossesse avant le mariage; 2) s'il a assisté à l'acte de naissance, et si cet acte est signé de lui, ou contient sa déclaration qu'il ne sait signer; 3) si l'enfant n'est pas déclaré viable."

Das Französische Gesetzbuch spricht hier allerdings von Lebensfähigkeit, es bestimmt aber nirgends den Zeitpunct, wann ein Kind für viable zu halten sei, sondern überläfst dies wohl dem Gutachten der sachverständigen Experten (Aerzte). — Die Artikel selbst enthalten aber offenbar eine Bestimmung in favorem partus et matrimonii; denn es ist nirgends die Rede davon, dafs das am 180. Tage nach geschlossener Ehe geborene Kind nicht ausgetragen, nicht reif sein müsse, und dafs der Posthumus Zeichen der Reife oder Ueberreife an sich haben müsse; nein! das Gesetz ist vielmehr gegeben, um den Streitigkeiten in Familien über Paternität, Legitimität und Erbschaftsrechte ein Ziel zu setzen. Offenbar versteht der Gesetzgeber unter 3) des Art. 314., dafs das Kind kein Abortus sei; denn ist es ein solcher, so ist es ja natürlich in der Ehe concipirt.

Als diese Artikel im Staatsrathe zur Berathung kamen, wollte man das Wort „viable" näher erläutern, konnte sich aber nicht darüber verständigen. — *Jacques de Maleville* (Analyse raisonnée de la discussion du code civil au conseil d'état. T. I. p. 314. ad Art. 314.) sagt in dieser Beziehung: „On avait proposé de ne déclarer l'enfant viable, que lorsqu'il aurait survécu dix jours à sa naissance, mais la difficulté d'établir des règles sûres et uniformes dans cette matière, a forcé de s'en remettre à la décision de gens de l'art."

Das Englische Gunstrecht verlangt nur, dafs ein Kind lebendig geboren werde, und hält es für lebend, wenn es nur irgend ein Lebenszeichen von sich giebt (Vergl. *Theod. Romeyn Beck's* Elemente der gerichtlichen Medicin. Nach der zweiten, von *W. Dunlop* besorgten Ausgabe übersetzt. Weimar 1822. 1. Hälfte. S. 189. ff.).

Das Jus canonicum erwähnt der Vitalität nicht.

Im Criminalrecht hat man der Lebensfähigkeit des Kindes eine besondere Wichtigkeit beigelegt. Das Römische kennt kein Infanticidum als specielles Verbrechen; es ist ein Parricidium. Erst die Carolina brachte das Infanticidium als ein besonderes Verbrechen, indem sie Art. 131. sagt: „Item, welches weib jre kind, das leben und glidmafs empfangen hätt, heimlicher bofshefftiger williger Weifs ertödtet, die werden gewonlich lebendig begraben und gepfelt."

Die Worte „leben und glidmafs" oder auch ein „lebendig gliedmessig kindlein" hat man in der Criminalrechtswissenschaft dahin gedeutet, dafs sie hiefsen: lebendig und lebensfähig. Man vergl. z. B. ***Koch*** Instit. jur. crim. §. 481, — ***Quistorp*** peinliches Recht §. 270, — ***K. v. Grolmann*** Grundsätze der Criminalrechtswissenschaft. 3. Aufl. §. 276., — ***A. v. Feuerbach*** Lehrb. des gemeinen, in Deutschland gültigen peinl. Rechts. 11. Ausg. §. 236., — ***Jenull*** österreich. Criminalrecht. II. Thl. S. 234, — ***Rofshirt*** Lehrb. S. 346, u. A.

S. P. Gans (von dem Verbrechen des Kindermordes. Hannover 1824. S. 390.) nennt ein Kind „gliedmäfsig", wenn es reif geboren, von menschlicher Statur und mit den Körpertheilen versehen ist, ohne welche es das Leben aufser Mutter nicht fortzusetzen im Stande sein kann.

C. J. A. Mittermayer (Neues Archiv des Criminalrechts. Bd. VII. St. 2. S. 316. ff.) giebt zwar zu, dafs die Carolina mit dem Worte „gliedmäfsig" das, was wir lebensfähig nennen, nicht habe bezeichnen wollen, wofür der ganze damalige Standpunct der gerichtlichen Medicin und die Unbekanntschaft der damaligen Aerzte mit physiologischen Untersuchungen sprechen; allein er räumt ein, dafs in den von der Carolina gebrauchten Ausdrücken die Veranlassung zu den später aufgestellten Ansichten gelegen habe, und hält dafür, dafs nur an einem lebenden und lebensfähigen Kinde ein Mord begangen werden könne. — Nach unserem Dafürhalten wollte die peinliche Halsgerichtsordnung mit den Worten „leben und glidmafs empfangen" und „ein lebendig glidmessig kindlein" bezeichnen, dafs das Kind lebend und mit den zum Leben erforderlichen Gliedern des Körpers versehen geboren sein müsse, mithin, dafs es kein Abortus oder kein Monstrum sein dürfe. — Mehrere Juristen, z. B. ***Salchow*** (Lehrb. des peinl. Rechtes. 3. Aufl. S. 201.), ***Tittmann*** (Handb. Bd. I. S. 350.), ***Werner*** (Handb. S. 345.), ***Imbert*** (Diss. de infanticidio p. 50.), ***Broukère*** (Diss. de infanticidio p. 47.), ***Spangenberg*** (Archiv. Bd. III. St. 1. S. 28.) u. A. behaupten, dafs Lebensfä-

higkeit kein Erfordernifs zum Thatbestande des Kindermordes sei.

Einige neuere Gesetzgebungen machen allerdings die Vitalität zu einem Requisit des Thatbestandes eines Kindermordes, z. B. das Baier'sche Gesetzb. §. 157, das neue Gesetz des Cantons Bern §§. 16 und 17 und der sächsische Entwurf des Criminalgesetzbuchs von 1824 §. 422. — Andere sprechen gar nicht davon, z. B. der Code pénal. — S. Art. 300 und 302.

Vergleicht man nun die verschiedenen Ansichten der Gerichtsärzte, der Geburtshelfer und der Rechtsgelehrten über Vitalität unter und miteinander, so findet man eine Menge sich widersprechender Meinungen. Nichts desto weniger bleibt nach den jetzigen Gesetzgebungen die Frage über Lebensfähigkeit der Kinder von Wichtigkeit.

In civilrechtlicher Hinsicht kömmt diese Lehre vorzugsweise bei den Fragen über Paternität, Legitimität und über Erbschaftsrechte, früher wohl auch über Ingenuität zur Sprache; in criminalistischer Hinsicht wohl ganz besonders bei der Frage über Kindermord.

Es kann demnach sowohl ein lebendes, als auch ein todtes Kind, als Object der Untersuchung über Lebensfähigkeit, dem Arzte übergeben werden.

Ein lebendes Kind ist, wie schon früher angedeutet, für lebensfähig zu erklären, wenn es die zum Leben nöthigen Organe besitzt, und diese so vollkommen entwickelt sind, dafs sie die ihnen zustehenden Functionen übernommen haben. Das Kind mufs demnach athmen, vernehmbare Laute von sich geben, sich bewegen, Nahrung zu sich nehmen, diese verdauen, Urin und Kindspech entleeren. Gehen diese Functionen vor sich, so ist das Kind medicinisch für lebensfähig zu halten, und man kann keine Rücksicht darauf nehmen, in welchem Schwangerschaftsmonate das Kind geboren worden ist, keine Rücksicht auf seine Länge, sein Gewicht, die Ausbildung seiner Nägel, seiner Haare, seiner Ohrknorpel, das Vorhandensein der Wollhaare, der membrana pupillaris u. dgl.

Dagegen ist dasjenige Kind für nicht lebensfähig zu erklären, dessen zum Leben erforderliche Organe in der Ausbildung noch so weit zurück geblieben sind, dafs sie nicht functioniren können, dessen ein oder das andere zum Leben nöthige Organ so mifsbildet ist, dafs es der ihm zustehenden Function nicht vorstehen kann, oder dem ein zum Leben nothwendiges Organ fehlt. Für nicht lebensfähig ist demnach ein nicht gliedmäfsiges Kind, ein Abortus, zu erklären, ferner ein Kind mit Kopflosigkeit (Acephalia), Gehirnlosigkeit (Anencephalia), mit Abwesenheit des Gesichtes (Aprosopia), mit Mangel des Schlundes, des Magens, der Leber, des Herzens, der Lungen. Diese letztern können selten oder fast nicht bei lebenden Kindern ermittelt werden, sondern zeigen sich erst bei der Section. — Um über die Lebensfähigkeit eines mit Herzversetzung (Ectopia cordis) gebornen lebendigen Kindes urtheilen zu können, müfste man wohl auch wissen, ob nicht noch andere Bildungsfehler vorhanden seien. Selten kommt Herzversetzung für sich allein vor, allein ein grofser Theil der Bildungsfehler wird erst bei der Leichenöffnung entdeckt. — Bei Ectopia thoracica, wenn z. B. das Herz oder die Lungen durch eine Spaltung des Brustbeins, oder über den schwertförmigen Fortsatz nach Aufsen tritt, bei Ectopia cephalica, bei Ectopia abdominalis, wenn Unterleibsorgane blos liegen, bei Mangel der Haut, mit unvollkommner Bildung der Wandungen der Eingeweidehöhlen sind die Kinder nicht lebensfähig. — Verschliefsung, Spaltung, Duplicität der Speiseröhre, Obliteration des Magens, Verschliefsung oder Spaltung des Darmcanals oder eines Theiles desselben, werden gewöhnlich erst bei der Leichenöffnung ermittelt, und machen ein Kind lebensunfähig.

Die übrigen Bildungsfehler bedingen durchschnittlich keine Nichtlebensfähigkeit, obgleich bei manchen das Leben gemeiniglich nicht lange gefristet wird.

Soll über die Lebensfähigkeit eines todten Kindes eine gerichtsärztliche Begutachtung abgegeben werden; so geschieht dies gewöhnlich wegen des Verdachtes eines Kindesmordes. Uebrigens kann die Frage über Lebensfähigkeit eines todten Kindes allerdings auch in civilrechtlicher Beziehung in Anregung kommen, wenn nämlich die Mutter während oder kurz nach der Geburt stirbt, oder wenn das Kind durch den Bauchgebärmutterschnitt aus der todten Mutter genommen wird, und dasselbe die Mutter nur kurze Zeit überlebt. In solchen Fällen kann ein Procefs über Erbrechte erhoben, uud dann die Lebensfähigkeit eines solchen Kindes zur Sprache gebracht werden, und diefs um so leichter, wenn das Kind nicht völlig reif ist. Der Gerichtsarzt hat hier sein Gutachten auf die schon angegebene Ausbildung der zum Leben nothwendigen Organe zu stützen.

In peinlichen Rechtsfällen, namentlich bei der Untersuchung über Kindermord, schreiben einige Gesetzbücher, z. B. die preufsische allgem. Criminalordnung §. 169, das Strafgesetzbuch für das Königreich Baiern, Th. II. Art. 77 u. a. Gesetzgebungen den Obducenten ausdrücklich vor, die Lebensfähigkeit des Kindes zu berücksichtigen, die sich darauf beziehenden Merkmale in das Obductionsprotocoll aufzunehmen, und im Gutachten zu erörtern. Hier hat demnach der Gerichtsarzt mit der gröfsten Genauigkeit das Gewicht und die Gröfse des Kindes, die Gröfse der verschiedenen Durchmesser des Kopfes, der Schultern, des Beckens, die Beschaffenheit der Oberhaut, der Haut, der Kopfhaare, der Augenbraunen, der Nägel, der Brustwarzen, der Fontanellen, das Verhältnifs der Gröfse des Kopfes zu der des übrigen Körpers, der Fontanellen zu dem Kopfe, die Ausbildung der inneren Organe u. s. w. anzugeben.

In solchen Fällen wird der Arzt sehr häufig nicht im Stande sein, eine bestimmte Antwort zu geben, und wird sich mit der Angabe einer mehr oder minder begründeten Wahrscheinlichkeit begnügen müssen. Der Gerichtsarzt soll in allen Fällen der Wahrheit streng getreu bleiben, nichts mit Gewifsheit behaupten, was er durch seine Wissenschaft und Kunst nicht beweisen kann. Ihn darf nicht die Eitelkeit, alles erklären zu wollen, zu einem falschen Ausspruche verleiten — wo er nur Wahrscheinlichkeit begründen kann, darf er keine Gewifsheit geben wollen. Aber er soll sich auch nicht durch eine falsch verstandene Menschlichkeit, durch Mitleid verlocken lassen, etwas als ungewifs hinzustellen, was er mit sichern Gründen beweisen kann. Gerade bei der Frage über Lebensfähigkeit bei einem todten Kinde, dessen Mutter des Kindesmordes verdächtig ist, hat er alles aufzubieten, was ihm Wissenschaft und Kunst zu Gebote stellen, um die Wahrheit zu ermitteln. Kann er keine Gewifsheit über die Lebensfähigkeit erlangen, so spreche er dies in seinem Gutachten unumwunden aus; er begnüge sich mit der Wahrscheinlichkeit und gebe für diese seine

Gründe an: denn wird die Lebensfähigkeit eines Kindes in solchen Fällen nicht mit Gewifsheit erwiesen, so setzen einige Strafgesetzbücher, z. B. das Baier'sche, selbst bei lebensgefährlicher Beschädigung und bei erwiesener mörderischer Absicht eine geringere Strafe fest, als in Fällen, wo die Lebensfähigkeit nachgewiesen ist.

Bei der Procuratio Abortus hat man die Lehre von dem Beseeltsein der Frucht zur Sprache gebracht, und hat einen Unterschied zwischen Foetus animatus et nondum animatus gemacht. Die Glossatoren haben willkürlich festgesetzt, dafs erst mit dem 40sten Tage nach der Empfängnifs der Embryo beseelt sei. Diese Lehre ist mit Recht aus den neuern Lehrbüchern der gerichtlichen Arzneiwissenschaft gestrichen worden, weil die Physiologie nachgewiesen hat, dafs das Ei sogleich bei der Empfängnifs belebt werden müsse. F—st.

LEBENSKRAFT. Wir müssen uns überall in der gesammten Naturlehre damit begnügen, die Erscheinungen derselben als solche aufzufassen, ohne ihren innern Grund in seiner Wesenheit zu erkennen. Wir sagen: es erfolgt dies oder jenes Phänomen eben weil es erfolgt, weil eine innere Kraft vorhanden, welche es hervorruft. Es werden Erfahrungen gemacht, Thatsachen entdeckt, ihr Zusammenhang aufgefunden, das Gesammtbild in seine Bestandtheile, seine Farben zerlegt, das Zusammengesetzte auf sein Einfaches, seine Grundkraft zurückgeführt, aber das Absolute derselben kann nicht Gegenstand menschlicher Forschung sein. Was Wunder also, wenn in der Physiologie, jener schon die rein ontologische Untersuchung so sehr erschwerenden Wissenschaft, die Principien der Erscheinungen in die räthselhafteste Dunkelheit gehüllt sind. Sie steht hierin der Physik in nichts nach; man mufs immer auf das Spiel der Kräfte zurückkommen, die unsichtbaren Geistern ähnlich dem x der Algebra gleichen; es sind Namen für Wesenheiten, die man nicht kennt. Dies gilt natürlich nun auch ganz insbesondere von dem Begriffe Lebenskraft, ein Wort, welches, wie das Leben selbst in seinen Erscheinungen so unendlich zusammengesetzt und mannichfaltig, in seinem absoluten Gedanken des menschlichen Geistes zu spotten scheint; ein Begriff, über den so viel geschrieben und gesprochen, dafs es fast unnütz erscheinen könnte, sich hierbei auf etwas mehr als das Historische einzulassen. Und dennoch ist Letzteres allein nicht so interessant, da es im Ganzen auf wenig Meinungen reduzirt werden kann. Die gröfsten Denker aller Zeiten kamen darauf zurück: „zu sehen, dafs wir nichts wissen können;" sie verlegten das Gefilde des Kampfes in die Welt des Geistes; das ἐνορμῶν des ***Hippocrates***, die animalischen Geister des ***Galen***, des ***Fernelius***, des ***van Helmont*** und ***Argenterius*** Archaeus, ***Stahls*** Weltseele, ***Newtons*** Aether, ***Brandis*** Lebenskraft, sind alles nur Modificationen einer und derselben Idee. Sie alle repräsentiren die eine Hauptansicht, das es ein Prinzip gebe, eine Lebenskraft, aus der alle Erscheinungen der organischen Welt ihre Erklärung fänden. Aber so wie der menschliche Geist nur gar zu leicht sich begnügt ein Wort zu haben, an das er sich hält, „wie sich an Worte trefflich glauben läfst," so konnte es nicht fehlen, dafs, sobald Alles in der Naturlehre des Menschen von geheimen Kräften abgeleitet wurde, hiermit auch gar bald das Feld der genaueren Forschung begrenzt ward; und vielleicht ist der Physiologie durch nichts gröfseren Schaden gestiftet worden, als durch dies sich Begnügen mit einem Begriff, der seiner Natur nach nicht anders als dunkel bleiben konnte. Es ist daher gewifs als ein Fortschritt in dem Studium derselben anzusehen, wenn andre gewifs an Geist jenen nicht nachstehende Männer sich auf das Gegebene, dem menschlichen Blicke sinnlich wahrnehmbare beschränkend, den Grund aller in der Physiologie so räthselhaften Erscheinungen in dem Körper selbst suchten, das Geistige der Philosophie und Metaphysik überlassend. Wenn auch nicht für die praktische Arzneykunde, blieb es doch für die Physiologie als solche ziemlich gleichgültig, ob Solidar-, Humoral-, chemische oder Nerventheoricen es waren, welche Leitsterne auf den dunklen Bahnen der Untersuchungen in jener Wissenschaft zu sein versprachen. Jede einzelne hat derselben grofse Vortheile gebracht. ***Vieussens***, ***Malpighi***, ***Sanctorius***, ***Morgagni***, ***Boerhave*** verleugneten bei der Erklärung der Lebenserscheinungen den iatromathematischen Einflufs ihrer Zeit nicht; des ***Paracelsus*** und ***Sylvius*** chemische Ansichten, die des ***T. Willisius***, ***Borellus***, ***Chirac***; die über die

Nerven- und Muskelreizbarkeit *Hallers*, die Nerventheorieen *Platners, Friedrich Hoffmanns*, die Elektrizität als Ursache der Muskelbewegung des *Sauvages*; — von Allem diesen ist es ersichtlich, dafs sie auf dem Felde der Specialuntersuchung, in der Physiologie einzelnes Treffliche entdeckten, Irrthümer verbesserten, und der Hypothesensucht jener Zeit weniger und weniger Spielraum zu lassen versuchten. Um aber von dieser historischen Digression zurückzukommen, so ist vor allen hier *J. C. Reil* zu nennen, welcher in seinem berühmten Versuche über die Lebenskraft wohl das Mifsliche fühlend eine Vorstellung zum Lebensprinzip zu erheben, den kühnen Versuch machte, die Lebenserscheinungen aus der Identität von Materie, Form und Mischung der Thierkörper zu erklären. Er sagt darüber: „ich werde den Grund aller Erscheinungen thierischer Körper, die nicht Vorstellungen sind, oder nicht mit Vorstellungen als Ursache oder Wirkung in Verbindung stehen, in der thierischen Materie, in der ursprünglichen Verschiedenheit ihrer Grundstoffe und in der Mischung und Form derselben suchen."

Abgesehen davon, dafs sich manches gegen diese Ansicht sagen liefse, dafs ihre Consequenz wohl mancher Erschütterung Preis gegeben werden dürfte, so scheint doch jene ganze, so höchst geistreich geschriebene Abhandlung, wohl mehr aus dem gewifs sehr achtungswerthen Streben hervorgegangen, welches ich oben schon angedeutet: die Forschungen in der Physiologie nämlich, in ein mehr sinnliches Feld zu verpflanzen, um ihr und allen dahin gehörigen Untersuchungen reell, mehr zu nützen, als dafs *Reil* selbst in seiner innersten Meinung nicht jenes unsichtbare gleichsam geistige Prinzip anerkannt hätte, dem der Organismus seine Existenz verdankt. Er hat nur mit jenem kühnen und geistreichen Sophismus die Wissenschaft, für die er glühte, fördern wollen. (Man sehe was er p. 10 und 11 hierüber sagt): Wir sind sehr bald mit der Naturlehre belebter Körper fertig, wenn wir ihre Erscheinungen gradezu den über aller Erforschung erhabenen Geistern zuschreiben. Gehen wir aber nie über das, was wir sinnlich wahrnehmen hinaus, leiten wir keine anderen thierischen Phänomene von Vorstellungen ab, als wozu die Erfahrung uns berechtigt, suchen wir uns mit der thierischen Materie ihren vielfachen Kräften,

Verhältnissen und Modificationen mehr bekannt zu machen, so wandeln wir auf einem Wege, auf dem die Physiologie Vervollkommnung zu hoffen hat"). Wer möchte ihm hierin nicht Recht geben? — Dafs *Reil* selbst, gleich von vorn herein Vorstellungen als Ursache und Wirkung von Erscheinungen des Thierkörpers beseitigte, dafs er für die ursprünglichen Bewegungen aufser der Schwere und der chemischen Wahlanziehung noch ein besonderes Leben annimmt, noch feinere Stoffe, ein durch Chemie nicht entdeckbares, feineres Prinzip in die Zusammensetzung des lebenden Körpers eingehend aufstellt, beweist zur Genüge, dafs er die Existenz einer höheren Lebenskraft, eines Primogenitum nicht verkannte, nur seinem Zwecke zu Liebe zu umgehen versuchte. Ganz in ähnlicher Weise, nur freilich viel weniger die ideelle Seite jener Reil'schen Ansichten zum Prinzip erhebend, behandelten *Gallini* (Betrachtungen über die neuen Fortschritte in der Erkenntnifs des menschlichen Körpers. Berl. 1794) und *David v. Madai* in einer Inaugural-Dissertation, über die Wirkungsart der Reize und der thierischen Organe (abgedruckt in *Reil's* Archiv, Bd. I. pag. 68 u. flgd.) diesen Gegenstand. Jener, die gesammten übrigen Naturkräfte, modificirt nach dem Bedürfnifs des thierischen Körpers, als primum movens für diesen annehmend, glaubt, dafs alle Organe desselben, sowohl die der Bewegung als Empfindung durch eine Veränderung in der Lage ihrer Bestandtheile, und durch eine wirkliche Annäherung ihrer Elemente wirken; dieser hingegen nimmt an, dafs die Actionen belebter Körper und ihrer einzelnen Organe, Wirkungen einer in ihnen zu derselben Zeit vor sich gehenden Mischungsveränderung sind. Die veränderte Mischung ruft ein anderes Phänomen hervor, als das frühere, und der Uebergang des vorigen zum gegenwärtigen ist Wirkung und Action des Organs. Man sieht den Cirkel, in dem sich diese Ansicht dreht, und mit Recht kann man hier fragen, was denn nun eben die jedesmalige individuell verschiedene Mischung bedinge, ob die Action des Organs sie hervorrufe oder umgekehrt, oder ob beide gleichzeitig sind und weshalb? Was ist das Bindende zwischen Organ und Mischung? Wenn auch gewifs bei allen Lebenserscheinungen Mischungsveränderungen vor sich gehen, so sind diese doch erst Folge jener. Sie müssen irgend wie den Sinnen nachweisbar sein, und ein so eben abgestorbener Baum müfste hiernach noch leben; denn wer zeigt den Unterschied jenes vom lebenden? Oder unbekannte, nicht sichtbare, chemische Veränderungen anzunehmen, ist eben so willkürlich, als die Nervengeister des *Galen*, oder die Annahme der Bewegung der Nerven durch Bewegung der harten Hirnhaut, eben so unerweisbar als jede andere Hypothese. Der Keim ist bei allen Wirbelthieren, vielleicht auch den Wirbellosen, eine runde Scheibe aus einfach körniger Materie bestehend; die Prinzipien der Zellenbildung gelten durch die ganze belebte Natur; und dennoch die tausend und aber tausend Familien, Gattungen und Arten in derselben, die so unendlich mannigfach verschiedenen Formen, aus jener einen gleichmäfsigen Urform! Der Menschengeist kann diese Phänomene nicht fassen, ohne sich ein in die einfache Materie eingehendes Prinzip, welches eben die individuelle Art der Existenz jener Materie den lebenden Organismus bedingt, zu denken. In diesem Sinne hat auch ***Brandis*** (über d. Lebenskraft. pag. 15) ganz recht, wenn er sagt: Leben sei nicht an Organisation gebunden. Ob aber das Prinzip als Kraft oder als imponderable Materie zu denken, ist gleichgültig, wenn nur unter letzterer nicht etwa eines der in der gesammten Natur wirksamen Agentien, Licht, Wärme, Electricität und Magnetismus verstanden wird, die alle wohl auch ihren grofsen Einflufs auf die belebte Schöpfung äufsern, da sie ja ein Theil der Gesammtnatur ist, die aber weit entfernt sind, das Lebensprinzip selbst darzustellen, die organische Materie beleben zu können, wie deutlich genug nachgewiesen ist. Ihr Wirken ist ein von der organ. Welt ganz verschiedenes. Ob das durch Täuschungen und Mangel an ganz reiner Empirie so sehr verdunkelte Feld des sogenannten thierischen Magnetismus hierüber Licht zu verbreiten vermag, bleibt künftigen Untersuchungen überlassen.

Am angemessensten scheint es bei derartigen Untersuchungen, von der philosophischen Anschauungsweise der Dinge auszugehen. ***Kant*** sagt in seiner Kritik der reinen Vernunft in Bezug hierauf (p. 674—675): Wenn die Vernunft ein Vermögen ist, das Besondere aus dem Allgemeinen abzuleiten, so ist entweder das Allgemeine schon an sich gewifs und gegeben, und alsdann erfordert es nur Urtheilskraft zur Subsumtion, und das Besondere wird dadurch nothwendig bestimmt. Oder das Allgemeine wird nur problematisch angenommen und ist eine bloſse Idee, das Besondere ist gewiſs, aber die Allgemeinheit der Regel zu dieser Folge ist noch ein Problem; so werden mehrere Fälle, die insgesammt gewiſs sind, an der Regel versucht, ob sie daraus flieſsen, und in diesem Sinne, wenn es den Anschein hat, daſs alle anzugebenden besondern Fälle daraus abfolgen, wird auf die Allgemeinheit der Regel, aus dieser aber nachher auf alle Fälle, die auch an sich gegeben sind, geschlossen." Dies nennt *Kant* dann den hypothetischen Gebrauch der Vernunft, warnt aber gleichzeitig, dieses logisch hypothetische Vernunftprinzip (bei dem zwar ein transcendentales vorauszusetzen) nicht als constitutiv zu gebrauchen, da es nur regulativ sei. Es leuchtet ein, daſs, von diesem Standpunkte betrachtet, es erlaubt ist, eine primäre Grundkraft, die Lebenskraft anzunehmen, aus welcher die übrigen Lebensäuſserungen der organischen Welt flieſsen; denn es lassen sich die übrigen, an den organischen Wesen sich äuſsernden Grundkräfte, Reizbarkeit, Vegetationskraft, Absonderungskraft unter sie subsumiren; alle Erscheinungen der Thier- und Pflanzenwelt ergeben sich ungezwungen aus diesem Prinzip. Der Keim ist das Thier seiner wesentlichen Fähigkeit nach; und bei dem Mitwirken gewisser dazu nöthiger Bedingungen (s. Lebensreiz), sehen wir das Thier der Wirklichkeit nach seine einzelnen Glieder regen, sein Nerven- und Gefäſssystem sich entwickeln, alles aus einer gleichartigen Materie, welche unter Einfluſs immer derselben Reize doch hier ein Vogel, dort ein Elephant, ein Baum, ein Mensch wird. Kann dies ohne Wirkung eines durchgängig gleichen, für jede Gattung, jede Art, jedes Individuum passenden Prinzips, einer Grundkraft geschehen? Gewiſs nicht. — Es existirt aber für diese Annahme in der That kein anderer Beweis, als eben jener von *Kant* erlaubte, daſs alle einzelnen organ. Erscheinungen unter ihr Hypothetisches subsumirbar sind, daſs alle sich an jener gemeinsamen Regel versuchen lassen und die Probe halten. Hierin bliebe also die Physiologie auch nicht hinter den anderen Naturwissenschaften zurück, welche ja ebenfalls aus dem hypothetischen Vernunftprinzip erklären. Muſs also die Existenz einer Lebenskraft zugegeben werden, so fragt es sich zuvörderst, was ist Lebenskraft? dann wie äufsert sie sich, und zuletzt, welches sind ihre Gesetze?

Geht man auf die Einzelwörter des zusammengesetzten Worts zurück, so besteht dies aus den Wörtern Kraft und Leben. Der Begriff von Kraft aber ist ein Verhältnifsbegriff, und bezeichnet das Verhältnifs einer Substanz, Accidenz etc. als Bestimmungsgrund von etwas anderm (Substanz oder Accidenz), oder mit andern Worten: die Form, nach welcher wir uns die Verbindung zwischen Wirkung und Ursache denken. Die Phänomene der Materie z. B. legen wir Kräften bei, weil wir jene vermöge der Vernunft als Wirkungen von Ursachen betrachten müssen. Der Begriff Kraft schliefst aber zugleich den passiven der Fähigkeit und den activen der Fertigkeit in sich. Die Kraft wird aus der Fähigkeit, activ zur Fertigkeit durch ein erregendes Moment: den Reiz erregenden Gegenstand, gewöhnlich Reiz genannt. Der Begriff von Kraft ist aber auch der organischen Materie, weil sie Materie ist, immanent, d. h. derjenigen, welche nur aus ternär oder quaternären Verbindungen bestehend, in ihren feinsten Theilen so zart ist, dafs ihre Elementartheilchen (bis jetzt) nicht deutlich erkannt werden können, und welche die Fähigkeit hat, aus sich Organismen zu bilden, d. h. solche Körper, deren Theile, zum Zwecke eines Ganzen angeordnet, jeder für sich, den Charakter des Ganzen an sich tragen. Wenn nun auch der organischen Materie Kraft beiwohnt, so ist auch diese wieder Fähigkeit (latent), oder wird zur Fertigkeit durch den Reiz erregenden Gegenstand. Das Resultat nun dieser Verbindung von Fähigkeit der organischen Materie mit dem Reize, eben diese Fertigkeitsäufserung der organischen Materie kann man in gewissem Sinne Leben nennen. Man könnte hier einwenden, dafs dieser Erklärung nach ein vom Körper getrennter Muskel z. B., welcher durch galvanischen Reiz sich zusammenzieht, leben müsse. Aber so wenig dieser Muskel je wieder an und für sich belebbar ist, so wenig darf er auch mit dem Begriff der organischen Materie gleichbedeutend betrachtet werden. Denn diese schliefst als solche immer die Lebensfähigkeit in sich; und lebensfähig ist der Muskel nicht, der eben diese Fähigkeit durch die Trennung vom Lebenden, durch seinen Tod,

und

und durch das Anheimfallen an die chemischen Naturgesetze verloren hat. — Die organische Materie ist immer belebbare organische Materie und ihre Kräfte (Fähigkeiten und Fertigkeiten) die organischen Kräfte, — von Einigen fälschlich Lebenskräfte genannt, — immer Eigenschaften der belebbaren organischen Materie.

Denkt man sich nun jene Fähigkeit der organischen Materie durch den Eindruck des Reiz erregenden Gegenstandes zur Fertigkeit umgewandelt, als thätig, wie sie wirklich *actu* ist, so erfolgen demnach Bewegungen, Aeufserungen des Lebens. In diesem Sinne ist es eine Lebensäufserung des Nerven, wenn er gereizt die Empfindung zum Bewufstsein leitet, oder Bewegung im Muskel hervorruft, welcher in dieser Weise auch wieder sein Leben äufsert; die Regeneration ist eine Lebensäufserung der gereizten organischen Materie u. s. w.

Diese Lebensäufserungen sind also Aeufserungen organischer, activ gewordener Kräfte, d. h. belebter organischer Kräfte, und als solche können sie nur als abhängig (aufser den, für jede einzelne nöthigen, specifischen Reizen) von einer allen gemeinsamen, activ gewordenen Grundkraft abhängig gedacht werden. — Wir können uns aber jede Activität nur unter dem Begriffe der Bewegung denken. Den belebten organischen Kräften ist also auch die Idee der Bewegung gemeinsam; sie sind in gewisser Beziehung durch sie bedingt, jedoch so, dafs das Prinzip dieser Bewegung immer ein Inneres, ein für alle Gemeinsames bleibt. Somit kann man die Kraft des Lebens, den Grund, weshalb die organischen Kräfte (Fähigkeiten), zu Lebensäufserungen vermöge der Reize geworden, also — die Lebenskraft — Bewegung aus einem innern Prinzipe nennen. Man darf also, wie schon oben angedeutet, Lebenskraft nicht für identisch mit der Summe der einzelnen organischen Kräfte halten, welche man fälschlich Lebenskräfte genannt hat. Diese sind immer erst auf jene zurück zu führen; nächst der Abhängigkeit von jener bedürfen sie zwar auch stets eines äufsern Prinzips, des Reiz erregenden Gegenstandes zu ihrer Thätigkeit, können aber nicht selbstständig Lebensäufserungen hervorrufen, wie die Contractionskraft des Muskels, Muskelreizbarkeit *Hallers* zum Beispiel. Die Lebenskraft hingegen ist etwas Uranfängliches, sich selbst Bestimmendes und Bewegendes.

Sie kann vorhanden sein, ohne sich thatkräftig zu äufsern, und nur in so fern, als sie an der nur durch Reize umzuändernden organischen Materie dies thut, steht sie in engerer Beziehung zu den Lebensreizen. Sie ist es, die die Harmonie der organischen Theile erhält; sie wirkt durch den ganzen Organismus hindurch, unabhängig von einzelnen Theilen und Kräften; denn sie besteht früher als diese, und schafft sie erst, nach strengem Gesetz, angemessen der Natur eines jeden besondern Thieres, aus dem Keime. In diesem Sinne ist auch *Stahls* den Körper bildende und heilende Seele zu verstehen, nicht nämlich die denkende, vorstellende, sondern die nach blinder Nothwendigkeit in den Urgesetzen der Schöpfung, so wie im traumhaften Instinkte des Thieres sich äufsernde Kraft. An kein Organ gebunden, selbst das Acephalon durch 9 Monate fortbildend und wachsen lassend, unterscheidet sie sich dadurch eben von jener, erst mit Vernichtung der Organisation des Gehirns aufhörenden, und an dessen Integrität gebundenen Denkkraft; sie ist immer Bewegung aus einem innern Prinzip, also nicht blofs Lebensfähigkeit, die dem Keime zukommt, auch wenn er ohne wirkliche Entwicklung (nicht todt, nicht lebend) bleibt, sondern auch zugleich Lebensfertigkeit, die jeden Augenblick, so lange sie als solche besteht, andauernd, das Resultat der organischen Materie und des immer nöthigen Reizes, Leben schaffen kann. Dies ist denn nun auch der Inbegriff ihrer Thätigkeitsäufserungen; und alle Erscheinungen der organischen (Thier- und Pflanzen-) Welt, lassen sich hierunter subsumiren. Die Lebenskraft äufsert sich also nur an der organischen Materie; und da die Phänomene dieser Letzteren sich nur unter die beiden Hauptbegriffe, Vegetationskraft und Reizbarkeit zusammenfassen lassen, so wird auch die Lebenskraft, will man ihre Aeufserungen unter bestimmte allgemeinere Kategorieen stellen, nur nach diesen beiden Seiten hin, das Feld ihrer Thätigkeit finden. Sie wird also, jene erstere betreffend, aus dem Keim mit dem Lebensreiz (s. d. Art.), den Organismus, das lebende Wesen bilden. Die Vegetationskraft wird ferner durch sie dann im lebenden Organismus zur Assimilation und Reproduction mit den für diese nöthigen Se- und Excretionen; sie wird den Keim des neuen Organismus, die respective Fortpflanzung erzeugen u. s. w.

Was das zweite, die Reizbarkeit (Incitabilitas) betrifft, so ist sie eine für das Leben der organischen Materie unbedingt nothwendige Eigenschaft derselben: die Fähigkeit nämlich der organischen Materie, durch für sie (absolut oder relativ) äufsere Einwirkungen, in sich beständige, materielle, zum Leben nöthige Umwandelungen in Form oder Mischung, oder in beiden zu erdulden. Durch die Lebenskraft aber äufsert sich erst diese Eigenschaft der organischen Materie, die in diesem Sinne immer belebbare organische Materie ist. Denn Veränderungen (aber nicht zum Leben nöthige), erleidet auch die von todten Organismen zurückbleibende Materie, aber nach den rein physicalischen oder chemischen Gesetzen, und diese Veränderungen sind also nicht mehr Folgen der (nur lebendigen) Reizbarkeit; das abgestorbene Hedysarum gyrans z. B. bewegt die Blätter nicht mehr.

Nur mit Hülfe jener äufsert sich die Reizbarkeit ferner, nach den verschiedenen Umbildungen der organischen Materie in die einzelnen Organe verschieden, anders im Zellgewebe, den Muskeln, den Nerven bald als Irritabilität, bald als Sensibilität.

Die Gesetze der Lebenskraft anlangend, so kann von solchen natürlich nur in sofern die Rede sein, als sie zu Lebensäufserungen Veranlassung giebt. Die blofse Fähigkeit bleibt, so lange nur ihr Substrat die organische Materie unverletzt ist, dieselbe, erleidet keine Prozesse und hat also keine Regeln. Aber die Lebensäufserungen als Produkt der wirkenden Lebenskraft erfolgen nach gewissen Regeln und Gesetzen, und diese würden dann Gesetze der Lebenskraft sein. Diese müssen dann natürlich auch auf alle der Lebenskraft untergeordneten Kräfte des Organismus ihre Anwendung finden.

Da die Lebenskraft in ihrer Beziehung zur Materie hier nur als etwas Actives gedacht wird, so kann als erstes Gesetz dieser ihrer Activität und Wirkung gelten, dafs, je gröfser die Intensität derselben, desto kürzer ihre Dauer sei; denn sie äufsert sich, wie oben erwähnt, nur mit und nach Einwirkung von Reizen auf die Materie. Diese setzen Veränderungen in derselben, so dafs je schneller diese vor sich gehen, je thätiger also auch die Lebenskraft den Wiederersatz des Verlornen betreibt, um so schneller auch der Eintritt des Augenblicks gedacht werden mufs, wo ihr Substrat für ihre Wirkungen momentan (Schlaf) oder dauernd (Tod) untauglich geworden, da der Ersatz der Materie gröfsere Zeit erfordert, als die Lebenskraft zu bedürfen scheint. Es folgt hieraus, dafs was von der Materie, auch für die einzelnen Organe gelte. — Anhäufung der Lebenskraft in dem einen bedingt Verminderung derselben in einem andern, und es leidet dies Organ und dessen Function darunter, es müfste denn sein, dafs der Reiz für jene so grofs war, dafs er sich den gleichen Organen oder Systemen mittheilt, wo dann die Wirksamkeit der Lebenskraft auch in diesen sichtbar wird (Gesetz der Association). Die angemessene und gehörige, dem Organismus zuträgliche Wirkung der Lebenskraft, hängt ab von der, durch immer angemessene Reize und Zufuhr bildsamen Stoffs, in ihrer Integrität erhaltenen organischen Materie; ferner von der zweckmäfsigen Concentration und Bildung der Organe, von der Bildungsfähigkeit des zugeführten Stoffs und der Energie der Kräfte selbst. Verschieden aber ist jene Wirkung der Lebenskraft in den einzelnen Organen, je nachdem die Reize specifisch verschieden sind; und bisweilen erzeugt sie durch diese im Organismus ähnliche specifische Stoffe. Sie ist ferner einer räumlichen Ausbreitung fähig, so wie der Anhäufung in bestimmten Organen und der Wirkung über diese hinaus. Dies beweisen die Umwandelungen des neugebildeten Stoffs in den Gefäfsen, die stete Flüssigkeit des Bluts im Thierkörper u. s. w. Doch nicht blofs im Raume, sondern auch in der Zeit äufsert sich die Wirkung der organischen Kraft; alle ihre Aeufserungen an der Materie, im ganzen Körper und den einzelnen Theilen, sind an eine gewisse Periodicität, an ein bestimmtes Zeitverhältnifs gebunden, so dafs nicht mit Unrecht durch *Reil* auf die täglich, monatlich, jährlich u. s. w. wechselnde Stimmung, Spannung und so zu sagen Temperatur der Lebenskraft hingedeutet wurde (Archiv I. p. 126 u. folg.).

Gesundheit endlich hängt von dem richtigen Einwirken der Lebenskraft auf den durch zweckmäfsigen Reizwechsel und bildungsfähige Stoffzufuhr in steter Integrität erhaltenen Organismus ab, während ein mangelndes Glied dieser Kette ein Mifsverhältnifs in dem Zusammenwirken derselben, Krankheit bedingt. L—dt.

LEBENSPERIODE. S. Alter.

LEBENSREIZ. Die belebbare organische Materie und die sie belebende organische Kraft (Lebenskraft) bedürfen für die Aeufserungen ihrer gegenseitigen Thätigkeit, für die Lebensäufserungen, noch gewisser äufserer Bedingungen, welche man integrirende oder Lebensreize genannt hat, weil ohne sie zwar Lebensfähigkeit der Materie und in dieser schlummernde Lebenskraft vorhanden sein kann, wirkliche Activität der blofsen Potenz aber ohne sie nicht erfolgt. Es ist unter dem Artikel Lebenskraft schon darauf hingewiesen worden, dafs man belebungsfähige Materie und todte Materie wohl zu unterscheiden habe, dafs jene zwar auch nicht lebe, wie der Keim, dafs sie aber doch eine innere Kraft besitze, welche jeden Moment, angeregt durch den dazu nöthigen Reiz, aus der blos potentiellen Lebensfähigkeit zur actuellen Lebensfertigkeit werdend, das Leben der Materie zur Erscheinung bringen könne; und dafs zu diesem Behufe eben die organische Materie als solche die Eigenschaft (Reizbarkeit) besäfse, durch äufsere Einwirkungen (Lebensreize), zum Leben nöthige, materielle Umwandlungen beständig zu erleiden. Materielle Umwandlung der organischen Materie kann aber ohne Veränderung ihrer Mischung nicht gedacht werden. Es geht hieraus also hervor, dafs die Lebensreize in die Mischung der organischen Materie eingehen, diese verändern müssen, und die Veränderungen, die sie hervorrufen, werden in der belebbaren Materie zu Lebensäufserungen, und sind zum Leben nöthige.

Dies ist ein Hauptunterschied des integrirenden Reizes von jedem andern äufsern Reize. — Jener ist zum Leben nöthig, belebt also und verstärkt in gewisser Weise die organischen Kräfte, während der äufsere Reiz wohl Lebenserscheinungen (Bewegung, Empfindung, vermehrte Absonderung), aber nicht zum Leben unbedingt nöthige Erscheinungen hervorruft.

Wenn nun die organische Kraft in der Materie nicht ohne die Lebensreize zu ihrer Thätigkeitsäufserung kommt, so wird auch das lebende Wesen zu seinem Fortbestehen der Lebensreize nicht entbehren können.

Der Keim kann, wie gesagt, lebensfähig ohne die Lebensreize bleiben, so lange er nur von den Einwirkungen der Aufsenwelt fern gehalten wird. Zwiebeln, bei ägyptischen Mumien gefunden, keimten noch nach vielleicht mehr als 1800 Jahren. Geschieht jenes nicht, so fault der organische Keim, wenn durch diese Reize nicht gerade die relativ für sein Bestehen nöthige Mischungsumänderung, sondern eine andere, vielleicht schwächere, unzweckmäſsigere, in ihm angeregt wird, und es erlischt die Lebenskraft an ihm; oder er lebt, wenn die Einwirkungen der Auſsenwelt, die Lebensreize, zweckgemäſse Mischungsumänderungen durch die selbstthätige, frei wirkende Reaction der Lebenskraft in ihm hervorrufen.

Da nun auch das Leben des Organismus nicht ohne Andauer dieser zweckmäſsigen, durch die Lebensreize bedingten Mischungsänderungen in seiner Materie gedacht werden kann, oder höchstens, bei dem Verringern dieser auf ein Minimum, in einem der bloſsen Keimfähigkeit ähnlichen Zustande des Scheintodes oder Winterschlafes (s. d. Art.), so kann auch ein Leben ohne stetige Einwirkung der Lebensreize nicht möglich sein, und es erlischt bei gänzlichem Mangel derselben.

Wohl haben die Alten das Wesentliche der Lebensreize empfunden, wenn sie unter dem Sinnbilde der 4 Elemente das dem lebenden Wesen unumgänglich Nöthige zusammenfaſsten; und in dem indischen Sagenkreis der *Mahabaratha* schenken die Götter der Luft, des Feuers, der Erde und des Wassers, dem Sinnbilde des vollendeten Menschen (dem Nal) nur sich und ihre Gaben als das Wesentlichste für das Leben der Sinnenwelt. In der That sind die integrirenden Reize ganz passend durch sie repräsentirt. Atmosphärische Luft, Wärmestoff, beständige Nahrungszufuhr (Erde, aus welcher die Pflanze binäre Verbindungen aufnimmt, um sie zu ternären umzuwandeln) und Wasser sind es, welche die zum Leben nöthigen Umwandlungen der Organismen hervorrufen. Es scheint nicht allgemein genug, auch den Nerven der (gewiſs wichtigen) Veränderungen wegen, welche sie in der Thierwelt hervorrufen, einen Lebensreiz, in dem, in ihnen wirksamen, imponderablen Agens zuzuschreiben. Die Pflanze hat deren nicht und doch lebt sie. Aber auch abgesehen davon, kann man jene Wirkungen der Nerven immer als etwas Secundäres, durch den Reiz des Blutes z. B. Bedingtes betrachten, und so kommt man in dem Ringe dieser Kette doch zuletzt auf die äufseren Lebensreize zurück. Jene Umwandlungen aber, welche diese hervorrufen, sind selbstständige des Organismus, so dafs stets, obwohl Unorganisches hier wirkt, nur ternäre oder quaternäre Verbindungen dabei stattfinden, und binäre nur als Exkrete vorkommen.

Was zuerst die atmosphärische Luft betrifft, so bedarf jedes organische Wesen des Austausches seiner Stoffe mit den Bestandtheilen des umgebenden Fluidums. Es gilt dies von der Pflanzen- und Thierwelt. Gewisse Flüssigkeiten derselben — bei den (höheren) Thieren das Blut — werden durch sie so umgeändert, dafs sie nun zur Ernährung aller einzelnen Organe tüchtig sind. Das Leben der höheren Thiere ist an das Athmen gebunden, und kann bei diesen nur etwas über eine Minute, länger bei den Amphibien u. s. w. entbehrt werden. Die Wasserthiere athmen die im Wasser enthaltene Luft. Embryonen höherer Thiere verhalten sich hierbei wie die erwachsenen Thiere niederer Klassen. (*Müller's* Phys. I. p 33.) Ein neugebornes scheintodtes Kind, gelöst von der Nabelschnur, ohne Herzschlag und Athmen, begann zu leben, indem, wie ich selbst in einem Falle sah, erst 1 Stunde und 50 Minuten nach der Geburt der erste Herzschlag hörbar ward, das Athmen aber erst nach 2 Stunden 40 Min. in Gang kam. Dies erinnert an die Natur der Amphibien, die nach *Edward's* und *Spallanzani* 2 Stunden ohne zu athmen lebten, und möchte fast auf jene (Herderschen) Durchgangsperioden des Menschen durch die Bildungen niederer Organisationen hinweisen. Nur in Bezug auf die Wärme ist es anders. So wie jeder organische Prozefs bei allen Wesen eine bestimmte Temperatur fordert, wie die Wärme in die Zusammensetzung der organischen Wesen eingeht, (ähnlich wie bei den Chemismen des anorganischen Reichs), wie auch andrerseits bei jedem Prozesse des Lebens Wärme frei wird, die Kälte jedoch alles Lebende ertödtet, so vertragen neugeborne Foetus den Mangel der Wärme grade gar nicht, und um so weniger je jünger sie, je näher dem Embryozustande sie sind, während Amphibien, Mollusken u. s. w. länger und in viel höherem Grade Wärme entbehren können. Der Lebensprozefs erzeugt zwar in und durch sich Wärme, nicht aber ohne die von aufsen her wirkende atmosphärische, und ein Glied dem sie längere Zeit gänzlich entzogen ist, so zwar, dafs die Ausgleichung durch das Blut- und Nervenleben und den Chemismus der Organe gegen die äufseren zu hohen Kältegrade nicht ausreichen kann, stirbt ab; es erfriert, so wie der ganze Körper, wenn seine Reactionskraft gegen jene zu schwach ist. Aber auch an das rein Irdische, Palpable sind die organischen Wesen gebunden. Sie bestehen nicht ohne andauernde Zufuhr von Nahrungsstoff. Gleich der säugenden Mutter spendet diesen die Erde ihren Erzeugten. Es geschieht ein beständiger Umsatz desselben in die organische Materie. Es belebt sie, wird wiederum von ihr belebt, und mit dem Mangel desselben verkümmert alles Leben, sobald etwaiger Vorrath von Nährstoff im Organismus aufgezehrt ist. Die Dauer des Winterschlafes ist hauptsächlich wohl an diese letztere Bedingung geknüpft. Der Mensch entbehrt die Nahrung nicht viel über eine Woche; höhere Thiere entbehren sie einige Wochen; Amphibien, Schlangen und Schildkröten z. B. mehrere Monate, ohne dem Tode zu verfallen. Welcher Gegensatz der geistigen Bevorzugung des Menschen zu diesem strengen Gebundensein an das rein Körperliche?

Endlich ist ein Leben der organischen Materie ohne einen Zustand von Aufweichung im Wasser gleichfalls unmöglich. Oertlichen Tod z. B. ruft die Entziehung von Wasser durch Kali caustic. in den thierischen Theilen hervor. Es sind übrigens eben sowohl die Bestandtheile des Wassers als auch dieses selbst, welche zu den lebendigen Mischungsänderungen der Thiermaterie unumgänglich nothwendig sind, und der Mangel desselben erzeugt Mumification und Tod.

Ob Elektricität und Magnetismus unter den Imponderabilien Lebensreize seien, wie sich wohl aus manchen Indicien vermuthen läfst, ist bis jetzt durch Beweise nicht festzustellen, und wir können hierauf nur aus den Alienationen in den Organismen bei den Umänderungen jener, bei Epidemieen und Epizootieen schliefsen. Was aber das Licht betrifft, so ist es zwar ein belebender Reiz für Thiere und Pflanzen, aber nicht integrirender Reiz zu nennen. Das Leben kann dabei bestehen, wenn auch freilich in verkümmertem Zustande. Die Vegetation leidet gewöhnlich darunter, sie bleibt bleich, zu Boden gedrückt, und die im Dunkel der Wälder und Höhlen wachsenden Pflanzen, Cryptogamen besonders, entbehren des Farbenwechsels fast gänzlich. Ob der Mensch gänzlich des Lichts entbehren kann, ohne zu sterben, ist eine Frage, die durch die jahrelange Kerkernacht Gefangener (*Hauser's*) noch nicht erledigt ist. Das eigene beängstigende Gefühl, die gedrückte Stimmung, welche Finsternifs in vielen Menschen, selbst Blinden hervorruft, möchte dem Lichte wenigstens einen sehr hohen Rang unter den belebenden Reizen einräumen.

In Bezug auf die verschiedene Abhängigkeit der organischen Wesen von den Lebensreizen, ergiebt sich nach den mannigfachen Experimenten *Legallois*, *Edward's* und *Müller's* (s. dessen Phys. I. pag. 32) als Gesetz, dafs die Dauer des Lebens ohne Lebensreize im umgekehrten Verhältnifs zur Organisation stehe, dafs die einfachsten Organismen diese am längsten entbehren, dafs umgekehrt die Complication der Organbildung die Abhängigkeit theils der Organe, theils der Organismen von den Lebensreizen erhöhe.

L—dt.

LEBENSTURGOR, Lebensfülle, Lebensspannung, Turgor vitalis ist eine dem lebenden, organischen Wesen eigenthümliche Erscheinung, eine eigen geartete Bewegungsäusserung der Lebenskraft in der organischen Materie, welche sich, in ihrem allgemeinsten Phänomen, durch vollständige Ausfüllung aller einzelnen Theile, insbesondere auch der äufseren Gesammtoberfläche des Organismus mit Saft oder Blut, oder den sich daraus respective für die Organe bildenden Nahrungsstoffen, charakterisirt. Dieses gänzliche Erfülltsein der Organtheile von den ihnen eigenen Säften kommt als Erscheinung der organischen Natur, der Thier- und Pflanzenwelt zu, und ist verschiedener, gesteigerter oder verminderter, ja selbst veränderter Grade fähig. So kommt zuerst jedem Wesen, so lange die Lebenskraft in ihm thätig, Lebensturgor zu. Nur mit dem Tode hört er ganz auf, und ist in schweren und tödtlichen Krankheiten auf ein Minimum herabgesunken. Seines mittleren Grades Erscheinungen sind mäfsige Fülle, Rundung, mäfsig elastische Spannung, Festigkeit, mäfsige Wärme und (individuell verschiedene) Röthung der beweglichen Theile. Das Fehlen einzelner Phänomene an einzelnen Körpertheilen berechtigt nicht zur Annahme der mangelnden Turgescenz (wie das bleiche, eingefallene, kalte

Gesicht bei heftigen Darmentzündungen), wohl aber das Fehlen aller an allen; daher die fast unbeschränkte Untrüglichkeit des Hippokratischen Gesichts, weil es alle Zeichen des erlöschenden vitalen Turgors in sich trägt.

Die allgemeinsten Erscheinungen des Lebensturgors sind von der organischen Anziehung der organisirten Elementartheile der Pflanzen und Thiere gegen die Säfte abhängig. Alle thierischen und pflanzlichen Gewebe stimmen, nach *Schwann's* Untersuchungen, darin überein, dafs sie aus Zellen entstehen, welche die Flüssigkeiten, die sie umgeben, verwandeln. Der Lebensturgor ist daher im Allgemeinen ursprünglich bei Thieren und Pflanzen von der Lebensthätigkeit der Zellen abhängig; auch die aus den Zellen entstandenen thierischen Gewebe, wie die Fasern, aus welchen ein grofser Theil des menschlichen und thierischen Körpers zusammengesetzt ist, müssen die Wechselwirkung gegen die Säfte fortsetzen. In der That haben die Wände der Gefäfse eine solche Wirkung auf die in ihnen enthaltenen Säfte, dafs sie sich zwar damit tränken, aber keinesweges wie Filtra die Säfte ohne Wahl durchlassen, welche hingegen in Krankheiten und im Tode nach physicalischen Gesetzen durch sie wie durch Filtra durchgehen.

Aber es werden unter den Begriff des Lebensturgors noch besondere Erscheinungen gezählt, die einen verwickelteren Zusammenhang haben. Dahin gehören das Erröthen bei Gemüthsaffecten, Scham, Schreck, Freude und Zorn, die Erection der Brustwarze und des Penis, bis zu der der Nymphen, des Kitzlers, der Tuben und des Uterus während der Begattung oder Menstruation, ja bis zu den Erscheinungen selbst der pathologischen Congestion und vielleicht auch der, freilich wohl nicht ohne Alienation der Säfte denkbaren, Entzündung.

Lebensturgor aber im noch engeren Sinne des Wortes nennt man die Anfüllung des Capillargefäfssystems in einzelnen Organen, wodurch diese in den Zustand des (auf den höchsten Punct) gesteigerten Lebens, der strotzenden Anschwellung, der gröfsten Ausdehnung versetzt werden.

Was das anatomische Verhältnifs der Theile betrifft, in denen wir ihn vorzugsweise wahrnehmen, so sind diese hauptsächlich an Nerven, Gefäfsen, besonders Blutgefäfsen und

Zellgewebe reich. Muskelfasern sind nicht nothwendig vorhanden; das erectile Gewebe dagegen ist ein Hauptsitz der Erscheinungen der Lebensturgescenz. Das Zellgewebe ist bald lockerer Bau einzelner Organe, wie in den Genitalien, bald feiner und fester wie in den Zungenwarzen. Die Gefäfse sind meistens gekrümmt und geschlängelt, wie die der Gebärmutter, Brüste und Tuben, und wie die noch unwiderlegten sogenannten Art. helicinae der Schwammkörper, und werden durch die Anfüllung des Organs gerade. Der Durchmesser der Venen ist in ihnen im Allgemeinen gröfser als der der Arterien, und es scheinen deren mehrere vorhanden, wie in dem Corpus cavernos. urethrae. Die Nerven sind zahlreich, und in den einzelnen Organen auf das mannigfachste verflochten, wie in den Zungenwarzen und denen der Eichel.

Die Ursachen des vitalen Turgors betreffend, so sind diese hauptsächlich auf Reize im Allgemeinen zurückzuführen. Alle organische Körper haben Reizbarkeit; durch den Reiz wird die Lebenskraft zur Entwickelung ihrer Thätigkeit angeregt, und auch der Lebensturgor ist als eine durch die Beschaffenheit der gereizten Organe eigenthümlich modificirte Aeufserung der Lebenskraft anzusehen. Die Reize wirken bald unmittelbar auf die turgescirenden Theile ein, wie bei dem Turgor der Zellen und bei der vermehrten Wechselwirkung zwischen Blut- und Capillargefäfsen, bei Reibung, chemischer Reizung, Erwärmung und dgl., bald auch erfolgt die Erregung der turgescirenden Theile von ferne her durch Vermittelung des Nervensystemes und durch eine Art von Reflexion wie bei der Schamröthe. Ein Reiz, sei es ein chemischer, mechanischer oder dynamischer, wirkt auf die Nerven des betheiligten Organs, mögen diese nun cerebrospinale oder Gangliennerven sein. Die Empfindung wird fortgeleitet bis zum Centralorgan, und erregt von hier aus den (unwillkührlich erfolgenden) Blutandrang, die Anfüllung, Spannung und das Strotzen, respective dann auch in den an Zellgewebe und eigenthümlich gearteten Gefäfsen reichen Organen. Die gröfsere Wärmeentwickelung ist bei den Turgescenzerscheinungen wohl etwas secundäres, durch den grösseren Blutreichthum und den gesteigerten Lebensprocefs bedingtes. Denn bei der Turgescenz des ganzen Körpers in

Fiebern ist jene gar nicht vermehrt; umgekehrt ist in manchen die Wärmeentwickelung erhöht, während der Körper gänzlich collabirt, von Turgor also nicht die Rede ist; ferner behalten auch gelähmte Glieder ihre normale Wärme, während sie doch welk werden. Die Erscheinungen der Turgescenz sind Erscheinungen der Activität des Herzens und der mit elastischem Fasergewebe versehenen Arterien; und die Meinung *Hebenstreit's*, dafs die Säfte in die entfaltbaren Höhlen des Zellgewebes und der Gefäfse eindrängen, weil sich diese durch den Reiz öffnen, dafs also der Zuflufs nicht Ursache sondern Wirkung der Ausdehnung sei, scheint schon dadurch widerlegt zu werden, dafs bei der Erection der Penis des Pferdes z. B. sich stofsweise in Absätzen hebt, was sich aus einem blofs passiven Anfüllen von Höhlungen nicht erklären würde; ferner auch dadurch, dafs während einer wollüstigen Erection ich Beschleunigung des Pulses um 8 bis 10 Schläge beobachtet habe, was doch wohl eher ein actives als passives Phänomen ist. Die schnellere Oscillation der Arterien, die *Reil* als die Ursache der örtlichen Anhäufung von Säften, somit der Turgescenz annimmt, möchte wohl nicht alle Erscheinungen des Lebensturgors und in allen Organen erklären. Auch dürfte sie nicht hinlänglich erwiesen sein.

Vor der Erklärung der zusammengesetzten Erscheinungen des Turgor vitalis müssen wir zuerst die demselben fremdartigen und damit verwechselten Phänomene ausscheiden.

Die Turgescenz ist von der Muskelcontraction und von passiven Congestionen zu unterscheiden. Abgesehen von dem verschiedenen Bau der Organe ist bei ersterer ein Aneinanderrücken der Fasern, eine Verminderung der Berührungspuncte deutlich; dies geschieht in allen Theilen derselben plötzlich auf den Reiz. Bei dem Turgor vitalis aber dehnen sich die Organe aus, das Volumen wird vermehrt, die Falten verschwinden; alles wird straff, voll, glatt, gespannt; die Berührungspuncte vermehren sich, und diese hier gröfsere Ansammlung von Säften geschieht nach und nach. Der contrahirte Muskel ist aber auch, da er ein lebendes Organ ist, der Turgescenz, abgesehen von der Contraction, fähig.

Es giebt willkührliche und unwillkührliche Muskelbewegung; die Lebensturgescenz ist immer unwillkührlich, die Röthe der Scham ganz unabhängig vom Willen. Phänomene, die durch Contraction entstehen, und von der Turgescenz zu trennen sind, sind die Erhebung der fleischigen Anhänge am Kopfe einiger Vögel, wie beim Truthahn, Meleagris gallopavo, dessen Fleischlappen am Kopfe nach *Schwann* einen Muskel enthält, der sich beim Affect zusammenzieht, und den Fleischlappen erigirt. Auch von der Erhebung der Brustwarzen ist es zweifelhaft, ob sie ein Phänomen der Turgescenz sei. Denn die Brustwarze erigirt sich bei Männern und Frauen von einfach mechanischer Reizung, wobei sie schnell länger, aber nicht voller wird. Dies Phänomen kann von ähnlichem contractilem Gewebe herrühren, wie es an anderen dunkelgefärbten Hautstellen, z. B. am Hodensack und an der Vorhaut vorkommt. Auch die Erhebungen beim Phänomen der Gänsehaut sind ohne Blutanfüllung und erfolgen unter entgegengesetzten Ursachen. Die Erection des Penis ist zusammengesetzt aus wirklichem Turgor und Hemmung des Rückflusses des Blutes durch Muskelwirkung. — Passive Congestionen beruhen auf Schwäche der Organe, auf verdünnten, schlechteren Säften, und auf krankhaft erhöhter Venosität. Der Lebensturgor ist immer von der Lebenskraft und erhöhtem arteriellem Leben abhängig; daher ist er auch nicht von activer Congestion verschieden, und die Entzündung (vielleicht nur ein Bemühen des Organs, das Blut von schädlichen Stoffen zu befreien und zu reinigen) wäre eine reine Erscheinung des Lebensturgors, wenn nicht noch Alienation der Säfte, des Blutes, Ueberschufs an Faserstoff und dadurch bedingter krankhafter Reiz auf die Capillargefäfse, Zusammenziehung derselben, Stockungen in ihnen hier noch hinzukäme.

Es bleiben daher als gesteigerte Phänomene der Turgescenz alle activen Säfteanhäufungen übrig, bei welchen die mechanischen Hindernisse ganz ausser Spiel bleiben, wie die Röthung der Haut nach Reizung derselben, geschehe sie unmittelbar durch Reibung, Erhitzung, chemische Reizmittel, oder mittelbar durch die Nerven, wie bei der Schamröthe. Da diese Phänomene local sind, da das Blut nicht stockt, wie bei der blauen Anschoppung, so bleibt nur eine Anziehung des arteriellen Blutes, wahrscheinlich vorzugsweise der Blutkörperchen gegen die Capillargefäſse anzunehmen übrig. Die Blutkörperchen gehören dem allgemeinsten Begriff nach auch unter die lebensthätigen Zellen, aus welchen der ganze Organismus anfangs zusammengesetzt ist; sie unterscheiden sich von anderen Zellen nicht durch die Structur; denn auch sie besitzen den Kern, wie die anderen Zellen, sie unterscheiden sich nur darin, daſs sie ohne Zusammenhang mit den Säften circuliren. Wir kennen aber auch bei der ersten Bildung Zellen, die noch nicht zusammenhängen, und dennoch eine Art selbstständiger Lebenswirkung zeigen, indem sie ihres Gleichen in sich oder auſser sich erzeugen. Ist gleich diese Wirkung nicht an den Blutkörperchen beobachtet, so müssen sie doch die allgemeinen Eigenschaften der Zellen als lebender Theilchen theilen, und sie bilden sie wie alle Zellen. Da nun die Zellen auf einander einwirken, die Gefäſswandungen selbst aber aus veränderten Zellen bestehen, so ist es auch wahrscheinlich, daſs sie von den Capillargefäſsen angezogen werden können, wenn diese in vermehrter Action durch Reize begriffen sind. Diese Art von Anziehung bedingt Anhäufung und Festhalten, und ist daher weit entfernt, ein Zuwachs der Kräfte des Kreislaufs zu sein. Unter dem Mikroskop hat sich bis jetzt kein solcher Vorgang erläutern lassen. Von der Idee aus, daſs die Blutkörperchen durch ein actives Zuströmen zu den Capillargefäſsen den Kreislauf erleichtern sollen, hat man geglaubt, durch Wirkung auf die Nerven der peripherischen Theile, die Blutbewegung local verändert zu sehen. Die zu diesem Zweck angestellten Versuche haben indeſs keine sicheren Resultate geliefert.

Literat.: *Hebenstreit*, de turgore vitali. Lips. 1795. — *Stieglitz*, pathologische Untersuchungen. Hannover 1832. Bd. I. p. 175. — *Baumgärtner*, Beobachtungen über die Nerven und das Blut. Freiburg 1830. — *Bonorden*, *Meckel's* Archiv. 1827. 537. — *Wedemeyer*, über den Kreislauf des Blutes. Hannover 1828. — *Koch*, *Meckel's* Archiv. 1827. 443. — *Toussaint*, de motu ex vasis sanguiferis. Groning. 1835. — *Müller's* Physiologie. 3. Aufl. I. 222.

L—dt.

LEBER (die, Hepar s. Jecur) ist die rothbraune Gallendrüse, und überhaupt die gröſseste, mit einem Ausführungsgange versehene Drüse des menschlichen Körpers, welche in dem oberen Ende der Bauchhöhle neben dem Darmcanale, dem sie die Galle zuführt, gelagert ist. Sie liegt, von dem Bauchfell umkleidet (intra saccum peritonaei), dicht unter dem Zwerchmuskel, nimmt die ganze rechte Unterrippengegend, den vorderen und oberen Theil der oberen Bauchgegend und zuweilen noch einen Theil der linken Unterrippengegend ein, tritt auf der rechten Seite beträchtlich tiefer herab als auf der linken, so dafs ihr vorderer, unterer Rand in schiefer Richtung von rechts und unten nach links und oben aufsteigt. Sie bedeckt, aufser den grofsen Blutgefäfsen, die rechte Niere und Nebenniere, den rechten Theil des Magens mit dem Pförtner, den oberen queren und den absteigenden Theil des Zwölffingerdarms und den rechten Theil des queren Grimmdarms.

Bei Erwachsenen beträgt das Gewicht der Leber zwischen 4 und 6 Pfund, und verhält sich, wie *Fr. Meckel* angiebt, ungefähr zum ganzen Körper wie 1 : 36.

Die Leber ist platt, jedoch auf der rechten Seite viel dicker als auf der linken; dabei ist ihr Umfang unregelmässig viereckig; sie ist nämlich in querer Richtung beträchtlich länger als in der Richtung von vorn nach hinten. Bei Erwachsenen ist sie, von der rechten zu der linken Seite gemessen 10 — 12 Zoll lang, von vorn nach hinten auf dem rechten Ende etwa 7 Zoll, auf dem linken 4 — 5 Zoll breit. Die Dicke der Leber von oben nach unten beträgt am rechten Ende derselben etwa 2 — $2\frac{3}{4}$ Zoll, und vermindert sich allmählig gegen das linke Ende und die Ränder hin, so dafs der vordere und der linke Rand dünn und scharf werden.

Man unterscheidet an der Leber: 1) vier Ränder, den hinteren oberen, den vorderen unteren, den linken, und den rechten; 2) zwei Flächen, die obere vordere und die untere hintere; 3) zwei Lappen, den linken kleinen und den rechten grofsen, die unmittelbar durch die Lebersubstanz in einander übergehen, und nur am vorderen Rande durch einen Einschnitt, auf der unteren Fläche durch eine Längenfurche, und auf der oberen durch die Anheftung des Aufhängebandes der Leber von einander abgegrenzt werden. Der rechte, grofse Leberlappen (Lobus hepatis dexter s. major) übertrifft den linken, kleineren (Lobus hepatis sinister s. minor) in allen Dimensionen beträchtlich, und ist ungefähr 4 Mal gröfser als dieser.

Der hintere obere Rand der Leber ist stumpf, gerundet, und wird von rechts nach links allmählig dünner; er liegt dicht unter der Sehne des Zwerchmuskels, wo ihn eine kurze Falte des Bauchfells, das Kranzband der Leber (Ligamentum coronarium hepatis), befestigt, dessen linkes und rechtes Ende, in Form eines Dreieckes, allmählig breiter wird, und den Namen des linken und rechten dreieckigen Bandes (Ligamentum triangulare hep. sinistrum et dextrum) erhält.

Der vordere untere Rand der Leber liegt hinter dem oberen Ende der vorderen Bauchwand, tritt rechter Seits etwas tiefer als die Rippenknorpel herab, steigt in schräger Richtung von der rechten Seite zu der linken aufwärts, ist dünn und hat auf der Grenze der beiden Leberlappen einen tiefen Einschnitt (Incisura interlobularis). Oft hat derselbe am rechten Leberlappen, wo der Grund der Gallenblase liegt, einen flachen Ausschnitt (Excisura vesicalis).

Der linke Leberrand, viel kürzer als der rechte, ist dünn und scharf, und geht gerundet in den hinteren und vorderen Rand über.

Der rechte Rand der Leber, viel länger als der linke, ist stumpf, dick und gerundet, und liegt unter der Höhlung der falschen Rippen neben der rechten Niere.

Die obere, vordere, äufsere oder gewölbte Fläche (Facies superior s. externa s. convexa) ist gleichförmig stark gewölbt, liegt in der Aushöhlung des Zwerchmuskels und an dem oberen Ende der angrenzenden vorderen und seitlichen Bauchwand, steht hinten höher als vorn, hat mithin eine schiefe Lage. Eine breite, enge Falte des Bauchfelles, das Aufhängeband der Leber (Ligamentum suspensorium hepatis), geht oberhalb des Nabels von der Mitte der vorderen Bauchwand, und seitlich rechts von dem Rippentheile des Zwerchmuskels zur oberen Fläche der Leber, trägt dieselbe, und bildet zugleich die Grenze zwischen dem linken und rechten Leberlappen. In dem unteren, freien Rande dieses Bandes befindet sich ein runder Strang, der Rest der obliterirten Nabelvene, der sich vom Nabel aufwärts durch den Einschnitt des vorderen Randes der Leber zur unteren

Fläche

Fläche derselben begiebt, wo er in der Querrinne mit dem linken Aste der Pfortader verwachsen ist. Man hat ihn das runde Leberband (Lig. teres hepatis s. Chorda venae umbilicalis) genannt.

Die untere hintere, oder ausgehöhlte Fläche der Leber (Facies inferior s. concava) ist flach ausgehöhlt, und durch Erhabenheiten und Vertiefungen uneben, dabei im vorderen Theile rückwärts, im hinteren abwärts gerichtet. Man bemerkt auf ihr, dem Aufhängebande der oberen Fläche gegenüber, eine tiefe, linke Längenrinne (Fossa longitudinalis sinistra), welche von dem Zwischenlappeneinschnitte des vorderen Randes bis zum hinteren Rande der Leber verläuft, und den linken Lappen von dem rechten abtheilt. Der vordere längere Theil dieser Rinne enthält beim Fötus die Nabelvene, später das runde Leberband, und wird deshalb Fossa venae umbilicalis genannt. Nicht selten ist sie durch Lebersubstanz, die brückenartig unter ihr von dem linken in den rechten Leberlappen übergeht, zu einem Canal umgewandelt. Der hintere kürzere Theil der linken Längenfurche ist flacher, etwas nach rechts gebogen, und wird Fossa ductus venosi genannt. Beim Fötus liegt darin der Ductus venosus, welcher später obliterirt, und einen von Zellstoff umhüllten, platten, faserigen Strang zurückläfst.

Der linke kleine Lappen der Leber ist auf der unteren Fläche schwach ausgehöhlt und glatt; er bedeckt den rechten Theil der vorderen Fläche des Magens.

Etwas hinter der vorderen Hälfte der Leber tritt aus der Fossa longitudinalis sinistra die etwa 2 Zoll lange und 1 Zoll breite Querrinne (Fossa transversa s. porta hepatis) in den rechten Leberlappen hinein, enthält die Aeste des Leberganges, die zuführenden Blutgefäfse, einen Theil der Lymphgefäfse und die Nerven der Leber, verhält sich daher zur Leber wie das Hilum zur Niere.

Vor dem rechten Ende der Querrinne befindet sich unter dem rechten Leberlappen eine länglich ovale Grube, die Gallenblasengrube (Fossa vesiculae felleae s. dextra anterior), welche abgeflacht gegen den Gallenblasenausschnitt des vorderen Leberrandes verläuft. Hinter der Querrinne läuft in derselben Richtung zum hinteren Rande des rechten Lappens der Leber eine tiefere Rinne, die Hohlvenengrube

(Fossa venae cavae s. dextra posterior); sie convergirt mit der Fossa ductus venosi, enthält die untere Hohlader, und wird sehr selten durch eine Brücke von Lebersubstanz zu einem Canal verwandelt. Die Lebervenen treten in dieser Rinne in die untere Hohlader.

Diese beiden Fossae des rechten Lappens der Leber werden von einigen Anatomen, im Gegensatz zu der linken, die rechte Längenfurche (Fossa longitudinalis dextra) genannt, obgleich sie niemals in einander übergehen.

Die beiden Längenrinnen auf den Enden der Querrinne, stellen hiernach an der unteren Seite der Leber die Form eines H dar, wodurch am rechten Leberlappen zwei kleinere Lappen, der eine vor, der andere hinter der Querrinne abgetheilt werden.

Der vordere kleine oder viereckige Leberlappen (Lobulus anterior s. quadratus s. anonymus) ist länglich viereckig, ragt wenig hervor, geht vom vorderen Rande der Leber hin zur Fossa transversa, wird links von der Fossa venae umbilicalis, rechts von der Fossa vesiculae felleae begrenzt, und bedeckt den Pförtner des Magens nebst dem angrenzenden Theile des Zwölffingerdarms. Nicht selten ist er, wie schon bemerkt, mit dem linken Lappen der Leber durch eine Brücke von Lebersubstanz verbunden, wodurch die Fossa venae umbilicalis in einen Canal verwandelt wird.

Der hintere kleine, oder der Spiegelsche Lappen (Lobulus posterior s. Spigelii) ist rundlich eckig, vorn breiter als hinten, und liegt hinter der Fossa transversa, zwischen der Fossa venae cavae und der Fossa ductus venosi. Er hat hinter der Fossa transversa zwei Hervorragungen, von denen die linke stärkste Tuberculum papillare, die rechte schwächere und flach auslaufende Processus caudatus genannt wird. Der ganze Lappen, besonders aber das Tuberculum papillare, liegt im concaven Bogen des Magens hinter dem kleinen Netze.

Der rechte Leberlappen hat aufserdem an seiner unteren Fläche nach hinten zu einen flach concaven Eindruck von dem Anliegen der rechten Niere (Impressio renalis).

Zuweilen findet man aufserdem an der unteren Fläche der Leber regelwidrige Einschnitte und Hervorragungen.

Die Leber wird überall, mit Ausnahme des hinteren,

stumpfen Randes und der angemerkten Rinnen, von dem Bauchfell bekleidet, was mittelst einer Zellhaut sehr genau an der Substanz derselben befestigt ist.

Die Zellhaut oder Zellschicht ist da, wo das Bauchfell auf ihr anliegt, sehr dünn; an den anderen Stellen, besonders in den Rinnen der Leber, dicker und filzig, umgiebt die Gefäfse als Capsula Glissonii, und dringt mit ihnen in das Innere der Substanz ein. Durch die Bekleidung von dem Bauchfell wird 1) die Oberfläche der Leber glatt und feucht, so dafs die Leber bei veränderter Lage und Anfüllung des Bauches leichte Bewegungen ohne Zerrung erleiden kann; 2) wird hierdurch die Leber in ihrer Lage befestigt, gleichsam schwebend in der Bauchhöhle aufgehangen, so dafs sie weder beim Stehen, noch beim Liegen auf dem Rücken die übrigen Baucheingeweide drücken kann.

Die Falten des Bauchfells zwischen den Bauchwandungen und der Leber, so wie zwischen dieser und den benachbarten Theilen werden Bänder genannt.

Man unterscheidet demnach:

1) das Kranzband der Leber (Ligamentum coronarium hepatis), nebst seinem linken gröfseren und dem rechten kleineren, dreieckigen Ende (Ligamenta triangularia, sinistrum et dextrum), das von der unteren Seite des Zwerchmuskels an den hinteren stumpfen Leberrand tritt.

2) Das Aufhängeband der Leber (Lig. suspensorium hepatis), was über dem Nabel von der vorderen und oberen Bauchwand aus zu der oberen Fläche und dem Zwischenlappeneinschnitte des vorderen Randes der Leber geht, und in seinem unteren, freien Rande das Lig. teres hepatis enthält (Vergl. den hinteren Rand und die obere Fläche der Leber).

3) Das kleine Netz (Omentum minus s. gastro-hepaticum), eine breite Falte der Bauchhaut, die aus der Fossa transversa und F. ductus venosi der Leber zu der kleinen Krümmung des Magens geht.

4) Das Leberzwölffingerdarmband (Lig. hepatico duodenale). Mit diesem Namen hat man den rechten Rand des kleinen Netzes belegt, weil das Bauchfell nicht mehr zum Magen, sondern zum Zwölffingerdarm übergeht, und den Gallengang nebst der Pfortader einschliefst.

Substanz der Leber. Die eigentliche Substanz der Leber ist dicht, unelastisch, hart, leicht zerreifsbar, und bietet zerrissen höckerige Flächen dar. Die Farbe derselben ist rothbraun, doch meistens nicht gleichförmig, sondern gewöhnlich schliefsen plattrundliche, etwa $\frac{1}{2}$ Linie breite Streifen von gelbbräunlicher Farbe sternförmige oder länglich runde Flächen ein, die von einer dunkleren Substanz ausgefüllt sind. Nach dieser Verschiedenheit der Farbe nahmen mehrere Anatomen, z. B. *Ferrein*, *Autenrieth*, *Mappes*, *Meckel* u. A. m. an der Leber eine Rinden- und Marksubstanz an, eine Annahme, die von *J. Müller* bereits 1830 (De glandularum secernentum penit. structura p. 83.), als in der Entwickelung der Leber und durch die mikroskopische Untersuchung derselben nicht begründet, verworfen worden ist, da die Verschiedenheit der Farbe, wie auch später *Kiernan* erwiesen, nur von der Verästelung der Gallengänge und dem sie umgebenden, bald mehr bald weniger blutreichen Gewebe abhängt.

Die Substanz der Leber besteht aus Läppchen und aus Gallengängen, welche in den Läppchen ihren Ursprung haben, aus Blut- und Lymphgefäfsen, aus Nerven und aus Zellstoff.

Der Zellstoff, welcher von der Fossa transversa aus die zuführenden Blutgefäfse und die Gallengänge als Capsula Glissonii umkleidet, und mit ihnen tief in das Gewebe der Leber eindringt, scheidet zuletzt als Tela interlobularis die Leberläppchen von einander, und trägt und unterstüzt die an denselben befindliche Verästelung der Blutgefäfse.

Die Läppchen der Leber (Lobuli s. Acini hepatis) liegen dicht gedrängt an einander, sind länglich, abgerundet dreiseitig, oder etwas platt gedrückt, haben nach *Kiernan* (The anatomy and phys. of the liver, in Phil. Transact. 1833. II. p. 711—770. Tab. XX.) eine Länge von $\frac{1}{2}$ bis 1 Linie, eine Breite von $\frac{1}{3}$ Linie und noch eine geringere Dicke, sitzen mit ihrer Basis unmittelbar an den dünnen Wänden der Lebervenen, in welche aus ihnen eine Venula centralis s. intralobularis sich ergiefst. Wenn die Maceration der Leber so gelingt, dafs die Tela interlobularis zerstört, und die Läppchen selbst hierdurch gelöst werden, so bleiben dieselben mittelst der Venula centralis an den Wänden der Lebervenen sitzen. Das hiesige anatomische Museum (vergl. *J. Müller's* Physiologie. Bd. I. Abth. 2. 1834. S. 428.) besitzt die macerirte Leber eines Eisbären, woran die Lebervenen von der acinösen Substanz, wie der Stengel vom Laub der Moose bekleidet sind. *C. F. Th. Krause* (*Müller's* Archiv 1837. S. 10.) bewahrt ein ähnliches Präparat von der mit harter Masse injicirten Leber eines Kindes auf. *Malpighi* (Opera omnia. Londini 1686. T. II. p. 61.) beschreibt schon die Gestalt der Acini als sechskantig oder vielseitig; er sagt: „Figura hexagona, vel plurium laterum est." Uebrigens ist die Gestalt derselben bei verschiedenen Thieren verschieden.

In den Läppchen befinden sich die äufsersten Enden des verästelten Gallenganges der Leber; doch weichen die Meinungen zweier sehr genauer Forscher über die Gestalt derselben von einander ab. Nach *J. Müller's* (a. a. O. und *Hildebrandt's* Anatomie von *Weber*. Bd. IV. S. 305.) mikroskopischen Beobachtungen bei Embryonen und an den Lebern einiger Kaninchen, deren Gallengefäfse sehr glücklich injicirt waren, sind die Endzweige des Gallenganges reiserförmig und stärker als die Capillargefäfse, liegen dicht neben einander, und endigen sich, ohne weiter dünner zu werden, gegen die Peripherie der Leber gerichtet mit cylindrischen, geschlossenen Enden.

Nach *Krause* (a. a. O. und in dessen Handbuch der Anatomie. 1836. Bd. I. Abth. 2. S. 513.) ist jedes Läppchen der Leber aus einer grofsen Anzahl länglich runder, hohler Körperchen oder Bläschen (Acini), von bräunlicher Farbe zusammengesetzt, in welchen die Secretion der Galle eigentlich vor sich geht, und woraus, auf eine noch nicht sicher erkannte Art, die Gallengänge ihren Ursprung nehmen, so dafs vielleicht jeder derselben mit den Höhlen einiger Acini zusammenhängt, und an der Oberfläche eines Läppchens, nicht aus der Basis desselben, in die Tela interlobularis hineintritt. *Krause* füllte nämlich 1835. bei der Injection der Leber eines erwachsenen Igels unter der Luftpumpe, durch einen Zufall die Gallengänge mit Luft an, wodurch alle Läppchen an der Oberfläche der Leber aufgeblasen erschienen, und durch ihre hellere Farbe leicht von der dunkleren, nicht aufgeblasenen Tela interlobularis unterschieden werden konnten. Bei mäfsiger Vergröfserung zeigte es sich, dafs alle Läppchen aus regelmäfsigen, runden, dicht an einander gedrängten und von Luft ausgedehnten Bläschen von $\frac{1}{40}'''$ bis $\frac{1}{40}'''$ Dm. bestanden. Hiernach hält *Krause* die Leber nicht für eine tubulöse, sondern für eine acinöse Drüse.

Henle (Ueber Schleim- und Eiterbildung 1838. S. 9.) untersuchte unter dem Mikroskop das Parenchym der Leber, und berichtet hierüber Folgendes: „Im Inneren der Leber besteht nicht nur die innere Wand der feinsten Gallencanälchen, sondern das ganze Parenchym, mit Ausnahme der Blutgefäfse, aus Zellen, deren Kern von sehr constanter Gröfse, einen Durchmesser von 0,0030—0,0033''' hat, und vollkommen rund, mitunter etwas platt gedrückt ist. Die Zellen selbst sind durch den Druck, den sie aufeinander ausben, polygonal, meist vier- oder fünfeckig, im Durchschnitt von 0,007''' Durchmesser."

Ed. Hallmann (Dissertatio de cirrhosi hepatis. Berolini 1839. 8.) fand diese Zellen durchsichtig, und bemerkte, dafs jede einen, zuweilen zwei Kerne enthielt. Aufser den durchsichtigen Zellen bemerkte *Hallmann* einzelne opake von gelbbräunlicher Farbe, deren Inhalt sich in die kleinsten Körnchen theilen liefs. *Hallmann* ist der Meinung, dafs zwischen den dunklen und durchsichtigen Zellen kein wesentlicher Unterschied obwalte.

Die Gallengänge, Ductus biliarii s. biliferi. Aus den Läppchen der Leber treten die kleinsten Gallengänge in das Zwischenlappengewebe (Tela interlobularis), haben eine gelbe Färbung, sind dicker als die Capillargefäse, vereinigen sich im Verlaufe bald, und sehr oft mit den benachbarten, wodurch endlich gröfsere Zweige und Aeste entstehen, so dafs in der Fossa transversa aus jedem Hauptlappen der Leber ein ansehnlicher Ast hervortritt, von denen der rechte, nach Verhältnifs des gröfseren rechten Leberlappens, dicker ist als der linke. Beide vereinigen sich vor den in der Fossa transversa befindlichen Blutgefäfsen zum Lebergange (Ductus hepaticus), von ungefähr 2''' Durchm., welcher etwa $1\frac{1}{2}$ Zoll nach unten und innen verläuft, und sich dann mit dem Gallenblasengange unter einem spitzen Winkel zum gemeinschaftlichen Gallengange verbindet. Er liegt im Ligamentum hepatis duodenale, vor der Pfortader und an der linken Seite der Leberarterie.

Der Gallenblasengang (Ductus cysticus) ist kurz, gekrümmt, etwas enger als der Lebergang, und geht bald in den Hals der Gallenblase über. Die Gallenblase (Vesicula fellea s. Cystis) liegt in der Gallenblasengrube an der unteren Seite des rechten Leberlappens, hat eine birnförmige Gestalt, ist 2—4 Zoll lang, in der Mitte fast 1 Zoll weit, wendet das abgerundete, verschlossene Ende, den Blasengrund (Fundus vesiculae felleae), dem vorderen Leberrande zu, das offene, den Blasenhals, nach innen, hinten und oben, der Fossa transversa zu, und geht damit in den Ductus cysticus über. Die Gallenblase ist durch Zellstoff in der Gallenblasengrube der Leber befestigt, und aufserdem an ihrer unteren freien Seite von dem Bauchfell überkleidet.

Der gemeinschaftliche Gallengang (Ductus choledochus s. Porus biliarius) entsteht durch die Verbindung des Leber- und Blasenganges, ist 2—3 Zoll lang, etwa 3 Linien weit, läuft in schräger Richtung ab- und einwärts, und gelangt zu der hinteren und rechten Seite des absteigenden Stückes des Zwölffingerdarms, wo er sich gewöhnlich mit dem Ausführungsgange der Bauchspeicheldrüse, von deren Acinis er umfafst wird, verbindet, worauf er in sehr schräger Richtung nach innen und abwärts, die Muskelhaut des Zwölffingerdarms durchbohrt, und sich, indem er in die Schleimhaut desselben übergeht, auf einer gelbgefärbten Längenfalte derselben mit einer engen, hervorragenden Mündung öffnet. Die Gallengänge bestehen aus zwei Häuten, einer äufseren Zellhaut und einer inneren Schleimhaut. Die Zellhaut ist an den Gängen selbst und an deren gröfseren Zweigen dicker, wird allmählig mit der Verzweigung dünner, bis sie an den kleinsten Zweigen kaum mehr zu unterscheiden ist. An der freien Seite der Gallenblase ist diese Zellhaut von dem Bauchfell überzogen.

Die Schleimhaut verbindet sich an der Mündung des Ductus choledochus mit der Schleimhaut des Zwölffingerdarms, ist in den Gallengängen glatt, ohne Falten und Klappen; in der Gallenblase dagegen bildet sie viele Fältchen, die mit einander netzartig sich verbinden, wodurch Zellchen von meistens 5- oder 6eckiger Gestalt entstehn. In dem

Halse der Gallenblase und dem Ductus cysticus bildet die Faltung der Schleimhaut eine spiralförmig gewundene Klappe, die man sowohl beim Umstülpen des Ganges, als auch nach dem Aufblasen und Trocknen desselben, deutlich sehen kann. Die Schleimhaut ist überall, besonders aber in dem Halse der Gallenblase mit dicht stehenden Vertiefungen, einfachen Drüschen (Folliculi) versehen. Aufserdem wird dieselbe von einem Cylinderepithelium bekleidet (Vergl. *Henle* in *Müller's* Archiv. 1838. p. 112.).

Gefäfse der Leber.

A. Blutgefäfse. Sie zerfallen, wie bei anderen Organen, in zuführende und ableitende.

a. Die zuführenden Blutgefäfse sind die Leberarterie und die Pfortader.

1) Die Leberarterie (Art. hepatica), etwa $2\frac{1}{2}$ Linie dick, führt der Leber hellrothes oder arterielles Blut zu, und ist hiernach als das ernährende Gefäfs der Lebersubstanz zu betrachten. Sie entspringt aus der Arteria coeliaca, wendet sich hinter der kleinen Magenkrümmung schief nach rechts und oben, giebt die Arteria gastroduodenalis und coronaria ventriculi dextra ab, gelangt hierauf zur Querrine der Leber, und theilt sich in den rechten gröfseren und den linken kleineren Ast. Aus dem rechten Aste entspringt vor seiner ferneren Verzweigung die Gallenblasenschlagader (Arteria cystica), welche sich zu der Gallenblase wendet, und in zwei gleich grofse Aeste (Aa. gemellae) gespalten, sich baumförmig an der oberen und unteren Seite der Gallenblase verzweigt.

Der rechte und linke Ast der Leberarterie sind in der Fossa transversa von einer Zellscheide (Capsula Glissonii umhüllt, theilen sich in mehrere Zweige, dringen in beide Lappen der Leber ein, und verästeln und verzweigen sich vorzugsweise auf den Wänden der Gallengänge und der anderen Blutgefäfse, indem sie die Vasa vasorum der letzteren bilden. Nach *Fr. Aug. Walter* (Annotationes academicae. Berolini 1786. p. 96.) und *Kiernan* (l. c.) anastomosiren die Zweige der Leberarterie in dem Zwischengewebe der Leberläppchen nur mit den Capillargefäfsen der Pfortader, indem bei Injectionen durch die Leberarterie nur diese mit angefüllt wurde. Die Lieberkühnschen Injectionen widersprechen aber dieser Ansicht, indem hierdurch die Capillargefäfsnetze aller Blutgefäfse, sowohl von dem einen als dem anderen Gefäfse aus injicirt, angefüllt wurden.

Aufser der Arteria hepatica bekommt die Leber zuweilen noch Aeste aus der Arteria mesenterica superior, der coronaria ventriculi sinistra, der phrenica und der mammaria interna. In manchen Körpern ist die eigentliche Arteria hepatica kleiner als der Leberast aus der Arteria mesenterica superior.

2) Die Pfortader (Vena portae s. portarum) führt der Leber venöses Blut zu, welches von dem Blute anderer Venen nach *C. H. Schultz* (Ueber das Pfortaderblut, in *Rust's* Magazin f. d. g. H. Bd. 44. Hft. 1.) durch dunklere Farbe geringere Neigung zur Gerinnung, geringeren Antheil von Faserstoff, Eiweifs und Salzen, dagegen gröfseren Antheil von Blutroth und Fett sich auszeichnet. Die Pfortader ist hiernach hauptsächlich als das Galle absondernde Gefäfs zu betrachten, und verhält sich ungefähr ebenso znr Leberarterie, wie die Lungenarterie zu den Bronchialarterien sich verhält. — Die Pfortader ist ohne Klappen, und weit grösser als die Leberarterie; ihre Zweige nehmen das Blut von dem Magen, dem Darmcanal und der Milz auf, vereinigen sich wie die Zweige anderer Venen zu einem etwa 2½ Zoll langen und 7 Linien dicken Stamme, der zwischen den Platten des Ligamentum hepatico-duodenale, hinter dem Gallengange und der Leberarterie zum rechten Ende der Fossa transversa der Leber aufsteigt, dabei noch kleine Venen aus dem Zellgewebe und von der Gallenblase aufnimmt, und sich hierauf in den rechten dickeren, kürzeren und den linken kleineren, längeren Ast spaltet. Beide Aeste treten, von der Capsula Glissonii umgeben, unter oftmaligen dichotomischen Spaltungen in die Substanz der Leber, verzweigen sich sehr fein, gelangen in die Tela interlobularis und zu den Wandungen der Leberläppchen selbst, bilden in Verbindung mit den letzten Zweigen der Leberarterie ein Netz von Capillargefäfsen, woraus die Lebervenen ihren Anfang nehmen. Durch diese Netze von Blutgefäfsen erhält die weichere Tela interlobularis eine dunklere Färbung als die Leberläppchen.

b. Die ableitenden Blutgefäfse der Leber sind die Lebervenen (Venae hepaticae). Die Wandungen dieser Venen hängen mit der Lebersubstanz eng zusammen und sind sehr dünn, weil ihnen die Zellhaut fehlt. Sie entspringen theils aus dem Capillargefäſsnetze im Umfange der Leberläppchen, theils, was *Kiernan* zuerst beobachtet, mit einer Venula centralis s. interlobularis im Inneren jedes Läppchens. Da die Venula centralis an der Basis jedes Läppchens sich sogleich in eine Lebervene einsenkt, so sind die Lebervenenzweige von der acinösen Substanz der Leber, wie *J. Müller* sehr treffend bemerkt hat, gleichsam wie der Stengel vom Laub der Moose bekleidet. Alle Lebervenen laufen zu der Hohlvenenrinne der Leber, und senken sich daselbst in die untere Hohlvene ein. Die Anzahl derselben ist nicht immer gleich, man findet gewöhnlich 3 gröſsere und 8, oder noch mehr kleinere.

B. Lymphgefäſse der Leber. Sie entstehen theils an der Oberfläche, theils in dem Inneren der Leber. Die letzteren, oder die tiefer gelegenen begleiten vorzüglich genau die Gallen- und Blutgefäſse, treten aus der Leber in die Fossa transversa, vereinigen sich mit den oberflächlichen der unteren Fläche der Leber und mit denen der Gallenblase, gehen hierauf durch einige Lymphdrüsen und verbinden sich endlich mit dem Ductus thoracicus. Die oberflächlichen Lymphgefäſse von der gewölbten Fläche der Leber, treten gröſstentheils in das Aufhängeband derselben, steigen aufwärts, gelangen zwischen dem Schwertfortsatze des Brustbeins und dem Zwerchfell in die Brusthöhle, verbinden sich mit denen des vorderen Mittelfelles der Brust, und senken sich oben theils in den linken, theils in den rechten Milchbrustgang ein. Ein kleiner Theil derselben läuft von der oberen Fläche der Leber gegen den hintern Leberrand, tritt durch das Zwerchfell und gelangt noch in der Brusthöhle znm linken Milchbrustgange.

Nerven der Leber. Ihre Anzahl und Gröſse ist im Verhältniſs zur Leber sehr gering. Sie entspringen aus dem Plexus coeliacus, bilden im Umfange der Leberarterie das Lebergeflecht (Plexus hepaticus), wozu auch einige Aeste des Nervus vagus treten, begleiten die Leberarterie und treten mit ihren Zweigen in die Lebersubstanz ein.

Entwickelung der Leber. Bei den Embryonen der

Vögel, namentlich beim Hühnchen, haben ***Rolando, v. Baer*** und ***J. Müller*** die Entwickelung der Leber beobachtet, wobei sich ergeben, dafs sie wie die Speicheldrüsen durch eine Ausstülpung der Wandung des Speisekanals entsteht. Nach ***Rolando*** (sur la formation du canal alimentaire et des viscères qui en dépendent. Journal complém. du dict. des sc. méd. T. XVI. Paris 1823. p. 57.), zeigt sich am untern Theil des Darmcanals eine warzenförmige Ausbeugung, welche sich bald in zwei theilt, von welchen sich die eine in die Gallenblase, die andere durch successive Theilung in zahlreiche Zweige in den Lebergang verwandelt.

Nach ***v. Baer*** (***Burdach's*** Physiol. Bd. II. u. ***v. Baer's*** Entwickelungsgeschichte der Thiere. Th. I. Königsb. 1828. 4. p, 58—59.), erscheint die Leber bei dem Vogelembryo um die Mitte des dritten Tages der Bebrütung als zwei hohle, pyramidenförmige Schenkel des Speisecanals, welche den gemeinschaftlichen Venenstamm umklammern, und sich später in die beiden Hauptlappen der Leber verwandeln. Die Enden der Ausbiegungen des Speisecanals verlängern sich nach aufsen in die Gefäfsschicht und verzweigen sich im Innern, während ihre Grundflächen, indem sie immer mehr von der Darmwand an sich ziehen, bis sie ihre Zwischenwand verloren haben, sich zu einem cylinderförmigen Ausführungsgange vereinigen. Die Gallenblase entsteht als ein Divertikel des Ausführungsganges am 8ten, 9ten und 10ten Tage.

Nach ***J. Müller*** (de glandularum structura penit. p. 78 bis 80. Tab. 9. Fig. 1—4), hat der ausgestülpte hohle Theil der Darmwand am vierten Tage der Bebrütung fast dieselbe Dicke, als die übrige Darmwand, bald aber wird er viel dikker, enthält im Innern noch eine Höhle, welche bei der weiteren Ausbildung der Gallencanäle abnimmt, während sich in der Dicke der Lebersubstanz verzweigte Figuren und blinddarmförmige Körnchen ausbilden, welche letztere nicht deutlich hohl erschienen. Die Ductus biliferi bilden sich daher nach ***J. Müller*** nicht durch fortgesetzte Ausstülpung, sondern durch weitere Organisation des hervorgetriebenen Theils des Speisecanals. ***J. Müller*** verfolgte den anfänglichen Bau der Leber weiter, und fand bei mikroskopischen Untersuchungen lauter Blinddärmchen, oder kurze Reiserchen von gelblich weifser Farbe, die in der sonst blutrothen Substanz in unzähliger Menge dicht nebeneinander sichtbar wurden.

Malpighi (de formatione pulli in ovo. Opera omn. London 1686. Fol. p. 9), bemerkte am 7ten Tage der Bebrütung in der Lebersubstanz blinde, dem Lebergange anhängende Schläuche.

Beim menschlichen Embryo ist die Leber verhältnifsmäfsig desto gröfser, je jünger er ist. So fand *Fr. Aug. Walter* die Leber bei einem Embryo von 22 Tagen halb so schwer als den ganzen übrigen Körper. Sie wächst in der ersten Hälfte der Schwangerschaft rascher als in der zweiten, hat Anfangs eine mekr senkrechte Lage, so dafs die gewölbte Seite nach vorn, die concave nach hinten gerichtet ist. Die letztere ist in der Mitte der Schwangerschaft sehr stark ausgehöhlt und verdeckt von vorn, mit Ausnahme der Harnblase, fast alle anderen Theile der Bauchhöhle. Eben so ist im Anfange der linke Lappen der Leber fast eben so grofs als der rechte, während er bei Erwachsenen viermal kleiner ist. Das Gewebe der Leber ist anfänglich sehr weich und weit blutreicher als in späteren Zeiten.

Die Leber der Säugethiere ist im allgemeinen der Leber des Menschen ähnlich; allein bei einigen ist sie öfter eingeschnitten und dadurch die Zahl der Lappen vermehrt, bei andern sind dagegen die Einschnitte sehr flach und die Lappen undeutlich. In Hinsicht der Gallenblase ist bemerkenswerth, dafs dieselbe den Einhufern, ferner den Hirschen, Kameelen, Elephanten, Nashorn, mehreren Nagern u. s. w. fehlt; dagegen senken sich bei andern Thieren z. B. dem Stiere und Schaafe die Gallengänge der Leber in der Gallenblasengrube, sogleich in den Grund der Gallenblase ein, und werden deshalb Leberblasengänge (Ductus hepaticocystici) genannt.

Literatur:

Werner Rolfink, de hepate diss. Jenae 1653. 4. — *Fr. Glisson*, anatomia hepatis. London 1654. 8., rec. in Mangeti Bibl. anat. Vol. 1. — *M. Malpighi*, de hepate. In ejusd. de viscerum structura exercit. Bonon. 1666. 4., in Oper. omn. Lond. 1686 fol. u. in Manget. Bibl. V. 1. — *J. B. Bianchi*, historia hepatica. Taurin. 1711. 4. ed. III. Genevae 1725. 4. 2 Vol. — *J. B. Morgagni*, in Advers. III. Epist. anat. 1. 11. — *J. G. Günz*, observ. circa hepar. Lips. 1748. 4. — *A. Ferrein*, sur la structure des viscères nommés glanduleux, et particulièrement sur celle des reins et du foie, in Mém. de l'ac. de Paris 1733. 1749. — *J. F. Lobstein*, dissert. de hepate. Argent. 1775. 4. — *F. Vicq. d'Azyr*. Obs. sur les glandes de la vesicule de fiel, in Hist. et mém. de la soc. roy. de méd. de Paris 1777. 1778. — *C. F. Wolff*, de vesiculae felleae humanae ductusque cystici et choledochi superficiebus internis etc. in Act. acad. Petrop. 1779. Tom. I. II. — *F. Aug. Walter*, de structura hepatis et vesiculae felleae in Annotat. acad. Berol. 1786. 4. — *W. Saunders*, Abhandl. über die Leber u. s. w. Dresden und Leipzig 1795. 8. — *J. H. F. Autenrieth*, über die Rindensubstanz der Leber, in *Reil's* Archiv, Bd. VII. — *P. P. Maria*, essai inaugural sur le foie. Turin 1811. 4. — *J. M. Mappes*, dissert. de penitiori hepatis humani structura. Tubing. 1817. 8., in *Meckel's* Archiv, Bd. VI. S. 552. — *Henr. Bermann*, dissert. de structura hepatis venaeque portarum. Wirceb. 1818. 8. — *J. Seb. Schumann*, de hepatis in embryone magnitudinis causa, ejusdem functione, cum in foetu, tum in homine nato. Bresl. 1817. 4. — *Adalb. Langiewiez*, dissert. de hepate. Bresl. 1820. 4. — *Joh. Müller*, de penitiori hepatis structura in ejusd. comment. anat. de glandularum secernentium structura penit. Lips. 1830. Fol. pag. 67—84. Tab. VIII—XI. — *F. Kiernan*, the anatomy and physiology of the liver, in Phil. Transact. 1833. P. II. — *C. F. Th. Krause*, vermischte Beobachtungen und Bemerkungen, in *J. Müller's* Archiv 1837. S. 10 bis 17. — *Ed. Hallmann*, dissert. de Cirrhosi hepatis. Berol. 1839. 8.

S—m.

LEBERABSCESS. Abscessus hepatis. Der Ausgang der acuten und chronischen Leberentzündung in Eiterung, offenbart sich durch folgende allgemeine Kennzeichen. Im erstern Falle nimmt der früher vorhandene dumpfe Schmerz in der Lebergegend zu, und wird drückend und klopfend. Hat sich der Abscefs mehr an der convexen Fläche der Leber gebildet, so wird das Zwerchfell gedrückt und der Kranke genöthigt, sich nach vorn über zu beugen; die Schulterblätter wölben sich dann, und man nimmt gewissermafsen eine Verunstaltung des Brustkorbes wahr. Meist wird der Druck bald in dem rechten Hypochondrium, bald mehr nach vorn, bald mehr in dem Nacken, bisweilen auch in der Magengegend empfunden. Die Kranken können nur auf der rechten Seite liegen, und haben besonders bei aufrechter Stellung, ein Gefühl von Schwere im rechten Hypochondrium. Drückt man auf dasselbe, oder erleidet der Körper, zumal durch einen Sprung, durch ein rasches Auftreten u. s. w. eine Erschütterung, so wird der Schmerz dadurch gesteigert. Dazu gesellen sich sehr oft gröfsere oder geringere Kurzathmigkeit und ein anfangs trockener Husten, durch welchen so wie durch Niesen, Gähnen, rasches Einathmen u. s. w., der Schmerz noch vermehrt wird. Nicht selten klagen die Kranken über eine Taubheit, über einen ziehenden Schmerz in der Schulter, auch wohl im Schenkel der rechten Seite, welcher oft erst bei der Berührung dieser Theile hervortritt, und im Schenkel und in der Wade öfters einen höheren Grad erreicht. Die genossenen Nahrungsmittel bringen mancherlei unangenehme Empfindungen in der Magengegend zu Wege. Der Geschmack im Munde ist bitter, die Zunge belegt, der Appetit fehlt häufig, der Stuhlgang ist weifslich, faulig, blutig, verhärtet oder sehr wäfsrig, die Haut gelblich, der Urin trübe; den Kranken befällt flüchtiger Schauder, oft heftiger Schüttelfrost; das Fieber, welches die vorangehende Leberentzündung begleitet, dauert bei einiger Abnahme der Zufälle und dem Ausbleiben der Crisen mäfsig fort, und nimmt den Charakter des Eiterungsfiebers an. — Bildet sich der Abscefs an der unteren Seite der Leber, so machen sich die Zeichen gestörter Leberfunction mehr bemerkbar, wogegen Geschwulst und Schmerz deutlicher hervortreten, wenn die obere Fläche dieses Organs afficirt ist. Anschwellung, Härte und Vergröfserung desselben trifft man mehr oder weniger, entweder im Allgemeinen, oder örtlich, in den meisten Fällen an. — Man lasse, um sich von diesem krankhaften Zustande durch das Gesicht zu überzeugen, den Kranken horizontal und mit ausgestreckten Schenkeln und Füfsen sich hinlegen, und schiebe ihm noch ein erhöhendes Kissen unter den Rückgrath. Dann ragen entweder die unteren Rippen auf der rechten Seite, oder es tritt selbst der untere scharfe Rand der Leber, mannigfaltig verunstaltet, unter dem Rippenrande stark hervor. Will man den Sitz des Schmerzes und der Anschwellung, und Verhärtung der Leber durch das Gefühl erforschen, so untersuche man bei angezogenen Schenkeln und erschlafften Bauchmuskeln, oder auch, indem man den Kranken sich gleichzeitig auf Knie und Hände stützen läfst. — Die meisten Leberabscesse entstehen im rechten Leberlappen, selten werden sie im linken angetroffen. Sie machen sich mitunter und zwar dann nur wenig bemerkbar, wenn sie den beschriebenen Grad der Ausbildung nicht erreichen und wenn kleine Vomicae da sind, wobei der Kranke sich relativ wohl fühlt, und eine grofse Zahl derselben lange Zeit mit sich herum tragen kann, wogegen andere Individuen von ihrem Entstehen an bis zu Ende der Krankheit, eine Reihe von höchst turbulenten Zufällen entwickeln. — Der Eiter, welcher sich in der Leber erzeugt, hat immer eine ganz eigenthümliche Beschaffenheit, ist den Hefen ähnlich, und hat eine bräunliche, schwärzliche Farbe. — Die Ausgänge der Leberabscesse sind verschieden. — Ergiefst sich der Eiter in das Cavum abdominis, was dann nicht selten nach irgend einer Erschütterung des Körpers, und mit dem deutlichen Gefühle des Berstens statt findet, so erfolgt der Tod unvermeidlich. Hat der Abscefs auf der convexen Fläche der Leber seinen Sitz, und adhärirt diese an dem Peritoneum, so öffnet er sich nach aufsen, und der Eiter kann in diesem Falle ausgeleert werden. Es bildet sich dann zwischen der 3ten, 4ten und 5ten falschen Rippe, oder in der Herzgrube, nach der Hüfte, dem Nabel u. s. w. hin, eine mehr oder weniger deutlich fluctuirende Geschwulst, die sich unter den, bei jedem Abscesse gewöhnlichen Erscheinungen öffnet, worauf späterhin die Symptome des offenen Abscesses eintreten. — Wenn sich aber dieser tief im Parenchym der Leber bildet (vomica hepatis), so entwickelt sich eine Leberschwindsucht, und man findet nach dem Tode das ganze Eingeweide nicht selten vereitert, aufgelöst und zerstört; das Leberparenchym ist dann in eine klebrige, violettbraune Masse aufgelöst, welche gelbliche und weifse Punkte, Spuren des sich bildenden Eiters enthält, welche in manchen Fällen in kleine, anfangs Bohnen grofse, zahlreiche, oft in ungeheurer Menge vorhandene Abscesse, die einen wäfsriggelblichen, oder klebrig bräunlichen, den Weinhefen gleichenden, stinkenden Eiter enthalten, sich vereinigen, wieder in einander übergehen und bisweilen die ganze Leber anfüllen, so dafs diese einem grofsen Sacke, oder einer Blase gleicht. Zuweilen trifft man mehrere ansehnliche Abscesse in der Leber an, die mit einander keine Gemeinschaft haben. — Mitunter ergiefst sich der Eiter in den Darmcanal. Dies geschieht entweder, wenn eine adhärirende Darmwand sich auflöst, oder es findet durch die Gallengänge statt. In Folge dessen wird ein fürchterlich stinkender Eiter durch den Mund oder After, unter heftigem Würgen, Coliken, Durchfall, Stuhlzwang u. s. w., je nachdem der Eiter in die obere oder untere Partie des Darmcanals sich ergiefst, ausgeleert. Dieser Ausgang kann, wenn die Kräfte des Kranken nicht zu sehr erschöpft sind, durch einen langwierigen, eiterigen Durchfall zur Besserung führen. — Bahnt sich der Eiter einen Weg in die rechte Niere, so geht er mit dem Urine ab. Es bildet sich dann, wenn dieselbe zerstört ist, ein schwindsüchtiger Zustand aus. — War die Leberentzündung mit Lungenentzündung zusammengesetzt, so dringt der Eiter in die Lungen und wird ausgehustet. — Findet Verwachsung der Leber mit dem Zwerchfelle statt und liegt der Abscefs oben, so bahnt der Eiter sich oft einen Weg in die Brust und bildet ein Empyem, oder frifst die Lungensubstanz an und tritt in diese. — Ein anderer, durchaus unerklärlicher Ausgang der Lebereiterung, besteht in einer Metastase auf die Wadenmuskeln. Es bildet sich nämlich unter diesen ungemein rasch ein Geschwür, welches innerhalb einer kurzen Zeit die Knochen zerstört. Gleichfalls entleert sich der Eiter auf anderen, sonderbaren Wegen durch Kanäle, die nach dem Nabel, der Milz, den Schenkeln, den Bauch und Lendenmuskeln, der Harnblase u. s. w. hingehen. — Gelbsucht, Obstruction, Dyspepsie, Abmagerung, lentescirendes Fieber, Wassersucht u. s. w. begleiten diese beschriebenen Vorgänge. Zuweilen, aber nur sehr selten, wird der Eiter absorbirt und der Abscefs kommt demgemäfs nicht zum Aufbruche. Dies hat indessen mehr oder weniger wichtige allgemeinere Uebel zur Folge. — Vorangegangene partielle oder totale, meist acute, seltener krampfhafte Leberentzündung, welche auch durch Verletzung der Leber mittelst Stofs, Fall, Verwundung, Druck, kurz durch Alles, was Entzündung erregt, hervorgebracht werden kann, bedingen den Leberabscefs. Atrabilarische Constitution, hohe Reizbarkeit der Leber, Stockungen im Pfortadersystem, Gicht, Rheumatismus, Hämorrhoiden, ein heifses, feuchtes Klima, besonders unter den Tropen, in Westindien u. s. w., begründen die Disposition zur Leberentzündung. Nicht selten geben Kopfverletzungen, namentlich Commotionen, zu Leberabscessen Anlafs. Männer sind demselben weit häufiger als Frauen unterworfen. — Die Prognose ist hier im Allgemeinen sehr ungünstig. Ergiefsen sich die Abscesse in die Bauch- oder Brusthöhle, so sind sie meist

tödtlich,

tödtlich; bahnen sie sich einen Weg nach aufsen, so greifen sie, wenn ihr Contentum sich nicht bald entleeren kann, weiter um sich, und verursachen ungeheure Zerstörungen im Parenchym der Leber, neue Entzündungen, Fisteln, Caries der Rippen, hektisches Fieber, Auszehrung, Wassersucht etc. Kann dagegen der Abscefs, zufolge seiner Lage, chirurgisch behandelt, und nach aufsen geöffnet werden, und ist keine krankhafte Disposition vorhanden, so erfolgt die Genesung. In nicht seltenen Fällen erweist die Natur sich hier hülfreich. — Bei der Behandlung mufs die weitere Ausbildung des Leberabscesses möglichst behindert, den allgemeinen Folgen desselben begegnet, und auf alle Weise dem vorhandenen Eiter ein Ausgang verschafft werden. — Ersteres wird durch eine vorsichtige, dem Grade der Kräfte und den übrigen Umständen angemessene, antiphlogistische, ableitende Behandlung, und zwar durch Blutegel, Schröpfköpfe, Blasenpflaster, leichte Purganzen, Emulsionen, Molken und ganz besonders durch Mercurialien bewirkt. Nachtheilig sind diese Mittel aber, wenn das Uebel schon vorgeschritten ist. Dann sind neben einer stärkenden, nährenden Diät: China, Säuren, Kalkwasser mit Milch, isländisches Moos u. s. w. angezeigt. — Die künstliche Eröffnung der Leberabscesse liefert bei Behandlung derselben immer die günstigsten Resultate. Sie wird überall da, wo das Messer Zugang findet, namentlich bei allen Abscessen auf der vorderen Fläche, am vorderen oder hinteren Rande, selbst an dem vordersten Theile der Convexität der Leber unternommen, und man hat von der diesem Organe dadurch beigebrachten Verletzung keine üble Folgen zu befürchten, indem die Lebersubstanz an der abscedirten Stelle nach aufsen hin verdünnt wird, gleichzeitig aber in solchem Umfange mit der Bauchhaut verwächst, dafs dadurch Eitererguss in die Bauchhöhle verhütet wird. Damit dieser aber, in Folge der Lösung der vorhandenen Adhäsionen der Leber mit dem Bauchfelle, nicht dennoch vor sich gehe, und damit der Uebertritt des Eiters in die Blutmasse, und die Bildung von Fisteln und Sinuositäten nicht zu Stande komme, eröffnet man den Abscefs, sobald sich nur die Zeichen der Tendenz zur Eiterung nach der Oberfläche, deutliche Fluctuation und Geschwulst zeigen. Um aber den Ausbruch des Abscesses nach innen zu vermeiden, wende man die zur Maturation desselben sonst empfohlenen Mittel nur mit grofser Beschränkung und nur kurze Zeit, unter der Form warmer, aromatischer und narkotischer Cataplasmen, maturirender Pflaster u. s. w. an, und ziehe grofse Ventosen und Vesicatore bei gleichzeitiger Lage des Kranken auf der rechten Seite, in Gebrauch. — Bei der Operation hat man zu beachten, dafs die Oeffnung zwar hinlänglich grofs und tief, um die zu frühe Schliefsung derselben zu verhüten, aber auch nicht zu ausgedehnt gemacht werde, weil man sonst leicht über die Grenzen des Abscefssackes hinausgeht, wodurch Eiterextravasation in die Bauchhöhle, und Fisteln veranlafst, aber auch die Därme und die strotzende Gallenblase verletzt werden können. Grofse Abscesse öffne man, um die zu schnelle Entleerung derselben zu verhindern, entweder mittelst wiederholter Punction, wozu man sich des Troikars bedient, oder mit nachheriger Dilatation, letztere in Form eines Kreuz- oder Längen- oder Tförmigen Schnittes, je nachdem die Umstände es erfordern, wobei die Verletzung der Epigastrica zu vermeiden ist. Sollte der Ausflufs stocken, was indessen durch eine hinlänglich grofse Oeffnung und eine mäfsig fest angelegte Binde, leicht vermieden werden kann, so dafs ein ganz einfacher Verband, bei zweckmäfsiger Lage, in der Regel bis zuletzt hinreicht, so lege man Charpiebäuschchen oder eine Röhre ein. — Kann man die Lage des Abscesses nicht genau genug ausmitteln, oder sollte man nicht im Klaren darüber sein, ob zwischen der Oberfläche des Abscesses und der Bauchhaut Verwachsung eingetreten, so unternehme man die von *Graves* (*Froriep's* Notizen. Band 17. Fol. 364) beschriebene Operation, von der man einen glücklichen Erfolg zu erwarten hat. Es wird zu dem Ende ein tiefer Einschnitt durch die Abdominalmuskeln, in der Richtung der Geschwulst, wo möglich bis etwa 1 oder 2 Linien vom Peritonaeum gemacht, und so der Durchbruch des Abscesses nach aufsen befördert, die Wunde mit Charpie ausgefüllt, und mit Reizmitteln, wodurch Verwachsung der Leber mit dem Bauchfelle bewirkt wird, verbunden. Der Abscefs öffnet sich hierauf in kurzer Zeit in die gebildete Wunde. Sollten üble Zufälle nach der Operation z. B. Entzündung, Erschöpfung, profuse Eiterung u. s. w. entstehen, so behandele man dieselbe nach den Regeln der allgemeinen Therapie.

Literatur:

Van Swieten, Comment. in Boerhavii, Aphorism. Tom. III. Aphor. 931. — *Bianchi*, historia hepatis etc. Turin 1716. — *Morton*, Phthisiologia. Libr. III. Cap. XIII. — *Ritsch*, Dissertatio de hepatis abscessibus a laesionibus capitis. Halae 1766. — *Haase,* Dissertatio de abscessibus hepatis. Lipsiae 1776. — *Lieberkühn J. L., Pr. Haaslo*, Diss. in m. de abscessibus hepatis 1776. — S. Neueste Sammlung für Wundärzte. Stück 6. Leipz. 1793. — *Clark*, über d. Krankheiten auf langen Reisen nach heissen Gegenden. Kopenhagen 1778. — *Bayon,* Histoire de Cayenne. Strasbourg 1779. — *Weissenborn, J. F.* Von dem Eitergeschwüre der Leber u. s. w. Erfurt 1786. 4. — *Burserius*, Institut. med. pract. Vol. 4. — *R. A. Vogel*, Praelect. academ. — *Schröder,* Commentat. de phthisi hepat. Rinteln 1790. — *Richérand,* sur les abscés du foie, qui accompagnent les plaies de la tête, im Journal de Médécine par *Corvisart, Leroux* et *Boyer*. *Frimaire*. An. XIII. (1804). — *Zanda, Franc.,* de hepatitide praesertim scrophulosa. Ticini Regii 1824. 8. — *Louis. P. Ch. A.,* anatomisch-pathologische Untersuchungen über Leberabscesse u. s. w. Aus dem Französ. von *Gustav Bürger*. Berlin 1827. — *Gendrin*, anatom. Beschreibung der Entzündung und ihrer Folgen; übersetzt von *Radius*. 2 Theile. Leipzig 1828. — *Bonnet, August,* Traité des Maladies du foie. Paris 1828. 8. Gekrönte Preisschrift. — *Rust's* Magazin. 1. Bd. p. 42. 2. Bd. p. 179. 9. Bd. p. 190. 13. Bd. p. 546—548. — *v. Gräfe* und *v. Walthers* Journal. 5 Bd. p. 146. 6. Bd. p. 543. — *Hufeland's* Journal. Februar 1829. pag. 35—44. An—e.

LEBERANSCHWELLUNG, Intumescentia hepatis. Zunahme des Umfangs der Leber ist ein krankhafter Zustand dieses Organs, welcher verschiedene Ursachen haben kann, womit aber keine wirkliche Veränderung der Structur verbunden ist (S. Lebergeschwülste). Bei der Intumescenz der Leber wird diese so grofs, dafs sie unter dem Hypochondrium rechter Seits vortritt, und eine Auftreibung der rechten Oberbauchgegend veranlafst. Sie kann nun Folge sein der Leberentzündung, die acute Leberanschwellung, und ist alsdann mehr oder weniger scharf begrenzt, glatt und fest anzufühlen, schmerzhaft etc. (s. Hepatitis); oder von übermäfsiger Blutanhäufung in der Substanz der Leber, wie wir dies häufig bei Rhachitischen, Scrophulösen, Hämorrhoidalischen, bei Europäern, welche sich in Ländern der heifsen Zonen aufhalten, so wie nach Wechselfiebern etc. vorfinden (s. Physconia hepatis); diese

Leberanschwellung, die chronische, characterisirt sich durch eine nicht begrenzte Geschwulst, die mehr nachgiebig, weich, wenig schmerzhaft, oder ganz unempfindlich ist, und häufig in ihrem Umfange wechselt. — Bei kleinen Kindern schwillt zuweilen die Leber an, ohne dafs irgend eine andere Krankheitserscheinung damit verbunden ist.

Leberanschwellungen sind an und für sich immer wichtig, deuten auf mehr oder weniger beträchtliche Störungen der Function dieses Organs hin, und können zu mancherlei traurigen, tödtlichen Ausgängen Anlafs geben. Was die Behandlung dieser Intumescenz anlangt, so richtet sie sich immer nach den sie veranlassenden Ursachen. (S. Hepatitis u. Physconia). — Die chronische Leberanschwellung kann leicht in Verhärtung übergehen, und giebt sich alsdann durch eine genau begrenzte, sehr harte, ungleiche, höckerige, mit stumpfen Schmerzen verbundene Geschwulst kund. (S. Lebergeschwülste.) E. Gr — e.

LEBERARTERIE. S. Coeliaca.

LEBERBRUCH. S. Hernia.

LEBERENTZÜNDUNG. S. Hepatitis.

LEBERENTZÜNDUNG BEI THIEREN. Sie kommt häufig vor, und zwar sowohl sporadisch als auch seuchenartig, und in letzterer Hinsicht verdient sie eben eine besondere Erwähnung. — Bei Pferden besteht sie bald allein, bald mit Lungen- oder Brustfellentzündung, zuweilen auch mit Bauchfell- und Darmentzündung, und in seltenen Fällen mit Hirnentzündung verbunden. Letztere Complication findet sich bisweilen bei der sogenannten hitzigen Kopfkrankheit der Pferde und bei dem Typhus, wogegen das gleichzeitige Vorkommen von Leberentzündung mit Pneumonie und Pleuritis am häufigsten bei der sogenannten Influenza oder Pferdeseuche beobachtet wird. Die Symptome der Leberentzündung bei Pferden sind: die Thiere versagen plötzlich das Futter (besonders das Körnerfutter), senken den Kopf, stehen mit den Füfsen unregelmäfsig, mehrentheils etwas breit auseinander, und bewegen sich sehr matt und mit schwankendem Hintertheil; der Blick ist traurig, etwas stier, die Bindehaut der Augen ist gelblichroth, oder ganz gelb, die Nasenschleimhaut dunkler roth als im gesunden Zustande, die Schleimhaut des Mauls gelb, der Rand des Zahnfleisches oft mit einem rothen Streifen eingefafst, die Zunge mit zähem Schleime bedeckt. Die Pulse der Arterien sind klein, mäfsig hart, 45—80 Mal in der Minute zu fühlen; der Herzschlag ist zuerst nur an der linken, nach einigen Tagen aber auch mehrentheils an der rechten Seite der Brust fühlbar. Das Athmen geschieht in den Fällen, wo das Parenchym der Leber leidet, nur mit einigen vermehrten Zügen und mit etwas vermehrter Anstrengung; wo aber ihre seröse Haut vorherrschend von der Entzündung ergriffen ist, athmen die Thiere sehr schnell und kurz. Die Temperatur ist an den Ohren und Füfsen wechselnd, an dem übrigen Körper, besonders in der Lebergegend, und an der ausgeathmeten Luft ist sie erhöhet. Bei einem in die Lebergegend gemachten Druck zeigen die Thiere Schmerz, indem sie laut stöhnen, und mit dem Leibe sich seitwärts biegen. Geschwulst und gröfsere Fülle in den Hypochondrien, wie dies manche Schriftsteller anführen, habe ich weder bei Pferden noch bei anderen Thieren gesehen. Die Haut ist trocken. Der Koth geht seltener, klein geballt, hart, mehrentheils hellgelb gefärbt ab; der Urin ist wässerig, sparsam; einzelnen Pferden fliefst auch eine gelbliche, schleimige Materie aus der Nase. Die Thiere legen sich gewöhnlich nicht nieder, doch machen Manche hiervon eine Ausnahme. — Wo die Leberentzündung zugleich mit einem Brustleiden complicirt ist, finden sich neben jenen Symptomen auch noch kurzer Husten, viel schnelleres Athmen, Schmerz beim Druck gegen die Rippen, anhaltendes Stöhnen während der ganzen Krankheit u. dgl. Symptome. — Der Verlauf der reinen, so wie der complicirten Leberentzündung, ist bei Pferden fast immer acut, und auf etwa 7—20 Tage beschränkt; doch giebt es einzelne Fälle mit mehr chronischem Verlaufe, besonders solche, wo das Uebel einfach besteht. Die Genesung erfolgt mehrentheils unter critischen Erscheinungen, entweder mit reichlichen Ausleerungen von dunkelgrünen oder bräunlichgefärbten, weichen, zuweilen mit vielem zähen Schleim umgebenen Darmexcrementen, oder mit Abgang von vielem dunkelbraunen Urin. Die Thiere zeigen dabei wieder Appetit, gröfsere Munterkeit; sie legen sich behaglich zum Ruhen nieder, und es vermindert sich die Gelbfärbung der Bindehaut und der Maulschleimhaut in kurzer Zeit beträchtlich. — Der Uebergang in Eiterung findet bei Leberentzündung der Thiere sehr selten statt, und ist während des Lebens durch kein Symptom wahrzunehmen. Verhärtungen kommen dagegen häufig vor, und zwar entweder in einem gröſseren Umfange des Parenchyms, bedingt durch plastische Ausschwitzungen in dasselbe, oder auch in Form von Tuberkeln. Ausschwitzungen auf der serösen Haut der Leber kommen in Form von weiſslichen, zähen Flocken recht oft vor, und nicht selten sind hierdurch Verwachsungen mit den benachbarten Theilen gebildet. Zuweilen führt die Entzündung auch eine Erweichung der Lebersubstanz, und als Folge hiervon eine Berstung derselben herbei. Alle diese Ausgänge sind bei dem lebenden Thiere nicht sicher zu erkennen, sondern man kann nur vermuthen, daſs der eine oder der andere von ihnen zugegen sein möge, wenn die Entzündungssymptome sich mindern, aber nicht ganz verschwinden; wenn die Thiere wechselnden Appetit, fortdauernde Gelbfärbung der Bindehaut zeigen, und sich unregelmäſsig niederlegen. Bei einem geringen Grade dieser secundären Leiden, können die Thiere noch lange Zeit fortleben, und für mäſsige Arbeit brauchbar bleiben; manche Pferde verfallen jedoch dabei in Abzehrung, oder in Rotz und Wurm. Die bei der Erweichung des Leberparenchyms zuweilen eintretende Berstung desselben ist immer mit einer Blutergieſsung verbunden, wobei das Blut zuerst sich innerhalb der serösen Kapsel anhäuft, so lange dieselbe dem Andrange widerstehen kann; später ergieſst es sich frei in die Bauchhöhle, und die Thiere sterben dann schnell unter allen Erscheinungen einer innerlichen Verblutung.

Die Ursachen der sporadischen Leberentzündung bei Pferden sind Stöſse, Quetschungen u. dgl. mechanische Einwirkungen auf die Lebergegend, ebenso drastische Purganzen und heftige Erkältungen. Die epizootische Leberentzündung scheint durch eine eigenthümliche miasmatische Constitution der Atmosphäre bedingt zu sein, vermöge welcher die Ausscheidung der überflüssigen kohlen- und wasserstoffhaltigen Bestandtheile des Blutes bei dem Respirationsprozeſse gestört oder erschwert wird, und in Folge dessen die Leber als ein zweites Reinigungsorgan für das Blut, durch jene Bestandtheile zu sehr gereizt, und in Entzündung versetzt wird.

Manche Thierärzte glauben auch hierbei an ein Contagium, doch ist dasselbe nicht erwiesen. Anhaltende Ruhe durch längere Zeit, reichliche Nahrung, besonders mit stark nährenden Körner- und Hülsenfrüchten, und dunstige, warme Luft, wirken als prädisponirende Ursachen. Im Wesentlichen sind dies dieselben Ursachen, welche auch bei dem Milzbrande am meisten nachgewiesen werden können, und *Waldinger* hat zum Theil aus diesem Grunde, theils aus Rücksicht auf die angedeutete Genesis der Leberentzündung aus zu reichlicher Anhäufung des Kohlenstoffes im Blute, die Behauptung aufgestellt: dafs Anthrax nur eine modificirte, acute Leberentzündung sei. Dies ist jedoch nicht richtig; denn niemals bildet sich bei dem Anthrax eine solche Veränderung des Leberparenchyms aus, wie sie bei der Entzündung gewöhnlich entsteht; und andererseits kann der höchste Grad der Hepatitis bestehen, ohne dafs die bei dem Anthrax immer vorhandene, eigenthümliche Entmischung des Blutes im ganzen Körper, mit Lähmung der Gefäfse und mit Ecchymosen an verschiedenen Theilen eintritt. Doch ist nicht zu leugnen, dafs zwischen beiden Krankheiten eine Verwandtschaft besteht, die sich dadurch äufsert, dafs die epizootische Leberentzündung häufig gleich vom Anfange an, oder doch nach sehr kurzem Bestehen, einen asthenischen Charakter besitzt, und dafs dieselbe zuweilen sogar in Typhus und Faulfieber ausartet.

Die Prognosis ist bei dieser Krankheit in der ersten Zeit, und wenn die Thiere zweckmäfsig behandelt werden, meistens gut, indem die Zertheilung der Entzündung und die Genesung der Thiere innerhalb der oben angegebenen Zeit zu erfolgen pflegt; ist das Uebel schon mehr vorgerückt, sind die Thiere sehr entkräftet, oder auch sehr alt, ist besonders eine Complication mit Brustfell- oder Lungenentzündung zugegen, so bilden sich zuweilen die oben angegebenen üblen Ausgänge. — Bemerkenswerth scheint die unter solchen Umständen zuweilen eintretende Metastasis der Krankheit auf die Beugesehnen der Füfse, besonders der Vorderfüfse. Es entsteht nämlich bei manchen Pferden zur Zeit der beginnenden Besserung plötzlich eine sehr schmerzhafte Entzündung der Beugesehnen zwischen dem Fessel- und Kniegelenk und hierdurch eine, meistens hartnäckige Lahmheit.

Die Kur der sporadischen wie der epizootischen Leberentzündung findet ganz nach den Regeln der Therapie statt, und es ist im Allgemeinen nur zu bemerken, dafs nach den besseren Beobachtungen bei dem epizootisch herrschenden Leiden energische Blutentziehungen nur in der ganz ersten Zeit, und nur von sehr kräftigen Pferden gut vertragen werden, dafs sie unter anderen Verhältnissen aber die Thiere sehr schwächen, die Genesung zurückhalten, und die eben bezeichnete Metastasis auf die Beugesehnen begünstigen. Bei akuter, sthenischer Entzündung werden gewöhnlich zuerst Aderlässe von 5—7 Pfd. gemacht, das Calomel zu 2 Drachmen mit etwa 8 Unzen Natrum oder Kali sulphuricum, in 3 oder 4 Portionen getheilt, binnen 24 Stunden gegeben, und dabei Vesicantia am rechten Hypochondrio applicirt. Die innerlichen Mittel kann man so lange fortgebrauchen, bis lokkeres, breiartiges Misten eintritt. Wo der asthenische Character der Entzündung deutlich ausgesprochen ist, setzt man zu dem Calomel bittere, bitteraromatische Mittel, auch die Aloë in kleinen Gaben. In diätetischer Hinsicht sind leicht verdauliche Nahrungsmittel, schleimiges, kühles Getränk und Ruhe erforderlich.

Die Prophylaxis besteht in der Vermeidung der genannten Ursachen. Aufserdem kann man, wo die Leberentzündung epizootisch herrscht, den gut genährten Pferden einen der Constitution angemessenen Aderlafs machen, und wenn die Thiere etwas Gelbfärbung an den Schleimhäuten zeigen, sogleich das Calomel und andere abführende Salze geben.

Bei den Rindern und Schafen herrscht, in Folge ähnlicher Ursachen, die Leberentzündung ebenfalls ziemlich oft seuchenartig. Die Krankheitserscheinungen sind bei beiden Thiergattungen denen beim Pferde ähnlich; doch ist bei ihnen die Gelbfärbung fast immer auch an der ganzen Oberhaut wahrnehmbar. Der Verlauf ist bei beiden Thiergattungen mehr chronisch als akut, und der Anfang geschieht schleichend und mit geringen Zufällen, wefshalb sehr oft das Uebel nicht gleich in seinem Entstehen beobachtet wird. Weit häufiger als bei Pferden erfolgen hier üble Ausgänge, namentlich Induration, Tuberkelbildung und Abscesse, und zuweilen scheint auch die Entstehung der Bauchwassersucht, der Fäule und der Egelkrankheit, wenn auch nur als Folge der durch jene Desorganisationen gestörten Assimilation aus einer schleichenden Leberentzündung ihren Ursprung zu haben. Doch darf die Leberentzündung für sich durchaus nicht für identisch mit der Fäule und Egelkrankheit gehalten werden, — wie dies häufig geschehen ist. — Die Kur der Leberentzündung bei Rindern und Schafen findet, mit Rücksicht auf den Charakter der Krankheit, auf dieselbe Weise statt wie bei dem Pferde; es ist jedoch zu bemerken, dafs man mit der Anwendung des Calomels bei diesen Thieren nur sehr vorsichtig sein mufs, weil dasselbe bei ihnen sehr leicht Magen- und Darmentzündung, oder ein übermäfsiges, erschöpfendes Purgiren verursacht. Den Rindern darf man dieses Mittel nur durch höchstens 2 Tage, täglich in 2 — 3 Gaben, jede zu $\frac{1}{2}$ — 1 Dr. reichen, — den Schafen nur zu IV — VIII Gr. Besser ist es, schon vom 2ten Tage andere laxirende Salze zu geben, namentlich Natrum oder Kali sulphuricum, Tartar. depuratus und Kali carbonicum. Man giebt diese Mittel bei akuter Entzündung blofs mit schleimigen Flüssigkeiten, bei asthenischem Charakter aber mit bitteren und bitter-aromatischen Mitteln. Bei dem letzteren hat sich auch Aloë und Terpenthinöl nützlich gezeigt. Aufserdem sind auch hier die bereits oben empfohlenen Derivationsmittel in der Lebergegend anzuwenden. Das diätetische Verhalten bei der Kur und die Prophylaxis werden so, wie hinsichtlich der Pferde angegeben ist, besorgt.

Liter.: *Waldinger*, *H.* Therapie, Thl. 1. S. 342 u. f. — *Dieterich's* Handbuch der speziellen Therapie. S. 195. — *Hurtrel d'Arboval*, Wörterbuch der Thierheilkunde. Bd. 3. S. 58. — *Becker*, über die epizootische Leberentzündung bei Hunden; im Magazin für die Thierheilkunde, von *Gurlt* und *Hertwig*, IV Bd. S. 311. — *Hertwig*, über die Influenza der Pferde. Ebendas. Bd. II. S. 329.

He — g.

LEBERFLECK. S. Chloasma.

LEBERFLUSS. S. Fluxus hepaticus.

LEBERGALLE, Galle, welche direct aus dem Lebergange herstammt, im Gegensatz der Gallenblasengalle, die aus dem Lebergange in die Gallenblase gelangt, dort verweilt hat, und consistenter geworden ist.

LEBERGANG. S. Leber.

LEBERGEFLECHT. S. Lebernerven.

LEBERGESCHWUELSTE. Dafs die Leber der Sitz mannigfacher Krankheiten sei, dafs die meisten Unterleibsleiden in ihr selbst oder ihrem Gefäfssystem ihren Heerd fänden, oder doch wenigstens sich daselbst wiederspiegelten, war den Alten sehr wohl bekannt. Es finden sich im *Hippokrates* (Aphor. L. V. Sect. 1. XLII. S. 2. XLIV., LI.; Lib. epidem. VII. p. 250., de dieb. crit. p. 473. und an vielen anderen Orten) im *Galen*, *Celsus* (L. IV. Cap. 8. L. II. Cap. 8. Lib. III. Cap. 24.), *Aretäus* (de diuturn. morb. I. 13.), *Cael. Aurelian.* (Tard. Passion. III. 4.), der Araber nicht zu gedenken, viele Stellen, welche darauf deutlich genug hinweisen. Nicht umsonst ward die Vena portae porta malorum genannt. Doch war man zufrieden, den Sitz der Krankheit zu kennen, ohne die anatomische Beschaffenheit der Theile nach dem Tode, welche allein zu ihrer genaueren Diagnose führen kann, sorgsameren Untersuchungen zu unterwerfen. Bekanntlich ist jene Diagnose überhaupt sehr schwierig, theils wegen der Aehnlichkeit der aus ihnen entspringenden Symptome, theils weil der die Unterleibsorgane versehende Ganglienapparat Functionsstörungen nur sehr allmählig und spät zum Bewufstsein leitet, also auch nur spät das Individuum auf sein Leiden aufmerksam gemacht wird, endlich aber auch weil selbst die rein objectiven Zeichen aus der Lage der Theile, durch die der Entwicklung pathologischer Producte unverhältnifsmäfsig geringen Widerstand leistende Nachgiebigkeit der Bauchwandungen, höchst unsicher gemacht werden.

Wenn irgendwo, mufste also hier, und zumal bei den Leberkrankheiten, die pathologische Anatomie sich helfend in's Mittel legen, um nach genauer Aufzeichnung der Krankheitsgeschichten im Hippokratischen Sinne ohne hypothetische Reflexion die Resultate der Leichenöffnung damit zu vergleichen. In dieser Weise behandelten *Bonet* (*Th. Boneti* Sepulchretum anatomicum seu anat. etc. Lugd.-Bat. 1700. und *Morgagni* (de caus. et sed. morb. per anat. indagatis. Lugd.-Batav. 1767.) die hierhergehörigen Gegenstände. Auch *F. Hoffmann* bereicherte die patholog. Anatomie der Leberkrankheiten in seinem Werke: de morbis hepatis ex anatome deducendis (Halae 1726.), so wie sich auch in *Bianchi's* Historia hepatica (Turin 1716.), u. a. a. O. manches die Lebergeschwülste betreffende vorfindet.

Doch gebührt erst in neuester Zeit den französischen und englischen pathologisch-anatomischen Forschungen *Bayle's*, *Bouillaud's*, *Laënnec's*, *Andral's*, *Cruveilhier's*, *Baillie's*, *Farre's* (the morbid anatomy of the liver. 4. London 1814.), *Carswell's* u. s. w. das Verdienst, Einzelnes genauer erforscht und untersucht, Anderes neu entdeckt, früher Zusammengeworfenes gehörig gesichtet, alles pathologisch Verschiedene genauer unterschieden und anatomisch beschrieben zu haben. Und hier sind insbesondere *Cruveilhier's* Beschreibungen (Anatom. patholog. du corps humain. Paris 1830., in verschiedenen Lieferungen) ihrer grofsen Deutlichkeit wegen nicht genug zu rühmen, da die meisten derselben sich an gut erzählte Krankengeschichten knüpfen. Auch *Mérat* im Dict. des sc. médic. (art. foie 1816.) hat der verschiedenen Lebergeschwülste beschreibend Erwähnung gethan (doch ohne genauere diagnostische Sichtung), und so ist es denn möglich geworden, eine Reihe chronischer Leberleiden, die sich zum grossen Theil unter der Form von Geschwülsten zeigen, wenigstens pathologisch-anatomisch zu unterscheiden, während freilich einerseits die Diagnostik vieler noch gar sehr der Feststellung bedarf, die Therapie derselben aber meist gänzlich im Argen liegt.

Es würde den Raum dieses Werkes überschreiten, sollten hier alle Leberkrankheiten ausführlich erörtert werden; für viele derselben ist auf andere Stellen desselben zu verweisen, und es sollen hier nur die wichtigsten Formveränderungen des Lebergewebes, insbesondere die Geschwülste derselben betrachtet werden.

In ihrem normalen Zustande besteht die Leber nicht, wie *Ferrein*, und die ihm nachfolgten, annahm, aus 2 Substanzen. *J. Müller* hat dies genügend in seinem Werke (de glandul. secern. struct. penitiori. Lips. 1830. p. 83.) aus der Entwickelungsgeschichte und durch die genauesten mikroskopischen Untersuchungen widerlegt. Durch die an der Oberfläche der Vögel- und Amphibienleber gelbweifs glänzenden Bündel der Gallengänge, zwischen denen blutfarbige, äufserst feine Gefäfsnetze zur Verbindung liegen (ein Bau, der beiläufig allen Drüsen eigenthümlich), ist jener Glaube an Rinden- und Marksubstanz der Leber entstanden. Auch *F. Kiernan* (Anatom. u. Phys. der Leber, in den philosoph. Transactions. 1833. II. p. 711—770.) zeigt ein Gleiches an der Leber des erwachsenen Menschen. Sie besteht nach ihm aus einförmigen Läppchen, die die Lebervenenwände so umgeben, dafs sie mit ihrer Basis die Venenwände selbst bilden. Diese Läppchen sind durch Zellgewebe (eine Fortsetzung der Glisson'schen Kapsel, mit der die Aeste der Pfortader, der Leberarterien und Lebergänge u. s. w. zu den einzelnen Läppchen dringen) mit einander verbunden. Die Pfortaderstämmchen gehen durch Capillargefäfsnetze in dem Parenchym der Läppchen in eine sogenannte Venula centralis über. Der Centraltheil des Läppchens gehört also der Lebervene, der Randtheil dem Pfortadersystem an; und je nachdem eine stärkere partielle Congestion entweder von der Lebervene oder von der Pfortadervene ausgeht, wird der Centraltheil (nach *Hallmann* der häufigere Fall) oder der Randtheil mit dunklerer Röthe gefärbt, und es gewinnt den Anschein, als ob man es mit 2 verschiedenen Substanzen, einer dunkelrothen mittleren, und einer je nach der in den Gallengängen enthaltenen Gallenmenge weifsgelblichen oder grünlichen, jene umgebenden, zu thun hätte, von denen man dann jene Mark-, diese Rindensubstanz genannt hat. *Henle* fand, dafs das Parenchym der Leberläppchen aus Kernzellen bestehe von polygonaler, meist 4—5eckiger Form und 0,0007''' Durchmesser. (S. Leber.)

Die Veränderungen des Lebergewebes zerfallen in die der Drüse selbst und in die der Ausführungsgänge und ihrer Adnexen, der Gallenblase. Die ersteren scheinen am passendsten unter mehrere Hauptgruppen zusammenzustellen. Je nachdem nämlich 1. das Volumen und Gewebe der Leber als solches vergröfsert oder verkleinert, oder alienirt ist, sind hier die verschiedenen Zustände der Hypertrophie, der Atrophie, der Cirrhose, der Fettsucht, der Verhärtung und Erweichung der Leber zu nennen; je nachdem sie 2. der Sitz von Afterorganisationen wird (wenn auch bei deren Elementarbau die Natur, nach *Müller's* Untersuchungen, dieselben Gesetze befolgt, wie bei dem der normalen Gewebe), gehören hierher der Tuberkel (Skrophel), Scirrhus und Carcinom, der Fungus medullar. und hämatodes, die Melanose und die Acephalocysten der Leber.

Die Krankheiten der Ausführungsgänge und der Gallenblase betreffend, so scheinen dahin die fasrigen, knorpeligen und knochigen Degenerescenzen (nach *Mérat* Dict. des sc. méd. XVII. art. foie) der Leber- und Gallengänge, die Verdickungen und Verwachsungen der Häute der Gallenblase (und deren resp. Afterorganisationen) und die Alienation der Galle, Steinbildung (S. Gallensteine) u. s. w. zu gehören. —

1) Die Hypertrophie charakterisirt sich durch absolute Zunahme der Masse und Schwere der Leber. Es finden sich in den Schriftstellern dafür mannigfache Beobachtungen. *Morgagni* erwähnt (L. III. Epist. 36. art. 2., 3., 23., 26., 27.; L. II. Ep. 21. art. 24., 36.; Ep. 45. art. 16. u. a. m. anderen Orten) Fälle, in denen sie weit über den Magen hinabreichte, und diesen comprimirte; andere, in denen sie „universum fere abdomen occupavit“, so wie Gewichtszunahmen solcher bis auf 14 und 20 Pfund. Aehnliches erzählen *Bartholin* im Sepulchretum (L. III. Sect. 1. Obs. 4.), so wie *Fantonius* (Observat. anat. medic. art. 24.), wo alle Unterleibsorgane durch das Gewicht der Leber comprimirt wurden etc. Die Structur derselben ist in der Regel unverändert, die Arterien nicht vergröfsert, die Venen aber bedeutend erweitert. Die Nerven sind bisweilen verhältnifsmäfsig kleiner gefunden worden. Das Innere der Leber ist meist weifslich und braunroth, bei genauerer Betrachtung mit einzelnen braunrothen Punkten wie besäet, und nicht selten härter als gewöhnlich. Beim Durchschnitt erscheinen fast nirgends die gelben Pünktchen aus den zerschnittenen Lebercanälchen, sondern die weifsliche Untermischung in der Farbe scheint von dem Zusammenfallen dieser Canälchen oder der Compression derselben und der Ablagerung von Fibrine zwischen die Gallengänge, die meist immer Statt findet, herzurühren. Die Gallenblase ist daher dabei auch gewöhnlich unverhältnifsmäfsig klein, und wenig, oft aschgrau gefärbte Galle darin enthalten. Die Milz, als das in gewissem Gegensatz zur Leber stehende Organ ist meist verkleinert, wie sich dies Gesetz bei vielen Hypertrophieen zu bestätigen scheint, wiewohl sich in den Beobachtungen auch Fälle genug aufgezeichnet finden, wo die Milz gleichzeitig um das Doppelte gröfser war (*Morg.* l. c. E. 36. art. 25.). Bei irgend bedeutender Vergröfserung der Leber ist Ascites vorhanden, über deren Zusammenhang zuerst *Rostius* und *Usenbenzius*

in den Act. N. C. (Tom. II. Observ. 178., und Cent. IX. Obs. 27.) vieles Erwähnenswerthe mitgetheilt.

Es ist hier zu erinnern, daſs beim weiblichen Geschlecht oft etwas als Hypertrophie der Leber erscheinen kann, was es nicht ist. Die Leber ist ein Organ, welches leicht äuſsere mechanische Eindrücke empfängt, und seine Form darnach modelt. So muſs auch hier des Einflusses der Schnürleiber gedacht werden (worauf neuerdings *Cruveilhier* in der 29. Lieferung der pathol.-anat. Abbildungen Tafel IV. bei Erörterung der Gallensteine, zuerst jedoch *Morgagni* Lib. II. Epist. 26. art. 23., Lib. III. Epist. 38. a. 55., besonders Lib. III. Epist. 56. art. 17., ... „esse posset locus, an arctioribus thoracis constrictionibus deberentur in jecinore, quo juniores uti solent" aufmerksam gemacht hat), durch welchen die Leber oft bis in die Hüftgegend hinabgedrückt und viel gröſser als die normale erscheint, während alle übrigen pathol.-anat. Charaktere der Hypertrophie fehlen.

Physiologisch betrachtet, nimmt die Masse des befallenen Organs nicht mit einem Male und in einzelnen Accessen, sondern stetig und gleichmäſsig zu, im Gegensatze zu den Folgen der (acuten) Entzündung, des plastischen Lymphexsudats in die Substanz der Leber, bei dem Ausgang in (gutartige) Verhärtung. Ob chronische Entzündung ohne allen Einfluſs auf Bildung von Hypertrophie bleibe, scheint nicht recht glaublich. Auch *Mérat* betrachtet diese als Folge jener. Die hypertrophische Leber übt ferner natürlich Druck auf die benachbarten Organe, stört deren Functionen, Verdauung, normale Blutbereitung, Circulation und Herzthätigkeit, erzeugt daher beschleunigten, oder aussetzenden Puls, wobei nicht immer, zumal im Beginn des Leidens, schon Symptome eines organischen Herzfehlers vorliegen. Die Leber selbst erregt das Gefühl einer lastenden Schwere. Die Secretion der Galle ist vermindert, da die Blutthätigkeit von der krankhaften Vegetation absorbirt wird, und sich somit auf absolute Massenvermehrung des Leberparenchyms richtet. Dadurch, und durch Hinderung der übrigen organischen Functionen entsteht, wie bei allen Hypertrophieen zum Leben nöthiger Organe, hoher Grad von Abmagerung des ganzen Körpers und dessen tödtliche, wenn auch späte Folgen, Febr. hectica, oder

Ascites bei gröfserem Torpor und constitutionell geringerem Bedürfnifs von organischem Ersatz, nebst dessen Ausgängen.

Das Aetiologische der Leberhypertrophie betreffend, so hat man (*Mérat*, *Larrey*, *Farre*) dies in chronischer Entzündung gesucht. Da jedoch Fälle genug der Beobachtung sich bieten, wo keine Spur jener aufzufinden, dagegen fort und fort im Inneren jene Massenzunahme Statt findet, so scheint es besser, auch in tieferen Organisationsverhältnissen ihre Momente aufzusuchen. Zu diesen gehören vor allen die Geneigtheit drüsiger Organe überhaupt zur Hypertrophie, dann aber das Lebensalter, selten der Evolution, wie bei Rhachitis und Skropheln, meist der Involution. Als specifische Reize für dies Organ gehören dann auch hierher der Genufs geistiger Getränke (wiewohl dadurch auch Alienationen des Gewebes, Fettsucht, Erweichung etc. [S. unten] erzeugt werden), und Krankheitsreize, welche insbesondere das Pfortadersystem, und die Ganglien des Unterleibes feindlich ansprechen, somit also die Intermittenten, wenn ihr Verlauf gestört ward, bei Erzeugung der sogenannten Fieberkuchen, und die als Abdominalplethora bekannten anomalen Hämorrhoiden, welche als fortgesetzte, venöse Congestionen, zum Theil wohl auch durch die chemisch verschiedene Beschaffenheit des Hämorrhoidalblutes, gar wohl geeignet sind, das Pfortadersystem mit Anschoppungen und Infarcten, der atra bilis der Alten, zu überfüllen, und so hypertrophische Zustande hervorzurufen. Der von jenen sogenannte Hepatoncus ist hier zu nennen, als eine Ueberfüllung des Lebergefäfssystems mit venösem Blut, wie sie Wechselfieber, besonders Tertianen, hervorrufen. Es gehören ferner als Ursachen hierher Dys- und Amenorrhoea evolutionis et involutionis, so wie Krankheiten des Circulationssystems, organische Veränderungen des Herzens, seiner Häute und Klappen, Aneurysmen u. s. w., wobei ersichtlich ist, dafs, wenn das Herz den auf ihm lastenden Blutdruck (sei es durch Krankheiten der Klappen oder durch Verdünnung mit Erweiterung seiner Wände) zu besiegen gehindert ist, Stauchung in der Vena cava ascend. u. s. f. in der Leber entstehen mufs. — Dafs auch mechanische Verletzungen der Leber geeignet sein können, eine Hypertrophie hervorzurufen, wie im *Bonetus* ein Fall erzählt ist, scheint wohl nur bei vorhandener Anlage möglich.

Die Diagnose betreffend, so werden dafür die Percussion, die in weiterer Ausdehnung einen matten (Leber-) Ton giebt, als es die Lage des normalen Organs mit sich bringt, Athmungsbeschwerden bei stärkerer Bewegung, zuweilen genirte Lage auf der linken Seite, oft seufzendes Athmen, so wie beschleunigter Puls, für den kein Grund in der Beschaffenheit und den Functionen der Brustorgane zu finden ist, bei weiterer Ausdehnung des Uebels, Abmagerung oder Bildung schlaffer Fettpolster auf der Haut (*Ballonius*), mit bleichem, leucophlegmatischem Ansehn, Oedem, Ascites, jeweiliges Erbrechen u. s. w. andeutende Zeichen geben. Nicht immer sind bedeutende Verdauungsstörungen vorhanden, zumal wenn den Kranken, wie das bald geschieht, von ihrem eigenen Körper die richtige, schmale Diät aufgezwungen wird. Die Farbe des Gesichts ist schlecht, meist bleich, nicht gelb (auch nicht die Sclerotica), nicht schmutzig und fahl (wie bei scirrhösen Leiden). Schmerz ist gewöhnlich nicht, nur bei stärkerer Körperbewegung, vorhanden; auch nicht immer die Lage auf der linken Seite gehindert. *Valsalva*, *Riolan*, *Morgagni* erzählen Fälle, in denen die Kranken „supini plerumque cubabant, quamquam poterant in utrumlibet latus.“ Bisweilen ist ziehender Schmerz zwischen den Schultern und in der rechten Schulter und Wade vorhanden, jedoch nicht immer und nicht zu allen Zeiten. In der Gazette médicale de Paris vom 23. Févr. 1839. giebt *Malcolmson* zu Madras als ein neues Zeichen das Bruit de bêlement, Blökgeräusch an, welches in der Gegend der 6. und 7. Rippe gehört werde, und zwischen Schleimrassel- und Blökton mitten inne stehe. Ueber das Lederknarren in Folge von lymphat. Exsudaten des Bauchfells, wie sie sich auch bei manchen Leberkrankheiten, z. B. der Cirrhose, finden, siehe in *Casper's* Wochenschrift (1838. Juli) einen Aufsatz von *Kyll*, der es bei einer Peritonit. chronica, die durch einen aus dem Mesenterio entspringenden Fungus medullaris bedingt war, beobachtete. In 3 Fällen, die ich selbst beobachtet, und wo die Section zwei Mal reine Hypertrophie und deren Folgen nachwies, ein Mal zugleich geringe Hypertrophie des ganzen Herzens (trotz weniger subjectiver Empfindungen von dieser Seite her), und in der verschlossenen Gallenblase zwei fast muskatnufsgrofse Steine gefunden wurden,

habe

habe ich jedes Mal sehr beschleunigten, kleinen, schwachen Puls, auch schon zur Zeit, wo alle übrigen Krankheitserscheinungen noch geringe waren, bleiche Gesichtsfarbe, aufser im letzten Falle, wo 8 Wochen vor dem Tode Gelbsucht eintrat (ict. virid.), Magerkeit und eine tiefe, sehr klangvolle, sonore Stimme mit einem gewissen Rasseln in den tiefsten Tönen, und einer durch tiefes Athmen oft unterbrochenen Sprechweise in kurzen Absätzen, nebst den plessimetrischen Symptomen der gröfseren Ausdehnung und Härte der Leber bemerkt.

Die Ausgänge dieser Leberkrankheit sind meist ungünstig. Genesung wird meist nur im Anfange und durch Stehenbleiben auf der bereits erlangten Entwickelungsstufe erzielt; es gehört zu den nicht häufigen Fällen, wo eine Intermittens depuratoria durch ihre Krisen der Hypertrophie nicht blofs Stillstand gebietet, sondern sie auch ganz schwinden macht. Bisweilen kommen Wechselfieber hinzu, und verschlimmern die Krankheit sogar. Dafs freie Entwickelung des übrigen Körpers, bei den Evolutionshypertrophieen des Kindesalters und der Pubertätszeit, Heilung der Rhachitis, der Skropheln, Eintritt der Periode, so wie in späteren Jahren des Hämorrhoidalflusses, Leberhypertrophieen theils gebessert, theils geheilt habe, dafür giebt es Erfahrungen genug. Der Tod jedoch erfolgt meist durch Ascites, bisweilen durch einen tabiden Zustand des ganzen Körpers, wobei der Eintritt des Zehrfiebers eines der schlechtesten Zeichen ist, so wie nicht minder lange vorher eintretende Diarrhoeen, die bei oberflächlicher Untersuchung für Intestinalphthisen angesprochen werden, auch wohl nicht selten von Exulcerationen gefolgt sind.

Für die Kur der Hypertrophie lassen sich, aufser der Causalindication, die auch für die Abhaltung schädlicher Reize vom kranken Organe sorgt, für die allgemein therapeutischen Indicationen, als Heilidee der Zweck aufstellen, der weiteren Entwickelung des Leidens durch zweckmäfsige, direct oder antagonistisch wirkende Mittel entgegenzuarbeiten. Jod- und Bromhaltige Mineralwasser, Bäder, nach *Larrey* Moxen, mögen, nebst geregelter, leicht nahrhafter Diät, Offenerhalten aller Secretionen, Reglung der Unterleibsfunctionen und Schutz der benachbarten Organe vor den durch Druck der

Leber erzeugten schädlichen Einflüssen, am entsprechendsten scheinen, letztere Vorschläge auch der Palliativindication zu genügen geeignet sein.

Den pathologischen Gegensatz eben beschriebener Krankheit bildet die Leberatrophie. Dafs es eine solche gäbe, ist wohl keinem Zweifel unterworfen. Zwar finden sich weder im *Bonet* noch im *Morgagni* auf reine Atrophie passende Beobachtungen, vielleicht *Morg*. Lib. III. Epist. 37. art. 2., wo die Leber „flaccidum et ab subpallidum vergens" war, und Lib. II. Epist. 22. art. 4. ausgenommen (in welchem letzteren Falle jedoch die Milz die Gröfse der Leber, und eine innere Hämorrhagie zuvor Statt gefunden hatte, die Leber aber in sich zusammengezogen und innen und aufsen blafs erschien); allein *P. Frank* (Epit §§. 249., 913.) erwähnt mehrerer Fälle, in denen die Leber zu einer kleinen Masse zusammengeschrumpft, saftlos, trocken und so hart wie Leder gefunden ward, nachdem im Leben icterische Leiden jeder Behandlung getrotzt; die Gallengänge waren obliterirt, Entzündung nicht vorhergegangen. Die pathologisch-anatomischen Zeichen beschränken sich somit auf Verringerung und Eintrocknung des Volumens, auf mehreres oder minderes Schwinden der sogenannten weifsen oder röthlichen Lebersubstanz; das Lumen der Gefäfse ist verkleinert, das ganze Organ ist blafs, blutleer; doch soll die Consistenz der atrophischen Leber nicht immer härter zu sein brauchen, und von der normalen oft nicht verschieden sein (*Bianchi*).

Die reine Atrophie der Leber ist wohl selten; bei Acephalis ist sie beobachtet von *Curtius* (de monstro humano. Lugd.-Bat. 1762.); öfter kommt sie bei Tuberkelentwickelung oder mit den Afterorganisationen, der Scirrhensippe besonders, und den Acephalocysten verbunden vor, da jene vorzüglich auf Kosten des Organs, in dem sie sich bilden, zu leben scheinen, und es in den Kreis ihrer Entwicklung und Zerstörung ziehen. Der Druck solcher Geschwülste auf die Pfortader und die zuführenden Blutgefäfse mufs nothwendig die Ernährung der Leber unterbrechen. Man hat auch zuweilen jene Gefäfse verwachsen gefunden. Jedenfalls bedarf die reine Atrophie noch genauerer Beobachtungen und Untersuchungen, wie überhaupt das ganze dunkle Heer der Leberkrankheiten.

Die Diagnose der Atrophie ist schwer festzustellen. Ascites, der sich hier einstellt, findet sich auch bei den meisten Unterleibskrankheiten ein. Sie möchte vielleicht auf negativem Wege, d. h. bei mangelnden Symptomen anderer Leberleiden zu versuchen sein. Langsames Heranschleichen, begreifliche Störungen der Gesammtverdauung und Ernährung, Abmagerung, gelbliche Gesichtsfarbe, Circulationsstörungen, der fehlende Leberton, oder der sehr beschränkte, die Untersuchung mit dem Gefühl, die Anamnese in Bezug auf nicht etwa vorangegangene Entzündung (die wohl eher, besonders die chronische, meist Verhärtung hervorruft), möchten vielleicht Atrophie vermuthen lassen. Aetiologie und Kur sind unbekannt. Ob nicht manche Gehirnkrankheiten, seien sie traumatischer oder organischer Art, in Beziehung dazu stehen, dürfte eine durch den dynamischen Zusammenhang beider, durch Erfahrungen an Geisteskranken, Maniacis, durch die Acephalie u. m. a. zu rechtfertigende Vermuthung sein.

Als erste der Veränderungen des Lebergewebes ist die Cirrhosis (von κιῤῥὸς zitronengelb) zu nennen. Es ist ein Verdienst der neueren und neuesten Zeit, auf diese Leberkrankheit wenigstens in pathologisch-anatomischer Hinsicht aufmerksam gemacht zu haben. Unter den Aelteren findet sich manches, was man hierauf beziehen mufs, und die Krankheit war ihnen bekannt, nur nicht unter dem Namen. In dem reichen Schatze *Morgagni's* z. B. (Lib. I. Epist. 3. art. 4. „jecur durum colore exterius rubellum marmor referens ex albido variegatum, interius autem elixo jecinori simile utrobique minimos ex quibus constat lobulos passim ostendebat", dann Lib. III. 36. art. 23. und 25., und Lib. II. Epist. 24. art. 34.), findet sich nach einem, mit starken, ein Aneurysma täuschend nachahmenden, allgemeinen Pulsationen, und mit Ascites verbundenen Leiden, eine Section, bei der die Leber „duriusculum et maculis exterius distinctum quaedam quasi granula mentientibus," gefunden ward. Ganz charakteristisch aber ist die Stelle des 3. Buchs (Epist. 38. art. 30. und 31.) „venter aquae ex viridi flavae copiam habuit maximam, in ea frusta innatabant, intestina nigricabant; . . . jecur durum intus extraque totum constans ex tuberculis, id est glandulosis lobulis evidentissimis et evidentissime distinctis nec tamen naturali majus. *J. Posthius* erzählt im Sepulcbret. (S. 21. Obs. 4. §. 21.) einen Fall, wo die Substanz der Leber im „.. Ascites interius tota granulosa fuit, granis nimirum quantitate pisorum ubique apparentibus. *Wepfer* (Obsv. 32.), *Ruysch* (Addit. Obs. 34.), *Brown* (Obs. 49.), *Hartmann* (Observ. 50.) erwähnen ganz hierhergehöriger Fälle, und machen schon auf die unnütze, oft schädliche Entleerung des Wassers, die sich schnell wiedererzeügt, aufmerksam.

Später erzählt erst *P. Frank* (Epit. Lib. I. §. 680.) die ausführliche Krankheitsgeschichte einer vornehmen Dame, die nach langjährigem Leber- und Milzleiden, so wie nach einem immer wiederkehrenden Hydrops ascites starb, bei welcher er einen Leberabscefs zu finden hoffte, bei deren Section jedoch die concave Leberseite ein ganz goldgelbes Colorit darbot, das sich auch in dem, einem zusammengedrückten Schwamme gleichkommenden, gleichsam macerirten und dennoch elastischen Parenchym der Leber vorfand, die Gallenblase wenig schwarze Galle enthielt, ein Abscefs aber nirgends gefunden wurde. Es scheint schwer dies auf etwas anderes als Cirrhose zu beziehen, und dennoch wie unvollkommen ist das darüber Berichtete. *Laennec* machte zuerst in neuerer Zeit auf dieses Leiden aufmerksam, und benannte es (*Laennec* de l'auscult. médiate. 2 Vol. Paris 1819. Obs. 25., 29., 35., 36.). Die meisten seiner Beobachtungen ergaben Verkleinerung des Leberparenchyms, gerunzelte, mit kleinen, gelben, warzenförmigen, runden oder ovalen, hanfsamengrofsen, trocknen, schlaffen Körnchen besetzte Oberfläche derselben und Mangel der normalen Lebersubstanz beim Durchschnitt, die durch jene Körner ersetzt zu sein schien; aufserdem meist Ascites. *Bouilland* (l. i. c.) fand auch jene vorspringenden, gelben Erhabenheiten, die Leber eher vergröfsert, unterschied aber noch 2 verschiedene Substanzen im Parenchym, so dafs dies wohl nur partielle Cirrhose war, und eigentlich nur sein 3. Fall ganz hierher passt. Später erörterten *Bright* und *Andral* (Cl. m. und An. path.) diese Krankheit. Wie *Laennec* die Cirrhose als Entwicklung eines neuen, auf Kosten der normalen Lebersubstanz wachsenden, daher diese atrophirenden Gewebes betrachtete, *Baillie* sie unter dem Namen braune Lebertuberkeln beschrieben zu haben scheint, so setzte *Andral* dieselbe in Hypertrophie der weifsen, Atrophie der rothen Substanz, etwas was eben so gezwungen und künstlich scheint, als *Bouilland's* Meinung von genauerer Trennung der normalen gelben und braunen Lebersubstanz gewifs unrichtig ist, da die feinere Anatomie der Leber gar nicht zwei Substanzen nachweist (S. oben u. Art. Leber). *Bright* (Reports of medical cases. 4. London 1827. pag. 89—110. Tab. 6.) erzählt mehrere Fälle, in denen die Leber äufserlich höckerig, knotig, fast knorpelhart, so wie im Inneren dichter und fester, im Ganzen von gelber oder gelbgrüner Farbe mit tiefen Furchen versehen war, während die Masse bald vergröfsert bald verkleinert erschien. Alles dies entspricht nur zum Theil der hier nöthigen genaueren Beschreibung, und *Cruveilhier* in seinem vortrefflichen Werk (l. c. Livrais. XII. Planche p. 1. 2. 3.) hat mit seiner vortrefflichen Zeichnung und Erläuterung dieser Krankheit eine fühlbare Lücke ausgefüllt.

Die anatomischen Zeichen der Cirrhose sind nach ihm Verkleinerung des Volumens und des Gewichts der Leber um fast ihren dritten Theil. Die Lappen derselben sind merklich mifsbildet. Ihr Gewebe ist gleichmäfsig viel dichter als gewöhnlich, ihre Oberfläche nicht glatt, sondern sie zeigt eine Menge körnig-rundlicher Erhabenheiten (granulations, daher foie granuleux, körnige Leber genannt) zwischen denen Vertiefungen, Furchen und verdickte Stellen, wodurch sie ein runzeliges, verschrumpftes Ansehen gewinnt.

Die umhüllenden Häute des Peritonäum sind an vielen Stellen verdickt und undurchsichtig. Die Farbe der Leber ist gelb, vom zeisiggelb bis zum dunkelbraungelb, und hängt von den Säften ab, von denen die Granulationen durchdrungen sind. Jene färben auch Papier gelb. Die gesunden, das Lebergewebe durchsetzenden Gefäfse enthalten ein seröses Blut. Der Gallenapparat enthält eine gelbe Galle von verschiedener Consistenz. Die Gröfse der Granulationen variirt zwischen der grofser Erbsen und der Hirsekörner. Die einzelnen sind unabhängig von einander, mit eignen Membranen versehen, und, (zuweilen) nur (?) durch Gefäfsstränge mit der Leber zusammenhängend. Dieser letzteren Ansicht widerspricht *Hallmann* (Diss. in. de Cirrhosi. Berol. 1839.), der bei seinen genauen und schätzbaren Untersuchungen weder die eigene Membran der Granula, noch auch das Gestieltsein derselben gefunden hat.

Ein Durchschnitt zeigt aufser denselben Ungleichheiten der Granulationsformen, wie an der Oberfläche, ein sehr dichtes, faserzelliges Gewebe, an Stellen, wo es im gesunden Zustande nicht vorhanden ist. Die Cirrhose kann allgemein und partiell sein. Der Durchschnitt einer Granulation zeigt bei (schwächerer) Vergröfserung ein schwammiges, gesundem Leberparenchym ähnliches Gewebe. Bei stärkerer Vergrösserung fand *Hallmann* ein ganz anderes Resultat. Die Körnchen der cirrhotischen Leber bestanden aus Zellen, deren sehr viele mit gröfseren oder kleineren Fetttropfen erfüllt, und über ihren normalen mittleren Durchmesser hinaus ausgedehnt waren, aufserdem aber aus ganz freien Fettkügelchen, welche meist bei Weitem gröfser als die Zellen waren. Die sogenannten Zellenkerne (nicht *Schwann's* Kernkörperchen) waren nur in sehr wenigen Zellen, die von Fett noch nicht angefüllt waren, zu sehen. Das Fett liefs sich aus den Zellen leicht ausdrücken. Diese Abnormität fand jedoch nur in den in der gesunden Leber von *Hallmann* sogenannten, durchsichtigen Zellen Statt; die dunklen gelben oder gelbbraunen Zellen der gesunden Leber fanden sich auch in der cirrhotischen. Das faserzellige dichte Zwischengewebe, was zwischen den Granulis der Cirrhose beim Durchschnitt sichtbar wird, fand er theils aus dichten Zellen, theils aus dichten, zahlreichen, sehr dünnen Fasern bestehend, wie sie (nur in viel geringerer Menge) in der Tela interlob. der gesunden Leber gefunden werden. Gekocht gab dies Gewebe auch 5 Mal so viel Leim als das gesunde.

Diesem zufolge scheint *Cruveilhier's* vermuthende Ansicht von der pathologisch-anatomischen Natur der Cirrhose, dafs sie nämlich in Atrophie der meisten, Hypertrophie der übrigen Lebergranulationen (granulations du foie) bestehe, insofern zu berichtigen, als sie in krankhafter Fettbildung der Granulationen, und vermehrter Faserentwicklung des Interlobularzellgewebes sich äussert. Letztere möchte ich nicht, wie *Hallmann* annimmt, Hypertrophie nennen. Diese existirt nicht ohne absolute Massenzunahme. Es gewänne dann den Anschein, als sei die Hypertrophie des Interlobulargewebes das Primäre, wobei unerklärt bleibt, warum nicht auch die Granulationen hypertrophisch würden. Viel einfacher und den Ergebnissen der schätzbaren Untersuchungen *Hallmann's* auch eher anzupassen scheint es, die Fettbildung in den Granulationen als das Primäre zu betrachten. Giebt es ja doch auch eine allgemeine Fettsucht der Leber, wie sie im Netze, den Nieren, am Herzen, in der Brustdrüse und an anderen Organen vorkommt.

Die partielle Fettbildung in den Granulationen der Leber, ruft in dem gefäfsreichen Interlobulargewebe den noch nicht ganz erloschenen Naturheilungsprocefs, Entfernung durch die Krisen der Entzündung hervor. Aber auch dieser Procefs geschieht krankhaft, unvollständig, unzweckmäfsig. Es erfolgt plastisches Exsudat in das Interlobularzellgewebe, das hier eben so faserig-zelliger Natur ist, wie die Adhäsionen der Pleura, die fibrösen Exsudate ins Lungengewebe, das hier ebenso Verhärtung, Dichtheit und Zusammengezogensein des Gewebes hervorruft (gleichsam eine Hepatisation der Leber selbst), wie in der Lunge, in der ganz neuerlichst auch *Corrigan* einen Fall von Cirrhose beobachtete, und in der Lancet (1838. Octob.) beschrieb. Durch die Contraction entsteht dann natürlich ein Hervordrängen der Fettgranula und das körnige Ansehen der Leber, so wie die gelbe Farbe, die sich aus der Farbe des Fettes und der hier, wenngleich unvollkommen vor sich gehenden Gallenbereitung und Ansammlung (so auch die verdickte, sparsame Galle in der Blase), eben so leicht erklärt, als der immer gleichzeitig Statt findende Ascites und die seröse Beschaffenheit des in den Gefäfsen befindlichen Blutes (*Cruveilhier*) eine nothwendige Folge der plastischen Exsudation, die das Blut seines Faserstoffs beraubte, zu sein scheint. Sehen wir ja doch auch bei anderen phlogotischen Processen in ihrem späteren Verlauf, theils nach Blutentziehungen, theils nach erfolgter Exsudation, ein ungünstigeres Verhältnifs des Serums zum Blutkuchen, wobei ersteres bedeutend überwiegt. Aufserdem aber haben auch alle Sectionen (selbst die ältesten *Morgagni's* für diese Krankheit) Zeichen stattgehabter Entzündung in den Nachbartheilen, auf dem Peritonäum, Verdickung desselben, Röthung des Duodenum, Jejunum u. s. w. (*P. Frank*, *Morgagni*, *Cruveilhier* T. I. L. XII. Pl. 1. MC., *Hallmann*) ergeben. Die Gewichtsverminderung der cirrhotischen Leber erklärt sich aus der Fettbildung. Ob aber die Masse, das Volumen wirklich immer verringert sein mufs, ob es nicht Fälle giebt, wo dies unverändert bleibt (wie auch manche Beobachtungen *Morgagni's* [l. c. I. Epist. 7. art. 11. I., Epist. 4. art. 16., II. Epist. 21. art. 33.] und *Bright's* anzudeuten scheinen), mufs, wie die ganze eben ausgesprochene Ansicht, durch weitere Untersuchung, die auch die früheren und verschiedenen Stadien der Krankheit in sich begreift, festgestellt werden.

Jener oben erwähnte Fall von *P. Frank* (Epit. L. VII. §. 680.) ist in jeder Beziehung höchst merkwürdig. Es kann auf keine andere Krankheit als Cirrhose bezogen werden, ungeachtet Volumenvermehrung Statt fand. Hypertrophie war es nicht. Das „macerirte, einem comprimirten Schwamme gleichende, und dennoch elastische, goldgelbe Gewebe war keinesweges schlaff und zusammengefallen, wie *Frank* ausdrücklich bemerkt, sondern kann nur als Umwandlung des Parenchyms der Leber in die oben beschriebenen, den Granulis eignen Fettzellen betrachtet werden. Auch hier war wenig schwarze Galle in der Gallenblase. Auch hier waren überall Pseudomembranen auf der Oberfläche und brandige Intestina. Aber wo war das Interlobularzellgewebe geblieben, das doch bei der Cirrhose mehr Fasern enthält, hier aber gänzlich fehlte? Das läfst sich ebenfalls aus obiger Ansicht erklären. Die Kranke hatte an Zeichen innerer Eiterung der Leber gelitten, eitrige, dem Fl. hepat. eigne Diarrhoeen gehabt, *Frank* einen Leberabscefs vermuthet, aber nirgends eine Spur davon gefunden; der vorhandene Ascites war auch nur ein saccatus der inneren Bauchfellwand. Es scheint daher wohl zuzugeben, dafs der angenommene Naturheilungsprocefs jener Fettumbildung hier nicht den Ausgang in plastisches Exsudat, sondern in Eiterung genommen, die durch die Gallengänge in den Darmcanal geführt, und so eliminirt wurde. Auch diese Ansicht mufs jedoch durch weitere Beobachtung bestätigt werden.

Ein noch viel gröfseres Feld jedoch bleibt dieser bei Feststellung der Pathologie, Aetiologie, Diagnose und Therapie dieses Leidens. Das wenige, was darüber bekannt, beschränkt sich auf Folgendes. Oertlicher Schmerz ist gewöhnlich nicht vorhanden, auch kein Gefühl von Schwere.

Das sicherste, allgemeinste, und immer vorhandene Zeichen ist Ascites mit oder ohne Oedem der Füfse; er kehrt nach Punctionen sehr schnell zurück. Er soll eine der häufigsten Folgen dieser Krankheit sein, und wo er nicht vorhanden, findet sich auch nach *Cruveilhier* nicht verringertes Lebervolumen. Herz- und Lungensymptome der bedeutendsten Art maskiren oft die Leberkrankheit, und wurden von Einigen, wiewohl mit Unrecht, als nothwendig mit ihr verbunden angenommen (*Baillie, Bouilland*). Der Ascites ist Folge der Cirrhosis (nicht umgekehrt), da, wenn auch der Ascites erst Gegenstand der Behandlung ward, doch in fast allen bekannt gewordenen Fällen längere oder kürzere Zeit vorher, mehr oder weniger tiefe Functionsstörungen der Unterleibsorgane und des Digestionsapparats Statt gefunden hatten; ferner weil Zeichen früher vorangegangener, partieller Peritonitis auf der Leber u. s. w. nicht fehlen, dann weil die Störung der normalen Hämatose in der Leber grofs genug ist, um an sich schon Ascites hervorzurufen. Aus den Morgagnischen Krankheitsgeschichten läfst sich ihrer Kürze wegen für die Cirrhosis nichts Symptomatologisches entnehmen; aus der Frank'schen, da der Fall so äufserst complicirt war, nur die unveränderte Gesichts- und Körperfarbe, bei gelbgefärbter Sclerotica, so wie Ausfallen der Haare, äusserste Abmagerung und Fames canina. — Zuletzt soll nach Anderen ein Icterus die übrige Haut schwach gelb färben, Fieber, wässerige Ausleerungen, höchste Abmagerung des Gesichts und der Oberextremitäten hinzukommen (*Leuschner* Diss. in. de dignoscendis hepatis morbis. Berlin 1838.). Wie wenig sind diese auch bei anderen Leberleiden so gewöhnlichen Endscenen des Trauerspiels geeignet, eine differentielle Diagnose zu geben. Die Aetiologie hat bis jetzt keine Momente, die Therapie keine Heilmittel angegeben. *Frank* liefs äufserlich Unguent. neapolit. in die Leber einreiben, und suchte die Kräfte zu erhalten, das Blut zu verbessern, die Secretion des Urins zu befördern. Extr. Chinae frig. parat. und Schwefelsäure, Digit. Columbo brachten bei jener Kranken einen Stillstand von 4—5 Monaten zu Wege, und dann folgte doch der Tod, den auch die Paracenthese nicht aufhalten konnte. Die Prognose ist also ganz schlecht.

Am passendsten schliefst sich hier die Fettsucht der

Leber an. Aufser im *Bianchi* (l. c. p. 119. und im *Bonet* p. 936. und *F. Hoffman* l. c.) findet sich bei den Alten fast nichts hierher gehöriges. *Mérat* (Dict. des sc. méd. art. foie) beschrieb zuerst eine fettwachsähnliche und fettartige Degenerescenz des Lebergewebes, bei der es eine mattweifse oder gelbe, dem Wallrath ähnliche Farbe und Consistenz zeige. Nach *Bichat* hat die Leber hier eine gelbliche Farbe, enthält fast kein Blut, ist äufserlich glatt anzufühlen, und unversehrt, und so grofs oder gröfser als die normale Leber. Die Leberfettsucht befällt auch Kinder sehr häufig. *Schönlein* betrachtet sie als eine Abart chronischer Leberentzündung. Die ganze Leber bildet eine gelblich-weifse, speckige, gleichartige Masse, entsprechend dem Lipom der Leber, das jedoch eine selbstständige, auf Kosten des atrophischen Parenchyms entwickelte, wenn auch ganz ähnlich organisirte Fettgeschwulst darstellt. Das Fett ist durch seinen Gehalt an Gallenharz ausgezeichnet. In der Gallenblase findet sich etwas Schleim oder eine röthliche, durch Blut gefärbte Flüssigkeit. Schwinden der Muskelhaut der Därme ist in den Leichen mit Erweichung der Schleimhaut derselben verbunden.

Die Symptome des Leidens sind gelbliches, in's grünliche ziehendes, wachsähnliches Colorit; zuweilen dyspeptische Erscheinungen, Appetitmangel, Druck in der Magengegend; Durst, schleimige, fast kein Gallenpigment enthaltende Durchfälle; weiche, aufgetriebene, wenig oder gar nicht schmerzhafte Lebergegend, dunkelroth (durch Cruor, nicht durch Gallenpigment) gefärbter Harn; meistens Brustbeschwerden und Beklemmungen.

Die Krankheit soll eine Folge des übermäfsigen Branntwein- und Mostgenusses sein; *Louis* fand sie jedoch auch sehr häufig in den Leichen an Phthisis Verstorbener. Sie endet selbstständig immer tödtlich durch die zur Abdominalparalyse führenden, erschöpfenden Diarrhoeen, und die Prognose ist daher nächst der Gröfse der Degeneration durch die Häufigkeit der Durchfälle insbesondere und den Grad der Abmagerung bestimmt.

Therapeutisch werden schmale, leicht nahrhafte Diät, Aufenthalt auf dem Lande, Gebirgsreisen, und gegen die Diarrhoeen Eisenmittel (Tra mart. salita) empfohlen. Bei der mit Phthisis verbundenen ist nichts zu thun.

Die **Erweichung** des Lebergewebes (über die ich weder im *Morgagni*, noch im Sepulchret., noch im *Hoffmann* eine betreffende Stelle finden konnte, wird von den Schriftstellern, besonders der Tropenkrankheiten (*Clark* Beobachtungen über die Krankheiten auf langen Reisen nach heifsen Gegenden. 1778. p. 184. u. folg.), in eine acute und chronische getheilt. Die acute ist eine Folge adynamischer Entzündung der Leber, und findet sich nach *Annesley* bisweilen bei der asiatischen Cholera und bei torpiden Fiebern ein. Viele Fälle des sogenannten Causus der Alten gehören hieher. Geschwulst, inneres Brennen und Schmerz in der ganzen Oberbauchgegend, mit grofsem Durst und Angst, schwacher Puls, braune Zunge, Erbrechen brauner Massen, deuten auf das acute Leiden, das auch bei Faulfiebern, der Coïlophlebitis und dem Typhus flavus sich findet. Die in den Tropen häufige Lebergangrän fällt wohl (*Pemberton*) mit dieser Art der Erweichung zusammen.

Das Lebergewebe nimmt die Consistenz eines braunen, grauen, oder schmutziggrünen Breies an, und weicht unter dem Fingerdruck auseinander. Die Krankheit ist ein tödtlicher Ausgang einer anderen. Die chronische Erweichung fällt zum Theil wohl mit den zelligen Degenerationen, bei denen sich rothe, Fleischgeschwülsten ähnliche Stellen in der Leber finden (burgeons charnues *Mérat*), und mit den gallertartigen, deren *Zacutus Lusitanus* (Prax. adnot. Obs. 38.) in einer Beobachtung Erwähnung thut, zusammen. Unter den Geschwülsten scheint das Sarcom dieser Veränderung am nächsten zu stehen. — Die Leber ist hier angeschwollen, scharlachroth, schwammig, zerdrückbar, sehr mit Blut überfüllt. Gewöhnlich findet sich Erweiterung der Hohlvenen und des rechten Herzens (*Boismont*, *Pemberton*).

Leichter Icterus, Erbrechen; ein eigenthümliches Colorit, scharlachrothe Wangen, um deren Grenzen sich gelbe Färbung zeigt (nach *Schönlein*), glänzende Haut, Aufgetriebenheit des rechten Hypochondriums, flüchtig stechende, nicht constante Schmerzen, Hervorragung der Leber über die Rippen, Weichheit, Empfindlichkeit und selbst Schmerzhaftigkeit derselben gegen Druck characterisiren die Krankheit. Anfänglich ist die Geschwulst des rechten Hypochondrium veränderlich; oft Tage lang zusammengesunken, erhebt sie sich bald bei heftiger Gefäfsreizung wieder zur vorigen und oft bedeutenderen Gröfse. Dafs die Digestion mitleidet, ist vielen Leberkrankheiten eigen. Selten findet Verstopfung, meist eigenthümlicher Durchfall gelber, gehackten Eiern ähnlicher Massen Statt, und während bei dem immer gleichzeitigen Leiden des rechten Herzens der Bichat'sche Druck in die Herzgrube öftere Ohnmachten hervorruft, häufige Apnoe eintritt, das Gefäfssystem sich äufserst leicht erregt zeigt, erhebt sich zuletzt adynamisches, durch die gegen Ende der Krankheit sich einstellenden, allgemeinen, hydropischen (hydrothoracischen und ascitischen) Erscheinungen in seinem Verlaufe noch beschleunigtes Fieber, welches immer den Tod herbeiführt.

Ueber die Aetiologie dieser tödtlichen Krankheit ist nichts bekannt; am häufigsten wird sie um die Pubertät beobachtet. Auch die Therapie beschränkt sich auf Palliativhülfe, Absorbentia, Hirudd. in die Herzgrube und an den After, Digital. u. s. w.

Die Verhärtung der Leber war den ältesten Schriftstellern über Medizin bekannt. Alle chronischen Leberleiden, mit wenigen Ausnahmen, waren hierunter zusammengeworfen. *Hippokrates* und *Galen* nannte solche Kranken ἡπατικοί; *Celsus* spricht von ihnen im 8. Capitel des 4. Buchs, wo er unter anderen Symptomen hierhergehöriger Krankheiten auch die Lähmung der Kiefer anführt. In *Bonet's* Sepulchretum (Sepulchr. Sect. XVI. und XXII.) fehlt es nicht an Beobachtungen von Leberverhärtungen. *P. Forestus*, *Ballonius*, *Molinelli*, *Burkgraf* erzählen deren ziemlich zahlreiche, desgleichen *Morgagni* Epist. I. 4.; E. 4. a. 16., 24., 35.; E. 10. a. 11., 19.; E. 22. a. 22.; E. 30. a. 12., 14.; E. 36., a. 2., 4., 23., 25.; E. 38. a. 16., 20., 30., und an vielen anderen Orten. Es gehören hierher ein Theil der verschiedenartigen, von *Mérat* angegebenen Degenerescenzen der Leber nach der Seite der Verhärtung hin; die faserige fibröse, wo die einzelnen Fasern denen der Dura mater gleichen; die knorpelige und knochige Entartung als die äusserste Grenze der Verhärtung. — Sie kann partiell und allgemein sein, und ist dann mit nicht sehr bedeutender Volumenvergröfserung, (meist nur so, wie sie überhaupt der höchsten Turgescenz eines Organs vor dessen Entzündung eigen ist) verbunden. Sie entwickelt sich wohl nicht selbstständig, meist immer in Folge von Entzündung, und die Behauptung des Gegentheils hat wohl in Verwechselung mit Cirrhose, Hypertrophie oder Scirrhen der Leber ihren Grund.

Das Gewebe der Leber fühlt sich bei derselben fest, hart, oft steinhart an. Die Lebergefäfse, namentlich die Pfortader, sind erweitert. Ist die Verhärtung total, so findet sich die Gallenblase zusammengedrückt, keine Galle in derselben, und nur etwas zäher, weifser oder mit Blutstreifen gemengter Schleim kleidet ihre Wände aus. Dabei finden sich denn die mannigfachsten Farben-Nüancen des Leberparenchyms, theils dunkelbraun oder grau, theils weifslich oder bunt marmorirt oder bleifarbig.

Ein Hauptmoment für die Entstehung der Verhärtung giebt die Geneigtheit aller drüsigen Organe zu diesem Entzündungsausgange. Hämorrhoidal- und arthritische Diathese, sowie die Menstrualanomalieen in der Involutionsperiode, geben im späteren Alter den inneren Grund zu ihrer Entstehung. Manche Leber- und Gallensteine, selbst schon Folgen jener, so wie sitzende Lebensart, gewürzte Nahrung, geistige Getränke, sind als äufsere Causalmomente anzusehen.

Man soll nach *Abercombie* den Ausgang in Verhärtung erwarten, wenn bei einer Hepatitis, bei nachlassenden Entzündungserscheinungen stärker icterische Färbung hervortritt. Das Heranschleichen einer chronischen Leberentzündung, deren Symptome unempfindlichen Kranken fast gar nicht zum subjectiven Bewufstsein kommen, entgingen auch oft dem Arzte, und liefsen ihn erst die Verhärtung finden. Eine Febricula, geringer, oft erst bei Druck bemerkter Schmerz, genirte Lage auf der rechten oder linken Seite, Schmerz in der rechten Clavicula, einige Blutstropfen aus der Nase, wie wenig ist das, um mit Sicherheit die chronische Entzündung zu erkennen, und die Zeichen der Verhärtung sind da, ehe man jene gewahr ward. Härte und Aufgetriebenheit des rechten Hypochondriums, welche die Untersuchung bei erschlafften Bauchmuskeln mit Hand und Plessimeter zeigt, gröfseres oder geringeres Hervorragen des scharfen Randes der Leber über die falschen Rippen, Gefühl von Schwere, das bei der Expiration (*Frank*) bedeutend zunimmt; Dyspnoe bei Lage auf der rechten Seite und nach dem Essen erscheint zuerst. Das Digestionsgeschäft liegt darnieder, verminderte Efslust, anfänglich träger Stuhl, später hartnäckige Verstopfung, sehr seltene Entleerung blafsgelber oder kreideweifser, harter Excremente, cachectische Leberfärbung des Gesichts, braunrother, schwarzer, Gallenstoff enthaltender Urin, Oedem des rechten Beins, allmählig eintretende Magerkeit mit leucophlegmatischem Aussehen sind die gewöhnlichsten Zeichen, die eine Leberverhärtung vermuthen lassen. Bisweilen finden sich Anfälle von Magenkrampf und Erbrechen bei reiner Zunge ein; Ekel vor süfsen, Verlangen nach bittern Speisen (nach *Aretäus* das sicherste Zeichen), Durst bei immer trockenem Munde, zuweilen trockner Husten, Gefühl von Kitzeln und Schwere im Larynx und der Trachea nach *Bagliv*, Kopfschmerz in der Stirn, schmutzig-grüne oder gelbe Conjunctiva (*Leake*) und ziegelrothe Sedimente im Harn sind gleichfalls dabei beobachtet worden.

Das Prognostische dieser Krankheit hängt von der Aetiologie und der Ausdehnung der Gewebeveränderung ab. Je bedeutender, gröfser die Härte, je stärker die icterische Färbung, desto schlimmer. Treten hartnäckige hydropische Erscheinungen ein, so ist wenig zu thun. In früherer Zeit jedoch läfst sich bei einem strengen, den individuellen und organischen Verhältnissen angepafsten Regimen, dem Genufs einer reinen Gebirgsluft, dem Gebrauch jeweiliger, örtlicher Antiphlogose, des Unguent. neapolit., des Calomel, der Belladonna, Cicuta, der auflösenden Kräuterkuren, des Taraxacum, Chelidonium, der Quekken und Molken (*F. Hoffmann*), des Tartar. tartarisat., des Natr. carbonic. und der hierhergehörigen, gleichfalls der Individualität angepafsten Mineralquellen und Bäder, Marienbad, Kissingen, Karlsbad manches erwarten. Von Ostindien und England her haben sich salpetersalzsaure Fufsbäder gleichfalls grofsen Ruf bei diesem Leiden erworben.

Unter den Afterorganisationen reiht sich an die Verhärtung am geeignetsten hier zuerst die Tuberkelbildung in der Leber an. Die Tuberkeln waren den Alten sehr wohl bekannt. Im *Bonet* wird ihrer (p. 1474. und 1483.) gedacht, und dort ist auch die practische Bemerkung *Fernel's* aufgeführt, dafs aufser Durst, Fieber, Diarrhoe und Ekel vor Speisen keine Zeichen die Krankheit verrathen, wenn nicht etwa höckerige Stellen dem Gefühle deutlich werden, was nur bei hohen Graden möglich ist. *Morgagni* erwähnt ihrer an mehreren Stellen (L. III. E. 47. a. 14., E. 51. 20. u. a. m. a. O.), desgl. *F. Hoffmann*. Die neuere Zeit hat ihnen speciellere Untersuchungen beschieden. Es sind hier *Andral*, *Baillie*, *Schröder van der Kolk*, *Carswell* zu nennen. So wie sie in allen Geweben vorkommen, so sind sie gerade in der Leber eine der häufigsten Krankheiten. Sie sind häufig im jüngeren, mittleren und vorgerückteren Lebensalter, häufiger nach *Baillie* bei Männern als bei Frauen. Oft nehmen sie die ganze Masse der Leber ein, und sind nah an einander gereiht, von rundlicher Gestalt, von überall Statt findender Unregelmäfsigkeit auf ihrer Oberfläche. Eingeschnitten zeigen sie eine bräunlich-gelbliche, weifse, feste Materie. Bisweilen sind sie sehr klein, oft nicht gröfser als der Kopf einer dicken Nadel, oft aber wie kleine Haselnüsse und grösser. Meist haben sie keine Kapseln, und sind von gesundem Lebergewebe umgrenzt, das theils entzündet ist, theils, besonders im früheren Stande der Entwicklung, keine Reaction zeigt. Auch hier geht der Tuberkel, wie in anderen Organen, entweder in Erweichung oder Verhärtung und Concretion über. Einige Fälle von knochenartiger Degenerescenz in der Leber (*Mérat*), deren *Voigtel* und *Sömmering* Erwähnung thun, gehören wohl unter diese Art des Uebergangs der Tuberkeln, während andere (*Walther*, *Meckel*) durch kalkartige Ablagerung auf den inneren Hydatidenhäuten entstehen. Dies gab wohl auch zu der Meinung (*Baron's*) Anlafs, dafs die Tuberkeln (wie bei den Finnen des Schweins) aus Hydatiden entständen. Immer erregt er zuletzt in den umliegenden Geweben Entzündung und Verhärtung, mit deren Folgen, Hydrops, nur selten durch Zerfliefsen Eiterung, und zieht jene, gleich den anderen Afterorganisationen, in den Kreis seines Erkrankens. Daher kommt es, dafs die Leber meist härter als gewöhnlich ist, dafs sie selten gröfser, meist in ihrer Ernährung behindert, atrophisch (bei gröfserer Menge derselben) erscheint, dafs ebenso die Secretion der Galle gehindert wird, und icterische Färbung der Haut entsteht. Die Gefäfse der Leber haben kleinere Durchmesser nach *Baillie*. Eine Art gröfserer, weifser Tuberkeln (die von ihm sogenannten great white tubercles) sollen zu 2 und 3 bei einanderliegend, von der Gröfse von Kastanien, öfter auf der Leberoberfläche als im Inneren bei einander gefunden werden, und aus einer sehr festen weifsen und einer dunkleren Substanz bestehen, oft zusammengedrückt oder auf ihrer Oberfläche ausgehöhlt sein.

Es ist hier nicht der Ort, auf den Streit über die Verschiedenheit der Tuberkel- und der Skrophelmaterie einzugehen (S. Tuberkeln). In neuerer Zeit sind sie, ihrer grossen Verwandschaft wegen, als identisch angesehen worden, und *Schönlein* (später *Albers*), hat eine genaue Unterscheidung beider versucht, indem er die Skrophelmaterie als etwas anorganisches, den anderen Excreten gleiches ansieht (wofür auch die Aehnlichkeit mit den in späteren Jahren vorkommenden gichtischen Ablagerungen, bei freilich verschiedener chemischer Beschaffenheit spricht), während der Tuberkel ein organisch selbstständiges Gewebe mit eigener Gefäfsentwicklung sei, und gewisse Processe durchlaufe u. s. w. Nur so viel sei hier bemerkt, dafs der Erweichungsprocefs der Tuberkeln, der, wie ich selbst mehrmals bei Untersuchungen von Lungenknoten gesehen, immer vom Centrum beginnt, ferner die Entwicklung von fast vollkommen gleichen Miliärtuberkeln, die bei Ablagerung skrophulöser Materie nie erfolgt, die in Embryonen gefundenen Tuberkeln, die aufser Zweifel gesetzte Contagion der Tuberculose, die Nichtansteckungsfähigkeit der Skrophulosis unter mehreren anderen, besonders eine Verschiedenheit beider Krankheitsprocesse mir anzudeuten scheint, die auch durch die etwa gleichen Ergebnisse chemischer Analyse nicht widerlegt werden kann (S. *Preuss* Diss. de tuberculorum chemica analysi. Berlin 1836.).

Die Aetiologie der Tuberkel beruht gröfstentheils wohl in hereditärer Disposition. Im höheren Lebensalter bei Männern hat auch der Genufs geistiger Getränke nach *Baillie* grofsen Einflufs auf ihre Entwicklung. Finden sie sich bei Kindern, so sind sie meist angeerbt. Speciellere ursächliche Momente ihrer Entwicklung in der Leber sind unbekannt.

Die Erkenntnifs derselben ist besonders im Anfange sehr schwierig. Dyspeptische Erscheinungen, Druck vor dem Magen ½ Stunde nach dem Essen, Ructus und selten galliges, mit den genossenen Speisen gemischtes Erbrechen, harter, verkohlter, träger Stuhl, seltne, nach oben ziehende und stechende Schmerzen des rechten Hypochondriums dürften ihre Entstehung vermuthen lassen. Schmutzig-grauliche Gesichtssichtsfarbe, Leucophlegmatie gesellen sich hinzu; Icterus und Gallenpigment im Harn nur wenn sie ihren Sitz auf der unteren Leberfläche haben. Schmerz und drückendes Gefühl unter den falschen rechten Rippen, immer zunehmende Dyspepsie und Stuhlverstopfung, und deutlich sichtbarer, harter, ungleicher, knotiger, vorderer Leberrand machen die Erkenntnifs leichter, wenn auch nicht ganz sicher. Fieber, Durst und Diarrhoe führt, wie oben erwähnt, *Fernelius* unter den Zeichen derselben an. Abmagerung bei Gedunsenheit des Gesichts, grofse Schwäche, zuletzt häufige Ohnmachten und Wassergufs in die Unterleibshöhle enden gewöhnlich die Krankheit, während in den Tropen Vereiterung und Leberabscesse mit darauf folgender Darmphthise gewöhnlicher sind. Wie ungünstig die Prognose, läfst sich hieraus ermessen.

Für die Behandlung ist es günstiger, wenn die Tuberkeln auf der convexen Fläche der Leber, oder sparsam im Parenchym entwickelt sind; hier ist nur sehr spät Icterus zu erwarten. Die Causalindication zu berücksichtigen, der Gebrauch vorsichtig und gelinde auflösender Mineralwässer, Marienbad, Kissingen, Ems, der Bäder und Pediluvien von Königswasser, leicht nährende Diät, Beachtung der Digestion und Anwendung etwa nöthiger, örtlicher Antiphlogose, möchten im Anfange das geeignete Verfahren sein, während später die Palliativhülfe eintritt.

Von den Scirrhen der Leber finden sich schon viele Beobachtungen im Sepulchretum (p. 1655., 1055., 1427., 971.), so wie im *Morgagni* (L. III. 36. a. 2, 67. 11. L. II. 29. 12. cum albis scirrhis u. a. a. O.). *Andral*, *Bayle* (Traité des maladies cancreuses. Paris 1811.), *Laënnec*, in neuerer Zeit *Cruveilhier* und *Müller* (Ueber den feineren Bau und die Formen krankhafter Geschwülste. Berlin 1838.) haben der Bildung der hierhergehörigen krankhaften Geschwülste genauere Untersuchungen gewidmet. Unter dem Artikel Cancer par masses disseminées handelt *Cruveilhier* in der 12. Lieferung seines Werkes die Scirrhen und Encephaloiden der Leber zusammen ab. Dies läfst sich nur in so fern rechtfertigen, als in der That manche Aehnlichkeit zwischen beiden Statt findet, und sich das Encephaloid auf dem Boden des Scirrhus entwickeln kann, als beide die Tendenz haben, in einen Zerstörungsprocefs überzugehen, der die

Theilnahme des Gesammtorganismus gar bald in den Kreis seines Erkrankens zieht, als beide Aftergewebe sind, die mit gewissermaſsen selbstständigem Leben verschiedene Bildungsperioden durchlaufen, als krebsähnliche Entartungen die häufigste und vielleicht schwerste aller Leberkrankheiten bilden, und sie auch ihren Erscheinungen nach wohl einer und derselben Krankheitsgruppe angehören. Dennoch aber scheint es besser sie mit *Müller* zu trennen, weil der Scirrhus viel langsamer die Periode seiner Gefäſserzeugung und seines Absterbens, der Verjauchung und Carcinombildung durchläuft, als das Encephaloid, ferner und hauptsächlich seines ganz verschiedenen anatomischen Baues wegen.

Es ist merkwürdig, daſs die Krebskrankheit, in Form einzelner zerstreuter Massen, eine besondere Vorliebe für die Leber äuſsert. 19 Fälle unter 20 gehören nach *Cruveilhier* diesem Organ an, und es dürfte sich dies Factum wohl nur aus dem Umstande erklären, daſs die Leber, von hoher Wichtigkeit für die Bluthereitung, auch das erste Organ ist, welches eine so durchgreifende Krankheit der Blutmischung widerspiegelt, wie sie den Organismen, in denen es zur Carcinombildung kommen soll, eigen zu sein scheint. Die Coloritveränderungen auf Gesicht und Körperoberfläche, die sich bei dieser ganzen Krankheitsgruppe vorfinden, sprechen gewiſs sehr dafür. Im Allgemeinen aber sind die physiopathologischen Verhältnisse dieser Uebel noch viel zu dunkel, als daſs es recht fruchtbringend wäre, bei ihnen mehr als das rein anatomisch-pathologische abzuhandeln.

Die Scirrhen der Leber zeigen sich als mehr oder weniger beträchtliche, kugelähnliche in der Dicke der Leber, oder in der Nähe der Oberfläche in rings umher gesundem Lebergewebe abgelagerte Massen. Sie entstehen unmerklich ohne Entzündung, veranlassen selbst aber diese zuweilen. Meist besteht eine genaue, sie abgrenzende Demarcationslinie. Nicht selten stellen sie meist nach der Theilung der Venen hin verlaufende Verzweigungen dar, und bisweilen scheinen in solchen Fällen an den Endzweigen des Scirrhenstocks unmerkliche Uebergänge vom gesunden zum kranken Lebergewebe Statt zu finden. Farbe, Gröſse, Lage, Consistenz derselben sind sehr verschieden, und nur selten findet sich nur eine Geschwulst in der Leber, wo dann immer eine Menge kleiner, hirsekorngroſser auſserdem vorhanden sind. Die Scirrhen (und Encephaloiden) entstehen gern an der Oberfläche der Leber, sind meist vorragend, und durch die Bauchwände zu fühlen. Sind sie groſs und oberflächlich, so bekommen sie meist eine becherförmige Vertiefung in der Mitte ihres höchsten Punktes. Das bekleidende Peritonäum ist verdickt, faserig, knorpelig, und bildet Verwachsungen der Leber mit den Nachbarorganen. Der symptomatische Ascites ist eher Folge der Peritonäalreizung als der Compression der groſsen Venenstämme durch die Geschwülste. Die Gegend des Aufhängebandes der Leber ist der häufigste Sitz dieser Degenerationen; doch ist auch der Lobulus Spigelii nicht frei davon. Die Zahl der Geschwülste steht in umgekehrtem Verhältniſs zu ihrem Volumen. Die Farbe-, Gröſse- und Consistenzverschiedenheiten derselben lassen in ihnen die verschiedenen Entwicklungsperioden der Entartung wahrnehmen. Beim Durchschnitt eines scirrhösen Tumors zeigt sich ein weiſses, wie (halbdurchsichtiges, aus getrennten strahlenförmigen Fibern [*Mérat*] bestehendes) faseriges oder knorpelartiges Gewebe, das unter dem Messer knirscht. Zwischen jenem zeigen sich netzförmige Maschen von gleicher Härte. Im Centrum solcher Tumoren findet man oft kleine, mit Feuchtigkeit erfüllte Höhlchen oder Löcherchen, welche durchsetzt sind von mehr oder weniger regelmäſsigen, fibrösen Säulchen. Bei starker Compression (mit einer Schraubenzange z. B.) sieht man auf der Durchschnittsfläche aus allen Zellchen derselben eine ziemliche Menge eines Milchsaftes hervorsintern, und dann wird der fibröse, höfchenartige Einschlag sichtbar. Nach Macerationen kleiner Blättchen eines solchen Durchschnittes sieht dieser dem erectilen Gewebe, z. B. der Schwammkörper, sehr ähnlich. Im Centrum des Tumors zeigen sich sehr entwickelte Blutgefäſse; doch finden sich auch andere, ihrer Kleinheit wegen kaum sichtbare. Das umgebende Lebergewebe ist theils unverändert, theils hyper-, theils atrophisch. Die Atrophie ist oft partiell auf einen Lappen oder kleinen Theil der Leber beschränkt, oft allgemeiner, und dann ist die Leber oft 6 bis 8 Mal kleiner gefunden worden, als gewöhnlich; kleinere atrophische Stellen sind oft entfärbt, und in Fasermasse umgewandelt. Die Farbe des Leberparenchyms ist sehr verschieden, natürlich gefärbt, mifsfarbig, gelblich, gelb, grüngelb; das Gewebe selbst ist infiltrirt, und gleicht oft einem mit trüber Flüssigkeit angefüllten Schwamm. Auch hier ist die Atrophie Folge der Compression der zuführenden Gefäfsstämme, so wie der Icterus, wenn er vorhanden, immer durch die Compression der Gallenausführungsgänge entsteht. Bisweilen ist consecutive Peritonitis zugegen, die sich den Nachbargebilden mittheilt, diese gegenseitig verwachsen läfst, und so oft durch das kleine Netz und die Glisson'sche Kapsel das scirrhöse Leiden auf Magen und Duodenum verpflanzt. Auch Pleuritis kann sich durch Fortpflanzung bilden. Oft ist auch die Gallenblase krebsartig verwandelt. Dafs auch krebsartige Degenerationen in anderen Organen vorhanden sein können, versteht sich von selbst, ist aber nicht nöthig. Der Ort des frühesten Entstehens der scirrhösen Degenerationen sind die einzelnen Leberläppchen.

Die Symptomatologie ist leider bei dieser Krankheit sehr unvollkommen. Die Zeichen aus dem Colorit haben von jeher bei den Scirrhosen als sehr wichtige gegolten, werden aber wohl immer von der individuellen Auffassungsgabe des Arztes abhängig bleiben. *Schönlein* giebt als bezeichnend spröde, auffallend rauhe Haut und ein schmutziges Erdgelb (nicht das Rothgelb des Icterus, sondern ein mit Grau gemischtes) dafür an. Die Krankheit befällt meist Menschen höheren Alters. Stechende, bohrende, brennende Schmerzen sind von Zeit zu Zeit vorhanden, und fehlen auch wieder ganz. Tiefes Leiden prägt sich in den Gesichtszügen aus. Ungleiche, höckrige, elfenbeinerne Härte des Leberrandes, wenn er zu fühlen, höchste Magerkeit, Ascites und das Colorit möchten die einzig verläfslichen objectiven Zeichen sein. Sonst ist die Summe der Erscheinungen beim Leberkrebs ziemlich schwankend. Störungen der Digestion, besonders zuerst im Magen, Anorexie, Gasentwicklung, Gefühl von Fülle in der Oberbauchgegend, Unruhe, Magendruck, so dafs die Kranken den Arzt fortwährend um Brech- oder Purgirmittel angehen; hartnäckige, mit Diarrhoeen wechselnde Verstopfung, oft letztere allein; Herzsymptome, Palpitationen, Oedem der unteren Extremitäten, endlich mehr oder weniger oft wiederkehrendes Erbrechen finden sich einzeln auch schon bei anderen Leberleiden, und nur die Vergröfserung des Lebervolumens, welches, den Rand der Basis der Brusthöhle überschreitend, beulenartige Erhabenheiten zeigt, sind, mit dem Complex der anderen Erscheinungen und mit finsterer und trüber Verstimmung der Psyche (die man oft für nervöse Hypochondrie hält), allein fähig, den Arzt das scirrhöse Leiden vermuthen zu lassen. Icterus ist in den seltensten (oben erwähnten) Fällen vorhanden. Complicationen mit anderen Leiden verdunkeln noch mehr das Feld der Diagnose, und noch viel trauriger ist es mit der Prognose und Therapie bestellt, deren letztere sich nur auf Abhaltung von Schädlichkeiten, Verordnung eines zweckmäfsigen Regimens, einer Milchdiät, Milderung lästiger Symptome beschränken darf, da mit allem anderen dem Kranken gröfserer Nachtheil gestiftet werden könnte, und keines der gerühmten Mittel je reelle Hülfe geleistet hat.

Aufser dem gemeinen Scirrhus beobachtet man in der Leber auch das von *Müller* beschriebene Carcinoma reticulare, welches bald hart, bald weich ist, und sich durch ein gelbliches Netzwerk auf dem Durchschnitt auszeichnet, begründet durch eine Aussaat von mikroskopischen, granulirten, undurchsichtigen Körperchen. Noch ganz kürzlich wurde diese Form von *Müller* in der Leber bei einem Carcinoma reticulare der weiblichen Brust beobachtet, während in einem anderen Falle von Carcinoma reticulare der Brust sich Knoten von gleicher Structur am Herzen entwickelten.

Am häufigsten sind in der Leber die Medullarsarcome.

Der Fungus medullaris und hämatodes der Leber sind Varietäten einer und derselben Krankheit, des sogenannten Encephaloids der Leber. Im *Bonet* lassen sich p. 517., 522., 974., 1051., 1473., im *Morgagni* L. III. E. 38., 28, 54., und E. 36. 2. darauf beziehen. Es ist dies die Variété molle des Cancer par masses disseminées *Cruveilhier's*. Beide Krankheiten verlaufen viel rascher als der Scirrhus der Leber. Blut- und Markschwamm entwickeln sich beide auf gleiche Weise, oft zu gleicher Zeit in demselben Organ, ja in demselben Tumor, und haben bei miskroskopischer Untersuchung gleichen Bau; nur enthält der Blutschwamm mehr Gefäfse, und diese mehr in ihren Durchmessern entwickelt. Unter dem Mikroskop zeigt der Fungus nach *Müller* ein flockiges, zartes Wesen, von milchähnlicher, in kleinen Zellen enthaltener Flüssigkeit infiltrirt. Das Encephaloid ist zu allen Zeiten gleich organisirt, und hat somit kein (scirrhöses) Stadium der Crudität. Es zeichnet sich aus durch seine Weichheit, seine weifsgraue, dem Gehirne eines jungen Kindes vergleichbare Farbe, und durch den Mangel der Strahlenfiber des Scirrhus. In dem Falle, wo wenig Gefäfse den Tumor durchlaufen, ist er gleichmäfsig weifs, und bildet den Fungus medullaris. Bei der zweiten Modification des Leberencephaloids, dem Fungus hämatodes, sieht man die zahlreichen Gefäfse wie platt gedrückt, vom Ansehn der Venen, nicht gewunden, oft zu gröfseren Höhlen (Ampullen) erweitert, mit sehr dünnen, leicht zerreifsbaren Wänden ihn durchlaufen. Aus dieser leichten Zerreifsbarkeit erklären sich die kleineren Blutaustretungen, wodurch der Tumor ein geflecktes Ansehn erhält, so wie die oft viel grösseren, mit Blut erfüllten Höhlen, die sich in ihm finden. Dieser Gefäfsreichthum, mit der dem Encephaloid eignen Weichheit, machen ihn einem röthlichen Brei ähnlich. Entfernt man durch Ausspülen die blutigen oder milchigen Massen, die ihn erfüllen, so bleibt nur ein zelliges und gefäfsreiches, maschenartiges Gewebe zurück. Vom Encephaloid zumal glaubt *Cruveilhier*, dafs es seine erste Entstehung aus dem venösen Capillargefäfssystem der Leber nehme, weil die Tumoren in Bezug auf den Ort und die Art ihres Erscheinens ganz den zerstreuten Abscessen gleichen, die man in der Leber nach einer Phlebitis findet, und weil er zuweilen aus Oeffnungen in den encephaloidischen Geschwülsten, durch Aufschneiden jener in Aeste der Pfortader gelangen konnte. Auch sie entwickeln sich auf Kosten der Leberläppchen, nicht selten des Interlobularzellgewebes.

Das meiste oben Gesagte über die Beschaffenheit der umliegenden Theile, der Farbe derselben, dem Verhalten zum Gesammtorganismus pafst auch ganz auf das Encephaloid. In diagnostischer Beziehung wäre lediglich der Unterschied zu machen, dafs es meist Individuen jugendlichen und mittleren Lebensalters befällt, dafs oft Fungen anderer Organe, nach *Schönlein* herpetische Leiden, vorangegangen, dafs weniger Schmerzen vorhanden sind, und, wenn eine Geschwulst in der Lebergegend fühlbar wird, diese weicher, ungleichmäfsig, und mit dem täuschenden Gefühl der Fluctuation begabt ist. *Cruveilhier* bemerkte in einem Falle, der auch durch ein täuschendes Herzleiden (mit Klappen-Blasebalggeräuschen) verdunkelt war, noch vor dem Auftreten irgend bedeutenderer Erscheinungen, eine chlorotische Entfärbung der gesammten Körperoberfläche, der Lippen, der Zunge und des Zahnfleisches. Auch hier ist wenig zu thun, und die Berücksichtigung etwa deutlicher Causalmomente, so wie die Hemmung der sehr raschen Entwicklung des Encephaloids durch consequente Anwendung der Kälte wäre der einzige zu versuchende Weg des Heils.

Der Melanose ist schon beim *Morgagni* L. II. 24. 13. und L. III. 36. 9. gedacht, so wie L. II. 17. (macula nigerrima in facie cava hepatis); auch *Vesal* (de corp. hum. fabrica) L. I. c. 5. erwähnt sie. In neuerer Zeit haben *Mérat*, *Breschet*, *Carswell* u. v. A. Beobachtungen veröffentlicht; *Heusinger* (über Kohlen- und Pigmentbildung. Eisenach 1823. p. 95.), *Laennec*, *Carswell*, *Andral*, *Cruveilhier* um ihre genauere Unterscheidung sich verdient gemacht (S. Melanose). Unter den vielen verschiedenen Eintheilungen der allgemeinen Melanose ist die wichtigste die von *Carswell*, in wahre und falsche Melanose; die letztere nennt er Melanoma (gutartige) Melanose, die, viel häufiger als die andere, in einer abnormen Ablagerung von schwarzem Pigment (Kohle) in verschiedene flüssige und feste Theile des Organismus (seien diese nun normale, oder abnorme, wie z. B. Lungenadhäsionen) besteht. Es gehören dahin die schwarze Färbung der Lungen bei alten Leuten, die Effusionen von schwarzem Blut auf den Schleimhäuten, oft als schwarze Punkte auf den Glandul. Peierian. erscheinend, die schwarze Färbung der Bronchialdrüsen u. s. w. In dieser Weise kann auch der seröse Ueberzug der Leber schwarz gefärbt sein; es ist eine Pigmentablagerung dahin, ohne Bedeutung für den Organismus, und von Manchen Melanosis membranacea genannt, die man dann wieder weiter in Melanosis aggregata und disseminata unterscheiden kann (S. Melanosis).

Die eigentlich hierhergehörige Krankheit, eine sehr gefährliche, unheilbare, in gleiche Kathegorie mit den anderen carcinomatösen Gebilden zu stellende, ist die ächte Melanose, das melanotische Gewebe, auch melanotischer Tuberkel genannt, nicht zu verwechseln mit der (seltenen) Ablagerung von schwarzem Pigment in gewöhnliche Lungentuberkeln, wie sie auch bisweilen als Melanoma Statt findet, und die melanotische Phthisis ***Bayle's*** bildet, oder mit der gleichfalls, wenn auch öfter vorkommenden, und von ***Cruveilhier*** beobachteten Pigmentablagerung in scirrhöse oder encephaloidische Lebergeschwülste, welche aber zuweilen mit ächt melanotischen Tumoren combinirt sein können. Beim ersten Anblick gleichen diese Tumoren gefäfsreichen, dunklen, braunen und braunschwarzen (zuweilen marmorirten) Massen. An ihnen hat man 2 Dinge zu unterscheiden, das Pigment und das Gewebe, worin es abgelagert. Das Pigment hat eine braunschwarze, ins dunkle ziehende Farbe, wie die Sepia oder das Pigment der Chorioidea, mit dem es auch die mikroskopischen Charaktere, die der Blutcruorine gemein hat. Nach ***Foys*** Analyse enthält es 31 Proc. eines von ***Thenard*** für Kohle, von ***Barruel*** für Blutfarbestoff angesehenen färbenden Bestandtheils. Eiweifs, Fibrine, und alle im Blut enthaltenen Salze finden sich nach ***Clarion's*** und ***Lassaigne's*** Untersuchungen in diesem Pigment. Meist bildet es einen schwarzen Eiter, bisweilen ist es flüssig; andere Male ist es von mehr oder weniger fester Consistenz; es ist aber in Wasser, Salz- und Salpetersäure unlöslich. Das Gewebe, welches das Pigment enthält, bildet ein faseriges (hofförmiges), in einzelne Höfchen abgetheiltes Schwammnetz, dessen perlmutterfarbiges Ansehn sehr gegen die schwarze Farbe des Pigments absticht, und welches, nachdem man dies ausgedrückt, vollkommen einem Waschschwamme gleicht, und nur mit grofser Mühe durch Ausspülen mit Wasser gänzlich von jenem befreit wird; alsdann gleicht ein solcher Durchschnitt, mit seinen Fasern und Zellen, einem etwas macerirten Stückchen Milz. Alle Zellen sind durch Zellgewebe von einander abgesondert, aber nicht von einer Cyste umgeben, wie ***Laennec*** geglaubt. Diesen Anschein gewinnt es bisweilen, wenn das reichlich in den innersten Maschen abgesonderte Pigment diese so spannt, dafs sie bei der ohnehin weichen Consistenz der Zellen zerreifsen, und gegen die peripherischen Maschen angedrängt werden. Bisweilen findet sich dies encystirte Aussehen bald von Anfang der krankhaften Bildung an. Das consistentere Pigment kann aber auch zuweilen im Zellgewebe selbst punktweise oder schichtweise, oder in Form von Höckerchen abgelagert sein, und giebt der Leber, durch Bildung solcher fester, scheinbar wenig regelmäfsiger, kleiner, an einander gekitteter Massen, das Ansehen einer Umwandlung in eine schwarze Granit- oder Glimmerart. Dann scheinen die einzelnen Leberläppchen selbst umgeändert. Aber auch wo in die Substanz der Leber die schwärzlichen Geschwülste abgelagert sind (die *Cruveilhier* wegen des Durchsetztseins von den, durch mehr oder weniger dicke, perlmutterfarbige Streifen gebildeten, fibrösen Maschen, einer schwarzen Trüffel vergleicht), verliert jene ihre organische Structur. Die Leber wird gröfser uud gewöhnlich erweicht, wie infiltrirt. In der Materie der Tumoren finden sich keine diesen gehörige Gefäfse; zuweilen gehen gesunde Lebervenenzweige hindurch. An den Zellenmaschen der Tumoren jedoch findet sich Gefäfsramification. Bisweilen haben die melanotischen Geschwülste eine grauschwarze Farbe. Man hat auch bei der Melanose, wie beim Tuberkel, ein Stadium der Crudität, der Erweichung und der Inflammation angenommen. Doch scheint es nach *Cruveilhier* wahrscheinlicher, dafs beides verschiedene, primitive, von der Ablagerung entweder festen oder flüssigen Pigments in die Zellen, abhängige Zustände derselben Krankheit seien.

Die Melanose hat das Charakteristische, dafs sie in mehreren Organen gewöhnlich zugleich oder successive eintritt. Sie beruht also, — weiter wissen wir über ihre Aetiologie nichts, — in einer Entartung der Säfte, und erzeugt bald eine Cachexie, welche, da es keine Therapie der Krankheit giebt, gewöhnlich tödtlich endet. In der Leber und der Lunge ist sie am häufigsten; nach *Schönlein*, der die Melanose Carcinom der Vene nennt, besonders deshalb, weil dieses an Venen sehr reiche Organe seien, und solche daher vorzugsweise befallen würden. Im Gehirn und den Nieren soll die Melanose selten sein. In diesen fand sie jedoch auch *Cruveilhier*. Die Gröfse und Weichheit der Lebergeschwulst, die oft täuschende Fluctuation (so dafs in einem von *Cruveilhier* beobachteten Falle 5 Aerzte die Geschwulst für eine Lebercyste hielten, und die Punction durch Bildung eines Brandschorfs — natürlich ohne Erfolg — vorgenommen ward), so wie das Vorhandengewesensein oder die Gegenwart anderer, auch nur ganz kleiner, oft für Teleangiectasicen angesprochener Melanosen äufserer Körpertheile dürften bei Anwesenheit eines tief ausgesprochenen, anderweitigen Unterleibsleidens, mit Wahrscheinlichkeit die Melanose der Leber vermuthen lassen.

Ueber die Hydatiden der Leber ist in den medicinischen Schriften der ältesten Aerzte schon sehr vieles zu finden. *Hippokrates* (S. 7. Aph. 53.) erwähnt sie; *Galen* (Commentar. in aphor. *Hipp.* No. 53.) nennt die Leber aptissimum ad hydatides viscus), *Aretäus* (de caussis et signis morb. diut. Lib. II. c. 1. am Ende) beobachtete schon eine Menge kleiner Wasserblasen aus einer in der Lebergegend gemachten Oeffnung hervorkommen. Auch den Arabern war die Krankheit nicht unbekannt. Später existiren zahlreiche Beobachtungen im Sepulchretum (S. 21. Obs. 12. §. 2., Obs. 4. §. 11., Obs. 19. ibid., Obs. 4. cit. S. §. 14., Addit. ad S. 21. Sep. Obs. 82. u. a. v. a. O.), von *Glaser*, *Diemerbroek*, *Hunerwolf*, *Horst*, *Jodonus Pareus* u. A., bei *Bartholin* (Obs. an.-med. cent. 2 Ep. med. 73.), bei *Vesal* (Examen Obs. Fallop.) u. s. w. — Die ersten genaueren Untersuchungen über ihre Structur hat *Caldesius* (Osservaz. interne alle Tartarughe 1680.), der in der Leber eines Ochsen eine 9 Pfd. wiegende Hydatide gefunden. Nach ihm sind 3 Häute vorhanden, deren einzelne aus mehreren Lamellen beständen, besonders die sehr starke, äufsere, fleischige, aus fest verflochtenen, gleichsam Muskelfasern ähnlichen Bündeln gebildete Schicht; auf diese folge eine mittlere, goldgelbe, runzelige, auf welcher Gips oder Knochenmaterie zuweilen abgelagert sei. Die innerste sei sehr zart, dünn und leicht zerreifsbar. Die darin enthaltene Flüssigkeit war gelind-salzig, durch Kochen nicht gerinnbar, durch Reagentien nicht veränderlich u. s. w. Spätere Beobachtungen über die Structur haben *Cordaeus* und *Ballonius* (im Sepulchr. L. 3. S. 7. Obs. 3. §. 12.). Eine ausführliche und genaue Untersuchung über ihren Bau findet sich beim *Morgagni* (aufser den sonst hierhergehörigen Stellen L. III. E. 40. 23., E. 36. 4., E. 38. 42. etc.) L. III. Epist. 38. art. 37. gegen das Ende, an Leberhydatiden eines Kalbes und den Ovarien einer Taube. Er fand manche in Zellen getheilt, durch andere, kleine Gefäfse durchlaufen, deren auch *Tysonins* als 2 kleiner Fibern gedenkt (Sepulchr. l. c.), die in der Flüssigkeit flottirten, und neigt sich zu der Meinung *Tyson's*, dafs es eine Art Blasenwürmer seien; während *Ruysch* (Advers. Decas. I. cap. 3. Thes. 6. Tab. 5. F. 3. u. folg.) die Hydatiden für die äufsersten Enden der Blutgefäfse, die ihre frühere Natur verändert hätten, und in krankhafte Bildung degenerirt wären, hält. Andere liefsen sie aus Lymphgefäfsen (*Wharton*), aus einfachen aber erweiterten Drüsen, oder aus dem Zellgewebe sich bilden. Noch Andere, und mit ihnen *Frank* (Epit. L. VIII. §. 743.) glaubten, dafs sich diese Afterorganisationen aus plastischer Lymphe durch Gerinnung zur Blasenform bildeten, nach Art der Entstehung der Seifenblasen.

In neuerer Zeit sind die Leberhydatiden mannigfach untersucht worden. Nach *Bichat* sind es Blasen, die an der inneren Seite zuweilen Verknöcherungspunkte haben. Sie zeigen keine Elasticität, öffnen sich oft, und dann gehen eine Menge kleinerer Kugeln unverbunden ab. Diese haben 2 Membranen, eine durchsichtige, dünnere, so dafs man die Flüssigkeit sehen kann, und eine dunklere, dickere, durch die man sie nicht erkennen kann. *Otto* fand die ganze Leber ein Mal in Hydatiden umgewandelt, und diese Fälle gehören wohl zu den von manchen Beobachtern (*Gooch* 1763., *Bianchi* Hist. hepat. p. 119.) angeführten von Leberwassersucht an Menschen. Bei Schafen ist sie sehr häufig, doch erwähnt ihrer *Frank* auch (Epit. l. c.) als bei Menschen zuweilen vorkommend. Nach *Meckel* ist der Sitz der Leberhydatiden meist im rechten Leberlappen; er konnte an ihnen meist 3 und mehrere Häute unterscheiden. Die äufsere, leicht zu trennende, ist dünner und bei weitem lockerer, und hat insofern einen netzförmigen Bau, als sie aus dicken, schwammigen Maschen besteht, die mit gröfseren und kleineren, dünn-membranösen Zwischenräumen abwechseln, und ihre äufsere Fläche sehr rauh machen. Dann folgen 4—5 eng verbundene, grauweifse Schichten von festeren Membranen, die ein nicht homogenes Ansehen haben; dann folgt eine leicht zu trennende, schwammige, innere Haut, die dickste von allen. Die gallertartige innere Blase ist die Acephalocyste. Oft liegen viele Acephalocysten in einer gröfseren Blase. Den Namen Acephalocysten führen diese mit Unrecht, denn sie sind wahre Echinococcen. Sie stimmen ganz mit den Echinococcusblasen überein, an denen noch lebende Echinoccusköpfe mit einem kleinen, dünnen Strange ansitzen, oder in denen abgefallene Echinococcen enthalten sind. An einer und derselben Stelle, wo der Echinococcus vorkommt, trifft man in einigen Blasen zuweilen noch Echinococcusköpfe an, während andere keine Spur derselben enthalten. Die Blasen entstehen aber aus den Echinococcen, und sind die Keimstöcke derselben. Wenn man daher Blasen antrifft, die durch ihre dicke, gallertige Beschaffenheit ihrer Wände den Echinococcusblasen gleichen, oder gar kleinere Blasen innerhalb gröfserer enthalten, so ist man berechtigt sie für Echinococcen zu halten, auch dann, wenn man keine Echinococcusköpfe in der Flüssigkeit oder an den Wänden antrifft.

Zuweilen findet man in der Flüssigkeit der Echinococcusblasen keine Echinococcen selbst, wohl aber bei mikroskopischer Untersuchung ihre unverkennbaren Reste, nämlich die einzelnen Haken ihres Hakenkranzes. Die Acephalocyste ist daher nur die letzte Entwicklungsstufe einer Cephalocystis, und zwar des Echinococcus. Siehe *J. Müller* im Archiv 1836. Jahresbericht; *v. Siebold* in *Burdach* Physiologie. 2. Bd. 2. Aufl.

Die Acephalocysten weichen nicht selten von der gewöhnlichen Bildung ab, indem Blasen nicht Blasen enthalten, sondern eine Blase mit exogener Entwicklung zuweilen andere Blasen als Fortsätze ausschickt. In diesem Zustande findet man die Blasen vorzüglich häufig in der Leber der Wiederkäuer. S. *Kuhn* in den mém. la soc. d'histoire nat. de Strasbourg. T. I. Diese Form ist aber nicht allein den Thieren eigen. *Müller* fand diese Formen auch bei einem und demselben Individuum, bei Echinococcen der Nieren mit der gewöhnlichen Form. Der dem Organ angehörende Sack, worin die Echinococcusblasen liegen, ist zuweilen geschichtet, und aufserordentlich bis zur Knorpelhärte verdickt. Er durchläuft auch nach dem Aussterben der Echinococcen oft noch lange eine Reihe von Veränderungen. Zuweilen findet man ihn mit einer breiartigen Masse gefüllt, worin man mehr oder wenige deutliche, collabirte und zusammengefaltete Echinococcusblasen antrifft. Bei den Thieren ist dieses Secretum oft gelb, und gleicht einigermafsen der Tuberkelmaterie, ist auch schon damit zusammengestellt. (S. o.). In anderen Fällen entstehen im Inneren des dem Organ angehörenden Sacks kalkige Ablagerungen, und die zusammengefalteten Reste der Echinococcen werden im Inneren der kalkigen Incrustationen angetroffen. Von grofsem Interesse für die Geschichte aller dieser Veränderungen sind der von *Blasius* in seiner klinischen. Zeitschrift 1. Bd. p. 159., erzählte Fall, und *Kuhn's* erwähnte Beobachtungen. *Berthold* (Gött. gelehrt. Anzeigen. 1837. December) hat diese Verkalkung auch an der Hülle des Cysticercus tenuicollis wahrgenommen. Manche der Fälle der knochigen, von *Mérat* beobachteten Leberdegenerationen gehören auch wohl hierher.

Die Leber selbst nimmt oft durch Druck der Acephalocysten eine ganz abnorme Form und Lage an. Oft hängen mehrere Cysten durch zirkelförmige Oeffnungen mit einander zusammen, und bilden so ganze unter sich verbundene Systeme. Verwachsungen mit den nahegelegenen Organen finden häufig Statt, so wie Verdickungen des Peritonäums und Wassergufs in die Bauchhöhle.

Die Aetiologie ist ganz unbekannt. *Cruveilhier* behauptet, dafs mechanische Verletzungen zuweilen, besonders Quetschungen und Erschütterungen der Leber, welche überhaupt auch jede Art organischer Verletzung hervorbringen können, solche Veränderungen der Vitalität im betroffenen Organe hervorzurufen im Stande seien, dafs jede Art organischer Umbildung davon die Folge sein kann (?).

Als diagnostische Zeichen der Leberhydatiden werden angegeben: das Gefühl eines Hindernisses in der rechten Oberbauchgegend, allmählig zunehmende, elastische Geschwulst von dieser Seite ausgehend, die keinen Schmerz bei Druck erregt, unbeweglich ist, und bei Percussion einen vom gesunden verschiedenen Leberton giebt. Bei der Auscultation soll man eine zitternde Bewegung im Tumor wahrnehmen (*Schönlein*). Man sieht, dafs die Hydatiden schon weit entwickelt und grofs sein müssen, wenn diese Zeichen die Diagnose geben sollen. Bisweilen werden stechende Schmerzen in der Lebergegend empfunden, bisweilen das Gefühl von Kälte. Andere Male fehlen alle Zeichen, aufser Pulsbeschleunigung, Mattigkeit und Abmagerung ohne Hitze der Haut. Erscheinungen gestörter Digestion sind nicht immer nöthig, und nur bei hoher Entwicklung des Leidens bisweilen vorhanden. Bleiches, lymphatisches Colorit, mit tiefliegenden, von blauen Rändern umgebenen Augen werden bisweilen bemerkt. Einzelne, alle 14 Tage wiederkehrende Anfälle von Blutbrechen (durch Spirituosa oder starke körperliche Bewegung hervorgerufen), hatten bei ungestörtem Appetit leichtem Icterus, deutlicher Fluctuation des geschwollenen Leibes, Oedem der Füfse, normalem Pulse in dem Falle *Cruveilhier's* Statt, die blofs in den letzten Lebenstagen von trockner Zunge, Coma, geringem Fieber, Frostanfällen), die auf die gemachte Scarification des Oedems zu beziehen sind) gefolgt waren. Gefühl eines Hindernisses in der Lebergegend also, mit geringer oder gar keiner Störung des Allgemeinbefindens, und mangelnden Zeichen anderer, dahin gehöriger, auch entzündlicher Krankheiten, langsames Fortschreiten des Uebels bei grofser Perseveranz desselben, möchten das einzige sein, woraus man auf Leberhydatiden schliefsen könnte.

Zu thun ist wenig. *Récamier* hat die Punction mittelst einer Aetzpaste vorgeschlagen, die nur dann von Erfolg sein kann, wenn die Hydatide mit der Bauchwand verwachsen, und nur diese einzige vorhanden ist. Bisweilen scheint die Natur selbst einen Eliminationsprocefs einzuleiten, durch Röthung der Hautoberfläche, Entzündung und Abscedirung derselben, wo dann eine Menge Hydatiden nach manchen Beobachtungen sich entleert haben. Auch durch Erbrechen wurde eine grofse Quantität derselben in einem Falle zugleich bei einem durch Merkur bewirkten Speichelflufs aus dem Körper entfernt (*P. Frank* Epit. Lib. X. §. 903.).

Andere Geschwülste betreffend, so sei hier nur noch kurz der Steatome der Leber Erwähnung gethan, von denen ein Fall im *Morgagni* erzählt ist (L. III. E. XXX. a. 14.). Sie sind äufserst selten, und charakterisiren sich anatomisch alsdann durch eine harte, gestreifte (atlasglänzende?) speckartige Substanz, in der sich keine Gefäfse netzartig verbreiten. Sie ist von sehnigen Fäden und Streifen durchkreuzt, und zwischen diesen ist Fett und Zellstoff abgelagert. Gefäfse bilden sich zuweilen in den angrenzenden Partieen. Sie kommen in allen Theilen der Leber vor, aufser der Gallenblase. Die Anzahl ist sehr verschieden. Oft nehmen sie die ganze Leber ein. Anfangs klein, werden sie allmählig sehr grofs. Das Gewebe der Leber ist nicht verändert, die Galle wird abgesondert; daher auch die Zeichen, aufser dem Schmerz und der Prominenz, und denen des Drucks auf ein benachbartes Organ fast Null sind. Eine Therapie der Krankheit giebt es nicht. Zu bemerken ist noch, dafs die Geschwülste nie von Cysten umgeben sind. Sie sind und werden bösartig, wenn ein constitutionelles Leiden sich hinzugesellt.

II. Die Veränderungen der Ausführungsgänge der Leber, als die 2. Hauptgruppe der Leberleiden, die Krankheiten des Gallenapparats betreffend, so fallen diese zum Theil mit vielen, bereits oben erwähnten Uebelseinsformen zusammen. Manche der von *Mérat* erwähnten Degenerationen in der Leber gehören hierher, wie manche Arten der knorpeligen, faserigen, knochigen Mifsbildung der Gallencanäle und der Gallenblase. Zahlreich sind die vorhandenen Stellen im *Morgagni* über die verschiedenen Veränderungen der Gallenblase, den Mangel derselben (L. III. 48. a. 55.), die Verdickung ihrer Häute, die Verdünnung derselben (L. IV. 57. a. 10.), die verschiedenen Dekolorationen derselben in schwarz (L. II. E. 24. a. 13.) u. s. w., über die Beschaffenheit, Farbe, Mangel der Galle (L. I. E. 3. 4., E. 7. a. 11.), über das Vorhandensein von Gries in derselben L. IV. E. 60. a. 12.) u. s. w.

Will man übrigens die Krankheiten der Gallenwege ordnen, so lassen sie sich folgendermafsen am besten zusammenstellen: 1) Verhaltung der Galle durch (mechanische oder dynamische) Hindernisse (a. durch Gallensteine und andere fremde Körper, b. durch acute und chronische Entzündung der Gallenwege); 2) die verschiedenen Verbildungen und organischen Degenerationen dieser Wege. Letztere sind zum Theil Ausgänge der Entzündung derselben, wie die Verdickung der Häute, die Verwachsung der Lebercanälchen; andern Theils gehören hierher die schon oben erwähnten mannigfachen Degenerationen, Verknorpelung, Verknöcherung dieser Häute, das Fehlen der Gallenblase durch Verwachsung ihrer Wände, die Erweiterung der Gallenwege u. s. w.

Man sieht leicht, dafs es für die meisten dieser Formen genügen mufs, die Resultate der Leichenöffnung zu erwähnen, da weder von Diagnose, Aetiologie noch Therapie derselben zur Zeit etwas bekannt ist.

Eine Erweiterung der Gallengänge bis zur Dicke eines Darms erwähnt *Marcellus Donatus* de med. histor. mirabil.

L. 5. C. 3., und *Baillie* beobachtete einen ähnlichen Fall. *Cruveilhier* fand damit Erweichung und Auflockerung der Leber (ohne Gallensteine) verbunden.

Hier sei nur noch kurz der Steinerzeugung im Gallenabsonderungsapparat gedacht, da die Stockungen der Galle, der atra bilis, viele Formen der Infarctus bei den Alten zum Theil hiermit zusammenfallen.

Morgagni beschreibt sie an zahlreichen Stellen (L. I. E. 3. a. 4., E. 4. a. 13., E. 5. a. 6.; L. II. E. 21. a. 2. 30. 36., E. 24. a. 16.), Lib. II. E. 26. a. 21., Lib. III. 37. a. 28. 29. 30. und an vielen anderen Orten) *Vater*, *Schenk*, *Vesal*, *Fallopia*, *Benivenius*, *F. Hoffmann*, *Bonet* (Sepulchr. L. II. S. 4. Obs. 35.), *Coiter* (blaue, rothpunctirte Gallensteine), *Bezold*, *Bartholin* (rothe), *Plater* (silberfarbige und goldgelbe) haben eine große Reihe sehr reicher Beobachtungen über diesen Gegenstand. —

Es kann also die Verhaltung der Galle durch mechanische Hindernisse Statt finden, und dahin gehören die Gallensteine. Man findet diese sowohl in den Lebercanälchen selbst (Lebersteine), in dem Ductus hepat. und seinen Theilungen, im Ductus cysticus, als auch in der Gallenblase und dem Ductus choledochus. Ihre Zahl ist außerordentlich verschieden, so wie ihre Größe. Man hat bis zu 70 gefunden, und bis zur Größe eines halben und ganzen Hühnereies, von den kleinsten, hirsekorngroßen an. Auch die Farbe ist sehr verschieden, bald gelb, bald schwarz u. s. w. Ihre Form ist rund oder oval, conisch oder pyramidalisch. Sie sind entzündlich, oft aber unverbrennlich. Bisweilen bestehen sie aus 2 Substanzen (die Calculi corticati), und enthalten dann nach innen eine Wallrath ähnliche, nach außen eine Kalkmasse. Gewöhnlich bestehen sie aus Cholestearine. Zuweilen haben sie gegenseitig abgeschliffene Flächen. (S. Gallensteine und Icterus.)

Die Gallensteine können selbst Folge des (z. B. durch Tumoren etc.) gehinderten Gallenausflusses sein, und dann sind sie ein Gemisch von Schleim und verdickter Galle; oder sie entstehen durch eigenthümliche Veränderung derselben, mit Vorwalten eines Bestandtheiles, der, schwer löslich, sich als dicke, krystallisirbare Masse niederschlägt, und die Veranlassung zur Steinbildung wird, der von *Chevreul*

sogenannten Cholesterine. Schleim, verdickte gelbe Materie und Gallenharz bilden andere. In der Gallenblase sind die Steine aufserordentlich häufig, erregen aber nur Zufälle, wenn sie von einer Entzündung der Gallenblasenschleimhaut gefolgt sind. Man findet viele Gallensteine, ohne dafs im Leben Zeichen dafür vorhanden gewesen. Hartnäckige und öfter wiederkehrende Anfälle von Icterus (wie sie von *Bagliv* als das sicherste Zeichen der Gallensteine angegeben werden) sind keineswegs als so sichere, diagnostische Merkmale jener anzunehmen. Eben so wie die anderen, dafür angegebenen Symptome, dumpfer und tiefer Schmerz im rechten Hypochondrium, ziehende Schmerzen vom Epigastrium zur Schulter, Brust und zum Halse, die sich bei Inspirationen vermehren, und 2—3 Stunden nach der Mahlzeit heftiger werden, Leberkoliken, Wadenkrämpfe, die von Zeit zu Zeit mehr oder weniger heftig wiederkehren, deuten diese Erscheinungen insgesammt eher auf eine entzündliche, mit den Gallensteinen verbundene Aufregung der Schleimhaut der Gallenblase, und die Antiphlogose ist das beste Mittel dagegen.

Auch die vollkommne Obliteration des Ductus cysticus und des Halses der Gallenblase, sei sie durch Steine oder entzündliches Exsudat erfolgt, erregt oft keine Zufälle. Die Blasengalle wird aufgesogen, und die Blase zieht sich um einen etwa vorhandenen Stein vollständig zusammen, so dafs er wie eingesackt erscheint, und wird fibrös, oder es entsteht eine oft recht heftige Entzündung und deren Folge, totale Verwachsung der Gallenblasenwände mit einander zu einem zelligen Strang. Das sind die Fälle, wo man an einen angebornen Mangel der Gallenblase geglaubt hat. — Bisweilen verwächst die Blase mit Duodenum oder Dickdarm; es bildet sich Perforation, und der Stein geht unschädlich ab; zuweilen entsteht aber auch Gallenblasenentzündung ohne Vorhandensein eines Steines, und endet tödtlich durch Brand oder Erweichung und durch Perforation.

So wie aber Gallensteine in der Gallenblase und im Ductus cysticus keine oder wenig gefährliche Erscheinungen erregen, so bewirken hingegen Verstopfungen des Duct. hepat. und choledochus die allergefährlichsten. Auf diese Weise tödten die meisten Afterorganisationen (Siehe oben), wenn sie diese Gänge durch Compression unwegsam machen. Erweiterung der kleinsten Lebercanälchen ist eine hierbei öfters beobachtete Folgeerscheinung; so wie auch die Gallenblase dann meist sehr ausgedehnt gefunden wird.

Ich selbst habe in einem Falle die feste und harte Kugel der Gallenblase, mit mehreren Fachgenossen, bei Lebzeiten der Kranken für einen scirrhösen Tumor gehalten. Die Section wies Hypertrophie der Leber und vollkommne Unwegsamkeit aller ausführenden Gallengänge, Verwachsung der gespannten Gallenblase und Compression jener durch einen in plastisches Exsudat gehüllten, grofsen Tuberkel an der unteren Leberfläche nach. Die Gallenblase enthielt schwarze, schmierige, zähe Galle, und 2 grofse Gallensteine. Hartnäckiger Icterus war zuletzt zugegen gewesen.

Oft aber reichen ganz kleine Gallensteine in der gemeinsamen Einmündung des Duct. pancreat. und choledoch. hin, vollkommene Retention der Galle zu bewirken. Auch dies geschieht wohl durch die Entzündung und Verwachsung, die sie erregen. Zuweilen erzeugen Gallensteine noch im Darmcanal Zufälle von Darmeinschnürung, Volvulus und Tod.

Die acute und chronische Entzündung der Gallencanäle ist selten beim Menschen, und noch wenig gekannt. *Cruveilhier* vermuthet, dafs manche febrilischen Gelbsuchten mit jener acuten Entzündung zusammenhängen. Die chronische Entzündung ist häufig bei Schafen und Ochsen, und wird durch die hier häufige Anwesenheit des Leberegels (Distoma hepaticum) hervorgerufen. *Cruveilhier* hat sie genau beschrieben (Livrais. XII. Anat. pathol.). Manche scheinbare Tuberkelablagerungen in der Leber neugeborner Kinder mögen Folgen von adhäsiver Entzündung der kleinsten Lebercanälchen, nichts anderes als kleine, durch eben diese adhäsive Entzündung entstehende, und Gallenconcretionen enthaltende Bälge sein.

Für Alles in Bezug auf Diagnose, Prognose und Therapie zu sagende s. d. A. Gallenstein, Icterus und Hepatitis.

Literatur:

Aufser den schon oben angeführten Schriften sind hier noch zu nennen: *A. Benivenius*, de abdit. nonnull. ac mirandis morborum et sanat. caussis Flor. 1507. — *Kerkringi*, Spicil. anatomic. c. observat. anat. rar. cent. 1. Amstelod. 1670. — *Th. Bartholinus*, anat. pract. ex cadaver. morbos. adornand. consil. Hafniae 1674. — *Bonet*, Prodrom. anat. pract. Genf. 1675. — *Desselb.*, Sepulchret. 1676. (1700.). *G. Horst,* Specimen anat. pract. 1678. — *Salzmann,* Specimen anat. curios. et utilis. — *J. M. Hoffmann*, disquisitio corp. humani anat. patholog. rationibus et observat. veterum et recentiorum, singulor. studio collectis confirmata. Altorf. 1713. — *F. Hoffmann,* de morbis hepatis ex anatome diducendis. Halae 1726. — *Lieutaud*, Histor. anat. medica. Ed. *Portal.* Paris 1769. — *Sandifort*, Observat. anat. pathol. 1770. — *Matthew Baillie*, morbid. anatomy of some of the most important parts of human body, von *Sömmering* übersetzt. Berl. 1794. — *Desselb.* Series of engrav. (übers. v. *Hohnbaum.* Berl. 1820.). — *Portal*, Cours d'anat. médicale. Paris 1804. — *Meckel,* Handbuch der patholog. Anat. 1812 bis 1818. — *Farre*, the morbid. anatomy of the liver. 4. Lond. 1814. — *J. Cruveilhier*, Essai sur l'anat. pathol. en general et sur les difformations et productions organiques en particulier. 2 Bände. Paris 1816. — *Cerutti,* pathol.-anat. Museum, Veränderungen und Bildungsfehler der Organe des menschlichen Körpers. Wien 1821. — *Xav. Bichat,* Anat. pathol. Paris 1825., übers. von *Pestel.* Leipzig 1826. — Dict. des sc. médic. Vol. XXVII, XXXVIII, LV, XVII. Mérat art. foie. — *Andral,* Clin. médical. Paris 1834. — *Desselb.*, Précis d'Anat. Pathol. Paris — *Boulland,* Considérations sur un point d'anat. pathol. du foie, in Mémoires de la societé médicale d'émulation. Tom. 9. p. 170. bis 193. 1826. — *Bright*, Reports of medical cases. London 1827. 4. — *J. Cruveilhier,* Anat. pathol. du corps humain en livrais. Paris 1830—36. — *J. Müller*, über den feineren Bau d. krankhaften Geschwülste. Berl. 1838. L—dt.

LEBERMOOSE. S. Musci.

LEBERNERVEN (Nervi hepatici) entspringen aus dem Plexus coeliacus und den Lungenmagennerven. S. Leber.

LEBERSTEINE. S. Gallensteine u. vergl. Enterolithen.

LEBERTHRAN. S. Gadus.

LEBERVERHAERTUNG. Vgl. Lebergeschwülste und Verhärtung der Leber.

LECKSUCHT, auch SCHLECKSUCHT, ist ein, zuerst gastrisch-nervöses, späterhin cachectisches und cacochymisches Leiden der pflanzenfressenden Thiere, besonders der Kühe, welches sich hauptsächlich dadurch bemerkbar macht, dafs die Thiere mit der gröfsten Begierde an allen Gegenständen, besonders an Mauern, an Holzwerk u. s. w. lecken, und dabei ammoniakalische Dinge, z. B. die unreine Streu, lieber fressen als gute Nahrungsmittel. Nach und nach magern die Thiere sehr ab, und zuletzt findet sich immer die Knochenbrüchigkeit hinzu. (Siehe diesen Artihel im XX. Bde. S. 91.) He—g.

LECTULI STRAMINEI, Strohladen. S. d. A. Fractura Bd. XII. p. 501. dieser Encyclopädie.

LECTULUS MEDICINALIS. S. Kräuterkissen.

LEDER, meistens weiſs gegerbtes, feines Schaf- oder Ziegenleder etc., lat. Aluta, wird häufig zum Auftragen von Pflastern auf dasselbe benutzt (S. d. A. Emplastrum), und zwar vorzüglich solcher, welche zu den dynamisch wirkenden gehören. Da dieselben aus ausdünstbaren Stoffen zusammengesetzt sind, so ist es nöthig, sie auf einen undurchdringlichen Stoff (Unterlage) aufzutragen (zu streichen), wozu sich das Leder, als dichteres Gewebe, besser eignet, als Leinewand, Taffet etc., welches aber auch für den fraglichen Zweck noch den Vorzug vor den gedachten Stoffen hat, daſs es nicht so leicht wie diese, eine Verunreinigung der Kleidungsstücke etc., ein Ankleben an denselben Seitens des auf die rauhe Seite des Leders gestrichenen Pflasters zuläſst.

E. Gr — e.

LEDERHAUT. S. Ei und Haut.

LEDUM. Eine Pflanzengattung aus der natürlichen Familie der Ericaceae Juss., im Linnéischen System zur Decandria Monogynia gehörend. Es sind Sträucher mit mehrjährigen, schmalen, umgerollten, unten filzigen Blättern, weiſsen, in endständigen Traubendolden stehenden Blumen, deren Kelch klein und fünfspaltig, die 5 Blumenblätter gleich und ausgebreitet sind, deren 5 oder 10 Staubgefäſse unbegrannte, mit 2 Löchern aufspringende Beutel tragen, und deren einfacher Stempel in eine fünffächrige Kapsel übergeht, welche durch Spaltung der Scheidewände vom Grunde an fünfklappig aufspringt, und zahlreiche, staubfeine Samen enthält. Diese Gewächse haben einen eigenthümlich gewürzhaften, aber den Kopf leicht einnehmenden Geruch, und bitterlichen, etwas zusammenziehenden Geschmack.

1) L. palustre *L.* (Porsch, Porzt, Post). Im Torfboden um den ganzen Nordpol, besonders in Wäldern vorkommend, 2—4 Fuſs hoch, traubendoldig verästelt, die Blätter linealisch, unten rostbraun, die Blume zehnmännig. Die Blätter dieses Strauches, der auch wohl wilder Rosmarin genannt wird (Herba s. Folia Ledi palustris s. Rorismarini sylvestris), sind officinell; sie wirken besonders auf das Nervensystem, wie ein narcotisch scharfes Gift, Kopfweh, Schwin-

del, Betäubung, Uebelkeit und sogar Erweiterung der Pupille hervorrufend; sie enthalten nach *Meissner*: aetherisches Oel 7,8, Chlorophyll 57,0, Hartharz 37,5, eisengrünenden Gerbstoff mit Kali und Kalksalzen 21, nicht krystallisirbaren Zucker 15, braunen Farbstoff mit Salzen 23, Gummi durch Wasser erhalten 30,5, Gummi durch Aetzlauge ausgezogen 156, Extractivstoff 34, Ulmin 20, dann Faser und Feuchtigkeit. *Grassmann* fand aufser dem aether. Oel auch noch Kampher, nämlich in 10 Pfd. Kraut über 6 Drachm. Oel und Kampher. Man giebt die Blätter innerlich im Pulver oder im Aufgufs; äufserlich wird dieses Mittel zur Vertreibung des Ungeziefers angewendet. Bei der Bierbereitung zugesetzt, macht er dies Getränk berauschend, bringt aber beim längeren Genusse solchen Bieres nachtheilige Wirkungen hervor.

2) L. latifolium *Cliton*. Diese nur durch breitere Blätter, gröfsere fünfmännige Blumen verschiedene Art ist bis jetzt nur im nördlichen Amerika gefunden worden, wo ihre Blätter als James- oder Labradorthee, besonders bei Brustkrankheiten, in Gebrauch sind. v. Sch — l.

LEENSINGEN oder LEISSIGEN. Das nach dem Dorfe dieses Namens genannte Mineralbad liegt zwanzig Minuten westlich von demselben, am südlichen Ufer des Thunersees, 1760 Fufs über dem Meere, im Kanton Bern, zwischen dem See und dem weiter südlich sich steil erhebenden Leifsiggrat. Von Thun 3 Stunden südöstlich, von Unterseen 2¼ Stunden südwestlich, von Merligen ¾ Stunden südlich, und von Frutigen 3 Stunden nordöstlich gelegen, gewährt dieses Bad eine der ausgedehntesten und reizendsten Aussichten über einen Theil des Thuner- und Brienzersees, Unterseen und Interlaken, den Beatenberg und die von niederen Alpen umgebenen Eisgebirge. Der Boden ist trocken, die Luft sehr rein und gesund, auch im Sommer nicht leicht zu heifs, indem sich die Sonne schon zwischen 3 und 4 Uhr hinter den Leifsiggrat verbirgt.

Die Heilquellen, drei an der Zahl, entspringen in der Gypsformation des Grates aus Gyps, in welchem *C. Brunner* und *J. Pagenstecher* 36 Proc. schwefelsauren Strontian fanden. Die erste ist nahe am Dorfe bei der Gypsfabrik, welche an der Stelle des ehemaligen Badehauses steht, nicht sechs Fufs über der Fläche des Sees; die zweite 150

Schritte von der ersten entfernt, die dritte eine Stunde höher am Berge.

So sehr früher die Mineralquellen gerühmt und besucht waren, seit *Morell* sie im Jahre 1788. beschrieben, so kamen sie doch längere Zeit in Verfall, und erst wieder in Aufnahme, als die Badeeinrichtungen verbessert im Jahre 1824. wieder eröffnet, und mit einer Molkenanstalt verbunden wurden.

Morell fand die erste oder Hauptquelle von hepatischem Geruch und Geschmack, etwas trübe, an der Luft ein weisses Präcipitat bildend, ihre Temperatur von 10° R. bei einer Lufttemperatur von + 18° R. Dagegen enthalten, nach einer genaueren Analyse von *Pagenstecher* in sechzehn Unzen Wasser:

		1) d. 1. Badeq.:	2) d. 2. Badeq.:
Schwefelsäuren Kalk	im was-	7,1400 Gr.	5,6600 Gr.
Schwefelsaure Talkerde	serfreien	1,8200 —	1,2000 —
Schwefelsaures Natrum	Zustande	0,1000 —	0,0400 —
Kohlensauren Kalk		0,7080 —	1,5400 —
Kohlensaure Talkerde		0,0720 —	0,1328 —
Kohlensaures Eisenoxydul		0,0136 —	0,0128 —
Chlortalcium und Chlornatrium		0,0600 —	0,0400 —
Extractivstoff		0,0600 —	0,0600 —
Schwefeltalcium		0,0760 —	0,0912 —
		10,0496 Gr.	8,7768 Gr.
Geschwefeltes Wasserstoffgas		0,1432 K.-Z.	0,2048 K.-Z.
Kohlensaures Gas		0,6672 —	0,8240 —
Stickstoffgas		0,1600 —	0,1800 —
		0,9704 K. Z.	1,2088 K.-Z

3) Die Trinkquelle:

Schwefelsauren Kalk	im was-	0,3800 Gr.
Schwefelsaure Talkerde	serfreien	0,3072 —
Schwefelsaures Natrum	Zustande	0,0728 —
Kohlensauren Kalk		1,6800 —
Kohlensaure Talkerde		0,1960 —
Kohlensaures Eisenoxydul		0,0104 —
Chlortalcium, Chlornatrium und stickstoffhaltigen Extractivstoff		0,1200 —
Hydrothiontalkerde		0,1000 —
		2,8664 Gr.

Geschwefeltes Wasserstoffgas	0,3240 K.-Z.
Kohlensaures Gas	1,0688 —
Stickstoffgas	0,3520 —
	1,7448 K.-Z.

Literat.: *G. Rüsch*, Anleitung zu dem richtigen Gebrauch der Bade- und Trinkkuren, mit besonderer Betrachtung der schweizerischen Mineralwasser. Th. II. S. 105.; Th. III. S. 122. — O — n.

LEERDARM. S. Darm.

LEFZENSCHNITT. S. Nymphotomia.

LEGALIS MEDICINA. Vergl. Medicina forensis.

LEGUMINOSAE, Hülsengewächse. Eine der gröfsten natürlichen Familien, welche den elften Theil aller beschriebenen Gewächse enthalten soll. Sie umfafst Holzgewächse und Kräuter von mannigfaltigem Ansehen, immer mit spiralig stehenden, gewöhnlich zusammengesetzten Blättern, welche am Grunde ihres Blattstiels zwei Nebenblätter haben. Ihre Blumen stehen häufig in Trauben, von Deckblättchen unterstützt. Der Kelch ist mehr oder weniger tief in 5, gewöhnlich ungleiche Lappen getheilt, von welchen zwei stets der Achse zugewendet sind. Die 5 Blumenblätter sind entweder regelmäfsig oder unregelmäfsig, eine Schmetterlingsblume bildend, zuweilen theilweise, ja ganz fehlend, nicht selten zum Theil verwachsen. Die 10 Staubgefäfse bilden mit ihren Staubfäden eine Röhre; sehr häufig ist aber einer der Staubfäden frei (diadelphe Staubgef.), zuweilen sind aber weniger oder mehr als 10 vorhanden. Der einfache Stempel bildet nachher ein Legumen, eine Hülse, welche in sehr verschiedener Form, ein- bis vielsamig, ein- bis mehrfächerig, nicht aufspringend oder auf verschiedene Weise sich öffnend, dünner oder dicker, selbst fleischig auftritt. Die Samen enthalten gewöhnlich kein Eiweifs. Man theilt diese Familie in mehrere Hauptgruppen: Papilionaceae mit Schmetterlingsblumen und gekrümmtem Embryo. Cassieae oder Caesalpinieae, unregelmäfsige Blumen, 10 freie Staubgefäfse, gerader Embryo. Mimoseae, regelmässige Blumen, zahlreiche, monadelphische oder polyadelphische Staubgefäfse, gerader Embryo. Wir finden unter den Leguminosen sehr verschiedenartige Eigenschaften; die Samen enthalten gewöhnlich Stärkemehl; viele derselben sind nebst den jungen Früchten efsbar. In den Blättern ist bald ein

Extractivstoff, zu welchem auch das bittere, abführend wirkende Cathartin gehört, bald ein Farbstoff vorherrschend; der Stengel und das Holz enthalten Gummi, Harze, Farbstoffe; — zuckerartige Stoffe kommen in Früchten und Wurzeln vor; Gerbstoff zeigt sich zuweilen in ausgezeichnetem Verhältnifs in allen Theilen. v. Sch — l.

LEHRANSTALTEN, klinische. Die klinischen Lehranstalten, über welche sich bereits unter dem Artikel Klinik eine allgemeine Exposition vorfindet, sind noch aus einem anderen Gesichtspuncte zu betrachten, als dem der Krankenheilung, des Unterrichts der Schüler und des Erprobens neuer Heilmittel und neuer Operationen. Sie haben zugleich den höhern Zweck, die ärztliche Kunst und Wissenschaft überhaupt zu fördern, zu ihrer Entwickelung beizutragen. Somit sind sie ein kostbares Besitzthum des ganzen ärztlichen Standes, und wie auf ihre vielseitige Wirksamkeit die Grundsätze des ärztlichen Strebens noch viel strenger anzuwenden sind, als auf die vereinzelte Thätigkeit des auf die Praxis beschränkten Arztes, so liegt die Verpflichtung ihrer Vorsteher am Tage, ihre Leistungen zum Gemeingut ihrer Zeitgenossen zu machen, sich mit Kenntnifs und Umsicht dem Bestehenden anzuschliefsen, und aus ihrem Thun und Treiben den selbst bei der geistvollsten Persönlichkeit verderblichen Grundsatz zu verbannen: „Nichts vor uns, nichts aufser uns!“ Diesen Anforderungen zu genügen, ist die regelmäfsige, wissenschaftliche Berichterstattung über die Leistungen der klinischen Lehranstalten durchaus wesentlich und nothwendig. Sie ist eine sichere Bürgschaft für den wissenschaftlichen Gang des Unterrichts, eine bessere gewifs, als der blofse Ruf des klinischen Lehrers, der sich oft nur auf den Beifall von Anfängern gründet; sie erhält den klinischen Lehrer in dauernd geistiger Verbindung mit dem selbstständig gewordenen Schüler, wie mit der Gesammtheit seiner Kunstgenossen, und hebt die Talente durch den Sporn des Ehrgeizes, in öffentlicher Rechenschaft immer nur das Beste und Gediegenste zu liefern. Man hat in neuester Zeit den Nutzen der klinischen Lehranstalten ganz gewifs überschätzt, und ist viel zu wenig aufmerksam auf die Nachtheile gewesen, die sie bei fehlerhafter Leitung bringen müssen. Alle klinische Uebung ohne umfassende Kenntnifs, ohne tiefere Gelehrsamkeit des Lehrers und ohne vielseitige Anregung des Natursinnes gebildeter Zuhörer, artet unfehlbar auf beiden Seiten in empirisches Treiben aus, das bei der anscheinenden Faſslichkeit der Gegenstände und der Leichtigkeit oft wiederholter Verordnungen mit einer durchgehenden Verachtung der strengen, ärztlichen Bildung endet. Immer wird man finden, daſs vornehmlich diejenigen Anstalten dem Vorwurfe des empirischen Treibens ausgesetzt sind, deren Vorsteher sich der regelmäſsig strengen Rechenschaft entzogen haben, und allein auf den Beifall ihrer Zuhörer ausgegangen sind, dagegen aber auch das höhere Streben erkennen, welches das chirurgisch-augenärztliche Klinikum der Universität Berlin durch die gründlichen und umfassenden Jahresberichte seines Directors, *C. v. Gräfe*, beurkundet, schätzbare Documente, welche der Geschichte der neueren Chirurgie auf eine ausgezeichnete Weise zu Statten kommen.

Von allen klinischen Lehranstalten sind in Deutschland die chirurgischen am spätesten entstanden, weil überhaupt die Chirurgie noch am längsten unter dem Drucke ungünstiger Verhältnisse blieb und gerade an den Universitäten am wenigsten aufkam, die sich ihrer durchaus nicht aus eigenem Antriebe annehmen. Es ist hier nicht der Ort, diese Verhältnisse ausführlich darzustellen; es mag genug sein, angedeutet zu haben, daſs der Chirurgie in Deutschland die äussere Ehre fehlte, daſs sie fast bis zu Ende des 18. Jahrhunderts mit dem Barbierthume eng verbunden blieb, daſs ihre Bearbeiter, mit nur wenigen Ausnahmen, einem ungebildeten Stande angehörten, daſs die gebildeten Aerzte überall Anstand nahmen, sich an solche anzuschlieſsen, und mithin *Heister's, Fabric. v. Hildan's, Platner's* und *Richter's* Beispiel nur geringe Nachahmung finden konnten. Die Errichtung der klinischen Lehranstalten an den Universitäten ging von Wien aus. Hier gründete *van Swieten* 1754 zuerst eine medicinische, die er seinem Mitschüler *de Haen* anvertraute, nach dem Muster der in Leiden schon seit 1636 berühmt gewordenen. Aehnliche folgten 1770 in Pavia, 1771 in Prag, 1784 in Pesth; an die Errichtung von klinisch-chirurgisch. Lehranstalten aber dachte man nirgends, und überhaupt war die Fürsorge *van Swieten's* für die Chirurgie geringfügig. Diese war und blieb noch lange eine untergeordnete, technische Fertigkeit, kaum würdig des Namens einer Kunst, deren Zusammenhang mit der wissenschaftlichen Heilkunde auch Diejenigen nicht erkannten, deren Sache es gewesen wäre, sie zu fördern und zu beleben. *Van Swieten's* Anordnungen waren so wenig geeignet, sie aus dem Staube emporzuheben, dafs die Fähigen recht eigentlich abgeschreckt wurden, ihre Talente ihr zuzuwenden. Zum Lehrer der Chirurgie bestimmte er gleich anfangs einen Wundarzt aus Wien, *Joseph Jaus*, der unter Kaiser *Carl VI.* in Paris von *Winslow* u. A. unterrichtet worden war, versah ihn mit den nöthigen Instrumenten, und übertrug ihm zugleich den Vortrag der Anatomie, der in dieser beschränkten Weise noch lange mit der Chirurgie verbunden blieb. Nun währte die ganze Lehrzeit für beide Fächer, in Wien, wie an den übrigen österreichischen Hochschulen, wo es eben so gehalten wurde, nur ein Jahr, und bringt man aufser der geringen Bildung jenes ganz unbekannten Mannes, und *Ferdinand Leber's*, der 1761 sein Nachfolger wurde, in Anschlag, dafs diese Einrichtung mit dem Baderzunftwesen eng verbunden war, so ergiebt sich von selbst, dafs aus einer so geringfügigen Schule keine brauchbaren, noch viel weniger gebildete, oder wohl selbst gelehrte Wundärzte hervorgehen konnten. Das wesentlichste Element der Vorbildung und guten Erziehung fehlte durchaus. Nur die Badergesellen besuchten die Vorlesungen, und ihre Meister waren gehalten, das Gelernte mit ihnen zu wiederholen; der Erwerb einer Barbierstube war ihr höchstes Ziel, wenngleich hier und da einige durch besonderes Geschick zu den höheren Chirurgenstellen im Heere emporstiegen. Dafs Gebildete sich der Chirurgie widmeten, scheint mit wenigen, zufälligen Ausnahmen in dieser ganzen Zeit nicht vorgekommen zu sein, und so konnte es denn nicht fehlen, dafs der ganze Stand der Chirurgen von den Aerzten, die im Besitz einer höheren Bildung waren, verachtet und unterdrückt wurde.

Unter *Störk's* Präsidium (1772—1803) kam die Chirurgie an den österreichischen Universitäten um keinen Schritt weiter, ungeachtet einiger vielgerühmten, an sich aber nichtssagenden Erweiterungen der chirurgischen Schule in Wien. Nur erst durch die bekannten Leistungen der im Jahre 1785 gestifteten, medicinisch-chirurgischen Josephsakademie in

Wien, und des 1795 gegründeten medicinisch-chirurgischen Friedrich-Wilhelms-Instituts in Berlin, gelang es einigermaſsen, die Chirurgie aus dem Staube hervorzuheben, und ihr im Kreise der Gebildeten Eingang zu verschaffen. An den Universitäten blieb dagegen, ungeachtet der Bestrebungen *Heister's*, *Platner's*, des älteren *v. Siebold* u. A. die Chirurgie untergeordnet. Nur *Loder* verschaffte ihr in Jena und Halle durch seine ausgezeichneten klinischen Leistungen die gebührende Anerkennung.

Das chirurgisch-augenärztliche Klinikum zu Berlin wurde gleichzeitig mit der Universität im Jahre 1810 gegründet, und seine Direction unserm noch gegenwärtig rüstig derselben vorstehenden *C. v. Gräfe* anvertraut. Obgleich anfangs nur mit kargen Mitteln ausgestattet, waren doch die Leistungen dieser Anstalt so hervorstechend, und die Zahl der von allen Ländern herbeiströmenden Zuhörer so bedeutend, daſs, um ihren Wirkungskreis zu erweitern, im Jahre 1819 ihr ein neues Local erbaut, und dieses ganz den Anforderungen einer solchen Anstalt entsprechend eingerichtet wurde. Es besteht dasselbe aus 2 Stockwerken; das untere enthält, nebst den Wohnungen der beiden Assistenzärzte und des Oeconomiebeamten mehrere Zimmer für einzelne Kranke, das reich ausgestattete Bandagen- und Instrumentencabinet, das Badezimmer und den Hörsaal für Vorlesungen; das obere enthält die gröſseren Krankensäle, deren eine Hälfte bloſs Männer, die andere Hälfte bloſs Weiber aufnimmt, ferner das Aufnahmezimmer für die poliklinischen Kranken und den amphitheatralisch erbauten Operationssaal. Für Augenkranke, namentlich für diejenigen, an denen eine Augenoperation vorgenommen worden, existiren besondere Zimmer, die überhaupt ihrer Lage nach, dem Einfallen starken Sonnenlichtes weniger ausgesetzt und überdies mit dreifachen grünen Fensterrouleaux's versehen sind, von denen ein jedes verschieden dicht und durchsichtig ist, so daſs die jedesmalige Verdunkelung des Zimmers leicht der Reizempfänglichkeit des Auges accommodirt und mit der Steigerung der Erleuchtung allmälig fortgeschritten werden kann. An das Krankenhaus stöſst ein geräumiger, freier Garten zur Erholung für die Reconvalescenten, an dessen äuſserstem Ende sich das Obductionshaus befindet, zu welchem man auf einem, mit dem Garten in keiner Verbindung stehenden Wege gelangt.

Aufnahme in dieses Institut finden blofs chirurgische und Augenkranke, theils zahlende, die entweder ein besonderes Zimmer oder ein gemeinschaftliches mit Anderen bekommen können, theils unentgeldlich Verpflegte. Ganz besonders der Erwähnung verdient, dafs, während in anderen Krankenhäusern Berlin's der so verderbliche Hospitalbrand vielfach verbreitet war, und zerstörend um sich griff, es bis jetzt noch glücklich gelang, dieses Uebel stets von dem Institute entfernt zu halten. — Aufserdem werden von dem Institute aus auch Stadtkranke in grofser Anzahl behandelt, die in leichteren Fällen nach dem Institute kommen, dort verbunden werden, und die nöthigen Verordnungen empfangen, in schwereren Fällen dagegen in ihren Wohnungen besucht werden. Die Zahl sämmtlicher, jährlich behandelter Kranken betrug im Durchschnitt in den letzten Jahren 1700.

In seinen klinischen Einrichtungen strebt das Institut vorzüglich dahin, die angehenden Aerzte nicht blofs theoretisch auszubilden, sondern ihnen auch Gelegenheit zu gewähren, durch Selbstübung im Operiren an Lebenden, im Anlegen von Verbänden, in der Behandlung von Kranken überhaupt, sich auch schon während der Studienzeit die so nöthige practische Fertigkeit einiger Mafsen anzueignen. Die Zuhörer sind daher nicht blofs insofern Practicanten, als sie über die einzelnen Krankheitsfälle examinirt werden, und über Diagnose und Therapie sich aussprechen müssen, sondern sie sind es im wahren Sinne des Worts, indem sie wirklich und selbstthätig, freilich unter Aufsicht und Leitung des Dirigirenden und der Assistenzärzte, in die Behandlung eingreifen, was auch den Nutzen gewährt, dafs sie sich viel lebhafter für die Kranken interessiren und aufmerksamer dem Verlaufe der Krankheit folgen.

Die Klinicisten sind nämlich (*v. Gräfe*, Jahresbericht üb. das klinische, chirurg.-augenärzt. Instit. der Univers. zu Berlin vom Jahre 1834) in zwei Abtheilungen, in die der Auskultanten, und jene der Practicanten getrennt. Neue Eintretende verweilen das erste halbe Jahr, um sich zur regeren Theilnahme vorzubereiten, in der erwähnten unteren Klasse. Während des zweiten Semesters werden sie als Practicanten, an, zu dem Behufe gewählten Subjecten, in der Krankenprüfung, im Feststellen der Diagnose, wie in Behandlung leichter Fälle geübt, wobei es ihnen gestattet ist, unter der nöthigen Anleitung, geringere Operationen selbst zu verrichten. Entwickeln die Studirenden ihren Beruf bestimmter, zeigen sie Fleifs, Kenntnisse und erworbene Geschicklichkeit, so werden denselben im dritten Semester wichtigere Kranke und nach festgesetzter Reihefolge auch schwerere Operationen anvertraut.

Damit durch die Belehrung des Einen die Uebrigen mitgewinnen, geschehen alle Verhandlungen, wie alle chirurgischen und augenärztlichen Operationen öffentlich im Kreise der versammelten Zuhörer. In ihrer Mitte werden in bedeutenderen Fällen, deutsch oder lateinisch verfafste, über eben vorgezeigte Kranke handelnde Krankheitsgeschichten und Kurpläne vorgelesen, erörtert, und da, wo nach erfolgter Aufforderung Mehrerer, widersprechende Ansichten an den Tag kommen, diese den Umständen gemäfs berichtiget. Um den Zuhörern die ausgedehntesten Mittel zum Beobachten darzubieten, finden aufser den bemerkten Vortragsstunden täglich noch zwei Umgänge durch alle Krankenstuben Statt, welchen eifrige Klinicisten, Behufs genauer Würdigung der angewendeten Kurmethoden, ununterbrochen beiwohnen. Nach grösseren Operationen, so wie bei akuten, lebensgefährlichen Kranken, sind die Practicanten gehalten, in Ablösungen von 4 zu 4 Stunden, den Leidenden nicht zu verlassen, um bei drohenden Ereignissen die vorläufige, und mit Hinzuziehung des Hospitalarztes, die möglichst vollständigste Hilfe auf der Stelle zu geben. Endlich sind jedem zur Praxis berechtigten Klinicisten zugleich einige Stadtkranke zugetheilt. Diese besucht derselbe in ihren Privatwohnungen, damit auch er jene Schwierigkeiten bekämpfen oder ertragen lernt, welche sich der letztern Form des ärztlichen Wirkens entgegen stellen.

Die Wirksamkeit des Instituts beschränkte sich indefs nicht blos auf den Kreis seiner Zuhörer, sondern war auch der Wissenschaft überhaupt zugewandt, und eine kurze Erwähnung seiner wichtigsten Leistungen wird genügen, um seinen Einflufs auf die Förderung der Cultur der Chirurgie in den letzten Decennien in's Licht zu setzen. Wir wollen diese namentlich in dreifacher Beziehung berücksichtigen: 1) in Bezug auf die Ausführung neuer oder sehr schwieriger Operationen; 2) in Rücksicht auf die Angabe sinnreicher Instrumente und Bandagen; 3) in Betreff der Prüfung und Einführung neuer pharmaceutischer Mittel u. Kurverfahren.

Vor allen Dingen sind hier zu nennen, die in neuerer Zeit mit so vielem Erfolge cultivirten plastischen Operationen, und unter diesen besonders die Nasenbildung. — Diese Operation war mit dem Tode *Tagliacozzo's* im Jahre 1599 gänzlich untergegangen; ihrer wurde nur noch als einer geschichtlichen Merkwürdigkeit Erwähnung gethan, und ihre Ausführbarkeit von der Pariser Academie sogar für unmöglich gehalten; als im Jahre 1815 dieselbe wiederum im Institute zuerst ausgeführt wurde, was später auch andere Aerzte Deutschlands und anderer Länder zur Nachahmung veranlafste. Am meisten geübt wurde die Ueberpflanzung aus der Armhaut, als die am wenigsten entstellende, und die schönste Decke bildende; indefs wurden auch andere Methoden nicht vernachlässigt, und wir finden Fälle von Nasenbildung aus der Stirnhaut in dem Berichte vom Jahre $18\frac{17}{18}$ und noch öfter. —

Hierher gehört ferner ganz vorzüglich die Gaumennaht, vermittelst welcher die ehemals stets für völlig unheilbar gehaltene angeborene oder später erzeugte Spaltung des weichen Gaumens geheilt wird. Auch diese Operation, deren Erfindung die Wissenschaft dem Scharfsinne des Direktors dieses Instituts verdankt, wurde in letzterem zuerst ausgeführt.

Die Unterbindung bedeutender Gefäfse, von den Engländern allerdings schon mit vieler Kühnheit ausgeführt, in Deutschland jedoch noch weniger dreist geübt, ward hier eifrig cultivirt. So wurde im Jahre 1822 gegen ein, der Berstung nahes Aneurysma der Schlüsselbeinschlagader, die damals kaum für ausführbar gehaltene Unterbindung der Arteria anonyma von *v. Gräfe* zuerst (fast zu derselben Zeit auch von *Val. Mott* in America) vorgenommen, und da der Erfolg ein überaus erwünschter, und der am 67sten Tage nach der Operation erfolgte Tod, wie die Section nachwies, nur zufällig coincidirenden Umständen zuzuschreiben war, so mufste dies Resultat wohl zu spätern Nachahmungen Anderen den Muth verleihen. — Desgleichen wurden öfters Unterbindungen der Arteria cruralis, brachialis, thyreoidea etc. vorgenommen, und fast immer mit glücklichem Erfolge, was vielleicht besonders zwei Umständen zuzuschreiben ist, durch welche das im Institute gebräuchliche Verfahren von dem sonst gewöhnlichen abweicht. Erstens nämlich, wird die Arterie nicht auf die Weise unterbunden, dafs die Ligatur das Gefäfs allmälig durchschneidet, bis sie zuletzt von selbst ausfällt, sondern die Ligatur wird vermittelst des später noch zu erwähnenden Ligaturwerkzeugs applicirt, wodurch es möglich wird, dieselbe zu entfernen, ohne dafs sie das Gefäfs durchschnitten, sondern blofs eine Obliteration desselben erzeugt hat. Zweitens werden unmittelbar nach der Operation nicht, wie man gewöhnlich anräth, aromatische, weinige, spirituöse Umschläge u. dgl. gemacht, indem hierdurch gerade der gefürchtete Uebergang in Brand oft noch befördert wird, sondern es werden im Gegentheil Fomente von einfachem kalten Wasser, die auch die Schmerzen der Kranken sogleich mildern, so lange bis die normale Temperatur sich in dem Gliede wieder herstellt, angewendet.

Die künstliche Pupillenbildung, deren sorgfältigere Ausbildung überhaupt erst in das erste Decennium dieses Jahrhunderts fällt, und vor *v. Gräfe* in Preufsen sehr wenig cultivirt gewesen, ward von demselben durch die Keratonyxis (mit *Langenbeck* fast zugleich) zuerst ausgeführt. Nach den daselbst gemachten Erfahrungen zeigte sich die Loslösung der Iris vom Ciliarbande (Iridodialysis) als das entsprechendste, am wenigsten eingreifende Verfahren. Da jene indefs nicht immer vermittelst des einfachen Häkchens gelingt, so wurde ein diesem Zwecke mehr entsprechendes Instrument (das Koreoncion) angegeben, das später auch von anderen Augenärzten benutzt und mehrfach abgeändert wurde. Indefs wurde nicht ausschliefslich die Iridodialysis vollführt, sondern auch andere Methoden, wenn sie geeignet und indicirt waren, in Anwendung gezogen.

Die von *Jäger* angegebene Staarextraction mit dem Hornhautschnitt nach Oben, welche die Vortheile vereinigt, dafs Vorfälle der Iris und des Glaskörpers eher verhütet werden, dafs der Hornhautlappen ruhiger vom gröfsern obern Augenlide gedeckt wird, und sich daher der untere Tarsalrand nicht, was so leicht bei dem Hornhautschnitt nach unten geschieht, gegen die Wundlefzen reiben kann, dafs endlich die Hornhautnarbe vom obern Augenlid bedeckt und daher das Sehen in keiner Weise beeinträchtigt wird, wurde zuerst im Institut im Jahre 1826 durch *v. Gräfe* mit einem einfachen Staarmesser vollführt. Die genaueren Vorschriften über dieses Verfahren finden sich in dem Berichte über das Institut vom Jahre 1826. S. 5. und 1827. S. 4. — Bei Erwähnung der Augenoperation darf auch nicht unangeführt bleiben die zur Heilung von Thränenfisteln von ***Dupuytren*** vorgeschlagene, im Institute versuchte und mehrfach modificirte Einheilung von Metallröhrchen in den Nasencanal; desgleichen gehört hierher die von den älteren griechischen Aerzten wohl erwähnte, später aber ganz vergessene Anwendung des glühenden Eisens auf die Augenlidbindehau bei Excrescenzen und Auflockerungen derselben, die zuerst im Jahre 1817 im Institut vorgenommen wurde.

Die Exarticulation des Unterkiefers, mit welcher aber nicht die partielle Resection oder zufällige Ausstossung desselben zu verwechseln ist, wurde zum ersten Male im Jahre 1821 im Institute vollführt. Die Eigenthümlichkeit des ersten Falles, und die bei einer so bedeutenden, vorher noch nirgends versuchten Operation natürliche Besorgnifs, veranlafsten zur vorgängigen Unterbindung der Carotis; in den späteren Fällen indefs zeigte sich dieselbe nicht mehr nöthig, wodurch die Operation an Einfachheit gewann.

Die Lithotritie, ursprünglich von Deutschland ausgehend, in Frankreich jedoch erst wirklich ausgebildet, wurde hier ebenfalls bald in Ausübung gebracht, obgleich freilich die ersten, im Jahre 1827 angestellten Versuche nicht günstig, die späteren aber äufserst günstig ausfielen. Dagegen wurde die Lithotomie sehr häufig mit vielem Erfolge ausgeübt; in einem glücklichen Falle wurde ein Stein mit einem Längendurchmesser von 4 Zoll 3 Linien, einem Querdurchmesser von 3 Zoll 9 Linien, einem Längenumfange von 11 Zoll 9 Linien, einem Querumfange von 9 Zoll und 10 Linien, und einem Gewichte von 43 Loth mit vieler Schwierigkeit extrahirt. Der Steinschnitt geschah stets vermittelst des v. Gräfe'schen gedeckten schneidenden Gorgerets, das in sich mehrere Instrumente vereinigt; gegen die bisweilen aus der Tiefe eintretenden Hämorrhagieen, welche die Application einer Ligatur an das blutende Gefäfs nicht gestatten, und doch so leicht lebensgefährlich werden, wurde das im Jahresberichte für 1833 beschriebene Compressorium angewendet.

Sehr

Sehr gewagte Operationen zur Beseitigung äufserst schmerzhafter und durch ihren Druck lebensgefährlicher Kröpfe wurden mehrmals vorgenommen. Die zu diesem Behufe angewandten Methoden bestanden bei der Struma lymphatica und cystica in der Exstirpation des Krankhaften, was bei der Menge und Wichtigkeit der daselbst befindlichen Gefäfse und Nerven stets sehr schwierig und gefahrvoll ist; bei der Struma aneurysmatica wurde die von *v. Walther* vorgeschlagene Unterbindung der Schilddrüsenschlagader, und zwar an beiden gleichzeitig, vorgenommen, was in einem Falle ganz den erwünschten Erfolg hatte.

Die Punctur des chronischen inneren Wasserkopfes wurde, was zu den Seltenheiten gehört, nicht blofs mit Erhaltung des Lebens, sondern auch mit Wiederherstellung des Kranken vollzogen. Obgleich spätere Fälle nicht eben so günstig ausfielen, und daher im Allgemeinen diese Operation in ihren Ausgängen allerdings zu den dubiösen gehört, so lehrt jener Fall doch wenigstens, dafs man jene Operation nicht absolut verdammen darf, sondern dafs es dabei auf individuelle Momente ankommt, deren Feststellung vielleicht der Zukunft aufbehalten bleibt. Uebrigens waren die angewandten Encheiresen originell, und die dabei beobachteten Cautelen trugen vielleicht nicht wenig zu dem glücklichen Resultate bei. Eine genaue Beschreibung findet sich in dem Jahresberichte für 1829. S. 3.

Unter den Operationsmethoden, die, anderweitig empfohlen, im Institute geprüft, und, je nachdem sie sich bewährt oder nicht, beibehalten oder abgelehnt wurden, gehört zuvörderst die von *Koch* in München empfohlene Amputation ohne Unterbindung der grofsen Blutgefäfse. Wäre dies ausführbar, so würden hierdurch freilich sehr bedeutende Vortheile für die Vereinigung der Wundlappen vermittelst der prima intentio hervorgehen, und es war daher wohl der Mühe werth, einige Versuche darüber anzustellen. Letztere fielen indessen, trotz der sorgfältigsten Erfüllung aller vorgeschriebenen Cautelen, so ungünstig aus, dafs man von diesem Verfahren abstehen mufste. — Nicht günstiger waren die Resultate über das Blutstillungsverfahren vermittelst der von *Amussat* und *Thierry* empfohlenen Torsion; denn bald zeigte sie sich als unzureichend, bald wiederum wegen der entstehenden, weit hinauf sich erstreckenden Arterienentzündung als ein zu gefährlicher Eingriff. — Dagegen bewährte sich die Foot'sche Methode zur Operation der Phimose durch die Geringfügigkeit der Verwundung und die Verhütung einer zurückbleibenden Entstellung, als sehr vortheilhaft, und wurde später in den meisten Fällen angewandt.

Unter den Instrumenten und Bandagen, die in dem Institute zuerst angewandt wurden, und daselbst ihre Nützlichkeit bewährten, wollen wir nur einige, besonders wichtige hervorheben. Wenn auch im Allgemeinen eine übergroſse Anzahl mechanischer Vorrichtungen nicht zu den Vorzügen eines gut eingerichteten Krankenhauses gehört, und gerade das Einfache und weniger Complicirte dasjenige ist, woran der Wundarzt sich schon früh gewöhnen soll, um später, wenn es ihm an zusammengesetzteren und daher kostspieligeren Apparaten fehlt, nicht in Verlegenheit zu gerathen, so läſst sich doch auch auf der anderen Seite nicht verkennen, wie höchst nothwendig, ja oft unentbehrlich dergleichen Vorrichtungen sind, und daſs es auch dem angehenden Wundarzte zum Vortheil gereicht, früh mit denselben bekannt zu werden. Mit Uebergehung vieler anderer, hier zuerst gebrauchter Instrumente, erinnern wir nur an das oben erwähnte Ligaturwerkzeug, das sich nicht nur bei der Unterbindung gröſserer Gefäſse, sondern auch bei der Castration, der Abbindung von Geschwülsten, Polypen, Nabelbrü etc. sehr vortheilhaft bewies; desgleichen an das bereits erwähnte, gedeckte schneidende Gorgeret zum Steinschnitt, und an das Compressorium gegen tiefe Hämorrhagieen bei dieser Operation. Hierher gehört auch die Maschine beim Bruche des Oberkiefers, die Schwebe für die Fractur des Unterschenkels, die Scheibensäge zur Resection einzelner Knochenstücke, das Bügelcompressorium, bei Blutungen im Handteller, der In- und Transfusionsapparat, der Pantoffel zur Heilung der Kniescheibenbrüche etc.

Was endlich die Prüfung und Einführung neuer pharmaceutischer Mittel betrifft, so findet sich auch hier ein nicht unbedeutendes Ergebniſs. So wurden bald nach der Empfehlung des Jods mit dem Kali hydrojodinic. Versuche in Salbenform, und später auch als innerliches Mittel gemacht; desgleichen wurde das Chininum sulphuric. mit

Opium gegen die nach schweren Verwundungen oder Operationen bisweilen eintretenden Anfälle von Schüttelfrost mit Erfolg angewandt, und beide Mittel in Preufsen vom Institute aus eingeführt; gegen Unterleibsstockungen und Aufregung der Herz- und Gefäfsthätigkeit wurde die von Italienischen Aerzten vielfach benutzte Taxus baccata angewandt, gegen Lähmungen der Gliedmafsen Dolichos pruriens, gegen secundäre Syphilis das Bromquecksilber etc. Desgleichen wurden Experimente angestellt über die Aqua Binelli, von denen mehrere so günstig ausfielen, dafs man anfangs vollen Grund hatte, die gröfsten Erwartungen von diesem Mittel zu hegen; indefs bewährte sie sich eben so wenig als allgemein sicheres, blutstillendes Mittel wie das später versuchte Creosot. In dem letzten Jahresberichte finden wir auch Paraguay-Roux, als ein treffliches Odontalgicum empfohlen, und endlich müssen wir noch das Carrageemoos nennen, dessen medicin. Anwendung in Deutschland zuerst von *v. Gräfe* ausging, und sich seitdem auch im Auslande der allgemeinen Aufnahme erfreute. (S. Bd. XIII. pag. 2. dieser Encycl.)

Wir schliefsen diese Aufzählung, die sich leicht noch vielfach vergröfsern liefse, wenn das Angeführte nicht schon ausreichend schiene, darzuthun, dafs vom Institute aus die Wissenschaft in Preufsen mit zuerst cultivirt und in jeder Beziehung gefördert wurde, heils durch eigne, in ihm selbst zur Ausbildung gekommene Erfindungen, theils durch Prüfung und unparteiische Beurtheilung des von anderen Seiten her Vorgeschlagenen, dafs endlich mit dem besprochenen Klinikum diese, für die Chirurgie überhaupt, insbesondere aber für die Operativchirurgie, und vorzüglich auch für die Ophthalmologie glänzende Epoche sich zu entwickeln begann, in welcher sie sich jetzt befindet. Ho — n.

LEIBBINDE. } S. Bauchgürtel und Gürtel.
LEIBGÜRTEL. }

LEIBSCHLÜSSEL. S. Steckbecken.

LEICHDORN. S. Clavus.

LEICHE. S. Tod.

LEICHENFETT. S. Adipocire.

LEIDENSCHAFT. S. Affect.

LEIM, Gelatina, Colla, Gluten. Der Leim wird aus vielen thierischen Theilen durch langes Kochen gewonnen (S. Leim gebende Gewebe). Im reinen Zustande, getrocknet, ist der Leim eine farblose, durchsichtige, sehr harte, feste, spröde, hornartige, elastische Masse, von muschligem Bruch, meist beim Zerbrechen in viele kleine Stücke zerspringend, ohne Geruch und ohne Geschmack; er ist schwerer als Wasser, reagirt weder alkalisch noch sauer, verbindet sich indessen mit einer Anzahl anderer Stoffe. Er enthält Stickstoff, und besteht nach *Mulder's* Analysen (*Poggendorff's* Annalen Bd. 40. p. 282. und Bulletin des Sciences physiques et naturelles en Néerlande. 1839. I. Livr. p. 24.) aus:

13	At.	C	=	50,37.
20	-	H	=	6,33.
4	-	N	=	17,95.
5	-	O	=	25,35.
				100,00.

Mulder hat seine Analysen mit Leim, aus dem Hirschhorn, der Hausenblase, der rohen Seide bereitet, angestellt. Das Atomgewicht hat er auf 1972,54 mit vieler Wahrscheinlichkeit festgestellt.

Ist der Leim bei 100° getrocknet, so enthält er kein chemisch gebundenes Wasser mehr. Mit Bleioxyd bis zu 120° erhitzt, verliert er zwar noch meist eine ganz geringe Menge an Wasser, jedoch ist dies so wenig, dafs es nothwendig als hygroscopisches Wasser betrachtet werden mufs, besonders da sich *Mulder* überzeugt hat, dafs er für sich soweit erhitzt, eine ähnliche Menge abgiebt. Der Leim enthält weder Phosphor noch Schwefel, welche zu seiner chemischen Verbindung gehörten, und unterscheidet sich dadurch wesentlich von dem Chondrin, welches Schwefel enthält, und von dem Faserstoff und Eiweifs, welche gleichfalls Phosphor und Schwefel chemisch gebunden enthalten; Verhältnisse, deren Kenntnifs wir gleichfalls den unermüdlichen Forschungen *Mulder's* verdanken.

Wird der Leim erhitzt, so erweicht er, und stöfst einen unangenehmen, bekannten, sogenannten Leimgeruch aus. Bei höherer Temperatur geräth er in eine halbe Schmelzung, bräunt sich dabei, krümmt sich, bläht sich unter Gasentwicklung auf, raucht stark, indem er nach verbranntem Horn riecht, entzündet sich, brennt nur sehr kurze Zeit mit einer

Flamme, und läfst eine voluminöse, sehr schwer zu verbrennende Kohle zurück. Der Aschengehalt, welchen er zurückläfst, und der aus phosphorsaurem Kalk und Natron besteht, ist unbedeutend, und eine zufällige Beimischung, ohne chemisch mit dem Leim verbunden gewesen zu sein, wie es z. B. bei dem Faserstoff wahrscheinlich der Fall ist. Unterwirft man den Leim der trocknen Destillation, so erhält man dieselben Producte, welche im Allgemeinen bei der Destillation thierischer, stickstoffhaltiger Stoffe gebildet werden: brennbare Gasarten, sublimirtes, kohlensaures Ammoniak, eine hellbraune, wässrige Flüssigkeit, welche kohlensaures, essigsaures und cyanwasserstoffsaures Ammoniak enthält, ein brenzliches Oel, Harz, einen Theer (Oleum cornu cervi) u. dgl. m. Zurück bleibt eine schwarze, glänzende, stickstoff- und wasserstoffhaltige Kohle.

Zu dem Wasser verhält er sich gerade umgekehrt wie das Eiweifs; während sich dieses in kaltem Wasser mit Leichtigkeit auflöst, aber schon durch ein geringes Erwärmen coagulirt und abgeschieden wird, indem es sehr viel Wasser dabei aufnimmt, und nun nicht wieder in den löslichen Zustand zurückgeführt werden kann, so löst sich der Leim sehr leicht in warmem Wasser, und coagulirt beim Erkalten, gleichfalls eine grofse Menge von Wasser aufnehmend, und wird durch Kochen auch in kaltem Wasser löslich gemacht. In kaltem Wasser schwillt er auf, wird undurchsichtig, und löst sich erst darin bei einer gelinden Erwärmung zu einer klaren, farblosen Flüssigkeit auf, welche beim Erkalten gerinnt. Manche Leimsorten lösen sich schon, wenigstens grofsentheils, in kaltem Wasser auf, namentlich solche, welche aus den Häuten sehr junger Thiere und der Hausenblase bereitet sind; diese haben auch die Eigenschaft, dafs sie minder bindende Kraft besitzen, schlecht leimen. *Hatchett* nennt diese Leimsorten Schleim. (*Scherer's* allg. Journ. der Chemie. Bd. VI. p. 290. ff.)

Die Consistenz der erkalteten und gestehenden Leimlösung, der eigentlichen Gallerte, ist natürlich nach der Concentration derselben äufserst verschieden. *Bostock* (*Gehler's* Journ. Bd. IV. p. 552.) giebt an, dafs noch eine Flüssigkeit, welche $\frac{1}{50}$ Leim enthält, beim Erkalten vollkommen fest wird, eine solche, welche $\frac{1}{100}$ Leim enthält, beim Erkalten ganz steif wird, während solche, die nur $\frac{1}{150}$ Leim enthält, wohl noch gelatinirt, aber doch nicht mehr fest wird. Es kommt natürlich dabei sehr auf die Leimsorte an, auf die Temperatur, bis zu welcher die Lösung abgekühlt wird. *Bostock* wandte zu seinen Versuchen Fischleim an. Ich fand, dafs eine Flüssigkeit beim Erkalten noch sehr deutlich opalisirte, welche $\frac{1}{1000}$ Fischleim enthielt. Wird der Leim vom Wasser schon bei sehr geringer Erwärmung aufgelöst, so gesteht er schwieriger beim Erkalten; wird er oft umgekocht, so tritt dies gleichfalls ein. Auch nach dem Alter des Thieres, dem Theile, von dem der Leim gewonnen ist, ist dies Verhalten verschieden.

Wird der Leim oft erhitzt, und wieder abgekühlt, so büfst er nach und nach die Eigenschaft zu gerinnen ganz ein, und verändert sich dadurch wesentlich. Sowohl die Eigenschaft des Leims wird dadurch verändert, als auch die Zusammensetzung desselben, und zwar dies letztere wahrscheinlich ganz ebenso wie die leimgebende Substanz selbst durch das Kochen. *Berzelius* stellte hierüber Versuche an (Thierchemie p. 671.). Eine klare Hausenblasengallerte, enthalten in einer luftdicht verschlossenen und bis zu $\frac{4}{5}$ angefüllten Flasche, wurde 6 Tage hindurch, jeden Tag 10 Stunden lang, zu ungefähr + 80° erwärmt, und jedesmal 14 Stunden lang wiederum kalt stehen gelassen. Jeden Tag wurde sie nach dem Gelatiniren weniger fest, färbte sich, und gestand nach dem sechsten Tage gar nicht mehr. Sie war nun klar, aber schwach bräunlich. Beim Oeffnen der Flasche drang etwas Luft hinein. Beim Verdunsten hinterliefs diese Flüssigkeit eine klare, etwas bräunliche Masse, die sich ohne vorhergegange Aufweichung vollkommen wie Gummi im kalten Wasser löste."

Auch *L. Gmelin* hat über diesen Gegenstand Versuche angestellt (*Gmelin* Chemie Bd. II. p. 1042.): „Die filtrirte Lösung der Hausenblase in heifsem Wasser, in einer zugeschmolzenen Glasröhre mehrere Wochen lang in einem mit Wasser gefüllten Kessel (täglich 8 Stunden) der Siedhitze ausgesetzt, dann abgedampft, zeigt sich blafsbraun, wird an der Luft feucht, terpenthinartig, ist leicht in kaltem Wasser löslich, daraus nur zum Theil durch absoluten Weingeist fällbar, welcher Theil mit Wasser keine Gallerte mehr liefert, während die Flüssigkeit beim Abdampfen eine terpenthinartige Masse läfst, die zum Theil in absolutem, zum Theil nur in Weingeist von 36° *B.* löslich ist. Der in absolutem Weingeist lösliche Theil zerfliefst an der Luft, und trübt sich schwach mit Chlor und Bleiessig, wird aber durch Galläpfel völlig gefällt. Der Leim scheint demnach durch längeres Einwirken heifsen Wassers erst in eine dem Phytokoll ähnliche Materie, dann in Osmazom verwandelt zu werden."

Auch *Mulder* hat sich mit den Veränderungen beschäftigt, welchen der Leim unterworfen ist, wenn man ihn anhaltend kocht. Er hat jedoch seine Versuche nur auf den Leim aus der Seide ausgedehnt, und zwar, indem er denselben hinter einander zwei Tage lang kochte. Er fand diesen veränderten Leim jetzt bestehend aus 16,76 N, 47,57 C, 5,91 H, 29,76 O. Er entwickelt daraus die wenig wahrscheinliche Formel: $C_{23}H_{35}N_7O_{11}$. Wenn dieselbe auch nicht richtig ist, so sieht man doch, bei Vergleichung mit der oben angeführten und durch mehrfachen Controlle bestätigte Zusammensetzung des gewöhnlichen Leims, dafs dieser schon jetzt eine wesentliche Veränderung erlitten habe. (*Poggendorff's* Annal. Bd. XL. p. 288.)

Ich habe diesen Versuch von *Mulder* wiederholt, indefs mit einiger Abänderung. Ich kochte 25 Gramme Leim aus Hausenblase, die bei 120° getrocknet waren, unter Ersatz des entweichenden Wassers zwei Tage lang ununterbrochen. Die eingedampfte Masse wurde wiederum bei 120° getrocknet und gewogen; sie hatte 0,788 Gramm. an Gewicht verloren. Ich glaubte nicht dies einem Verluste während des Experiments zuschreiben zu müssen. Bei der Analyse, in welcher nur der Stickstoff bestimmt wurde, erhielt ich ein Mal 16,2% N, ein Mal 16,15% N. Weitere Versuche wurden nicht angestellt.

Wird gelatinirter Leim sich selbst überlassen, besonders bei etwas erhöhter Temperatur, Sonnenwärme (+16° bis +20°), während die Luft Zutritt hat, so wird er dünn, zerfliefst, und beginnt mit starkem Gestank zu faulen, während er anfangs sauer wird, dann aber viel Ammoniak entwickelt. Er büfst dadurch seine leimende Eigenschaft ein. Setzt man ein wenig Essigsäure zu dem Leime, so hindert dies die Fäulnifs, ohne der leimenden Kraft Eintrag zu thun.

Die Auflösung des Leims in heifsem, oder die des veränderten Leims in kaltem Wasser wird fast vollkommen durch Alkohol gefällt. Die Eigenschaften des Leims werden dadurch nicht verändert; der Alkohol löst nur Spuren des Leims auf, und hinterläfst nach dem Verdunsten eine firnifsartige Masse, die in kaltem Wasser sich leicht löst, aber nicht gelatinirt. Der durch Alkohol gefällte Leim schwillt in kaltem Wasser auf, ohne sich darin zu lösen, thut dies aber in erwärmtem. Aus dem Tischlerleim zieht der Alkohol Fett und andere Thierstoffe aus. Auch Aether, fette und flüchtige Oele lösen den Leim nicht. Weder Alkalien noch die meisten Säuren fällen den Leim aus seinen wässrigen, warmen Auflösungen.

Nach *Hünefeld* (*Erdmann's* Journ. Bd. IX. p. 31.) wird Leim aus Hausenblase durch Chromsäure zu einem dottergelben Coagulum gefällt, doch löst sich dasselbe beim Erhitzen wieder auf. Enthält die Flüssigkeit eine Säure, besonders Salpetersäure, so erzeugt die Chromsäure kein Coagulum in der Gallerte, oder das gebildete verschwindet bald wieder.

Eine höchst merkwürdige Verbindung liefert der Leim mit Chlor. *Thénard* hat dieselbe entdeckt und genauer untersucht (Mémoires d'Arcueil T. 2. p. 38.). Wenn man in eine laue, concentrirte Leimauflösung Chlorgas hineinleitet, so wird durch jede eintretende Blase eine weifse, zähe, klebrige Masse gefällt, der ganz ähnlich, welche der Alkohol aus der Leimlösung niederschlägt. Schon wenig Chlor reicht hin, um *allen* Leim aus der Auflösung herauszufällen; ein Ueberschufs davon färbt den Niederschlag hellgelb. Die darüberstehende Flüssigkeit enthält Salzsäure und wenig thierische Materie. Der Leim, welcher also nothwendig verändert ist, da der Wasserstoff der gebildeten Salzsäure von ihm herrühren mufs, enthält Chlor, ist in Wasser und Alkohol, auch verdünntem, unlöslich, reagirt sauer, was durch anhaltendes Kneten mit Wasser nicht entfernt werden kann, riecht nach chloriger Säure, was ebenfalls anhaltendes Waschen nicht fortnimmt. Mit Ammoniak übergossen, verwandelt sich die Masse in einen dünnen Schleim, während Stickgas entwickelt wird; ein Beweis, dafs sie Chlor oder chlorige Säure enthält. In Essigsäure gelatinirt der Chlorleim, löst sich auf, wird durch Zusatz von Wasser getrübt, aber durch Kaliumeisencyanure nicht gefällt, ist also nicht in Eiweifs umgewandelt; auch Salpetersäure ist nicht gebildet worden. *Bouillon Lagrange* hielt den so veränderten Leim für oxydirten Leim; man sieht leicht ein, welche Gründe ihn zu dieser irrigen Ansicht führen konnten (Ann. de Chim. T. 56. p. 24.). Leider ist diese interessante Verbindung nicht vollständig untersucht, was offenbar zu sehr interessanten Resultaten über die Constitution des Leims in chemischer Beziehung führen würde. Diese Art von Verbindung steht bis jetzt ziemlich einzeln da. Ich habe eine ganz ähnliche aufgefunden, indem ich Eiweifslösung, sowohl Blutserum als auch Hühnereiweifs, mit Chlor behandelte. Auch hier bilden sich Flocken, welche Chlor enthalten, das durch Waschen nicht zu entfernen ist. Dieser Körper ist noch nicht hinreichend untersucht, doch bin ich geneigt ihn für eine Verbindung von Chlor mit *Mulder's* Protein zu halten (S. *Erdm.* und *March.* Journ. Bd. XVI. p. 137.). Weder Jod, noch Brom, noch Cyan bilden mit dem Leim ähnliche Verbindungen.

Durch Behandlung des Leims mit verdünnten caustischen Alkalien kann derselbe aufgelöst werden, ohne seine gelatinirende Eigenschaft einzubüfsen. Wird die Leimlösung mit caustischen Alkalien versetzt, so trübt sich die Flüssigkeit, indem die phosphorsauren Salze, welche darin vorhanden sind, niedergeschlagen werden. Bei der gewöhnlichen Lufttemperatur löst sich erweichter Leim nach und nach in wässrigem Kali, mit Hinterlassung von phosphorsaurer Kalkerde. Der Leim wird dadurch verändert; denn, wird die Lösung mit Essigsäure gesättigt und eingedampft, so gelatinirt sie nicht, und der mit essigsaurem Kali verbundene Leim ist nun in Alkohol löslich. Setzt man zu dieser alkalischen Auflösung Schwefelsäure, so fällt man schwefelsaures Kali mit modificirtem Leim in Verbindung. Der Niederschlag ist in Wasser auflöslich, und kann krystallisirt werden. Die Auflösung davon wird durch Gerbsäure, Sublimat und zwei Drittel schwefelsaurem Eisenoxyd gefällt.

Anhaltendes Kochen mit Alkalien verändert den Leim

auf eine unten näher angegebene Weise; ebenso Behandlung mit Schwefelsäure und Salpetersäure.

Mit Salzen vereinigt sich der Leim sehr begierig, und bildet damit constante Verbindungen.

So enthält nicht nur der gewöhnliche Leim schon phosphorsaure Kalkerde aufgelöst, sondern durch Kochen damit kann er von diesem Salze, wie *Vaucquelin* gezeigt hat (Journ. de Phys. T. 85. p. 127.), noch eine bedeutende Menge aufnehmen, so dafs essigsaures Bleioxyd und oxalsaures Ammoniak sehr deutliche Fällungen darin erzeugen. Bei der Bereitung von Leimsuppen aus Knochen ist diese Erscheinung von Wichtigkeit, wie auch schon bei der gewöhnlichen Bereitung des Leims aus Knochen, welche vorher durch Salzsäure ihrer phosphorsauren Kalkerde beraubt werden müssen. Statt der Salzsäure kann man, nach *Coulier*, auch das Manganchlorur anwenden, welches bei der Chlorbereitung als Nebenproduct gewonnen wird; in 20 bis 25 Tagen ist der Knochen vollkommen ausgezogen, und kann nach gehöriger Reinigung anderweitig verarbeitet werden. Zur Nahrung indessen möchte dieser Knochen sich wenig mehr eignen (Pharmac. Zeitung 1832. p. 422.). Alaun fällt eine Leimauflösung nur, wenn Alkali hinzugesetzt wird; $\frac{2}{3}$ schwefelsaures Eisenoxyd verbindet sich mit dem Leim, nicht essigsaures Bleioxyd, weder neutrales noch saures.

Schwefelsaures Kupferoxyd bildet, nach *Mitscherlich d. j.* (*Pogg.* Ann. XXXX. p. 129.) eine auflösliche, grüne Verbindung, welche durch Kali violett gefärbt wird. Zinkchlorüre fällt den Leim in braunen Flocken. Nach *John*, *Orfila*, und *L. Gmelin* fällt Quecksilberchlorid die Leimlösung, während *Bostock* dies läugnet. Fügt man nämlich wenig Quecksilberchlorid hinzu, so tritt eine schnell vorübergehende Trübung ein, und eine Fällung kommt erst zu Stande, wenn man auf ein Mal viel Sublimat zusetzt. Es bildet sich ein dicker, weifser Niederschlag, welcher sich mit Kali schwärzt, daher, nach *Gmelin's* Meinung, Calomel enthalten soll. Dies indessen ist nicht der Fall, sondern höchst wahrscheinlich ist es eine Verbindung von unverändertem Leim mit unverändertem Sublimat, wie die Verbindung des Leims mit dem schwefelsauren Eisenoxyd, welche *Mulder* untersucht hat. Diese Verbindungen unterscheiden sich also wesentlich von denen, welche das Eiweifs mit den Metallsalzen hervorbringt. Von diesen letzteren, wenigstens in Beziehung auf den durch Sublimat hervorgebrachten Niederschlag, ist durch *Mulder* (*Erdm.* u. *March.* Journ. XVI. p. 148.) und durch mich (*Müll.* Archiv 1839. p. 88.) nachgewiesen worden, dafs sie aus Eiweifs und Quecksilberoxyd bestehen. Silber- und Goldlösungen fällen den Leim nicht, werden aber davon unter Einwirkung des Sonnenlichts reducirt.

Für ein sehr empfindliches und sicheres Reagens hält *Edmund Davy* das schwefelsaure Platinoxyd (*Schweigg.* Journ. 31. p. 350.), obwohl, wie *Berzelius* bemerkt, das Verhalten dieses Salzes zu den meisten übrigen Thierstoffen nicht bekannt ist. Es werden dadurch zähe, braune Flocken gefällt, welche sich gut trocknen und dann leicht pulvern lassen. Nach *Davy's* Analyse soll die Verbindung 0,5611 Platinoxyd, 0,2002 Schwefelsäure und 0,2837 Leim und Wasser enthalten.

Ein besseres Reagens als dieses ist für den Leim die Gerbsäure (der Gerbstoff), sowohl der natürliche als der künstliche. Dieser giebt eine so schwer lösliche Verbindung mit dem Leim, dafs eine Auflösung von 1 Theil Leim in 5000 Theilen Wasser noch deutlich durch Galläpfelinfusion gefällt wird. Diese Verbindung, welche auch in den Gewerben durch die Lederfabrikate so wichtig geworden ist, haben mehrere Gelehrte untersucht: *H. Davy*, *Schiebel*, *Bostock*, *Stephens* (An. of Philos. T. X. p. 401.), und endlich *Mulder* (Bullet. de Néerlande. 1839. Liv. 1. p. 23.). Nach *Mulder* giebt es mehrere Verbindungen mit der Gerbsäure, während *Davy* nur eine annahm, und zwar die, welche 54 Theile Leim und 46 Theile Gerbsäure enthalten sollte. *Schiebel* fand dieselbe Verbindung und noch zwei andere. In der ersten fand er, fast wie *Davy*, auf 100 Th. Leim 88,9 Theile Gerbsäure (*Davy* hatte auf 100 Theile Leim 85,2 Gerbsäure), in einem zweiten auf 100 Theile Leim 59,25, und endlich 118,5 Theile Gerbsäure. *Bostock* fand auf 100 Theile Leim 66,6 Gerbsäure. *Stephens* überzeugte sich von der Existenz von wenigstens zwei Verbindungen. Eine Verbindung von Leim mit ganz reiner Gerbesäure, die *Mulder* untersuchte, enthielt 100 Theile Leim und 135 Theile Gerbesäure.

Ueber einige Zersetzungsproducte des Leims durch Säuren und Alkalien siehe Leucin und Leimzucker.

Von dem Leime wesentlich unterschieden ist der, welcher am Eingange schon mit dem Namen Chondrin bezeichnet worden ist, und dessen Kenntnifs wir den Forschungen von *Joh. Müller* verdanken. Dieser Stoff wird aus den Knorpeln, mit Ausnahme der fibrösen, erhalten, und zwar wenn sie 12—48 Stunden ununterbrochen gekocht werden. Der Kehlkopfknorpel, der Rippen- und Gelenkknorpel wird dabei fast vollständig aufgelöst, und giebt eingedampft eine ziemlich farblose Masse, welche gesteht wie Gelée. Getrocknet ist das Chondrin weniger gefärbt als Tischlerleim. Wesentlich unterscheidet es sich von diesem dadurch, dafs seine Auflösung durch schwefelsaure Thonerde, Alaun, Essigsäure, essigsaures Bleioxyd, schwefelsaures Bleioxyd gefällt wird, während diese Substanzen auf den gewöhnlichen Leim nicht reagiren. Die Niederschläge mit den beiden Thonerdesalzen sind am reichlichsten, und bilden grofse, dichte, weifse Flocken, welche leicht zusammenbakken. Die zurückbleibende Flüssigkeit enthält dann nichts gelatinirendes mehr. Die Essigsäure bringt eine milchige Färbung hervor, indem der Niederschlag sehr fein vertheilt ist. Essigsaures Bleioxyd und schwefelsaures Eisenoxyd erzeugen einen flockigen Niederschlag. Es gehört nur wenig Thonerde dazu, um allen Leim auszufällen. In der Flüssigkeit findet sich nur noch ein Minimum thierischer Materie; ein Beweis, dafs das Chondrin die Ursache des Gelatinirens des Extracts vorgenannter Knorpel ist, und nicht etwa als eine zweite Materie neben dem gewöhnlichen Leim vorhanden ist. Der Niederschlag von Essigsäure wird von mehr Essigsäure nicht wieder aufgelöst, wohl aber, wenn die Säure durch kohlensaures Kali neutralisirt wird. Die Niederschläge von Alaun, schwefelsaurer Thonerde und Essigsäure werden von wenig zugesetztem essigsaurem Kali, Natron oder Chlornatrium nicht wieder aufgelöst, wohl aber von einer grofsen Menge derselben. Der Niederschlag von essigsaurem Bleioxyd löst sich nicht im Ueberschufs des Fällungsmittels, wohl aber der durch Alaun hervorgebrachte Niederschlag. Chlorwasserstoff, in höchst kleiner Menge zugesetzt, fällt den Knorpelleim. Ein wenig mehr klärt die Lösung wieder. Diese Verhältnisse können so erklärt werden, dafs sich die Körper mit dem Chondrin in zwei Verhältnissen verbinden, von denen das eine mit dem Leim im Maximum schwer, das andere mit dem Leim im Minimum leicht löslich im Wasser ist. Die Auflösung des Chondrins in Salzsäure wird durch Kaliumeisencyanid nicht niedergeschlagen. Kali schlägt aus den Auflösungen des Chondrins keine phosphorsaure Kalkerde nieder, also löst dieser Stoff dieses Salz wahrscheinlich nicht so auf, wie es der Leim thut. Gegen Weingeist verhält sich das Chondrin wie der Leim; ebenso zu Chlor und Quecksilberchlorid.

Die einzige Substanz also, die aufser dem Chondrin durch Essigsäure gefällt wird, ist der Käsestoff; doch wird die salzsaure Auflösung dieses letzteren durch Kaliumeisencyanid niedergeschlagen, was bei Chondrin nicht Statt findet; und der Niederschlag des Käsestoffs von Essigsäure ist in überschüssiger Säure auflöslich.

Die Zusammensetzung des Chondrins ist von *Mulder* untersucht worden (Journ. f. pract. Aerzte XV. p. 190). Er fand darin Schwefel, und zwar: C_{320}, H_{520}, N_{80}, O_{140}, S_1 oder

C_{320}	=	49,93
H_{520}	=	6,61
N_{80}	=	14,47
O_{140}	=	28,58
S_1	=	0,41
		100,00.

Das Atomgewicht würde dabei auf 48987,15 zu stehen kommen. *Mulder* sagt selbst, dafs die Gröfse dieser Zahlen leicht Zweifel erwecken könne; doch spricht er die Hoffnung aus, dafs seine ferneren Arbeiten dieselben heben würden, und in der That hat sich diese Hoffnung auf das glänzendste realisirt. *Mulder* hat auch den Käsestoff zerlegt (Bullet. de Néerlande. 1839. p. 810.). Er fand: C 55,10, H 6,97, N 15,95, O 21,62, S 0,36. Aufserdem hat er die Zusammensetzung des Chondrins durch die Verbindung desselben mit dem schwefelsauren Eisenoxyd (1 At. Chondrin + 2 At. $\ddot{F}e_2\dddot{S}_3$) bestätigt. Diese Verbindung enthält 87,59 Chondrin, 6,81 Eisenoxyd, 5,60 Schwefelsäure.

Joh. Müller hat eine Menge von Geweben in Rücksicht auf die Leimart, welche sie beim Kochen hervorbringen, untersucht. Das Corium, die Sehnen, die fälschlich sogenannten fibrösen Knorpel geben Knochenleim, die gewöhnlichen Knorpel sowohl die permanenten, als die anderen vor ihrer Ossification, und die Cornea, Chondrin. Die elastischen Gewebe, fasrige Membran der Arterien, eine dem Chondrin ähnliche Leimart; Hornsubstanz und Schale der Crustaceen keine dieser beiden Substanzen; osteomalacische Knochen geben gleichfalls eine andere Substanz. Beim Enchondrom war Chondrin vorhanden.

Wir müssen zuletzt vom Leim als Nahrungsmittel handeln.

Die Erfahrung hat bewiesen, dafs der Leim, mit anderen Nahrungsmitteln versetzt, eine sehr gute und nahrhafte Substanz darbietet, und alle Streitigkeiten, welche sich über diesen Punct erhoben haben, können von dem einen chemischen Grundsatze aus geschlichtet werden, welchen *Berzelius* vor dreifsig Jahren schon aussprach (Föreläsningar i Djurkemien. Stockh. 1808. T. II. p. 132. u. 180.), dafs kein ungemischtes Nahrungsmittel zum Bedarf des Körpers hinreicht, der stets ein Gemenge von mehreren bedarf, wenn alle verschiedenen lebendigen Theile richtig ernährt werden sollen. Es würde zu weit führen, wollte ich auf die chemische Theorie der Nahrungsmittel und Ernährung überhaupt eingehen; es mufs dabei auf den Artikel Nahrungsmittel verwiesen werden. Indessen mufs doch hier auf eine Einseitigkeit der Theorie, welche *Magendie* aufgestellt, und welche *Boussingault* in neuester Zeit so ausdauernd verfolgt hat, aufmerksam gemacht werden. *Magendie* glaubt die Nahrungsfähigkeit einer Substanz im Stickstoff suchen zu müssen, und abstrahirt von den übrigen Bestandtheilen, von den Verbindungen, in welchen diese unter einander stehen. Wäre dies der Fall, so würde es ganz gleichgültig sein, welche Nahrungsmittel, in welcher Verbindung u. s. w. dieselben genossen werden. Die Erfahrung beweist das Gegentheil, und es haben sich daraus Grundsätze ergeben, welche a. a. O. werden auseinandergesetzt werden.

Beim Kochen der meisten Thierstoffe wird, wie angeführt ist, Leim gebildet. Beim Kochen des Fleisches bildet sich eine gewisse Quantität Gallerte, welche mit dem Extractivstoff des Fleisches, dem Osmazom, dem Zomidin und mehreren anderen Stoffen verbunden ist. Lange Zeit wurde der Leim, welcher aus den Knochen erhalten werden kann, unbenutzt gelassen, und ging verloren. ***Dionys Papin*** machte zuerst Vorschläge der Art, indem er in der Londoner Societät im Jahre 1679 seinen Digestor vorzeigte, in welchem vermittelst einer erhöhten Temperatur die Knochen bald ganz klein gekocht, und ihrer Gallerte beraubt werden konnten. Der Digestor wurde aus starkem Kupferblech verfertigt, und luftdicht verschlossen, wodurch die Temperatur des Wassers beliebig gesteigert werden konnte. Die Entdeckung ***Papin's*** welche von Einigen ***J. Watt*** zugeschrieben werden will, war nahe daran, das Aufsehen zu machen, welches sie verdiente. Er hatte sich ***Karl*** 2. von England entboten, in 24 Stunden mit 11 Pfund Holzkohlen 150 Pfund Gelée zu bereiten, deren Anwendung er für Armenhäuser und Lazarethe empfahl. Als der König geneigt war, diesem Vorschlage Gehör zu schenken, erschienen seine Jagdhunde mit Bittschriften am Halse, dafs man ihnen nicht die ihnen zukommende Nahrung entziehen möchte. Der Scherz wurde belacht, und der Vorschlag wurde nicht beachtet (***Birch*** Hist. T. 3. p. 486.). ***Papin*** beschrieb hierauf sein Verfahren öffentlich in seinem Werke L'art d'amollir les os. Paris 1721. 12.; doch fand dasselbe lange keinen Eingang, bis ***L. Proust***, der verdienstliche Spanische Chemiker, die Aufmerksamkeit auf diesen Gegenstand wieder lenkte, und bei der Spanischen Regierung die Einführung der Knochensuppen durchsetzte. Nach ***Proust*** beschäftigte sich ***Cadet de Vaux*** sehr gründlich mit der Untersuchung und Bereitung der Knochengallerte (Mém. sur la gelatine et sur le Bouillon d'os. Paris 1807.). Wie lange die Knochen ihre nährende Eigenschaft, oder vielmehr die, Nahrungsstoff zu geben, beibehalten, hat ***Gimbernat*** erwiesen, indem er aus Mammouthknochen, die er vorher mit Salzsäure behandelt hatte, eine gut schmekkende und efsbare Gallerte bereitete (Journ. de Chim. méd. T. 2. p. 489.). Die Sucht das Neue als das Beste darzustellen, veranlafste denn auch hier, dafs viele in ihrer Ueberschätzung dieses neuen Verfahrens so weit gingen, dafs sie keinen Anstand nahmen, die Knochen weit über das Fleisch zu stellen, ohne zu bedenken, dafs die Fleischfaser selbst ein viel kräftigeres Nahrungsmittel ist wie der Leim.

Eine neue Bewegung in diese Sache ist durch *D'Arcet's* Bemühungen gekommen, welcher sich seit vielen Jahren damit beschäftigt, dieses Verfahren zu verbessern, und allgemein einzuführen. Seine Ansichten sind in dem Werke mitgetheilt: Recherches sur les substances nutritives, que renferment les os, ou Mémoire sur les os provenant de la viande de boucherie, sur les moyens de les conserver, d'en extraire la gélatine par le vapeur. Par. 1829. 8. avec 5 pl.

Eine Zeit lang wandte *D'Arcet*, um die Knochenerde aus den Knochen zu entfernen, die Chlorwasserstoffsäure an, welche man in Frankreich zu einem äufserst geringen Preise erhalten kann. Diese präparirten Knochen wurden gewaschen, und durch Kochen zu Gallerte aufgelöst. Da die Auflösung des Leims selbst ganz geschmacklos ist, so kann natürlich auch diese, von Blut und Faserstoff ganz freie Gallerte, keinen Geschmack, oder wenigstens nur einen höchst faden besitzen. Man setzt daher Fleischbrühe und Pflanzentheile hinzu, mit welchen man auch die gewöhnliche Bouillon schmackhafter zu machen pflegt.

D'Arcet hat sein Verfahren später etwas modificirt. Die vom Fett befreiten Knochen werden zerkleinert, indem sie noch feucht zwischen gerieften Walzen hindurchgehen. Geschieht dies mit trocknen Knochen, oder werden sie zerstossen, so nehmen sie den Geruch an, wie durch das Raspeln, der dann auch den Suppen anhängt. Das Knochenpulver wird in einem Cylinder der Einwirkung der Dämpfe von Wasser ausgesetzt, welches bei 960 Millimeter Druck, also ungefähr bei + 106° — 107° kocht. Ein feiner, kalter Wasserstrahl, welcher in den Cylinder eingeleitet wird, condensirt einen Theil der Dämpfe, welche die Knochen völlig durchdringen. Der aufgelöste Knorpel fliefst ab, sammelt sich am Boden, wo so lange eine concentrirte Knochengallertauflösung ausfliefst, als noch ungelöster Knorpel zurückbleibt. Da die kochende Gallertauflösung mit der Knochenerde nur wenig in Berührung kommt, so wird auch nur eine geringe Quantität davon aufgelöst. *Dieffenbach* hat das Verfahren, welches in Paris im Hôpital St. Louis und von der Compagnie parisienne au place de la bourse (Boucherie de vian-

viandes et parées, par contraction, Boucherie parée) befolgt wird, beschrieben (*Erdm.* Journ. T. 81. p. 99.). Ueber den Nutzen der D'Arcetschen Methode kann kaum noch ein Zweifel erhoben werden, obgleich ***Gannal*** und ***Julia Fontanelle*** heftig und erbittert gegen dieselbe zu Felde zogen. ***Donnè*** ist ebenfalls ein eifriger Gegner von ***D'Arcet***, obwohl die französische Academie durch eine Commission für diesen entschieden hat (Rapport in den Annal. de Chim. T. 92. p. 300.). Die Commission, welche aus ***Leroux***, ***Dubois***, ***Pelletier***, ***Dumenil*** u. ***Vauquelin*** zusammengesetzt war, hat die Sache mit der gröfsten Unbefangenheit geprüft. Dessenungeachtet wird der Streit bis auf diesen Augenblick unter den Augen der Academie fortgesetzt, mit einer Aergerlichkeit, welche den wissenschaftlichen Streitigkeiten fremd sein sollte, die wir aber so oft bei den französischen Gelehrten finden. In ***Raspail*** (nouveau système de la Chimie organique) findet man die Verhandlungen in ihrer ganzen Scandalosität zusammengestellt.

Milne Edwards und ***Balzac*** haben sehr umsichtige Versuche über diesen Gegenstand angestellt (Mém. sur les propriétés élémentaires de la Gélatine; in den Ann. des sciences naturelles. 1832. Juill. p. 318.). Es ergiebt sich daraus, dafs ein Mensch, der von Knochengallerte und Brod lebt, dadurch sein Gewicht beibehalten kann, während dies mit Brod allein nicht der Fall ist. Ein noch im Wachsen begriffener Hund bleibt jedoch bei einer solchen Diät im Wachsthum zurück, und nimmt in mehreren Monaten nur unbedeutend an Gewicht zu. Bekommt er aber Brod und Suppe von gekochtem Fleisch, so fährt er zu wachsen fort, demzufolge also die Suppe von gekochtem Fleisch nährende Bestandtheile enthalten mufs, die nicht in der Knochengallerte enthalten sind, und nicht aus dem gelatinirenden Theil darin bestehen. ***Donné*** hat Versuche an sich selbst angestellt, welche das keinesweges unerwartete Resultat gegeben haben, dafs die Gallerte allein nur schlecht und wenig zu nähren im Stande sei. R. M—d.

LEIMGEBENDE GEWEBE. Der Leim kommt in dem thierischen Körper nicht fertig gebildet vor, sondern wird aus verschiedenen Geweben erst dargestellt, indem dieselben mit Wasser einer anhaltenden Siedchitze ausgesetzt werden.

Aelteren Angaben zufolge, welche von ***Parmentier*** und ***Deyeux*** und von ***Saissy*** herrühren, soll der Leim sich im Blute fertig gebildet finden; allein es ist keinem Zweifel unterworfen, dafs diese Angaben irrthümlich sind. Man kann vielmehr annehmen, dafs durch anhaltendes Kochen allein der Leim erzeugt wird; wenigstens ist uns noch kein Mittel bekannt, den Leim auf anderem Wege darzustellen, obwohl es möglich sein dürfte, dergleichen später aufzufinden. Die Gewebe, welche im Stande sind, Leim zu liefern, sind die Sehnen, die Zwischengelenkknorpel, die Knochen, die äufsere Haut, das Zellgewebe, namentlich das der Muskeln, die serösen Häute, die Tunica dartos. Die permanenten Knorpel, die Knorpel vor der Ossification, die Cornea (der einzige wirklich Faserknorpel) liefern ebenfalls eine Leimart, welche jedoch von dem gewöhnlichen Leim ganz wesentlich verschieden ist. Es ist das von ***Joh. Müller*** sogenannte Chondrin.

Auf welche Weise die Umwandlung der genannten Stoffe in Leim vor sich gehe, darüber kann die Wissenschaft in diesem Augenblick noch nicht Rechenschaft geben. Man hat angenommen, der Leim sei schon gebildet in kleineren Zellen abgelagert; diese würden durch das Kochen entweder aufgelöst oder zersprengt, ungefähr wie die Pflanzenzellen, welche das Amylum einschliefsen; doch müfste man diese Zellen durch das Mikroskop wahrnehmen, und durch Reagentien die Gegenwart des Leims darin nachweisen können. Keins von beiden ist gelungen. Ich habe mir äufserst dünne Scheiben dieser Substanzen gemacht, und sie bei 25-, 70-, 125-, 250facher Vergröfserung mit Reagentien behandelt, welche den Leim entschieden anzeigen, aber niemals eine Spur davon erkennen können. Die Vermuthung, dafs der Leim fertig gebildet vorkomme, wird durch die grofse Verschiedenheit der Gewebe unterstützt, welche den Leim zu geben im Stande sind; doch liegt darin nicht im Geringsten ein Beweis. Wir müssen vielmehr annehmen, die genannten Gewebe enthalten einen bestimmten, oder mehrere Stoffe, welche die Eigenschaft besitzen, sich durch Kochen in Leim umzuändern. Es ist nicht nothwendig, sogar nicht einmal wahrscheinlich, dafs nur ein solcher leimgebender Stoff existire, sondern die Vermuthung liegt, nach Analogieen in der organischen Chemie, sehr nahe, dafs es mehrere seien. Die Bemühungen, diese Stoffe zu isoliren, sind bis jetzt noch nicht von Erfolg gewesen.

Die Umwandlung geht auf eine Weise vor, welche die Beobachtung nicht zuläfst. Wir dürfen sie genau mit der vergleichen, welche die Stärke erleidet, wenn sie anhaltend mit ein wenig Schwefelsäure gekocht wird. Dieselbe geht dabei in Gummi und in Zucker über, ohne dafs dabei etwas anderes Statt fände als eine Aufnahme von Wasser, welches in die chemische Constitution der Stärke eingeht, ohne Hydrat- und Krystallwasser zu sein. Es wird keine Gasentwicklung bemerkt, keine Sauerstoffabsorption aus der atmosphärischen Luft. Ganz dieselben Erscheinungen nimmt man bei der Leimbereitung wahr. Auch hier findet keine Gasentwicklung, keine Gasabsorption Statt. Nach genaueren Versuchen von *Chevreul* giebt eine gewogene Quantität der leimgebenden Substanz bei 100° getrocknet, so viel Leim, dafs derselbe, und die nicht veränderte, zurückbleibende Substanz, gleichfalls bei 100° getrocknet, vollkommen das Gewicht der angewendeten Substanz besitzen. Es ist also zu den Bestandtheilen des ursprünglichen Gewebes wahrscheinlich weder etwas hinzugekommen, noch etwas daraus ausgeschieden worden (Mém. d'Arc. T. 7.). In verschlossenen Gefäfsen geht sie eben so gut vor sich, wie in offenen Gefäfsen. Verdünnte Säuren beschleunigen auch diese Verwandlung, ebenfalls ohne eine Veränderung zu erleiden. Mit einem Worte, es ist die Erscheinung, welche in neuerer Zeit so oft beobachtet worden, und welche von *v. Berzelius* den Namen der Katalyse, von *Mitscherlich* den der Contacterscheinungen erhalten hat. (Siehe in *Schumacher's* Lehrbuch 1836. p. 88.: Einige Ideen über eine bei Hervorbringung organischer Verbindungen in der lebenden Natur bisher nicht beachtete, mitwirkende Kraft von *Berzelius*).

Seit man aufmerksam auf Phänomene der Art geworden, welche sich ebensowohl in der anorganischen Chemie finden, wie in der organischen, und endlich im lebenden Organismus, haben die Gelehrten, welche sich die Verfolgung und Ausdehnung dieser Theorie vorgesetzt haben, eine grofse Menge von Thatsachen aufgefunden, welche sie in diesen

Kreis ihrer Betrachtungen gezogen haben. Es ist hier nicht der Ort, über den Werth dieser Theorie zu sprechen, aber wir müssen sagen, dafs die Leimbildung in die Classe der Erscheinungen gehört, mit denen sich dieselbe beschäftigt. Ob dadurch eine Erklärung des Processes geliefert wird, ist eine andere Frage; ich glaube nicht! Vielmehr halte ich es für ein Zugeständnifs unserer Unwissenheit über diesen Gegenstand.

Gleichsam als Gegensatz zu der erst erwähnten Ansicht, der Leim sei im thierischen Körper fertig gebildet, kann man eine dritte betrachten, nach welcher der Leim ein Zersetzungsproduct thierischer Stoffe durch Kochen sein solle. Die Gelehrten, welche sich derselben anschliefsen, führen zum Belege ihrer Ansicht den Versuch von ***Berthollet*** an, dafs nämlich Fleisch, welches so lange gekocht war, dafs es keinen Leim mehr gab, in einem abgesperrten Raume der Fäulnifs überlassen, wurde, wobei eine Kohlensäureentwicklung Statt fand, nun von Neuem gekocht wurde, und von Neuem Leim gab (***Berthollet*** Note sur l'alteration que l'air et l'eau produisent dans la chair. Ann. de Chim. LXIV. p. 333. ***Wienholt Meckel's*** Arch. I. p. 206.). Wenn diese Ansicht gegründet sein sollte, so würden wahrscheinlich auch andere Gewebe und Theile des thierischen Körpers und anderer Stoffe Leim zu geben im Stande sein, welches aber nicht der Fall ist. R. M—d.

LEIMZUCKER. S. unter Leucin.

LEINDOTTER. S. Camelina.

LEIPODERMOS, LIPODERMOS, von λείπω, λίπω fehlen und δέρμα die Haut, Mangel des Präputii. S. Beschnittener.

LEIPOMERIA, LIPOMERIA, von λείπω fehlen und μέρος Theil, angeborener Mangel irgend eines Gliedes. S. Mifsbildung.

LEISTE (Inguen) oder LEISTENGEGEND (Regio inguinalis) wird auf jeder Seite am Unterleibe die Rinne zwischen der Schamgegend und dem Darmbeinkamme genannt, wodurch der Bauch vom Oberschenkel abgegrenzt wird. Indessen rechnen die meisten Anatomen zu der Leistengegend auch noch den unteren Theil des Bauchs, unmittelbar über jener Rinne, und ebenso den oberen Theil der inneren vorderen Seite des Schenkels, dicht unter der Rinne bis zu der schieflaufenden Anschwellung herab, die von dem Verlauf des Musc. Sartorius gebildet wird.

S — m.

LEISTENABSCESS nennt man eine Ansammlung von Eiter in der Leistengegend. Sie kann hinsichts ihrer Entstehungsweise zwiefacher Art sein; bei der einen nämlich ist sie Folge einer Entzündung der in der Inguinalgegend selbst befindlichen Theile, als: Haut, Zellgewebe, Muskeln und Drüsen, Apostema inguinalis; bei der anderen dagegen wird der Eiter in einem, von der Leistengegend entfernt, gewöhnlich höher gelegenen Organe abgesondert, bahnt sich von hier aus einen Weg durch den Bauchring, meist unter dem Schenkelbogen fort nach der Inguinalgegend, und sammelt sich hier an, Apostasis inguinalis, und so kann z. B. der Leistenabscefs sein Dasein den Bauch-, Brust-, Milchabscessen verdanken. Beim Apostema inguinalis gehen demselben die gewöhnlichen Zufälle einer Entzündungsgeschwulst (S. d. A. Abscefs und Inflammatio) in der Inguinalgegend selbst voraus. Der angesammelte Eiter bildet, indem er die Haut erhebt, eine mehr oder weniger beträchtliche, nicht etwa ganz runde, sondern mehr hügelige, sanft abnehmende Geschwulst, bei welcher der darin befindliche Eiter nicht nach Innen gedrückt werden kann. Bei der Apostasis inguinalis hingegen, bei welcher wir alle Zeichen eines Congestionsabscesses vorfinden, sammelt sich der Eiter unter der Haut an, und zwar in der Mehrzahl der Fälle an der inneren Schenkelseite. Dies geschieht entweder allmälig, auf eine dem Kranken kaum bemerkliche Weise, unter einigen, meist geringeren Zufällen im Unterleibe, als z. B. unter Bauchgrimmen etc.; wenn nämlich die Entzündung chronisch war, oder wenn diese acut und sehr heftig gewesen, so senkt sich der Eiter in gröfserer Masse herab, unter mehr oder weniger heftigen Kolikschmerzen, bildet in der Inguinalgegend unter der Haut eine Ablagerungsgeschwulst, aus welcher sich der Eiter mittelst Druckes in den Unterleib zurückdrängen läfst, oder wohin er von selbst wieder zurücktritt, wenn der Kranke sitzt, oder eine wagerechte Stellung annimmt, der aber beim Husten und Niesen, so wie beim Stehen, wiederum stärker in der Inguinalgegend sich sammelt.

Häufig senkt sich der Eiter tiefer herab, und verläfst gleichsam seine ursprüngliche Ablagerungsstelle, an welcher die Haut zusammenfällt, und sich nun eine Höhle bildet; in anderen Fällen verbreitet sich der Eiter über den ganzen Schenkel, bis in das Kniegelenk (Oedema purulentum S. d. A.), senkt sich in den Hodensack (Eiterbruch, Empyocele, Pyocele scrotalis, Oscheocele purulenta, S. d. letztgenannten Artikel), oder nach den Schamlefzen (Episiocele spuria, falscher Schamlefzenbruch. S. d. A. Schamlefzenbruch).

Es könnte die Apostasis inguinalis mit anderen Geschwülsten in der Leistengegend verwechselt werden, wie z. B. mit der Leistenbeule oder dem Leistenbruche, vorzüglich mit dem incarcerirten (S. d. A. Bubo und Hernia); von der ersten unterscheidet sie sich jedoch dadurch, dafs sie keine solche abgerundete und abgegrenzte Geschwulst bildet, wie jene; von dem eingeklemmten Leistenbruche aber durch Mangel sämmtlicher Zeichen desselben, als vorzüglich der Verstopfung, des Erbrechens, der Unbeweglichkeit der Geschwulst etc. — Was nun den Verlauf, so wie die Prognose und die Behandlung des Leistenabscesses überhaupt betrifft, so verweisen wir in dieser Beziehung auf d. A. Abscessus, und bemerken nur rücksichtlich der Vorhersage, dafs sie beim Apostema im Allgemeinen günstiger ist, als bei der Apostasis inguinalis, bei welcher letzteren alles auf die Wichtigkeit des Organs ankommt, in welchem die Eiterabsonderung Statt findet, und gegen welche ganz vorzüglich die Kur gerichtet werden mufs.

Synon.: Inguinalabscefs, Eitergeschwulst in den Leisten, Abscessus inguinalis. E. Gr — e.

LEISTENBAND. S. Fallopii ligamentum.

LEISTENBEULE. S. Bubo.

LEISTENBLASENBRUCH. S. Hernia inguinalis.

LEISTENBRUCH. S. Hernia inguinalis.

LEISTENDRÜSEN (Glandulae inguinales), grofse lymphatische Drüsen in der Leistengegend, an dem oberen Theile der inneren Seite des Oberschenkels, welche den Sammlungspunct für die Lymphgefäfse der unteren Extremität und der benachbarten Gegenden, der Geschlechtstheile, der Bauchdecken u. s. w. ausmachen. Sie sind theils oberflächliche (Glandulae inguinales superficiales), zwischen der Fascia lata, der Fascia superficialis und der Haut liegende, an der Zahl gewöhnlich 6—13, theils tiefere (Gland. inguinales profundae s. femorales), unter der Fascia lata an den grofsen Gefäfsstämmen und den Muskeln liegende, an der Zahl 3—7. Die oberste von diesen liegt meistens im Schenkelringe an der inneren Seite neben der Vene.

S—m.

LEISTENDRÜSENANSCHWELLUNG, LEISTENDRÜSENGESCHWULST. S. Bubo.

LEISTENFISTEL. S. Fistula.

LEISTENGEGEND. S. Regio inguinalis.

LEISTENKANAL UND LEISTENRING. S. Annulus abdominis.

LEISTENKANAL und vorderer und hinterer Leistenring. Der Leistenkanal (Canalis inguinalis s. abdominalis) ist etwa ein 1½ Zoll langer Gang, welcher über dem äufseren Leistenbande die drei breiten Bauchmuskeln von der Bauchhöhle aus in schiefer Richtung, von hinten, oben und aufsen, nach vorn, innen und unten durchbohrt, sich dicht über dem Schambeinhöcker öffnet, und beim Manne den Samenstrang, beim Weibe das runde Mutterband enthält, wefshalb er, nach Verhältnifs der Dicke dieser Theile beim Manne weiter ist als beim Weibe.

Man unterscheidet an dem Leistenkanal zwei Wände, eine vordere und eine hintere; ferner zwei Oeffnungen, die vordere oder Schamöffnung, oder den vorderen Leistenring, und die hintere oder Bauchöffnung, oder den hinteren Leistenring.

Die vordere Wand und die vordere Oeffnung desselben sind von der Haut und der Fascia superficialis bedeckt; die hintere Wand und die hintere Oeffnung sind von dem Bauchfell bekleidet.

Die vordere Wand ist anfangs, d. h. der hinteren Oeffnung gegenüber, aus allen 3 breiten Bauchmuskeln gebildet, indem hinter der platten Sehne des äufseren, schiefen Bauchmuskels sich das Muskelfleisch der daselbst verbundenen beiden Muskeln, des queren und inneren schiefen Bauchmuskels befindet. In der Mitte des Gewebes dagegen weichen die Muskelbündel des inneren schiefen und des queren Bauchmuskels theils bündelförmig auseinander, lassen den Samenstrang zwischen sich hindurchtreten, und legen sich dann an die innere Hälfte der hinteren Wand, theils steigen sie an der äufseren Seite des Samenstranges zum Hoden hinab, und machen den Hodenmuskel (Cremaster) aus. Auf diese Weise wird die vordere Wand des Leistencanales von der hinteren zur vorderen Oeffnung hin immer dünner, so dafs sie endlich nur aus der platten Sehne des äufseren schiefen Bauchmuskels besteht, welche sich dann, um die vordere oder Schamöffnung desselben zu bilden, in zwei Schenkel, einen oberen inneren und einen unteren äufseren spaltet.

Der obere innere Schenkel (Crus superius s. internum) tritt zu der vorderen Seite der Schambeinfuge, und heftet sich daselbst fest, wobei seine Fasern sich mit denen des gleichnamigen von der anderen Seite verbinden, durcheinanderschieben und kreuzen. Aus der Vereinigungsstelle dieser Schenkel entsteht vor der Schambeinfuge das Aufhängeband des Penis.

Der untere äufsere Schenkel (Crus inferius s. externum) verbindet sich mit dem inneren Ende des äufseren Leistenbandes, und heftet sich mit demselben so an den Schambeinhöcker fest, dafs die unteren Fasern hinter den oberen etwas aufsteigen, wodurch am Schambeinhöcker eine nach oben concave, sehnige Rinne, die den Samenstrang trägt, gebildet wird.

Die hintere Wand des Leistenkanals besteht aus der Fascia transversa, an welche sich jedoch nach innen, der vorderen Oeffnung gegenüber, die schwachen Muskelbündel des inneren schiefen und des queren Bauchmuskels von vorn her entgegenlegen, welche in der Mitte des Canales durch Auseinanderweichen sich von der vorderen Wand getrennt halten. *Hesselbach* der Vater hat den Theil der Fascia transversa, welcher die hintere Wand des Leistenkanales ausmacht, inneres Leistenband genannt.

Die vordere oder Sehnenöffnung des Leistenkanales, der vordere Leistenring oder der Bauchring (Apertura anterior s. pubis, canalis inguinalis s. Annulus abdominalis) befindet sich dicht über dem Schambeinhöcker, zwischen den beiden Schenkeln der vorderen Wand des Leistencanales, in welche sich die platte Sehne des äufseren schiefen Bauchmuskels gespalten, ist beim Weibe kleiner als beim Manne, überhaupt aber von unbeständiger Gröfse.

Gewöhnlich hat der vordere Leistenring die Gestalt eines Dreiecks, dessen Basis dicht neben dem Schambeinhöcker auf der oberen Seite des queren Schambeinastes sich befindet und dessen beide Seitenlinien, die von den beiden Schenkeln der gespaltenen Sehne des äufseren schiefen Bauchmuskels gebildet werden, auswärts aufsteigen, so dafs der obere Winkel gegen das Darmbein, der untere äufsere gegen den Schambeinhöcker, und der untere innere gegen die Schambeinfuge hin gerichtet ist. In den meisten Fällen ist die Basis des Dreiecks $\frac{1}{2}$ Zoll breit, während der Längendurchmesser 1 Zoll beträgt. Zuweilen ist jedoch die Spalte nach aufsen gegen das Darmbein hin sehr verlängert.

Der Samenstrang, oder beim Weibe das runde Mutterband, füllen, nebst dem sie einschliefsenden Zellstoff, den Raum zwischen den beiden Schenkeln des vorderen Leistenringes aus, liegen folglich unmittelbar vor dem inneren Theile der hinteren Wand des Leistenkanals, der durch die vordere Wand nicht gedeckt und geschützt ist. *Hesselbach* hat diesem Theile der hinteren Wand den Namen Schenkelfläche des vorderen Leistenringes beigelegt. Es besteht an dieser Stelle die hintere Wand aus dem Bauchfell, der Fascia transversa und schwachen Fasern des queren und inneren schiefen Bauchmuskels, ist mithin sehr dünn, und kann, da die vordere Wand hier gespalten ist, leicht vorgetrieben oder theilweise durchbrochen werden, wodurch alsdann ein innerer Leistenbruch (Hernia inguinalis interna) entsteht. Es wird hiernach der Bruchhals des inneren Leistenbruches kurz und gerade sein, der Samenstrang bei kleinen Brüchen nach vorn, bei gröfseren nach vorn und aufsen am Bruchsacke liegen.

Die hintere oder Bauchöffnung des Leistenkanals, oder der hintere Leistenring (Apertura posterior s. abdominalis) ist von dem vorderen Leistenringe $1\frac{1}{2}$ Zoll nach aufsen und oben entfernt, liegt $\frac{1}{2}$ Zoll über dem äufseren Leistenbande oder dem Schenkelbogen, und steht etwa 3 Zoll von der Mitte der Schambeinfuge ab. Es zeigt sich dieser Ring auf der inneren Fläche der Fascia transversa anfangs als eine Grube von der Breite eines halben Zolles, die nach aufsen und oben allmälig verstreicht, nach innen, unten und vorn in den Leistenkanal führt, und seitlich von zwei Falten oder Schenkeln der Fascia transversa, einen oberen inneren und unteren äufseren umfafst ist, welche, wie die Grube selbst, nach aufsen und oben allmälig verstreichen, nach unten und innen aber in einen gerundeten Rand zusammenfliefsen, wodurch der Anfang der hinteren Wand des Leistenkanals entsteht. *Hesselbach* nennt die Grube zwischen diesen beiden Schenkeln Schenkelfläche des hinteren Leistenringes.

Die Fascia transversa senkt sich aus der Grube oder der Schenkelfläche des hinteren Leistenringes cylinderförmig in den Leistencanal ein, umfafst den Samenstrang, und geht in die allgemeine Scheidenhaut über.

Das Bauchfell überzieht den hinteren Leistenring, und macht daselbst ebenfalls eine kleine Vertiefung.

An der inneren Seite des späteren Leistenringes, zwischen dem Bauchfelle und der Fascia transversa, verlaufen die Vasa epigastrica. Bei dem äufseren Leistenbruch, der durch den hinteren Leistenring in den Leistenkanal eintritt, werden sie daher immer an der inneren Seite des Bruchhalses liegen, während sie bei einem inneren Leistenbruche, der die Schenkelfläche des vorderen Leistenringes durchbricht, sich an der äufseren Seite des Bruchhalses befinden. Bei einem grofsen äufseren Leistenbruche wird der Leistenkanal verkürzt, zu einem Ringe umgewandelt, indem der hintere Leistenring nach innen geschoben, und dem vorderen fast gegenübergestellt wird.

Literat.: *F. C. Hesselbach,* über Leisten- u. Schenkelbrüche. Würzburg 1815. 4. — *A. Scarpa's* Abhandlungen über die Schenkel- und Mittelfleischbrüche, nebst Zusätzen über die Leisten- und Nabelbrüche, herausgegeben und vermehrt von *Seiler*. Leipzig 1822.

S—m.

LEISTENMUSKEL DES OHRES, helicis musculus. S. Gehörorgan.

LEISTENNERVE. S. Lumbales nervi.

LEISTENRING. S. Annulus abdominis.

LEISTENVERBAND, Bandage inguinal. S. Verbände.

LEITBAND DES HODENS. S. Gubernaculum.

LEITUNGSSONDE. S. Sonde.

LEMA. S. Augenbutter.

LEMNISCUS, eine Charpiewicke. S. Charpie.

LEMNISCUS REILII. S. Encephalon.

LEMOSITAS. S. Lippitudo und ägyptische Augenentzündung.

LENDENABSCESS, Abscessus lumbalis, ist ein jeder Abscefs, welcher in der Lendengegend vorkommt, und unterscheidet sich nicht etwa wesentlich von Abscessen, die an anderen Körperstellen vorgefunden werden, sondern kann eben so gut ein Congestionsabscefs sein, wie auch ein Apostema, und bietet daher auch nichts Eigenthümliches in seiner Behandlung dar (S. d. A. Abscessus).

Die am häufigsten in der Lumbalgegend vorkommenden Abscesse sind kalte selbstständige, kalte scrophulöse, symptomatische Abscesse, in Gefolge von Entzündungen des Zellgewebes und der Muskeln in der Lendengegend, von Caries der Wirbelbeine (Malum Pottii. S. d. A.), von Krankheiten der Nieren, wobei die Natur sich bestrebt, die Nierensteine nach aufsen zu treiben etc. — Hinsichts der Behandlung dieser Abscesse, so hat dieselbe, wie gesagt, nichts Eigenthümliches vor der Kur solcher, welche an anderen Stellen vorkommen; wir verweisen daher rücksichtlich ihrer auf den Artikel Abscessus, und bemerken hier nur, dafs *B. Bell* (Von den Geschwüren. Leipz. 1792. Bd. 4. p. 281.) den Lendenabscefs mit einem Troicart öffnet, und die Röhre desselben liegen läfst, *Abernethy* dagegen (Surg. and physiol. Ess. Lond. 1793.) die Eröffnung des Lumbalabscesses mit einer Lancette vornimmt, und gleich darauf die Wunde genau mit Heftpflaster vereinigt. Bildet sich der Abscefs wieder, so wiederholt *Abernethy* die Operation so oft, bis die Eiterung völlig aufhört, und bewirkt darauf die Cohäsion durch eine gröfsere Incision und durch ein Eiterband, welches er in den Einschnitt einlegt.

Literat.: *Ludwig*, Dissert. de abscessu latente. Leipz. 1758. — *Abernethy*, surgical Works. Lond. 1815. Bd. 2. — *v. Gräfe's* u. *v. Walther's* Journ. Bd. 5. pag. 651., Bd. 15. p. 106., Bd. 17. 393. — *J. Copland,* encycl. Wörterb. d. pract. Medicin, herausgegeben von *Kalisch.* Bd. 1. p. 28. Berlin 1834.
E. Gr — e.

LENDENARTERIEN. S. Aorta.

LENDENBLUT. S. Milzbrand.

LENDENBRUCH. S. Hernia.

LENDENGEFLECHT. S. Lumbales nervi.

LENDENGEGEND. S. Lumbalis regio.

LENDENKNOTEN. S. Gangliensystem.

LENDENLAHM. S. Hinken.

LENDENMUSKEL. S. Psoas.

LENDENNERVEN. S. Lumbales nervi.

LENDENVENEN. S. Hohlvenen.

LENDENWEH. S. Lumbago.

LENDENWIRBEL. S. Wirbel.

LENS CRYSTALLINA. S. Augapfel.

LENTA FEBRIS, das schleichende Fieber. Mit diesem Namen werden im Allgemeinen alle diejenigen Fieberkrankheitsformen belegt, welche durch ihre unmerklich beginnende langsame Ausbildung, ihre längere Dauer und eine allmälige Entscheidung sich auszeichnen.

Die meisten, auf keine abgegrenzten Stadien beschränkten Fieber, können unter besonderen Verhältnissen der Constitution des kranken Individuums, so wie bei der Fortdauer besonderer ursächlicher Verhältnisse und topischer Reizungen diesen langsamen Verlauf annehmen, und in diesem Sinne giebt es schleichende Entzündungsfieber, Nervenfieber, Schleimfieber u. s. w. Dieser schleichende Verlauf der Fieberkrankheiten hat nämlich seinen allgemeinen Grund, theils in solchen Fehlern der Gesammtconstitution des Individuums, so wie der wichtigeren Systeme, welche der freieren und kräftigeren Aeufserung der organischen Vitalität, sowohl von Seiten der flüssigen als der festen Theile entgegenstehen, theils aber auch in solchen topischen Ursachen, die auf die Unterhaltung einer Gefäfsreizung hinwirken.

Unter der grofsen Zahl der langsam verlaufenden Fieber giebt es jedoch eine Sippschaft, bei welcher in den langsamen Verlauf zugleich etwas Typisches, hinsichtlich der Fieberexacerbationen eingeflochten ist, und das auffallende Schwinden der Kräfte, so wie die ungewöhnliche, mit der Heftigkeit des Fiebers in keinem Verhältnisse stehende Abmagerung des Körpers, endlich auch die Hinneigung zum Colliquationszustande als wesentliche Züge im Krankheitsbilde gefunden werden, und diese Sippschaft von Fiebern hat man schleichende Fieber im engeren Sinne des Wortes genannt, auch wohl mit den Zehrfiebern (Febris hectica) für gleichartig genommen.

Von diesen, unter den engeren Begriff des schleichenden Fiebers zu stellenden Fieberformen kann hier nur die Rede sein, da der langsame Verlauf anderer Fieberkrankheiten bei den einzelnen speciellen Formen seine Würdigung finden mufs.

Aber auch die hierhergehörigen Fieberkrankheitszustände bieten in ihrer unabsehbaren Reihe, die zwar ihre gemeinsamen wesentlichen Kennzeichen behält, bei ihrer specielleren Formgestaltung dennoch Modificationen dar, die vorzugsweise von ihrem ursächlichen Verhältnisse ausgehen, und die zu einer neuen Eintheilung in drei Hauptformen: das einfache, mehr dynamisch begründete schleichende Fieber (die Febris lenta im engsten Sinne des Wortes), das Zehrfieber (Febris hectica), das Schwindsuchtsfieber (Febris phthisica) Veranlassung gegeben haben.

In wie fern diese Eintheilung gerechtfertigt, und durch die Erfahrung am Krankenbette nachgewiesen werden kann, wird sich erst erörtern lassen, wenn zuvor die ursächliche Begründung der gesammten Fiebersippschaft genauer geprüft, und das Gemeinsame in ihrer Ausbildung, ihrem Verlaufe und ihrer Beendigung geschildert worden ist.

Die Aetiologie der schleichenden Fieber. Die Ausbildung dieser Fieber wird zunächst durch besondere körperliche Anlageverhältnisse begünstigt, die sich in der Hauptsache auf folgende Umstände zurückführen lassen.

Zunächst giebt es eine allgemeine, oft angeborne Schwächlichkeit der gesammten Constitution, welche theils die primäre Ausbildung des schleichenden Fiebers, theils aber den Uebergang anderer Fieberkrankheiten in dasselbe begünstigt. Sie zeichnet sich aus durch einen geringeren Rückhalt der Nervenkraft, durch eine stärkere Reizbarkeit des Nervensystems, durch eine zartere Beschaffenheit der Faser, hagere Körperbeschaffenheit und eben hierin ausgesprochenes Zurückstehen der Stoffaneignung und organischen Bildung.

Ein solcher Schwächezustand der Gesammtconstitution wird aber auch bei günstigeren körperlichen Organisationsverhältnissen öfter erworben, wenn durch Kummer, Sorgen, Noth und übermäfsige Anstrengungen, sowohl geistige als körperliche, Ausschweifungen, besonders in der Geschlechtslust, und zwar vorzugsweise durch Onanie, häufige Wochenbetten, erschöpfende Ausleerungen, eine mit einer Ueberreizung des Lebensprocesses endende Lebensweise, durch vorhergegangene Krankheiten, eine bedeutendere Erschöpfung der allgemeinen Lebenskraft bedingt, und die Fähigkeit zur entsprechenden Restauration beschränkt worden ist. Dergleichen ausgemergelte Subjecte tragen im Allgemeinen eine sehr hervorstechende Disposition zur Ausbildung eines schleichenden Fiebers.

Nicht weniger geneigt macht zur Ausbildung dieses Krankheitszustandes eine hervorspringende Schwäche und Reizbarkeit in der Sphäre des Gangliennervensystems, wie denn überhaupt von dem Verfall der Lebenskraft dieses Systemes und einer krankhaften Reizbarkeitsverstimmung desselben die Bildung des schleichenden Fiebers, so weit dieselbe von dynamischen Ursachen abhängig ist, vorzugsweise auszugehen scheint. Wir haben diesen Zustand bei Personen, die ihre Unterleibsorgane überreizt haben, dann aber auch besonders in der Geschlechtsentwicklungsperiode, selbst hin und wieder in der Schwangerschaft. Die Febris lenta gravidarum, die meist eine lebensgefährliche Bedeutung hat, geht von dieser Anlage aus, so wie es eine anerkannte Thatsache ist, dafs in den körperlichen Entwicklungszeiträumen schleichende Fieber, besonders unter der Form des Nervenfiebers, sich sehr oft ausbilden.

Eine vorzugsweise Geneigtheit zur Ausbildung des schleichenden Fiebers giebt aber ein, aus der früheren Jugend in das spätere Lebensalter mit hinübergenommener krankhafter Zustand der Mesenterialdrüsen. Die organischen Veränderungen, welche die Scrophelkrankheiten in denselben hervorbringen, erlöschen bei vielen Individuen niemals ganz. In ihnen liegt bei vielen Subjecten der Grund der beschränkteren Stoffaneignung und Ernährung, daher auch die auffallendere Magerkeit des Körpers, die sie zeitlebens zur Schau tragen. Nähern sich solche Subjecte dem späteren Lebensalter, wo die Aneignungsfähigkeit schon an und für sich vermindert wird, so stellt sich das Mifsverhältnifs hin und wieder sehr auffallend heraus, und in dieser ursächlichen Beziehung gehört eine Atrophia mesenterica des späteren Lebensalters in der That nicht zu den ganz seltenen Ursachen der Abzehrung.

Die im höheren Alter bemerkbar verminderte Fähigkeit zur Aneignung von Bildungsstoffen haben wir ebenfalls als ein disponirendes Moment für die Ausbildung, so wie der Abzehrung, so auch des schleichenden Fiebers zu beachten. Endlich können wir hieher auch noch einen dyscratischen Säftezustand rechnen, wie er nach metallischen Vergiftungen, dem Gebrauch des Jod's, der inveterirten Syphilis, der Gicht und der Scrophelkrankheit öfter vorkommt, und theils durch eine Verminderung der Aneignungsfähigkeit der Säfte in Beziehung auf Bildungsstoffe, theils aber auch durch seinen reizenden Einflufs auf die festen Theile sich schädlich beweist.

Unter den Gelegenheitsursachen, welche die Febris lenta hervorrufen, sind folgende als diejenigen zu nennen, welche am häufigsten ihren nachtheiligen Einflufs geltend machen.

Obenan stehen alle diejenigen Ursachen, welche erschöpfend auf das Nervenleben und besonders auf die Sphäre der reproductiven Nerven einwirken. Dahin gehören übermäfsige geistige und körperliche Anstrengungen, niederdrükkende Gemüthsaffecte, daher das Heimweh, Sorge, Kummer, Gram, besonders auch die unglückliche Liebe und Ausschweifungen in der Geschlechtslust. Dann kommen die Nervenkrankheiten, das Nervenfieber, die Hypochondrie, die Hysterie, die Krampfkrankheiten, die Lähmungen, die Geisteskrankheiten in Betracht, aus welchen sich nicht selten ein schleichendes Fieber hervorbildet. Alles, was die Function der Digestionsorgane bedeutend schwächt, als Durchfälle, Abführungsmittel u. s. w., kann zur Ausbildung desselben Veranlassung geben. Der Mangel an zweckmäfsiger und zureichender Nahrung, dann ferner erschöpfende Stuhlausleerungen, als Durchfälle, Blutflüsse, der Fluor albus, überhaupt die Schleimflüsse, krankhafte Samenausleerungen, besonders auch die übermäfsige Milchabsonderung, gehören zu den häufigeren Veranlassungen des schleichenden Fiebers. Desgleichen ist ein cachectischer und dyscratischer Säftezustand, als die Cachexia pituitosa und verminosa, die Cachexia hydropica, die Scropheldyscrasie, die Gichtdyscrasie, besonders aber auch die Lues venerea, so wie eine Verunreinigung der Säfte durch metallische Gifte, als Blei, Arsenik, Kupfer, Quecksilber u. s. w. als Ursache des schleichenden Fiebers häufiger anzuklagen.

Sehr oft liegen diesem Fieberzustande organische Fehler der wichtigeren Eingeweide zum Grunde, als dahin gehören besonders: Verhärtungen der Mesenterialdrüsen, Verhärtungen der Leber und der Milz, des Magens, des Darmcanals, des Uterus, der Nieren, die Tuberkelinfiltration in den Lungen und anderen Organen, selbst eine chronische Erweichung der Schleimhaut des Darmcanals. In vielen Fällen knüpfen sich an diese organischen Fehler chronische Entzündungszustände, welche anfänglich die Gefäfsreizung einleiten.

Endlich wird das schleichende Fieber ein unabwendbare Folge der inneren Vereiterungen und organischen, besonders mit einer starken Absonderung verbundenen Destructionen. Daher begleitet es die Phthisis überall, gesellt sich auch dem Krebs, dem Blut- und Markschwamm bei.

Wenn wir die Verschiedenartigkeit dieser Ursachen betrachten, läfst sich leicht einsehen, dafs die Bildungsweise des schleichenden Fiebers auf eine mehrfache Weise eingeleitet werden könne, dafs daher der Krankheitsprocefs in verschiedenen Fällen verschiedenartige Elemente in sich aufnehmen, auch eine verschiedenartige Bedeutung haben werde.

Es ergiebt sich bei der Würdigung der Anlagezustände und der Ursachen zunächst, dafs die Ausbildung dieses Fiebers sich vorzugsweise an andere krankhafte Körperverhältnisse anreihet, und dafs es daher vorzugsweise als ein symptomatisches, oder doch mindestens als ein deuteropathisches Leiden betrachtet werden müsse. Wenn aber dennoch mehrere achtbare Aerzte eine idiopathische Febris lenta angenommen haben, so kann diese Annahme nur bedingungsweise zugestanden werden, insofern nämlich die veranlassenden Ursachen für sich eine solche Störung in der reproductiven Nerventhätigkeit setzen, dafs das schleichende Fieber die unmittelbare Folge derselben wird. Immer leistet aber hierbei die Anlage der Individuen auch in solchen Fällen der Ausbildung dieses Fiebers Vorschub, und bei einer vollkommen gesunden Organisation dürfte dieselbe wohl nicht Statt finden. Genau genommen knüpft sich daher das schleichende

Fieber immer an andere Krankheitszustände an, selbst wenn diese nicht als ausgebildete Formen hervorgetreten waren.

Wenn wir das Wesen des schleichenden Fiebers in Erwägung ziehen, so haben wir zunächst das gemeinsame Grundgesetz desselben, dann die Modificationen der durch die Differenz der Ursachen bedingten verschiedenen Formen, und endlich die in den angenommenen Stadien der Krankheit ausgesprochenen Progressionsstufen der Ausbildung zu erörtern:

a) Was zunächst das gemeinsame Grundverhältnifs des schleichenden Fiebers anbetrifft, so geht die Bildung desselben hervor aus dem Conflict einer abgeänderten Einwirkung der Säfte, der reproductiven Nerven und der organischen Substanz; die Lebensspannung zwischen den reproductiven Nerven, den Säften und der Substanz, tritt als schwankend hervor, und hieran knüpft sich eine verminderte Fähigkeit für die Aneignung und Bildung, die von allen drei Seiten her ihre erste Begründung erhalten kann. Die Fiebererscheinungen treten als der Ausdruck jener Schwankung und Haltungslosigkeit der organischen Vitalität hervor, während die Abmagerung als die Folge jener gesunkenen Aneignungs- und Bildungsfähigkeit betrachtet werden mufs, welche durch das Fieber selbst vermehrt wird. Die typischen Exacerbationen, welche den Verlauf der schleichenden Fieber auszeichnen, stehen aber vorzugsweise unter dem Einflusse der reproductiven Nervensphäre, werden jedoch auch zum Theil von zufälligen Einflüssen hervorgerufen. Die näheren Umstände, welche indessen bei der Bildung der schleichenden Fieber Statt finden, ergeben sich am besten

b) aus den durch die verschiedenen ursächlichen Verhältnisse bedingten besonderen Modificationen. Betrachten wir nämlich die Wirkung der bezeichneten Anlageverhältnisse und Gelegenheitsursachen genauer, so läfst sich dieselbe unter folgenden Hauptgesichtspuncten auffassen.

α) Eine Reihe der oben angegebenen Umstände läfst sich in Rücksicht auf ihre Wirkungen zurückführen auf eine einfache Schwächung der reproductiven Seite des Lebensvorganges. Hierher gehören alle psychischen und dynamischen Einwirkungen, welche die Thatkraft in der reproductiven Nervensphäre herabsetzen; hierher gehören ferner alle diejenigen Umstände, welche einen Mangel und eine schlechte Beschaffenheit der Säfte bedingen. In allen diesen Fällen bleibt die organische Integrität und die Fähigkeit für die Verbesserung der organischen Vitalität mehr bestehend, wenn auch nicht immer ganz unverletzt, und in diesen Kreis der Krankheitsbildung fallen dann auch vorzugsweise die gutartigen, schleichenden Fieber, Febres lentae, im engsten Sinne des Wortes, die aber in ihrem Fortschreiten allerdings in die nachfolgende Form hinübergehen, und auch durch den Grad ihrer Ausbildung gefährlich werden können. Hier fehlt dem schleichenden Fieber mehr die organische Begründung.

β) Eine andere Reihe von ursächlichen Verhältnissen läfst sich ihrer Wirkung nach zurückführen auf eine organische Unfähigkeit für die Aneignung und Bildung, die wir zunächst in den reproductiven Nerven, im Mesenterium, in den anderen wichtigen Organen oder, wie im höheren Alter, auch wohl in den gesammten, festen Theilen zu suchen haben. Hier handelt es sich um eine eigentliche trockene Auszehrung des Körpers (die Hectica), und das hiervon ausgehende Fieber hat man hectisches Fieber, Zehrfieber (Febris hectica) im engeren Sinne des Wortes genannt. Oefter bildet sich dieser Zustand aus der einfachen Febris lenta hervor, wenigstens giebt es keine genaue Abgrenzung zwischen diesen Krankheitsformen. So erzeugen die metallischen Gifte nicht selten eine solche organische Bildungsunfähigkeit von der einen, und eine schlechte Säftebeschaffenheit von der anderen Seite. Jeder längere Zeit fortdauernde Verfall der Reproduction, von welcher Seite her er auch eingeleitet werden möge, zieht die Unfähigkeit der organischen Substanz zur Aneignung überhaupt endlich nach sich, besonders wenn die gesammte Organisation nur eine schwächere Haltung gewährt.

γ) Endlich aber stellt sich die Bildung des schleichenden Fiebers noch anders bei den Vereiterungen.

Hier kommt zunächst die Reizung in Betracht, welche die Tuberkelinfiltration oder die Eiterung begleitet; denn sie giebt oft den ersten Anstofs zur Gefäfsreizung, aus welcher sich nach und nach beim Hinzutreten anderweitiger Causalmomente das schleichende Fieber hervorbildet.

Vorzüglich ist aber die Entziehung des Bildungsstoffes

aus dem Blute, welche die Eiterung veranlafst, als eine der wichtigsten Ursachen der Abzehrung und des schleichenden Fiebers zu betrachten.

Dazu gesellt sich dann ferner die Verunreinigung des Blutes durch die resorbirten, aufgelösten Eitertheile, welche auf einen Verfall der Organisation des Blutes und einen anorganisch-chemischen Procefs hinwirkt, und daher die Bildungs- und Aneignungsfähigkeit des Blutes nach und nach mehr aufhebt. Es trägt daher jenes schleichende Fieber, welches die Schwindsucht begleitet, und mit dem Namen Febris phthisica belegt wird, allerdings seine eigenthümlichen Bildungselemente, und verdient daher als besondere Form unterschieden zu werden.

Im Verlauf der Febris lenta unterscheidet man überhaupt drei Gradesstufen oder Stadia der Ausbildung, die mit dem besonderen Verhalten der inneren ursächlichen Begründung des Krankheitsprocesses in Beziehung stehen müssen. Das erste Stadium ist bezeichnet durch das Vorhandensein einer einfachen, meist gegen Abend eintretenden Fieberexacerbation. Wir können dieselbe betrachten als die Folge einer einfachen Reizung und Schwankung in Folge der entstandenen Haltungslosigkeit in der vegetativen Seite des Lebensprocesses, die hier noch an die naturgemäfse Steigerung der Erregung in der gedachten Seite des Lebensprocesses, welche gegen den Abend hin eintritt, gebunden ist. Das zweite Stadium ist bezeichnet durch das Auftreten einer Febris continua, mit öfter sich wiederholenden Exacerbationen, die nun vorzugsweise von der Stimmung der reproductiven Nervensphäre abhängig sind, hin und wieder auch von zufälligen äufseren Umständen bedingt werden. Hier mufs angenommen werden, dafs die oben bezeichneten inneren Grundbedingungen der Febris lenta, nach ihren speciellen Modificationen, einen höher gesteigerten Grad ihrer Ausbildung erlangt haben, wobei nicht nur allein der veränderte Wirkungszustand der reproductiven Nerven, sondern auch die zum gröfseren Verfall gelangte Aneignungsfähigkeit der Säfte und der festen Theile in Anschlag zu bringen sein wird. Vielleicht liegt hierbei ein Verfall des thierischen Chemismus zum Grunde, den wir jedoch seinem besonderen Verhalten nach nicht genau kennen. Das dritte Stadium bezeichnet die Zeitperiode der Krankheit, wo eine Hinneigung zur Colliquation der organischen Materie sich bemerkbar macht, die aber nur durch die gröfste Schwäche des organischen Lebens im Blute, durch den hieran geknüpften Verfall des thierischen Chemismus und ein Hinüberschreiten zum anorganisch-chemischen Procefs begründet sein kann. Bei vielen schleichenden Fiebern schliefst die Scene übrigens schon mit der höheren Ausbildung des zweiten Stadiums, bevor der Colliquationszustand eingetreten ist.

Die Beschreibung der Symptome und des Verlaufs des schleichenden Fiebers. Die Krankheit beginnt meist unmerklich mit solchen Vorboten, die auf den Eintritt derselben zwar aufmerksam machen können, den Kranken selbst aber die Gefahr nicht ahnden lassen, der er entgegen geht. Der Kranke fühlt sich matt, ist mürrisch und verdrüfslich, schläft unruhig, fühlt besonders im Bette eine lästige Wärme in den Fufssohlen und den Handtellern; sein Ansehen wird blafs, sein Blick matt, gegen den Morgen hin verfällt er oft in einen erleichternden Schweifs, und schläft dann erst ruhig ein. Oefter werden vorübergehende Blutwallungen, meist auch eine Reizung im Pulse wahrgenommen. Dabei ist der Appetit meist noch sehr gut, falls nicht die Verdauungsorgane mitleiden. Nach und nach nimmt aber die Mattigkeit zu, das Ansehen des Kranken wird elender; der Anfang des eigentlichen Fiebers beginnt nun mit Anfällen einer vermehrten Wärme, besonders nach der Mahlzeit und in den Abendstunden, wobei der Puls beschleunigt, härtlich, hin und wieder auch ungleich gefunden wird.

Hiermit hat nun der erste Zeitraum der Krankheit begonnen, der noch mehr in das Gebiet der oben bezeichneten einfachen Febris lenta gehört, und der sich dadurch auszeichnet, dafs das Fieber noch gelinder bleibt, und mit seinen Abendexacerbationen gleichsam den Typus intermittens simulirt. Der Kranke befindet sich im Verlaufe des Tages anscheinend wohl, allein gegen Abend tritt eine Fieberexacerbation ein, die mit einem ganz leichten Frösteln, einem Grausen in der Haut, oder mindestens mit einem Erkalten der Extremitäten und des Gesichts beginnt, worauf eine, anfänglich kaum bemerkbare Hitze folgt, die sich am meisten durch eine umschriebene Röthe und Wärme der Wangen und einem Brennen der Fufssohlen, so wie in den Flächen der Hände zu erkennen giebt. Der Puls, der bei einer sorgfältigeren Prüfung auch im Verlaufe des Tages eine abnorme Frequenz bemerken läfst, ist nun härtlich, bedeutender beschleunigt, die Haut trocken. Der Kranke ist unruhig, klagt auch wohl über Durst. Ein solcher Anfall dauert oft nur eine kurze Zeit, oft, und je mehr die Krankheit vorschreitet, die ganze Nacht hindurch, so dafs der Kranke dieselbe zum Theil schlaflos, oder wenigstens mit einem unruhigen und nicht erquickenden Schlafe verbringt. Gegen den Morgen, und überhaupt mit dem Nachlasse der Fieberexacerbation, tritt ein klebriger Schweifs ein, der beim Fortschreiten des Fiebers immer stärker wird, und eine grofse Ermattung zur Folge hat. Der Urin ist während der Fieberexacerbation meist stärker geröthet, läfst öfter einen veilchenähnlichen Geruch bemerken, und bildet gewöhnlich nur einen geringen Bodensatz. Im Verlaufe des Tages gewinnt der Kranke zwar ein erträgliches Befinden, sein Appetit bleibt nicht nur allein in den meisten Fällen gut, sondern wird auch wohl noch vermehrt, aber er fühlt sich dennoch matt, übel gelaunt, ist körperlich und geistig sehr reizbar, unfähig zum Arbeiten; nach und nach wird die Abmagerung des Körpers bemerkbar, die Haut nimmt eine bleiche, schmutzige Färbung an, wird spröde und trocken, das Gesicht verändert sich auffallend, es wird mager und dadurch länger, die Wangen fallen ein, die Augen sinken in ihre Höhlen zurück und ein matter Blick zeichnet dieselben aus, während das Weifse des Auges mehr auffällig trübe und glanzlos erscheint. Beachtenswerth ist auch die hellrothe Färbung der Lippen, der Zunge und der Thränenkarunkel. Bei einigen Kranken wird auch eine vermehrte Regung der Geschlechtslust wahrgenommen. Alle diese Krankheitserscheinungen, obgleich sie für jeden Beobachter deutlich wahrnehmbar sind, werden dennoch in den meisten Fällen von dem Kranken selbst sehr wenig beachtet, vielmehr ist derselbe nicht selten mit der stärksten Aufbietung aller seiner Geisteskräfte bestrebt, gegen dieselben anzukämpfen, und eine Ueberzeugung vom Gegentheil festzustellen.

Mit täglich sich wiederholenden Fieberexacerbationen und allmälig zunehmender Verschlimmerung derselben schleppt der Zustand sich oft längere Zeit fort, bevor er in das zweite Stadium übergeht.

Dieses beginnt mit der öfteren Wiederholung der Fieberexacerbationen im Verlaufe des Tages und dem deutlichen Hervortreten eines anhaltenden fieberhaften Zustandes. Der Puls behält nun auch in der guten Zeit eine gröfsere Frequenz; dabei findet gewöhnlich zuerst eine Verdoppelung der Exacerbation Statt, so dafs die eine Steigerung gleich nach der Mittagsmahlzeit eintritt, und in kürzerer Zeit wieder vorübergeht, die zweite sich aber am Abende einstellt, und sich allmälig immer mehr und mehr verlängert, auch gewöhnlich an Heftigkeit die erstere weit übertrifft. Nach und nach verschmelzen diese Exacerbationen mehr in ein anhaltendes Fieber, in welches aber allerdings die der Febris lenta eigenthümlichen, anfallsweise auftretenden Exacerbationen mit aufgenommen werden. Bei einer genauen Beobachtung am Krankenbette wird man übrigens bald erfahren, dafs in Rücksicht auf die Zeit des Eintrittes dieser einzelnen Exacerbationen, ihrer Dauer und ihrer Zahl im Verlauf von 24 Stunden keine Beständigkeit Statt findet, sondern dafs hierbei nach den obwaltenden besonderen Umständen mannigfaltige Abweichungen vorkommen. Am wenigsten beständig ist die Mittagsexacerbation. In vielen Fällen tritt sie schon des Vormittags ein, und zieht sich bis gegen Abend fort, wo sie von der neuen Steigerung aufgenommen wird. Die Erscheinungen, welche die einzelnen Exacerbationen in diesem Zeitraume der Krankheit auszeichnen, verhalten sich, wie folgt:

Es stellt sich eine ungewöhnliche Mattigkeit und Müdigkeit ein, die selbst Neigung zum Schlafe mit sich führt, oder es tritt ein Erbleichen und Erkalten der Extremitäten, ein leichtes Frostgefühl, bei der Febris phthisica nicht selten auch ein stärker ausgebildeter Frostanfall ein. Darauf folgt eine brennende, trockene Hitze, die jetzt am ganzen Körper, vorzugsweise jedoch an den Wangen, den Handtellern und den Fufssohlen empfunden wird. Gewöhnlich sieht man die Wangen, am häufigsten jedoch nur eine Wange mit einer lebhaften Röthe bezeichnet, die gleichsam wie abgezirkelt erscheint. Der Puls, der zwar auch aufser der Exacerbation meist sehr frequent erscheint, erlangt jetzt aber eine sehr bedeutende Frequenz, ist härtlich und nicht selten zugleich unregelmäſsig. Dabei ist der Kranke unruhig, alle sonstigen Krankheitssymptome sind gesteigert, das Athmen ist kurz, der Durst groſs, der Schlaf wird immer unruhiger, und endlich bricht mit der Beendigung des Anfalls ein sehr profuser Schweiſs aus, der nicht selten die Betten und die Wäsche durchnäſst, und besonders am Kopfe, an der Brust und am Halse am stärksten hervorzutreten pflegt. Obgleich die Kranken diesen Schweiſs sehr lästig finden, und nach demselben in einem hohen Grade sich ermattet fühlen, so bringt derselbe ihnen doch gewöhnlich eine allgemeine Ruhe und ein behagliches Befinden, mit welchem sich der Muth und die Hoffnung derselben meist von Neuem erheben, bis wieder eine neue Verschlimmerung dieses erträgliche Befinden aufhebt. Beachtenswerth ist die Beschaffenheit des Urins, der meist dunkler und röther erscheint, und, wenn er etwas gestanden hat, auf seiner Oberfläche ein dünnes, mehr farbig schillerndes Fetthäutchen wahrnehmen läſst, und sehr oft einen kleien- oder eiterartigen Bodensatz bildet. Oft ist der Urin aber blaſs und schwach zitronengelb, und es schwebt in demselben eine kleine, trübe Wolke, die sich niemals gänzlich auf den Boden des Gefäſses niedersenkt. Die Zunge ist auch in diesem Zeitraume des Krankheitsverlaufes feucht, hellroth gefärbt, der Durst meist sehr gesteigert, und der Appetit nicht selten krankhaft vermehrt. Besonders auffällig ist aber die bedeutende Abzehrung des ganzen Körpers und das elende Aussehen des Kranken, besonders auſser der Zeit der Exacerbation.

Die Verschlimmerung schreitet nun nach und nach immer mehr vor, das Fieber stellt sich immer mehr als eine Febris lenta continua dar; die bereits erwähnten Schweiſse nehmen eine colliquative Beschaffenheit an, häufig gesellt sich später auch eine entschiedene Neigung zum Durchfall, oft auch eine colliquative, durch kein Mittel zu sistirende Diarrhoe hinzu. Unter diesen Umständen erreicht die Abmagerung den höchsten Grad, die Kräfte schwinden immer mehr und mehr, das Gesicht ist eingefallen, schmutzig-bleich gefärbt, oft todtenblaſs; das Weiſse der Augen ist schmutzig und perlartig, die Augen sind in ihre Höhlen zurückgesunken, ihr Ansehen ist trübe und glanzlos; der ganze Körper ist bis auf den Knochen abgezehrt, die Muskeln sind eingeschrumpft, das Fett ist vollständig aufgezehrt, und überall stehen die Knochen eckig hervor. Nun gesellen sich in Folge des Colliquationszustandes nicht selten oedematöse Anschwellungen der Füfse, auch wohl der Hände und des Gesichts, selbst eine allgemeine Wassersuchtsbildung hinzu. Die Haare fallen aus; die Nägel der Finger krümmen sich, colliquative Schweifse und Durchfälle zehren die letzten Kräfte des Kranken auf; bei vielen bilden sich zum fauligen Character hinneigende Schwämmchen an der Zunge und im ganzen Munde aus, sehr oft gesellt sich auch ein Decubitus hinzu, der die Qualen des Kranken noch in einem bedeutenden Grade vermehrt, und oft jammervoll erscheinen läfst. Allmälig wird dann der Puls immer schwächer und kleiner, die Stimme heiser, der Ton, die Sprache verändert, das Sprechen überhaupt erschwert, bis endlich der Tod der traurigen Scene ein Ende macht. Dieser ist meist eben so sanft als unerwartet, und es schmeicheln sich die Kranken nicht selten bis auf den letzten Augenblick mit der süfsen Hoffnung einer baldigen Wiedergenesung. Viele schlummern bei völligem Verstande und Bewufstsein ein, viele unter sanften Delirien; hin und wieder erfolgt dies unter einem starken Triebe zum Stuhlgange, in dem Augenblicke, wo der Kranke diesen befriedigen will.

Was die Dauer des Gesammtkrankheitszustandes betrifft, so ist diese zwar immer auf eine längere Zeit ausgedehnt, dennoch aber ganz unbestimmt, bald nur auf Monate, bald auf Viertel-, halbe und ganze Jahre verschleppt.

In der vorstehenden Beschreibung sind die Züge des schleichenden Fiebers bis zum endlichen Ausgang in den Tod mehr im Allgemeinen entworfen worden; die speciellere Gestaltung des Krankheitszustandes in den einzelnen Fällen wird aber vorzugsweise durch die ursächlichen Verhältnisse genauer bestimmt. In eine genauere Schilderung dieser speciellsten Formgestaltung kann aber hier um so weniger eingegangen werden, als solche bei den einzelnen Krankheitszuständen, von welchen das schleichende Fieber abhängig ist, ihre nähere Würdigung finden mufs, und auch überhaupt nur im Zusammenhange mit jenen Krankheiten genügend gegeben werden kann. Die allgemeine Schwäche, die locale

Schwäche der Verdauungsorgane, der Status pituitosus, verminosus, infarctosus, atrabilarius, die Anaemia, die Cachexieen und Dyscrasieen, die verschiedenen Formen der Tabes und die Phthisis sind in dieser Hinsicht als diejenigen Krankheitszustände zu betrachten, an welche das schleichende Fieber sich anreiht, und die einen modificirenden Einflufs auf seine specielle Gestaltung ausüben.

Was die Prognose anbetrifft, so ergiebt sich schon aus der oben gegebenen Erörterung der verschiedenen Grundverhältnisse des schleichenden Fiebers, dafs seine Bedeutung sehr erheblich sein müsse. Für die Prognose des speciellen Falles entscheiden aber die besonderen ursächlichen Verhältnisse und der Grad, so wie der Fortschritt in der Ausbildung, daher auch ganz besonders das Stadium der Krankheit.

Eine Heilung des schleichenden Fiebers ist dann möglich, wenn die Ursachen desselben zu beseitigen sind, wenn die Constitution des Kranken nicht in einem zu bedeutenden Grade zerrüttet ist, wenn die Krankheit unter diesen günstigeren Umständen noch nicht zu weit vorgeschritten ist, wenn endlich die äufseren Umstände für die Ausführung der hier erforderlichen sorgsamen Behandlung günstig gestellt sind.

Günstiger ist die Prognose in allen denjenigen Fällen, in welchen eine einfache Schwäche, Säftemangel und eine nicht zu weit gediehene Ausartung der Säftemischung als Ursache der Krankheit betrachtet werden können, wo also weniger eine organische Begründung anzunehmen ist.

Sehr ungünstig stellt sich dieselbe aber, wenn eine organische Unfähigkeit, und überhaupt organische Fehler oder die Vereiterung wichtiger Organe zum Grunde liegen, deren Entfernung keine Kunsthülfe zu erzielen vermag.

Hat das schleichende Fieber bereits das Colliquationsstadium erreicht, so ist auch selbst bei sonstigen günstigeren ursächlichen Verhältnissen die Prognose ungünstig zu stellen.

Die Behandlung der Febris lenta. Die Behandlung der Febris lenta erfordert von Seiten des Arztes Umsicht und die Durchführung eines sorgsam erwogenen Kurplanes, da unter allen hier obwaltenden Umständen von der Selbsthülfe der Natur sehr wenig zu erwarten steht. Der Zweck, den diese Behandlung verfolgt, wird oft nur auf eine palliative Hülfe gerichtet sein können, da eine wirkliche Heilung hier nicht immer möglich ist. Die Objecte, auf welche sich die ärztliche Behandlung richten mufs, sind wie gewöhnlich: das Wesen, die Ursachen, die besonderen Auswüchse und Complicationen der Krankheit, und nach den besonderen Umständen werden bald mehrere derselben in den Kurplan aufzunehmen sein, bald wird sich die Behandlung nur auf einzelne richten können.

Obgleich ich die Febris lenta als einen von anderen Krankheitsverhältnissen abhängigen secundären oder symptomatischen Krankheitszustand angesprochen habe, so kann doch nicht in Abrede gestellt werden, dafs sie, von einer Gefäfsreizung beginnend, sich in ihrem Fortschreiten dennoch zu einem gewissen Grade von Selbstständigkeit erhebt, welche bei der Behandlung besonders beachtet werden mufs, da sie zugleich die besondere Stimmung des Lebensprocesses bezeichnet, unter welcher auch den in anderen Krankheitszuständen begründeten Ursachen entgegengewirkt werden mufs. Man hat daher bei der Aufstellung des Kurplans zwei Krankheiten in der Vorstellung zu trennen, die hier in demselben Individuum zusammenfallen, nämlich den Krankheitszustand, der Ursache der Febris lenta geworden ist, mag er sich als allgemeine Zerrüttung der Constitution oder als bestimmte Krankheitsform darstellen, und die Febris lenta als die Folge desselben, die in ihrem Fortschreiten eine gewisse Selbstständigkeit erreicht. In den meisten Fällen drückt nun die Febris lenta den Zustand des Allgemeinleidens aus, dessen Charakter entsprechend der als Ursache darstehende Krankheitszustand ebenfalls nur richtig behandelt werden kann, obgleich auch wieder in anderen Fällen der letztere auf die Charakterbestimmung des ersteren einen Einflufs ausübt. Beide Zustände sind aber als Wesen und Ursache zu trennen, und bei der Erörterung des Heilplanes zu würdigen.

Die Behandlung, welche die Febris lenta nach ihrem Wesen erfordert. — Weiter oben ist bereits erörtert worden, dafs wir es mit verschiedenen Progressionsstufen in der Wesensausbildung der Febris lenta zu thun haben können, die auf einer gewissen Höhe einen krankhaften Zustand der Reproduction bezeichnen, der eine beschränkte

Fähigkeit zur organischen Bildung, entweder in Folge erlangter Unthätigkeit der Vegetationsorgane, oder in Folge einer verminderten Aneignungsfähigkeit des Blutes, Unzureichendsein und fehlerhafter Beschaffenheit des Lebensmaterials und eine allgemeine Schwäche des Lebensprocesses in sich schliefst, welche Umstände als Elemente in der Wesensbegründung der zur gewissen Selbstständigkeit gelangten Febris lenta zu betrachten sein werden.

Diese Umstände werden daher auch den Zielpunkt der gegen die Febris lenta als solche zu richtenden ärztlichen Behandlung abgeben müssen, und sie bezeichnen die im Allgemeinen einzuschlagenden Heilwege, insofern dieselben auf die Beseitigung der Febris lenta als solche hinzwecken.

a) Die beschränkte Reproductionsfähigkeit verbessern wir:

α. Indem wir die Vegetationsorgane in einen solchen Zustand versetzen, dafs der Verdauungsprocefs gehörig von Statten gehen, und eine zureichende Aneignung von Lebensmaterial möglich werden kann;

β. Indem wir das organische Bildungsvermögen des ganzen Körpers durch eine den Umständen angemessene Roboration erheben.

b) Der Unzureichenheit und fehlerhaften Beschaffenheit des Bindungsmaterials wirken wir entgegen:

α. Indem wir die durch die Exacerbationen der Febris lenta beförderte Consumtion nach Möglichkeit dem allgemeinen Charakter des Fiebers entsprechend beschränken;

β. Indem wir die durch profuse Ausleerungen herbeigeführte Verschwendung desselben möglichst verhindern;

γ. Indem wir eine Vermehrung und Verbesserung desselben durch eine zweckmäfsige Restauration befördern.

Die weitere Ausführung dieser einzelnen Aufgaben will ich in dem Nachfolgenden kurz andeuten.

Was zuerst die Verbesserung der beschränkten Reproduction anbetrifft, so ist die Aufmerksamkeit des Arztes zunächst auf den Zustand der Verdauungsorgane zu richten. Diese befinden sich entweder im unverletzten Zustande, wie dies bei der Febris lenta sehr häufig der Fall ist, oder in denselben ist wohl gar eine Hauptursache der Krankheit mit vorhanden; wir haben es mit einer Schwäche, mit einem Status pituitosus, verminosus und atrabilarius u. s. w. zu thun, oder es handelt sich um einen temporären, gastrischen Zustand. Aus allem folgt, dafs in dieser Beziehung entweder gar nichts zu thun sei, oder dafs die Thätigkeitsäufserung derselben frei gemacht werden mufs durch die Beseitigung der erwähnten Krankheitszustände, oder endlich eine roborirende Unterleibskur einzuleiten ist mit bitteren und aromaschen Mitteln, unter welchen die Quassia einen Hauptplatz einnimmt; weiter unten wird hiervon mehr gesagt werden.

Ist der Zustand der Verdauungsorgane berücksichtigt, so ist der zweiten Aufgabe zu genügen, und durch eine, dem Charakter des Fiebers entsprechende allgemeine, roborirende Kur die reproductive Aneignungsfähigkeit zu vermehren. Zweckmäfsig wird diese Aufgabe zugleich mit der unten anzugebenden Restauration verbunden. Die vorzüglichsten Mittel, die hier in Anwendung kommen, sind die China, die bitteren Mittel, und unter besonderen, weiter unten anzugebenden Umständen selbst das Eisen, besonders in der Form der eisenhaltigen Mineralwasser, in Verbindung mit Milch. Unter allen Umständen ist die roborirende Methode dem Charakter des Gesammtkrankheitszustandes anzupassen, und mit Rücksicht auf die besondere Natur der Ursachen der Febris lenta anzuwenden.

Es kann daher nicht von ihrer unbedingten Anwendung die Rede sein; sie nimmt vielmehr nur dann eine Hauptstelle im Kurplane ein, wenn es sich mehr um ein reineres dynamisches Grundverhältnifs der Krankheit handelt, und weder von einer bedeutenden, organischen, örtlichen Reizung, noch von einer bedeutenden materiellen Verletzung die Rede ist.

Was den zweiten Zeitpunct unserer ärztlichen Wirksamkeit anbetrifft, auf die Erhaltung, Vermehrung und Verbesserung des Lebensmaterials zu wirken, so sind hierbei folgende Puncte in nähere Beachtung zu nehmen:

a) Wir suchen durch die Mäfsigung der Fieberexacerbationen die Selbstconsumtion des Organismus zu beschränken, und wie könnte dies anders geschehen, als durch eine richtige Behandlung des Charakters.

Es ist bereits oben bei der Beschreibung angegeben worden, dafs die Lenta zwar am häufigsten sich als asthenisches Gefäfsfieber darstelle, dafs sie unter besonderen Umständen aber allerdings zu einer Synocha mitior erwachsen, zu einem Nerven- und Colliquationsfieber ausarten könne. Der entzündliche Charakter folgt hier jedoch nur auf die Beiwirkung besonderer ursächlicher Verhältnisse, wie z. B. bei manchen metallischen Vergiftungen, bei Dyscrasieen, organischen, eine entzündliche Reizung in sich aufnehmenden Fiebern. Obgleich nun unter diesen Umständen eine antiphlogistische Behandlung zur Beschränkung der Febris lenta lediglich nur führen kann, so ist sie doch immer mit grofser Vorsicht und mit Rücksicht auf den gestörten Reproductionsvorgang auszuführen.

Von Säfteentziehungen wird daher nur höchst selten die Rede sein können; die Ausführung der antiphlogistischen Methode beschränkt sich vielmehr nur auf die Anwendung der kühlenden, die Expansion des Blutes vermindernden Mittel. Eine Saturatio Kali carbonici, eine gelinde wirkende Emulsion mit Nitrum, das Selterwasser, die Molken, eine Limonade, die kühlenden Pflanzensäfte sind die Mittel, welche vorzugsweise zum Gebrauche kommen müssen. Je mehr sich indessen eine wahre entzündliche Reizung mit einmischt, je sicherer darf man auch zu kräftigeren Mitteln, in besonderen Fällen auch zur Anwendung der Blutegel schreiten.

Hat man es mit einem asthenischen Gefäfsfieber zu thun, so thut man wohl, während der Exacerbationen rein symptomatisch zu verfahren, und mit leichten kühlenden Mitteln, besonders mit dem Acidum sulphuricum dilutum und mit dem Acidum phosphoricum die Heftigkeit derselben zu mäfsigen, und aufser denselben eine leichte, roborirende Behandlung mit einem schwachen Chinadecocte in Anwendung zu bringen.

Je mehr die Steigerung der einzelnen Exacerbationen von dem Einflusse einer excessiven Nervenreizbarkeit mit bedingt wird, je vortheilhafter zeigt sich die Mitanwendung der Aqua Lauro-cerasi, und besonders das Opium, in einzelnen wiederholten Gaben vor dem Eintritte der Exacerbationen gereicht. Da, wo sich Hinneigung zur Colliquation ausspricht, sind die Mineralsäuren allein oder in Verbindung mit China und Opium an ihrem Platze.

Es versteht sich übrigens von selbst, dafs das äufsere

Verhalten des Kranken dieser Behandlung entsprechend angeordnet werden mufs.

b) Wir beschränken etwa vorhandene Ausleerungen, weil sie die Masse des Lebensmaterials noch mehr vermindern. Die hier vorkommenden Ausleerungen stehen mit der Febris lenta entweder in ursächlicher Beziehung, oder sie haben als zufällige, durch andere Umstände bedingte Erscheinungen sich derselben beigesellt, oder sie sind als Auswüchse des Krankheitsprocesses im Stadium colliquativum aus derselben hervorgegangen. Dies verschiedene Verhältnifs derselben zur Febris lenta mufs genau ermittelt, und darnach mufs auch der Heilplan bestimmt werden. Weiter unten wird von den wichtigsten krankhaften Ausleerungen besonders die Rede sein.

c) Wir suchen den Lebensprocefs auf die bestmöglichste Weise zu restauriren. Es kommt hierbei vor allen Dingen auf eine zweckmäfsige Auswahl der Nahrungsmittel an, die leicht verdaulich, nährend und auf die Verbesserung der Säfte zweckend sein müssen. Es nimmt die restaurirende Methode übrigens einen um so wichtigeren Platz bei der Kur der Febris lenta ein, je mehr die Säftearmuth ein Element für die Begründung derselben abgiebt. Bei ihrer Anwendung ist besonders der Gesichtspunct festzuhalten, dafs die Menge und die Beschaffenheit der Nahrungsmittel mit dem Verdauungs- und reproductiven Aneignungsvermögen im Verhältnisse stehen müssen. Da das letztere hier besonders sehr gering gestellt ist, so folgt daraus, dafs in der Anordnung die gröfste Vorsicht obwalten müsse.

Es mufs ferner beachtet werden, dafs die Art der Mittel dem Charakter des Allgemeinleidens entsprechen müsse, und dafs unter allen Umständen zugleich auf eine qualitative Verbesserung der Säfte möglichst hinzuwirken ist. Die wichtigsten Hilfsmittel, die hier in Betracht kommen, sind folgende:

Die Milchdiät. Der Kranke mufs sich rein auf eine Milchkost beschränken; am besten ist der Gebrauch der frischen, ungekochten Kuhmilch. Ueberhaupt sind diejenigen Milcharten die vorzüglichsten, die am wenigsten fettige und käsige Bestandtheile enthalten. Bei dem schwachen Zustande der Verdauungsorgane und der geringen Assimilationsfähigkeit kann die Milch, besonders wenn zugleich andere Nahrungs- oder Arzneimittel genommen werden, die die Zersetzung derselben begünstigen, Cruditäten machen, und darum wird sie auch von vielen Kranken schlecht vertragen. Die Menschenmilch beweist sich in vielen Fällen sehr nährend, wie dies die Erfahrung mit Thatsachen belegt hat. Nächstdem ist die Eselsmilch zu empfehlen.

An die Milch reiht sich die Molke, die wegen ihrer kühlenden, die Se- und Excretionen befördernden, nährenden Wirkung hier vorzüglich in Gebrauch gezogen werden mufs. Aber auch bei ihrer Anwendung mufs der Zustand der Verdauungsorgane genau berücksichtigt werden. Am besten ist die durch einen Kälbermagen bereitete Molke, die man für die Verdauungsorgane geeigneter machen kann durch einen geringfügigen Beisatz der feinen Pomeranzenschale und durch etwas Wein. Ueberhaupt läfst sich die Milch und die Molke in Verbindung mit Selterwasser und eisenhaltigen Mineralwassern reichen, und dadurch zu einem passenden Roborans umgestalten.

Ausnehmend nährend ist das Eiweifs; man vermischt es mit Zimmt und Zucker, läfst es zu Schaum schlagen, und täglich auf diese Weise das Eiweifs von 3 bis 4 Eiern geniefsen. Die verschiedenen Crèmebereitungen gehören hier überhaupt zu den zweckmäfsigen Ernährungsmitteln.

Die vegetabilische Gallerte von Lichen islandicus, Lichen Carageen, der Sago, das Gerstenmehldecoct, der Salep, Arowroot sind zweckmäfsige Mittel, die in Verbindung mit Milch den Umständen anpassend angewendet werden können.

Nicht weniger zu beachten ist die Gallerte von Hirschhorn oder Kalbsfüfsen in ihren verschiedenen verfeinerten Zubereitungen. Man rühmt den häufigen Genufs der Austern, der jedoch eine bessere Verdauungskraft erheischt, der Froschkeulenbrühen, Vipernbrühen, Schneckenbrühen, Schildkrötensuppen u. s. w. Eben so nützlich beweisen sich die leichter verdaulichen, kräftigen, aber nicht fetten Suppen von Kalbfleisch und Geflügel. Ueberhaupt ist von den Fleischspeisen nur der Genufs des weifsen, zarteren Fleisches zu empfehlen, und allmälig zu einem gut bereiteten, mürben Braten überzugehen, wenn das Assimilationsvermögen bereits bedeutend verbessert worden ist.

Zum Getränk ist eine Hirschhornabkochung, Selterwasser mit Milch, ein gutes, nicht zu reizendes Bier sehr zu empfehlen. Auch der Wein nimmt einen wichtigen Platz ein, theils als Beimischung zum Getränke, theils im unvermischten Gebrauche. Es versteht sich von selbst, dafs bei seiner Anwendung die Reizbarkeit des Körpers und die besonderen ursächlichen Verhältnisse der Febris lenta genau berücksichtigt werden müssen, und dafs die Dosis desselben mit Vorsicht zu bestimmen ist.

Eine reine, trockene Luft, eine mäfsig warme Temperatur derselben, und eine aufgeheiterte, sorgenfreie Gemüthsstimmung, tragen zur Beförderung der Restauration sehr wesentlich bei.

Eine besondere Beachtung verdienen noch die Bäder, besonders wenn sie zugleich nährend einwirken. Malzbäder, Milchbäder, Fleischbrühenbäder, mäfsig warm und allmälig in Verbindung mit roborirenden Mitteln genommen, leisten der Erfahrung zufolge oft grofse Dienste, und sie tragen zur Beförderung des Assimilationsvermögens durch die peripherische Erregung des Lebensprocesses wesentlich bei.

Die Behandlung der Febris lenta nach ihren verschiedenen Causalverhältnissen. — Von der Schwäche der Verdauungsorgane war bereits oben die Rede. Seltener ist sie ganz rein, am häufigsten mit dem Status pituitosus, verminosus oder atrabilarius verbunden. Diese Zustände sind nicht selten sehr schwierig zu beseitigen; sie sind häufiger an organische Fehler des Mesenteriums oder des Pfortadersystems, auch wohl an eine allgemeine Cachexie geknüpft, und erfordern eine umsichtige Behandlung. Es kann hier nicht der Ort sein, diese einzelnen Krankheitszustände genauer zu erörtern, ich mufs vielmehr auf dasjenige verweisen, was bei der Febris pituitosa, verminosa und atrabilaria gesagt worden ist.

Schleichende Fieber, die aus einer Erschöpfung der Lebenskraft, nach vorhergegangenen Krankheiten, nach heftigen und lange dauernden Anstrengungen, nach anhaltend einwirkenden, deprimirenden Gemüthsaffecten entstehen, oder aus anderen Nervenkrankheiten hervorgehen, verlangen vor allen Dingen die Entfernung der schädlichen Einflüsse und eine roborirende Kurmethode. Bei Hypochondristen hat man

es

es nicht selten mit einem vielfach verwickelten Krankheitszustande zu thun. Insbesondere flechten sich nicht selten Unterleibsleiden mit ein, welche die gröfste Beachtung verdienen. Knüpft sich die Febris lenta an eine Tabes nervosa, wie dies bei Personen, die in Venere ausgeschweift haben, dem Laster der Onanie ergeben waren, oder noch sind, oder durch den Mifsbrauch der spirituösen Getränke sich überreizt haben, nicht selten der Fall ist, so treten im ersten Falle alle diejenigen Berücksichtigungen ein, welche bei der Tabes nervosa gelten; im zweiten Falle ist aber die Eigenthümlichkeit der körperlichen Ueberreizung zu beachten, die eine zweckmäfsige, dem Empfänglichkeitsgrade angepafste Anwendung der Reizmittel, selbst der gewohnten Spirituosa erheischt. Eine zweckmäfsige Vereinigung der roborirenden und restaurirenden Methode leistet in allen diesen Fällen am meisten, wobei jedoch beachtet werden mufs, dafs gerade in diesen Fällen das Assimilationsvermögen am meisten beeinträchtigt ist, und dafs den besten Kunstbestrebungen nicht selten von der Natur selbst der Eingang versagt wird.

Wo die Febris lenta auf starken Säfteverlust folgt, ist vor allen Dingen die weitere Aufopferung des Lebensmaterials zu hemmen, und dann eine zweckmäfsige Restauration einzuleiten. Besonders nach Blutflüssen ist zu beachten, dafs die bedeutende Schwäche des Assimilationsvermögens eine Ueberfüllung mit Nahrungsstoffen verbietet.

Wenn sich die Febris lenta zu einem allgemeinen cachectischen Zustande hinneigt, so ist die ganze Behandlung vorzugsweise auf die Cachexie als die Grundkrankheit zu richten. Hier gilt es eine auf die Verbesserung der Säftemasse strebende Restauration und eine roborirende Kurmethode, welche mit diesem Zwecke im Einklange steht. Der cachectische Zustand mufs übrigens nach seiner besonderen Natur behandelt werden.

Dasselbe gilt auch von den einzelnen Dyscrasieen. Gewöhnlich hat man es hier mit verwickelten organischen Nachkrankheiten zu thun. In allen diesen Fällen mufs eine die Vegetation umstimmende und verbessernde Kurmethode der Behandlung, welche die Febris lenta als solche verlangt, zur Seite gehen. Handelt es sich hierbei zugleich um metastatische Ablagerungen, so sind diese ganz besonders zu berücksichtigen und abzuleiten.

Die Febris lenta, welche nach metallischen Vergiftungen entsteht, erfordert die Behandlung der Tabes metallica. Arsenik, Blei und Quecksilber sind diejenigen metallischen Gifte, welche am häufigsten in Betracht kommen. Es kommt in diesen Fällen zunächst auf die Unschädlichmachung des in die Circulation aufgenommenen Giftes an, und zu diesem Zwecke sind das Kali sulphuratum und die Schwefelbäder am meisten empfohlen. Häufiger mischen sich bei der Arsenikvergiftung entzündliche Reizungen mit ein, die jedoch einer gelinden antiphlogistischen Methode bald weichen. Sowohl die Arsenik- als Bleivergiftung erfordert nach ihren so verschiedenartigen Symptomen eine weitere Auseinandersetzung, und ich mufs deshalb auf die diese Gegenstände betreffenden Artikel verweisen, da hier blofs eine Andeutung der Sache gegeben werden kann.

Organische Fehler erfordern nach ihrer verschiedenen Natur eine verschiedene Behandlung. Es handelt sich hier vorzüglich um chronische, entzündliche Reizungen, Verstopfung, Anschwellung, Verhärtung der Organe, als der Unterleibsorgane, besonders der Leber, der Milz, des Mesenteriums, des Pancreas, des Uterus, organische Krankheiten des Magens, des Darmcanals, der Blase, der Lungen u. s. w. Diese Uebel sind so verschiedenartig, dafs eine genaue Erörterung erforderlich wäre, um Gesichtspuncte für ihre Behandlung aufzustellen. Ich verweise deshalb auf die entsprechenden Artikel.

Die Behandlung der besonderen Ausartungen und wichtigen Symptome bei der Febris lenta.

Es gehört hierher der colliquative Schweifs, die colliquative Diarrhoe, die Aphthen, der Decubitus und die wassersüchtigen Anschwellungen.

Der colliquative Schweifs tritt im letzten Zeitraume der Krankheit ein, und hat eine colliquative Beschaffenheit des Blutes und eine bedeutende Schwäche des Lebensprocesses der Haut zum Grunde. Die specielle Behandlung desselben beweist sich daher nur sehr bedingt nützlich, da jener allgemeine Colliquationszustand der Säfte, gegen den man China und Mineralsäuren empfiehlt, eine Heilung nicht wohl zuläfst. Gegen den colliquativen Schweifs als solchen beweist sich die Quassia und die Herba salviae hin und wieder nützlich. Auch kann das Plumbum aceticum, das Ferrum oder Zincum sulphuricum angewendet werden. Zu empfehlen ist auch die Verbindung von Ratanha und Herba salviae. Auch der Agaricus, zu 10 Gran mit 1 Scrupel Zucker des Abends vor dem Schlafengehen gereicht, ist zu rühmen. Endlich hat auch *Griffith* eine Verbindung von Myrrhe, Wermuthsalz und Ferrum sulph. empfohlen, die von vielen Aerzten gegen den allgemeinen Colliquationszustand mit Nutzen gebraucht worden ist: Recip. Gummi Myrrhae 1 Drach.; solve terendo in mortario vitreo. Aqua dest. simpl. 6½ Unz., Aquae spirituosae 5 Drachm. Dein adde Kali carbonicum ½ Drach., Ferri sulphur. 12 Gran, Syrup. simpl. 2 Drach. MS. In vier Portionen den Tag über zu nehmen.

Der colliquative Durchfall wird am besten durch Columbo mit Opium, wenn er einen höheren Grad erreicht hat, durch dreiste Anwendung des Plumb. acet., auch wohl durch Ferrum und Zincum sulphuricum beschränkt. Diese letzteren Mittel werden besonders beim Verdachte von Darmgeschwüren empfohlen. *van Swieten* empfiehlt folgendes Mittel als sehr wirksam: Recipe Terebinthinae puriss. vitelli ovi intime subactae 1 Drachme, Electuar. theriaci ½ Unze, Lact. vaccin. recent. 4 Unzen. MS. Zum Klystir. Der Kranke mufs dabei auf der linken Seite liegen bleiben, und das Klystir, so lange als möglich ist, an sich halten. Adstringirende Klystire aus Abkochungen von der Ratanha, dem Gummi Kino, der Terra Catechu mit Wein bereitet und mit Alumen crudum verbunden, sind ebenfalls zu empfehlen.

Die Aphthen erfordern immer eine eingreifendere örtliche Einwirkung und das Acidum muriaticum, concentrirtere Auflösungen von Chlorkalk, die öftere Reinigung des Mundes mit Chlorwasser, so wie eine concentrirtere Anwendung des Zinc. sulphur. in Form eines Pinselsaftes beweisen sich noch am wirksamsten.

Der Decubitus gehört mit zu den gröfsten Plagen der unglücklichen Kranken, und darum ist nach bester Möglichkeit auf seine Verhütung zu wirken. Eine fortgesetzte Reinlichkeit, ein öfterer Wechsel der Lagerstelle, wenigstens ein häufiger Wechsel der Bettwäsche, eine frühzeitige Stärkung der Hautstellen, welche aufliegen, durch spirituöse Waschungen, eine zweckmäfsige Lagerstelle auf einer Pferdehaarmatratze und Luftkissen, Rehfelle oder Stücke von Wachsleinwand, die als Unterlage zu gebrauchen und öfter zu wechseln sind; eine häufigere Abwechslung in der Lage des Körpers — das sind die Mittel, welche dem Arzte zur Verhütung des Decubitus zu Gebote stehen. Wo er einmal entstanden ist, mufs er nach den Regeln behandelt werden, die die Chirurgie angiebt, und wie bereits beim Nerven- und Faulfieber angedeutet worden ist.

Die wassersüchtigen Anschwellungen als solche gestatten kaum eine besondere Behandlung, es sei denn, dafs sie ausarteten, besondere Beschwerden verursachten und in einer solchen besonderen Art eine palliative Hülfe erforderten. Ihre Beseitigung hängt von der Heilung der Grundverhältnisse des hektischen Fiebers ab, und ihre ursächliche Begründung ist entweder von einer bedeutenden allgemeinen Schwäche der Vegetation oder von einem weiter vorgeschrittenen Colliquationszustande gegeben. Nur im ersteren Falle darf man auf ihre vollkommene Beseitigung rechnen.

Literat.: *G. E. Stahl*, Dissertatio de febre hectica. Halae 1699. — *Fr. Curtius*, animadversiones in febrem hecticam. Dresdae 1781. — *Fournier*, über das schleichende oder auszehrende Fieber. A. d. Fr. 1782. — *Trnka de Krzowitz*, historia febris hecticae. 1783. — *Sachtleben*, Versuch einer medic. Klinik der auszehrenden Krankheiten. 2 Theile. 1792. — *C. A. W. Berends*, operum posthumorum Tomus primus. Lectiones de morbis tabificis edidit et praefatus est *A. G. v. Stosch*. Berolini 1829. — *Broussais*, Recherches sur la fiévre hectique. Paris 1803. B—dt.

LENTICULAIR- oder Linsenmesser, auch Linsenknopfmesser, Lenticularis culter, ist ein an seinem oberen Ende mit einem linsengestaltigen Knöpfchen oder Plättchen versehenes, schneidendes Instrument, bestimmt zur Abtragung von Knochenunebenheiten oder Splitter, welche nach Trepanationen zurückbleiben, und an dem inneren Rande der durch jene bewirkten runden Oeffnung festsitzen können. In den älteren Zeiten, wo die Operativchirurgie sich in einem sehr rohen Zustande befand, und die chirurgischen Instrumente höchst mangelhaft beschaffen waren, bediente man sich des Lenticulairs gröfstentheils bei jeder Trepanation;

denn man hielt es für etwas, das ganz in der Ordnung und unvermeidlich wäre, wenn Knochensplitter bei Trepanationen in der besagten Oeffnung zurückblieben. Aber bei dem gegenwärtigen Zustande der Chirurgie überhaupt, und der Operativchirurgie insbesondere, wo das Zurückbleiben dergleichen gröfserer Knochenprominentien und der Knochensplitter, bei kunstgerechtem Verfahren während der fraglichen Operation vermieden werden kann, wo die Erfahrung darthut, dafs geringere Unebenheiten oben besprochener Art nichts zu bedeuten haben (S. d. A. Trepanation), kann man das Lenticulairmesser als für ganz unnütz erklären.

Es gehört das Linsenmesser mit zu den ältesten chirurgischen Instrumenten; denn es kannten dasselbe schon *Heliodor*, der es κυαϑισκός nennt (*Krombholz* Abhandl. a. d. Gebiete der Akologie. Th. II. Abtheil. 1. pag. 106. Prag 1834.), so wie *Avicenna* und *Albucasis*; seitdem hat sich seine Gestalt mannigfach verändert, wie wir dies weiter unten sehen werden. Im Allgemeinen bildet das Linsenmesser, wie es jetzt beschaffen ist, ein an seinem oberen Ende mit einem linsenförmigen Knöpfchen versehenes Messerchen, dessen Klinge eine gewölbte und eine ebene Fläche hat, so dafs das Instrument sich mit der ersteren auf's genaueste an die Schnittfläche der Schädelknochen- (Trepanations-) Wunde anschliefsen kann; die Klinge ist aus einem 3½ Zoll langen, geraden, polirten Stahlstücke gearbeitet, so zwar, dafs es an dem hintersten Ende einen Stiel bildet, darauf erst rund ist, und hiernach wiederum platt wird, welcher Theil die eigentliche, in der Regel 1½ Zoll lange Schneide (Klinge) bildet; diese hat einen scharfen und einen stumpfen Seitenrand, und wird an ihrem Ende von einem, mehr oder weniger wagerecht aufsitzenden, linsenförmigen Knöpfchen bedeckt, dessen Zweck es ist, die harte Hirnhaut vor Verletzungen zu schützen. Die so beschaffene Klinge wird nun in einem gewöhnlich kolbigen, mehrkantigen und gekerbten Stiel von Holz, Horn u. dgl. festgestellt.

Sieht man sich bei vorhandenen Knochensplittern obiger Art ja genöthigt, das Lenticulairmesser zu gebrauchen, so geschieht dies folgenderweise: man ergreift es an seinem Holzstiele mit voller Faust, senkt die Klinge behutsam in die Trepanöffnung am Rande derselben ein, und zwar so, dafs das Linsenknöpfchen zwischen die Dura mater und die innere Hirnschalenfläche zu liegen kommt, und die convexe Klingenfläche gegen den Knochenrand gerichtet ist, worauf man das Instrument kreisförmig bewegt, und die Knochensplitter etc. mit dem Klingentheile abträgt, wobei man den letzteren an den Knochenrand andrücken, sich aber in Acht nehmen mufs, mit dem linsenförmigen Knöpfchen nicht das Gehirn selbst zu drücken (***Krombholz*** l. c. Taf. V. Fig. 22.).

Die verschiedenen Arten von Lenticulairmessern, welche wir in ***Krombholz*** mehrgedachter Abhandlung beschrieben (l. c. pag. 107. u. folg.), und bis auf wenige abgebildet (Taf. III.) finden (bei denjenigen Linsenmessern, wo dieses nicht Statt hat, soll die hinweisende Literatur hier bemerkt den), sind nun folgende:

1) Das von ***Hippokrates*** beschriebene (de capitis vulnerib. Edit. Foesii. Genev. 1657. pag. 127.), wo Stiel und Klinge aus einem Stahlstück gearbeitet sind; der erstere ist viereckig, und die letztere bedeckt ein dreieckiges Plättchen. Diesem ähnlich ist:

2) das von ***A. de la Croce***; der Stiel bildet zugleich ein gekrümmtes Hebeeisen. Ebenso beschaffen ist:

3) das Lenticulair ***Scultet's.***

4) Das Linsenmesser von ***Berengar***; hier ist der Schneiderand sehr schräg gelegt.

5) ***Paré's*** und ***Botalli's*** Lenticulair mit schief gelegter Schneide (***Paraei*** opera chirurg. Francof. 1594. p. 291. — ***Botall.*** oper. omnia med. et chir. Lugd.-Batav. 1600. Tab. gener. Fig. ad 675.).

6) ***Solingen's*** mit einem Tirefond versehenes Linsenmesser, mit einem scharfen und einem abgerundeten Rande; das schief abgesetzte Vorderende ist an der einen Seite eben, an der anderen convex; der Linsenknopf liegt schräg auf.

7) Das Lenticulair ***Perret's*** ist aus einem Stücke Stahl gearbeitet, wovon der eine Theil den Stiel, der andere die plattförmige Klinge bildet; diese hat einen senkrecht und einen schief gelegten Rand, eine ebene und eine gewölbte Fläche; das linsenförmige Knöpfchen ist hohl, zum Auffangen der beim Lösen der Knochensplitter abfallenden Späne.

8) ***Garangeot's*** Linsenmesser ist dem Paré'schen und

Botalli'schen ganz ähnlich (*Garangeot* nouv. traité des instrum. de Chirurgie. Par. 1725. T. II. Taf. 10. p. 130.).

9) ***Petit's***. Lenticulair mit einem fingerhutähnlichen Aufsatze zum Auffangen der Knochenspäne und Splitter die abgelöst werden. Eine Modification desselben ist

10) ***Platner's*** Linsenmesser.

11) Das Lenticulair von ***Savigny***, mit einem ringförmigen Vorsprunge statt des linsenförmigen Knöpfchens.

12) ***v. Rudtorffer's*** Linsenmesser; die Klinge fängt schmal an, und wird nach vorn zu immer breiter.

13) ***v. Gräfe's*** Lenticulair; beide Ränder der Klinge sind gerade; der eine Rand ist schneidend, der andere stumpf; die eine Fläche ist etwas hohl geschliffen, die andere convex; das linsenförmige Knöpfchen wenig vorspringend und schief gelegt.

14) ***Henry's*** Etui-Lenticulair, mit Schabeisen und hebelartigem Tirefond versehen. E. Gr — e.

LENTICULARE GANGLION. S. Augennerven.

LENTICULARES GLANDULAE. S. Darm.

LENTIGO, vergl. EPHELIDES. Bd. XI. S. 308.

LENTISCI LIGNUM. S. Pistacia.

LENTITIS. S. Cataracta.

LENTIUM SEMINA. S. Ervum.

LEONTIASIS (λεοντίασις, Aët. tetrabibl. IV, 1., Aret. morb. diut. II., 43.), die Löwenkrankheit, entweder überhaupt ein anderer Name für die tuberculöse Lepra, oder zum Unterschiede von Elephantiasis, die Form, wo vorzugsweise das Gesicht befallen ist. Ob nun diese Benennung von dem Furchtbaren Ansehen der dicken Haut oder einer ähnlichen Runzelung wie beim Löwen hergenommen ist, verdient kaum Erörterung. Die Alten brauchten diese und ähnliche Benennungen, wie z. B. Satyriasis, für so entstellende Hautleiden in einem plastischen Sinne, den die abstracte moderne Wissenschaft nicht ohne Verlust immer mehr verschmähen und zurückweisen mufste. V — r.

LEONTICE. Diese Pflanzengattung gehört zur natürlichen Familie der Berberideae *Juss.* und in die Hexandria Monogynia des Linnéischen Systems. Sie enthält krautartige Gewächse mit knolliger Wurzel, verschieden zertheilten Blättern, traubig gestellten Blumen, mit sechstheiligem Kelch,

6 am Grunde ein Schüppchen tragenden Blumenblättern, 6 Staubgefäfsen mit einfachem Stempel, aus welchem die aufgeblasene, 2- bis 4samige Frucht entsteht. Eine Art L. Leontopetalum, im südlichen Europa und Orient zu Hause, liefert die orientalische Seifenwurzel (Ischkar, Cheriss), welche zum Reinigen feiner Stoffe, namentlich auch der Cachemirshawls dient, auch von den Opiumessern gegen die heftige Wirkung des Opiums genossen werden soll. Eine andere Art, L. Chrysogonum, wächst ebenfalls im südöstlichen Europa und im Orient; ihre sauren Blätter werden gegessen, und nebst dem Samen gegen Hautausschläge angewendet. Sie ist wahrscheinlich das Χρυσόγονον des *Dioscorides*, so wie die erstere das Λεοντοπέταλον des *Dioscorides* und *Plinius*. v. Schl—l.

LEONTODON. S. Taraxacum.

LEONURUS. Eine Pflanzengattung, in *Linné's* System zur Didynamia Gymnospermia, im natürlichen zur Familie der Labiatae gehörend. Stauden, mit aufrechten, vierkantigen Stengeln, meist eingeschnittenen, handförmig gelappten Blättern, welche die in der Achsel zusammengedrängten Blüthenwirtel lang überragen, der Kelch mit 5 pfriemlichen, stechenden Zähnen, die Blumenröhre gewöhnlich von ihm eingeschlossen, die Oberlippe ganz, die Unterlippe dreispaltig, der Mittellappen umgekehrt herzförmig, die Seitenlappen länglich. Die 4 Staubgefäfse didynamisch, mit paarweise genäherten Staubbeuteln, deren Fächer meist parallel stehen und nackt sind. Die vier Achaenae sind oben abgestutzt. Diese Pflanzen kommen in Europa und Asien vor; nur eine Art ist auch in Afrika und Amerika gefunden; sie haben meist einen nicht angenehmen, eigenthümlichen Geruch.

1) L. Cardiaca *L.* (Cardiaca vulgaris *Mönch*). Diese gemeine, durch einen grofsen Theil von Europa und Asien wachsende Art, erreicht eine Höhe von 4 Fufs, ist ganz flaumhaarig, die unteren Stengelblätter sind handspaltig, die oberen eiförmig gelappt, die blüthenständigen länglich, fast dreispaltig, am Grunde lang verschmälert, die Blattlappen sind eiförmig oder lanzettlich; die Kelche kahl oder zottig, die kleine Blume roth, aufsen ganz zottig, stehen in entfernten Wirbeln. Die Kronenröhre ist geringelt, die Oberlippe fast flach, die Unterlippe offen stehend, mit ganzem Mittellappen.

Das Kraut dieser bitter schmeckenden, widerlich riechenden Pflanze, welche Herzgespann, Wolfstrapp heifst, wurde sonst als wirksam bei Herzklopfen, Cardialgie, als stärkendes Mittel bei Hypochondrie und Hysterie, als Schleim auflösend und Urin und Menstruation befördernd empfohlen (Herba Cardiacae s. Agripalmae).

2) L. lanatus *Spreng.* (Ballota lanata *L.*, Panzeria lanata *Persoon*). Eine kaum Fufs hohe, in trocknen Gegenden des östlichen und mittleren Sibiriens vorkommende Pflanze, mit weifsem, dichtwolligem Stengel, Blattstielen und Kelchen; die Blätter alle handtheilig, die untersten auf der Unterseite grauzottig oder wollig; die Blumen in genäherten Wirteln, die Blumenkrone gelblich, fast zolllang, mit ganzer, kappenartiger Oberlippe, etwas aufrecht stehend, die Unterlippe mit abstehenden Mittellappen und verlängerter, innen nackter Röhre.

Der Gebrauch dieser Pflanze, von welcher alle Theile zerbrochen, fest in Kisten gepackt, in den Handel kommen (Herba et stipites Ballotae lanatae), ist zuerst 1815 von *Rehman* empfohlen, als ein besonders auf die Harnabsonderung wirkendes Mittel; es hat trocken einen theeähnlichen Geruch und bitterlich-scharfen Geschmack. *Bley* fand darin ätherisches Oel, *Jori* bei einer neuen Untersuchung eisengrünen Gerbstoff, eine bittere, aromatisch-harzige Substanz (Picroballota), Chlorophyll, Chlornatrium, salpetersaures Kali, Eisen, Thonerde, Kalk (Ann. d. Pharm. Bd. 20.). Man giebt dies Mittel in Abkochungen oder Aufgüssen. Verwechslungen mit Leonurus Cardiaca, Ballota vulgaris und Marrubium vulgare sind leicht an dem Fehlen der flockigen Wolle, so wie an den viel kleineren Blumen aller dieser Pflanzen zu erkennen. v. Schl—l.

LEOPOLDSLIPPE, ungewöhnlich starke Lippen. S. Labes.

LEPIDIUM, Kresse. Zur natürlichen Familie der Cruciferae *Juss.* und in die Tetradynamia Siliculosae des Linné'ischen Systems gehört diese Pflanzengattung, deren Arten Kräuter oder kleine Halbsträucher sind, mit länglichen, oft fiederspaltig geschlitzten Blättern, deren zum Theil unansehnliche weifse Blumen endständige Trauben bilden, deren Kelch unten gleich und die Blumenblätter ganz, die Schötchen aber oval und zusammengedrückt, oft ausgerandet und aufspringend sind, mit gekielten, zuweilen oben etwas flügelrandigen Klappen, schmaler, häutiger Scheidewand und je einem hängenden Samen in jedem Fach, auf dessen länglichen oder linealischen Cotyledonen das Würzelchen umgebogen liegt. Alle Arten haben einen scharfen, eigenthümlichen, beifsenden Geschmack, einige auch einen unangenehmen Geruch.

1) L. sativum *L.*, die gemeine Gartenkresse, soll das Καρδάμον des ***Dioscorides*** sein, eine aus dem Orient stammende, bei uns in Gärten häufig cultivirte, einjährige Pflanze, welche ganz kahl und bläulich-grün ist, verschiedenartig eingeschnittene, zuweilen auch gekrauste und eingefranzte Blätter hat, deren Schötchen kreisrund, geflügelt, oben ausgerandet, mit einem kurzen, in der Ausrandung eingeschlossenen Griffel versehen sind, und deren braune Samen meist dreitheilige Cotyledonen haben. Die ganze Pflanze hat frisch einen scharfen, jedoch nicht unangenehmen Geschmack, und wird seltener allein, gewöhnlich als Zusatz zu Salaten genommen, sie soll antiscorbutisch und diuretisch wirken, das Blut reinigen, und wurde sonst auch unter der Benennung Herba recens et Semen Nasturtii hortensis als Heilmittel angewendet.

2) L. ruderale *L.* Diese kleine, fast kahle, einjährige, weit verbreitete, höchst widrig riechende und scharf kressenartig schmeckende Pflanze, hat unten doppelt- und einfachfiedertheilige, oben linealische, ganze Blätter; die sehr kleinen, meist blumenblattlosen Blümchen haben auch meist nur 2 bis 4 Staubgefäfse, die kleinen Schötchen sind oval ausgerandet, ungeflügelt, kürzer als ihre Stielchen. In Rufsland ist diese Pflanze ein Volksmittel gegen das Wechselfieber; man giebt ein Infusum davon. Auch gegen Ungeziefer soll der üble Geruch der Pflanze helfen.

3) L. latifolium *L.* Das gemeine Pfefferkraut, wohl das Λεπίδιον der Griechen, ist eine ausdauernde, durch einen grofsen Theil Europa's und Asiens an feuchten, schattigen Stellen vorkommende Pflanze, mit lanzettlich-eiförmigen, ungetheilten, etwas gesägten Blättern, von denen die unteren lang gestielt sind; die Blüthentrauben bilden eine Rispe, die Blumen sind klein, weifs, sehr zahlreich; die

Schötchen eirund, durch die sitzende Narbe stachelspitzig. Von diesem scharf kressenartig, brennend, fast pfefferartig schmeckendem Gewächse benutzte man früher die Wurzel und das Kraut frisch (Herba et Radix Lepidii) gegen Scorbut, Wassersucht, Hüftweh, Hautausschläge und andere Uebel; doch wird es jetzt wohl kaum noch angewendet.

4) L. Iberis *L.* (wozu auch L. graminifolium *L.* gehört). Diese Pflanze des mittleren und südlichen Europa's, so wie des angrenzenden Asien, soll das Ἰβερὶ der Alten sein. Es ist ein ausdauerndes, kahles, bis 3 Fufs hohes Gewächs, mit aufrechtem, sehr ästigem Stengel, unteren eingeschnittenen, fiederspaltigen, oberen linealischen, ganzen Blättern, mit kleinen weifsen Blumen mit 2—6 Staubgefäfsen und kleinen eiförmigen, durch die fast sitzende Narbe stachelspitzigen Schötchen. Auch diese scharf kressenartig schmeckende Pflanze war im frischen Zustande (Herba Iberidis) gebräuchlich, namentlich zu Cataplasmen bei Hüftweh, gegen Wechselfieber; sie galt auch als blutreinigend, diuretisch; doch ist sie nicht mehr im Gebrauch.

Einige Arten dieser Gattung (L. piscidium *Forst.*, owahiense *Ch. Schld.*) auf den Südseeinseln werden zum Fischfang gebraucht, indem ihr zerstofsenes Kraut die Fische betäubt; andere Arten, wie L. oleraceum *Forst.* auf Neuseeland, liefern heilsame Gemüse für die am Scorbut leidenden Seefahrer. v. Schl—l.

LEPIDOSIS, Kleienausschlag. S. Herpes.

LEPORINUM LABIUM. S. Labium leporinum.

LEPORINUS OCULUS. S. Hasenauge.

LEPRA. S. Elephantiasis.

LEPTOTRICHIA, von λεπτὸς dünn und τρίχος das Haar, äufserst dünnes, feines Haar. S. Horngewebe.

LERCHENBAUM. S. Pinus Larix.

LERCHENSCHWAMM. S. Boletus.

LESEBRILLEN, LESEGLAESER. S. Augenpflege und Brillen.

LETHALITAS scil. vulnerum, — die Tödtlichkeit der Wunden — ist der Einflufs, welchen Wunden als Trennungen des organischen Zusammenhanges auf die Fortdauer des individuellen Lebens ausüben. Ist dieser Einflufs ein solcher, dafs derselbe diejenigen Bedingungen vernichtet, an welche die Fortdauer des Lebens gebunden ist, so ist die Tödtlichkeit der Wunden zugegen; ist aber dieser Einflufs ein solcher nicht, so fehlt auch den Wunden die Eigenschaft der Tödtlichkeit. Anstatt des Wortes „Wunde“ (Vulnus), in Bezug auf das Lethalitätsverhältnifs derselben, hat man in neuerer Zeit mit Recht den Ausdruck „Verletzung“ (Laesio) vorgezogen, indem manche Beeinträchtigung der organischen Form durch ihre Tödtlichkeit wichtig werden kann, ohne dem Wortbegriff der Wunde genau zu entsprechen, wie z. B. die Rupturen, Fracturen, Fissuren u. s. f. Wenn man demnach unter „Verletzung“ (laesio) jede durch äufsere Gewalt entstandene Beschädigung der organischen Form versteht, so verfährt man doch auch in dieser Hinsicht nicht mit voller Consequenz, indem man die Erdrosselungen und die gewaltsamen Erstickungen durch Zusammendrückung der Rippen, welche doch ebenfalls eine Beschädigung der organischen Formverhältnisse bewirken, allgemein von den Verletzungen ausschliefst, dagegen die Erschütterungen (Commotionen), welche eine Beeinträchtigung der organischen Form sinnlich nicht erkennen lassen, allgemein zu den Verletzungen zählt.

Die Bestimmung der Lethalitätsverhältnisse der Verletzungen ist in allen Fällen die Aufgabe der Medicin, und namentlich der Chirurgie, insofern als alle Verletzungen äufserer und innerer Theile (in dem zuvor festgestellten Begriffe) dem Gebiete der Chirurgie anheim fallen; wenngleich diese Bestimmung nicht immer zu Gunsten medicinischer Zwecke und zum Behufe der zu bewirkenden oder nicht zu bewirkenden Heilung getroffen wird. Denn die Bestimmung der Lethalitätsverhältnisse der Verletzungen hat den doppelten Zweck; sie interessirt nämlich die Medicin rücksichtlich der Feststellung des wahrscheinlichen Ausganges der Verletzungen, und in dieser Beziehung fallen die Lethalitätsverhältnisse der Verletzungen mit ihrer Prognose zusammen; — dieselbe Bestimmung interessirt aber in einem viel höheren Grade die Strafrechtspflege rücksichtlich der von dieser bei erfolgtem tödtlichen Ausgange der Verletzungen zu treffenden Imputatio facti (d. h. der Bestimmung des Thatbestandes der Tödtung) sowohl, als auch rücksichtlich der von derselben zu bildenden Imputatio juris (d. h. der Zurechnung zur Schuld und Strafe). Beide Zwecke weichen wesentlich von einander ab. Die Bestimmung der Lethalitätsverhältnisse der Verletzungen, in Bezug auf ihren muthmafslichen Ausgang, soll während des Lebens des Verletzten geschehen, und diese Bestimmung kann um so mehr nur eine ungewisse und präsumtive sein, als der Einflufs, welchen eine Verletzung auf die Fortdauer des individuellen Lebens erwarten läfst, nie genau genug beurtheilt werden kann, ohne eine vollkommene Einsicht in die Integritätsbeschädigung aller in den Bereich der Verletzung gezogenen Organe. Diese Einsicht ist während des Lebens des Verletzten, aber nur an äufseren Theilen, möglich; an inneren in den Bereich der Verletzung gezogenen Organen kann sie erst nach dem Tode des Verletzten durch die Section Statt finden. Aus diesen Gründen konnte die Bestimmung des bevorstehenden tödtlichen oder nicht tödtlichen Ausganges der Verletzungen nie als eine besondere Lehre behandelt werden, sondern sie mufste mit der speciellen Chirurgie der Wunden, Rupturen, Fracturen u. s. f. zusammenfallen. — Anders aber verhält es sich mit der Bestimmung der Lethalitätsverhältnisse der Verletzungen in Bezug auf die Strafrechtspflege. Diese schliefst auf den Grund desjenigen Zweckes, für dessen Erfüllung sie gefordert und getroffen wird, alle Muthmafsung und Ungewifsheit aus. Demzufolge aber macht sie eine vollkommene Einsicht in die Integritätsbeschädigung aller in den Bereich der Verletzung gezogenen äufseren und inneren Theile, und deshalb die Section des Leichnams nothwendig. Demnach kann sie auch nur nach erfolgtem Tode des Verletzten getroffen werden, und wenn sie früher gefordert würde, dürfte sie sich nur auf die Feststellung der muthmafslichen Prognose des vorliegenden concreten Falles beziehen. Obwohl die Anwendung der ermittelten Lethalitätsverhältnisse der Verletzungen auf rechtliche Zwecke allein die Sache der Criminalrichter ist, so ist doch die Bestimmung derselben Verhältnisse und ihre Ermittelung (weil diese einzig und allein nach heilkundigen Lehren und Erfahrungen getroffen werden kann) die Sache des Arztes. Weil aber diese von dem Arzte zu treffende Bestimmung auf den rechtlichen Zweck, für welchen sie getroffen wird, eine beständige Rücksicht nehmen, und gewisse Grundsätze der Strafrechtspflege dabei beachten mufs, so bilden diejenigen Lehren und Gründe, nach welchen das Lethalitätsverhältnifs der Verletzungen für rechtliche Zwecke bestimmt wird, einen Theil der gerichtlichen Medicin, welcher sich wegen seiner Wichtigkeit und Bedeutung zu einer besonderen Lehre gestaltet hat.

Zweck der forensischen Bestimmung der Lethalitätsverhältnisse der Verletzungen. — Nur allein dann, wenn der forensische Arzt sich denjenigen Zweck genau vergegenwärtigt, und vor Augen stellt, für dessen Erfüllung die fragliche Bestimmung ein Bedürfnifs der Strafrechtspflege ist, und von der gerichtlichen Medicin gefordert wird, wird derselbe im Stande sein, der an ihn gestellten Aufgabe vollständig zu genügen. Und ein strenges Festhalten an diesem allein rechtlichen Zwecke ist um so nothwendiger, je mehr — besonders in früherer Zeit — derselbe von den gerichtlichen Aerzten aus einem verfehlten Gesichtspuncte aufgefafst wurde. Es geschieht aber die fragliche Bestimmung auf Verlangen des Criminalrichters durch den forensischen Arzt in der alleinigen Absicht, dem Richter das ursächliche Verhältnifs zwischen der Verletrung und dem darauf erfolgten Tode nach heilkundigen Lehren und Erfahrungen zu entwickeln, keinesweges aber in der Absicht, das Verbrechen des Thäters festzustellen; denn diese Feststellung ist allein eine Sache des Richters, niemals aber des gerichtlichen Arztes, obwohl sie theilweise aus der Bestimmung des Arztes über das Lethalitätsverhältnifs einer vorliegenden Verletzung von selbst hervorgehen kann. Die Entwicklung des ursächlichen Verhältnisses zwischen der Verletzung und dem darauf erfolgten Tode erstreckt sich aber:

1) auf die Bestimmung, ob eine gewisse vorliegende Verletzung die Ursache des darauf erfolgten Todes und der Tod die Wirkung der Verletzung sei, oder ob der Tod durch die Verletzung nicht bewirkt worden, und die Todesursache aufser der Verletzung liege? Je nach der von dem gerichtlichen Arzte ausgesprochenen Affirmation oder Negation der tödtlichen Wirkung der Verletzungen erscheinen dieselben entweder als tödtliche (laesiones lethales) oder als nicht tödtliche (laesiones non lethales, sive illethales), und die Entscheidung über die Lethalität oder Illethalität einer Ver-

letzung vermittelt für die Strafrechtspflege durch sich selbst die Entscheidung über die Imputatio facti, oder über den Thatbestand der Tödtung. Der Thatbestand der Tödtung ist nämlich constatirt, sobald eine Verletzung für tödtlich erklärt ist; der Thatbestand der Tödtung aber findet gar nicht Statt, sobald eine Verletzung als eine nicht tödtliche erkannt ward. Durch die gerichtsärztliche Erklärung über die Lethalität einer Verletzung wird demnach der Thäter dem Criminalrichter als des Verbrechens der Tödtung schuldig, durch die Erklärung der Illethalität einer Verletzung wird aber der Thäter als des Verbrechens der Tödtung nicht schuldig dargestellt. Daraus erhellet die grofse und uneingeschränkte Bedeutung, welche die Bestimmung über vorhandene oder fehlende Tödtlichkeit der Verletzungen in foro und für die Imputatio facti geltend macht. — Die Entwicklung des ursächlichen Verhältnisses zwischen der Verletzung und dem darauf erfolgten Tode erstreckt sich aber:

2) auf die Bestimmung des Antheils, welchen die Handlung der Verletzung an dem darauf erfolgten Tode habe. Dieser Antheil kann nämlich ein verschiedener sein, denn die tödtliche Wirkung der Verletzung kann entweder als eine unbedingte oder absolute erscheinen, d. h. der einzige Grund des tödtlichen Ausganges kann in der Verletzung allein liegen, dergestalt, dafs diese an und für sich, und unter allen Umständen, den Tod bewirken mufste; oder die tödtliche Wirkung der Verletzung kann als eine bedingte hervortreten, d. h. die Verletzung kann nicht der einzige Grund des tödtlichen Ausganges, und dieser aufser der Verletzung selbst durch Umstände bedingt sein, die die Verletzung erst zu einer tödtlichen steigern. Diese Umstände aber, welche aufser der Verletzung selbst sich als Gründe ihrer tödtlichen Wirkung geltend machen, lassen sich für den Zweck der Strafrechtspflege als solche unterscheiden, welche von der Verletzung in concreten Fällen unzertrennlich und in Beziehung zu der verletzenden Handlung nothwendig sind, und als solche, welche zur Verletzung selbst gar nicht gehören, ohne welche diese füglich hätte bestehen können, und welche demnach in Beziehung zur verletzenden Handlung zufällig sind. Nach der Abwesenheit oder Gegenwart dieser Umstände, so wie nach ihrer nothwendigen oder zufälligen Ver-

bindung mit der verletzenden Handlung, unterscheidet die Schule die sogenannten Grade tödtlicher Verletzungen, und diese Unterscheidung hat in so fern eine entschiedene Wichtigkeit, als nach constatirtem Thatbestande der Tödtung die gerichtsärztliche Bestimmung des Grades der Tödtlichkeit für die Strafrechtspflege die Entscheidung über die Imputatio juris, oder über die Zurechnung zur Schuld und Strafe bedingt. Denn nach den Grundsätzen des Criminalrechts ist das Verbrechen der Tödtung um so gröfser und um so strafwürdiger, je unvermeidlicher der Tod durch die Verletzung als deren Wirkung eintrat. Demnach veranlassen die unbedingt tödtlichen Verletzungen eine härtere und schwerere Strafe für den Thäter als die bedingt tödtlichen, und diese wiederum eine ungleiche Bestrafung, je nachdem diejenigen Umstände, welche die Verletzung, als Bedingungen der Tödtlichkeit, zu einer tödtlichen steigerten, mit der verletzenden Handlung nothwendig oder zufällig verbunden sind. In wie fern diese Grundsätze der Idee des Rechtes entsprechen, darüber liegt die Untersuchung als rein rechtlich aufserhalb der Grenzen dieses Artikels. Dagegen aber mufs die Bemerkung hier ihre Stelle finden, dafs, wenn die gerichtsärztliche Entscheidung über Lethalität oder Illethalität der Verletzungen durch sich selbst und allein die Bestimmung über den vorhandenen oder fehlenden Thatbestand der Tödtung bedingte, die gerichtsärztliche Entscheidung über den Grad der Tödtlichkeit niemals dieselbe Folge rücksichtlich der Bestimmung über die Zurechnung zur Schuld und Strafe ausübt. Denn während für den Criminalrichter der Ausspruch des Gerichtsarztes über vorhandene oder nicht vorhandene Tödtlichkeit einer Verletzung den einzigen Bestimmungsgrund für den Thatbestand der Tödtung bildet, ist der festgestellte Grad der Tödtlichkeit keinesweges der einzige Bestimmungsgrund für die Zurechnung zur Schuld und Strafe, sondern nur einer unter vielen, indem der Richter aufserdem auf die eingestandene Absicht des Thäters zu tödten, auf die Triebfedern zur That, auf die Freiheit oder Unfreiheit des Entschlusses u. s. f. zu achten hat. Daraus geht die ebenfalls grofse, aber dennoch eingeschränkte rechtliche Bedeutung hervor, welche die Bestimmung des Grades der Tödt-

Tödtlichkeit der Verletzungen in foro für die Imputatio juris geltend macht.

Tödtliche und nicht tödtliche Verletzungen. — Tödtlich sind alle diejenigen Verletzungen, von denen es nach den Lehren und Erfahrungen der Chirurgie evident ist, dafs sie in vorliegenden concreten Fällen die Bedingungen für die Fortdauer des Lebens vernichtet haben; nicht tödtlich aber sind diejenigen, von welchen eine solche vernichtende Wirkung nicht annehmbar oder nicht nachzuweisen ist, und für welche sich eine Todesursache auffinden läfst, welche aufser der Verletzung liegt. Im strengen Sinne aber können nur solche Verletzungen, nach welchen der Tod des verletzten Individuums erfolgt (denn alle anderen werden durch das fortdauernde Leben und durch die vollkommen oder unvollkommen eintretende Genesung als nicht tödtlich von selbst herausgestellt), als nicht tödtliche angesprochen werden, bei welchen es erwiesen oder doch wahrscheinlich ist, dafs der Verstorbene dem Tode anheim gefallen sein würde, wenn er auch die in concreto vorliegende Verletzung gar nicht erhalten hätte, d. h. wenn er an einer Krankheit stirbt, die mit der Verletzung in keiner ursächlichen Verbindung steht, und die eingetreten sein würde auch ohne Verletzung. Denn im entgegengesetzten Falle, und wenn die Verletzung, ohne durch sich selbst den Tod zu bewirken, die entfernte Ursache einer tödtlichen Krankheit wird, kann sie wegen des mittelbaren ursächlichen Zusammenhanges zwischen der Verletzung und dem Tode, und weil ohne die Verletzung die tödtliche Krankheit nicht eingetreten sein würde, nach dem strengen Wortbegriffe eine nicht tödtliche keinesweges genannt werden. Eine solche Strenge des Begriffes entspricht aber den Grundsätzen des Strafrechts nicht, und daher kann sie auch auf die gerichtsärztliche Bestimmung der Tödtlichkeit keine Anwendung finden. Denn zu Gunsten des Strafrechts soll nur entschieden werden, ob der Thäter durch die verletzende Handlung den Tod des Verletzten bewirkt habe, und dadurch zur Rechenschaft und Strafe gezogen werden könne; das Strafrecht macht aber den Thäter nicht verantwortlich für Umstände, welche nicht zum Thatbestande der verletzenden Handlung gehören, und welche von dem Thäter nicht in Wirksamkeit gesetzt sind. Wenn daher eine an und für sich leichte Verletzung, welche die Bedingungen für die Fortdauer des Lebens gar nicht gefährdet, und in einem so günstigen Verhältnisse zur Heilkraft der Natur oder Kunst steht, dafs sie allein den Tod niemals bewirkt haben würde, durch solche hinzugetretene Complicationen tödtlich wird, die der Thäter nicht veranlafst hatte, und welche durch die verletzende Handlung nicht in Wirksamkeit gesetzt sind, — wenn z. B. zu einem einfachen Knochenbruche durch zu festen Verband Brand der Weichgebilde hinzutritt, und in Folge des Brandes der Tod erfolgt, oder wenn bei einer Stichwunde durch die Hand die Aponeurosis palmaris verletzt ist, wenn durch Einsperrung des Wundsecrets Geschwulst und Entzündung entstehen, wenn der Verwundete die nothwendige Spaltung der verletzten Aponeurosen hartnäckig verweigert, wenn deshalb die Entzündung in Brand übergeht, wenn die Amputation des Arms nothwendig wird, und wenn in Folge der Amputation der Tod eintritt — so ist die Verletzung im rechtlichen Sinne eine nicht tödtliche, weil in solchen Fällen der Tod nicht von der Verletzung selbst, sondern von Umständen ausging, welche der Thäter durch die Handlung der Verletzung nicht bewirkt hatte, wenngleich es evident sein mag, dafs der Verletzte nicht gestorben sein würde, wenn er die als nicht tödtlich anerkannte Verletzung gar nicht erhalten hätte.

Grade tödtlicher Verletzungen. Um den sogenannten Grad der Lethalität einer Verletzung festzustellen, ist es erforderlich, die Verletzungen zunächst in solche zu unterscheiden, welche ohne alle andere Gründe als die Verletzung selbst, und durch diese allein die Fortdauer des Lebens dergestalt vernichten, dafs dieselben Verletzungen in allen Fällen, bei allen menschlichen Individuen und unter allen Umständen tödtlich werden müssen, und die Möglichkeit einer Lebenserhaltung durchaus ausschliefsen, so wie in solche Verletzungen, welche nur durch gewisse, mit der Verletzung verbundene Bedingungen, und im Zusammenwirken mit diesen die Fortdauer des Lebens aufheben, dergestalt, dafs dieselben Verletzungen in gewissen Fällen, bei gewissen menschlichen Individuen und unter gewissen Umständen durch hinzugetretene Bedingungen tödtlich werden, welche bei anderen Fällen, bei anderen Menschen und unter anderen Umständen nicht tödtlich geworden sein würden, sobald die zu der Verletzung hinzugetretenen Bedingungen der Tödtlichkeit gefehlt hätten. Die erste Art der Verletzungen ist die der absolut oder unbedingt tödtlichen, die andere Art der nicht absolut oder bedingt tödtlichen. Die letzteren erfordern in rechtlicher Beziehung in so fern eine Unterscheidung, als die Bedingungen, von denen die Tödtlichkeit ausgeht, entweder zufällig oder nothwendig mit der Verletzung verbunden sein können.

1) Zu den unbedingt und absolut tödtlichen Verletzungen gehören alle diejenigen, durch äufsere Gewalt entstandenen Beeinträchtigungen der organischen Form, bei welchen sowohl nach physiologischen Lehrsätzen, als auch nach chirurgischen Erfahrungen, die Fortdauer des Lebens niemals bestehen kann. Sobald aber über eine Verletzung auch nur eine chirurgische Erfahrung besteht, welche beweist, dafs nach derselben die Lebenserhaltung möglich ist, gehört sie nicht mehr den unbedingt tödtlichen an, indem es evident ist, dafs, wenn in einem Falle der Ausgang einer gewissen Verletzung nicht der Tod war, auch in allen anderen Fällen derselben Verletzung der Tod nicht eingetreten sein würde, wenn die individuellen Verhältnisse der Verletzung genau dieselben gewesen wären, und wenn nicht gewisse Umstände den tödtlichen Ausgang bewirkt hätten. Daraus folgt, dafs bei den Fortschritten der Chirurgie manche Verletzung aufhören mufs, eine unbedingt tödtliche zu sein, welche bisher als eine solche gegolten hat, und die neuesten Erfahrungen haben solches in Betreff der Durchschneidungen der Carotiden, des Stammes der Luftröhre und anderer Verletzungen bestätigt, welche man früher allgemein für absolut lethale gelten liefs, welche heutigen Tages als solche aber nicht mehr gelten können. Im Allgemeinen aber werden zu den unbedingt tödtlichen Verletzungen alle diejenigen gerechnet, durch welche entweder Blut- und Lymphgefäfse in ihrem Zusammenhange dergestalt verletzt werden, dafs ein unaufhaltsamer Säfteausflufs dadurch bewirkt wird, den weder äufsere noch innere Mittel zu stillen vermögen (als Verletzungen der Kranzgefäfse des Herzens, der Pulmonalarterie, der Aorta, der Hohl- und Lungenvenen-

stämme, des Ductus thoracicus u. s. w.), oder durch welche Organe von solcher Dignität, dafs ihre Function für die Fortdauer des Lebens unerläfslich ist, in ihren Texturverhältnissen so tief verletzt werden, dafs ihre Functionen durch sie nicht mehr zu Stande kommen können (z. B. Zerreissungen, Berstungen und Durchschneidungen der Leber, des Herzens, grofser, zu edlen Eingeweiden gehender Nervenstämme, Zerschmetterungen, Erschütterungen und Durchschneidungen des Gehirns und Rückenmarkes, und ähnliche). Endlich aber können auch Verletzungen, welche durch sich allein keine unbedingte Lethalität geltend machen, eine solche durch ihre Mehrzahl und dadurch gewinnen, dafs viele von ihnen zugleich an demselben Organismus vorhanden sind.

2) Zu den bedingt und nicht absolut tödtlichen Verletzungen müssen alle diejenigen, durch äufsere Gewalt entstandenen Beeinträchtigungen der organischen Form gerechnet werden, bei welchen, obgleich durch sie der Tod bewirkt ward, dennoch nach physiologischen Lehrsätzen sowohl, als auch nach chirurgischen Erfahrungen die Fortdauer des Lebens unter gewissen günstigen Umständen möglich gewesen wäre, und bei welchen das Fehlen und die Abwesenheit dieser günstigen Umstände die Bedingung des tödtlichen Ausganges ist. Je nachdem die Abwesenheit dieser günstigen Umstände und die Bedingung des tödtlichen Ausganges mit der verletzenden Handlung nothwendig oder zufällig verbunden ist, erscheinen sie als Verletzungen, deren bedingte Tödtlichkeit in concreten Fällen als eine nothwendige oder als eine zufällige anzusprechen ist.

a. Sobald die bedingte Tödtlichkeit einer Verletzung als eine nothwendige angesprochen werden soll, können die Gründe für diese Nothwendigkeit allemal nur in der Individualität des vorliegenden concreten Falles liegen; denn sobald sie auf alle Fälle derselben Verletzung anwendbar wären, würde die Verletzung zu den absolut tödtlichen gehören müssen. Solche Gründe, welche einen anderen Ausgang der Verletzung als den Tod unzulässig machen, und aus der Individualität vorliegender concreter Fälle hervorgehen, beruhen eines Theiles in der Individualität des verletzten Organismus, anderen Theiles in der Individualität der äufseren Umstände.

Rücksichtlich der Individualität des verletzten Organismus ist der Einflufs des Lebensalters, der Körperconstitution, des Temperamentes, des Geschlechtsunterschiedes, des Gemüthszustandes in Bezug auf Affect und Trunkenheit, der Krankheitsanlage, oder einer ausgebildeten krankhaften Körperbeschaffenheit auf den tödtlichen Ausgang der Verletzung in Anschlag zu bringen; denn alle diese verschiedenen Einflüsse können sich als Gründe für die Tödtlichkeit einer Verletzung geltend machen, und einen tödtlichen Ausgang bedingen, welcher ohne sie nicht eingetreten sein würde. Nach den gegenwärtigen Grundsätzen des Strafrechts und der gerichtlichen Medicin werden alle diese Einflüsse in ihrer Beziehung zur verletzenden Handlung als nothwendig angesprochen, und die durch sie bedingte Tödtlichkeit als eine nothwendige angenommen. Diesen Grundsätzen conform ist z. B. ein Faustschlag auf die Brust oder ein Stofs in die Seite bei einem Menschen, der an einem Aneurysma der Aorta, oder an einer krankhaften Mürbheit der Milz leidet, und bei welchem in Folge der Erschütterung das Aneurysma platzt und die Milz berstet, und dadurch unabwendbarer Tod eintritt, für eine nothwendig tödtliche Verletzung zu halten, während dieselbe Verletzung bei einem völlig gesunden Individuum gar nicht tödtlich geworden sein, und nicht einmal Körperbeschädigung hervorgebracht haben würde. Eine solche Anwendung der fraglichen Grundsätze ist auch keinesweges paradox, da die Bestimmung des Grades der Tödtlichkeit nur den Antheil bezeichnen soll, den die verletzende Handlung an dem Tode, als der Wirkung der Verletzung hat. Welche Anwendung aber das Strafrecht von einer solchen nothwendigen Tödtlichkeit zu machen hat, und in wie fern es in Betreff der Imputatio juris der Idee des Strafrechts angemessen ist, den Thäter für das Platzen des Aneurysma, oder für die Berstung der mürben Milz verantwortlich zu machen und zur Strafe zu ziehen, darüber sind die näheren Untersuchungen als rein rechtlich hier nicht zulässig.

Rücksichtlich der Individualität der äufseren Umstände, und ihres Einflusses auf den tödtlichen Ausgang der Verletzungen können nur solche äufsere Verhältnisse die durch sie bedingte Tödtlichkeit zu einer nothwendigen machen, welche eine unmittelbare Folge der verletzenden Handlung und durch den Thäter nothwendig herbeigeführt waren. Dahin gehören die Zeit und der Ort der verletzenden Handlung. Findet diese nämlich zur Nachtzeit, in einsamer menschenleerer Gegend, bei strenger Winterkälte u. s. f. Statt, so mufs diejenige Hülfe fehlen, oder zu spät kommen, welche sonst im Stande gewesen sein würde, den tödtlichen Ausgang abzuwenden. Aus ärztlichem Gesichtspuncte erwogen, und in Beziehung zur Tödtlichkeit gesetzt, ist das Verhältnifs dieser nothwendigen (nicht zufälligen) äufseren Umstände zu dem tödtlichen Ausgange der Verletzung eben dasselbe, wie bei den zufälligen äufseren Umständen, d. h. die Verletzung selbst macht den tödtlichen Ausgang nicht nothwendig, und derselbe würde sich haben abwenden lassen, wenn die äufseren Umstände nicht die Wirksamkeit der ärztlichen Hülfe vereitelt hätten. Indem aber diese äusseren Umstände durch den Thäter veranlafst, und eine allein durch seine Schuld bewirkte Folge der verletzenden Handlung sind, so tritt die Verletzung dadurch, aus rechtlichem Gesichtspuncte erwogen, auf dieselbe Stufe mit denjenigen, welche durch die Individualität des verletzten Organismus eine nothwendige Tödtlichkeit gewinnen.

b) Sobald die bedingte Tödtlichkeit einer Verletzung als eine zufällige angesprochen werden soll, mufs die Tödtlichkeit durch solche äufsere Umstände bedingt sein, welche keine unmittelbare Folge der verletzenden Handlung, und durch den Thäter nicht nothwendig herbeigeführt sind. Diese Umstände dürfen daher zum Thatbestande der verletzenden Handlung gar nicht gehören, d. h. die Handlung der Verletzung mufs bei diesen Umständen eben dieselbe bleiben, welche sie ohne diese Umstände ist. Zu solchen zufälligen, äufseren Umständen, durch welche Verletzungen tödtlich werden können, die ohne sie gar nicht tödtlich geworden sein würden, gehören besonders die Art, wie ein Verletzter von dem Orte der Verletzung nach dem Local seiner Behandlung transportirt, und die Art, wie der Verletzte behandelt wird, sowohl in Bezug auf die ärztliche und wundärztliche Kur, als auch in Bezug auf das Régime und die Diät, desgleichen manche Nachtheile, die ein Verletzter durch ein verkehrtes Benehmen sich selbst zufügt. Alle diese Umstände, nämlich der Transport, die Kur, das Régime und die Diät sind freilich durch die verletzende Handlung nothwendig geworden, aber die Art ihrer Ausführung ward durch den Thäter nicht bestimmt, und darin liegt der Grund, weshalb sie im rechtlichen Sinne zufällig genannt werden müssen. Daraus leuchtet aber ferner auch leicht hervor, dafs dieselbe Verletzung, welche in ärztlicher Hinsicht als eine nicht gefährliche gilt, durch äufsere Umstände und nach dem verschiedenen Verhalten dieser zur verletzenden Handlung, bald nothwendig, bald zufällig tödtlich werden kann. Eine Verwundung mit Durchschneidung der Radialarterien z. B., wenn sie in menschenleerer Gegend und zur Nachtzeit zugefügt ward, kann für den Verletzten aus Mangel jeder Hülfe durch Verblutung nothwendig tödtlich werden; dieselbe Verwundung aber in einer belebten Gegend und auf offener Strafse zugefügt, kann durch Verblutung zufällig tödtlich werden, wenn die dem Verwundeten zu Hülfe eilenden Menschen, anstatt einen geschickten Wundarzt aufzusuchen, die kostbare Zeit mit Afterkuren verlieren, während dieselbe Verwundung wiederum gar nicht tödtlich geworden sein würde, wenn die genannten, ihre Heilung verhindernden Umstände nicht Statt gefunden hätten.

Nach den bisher genannten Gründen mufs der gerichtliche Arzt in allen vorkommenden und concreten Fällen den dreifach verschiedenen Grad der Tödtlichkeit bestimmen. So leicht sich aber diese Gründe in der Theorie feststellen lassen, so schwer ist ihre Anwendung in der forensischen Praxis, und zwar deshalb, weil sich nicht immer diese mafsgebenden Gründe in vorliegenden Fällen mit genügender Evidenz ermitteln lassen, wie z. B. der Einflufs der individuellen Körperconstitution, des Temperamentes, einer mehr oder minder entwickelten Krankheitsanlage u. s. f. Die gerichtliche Medicin hat deshalb die Nothwendigkeit erkannt, die verschiedenen Grade der Tödtlichkeit sowohl nach der Art der Verletzungen (als Wunden, Rupturen, Quetschungen, Knochenbrüche und Spaltungen, Erschütterungen u. s. w.), als auch nach der Dignität des verletzten Organes (als des Gehirns, des Rückenmarkes, der grofsen Nervenstämme, der

Gefäſse, der Eingeweide u. s. w.) für jede einzelne mögliche Verletzung speciell zu bezeichnen, und diesen speciellen Bezeichnungen theils die besonderen Erfahrungen der Wundärzte, theils, und wo diese nicht ausreichten, die hergebrachten Ansichten und Autoritäten angesehener Lehrer und Gerichtsärzte zum Grunde gelegt. Es reichen aber diese Bezeichnungen für alle möglichen Fälle und deren oft groſse Verwickelung keineswegs immer aus, und häufig ist der Gerichtsarzt genöthigt, den Grad der Tödtlichkeit der Verletzungen nach seinem subjectiven Ermessen zu bestimmen. Am wenigsten ist dieses freilich der Fall bei der Entscheidung über unbedingte oder bedingte Lethalität, leichter aber bei der Bestimmung, ob eine bedingte Lethalität als nothwendig oder als zufällig gelten soll; am leichtesten aber wird eine Entscheidung nach subjectivem Ermessen des Gerichtsarztes dann erforderlich, wenn bei tödtlichem Ausgange einer leichten Verletzung bestimmt werden soll, ob die vorliegende Verletzung für eine zufällig tödtliche oder für eine nicht tödtliche zu halten sei. — Die von der gerichtlichen Medicin getroffene, specielle Bezeichnung des Grades der Lethalität aller einzelnen Verletzungen nach ihrer Art und nach der Dignität des verletzten Organes liegt übrigens auſserhalb der Grenzen dieses encyclopädischen Artikels.

Classen tödtlicher Verletzungen. — Um den Grad der Tödlichkeit der Verletzungen auf eine Weise zu bestimmen, die dem Criminalrichter einen festen und positiven Haltpunct für die Feststellung der Imputatio juris geben kann, hat man versucht, die tödtlichen Verletzungen in verschiedene Classen zu theilen, und diese Classen durch bestimmte, den Verletzungen beigelegte, den Grad ihrer Tödtlichkeit ausdrückende Prädikate bezeichnet. Solche Classen sind allerdings für den Zweck der Strafrechtspflege nothwendig; inzwischen hat das Bestreben der Schriftsteller, dieselben ihrem Zwecke möglichst entsprechend aufzustellen, eine sehr groſse und zu groſse Menge solcher Classen entstehen lassen, von denen nur sehr wenige eine entschiedene Bedeutung für die gerichtliche Medicin geltend gemacht haben.

Da die in Rede gestellten Classen tödtlicher Verletzungen keinen anderen Zweck haben können oder dürfen, als dem Richter den Antheil des Thäters an dem Tode des Verletzten für alle sich ereignenden Fälle auf eine gleichmäfsige und bestimmte Weise deutlich zu machen, so kann die von manchen älteren, gerichtlichen Aerzten angenommene Eintheilung in zwei Classen, nämlich in die absolut tödtlichen, und in die nicht absolut und zufällig tödtlichen Verletzungen, dem Bedürfnisse der Strafrechtspflege nicht genügen, und die unerläfsliche Nothwendigkeit einer Mittelclasse zwischen den beiden genannten, ist von der Mehrzahl der gerichtlichen Aerzte und der Rechtsgelehrten seit langer Zeit anerkannt. Seit *Boerhaave* bis auf die neuere Zeit hat man gesucht, dem Bedürfnisse einer solchen Mittelclasse durch die Aufstellung der an sich tödtlichen Verletzungen (Vulnera, per se lethalia sive laesiones per se lethales) zu genügen, und darunter solche Verletzungen verstanden, welche einen tödtlichen Ausgang deshalb nahmen, weil sie sich selbst überlassen blieben, von denen aber dieser Ausgang durch schnelle und zweckmäfsige Hülfe hätte abgewendet werden können. Wenn es blofs die Absicht der gerichtlichen Medicin wäre, durch die an sich tödtlichen Verletzungen solche zu bezeichnen, welche in einem höheren Grade tödtlich sind, als die zufällig lethalen, aber eine geringere Tödtlichkeit geltend machen, als die absolut lethalen, so liefse sich gegen diese Mittelclasse nichts Wesentliches erinnern. Da es aber nothwendig ist, dafs die aufzustellende Mittelclasse eine genaue Bestimmung des Antheils ausdrücke, den die verletzende Handlung an dem erfolgten Tode hatte, so mufs die Classe der an sich tödtlichen Verletzungen als unpassend und verwerflich angesprochen werden; denn sie kann deshalb den Zwecken der Strafrechtspflege nicht genügen, weil die Ursache, weshalb die an sich tödtlichen Verletzungen sich selbst überlassen blieben, und weshalb der tödtliche Ausgang derselben nicht durch schnelle und zweckmäfsige Hülfe abgewendet ward, in einem verschiedenen Verhältnisse zur verletzenden Handlung stehen kann, indem das Hindernifs der Hülfe entweder durch die verletzende Handlung selbst und durch den Thäter bewirkt, oder durch zufällige Umstände, welche aufser der verletzenden Handlung liegen, herbeigeführt ist. Daraus folgt, dafs die an sich tödtlichen Verletzungen einen ungleichen Antheil des Thäters an dem erfolg ten Tode, und einen ungleichen Grad der Strafwürdigkeit in sich schliefsen, und dafs sie deshalb für die Zwecke der Strafrechtspflege nicht geeignet sein können.

Indem man deshalb die Classe der an sich tödtlichen Verletzungen ziemlich allgemein als unpassend aufgegeben, hat man dagegen die zuerst von *Ploucquet* vorgeschlagene Eintheilung der tödtlichen Verletzungen unter angemessenen Erweiterungen fast überall angenommen. Bei dieser Eintheilung zerfallen die tödtlichen Verletzungen in drei Classen, von denen die erste als die der allgemein nothwendig tödtlichen, und die dritte als die der nicht nothwendig tödtlichen Verletzungen den absolut lethalen und den zufällig lethalen durchaus entsprechen, die Mittelclasse aber als die der individuell-nothwendig tödtlichen alle diejenigen Verletzungen umfafst, welche sowohl durch die Individualität des verletzten Organismus, als auch durch die Individualität der äufseren Umstände nothwendig tödtlich werden.

Bei der Verschiedenheit der Ansichten aber, welche unter den Gerichtsärzten und Rechtsgelehrten über die Eintheilung der tödtlichen Verletzungen, so wie über deren einzelne Grade seit langer Zeit geherrscht hat, und zum Theil noch fortdauert, und bei der dieserhalb je nach der subjectiven Ansicht des Gerichtsarztes oft schwankenden und ungleichen, für den Richter ungewissen Beantwortung bezüglicher Rechtsfragen, hat die Gesetzgebung verschiedener Staaten es für nothwendig gehalten, den Gerichtsärzten bestimmte Fragen vorzulegen, die die einzelnen Classen der Tödtlichkeit vertreten sollen, und durch deren Beantwortung für die Strafrechtspflege derselbe Zweck erreicht wird, für welchen die tödtlichen Verletzungen in gewisse Classen gestellt werden. Dieses ist namentlich in der Criminalordnung für die Preufsischen Staaten vom Jahre 1806 im §. 169., desgleichen in dem Strafgesetzbuch für das Königreich Baiern vom Jahre 1813 im 2. Thle 245. Artikel geschehen. Vergl. d. A. Medicina forensis.

Literatur:

Bernhard Suevus, Tractatus de inspectione vulnerum lethalium et sanabilium. Marpurgi 1629. 12. — *Sebiz*, Examen vulnerum. Argentorati 1639. 12mo. — *Paul Amman*, Praxis vulnerum lethalium. Francofurti ad Moenum. 1701. — *Joh. Bohn*, de vulnerum renunciatione sive vulnerum lethalium examen. Lipsiae 1698. — *C. E. Eschenbach*, de vulnerum ut plurimum lethalium nuditate. Rostochii 1748. — *C. G. Ludwig*, de canto usu exemplorum prosperae curationis ad definiendos lethalitatis gradus. Lipsiae 1769. — *C. G. Büttner*, aufrichtiger Unterricht von der Tödtlichkeit der Wunden. Königsberg 1771. Königsberg und Leipzig 1776. — *W. G. Ploucquet*, von gewaltsamen Todesarten. Tübing. 1777 u. 1788. — *Desselb.* Commentarius medicus in processus criminales super homicidio. Argentorati 1786. — *G. H. Masius*, de discrimine inter laesiones absolute, et inter laesiones per accidens lethales. Rostochii 1810. — *Gebel*, Versuch einer zweckmäfsigen Eintheilung der Verletzungen in gerichtlich-medicinischer Hinsicht. S. *Knape's* und *Hecker's* kritische Lehrbücher der Staatsarzneikunde für das 19. Jahrhundert. Bd. I. Thl. II. S. 294. *C. G. L. Wildberg*, wie die tödtlichen Verletzungen beurtheilt werden müssen, um in jedem vorkommenden Falle den Antheil des Thäters an dem erfolgten Tode am sichersten ausmitteln zu können. Leipzig 1810. — *G. A. Haacker*, Commentarius critic. de praecipuis divisionibus lethalitatis laesionum Rostochii 1811. — *G. E. Litzau*, von der Tödtlichkeit der Verletzungen und Handlungen. Berlin 1811. — *G. H. Kopp*, über die Eintheilung der Wunden in Hinsicht ihrer Tödtlichkeit. S. *Horn's* Archiv. für medicinische Erfahrung. Bd. VI. Stück 1. — *Derselb.*, über Körperverletzungen, in so weit sie das Verbrechen der Tödtung bilden. — *S. C. Lucae*, einige Bemerkungen über das Verhältnifs des menschlichen Organismus zu äufseren Verletzungen in Bezug auf Tödtlichkeit und deren Beurtheilung. Heidelberg 1814. Marburg 1819. — *G. Nadherny*, über die Verletzungen in gerichtlich-medicinischer Beziehung. — *A. Henke*, Abhandlungen aus dem Gebiete der gerichtlichen Medicin. Bd. I. 2. Aufl. Bamberg 1822. S. 123. ff. — *Kausch*, über die neuen Theorieen des Criminalrechts und der gerichtlichen Medicin. Züllichau 1818. — *Derselb.*, Lehrbuch der gerichtlichen Medicin. Achte Auflage. Berlin 1835. S. 213 ff. — *G. Bernt*, systematisches Handbuch der gerichtlichen Arzneikunde. Wien 1813. S. 432. — *G. D. Metzger*, kurzgefafstes System der gerichtlichen Arzneiwissenschaft. Fünfte Ausgabe von *Remer*. Königsberg und Leipzig 1820. S. 86. — *C. F. L. Wildberg*, Handbuch der gerichtlichen Arzneiwissenschaft. Berlin 1812. §. 307. — *Desselb.* Lehrbuch der gerichtlichen Arzneiwissenschaft. Erfurt 1824. §. 593. — *C. F. Koch*, über die Grundsätze, welche bei Begutachtung tödtlicher Verletzungen Anwendung finden, mit besonderer Rücksicht auf den revidirten Entwurf der Preufsischen Strafgesetze. *Rust's* Magazin Bd. XLVIII. Hft. 3. S. 409. — *Schmidt*, Beitrag zur Würdigung der Lehre von den Kopfverletzungen, nebst *v. Gräfe's* votum separatum, so wie mehrere gerichtsärztliche Gutachten über den Tod der *A. Cath. Flöge*. Hamb. 1838.

S—rt.

LETHARGUS. (Gr. ληϑάργος, Lat. Veternus.)

Die verschiedenen Arten krankhaften Schlafs werden gemeinhin von den neueren Pathologen unter dem gemeinsamen Namen Sopor oder soporöse Affectionen begriffen. Nicht so verhielt es sich bei den Alten, welche, entbehrend aller Vortheile, die in unseren Zeiten sorgfältigeres Studium der Physiologie und pathologischen Anatomie für die genauere Erkenntnifs der Krankheiten gewährt, einzig und allein auf Beobachtung beschränkt waren, diese aber auch in sich auf einen selbst für jetzige Zeit Bewunderung erregenden Grad vervollkommnet hatten. Gestützt auf diese genauere Beobachtung der Krankheit, insofern sich diese als äufsere Erscheinung objectivirt, unterschieden sie dieselben auf das minutiöseste, und so rühren auch von ihnen die genaueren Unterscheidungen der verschiedenen Arten krankhaften Schlafs her, welche wir bei ihnen unter dem Namen Coma, Carus, Lethargus, Catochus, Typhomanie aufgeführt finden.

Schon die Etymologie des griechischen Wortes giebt eine ziemlich genaue Andeutung, welche Form von krankhaften Schlaf wir unter dem Lethargus zu verstehen haben. Das Wort ist zusammengesetzt aus λήϑη, oblivio, das Vergessen, und aus ἀεργὸς, otium, Unthätigkeit. Beides, Vergessen und Unthätigkeit, Darniederliegen der geistigen Functionen, insofern diese sich durch äufsere Merkmale, durch Thätigkeit des Körpers zu erkennen geben, sind zwar Eigenschaften des Schlafs überhaupt, auch des gesunden; wird aber der Mensch aus dem gesunden Schlaf erweckt, und zu irgend etwas angeregt, so verschwindet der Schlaf, und er vollbringt das Begonnene; das Wort λήϑη aber giebt das Eigenthümliche der Affection deutlich zu erkennen, und deutet an, dafs der Lethargus derjenige Schlaf sei, aus dem der Kranke zwar erweckt werden kann; aus dem erweckt, und zu irgend einer Handlung angeregt, er diese zwar beginnt, sogleich aber, vom kranken Schlaf bedrückt, das Begonnene zu fördern vergifst, und in diesen und in die vorige Unthätigkeit versinkt.

Dieser Definition, entnommen aus der Etymologie des Worts, entspricht durchaus im Wesentlichen der Begriff, den die alten Griechischen und Römischen Aerzte mit dem Worte Lethargus verbunden haben, und wenn wir alles, was *Galenus*, *Paulus v. Aegina*, *Alexander v. Tralles*, *Aëtius*, *Celsus* und *Caelius Aurelianus* uns darüber hinterlassen haben, vergleichen, so besteht derselbe in einem tiefen und anhaltenden Schlafe, aus dem der Kranke zwar erweckt werden kann, zu sich kommt, dem an ihn gerichteten Ansinnen für den Augenblick genügt, jedoch unter diesem Genügen sogleich, das Angefangene vergessend, wiederum in den Schlaf verfällt; der Kranke steckt, dazu aufgefordert, die Zunge heraus, vergifst aber sie wieder zurückzuziehen; er nimmt das Nachtgeschirr, vergifst aber, indem er wieder einschläft, dafs er Wasser lassen wollte, oder fängt an, seinem Bedürfnifs zu genügen, hört aber, ehe er dies vollendet hat, durch den Schlaf überwältigt, mitten darin auf. Dies ist, was wir aus den Alten, selbst aus *Hippokrates*, über den Lethargus, in Bezug auf die Form der Affection, schöpfen. In dieser eigenthümlichen Form liegt der Unterschied des Lethargus von den anderen Formenkrankheiten des Schlafs. Am nächsten steht derselbe in Bezug auf diese dem Coma, oder der Cataphora, welche letztere sich wohl nur dadurch vom Lethargus unterscheidet, dafs der daraus erweckte Kranke durch den Schlaf weniger bedrückt ist, das Vergessen daher nicht in dem Mafse Statt findet. Der Carus ist ein viel tieferer Schlaf, aus dem der Kranke gar nicht, oder doch nur mit der gröfsten Mühe erweckt werden kann, so dafs er keine Handlung zu beginnen im Stande ist. Näher wiederum steht dem Lethargus die Typhomanie, nur dafs bei dieser stets blande Delirien Statt finden, daher *Galen* sagt, es sei eine aus Phrenitis und Lethargus gemischte Affection. Noch näher scheint dem Lethargus der Catochus zu stehen; doch bemerken die Alten bei diesem eine gewisse krankhafte Rigidität des Körpers, und so mag dieser zwischen Lethargus und Catalepsis mitten inne stehen.

Nicht aber diese Form des krankhaften Schlafs allein ist es, welche die Alten bei ihrer Begriffsbestimmung des Lethargus im Auge hatten, sondern sie beschreiben einen krankhaften Zustand, oder vielmehr verschiedene krankhafte Zustände, von denen derselbe das Hauptsymptom ausmacht, und welche sie mit diesem Worte bezeichnen. Fast alle stimmen darin überein, dafs der Lethargus eine mit Fieber, wenn auch zuweilen mit einem verborgenen (Febris arcana) verbundene Krankheit sei, weshalb sie ihn auch unter den acuten Krankheiten aufführen; ferner geben sie als charakteristisches Kennzeichen eine gewisse Blässe und Gedunsenheit des Gesichts, besonders unter den Augen an. *Galen*, der nach seinen humoral-pathologischen Ansichten den Lethargus von einem Ueberwiegen des Feuchten und Kalten im Gehirn herleitet, schreibt den von der Affection Befallenen einen eigenthümlichen Puls zu (de causis pulsuum. Lib. IV. Cap. 13.) „lethargicorum pulsus similis peripneumonicorum est, magnitudine, imbecillitate, mollitie, sed eo est tardior rariorque ac minus inaequalis, intermittens potius, quam inaequalis. Mit dem hier von *Galen* Gesagten stimmt das überein, was wir über Lethargus bei *Hippokrates* vorfinden (De morbis. Lib. II. 25., Lib. III. 5.): morbi lethargi appellati status idem est, qui et peripneumoniae, verum difficilior, et non omnino liber et remotus est ab humida peripneumonia; sed multo tardior est morbus. Patitur autem aeger haec: Tussis et sopor ipsum tenet et salivam liquidam et multam educit, et vehementer impotens est, et quum moriturus est, multum et liquidum infraegerit. Huic valde exigua vitae spes est; attamen hoc curandum est, ut plurimum spuat et calefiat et a vino abstineat; si vero effugerit, suppuratus fit (Coac. praenott. 192—197.), und woraus hervorgeht, dafs dieser unter dem Namen Lethargus die peripneumonia notha der Alten verstanden, wie der geistreiche und practische Commentator desselben, *Prosper Martianus* (*Magnus Hippokrates* Cous *Prosp. Mart.* annotationibus illustratus. Romae 1624. pag. 184.), vortrefflich auseinandergesetzt. Aus den ausführlichen Beschreibungen aber, welche *Aëtius* und *Caelius Aurelianus* uns vom Lethargus hinterlassen haben, geht hervor, dafs in späterer Zeit die Alten mancherlei verschiedene Krankheitszustände unter diesem Begriff zusammengefafst haben, bei denen der Lethargus eines der am meisten in die Augen springenden Symptome darbietet. Namentlich macht *Aëtius* (Tetrabibl. II. serm. II. Cap. 3.) darauf aufmerksam, wie der Lethargus bald als Zeichen von idiopathischen Leiden des Gehirns, bald consensuell von einem Leiden oberhalb des Zwerchfells in die Erscheinung trete, wie derselbe bei periodischen Krankheiten als Hauptsymptom bemerkt werde, und wie er auch als Symptom zu chronischen Uebeln hinzutrete.

Die Pathologen neuerer Zeit, *Ballonius*, *Sauvages* u. A., weisen in ihrer Bestimmung des Begriffs vom Lethargus der Alten, demselben Delirium hinzu, was eigentlich nach *Galen* Typhomanie ist, und nirgend finden wir über diesen Gegenstand Genügenderes als bei *van Swieten* (Commentar. T. III. p. 326.) und *Brendel* (Praelect. acad. T. II. p. 38.). Die neuesten Pathologen aber bemühen sich, und wohl nicht ganz mit Unrecht, weniger um die genauere Unterscheidung der verschiedenen Arten krankhaften Schlafs der Form nach, sondern handeln sie gemeinschaftlich ab, wie z. B. *Joseph Frank* (Prax. med. univ. praecept. Part. II. Vol. 1. Sect. 2.), der sie unter dem Titel Cataphora begreift, dem eigentlichen Coma somnolentum der Alten.

Fassen wir dasjenige zusammen, was uns theils die alten, theils neuere Pathologen über den Lethargus mitgetheilt haben, mit Rücksicht auf die Etymologie des Worts, so geht daraus hervor, dafs derselbe in den allermeisten Fällen nur das Symptom irgend einer anderen, und zwar fieberhaften Krankheit sei, dafs er in selteneren Fällen fieberlos, kaum je als morbus sui generis, sondern auch dann als Hauptsymptom irgend eines Leidens des Gehirns oder Nervensystems in die Erscheinung tritt. Nur der Etymologie zu Gefallen, nicht aber im Sinne der Alten, dürfte hier der Lethargus Erwähnung verdienen, welcher je zuweilen nach übermäfsiger körperlicher Ermüdung, oder auch wohl in einzelnen Fällen nach dem übermäfsigen Genufs geistiger Getränke beobachtet wird, in welchen Fällen er wohl nichts anderes ist, als die Folge von Erschöpfung beider Faktoren des Nervensystems, der Sensibilität und Irritabilität durch Ueberreizung. Hierher dürfte auch der Lethargus zu rechnen sein, der in seltenen Fällen als Folge von Vergiftung durch gewisse narcotische Mittel, namentlich durch Opium und Belladonna beobachtet worden ist.

Unter den fieberhaften Krankheiten, bei denen der Lethargus als Symptom beobachtet wird, stehen die intermittirenden Fieber oben an, und schon bei den Griechischen Aerzten, namentlich bei *Aëtius*, finden wir den Lethargus als periodisch erscheinende Krankheit aufgeführt. In den trefflichen Werken von *Torti*, *Burserius*, *Werlhoff* u. A. fehlt es nicht an Fällen von dieser gefährlichen Form der Intermittens. Seltner, vielleicht nie, beobachten wir den Lethargus, in der strengen Bedeutung des Worts, bei den verschiedenen Arten des Nervenfiebers, indem hier Coma, Coma vigil und Typhomanie die gewöhnlichen Formen des krankhaften Schlafs bilden. Nur bei derjenigen Art, welche nicht mit Unrecht schleichendes Nervenfieber genannt wird, bei der febris nervosa lenta, erscheint öfter der krankhafte Schlaf unter der Form des Lethargus; bei diesem Fieber, bei dem durch die eigenthümliche Veränderung der Mischung des Blutes die incitirende Wirkung desselben auf Gehirn und Nervensystem vermindert ist, und so Sensibilität und Irritabilität darniederliegend erscheinen; wo das ganze System der Schleimhäute, auch der serösen, wo sie in solche übergehen, Schleim in Masse producirt und ausscheidet, wo also auch in den weichen Hirnhäuten ein ähnlicher Procefs vor sich gehen mag, wodurch vermittelst des hier erzeugten, pathologischen Products das Gehirn an seiner Peripherie bedrückt und in seinen Functionen gestört wird, läfst sich das Vorkommen des Lethargus wohl erklären. Noch in einer anderen selteneren Fieberform, dem atrabilären Fieber, einer eigenthümlichen Varietät des gastrischen Fiebers, ausgezeichnet durch das Ueberwiegen des Kohlenstoffs im Blute, bei dem die Ausleerungen durch Stuhl und Urin schwarz oder rufsfarbig sind, und die Zunge schwarz belegt ist, kommt der Lethargus vor, hier wohl in Folge der eigenthümlichen deleteren, der Narcose ähnlichen Wirkung, welche dieser Stoff auf Gehirn und Nervensystem ausübt.

Häufiger beobachten wir den Lethargus bei den sogenannten bösartigen Entzündungen, besonders bei denen alter Leute, namentlich bei den Entzündungen der Respirationswerkzeuge. Die entzündliche Affection des ergriffenen Organs als solche ist hier wohl nicht als Hauptsache anzusehen; das Hauptmoment bildet hier offenbar bei den eben erwähnten Fiebern eine krankhafte Beschaffenheit des Bluts. Bei dem durch das Fieber eingeleiteten, verstärkten Vegetationsprocefs wirkt jenes nicht nur als krankhaftes Blut lähmend auf das Gehirn, sondern der örtlich entwickelte, entzündliche Procefs nimmt, je nach der verschiedenartigen Beschaffenheit der Dyscrasie, einen eigenthümlichen Charakter an, indem der Heerd der Entzündung sich zum Ablagerungsort für das specifische materielle Substrat umbildet, und sich auf diese Weise Abscesse verschiedener Art entwickeln.

Diese Entzündungen sind es offenbar, welche *Hippokrates* mit dem Namen Lethargus bezeichnet, und welche er, wie oben angeführt, mit kurzen Worten so treffend beschreibt. Daher führt der Vater der Medicin auch dieselben unter den dem Winter eigenthümlichen Krankheiten auf, in welcher Jahreszeit sie vorzüglich sich entwickeln. Ob die bei diesen Entzündungen so häufig unter der Form des Lethargus in die Erscheinung tretende Affection des Sensoriums mehr ein Zeichen des durch die unmittelbare Wirkung des krankhaften materiellen Substrats im Blute auf das Gehirn hervorgebrachten idiopathischen Leidens dieses Organs, ob sie nicht bisweilen nur sympathisch ist, darüber läfst sich bei dem Mangel an genügenden anatomischen Untersuchungen nicht wohl entscheiden. Da aber in glücklich abgelaufenen Fällen der Art oft durch Bildung und Ausleerung des Abscesses der vorher vorhanden gewesene Lethargus, wie ich selbst nach *Hippokrates* beobachtet habe, verschwand, so ist es wahrscheinlich, dafs derselbe, wenigstens in einzelnen Fällen, nur als sympathisch anzusehen war, und durch die verhinderte Circulation des Bluts in den Lungen bedingt wurde. Zu dieser Classe von Entzündungen gehört ohne Zweifel die Peripneumonia notha, eine von den älteren Pathologen so viel besprochene Krankheit, welche jetzt aber dem Namen nach aus den Handbüchern verschwunden, und nicht mit hinreichender Berücksichtigung ihrer Eigenthümlichkeit der Bronchitis einverleibt ist.

Nächst diesen Krankheiten kommt der symptomatische Lethargus in selteneren Fällen bei manchen exanthematischen Krankheiten vor, entweder in Folge eines vorzeitigen Zurücktretens des Exanthems, oder bei nicht gelungener Eruption; namentlich ist ersteres beim Friesel und beim Scharlachfieber, wie auch beim Erysipelas bemerkt. Letzteres habe ich selbst bei einem alten Manne beobachtet, bei welchem, nachdem er 48 Stunden lang im Lethargus gelegen hatte, dieser durch den Ausbruch der Rose im Gesicht gehoben wurde.

Ferner ist der symptomatische Lethargus als letztes, das nahe Ende verkündendes Symptom bei mancherlei chronischen Krankheiten beobachtet worden, namentlich bei solchen, wo durch organische Fehler nothwendige Secretionen verhindert wurden, da z. B., wo durch Nieren- oder Gallensteine die Ausscheidung des Urins oder der Galle verhindert wurde. Vorzüglich auch ist er bei der Wassersucht bemerkt worden; vielleicht wenn die Wasseransammlung auch in der Schädelhöhle, unterhalb der weichen Meningen des Gehirns vor sich geht. So starb mir ein am Diabetes mellitus leidender Kranker, nachdem er 24 Stunden lang im vollkommensten Lethargus gelegen hatte, und ich fand bei der Obduction einen in hohem Grade entwickelten Hydrops arachnoideae. Weniger gefahrvoll hat man ihn auch als Symptom von Würmern beobachtet.

Noch ist der Lethargus, wenngleich seltener wie Coma und Carus, als Symptom idiopathischen Gehirnleidens beobachtet worden, und in den Annalen der Medicin fehlt es nicht an Fällen, wo er als Zeichen von Wasseransammlungen, Extravasaten und Abscessen im Gehirn erschienen; besonders häufig ist er als Symptom der Hirnerweichung bemerkt worden, dieser merkwürdigen, erst in neuerer Zeit von den Franzosen genauer erkannten Krankheit, deren Wesen noch sehr der Aufklärung bedarf. Vielleicht bezieht sich auf diese Krankheit *Boerhaave's* Ausspruch, dafs der Lethargus leicht in tödtliche Apoplexie übergehe und endige.

Unter den vielen, in den Annalen der Medicin aufbewahrten Fällen von krankhaftem, Tage, Wochen, Monate, selbst Jahre lang andauerndem Schlaf, der als primäres Leiden erschien, finden sich endlich einzelne Fälle, welche der Form nach zum Lethargus gezählt werden müssen. Der letzte ist in diesen Fällen wohl mehrentheils Symptom der Hysterie und Hypochondrie, dieser eigenthümlichen Verstimmung des organischen Nervensystems, welche auf die mannigfaltigste Art auf das animale Nervensystem reflectirt; es entsteht derselbe aber in Folge zurückgehaltener, besonders blutiger Secretionen, namentlich des Menstrual- und Hämorrhoidalflusses. Auch als Folge übermäfsiger Fettleibigkeit ist Lethargus beobachtet worden.

Da wir, wie sich aus Obigem ergiebt, den Lethargus in den mehrsten Fällen nur als Symptom einer anderen Krankheit erscheinen, und nur in seltenen Fällen als primäres Leiden auftreten sehen, so läfst sich über die Aetiologie desselben nichts Allgemeines aufstellen, und es wird diese jederzeit mit der Aetiologie desjenigen Uebels, von dem er als Symptom beobachtet wird, zusammenfallen, demnach hier nicht der Ort für diese Untersuchungen sein. Nur so viel läfst sich im Allgemeinen über das nächste ursächliche Moment des unter dem Begriff Lethargus verstandenen krankhaften Schlafs sagen, dafs dasselbe in den mehrsten Fällen ein materielles ist, bestehend entweder in einem die normale Crasis des Bluts verändernden krankhaften Stoff, welcher als solcher ein abnormes Blutincitament für das Gehirn bildet, und so lähmend auf dasselbe wirkt; oder in einem ähnlichen pathologischen Product, welches, schon krankhaftes Secret geworden, durch mechanischen Druck eine gleiche Wirkung auf das Gehirn ausübt. Es stimmt dies ganz mit dem überein, was schon die Griechischen Aerzte über die Ursache des Lethargus ausgesprochen, indem sie nach ihren humoralpathologischen Ansichten eine Ueberfüllung des Gehirns mit kalten Feuchtigkeiten dafür hielten; und zu diesen kalten Feuchtigkeiten zählten sie besonders den Schleim und den atrabilären Stoff: kranke Säfte, welche, wie oben erwähnt, bei den Krankheiten, die vorzugsweise den Lethargus, namentlich den Lethargus der Alten, mit sich führen, als hauptsächliches Krankheitsmoment betrachtet werden können. Dieses aetiologische Moment, welches anzuführen besonders wegen der pathologischen Ansicht der Alten passend erschien, kann aber begreiflicherweise bei weitem nicht für alle pathologischen Zustände, bei denen Lethargus beobachtet wird, gelten; am wenigsten wohl für den primären Lethargus, der als Symptom der Hysterie beobachtet wird, wo vielleicht Mangel an Blutincitament überhaupt zuweilen die Ursache sein mag: pathologische Erörterungen, für welche hier der Ort nicht sein kann. Den Lethargus der Alten im Auge habend, dürfen wir, wie schon erwähnt, das höhere Alter und den Winter als vorbereitende ursächliche Momente anführen.

So wenig als über die Aetiologie läfst sich über die Prognose des Lethargus im Allgemeinen etwas feststellen, und auch diese richtet sich nach der, welche die Krankheit, deren Symptom er ist, darbietet. Der symptomatische Lethargus, der eigentliche Lethargus der Alten, ist überall ein schweres Symptom, das auf ein tiefes Ergriffensein beider

Factoren des Nervensystems, und zwar im Centralpuncte der animalen Sphäre hindeutet. Die Prognose, die seine Erscheinung darbietet, ist oft zweifelhaft, öfter böse; mehrentheils ist er Zeichen des herannahenden Todes. Nicht unwichtig sind in dieser Beziehung die prognostischen Beobachtungen der Alten, welche es für ein böses Zeichen ansahen, wenn Delirien in Lethargus übergehen, für ein besseres, wenn der entgegengesetzte Fall eintritt, weil nämlich im letzteren Falle ein, wenngleich nicht geordneter, doch zurückkehrender regerer Vegetationsprocefs im Gehirn dadurch angedeutet wird. Weniger übel ist die Prognose bei dem primären Lethargus, z. B. beim hysterischen und bei den leichteren Formen, die durch Uebermüdung, Uebermafs des Genusses geistiger Getränke u. s. w. hervorgebracht werden.

Wie verschieden die krankhaften Zustände sind, von denen der Lethargus als Zeichen erscheint, eben so mannigfach wird auch die Behandlung derselben sein müssen, und eine weitläuftigere Angabe desselben kann hier nicht wohl Platz finden. Interessant aber ist es, in den Werken von *Galen, Caelius Aurelianus,* besonders aber in den trefflichen Büchern über die Behandlung der acuten Krankheiten von dem unschätzbaren *Aretäus* das einzusehen, was über die Behandlung dieser Affection gesagt ist. Diese Behandlung, welche vorzugsweise dem symptomatischen Lethargus der Alten angepafst ist, kann noch jetzt in Hinsicht auf Umsicht, besonders aber auf die Sorgfalt, mit der die Momente, welche in der Umgebung des Kranken auf seinen Organismus erregend einzuwirken im Stande sind, in die Behandlung hineingezogen, noch heute als Muster aufgestellt werden.

Anlangend die Behandlung des primären als reines Nervenleiden in die Erscheinung tretenden Lethargus, so würde zuvörderst zu untersuchen sein, ob sich aus der Anamnese für dieselbe eine specifische Heilanzeige ergebe, ob irgend eine gewohnte Se- und Excretion seit einiger Zeit gestört, ob chronische krankhafte Secrete, Exantheme u. dgl. verschwunden seien, wonach in diesen Fällen die Behandlung eingeleitet werden müfste. Nächstdem aber würde die Affection als ein der Lähmung nahestehendes Leiden beider Factoren des Nervensystems, des sensiblen und irritablen, und zwar im Centralorgane desselben zu behandeln sein, und demnach die excitirende Behandlung vorsichtig, aber in ihrem ganzen Umfange angewendet werden müssen. Das Hauptmoment würde auf das Erregen beider Factoren vermittelst der Reizung der Sinnenorgane zu richten, und die trefflichen Vorschriften des *Aretäus* in ihrem ganzen Umfange zu befolgen sein: helles Licht, mit grellen Farben gemaltes Krankenzimmer, die Anwendung der Töne, Erregen des Kranken durch Anrufen, Reizung der Geruchsnerven durch Gerüche, besonders durch Empyreuma, Erregung des Gemeingefühls durch Hautreize, kalte Uebergiefsungen des Körpers. Von innerlichen Reizmitteln würden die flüchtigsten anzuwenden sein, besonders wasserstoff- und stickstoffhaltige, am besten abwechselnd, die stickstoffhaltige Phosphorsäure, empyreumatische Oele: selbst dürfte da, wo es an Blutincitament im Gehirn fehlt, das Opium in kleinen Dosen, besonders abwechselnd mit jenen Mitteln, seine Stelle finden.

Was endlich die hierhergehörige Literatur anlangt, so müssen wir, der Raumersparnifs wegen, auf *Ploucquet's* Literatura med. dig. Tubing. 1808. T. I. Art. Coma verweisen, wo diese sich auf das Vollständigste vorfindet. Nächstdem, und abgesehen von den oben schon angeführten Schriften, verweisen wir vorzüglich auf *Brendel* praelectt. acad. Ed. *Lindemann* T. I., und auf desselben Diss. de affectt. soporosis und Diss. de Lethargo in dessen Opp. T. II. u. T. III.

v. S — ch.

LEUCAETHIOPIA, vergl. Albinos (Bd. II. S. 17.) und Cretinismus (Bd. VIII. S. 617.).

LEUCE (λευκὴ sc. νοῦσος, die weifse Krankheit), gewöhnlich eine Art des Aussatzes, obwohl nicht vollkommen zu ermessen, welche der heutzutage bekannten Formen von *Hippokrates* bis auf *Johannes Actuarius* darunter verstanden worden sei. *Hippokrates* spricht im letzten Absatze des 2. Buchs der Prorrhetiken von λειχῆνες, λέπρα und λεῦκαι als Hautausschläge (ἐξανθήματα), die man, wenn sie bei Kindern und jungen Menschen allmälig zum Vorschein kommen, nicht für Apostasen zu halten habe, sondern für Krankheiten (d. h. idiopathische); wenn sie aber plötzlich erschienen, könne man sie wohl für Apostasen ansehen. Die λεῦκαι nun entstanden aus den tödtlichen Leiden (νοσῆμα), wie auf die νοῦσος ἡ φοινικὴ καλουμένη

— die sogenannte phönikische Krankheit folgte; eine Stelle die den Auslegern, wegen der Verderbtheit aller Codd., die φθινικὴ (abzehrende) haben, bis zur Restitution grofses Kopfbrechen gemacht hat. Die phönicische Krankheit aber, welche von *Galen* ausdrücklich als ein in Phönicien und der Levante (ἀνατολικὰ μέρη) häufiges Leiden bezeichnet wird, scheint wohl der weifse Baras der Araber zu sein. Fast im Widerspruche mit der obigen Stelle bezeichneten die koischen Vorhersagungen (S. 201. der Frankf. Ausg. des *Hipp. v. Foësius* von 1624.) die λεύκη μὴ συγγενὴς — den nicht angebornen weifsen Aussatz — als eine vor der Mannbarkeit (πρὸ ἥβης) nicht entstehende Krankheitsform.

Dies sind, wie auch *Rayer* (Dict. de méd.) ganz richtig bemerkt, die beiden einzigen Stellen, wo *Hippokrates* das Wort λεύκη von einer Hautkrankheit gebraucht, wogegen er es bei Profluvien der Scheide mehrmals anwendet. Bei dem *Celsus* wird die Leuce durch folgende Charaktere bezeichnet: Vitiliginis tres species sunt, ἄλφος vocatur, ubi color albus est fere subasper et non continuus, ut quaedam quasi guttae dispersae esse videantur. Interdum etiam latius et cum quibusdam intermissionibus serpit; λεύκη habet quiddam simile alpho, sed magis albida est, et altius descendit in eaque albi pili sunt et lanugini similes. Omnia haec serpunt, sed in aliis celerius, in aliis tardius. Er fügt hinzu, dafs Alphos und Melas zu verschiedenen Zeiten entstehen, und verschwinden, die Leuce aber den Befallenen nicht leicht verlasse, und selbst gebessert doch niemals eine ganz gesunde Haut zurücklasse. Wenn man hineinschneide oder mit der Nadel hineinsteche, so komme eine weifse Flüssigkeit hervor, und dies sei das Zeichen der Unheilbarkeit. Die λεύκη steht unter den Krankheiten, welche den ganzen Körper befallen (*Cels.* lib. V. im letzten Capitel). Die Beschreibung des *Paul v. Aegina* ist fast gleichlautend (Lib. IV. Cap. 5.); er sagt jedoch ausdrücklich, dafs die Leuce sich vom Alphus dadurch unterscheide, dafs dieser (und der melas alphi nigri) die Haut nur oberflächlich verändere, jene aber tiefer hineindringe, woraus er eben das Erbleichen der Haare erklärt (Lib. V. Cap. 6.). Die Leuce werde beim Reiben mit wollenen Lappen nicht roth, und die allgemein verbreitete sei verzweifelter als die auf einzelnen Stellen beschränkte. Dieser Schriftsteller giebt eine Menge Mittel an, unter anderen das Brennen mit dem Glüheisen, und nach *Archigenes* den weifsen Helleborus, so wie Aetzkalk mit Feigenblättern. Der galenische Verfasser der Isagoge sagt aber auch nur, dafs λεύκη eine widernatürliche weifse Färbung und der vitiligo ähnlich, von der Lepra aber durch eine rauhere und weniger glatte Haut verschieden sei. In dem Buche de symptomatum causis sagt *Galen* allerdings, die Leuce sei ein Fehler des Fleisches (nicht der Haut), wodurch dieses dem Fleische der Heuschrecken und Austern ähnlich werde, und sie sei der gröfste Irrthum der verändernden (Assimilations-) Kraft, entstehe aber sowohl aus der Nahrung als aus dem Fleische selbst. Auch de natural. facultatib. schiebt er sie auf die Ernährung; der Nährstoff werde dabei zwar aufgenommen, aber nicht assimilirt. So hat also *Galen* hier wahrscheinlich die Bleichsucht im Sinne; eine allgemeine Weifse der Substanz, nicht blofs einen Alphus oder Hautflecken. Dieser Umstand erklärt Einiges in den obigen hippokratischen Stellen, indem man wirklich berechtigt ist, Verwechselungen von Chlorosis und weifsen Hautkrankheiten vorauszusetzen.

Dafs man sich also über diesen Ausdruck im Alterthume nicht verständigt habe, ist leicht einzusehen. *Celsus* schreibt zwar seiner Vitiligo einen dyscratischen Ursprung zu, sagt aber ausdrücklich, dafs sie für sich gefahrlos sei; *Hippokrates* spricht von einer Entstehung aus den tödtlichsten Krankheiten (θανατωδεστάτων νουσημάτων) — d. h. er betrachtet sie als eine dyscratische Form mit tödtlichem Ausgange. Die Zusammenstellung mit einer plötzlich als Apostase erscheinenden Flechte und Schuppe (λειχὴν καὶ λέπρα) zeigt hinreichend, dafs es hier nur auf allgemeine, unbestimmte Andeutungen abgesehen ist; und in der That umfafst jener Satz sowohl die gelindesten Formen der critischen Lippenflechte, als wahrscheinlich den wahren orientalischen Aussatz, und zwar diesen allerdings unter dem Namen der Leuce. Indessen ist es doch merkwürdig, dafs weiterhin von keinem der übrigen Schrifsteller des Ueberganges der Leuce in die Elephantiasis gedacht wird, obgleich zahlreiche Bemerkungen über das letztere Leiden nicht fehlen. Offenbar hat die Leuce des *Celsus* und *Paulus* jenen Charakter der lymphatischen Entzündung, welcher der genannten tuberculösen Krankheitsform eigen ist, aber dennoch werden die Formen weit auseinandergehalten. Von diesem historischen, wie von dem practischen Gesichtspuncte aus, mufs ich mich zu der Meinung *Rayer's* bekennen, dafs es nicht möglich sei, nach den gegebenen Mittheilungen die von den Alten sogenannte Leuce als eigene Krankheitsform wiederzuerkennen.

Am besten thut man wohl, die Bezeichnung Leuce für weifse Vormäler (Areae) der Elephantiasis (S. d. Art.) zu gebrauchen. Bei *Galen* heifst Leuce auch die weifse Pappel (pop. alba). V—r.

LEUCHTEN DER THIERE. Unter dem Einflusse des Lebensprocesses entwickelt sich bei vielen niederen Thieren Licht, namentlich bei vielen Meeresthieren, daher das Leuchten des Meeres. Es gehören hierher selbst mehrere Infusorien der Gattungen Peridinum, Prorocentrum *Ehrenb.*, Räderthierchen (Synchaea baltica *Ehrenb.*) und Polypen wie Seefedern. Mehrere Medusen leuchten, wie die Oceanien, einige Anneliden wie Nereiden, und auch mehrere Mollusken, wie die Pholaden, Salpen, Pyrosomen. Meist besitzen die Leuchtthiere besondere Leuchtorgane, wie Oniscus fulgens und die leuchtenden Insecten, worunter die leuchtenden Elater- und Lampyrisarten am bekanntesten sind. Bei den ersteren liegen die Organe zu den Seiten des Brustschildes, bei den letzteren an der unteren Seite der letzten Bauchringe.

Nach dem Tode der Thiere dauert das Leuchten noch einige Zeit fort, und nimmt in irrespirabeln Gasarten und im luftleeren Raume ab. Die Ursachen der Phosphorescenz sind noch unbekannt.

Das sogenannte Leuchten der Thieraugen, was von Raubthieren, Kühen und Pferden ausgesagt wird, besteht in keiner Phosphorescenz, sondern in blofser Reflexion von Licht durch den Grund des Auges, wie bereits *Gruithuisen*, *Rudolphi*, *Tiedemann*, *Esser*, *Müller* zeigten, und neuerlich durch die Untersuchungen von *Hassenstein* bis zur Evidenz festgestellt worden.

Das Tapetum der Fleischfresser ist ganz vorzüglich zur Reflexion des Lichtes geeignet, und besteht aus einer weichen, erdigen, phosphorsauren kalkhaltigen Materie, welche auch beim Trocknen weifs bleibt. Siehe *Hassenstein* de luce ex quorundam animalium oculis prodeunte atque de tapeto lucido. Jenae 1836.

Das subjective Augenlicht des Menschen beim Stofs des Auges ist noch weniger eine Phosphorescenz, sondern eine gesteigerte Empfindung des Sehnerven. Daher man nach dem Stofs auf das Auge bei dieser subjectiven Lichtempfindung im Dunkeln doch nicht das geringste erkennt, und Andere das Licht nicht erkennen, was man selbst als Zustand des Sehnerven wahrnimmt.

LEUCIN. So wird eine aus dem Leim durch Schwefelsäure bereitete, von *Braconnot* entdeckte Substanz genannt, welche auch durch Behandlung des Leims mit Kali gewonnen wird, wie *Mulder* gezeigt hat.

Kocht man Leim mit Kali bis die Ammoniakentwickelung aufgehört hat, sättigt das Alkali mit Schwefelsäure, dampft ab, scheidet schwefelsaures Kali ab, so kann man durch Alkohol aus dem Rückstande zwei Stoffe ausziehen, Leucin und Leimzucker. Das erstere ist in Alkohol viel leichter löslich als der Zucker, daher beide sehr leicht von einander getrennt werden können. Man erhält mehr Leimzucker als Leucin; wendet man Schwefelsäure an, so ist dies umgekehrt. Kocht man das Gemenge mit Schwefelsäure nicht, sondern läfst es Monate lang ruhig stehen, so erhält man, wie *Braconnot* fand, sehr viel Leimzucker, sehr wenig Leucin.

Diesen Stoff erhält man in grofser Menge durch Kochen von Eiweifs mit Aetzkali. Das Leucin ist ein weifser, pulverförmiger, in Wasser löslicher, in unregelmäfsigen Körnern krystallisirbarer, zwischen den Zähnen knirschender Körper, der einen starken Bouillongeschmack besitzt, über 100° schmelzbar, zum Theil sublimirbar, wenig in Alkohol löslich ist; mit Mittelsalzen keinen Niederschlag bildet, ausgenommen mit dem salpetersauren Quecksilberoxyd, das ein weisses Magma, und eine überstehende rosenfarbene Flüssigkeit giebt. *Braconnot*, welcher das Leucin auf diese Weise beschreibt, hatte es wahrscheinlich niemals rein, sondern mit Leimzucker vermengt. In reinem Zustande stellt es perlmutterglänzende Schuppen dar, welche sehr grofse Aehnlichkeit mit dem Cholesterin haben. Bei 170° wird es vollkommen sublimirt, ohne vorher geschmolzen zu sein. Es ist unlöslich in Aether, löslich in 27,7 Wasser und in 65,8 Alkohol. Concentrirte Schwefelsäure löst es beim Erwärmen auf, ohne es zu färben; Salpetersäure löst es gleichfalls ohne Zersetzung auf, und giebt nach *Braconnot* eine eigenthümliche Säure, Leucinsalpetersäure. *Erdmann* und mir gelang die Darstellung derselben nicht. In Chlorwasserstoffsäure, Ammoniak und Kali löst es sich ohne Veränderung. Es enthält kein chemisch gebundenes Wasser.

Chlor, Jod und Brom zersetzen das Leucin, indem sich Wasser und die Wasserstoffsäuren bilden. Dabei erzeugt sich eine braune Substanz, welche im Wasser zum Theil löslich und krystallisirbar ist. Das Leucin absorbirt Chlorwasserstoffsäure, was ein Mittel darbietet, das Atomgewicht desselben zu bestimmen. *Mulder* fand es bestehend aus:

C_{12} H_{24} N_2 O_4 oder

C_{12}	=	917,244	=	55,79.
H_{24}	=	149,755	=	9,11.
N_2	=	177,036	=	10,77.
O_4	=	400,000	=	24,33.
		1644,035	=	100,00.

Erdmann und ich erhielten 55,41 C, 9,04 H und 10,43 N, also ganz übereinstimmende Resultate. 100 Theile Leucin nehmen 27,5 Theile Chlorwasserstoffsäure auf.

Der zweite Körper ist der Leimzucker, eine stickstoffhaltige, nicht gährungsfähige Zuckerart. Derselbe krystallisirt in schönen Prismen, die farblos, geruchlos und sehr süfs schmeckend sind. In 4,4 Theilen Wasser, 9,30 Theilen Alkohol, nicht in Aether, ist er löslich. Für sich verliert er bei 110° kein Wasser, wohl aber mit Bleioxyd vermischt. Er verliert dabei 2 At. Wasser. Weder Ammoniak noch Kohlenstoffsäure absorbirt er. *Mulder* fand ihn, wie *Erdmann* und ich, zusammengesetzt aus:

C_8	=	611,496	=	34,39.
H_{18}	=	112,316	=	6,32.
N_4	=	354,072	=	19,92.
O_7	=	700,000	=	39,37.
		1777,884	=	100,00.

Der wasserfreie enthält 2 At. Wasser weniger.

Boussingault leitet aus seinen Versuchen, welche in den Zahlenresultaten sehr gut mit den unsrigen stimmen, eine falsche Formel ab, nämlich C_{12} H_{31} N_6 O_{11}. In der That giebt diese C = 33,45, H 7,06, N 19,37, O 40,12. Die Ansichten, welche ***Boussingault*** auf die Entwicklung dieser Formel stützt, und welche er für die Verbindungen des Leimzuckers aufstellt, gründen sich auf diese fehlerhafte Formel, welche er mit seinen übrigen Resultaten in Uebereinstimmung zu bringen weiſs. Die Quelle seines Fehlers indeſs liegt sehr nahe, so daſs wir die eben entwickelte Zusammensetzung ohne Zweifel als die richtige ansehen dürfen, um so mehr, da sie durch das Zusammentreffen zweier unabhängig von einander angestellten Analysen, da sie durch die Vereinigung vieler Thatsachen gerechtfertigt wird.

Zum Rohrzucker steht der Leimzucker in einer merkwürdigen Beziehung. Wir haben nämlich

$\frac{1}{2}$ At. Rohrzucker	= 6 C 10 H 5 O
2 At. kohlens. Ammoniak	= 2 C 12 H 4 O 4 N
	8 C 22 H 9 O 4 N
4 At. Wasser	8 H 4 O
	8 C 14 H 5 O 4 N

Die Verbindung, welche der Leimzucker mit dem Bleioxyd liefert, in welchem 64,24 Th. Bleioxyd sich finden, bestätigt die angegebene Formel. Mit Salpetersäure giebt er die von ***Braconnot*** entdeckte interessante Verbindung der Leimsüſssalpetersäure, welche aus

$$\underbrace{C_8 H_{14} N_4 O_5}_{\text{Leimzucker}} + \underbrace{2(N_2 O_5)}_{\text{Salpetersäure}} + 4 H$$

besteht. Die Salzbilder verändern den Leimzucker ganz wie das Leucin. R. M—d.

LEUCOMA. S. Hornhautfleck.

LEUCOMORIA (gewöhnlich von λευκός, weiſs, weichlich, schwach; μωρία Dummheit, Blödsinn abgel.), auch Hydrolcos (Wasserspinne?); ein bei den Aelteren nicht vorkommendes Wort, das vielleicht auch λυκομωρία heiſsen könnte, da λύκος und ὅλκος identisch eine Art Spinne bedeuten, also etwa wie andere von Thieren genommene Bezeichnungen der Melancholie. Wahrscheinlicher ist jedoch die Benennung von der Beschaffenheit der Ausleerungen hergenommen, und bezeichnet ursprünglich etwa im Gegensatze der Melancholie die λευκὴ διαχώρησις, die weiſse Ausleerung bei Geisteskranken (prorrh. 53.), wo dann auch Hydroleus als „wäſsriger Ablauf" zu erklären.

Sauvages schildert die Leucomoria als identisch mit Mel. errabunda Bellini, Cutubuth oder Chalrab der Araber, als eine Geisteskrankheit mit gröſster Unruhe, wo der Kranke zwecklos umherirrt, furchtsamer und menschenscheuer als alle anderen Melancholischen; bei Nacht um Gräber und einsame Orte irrend. Die Unruhe und der Ueberdruſs (taedium) sind unerträglich, die Traurigkeit auf's Höchste. Dabei sind die Augen hohl, der Mund trocken, der Durst unauslöschlich, der Körper abgemagert, die Farbe gelb. — Dieser Arzt beobachtete die Form bei einer epileptischen Frau, die er durch Anwendung kühlender Mittel heilte.

Die Leucomoria kann als eine Form der Lypemania des *Esquirol* oder der Melancholie mit Delirium des *Pinel* betrachtet werden; sie geht aber leicht in irgend eine Form der Dämonomanie über, wenn der Bildungsgrad des Individuums und die herrschenden Vorstellungen des Zeitalters hierfür günstig sind. Ich kann überhaupt nicht für die Esquirol'sche Aufstellung der Dämonomanie als besonderer Ordnung der Geisteskrankheiten stimmen. (Vgl. Lycanthropie, Manie, Melancholie.) V—r.

LEUCOPHLEGMATIA (λευκός weiſs, φλέγμα Schleim), bei den Alten im Allgemeinen Schleimsucht, eine bis zur krankhaften Cachexie gesteigerte Entwicklung des kalten, phlegmatischen Temperaments; demnächst nun auch eine Art des Anasarka; beim *Caelius Aurelianus* der Anfang desselben; beim *Celsus* gleichbedeutend mit Hyposarka, aq. inter cutem, beim *Aretäus* eine acutere Form, zu der Jüngere besonders geneigt seien; beim *Galen* eine Wassersucht, wobei das an sich stets weiſse Serum durch Beimischung anderer Säfte gefärbt wurde. Der Name ist gegenwärtig unbrauchbar, da er keine practische Beziehung besitzt. Am Besten wäre es, ihn unmittelbar auf das Oedema puerperarum (phlegmatia alba dolens) anzuwenden. Vergl. dieses und Anasarka.

V—r.

LEUCORRHOE. S. Fluor albus.

LEUK, Louëche, Baden en Valais, Thermae Leucenses s. Leucinae, im Canton Wallis.

Die alten und berühmten Heilquellen von Leuk entspringen in einem kleinen Seitenthale des grofsen und breiten Thales, welches sich durch ganz Wallis zieht, zu beiden Seiten von zwei mächtigen, parallel laufenden Gebirgszügen begrenzt wird, und in dessen Mitte die jugendliche Rhone mit ihrem blaugrünen Gletscherwasser dem weiten Becken des Genfer Sees ungestüm entgegeneilt.

Der Flecken Leuk liegt unfern der Rhone, an der Mündung dieses Seitenthales. Das von da beginnende, mehr und mehr sich verengende, bis zum Fufs der Gemmi aufsteigende Leukerthal, ist rings von hohen, meist sehr steilen, theils bewaldeten, theils kahlen Bergen umschlossen, und nur nach Süden gegen den Flecken Leuk und das Rhonethal geöffnet. Das Leuker Bad liegt auf dem höchsten Punkte dieses Thales, 4500 Fufs über dem Meere, in einem wild romantischen, von hohen Bergmassen beengten Thalgrund, am Fufse der Gemmi, welche dicht hinter dem Bade und den nach diesem benannten Dorfe Baden, fast senkrecht 2700 F. hoch über dasselbe emporragt; — nördlich davon erheben sich das Plattenhorn bis zu 9540 F., das Rinderhorn bis zu 10960 F., und der Altels bis zu 11420 F. über dem Meere. — Gegen Osten wird das Thal von dem 5730 F. hohen Gletscher Schneitschnur begrenzt, aus welchem die wilde, das Thal in südwestlicher Richtung durchschneidende Dala entspringt, — im Westen von finstern Waldungen das Holzthal genannt.

Von dem Flecken Leuk liegt das Bad Leuk zwei und eine halbe Stunde aufwärts, von Siders vier Stunden nordöstlich, von Sitten acht und eine halbe Stunde, von Brieg neun Stunden nordwestlich, von Kandersteg sechs, von Thun dreizehn, von Bern achtzehn Stunden entfernt.

Die Lage des Bades macht dasselbe schwer zugänglich. — Nur zwei Wege führen dahin, der eine durch das Rhonethal über Siders und den Flecken Leuk, — der andere, ungleich beschwerlichere, nur mittelst Maulthiere oder Pferde auf einem theilweise sehr schmalen, in Felsen gehauenen Pfade, neben einem tiefen Abgrund, von dem Kandersteger Thale über die hohe und steile Gemmi an dem einsamen Daubensee vorüber, — ein Weg, welcher von *Zacharias Werner* in seinem bekannten Trauerspiel (der vier und zwanzigste Februar) so malerisch geschildert wird.

Das Clima ist rauh, kalt, veränderlich, geht oft schnell von bedeutender Wärme zu strenger Kälte über und umgekehrt, und macht es nöthig, dafs die Kurgäste sich mit hinreichend warmer Kleidung versehen. Im Sommer zeigt das Thermometer gewöhnlich Morgens + 5—8° R., Mittags + 15—20° und Abends + 8—10° R.

Die Bäder zu Leuk gehören zu den ältesten in der Schweiz. Wenn auch die Geschichte der Entdeckung hier, wie bei so vielen alten Mineralbädern, dem Reich der fabelhaften Sagen angehört, so scheint doch schon im zwölften Jahrhundert zu Leuk eine Badeanstalt bestanden zu haben; die allgemeine Benutzung der Thermalquellen begann jedoch erst im sechszehnten Jahrhundert, nachdem im Jahre 1501 der Cardinal *Matthias Schinner* ein sehr geräumiges Gebäude aufführen liefs, in welchem eine beträchtliche Zahl von Kranken Unterkommen erhalten konnte, und nachdem später noch mehr Häuser zu gleichem Zweck erbaut wurden. *Paracelsus*, *Huggelius*, *Günther von Andernach*, *Eschenreuter* und andere Balneographen des sechszehnten Jahrhunderts handeln von diesen Thermalquellen unter dem Namen des „Leuker" oder auch des „Walliser Bades"; im siebzehnten Jahrhundert erschien eine Beschreibung derselben von *G. Fabricius Hildanus*, an welche sich später die von *F. A. Natterer* anschlofs. — Am 17. Januar 1719 begrub eine gewaltige, vom Albiner Berge herabstürzende Lawine die ganze Anlage, und tödtete zugleich 41 Menschen; im Jahre 1758 wiederholte sich dasselbe Unglück.

Gegenwärtig besteht das Bad aus einer Anzahl meist hölzerner Häuser, welche in Bezug auf Bequemlichkeit und Annehmlichkeit der Wohnung noch viel zu wünschen übrig lassen, und welche zusammen das Dorf Baden bilden. Nur einige dieser Häuser sind von Stein, und das ganze Dorf ist durch eine gemauerte starke Brustwehr gegen Lawinen geschützt, welchen übrigens nur im Frühjahre Gefahr drohen. Das Dorf enthält aufser Privatwohnungen mehrere grofse Gasthäuser, in welchen sich aufser Wohnungen für Kurgäste auch Bäder befinden, und zählt an 400 Einwohner.

Aufser Bädern in Privatwohnungen finden sich in Leuk nach *Rüsch's* Angabe vom Jahre 1830 vier besondere Bäder mit geräumigen Bassins, in welche das Thermalwasser in Röhren geleitet und wo gemeinschaftlich gebadet wird.

a) Das Züricherbad, nahe an der Hauptquelle, mit Tropfbädern; vierzig bis funfzig Personen finden Raum in demselben.

b) Das Herrn- oder Walliserbad, nur wenige Schritte von der Hauptquelle entfernt, mit vier Baderäumen für achtzig bis hundert Personen.

c) Das Herren-, Edelleut- oder Werrabad, im Jahre 1825 gröfstentheils neu aufgeführt, enthält vier mit Doucheapparaten versehene Bäder, ein Dampfbad, kann an 140 Kranke aufnehmen, und wird wegen seiner zweckmässigen Einrichtungen sehr fleifsig besucht.

d) Das Armenbad, am nordöstlichsten Theile des Dorfes, im Jahre 1827 erbaut, hat Raum für dreifsig bis vierzig Kranke.

Physikalisch-chemische Eigenthümlichkeiten der Thermalquellen von Leuk. Sämmtliche Thermalquellen, deren Zahl nahe an zwanzig beträgt, entspringen meist nahe bei einander, unterscheiden sich nur durch geringe Abweichungen in ihrer Temperatur und dem quantitativen Verhältnifs ihrer festen und flüchtigen Bestandtheile, und scheinen nur Ausflüsse eines gemeinschaftlichen Wasserheerdes in der Tiefe. Das Hauptgestein in der Umgegend ist Alpenkalk, auf welchem Thonschiefer lagert, und aus letzterem kommen die Thermalquellen zu Tage. Die Hauptquellen lassen sich, nach ihrer Lage, nach *Brunner* und *Pagenstecher* in folgende Gruppen zusammenfassen:

a) Die Lorenz- oder die Hauptquelle, ihrer Temperatur nach die heifseste, sehr wasserreich, im Dorfe Baden dicht vor dem weifsen Hause entspringend. Ihre Wassermenge bleibt, nach Aussage der Einwohner, das Jahr hindurch sich vollkommen gleich; die einzige Veränderung, welche sie zeigt, besteht darin, dafs sie zu unbestimmter Zeit einige Male im Jahre trübe erscheint, und dann einen weifslichen Schlamm mit sich führt; — diese Veränderung pflegt vier und zwanzig Stunden lang anzuhalten.

Funfzehn Schritte nordwärts von ihr entfernt entspringt das Goldbrünnlein, ein weniger wasserreicher Arm der vorigen.

b) Die Thermalquellen des Armenbades, in einer Entfernung von zehn Minuten, auf einer nordöstlich vom Dorfe gelegenen Wiese entspringend, welche längs der Dala sanft aufsteigt. — Eine von diesen Thermalquellen führte früher den Namen der Brechquelle (Kotzgülle).

c) Das Heilbad. Die Thermalquelle desselben, hundert Schritt näher gegen das Dorf zu, ist von niederer Temperatur und geringerer Wassermenge.

d) Zehn Thermalquellen, welche am östlichen Fufse eines Thonschieferhügels zu Tage kommen, auf dem linken Ufer der Dala, ungefähr zwanzig Minuten von dem Dorfe entfernt, von *Brunner* und *Pagenstecher* Hügelquellen genannt; — an diese schliefsen sich zwei andere, am westlichen Fufse desselben Hügels entspringende Thermalquellen.

e) Zweihundert Schritt weiter aufwärts der Dala, dicht am Strombette, entspringt ferner eine schwächere Thermalquelle, höher eine dritte, und noch höher hinauf lassen sich noch mehrere kleinere nach den ocherartigen Ablagerungen und der Feuchtigkeit des Bodens vermuthen. — Endlich findet sich:

f) auf einer Wiese auf dem linken Ufer der Dala, in nordwestlicher Richtung eine Thermalquelle, welche aber nicht zum medicinischen Gebrauch benutzt wird.

Die Temperatur der Thermalquellen beträgt nach *Natterer*, *Morell* und *Develey* 43° R., nach *Brunner* und *Pagenstecher* die der Lorenzquelle, der heifsesten Thermalquelle 40,7° R., der Thermalquellen des Armenbades 36—37° R., des Heilbades 31°, der Hügelquellen 38—40°, der obersten Thermalquellen an der Dala 27—32°, der Kotzgülle 27,7° R.

Das Thermalwasser ist klar, von einem bitterlich-salzigen Geschmack und geruchlos, nur bei Veränderung der Witterung, bevorstehenden Gewittern, oder wenn das Thermalwasser längere Zeit gestanden, soll es einen schwachen, hepatischen Geruch besitzen.

Bemerkenswerth ist die starke Entwicklung von Luftblasen in allen Thermalquellen; sie erfolgt anhaltend in den gröfseren Thermalquellen, in den kleineren dagegen oft mit

Un-

Unterbrechung von einer halben bis ganzen Minute; der Durchmesser der einzelnen Luftblasen beträgt nach *Brunner* und *Pagenstecher* einen Viertel- bis halben Zoll.

Chemisch analysirt wurde das Thermalwasser zu sehr verschiedenen Zeiten von *Morell*, *Ure*, *Dublanc* und *Payen*, und endlich am gründlichsten von *C. Brunner* und *J. Pagenstecher*.

Hinsichtlich der festen Bestandtheile kommen Alle darin überein, dafs schwefelsaure Kalkerde der vorherrschende Bestandtheil ist; — zwischen dem quantitativen Verhältnifs der festen Bestandtheile, welches *Morell* im Jahre 1788 bekannt machte, und dem, welches *Brunner* und *Pagenstecher* im Jahre 1828 veröffentlichten, besteht sogar nur eine geringe Verschiedenheit.

Sehr abweichend dagegen sind die Resultate hinsichtlich der flüchtigen Bestandtheile. *Morell*, *Dublanc* und *Payen*, und nach diesen *Patissier* und *Alibert*, nehmen Schwefelwasserstoffgas an; — dagegen fanden *Ure* (1821), *Brunner* und *Pagenstecher* keine Spur davon, aber eine beträchtliche Menge von Stickgas. — Schwefelwasserstoffgas findet sich nicht constant, und scheint mehr in Folge äufserer Einflüsse oder durch Zersetzung der in dem Thermalwasser enthaltenen schwefelsauren Salze zu entstehen.

Nach *C. Brunner's und J. Pagenstecher's* Analyse enthalten:

a) an festen Bestandtheilen in vier und zwanzig Unzen Med.-Gewicht Wasser:

	Die Lorenzqu.	Die Armenqu.
Schwefelsaure Kalkerde	17,083 Gr.	17,361 Gr.
Schwefelsaure Talkerde	2,654 —	1,879 —
Schwefelsaures Natron	0,678 —	0,508 —
Schwefelsauren Strontian	0,043 —	0,037 —
Chlornatrium	0,073 —	0,124 —
Chlorkalium	0,027 —	0,010 —
Chlormagnesium	0,036 —	0,032 —
Chlorcalcium	eine Spur	eine Spur
Kohlensaure Kalkerde	0,476 —	0,613 —
Kohlensaure Talkerde	0,003 —	0,018 —
Kohlensaures Eisenoxydul	0,032 —	0,028 —

Kieselerde	0,136 Gr.	0,100 Gr.
Salpetersaure Salze	eine Spur	eine Spur
	21,241 Gr.	20,710 Gr.

b) An flüchtigen Bestandtheilen enthalten in 100 Volumtheilen die aus dem Wasser aufsteigenden Gasblasen:

	d. Lorenzqu.	d. Armenbad.
Kohlensäure	1,017	0,964
Sauerstoffgas	0,462	0,266
Stickstoffgas	98,521	98,770
	100,000	100,000.

Der aus dem Thermalwasser sich absetzende Ocher enthält in 60 Granen:

Kohlensaure Kalkerde	2,40 Gr.
Kohlensaure Talkerde	0,24 —
Eisenoxyd	32,50 —
Eingemengten Schiefer	14,00 —
Wasser	10,00 —
Verlust	0,86 —
	60,00 Gr.

Der Thonschiefer, aus welchem die Thermalquellen zu Tage kommen, enthält in 60 Granen:

Kieselerde	46,09 Gr.
Kalkerde	0,35 —
Talkerde	0,68 —
Eisenoxyd	3,95 —
Thonerde	7,01 —
	58,98 Gr.

Das auf den Felsen in der Umgegend auswitternde Bittersalz zeigte bei der chemischen Untersuchung, aufser einer kleinen Menge von vielleicht blofs eingemengtem Gyps, eine geringe Menge von Chlornatrium und salpetersaurer Talkerde, — von Kali keine Spur.

Das Wasser der nicht mineralischen Quellen zu Leuk enthält nur wenig kohlensaure Kalkerde, und hat die Temperatur von 8° R. bei 16,5° R. der Atmosphäre.

Eine sehr kalte, unweit der Thermalquellen entspringende Quelle scheint blofs Schneewasser zu enthalten; sie erscheint daher auch nur periodisch vom Mai bis September, wenn der Schnee schmilzt.

Wirkung und Anwendung der Thermalquellen. Innerlich und äufserlich gebraucht, wirken sie kräftig, die Se- und Excretionen bethätigend, insbesondere die der äusseren Haut, der Schleimhäute und der Nieren, heilsame Reactionen veranlassend, umändernd auf das Mischungsverhältnifs der Säfte, — aber gleichwohl sehr verschieden nach der Form ihrer Anwendung.

Getrunken vermehren sie sehr die Diuresis und Transspiration, nur selten die Stuhlausleerung, verursachen leicht starke Congestionen und Störungen der Digestion, Appetitlosigkeit, gastrische Beschwerden, Uebelkeit, selbst Erbrechen, Schwindel, Kopfschmerz, und bedürfen nicht selten der Beihülfe von antigastrischen, ausleerenden Mitteln; — als Wasserbad benutzt, wirken sie noch erregender, reizender auf das Blutsystem und die Se- und Excretionen, besonders der äufseren Haut, und erregen in der zu Leuk üblichen Gebrauchsart in der Regel einen eigenthümlichen Badeausschlag, — der nur sehr selten bei dem innern Gebrauch des Thermalwassers beobachtet wurde.

Benutzt werden die Thermalquellen in folgenden Formen:

a) Als Getränk. Die Menge des täglich zu trinkenden Wassers, so wie die Dauer des Gebrauchs, hängt von der Wirkung desselben und dem Zwecke des Arztes ab.

Bei äufseren Leiden, wo die Badekur als Hauptsache betrachtet wird, läfst man, blofs zur Unterstützung dieser, täglich eine unbestimmte Menge Wasser, nur einige Gläser trinken; in anderen Krankheiten dagegen, wo durch einen methodisch durchzuführenden inneren Gebrauch dieses Thermalwassers kräftig auf den Gesammtorganismus eingewirkt werden soll, wird die Trinkkur die Hauptkur, und das Bad nebenbei gebraucht. Man läfst in diesem Falle unbestimmt, den zweiten oder dritten Tag, ein Wasserbad nehmen, und den Kranken eine Stunde lang in demselben verweilen, dagegen regelmäfsig und in steigenden Gaben täglich die Lorenzquelle trinken, mit zwei Bechern täglich anfangen, allmälig bis zu acht Bechern diese Zahl vermehren, und dann bis zu der Menge von Bechern zurückgehen, mit welcher man angefangen hat.

b) Die Badekur wird gemeinhin als die wirksamste

und wichtigste Kur in Leuk angesehen. Nach der in der Mehrzahl der Schweizerbäder üblichen Observanz badet man auch hier viel, verweilt lange in dem Bade, um einen critischen Badeausschlag zu erregen, und läfst dann, wenn letzterer seine Höhe erreicht hat, „abbaden", d. h. die Zahl der Bäder, so wie die Zeit des Aufenthaltes in denselben vermindern.

Man badet täglich zwei Mal, früh und Nachmittags, verweilt anfänglich eine Stunde in jedem Bade, steigt aber täglich um eine Stunde. Gewöhnlich erscheint der Badeausschlag am Ende der ersten oder zweiten Woche; man läfst dann acht bis zehn Tage fortbaden, und fällt mit den Bädern. Vor und nach dem Bade wird Thermalwasser getrunken, nach dem Bade durch Aufenthalt im Bette der profuse Schweifs noch einige Zeit unterhalten.

Die Temperatur der Bäder beträgt 27—28,5° R.; genommen werden die Bäder in den schon erwähnten Bassins, wo, nach der verschiedenen Gröfse der letzteren, zwanzig bis fünf und zwanzig Kranke in Bademänteln gemeinschaftlich baden können. Die Aufsicht führt ein von Seiten der Regierung eingesetzter Badeinspector. Gegen Contraventionen und Unanständigkeiten, welche sich Badende erlauben, werden Geldstrafen entrichtet, die in die Armenkasse fallen.

Zundel, welcher die verschiedenen Formen des Badeausschlages näher beschreibt (Verhandl. der med. chirurg. Gesellsch. des K. Zürich. 1827. S. 107.), rügt mit Recht das allzulange Baden, dafs das gewaltsame Hervorrufen des Badeausschlages keinesweges immer nöthig, und dafs überhaupt die Art und Dauer des Gebrauches der Bäder nach Verschiedenheit der Krankheit und der Individualität der Kranken sorgsamer modificirt werden sollte.

c) Als Douchebad, in Form einer oder mehrerer Strahlen, zur Unterstützung der Wirkung der Wasserbäder.

d) Klystire von Thermalwasser werden weniger gebraucht, sind aber sehr zu empfehlen.

e) Der von Mehreren erwähnte Niederschlag der Thermalquellen (Mineralschlamm) wird noch seltener, und nur in Form von Umschlägen benutzt.

Den Gebrauch des Leuker Thermalwassers widerräth wegen seiner reizend-erhitzenden Wirkung *Zundel* bei wahrer Plethora, activen Congestionen, Blutflüssen, subinflammatorischen Leiden, chronischen Entzündungen, inneren Exulcerationen, krankhaften Metamorphosen wichtiger Organe und Wassersucht, — empfiehlt es aber dagegen:

a. bei Verdauungsbeschwerden, — nervösen und gastrischen Leiden, fehlerhaft vermehrten Absonderungen, Ansammlung von Säure, Galle und Verschleimungen; —

b. hartnäckigen Stockungen im Unterleibe, — namentlich im Leber-, Pfortader- und Uterinsystem, und dadurch bedingter Hypochondrie und Hysterie; —

c. chronischen Leiden des Drüsen- und Lymphsystemes, — scrophulösen Geschwülsten, Kröpfen; —

d. Blennorrhoeen, — veralteten Catarrhen und Leucorrhoeen; —

e. chronischem Rheumatismus und Gicht, — gichtischen Ablagerungen, Geschwülsten und Contracturen; —

f. Nervenleiden, torpider und paralytischer Art; —

g. chronischen Hautausschlägen, — Krätze, nässenden Flechten, Kopfgrind; — und endlich

h. psorischen und rheumatischen Metastasen.

Literatur:

Valesiae descriptio auct. *Hosia Simmlero.* Tiguri. 1574. p. 20. — Von den heilsamen Bädern des deutschen Landes durch *J. J. Huggelium.* 1559. S. 38. — *Joan. Güntheri Andernac.* comment. de balneis et aquis medicatis. Argentorati 1565. p. 75. — *Aureoli Theophrasti* Schreiben von warmen oder Wildbädern durch *Adamen von Bodenstein.* Basel 1576. S. 49. — Aller heylsamen Bäder, Sauerbrunnen und anderer Wasser, so in Teutschland bekannt, Natur, Kraft, Tugend und Wirkung durch *G. Etschenreutterum.* 1580. S. 20. — *Fabric. Hildanus*, de thermis Valesianis in s. Opp. 1646. T. II. p. 655. — *Constantius a Castello*, Baad-Gespann. Sitten 1647. — Hydrographia Helvetica. Zürich 1717. S. 371. — Beschreibung des Leukerbades, sammt dessen Wirkung und Gebrauch, herausgegeben von *F. A. Natterer.* Sitten 1769. Franz. übers. 1770. — *Rouelle,* im Journ. de médec. T. XLV. 1776. p. 541. — *Struve,* in den Abhandl. der ökonom. Gesellsch. zu Bern. 1782. S. 41. — *Razoumowsky,* voyages minéralogiques dans le gouvernement d'Aigle et une partie du Valais. Lausanne 1784. p. 115. — *Morell's* chemische Unters. einig. d. bekannt. u. besuchter. Bäder u. Gesundbr. d. Schweiz. Bern 1788. S. 156. — *Develey*, observations et expériences sur les eaux thermales de Louëche. Lausanne et Paris 1798. — *Ure*, in Bibliothèque universelle des sciences et des arts. 1821. T. XVII.

Août. p. 318. — *G. Rüsch*, Anleitung zu dem richtigen Gebrauch der Bade- und Trinkkuren, mit besonderer Betrachtung der Schweizerischen Mineralwasser. Th. II. S. 53., Th. III. S. 84. — *Zundel*, über die Heilquellen von Leuk in den Verhandlungen der medic.-chirurgischen Gesellschaft des Cantons Zürich in der Herbstsitzung des Jahres 1827. S. 81. — *J. F. Payen*, essai sur les eaux minérales-thermales de Louèsche en Suisse, Canton Valais. Paris 1828. — *C. Brunner* und *J. Pagenstecher*, in den Denkwürdigkeiten der schweizer. naturforschenden Gesellschaft. 1829. Bd. I. Abtheil. 1. S. 239. — Beschreibung aller berühmten Bäder in der Schweiz. Aarau 1830. S. 154.

O — n.

LEUTSTETTEN. Das Bad Leutstetten, im Königreich Baiern, Landgerichts Starenberg, besitzt ein, auch mit Wohnungen für Kurgäste versehenes, gut eingerichtetes Badehaus, und enthält nach *Vogel* in sechzehn Unzen:

Kohlensaure Kalkerde	1,65 Gr.
Kohlensaure Talkerde	0,15 —
Kohlensaures Natron	0,10 —
Salzsaures Natron	0,10 —
Kieselerde und Humusextract	eine Spur
	2,00 Gr.

Literat.: *A. Vogel*, die Mineralquel. des Königreichs Baiern. S. 93.

O — n.

LEVATOR ANGULI ORIS s. Musculus caninus s. maxillo-cantholabialis, der Hebemuskel des Mundwinkels, der Spitz- oder Hundszahnmuskel, entspringt dünn, aber breit, unter dem Foramen infraorbitale aus der Fossa maxillaris des Oberkiefers, geht fast senkrecht herab, wird dicker und schmäler, und befestigt sich an den Mundschliefser in der Gegend des Mundwinkels, indem seine Fasern zum Theil in den Niederzieher des Mundwinkels übergehen. Er zieht den Mundwinkel gegen das Auge hinauf, wodurch beim Lächeln die Wange etwas anschwillt. S — m.

LEVATOR ANI, der Afterheber. S. After.

LEVATOR LABII SUPERIORIS ALAEQUE NASI s. Musculus naso-pinno-labialis, der Aufhebemuskel der Oberlippe und des Nasenflügels, entspringt von der äufseren Fläche des Nasenfortsatzes des Oberkiefers, hängt daselbst oft mit dem Stirnmuskel zusammen, steigt seitlich an der Nase herab, wird breiter und heftet sich, gewöhnlich ohne merkliche Spaltung, theils an den Nasenflügel, theils an die

Oberlippe fest, indem seine Fasern sich zugleich mit denen des Kreismuskels des Mundes vermischen. Er zieht die Oberlippe und den Nasenflügel aufwärts, und bewirkt das sogenannte Nasenrümpfen. S—m.

LEVATOR LABII SUPERIORIS PROPRIUS s. Musculus orbito-maxillo-labialis, der eigene Aufzieher oder Aufheber der Oberlippe, entspringt über dem Foramen infraorbitale vom Unteraugenhöhlenrande, wird im Absteigen schmäler und dicker, und heftet sich zwischen dem Mundwinkel und dem Nasenflügel, theils an die Haut der Lippe fest, theils verlieren sich seine Fasern in den Kreismuskel des Mundes. Er zieht die Oberlippe schief gegen das Auge hinauf. S—m.

LEVATOR MENTI s. Musculus incisivo-mentalis, der Kinnheber oder Aufhebemuskel des Kinns, entspringt auf der äufseren Fläche des Unterkiefers, dicht unter der Zelle des Eckzahns, geht mit auseinanderweichendrn Fasern bogenförmig zu der Mitte des Kinns, vereinigt sich mit dem gleichnamigen von der anderen Seite in der Mittellinie, und geht in die Haut des Kinns über, welche er kräftig aufheben kann. S—m.

LEVATOR PALATI MOLLIS, s. veli palatini s. Musculus petro-salpingo-staphylinus, der Heber des weichen Gaumens, oder der Gaumenhebemuskel, entspringt schräg von der hinteren Seite der Eustachischen Trompete und dem angrenzenden Felsenbeine, wird fleischig, ist länglich rundlich, steigt nach unten und innen herab, wird platt, tritt in den weichen Gaumen, vereinigt sich daselbst mit dem von der anderen Seite und mit dem Gaumenschlundkopfmuskel, und ist zugleich befestigt an der Sehne des Gaumenspanners. Er hebt das Gaumensegel nach hinten und oben, und versperrt dadurch den Speisen und Getränken beim Hinunterschlucken den Weg in die Nase. S—m.

LEVATOR PALPEBRAE SUPERIORIS. S. Augenmuskeln.

LEVATOR SCAPULAE s. Musculus patientiae s. trachelo-scapularis, der Schulterheber, der Geduldmuskel, liegt seitwärts am Halse, ist länglich platt, entspringt mit drei oder vier Portionen von den Querfortsätzen der drei oder vier oberen Halswirbel, und heftet sich, nachdem im Absteigen diese Portionen zu einem Muskelbauch verbunden waren, an den oberen Winkel und den inneren Rand des Schulterblattes fest, was er aufhebt, wodurch das Achselzucken bewirkt wird. S—m.

LEVATORES COSTARUM, die Rippenheber, oder die Hebemuskeln der Rippen, von denen es zwölf kurze und drei oder vier lange giebt.

a) Die kurzen Rippenheber (Levat. cost. breves) entspringen für jede Rippe von dem Querfortsatze des nächst über ihr befindlichen Wirbels; folglich der erste vom Querfortsatze des untersten Halswirbels, der zweite vom Querfortsatze des ersten Brustwirbels u. s. w. Anfangs sind sie sehnig und schmäler, werden alsbald fleischig und breiter, steigen schief nach aufsen und unten herab, und heften sich, nach aufsen neben dem Rippenhöcker, an den oberen Rand jeder Rippe fest.

b) Die langen Rippenheber (Levat. cost. longi) liegen dicht an der äufseren Seite der kurzen, und kommen nur an den letzten oder falschen Rippen vor. Sie entspringen ebenfalls sehnig von den Spitzen der Querfortsätze der Brustwirbel, überschreiten im Absteigen eine Rippe, und setzen sich, nach aufsen neben den kurzen Rippenhebern, an den oberen Rand der nächstfolgenden Rippe fest. Wenn drei vorhanden sind, so entspringt der erste vom Querfortsatze des achten Brustwirbels, und heftet sich an die zehnte Rippe fest u. s. w.

Sie ziehen alle die Rippen in die Höhe, und wirken folglich beim Einathmen. S—m.

LEVISTICUM. Eine Pflanzengattung aus der natürlichen Familie der Umbelliferae *Juss.*, bei *Linné* in der Pentandria Digynia. Sie enthält nur eine Art:

L. officinale *Koch* (Ligusticum Levisticum *L.*, Angelica Lev. *Allioni*) Liebstöckel. Eine Gebirgspflanze des mittleren Europa, nicht selten bei uns in Gärten, besonders bei Bauern cultivirt. Die Wurzel ist dick, ästig, vielköpfig, aussen bräunlich gelb, innen weisslich, quer geringelt, mit vielen starken Wurzelfasern, von süfslich-aromatischem, etwas widrigem Geruch und Geschmack. Aus ihr erheben sich mehrere 4—7 Fufs hohe röhrige, kahle Stengel; die Blätte sind glänzend grün, die unteren doppelt gefiedert.

Dann folgen einfach gefiederte, dann fiederspaltige, endlich ganze; die Blättchen sind keilförmig, umgekehrt eiförmig, dreispaltig und eingeschnitten gezähnt. Die gelben Blumen bilden wenig gewölbte Dolden mit vielblättrigen, zurückgeschlagenen Hüllen; der Kelchrand ist undeutlich fünfzähnig, die Krone aus 5 gleichen, eingerollten Blättern bestehend; die Frucht ist länglich zusammengedrückt, mit 5 Rippen auf jeder Seite, von denen die seitlichen doppelt so breit sind als die mittleren; die Thälchen sind einstriemig, die Berührungsfläche hat 2—4 Striemen. Man gebraucht die im Frühjahre zu sammelnde, der Länge nach gespaltene oder in Stücke geschnittene Wurzel (Radix Levistici s. Ligustici s. Laserpitii germanici) als ein Mittel gegen vielerlei Krankheiten bei Menschen und Thieren; sonst auch das Kraut und die Früchte. Als Hausmittel steht diese Pflanze beim Landmann noch im Ansehn. Nach *Trommsdorff's* Analyse enthält sie 65 Procent auflösliche Theile: Schleimzucker, flüssiges Balsamharz, zwei andere Harze, aetherisches Oel (nach *Raybaud* nur 1 Pfd. aus 100 Pfd. frischer Wurzel), Eiweifs, Stärkemehl, färbenden Extractivstoff, Schleim und essigsaures Kali, so wie 35 Proc. Holzfaser. Die wirksamste Form ist danach die Tinctur, auch die Pulverform nicht unzweckmäfsig. v. Schl — l.

Mit grofsem Unrecht ist die von älteren Aerzten sehr gerühmte Radix Levistici jetzt nur wenig, fast gar nicht mehr im Gebrauch.

Innerlich in Form des Infusum angewendet (eine halbe Unze bis sechs Drachmen auf 6 Unzen Colatur gerechnet), wirkt sie belebend, gelind erregend, und insbesondere die Se- und Excretionen der Harnwerkzeuge und des Uterinsystems bethätigend, und wurde früher, namentlich bei Uterinleiden, zur Beförderung der Menstruation und bei Hysterie, so wie bei Wassersuchten als kräftiges Diureticum empfohlen. (*Hufeland's* Journ. d. pract. Heilk. Bd. XXII. St. 6. S. 20.; Bd. XXXIV. St. 5. S. 25.). Bei wassersüchtigen Leiden atonischer Art, welche Mittel fordern, die nicht blofs die Diuresis vermehren, sondern auch zugleich solche, durch welche belebend-erregend auf die gesammten Kräfte gewirkt werden soll, hat sich mir das Infus. Rad. Levistic. mit Spirit.

nitr. aether. oder ein Thee von Rad. Levistici und Baccis Juniperi sehr hülfreich erwiesen. O — n.

LEYER DES GEHIRNS. S. Encephalon.

LIBANOTIS. S. Rosmarinum.

LIBIDIBI. S. Caesalpinia.

LIBRA. S. Waage.

LICHEN. S. Herpes Bd. XVI. S. 373.

— APHTHOSUS. S. Peltigera.

— CANINUS. S. Peltigera.

— CARRAGEEN s. CARAGHEEN. S. Fucus Bd. XIII. pag. 2. dieser Encyclop. und vergl. Sphaerococcus.

LICHEN COCCIFERUS. S. Cenorrhyce.

— ISLANDICUS. S. Cetraria.

— PARIETINUS. S. Parmelia.

— PLICATUS. S. Usnea.

— PULMONARIUS. S. Sticta.

— ROCCELLA. S. Roccella.

— SAXATILIS. S. Parmelia.

LICHENES (plantae lichenosae, Algae aëreae, Flechten). Eine Pflanzengruppe aus der Abtheilung der Acotyledonen *Juss.* und eine Ordnung der Classe der Cryptogamia des Linnéischen Systems. Es sind nur aus Zellgewebe bestehende Gewächse mit einem lang ausdauernden, stark ausgebildeten, peripherisch weiter wachsenden, verschiedenartig gefärbten, bald mehr blattartigen und gelappten, bald strauchähnlich verästelten, bald schorfigen, trockenen, durch Aufnahme der Feuchtigkeit zähen, fast knorpeligen, aber nicht schleimigen Sprofstheil (Thallus), der unter seiner Oberfläche gewöhnlich eine grüngefärbte Zellenschicht trägt, und mit Verlängerungen seiner Unterseite theils auf todten, vegetabilischen, aber festeren, theils auf unorganischen Körpern aufsitzt. Die Fruchtbehälter (Apothecia) liegen auf dem Thallus, sind gewöhnlich rund, häufig anders gefärbt, knöpfchen-, oder näpfchen- und schüsselförmig, und enthalten die nur mikroskopisch sichtbaren Sporen oder Keimkörner von sehr mannigfaltiger Gestalt. Die Flechten nehmen eine eigene Region an der Grenze des Pflanzenwuchses ein; sie enthalten bittere, adstringirende Stoffe, eine ernährende, dem Stärkemehl verwandte Substanz, Farbstoffe und verschiedene Salze, unter denen die oxalsauren die bemerkens werthesten sind. Sie dienen den Menschen theils als Nahrungs-, theils als Heilmittel, liefern ihm Farbematerial, und geben, insofern gewisse Arten derselben auf exotischen, officinellen Rinden vorzukommen pflegen, auch ein Erkennungsmittel für diese ab. v. Schl — l.

LICHTSCHEU (Photophobia, Photophobophthalmia, Apprehension du jour) nennt man jenen Zustand der Augen, wo dieselben durch das Einfallen selbst mäfsiger Lichtstrahlen unangenehm afficirt werden, und sich gegen dasselbe daher durch Schliefsen der Augenlider und Aufsuchen der Dunkelheit zu schützen suchen. Bei geringerem Grade äufsert sich dieselbe durch häufiges Blinzeln mit den Augenlidern, Abwärtsneigen des Kopfes, und den sichtlichen Versuch, gleichsam durch Zurückziehen des Bulbus in die Orbita und Vorwölben der Augenbraunen, jenen zu beschatten. Hat das Uebel einen höheren Grad erreicht, so wird das Auge völlig geschlossen, die Augenlider werden krampfhaft zusammengeprefst (Blepharospasmus), und um auch der leichtesten Einwirkung des Lichtes zu entgehen, ziehen sich die Kranken in die dunkelsten Winkel zurück, und drücken die Augen gegen den Arm, auf ein Tuch u. dgl. Entzündungserscheinungen am Auge selbst sind hiermit in bald höherem, bald geringerem Grade verbunden, können jedoch häufig deshalb nicht erkannt werden, weil weder die Kranken von selbst das Auge zu eröffnen vermögen, noch der Arzt dies gewaltsam erreicht, indem, bei dergleichen Versuchen, der heftige tonische Krampf der Augenlider wohl ein Umklappen derselben (Ectropium spasticum) bewirkt, aber nicht das Voneinanderschieben beider gestattet.

Die Lichtscheu ist höchst selten ein idiopathisches, meistens ein symptomatisches Uebel; sie ist als ein unwillkührlicher, aber physiologischer Act zu betrachten, durch den das Auge sich gegen alle einwirkenden Schädlichkeiten zu schützen sucht, und erfolgt daher bei sehr grellem Sonnen- oder Kerzenlicht, beim plötzlichen Uebergang aus der Dunkelheit ins Helle, beim Eindringen fremder Körper, nach ermattenden Anstrengungen des Auges u. s. w. Ferner beobachtet man sie als concomitirende Erscheinung bei Congestionen nach dem Gehirne, bei drohender Apoplexie, bei Menstrualstörungen; als charakteristisches Symptom erscheint sie bei manchen Exanthemen, namentlich den Masern, desgleichen als Folgeübel beim Scharlach, vorzüglich aber bei Blennorrhoeen und Entzündungen des Auges. Bei letzteren indeſs hängt sie weniger von der Höhe derselben ab, indem es sehr bedeutende Ophthalmieen ohne Lichtscheu, und umgekehrt, geben kann, als vielmehr von der specifischen Natur derselben und von den dabei betheiligten Membranen des Auges. So sehen wir nur eine höchst mäſsige Lichtscheu bei catarrhalischen Affectionen des Auges, wo die Bindehaut der Sitz des Uebels und oft von angefüllten Gefäſsen ganz durchwebt ist; stärker finden wir sie schon bei der traumatischen, namentlich wenn tiefere Theile des Auges als die oberflächliche Bindehaut afficirt sind; ferner bei der rheumatischen und gichtischen, wo die Sclerotica besonders ergriffen ist, desgleichen bei der syphilitischen, wo die Iris sich hauptsächlich betheiligt zeigt; am stärksten endlich, und oft mit der Ophthalmie in gar keinem Verhältnisse, ist die Lichtscheu bei der scrophulösen Augenentzündung. Letztere mag bei mehr erethischer oder torpider Diathese vorkommen, in der Conjunctiva oder in der Cornea ihren Sitz haben, stets zeigt sich als hervorstechendes Symptom die Lichtscheu, und zwar nicht bloſs, wie bei anderen Ophthalmieen, als vorübergehende Erscheinung, sondern Wochen, Monate, selbst Vierteljahre lang andauernd. Diese, als Photophobia scrophulosa bekannte Form, die namentlich im kindlichen Alter, der eigentlichen Blüthezeit der Scropheln, so häufig sich vorfindet, gehört zu einem der lästigsten, und zugleich merkwürdigsten Phänomene der Scrophelkrankheit; höchst lästig, insofern hierdurch die Einsicht in den Zustand des Augapfels selbst, und die Anwendung der nöthigen topischen Mittel, um bedeutenderen Zerstörungen Einhalt zu thun, behindert wird; sehr merkwürdig, indem diese Lichtscheu häufig bei Abwesenheit aller Entzündungserscheinungen vorkommt, so daſs sie als rein krampfhaftes Symptom dasteht, während jedoch an keinem anderen Theile des Körpers gleichzeitig etwas anderes, auf Krampf hindeutendes zu bemerken ist. — Als rein nervöses Symptom, und zwar als einziges, am Auge bemerkbares Krankheitsphänomen, zeigt sich die Lichtscheu ferner bisweilen bei hohen Graden der Hysterie und Hypochondrie, als Vorbote der Wasserscheu, beim putriden

Typhus, beim Uebergang der Asiatischen Cholera in die typhöse Form u. s. w.

Nur selten ist die Lichtscheu zu allen Tageszeiten gleichmäfsig andauernd, sondern hat meistens ihre Remissionen und Exacerbationen, die wiederum, je nach dem verschiedenen Charakter des Grundleidens, namentlich der Entzündung oder Blennorrhoe des Auges, in eine verschiedene Tageszeit fallen. So pflegt die scrophulöse Lichtscheu am Abend nachzulassen, selbst im erleuchteten Zimmer, wogegen sie am Morgen in der Regel am heftigsten ist; die syphilitische hingegen erreicht gerade gegen Abend ihre gröfste Höhe, und noch später erst die rheumatische und gichtische.

Ihrem Wesen nach ist die Lichtscheu als eine krankhaft erregte Reflexbewegung, gewissermafsen als eine tetanische Affection der Augenlider, zu betrachten, indem der auf die nervenreichen Gebilde des inneren Auges einwirkende Lichtreiz durch Reflex auf die zu den Augenlidern gehenden motorischen Aeste eine spastische Affection derselben bewirkt. Nach Analogie des Tetanus, welcher ebenfalls entweder durch eine Irritation irgend einer beschränkten Stelle des peripherischen Nervensystems, namentlich in der Nähe tendinöser und nervenreicher Theile (Tetanus traumaticus), oder durch eine mehr allgemeine Einwirkung auf dasselbe (Tetanus rheumaticus) entstehen kann, scheint auch die Photophobie entweder aus einer beschränkten localen Ursache, wie z. B. den Entzündungsreizen, die in den tendinösen und sehr nervenreichen Gebilden des Auges (Sclerotica und Iris) ihren Sitz haben, oder aus mehr allgemeinen, wahrscheinlich in einer constitutionellen Nervenstimmung begründeten, z. B. eben bei scrophulöser Diathese, hervorzugehen. Diese Annahme gestattet auch eine Erklärung, weshalb die Lichtscheu sich verschieden verhält, je nach den verschiedenen afficirten Gebilden des Auges, und folglich wiederum je nach dem verschiedenen dyscratischen Charakter des Uebels, weshalb ferner sie mit oder ohne Entzündung auftreten kann, weshalb sie bald kurz und vorübergehend, bald anhaltend und langwierig ist u. s. w., was Alles, nach den gewöhnlichen Erklärungsweisen der Lichtscheu, aus einer Affection der Ciliarnerven, der Chorioidea, oder, nach der Ansicht französischer Aerzte, einer Entzündung der Retina, unerörtert bleibt.

In prognostischer Beziehung mufs die Lichtscheu allerdings stets zu den sehr ungünstigen Erscheinungen gezählt werden, indem nicht nur ihre Beseitigung häufig sehr schwer ist, sondern auch durch dieselbe der Augapfel selbst verdeckt wird, und daher ein tieferer Zerstörungsprocefs in demselben unbemerkt vor sich gehen kann; indefs steht die Gefahr nicht immer in gleichem Verhältnifs mit der Höhe der Lichtscheu. Namentlich gilt dieses von der scrophulösen, die wegen des erschreckenden Anblicks solcher Kranken, die ihre dichtverschlossenen Augen Wochen und Monate lang nicht öffnen, leicht grofse Besorgnisse veranlafst, während jedoch sehr hänfig nach dem Verschwinden derselben, oder bei momentaner Remission, sich das Auge völlig wohl erhalten, kaum einigermafsen geröthet zeigt.

Die Kur der Lichtscheu fällt natürlich mit der Kur der Grundkrankheit, von der sie ein Symptom ist, zusammen; während daher in den Fällen, wo sie Folge einer Ueberreizung ist, Schonung und Ruhe des Auges hinreicht, wird bei nervöser Schwäche dagegen ein excitirendes Verfahren, reizende Einreibung, Augendouche u. dgl. erforderlich, bei Hirncongestionen, Menstrualstörungen u. s. w. ableitende Blutentleerungen, bei Entzündungen und Blennorrhoeen des Auges die diesen entsprechenden Kurverfahren u. s. w. Jedoch hat man gegen die Photophobia scrophulosa, als die vorzüglich hartnäckige, und oft als einzige Erscheinung vom Erkranken des Auges dastehende, noch besondere, theils auf Theorieen begründete, theils empirisch aufgefundene Kurmethoden in Anwendung gesetzt, von denen indefs noch keine sich als wahrhaft specifisch wirksam dargethan hat.

Dafs auch bei der scrophulösen Lichtscheu, wie bei jeder anderen, die Beseitigung des Grundleidens die Hauptsache sei, darin stimmen Alle überein; in der Wahl der hierzu geeigneten Mittel indefs herrscht dieselbe Meinungsverschiedenheit wie bei der Kur der Scropheln (S. d. Art.) überhaupt. Dafs die diätetische Pflege hierbei mit eine Hauptrolle spiele, lehrt die Erfahrung, die man täglich zu machen Gelegenheit hat, dafs die widerwärtigsten und schwierigsten Formen der Lichtscheu gerade bei der ärmeren Volksclasse vorkommen, deren Wohnung dunkel, feucht, und von schädlichen Ausdünstungen erfüllt ist, und deren Nahrung in unzweckmäfsigen, schwer verdaulichen, den Magen belästigenden Gegenständen besteht. Deshalb ist man auch schon völlig von der früheren Ansicht zurückgekommen, dergleichen Lichtscheue, ihrer Neigung gemäfs, ängstlich vor jeden Lichtstrahl zu schützen, die Augen zu verbinden oder zu verhängen, das Zimmer möglichst zu verdunkeln; im Gegentheil hat es sich als heilsam bestätigt, auf solche Individuen gerade das Licht, freilich mit Vorsicht und nur allmälig, einwirken zu lassen, und obgleich sie sich Anfangs gewaltig dagegen sträuben, und oft laut über Schmerzen schreien, so verliert sich doch dieses bald, und die erwärmenden und belebenden Sonnenstrahlen, nebst freier Bewegung in heiterer Luft, üben oft schnell einen wunderbaren Einflufs aus. Nächstdem ist, wie für Scrophelkranke überhaupt, für eine sorgfältig gewählte, dem jedesmaligen Digestions- und allgemeinen Körperzustande angemessene Nahrung zu sorgen, und noch ganz besonders der Hautcultur strenge Sorgfalt zuzuwenden. Lauwarme Bäder, mit Zusätzen von stärker alkalischen Seifen, von Seesalz, später von aromatischen Kräutern, sind wichtige Unterstützungsmittel zur Beseitigung dieses Uebels; sie regen die Hautthätigkeit stärker an, und scheinen auf dieselbe Weise im Grofsen ableitend zu wirken, wie die sogleich anzuführenden Hautreize es örtlich thun.

Unter den gegen die Scropheln überhaupt gerühmten Mitteln, haben einige gegen die aus dieser Dyscrasie entspringende Lichtscheu einen besonderen Ruf erlangt, namentlich die zur Classe der Narcotica gehörenden. Unter diesen ist es besonders das Conium, das specifisch auf die Ciliarnerven wirken soll, und dessen in aufsteigender Dosis fortgesetzter Gebrauch allerdings oft zu sehr günstigen Resultaten führt. ***Dzondi*** (***Rust's*** Magazin der ges. Heilkunde. Bd. VI. H. 1. S. 24.) bediente sich mit vielem Erfolge des Extr. Conii, und zwar in der ungeheuren Gabe von täglich 2 Drachmen; desgleichen bildet das Schierlingskraut einen sehr wichtigen Bestandtheil der Plummer'schen Pulver. Weniger zuträglich sind solche Narcotica, die, wie Belladonna und Hyoscyamus, selbst innerlich genommen, auf die Pupille einwirken, da ein sehr erweiterter Zustand derselben allein schon hinreicht, Lichtscheu zu erregen; glaubt man daher in einem solchen Falle ein Antispasmodicum innerlich geben zu müssen, so wird ein metallisches den Vorzug verdienen, so das Zinc. oxydat., das *Benedict* (Handb. d. pract. Augenheilk. Bd. II. S. 199.) täglich 1—2 Mal zu $\frac{1}{4}$—$\frac{1}{2}$ Gr. gereicht, als sehr wirksam erkannt. — Auch die Baryta muriatica sollte gegen die scrophulöse Lichtscheu sehr vortheilhaft wirken, und die v. Ammon'sche Mischung, aus 1 Unz. Tinct. Chinae, und 1 Drach. Baryt. muriat., Früh und Abends zu 10 bis 20 Tropfen gereicht, wurde neulich von *Schneider* (*Hufeland's* Journal 1837. St. 3.) als das nützlichste Mittel gegen scrophulöse Lichtscheue und scrophulöse Gesichtsausschläge gerühmt. Auch das Rhus toxicodendron hat Lobredner gefunden.

Zu den sehr wirksamen Mitteln gehören ferner die derivatorischen, sowohl die auf den Darmcanal, als die auf die äufsere Körperoberfläche wirkenden. Als Purganzen bedient man sich am häufigsten des Calomel, namentlich in Verbindung mit der Jalappenwurzel, und nach *Schwarz* (*v. Gräfe's* und *v. Walther's* Journal Bd. VI. H. 2. S. 290.) bei arzneischeuen Kindern das Ol. Croton, 1 Tropfen auf 10 Gr. Zucker, und davon $\frac{1}{8}$—$\frac{1}{4}$ Theil im Caffee, Milch, Wasser u. dgl. beigebracht. Unter den Hautreizen ist es namentlich die Brechweinsteinsalbe, welche nach dem einstimmigen Urtheile vieler bewährten Aerzte, und wie wohl ein Jeder sich zu überzeugen Gelegenheit hatte, oft ein sofortige Besserung erzeugt, deren inniger Zusammenhang mit dem gebrauchten Mittel daraus hervorgeht, dafs bei ungenügend langer Anwendung desselben das Uebel sogleich wieder eintritt. Damit die Salbe recht kräftig und schnell einwirke, wird sie aus gleichen Theilen Brechweinstein und Fett bereitet, davon eine Quantität, ungefähr in der Gröfse einer Bohne, in den Raum zwischen beiden Schulterblättern eingerieben, und dies mehrere Tage lang früh und Abends fortgesetzt, bis sich eine Eruption von kleinen Pusteln zeigt; nun wird die Einreibung ausgesetzt, aber sogleich wieder begonnen, sobald der Ausschlag abgetrocknet ist, und damit so lange fortgefahren, bis das Auge sich völlig frei von Lichtscheu zeigt. — Auch derivatorische Blutentziehungen durch Blutegel hinter den Ohren sind in Anwendung gezogen worden;

den; indefs schienen diese gerade bei der scrophulösen Lichtscheu, falls keine übermäfsige Blutüberfüllung des Auges Statt findet, nicht sehr zuträglich.

Oertliche Mittel auf's Auge selbst sind bei den höheren Graden des Uebels kaum anwendbar, und können höchstens nur auf die Augenlider oder die Umgegend des Auges applicirt werden, zu welchem Behufe auch mancherlei Collyrien und Salben angerathen sind. Eins der gebräuchlichsten Mittel ist der von *Conradi* empfohlene Sublimat in wässriger Solution, mit oder ohne Zusatz von Opiumtinctur, als Foment gebraucht. In gleicher Form bedient man sich des Borax, zu 1—2 Drachm. in 6 Unz. Wasser gelöst, mit Zusatz von Aq. Lauroceras. u. Tinct. Opii. — Nach *Kopp's* Empfehlung (Allgem. mediz. Annalen des 19. Jahrhunderts, 1822., Mai) wurde die Tinct. Galbani in Gebrauch gezogen, und zwar sowohl mittelst eines Malerpinsels zwischen die Augenlider eingestrichen, als auch mittelst Compressen über die Lider gelegt; indefs sprachen sich nur wenig Stimmen zu ihrem Vortheile aus. — Nach *Koch's* Erfahrung (*v. Ammon's* Zeitschrift f. Ophthalmologie. 1835. Bd. IV. S. 182.) ist ein Augenwasser mit blausaurem Zinkoxyd fast specifisch gegen diese Krankheitsform, indem er keinen Fall von Lichtscheu beobachtete, der nicht hierdurch in 8 Tagen gänzlich beseitigt war. Er verordnet das Mittel in folgender Weise: Rec. Zinci cyanic. 8 Gr. bis 1 Scrup., Laudani liq. Sydenh. 1 Scrup., Gummi arabic. 3 Drachm., Aq. Lauroceras. ½ Unz., Aq. Cerasor. nigr. 3 Unz. MDS. Augenwasser, womit eine kleine Compresse zu befeuchten und alle Stunde den Verband zu erneuern.

Auch die Narcotica in Salbenform, rings um das Auge eingerieben, wurden öfters mit Erfolg angewendet, wenn das Uebel rein nervöser Natur war. So sah *v. Graefe* (dessen Journal Bd. XIII. S. 9.) bei einer in Folge rheumatischer Augenentzündung entstandenen und bereits 18 Monate ununterbrochen andauernden, heftigen Lichtscheu, Heilung durch täglich zweimaliges Einreiben von Ungt. merc. mit Opium in die Augengegend, bei gleichzeitigem innerlichen Gebrauch von 1 Gr. Rad. Belladonnae und einem Setaceum im Nacken. — Desgleichen empfiehlt *Wutzer* (Bericht üb. d. med.-chir. Klinik zu Münster. Münster 1830. S. 32.) eine Salbe aus

12 Gr. bis 1 Scrup. Extr. Hyoscyam. und 2 Drach. Butyr. rec. insuls., von der er täglich 3 Mal eine starke Erbse grofs in die Gegend des For. supraorbit. und in die äufsere Seite des oberen Augenlides einreiben läfst, und hält dieselbe vorzüglich dann indicirt, wenn bei geringem Grade von Entzündung des Auges die Lichtscheu unverhältnifsmäfsig beträchtlich ist, und ihr Ursprung daher offenbar in einem Nervenleiden zu suchen ist. — In einem solchen Falle wandte *Gescheidt* (*v. Ammon's* Zeitschrift 1833. Bd. III. S. 300.), das Strychnin endermatisch an, indem er über jeden Arcus supraorbit. ein kleines Vesicator legen liefs, und in die dadurch erzeugten Wundstellen $\frac{1}{8}$ Gr. des essigsauren Strychnins einstreute, und, als nach viermaligem Einstreuen keine Wirkung erfolgte, damit zu $\frac{1}{4}$ bis $\frac{1}{2}$ und $\frac{3}{4}$ Gr. stieg. Nachdem im Ganzen $5\frac{1}{2}$ Gr. verbraucht waren, zeigte sich die allgemeine Reaktion in dem Eintritt einer leichten Narcose, nach deren Beseitigung aber eine so auffallende Besserung erfolgte, dafs in einigen Tagen das sehr inveterirte Uebel völlig beseitigt war. — Kaum ausführbar, und der Nachahmung wenig werth, scheint der Vorschlag von *Velch* (*v. Gräfe's* und *v. Walther's* Journal. 1822. Bd. III.), das salpetersaure Silber in Substanz auf's Auge anzuwenden, obgleich er versichert, dafs hierdurch der höchste Grad krankhafter Lichtempfindlichkeit entfernt, und augenblicklich das Auge beruhigt werde; eher noch liefse sich dieses Mittel als Solution, die ebenfalls von jenem Autor als kräftiges Sedativmittel empfohlen wird, versuchen.

Literatur:

Aufser den bekannten Schriften über Augenheilkunde, und den im vorstehenden Aufsatze angeführten Citaten, besonders noch: *Schwarz*, über die scrophulöse Augenentzündung der Kinder; in *v. Gräfe's* und *v. Walther's* Journal. 1824. Bd. VI. S. 288. — *Salomon*, über Photophobia scrophulosa; in *v. Ammon's* Zeitschrift für die Ophthalmologie. 1832. Bd. II. S. 329. — *Heidenreich*, über Lichtscheu und Augenliderkrampf, und eine sichere Behandlungsweise derselben; in derselben Zeitschrift. 1833. Bd. III. S. 194. — *Gescheidt*, Beiträge zur Casuistik der skrophulös. Augenentzündung; ebendas. Bd. III. S. 290.

Ho — n.

LIEBENSTEIN. Die Mineralquelle zu Liebenstein entspringt 937 Fufs über dem Meere, am südlichen Abhange des Inselsberges, des Königs des Thüringerwaldgebirges, zwei Meilen von Meiningen entfernt, in einer sehr romantischen Gegend, deren Umgebungen sehr malerische Puncte darbieten; — die Berge der Umgegend von Liebenstein führen Granit, Glimmerschiefer, Porphyr, Sandstein, Mergelschiefer, Gyps, Kalk und Basalt. Von Seiten der Regierung ist viel für die zweckmäfsige Benutzung dieses sehr starken, erdig-salinischen Eisenwassers, wie für den angenehmen Aufenthalt der Badegäste geschehen; auch wurde die, eine halbe Stunde entfernte, 1795 entdeckte, merkwürdige Kalksteinhöhle durch die Fürsorge des verstorbenen Herzogs *Georg* von Sachsen-Meiningen zugänglich gemacht.

Das Mineralwasser ist klar, farblos, von einem angenehmen, salzig-prickelnden, zusammenziehenden Geschmack, perlt stark, und hat die Temperatur von 7,5° R. bei 11,5° R. der Atmosphäre. Analysirt wurde es von *Hoffmann*, *Göttling* und *Trommsdorff*, und enthält in sechszehn Unzen:

	n. *Hoffmann*:	n. *Trommsdorff*:
Chlorcalcium	1,20 Gr.	1,111 Gr.
Chlortalcium	0,80 —	3,060 —
Chlornatrium	1,80 —	2,300 —
Schwefelsaure Kalkerde	0,60 —	0,500 —
Schwefelsaures Natron	2,00 —	1,600 —
Kohlensaure Kalkerde	4,60 —	3,923 —
Kohlensaures Eisenoxydul	1,80 —	2,000 —
	12,80 Gr.	14,494 Gr.
Kohlensaures Gas		26,00 K.-Z.

Von Wichtigkeit für die Benutzung der Heilquelle von Liebenstein, die meist äufserlich in Form von Wasserbädern oder als Douche in Gebrauch gezogen wird, ist die Nähe der Soolquelle von Salzungen, deren Wasser in wohlverschlossenen Gefäfsen nach Liebenstein gebracht, und allein, oder in Verbindung mit der Eisenquelle zu Liebenstein, benutzt werden kann.

Wegen seines reichen Eisengehaltes ist das Mineralwasser zu Liebenstein getrunken weniger leicht zu vertragen als schwächere Eisenwasser, wirkt erhitzend auf das Gefäfssystem, auf das Muskel- und Nervensystem, die Schleimhäute und das Uterinsystem, sehr reizend, zusammenziehend, stärkend; — und ist daher in allen den Fällen zu empfehlen, in welchen eine allgemeine torpide Schwäche, laxe Faser, phlegmatisches Temperament, Erschlaffung der Schleimhäute und Neigung zu profusen Absonderungen vorwalten. Die Krankheiten, gegen welche es sich namentlich besonders hülfreich erwiesen hat, sind: passive Blut- und Schleimflüsse, — chronische Krankheiten des Nervensystems, — allgemeine Nervenschwäche, Lähmungen, — atonische Gicht, chronische Rheumatismen, durch Schwäche bedingt, — chronische Krankheiten des Uterinsystems, Fluor albus, Haemorrhagia uteri, Bleichsucht.

Literat.: Die Mineralquelle zu Liebenstein; ein historisch-topographischer und heilkundiger Versuch. Von Dr. *J. H. G. Schlegel.* Meiningen 1827. — *E. Osann*, phys.-med. Darstellung der vorzügl. Heilq. Europa's. Th. II. S. 743. O—n.

LIEBENZELLER BAD. Dasselbe liegt im Schwarzwalder Kreise des Königreichs Würtemberg, neun Stunden von Stuttgart, drei von Wildbad, drei von Teinach, dicht bei dem Städtchen Liebenzell, in dem anmuthigen Thale der Nagold, 995 F. über dem Meere. Die hier befindlichen zwei Quellen, deren jede für eine besondere Badeanstalt (das obere und untere Bad) benutzt wird, entspringen aus buntem Sandstein, der jedoch nur den etwas tiefer gelegenen Granit bedeckt; das Wasser ist durchsichtig, farb- und geruchlos, perlt nicht, aber aus der Quelle steigen Luftblasen auf. Die Temperatur der unteren Quelle ist 19,7° R., die der oberen 18° R., und beide enthalten nach *Sigwart* in sechszehn Unzen:

Chlornatrium	3,609 Gr.
Kohlensaures Natron	0,361 —
Schwefelsaures Natron	0,230 —
Kohlensaure Kalkerde	0,400 —
Kieselerde	0,114 —
Talkerde	Spuren
Eisen	Spuren
Stickstoffhalt. verkohlbaren Stoff	Spuren
	4,714 Gr.

Rampold giebt in seiner Beschreibung der Bäder Würtembergs (*v. Gräfe* und *Kalisch* Jahrb. 1838. S. 33.) ohne weitere Angabe folgende Analyse:

Sechszehn Unzen beider Quellen enthalten:

Chlornatrium, mit einer Spur von Chlormagnium	5,14 Gr.
Kohlensaures Natron	0,80 —
Schwefelsaures Natron	0,61 —
Kohlensauren Kalk	0,10 —
Eisenoxyd	0,10 —
Kieselerde	0,41 —
	7,16 Gr.

100 Theile von dem aus dem Wasser des unteren Bades aufsteigenden Gase enthalten:

Kohlensaures Gas	51,58
Stickgas	43,17
Sauerstoffgas	5,25

Das Thermalwasser zu Liebenzell, welches arm an festen und flüchtigen Bestandtheilen, mit dem des nur wenige Stunden entfernten Wildbades viel Aehnlichkeit, vielleicht auch einen gemeinsamen Ursprung hat und sich nur durch seine niedere Temperatur und seine tiefere Lage (das Wildbad entspringt 1330 F. über dem Meere) von demselben unterscheidet, wird vorzugsweise als Bad angewendet, und besonders gerühmt gegen Hypochondrie und Hysterie, Neuralgieen, Krämpfe, Lähmungen der Glieder; Anlage zur Phthisis, Unterleibsleiden, Gicht und Rheumatismus; Krankheiten des Uterinsystems, vorzüglich Unfruchtbarkeit; chronische Exantheme.

Literat.: *E. Osann*, phys.-med. Darstellung der vorzügl. Heilquellen Europa's. Bd. II. S. 585. — *G. C. L. Sigwart's* Uebersicht der im Königreich Würtemberg und in der angrenzenden Gegend befindlichen Mineralwasser. 1837. S. 4. — *Osann*, in *Hufeland's* Journ. d. pract. Heilk. Bd. LXXXV. St. 2. S. 107. — *Rampold*, in *v. Gräfe* und *Kalisch* Jahrb. f. Deutschlands Heilq. u. Seebäder. Jahrg. III. 1838. S. 33—37. O—n.

LIEBERKÜHNSCHE DRÜSEN. S. Darm.

LIEBESAPFEL. S. SOLANUM.

LIEBSTÖCKEL. S. Levisticum.

LIEBWERDA. Die Mineralquellen zu Liebwerda, im Bunzlauer Kreise des Königreichs Böhmen, entspringen unweit der Grenze von Schlesien, anderthalb Stunden von der Stadt und dem durch *Wallenstein* denkwürdigen Schlofs Friedland, sind schon seit 1600 bekannt, und mit den nöthigen Einrichtungen zu ihrer Benutzung ausgestattet.

Man unterscheidet: 1) die Trinkquelle von 8° R. und

1,0009 spec. Gewicht; 2) die Josephinenquelle von 9° R. und 1,0018 spec. Gew.; 3) den Stahlbrunnen von 9° R. und 1,0027 spec. Gew., und 4) den Wilhelmsbrunnen von 9° R. und 1,0018 spec. Gew.; — die beiden ersteren gehören zur Classe der alkalisch-erdigen, die beiden letzteren zu der der eisenhaltigen Säuerlinge.

Sechszehn Unzen des stark perlenden, säuerlich angenehm schmeckenden Mineralwassers enthalten nach *Reuſs:*

	1) d. Trinkbr.:	2) d. Josephinenq.:
Chlornatrium	0,02667 Gr.	0,06667 Gr.
Schwefelsaures Natron	0,06667 —	0,11111 —
Kohlensaures Natron	0,13333 —	0,46667 —
Schwefelsaure Kalkerde	0,15333 —	0,43333 —
Kohlensaure Kalkerde	0,06667 —	0,48889 —
Kohlensaure Talkerde	0,21333 —	1,51111 —
Kohlensaur. Eisenoxydul	Spuren	0,32222 —
Kieselerde	0,05333 —	0,08889 —
	0,71333 Gr.	3,48889 Gr.
Kohlensaures Gas	23,040 K.-Z.	

	3) d. Stahlbr.:	4) d. Wilhelmsq.:
Chlornatrium	0,04444 Gr.	0,04444 Gr.
Schwefelsaures Natron	0,10000 —	0,06667 —
Kohlensaures Natron	0,66667 —	0,52222 —
Schwefelsaure Kalkerde	0,57778 —	0,45556 —
Kohlensaure Kalkerde	0,55556 —	0,51111 —
Kohlensaure Talkerde	2,26667 —	0,73333 —
Kohlensaur. Eisenoxydul	0,73333 —	0,55556 —
Kieselerde	0,07778 —	0,12222 —
	5,02222 Gr.	3,01111 Gr.
Kohlensaures Gas	21,333 K.-Z.	17,689 K.-Z.

Das als Getränk, und äuſserlich als Wasserbad und Douche benutzte Mineralwasser wirkt belebend, erregend, gelind stärkend, specifik auf die Urinwerkzeuge und das Uterinsystem, — und wird empfohlen bei Schwäche des Magens und Darmcanals, Neigung zu Säure; chronischen Krankheiten der Urin- und Geschlechtswerkzeuge, — Bleichsucht, Anomalieen der Menstruation, Gries- und Steinbeschwerden; gichtischen und rheumatischen, durch Schwäche bedingten Affectionen.

Literat.: *E. Osann's* phys.-med. Darstellung der vorzügl. Heilquellen Europa's. Th. II. S. 105. — *L. Fleckles*, der ärztliche Wegweiser nach den vorzüglichsten Heilquellen und Gesundbrunnen des Oesterreichischen Kaiserstaates. Wien 1834. S. 228. — *K. Chr. Hille*, die Heilquellen Deutschlands und der Schweiz. Leipzig 1837. Th. I. Hft. 2. S. 165. O — n.

LIEN. S. Milz.

LIENALIS ARTERIA. } S. Coeliaca.
LIENALIS VENA. }

LIENTERIA. Der Name der Krankheit kommt von λεῖον glatt, und ἔντερον Eingeweide. *Celsus* übersetzt dies in laevitas intestinorum.

Die Pathologen haben verschiedene Krankheitsformen so benannt. *Celsus* namentlich nennt so die Art von Durchfall, bei der gleich nach dem Genufs von Speisen auch Ausleerungen folgen. Andere, besonders *Richter*, nennen so den habituellen Durchfall, bei dem die genossenen Nahrungsmittel wenig oder gar nicht durch die Verdauung verändert, durch den Stuhlgang ausgeleert werden. Wieder Andere bezeichnen mit diesem Namen den Durchfall, der auf Veranlassung von irgend einem Genufs entsteht, und in einer schwarzen, wenig stinkenden, flüssigen Masse unveränderte Reste des Genossenen enthält; nicht des so eben, sondern des vor einigen Stunden Genossenen.

Danach ist Ursache, Prognose und Therapie der Krankheit äufserst verschieden. Wenn der Genufs von Speisen, selbst von Getränken, sofort zu Ausleerungen reizt, so beweist dies grofse Reizbarkeit der Peritonäalfläche des Grimmdarms, der durch die Ausdehnung des ihn berührenden Magens sofort zu beschleunigter Bewegung bestimmt wird, während die Gerinnung des Speisebreies im Blinddarm schon früher aufgehoben ist. Gewöhnlich hebt sich das von selbst; im Fall längeren Andauerns hebt dies Uebel Alles, was bei Diarrhoeen aus Erkältung überhaupt angezeigt ist.

Die Lienterie, wie sie *Richter* beschreibt, ist eine seltene Krankheit, bei welcher nach dem Genufs von Speisen und Getränken Uebelkeit, Magendrücken, Poltern im Unterleibe und Abgang des Genossenen Statt findet, womit bisweilen Mangel an Efslust oder grofse Gefräfsigkeit verbunden ist. Männer von reiferem Alter seien, wie er sagt, dazu mehr als andere disponirt, und zuweilen intermittire das Uebel. Sehr richtig leitet *Richter* dasselbe von erhöhter Empfindlichkeit des Darmcanals her, und empfiehlt eine Behandlung, die darauf abzweckt, diese zu mindern. Wenn nicht Desorganisationen im Unterleibe das Uebel unterhalten, ist es ohne Zweifel leicht heilbar.

Ganz anders verhält es sich mit der als dritte Form der Lienterie beschriebenen Krankheit, der gefährlichsten Feindin kriegführender Heere, die beinahe immer tödtlich ist, und viel mehr Opfer kostet, als jede andere Krankheit der Soldaten. Sie kommt selten anders als bei Menschen vor, die Tag und Nacht im Freien leben, die selten oder nie warme Speisen geniefsen, und keine gewisse Regel in der Zeit ihrer Mahlzeiten und ihres Schlafs befolgen; daher ist sie im Verhältnifs zur Zahl bei Offizieren, und selbst bei deren Dienern, weit seltener als beim gemeinen Soldaten, doch nur im Kriege und beim öfteren Bivouacquiren. Sehr selten sieht man sie auch bei anderen Menschen, die auf ähnliche Weise leben wie der Soldat im Felde. So gemein die Krankheit bei diesem ist, so beweist sie sich doch nie ansteckend.

Bei weitem am häufigsten ist sie eine Nachkrankheit der Dysenterie, besonders der entzündlichen. Alsdann pflegt zwar nach dem Nachlafs dieser eine Pause einzutreten, in welcher sich der Kranke etwas erholt hat, allein Oedem der Füfse, grofse Schwäche der Digestion, periodische Kolikschmerzen bleiben übrig, und der Abgang ist, wenn auch selten, doch dünnflüssig. Nach und nach scheint der Magen sich zu erholen; die Kranken haben Efslust, die sie bis zum Tode nicht verläfst, ja sogar lebhafter zu werden scheint. Allein sie bleiben bleich, abgemagert; besonders verfällt der Unterleib, der zuletzt ganz eingezogen wird, so dafs man das Rückgrath durchfühlen kann. Längere Zeit vor dem Tode steht der Sphincter ani beständig offen, und alle Augenblicke fliefst eine kleine Quantität schwarzer, liquider, wenig stinkender Masse hervor, in welcher sich deutliche Reste des Genossenen unterscheiden lassen, die, obgleich verdauungsfähig, unverändert abgehen. (Denn eine Menge von Dingen, die der Mensch geniefst, geht auch im gesundesten Zustande unverändert ab, als z. B. alles vegetabilische Zellgewebe, thierische Häute, Knorpel u. dgl.) Die Augen solcher Kranken stehen weit offen, und sind mit schwarzen Ringen umzogen; das Gesicht ist furchtbar bleich und verfallen, die reine Zunge blaulich und trocken; die Haut kühl, trocken; die Kranken zeigen einen auffallenden Grad von Gleichgültigkeit gegen Alles, liegen den ganzen Tag ohne sich zu rühren, und haben für nichts Sinn als für's Essen. So dauert die Scene manchmal Monate lang, mit immer zunehmender Verschlimmerung; doch zuweilen endet sie schon nach zehn, zwölf Tagen.

Viele verfallen in diesen Zustand, ohne dafs man dysenterische Erscheinungen an ihnen vorher bemerkt hätte; es entsteht erst Durchfall, mit geringen Kolikschmerzen, der bald gestillt wird, bald wiederkommt. Endlich wird er habituell, und geht in die eben beschriebenen Erscheinungen über.

Andere haben bei solchen Kranken grofsen Durst beobachtet; wenigstens mufs er nur selten vorkommen; denn bei den kranken Soldaten hat man wohl Frefsbegierde, doch selten Durst bemerkt.

Der Sectionsbefund zeigt den Darmcanal in verschiedenen Graden von Metamorphose. Wo sie ihre höchste Vollendung erreicht hat, findet man den Magen bleich, ausgedehnt, die Dünndärme fast ganz normal, die dicken Därme aber in einen weifsen, faltenlosen, engen Schlauch verwandelt, dessen Wände so dick sind als Hirschleder, nur viel lichter von Farbe.

Nothwendig müssen Magen und Dünndärme bei dieser Krankheit eben so wohl afficirt sein, als die Dickdärme, da die Verwandlung der Nahrungsmittel in Chymus nicht erfolgt, die doch in ihnen vorgehen soll. Da aber die Obduction in denselben keine Entzündungsspuren nachweist, so mufs wenigstens widernatürlich erhöhte Reizbarkeit in denselben Statt finden, woraus sich der Heifshunger der Kranken und die grofse Beschleunigung der peristaltischen Bewegung erklärt, die das Genossene zu schnell nach den Dickdärmen hin bewegt, als dafs es zur Verwandlung Zeit hätte. Diese erhöhte Reizbarkeit kann aber nicht Statt finden, ohne dafs die Gefäfs- und Nervenfläche der Schleimhaut der Dünndärme sich über das Lymphgefäfsnetz erhebt, wodurch die Resorption auf ein Minimum reducirt wird. Die grofse Abmagerung erklärt sich hieraus.

Der Hauptsitz der Krankheit ist aber in den Dickdärmen, wie die Obduction der an derselben Verstorbenen zur Genüge beweist. Die nächste Ursache jenes Durchfalls kann notorisch keine andere sein, als dafs im Coecum die Gerinnung des Speisebreis nicht vorgeht, welche diesen in Excrement verwandelt. Die Physiologie hat uns noch nicht strenge Rechenschaft über die Mittel gegeben, durch welche diese Gerinnung bewirkt wird; wir wissen wenig mehr, als dafs sie dort geschieht. Wenn sie aber auch jene bis jetzt vermifste Rechenschaft ablegte, so wäre dadurch unsere Kenntnifs ihrer Hindernisse doch nicht vollständig. Unstreitig ist im Blinddarm eine eigenthümliche Secretion, deren Product diese Gerinnung bewirkt; weicht die Thätigkeit der Schleimhaut der Därme im Ganzen von ihrer Norm ab, so wird auch jene Secretion abnorm. Bei einem Zustande der Darmschleimhaut, welcher dem catarrhalischen der Schleimhaut der Nasen- oder Mundhöhle analog ist, mufs folglich Diarrhoe entstehen, nicht ohne Schmerzen; denn das Nervennetz der Schleimhaut wird zugleich mit dem Gefäfsnetz krankhaft afficirt. Geht der erethische Zustand, der dem Catarrh zum Grunde liegt, in den Entzündungsgrad über, welcher dem der Bronchialmembran in der galloppirenden Schwindsucht, der Membran der Harnröhre im entzündlichen Tripper analog ist, so vermischt sich der Speisebrei reichlich mit dem krankhaften Secretum, und der Schmerz erreicht einen viel höheren Grad. Dieser wird aber noch durch den Antheil modificirt, welchen die Muskelhaut der Dickdärme an der Krankheit der Schleimhaut nimmt. Bei der Ruhr ist diese der wahre Sitz der Krankheit, und sie ist es auch, welche wir zugleich mit der Schleimhaut bei der Lienterie am auffallendsten degenerirt sehen. Der Darm wird eng, verliert seine Falten, die daher entstehen, dafs der Peritonäalüberzug kürzer ist, als die Muskelhaut, bei deren Verkürzung sie also wegfallen müssen. Beide Membranen zugleich verwandeln sich in eine filamentöse, weifse, lederartige Substanz, wodurch Secretions- und Resorptionsfähigkeit natürlich so gut als völlig verloren geht. Merkwürdig ist dabei der dem Blödsinn nahe, höchst gleichgültige Zustand, in den die Kranken verfallen; er beweist eben so, wie die allgemeine Abmagerung, dafs die Dünndärme an der Krankheit der Dickdärme starken Antheil nehmen. Denn dafs Delirium jedesmal eintritt, wenn die Dünndärme erkranken, und die Modification des Deliriums gänzlich von der Art des Erkrankens der Dünndärme abhängt, darf ich als entschiedene Gewifsheit voraussetzen.

Die Frage verdient Erwähnung, ob die grofse Metamorphose der Dickdärme Entzündung derselben voraussetzt, oder ob sie auch ohne Entzündung zu Stande kommen kann.

Gingen der Lienterie allemal Schmerzen mit Tenesmus, blutige Secretion voraus, wie in den meisten Fällen wirklich geschieht, so wäre entschieden, dafs diese Metamorphose der Dickdärme nur auf entzündlichem Wege zu Stande komme. Allein die Krankheit beginnt auch oft als schmerzloser Durchfall, und die Metamorphose geschieht allmälig, wenn die Entzündung vorüber ist. Wir sehen sie bald mehr bald weniger ausgebildet, je nachdem die Kranken früher oder später der Krankheit unterliegen. Es ist nichts gewisser und bekannter, als dafs Metamorphosen, vorzüglich membranöser Theile, wenn auch durch Entzündung zuerst angeregt, sich ohne alle Entzündung fortbilden, und besonders die entzündliche Form, welche man chronische nennt, am meisten und häufigsten dergleichen Metamorphosen veranlafst. Diese kann aber sehr unmerklich beginnen, und bereits die organischen Formen bedeutend verändert haben, ehe die Störung der Functionen auffällt. Tausende von Beispielen aus der pathologischen Anatomie belegen diese Wahrheit.

Die Gelegenheitsursache dieser Lienterie ist höchst offenbar, da sie fast ausschliefslich bei Soldaten im Felde, oder bei eben so wie diese ohne Obdach und ohne geordnete Nahrung lebenden Menschen vorkommt. Ob sie in südlichen Ländern eben so häufig die Heere begleitet, als in nördlichen, mufs ich bezweifeln; in Oberitalien und Ungarn zwar ist es der Fall, aber schon die Aerzte, die den Feldzügen in Spanien beigewohnt haben, versichern, dafs dort die Krankheit weder so häufig noch so mörderisch gewesen sei, als im Norden von Europa, und die in Aegypten und Syrien kriegführenden Heere litten an ganz anderen Plagen als an dieser. Der Nordländer ist an warme Speisen und Getränke gewöhnt; sie sind auch in kälterem Clima weit gröfseres Bedürfnifs als im südlichen Lande. Der Soldat mufs sie oft entbehren; wenn er sie aber haben kann, geniefst er sie im Uebermafs. Sehr oft begnügt er sich mit rohen Speisen, Rüben, unreifen Früchten. Erhitzung und Erkältung, völlig ungeregelte Lebensweise thun das übrige. So kommt es, dafs die Krankheit zu allen Jahreszeiten entsteht, im Sommer und Herbst nur häufiger als im Winter und Frühjahr, doch fehlt sie auch dann nicht. Der Offizier, besser genährt und gekleidet, leidet viel seltener daran als die gemeine Mannschaft; unter der Cavallerie ist die Krankheit nicht so häufig und so mörderisch als unter der Infanterie, weil der Reiter nicht nöthig hat auf dem blofsen Boden zu liegen, sondern Decke, Sattel, Futtersack ihm Unterlage gewähren, die der Infanterist entbehrt. In belagerten Städten erreicht die Krankheit meist ihren höchsten Grad. Man läfst in der Regel die Truppen in Festungen, die vorher schon am meisten gelitten haben, und ob es ihnen da auch nicht leicht an Obdach fehlt, so sind dafür die Nahrungsmittel gewöhnlich höchst elend und sparsam, die Gelegenheiten zu Ueberfüllung häufig genug.

Es gelingt nur selten die einmal Ergriffenen zu retten, besonders die, bei denen Dysenterie vorausgegangen ist; bei diesen kann man immer voraussetzen, dafs durch die vorhergängige Entzündung die tödtliche Metamorphose der Därme schon begonnen hat, und nichts mehr sie in ihrer weiteren Entwicklung aufhalten, noch weniger zur Reconstruction der Normalform bestimmen kann. So betrübt aber die Prognose in solchen Fällen ist, so günstig ist sie in den leichteren, denen keine Veränderung der organischen Form der Därme zum Grunde liegt.

Es ist schon im Eingange erwähnt worden, dafs Alles, was bei Diarrhoeen aus Erkältung überhaupt nützt, auch die leichteste und einfachste Form der Lienterie hebt, die nämlich, bei welcher, so oft der Kranke ifst oder trinkt, sofort Ausleerung nicht geronnener, also flüssiger Excremente folgt. Das grofse Hauptmittel dagegen ist das Opium, versteht sich für solche, die nicht an dessen Genufs gewöhnt sind. Die beste Form des Opiums ist die Tinctur, mit aromatischen anderen Tincturen verbunden, als mit Pomeranzentinctur. Die Dosis mufs sich nach der Individualität der Kranken bestimmen. Die an Opiumgenufs gewöhnt sind, vertragen eine Mischung absorbirender Erde mit Ingwer und Kinogummi besser; es wäre Thorheit ihnen Opium geben zu wollen, das bei öfters wiederholtem Genufs seine verstopfende Wirkung allemal verliert.

Die Art des Durchfalls oder der Lienterie, wie sie *Richter* beschreibt, erfordert offenbar zu ihrer Heilung eine Behandlung, welche die krankhafte Reizbarkeit des ganzen Darmcanals mindert: Kohlensäure dürfte unter allen die meiste Wirksamkeit versprechen. Bittere Schleime, namentlich von isländischem Moose, verdienen nächstdem Empfehlung; dahin ist auch die Columbowurzel zu rechnen. Die Erfahrung wird in jedem einzelnen Falle bald lehren, welche Nahrungsmittel der Kranke am ersten verträgt: danach mufs man sich vornehmlich richten. Jedenfalls mufs die Krankheit sehr selten vorkommen, da ich wenigstens sie nie gesehen habe.

Desto häufiger habe ich Gelegenheit gehabt, die dritte, gefährliche Form der Lienterie zu beobachten: ihre Behandlung ist verschieden, je nachdem sie als Folge der Ruhr, oder idiopathisch auftritt. Zuerst von Behandlung der Reconvalescenten der Ruhr; denn obgleich diese zu dem Capitel von jener Krankheit gehört, so mufs ihrer doch hier nothwendig gedacht werden, da sie allein das Verfahren lehrt, wie Lienterie entweder verhütet, oder in ihrem Beginnen geheilt werden kann. Denn ist die Krankheit einmal ausgebildet und die Verwandlung der Därme in einen dicken Schlauch erfolgt, so vermag nichts in der Welt den Kranken zu retten.

Nach jeder Ruhr bleibt äufserst grofse Schwäche der Resorptionskraft und lebhafte Empfindlichkeit der Dickdarmfläche, überhaupt erhöhte Reizbarkeit des ganzen Darmcanals zurück; die Schleimhaut ist entweder im Dickdarm allein, oder auch in einem Theile des dünnen Darmcanals, zerstört und schält sich ab; die zweite Membran ist folglich von ihrer schützenden Hülle entblöfst, und heftigen Bewegungen bei jeder Reizung ausgesetzt, welche, in den Dickdärmen, allemal mit Kolikschmerz verbunden sind. Obgleich der Magen und der obere Theil des Dickdarms nicht der eigentliche Sitz der Krankheit ist, so nimmt doch der ganze Nahrungscanal grofsen Antheil an dem Leiden des untern Theils, woher die Kraft, Alimente zu verwandeln und zu assimiliren, auf ein Minimum reducirt wird. Nothwendig mufs also das Aliment bei der so gewaltig erhöhten Reizbarkeit des Darmcanals schleunig zum Ausgang befördert werden, und kann nur sehr geringe Spuren der verwandelnden Kraft der Därme an sich tragen: dazu kommt, dafs alle Secretionen des Darmcanals entweder ganz aufgehoben sind, wie alle, die in der Schleimhaut und ihren Drüsen begründet sind, oder doch ein ganz andres Product geben, als im Normalzustande, folglich die Assimilation der Alimente noch mehr erschweren.

Die Folge davon mufs zuerst allgemeine Schwäche sein, indem das Aliment bei der Bluterzeugung fehlt; daher die so gewöhnlichen hydropischen Erscheinungen, die Beweise unvollkommner Blutbereitung. Zweitens örtlich im Darmcanal begründet die erhöhte Reizbarkeit der wunden Flächen chronischen Entzündungszustand, dessen Charakter ist, dass er Metamorphose der organischen Form veranlafst, und diese muss nothwendig in dem Theile des Darmcanals am auffallendsten sein, der am meisten von der Krankheit ergriffen wurde, im Dickdarm. — So erklärt sich die Krankheit vollständig, und zugleich ist die Möglichkeit der Heilung angegeben.

Vor allen Dingen ist nöthig, sobald die Entzündungsperiode in der Ruhr vorüber ist, solches Aliment einzuführen, das aufs allerleichteste assimilirt wird, den Darmcanal so wenig als möglich reizt, und wovon in die Dickdärme so wenig als möglich gelangt. Die fehlende Secretion des Magens zu ersetzen mischt man thierische Gallerte mit vegetabilischen Schleimen und fügt ein wenig Essig hinzu, weil sonst diese Schleime die Empfindung von Ekel erwecken. Doch mufs die Quantität des Aliments, besonders vom Anfang, äusserst gering sein. Je thätiger die Resorption der Haut, desto mehr wird die Chylification ersetzt: Erkältung der Haut ist folglich in diesem Zustande verderblich, und befördert die Krankheit, vorsichtiges Einreiben thierischen Fetts aber wohlthätig.

So gewinnen die entblöfsten Darmflächen Zeit, dass

sich ihre Epidermis, die Schleimhaut, regenerire, und die Gelegenheit zu chronischer Entzündung vermieden werde. Den Abgang von Excrementen kann man anfangs natürlich nicht erwarten; denn es fehlt die Secretion des Blinddarms und alles, was in das Lumen der Dickdärme kommt, wirkt als widriger Reiz. Diesen zu mildern sind Einspritzungen von Hammelbrühe oder von Amylumklystieren in geringen Quantitäten, wohlthätig. Alle positiven Arzneien aber sind in diesem Zustande zweckwidrig, da sie nur als Reize auf die entblöfste Darmfläche wirken. Der Regenerationsprocefs der Schleimhaut erfolgt jedoch, wenn ihn nichts stört, schnell genug und der Beweis, dafs er geschehen sei, ist, wenn Excrement abgeht, das Farbe und Geruch hat, wie im Normalzustande, wenn auch nicht solche Consistenz, und wenn die Kolikschmerzen gänzlich aufhören. Somit ist es gelungen, den Uebergang der Ruhr in Lienterie zu verhüten.

Da beim gemeinen Soldaten alle Verhältnifse einem so sorgfältigen Regimen entgegenstehn, so ist begreiflich, warum gerade bei diesem der Uebergang der Ruhr in Lienterie am häufigsten erfolgt.

Eben so begreiflich ist, warum bei diesem mehr als bei anderen Menschen, in welchen Verhältnifsen sie sonst leben mögen, Lienterie ohne vorhergängige Ruhr entsteht, oder mit anderen Worten, wie es möglich ist, dafs bei ihm jede noch so leichte Diarrhöe in chronische Entzündung der Dickdärme und dadurch bewirkte Desorganisation derselben übergeht. Denn jede Diarrhöe setzt einen erethischen Zustand der Schleimhaut des Dickdarms voraus. Wenn aber die Ursachen fortwirken, die diesen erregt haben, wenn die Perspiration der Haut auf ein Minimum reducirt ist, wenn undienliche Nahrungsmittel in Menge, oder ganz ohne Ordnung genossen werden, so kann es nicht fehlen, dafs aus einfachem Erethismus chronische Entzündung wird, die sich nicht auf die Schleimhaut allein beschränkt, sondern auch die Muskelhaut des Darms ergreift und verändert.

Man sollte meinen, die Heilung solcher idiopathischer Lienterie müsse viel leichter gelingen, als die der Folge der Ruhr, weil hier keine von Schleimhaut entblöfsten Darmflächen hindern, und weil der Körper nicht durch die vorausgegangene Entzündung geschwächt, die entzündet gewesenen

Därme nicht zu neuer Entzündung disponirt sind; allein die Erfahrung lehrt das Gegentheil. Es geht damit wie mit jeder chronischen Entzündung; ist sie einmal begonnen, so hält es schwer, ihre weitere Entwicklung zu hemmen. Also auch hier ist das Uebel leichter zu verhüten, als zu heilen; es ist leichter, einen beginnenden Durchfall zu hemmen und dadurch zu verhüten, dafs er nicht Gelegenheit zu chronischer Entzündung des Dickdarms gebe, als diese aufzuheben, wenn sie bereits eingetreten ist.

Dafs unter den Mitteln zu dieser Verhütung, neben zweckmässiger Diät und Hautpflege das Opium eben so, wie bei einfachen Diarrhöen, oben an stehe, bedarf keiner Erinnerung: es hebt jenen Erethismus der Därme schnell und sicher. Ueber die Art seines Wirkens würde eine weitläufige Erklärung nöthig sein, aber offenbar hier nicht an der rechten Stelle stehn, wie denn selbst die Erörterung des Heilverfahrens bei einfachen Diarrhöen hier nicht passend wäre. Sobald aber chronische Entzündung den Durchfall unterhält, leistet Opium nichts mehr; überhaupt kommt man dann mit dem gewöhnlichen Heilapparat bei Diarrhöen nicht aus. Die Frage ist: woran erkennt man, dafs der erethische Zustand der Dickdärme in den entzündlichen übergehe? Dieser schliefst sich die zweite Frage an, was dann zu thun sei?

Der Uebergang des erethischen Zustands in chronisch-entzündlichen erfolgt unmerklich, aber man hat ihn bei jeder hartnäckigen und langwierigen Diarrhöe zu fürchten. Man erkennt, dafs er geschehen sei, aus der zunehmenden Kraftlosigkeit des Kranken, aus dessen bleifarbigem Ansehn, aus dem Plattwerden des vorher aufgetriebenen Bauchs, besonders aber daran, dafs, sobald leichter Leibschmerz entsteht, augenblicklich Abgang einer geringen Quantität von Excrementen erfolgt, die sehr verschieden gefärbt sein können, doch niemals gelb, wie bei gewöhnlichen Diarrhöen.

Alsdann ist die höchste Zeit, dafs man alles anwende, dieser chronischen Entzündung zu widerstehen; denn ist sie einmal bis zur völligen Metamorphose des Dickdarms fortgeschritten, so vermag nichts mehr den Tod abzuhalten.

Das erste und wichtigste Mittel ist, dafs man sofort ein grofses Vesicatorium auf die linke Seite des Unterleibs,

da

da wo das S. Romanum liegt, applicirt. Indem man so die Hautoberfläche in Entzündung setzt, mindert sich die der Darmhaut. Dafs man dabei in der Wahl der Nahrungsmittel und Getränke äusserst vorsichtig sein müsse, versteht sich: nichts darf genossen werden, was nur im mindesten die Darmflächen reizen oder durch Eindruck auf den Magen eine consensuelle Reizung im Darmcanal erregen könnte. Kaltes Wasser ist in diesem Zustande höchst schädlich, und bringt augenblicklich Schmerz und Ausleerung hervor. Nichts verträgt der Kranke, als dünnen Reis- oder Gerstenschleim, und auch diesen nur in geringen Quantitäten auf einmal. Leider fühlt der Kranke gewöhnlich Durst, oft sogar Hunger; er darf beide Empfindungen durchaus nicht befriedigen.

Injection von Amylum mit Laudanum oder, bei Beginn des Uebels, auch ohne dasselbe, gehören gleichfalls zu den Hauptmitteln wider dies Uebel; nur mufs die Quantität des Eingespritzten gering sein, und nicht durch ihre Temperatur reizen, sonst wird die örtliche Reizung verderblich.

Von inneren Arzneien schicken sich nur sehr wenige: Ipecacuanha in kleinen Dosen, namentlich in Tinctur, zu 10 bis 15 Tropfen alle 3 Stunden, möchte wohl vor allen den Vorzug verdienen, wenn gerade diese chronische Entzündung beginnen will. Denn indem sie den Reizzustand des Dickdarms auf den Magen verpflanzt, mindert sie ihn da, wo er gefährlich wäre, gerade nach demselben Gesetz, wie das Vesicator wirkt, und indem sie zugleich die Empfindung des Hungers und Durstes aufhebt, erspart sie dem Kranken die Versuchung, sich durch Genüsse zu verderben, zu welchen ihn jene Empfindung anreizt.

In späteren Perioden haben Kolumbodecocte sich zuweilen wohlthätig bewiesen, noch öfter aber das Decoct von Campechenholz, das in der That vielleicht am meisten von allen Arzneien Verminderung und allmähliges Aufhören der flüfsigen Darmausleerungen bewirkt hat.

Ist es gelungen, sie zu sistiren, so folgt lange Retention der Unterleibsausleerungen, und man mufs sich wohl hüten, gegen diese zu kämpfen, besonders aber nichts geniefsen lassen, was den Darm in dem Regenerationsprocesse stören könnte, in welchem er dann sich befindet. Er bedarf geraumer Weile, um nur einigermafsen wieder zu seinen Normalfunctionen befähigt zu werden. Alles, was die plastische Kraft überhaupt fördert, fördert auch die Wiederherstellung des Normalzustands des Dickdarms, folglich passende Nahrung, die dem Magen angenehm gemacht werden, und nichts enthalten darf, was die Därme reizen könnte. Kräftig unterstützen reizende Pflaster aus Ingwer, Terpentin und Galbanumpflaster, auch wohl trockne Kräuterkissen, Einreibungen von ätherischen Oelen in den Unterleib diese Herstellung. Wein mufs nur in kleinen Quantitäten genossen werden; die süfsen griechischen und spanischen oder ungarischen Weine, als ganz von allem scharfen und sauren frei, schicken sich am besten. Dafs der Kranke eine wollene Binde um den Leib, besser noch eine wollene Jacke auf der blofsen Haut tragen, und Füfse und Lenden sorgfältig vor Erkältung hüten müfse, versteht sich. Warmes Getränk aus rothem Wein mit Eidotter, Zucker und geriebener Muscatennufs, doch auch in geringer Menge, fördert die Heilung.

L i t e r a t u r:

Richter, spec. Therapie, V. IV. p. 140 seq. — *R. A. Vogel,* diss. de Lienteria, Gott. 1770. — *Fick*, Diss. de Lienteria, Jen. 1794. — *J. P. Frank*, Epitome, L. V. p. II. p. 462. — *S. G. Vogel*, Handb. Th VI. S. 75. — *Haase*, chron. Krankh., V. III. S. 372. — *Friedreich*, Programm über die Lienterie. Würzb. 1814. — *Rensing*, Diss. de Lienteria, Giess. 1786. — *Neumann*, spec. Pathol. V. I. S. 305. — (Ausser der überreichen Litteratur der Ruhr und der alten Schriften von *Hippokrates*, *Aretäus*, *Avicenna* etc.). E. Gr — e.

Der LIENZLMÜHLER Sauerbrunnen im Lavanthale des Herzogthums Kärnthen, Klagenfurther Kreises, anderthalb Stunden von Wolfsberg, von schwachem Schwefelgeruch, wird versendet als Getränk mit Molken benutzt bei chronischen Brustleiden, Verschleimungen und Stockungen im Unterleibe, so wie Krankheiten der Urinwerkzeuge, und enthält in sechzehn Unzen:

	nach Burger:	nach Spitzer:
Kohlensaures Natron	25,6 Gr.	21,51 Gr.
Kohlensaure Kalkerde	14,3 —	18,31 —
Kohlensaures Eisen	1,1 —	1,04 —

Salzsaure Talkerde	2,4 Gr.	3,73 Gr.
Kieselerde		0,83 —
	43,4 Gr.	45,42 Gr.
Kohlensaures Gas	41,0 Kub. Z.	45,0 Kub. Z.
Schwefelwasserstoffgas	eine unbestimmte Menge.	

Litterat.: Die besuchtesten Badeörter und Gesundbr. des österreich. Kaiserstaates. 1821. Th. I. S. 111. O—n.

LIGAMENTA ACCESSORIA COSTARUM. S. Rippenbänder.

LIGAMENTA ACCESSORIA OBLIQ. ET RECT. S. Handgelenk.

LIGAMENTA ACROMIO-CORACOIDEA. S. Schulterbänder.

LIGAMENTA ALARIA MAUCHARTI. S. Wirbelsäule, Bänder derselben.

LIGAMENTA ANNULARIA DIGITORUM. S. Vagina tend flexoriorum.

LIGAMENTA ARCUATA PUBIS. S. Beckenbänder.

— ARTICULARIA ATLANTIS, EPISTROPHEI, CAPITIS, VERTEBRARUM. S. Wirbelsäule, Bänder derselben.

LIGAMENTA ARYEPIGLOTTICA. S. Kehlkopf.

— BASEOS METACARPI. S. Handbänder.

— CAPITULORUM METACARPI ET METATARSI. S. Hand- und Fufsbänder.

LIGAMENTA CAPSULARIA CAPITULI COSTAE. S. Rippenbänder.

LIGAMENTA CAPSULARIA CUBITI. S. Ellenbogengelenk.

LIGAMENTA CAPSULARIA HUMERI. S. Schultergelenk.

LIGAMENTA CLAVICULAE ACROMIALIA. Siehe Schlüsselbeinbänder.

LIGAMENTA COLI, Grimmdarmbänder, die drei Muskelstreifen, wozu sich die Längenfasern der Muskelhaut am Grimmdarm verbunden haben. S. Darm.

LIGAMENTA COLLI COSTAE EXTERN. ET INTERN. S. Rippenbänder.

LIGAMENTA CONOIDEA. S. Schlüsselbeinbänder.

— CRICO-ARYTENOIDEA. S. Kehlkopf.

LIGAMENTA CRUCIATA GENU. S. Kniegelenk.

— DIGITORUM MANUS ET PEDIS. S. Fingerbänder, Hand- und Fufsbänder.

LIGAMENTA DORSALIA ET VOLARIA CARPI ET TARSI, METACARPI ET METATARSI. S. Hand- und Fufsbänder.

LIGAMENTA FLAVA. S. Wirbelsäule und Bänder derselben.

LIGAMENTA GLOTTIDIS. S. Kehlkopf.

LIGAMENTA HYOTHYREOIDEA. S. Kehlkopf.

— INTERCRURALIA. S. Wirbelsäule und Bänder derselben.

LIGAMENTA INTEROSSEA CRURIS ET CUBITI. S. Interossea ligamenta.

LIGAMENTA INTERTRANSVERSARIA. S. Wirbelsäule, Bänder derselben.

LIGAMENTA LATERALIA CUBITI. S. Ellenbogengelenk.

LIGAMENTA LATERALIA DIGITORUM. S. Fingerbänder.

LIGAMENTA LATERALIA GENU. S. Kniegelenk.

— THYREOARYTENOIDEA. S. Kehlkopf.

LIGAMENTUM S. SYDESMUS, das Band. S. d. Art. Band.

LIGAMENTUM ANNULARE RADII. S. Ringband der Speiche.

LIGAMENTUM AURICULAE VALSALVAE. S. Gehörorgan.

LIGAMENTUM BRACHIO-CUBITALE. S. Ellenbogengelenk.

LIGAMENTUM CILIARE. S. Augapfel.

LIGAMENTUM CRUCIATUM ATLANTIS. S. Wirbelsäule und Bänder derselben.

LIGAMENTUM CRUCIATUM DIGITORUM. Kreuzband der Finger.

LIGAMENTUM CRUCIATUM TARSI. S. Kreuzband des Spannes.

LIGAMENTUM DELTOIDEUM. S. Fufsgelenk.

LIGAMENTUM DUODENI HEPATICUM S. HEPATICO-DUODENALE. S. Leber und Peritonaeum.

LIGAMENTUM FALLOPII. S. Fallopii ligamentum.

LIGAMENTUM FIBULARE CALCANEI ET TALI. S. Fufsgelenk.

LIGAMENTUM GASTRO-HEPATICUM ET GASTRO-LIENALE. S. Peritonaeum.

LIGAMENTUM GIMBERNATI. S. Schenkelring.

LIGAMENTUM GLOSSOEPIGLOTTICUM. S. Kehlkopf.

— HEPATIS CORONARIUM DEXTRUM ET SINISTRUM. S. Leber.

LIGAMENTUM HYOEPIGLOTTICUM. S. Kehlkopf.

— ILIOLUMBALE INFERIUS ET SUPERIUS, i. q. Ligamentum pelvis anticum inferius et superius. S. Beckenbänder.

LIGAMENTUM ILIOSACRUM BREVE ET LONGUM, i. q. Ligamentum pelvis posticum breve et longum. S. Bekkenbänder.

LIGAMENTUM INGUINALE. S. Fallopii ligamentum.

— INTERCLAVICULARE. S. Schlüsselbeinbänder.

LIGAMENTUM LATERALE MAXILLAF INF. S. Unterkiefergelenk.

LIGAMENTUM LONGITUDINALE ANTERIUS ET POSTERIUS. S. Wirbelsäule, Bänder derselben.

LIGAMENTUM MALLEOLI EXTERNI. S. Knöchelbänder.

LIGAMENTUM OBTURATORIUM, i. q. Membrana obturatoria. S. Beckenbänder.

LIGAMENTUM ORBICULARE RADII. S. Ringband der Speiche.

LIGAMENTUM OVARII. S. Geschlechtstheile.

— PALPEBRALE. S. Augenlider.

— PERPENDICULARE MEDIUM FIBULAE. S. Fufsgelenk.

LIGAMENTUM PHRENICO-GASTRICUM. S. Peritonaeum.

LIGAMENTUM POPLITEUM. S. Kniegelenk.

— POUPARTII. S. Fallopii ligamentum.

— PROPRIUM SCAPULAE ANT. ET POST. S. Schulterbänder.

LIGAMENTUM RHOMBOIDEUM. S. Schlüsselbeinbänder.

LIGAMENTUM SACROISCHIADICUM MAJUS ET MINUS, i. q. Lig. tuberoso- et spinoso-sacrum. S. Beckenbänder.

LIGAMENTUM SUSPENSORIUM DENTIS EPISTROPHEI. S. Wirbelsäule und Bänder derselben.

LIGAMENTUM TERES FEMORIS. S. Hüftgelenk.

— THYREOEPIGLOTTICUM. S. Kehlkopf.

LIGAMENTUM TRANSVERSARIUM COSTAE. S. Rippenbänder.

LIGAMENTUM TRANSVERSUM ATLANTIS. S. Wirbelsäule, Bänder derselben.

LIGAMENTUM TRAPEZOIDEUM. S. Schlüsselbeinbänder.

LIGAMENTUM TRIANGULARE SCAPULAE. S. Schulterbänder.

LIGAMENTUM TUBEROSO-SACRUM. S. Beckenbänder.

LIGAMENTUM VOLARE CARPI PROPRIUM. S. Handbänder.

LIGAMENTUM UTERI LATUM.
— — ROTUNDUM.
— — TERES.
} S. Geschlechtstheile.

LIGATURA, die Ligatur, Unterbindung, ist eine chirurgische Operation, welche darin besteht, dafs man zu einem bestimmten Heilzweck an einer oder an mehreren Stellen irgend eines Theiles des Organismus einen Faden, eine Schnur, ein Band etc. legt, und diese mehr oder weniger fest zusammenzieht. Auch nennt man das Material selbst, welches hierzu benutzt wird, Ligatur; daher Ligaturfäden, Ligaturband etc.

Wir wenden die Ligatur überhaupt zur Erfüllung folgender Indicationen an:

1) um durch sie Gefäfscanäle zu verschliefsen, und zwar in der Absicht, um:

a) eine bestehende Blutung zu stillen;

b) einer zu befürchtenden Haemorrhagie zuvorzukommen, und

c) um die Blutcirculation behufs der Beseitigung der Aneurysmen (s. d. A.) zu hemmen.

2) Um durch die Ligatur den Kreislauf in einem bestimmten Körpertheile momentan zu unterbrechen, behufs der Heilung mannichfaltiger, allgemeiner Krankheiten (z. B. der Neuralgieen etc.), oder um die Vermischung heftig wirkender Gifte mit dem Blute zu verhindern (z. B. beim Vipernbifs etc.).

3) Zur Unterbrechung des Kreislaufes in manchen Geschwülsten, Afterproducten etc., um dadurch Brand, Absterben derselben zu bewirken;

4) zur Trennung fistulöser Canäle;

5) zur Entfernung brandig gewordener Theile, z. B. bei Hernien etc.

6) zur Befestigung locker gewordener Zähne.

Die Anwendung der Ligatur, und zwar hauptsächlichst als Blutstillungsmittel, ist schon den Alten bekannt gewesen, wie dem ***Hippokrates***, ***Albukasem***, ***Archigenes***, ***Celsus***, ***Galen***, ***P. Aegineta*** u. A.; sie gerieth späterhin jedoch in Mifscredit, bis sie von ***A. Paré*** wiederum in Aufnahme gebracht, und von ***Dionys***, ***Hildan***, ***Petit***, ***Heister*** u. m. A. in Schutz genommen wurde. Seit dieser Zeit bemühte man sich, die Encheiresen der Ligaturoperation immer mehr zu vervollkommnen, was auch in so hohem Grade gelungen ist, dafs wir gegenwärtig durch dieselbe, Krankheiten leicht und sicher zu heilen vermögen, welche in früheren Zeiten durch gefährliche, schwierige, schmerzhafte und unsichere Cureingriffe behandelt wurden.

Was nun die Ligatur als Blutstillungsmittel betrifft, so wie ihre Anwendung zur Heilung von Aneurysmen, so ist hiervon bei den Artikeln Aneurysmen und Arterienunterbindung bereits die Rede gewesen; daher wir hier nur die übrigen, oben bereits erwähnten Hauptindicationen ihrer Anwendung näher betrachten wollen.

1) A n w e n d u n g d e r L i g a t u r b e h u f s t e m p o r ä r e r H e m m u n g d e r B l u t c i r c u l a t i o n, und zwar zur Beseitigung nachstehender Krankheiten und Zufälle. — Wenn wir um die Gliedmafsen eine Ligatur legen, so wird nicht allein der Zuflufs des arteriellen Blutes unterbrochen, sondern auch die oberflächlich liegenden Venen schwellen an,

und die Nerven werden mehr oder weniger angegriffen; daher läfst sich die Wirkung derselben in folgenden Krankheiten einigermafsen erklären.

a) In intermittirenden Fiebern. Schon längst war die Ligatur gegen Wechselfieber in England und Frankreich als Volksmittel bekannt; in neueren Zeiten stellten *Martinet* und *Robouan* sehr interessante, darauf bezügliche Versuche an, woraus sich ergab, dafs, sobald die Ligatur um eine Unterextremität (unterhalb des Knies) gelegt wird, was während des Frostanfalls geschehen mufs, schon nach 5 Minuten die Fiebersymptome aufhören, die Kälte abnimmt, und ein allgemeines Wohlbefinden eintritt; bleibt die Ligatur 8 Minuten lang liegen, so wird die durch dieselbe erzeugte Geschwulst des Gliedes dem Kranken lästig; er empfindet darin kleine Stiche, Ameisenkriechen, convulsivische Bewegungen in den Schenkelmuskeln, bekömmt Ohnmachten etc.; allein alle diese Symptome verschwinden allmälig nach Entfernung der Ligatur, welche übrigens nur nach und nach gelöst werden darf (*Martinet*, Observat. sur les fievres intermittentes gueries par la ligature des membres. In d. Biblioth. médicale 1821. T. 72. und *Robouan*, nouv. Biblioth. médic. 1827. T. 1.). — Schon früher hatten *Barchstaedt* (de artium ligaturis ad nonnull. morb. usitatis Duisburg 1773) und *Kelle* (med. comment. of a Soc. of med. of Edinb. T. 9. 1797) die Ligatur bei Wechselfiebern angewendet. *Kelle* legte sie während des Frostanfalles um den rechten Arm und den linken Oberschenkel; auch *Chladni*, welcher sie nach dem Frostanfalle anwendete, so wie *Bourgery* (quelques faits sur l'emploie des ligatures circulaires des membres dans la plupart des maladies periodiques. Thèses de Paris 1827. Nr. 257.) bestätigen ihren Nutzen bei Wechselfiebern, und neuerdings auch *R. Boyer* (des ligatures circulaires dans le traitem. de quelques mal. 1836. Thès. de Paris Nr. 45), welcher sie an allen 4 Extremitäten anlegte.

b) In Neuralgieen, hysterischen u. epileptischen Krämpfen (*van Swieten* u. *Cullen*), im convulsivischen Asthma (*Claus* i. d. österr. medic. Jahrb. Bd. 11. St. 4). In allen diesen Krankheiten hat die Ligatur oftmals, trotz vieler andern, gegen dieselben angewendeten Mittel, allein

Hülfe geleistet (*Cazenave* im Bullet. thérapeut. T. 3. Nr. 2). In diesen Fällen sowohl als auch

c) in organischen Herzkrankheiten wird die Ligatur an den Unterextremitäten angewendet.

d) In vergifteten Wunden, Bisswunden giftiger, wasserscheuer Thiere etc. Wir finden bei *Celsus* eine Stelle, aus welcher es sich ergiebt, dafs er bei Schlangenbifswunden die Ligatur oberhalb der Bifsstelle anzulegen, anempfiehlt, indem er (de medicina libri octo edit. *Krause* Lips. 1766. Lib. 5. Cap. 27. p. 309) bei der Behandlung gedachter Wunden sagt: Igitur in primis super vulnus id membrum deligandum est. Auch ist es uns bekannt, dafs *A. Paré*, selbst von einer Viper gebissen, dagegen die Ligatur angewendet hatte. In den südlichen und Tropengegenden, in welchen sich viel giftige Thiere aufhalten, und daher auch vergiftete Wunden häufiger vorkommen, pflegt man gegen diese sowohl als auch gegen den Bifs hydrophobischer Thiere die Ligatur anzuwenden, wo irgend ihre Anlegung nur zuläfsig ist.

Durch die abwechselnde Lösung und Zusammenziehung der Ligatur wird ein allmäliges Einsaugen des Giftes bewirkt, und es ist nicht zu läugnen, dafs schon dieser Umstand allein bei dergleichen Verwundungen die Ligatur indicirt, wo wie gesagt, ihre Anwendung möglich ist. Sehr interessante, hierhergehörige Beobachtungen hat uns *Rodrigue* mitgetheilt (the americ. Journ. of the medic. Sc. Nr. 4. Aug. 1828. — Vergl. auch *Butter*, in transact. of the med. and phys. Societ. of Calcutta. Vol. 2. 1826.). S. d. Artikel Bifs.

e) In hartnäckigen Ophthalmieen, unterdrückter Menstruation, bei inneren Blutungen und bei der Epistaxis, in welchen Fällen die Ligatur meist an den Unterextremitäten, beim Nasenbluten aber an den Ringfinger angelegt wird.

2) Anwendung der Ligatur zur Unterbrechung des Kreislaufes in manchen Geschwülsten, Afterproducten etc., oder einzelner, erkrankter Theile des Körpers, um dadurch Absterben derselben zu bewirken. Hierher gehören:

a) Hernien, und zwar sie selbst oder blos einzelne im Bruchsacke enthaltene Theile. Am häufigsten waren es Nabelbrüche, bei welchen man die Ligatur angewendet hatte, und zwar mehr in den älteren, (*Plaigrault* in *Desault's* Journ. de chir. 1792. — *Sömmering*, Ursache, Erkenntn. und Behandl. d. Nabelbrüche Frankf. a. M. 1811), als in den neueren Zeiten (*Müller* in *Rust's* Magaz. Bd. 15. Heft 1. 1823), wo man sie für diesen Fall entbehrlich hält, weil man darnach häufig sehr bedenkliche Zufälle gesehen hatte, wie dies bereits bei der Behandlung der Nabelbrüche (s. d. Artikel Hernia umbilicalis Bd. 16. p. 316. dies. Encyclop.) erwähnt worden ist; es ist jedoch nicht zu läugnen, dafs es manche angeborene, cylinderförmige Nabelbrüche giebt, deren radicale Heilung am leichtesten und zweckmäfsigsten durch die Ligatur zu Stande kömmt, ohne dafs man jene Zufälle zu befürchten hat, wenn nur die Ligatur zweckmäfsig angelegt wird, d. h. wenn die Zuschnürung so stark geschieht, dafs die Circulation an jedem Puncte des betreffenden Theils auf's Vollkommenste unterdrückt wird. *Desault* hatte die Ligatur zur Heilung eines Leistenbruches benutzt (*Desault* recueil period. de la Soc. de médec. de Par. An 4. Tr. 4. Nr. 51); jetzt wendet man sie besonders zur Entfernung von im Bruchsacke vorgefallenem Netze, welches gesund aber in solcher Menge vorhanden ist, dafs eine Zurückbringung desselben in die Bauchhöhle von Nachtheil sein würde (s. d. A. Hernia), oder das bereits brandig geworden ist; ferner bei gangränösen Därmen (s. d. A. Hernia und künstlicher After) an.

b) Verschiedene Afterorganisationen, als: α. fungöse Entartungen, wie Hirnhautschwämme (*Ficker* in *v. Graefe's* u. *v. Walther's* Journ. Bd. 2. pag. 219), Hirnschwämme (*Workmann* in the Lond. med. Rep. 1815. Vol. 3 — de *Merveillieux* ibid. 1818 Nr. 52. April) — Nabelschwämme (*Arming* i. med. Jahrb. d. österr. Staates Bd. 5. St. 4. p. 602. — *Dugées* récherches sur les maladies des enfants nouveaux nés, Paris 1821). Vergl. übrigens die Artikel über die einzelnen Arten des Fungus.

β. bei Warzen.

γ. bei Polypen, bei welchen die Ligatur ihre Hauptanwendung findet, und häufig nur das einzige helfende Mittel ist, wie wir dies in dem Artikel Polypen auseinandergesetzt finden, daher wir das Weitere hierüber auf jenen Artikel verweisen.

δ. Bei verschiedenen anderen Auswüchsen. So theilt uns *Desruelles* (*Gerson* u. *Julius* Magaz. Heft. 2. 1822) einen Fall mit, wo nach dem Ausfallen der Nägel Auswüchse zurückblieben, die er mittelst der Ligatur entfernte, und *Vauguyon* (traité complet des operat. de chir. Paris 1698. Ch. 48) erzählt einen Fall, wo er die Ligatur beim Pterygium angewendet hatte.

ε. Bei krankhaften, krebshaft entarteten Theilen des Körpers, als: beim krebshaften Zäpfchen, beim Mutterkrebs, beim Krebs am Penis (s. die Artikel Cancer und Penis, Ablösung desselben); ferner bei entarteten Drüsen, als: z. B. die Schilddrüse (*Hedenus* in *v. Graefe's* u. *v. Walther's* Journ. Bd. 2. p. 237), die Unterkieferdrüse (*Walther*, chir. Abhandl. Landshut 1810 pag. 297). S. übrigens die Artikel Schilddrüse, Unterkieferdrüse etc.

c) bei Gebärmutterumstülpungen. Beispiele hiervon haben wir unter andern von *Needham*, *Rheineck*, *Windsor* u. A. (the Lond. med. Rec. 1817. Vol. 8.). S. Gebärmutter, Dislocationen derselben;

d) bei verschiedenen Vorfällen, z. B. der Vagina, des Anus (*Ch. Bell* System d. oper. Chir. ins Deutsche durch *Kosmely* Leipz. 1815 Bd. 1. pag. 115 — *Howship* practical observat. etc. Lond. 1820. Chap. 1). S. übrigens den Artikel Prolapsus.

e) bei Hämorrhoidalknoten und Varicen. Da von beiden bereits gesprochen worden ist (s. Haemorrhoidalknoten und Aderknoten), so wollen wir hier nur nachträglich bemerken, daſs *Amussat* gröſsere Haemorrhoidalknoten mittelst der Ligatur folgender Weise entfernte: er machte zuvor zur Erleichterung der Anlegung der Ligatur drei Einschnitte an der Basis des gemeinschaftlichen Knotenhalses, und dann erst legte er die (metallene) Ligatur an. *Amussat* bemerkte späterhin, künftig wolle er diese Einschnitte erst nach Anlegung der Ligatur machen (Gazette médic. de Paris Février 1836). *Rousseau* in Philadelphia verfährt ganz einfach, indem er die Knoten mit einem gewöhnlichen Faden umgiebt, und ihn fest zuschnürt (the med. Record. Philadelphia April 1826. Art. 7).

3) Zur Beseitigung verschiedener Fisteln, mit-

telst langsamer und durch Verschwärung herbei geführter Trennung derselben. Auch bei diesen lästigen, oft schwer zu heilenden Uebeln ist die Ligatur eins der hülfreichsten Mittel; die specielle Anwendungsweise derselben ist bereits in dem Artikel Fistula erörtert worden.

4) Zur totalen Entfernung krankhafter Gliedmafsen. Wir wissen, dafs ehedem ganze Gliedmafsen durch die Ligatur getrennt wurden, dafs *Guy de Chauliac* zuerst und nach ihm *Wrobex* sich ihrer zu diesem Behufe bedient hatten. (S. Amputation). In den neueren Zeiten schlägt *Jaeger* sie zum fraglichen Zwecke nur in den Fällen vor, wo Gangrän der Gliedmafsen Statt findet, und zwar bei sehr schwachen und zugleich furchtsamen Personen.

5) Zur Befestigung locker gewordener Zähne (s. Dentium vacillatio).

Aufser den hier genannten Krankheitsfällen mögen wohl noch andere vorkommen, wo die Anlegung der Ligatur indicirt wäre, deren Wirkung übrigens noch immer ein gröfseres Studium erheischt.

Die Anlegung der Ligatur geschieht mit Beihülfe eigends dazu bestimmter Instrumente, welche wir Ligatur- oder Unterbindungswerkzeuge nennen. Sie sind verschieden construirt nach den einzelnen Fällen, in welchen sie angewendet werden, und würden am besten nach ihrer Gestalt einzutheilen sein. Da einerseits eine genauere Beschreibung jedes einzelnen solchen Instrumentes nicht in unserm Plane liegt, und sie auch andererseits ohne Abbildungen derselben nicht klar sein kann, so werden wir jene Werkzeuge blos nennen, dabei aber auch die Werke angeben, in welchen man sie geschildert vorfinden kann.

Ehe wir von den Ligaturinstrumenten selbst sprechen, müfsen wir erst einige Worte über das Materiale sagen, welches um den betreffenden Theil gelegt u. womit dieser zusammengeschnürt wird, und welches wir, wie bereits erwähnt, Ligatur nennen. Dieses Materiale besteht entweder in zwirnen oder seidenen Fäden, Ligaturfäden, oder dergleichen Schnüren, Ligaturschnüre und Bänder, Ligaturbänder; ferner in Metalldraht, Gold- und Silberdraht und in Darmsaiten. Was nun die Ligaturfäden und Darmsaiten betrifft, so war von ihnen bereits die Rede beim Artikel Arterienunterbindung; hinsichts der Bänder, so bemerken wir, dafs dieselben vorzüglich anzuwenden sind: zur Zusammenschnürung gröfserer Gliedmafsen in den unter 1 und 4 oben erwähnten Fällen, oder bei Amputationen zur Vorbeugung einer zu befürchtenden Blutung, und zwar mittelst des Tourniquet's (s. dies. Artikel so wie Artikel Amputation). — Metallfäden (Draht) braucht man unter Andern zur Befestigung locker gewordener Zähne. Demnach hätten wir hier blos die Ligaturschnüre zu besprechen. Die Wahl des Zuschnürungsmaterials hängt übrigens ab von der Art des zu unterbindenden Theiles. *v. Graefe*, welcher über diesen Gegenstand ausführlich spricht; (dessen Bericht über das clinische chir. augenärztliche Institut der Universität zu Berlin, für das Jahr 1832, nebst Abbild., so wie dessen u. *v. Walther's* Journ. Bd. 20. pag. 13. §. 6. Taf. I.), stellt hierüber folgende allgemeine Regeln fest: bei Theilen, deren Basis dünn, höchstens 1—2 Linien im Durchmesser hält, sind Fäden anzuwenden; dickere, festere Theile mit breiter Basis erfordern dagegen die Anwendung der Schnüre. Das beste Materiale zu dergleichen Fäden und Schnüren sei ungefärbte Seide, da die gefärbte durch die ätzende Einwirkung mancher Färbungsmittel an ihrer Festigkeit verliert. Zu den Fäden eignet sich am besten drellirte ungefärbte Seide; die Schnüre werden aus 180 einfachen Seidenfäden verfertigt, indem man sie drei Mal stark drehen, nicht aber flechten läfst, weil sie im letzteren Falle dick und uneben werden. Eine auf diese Weise angefertigte Schnur wird kaum ½ Linie dick, ist dabei aber so fest, dafs eine Elle derselben 29—30 Pfund medic. Gewichts tragen kann, ohne zu zerreissen. Sowohl die Ligaturfäden als Schnüre müssen vor ihrer Anwendung durch weifses, geschmolzenes Wachs gezogen und darauf aufs Sorgfältigste abgerieben werden; hierdurch hält man den Einflufs der Feuchtigkeit auf jene Fäden und Schnüre ab, giebt ihnen den gehörigen Grad von Steifheit, welche das Einlegen der Schlinge bedeutend erleichtert, und endlich eine gehörige Glätte und Gleichförmigkeit; auch lasse man die Fäden der Schnüre vor ihrer Anwendung mittelst eines Messers, einen Zoll lang so dünn abschaben, dafs man jedes Ende in eine feine Spitze zusammendrehen kann, oder man befestigt an ihren Enden dünnen Silberdraht, wodurch das Eingleiten des Fadens in das Oehr sehr leicht, ohne allen Anstofs bewerkstelligt wird.

Wir kommen nun zu den Werkzeugen selbst, welche beim Anlegen der Ligaturen erforderlich sind, und bemerken hierbei, dafs wir diejenigen von ihnen, welche zur Blutstillung und bei Aneurysmen gebraucht werden, übergehen, indem ihrer bereits bei den Artikeln Aneurysma, Arterienunterbindung, Forceps und Haken, Erwähnung geschehen ist, (Vergl. auch den Artikel Nadeln).

Nach den Hauptgestalten der fraglichen Werkzeuge unterscheiden wir folgende Arten derselben:

1) Röhrenförmige, sowohl einfache als doppeltröhrige Ligaturwerkzeuge. Dergleichen besitzen wir von *Bellocq*, *Dubois*, welches letztere mit einem Speculum vaginae verbunden ist (*Froriep's* Notiz. Nr. 582. Bd. 27. p. 160), für tiefsitzende Nasen- u. Rachenpolypen; ferner von *Hildan* zur Abbindung des Zäpfchens, von *Desault*, *Weidmann*, *Schreger*, *Reisinger* zur Ligatur der Mastdarmfisteln; von *Levret*, *Denmann*, *Rohloff*, *Richter*, *Nissen* (de polyp. uteri novaque ad cor. ligat. instrum. Goetting. 1789), von *Joerg* (Handb. d. Weiberkr. Leipz. 1821. Fig. 3—7), *Pelletan*, *Gooch*, *Görz*, *Patrick*, *Keck*, *Meissner* (über d. Polyp. in verschied. Höhlen Leipz. 1820. Fig. 1—6), von *Bichat*, *Bell*, sämmtlich zur Ligatur von Polypen verschiedener Art; von *v. Graefe* (*Biener* D. inaug. de exstirpat. penis per ligat. c. Tab. äen. Lips. 1816) zur Ligatur des Penis. — Hierher kann auch *Stark's* Unterbindungsapparat, bestehend aus einem weiblichen Catheter und einer Geburtszange, gerechnet werden.

2) Paternosterartige Ligaturwerkzeuge. Sie bestehen aus einer Reihe von Kügelchen, welche wie Perlen auf einer Schnur so aufgereiht sind, dafs dieselbe oben hervorragt, und eine Schlinge bildet, die man um den betreffenden Theil legt, und diesen damit dadurch zusammenschnürt, dafs man die Perlen nach vorwärts schiebt. Dergleichen Ligaturwerkzeuge, welche manche Uebelstände haben, aber deshalb empfohlen werden, weil man ihnen durch Anreihung von einer geringern oder gröfseren Menge Kügelchen eine beliebige Länge geben kann, weil sie ferner biegsam sind, und sich deshalb nach den Nachbartheilen der betref-

fenden, zu unterbindenden Parthieen schmiegen können, möchten wohl mit Recht durch das *v. Graefe'sche* umstellbare Ligaturwerkzeug entbehrlich gemacht werden. (S. weiter unten). Wir besitzen solche Paternosterunterbindungsinstrumente von *Boucher* (*Loder's* Journ. Jan. 1802. pag. 636. Taf. 10), *Herbiniaux*, *Röderick*, *Görz*, *Ollenroth*, *Ribke*, *Sauter* (*Siebold's* Chiron 1805. Bd. 2. pag. 120. Taf. 7. Fig. 1—8), *Major* (Atlas zu *Velpeau's* méd. operatoire Taf. X. Fig. 24), von *Löffler* (*Hufeland's* Journ. April 1813. p. 65), *Braun*, *Mayer*, *Cullerier* (l. c. Bd. St. 2.) u. A.

3) Cylinder- oder stabförmige Ligaturwerkzeuge, haben angegeben: *Desault* (chir. Nachl. Gött. 1800 Bd. 2. p. 218), *Hunter*, nach dem Muster des ebengenannten construirt (*Bell's* Lehrbeg. Leipz. 1804. Bd. 3), *Watt*, *Liston*, *Nasmyt*, *Langenbeck* (dessen Ligaturschliefser), *Scarpa*, *v. Graefe* (Ligaturstäbchen, *v. Graefe's* u. v. *v. Walther's* Journ. Bd. 1. p. 19. T. II. Fig. 12. Bd. V. p. 356. Taf. III. Fig. 20—25.), von *Walther* (l. c. Bd. 16. pag. 355), *Goulard* (aus einem hackenförmig gekrümmten Stabe und Gabel bestehend), *Bell*, *Eckholdt*, *Heister*, *Schreger*, *Dalla*, *Levret*, *Clarke* (dem *Levret*'schen ähnlich. Observ. on those dis. of femal. Lond. 1814. Taf. 10.), *Levannier* (*Froriep's* Notiz. Bd. 15. Nr. 316. pag. 128. 1826), *Cheselden*, *Castillan*, *Paré*, *Garangeot*, *David*, *Loder* (med. Beob. 1794. Bd. 1. Taf. 2. Fig. 4—7), *Klett*, (*Starck's* Archiv d. Geb. Jena 1790. Bd- 3. Fig. 1—3. pag. 448 u. Bd. 4. St. 2. pag. 308), *Ricou* (Mus. d. Heilk. Zürich 1794. Th. 2. Taf. 5), *Sauter*, *Ribke* (*Rust's* Magaz. Bd. 3. pag. 153. 1818) und endlich *v. Graefe*, das obengenannte umstellbare Ligaturwerkzeug, welches wir weiter unten näher beschreiben wollen, da es sich für alle möglichen, durch Unterbindung zu beseitigenden Fälle eignet.

4) Nadeln und Haken (S. diese Artikel).

5) Zangen (S. Forceps). Wir können hierher auch *Bell's* zangenförmiges Ligaturinstrument, so wie *Physick's* Apparat rechnen (*Rust's* Magaz. Bd. 10. H. 2. p. 388).

6) Zusammengesetzte Ligaturwerkzeuge. Aufser mehreren bereits oben erwähnten, derartigen Instrumenten gehören hierher die Ligaturwerkzeuge von *Parish*, *Hartshorne* u. *Hewson* (med. and surgic. regist. New York 1818 Vol. 1.);

ferner *Langenbeck's* Apparat (dessen neue Biblioth. Bd. 4. St. 3. pag. 619. Taf. 2 Hannover 1827), dann auch der Apparat von *Weidmann* (*Köhler's* chir. Verb. Leipz. 1796. Taf. 13. Fig. 12—16.), und mehre andere, bereits oben genannte, complicirte Werkzeuge.

Alle diese Instrumente werden, wie gesagt, jetzt entbehrlich gemacht durch das umstellbare Ligaturwerkzeug von *v. Graefe*, indem dasselbe nicht allein verschiedentlich zusammengesetzt, zur Unterbindung jedes hierzu geeigneten Falles angewendet werden kann, sondern vor den bisherigen Ligaturwerkzeugen Vorzüge hat, welche wir weiter unten näher betrachten wollen. Es besteht dasselbe aus drei Schlingenträgern, dem kurzen von 1½, dem mittleren von 3 und dem langen von 6 Zoll Länge und aus zwei Schlingenschnürern.

Die Schlingenträger sind hinsichts ihrer Construction einander gleich, und unterscheiden sich blofs durch ihre Länge; ein jeder von ihnen besteht aus einem zwei Linien starken, genau polirten Silberstäbchen, an dessen hintern Ende sich ein vorspringendes Köpfchen befindet, wodurch die Verbindung dieses Instrumententheils mit den Schnürern zu Stande kommt; an seinem Vorderende hat es ein Oehr zur Aufnahme der Ligaturschnur, indem hier das Stäbchen genau nach seiner Längenachse ½ Paris. Linien durchbohrt ist. Das Oehr mündet in eine offene Furche, welche, sich allmälig abflachend, nach dem Hinterende zu verläuft, und 1 Zoll vor demselben aufhört. Demgemäfs bildet das Oehr eine runde, 1 Linie im Durchmesser haltende Oeffnung; zwischen dem Oehrrande und dem Anfange der Furche befindet sich eine 1 Linie breite Brücke; jener Rand ist genau abgerundet, damit er nicht in die Ligaturschnur, welche nach oben angegebener Art verfertigt wird, einschneidet; eben so abgerundet sind auch die Ränder der Furche, deren Bestimmung es ist, die Schnur so gehörig in sich zu bergen, dafs dieselbe nicht sehr vorragen, und keinen Druck auf die Nachbartheile bewirken kann; auch wird durch jene Furche das Gewicht des Instrumentes um ein Beträchtliches verringert. Da wo die Furche nach dem Hinterende des Stäbchens aufhört, ist dasselbe in der Mitte durchbohrt, und mit einem, nach der Längenachse hinlaufenden, doppelgängigen

gen Schraubengewinde versehen, welches die an dem Schlingenschnürer befindliche Schraube aufnimmt; endlich ist noch neben der Mündung des eben genannten Schraubengewindes am Köpfchen des Stäbchens ein halbmondförmiger Einschnitt angebracht, zur Aufnahme eines kleinen Schienchens, welches sich an den Schlingenschnürern befindet.

Die beiden Schlingenschnürer sind hinsichts ihrer Construction von einander insofern unterschieden, als sich an dem einen derselben behufs des Zusammenschnürens eine doppelgängige Schraube, Ligaturschraube, an dem andern eine Stellwinde, Ligaturwinde befindet.

Die Ligaturschraube ist zwei Zoll lang, und besteht aus zwei Hauptstücken, dem Gabel- und dem Schraubentheile; der erstere ist wiederum zusammengesetzt aus der eigentlichen Gabel, dem Ringe und dem Schienchen, welche Theile miteinander unbeweglich verbunden sind. Die Gabel ist eng gespalten; der Ring ist cylindrisch, zwei Linien lang, durchbort und umfafst den Zapfen des Schraubentheiles, so zwar, dafs der letztere sich mit Leichtigkeit um seine Achse drehen lassen kann. Das Schienchen ist an der einen Aufsenseite des Ringes angebracht, hat eine Breite von $1\frac{1}{2}$ Linien, und ist so lang, dafs es mit seinem abgerundeten, stumpfen Ende zwei Linien vor dem Schraubenende vorragt; seine innere Fläche ist etwas concav, damit es sich an dem Stäbchen genau anlegen kann, wenn das Instrument zusammengesetzt wird; es mufs zwar fest, jedoch nicht so stark sein, dafs man es nicht in den obenerwähnten, an dem Köpfchen des Schlingenträgers befindlichen, halbmondförmigen Ausschnitt ganz leicht hineinschieben und herausnehmen könnte. Der Zweck dieser Einrichtung ist, zu verhindern, dafs die Gabel den Drehungen des Handgriffes im Kreise folge; auch wird dadurch, dafs die Gabel mittelst der Schraube, dem Köpfchen des Ligaturträgers nur in gerader Linie genähert oder von demselben entfernt werden kann, jede Rotation in der Nähe des zu unterbindenden Theiles vermieden.

Der Schraubentheil besteht aus einem Griff, Zapfen und einer Schraube. Der erstere ist durchbrochen, der Zapfen abgerundet und mittelst eines Stiftes an dem Ringe des Gabeltheiles befestigt, wodurch der Zapfen sich nur im Kreise, nicht aber nach der Längenachse bewegen läfst. Die Schraube hat eine Länge von 1 Zoll und ein doppelgängiges Gewinde, damit man beim Drehen rascher wirken kann; sie mufs genau in die Mitte des Schlingenträgers passen. Wenngleich beide Theile dieses Instrumentes nur 4 Scrupel wiegen, so vermögen wir damit ein Gewicht von 18 medicinischen Pfunden zu heben.

Die Ligaturwinde. Dieselbe bildet ein kleines Gestelle, zusammengesetzt aus drei kleinen Silberplatten, zwei seitlichen und einer unteren; jedes Seitenplättchen ist $5\frac{1}{2}$ Par. Linien lang u. $4\frac{1}{2}$ L. breit; beide stehen 4 Linien von einander ab; durch beide geht eine, in ihrer Mitte mit einem Stifte oder Häkchen, woran die Ligaturschnur befestigt wird, versehene Welle; an der Aufsenseite des einen Lateralplättchens befindet sich, an der Welle befestigt, ein Handgriff, aus einem durchbrochenen Ring, wie bei der Ligaturschraube, bestehend; mittelst desselben kann die Welle um ihre Achse gedreht werden. An der Aufsenseite des andern Seitenplättchens dagegen ist ein Stellrad nebst Stellfeder angebracht, damit die Welle nicht zurückgehen kann, wann das Schnürchen aufgewunden ist. Von dem unteren Bodenplättchen geht ein nach seiner ganzen Länge durchbrochener Zapfen ab, welcher die am hintern Ende des Schlingenträgers befindliche runde Oeffnung ausfüllt; neben diesem Zapfen befindet sich, wie bei der Ligaturschraube, ein Schienchen, das in die halbmondförmige Oeffnung des Köpfchens des Schlingenträgers pafst. Das Gewicht der Ligaturwinde beträgt 4 Scrupel, wobei sie 22 med. Pfunde tragen kann.

Die Zusammensetzungsweise der Ligaturschraube und Winde mit den drei verschiedenen Ligaturträgern ergiebt sich aus der eben gelieferten Beschreibung dieser Theile. Will man das umstellbare Ligaturwerkzeug anwenden, so legt man zuerst die Schnur um den zu unterbindenden Theil (Polypen, Arterien etc., bei welchen einzelnen Partieen dies Verfahren genau geschildert wird), bringt ihre beiden zugespitzten Enden durch das Oehr des Schlingenträgers, legt es in die Rinne desselben ein, wickelt beide Schnurtheile einige Male um die Gabel des Ligaturschnürers, und legt sie dann in die Spalte der ersteren fest ein; ist dies geschehen, so schraubt man (bei der Ligaturschraube) den Handgriff auf, wodurch die Schnur angezogen wird; bei der Ligaturwinde geschieht das letztere durch Aufwinden (mittelst des Handgriffes) der Schnur um die Welle. Im letzteren Falle werden beide Ligaturschnürenden in einem Knoten zusammengebunden, und in den Haken der Welle eingelegt.

Für die Fälle, wo man zur betreffenden Stelle nicht mit den Fingern gelangen kann, z. B. bei tief sitzenden Polypen, hat *v. Graefe* ein, dem *Desault*'schen ähnliches Führungsstäbchen construirt, welches aus einem 6 Zoll langen, geraden Hohlcylinder aus Silber besteht, worin ein Stäbchen einpafst, das an seinem Vorderende gespalten ist, und daher zwei Theile bildet, wovon wiederum ein jeder halbkreisförmig umgebogen ist, so dafs aus beiden Halbringen, wenn dies Instrument geschlossen wird, ein vollkommener Ring entsteht. Am Hinterende des Stäbchens befindet sich ein doppeltes Schraubengewinde, woran eine kleine, runde, an ihrem Rande gekerbte, zum Zu- und Aufschrauben eingerichtete Scheibe angebracht ist, welche jenen Ring schliefst und öffnet, je nachdem man die Scheibe zu- oder abschraubt, da in dem erstern Falle das Stäbchen angezogen wird, und so in den Hohlcylinder eintritt, im letzteren dagegen aus demselben hervortritt. Dieses Führungsstäbchen hat vor dem *Desault*'schen den wesentlichen Vorzug, dafs es sich nicht, wie das letztere zur Unzeit öffnen kann, wenn das Instrument zufällig herabgeschoben wird.

Die Anwendungsweise dieses Führungsstäbchens ist dieselbe wie bei dem *Desault*'schen (S. Aneurysma u. Arterienunterbindung).

Noch muls bemerkt werden, dafs sich die Ligaturschraube vorzüglich zur Unterbindung nicht zu grofser Theile eignet, die Ligaturwinde dagegen, welche man auch ohne den Ligaturträger anwenden kann, zur Unterbindung gröfserer Partieen, mit breiter Basis, geeignet ist; ferner pafst die Ligaturschraube für solche Fälle, wo man eine allmälige Zuschnürung vornehmen will, und wo eine kaum merkliche Abstufung derselben nothwendig wird. — Eine genaue Beschreibung und Abbildung des umstellbaren Ligaturwerkzeuges hat *v. Graefe* in seinem Bericht über das clinische chirurgisch-augenärztliche Institut der Universität zu Berlin für das Jahr

1832, und in seinem u. *v. Walther*'schen Journal Bd. 20. pag. 1. Taf. I. geliefert.

Es hat das fragliche Instrument die Vortheile, dafs man 1) dasselbe vielseitig, bei allen Arterien, Aneurysmen, Polypen jeder Art, zur Castration, bei der Cirsocele, Ligatur des Penis, bei Nabelbrüchen, bei Fisteln, zur Entfernung von allerhand Aftergebilden mittelst Unterbindung etc. anwenden kann; 2) dafs man es gebrauchen kann zur Abbindung sowohl von Theilen an der äufsern Oberfläche des Körpers, als auch von Partieen, welche unter der Haut, zwischen den Muskeln, oder in tieferen Höhlen gelegen sind; 3) dafs man es während des Gebrauches leicht umwandeln kann (die Ligaturschraube mit der Winde umtauschen), ohne dafs man das schon angelegte Schnürchen abzunehmen brauchte; 4) dafs man auf eine höchst leichte Weise das Anziehen des Schnürchens bewerkstelligen kann; 5) dafs das Instrument sehr leicht ist, und eine zweckmäfsige Gestalt und Gröfse hat, und daher nicht viel Raum einnimmt, und nicht den Kranken belästigt. — 6) Dafs es sich ganz vorzüglich auch als Serre artère eignet; dafs die Winde aufs sicherste geschlossen, und die angespannte Schnur nicht nachgeben kann; 7) dafs wir die glatten Schlingenträger ohne alle Schmerzen für den Kranken und ohne die geringsten Zerrungen etc. entfernen können; 8) dafs man damit auch festsitzende Ligaturfäden leicht lösen kann (S. Operationsbedarf u. vergl. *v. Gräfe's* etc. Journ. Bd. 17. pag. 339. Taf. III. Fig. 9—11), u. 9) endlich, dafs der ganze Apparat nicht kostspielig und leicht zu transportiren ist.

Literat.: In den Instrumentariis chirurgicis von *Rudtorffer*, *Ott*, *Seerig*, *Blasius* u. A. befinden sich die meisten der hier genannten Ligaturwerkzeuge beschrieben und abgebildet. E. Gr — e.

LIGATURA CUM ET SINE SUBSTANTIA. S. Arterienunterbindung.

LIGATURPINCETTE. S. Forceps.

LIGATURSCHLIESSER. S. Ligatura.

LIGATURWERKZEUGE. S. Ligatura.

LIGATURZANGE. S. Ligatura.

LIGNUM ALÖES. S. Agallochum.

— BRASILIENSE LUTEUM u. RUBRUM. Siehe Caesalpinia.

LIGNUM CAMPECHIANUM. S. Haematoxylon.

LIGNUM CEDRI. S. Pinus.
— COLUBRINUM. S. Strychnos.
— EBENI. S. Diospyros.
— FERNAMBUCI. S. Caesalpinia.
— MAHAGONI. S. Swietenia.
— MASTICHES. S. Pistacia.
— QUASSIAE JAMAICENSIS. S. Simaruba.
— RHODIUM. S. Convolvulus scoparius.
— STAE. LUCIAE. } S. Mahaleb.
— STI. GREGORII. }
— SANCTUM. S. Guajacum.
— SANTALI RUBRI. S. Pterocarpus.
— SAPPAN. S. Caesalpinia Sappan.
— SASSAFRAS. S. Laurus.
LIGUSTICUM. S. Levisticum.

LILIUM (Lilie). Diese Pflanzengattung gehört im Linnéischen System zur Hexandria Monogynia, bei *Jussieu* zu der nach ihr benannten Familie der Liliaceae. Sie enthält Pflanzen mit schuppigen Zwiebeln, aufrechtem, mit sitzenden Blättern besetzem Stengel und traubig gestellten Blumen, welche aus einer kronenartigen, 6blättrigen Blüthenhülle, deren Blätter eine Honig absondernde Längsfurche am Grunde haben, aus 6 Staubgefäfsen mit beweglichen Staubbeuteln und aus einem einfachen Stempel mit herablaufend dreilappiger Narbe bestehen. Die Frucht ist eine 3fächrige, vielsamige Kapsel, deren 3 Klappen durch Fäden gitterartig verbunden sind.

1) L. candidum *Hayne.* Der Stengel dieser aus Südeuropa und Kleinasien stammenden, jetzt in unseren Gärten sehr gewöhnlichen Lilie ist $1\frac{1}{2}$—3 F. hoch, mit zerstreut stehenden, abnehmenden Blättern bedeckt, von denen die untersten spathelig-lanzettlich, die obersten aber eiförmig lanzettlich sind; die Blumen sind fast glockig, weifs, sehr wohlriechend, innen kahl, die Staubbeutel länglich, an beiden Enden stumpf, gelb, und der Griffel ist unter der Narbe dreifurchig.

2) L. peregrinum *Hayne.* Diese, der vorigen sehr änliche Lilie unterscheidet sich durch schmalere Blätter und den unter der Narbe dreikantigen, nicht furchigen Griffel. Ihr Vaterland ist unbekannt; man hielt sie sonst nur für eine

Abänderung der vorigen Art. Von beiden wurden sonst benutzt: 1) die Zwiebeln und Zwiebelschuppen (Radices s. Bulbi Lil. alborum), welche im Frühjahre gesammelt werden müssen; sie enthalten Schleim, Stärkemehl, und einen flüchtigen, scharfen Stoff, welcher durch Hitze und Trocknen verloren geht. In Asche gebraten, oder in Wasser gekocht, werden diese Zwiebeln als ein Hausmittel zur Zeitigung von Geschwüren benutzt; von *Kortum* sind sie gegen Wechselfieber empfohlen. 2. Die Blumen (Flores Lil. alborum). Man sammelte nur deren Blätter und trocknete sie, wodurch sie ihren Geruch verloren. Von den frischen Blumen bereitete man ein destillirtes Wasser (Aqua Fl. Lil. alb.), welches zu den cosmetischen und antispasmodischen Mitteln gehörte, ferner durch Maceration oder Kochen derselben in Oel oder Alkohol ein Wundmittel, welches auch wohl als Hausmittel beliebt ist. 3. Die Staubbeutel (Antherae s. Crocus Lil. alb.), welche man auch in neuerer Zeit als ein Mittel wider die Epilepsie empfohlen hat.

3) L. Martagon *L.* (Türkischer Bund). Diese in unseren Laubholzwäldern vorkommende Art hat quirlförmigstehende, umgekehrt-eiförmig-lanzettliche Blätter, rothe, dunkler gefleckte, zurückgerollte Blüthenhüllblätter, und erscheint bald kahl, bald behaart. Ihre Zwiebel wurde sonst wohl in Apotheken statt der von Asphodelus ramosus zu sammelnden Radix Asphodeli gefunden. Es soll die Hemerocallis des *Dioscorides* sein. In der Wirkung und Anwendung kommt ihre Zwiebel der weifsen Lilie ganz gleich. In Asien werden diese sowohl, wie andere Lilienzwiebeln, gebraten gegessen. v. Schl—l.

LIMA.
LIMATIO. } S. Feile.

LIMBUS ALVEOLARIS. S. Unterkiefer.

LIMMER. Die Mineralquelle bei Limmer, unfern Hannover, seit 1779 bekannt, von einem durchdringenden Schwefelgeruch, einem salzig-schwefeligen Geschmack, hat eine Temperatur von 4° R., spec. Gew. 1,0093, und wird, gleich ähnlichen, erdig-salinischen Schwefelwassern, in Form von Bädern bei rheumatischen und gichtischen Leiden, chronischen Hautausschlägen, chronischen Metallvergiftungen, Lähmungen und Hämorrhoidalbeschwerden empfohlen.

Das Mineralwasser, von *Andreae* und *Westrumb* analysirt, enthält nach Letzterem in sechszehn Unzen:

Chlornatrium	0,640	Gr.
Chlortalcium	0,020	—
Chlorcalcium	0,280	—
Schwefelsaures Natron	0,040	—
Schwefelsaure Kalkerde	0,080	—
Kohlensaure Kalkerde	0,800	—
Thonerde	0,120	—
Harz	0,060	—
	3,040	Gr.
Kohlensaures Gas	3,855	K.-Z.
Schwefelwasserstoffgas	4,480	—
	8,335	K.-Z.

Literat.: *E. Osann's* phys.-med. Darstellung der vorzügl. Heilquellen Europa's. Th. II. S. 798. O — n.

LIMONIEN. S. Citrus.

LIMPACH. Dieses viel besuchte Bad der Schweiz liegt einsam, aber freundlich in einer grünen Niederung, zwischen sanft ansteigenden, mannigfach bewaldeten und angebauten Hügeln, 40 F. tiefer als der Thunersee, 1710 F. über dem Meeresspiegel, 4½ Stunden von dem nordwestlich gelegenen Bern, 8½ Stunden von dem westlich gelegenen Freiburg, und 1½ Stunde von dem südöstlich gelegenen Thun, bietet eine nach den Hochalpen, den Gebirgen am Brienzer- und Thunersee und der Stockhornkette offene Aussicht dar, und erfreut sich eines sehr milden, wenig veränderlichen Klima's; der Thermometerstand im Sommer ist zwischen 18 und 25° Reaum.

Die älteste Urkunde, in welcher des Limpacher Bades Erwähnung geschieht, ist vom Jahre 1680. Damals sollen die Gebäude am jenseitigen Fuſse des Hügels gestanden haben, und erst zwischen 1750 — 1770 an ihrer jetzigen Stelle aufgeführt worden sein; — wenigstens deutet ihre Bauart auf ungleichzeitige Erweiterungen. Das Hauptgebäude enthält die zum Baden und zu Wohnungen der Kurgäste nöthigen Vor- und Einrichtungen.

Die vier Hauptquellen entspringen nahe bei einander auf Moorgrund, ungefähr 8 Minuten westwärts vom Badehause; durch hölzerne Röhren geleitet, ergieſsen sie sich in ein tiefes, gemauertes Reservoir, aus welchem das Wasser in den Wärmekessel gepumpt, und aus diesem in die Badewannen gefördert wird.

Das Wasser ist an den Quellen hell, und hat einen starken Schwefelgeruch und Geschmack, den es im Reservoir verliert, nach der Erwärmung über dem Feuer jedoch wieder gewinnt, wodurch es sogar gelblich wird. Sein spec. Gewicht fand Apotheker *Studer* in Bern zu 1,002, und seine Temperatur + 10° R., bei einer Lufttemperatur von + 16° R.

Studer fand in sechszehn Unzen dieses Wassers:

Kohlensaure Kalkerde	0,8800 Gr.
Kohlensaure Bittererde mit einer Spur von Eisen	0,1216 —
Schwefelsaure Kalkerde	0,1600 —
Chlornatrium	0,1600 —
Harzige Substanz	0,0384 —
Organische Substanz	0,0800 —
	1,4400 Gr.
Kohlensaures Gas	1,536 K.-Z.

Die Haupteigenschaften dieses bis jetzt nur als Bad benutzten Wassers sind seifenartig, mild und weich. Es wirkt erweichend, beruhigend, ohne sehr zu erschlaffen, und wird bei krankhaft erhöhter Reizbarkeit zur Beruhigung empfohlen, namentlich bei rheumatischen und gichtischen Leiden, nervöser Ueberreizung, Hysterie, Stockungen, Hämorrhoidalbeschwerden u. dgl.

Da man hier ruhig, ländlich, einfach, Jeder nach seiner Weise lebt, und man neben geselligen Freuden vielfachen Genufs in der schönen Natur findet, überdies die Communication mit den vielen benachbarten Ortschaften häufig und leicht ist, wird Limpach vorzugsweise zum Gebrauche anderer beliebiger Mineralwasserkuren gewählt. O — n.

LINARIA. Eine Pflanzengattung aus der natürlichen Familie der Personatae und der Didynamia Angiospermia *Linn.* Früher zu der Gattung Antirrhinum (S. d. Art.) gehörend, ist sie wegen des langen Sporns ihrer Blumenkrone davon getrennt.

1) L. vulgaris *Mill.* (Antirrhinum Linaria *L.*, gemeiner Frauen- oder Marienflachs, Leinkraut). Diese durch ei-

nen grofsen Theil Europa's auf grasigen, trockenen Stellen vorkommende Pflanze hat einen kriechenden, ästigen Wurzelstock, aufrechte, bis 2 F. hohe Stengel, welche, so wie die schmalen, linealischen Blätter kahl und bläulich-grün sind; die Blumen bilden eine dichte Traube, mit leicht behaarten Blumenstielen; die Krone ist gelb, die Kapsel länglich ausgerandet, die Samen haben einen häutigen Rand. Man benutzt diese Pflanze wenn sie in der Blüthe steht (Herba Linariae); sie schmeckt bitter und unangenehm, und riecht etwas widerlich. Das nicht blühende Kraut hat Aehnlichkeit mit der Wolfsmilch, unterscheidet sich aber sogleich durch das Fehlen des Milchsaftes. Man benutzt es auch äufserlich in Form einer Salbe (Unguentum Linariae). Auch die Blumen waren sonst im Theeaufgufs in Gebrauch. v. Schl—l.

Als erweichendes und schmerzstillendes Mittel hat sich das Unguentum Linariae einen besonderen Ruf bei schmerzhaften und entzündeten Hämorrhoidalknoten erworben. Bereitet wird dasselbe durch Kochen des frischen Krautes mit Schweinefett. O—n.

LINCTUS (Looch, Eclegma, Mundsäftchen). Mit diesem Namen werden solche Zusammensetzungen von Arzneimitteln belegt, welche von der Consistenz eines dicken Syrups sind, und auch meist aus schleimigen und süfslichen Substanzen, wie fette Oele, Syrup, Eigelb, Honig, Schleim u. s. w. gemengt sind. Alle festen und scharfen, so wie unangenehm schmeckenden Dinge sind von diesen Zusammensetzungen ausgeschlossen, welche auch wohl nach der verschiedenen Färbung, welche sie erhalten, benannt werden.

v. Schl—l.

LINDE. S. Tilia.

LINDENHOLZEN. Die Mineralquelle zu Lindenholzen, im Herzogthum Nassau, Amts Limburg, nach *Stifft* 452 Fufs hoch über dem Meere entspringend, bei der Menge von Säuerlingen im Herzogthume Nassau wenig benutzt, enthält nach *Wolff's* Analyse in sechszehn Unzen:

Schwefelsaures Natron	4,50 Gr.
Chlornatrium	1,86 —
Kohlensaures Natron	3,10 —
Kohlensaure Kalkerde	3,98 —
Kohlensaures Eisenoxydul	0,55 —

Thonerde	0,05 Gr.
Kieselerde	0,08 —
	14,12 Gr.
Kohlensaures Gas	18,92 K.-Z.

Literat.: *E. Osann*, phys.-med. Darstellung der vorzügl. Heilquellen Europa's. Th. II. S. 714. — *Wolff*, in *Trommsdorff's* N. Journ. d. Pharmacie. Bd. IV. St. 2. — *C. E. Stifft's* geognostische Beschreibung des Herzogthums Nassau. Wiesbaden 1831. S. 539.

O—n.

LINEA ALBA ABDOMINIS, die weifse Linie des Bauches, ein sehr fester, in der Mittellinie des Bauches verlaufender, sehniger Streifen von glänzend weifser Farbe, der durch die Vereinigung und Verwebung der vorderen Sehnen der drei breiten Bauchmuskeln gebildet wird, am Schwertfortsatze des Brustbeins anfängt, zwischen den beiden geraden Bauchmuskeln herabsteigt, und an der Schambeinfuge sich endigt. Ueber dem Nabel ist die weifse Linie fast einen Zoll breit, unter demselben wird sie schnell schmaler, aber dicker, zu einem harten, sehnigen Bande verwandelt, was unten an der Schambeinfuge sich in der Gestalt eines Dreieckes (Ligamentum triangulare lineae albae) befestigt.

Beim Fötus ist die weifse Linie an der Stelle des Nabels mit einer runden, von gebogenen Sehnenfasern umgebenen Oeffnung, dem Nabelringe (Annulus umbilicalis) versehen, wodurch die Nabelgefäfse und der Harnstrang treten. Nach der Geburt verwächst sehr bald dieser Ring mit den Ueberbleibseln jener, ebenfalls obliterirten Theile; indessen giebt es auch Fälle, wo diese Verwachsung unvollkommen geschieht, so dafs durch den Ring Eingeweide in einem Sacke des Bauchfells vorgetrieben werden, was man Nabelbruch (Hernia umbilicalis) nennt. S. d. Art. Abdominales musculi. S—m.

LINEA ARCUATA EXTERNA ET INTERNA OSSIS ILIUM, die äufsere und innere gekrümmte, rauhe Linie des Darmbeins. S. Innominatum os 1. S—m.

LINEA ASPERA FEMORIS, die rauhe Linie auf der hinteren Seite des Oberschenkelbeins. S. Femoris os.

S—m.

LINEA INTERTROCHANTERICA ANTERIOR ET POSTERIOR. S. Femoris os.

LINEA OBLIQUA MAXILLAE INF. S. Unterkiefer.

LINEA SEMICIRCULARIS S. SEMILUNARIS DOUGLASII wird die gekrümmte, abwärts concave Grenze genannt, womit eine Handbreit unter dem Nabel die hintere sehnige Wand der Scheide des geraden Bauchmuskels aufhört. S—m.

LINEA SEMICIRCULARIS S. SEMILUNARIS SPIGELII wird die gekrümmte, nach innen concave Linie genannt, in welcher die Fleischfasern des queren Bauchmuskels sich an die vordere aponeurotische Sehne desselben heften, bevor sie in die hintere Wand der Scheide des geraden Bauchmuskels übergeht. S—m.

LINEA SEMICIRCULARIS SUPERIOR ET INFERIOR OSSIS OCCIPITIS. S. Basilare os 1. a.

LINEA SEMICIRCULARIS TEMPORUM, die halbkreisförmige, nach oben convexe Linie der Schläfe. Sie begrenzt die Schläfe im oberen Umfange, fängt am Jochfortsatze des Stirnbeins an, geht gekrümmt über das Stirnbein und das Scheitelbein nach hinten, und endigt sich vor dem Zitzenfortsatze des Schläfenbeins, an der oberen Wurzel des Jochfortsatzes desselben. Sie dient der Aponeurosis temporalis zur Anlage. S—m.

LINGUA. S. Zunge.

LINGUA. Die Zunge, in semiotischer Beziehung eines der wichtigsten Organe, erlangt diese Bedeutung insofern sie 1) in ihrer Bedeckung den Zustand der Schleimhäute, namentlich derjenigen des Verdauungscanals so wie einiger absondernden Drüsen reflectirt; 2) in ihren Bewegungen über die allgemeine Innervation der Musculatur oder über die örtliche Beschaffenheit ihres motorischen Apparats Aufschlufs giebt; 3) als Organ des Geschmacks den Zustand dieses Sinnes, und demnächst anderer, mit ihm in Verbindung oder Consens stehender Theile bezeichnet. Dies sind die wichtigsten Momente der Glossoscopie, wozu dann noch diejenigen Zeichen kommen, die sich auf örtliche Krankheiten der Zunge beziehen, und die, wie Verhärtungen, Scirrhus, Geschwüre, Aphthen u. dgl. bald rein örtlich sein, bald ein Allgemeinleiden zur Ursache haben, oder wie die Glossitis ein solches bedingen können.

Farbe und Textur, Befeuchtung, Gestalt und Volumen, Beweglichkeit, Empfindlichkeit und Geschmackssinn sind also die bei Betrachtung der Zunge zu berücksichtigenden Umstände.

1) Farbe. Mit Recht bemerkt *Froriep*, dafs man drei verschiedene Arten der Färbung der Zunge unterscheiden müsse: die eine, welche in der Schleimhaut ihren Sitz hat, die andere, welche durch den Belag gebildet wird, die dritte, welche von der Substanz der Zunge ausgeht. Da man jedoch zwischen der Färbung der Substanz und derjenigen der unbelegten Schleimhaut keinen sicheren Unterschied bestimmen kann, werden wir von beiden gemeinschaftlich sprechen.

Die natürliche Farbe der Zunge schwankt zwischen dem blafs rosenröthlichen bis zu einem dunkleren Blauroth. Bei Kindern waltet die hellere, lichtröthere, bei Aelteren die venöse Färbung vor. Die Abweichungen gehen vom ganz Hellblassen bis in's Tiefschwarze.

Eine normal röthliche Zunge ist ein Zeichen der gesunden Beschaffenheit des Speisecanals, und in Krankheiten von guter Bedeutung, wenn sie nicht ein isolirtes Zeichen bildet, und wenn sie zugleich feucht und mäfsig warm ist. Zu Anfange der Fieber deutet sie dann die Abwesenheit gastrischer Complicationen, gegen ihr Ende die bevorstehende Entscheidung an. Wenn sie jedoch plötzlich und ohne Uebereinstimmung der Zeichen erscheint, besonders nachdem sie vorher belegt gewesen, so deutet sie auf eine gewaltsame Veränderung im Zustande der Schleimhaut; bei Gallenfiebern insbesondere auf Metastasen und bevorstehende Delirien. Bei chronischen Krankheiten zeigt die unverändert normale Röthung der Zunge die Abwesenheit aller dyscrasischen Ursachen an, welche andere Färbungen bedingen. Sie ist zwar im Ganzen ein gutes Zeichen, oft aber beweist sie auch den localen, und somit schwerer zu bekämpfenden Charakter des Grundleidens. Je dunkler die Röthung der Zunge wird, um so mehr spricht dies, besonders bei gleichzeitiger Trockenheit und erhöhter Temperatur, für stärkeren Blutandrang. Finden sich dabei zugleich Geschwulst und örtliche Schmerzen in der Zunge, so ist eine Entzündung ihrer Substanz anzunehmen, welche verschiedener Art sein kann. Ist dagegen das Volumen der Zunge nicht wesentlich vermehrt, nur etwa Turgor vorhanden, die Zunge trocken, heifs, so müssen wir auf höhere Grade bestehender Entzündungen der Respirationsorgane oder auf Abnormitäten an der Basis des Gehirns und um die Ursprünge der Zungennerven, besonders des lingualis (trigeminus) und hypoglossus schliefsen. Daher ist eine solche Zunge auch Symptom des Hydrocephalus acutus, und überhaupt entzündlicher Affectionen oder Ueberfüllungen des Gehirns, und im typhösen und Faulfieber von schlimmer Bedeutung.

Eine hellrothe Zunge zeigt von Zartheit des Gewebes und rosenartiger Affection der Schleimhaut. Bei Exanthemen ist sie im Allgemeinen ein gutes Zeichen, wenn sie nicht über den dritten Tag hinaus besteht. und wenn sodann eine vermehrte Absonderung eintritt. Beim Scharlach folgt sie wohl auch, mit günstigem Verlaufe, auf vorgängigen Schleimbelag, und hier wird die Röthe vorzugsweise durch Anschwellung der nicht absondernden Papillen bedingt, ist an Spitze und Rändern am stärksten, während die von fieberhaftem Gastricismus und entsprechenden Krankheitsformen herrührende Entwickelung gerötheter, von Belag freier Papillen sich fast gleichmäfsig über die ganze Zunge verbreitet.

Bei der Phthisis tuberculosa ist die Zunge in der Regel hellroth, was eben so, wie die Reinheit der Zähne, von verminderter Absonderung des Epitheliums (Schleims) herrührt. Sonst ist die hellrothe Zunge in Krankheiten nicht eben sehr charakteristisch; man beobachtet sie bei Wassersuchten, besonders im Hydrothorax; aber man sieht hier auch nicht selten bläuliche Färbungen und starke Belege.

Die Blässe der Zunge rührt in der Regel von dem ungefärbten und abgestofsenen Epithelium her. Betrifft sie die Substanz selbst, so deutet sie auf Blutmangel, Schwäche der Blutbereitung, lymphatische Complexion. Bei Lähmungen wird sie bisweilen, häufiger jedoch eine blaue Färbung, angetroffen. Vorübergehend entsteht sie, wegen der chemischen Einwirkung auf die Schleimkörner des Epitheliums, durch den Genufs der Essigsäure.

Dunkle Farbe der Zunge, vom Hellblauen bis in's Tiefschwarze, deutet, wenn sie nicht auf zufälligen Färbungen beruht, immer auf gestörten Kreislauf, vorherrschende Venosität, Stockungen oder Zersetzungen des Blutes. An der Leiche wird sie Zeichen eines erfolgten Erstickungstodes, deshalb bei Erhängten wohl zu beachten. Die beständig blaue Färbung der Zunge ist Begleiterin der Cyanose; bläuliche Zunge, deren untere Seite von angefüllten Venen strotzt, ist Zeichen scorbutischen Leidens, der erhöhten Venosität im Allgemeinen; sie ist sehr häufig bei Hämorrhoidalischen, und wo Ueberfüllungen des Darms, mit Trägheit des Stuhlgangs und andauernder Verstopfung obwalten. Blaue und zugleich kalte Zunge ist ein Vorläufer und Begleiter der Zungenlähmung in Folge apoplectischer Anfälle; ist sie dagegen heifs und schmerzhaft, so droht der Uebergang aus der Glossitis in den Brand. Eine bläuliche Beschaffenheit des Zahnfleisches und der Zunge geht dem Ausbruche von Mercurialgeschwüren voran, und erscheint bisweilen bei Unregelmäfsigkeiten der Menstruation. Petechien, Sugillationen und vorübergehendes Blauwerden haben, je nach den Umständen, eine nur untergeordnete und locale, oder eine allgemeine Bedeutung, und sind im letzteren Falle stets Zeichen hoher Gefahr. Die schwarze Zunge ist Zeichen des Brandes derselben, wenn sie nicht von die Schleimhaut färbendem (schwarzem) Farbestoffe oder von Medicamenten (Chlorsilber, Chlorgold) herrührt.

Die Zunge ist bisweilen gelb, bei allgemeinem Icterus und bei manchen Fiebern mit galligem Charakter; bräunlich, vertrocknet, und wie eingeschrumpft bei grofser innerlicher Hitze, besonders in bösartigen, schleichenden Fiebern.

Der Belag der Zunge entsteht durch eine reichlichere Absonderung des Epitheliums, durch beginnende Lösung desselben von der Oberhaut und durch Farbstoffe im Organismus, die mit ihm eine Verbindung eingehen.

Ein mäfsiger, weifslicher oder weifsbläulicher Belag der Zunge, in der Mitte getheilt und gegen die Ränder hin verwaschen, ist als ein Zeichen der Gesundheit anzusehen, wenn er am Morgen erscheint; denn er deutet nur eben einen gewissen Grad der Thätigkeit im Stoffwechsel an, und ist ein Zeichen der feuchten Constitution und des sanguinischen Temperaments. Dieselbe Bedeutung behält ein solcher glatter, leichter Ueberzug auch in hitzigen Krankheiten, und er ist der mäfsigen Ausdünstung der Haut zu vergleichen. Der zottige Belag ist eine stärkere Entwickelung des vorigen, wobei die abgestofsenen Schleimzellen an einander hängen, und gleichsam eine doppelte Decke über der Zunge bilden. Er ist wohl stets mit einem gewissen Grade fieberhafter Erregung und mit etwas Gastricismus verbunden, wenn er nicht Folge ganz örtlicher Reizungen der Zungenschleimhaut ist. Letzteres beobachtet man bei Tabackrauchern, jedoch treten hier nicht, wie bei dem zottigen Belage, kleine rothe Puncte, entwickeltere Papillen, zwischen der weifsen Fläche durch, sondern diese ist gleichmäfsig entwickelt, bisweilen in Blasen erhoben, und deutlicher als losgelöstes Schleimhautepithelium erkennbar.

Wenn der weifse Belag der Zunge nicht gleichmäfsig verbreitet ist, wenn er namentlich nur die eine Hälfte der Zunge bis an die Mittellinie betrifft, so ist er stets weniger günstig. Man wollte einen solchen theilweisen Ueberzug früher als ein charakteristisches Zeichen der Lungenentzündung derselben Seite betrachten; gewifs ist er ein Zeichen, dafs die Schleimhaut idiopathisch ergriffen ist, und der Belag nicht mehr blofs von einer allgemeinen Reizung und Reaction herrührt. Je mehr sich der Belag der Zunge von der Farbe des Mattweifs und der Beschaffenheit eines dünnen Schleimüberzuges entfernt, um so gröfsere Bedeutung erlangt er, als Zeichen der Krankheit und des Ausgangs.

Der gelbe Belag ist eins der gewöhnlichsten Zeichen des biliösen Gastricismus; er kommt in der wärmeren Jahreszeit bei vielen Krankheiten, acuten sowohl als chronischen, im Winter gewöhnlich nur bei Letzteren vor. Er ist sehr gewöhnlich bei Dysarthritis und als Vorbote regelmäfsiger Gicht; vorübergehend stellt er sich nach Indigestionen, so wie nach dem Gebrauche und der Wirkung von Brechmitteln ein, wenn sie unzureichend oder zu stark in Bezug auf die bestehende Reizung wirkten. Er verschwindet dann allmälig; bisweilen aber zeigt er die Hartnäckigkeit der Reizung an, und in Lungenentzündungen ist er ein Zeichen, dafs auch die Leber von Ueberfüllung nicht frei ist. Der blofs schmutzige Belag ist dem Gelben verwandt, und geht durch alle denkbaren Gradationen in jenen über; er gehört ebenfalls dem Gebiete des Gastricismus an; wenn er aber im

Fieber über den 7. Tag hinaus anhält, ist er ein Zeichen der Bösartigkeit und Hartnäckigkeit des Leidens. Bei der Genesung verschwindet er allmälig, nicht der Dicke, sondern der Breite nach.

Ein scheinbarer Belag oder vielmehr Ueberzug der Zunge entsteht durch fortwährendes Offenhalten des Mundes bei veränderter Thätigkeit der Schleimhaut, deren Epithelium sodann eintrocknet, braun oder schwarz wird. Bei typhösen Fiebern ist dies ein übles Zeichen, das nicht sowohl von der Zunge, als von der Erschlaffung der kräftigen Kiefermuskeln herzunehmen ist. Eine andere Art des schwarzen oder dunkelen Belages rührt von einem eigenthümlich veränderten Chemismus des Blutes und der reichlichen Absonderung eines schwarzen Farbstoffes her; man könnte sie die melancholische nennen, da sie bei Cholerischen bisweilen (ebenso wie die Absonderung schwarzen Pigments an der Kopfhaut) ohne besondere Bedeutung vorkommt; in abdominalen Fiebern dagegen ist sie ein böses Zeichen.

Textur. Härten und Knoten in der Zunge deuten auf Localkrankheiten dieses Organs, welche allgemeinen dyscrasischen oder örtlichen Ursachen ihr Dasein verdanken können. Es sind dies in der Regel entweder gutartige, durch mechanische Einwirkungen (z. B. Zahndruck) hervorgebrachte Indurationen, oder scirrhöses Gewebe. Narben, als Zeichen vorgängiger Verletzung, sind von Bedeutung für die Diagnose der Epilepsie, vorgängiger Degenerationen, Geschwüre und Wunden. Eine blofs rauhe Zunge ist Folge der Hervorragung der Papillen, und deutet im Allgemeinen auf stärkere Reizung der Schleimhaut; aus eben diesem Grunde aber erlangt sie in fieberhaften Krankheiten Wichtigkeit wegen der mit solchen Affectionen sich so leicht verbindenden Nervosität. Die stachlige Zunge ist ein Zeichen starker Congestion nach den Papillen, wodurch diese erigirt und vergröfsert, aber zugleich trocken und rauh werden; sie ist, als böses Zeichen, in fieberhaften Krankheiten mit zur Zersetzung hinstrebender Blutaufregung vorhanden. Eine wahre Stachelzunge kommt bisweilen, aber doch noch seltener als die Stachelentwickelung auf der Haut, als chronische Degeneration in Folge eines Leidens des Zellgewebes vor.

Die scrophulösen Exantheme verändern ebenfalls die

Textur der Zungenoberfläche. Obere, wasserhelle Bläschen haben bald die Bedeutung der Aphthen-Dyscrasie, gastrischer Reizung, und ähnlicher allgemeiner Ursachen, bald scheinen sie auch nur Localkrankheiten zu sein, die keine wesentliche Veränderung und Störung im Allgemeinbefinden andeuten. In Fiebern bezeichnen sie gewisse epidemische Constitutionen, erscheinen daher bald als Zeichen der Bösartigkeit (besonders diejenigen, welche von Innen nach Aussen gehen), bald auch mit critischem Charakter, wenn Zeit und sonstige Umstände entsprechen.

Aphthöse Geschwüre werden in Gegenden häufig beobachtet, wo Aphthen endemisch sind. Jedoch können auch mercurielle Dyscrasieen ähnliche, nicht immer leicht zu unterscheidende Substanzverletzungen erzeugen. In der Phthisis deuten sie das letzte Stadium und den tödtlichen Ausgang an. Beim Scorbut sind Geschwüre der Zunge fast charakteristisch. Bläschen, dem Friesel entsprechend, können sich in allen Fällen, wo dieses Symptom eintritt, ebenfalls vorfinden.

Befeuchtung. Eine mäfsig feuchte, zugleich warme Zunge, ist in Fiebern von günstiger Bedeutung; die trockene deutet auf Durst und Hitze, und ist um so schlimmer wenn der Durst fehlt. — Der Uebergang von Trockenheit zur Feuchtigkeit deutet auf bevorstehende Entscheidung der Krankheit, der umgekehrte Zustand auf Verschlimmerung, Entzündung innerer Organe oder grofse Erschöpfung. Eine sehr feuchte Zunge ist Zeichen von Reizung in den Drüsen der Schleimhaut oder den Speicheldrüsen; sie ist unmittelbare Folge des Genusses scharf reizender Substanzen, und wird in diesem Falle bald trocken, mit Durst. Die Trockenheit der Zunge wird Ursache der Rissigkeit derselben; dieser Umstand deutet dann einen hohen Grad von Trockenheit, und somit in fieberhaften Krankheiten entsprechende Hitze und Gefahr an.

Gestalt und Volumen. Eine sehr grofse Zunge ist nicht selten Ursache schwerfälligen Sprechens, und wird auch bei Gourmands fast immer beobachtet. Durch Geschwulst vergröfsert, ist sie ein Zeichen der Glossitis; bisweilen stammt ein gewisser Grad von Vergröfserung von blofser Congestion und Plethora her. Geschwulst der Zunge bei entzündlichen

Krankheiten der Athmungsorgane ist fast immer bedenklich. Oedematöse Zungengeschwulst ist gewöhnlich Folge einer Infection; man beobachtete sie nach der Verletzung des Organs durch Vipernbifs, Wespenstiche, so wie bei bösartigen Masern. Die lange, schmale Zunge ist bei Phthisikern häufig.

Eine höckrige, ungleiche Beschaffenheit der Zunge zeigt, wenn sie hart ist, in der Regel scirrhöse Entartung, bisweilen auch gutartige Tumoren an. Ist sie weich, so kann sie entweder nur von zerstreuten Blasen herrühren, wo sie dann nach dem Oben Gesagten oft auf örtliche, scharfe Reize schliefsen läfst, und bei Vergiftungen mit scharfen und ätzenden Stoffen Berücksichtigung verdient, bald kann sie Abscesse, Blutblasen von Quetschungen u. dgl. anzeigen. Ein harter Knoten der unteren Seite, vor dem Ausführungsgange der sublingualis, deutet auf Speichelsteine und Concretionen.

Zu lange, zu kurze Zungen haben entweder die Bedeutung angeborener Bildungsfehler, wo bei der ersteren das Anstofsen und Stammeln häufig vorkommt, bald zeigen sie krankhafte Zustände an. Erschlaffung der das Zungenbein zurückziehenden Muskeln bedingt die lähmungsartige, passive Verlängerung; die Verkürzung kann gleicherweise Folge eines Krampfes sein, wenn sie nicht von mechanischen Ursachen herrührt. Daher deuten diese Zustände auf Reizung oder Ueberreizung des Centralorgans der Innervation.

Beweglichkeit. Entschiedener wird diese angezeigt durch die Mobilität der Zunge. Diese ist bisweilen sehr gesteigert, der Kranke spielt unaufhörlich mit der Zunge, bewegt sie im Munde nach allen Richtungen, mit oder ohne häufiges Sprechen. Dies mufs auf Hirnreizungen aufmerksam machen. Das Zittern der Zunge ist in Krankheiten ein böses Zeichen; in acuten zeigt es den nervösen Charakter an; es kommt bei Epilepsie, Delirium tremens u. s. w. vor. Die aufgehobene Beweglichkeit ist ein Zeichen der Paralyse; sie ist seltener vollständig als einseitig, und deutet dann in der Regel die Lähmung derjenigen Seite an, nach welcher die Spitze der Zunge gezogen wird. Bei Hysterismus und Krämpfen wird die Zunge ebenfalls bisweilen auf eine Seite gezogen.

Im gesunden Zustande ist eine schwer bewegliche, langsame Zunge ein Zeichen geringer Reizbarkeit und der Geneigtheit zum Torpor, wogegen die volubile der erethischen Constitution entspricht. Zungenkrampf ist im letzteren Falle häufig, und manifestirt sich zugleich durch die Unmöglickeit die Zunge auszustrecken.

Empfindlichkeit. Oberflächliche Unempfindlichkeit beobachtet man überall nach Erhebung und Lösung des Epitheliums, Bildung von leeren Blasen u. dgl.; sie ist an sich ein physiologischer Zustand. Die gänzliche Unempfindlichkeit der Zunge ist, je nach der sonstigen Beschaffenheit der Substanz, als Folge der Lähmung des Gefühls (Anästhesie), oder des Brandes zu erkennen. In beiden Fällen ist sie ein gefährlicher Umstand, in ersterem als Zeichen einer tiefen Hirnaffection, welche die Ursprünge des dreigetheilten Nerven betrifft, im letzteren wegen der Zerstörung des wichtigen Organs selbst. Anästhesie einer Seite läfst auf Centralaffection derselben Seite schliefsen. Eine sehr empfindliche, schmerzhafte Zunge wird bedingt durch Entzündung, Entblöfsung der Nerven, durch Aphthen und andere Reizungszustände in der Schleimhaut, durch scirrhöse Verhärtungen. Auch beim Zungenkrampf entsteht sehr heftiger Schmerz.

Geschmacksinn. Die Störungen des Geschmacksinnes sind wiederum von gröfserer Wichtigkeit, insofern sie, obzwar nur subjective Symptome, doch eine Menge pathologischer Veränderungen, besonders in Beziehung auf die Thätigkeit des Verdauungsapparates und die Beschaffenheit der Säfte anzeigen. Wir können zweierlei Arten von Geschmacksveränderungen, neben der Ageustie und etwa der Hypergeustie, unterscheiden; nämlich den veränderten Geschmack bei Anwesenheit schmeckbarer Stoffe — Geschmackstäuschung, und den Geschmack, welcher nur auf subjectiven Reizungen des Nerven beruht, die Geschmackshallucination.

Die Ageustie ist in geringeren Graden ein sehr häufiger Fehler, und sie fehlt selten, wo aus irgend einer Ursache Anosmie obwaltet. Sie ist entweder nur partiell, bezieht sich auf einzelne Stoffe und Geschmacksformen, oder sie erstreckt sich, als Stumpfheit des Geschmackssinnes, über alle schmeckbaren Substanzen. Sie kann zur Krankheitsursache werden, ist aber in dieser (angeborenen) Form als Krankheitszeichen von keiner Bedeutung. Wenn sie im Verlaufe von Fiebern entsteht, bedeutet sie bei belegter Zunge ebenfalls nicht viel; bei unbelegter zeigt sie heftige Congestion nach der Zunge oder Hirnaffectionen an. Vollkommener Verlust des Geschmacks in späteren Stadien der Fieber ist stets böse. In chronischen Krankheiten fällt sie bisweilen mit schweren Unterleibsleiden zusammen, ist dann gewöhnlich mit Anosmie verbunden, und beruht wohl zum Theil nur auf der letzteren. Lähmungen des lingualis und seiner Ursprünge bewirken sie ebenfalls; sie ist ein häufiges Symptom des Wahnsinns, und deutet dann immer auf Congestion oder materielle Veränderungen um die Ursprünge des Glossopharyngeus.

Die Hypergeustie zeigt, wenn sie nach langer Enthaltung von allen reizenden, gewürzhaften Speisen eintritt, nur die Zartheit des deckenden Epitheliums, die wiedergewonnene Reizbarkeit der Geschmacksnerven an, wie sie bei jungen Individuen gewöhnlich, und Ursache ihrer Abneigung gegen alle scharfen, beifsenden und brennenden Genufsmittel ist. Sie ist in der Reconvalescenz Zeichen dieser vorgängigen Enthaltung, im Uebrigen aber ein allgemeines Zeichen erhöhter Reizbarkeit und eigenthümlicher Nervenverstimmungen, vielleicht auch hier und da im Zusammenhange stehend mit veränderten Absonderungen der Speicheldrüse. Demgemäfs ist sie in der Hypochondrie und Hysterie zu beurtheilen, und deutet im Anfange der Fieber eine Tendenz zum Nervösen an.

Das Falschschmecken, Pseudogeustia, hat gewöhnlich materielle Ursachen, und kommt insbesondere bei galligen und gastrischen Leiden, bei Metalldyscrasieen und Geschwüren der Mundhöhle vor, in deren Folge dann alle Speisen einen bittern, ekelhaften, faden, sauren, metallischen, salzigen oder fauligen Geschmack erlangen. Ebenso stellt sich bei hartnäckiger Verstopfung und Ileus ein kothartiger Geschmack ein. Einige stark schmeckende Substanzen verändern auf einige Zeit die Reizbarkeit des Sinnes für andere Geschmacksarten durch chemische Wechselwirkung oder dynamischen Einflufs.

Der Uebergang von der Pseudogeustie zu der Parageustie, oder dem ohne materielle Ursache, namentlich ohne Speisegenufs vorhandenem Geschmacke ist nicht scharf bezeichnet; die meisten der oben angegebenen Geschmacksabweichungen finden sich unter ähnlichen Umständen, auch als subjective Sinnestäuschungen vor, und es ist schwer zu entscheiden, ob bei vorhandenem Gastricismus die mit den Geschmackswärzchen in Berührung tretenden Säfte Pseudogeustie hervorbrachten, oder ob vielleicht aus derselben Verstimmung des Nervensystems, welche mit dem Phänomen der krankhaften Verdauung verknüpft ist, auch das Phänomen des krankhaften Schmeckens hervorging, wie es in vielen Fällen unzweifelhaft geschieht. Auch hier pflegen die Abweichungen des Geruchs für alle diejenigen Qualitäten, die zugleich riechbar und schmeckbar sind, Hand in Hand mit denen des Geschmacks zu gehen; jedoch ist dies vorzüglich bei dem fauligen und ekelhaften Geruche der Fall.

Der fade Geschmack ist ein gewöhnliches Zeichen des verdorbenen Magens, und beruht wohl auf vorherrschender Alkalescenz, welche mit der Bildung von freier Säure wechselt. In chronischen Krankheiten wird er, bei längerer Dauer, zu einem übeln Zeichen, insofern er tiefe Störungen der Verdauung ankündigt. Er ist in der Regel mit Appetitlosigkeit, bisweilen aber auch mit krankhaftem oder instinctartigem Begehren nach der oder jener Speise verbunden. In acuten Krankheiten ist er zu Anfange ganz unbedenklich; bisweilen tritt er auch gegen das Ende wieder ein, und er ist dann mit einer lebhafteren Häutung der Schleimhaut verbunden, ohne alle Gefahr; wenn er aber anhält, deutet er wenigstens eine langsame Reconvalescenz an. Er ist ein specifisches Zeichen von Wurmleiden, und wenn er früh Morgens eintritt, deutet er auf chronische Reizung der Magenschleimhaut, und ist als ein Vorläufer des chronischen Erbrechens zu betrachten. Fade und süfslich ist der Geschmack oft bei krankem Zahnfleische, welches leicht blutet, und als solcher nur pseudogeustisch.

Der saure Geschmack hat mit dem vorigen sehr verwandte Ursachen; er beruht oft auf der sauren Absonderung der Speicheldrüse, aber auch auf krankhaften Degenerationen des Magens, wo er dann chronisch vorhanden, und ein sehr böses Zeichen ist. Der bittere Geschmack bezieht sich wohl immer auf Gallen- und Leberkrankheiten, der süfse auf Blutungen der Respirationsorgane, Scorbut, den Diabetes, — auch wohl im Allgemeinen auf perverse Nerventhätigkeit. Er ist ein specifisches Zeichen der Bleivergiftungen; der urinöse, welcher selten vorkommt, zeigt auf bedeutende Störungen in der Harnabsonderung, der salzige auf allerlei salinische Stoffe in den Säften, insbesondere aber auf eiterartige und gelind ichoröse Secrete, welche mit der Zunge in Berührung kommen. Aber es läfst sich, wie gesagt, nicht immer erkennen, ob die genannten materiellen Ursachen vorhanden sind, und als solche Pseudogeustie bedingen, oder ob nur krankhafte Innervationen eine wahre Hallucination des Geschmackssinnes verursachen.

Ein sehr intensiv salziger Geschmack geht der Eröffnung von Abscessen voran, und ist den Umständen nach zu beurtheilen. Der faulige Geschmack ist böse, wenn er nicht auf locale, unbedeutendere Ursachen zurückgeführt werden kann; der aashafte, excrementielle ist immer höchst bedenklich.

Literat.: *Gruner*, Zeichenlehre. Jena 1801. 8vo. — *Berends* Vorles. Bd. I. Berl. 1827. 8vo. — *R. Froriep*, de lingua anatomica quaedam et semiotica. Bonnae 1828. 4to. (wo man auch die ältere Literatur reichlich verzeichnet findet). — *Albers*, Lehrb. der Semiotik. Leipz. 1834. — Vergl. auch d. Art. Geschmacksinn in dieser Encycl.

V — r.

LINGUA CERVINA. S. Scolopendrium.

— NIMIS LONGA ET TUMENS. S. Zungenkrankheiten.

LINGUAE EXSTIRPATIO. S. Zungenexstirpation.

— INDURATIO. S. Zungenkrankheiten.

LINGUALIS ARTERIA. S. Zunge.

— MUSCULUS. S. Zunge.

— NERVUS. S. Trigeminus.

— — MEDIUS HALLERI. S. Hypoglossus.

LINGUALIS VENA. S. Zunge.

LINIMENTUM. Man belegt mit diesem Namen schmierähnliche Präparate, welche dazu dienen, äufserlich auf die Haut gestrichen zu werden, und von einer zwischen Oel und Fett die Mitte haltenden Beschaffenheit sind. Man bereitet sie gewöhnlich aus Oelen, welchen man darin auflösliche Substanzen zusetzt. Sie sind bald einfacher, bald zusammengesetzter. Nur einige wenige hat man noch jetzt in die Dispensatorien aufgenommen, gewöhnlich werden sie erst vom Arzte nach Umständen verordnet. v. Schl — l.

LINSE. S. Augapfel.

LINSEN. S. Ervum.

LINSENBEIN. S. Gehörorgan.

LINSENENTZÜNDUNG. S. Cataracta.

LINSENKAPSEL. S. Augapfel.

LINSENKAPSELENTZÜNDUNG. S. Cataracta.

LINSENKAPSELSTICH. S. Cataracta.

LINSENKNOTEN. S. Augennerven.

LINSENMAAL. S. Naevus.

LINSENMESSER. S. Lenticulair.

LINSENNACHSTAAR, LINSENSTAAR. S. Cataracta.

LINSENWUNDEN. S. Cataracta.

LINTEUM CARPTUM. S. Charpie.

LINUM (Lein, Flachs). Eine Pflanzengattung, welche in *Linné's* Pentandria Pentagynia gehört, von *Jussieu* zuerst als eine den Caryophylleen verwandte Gattung, sodann aber von *Decandolle* als Repräsentant einer eigenen kleinen Familie, Lineae, aufgestellt wurde. Die Gattung unterscheidet sich durch einen fünfblättrigen Kelch und Blumenkrone, durch 5 unten in eine sehr enge Röhre verwachsene Staubgefäfse und einen 10fächrigen Fruchtknoten mit 5 Griffeln und Narben. Die Frucht ist eine 5- oder 10klappige Kapsel, mit einzelnen Samen in ihren 10 Fächern. Die Arten sind ausdauernd oder einjährig, mit zerstreut oder quirlförmig stehenden, meist schmalen oder kleinen Blättern, und doldentraubigen oder trugdoldigen Blumen, deren lebhaft gefärbte Blumenblätter schnell abfallen.

1) L. usitatissimum *L.* Das Vaterland des gemeinen Flachses, einer im Grofsen angebauten, einjährigen Pflanze, ist nicht sicher bekannt. Er hat meist einzelne Stengel, zerstreut stehende, linealisch-lanzettliche Blätter, spitze oder stachelspitzige Kelchblätter, zurückgedrückte, schön blaue Blumenblätter, eine fünfklappige, fast kugelige, stachelspitzige Kapsel, mit zusammengedrückt-eiförmigen, zugespitzten, glatten und glänzenden braunen Samen. Wir benutzen medicinisch den Samen (Semen lini) und das daraus geprefste Leinöl (Oleum lini); es ist ein leicht trocknendes, fettes Oel von braungelber Farbe und eigenthümlich unangenehmen Geruch und Geschmack, mit einem spec. Gewicht von 0,930—0,940; es darf zum Arzneigebrauch nicht ran-

zig sein. Die Samen enthalten aufser dem Oel Schleim, welcher besonders in der Samenhaut, nebst Wachs, Weichharz und verschiedenen Farbstoffen sich befindet, während der Kern aus Gummi, Kleber, Eiweifs, süfsem Extractivstoff, Stärkemehl und verschiedenen Salzen besteht. Man wendet die Samen in Abkochungen, Aufgüssen, Emulsionen, innerlich wie äufserlich, und auch das Mehl derselben zu Breiumschlägen an. Das Oel findet nur äufserlich Anwendung. Die Benutzung der Fasergefäfse des Flachses zur Bereitung des Linnens, und dann des Papiers, ist bekannt. Wenn er zur Maceration des Zellgewebes in Wasser gelegt (geröthet) wird, verbreitet er beim Faulen einen höchst widrigen Geruch, und wo das Röthewasser mit Fischen in Berührung kommt, sterben dieselben. v. Schl — l.

Das Infus. Sem. Lini ist wegen seiner einhüllenden und beruhigenden Wirkung in Verbindung mit einem Aufgusse von Rad. Liquirit. oder Althaeae und Sem. Foeniculi oder Sem. Anisi zu empfehlen bei krampfhaften oder entzündlichen Leiden, welche entweder mit empfindlichen Schmerzen oder quälendem Reiz verbunden sind; namentlich Heiserkeit, Bronchitis, Krampfhusten, Angina, Lungenentzündung, — Tripper und Steinbeschwerden; — Vergiftungen durch scharfe Mittel. — Man läfst täglich eine halbe Unze im Aufgufs nehmen.

Die Umschläge von Sem. Lini contus. oder Farina Seminum Lini, gekocht mit Milch und beruhigenden Kräutern (Herb. Hyoscyami, Summitot. Meliloti, Flor. Chamomill. u. a.) werden benutzt zur Beruhigung krampfhafter Beschwerden, heftiger Schmerzen bei inneren Entzündungen, oder zur Beförderung der Eiterung bei äufseren Entzündungen. O — n.

L. catharticum *L.* Eine kleine, bis einen Fufs hohe, schmächtige, bei uns auf feuchten Wiesen vorkommende, einjährige Pflanze, mit oben gabeltheiligem Stengel, gegenständigen, oval-lanzettlichen Blättern, vor dem Blühen überhängenden, dann aber aufrechten, weifsen Blumen und fast kugeliger Kapsel. Die Pflanze schmeckt etwas ekelhaft, bitterlich, schwach salzig und wirkt abführend. Sie wird während des Blühens gesammelt und getrocknet (Herba Lini cathartici), ist aber jetzt wohl gar nicht im Gebrauch. Man läfst 2 Quentchen des Krauts mit 3—4 Unzen kochenden Wassers infundiren, und auf ein Mal nehmen.

v. Schl—l.

LIPACELE, LIPAROCELE, LIPAROMPHALUS. S. Hernia.

LIPAROSCIRRHUS (λιπαρός fettig und σκιῤῥός krebshafte Verhärtung. Liposcirrhus. Lipoma scirrhosum. Fettkrebs. Speckscirrhus. Scirrhöse Fettgeschwulst). Hiermit bezeichnet man den Uebergang eines Lipoms in eine scirrhöse oder carcinomatöse Degeneration. Obgleich die Fettgeschwulst hinsichtlich ihrer Structur einige Aehnlichkeit mit dem Scirrhus besitzt, so ist doch der Liparoscirrhus, welcher mit den Merkmalen des Lipoms die Beschaffenheit des Scirrhus verbindet, im Ganzen eine seltene Erscheinung. Derartige Fälle finden sich unter *Abernethy's* adipösem Sarcom, bei *Cruveilhier* (Essai sur l'anatomie path. Paris 1816.), und in neuerer Zeit hat Dr. *Ettmüller* (*Clarus* und *Radius* Beiträge Bd. II. S. 189.) einen solchen beschrieben. Unter allen scirrhösen Entartungen hat überdies auch der Liparoscirrhus, besonders bei einer passenden Behandlung und Entfernung aller inneren und äufseren Reizungen, den langsamsten Verlauf.

Die anfangs begrenzte, wenig unebene, weiche, unschmerzhafte und eindrückbare Fettgeschwulst wird fester, härter; es bilden sich an derselben härtere Unebenheiten, die sie bedeckende Haut röthet sich, wird schmerzhaft, und bricht zuletzt unter stechenden und durchschiefsenden Schmerzen auf. Aus der aufgebrochenen Stelle sondert sich ein blutig jauchiger Eiter, mit abgestorbenen Massen von Zellgewebe und eine klebrige, ölige Substanz aus, worauf sich endlich ein Geschwür mit allen Merkmalen des Scirrhus und Carcinoms ausbildet. Bei der anatomischen Untersuchung findet man die einzelnen Abtheilungen der Fettgeschwulst derber, fester, mehr abgesondert, ein deutliches Fasergewebe, welches sich auch mehr im Umfange erstreckt, und sich wie die Wurzel des Scirrhusgewebes verhält. Der Balg ist zuweilen in einen glänzenden, als Haut nicht mehr darzustellenden Ueberzug verwandelt, wobei sich die Geschwulst beim Einschneiden als eine sehr harte, mit einzelnen, fast knorpelartigen Abtheilungen durchwebte Masse, von weifsgelblichem, speckigem Ansehen, ohne Blutgefäfse, und keine Höhlen enthaltend, darstellt. Zuweilen findet man nur in der Mitte des sonst vollkommen beschaffenen Lipoms härtere, festere Theile, scirrhusähnliche Knoten, ähnlich wie das von *Abernethy* sogenannte brustdrüsenähnliche Gewebe.

Die Bedingungen, unter welchen das Lipom in Scirrhus und Carcinom übergeht, sind noch nicht bekannt, doch scheint dieses am ersten bei schnell grofs gewordenen Geschwülsten, über welche die Haut sehr gespannt und ausgedehnt ist, insbesondere wenn bei Anlage zum Scirrhus äusserlich Druck und Frictionen einwirken, der Fall zu sein.

Im Betreffe der Diagnose, Prognose und Behandlung u. s. w. sind die Art. Fettgeschwulst, Scirrhus und Krebs nachzusehen. St—b.

LIPOMA. S. Fettgeschwulst.

LIPOMPHALUS. S. Hernia.

LIPOTHYMIE (ἡ λειποθυμία, von λείπω ich verlasse, und θύμος Geist, Bewufstsein). Die Lipothymie oder Ohnmacht ist das aus einem Schwächegefühl hervorgegangene Geschwundensein der Sinne und des Bewufstseins, bei welchem noch die vegetativen Lebenserscheinungen, wiewohl in vermindertem Mafse, fortdauern.

Zur Unterscheidung der Ohnmacht von anderen Krankheiten mit aufgehobenem Bewufstsein und fortdauernden vegetativen Lebensprocessen dient vorzüglich, dafs die Ohnmacht nur aus Schwäche hervorgeht, und alle Erscheinungen auf Lebensschwäche hindeuten, während bei diesen Krankheiten, z. B. beim Schlagflufs und der Fallsucht, Zeichen vorhanden sind, welche darthun, dafs die Unterdrückung des Bewufstseins von einer Verletzung des Gehirns herrühre, und dafs in den vegetativen Processen nicht gerade der Ausdruck der Schwäche, sondern oft eine heftige Reaction bemerkt wird. Von dem Scheintode unterscheiden wir die Ohnmacht dadurch, dafs bei ihr noch Zeichen des fortdauernden Lebens vorhanden sind, während sie bei diesem erloschen sind, und dafs bei dem Scheintode oft Erscheinungen wahrgenommen werden, welche eine Verletzung des Gehirns andeuten, während bei der reinen Ohnmacht alle Symptome blofs auf ein Schwinden der Kräfte hindeuten.

Verlauf. Wird ein Individuum von Ohnmacht befallen, so fühlt es eine schnell überhand nehmende Schwäche, es sinkt nieder, und ist nicht mehr Herr seiner Gliedmafsen. Die Sinne schwinden, namentlich verwischen sich die Bilder vor seinem Auge, und es wird ihm zuletzt dunkel vor den Augen; zuweilen stellt sich auch Ohrenklingen ein, und zuletzt verliert der Kranke ganz das Bewufstsein. Hierbei wird das Gesicht blafs und kalt, die Augen schliefsen sich, und geöffnet zeigt sich ihr Blick erloschen; ein kalter Schweifs bedeckt die Stirn, die Hände und Füfse sind kalt, die Athemzüge erfolgen nur in langen Zwischenräumen, und sind oft kaum merklich, und der Herz- und Arterienschlag sind äusserst schwach, so dafs man ersteren oft nur vermittelst des Stethoscops als schwache Palpitation wahrnehmen kann, ja letzterer ist oft nicht mehr fühlbar. Die niederen Grade, in welchen noch einige Empfindlichkeit der Sinne und einiges Bewufstsein vorhanden sind, nennt man Lipothymie im engeren Sinne und animi deliquium; den höheren Grad, in welchem das Bewufstsein vollkommen verloren gegangen ist, und nur noch ganz schwache Zeichen des Lebens überhaupt vorhanden sind, Syncope. — Die Dauer der Ohnmacht beträgt in der Regel nur einige Minuten, oft auch etwas längere Zeit. Erholt sich der Kranke wieder, so färben sich die blassen Lippen wiederum, die Wangen erhalten einen schwachen Anflug von Roth, die Wärme kehrt zurück, der Kranke athmet öfters und seufzend, und schlägt endlich die Augen wiederum auf. In unglücklichen Fällen geht die Ohnmacht in den Scheintod und Tod über.

Die Prognose hängt vorzüglich von der Möglichkeit, die Ursache der Ohnmacht zu entfernen, ab. Ist diese nur ein vorübergehender, schädlicher Einflufs, so ist die Ohnmacht in der Regel leicht zu beseitigen; ist sie dagegen eine fortdauernde Schädlichkeit, namentlich ein körperliches Leiden, das allmälig die Kräfte verzehrt, so kehrt die Ohnmacht, wenn sie auch gehoben wird, leicht wieder zurück, und ist in der Regel ein Vorbote des Todes.

Eine Anlage zur Ohnmacht bemerkt man zuweilen bei Personen von sehr reizbaren Nerven und schwachen Körperkräften, namentlich bei hysterischen Frauenzimmern. Gelegenheitsursachen sind a) solche Einflüsse, welche die belebende Einwirkung des Blutes auf die Nerven schwächen, namentlich Blutflüsse, starker Säfteverlust anderer Art, lange Entbehrung der Nahrung, das Einathmen einer verdorbenen Luft und plötzliche Unordnungen in der Blutbewegung durch Herzfehler etc., und b) solche, welche unmittelbar die Nervenkräfte schwächen, wie insbesondere Gemüthsbewegungen, namentlich Furcht, Schrecken und Verdrufs, widrige Eindrücke auf die Sinne, grofse Körper- und Geistesanstrengungen, Hunger, Kälte etc.

Das Wesen der Ohnmacht ist eine plötzlich eintretende Schwäche in den Wechselwirkungen des Nervenagens mit den ihm entgegenwirkenden Potenzen des Lebens in der Art, dafs die Lebensprocesse, worin die Empfindung und die geistige Thätigkeit bestehen, zuletzt ganz ruhen, während die Wechselwirkungen der Nervenkräfte mit dem Blute und den übrigen, die vegetativen Processe unterhaltenden Stoffen noch in schwachem Mafse von Statten gehen. Von dem Scheintode unterscheidet sich die Ohnmacht dadurch, dafs bei ihr nur in der höheren Reihe der Gegensätze in den Kräften die gegenseitige Einwirkung der Lebenskräfte auf einander zum Stillstand kommt, während in dem Scheintode auch die Wechselwirkungen zwischen den Nerven und dem Blute ruhen. Wie ein solcher Stillstand in den Lebensprocessen bei noch vorhandenen Lebenskräften bestehen könne, wird uns einigermafsen anschaulich, wenn wir die Vorgänge in den unbebrüteten und den bebrüteten Hühnereiern betrachten, indem in dem befruchteten Ei vor der Bebrütung offenbar die Lebenskräfte des künftigen Thieres schon vorhanden sind, diese aber erst in Wechselwirkung mit einander treten, wenn die expansiv wirkende Wärme ihren Einflufs auf sie ausübt.

Auch bei der Behandlung der Ohnmacht ist der Anzeige aus den Ursachen möglichst bald Genüge zu leisten, wiewohl bei dringender Gefahr zuweilen mit Umgehung der ersten Anzeige die Krankheit unmittelbar bekämpft werden mufs. Wir bringen alsobald den Ohnmächtigen aus der verdorbenen in die frische Luft, wir lösen alle Bänder und Kleidungsstücke, welche den Blutlauf und das Athmen hemmen; ist Mattigkeit die Ursache, so mufs schnell etwas Fleischbrühe gereicht werden; fortdauernde Blutflüsse müs sen auf das schleunigste gestillt werden. Sind heftige Schmerzen die Veranlassung der Ohnmacht, so wenden wir mit Vorsicht, und in Verbindung mit belebenden Mitteln, etwas Opium an etc.

Um der Anzeige und dem Wesen der Krankheit zu entsprechen, suchen wir die Hauptlebensfactoren in erhöhte Wirksamkeit zu setzen, nämlich die physischen Kräfte, das Nervenagens und das Blut.

a) Erregung der psychischen Kräfte. So lange noch Bewufstsein vorhanden ist, können wir dem Fortschritt der Ohnmacht schon zum Theil dadurch begegnen, dafs wir dem Kranken öfters zurufen, und wo möglich seine Aufmerksamkeit fesseln, und auf einen denselben freudig erregenden Gegenstand hinleiten.

b) Erregung der Nerven. Gewöhnlich ist es hinreichend, um den Kranken wieder zu sich zu bringen, das Gesicht und die Brust desselben kräftig mit kaltem Wasser zu besprengen; wir wenden aber auch aufserdem Riechmittel von cölnischem Wasser, Hoffmannischen Tropfen, Naphthen, Salmiakgeist, Hirschhorngeist, aetherischen Oelen etc. an, lassen mit denselben Flüssigkeiten, oder mit Essig, aromatischem Essig, aromatischen Geistern etc die Schläfe, die Brust und die Gliedmafsen reiben, und flöfsen dem Kranken, wenn er wieder schlucken kann, einige Hoffmannische Tropfen in Wasser, etwas Wein, und sodann auch Fleischbrühe ein. In dem höheren Grade der Ohnmacht sind Reibungen des Körpers, besonders der Handflächen der Fufssohlen und des Rückens mit rauhen, und besonders mit erwärmten Tüchern, oder mit Werg, Stroh oder Bürsten, Kitzeln des Schlundes mit einer Feder, das Auflegen von Senfteigen, das Bedecken des Körpers mit erwärmten Tüchern, und nach und nach, je mehr sich der Zustand dem Scheintode nähert, alle die Mittel in Anwendung zu bringen, welche bei diesem noch einen Nutzen gewähren können. Man vergl. hierüber den Artikel Asphyxie.

c) Erhöhung der Blutwirkung. Nur selten ist es bei der Ohnmacht nothwendig, auf den Blutumlauf und das Blut zu wirken, indem in der Regel die ohnehin noch fortdauernde Circulation wieder vollkommener wird, wenn es glückt, die Nerven zu erhöhter Wirkung zu bringen; doch giebt es einzelne Fälle, in welchen wir durch diesen Lebensfactor das Bewufstsein des Kranken wiederherzustellen, und die Lebensprocesse im Allgemeinen wieder in ihren gehörigen Gang zu bringen suchen müssen. Ist die Ohnmacht in Folge eines grofsen Blutflusses entstanden, und droht das Leben zu erlöschen, so besitzen wir in der Transfusion des Blutes ein Mittel, um den dem Tode beinahe schon verfallenen Kranken wieder zum Leben zurückzuführen. *Blaudell* und *Dieffenbach* haben dieses Mittel mit günstigem Erfolge angewendet.

Eine allgemeinere Anwendung als bei der Ohnmacht finden die Mittel, welche die Blutwirkung erhöhen und herstellen, bei dem Scheintode, und die Erweckung des Lebens vom Blute aus gehört zu den wichtigsten Rettungsversuchen; hierüber mögen hier noch nachträglich folgende Bemerkungen Platz finden. Auf die angegebene Weise wirkt vorzüglich das Lufteinblasen, und hierher gehört das herkömmliche Reiben des Körpers in bestimmten Richtungen, nämlich von der Peripherie nach den centralen Theilen und nach dem Verlaufe der Gefäfsstämme, indem hierdurch das in den Venen liegende Blut allmälig zur Bewegung gebracht, und dem Herzen zugeführt wird. — Es wird die Zweckmäfsigkeit dieses Verfahrens nicht allein durch die hie und da bezeichneten glücklichen Erfolge desselben, sondern auch durch die neueren physiologischen Versuche bestätigt, indem diese darthun, dafs der Blutlauf mit einer centripetalen Bewegung beginne. Uebrigens ist in verzweifelten Fällen wohl auch die von *Carraro* an Thieren in Anwendung gebrachte Acupunctur des Herzens, welche durch Electricität verstärkt werden kann, zu Hülfe zu nehmen. Bei einem in dem Klinikum zu Freiburg an einem Menschen unternommenen Versuche wurden, nachdem mehrere Stunden hindurch die gewöhnlichen Belebungsversuche fruchtlos in Anwendung gebracht worden waren, und auch die einfache Acupunctur des Herzens ohne Erfolg ausgeführt worden war, vermittelst der Electropunctur Herzschläge zu Stande gebracht; es vermochten übrigens diese Contractionen des Herzens den Blutlauf nicht herzustellen. Bei der Leichenöffnung fand man keinen Bluterguſs in dem Herzbeutel. Endlich ist auch die Transfusion des Blutes ein Mittel, das auch bei dem

Scheintode in Anwendung gebracht werden kann, wenn auch dieser nicht von Blutverlust entstanden ist. Es sind die Blutkügelchen das wichtigste Belebungsmittel für die Nerven, und es läfst sich daher von diesem Mittel sehr viel erwarten; man säume übrigens nicht zu lange, dasselbe anzuwenden, sondern nehme die Operation vor, wenn die Wiederherstellung des Blutlaufes nach der gewöhnlichen Methode nicht bei guter Zeit gelingt.

Literat.: *Winter*, de syncope ejusque origine, indiciis et curatione. Rinteln 1716. — *Vater*, diss. de affectu magno, mortique proximo, syncope ejusque causis et cura. Wittenberg 1723. — *Heister*, diss. de animi defectione. Helmstädt 1726. — *Hilscher*, nouvelle théorie de la syncope. Par. 1802. — Aufserdem gehören die in dem Artikel Asphyxie angegebenen Werke grofsen Theils auch zur Literatur der Lipothymie.
B — r.

LIPPEN DES MUNDES (Labia oris) befinden sich unten im Antlitz, vorn zwischen den beiden Backen, unter der Nase und über dem Kinn, stehen einander gegenüber, stellen zwei bewegliche, dicke, häutig fleischige Klappen dar, die eine gröfsere Breite als Höhe haben, und zwischen ihren freien, sich einander zugekehrten Rändern die Mundspalte oder den Mund (Fissura oris s. Os) einschliefsen. Da die eine Lippe über, die andere unter der Mundspalte sich befindet, so unterscheidet man die Oberlippe (Labium superius) und die Unterlippe (Labium inferius).

Die Oberlippe ist länger als die Unterlippe, geht unter der Nase von dem gewölbten Zahnhöhlenrande der Oberkiefer abwärts, hat in der Mitte eine rinnenförmige Vertiefung (Philtrum), unter welcher der freie Rand einen kleinen gerundeten Vorsprung bildet. Sie wird auf jeder Seite von der Wange durch eine schwache, nach oben convexe Furche (Sulcus naso-labialis), die von den Nasenflügeln bogenförmig gegen den Unterkiefer herabsteigt, abgetheilt.

Die Unterlippe ist von dem Kinn durch eine quere, gerundete Vertiefung (Sulcus mento-labialis) abgegrenzt, steigt aufwärts, und wendet ihren freien Rand dem der Oberlippe entgegen. Auf den freien Rändern sind die Lippen dicker, als da, wo sie mit den Zahnhöhlenrändern der Kiefer verbunden sind.

Die Mundspalte, welche die Lippen zwischen sich einschliefsen, ist etwas gekrümmt, nach oben gewölbt, und endigt sich nach rechts und links mit einem Winkel (Angulus oris).

Die Lippen bestehen aus der äufsern Haut, der Schleimhaut des Mundes und mehreren Muskeln, die von den beiden Häuten eingeschlossen sind.

Die vordere Seite der Lippen ist von der äufsern Haut bekleidet, welche, aufser vielen Hautdrüsen, beim Weibe mit schwachen, beim Manne mit starken Haaren besetzt ist. An der Oberlippe machen dieselben beim Manne den Schnauzbart (Mystax) aus.

Die hintere Seite der Lippen und die freien, rothen Ränder derselben sind von der Schleimhaut des Mundes bekleidet, welche auf der rothen Grenze mit der äufsern Haut sich verbindet.

In der Mitte jeder Lippe bildet die Schleimhaut zwischen Lippe und dem Alveolarrande der Kiefer eine senkrechte Falte, das obere und untere Lippenbändchen (Frenulum labii superioris et inferioris), von denen das obere grösser ist, als das untere. Schleimdrüsen der Lippen (Glandulae labiales), von der Gröfse einer Linse, liegen in grofser Anzahl zwischen der Schleimhaut und der Muskelschicht derselben.

Die Muskeln der Lippen, welche zwischen der Schleimhaut und der äufsern Haut liegen, hängen mit dieser sehr fest zusammen, so dafs sie sich nicht, wie an anderen Theilen, in Falten legen und davon aufheben läfst. Es sind folgende:

1) Der Schliefsmuskel oder Ringmuskel des Mundes (M. sphincter s. orbicularis oris), befindet sich in den Rändern der Lippen, und umfafst als ein unpaarer, länglichplatter Ring zunächst die Mundspalte. Man unterscheidet daran eine äufsere und innere Schicht (Stratum externum et internum), von denen jene durch vielfaches Durcheinanderschieben und Verschlingen der Enden der Lippenmuskeln entsteht, die von oben, aufsen und unten in die Lippen übergehn. Die innere Schicht nimmt den rothen Rand der Lippen ein, besteht aus kreisförmigen, eigenen Faserbündeln, welche sich unmerklich in die äufsere Schicht verlieren.

Die

Die Schneidezahnmuskeln gehen in den Kreismuskel über (S. Incisivi musculi Cowperi). Der Kreismuskel des Mundes verengt und verschliefst die Mundspalte, und bewirkt das Runden und Zuspitzen derselben. Er ist der Antagonist aller Muskeln, welche die Lippen von einander ziehen.

2) Der Aufheber der Oberlippe und des Nasenflügels. S. Levator labii superioris alaeque nasi.

3) Der eigene Aufheber der Oberlippe. S. Levator labii superioris proprius.

4) Der Aufheber des Mundwinkels. S. Levator anguli oris.

5) Der grofse und kleine Jochbeinmuskel. S. Zygomaticus major et minor.

6) Der Lachmuskel. S. Risorius Santorini.

7) Der Niederzieher des Mundwinkels (Depressor anguli oris s. M. triangularis menti), ein dünner, dreieckiger Muskel, entspringt breiter von der äufsern Lefze des untern Randes und von der äufsern Fläche des Unterkiefers, steigt aufwärts zum Mundwinkel, wird schmaler und dicker, und geht in den Kreismuskel des Mundes über, wobei seine Fleischbündel sich mit denen des Lachmuskels, der Jochbeinmuskeln und des Aufhebers des Mundwinkels untermischen. Er zieht den Mundwinkel herab, wobei die Mundspalte länger wird.

8) Der Niederzieher der Unterlippe oder viereckige Kinnmuskel (M. depressor labii inferioris s. quadratus menti), ein platter, dünner, viereckiger Muskel, entspringt weiter nach der Mitte, als der vorige, von der äufsern Lefze des untern Randes des Unterkiefers, wird von dem vorigen nach aufsen hin etwas bedeckt, und steigt schief nach innen und oben zur Unterlippe auf, wobei die inneren Fasern sich mit denen des gleichnamigen Muskels der andern Seite kreuzen und verbinden. Er vermischt sich mit dem Kreismuskel des Mundes, zieht die Unterlippe herab, und biegt sie um.

9) Der Backenmuskel oder Trompetermuskel. S. Buccinator musculus.

S — m.

LIPPEN, aufgesprungene, Fissurae labiorum, perpendiculaire Risse, welche sich in der Mitte der Lippen, vorzüglich bei Personen zeigen, die eine spröde, feine Haut haben, und sich dabei der rauhen, kalten Luft aussetzen; ferner kommen sie häufig bei Scrophulösen vor, und werden dann leicht bösartig, indem sie in um sich fressende Geschwüre übergehen (S. Lippengeschwüre). Diese Art von Lippenriss bildet tiefere Gruben, in welchen man schmutzig aussehende, klebrige, ätzende Lymphe bemerkt; solche Fissuren bluten sehr leicht, kleben zusammen, springen aber nach jeder plötzlichen, zerrenden Bewegung der Lippen wieder auf. Die Lippe selbst ist hart und angeschwollen (S. Lippenanschwellung). — Endlich bleiben Lippenfissuren gern nach Ausschlägen der Lippen zurück. Die einfachen Lippenrisse sind nicht von Wichtigkeit, und leicht zu behandeln; mittelst erweichender Mittel, etwas Sahne oder Lippenpomade (S. d. A.), womit man die Lippen mehrmals des Tages bestreicht, und, bei Vermeidung kalter, rauher Luft, heilen sie sehr bald wieder. Personen, welche zu dergleichen Lippenübeln disponirt sind, thun sehr wohl, wenn sie in kalter Jahreszeit, bevor sie sich der freien Luft aussetzen, die Lippen mit einer Lippenpomade bestreichen. E. Gr—e.

LIPPENABSCESS. S. Abscess.

LIPPENANSCHWELLUNG, Intumescentia labiorum, Anschwellung der Lippen, welche entweder schnell entsteht, die acute L., oder allmählig, die chronische Lippenanschwellung; beide Arten können entweder Folge sein von unmittelbar auf die Lippen wirkenden Ursachen, oder sie sind Symptome von allgemeinen Krankheiten. Acute Lippenintumescenzen sehen wir vorzüglich und häufig entstehen nach mechanischen Verletzungen der Lippen, nach Insectenstichen, bei Exanthemen, heftigen Fiebern, bei Zahnschmerzen und Geschwüren, namentlich bei catarrhalischen und rheumatischen, bei Kopfcongestionen, Ophthalmieen (ägyptische und scrophulöse), beim Zahnen der Kinder und endlich beim Genufs scharfer Stoffe. In allen diesen Fällen ist die Lippengeschwulst hell geröthet, empfindlich und heifs, und dauert eben so lange an, als die sie veranlassende Ursache. Die chronische Lippengeschwulst ist Begleiterin folgender Krankheiten:

der Scropheln; sie ist dann unempfindlich, nimmt gewöhnlich die Oberlippe ein, und erscheint periodisch;

des Lippen- und Lippen-Wasserkrebses; die Geschwulst ist hart, giebt dem Fingerdrucke nach, ist glänzend, blafsroth, mit einem weifsen Rande umgeben, nimmt die Nachbartheile ein, und ist nicht sehr heifs;

der Wurmkrankheit; die Geschwulst ist torpid, dunkelroth, und kommt auch bei anderen Unterleibskrankheiten, z. B. bei Stockungen, Verschleimungen etc. hervor;

der Rhachitis, Elephantiasis, Tuberkelkrankheit, ist der eben beschriebenen ähnlich, aber bläulich gefärbt. Endlich finden wir sie bei Wassersüchtigen und Lungenkranken vor, wo sie sich durch ihr ödematöses Ansehn besonders auszeichnet.

Die Prognose und Therapie der Lippenanschwellung hängt lediglich von den sie erzeugenden Ursachen ab, so wie von den Krankheiten, deren Begleiterin sie ist.

E. Gr — e.

LIPPENBÄNDCHEN DER OBER- UND UNTERLIPPE (Frenulum labii superioris et inferioris). S. Lippen des Mundes.

LIPPENBILDUNG. S. Chiloplastrik.

LIPPENBLUTUNG. S. Blutung.

LIPPENBRAND. S. Cancer aquaticus.

LIPPENBRENNEN, Ardor labiorum, sieht man nicht selten vor dem Ausbruche der Flechten, so wie bei Fiebern entstehen; auch findet man es bei Hysterischen; am häufigsten jedoch erscheint das Lippenbrennen nach dem Genufse scharfer Substanzen, ebenso auch bei Personen, die sich einer grofsen Hitze aussetzen müssen. E. Gr — e.

LIPPENFLECHTE, Herpes labialis, ein flechtenartiges Exanthem der Lippen, welches für sich allein oder auch mit der Flechte vereint, vorkommen kann, und folgende Erscheinungen darbietet: Röthe und Härte der Lippe, ein Brennen derselben, wornach sich Bläschen bilden, mit Anfangs heller und durchsichtiger, späterhin aber gelblichweisser, trüber Flüfsigkeit, welche zuletzt in eine eiterartige Masse übergeht. Diese Bläschen platzen auf, wornach das oft sehr schmerzhafte Brennen der Lippen nachläfst, die Geschwulst abnimmt, und sich dicke, braune Schorfe bilden, welche abfallen, und sich wieder erzeugen, je nachdem die Flechte gut- oder bösartig ist; in ersterm Falle nämlich bildet sich unterhalb des Schorfes, über einem oberflächlichen Hautgeschwür eine neue Epidermis, und die Flechte verschwindet; im letztern aber frifst sie sich mehr in die Tiefe ein, frifst um sich, und kann so Lippen und Nase zerstören. — Wir sehen die Lippenflechte häufig nach der Lippenräude entstehen, oder auch in Begleitung der gewöhnlichen, bösartigen Flechte (S. Herpes) vorkommen. — Was die Behandlung dieses Uebels betrifft, so richten wir die allgemeine Cur, wie bereits beim Artikel Herpes angegeben, gegen den Charakter derselben ein; örtlich dagegen, und wenn die Erscheinungen bei gedachter Behandlung nicht ein besseres Ansehen annehmen, sorgen wir durch tieferes, örtliches Eingreifen den Fortschritten der Krankheit Einhalt zu thun, indem wir die bei flechtenartigen Geschwüren angegebenen Mittel anwenden (S. Geschwüre). E. Gr — e.

LIPPENGESCHWÜLSTE, Tumores labiorum, kommen ziemlich häufig vor, indem die Structur der Lippen, so wie ihre Lage, besonders zu Geschwülsten disponiren. Sie können verschiedener Art sein, von Scirrhus, Angiectasieen, Balggeschwülsten etc. herrühren, oder sie entstehen bei der Scrophulosis und Syphilis. Die scrophulösen Lippengeschwülste kommen mehrere zugleich vor, stehen aber einzeln da, sind hart, und brechen häufig auf, um sich in Geschwüre zu verwandeln, welche die ganze Lippe zerstören können; die syphilitischen dagegen bilden eine Geschwulst, welche ebenfalls hart, dabei schmerzhaft, anfangs lebhaft hellroth, späterhin dunkelroth ist, dann aufbricht, und sich in ein um sich fressendes Geschwür verwandelt. Manchmal bemerkt man eine gleichfalls harte, aber unschmerzhafte, dabei bleiblaue oder weifs glänzende Geschwulst in der Unterlippe selbst, von der Gröfse einer Erbse oder Bohne, welche aufbricht, einen gallertartigen Stoff entleert, sich aber wieder damit füllt. — Was die Prognose der Lippengeschwülste überhaupt betrifft, so richtet sich dieselbe immer nach der Art derselben; so sind z. B. scirrhöse, syphilitische Lippengeschwülste immer bedenkliche Erscheinungen, welche von Seiten des Arztes besondere Aufmerksamkeit erheischen. Je früher man für die Beseitigung der Lippengeschwülste sorgt, je vortheilhafter ist dies für den Kranken, denn je kleiner sie sind, desto geringer ist der Substanzverlust, welcher bei der Exstirpation jener Tumoren Statt findet; diese ist jedoch selten bei dyscrasischen Lippengeschwülsten indicirt, da dieselben entweder während einer passenden Cur gegen die Grundkrankheit sich zertheilen, oder in Geschwüre übergehen, welche mit Aufhebung der Dyscrasie verheilen (S. Geschwüre und Lippengeschwüre). Bei scirrhösen Lippentumoren, bei Balggeschwülsten u. anderen Pseudoorganisationen in der Lippe dagegen ist die baldigste Ausschälung derselben zu empfehlen. — Bei Befolgung der allgemeinen Regeln, die man bei der Exstirpation überhaupt zu beachten hat (S. Ausschälung), wird dieselbe bei Lippengeschwülsten so vorgenommen, dafs man einen einzigen perpendiculären, gehörig grofsen Schnitt, oder aber einen Kreuzschnitt in der innern Lippenfläche macht, so dafs der Tumor blosliegt, worauf man ihn mit einem Häkchen fafst, und sorgfältigst ausschält. Eine blutige, in diesen Fällen allein anwendbare Heftung, ist nur bei sehr grofsen Lippenwunden (S. d. A.) nothwendig, da Wunden an diesen Theilen überhaupt äufserst leicht heilen. E. Gr—e.

LIPPENGESCHWÜRE, Ulcera labiorum, kommen aus den beim Artikel Lippengeschwülste erwähnten Gründen häufig genug vor, und zwar in den verschiedensten Arten, die wir in dem Artikel Geschwülste näher angegeben finden.

1) Scrophulöse Lippengeschwüre, erscheinen an dem mittleren Theil der Lippe, und dann fast immer an der obern, seltener an der untern Lippe; die ganze Oberlippe ist geschwollen, fühlt sich hart an, härter jedoch an einigen Stellen, als an anderen (S. d. A. Lippenanschwellung und Geschwülste), welche aufbrechen, tiefe, um sich fressende Geschwüre bilden, die zusammenfliessen, und die ganze Lippe zerstören können.

2) Syphilitische Lippengeschwüre kommen sowohl an dem mittleren Theil beider Lippen, oder an den Mundwinkeln vor (S. d. Artikel Geschwüre).

3) Cancröse Lippengeschwüre erscheinen fast immer auf der Unterlippe, mehr beim männlichen als beim weiblichen Geschlechte, mit zackigen, ungleichen und harten Rändern, sehen dunkelroth aus, haben einen ebenfalls harten, oftmals hornartigen Grund, der fungös aussieht, daher dergleichen Ulcera, bei der geringsten Berührung sehr leicht bluten; überdem sind sie mehr oder weniger empfindlich,

die Lippe selbst fühlt sich höckerig an, und der Kranke spürt darin lanzinirende Schmerzen (S. d. A. Cancer).

4) Geschwüre an der Lippe beim Wasserkrebs entstehen aus einem kleinen, mifsfarbigen, flachen, härtlichen Geschwülstchen oder Flecken, sind anfänglich flach, bald aber werden sie tief fressend, greifen um sich, haben einen schmutzigen Grund, einen rothen Rand und eine sehr unregelmäfsige Gestalt, die bald rund, bald länglich ist (S. d. A. Cancer aquaticus).

5) Zuweilen kommen Lippengeschwüre vor, aus gastrischer Unreinigkeit, aus Magensäure und anderen Unterleibsübeln, bei Hämorrhoidalkranken, beim weiblichen Geschlechte, wo sie kurz vor der Menstruation entstehen, so lange diese andauert, verharren, und mit dem Aufhören des monatlichen Flufses verschwinden, etc.; sie sind zwar nicht bösartig, aber oftmals äufserst hartnäckig, sind flach, weich, schmerzlos, linsengrofs, haben einen glatten, röthlichen Rand, nehmen den mittleren Theil blofs der einen oder beider Lippen ein, und sondern eine dünne, milchweifse Flüssigkeit aus; die Lippe ist dabei gar nicht geschwollen und hart.

6) Herpetische Ulcera nehmen häufig die ganze Lippe ein, und sind sehr hartnäckig (S. Geschwüre, herpetische).

7) Scorbutische Lippenulcera, entstehen mehrentheils an den Mundwinkeln (S. Geschwüre, scorbutische).

8) Geschwüre an den Mundwinkeln kommen nach verschiedenen Ursachen, namentlich bei Personen vor, die sich nicht reinlich halten; sie können auch Folge sein vom Aufspringen der Lippen, von Schwämmchen, oder begleiten verschiedene Dyscrasieen, namentlich die scorbutische und syphilitische, erscheinen bei verschiedenen Unterleibsentzündungen, bei Kindern, die an Gekrösentzündung leiden, bei Leberkranken etc., sie sind klein, haben eine längliche Gestalt, mit flachem Grunde von verschiedener Farbe, und verschwinden mit dem Erlöschen der Ursache sehr leicht.

9) Mercurielle Lippengeschwüre haben Aehnlichkeit mit den syphilitischen, und sehen wie Chanker-Geschwüre aus (S. d. A. Geschwüre).

10) Lippengeschwüre in Folge mechanischer

Verletzung der Lippen, wie z. B. nach Abreifsen der zarten Lippenepidermis, sind sehr gutartig, haben eine sanftrothe Umgebung, und sondern reinen, gut aussehenden Eiter ab, wenn keine Dyscrasie dabei vorhanden ist.

Die Prognose der Lippengeschwüre, so wie ihre Behandlung sind ganz dieselben, wie sie bei den einzelnen Arten der Geschwüre bereits erörtert worden sind (S. d. A. Geschwüre); wir können jedoch nicht umhin, zu bemerken, dafs Ulcera der Lippen überhaupt, insbesondere aber die bösartigen in ihrer Behandlung Seitens des Arztes die gröfste Sorgfalt, und eine richtige, zweckmäfsige Anordnung der Heilmittel erheischen. Wo bereits bei syphilitischen, krebshaften etc. Lippengeschwüren mehr oder weniger bedeutender Substanzverlust Statt gefunden hat, da ist entweder die Chiloplastik oder die Hasenschartoperation indicirt. Die Chiloplastik (S. d. A.) wenden wir bei sehr beträchtlichem oder gänzlichem Mangel der Lippen an, wofern nämlich die Dyscrasie, welche zur Entstehung der besprochenen Geschwüre Anlafs gegeben, völlig beseitigt ist; eben dasselbe berücksichtige man bei Anwendung der Hasenschartoperation, welche bei geringerem Substanzverluste angezeigt ist. S. d. A. Labium leporinum und Lippenwunden.

E. Gr — e.

LIPPENGEWÄCHS. Vergl. d. A. Lippengeschwülste.

LIPPENHALTER, LIPPENZANGE, ein zangenartiges Instrument zum Festhalten der Lippen bei der Hasenschartoperation, und zwar Behufs der Wundmachung der Spaltränder derselben. S. Labium leporinum und Forceps.

E. Gr — e.

LIPPENHORN, Cornu labiale, nennt man eine hornartige, harte, auf der Lippe aufsitzende, warzenförmige, dunkelbraune oder auch schwärzliche, unschmerzhafte Afterbildung, welche langsam zunehmend eine bedeutende Gröfse erreichen kann, übrigens aber ganz gefahrlos ist, und wie der Lippenknoten (S. d. A.) entfernt werden kann. (Vergl. d. A. Hornbildung).

E. Gr — e.

LIPPENKNOTEN, Cheilalgia saccata, Lupia labialis, nennt man eine unschmerzhafte, am innern Theile, meist der untern Lippe vorkommende, in der Regel erbsengrofse, härtliche, bleifarbene, glänzende Blasengeschwulst, welche in sich eine gallertartige Flüfsigkeit enthält, und ganz gefahrlos ist, sich öffnet und wieder schliefst. Man entfernt dergleichen Lippenknoten, indem man sie mit einem Häkchen fafst, und mittelst einer *Cowper*'schen Scheere genau vom Boden, auf dem sie aufsitzen, trennt. Die Wunde schliefst sich sehr leicht ohne alle Beihülfe der Kunst. E. Gr—e.

LIPPENKREBS. S. Cancer.

LIPPENNERVEN. S. Trigeminus.

LIPPENPOMADE, Pomatum ad labia s. pro labiis, Ceratum labiale s. ad labia, eine Pomade, deren man sich ursprünglich gegen aufgesprungene Lippen bediente, die man aber auch benutzen kann als ein erweichendes, zertheilendes Mittel, bei allen Excoriationen und Rauhigkeiten der Haut, bei wunden Brustwarzen, Verbrennungen, ferner als Basis zu Augensalben u. dgl. Es giebt sehr viele Compositionen zu Lippenpomaden, wovon die *Rosenstein*'sche die beliebteste und allgemein bekannteste ist; dieselbe besteht aus ungesalzener Butter, Wachs, Rosinen und Aepfelbrei; da in den meisten älteren Zusammensetzungen zu Lippenpomaden Rosinen einen Bestandtheil ausmachen, so nennt man sie auch in manchen Pharmacopöen Unguentum de uvis. In der Pharmacopoea Borussica finden wir zwei Arten solchen Pomaden, nämlich eine weifse, Ceratum labiale album s. cetacei album s. Emplastrum spermatis ceti, aus gleichen Theilen Wachs, Wallrath und Mandelöl bestehend, und eine rothe, Ceratum labiale rubrum s. cetacei rubrum, zusammengesetzt aus $1\frac{1}{2}$ Unz. Mandelöl, 1 Unze Wachs, 1 Drachm. Cetaceum, etwas Citronen- und Bergamottöl, gefärbt mit etwas Alcannawurzel. Aufserdem giebt es noch verschiedene andere Lippenpomaden, welche zusammengesetzt sind aus mehreren wohlriechenden Stoffen, wie z. B. aus Ambra, Moschus, Benzoë, Rosenöl u. s. w., die aber mehr zu den cosmetischen, als zu den Heilmitteln gerechnet werden dürften. Nur eine dieser Compositionen wollen wir hier mittheilen, wie solche in *Van Mons* Pharmacopoe usuelle (Louvain 1821) angegeben ist, nämlich: Rec.: Cerae flav. Unc. 2, Liquefactis adde Olei amygdal. dulc. Unc. 1, Butyr. recent. insuls. Unc. 4, Macer. cum Pulver. Alcannae Drachm. 2, Pulver. Benz., Cinnam., Caryoph., Styrac. sing. Gran. 6, Agit. continuo. Post concret. denuo liquefact. et c. express. colat. sepone, decanta et sicubi refrig. sunt adde Olei Bergam. Scrup. dimid. M.

Eine sehr zu empfehlende Pomade für aufgesprungene Lippen ist nachstehende: Rec.: Butyr. de Cacao, Cerae alb. sing. Drachm. 1, Olei amygd. dulc. Drachm. 2. M. exact. (S. Dr. *E. Gräfe's* neues pract. Recepttaschenbuch. Berl. 1834. p. 520). E. Gr—e.

LIPPENRÄUDE, LIPPENKRÄTZE, Psoriasis labialis, ein schuppenartiger Ausschlag der äufsern Lippenfläche, der bald verschwindet bei warmer Witterung, bald wieder erscheint bei rauhem Wetter, und gern Risse und Spalten zurückläfst. Die Lippenräude kann für sich allein vorkommen, oder mit der Psora zugleich, und geht gewöhnlich in Lippenflechte über (S. d. A.). Was die Heilung derselben betrifft, so richte man dieselbe nach der Grundkrankheit ein; örtlich wende man eine passende Lippenpomade (S. d. A.) an. E. Gr—e.

LIPPENSCHWAMM, Fungus labiorum, Cheilalgia fungosum, Sarcoma labiale, ist meistens angeboren, kann anfänglich flach, unbedeutend, sehr klein sein (S. Naevus), wird aber mit der Zeit gröfser, und, indem es platzt, fungös (S. d. A. Fungus und Angiectasie).

Man entfernt dergleichen Lippenschwämme mittelst der Hasenschartoperation, sehe aber darauf, dafs nichts, auch nicht eine Spur, von dem Uebel zurückbleibt. (S. *v. Graefe's* Telangiectasie Leipz. 1807). E. Gr—e.

LIPPENVORFALL, eine Benennung für dicke, aufgeworfene, grofse Lippen. S. Labes.

LIPPENWARZE, Labrisulcium, kömmt nicht selten vor, sowohl an der Ober-, als auch an der Unterlippe, meistens an dem Rande aufsitzend, wo das Rothe der Lippen beginnt, ist jedoch oft auch in dem letzteren selbst befindlich. Es sind am häufigsten Warzen mit breiter Basis, Myrmecia, welche eine nicht so feste, harte Consistenz besitzen, wie diejenigen Warzen, welche an anderen Körperstellen vorkommen, wahrscheinlich, weil sie aus einem zarteren Hautgebilde entkeimt sind. Die Alten nannten Menschen mit Warzen auf der Lippe Verrucosi, und gaben unter Andern deshalb dem Fabius den Beinamen Verrucosus. — Wenngleich Lippenwarzen an und für sich nicht gefährlich sind, so können sie doch eine bedeutende Gröfse erreichen, und deshalb lästig werden, oder man kann sie zerkratzen etc., und in Verschwärung bringen; daher ist es immer gut, sich von diesem verunstaltenden Aftergebilde baldmöglichst zu befreien, was am besten durch die Ligatur geschieht. S. übrigens d. A. Verruca. E. Gr—e.

LIPPENWUNDEN, Vulnera labiorum, erheischen eine sorgfältige Behandlung, weil sie sonst leicht eine entstellende Narbe zurücklassen. Man sorge daher für die möglichst genaue Vereinigung solcher Wunden; diese geschieht entweder durch Heftpflaster oder durch die blutige Naht. Die ersteren sind ausreichend bei oberflächlichen, nicht penetrirenden Lippenwunden überhaupt; nachdem man diese vom Blute gereinigt, etwanige Barthaare entfernt, und, sind es kleine Rifs- oder Quetschwunden, die losgelöste Epidermis genau weggeschnitten hat, nimmt man schmale Heftpflasterstreifen (S. d. A.), legt sie an der einen Seite auf der Backe an, und führt sie über die Lippenwunde, die man mit den Fingern vereinigt hält, weg zur andern Backe hin. Sind es jedoch penetrirende Lippenwunden, dann erheischen sie zu ihrer Einigung die blutige Naht. Bei gequetschten und eingerissenen penetrirenden Lippenwunden, bei welchen ein gröfserer oder geringerer Substanzverlust Statt findet, mufs man, wie bei der Hasenscharte, die ungleichen, lappigen Ränder abtragen, sie so in ebene verwandeln, und dann die blutige Naht anlegen (S. d. A. Labium leporinum u. Vulnus).

Evers vereint bedeutende, penetrirende, mit Substanzverlust verbundene Lippenwunden blofs durch Heftpflasterstreifen, deren Mitte er im Nacken auflegt, beide Enden von jeder Seite nach der Lippe führt, sie über der Wunde kreuzt, und auf der Backe anlegt. Das Ganze unterstützt *Evers* durch seine vereinigende Binde ohne Einschnitt, statt deren jedoch die *v. Graefe*'sche zweckmäfsiger ist, wie wir dies beim Artikel Labium leporinum bereits dargethan haben (S. *Evers* neue vollst. Bemerk. u. Erfahr. z. Bereicherung der Wundarzneik. Gött. 1787 p. 16.). E. Gr—e.

LIPPENZANGE. S. Lippenhalter und Forceps.

LIPPITUDO, Augentriefen, ist ein Symptom, welches verschiedenen Augenentzündungen angehören kann, und darin besteht, dafs nach vorgängiger Augenliderdrüsenentzündung (S. d. A.) eine Feuchtigkeit abgesondert wird, welche sowohl in Consistenz, als Farbe und Menge verschieden ist, je nachdem die Lippitudo verschiedenartigen Ophthalmieen angehört. Nicht zu verwechseln ist dies Symptom mit der übermäfsigen Thränenabsonderung, der Epiphora, indem bei derselben kein abnormes Fluidum, wie dies bei der Lippitudo der Fall ist, abgesondert wird.

Das Augentriefen kann bei allen Augenentzündungen vorkommen, und ist alsdann ein gutes Symptom, im Falle die dabei ausgesonderte Flüfsigkeit, mild, gelblich, eiterähnlich ist; wird sie aber wäfsrig, bräunlich gelb, dann deutet sie auf Atonie, und ist den chronischen Ophthalmieen eigen. — Oftmals ist der Ausflufs blutig, dünn und sehr copiös, und alsdann ein Symptom der scorbutischen Ophthalmie; oder er ist sehr copiös, und hat dabei das Ansehen des Tripperschleimes, ist dick, gelbgrün, blutig und um sich fressend, in welcher Gestalt er bei der ägyptischen Ophthalmie (wo er die gröfsten Zerstörungen anrichten kann), so wie beim Augentripper (S. dies. Art.) vorkömmt. Ferner kann das Fluidum ein milchähnliches Ansehen haben, ist sehr reichlich, und alsdann ein Symptom der Ophthalmia neonatorum (S. Augenentzündung der Neugeborenen).

Man unterschied mehrere Arten des Augentriefens, was aber keinen andern als historischen Werth hat; denn, wie gesagt, es ist dasselbe ein Symptom, das bei verschiedenen Krankheiten des Auges vorkommt, auf welche letztere wir hinsichts der Aetiologie und Therapie der Lippitudo verweisen, und nur in Betreff der ersteren bemerken wollen, dafs der Lippitudo eine Krankheit der *Meibomi*'schen oder Augenliddrüsen zu Grunde liegen kann (S. Augenliddrüsenentzündung). Häufte sich der Schleim besonders in den Augenwinkeln an, so nannte man dies Augenwinkeltriefen, Lippitudo angularis, Lemia, Lemositas; fand die fragliche Absonderung auf dem ganzen Augenlidrande Statt, so hiefs dies Symptom Lippitudo simplex, hinterliefs sie dabei gelbliche, eckige, an den Augenlidrändern oder Wimpern hängende Krystalle, so war dies die Lippitudo arida s. sicca s. crystallifera; war die Flüfsigkeit dicklich, zähe, so nannte man dies Lippitudo s. Epiphora sebacea s.

Gramia; war das Augentriefen mit einem anhaltenden heftigen Jucken verbunden, so hiefs es Augenlidräude, Augenlidkrätze, Lippitudo pruriginosa, und beschränkte sich diese letztere auf die Augenlidwinkel, so erhielt sie den Namen Peribrosis, Perivrasis.

Hinsichts der Lebensperioden, in welchen die Lippitudo vorkömmt, unterschied man: 1) die Lippitudo senilis s. vetularum, Triefauge der Alten, in welchem Falle sie ein Symptom verschiedener Augenkrankheiten sein kann, als z. B. der chronischen Augenlidauswärtskehrung, Ectropium senile, Ectropium sarcomatosum; 2) die Lippitudo neonatorum, ein Symptom der Ophthalmia neonatorum.

Syn.: Lemositas, Lema, Triefauge, Schleimauge. E. Gr—e.

LIPYRIA (λιπυρία, λειπυρία und λειποπυρία von λείπω ich bleibe (lasse) übrig); eine eigene Form des Fiebers, nicht wie einige Lexicographen sagen, welches mit Eintritt des Paroxysmus nachläfst, sondern welches (innerlich) zurückbleibt, wie z. B. dasjenige, welches die Tabes dorsalis beendet. (Hipp. de morb. II. p. 479 ed. Foës. Frcf. 624), oder dasjenige, auf welches, wenn es vernachläfsigt ist, ein acutes Leiden des Kopfes mit Delirien folgt. (das. de morb. II. p. 467). In dem Buche de crisib. wird die lipyria als eine Ausgangsart der hitzigen Fieber (π. καῦσοι) dargestellt, und von ihr gesagt, dafs sie an einem und demselben Tage befalle und nachlasse; auch mit Kopfweh und Delirien verbunden sei, und oft über 40 Tage anhalte. Sie gehe auch in das Starrfieber über. Endlich sagt die 120. koische Vorhersagung, dafs die λειπυρικὰ nur durch ein hinzugetretenes Gallerbrechen (χολέρα) geheilt würde. Wir haben also auch hier nur eine symptomatische Benennung; nach *Galen's* Commentar ein Fieber mit innerlicher Hitze und äufserlichem Froste, was eben sowohl bei hectischen, als bei nervösen, und insbesondere galligen oder Leberfiebern vorkömmt. *Calvus* liest überall an d. a. St. λύπη und λυπηρικά, Beklemmung, Traurigkeit oder dergleichen. Die Tritaeophia leipyria der neueren Systematiker ist das eine sehr heftige und allgemein verbreitete Entzündung der Unterleibseingeweide begleitende Fieber. (Sauvages Nos. II. 1. p. 300). Warum übrigens *Kraus* (etym. Wört.) das Wort lipyria ohne Weiteres für unrichtig erklärt, ist nicht abzusehen, da ähnliche

Weglassungen wegen Uebeltönens u. dgl. gar nicht selten sind, und *Homer* z. B. einen Einhufer schlechthin μώνυξ nennt, da er doch auch μονόνυξ sagen könnte.

V—r.

LIQUIDAMBAR. Eine Pflanzengattung, welche *Jussieu* zur Familie der Amentaceae brachte, die Neueren aber als eine eigene kleine Familie, Styracifluae benannt, aufstellen. *Linné* stellt sie in die Monoecia Polyandria. Sie enthält große, ansehnliche, an Balsamharz reiche Waldbäume, mit zerstreut stehenden Blättern; die männlichen Blumen bilden rundliche oder ovale Köpfchen, welche traubenartig an der Zweigspitze zusammengestellt sind, und deren jedes aus einer vierblättrigen hinfälligen Hülle und zahlreichen Staubgefäßen ohne Perigon besteht. Die weiblichen Blumen bilden ein kugeliges lang gestieltes herabhängendes Kätzchen an dem Grunde des männlichen Blüthenstandes; jede einzelne derselben ist zusammengesetzt aus einem trichterartigen, mit den Fruchtknoten, so wie mit den nebenstehenden Blüthen und der Unterlage verwachsenen Perigon, und aus einem gedoppelten Stengel mit nach außen gekrümmten Narben. Der Fruchtstand ist ein kugeliges Kätzchen, mit kapselartigen, vielsaamigen, gedoppelt, in dem bei der Fruchtreife bleibenden und auswachsenden Perigon stehenden Früchtchen, welche auf ihrer innern Seite aufspringen.

1) L. Styraciflua. *L.* (*Sweet-gum Tree*). Ein ansehnlicher Wälder bildender Baum von Pensylvanien bis Mexico, mit handförmig getheilten, dem Ahorne ähnlichen, spitz gelappten Blättern, welche unterseits in der Aderachsel kleine Haarbüschel tragen, mit flügelrandigen Saamen. In den wärmeren Gegenden soll aus ihm ein Balsamharz ausschwitzen. Man behauptete, daß außer diesem theils freiwillig, theils reichlich nach Einschnitten ausfließenden Balsam auch noch eine minder gute Sorte durch das Auskochen der Aeste gewonnen werde, dies ist jedoch, wie *Hayne* richtig bemerkt, unwahrscheinlich, da durch die Anwendung der Hitze das flüchtige Oel entweichen würde, und nur ein Harz zurückbleiben könnte. Dieses Balsamharz ist nun der flüßige Amber, Liquidambar s. Ambra liquida, welcher nicht zu verwechseln ist mit dem flüßigen Storax (Storax s. Styrax

liquidus), welcher jedoch auch nach Einigen von diesem Baume, nach Anderen aber von L. orientale oder von der folgenden Art herkommt, aber wohl nicht, wie andere Pharmacognosten wollen, von Styrax officinale L. Der flüfsige Amber hat die Consistenz des venetianischen Terpenthins, ist von gelblich röthlicher Farbe, wird aber immer dunkler und dicker; sein Geruch gleicht dem eines Gemisches von Ambra und Benzoë, und der Geschmack ist gewürzhaft und erwärmend. In America gebraucht man das Harz äufserlich bei Wunden, und innerlich auch die jungen Zweige zum Räuchern. Ob die sogenannte Weihrauchrinde (Cortex Thuris s. Thymiamatis) auch von diesem Baume abstamme, ist ungewifs.

2) L. Altingia *Blume* (Altingia excelsa *Noronha*). Ein mächtiger, bis 200 Fufs hoher, auf den Gebirgen Javas, in Neuguinea und Cochinchina Wälder bildender Baum, Rassamala von den Malaien genannt. Die Blätter sind oval, lang zugespitzt, am Rande gesägt und lang gestielt, die Saamen sind ungeflügelt. Schon *Petiver* wufste es 1708, dafs der flüfsige Storax von einem Baume komme, den er Rasamallos nennt, aber auch in neuerer Zeit ist durch *Reinwardt* und *Blume* bestimmt ausgesprochen, dafs eine flüssige Storaxart vom Rasamelabaume komme, welcher den Hauptbestandtheil für die riechende Masse liefert, die von den Malaien Dupa genannt, und zum Räuchern der Kleider gebraucht wird. Was gewöhnlich als flüfsiger Storax in unseren Officinen gefunden wird, ist von der Consistenz des Honigs, von bräunlich grauer, ins Grünliche spielender Farbe, undurchsichtig, von sehr starkem eigenthümlichem Geruche und etwas scharfem bitterlichem Geschmacke. Beim längern Aufbewahren soll sich ein Anflug von Benzoë (welche nach *Brown* 5 Proc. in demselben beträgt) auf seiner Oberfläche ausscheiden. Ob dies unverfälschter flüssiger Storax oder nur ein Artefact sei, wissen wir zur Zeit noch nicht, ebenso wenig von welchem Baume er herkomme. Früher ist der flüfsige Storax mehr in Gebrauch gewesen, und wurde aus dem Orient bezogen, wo L. orientale wächst, und auch noch jetzt wird von den Arabern Storax durch Persien nach Indien gebracht, wie *Blume* bemerkt, doch ist über die Gewinnung desselben nichts bekannt. v. Schl — l.

LIQUIRITIA. S. Glycyrrhiza.

LIQUOR AMNII. S. Amnion.

LIQUOR MORGAGNI. S. Augapfel.

LIQUOR PERICARDII. S. seröse Flüssigkeit.

LIQUOR PROSTATICUS. S. Prostaticus liquor.

LIRIODENDRON. Eine Pflanzengattung, welche zur natürlichen Familie der Magnoliaceae Juss., und in die Polyandria polygynia des Linnéischen Systems gehört. Man kennt bis jetzt nur eine Art, den in Nordamerica einheimischen, in unseren Gartenanlagen nicht selten cultivirten Tulpenbaum (Liriodendron Tulipifera L. Poplar d. Nordamer.). Ein Baum von bedeutender Höhe mit grofsen am Grunde herzförmigen, oben fast wie abgestutzten, vierlappigen, gestielten Blättern. Die grofsen gelben Blumen erscheinen einzeln an den Zweigspitzen, ihr Kelch besteht aus drei kronenartigen, abfallenden, die Blumenkrone aus 6 fast glockig zusammenneigenden Blättern; die zahlreichen Staubgefäfse haben lange Staubbeutel mit seitlichen Fächern, und die zahlreichen übereinander liegenden Stengel bilden ebenso viel, gleichsam einen Zapfen bildende, trockene, 1seitige, 2samige, oben in einen Flügel endende, trockene Früchte. Das Holz dieses prächtigen Baumes läfst sich auch gut verarbeiten, und soll von langer Dauer sein. Die Rinde des Tulpenbaumes wirkt tonisch, stimulirend und diaphoretisch, ist daher in chronischen Rheumatismen empfohlen; zuweilen aber wirkt sie auch gleich allen diaphoretischen Mitteln, diuretisch. Die Wurzelrinde wirkt nur tonisch, ist streng bitter, mit sehr geringem Antheil von Arom und einem ätherischen Oel; sie ist seit älteren Zeiten, in Verbindung mit anderen Mitteln, in Nordamerica gegen intermittirende Fieber, auch bei Gicht und Rheumatismen, so wie in den letzten Stadien der Dysenterie angewandt; die gepulverte Rinde hat man auch bei Störungen in der Verdauung gegeben, und so bei vielen anderen Krankheiten gleich der Fieberrinde. Am besten soll sie in Substanz gegeben werden, und zwar in Verbindung mit etwas Laudanum, wo sie recht gut vertragen wird; sonst in Extracten, Infusionen und Decocten. In Verbindung mit der Stamm- oder Wurzelrinde von Cornus florida ist sie in Virginien ein Volksmittel gegen Wechselfieber, und dieselbe Verbindung wird auch von Aerzten in gleichen Fällen, so wie bei Gangrän, Schwäche und anderen ähnlichen Uebeln angewendet, wo Cort. peruv. indicirt ist. Aufser älteren chemischen Untersuchungen der Tulpenbaumrinde von Dr. *Rogers* giebt es eine neuere von Prof. *Emmert* in Virginien, welcher in der Wurzelrinde einen krystallisirbaren, bittern Bestandtheil (Liriodendrin) auffand, der am besten durch Alkohol aus der frischen Rinde durch Digestion gewonnen wird. (Journ. de pharm. 1831). Die beste Zeit, die Rinde zu sammeln, ist im Januar und Februar (vergl. Bart. Med. Bot. I.). v. Schl—l.

LISPELN. S. Sprachfehler.

LITHARGYRUM. S. Blei.

LITHIASIS. Galle, Speichel und Harn des Menschen sind geneigt und fähig, steinige Concremente zu bilden und in steinige Formen zu gerinnen. Der Speichel äufsert diese Fähigkeit am häufigsten, und setzt sich als steinige Masse an die Zähne, welche dadurch locker gemacht, und zum Ausfallen bestimmt werden, indem zugleich der Mund abscheulichen Geruch ausdünstet. Was man riechenden Athem nennt, hat zwar eine ganz andere Quelle; allein die meisten Menschen, denen man im gemeinen Leben diese unliebliche Eigenschaft zuerkennt, verdanken sie dem Speichelstein an ihren Zähnen. Zuweilen bilden sich Steine bereits in den Speichelcanälen, wo sie sehr unangenehme Zufälle erregen können, ohne chirurgische Hülfe aber selten wegzuschaffen sind.

Fast eben so häufig als der Speichel zeigt die Galle Neigung, sich in Stein zu verwandeln, ja man kann ziemlich darauf rechnen, dafs diese Verwandlung geschieht, sobald die Galle lange in ihrer Blase verweilt; daher Menschen, die gewöhnt sind öfters kleine Quantitäten zu geniefsen, aber nie den Magen auf einmal ordentlich anzufüllen, namentlich Köche und Köchinnen, fast alle Gallensteine haben. Denn indem der Magen sich anfüllt, erhebt er sich, und begünstigt dadurch die Entleerung der Gallenblase, deren eigenthümliche Beweglichkeit dieses Reizes bedarf, um erregt zu werden, weshalb sich die Galle bei denen, deren Magen sich nie erhebt, auch nicht ordentlich ausleert, und so in Stein gerinnt.

Man trifft deren zuweilen in der Gallenblase in sehr

grofser

grofser Menge an; dann sind sie gröfstentheils sehr klein, und nur einige gröfsere darunter. Manchmal aber erreicht ein solcher Stein einen bedeutenden Umfang, und erregt dann Beschwerden. Erwägt man jedoch, wie häufig man Gallensteine, selbst von beträchtlicher Gröfse, antrifft, bei Leichnamen von Personen, die im Leben nie an einem Zufall litten, der an Gallensteine erinnern konnte, so sieht man ein, dafs mindestens noch andere Bedingungen hinzutreten müssen, wenn Gallensteine als Krankheitsursachen wirken sollen. Sie haben viele Beobachter beschäftigt; aus der reichen Literatur über dieselben siehe hier nur *Morgagni* de sedd. et causs. morbor. Ep. 37., und als Heilmittel werden nur genannt die natronhaltigen, warmen Mineralquellen, namentlich Karlsbad, Burtscheid, Baden. Das Driburger Wasser, ferner der Terpenthin in allerlei Formen, ist zu ihrer Auflösung empfohlen worden.

Steine, die man in den Därmen gefunden, waren zuverläfsig dahingelangte Gallensteine, oder auch wohl Speichelsteine, wenn besonders die Pancreasdrüse deren enthielt. S. *Harless* de morbis Pancreatis. 1812.

Aber auch anderwärts finden sich häufig Steinbildungen. In der Zirbeldrüse des Menschen sind sie so gemein, dafs Viele dafür halten, ihr Vorkommen sei normal. Im Herzen, in allen Drüsen, im Auge, im Uterus und den Ovarien, am häufigsten aber in den Lungen hat man Steine gefunden; zuweilen hat man auch die ausgeschwitzten Knochenmassen an arthritischen Gliedern für Steine angesehen. Dergleichen gehören unter die ärztlichen Curiositäten, wovon die Beobachter von jeher grofse Liebhaber gewesen sind. Gegenstände der Therapie können sie nicht leicht werden, auch ist ihre Diagnose während des Lebens höchst unsicher, wenn sie nicht die Naturkraft etwa freiwillig ausscheidet.

Ganz anders verhält es sich mit den Nieren- und Blasensteinen. Diese werden Ursache langwieriger Schmerzen und grofser Gefahr, gegen welche die Naturhülfe nicht ausreicht, wohl aber die Heilkunst Mittel besitzt.

Mit Recht sind diese Steinbildungen daher Gegenstände vielfältigen Studiums gewesen, wovon ihre überaus zahlreiche Literatur den ersten Beweis giebt. Wir begnügen uns, nur einige der wichtigsten Schriften anzuführen, weil wir, nach

Vollständigkeit strebend, Bogen mit Büchertiteln füllen, und unseren Zweck doch nicht erreichen würden.

Die Griechen und Römer haben bereits die Steinkrankheit sorgfältig beobachtet, und durch operatives Verfahren geheilt. S. *Hippokrates* (de internis aff. Cap. 15.; de morbis L. IV. cap. 28., 9.), *Galenus* (in Comment. in Epid. XVI. Comm. I und III.), *Aretäus* (de causs. et signis diuturnor. L. II. cap. 4.; de curatione diuturn. Lib. II. cap. 3.), *Celsus* (L. VII cap. 26., 27.; dazu *Kühn* Comment. in Celsum prop. I—IV. Leipz. 1822.), *Caelius Aurelianus* (de morb. chron. L. V. cap. 4.), *Paulus Aegineta* (in L. III. cap. 45.), *Aëtius* (Tetrabibl. III. Sect. 3. cap. 4.), *Avicenna* (Lib. III. 18. 2. cap. 16, und 19. 1., cap. 5.), *Helmontius* (Tract. de Lithiasi), *L. Brassavoli* (Comment. in *Hippokr.* Aphorism.), *Morgagni* (de sedd. et causs. morb. Ep. 42.).; mehrere ältere Schriftsteller S. in *Haller's* Bibliothek, und in anderen Sammlungen von neueren Schriften; Sammlung auserlesener Abhandlungen, die zur Geschichte und Ausübung des Blasensteinschnitts gehören. Leipz. 1784.; *Wilson* (Unters. der entfernteren Ursachen des Steins und Grieses. A. d. Engl. Stendal 1795.); *Johnston* (practical obss. on urinary gravel and stone. Edinb. 1806.); *Prout* (Untersuchung über das Wesen und die Behandlung des Harnsteines und Grieses. London 1821.); *Wetzlar* (Beitr. zur Kenntnifs des Harns u. der Harnsteine, mit einer Vorrede von *Wurzer*. Erf. 1821.); *Caspari* (der Stein der Nieren, Harnblase und Gallenblase etc. Leipz. 1823.); *Kern* (Steinbeschwerden der Harnblase. Wien 1828, und dessen Bemerkungen über die neue, von *Civiale* und *Le Roy* verübte Methode, die Steine in der Harnblase zu zermalmen. Wien 1826.); *Alex. Scherer* (neueste Unters. über die Mischung der Blasensteine. Jena 1800.), *Magendie* (Récherches sur la gravelle. Paris 1827., übersetzt von *Meissner*. Leipz. 1830.); *Civiale* (de la Lithotritie. Paris 1825.), *Heurteloup* (Examen critique de l'ouvrage de Mr. *Civiale*. Paris 1827.); aufser einer Masse von Abhandlungen in therapeutischen Werken, Journalen, Sammlungen, Encyclopädieen und vielen Disputationen.

Der Urin des Menschen und vieler anderen Säugethiere, doch der menschliche am meisten, zeigt Neigung, sich in steiniges Concrement zu verwandeln, schon in den Nieren.

Bilden sich nur sehr kleine Krystalle, so nennt man es Nierengries, vergröfsern sich dieselben, Nierensteine. Der Nierenstein kann schon am Orte seiner Entstehung Anlafs zu schwerer Krankheit geben; er kann aber auch durch die Uretheren in die Harnblase gehen. Entweder wird er, im glücklichsten Falle, von da durch die Harnröhre ausgeleert, oder er vergröfsert sich in der Blase, so dafs er dort Steinbeschwerden veranlafst, die nur auf operativem Wege gründlich zu beseitigen sind. Zwar giebt es Fälle, wo Nieren-, und selbst Blasensteine durch Abscefsbildung in andere Organe übergegangen und ausgeeitert sind; allein dieser gefährliche Heilweg der Natur ist in jeder Rücksicht höchst unzuverlässig und selten.

Der Urin hat diese Neigung in Stein zu krystallisiren nicht blofs wenn er krankhaft, sondern auch wenn er ganz normal gemischt ist, wie man denn Stein und Gries schon im menschlichen Fötus findet. Doch darf man den Ausdruck „normale Mischung des Urins“ nicht zu streng nehmen, da es äufserst schwer ist nachzuweisen, welche Mischung des Harns die normale sei, indem sie alle Augenblicke bei denselben Individuen verschieden ist. Urin ist Auswurf aus dem Blute, durch welchen sich dieses von Theilen befreit, die beim doppelten Assimilationsprocefs in den Lymphgefäfsen und in den Lungen nicht vollständig in Blut verwandelt worden sind. Einen Haupttheil seiner Masse bildet das Serum, welches auch durch die Haut verdunstet; daher die Harnabsonderung zunimmt, wenn die Hautausdünstung abnimmt, und umgekehrt. Weil aber die excrementitiellen Stoffe äufserst verschieden sein müssen, je nachdem sie von Ingestis herrühren oder von auszuscheidenden Productionen des Körpers selbst, würde es unmöglich sein, von einer anderen Qualität des Urins als normaler zu reden, aufser von den serösen Theilen desselben, wenn nicht das Leben auch dann noch synthetisch, nach innerem, eigenthümlichem Gesetz bildend, verführe, sobald es aus seinen edleren Organismen unbrauchbaren Auswurf ausscheidet. So bildet sich denn im menschlichen Harn, wenn man ihn normal nennen kann, eine eigenthümliche Säure, urische Säure genannt. Diese macht in der Regel den Hauptbestandtheil der Harnsteine aus. Sie wurde von *Scheele* (Schwed. Abh.

37. Bd.) entdeckt. Er erhielt bei trockner Destillation der Harnsteine eine ammoniakalische Flüssigkeit, während im Halse der Retorte ein brauner Sublimat blieb, der offenbar saurer Natur war. *Pearson* (in philosoph. transactions. 1798. I. p. 15. etc.) wies in den meisten Harnsteinen phosphorsauren Kalk nach, *Fourcroy* und *Vaucquelin* phosphorsaure Ammoniakmagnesia, sauren, kleesauren Kalk, und selten auch Kieselerde (S. Annales de Chymie. Vol. 27. p. 225.) Die Harnsäure (S. *Kühn* Anthropochemie. S. 68 etc.) kommt in vierfacher Modification vor: a) als Harnsäure, b) als brenzliche Harnsäure, c) als Purpursäure, und d) als erythrische Säure. Sie ist mit Ammoniak verbunden. Man untersuchte Harngries, und fand nichts als harnsauren Amimonak. Harnsteine bestanden aus phosphorsaurem Ammoniak mit Bittererde, aus phosphorsaurem, kleesaurem Kalk mit Harnsäure. Eisen, Kieselerde ist ebenfalls in denselben gefunden worden. Sehr oft enthält ein und derselbe Stein mehrere ganz verschieden gemischte Schichten und Stellen. *Fourcroy* unterschied zwölf, *Baillie* sieben verschiedene Mischungen in denselben, zum entscheidenden Beweise, dafs der synthetische Lebensprocefs diese Bildung auf mehrfachem Wege zu Stande bringt. Man war nicht blofs aus Neugier so sorgfältig im chemischen Zerlegen der Harnsteine, sondern man hoffte, durch ihre Analyse vielleicht auf ein Mittel geleitet zu werden, das ihre Entstehung verhüten, oder gar die schon vorhandenen ohne Operation im Körper auflösen und zersetzen könne.

Noch verschiedener als die chemische Mischung der Harnsteine sind deren physische Eigenschaften, Gestalt, Gröfse, Festigkeit, Bildung, specifisches Gewicht, Farbe — es ist gar nichts constantes in denselben. Zuerst die Gröfse! Man findet Steine von der Gröfse des feinsten Sandkörnchens, aber man hat deren aufgefunden, die 27 bis 28 Unzen wogen. Dann die Gestalt erinnert zuweilen an Krystallisation, zuweilen an Schichtenbildung, aber in der Regel ist sie ganz vom Zufall abhängig. Eben so verschieden ist die Festigkeit; man findet deren von Kieselhärte, aber auch äufserst zerreibliche, bröcklige. Manche haben einen Kern. Ist zufällig ein fester Körper in die Harnblase gekommen, so bildet dieser den Kern den Steins, um welchen sich Steinlagen präcipitirt haben. Dasselbe geschieht, wenn ein Nierenstein in die Blase gelangt; er vergröfsert sich bald in derselben, indem immer mehr Rinde sich um diesen ansetzt. Viele sind jedoch ohne Spur eines Kerns.

Man fand zuweilen die ganzen Wände der Harnblase mit einer steinigen Kruste überzogen. Die Farbe ist bald braun, bald grau, bald gelblich, bald ziemlich weifs, die Oberfläche bald ziemlich glatt, bald rauh. Steine mit warzenförmigen Erhöhungen und Hervorragungen, die zum Theil Krystallen glichen, und bald grau, bald braun gefärbt sind, hat man Maulbeersteine genannt. Die meisten Steine bestehen aus concentrischen Schichten von ungleicher Textur und Härte. Diese Verschiedenheit der physischen Eigenschaften bestätigt das Resultat der Verschiedenheit der chemischen.

Um Licht und Ordnung in die Lehre von Lithiasis zu bringen ist nöthig, ebenso wie Speichel- und Gallensteine besonders betrachtet werden müssen, auch Nieren- und Blasensteine besonders zu betrachten. Wir machen den Anfang mit den Nierensteinen.

Man findet sie oft in Leichnamen von Menschen, die nie an Symptomen gelitten haben, welche ihre Gegenwart im Leben ahnden lassen. Folglich, obgleich sie eine abnorme Bildung sind, veranlassen sie nicht immer Krankheit; selbst wo sie deren veranlassen, dauert diese nicht fort, obgleich die Ursache notorisch fortdauert, indem die Steine in den Nieren bleiben. Sie befinden sich am meisten im Nierenbecken, auch in den Kelchen. In der Mark- und Rindensubstanz kommen sie nur vor, wenn sie durch deren Zerstörung dahin gedrungen sind. Ihre Gröfse ist höchst verschieden; sehr oft kommen sie als Nierengries, dann in zahlloser Menge vor. Zuweilen werden sie bedeutend, ja eine Unze schwer, wo sie denn das ganze Nierenbecken ausfüllen. Eben so verschieden ist ihre Gestalt und Textur; doch ist zu bemerken, dafs die Nierensteine häufiger in krystallinischer Form vorkommen als die Blasensteine. In der linken Niere sind sie häufiger als in der rechten, obgleich diese gewöhnlich unvollkommner gebildet zu sein pflegt als jene.

Die Krankheitserscheinungen, durch welche sie ihr Dasein verrathen, sind sehr trüglich. Schmerz in der Nierengegend, der nur zuweilen beharrlich wird, zuweilen völlig schweigt, aber durch Fahren, durch heftige Bewegung jedesmal hervorgerufen und sehr vermehrt wird, macht ihre Gegenwart höchst wahrscheinlich. Selten steigert sich der Schmerz bis zur wahren Nierenentzündung; tritt sie ein, so kann der Kranke beim Rückenschmerz keinen Augenblick ruhig liegen, und in der Lende der kranken Seite hat er die Empfindung, als sei sie eingeschlafen. Blutharnen, Abgang von Gries, sind höchst ungewisse Symptome; sie können von ganz anderen Ursachen herrühren und bei Nierensteinen fehlen. Was die Annahme von Nierensteinen höchst wahrscheinlich macht, ist die öftere Wiederkehr und die lange Dauer von Rückenschmerzen, mit welchen jedesmal vermehrter Urinabgang verbunden ist, der sich mindert, wenn der Schmerz aufhört. Tritt aber Entzündung ein, so vermindert sich die Quantität des dunklen, trüben Harns, und ergreift sie beide Nieren, so ist völlige Ischurie das nothwendige Symptom. Ueberhaupt ist klar, dafs die Erscheinungen anders sein müssen, wenn nur in einer, und anders, wenn in beiden Nieren Steine vorhanden sind. Wenn nach Fahren, Reiten, Schmerz der Nierengegend, mit Kälte, mit geringem Fieber, und dennoch mit Delirium eintritt, bei kalter Haut sparsamer Harn abgeht, aber bei Nachlafs des Schmerzes auf einmal eine grofse Menge trüber, stinkender Harn fliefst, der einen dicken, weifsen Bodensatz fallen läfst, so ist am Vorhandensein von Nierensteinen nicht zu zweifeln.

Die Heilabsicht kann keinen anderen Zweck haben, als die Symptome zu erleichtern; von den Mitteln hiezu wird in der Folge mehr vorkommen müssen. Entfernen kann die Kunst den Nierenstein nicht, es sei denn, dafs in überaus seltenen Fällen die Nierenentzündung in Eiterbildung übergeht, und der Eiter sich nach aufsen einen Weg bahnt. Kann man den Abscefs öffnen, fühlt man alsdann den Stein, so mufs er mit einer Zange, wie sie seine Gestalt erfordert, ausgezogen werden.

Dafs die Naturkräfte, mindestens zuweilen, hinreichen, Nierensteine aufzulösen und zu entfernen, ist eine sehr schwer zu beweisende Behauptung. Viel wahrscheinlicher ist, dafs Nierensteine, wenn sie entfernt werden, sich nach der Harnblase begeben.

Der Weg dahin geht durch den Ureter. Der Durchgang ist allemal mit sehr empfindlichen Schmerzen, Angst, Strangurie, Erbrechen, Blutharnen, Delirien ohne Fieber, Kälte der Haut und des Gesichts, Zusammenziehung der ebenfalls kalten Geschlechtstheile, unablässiger Unruhe verbunden. Je gröfser, auch wohl je rauher der Stein, je länger er in dem Ureter verweilt, desto beharrlicher sind die Erscheinungen. Ist der Stein in der Blase angelangt, so zieht sich die Urethra stark zusammen, mit spannendem Gefühl, und der Kranke hat Tenesmus, zugleich mit Harndrängen; ereignet sich, dafs eine Blähung den Mastdarm ausdehnt, so fliefsen einige Tropfen Urin unwillkührlich ab. Der Nierenstein ist nun zum Blasenstein geworden.

Gewifs sind die allermeisten Blasensteine aus den Nieren durch den Ureter in die Blase gelangt, und haben blofs in derselben sich vergröfsert. Doch ist dieser Ursprung nicht allgemein; es können auch in der Harnblase selbst Steine entstehen. Den entscheidenden Beweis liefern die Steine, in deren Kern man einen fremden Körper findet, der einmal zufällig in die Blase gelangt ist, z. B. ein Stückchen von einer Bougie oder dergl.

Gelangt ein Nierenstein in die Blase, so wird zuverlässig diese, dem Gesetz gemäfs, dafs der Lebendige jeden fremdartigen Reiz zu entfernen, folglich jeden fremden Körper auszuschliefsen strebt, solche Bewegungen machen, die auf Entfernung des Steins abzwecken. Daher müssen nothwendig zu allererst Symptome von Zusammenziehung der Blase entstehen. Der Kranke fühlt einen ungewöhnlichen, unangenehmen Reiz im unteren Becken, der gerade nicht schmerzhaft, doch sehr widrig ist. Er mufs öfter harnen, als sonst, die Blase dehnt sich nicht aus. Eben so contrahirt wie sie sind auch die Urethra, die Zellkörper des Penis, die dem Ausleerungsgeschäft dienenden Muskeln, folglich auch im Mastdarm entsteht eine Art leichter Tenesmus, und der Cremaster zieht die Hoden an den Bauchring. Die Haut des Hodensacks ist runzelig und hart, aber die Eichel, der Hodensack fühlen sich kalt an, und die Empfindlichkeit dieser Theile ist von der wollüstigen so verschieden, dafs gerade das Gegentheil von Lust zum Beischlaf entsteht. Entweder schiefst nun plötzlich der Stein in die Urethra, und wird unter gröfseren oder minderen Beschwerden ausgeleert, wenn er nicht in derselben fest bleibt, oder er findet diesen Ausgang nicht, sondern bleibt in der Harnblase liegen.

Die unumgängliche Folge davon ist bedeutende Reizung der Schleimhaut der Harnblase. Diese sondert mehr Schleim ab, und verdickt sich zugleich in ihrer Substanz. Zuweilen bildet sie, indem sie wuchert, eine Pseudomembran, die den Stein einschliefst, der sodann an Umfang nicht mehr zunimmt, und keine andere Reizsymptome mehr veranlafst, als welche Folge seiner Schwere und der unvollkommenen Zusammenziehung der Blase sind. Aber selten sind die Kranken so glücklich; mehrentheils bleibt der Stein in der Blase beweglich, ja es sind wohl mehrere Steine vorhanden, die sich gegen einander bewegen. Die fünf Steinsymptome des *Hippokrates* erscheinen. Sie sind:

1) Beschwerde beim Uriniren, das langsam erfolgt, auch oft wider Willen des Kranken;

2) Schleimige, mitunter etwas blutige Beschaffenheit des Urins, der einen sandigen Niederschlag hat;

3) Der Harnabflufs wird zuweilen plötzlich gehemmt; indem aber der Kranke seine Lage ändert, fliefst er wieder.

4) Gefühl von Schwere in der Blasengegend.

5) Alle Beschwerden werden durch Reiten, Fahren und Gehen vermehrt.

Von diesen fünf Symptomen beweist das dritte allein mit Gewifsheit das Dasein eines Blasensteines, aber es fehlt häufig, wo deren vorhanden sind. Die anderen alle können da sein ohne Stein; nur wenn sie alle zugleich vorhanden sind, geben sie Grund zur Annahme desselben, welche jedoch allein durch die Sonde erst zur Gewifsheit wird. Bei encystirten Steinen verläfst aber auch diese; man kann jedoch den Stein fast immer genau durch den Mastdarm fühlen, indem er wohl nie anders als in der Nähe des Blasenhalses liegt.

Da der Durchgang eines Steins durch den Ureter mit grofser Angst, mit Schmerz, mit Erbrechen, mit sehr tumultuarischen Zufällen verbunden ist, so kann man der Diagnose gewifs sein, wenn diese Zufälle auf einmal nachlassen, aber vom Augenblick dieses Nachlasses an die genannten fünf hippokratischen Symptome, mit gröfserer oder geringerer Intensität, mehr oder weniger anhaltend eintreten. Allein viel unsicherer ist von Anfang die Diagnose der Steine, die in der Harnblase selbst entstehen. Von jenen ist der Beginn höchst bestimmt, von diesen nicht. Schleimiger, sedimentöser Urin wechselt mit Strangurie ab; dann kommen lange Perioden, in welchen der Steinkranke sich völlig gesund fühlt. Endlich entsteht Tenesmus, Zusammenziehen der kalten Geschlechtstheile, und allmählig entwickeln sich dann jene Symptome.

Die Periodicität der Schmerzen scheint unerklärlich, aber sie giebt einen Fingerzeig, die Natur des Uebels zu erkennen. Nämlich die Schleimhaut der Harnblase verdickt sich, und in dem Maſse, in welchem die Verdickung zunimmt, wird sie auch unempfindlicher. Wenn dagegen der Reiz des Steins auch die Muskelhaut der Blase krankhaft erregt, so ist das mit groſsen Schmerzen verbunden. Allein diese Muskelhaut selbst hat sich schon an bedeutend abnormen Reiz gewöhnt, indem die allmählige Verdickung der sie überziehenden Schleimhaut nicht ohne Wirkung auf sie bleiben kann; sie wird also nur temporär angeregt, und kehrt bald in den Zustand zurück, an welchen sie sich gewöhnt hat; die Symptome mindern und beschwichtigen sich. So mag man denn auch beurtheilen, was von Entzündung der Harnblase durch den Reiz des Steins zu halten sei. Wenn jede Metamorphose einen chronisch entzündeten Zustand des metamorphosirten Organs voraussetzt, so ist die Schleimhaut der Harnblase beim Stein in solchem, allein nicht die Muskelhaut, noch weniger der Peritonäalüberzug des Blasengrundes. Höchst selten dehnt sich der Reiz des Steins so weit aus, und wenn es geschieht, müssen accidentelle Veranlassungen zutreten, die, eben weil sie vorübergehend waren, zwar Schmerz, aber keine wahrhafte, das Dasein des kranken Organs gefährdende Entzündung veranlassen. So erklärt es sich, daſs ein so rauher Körper, wie ein Blasenstein, der oft eine bedeutende Gröſse erreicht, keine Entzündung erregt, in deren Folge er ausgestoſsen wird, während nicht der kleinste, als fremder Körper wirkende Reiz innerhalb des Lebendigen bleiben kann, ohne durch Entzündung und ihre Folgen ausgestoſsen zu werden.

Druck im Perinäum nach dem Mastdarm, verbunden

mit Jucken am After, Tenesmus, Anschwellung von Hämorrhoidalsäcken, Ziehen in den Schenkeln, das anreizt sie zu kreuzen, Ziehen im Samenstrange, Kälte der Eichel, Kitzeln und Ziehen der Harnröhrenmündung, Abgang von einigen Tropfen Urin, wenn eine Blähung abgeht, und umgekehrt Abgang von Excrementen während des beschwerlichen und langsamen Harnlassens sind Nebensymptome, aufser den Harnbeschwerden selbst und der veränderten Qualität des Urins, die bald mehr, bald weniger sich zeigen, aber freilich sämmtlich auch von anderen Ursachen als von Blasensteinen herrühren können. Bei Frauen, die überhaupt viel seltener als Männer am Stein leiden, sind alle Erscheinungen leichter. Kitzel an der Harnröhrenmündung, und ein Gefühl von Last in der Scheide, dann öfter Drang zum Harnen, wobei nicht, wie bei Hysterischen, wässriger, fast geruchloser, sondern dicker, schleimiger, heftig stinkender Harn abgeht, pflegen bei diesen die Erscheinungsreihe auszumachen.

Es ist wohl ein Irrthum, wenn man behauptet hat, Frauen seien zur Steinerzeugung weniger disponirt als Männer; Nierengries und Nierensteine kommen höchst wahrscheinlich bei beiden Geschlechtern gleich häufig vor; allein bei der gröfseren Harnblase der Frauen, die sich, eben weil sie gröfser ist, kräftiger zusammenzieht, und bei der sehr viel kürzeren und weiteren, auch in gerader Linie ausmündenden Harnröhre der Frauen, gehen in die Blase kommende Nierensteine viel gewisser und leichter ab, als bei Männern; folglich mufs der Blasenstein wirklich bei ihnen sehr viel seltener vorkommen. Aus gleichem Grunde müssen bei vorkommenden Harnsteinen die Harnsymptome weniger beschwerlich und schmerzhaft sein, als bei Männern. Auch dafs das Alter zu Steinkrankheit geneigter sein soll, als die Jugend, scheint nicht gegründet; wir finden Steine in den Leichen neugeborner Kinder, und es giebt kein Lebensalter, das von denselben verschont ist. Weil aber das ganze uropoëtische System im Alter unvollkommener wird, weil die Blasenwände sich verdicken, und diese Organe verengen, so vermehren sich im späteren Lebensalter die Steinbeschwerden. Ob in manchen Familien erbliche Disposition zum Stein vorkomme, dürfte eine schwer zu entscheidende Frage sein. Man findet in kalten sowohl, als in den tropischen Ländern, weniger Steinkranke, als in denen, die ein gemäfsigtes Clima haben.

In Polen und Rufsland kommt der Stein sehr selten vor; in ganz Norddeutschland ist er es ebenfalls, desgleichen in ganz Oesterreich und Ungarn. In England soll er um Liverpool am gemeinsten sein; auch Frankreich hat Gegenden wo er häufig genug ist. Am Oberrhein und in der Schweiz ist er selten, in Franken, am Niederrhein und in den Niederlanden häufiger. In Holland soll er seit Einführung des Theegenusses abgenommen haben. Im Mosellande glaubt man, dafs ihn die Weine der oberen Mosel verursachen, die der niederen wieder auflösen. Das mag wohl eben so wenig Grund haben, als dafs man säuerlichen, scharfen Weinen Schuld giebt, dafs sie ihn hervorbringen. Wäre dies wahr, so müfste in Oesterreich und am Rheine Jedermann Steine haben; denn die jungen Weine, die da Volksgetränk sind, haben Säure genug. Eben so unschuldig ist der Käse an der Steinerzeugung; nirgends wird abscheulicherer, faulerer Käse in gröfserer Menge gegessen, als vom gemeinen Volk in Sachsen, und doch ist dort der Stein eine Seltenheit. Gleichwohl mufs es Localumstände geben, die seine Erzeugung begünstigen, da er stellenweise sehr viel häufiger vorkommt, als anderswo.

Man beschuldigt die Wässer die viel erdige Theile absetzen, und Karlsbad und Baden-Baden, wo Alles in den Thermalquellen schnell mit Steincruste umzogen wird, sind die wirksamsten Erleichterungsmittel gegen den Stein. Zur Zeit ist uns die wahre Ursache der Steinbildung aus dem Harn so unbekannt, als die der Bildung des Speichelsteins. Wie es Menschen giebt, deren Zähne, bei geringer Sorgfalt für Reinlichkeit sogar, stets vom Speichelstein frei bleiben, und andere, die bei der sorgfältigsten Reinigung und dem Gebrauch aller Hülfsmittel, dennoch die ganzen Zähne voll von diesem ekelhaften Ansatz haben, ohne dafs wir wissen, worin der Grund liegt, so verhält es sich mit der Harnsteinbildung völlig auf gleiche Weise.

Man hat seit *Cadogan* viel über die Verwandtschaft von Stein und Gicht gesprochen, und da letztere darauf beruht, dafs phosphorsaurer Kalk an anderen Stellen sich bildet, als in den Knochen; da besonders der Urin der Gichtkranken sehr sedimentös, und dem Harnsteinkranker ähnlich wird, so ist diese Verwandtschaft nicht ganz zu läugnen. Allein die Blasensteine bestehen nur zum kleinsten Theil aus phosphorsaurem Kalk, und wenn wir sogar in Leichnamen von gleich nach der Geburt gestorbenen Kindern, wenn wir in allen Arten von Quadrupeden Steine antreffen, aber sehr viele Gichtkranke von demselben frei bleiben sehen, so dürfen wir nicht behaupten, dafs beide Krankheiten in allen Fällen mit einander verwandt seien, oder dafs die nächste Ursache der Gicht auch die des Steins sei.

Sonach ist dann die Aetiologie der Steinkrankheit, sowohl was die disponirenden Ursachen, als was die wesentliche Bedingung derselben betrifft, noch nicht aufgeklärt, so viel Mühe man sich auch damit gegeben, und man hat palpable Irrthümer lange als entschiedene Wahrheit angenommen. Das ist wohl noch öfter als hier geschehen!

Die Prognose der Steinkrankheit ist sehr einfach. Nierensteine können lange vorhanden sein, ohne Beschwerden zu erregen. Geschieht dies, so kann man auf die beruhigende Wirkung der später zu beschreibenden Heilmittel ziemlich sicher rechnen; doch bewirken sie nur Stillstand der Beschwerden, heben aber die Ursache nicht. Nur in sehr seltenen Fällen entsteht Niereneiter, und in noch weit selteneren nimmt dieser einen Weg nach aufsen, auf welchem sogar der Stein entfernt werden kann. Gelangt der Niereneiter in den Ureter, so ist dies nicht blofs äufserst schmerzhaft und der Anlafs höchst tumultuarischer Zufälle, sondern lebensgefährlich; denn wenn der Stein im Ureter bleibt, mufs nothwendig der Tod erfolgen, unter grausamen Umständen, da er von Organen ausgeht, die den Lebenscentris fern liegen.

Der Blasenstein gewährt nur in den seltenen Fällen eine günstige Prognose, wenn ein fremder Körper in die Blase geschlüpft ist, um welchen sich eine steinerne Cruste gelegt hat, da kann ein operatives Verfahren, aber auch nur dieses, völlige Heilung bewirken. Ist aber die Steinbildung durch innere, uns unbekannte Ursachen begründet, so kann zwar das operative Verfahren den Kranken befreien, aber nicht sicher stellen, dafs dieselben Ursachen, die den ersten Stein gebildet, nicht nachher einen neuen bilden. Auch bleibt die Harnblase, deren Häute gewifs schon vor der Operation verdichtet waren, nach derselben, sie werde angestellt, wie sie immer wolle, krankhaft gebildet. Diese krankhafte Bildung kann so weit von der Normalität abweichen, dafs sie selbst Ursache anhaltender Leiden und des Todes wird.

Wenn, was bei Frauen häufig, bei Männern selten geschieht, Nierensteine, gleich nachdem sie in die Blase gelangt sind, ausgetrieben werden, so ist dies allerdings der glücklichste unter allen möglichen Ausgängen, ob er gleich die Ursache der Steinbildung nicht aufhebt. Wenn aber ein solcher Stein in der Urethra stecken bleibt, so veranlafst er Ischurie und unsägliche Beschwerde; man kann nicht genug eilen, ihn durch operatives Verfahren zu entfernen. Ist die Urethra stark verschwollen, ist es unmöglich, den Stein aus ihrer Mündung auszuführen, so mufs man auf den Stein einschneiden, und ihn aus der Wunde ausziehen.

Die Therapeutik der Steinkrankheit zerfällt in die prophylactische, die palliative und die radicale, wie wir das operative Verfahren besonders nennen müssen, ob wir gleich sehr wohl wissen, dafs wir durch dasselbe weder die Anlage zur Steinbildung heben, noch die bereits mehr oder weniger abnorm veränderte Harnblase wieder zur Normalität zurückführen können. Ferner unterscheidet sich das Verfahren durch das Geschlecht der Kranken. Noch wichtiger ist der Unterschied nach dem Sitz und nach der Gröfse und Beschaffenheit des Steins. Wir beginnen mit der prophylactischen Behandlung.

Kennten wir die Bedingungen genau, unter welchen sich die Steinkrankheit erzeugt, so wäre es leicht, prophylactische Regeln zu geben. Aber wenn wir ganz junge Kinder, ja Neugeborne mit Steinen behaftet sehen, so ist es lächerlich, vor Speisen, Getränken und Wollust als Beförderungsmitteln der Steinbildung zu warnen. Indessen lehrt die Erfahrung, dafs in manchen Orten der Stein häufiger vorkommt, als in anderen. Wer denn an solchen Orten lebt, hat besonders auf die Art Acht zu geben, wie sein Uriniren von Statten geht. Bemerkt er Krystalle im Urin, sieht er, dafs derselbe einen dicken Bodensatz fallen läfst, dafs die Urinflecke in der Wäsche eine sandige Beschaffenheit haben, oder auch nur, dafs der Urin sich sehr fest an das Nachtgeschirr anlegt, und einen heftigen Geruch hat, so mufs er die Aufmerksamkeit auf seine Lebensweise verdoppeln. Vermeidung reichlichen Weingenusses ist zwar jedes verständigen Menschen Pflicht, aber die seinige doppelt. Ueberhaupt mufs er sorgfältig alles vermeiden, was das Geschäft der Urinabsonderung ungewöhnlich bethätigt, also reichliches Trinken jeder Art von Getränken, Erkältung, besonders der Füfse, Nässe der Wohnung, der Bekleidung, Aufenthalt in feuchtkalter Luft, starkes und anhaltendes Fufswandern, besonders aber Anstrengung im Befriedigen des Geschlechtstriebes. Je mehr er so aller Gelegenheit zur Reizung des uropoëtischen Systems entgeht, desto länger wird er sich von Steinbeschwerden frei erhalten. Hierauf beschränkt sich aber die prophylactische Behandlung.

Bemerkt er endlich Harngries, treten die oben angegebenen Zeichen ein, die das Dasein von Nierensteinen wahrscheinlich machen (gewisse Zeichen derselben giebt es nicht eher, als wenn Nierensteine durch den Ureter gehen, und dann aus der Blase abgehen), oder läfst sich endlich der Blasenstein deutlich erkennen, so tritt die palliative Behandlung ein, die in jedem Grade der Entwicklung der Steinkrankheit fortgesetzt werden mufs.

Die Diät mufs sodann eine Aenderung erleiden; denn statt der Regel, die Urinabsonderung so wenig als möglich zu reizen, geben nach Anleitung der Erfahrung aller Zeiten die Aerzte den Rath, viel wässriges Getränk zu trinken, damit der Urin reichlich abgesondert werde. Alle Steine sind saurer Natur; die Bildung von Harnsäure begünstigt also den sauren, steinigen Niederschlag, der, so lange er in den Grenzen des Lebendigen bleibt, immer fortfährt verwandelt zu werden, und die Scheidekunst, die nur auf analytischem Wege das Todte findet, zur Annahme einer Menge verschiedenartiger saurer Basen verleitet. Harnabsonderung ist zwar Bereitung eines Auswurfsstoffs; aber das Leben wirkt auch noch in dieser Absonderung nicht analytisch, sondern synthetisch. Es hat den Kohlenstoff der Nahrungsmittel in Stickstoff verwandelt; indem es die Stoffe zurückgiebt, verwandelt es sie wieder in Säuren. So ist der Schweifs, der Speichel sogar, der in der Regel alkalisch sein soll, endlich der Urin mit Säuren gemischt. Indem das Leben aber diese erzeugt, befreit es auch das Blut von Stoffen, die der Assimilation nicht fähig sind. Kein Stoff aber ist weniger assimilirbar, als Wasser. Wenn dies reichlich getrunken wird, so wird es eben so reichlich durch die Nieren ausgeschieden, und indem sie damit beschäftigt sind, bilden sie weniger Säure, als wenn sie sparsamer absondern, und das Secret länger im uropoëtischen System verweilt. Das ist der Grund, aus welchem die Aerzte von jeher beim Stein, er sei in den Nieren oder in der Blase, reichlichen Wassergenufs empfohlen haben. Der Thee (der chinesische nämlich), der von Engländern und Holländern so sehr gerühmt wird, als die Hauptursache der Abnahme der Frequenz der Steinkrankheit, im Vergleich mit der Vorzeit, verdankt wahrscheinlich seinen Ruhm blofs dem Umstande, dafs er als warmes Wasser den Magen nicht beschwert, wie kaltes, und ohne Ekel genossen werden kann, was vom einfachen warmen Wasser nicht gilt. Die Frage ist, ob der Zusatz von Zucker, einer Säure, nicht den Nutzen des Thees wieder aufhebe. Allein die Erfahrung beweist das Gegentheil, während sie andere Säuren, namentlich Weinsteinsäure, als sehr nachtheilig für Steinkranke nachweist. Essigsäure ist ebenfalls als nicht nachtheilig anerkannt, und über die Wohlthätigkeit der Kohlensäure giebt es nur Eine Stimme. Die kohlensauren Mineralwasser gehören unter die wohlthätigsten Erleichterungsmittel für Steinkranke. Alle Obstsäuren aber, ohne Ausnahme, befördern die Steinbildung. Doch bringt man die verwandelnde Kraft der Digestionsorgane zu wenig in Anschlag, wenn man nur von der Qualität der Nahrungsmittel redet. Viel wichtiger ist die Säurebildung im Magen selbst, die vermieden werden mufs, so sehr man kann. Fette Nahrungsmittel werden nur bei starker Bewegung und dadurch bethätigter Secretion verdaut; aufserdem bilden sie Säure im Magen, die auf den Urin wirkt, und in den Nieren ausgeschieden wird. Der Steinkranke mufs also weder zu fette, noch zu reichliche Nahrung geniefsen, sondern seine Nahrung mit seiner Digestionskraft und Körperarbeit in richtiges Verhältnifs bringen; denn das allein verhütet die Säurebildung im Magen. Hierbei ist aber fast Alles individuell, und Jeder mufs auf sich selbst achten, um zu wissen, was sein Magen verträgt, dabei aber die Rücksicht auf den Unterschied seiner Verdauungsfähigkeit bei Ruhe und bei Bewegung nicht vergessen. Magnesia, in Verbindung mit Ingwer, gilt bei vielen, an Harngries oder Stein Leidenden, als ihr Universalmittel, blofs weil es die Magensäure tilgt, und die Digestion befördert. *Boerhaave* rühmt Erdbeeren und reife Trauben, Andere fanden sie nachtheilig. Spargel und ähnliche Speisen, die eine deutliche Wirkung auf die Qualität des Urins haben, bekommen Steinkranken ohne Ausnahme sehr übel. Bäder, als allgemeine Mittel Schmerzen zu beruhigen, sind Steinkranken wohlthätig; wenn man aber gesagt hat, dafs sie durch Resorption des Wassers nützten, so hat man wohl den Werth der Vermehrung des zur Ausscheidung bestimmten Wassers im Blute zu hoch angeschlagen.

Bei der ärztlichen Behandlung der Steinkranken hat man vor allen Dingen wohl zu unterscheiden, ob der Stein Entzündung errege oder nicht. Wenn Schmerz und Erbrechen, Fieberbewegung, die nie sehr stark zu sein pflegt, Entzündung ahnen läfst, so mufs vor allen Dingen diese beschwichtigt werden. Zuweilen können Aderlässe nothwendig werden; öfter werden blutige Schröpfköpfe mehr Erleichterung bewirken, ohne so viel zu schwächen als jene. Bei solchen entzündlichen Scenen ist reichliches Trinken von Buttermilch vielleicht die wirksamste aller Arzneien. Oelige Emulsionen aller Art werden sehr empfohlen, aber man vergesse nicht, dafs alle vegetabilischen Oele und Schleime sehr leicht Magensäure veranlassen, und dann das Uebel verschlimmern statt zu erleichtern. Nur nehme man dann nie seine Zuflucht zu Mitteln, welche die Harnabsonderung reizen! Also die klinischen Mittel, Mineralwasser aller Art, alle harntreibenden Arzneien sind bei Entzündung in der Harnblase schädlich.

Doch nicht jeder Schmerz ist entzündlich! Die allmählige Verdickung der Schleimhaut der Harnblase bewirkt anhaltenden Druck auf die weit empfindlichere Muskelhaut und dadurch anhaltenden, stumpfen Schmerz, der durch die Ausdehnung der verengten Blase bei Anfüllung derselben, durch die Versuche des Zusammenziehens beim Uriniren, bis zum unerträglichen steigt. Dann ist das Opium die einzige Zuflucht der Kranken, die dadurch gewöhnlich, indem sie

die

die Dosis desselben allmählig vermehren müssen, Opiophagen werden.

Aufser dem Opium, das nur in den Perioden der heftigeren Schmerzen Erleichterung gewährt, und aufser den Blutentziehungen und anderen Mitteln, die man der Entzündung entgegensetzt, giebt es einige Mittel, die in den freieren Zeiträumen, bei passender Lebensordnung angewendet, die Beschwerden wesentlich erleichtern, die Schmerzanfälle seltener, milder und kürzer machen, und die man deshalb für steinauflösende Mittel gehalten, auch Lithontriptica genannt hat (von λίϑος und τρίβω, tero), obgleich wohl gewifs ist, dafs Steine im Körper nicht aufgelöst werden, da in ihnen keine Vitalität sich regt, das Lebendige aber, welches sich unaufhörlich verändert, von ihnen mehr als von fremden Reizen berührt wird. Wir müssen sie einzeln in's Auge fassen.

1) Natrum, Kali, Kalk, Borax. Dafs Harnsteine, besonders die aus Harnsäure bestehenden aufser dem Körper sich in Laugen lösen, darf freilich nicht zu dem Schlusse berechtigen, dafs im Körper durch arzneiliche Anwendung derselben solche Lösung ebenfalls erfolgen werde. Indessen lehrt die Erfahrung, dafs beim Fortgebrauch alkalischer Mittel der Urin gegen Lackmufs nicht mehr sauer, sondern alkalisch reagirt; da nun die Säure des Harns den Steinen Ursprung und Wachsthum giebt, so mufs wenigstens das letztere aufhören, wenn der Harn nicht mehr sauer ist. Die Beddoe'schen Pillen (Natri bicarbon. sicc. ½ Unze, Saponis med. 3 Drachm., Syr. q. s. u. f. Pil.; auch mit Herb. Conii 1½ Drachm.) haben sich vielleicht als das wirksamste aller Arzneimittel bewährt, bei anhaltendem Gebrauch die Steinbeschwerden zu mäfsigen, ob ich gleich nicht glaube, dafs sie je einen Stein aufgelöst haben. Mifs *Stephens* erhielt vom Parlamente 1740 zehntansend Pfd. Sterl. Belohnung für eine Mischung aus Seife, Kalkwasser und erweichenden Pflanzenstoffen, welcher man später den täglichen Gebrauch von 2 Quent. gebrannten Eierschalen und 4 Loth in Wasser gelöster Seife substituirte; *van Swieten* rühmt das Verfahren sehr, und behauptet, es hebe beim Fortgebrauch die Verdickung der Blasenschleimhaut auf, wodurch es wenigstens den Steinschnitt vortrefflich vorbereite, und sein Gelingen

sichere. Schon *Basilius Valentinus* rühmt gebrannte Eierschalen mit Wachholderwasser und Spiritus Calcis vivae als Lithontripticum. Grofse efsbare Schnecken, calcinirt und täglich zu einigen Theelöffeln genommen, sind ebenfalls ein von alten Zeiten her gerühmtes Erleichterungsmittel; es sollen dabei Gries und kleine Steinchen in Menge abgehen. Borax hat eine Menge von Empfehlungen für sich.

2) Natronhaltige Mineralwässer. Unter diesen steht das Karlsbad, namentlich der Sprudel daselbst, oben an; nächst demselben Baden-Baden. In beiden Quellen werden hineingeworfene feste Körper incrustirt, aber das hindert ihre höchst wohlthätige Wirkung im Blasenstein nicht nur nicht, sondern befördert sie, wie ihre Lobredner behaupten. Gewifs ist, dafs Steinkranke in diesen Quellen grofse Erleichterung finden. Unter den kalten, kohlensauren, natrumhaltigen Quellen wird die Wildunger vorzüglich gerühmt.

3) Herb. Uvae ursi und Ononidis spinosae. Die Wirksamkeit beider Mittel, als Tisanne getrunken, ist vielfach gerühmt, und hat sich auch mir zum öfteren bestätigt. Besonders die erstere Pflanze vermehrt den Harnabgang, und man sieht weifsen Niederschlag in demselben. Dafs man nicht zu viel von solchen Mitteln erwarten dürfe, versteht sich.

4) Kohlensäure. Von den kohlensauren Mineralwässern ist schon die Rede gewesen. Auch die meisten kali- oder sodahaltigen Mittel entwickeln Kohlensäure. Man kann sie aber auch auf andere Weise anwenden und entwickeln, wie bekannt. Ihre beruhigende Wirkung erstreckt sich jedoch wahrscheinlich nicht über die Schleimflächen des Magens, höchstens auch der Dünndärme hinaus.

5) Hagebutten, das rothe Fleisch getrocknet und die Kerne geröstet, gepulvert und gleich dem Kaffee zubereitet. Ein beliebtes Volksmittel, dem Wirksamkeit zum Beruhigen der Steinschmerzen, vorzüglich aber zum Vermeiden derselben beim Genufs in schmerzfreien Perioden nicht abzusprechen ist.

6) Honig. Diese Substanz wirkt sehr verschieden, je nachdem die Bienen sich von Heideblüthe, Lindenblüthe, Klee, oder von welchen Blüthen es immer sei, genährt haben

An sich hat der Honig bedeutende Säure, und ist deshalb verdächtig; allein es ist wohl möglich, dafs es Sorten giebt, die für Steinkranke wohlthätig wirken, wenn der Blüthenstaub, den die Bienen genossen haben, gerade der Art ist, dafs er ihm diese Eigenschaft verleiht.

7) Wachholderbeeren, Rettigsaft, Petersilie, die Wurzel derselben. Lauter Vegetabilien, denen harntreibende Wirkung zugeschrieben wird, und die dem Urin einen eigenthümlichen Geruch mittheilen.

Es mag nicht unpassend sein, auch von solchen Mitteln zu reden, die man empfohlen hat, ob sie gleich unbedingte Verwerfung verdienen. Hierher gehören:

1) Die Mineralsäuren. Weil man damit Metalle auflöst, bildete man sich ein, auch die Steine dadurch zu zersetzen. Alle Säuren begünstigen eher die Steinerzeugung. Aufserdem ist ja wohl nichts abentheuerlicher, als zu wähnen, Säure, die schon ehe sie den Magen berührt, sich mit der Schleimhaut des Mundes und Schlundes, und den dort befindlichen Säften verbindet, werde als solche in die Harnblase gelangen, und dort Steine auflösen. Wer mag so etwas der Widerlegung würdigen?

2) Kaustisches Kali. Ohne Wasser würde es den Mund zerstören, mit Wasser wird es zur Lauge, die nur in Verdünnung nehmbar ist. Von dieser ist aber schon die Rede gewesen.

3) Terpenthin, Copaiva- oder peruvianischer Balsam, aetherische Oele. Alles Heil hängt davon ab, dafs man den Entzündungsreiz mäfsige oder verhüte, den der Stein ausübt; wie passen zu dieser Absicht dergleichen erhitzende Mittel? Dasselbe gilt von allen heftigeren Diureticis, besonders auch von der Radix Beryoniae, die zum Ueberflufs auch auf dem Darmcanal als Drasticum wirkt.

Von Einspritzungen von Kalk- oder Seifenwasser in die Harnblase gilt in der Regel dasselbe. Solche mechanische Eingriffe erregen Entzündung, und können viel mehr schaden als im glücklicksten Falle nützen. Nur wo die Harnblase ganz und gar callös ist, kann ihr Gebrauch indicirt sein.

Wenn auf erwähnte Weise weder chemische Mittel noch Specifica existiren, die den Stein auflösen, sondern derselbe blofs auf mechanischem Wege entfernt werden kann, so ist für's erste zu bestimmen, in welchen Fällen man sich zu deren Gebrauch entschliefsen darf und mufs; zweitens wie man sie ausführe. Die dritte Betrachtung erfordert die Behandlung nach dem operativen Verfahren. S. Blasensteinschnitt und Lithotritie.

Literatur:

Coopmann, neurologia et observatio de calculo ex urethra excreto. Lingen 1795. — *Amussat*, Harnconcretionen beim Menschen. A. d. Frz. Weimar 1833. — *Brodie*, über die Lithiasis des Urins. S. chirurg. Handbibliothek. 15. Bd. Weimar. — *Camper*, obss. circa mutationes, quas subeunt calculi in vesica. Budae 1784. — *Falconer*, von der Wirksamkeit luftsaurer alkal. Wasser in Steinkrankheiten. Leipz. 1794. — *Fenner*, über Harnsteinkrankeit. Eisenberg 1821. — *Hofmeister*, de calculis urinariis. Lips. 1831. — *Hulme*, Anzeige eines Mittels wider Blasen- und Nierenstein. Leipz. 1778. — *Dessclb.* neue, sichere Heilart des Steins, Scorbuts und Podagras, übers. von *Ingenhauss.* Wien 1781. — *Michaelis*, *Chr. Fr.*, über den Blasenstein. Marburg 1813. — *Link*, de analysi urinae. Götting. 1788. — *Wilson*, Unters. der entfernteren Ursachen des Blasensteins. Stendal 1795. — *Wurzer*, chem. Analyse wesentlich verschiedener Harnsteine, die in kurzer Zeit einer und derselben Kranken abgegangen sind. Cassel 1829. Ne — n.

LITHIUM (von λίϑειος, steinern, genannt, weil es nur im Mineralreich vorkommt). Ein electropositives Metall, von *Arfwedson* 1817 in seinem oxydirten Zustande, als Alkali (Lithion) in geringer Menge in einigen schwedischen Metallen entdeckt, später dann auch in einigen Mineralwässern Böhmens, namentlich Karlsbad's, und auch in den Quellen von Baden im Aaargau, jedoch überall nur in äufserst geringer Menge aufgefunden. Ueber die Verhältnisse dieses seltenen Körpers wissen wir noch wenig und über seine etwanigen Wirkungen auf den menschlichen Organismus noch nichts. v. Schl — l.

LITHOCENOPE, der Steinausleerer, nennt *Heurteloup* ein von ihm erfundenes Instrument zur Entfernung von Steinresten aus der Blase, welche darin nach der Lithotritie zurückgeblieben sind (S. *v. Froriep's* Notiz. 1832. No. 15. Bd. 33. pag. 239.).

LITHOGAGA, steinauflösende Mittel. S. Lithiasis.

LITHOKONION, der Steinzerreifser, ein von dem

chirurg. Instrumentenmacher *J. Lukens* zu Philadelphia erfundenes, zum Zerstückeln von Harnsteinen in der Blase bestimmtes Werkzeug (S. the Philad. Journ. of the med. and phys. Sc. Vol. 1. Art. 9. pag. 373. 1825.).

LITHOLABON. S. Lithotritie.

LITHOMETER, der Steinmesser. *Leroy d'Etiolles* hat diesen Namen einem von ihm erfundenen Instrumente zur Ausmessung von Blasensteinen beigelegt (S. Chir. Kupfertaf. Weimar 1831. Taf. 279. und 280.).

LITHONTRITIE, LITHONTRITOR, LITHOTRIPSIA. S. Lithotritia.

LITHONTRIPTICA. S. Lithiasis.

LITHOPAEDION, OSTEOPAEDION (von *λίϑος* Stein, *παιδίον* Kindchen — *οςέον* Knochen, *παιδίον*), Steinkind, versteinertes, verknöchertes Kind (Lithoterion, von *λίϑος* und *ϑηρίον* kleines Thier, — versteinertes Thier) ist eine im mütterlichen Körper zurückgebliebene, abgestorbene und verschrumpfte Frucht, deren Hüllen gewöhnlich verknöchert, oder doch mit einer harten Substanz incrustirt sind. Wenn die Frucht zur gesetzlichen Zeit nicht geboren wird, indem entweder ein Mifsverhältnifs in der Gröfse oder Lage derselben zu den mütterlichen Geburtstheilen besteht, oder indem die Frucht aufserhalb der Gebärmutter liegt, so verschwindet das Fruchtwasser, die Eihäute legen sich eng um den Fötus, die Nabelgefäfse obliteriren mehr oder weniger, und der Fötus wird durch die vergeblichen Anstrengungen des Gebäractes (denn auch bei einer Extrauterinal-Schwangerschaft, besonders bei einer Bauchschwangerschaft, treten bei der Reife der Frucht Wehen ein) zusammengedrückt. Er erhält nun eine sehr unregelmäfsige Form, weil die festeren und erhabeneren Theile in die weicheren und vertiefteren eingedrückt werden, die eng anliegenden Eihäute, namentlich das Amnion, werden durch abgelagerte kalkige Materie mit der Haut vereinigt, und sie selbst werden auch von dieser Materie durchdrungen, ohne dafs man es einen eigenthümlichen Verknöcherungsprocefs nennen kann, weil weder Knochenkörperchen, noch Knorpelkörperchen, nachdem eine Säure auf die harten Theile eingewirkt hat, durch's Mikroskop zu erkennen sind. Der Fötus scheint nun in eine knöcherne Kapsel eingeschlossen zu sein, und es treten nur einzelne Theile seines Körpers mehr oder weniger hervor; entfernt man aber die knöcherne Hülle, wobei die Haut des Fötus gewöhnlich zugleich entfernt werden muſs, auſser an stark behaarten Theilen, so sind alle Organe wieder zu erkennen, selbst wenn die Frucht viele Jahre im mütterlichen Körper gelegen hat; nur sind gewöhnlich alle eingeschrumpft. Das Chorion ist gewöhnlich nicht verknöchert, und es läſst sich vom Amnion stellenweise trennen; die Placenta und der Nabelstrang sind aber sehr geschwunden, und nicht leicht wieder zu erkennen. Von der Placenta ist, wie überhaupt bei der Bauchschwangerschaft, nur der Fötaltheil ausgebildet, daher ist sie schon ursprünglich sehr dünn und auseinandergezogen.

J. F. Meckel (Handb. der pathol. Anatomie. II. 1. Abth. S. 171.) hält es für möglich, daſs der im mütterlichen Körper zurückgebliebene Fötus, nach Ablauf der Schwangerschaft, und wenn er bis dahin am Leben geblieben ist, noch länger fortleben könne, „aber nur das niedrigste Leben, das Leben des Eies und Samenkornes, das sich nur durch Nichtverderbniſs unter Umständen, welche dieselbe begünstigen, offenbart.“ Auch findet er darin einen Beweis, „daſs der Fötus selbst noch durch die unbedeutende Oeffnung der Nabelgefäſse, welche mehrere Schriftsteller ausdrücklich erwähnen, noch immer mit der Mutter in der früheren Erhaltungsbeziehung steht.“

Zur Begründung dieser Annahme citirt er mehrere Fälle, und unter diesen den von *Schmidt* (Beobachtungen der K. K. Josephsacademie. 1801. Bd. I. No. 6.) beschriebenen Fall, wo bei einer Frau, deren Schwangerschaft drei Jahre über die gewöhnliche Zeit sich verlängert hatte, und nach deren Tode, wegen deutlich gefühlter Bewegungen des Kindes, sogleich der Bauchschnitt gemacht wurde, ein lebendes Kind gefunden wurde, welches man zwei Stunden lang am Leben erhielt. Hierauf gründet *Meckel* überhaupt die Entstehung des Lithopädions, indem er die Verknöcherung der Eihäute und das Austrocknen des Fötus für active Lebensprocesse hält; denn, sagt er, wenn der Fötus nach dem Ablauf der Schwangerschaft stirbt, so verfaulen seine weichen Theile, und machen sich (bei Extrauterinal-Schwangerschaft) durch die Zerstörung der Bauchdecken, oder eines

Eingeweides, z. B. des Darmes, der Harnblase, der Mutterscheide einen Weg nach aufsen, oder die fauligen Flüssigkeiten werden aufgesogen, und die Knochen bleiben unschädlich zurück.

Dafs der im mütterlichen Körper über die gesetzliche Zeit zurückbleibende Fötus, sei es im Uterus, oder aufserhalb desselben, in dem einen Falle verschrumpft und zum Lithopädion wird, im anderen Falle verfault, ist unbezweifelt richtig, und durch viele gute Beobachtungen constatirt; aber wefshalb, unter scheinbar gleichen Bedingungen, bald dies bald jenes geschieht, ist noch nicht erklärt worden. *Meckel* würde uns aber die Erklärung gegeben haben, wenn die Thatsachen, worauf er sich stützt, keinen Zweifel zuliefsen. Bekanntlich kommen aber Täuschungen und Irrungen bei Schwangerschaften und bei dem Erkennen derselben sehr häufig vor.

Das Lithopädion kann da vorkommen, wo überhaupt eine Schwangerschaft Statt finden kann, nämlich im Uterus, in einer Muttertrompete, in einem Eierstocke, und in der Bauchhöhle.

Nach der Zahl der bekannt gewordenen Beobachtungen kommt es bei dem Weibe am häufigsten in der Bauchhöhle, sehr selten im Uterus vor; in einer Muttertrompete, oder in einem Eierstocke würde es nur dann entstehen können, wenn der Fötus vor dem dritten oder vierten Monate stirbt (oder nach *Meckel's* Annahme von da an nur das niedrigste Leben hätte), weil in dieser Zeit gewöhnlich die Häute des Eierstocks oder der Trompete reifsen, und die Mutter an innerer Verblutung stirbt. Bei den Thieren, besonders bei Schafen und Kühen, sind die verschrumpften Fötus viel häufiger im Uterus, als in der Bauchhöhle gefunden worden. Diese Thatsache ist wohl dadurch zu erklären, dafs bei den fruchtlosen Anstrengungen des Weibes beim Gebären häufiger und leichter Kunsthülfe gebracht werden kann, als bei den Thieren, die entweder wenig beachtet sind, oder bei denen wegen Enge des Raumes die Geburtshülfe nicht mit Erfolg angewendet werden kann.

Für die Mutter ist das Lithopädion nur eine lästige Bürde, aber selten nachtheilig; denn in verschiedenen Fällen wurde es mehrere Jahre, und in einem sogar 56 Jahre getragen. Wenn es in der Bauchhöhle liegt, so ist neue Empfängnifs und das Gebären lebendiger Kinder vorgekommen; beim Vorkommen desselben im Uterus fehlt gewöhnlich die Menstruation, und folglich ist auch keine Schwangerschaft mehr möglich. Nur in dem Falle, wo der Uterus getheilt (bicornis) ist, wie bei den meisten Säugethieren, wäre bei dem Vorhandensein eines Lithopädions eine neue Empfängnifs möglich, die auch bei Thieren in diesem Falle wirklich vorgekommen ist.

Am Schlusse dieses Artikels sollen noch einige Beobachtungen über Lithopädia aus der neueren Zeit angeführt werden.

Dr. *H. L. Heiskell* in Virginia beschreibt einen Fall, wo eine Frau von ungefähr 75 Jahren einen Fötus 40 Jahre getragen hatte. Bei der Untersuchung nach dem Tode der Frau wurde eine grofse knochige Geschwulst in dem unteren Theile der regio epigastrica gefunden, welche 4 Pfund 6 Unzen wog. Die Hülle bildete einen ganz knöchernen, hermetisch verschlossenen Sack. In demselben fand man einen, in Hinsicht der Form und Bildung, vollkommenen Fötus, welcher seine Reife erlangt hatte. Seine Stellung im Sacke glich ganz der eines Fötus im Uterus. Der Fötus war $3\frac{3}{4}$ Pfund schwer und $11\frac{1}{2}$ Zoll lang. Das Gehirn war eine weiche, breiige Masse von aschgrauer Farbe, die Eingeweide der Brust und des Bauches waren eben so vollkommen, wie die eines neugebornen Kindes. In keiner Portion derselben konnte etwas von Einschrumpfen oder Fäulnifs entdeckt werden; die Zunge war fest und aschfarbig, die Nägel der Finger und Zehen waren vollkommen. Es war keine Spur von Nabelschnur oder Placenta zu sehen. (The american medic. Recorder. No. 43. 1828. — Vergl. v. *Froriep's* Notizen aus dem Gebiete der Natur- und Heilkunde. No. 481. Novbr. 1828.)

Cruveilhier (in seiner Anatomie pathologique du corps humain, Livr. XVIII. Maladies des ovaires pl. 6me.) führt einen ihm von *Lallemand* mitgetheilten, und von *Daynac* (Dissert. de la grossesse extra-utérine. Avril 1825.) beschriebenen Fall an. Eine Frau von 77 Jahren wurde in der Salpêtrière, eines eingeklemmten Bruchs wegen, operirt. Sie war zwei Mal verheirathet, und hatte vom ersten Manne zwei Kinder, die sie sehr glücklich gebar. Mit dem zweiten Manne hatte sie ein Kind, mit dem sie zur rechten Zeit niederkam. Einige Zeit darauf, als sie 35 oder 36 Jahre alt war, bemerkte sie die Zeichen einer neuen Schwangerschaft; da sie aber ziemlich heftige Schmerzen in der Unterbauchgegend fühlte, und da sie glaubte, dort einen fremden Körper zu fühlen, so zog sie eine Hebamme zu Rathe, welche ihr jedoch versicherte, dafs diese Erscheinungen bei den meisten schwangeren Frauen vorkommen. Vom 4. zum 5. Monate dieser vermutheten Schwangerschaft waren die Schmerzen heftiger, und die Bewegungen fanden in dem Theile, den sie den fremden Körper nannte, Statt. Bis zum Ende des sechsten Monats wurden die Schmerzen und Bewegungen viel stärker, aber von dieser Zeit an verschwanden alle Symptome, der Unterleib senkte sich, und die Menstruation trat wieder ein. Die Frau hatte nachher noch zwei Kinder und war ganz gesund, nur behielt sie während ihres ganzen Lebens die Empfindung von einem schweren Körper im Bauche. Als die Frau in Folge der Bruchoperation gestorben war, fand man bei der Leichenöffnung das Lithopädion in einer knorpeligen Hülle, welche mit der rechten Muttertrompete und mit dem rechten Eierstocke verbunden war. Dieselben Organe der linken Seite und die Gebärmutter waren gesund, woraus sich auch die Möglichkeit erklärte, dafs die Frau bei dem Vorhandensein des Lithopädions noch zweimal schwanger werden konnte.

Eine 34jährige Frau hatte 5 Mal glücklich geboren; eine sechste, übrigens normal verlaufende Schwangerschaft erreichte ihr Ende; es stellten sich Wehen ein, sie hörten aber wieder auf, ohne dafs die Geburt erfolgte. Die Frau befand sich nachher wohl, und wurde nur durch den Umfang des Leibes und das Gefühl eines fremden Körpers in demselben an ihre Schwangerschaft erinnert. Zwei Jahre darauf wurde sie abermals schwanger. Diese Schwangerschaft war von gar keinen Beschwerden begleitet, obgleich die Schwangere über den Ausgang sehr besorgt war. Am Ende des 9. Monats wurde Dr. *Weyand* zu der Frau gerufen, fand aber bei seiner Ankunft bereits einen leicht gebornen, starken und gesunden Knaben. Die äufsere Untersuchung der Frau zeigte, dafs sich in der Nabelgegend ein fremder Körper (sehr beweglich) befand, der deutlich als ein Kind, fast von der Gröfse eines reifen, zu erkennen war. Unterhalb desselben, oberhalb der Symphyse, fühlte man den kugelförmig zusammengezogenen Uterus. (Generalbericht des rheinischen Medicinalcollegiums. 1835. — Vergl. *v. Froriep's* Notizen No. 114. April 1838.)

In dem anatomischen Museum der hiesigen Universität befindet sich, nebst dem *v. Walther* schon 1778 beschriebenen und abgebildeten (Geschichte einer Frau, die in ihrem Unterleibe ein verhärtetes Kind 22 Jahre getragen hatte. Berl. 4. m. Kpfr.) Lithopädion, noch ein zweites, welches ebenfalls in der Bauchhöhle gelegen hat, dessen Hüllen mit der hinteren Wand des Uterus, mit der Harnblase, und mit dem Mastdarme verbunden sind, über welches aber keine historischen Notizen vorhanden sind.

Literat.: Aufser den oben genannten Fällen sind die älteren Beobachtungen in *Ploucquet's* literatura medica digesta Tom II. Artikel Foetus abdominalis, extrauterinus, ossificatus, petrefactus enthalten; ferner in *J. Fr. Meckel's* Handbuch der pathologischen Anatomie. II. Bd. 1. Abth. S. 160 ff. G—t.

LITHOPRIONE, der Steinsäger, heifst der Apparatus lithontripticus, den *Leroy* zum Zersägen der Blasensteine angegeben hat, dessen Brauchbarkeit jedoch zu bezweifeln ist (S. *v. Gräfe's* und *v. Walther's* Journ. Bd. 4. p. 369., und *Leroy's* Exposé des divers procédés employés jusqu'à ce jour pour guérir de la pierre. Paris 1825. Taf. 3—4.). — Mit diesem Namen belegten ***Prevost*** und ***Dumas*** von ihnen erfundene Apparate zur Auflösung der Blasensteine durch den Galvanismus (Ibid. Bd. 8. pag. 658.).

E. Gr—e.

LITHOSCOPE. Ein zur Ausmittelung von Steinen bestimmtes und von *Broke* angegebenes Instrument (S. Gazette méd. de Paris. 1835. T. 3. p. 600.).

LITHOSPERMUM. Eine Pflanzengattung aus der natürlichen Familie der Asperifoliae oder Boragineae *Juss.*, zur Pentandria Monogynia *Linné's* gehörend. Sie enthält krautartige, behaarte Gewächse, mit einseitswendigen Trauben, fünftheiligen Kelchen, trichterförmigen, regelmäfsigen, fünftheiligen Blumenkronen, welche im Schlunde durch 5 haarige Falten oder flaumhaarige Schlundlappen etwas verengert sind, mit fünf Staubgefäfsen und vier im Kelchgrunde stehenden, einsamigen, freien Früchten.

1) L. officinale *L.* (Steinsamen, Meer- oder Sonnenhirse, Perlkraut). Eine auf Hügeln unter Gebüsch wachsende, ausdauernde Pflanze, mit aufrechten, ästigen Stengeln, lanzettlichen, spitzen, adrigen und sehr rauhen Blättern (die Haare auf einem Knötchen stehend, angedrückt), mit grünlich-weifsen Blumen, und glatten, etwas glänzenden, weifslichen, sehr harten Früchten. Diese letzteren waren unter der Benennung Semen Milii Solis s. Lithospermi im Gebrauch; man gab sie entweder in Form einer Emulsion, oder mit Wein infundirt, oder auch zu Pulver zerstofsen in reinem Wasser, und rühmte sie bei Urinverhaltung, Entzündung der Prostata, Steinbeschwerden, Gonorrhoeen, Ruhr, und endlich als ein die Wehen beförderndes Mittel. Ihr hartes Pericarpium besteht nach *Charl le Hunte* aus 43,7 kohlensauren Kalk, 39,8 vegetablilischer Materie mit phosphorsaurem Kalk, Eisenoxyd und Spuren von Kali und Magnesia, und 16,5 Kieselerde. (*James* New. Edinb. Phil. J. 1832.)

2) L. arvense *L.* Auch die Früchte dieser viel gemeineren, auf allen Aeckern wachsenden, einjährigen, kleineren Art, deren Blätter lanzettlich und angedrückt, kurzhaarig, die Blumen weifs, selten blau, die Früchte aber schwärzlich und runzelich-rauh sind, wurde als Semen Lithospermi nigri, wie die der ersten, jedoch seltner gebraucht. Die rothe Wurzelrinde dieser Pflanze soll zum Schminken benutzt sein. v. Schl — l.

LITHOSPERMUM TINCTORIUM ist Synonym von Anchusa tinctoria.

LITHOTOMIA. S. Blasensteinschnitt.

LITHOTOMUS. S. Blasensteinschnitt.

LITHOTRITIE, LITHOTHRIPSIE, Steinzermalmung, Steinzertrümmerung, ist diejenige Operation, durch welche man, mittelst auf dem natürlichen Wege in die Blase eingeführter Instrumente den Stein fafst, und so verkleinert, dafs seine Bruchstücke entweder ausgezogen werden, oder mit dem Urin durch die Urethra abgehen können.

Zu allen Zeiten mit den Gefahren und Schwierigkeiten des Steinschnitts bekannt, suchte man theils denselben auf den höchsten Grad von Vollkommenheit zu bringen, theils kann man auch darauf, ihn durch ein milderes und weniger gefährliches Verfahren zu ersetzen; man war jedoch stets genöthigt, zu jenem zurückzukehren. Erst in unseren Tagen gelang es in der Lithotritie eine Methode aufzustellen, die unter gewissen Verhältnissen den Steinkranken, ohne blutigen Eingriff, von seinem Uebel befreit. Schon früher hatte man mitunter versucht, in der Harnröhre festsitzende Steine auszuziehen, und waren sie zu grofs, sie zuvor zu zerstückeln; der Gedanke lag daher nicht fern, dieses Verfahren auch auf in der Blase befindliche Steine auszudehnen. Vorschläge und Versuche dieser Art wurden wohl auch hier und da gemacht, jedoch leuchtete ihre Unvollkommenheit theils von selbst ein, theils war auch die gesammte Chirurgie noch nicht bis dahin ausgebildet, um diesen höchst nützlichen Gedanken mit bleibendem Erfolge weiter bearbeiten zu können. So soll bereits *Ammonios Lithotomos*, 250 v. Chr., (*Celsus* de medic. libr. VII. cap. 26.) mittelst eines meisselförmigen Instrumentes, das er durch die Harnröhre in die Blase einführte, Steine zerstört haben. Unter den arabischen Aerzten soll sich *Albukasem* (*Albukasem* lib. 2. cap. 60. p. 287.) eines eigenen Instrumentes bedient haben, um sowohl in der Harnröhre steckengebliebene, als auch noch in der Blase befindliche Steine auszuziehen und zu zerstückeln. Hierher gehörige Instrumente wurden noch angegeben von *Benedictus* (*Benedictus* de singulis corpor. morbis. Venet. 1533. pag. 422.), der den Rath ertheilte, kleine Steine, ohne blutige Operation, durch Zerstückelung zu entfernen; von *Sanctorius* (*Sanctorius* Comment. in prim. ten. prim. libr. canon. *Avicenn.* pag. 421), und in *Hallers* chirurg. Biblioth. Tom. 1. pag. 313.), welcher eine dreiarmige Zange zu diesem Zwecke vorschlug. Von *Germanus*, der um das Jahr 1646 lebte, erzählt *Severinus* (*Severinus* de efficaci medicina capt. 135. pars II.) dasselbe. Bekannt ist auch die Geschichte von einem Cistercienser Mönch, der an sich selbst einen Stein zerstückelte, indem er mittelst eines stählernen Schaftes kurze Stöfse gegen denselben führte; desgleichen die des Obersten *Martin*, (Journal of the Royal Institut. Tom, 1., und in *Arnemanns* Magazin d. Wundarzneikunst Bd. II. p. 413.), der sich mittelst eines feilenartigen Instrüments von einem Stein befreite.

Die Instrumente und Verfahrungsarten, um Steine aus der Harnröhre zu entfernen, von *Hales* und *Hunter*, *Bell*, *Cooper* etc. sind bekannt und zum Theil noch in Gebrauch. Im Jahre 1813, einer Periode, wo man sich besonders mit der Auflösung des Steins durch chemische Mittel beschäftigte, und sich zu diesem Zwecke gern Bruchstücke desselben verschaffen wollte, machte *Gruithuisen* (Salzburger medicin. chirurgische Zeitung 1813 B. I. p. 289.) zuerst ausführliche Vorschläge hiezu; er zeigte wiederum die Möglichkeit, gerade und stärkere Sonden in die Blase einführen zu können. Zu dem oben genannten Zwecke schlug er 3 Instrumente vor: das erste zum Anbohren des Steines bestimmt, bestand aus einer äufsern Canüle, einer Drahtschlinge und einem Trepan oder lanzetförmigen Bohrer; mittelst der Schlinge wollte er den Stein gegen die Röhre befestigen, und ihn sodann mit dem Bohrer angreifen; sein zweites bestand aus einer Röhre, in welcher sich ein auf seiner convexen Seite schneidender Haken befand; er beabsichtigte nun die Steinsegmente zwischen den Rand der Röhre und den Haken zu bringen, und sie sodann zu zerdrücken. Sein drittes Instrument, der Steinradierer, bestand aus dem stählernen Schaft, dessen Blasenende in 2 aus einander federnde, an ihren sich gegenseitig zugekehrten Seiten schneidende Hälften endigte, die durch eine äufsere Röhre, welche das Ganze umschlofs, zusammengetrieben werden konnten. Diese Instrumente waren von *Gruithuisen* eigentlich nur zur Vorarbeit der Auflösung des Blasensteines durch Injection bestimmt, jedoch glaubte er damit auch Steine so zerstücken zu können, dafs sie mit dem Urine abgingen. Sie sind nie an Lebenden angewendet worden, und wohl auch gar nicht anwendbar, jedoch läfst sich nicht läugnen, dafs sie die Grundidee der noch jetzt üblichen Methode enthalten. Seine Vorschläge blieben sowohl in Deutschland, als auch in anderen Ländern unbeachtet. Im Jahre 1819 schlug ein englischer Arzt *Elderton* (*Elderton* description of instrum. for destraying urin. calcul. within the bladder iu Edinb. medic. and surg. Journ. An. 1819 Nr. 69.) ein Instrument zur Steinzerstückelung vor, das ebenfalls nie gebraucht wurde.

Wir gehen nun zu derjenigen Periode über, wo die Lithotritie in die Praxis eintrat; dies geschah durch die Erfindung der Perforationsmethode. Zwei französische Chirurgen streiten sich um diese Ehre, nämlich *Civiale* und *Leroy*. Die Thatsachen, auf welche jeder derselben seine Ansprüche gründet, sind folgende:

Civiale behauptet sich bereits seit dem Jahre 1817 mit diesem Gegenstande beschäftigt zu haben; sein erstes Streben ging ebenfalls dahin, sich Bruchstücke des Steines zu verschaffen, um dessen chemische Natur kennen zu lernen. Im Jahre 1818 legte er dem Ministerium des Innern ein Gesuch um Unterstützung vor; dies wurde zur Begutachtung an die Academie abgegeben, von dieser aber unberücksichtigt gelassen. Dennoch fuhr er in seinen Versuchen fort; im Verlaufe derselben verliefs er den Gedanken, den Stein durch Injectionen aufzulösen, dagegen suchte er ihn nun auf mechanischem Wege zu zerstören. Im Jahre 1823 hatte er seine Instrumente so weit vervollkommnet, dafs er sie 1824 an 3 Kranken mit Erfolg anwenden konnte. Im Anfange desselben Jahres legte er der Academie seine Resultate vor, diese erkannte die Wichtigkeit dieser Methode durch ihre Berichterstatter (*Chaussier* und *Percy*, 22, März 1824), und *Civiale* als ihren Erfinder an.

Unterdessen hatte *Leroy d'Etiolles* bereits im Jahre 1823 der Academie ein Instrument vorgelegt, das, obgleich unvollkommner, im Wesentlichen jedoch mit dem Civiale'schen übereinstimmt, und gründete darauf seine Ansprüche auf diese Erfindung. Spätere Berichte der Academie von den Jahren 1825, 1826 und 1827 nennen *Leroy* als den ersten Erfinder passender Instrumente, *Civiale* aber als denjenigen, der diese Operation zuerst an Lebenden übte. Kaum war die Möglichkeit derselben durch *Civiale's* glückliche Erfolge bewiesen, so suchten namentlich in Frankreich eine Menge Chirurgen diese Methode weiter auszubilden; es entstanden hieraus eine bedeutende Anzahl Instrumente, von denen jedoch nur die wenigsten ihrem Zwecke entsprechen.

Im Jahre 1822 hatte auch *Amussat* ein eigenes Instrument angegeben, das zwar nie an Lebenden angewendet wurde, jedoch deswegen Erwähnung verdient, weil es eine eigene Art der Steinzermalmung darstellt; er wollte nämlich mittelst zweier in einer Röhre befindlichen, an ihrem obern Ende feilenartigen Armen den Stein fassen, und durch abwechselnde Bewegungen derselben von aufsen nach innen zerstören. Hierauf, so wie auf seine Untersuchungen über den Bau der männlichen Harnröhre, gründet dieser Chirurg seine Ansprüche auf diese Erfindung. Eine weitere Ausführung dieser Idee ist der 5 Jahre darauf von *Heurteloup* angegebene Brisecoque, der einige Male an Lebenden angewendet worden, jetzt aber ebenfalls vergessen ist.

Im Jahre 1829 gab *Jacobson* zur Zerbrechung des Steines ein eigenes Instrument an, das seiner Brauchbarkeit wegen bald grofsen Ruf erlangte. Unbedingt den wichtigsten Zuwachs erhielt die Lithotritie im Jahre 1832, wo *Heurteloup* die Zertrümmerungsmethode vorschlug. Diese verdrängte wenigstens gröfstentheils die übrigen aus der Praxis, und in der That kann ihr der ausgebreitetste Wirkungskreis nicht abgesprochen werden. Seit dieser Zeit ist die Lithotritie nicht allein in Frankreich, sondern auch in andern Ländern, namentlich in England und Deutschland, mit mehrfachem Erfolge geübt worden.

Wie alles Neue, fand auch diese Operation anfangs zu warme Vertheidiger und zu heftige Gegner, während erstere sie zur allgemeinen Methode erheben wollten, suchten letztere sie so viel als möglich einzuschränken. Die Möglichkeit, sie mit Erfolg ausführen zu können, ist durch die Erfahrung hinlänglich bewiesen, aber eben so gewifs ist es auch, dafs sie nur unter günstigen Verhältnifsen gelingen kann, und nur unter diesen wesentliche Vorzüge vor dem Blasenschnitte hat. Die für die eine oder andere Methode passenden Fälle werden sich am besten ergeben, wenn wir die Art des Eingriffes bei jeder derselben genauer betrachten. Der Steinschnitt befreit den Kranken mit einem Male von seinem Uebel, jedoch macht er stets eine nicht unbedeutende Verwundung nothwendig, deren Folgen auch unter den günstigsten Verhältnissen sich nicht immer absehen lassen, und deren Wichtigkeit noch durch den Stand des allgemeinen und örtlichen Leiden, durch etwanige Schwierigkeiten bei dem Ausziehen des Steines, und zufällige Verletzungen benachbarter Theile erhöht werden kann. Hierzu kommt noch, dafs der Steinschnitt als gefährliche und schmerzhafte Operation bekannt, auf kleinmüthige Kranke einen grofsen moralischen Eindruck macht, der wohl nicht immer ohne Einflufs auf den späteren unglücklichen Ausgang bleibt.

Die Lithotritie macht keine Verwundung nothwendig; dagegen wirkt aber die Einführung und Handhabung der Instrumente als ein mehr oder minder bedeutender Reiz für die betreffenden Organe; auch befreit sie den Kranken nicht mit einem Male von seinem Uebel, sondern sie mufs nach Umständen mehr oder weniger oft wiederholt werden. Die Gefahren derselben bestimmen sich nach dem Grade der Reaction auf den durch sie bedingten Reiz, und diese wiederum nach dem Stand des allgemeinen und örtlichen Leidens. Je mehr sich der gesammte Zustand dem gesunden nähert, desto geringer ist der Eingriff; ja es giebt Fälle, in denen sich kaum irgend eine Reaction bemerkbar macht; je mehr er sich davon entfernt, desto bedeutender, so dafs er unter ungünstigen Verhältnifsen den Tod herbeiführen kann. Der Blasenschnitt wird daher im Allgemeinen in allen denjenigen Fällen vorzuziehen sein, in denen die Hauptbedingung der Heilung schnelle Entfernung des Steines ist, und die Gefahren der mit der Lithotritie nothwendig verbundenen Reizung welche die der Verwundung überwiegen; die Lithotritie hingegen in allen Fällen, wo der Kranke ohne Gefahr eine längere und wiederholte Reizung der Harnwerkzeuge ertragen kann. Da nun zwischen denen für dieselbe günstigen Fällen und denen, welche sie unbedingt verbieten, eine Menge Zustände in der Mitte liegen, so wird der Arzt mitunter auf Fälle stofsen, in denen er über die Wahl der Methode ungewifs ist; hier kann die Lithotritie vorsichtig versucht werden; sieht man aber im Verlauf der Operation, dafs sie kein günstiges Resultat verspricht, so mufs man in Zeiten davon abstehen.

Wir sehen somit, dafs weder die eine, noch die andere dieser beiden Methoden den Namen einer allgemeinen verdient, indem jeder derselben ihr Gebiet angewiesen ist. Denn ist es auch wahr: dafs der Steinschnitt in den für die Lithotritie passenden Fällen ebenfalls eine verhältnifsmäfsig günstige Prognose zuläfst, so setzt dennoch letztere den Kranken einer geringern Gefahr aus, als ersterer, und ist somit vorzuziehen. Die Gegner der Lithotritie haben zwar behauptet, sie biete keine günstigeren Resultate als der Steinschnitt; dieses würde wahr sein, sobald man eine Anzahl Kranker dersel-

derselben ohne Auswahl unterwerfen wollte; hält man sich aber innerhalb der ihr angewiesenen Grenzen, so hat die Erfahrung hinlänglich das Gegentheil erwiesen. Die gegen dieselbe gemachten Einwürfe betreffen meist theils frühere unvollkommnere Verfahrungsarten, theils unpassende Wahl des Falls, theils wohl auch mitunter unzweckmäfsiges Verfahren von Seiten des Arztes. So hat man behauptet, sie setze Blase und Harnröhre bedeutenden Verletzungen aus; man beruft sich hierbei auf einige Fälle dieser Art; diese kann man aber ebenso wenig der Methode zur Last legen, wie derartige Zufälle dem Catheter beim Gebrauche desselben; bei gehöriger Uebung und vorsichtigem Verfahren werden sie wohl stets vermieden werden können.

Sie sei eben so schmerzhaft als der Steinschnitt; wenn auch einige Anhänger der neuen Methode zu weit gegangen sind, indem sie dieselbe als eine fast schmerzlose Operation schilderten, so haben doch auch die Gegner derselben darin gefehlt, dafs sie sich auf das Urtheil solcher beriefen, die, nachdem die Lithotritie vergeblich versucht worden war, sich dem Steinschnitte unterwarfen; denn schon der erfolglose Versuch beweist, dafs diese Fälle nicht ganz passend waren. Man hat die Furcht geäufsert, sie liefse eher als der Steinschnitt ein Recidiv befürchten, indem es leicht möglich sei, ein Fragment zurückzulassen, das einen Kern für einen künftigen Stein abgeben könne. So gegründet diese Furcht auf den ersten Anblick erscheint, so wird sie doch durch die Erfahrung nicht bestätigt, indem man bei gehöriger Vorsicht und Uebung auch kleinere Fragmente in der Regel finden wird. Endlich hat man behauptet, dafs es Fälle giebt, in denen die Unmöglichkeit, die Operation mit Erfolg fortzusetzen, sich erst während derselben zeige; es werde aber der Kranke durch die fruchtlosen Versuche in ungünstige Verhältnifse für den nun vorzunehmenden Steinschnitt gesetzt; wird in solchen zweifelhaften Fällen der Versuch mit der gehörigen Umsicht gemacht, so kann der Steinschnitt später unter derselben Prognose wie früher unternommen werden.

Die Lithotritie erfordert gleich dem Accouchement eine sorgfältige und specielle Uebung; manche der unglücklichen Ausgänge solcher Operationen dürften dem Mangel derselben zuzuschreiben sein.

Die speciellen Indicationen werden sich am besten aus der genauen Betrachtung der Contraindicationen ergeben; hierher gehören:

1) kindliches Alter. Die Kinder müssen wenigstens 6 Jahre alt, und der Stein darf nicht zu grofs sein; ja die Ausführung der Operation erleidet bis zur Entwickelung der Pubertät noch grofse Schwierigkeiten. Es giebt allerdings Fälle, in denen sie selbst bei kleinern Kindern mit Erfolg unternommen worden ist; so operirte *Segalas* ein Kind von $2\frac{1}{2}$ J. (Bulletin de l'Academie de médec. 15. Oct. 1836) und *Leroy* ein 3jähriges mit Erfolg (Rapports et discussions sur la taille etc. pag. 7. 8. 9.). Engigkeit der Harnröhre, grofse Unruhe und Empfindlichkeit des Kindes machen die Operation sehr schwierig, ja oft ganz unmöglich. Der Steinschnitt ist daher in der Regel vorzuziehen, besonders da er in diesem Alter die günstigste Prognose zuläfst.

2) Hochgestiegenes und lange dauerndes Allgemeinleiden, Complication mit anderen unheilbaren Krankheiten, die ein baldiges Ende voraussehen lassen. Grofse allgemeine sowohl, als örtliche Empfindlichkeit;

3) tiefes Leiden der Nieren als Entzündung, Eiterung und anderweitige Entartung derselben;

4) Krankheiten der Blase. Dafs acute Entzündung derselben die Operation wenigstens vor der Hand verbietet, bedarf keiner Erwähnung. Fast bei allen Steinkranken findet man in Folge der steten Reizung Blasencatarrh, und dessen höherer Grad, besonders wenn er mit Ulceration der Schleimhaut verbunden ist, verbietet die Operation.

Eine andere und häufige Folge dieses immerwährenden chronischen Entzündungszustandes ist erhöhte Empfindlichkeit der Blase; daher ein Kranker dieser Art den Urin nicht so lange, als ein Gesunder zurückhalten kann; erreicht dieser Zustand eine höhere Stufe, so zieht sich die Blase immer enger um den Stein zusammen, die Capacität derselben vermindert sich mehr und mehr, und ihre Wände verdicken sich nach und nach. Heftiger und häufiger Drang zum Urinlassen, öfterer Abgang von Blut, starke Schmerzen nach Bewegungen und beim Druck auf die Blasengegend, sind die Symptome dieses Zustandes. Unter solchen Verhältnissen kann der Kranke nur in der schnellen Verrichtung des Steinschnittes Heil finden.

Diesem Zustande entgegengesetzt, für die Lithotritie meist aber eben so ungünstig, ist die Lähmung der Blase, und in Folge dessen übermäfsige Ausdehnung derselben. — Ist dieses Leiden Folge einer Rückenmarkskrankheit, so besteht es meist mit Lähmung des Mastdarmes und der unteren Extremitäten; in diesem Falle ist jede Operation verboten. Mitunter besteht es selbstständig, und läfst sich sodann aus folgenden Symptomen erkennen: da die Blase sich nie vollkommen ihres Inhaltes entleert, somit auch nicht um den Stein zusammenzieht, so empfindet der Kranke auch nicht jene charakteristischen Schmerzen; Bewegungen ermüden ihn zwar, allein sie rufen keine Contractionen und Krämpfe der Blase hervor; der Kranke empfindet mehr Schmerz beim Beginnen des Urinirens, als beim Aufhören desselben; sondirt man die Blase unmittelbar darauf, so enthält sie immer noch eine bedeutende Quantität Urin, der langsam und ohne Kraft abfliefst; ja oft mufs dieser Abflufs noch durch Druck über den Schambeinen befördert werden. Dieser Zustand wird der Lithotritie besonders deswegen ungünstig, weil die Blase die Steinfragmente nicht auszutreiben vermag. Man hat diesem Uebelstande auf künstlichem Wege zu Hülfe kommen wollen; namentlich haben *Heurteloup* und *Leroy* eigne Catheter angegeben, um die Ausleerung der Steintrümmer zu bewirken; jedoch erfüllen diese Instrumente keineswegs ihren Zweck. Wird daher dieser Zustand durch die angewandten Mittel nicht gebessert, so ist die Lithotritie nicht indicirt, obgleich der Steinschnitt unter diesen Verhältnissen ebenfalls keine günstige Prognose zuläfst.

Incontinentia urinae ist meist Symptom anderer krankhaften Zustände. Mitunter hängt jedoch das Unvermögen, den Urin halten zu können, von der Gegenwart des Steines ab; in diesem Falle kann die Operation gemacht werden. Scirrhus, Carcinoma, Fungus medullaris der Blase kommen selten vor, und ihre Diagnose ist oft unsicher; in der Regel ist jedoch das Allgemeinleiden bereits so hoch gestiegen, dafs man ohnehin an keine Operation denken kann. Polypen der Blasenschleimhaut sind ebenfalls selten; meist sitzen sie am Blasenhals. Einige Chirurgen, namentlich neuerdings *Civiale*, betrachten sie nicht als absolute Contraindicationen; er will sie in den meisten Fällen mit seinem Instrumente fassen und auszuziehen suchen, ein Vorschlag, der wohl keine Nachahmung verdient; denn erstens ist die Diagnose keineswegs immer so klar, sodann setzt man die Blase einer Verwundung aus, deren Bedeutsamkeit man nicht einmal übersehen kann. Sind sie klein, und ist die Blase sonst geräumig, so kann man nach *Leroy* (Lithotripsie p. 92.) die Lithotritie versuchen; zum Beleg dieser Ansicht führt dieser Schriftsteller (l. c. pag. 8.) eine Krankengeschichte an, wo ein Kranker trotz eines gestielten Polypen am Blasenhalse dennoch zwei Mal mit Erfolg operirt wurde. In der Regel dürfte jedoch bei dieser Complication der hohe Steinschnitt den Vorzug verdienen, theils um die Wunde in dem gesunden Theile der Blase zu machen, theils um sich von dem Umfange und der Beschaffenheit des Polypen genauer zu unterrichten, und ihn wo möglich zugleich mit dem Steine zu entfernen;

5) krankhafte Anschwellung der Prostata; ist dieselbe bedeutend, so kann sie die Richtung der Harnröhre und Stellung des Blasenhalses so verändern, dafs die Einführung der Instrumente schwierig, ja unmöglich wird; besonders gilt dies von geraden Instrumenten; bei gekrümmten hat es weniger Einflufs;

6) abnorme Beschaffenheit der Harnröhre, kommt in sofern in Betracht, als sie die Einführung passender Instrumente, und den Abgang der Bruchstücke hindert; hierher gehören eine zu enge Harnröhre, zu grofse Empfindlichkeit, Stricturen und Steine in derselben; nicht so selten können diese Hindernisse durch eine zweckmäfsige Behandlung aus dem Wege geräumt werden. Oft ist die Harnröhre nur an ihrer Mündung zu eng, in diesem Falle kann man sie ein wenig nach unten einschneiden, was dem Kranken weder Schmerz, noch sonst einen Nachtheil verursacht. Zu erwähnen sind noch die Fälle von Hypospadie und Epispadie; sie kommen jedoch zu selten vor, und geben gewifs noch seltener eine Contraindication ab, als dafs sie hier in Betracht kämen. So operirte *Leroy* einen mit Hypospadie Behafteten mit Erfolg (l. c. pag. 112.);

7) Gröfse und Härte des Steines. Hier läfst sich nichts Gewisses bestimmen; alles kommt darauf an, ob ein

dem Steine entsprechendes Instrument in die Blase eingeführt werden kann. In der Regel kann man annehmen, dafs ein Stein von $1\frac{1}{2}$ bis höchstens 2 Zoll Durchmesser bei einem Erwachsenen durch die Percussion noch zerstört werden kann. Die härtesten Steine sind die Maulbeersteine (Oxal. calcic.); man erkennt sie meist an dem hellen Klange beim Anschlagen der Sonde, und ihrer unebenen, den Maulbeeren ähnlichen Oberfläche; jedoch sind die meisten derselben noch durch die Percussion zu bezwingen. Trifft bedeutender Umfang mit grofser Härte zusammen, so ist die Lithotritie nicht anwendbar. Bei der Perforation giebt die Form des Steines mitunter ein Hindernifs ab; es können nämlich sehr flache Steine mittelst derselben nicht zerstört werden; bei der Percussion kommt dies nicht in Betracht.

Gleichzeitiges Vorhandensein vieler Steine; obgleich sich die Zahl derselben im Voraus nicht genau angeben läfst, so kann man doch ziemlich sicher bestimmen, ob einer oder mehrere vorhanden sind. Noch verbieten diejenigen Steine die Operation, die einen fremden Körper zum Kern haben, der mittelst der Instrumente weder zerstört, noch ausgezogen werden kann. Mitunter kann die Lage des Steines in der Blase eine Contraindication abgeben; hierher gehören die enkystirten und adhärenten Steine, oder wo sich dieselben in einem Bruche oder Vorfall der Blase befinden, die in der Mündung der Uretheren steckengebliebenen Steine, so wie auch diejenigen, die mittelst eines Fortsatzes in die Pars prostatica und membranacea hineinragen, und nicht in die Blase zurückgestofsen werden können.

Betrachtet man die grofse Anzahl der hier genannten Contraindicationen, so könnte man glauben; die Lithotritie sei nur in den seltensten Fällen anwendbar; dem ist aber nicht so, denn theils verbieten einige der hier genannten Umstände jede Steinoperation, theils müssen auch die meisten in einem gewissen Grade oder mehrere derselben gleichzeitig vorhanden sein, um die Lithotritie unmöglich zu machen; dies zu ermessen, mufs in jedem speciellen Falle dem Urtheile des Arztes überlassen bleiben.

Indicirt würde nun die Lithotritie in allen denjenigen Fällen sein:

1) wo das Allgemeinleiden noch keinen hohen Grad erreicht hat;

2) die Harnwerkzeuge weder in ihren dynamischen noch organischen Verhältnissen wesentlich gelitten haben;

3) wenn der Stein nicht zu grofs und zu hart ist;

4) beim weiblichen Geschlechte, wo jedoch die Ausführung der Operation keineswegs so leicht ist, als man auf den ersten Augenblick glauben sollte.

Weite und Kürze der Harnröhre und Abwesenheit der Prostata scheinen hier allerdings die Operation sehr zu erleichtern; jedoch sind es auch wiederum zwei Umstände, die sie von der andern Seite erschweren. Hierher gehört 1) die Schwierigkeit, die man nicht selten findet, eine eingespritzte Flüssigkeit in der Blase ohne Compression der Harnröhre gegen den Schambogen zurückzuhalten;

2) befindet sich der Stein bei Frauen meist in den Seitentheilen der Blase, indem die Mittellinie derselben durch den Uterus hervorgehoben wird, daher es auch stets rathsam ist, sowohl zum Sondiren als zur Operation selbst krumme Instrumente zu gebrauchen. Da sich nun annehmen läfst, dafs die oben genannten günstigen Verhältnisse im Anfange des Leidens bei den meisten Steinkranken Statt gefunden haben, so ist zu hoffen, dafs wenn in Zukunft dieselben zeitiger Hülfe suchen, sich auch der Wirkungskreis der Lithotritie bedeutend erweitern wird.

Die gesammten noch jetzt gebräuchlichen Instrumente lassen sich in Hinsicht der Art ihrer Wirkung in folgende 3 Classen bringen:

1) Bohrinstrumente (Instr. à perforation), der Hauptrepräsentant dieser Classe ist das Instrument von *Civiale*;

2) Instrumente, die durch Druck wirken (Instr. à écrasement); hierher gehört das Instrument von *Jacobson*;

3) Instrumente, die durch Stofs und Druck wirken (Instr. à percussion et pression) von *Heurteloup*, *Amussat*, *Leroy* etc.

Aufser den genannten 3 Classen giebt es noch eine Anzahl von Instrumenten, die jedoch sämmtlich der Kindheit dieser Operation angehören; im Wesentlichen bestehen sie sämmtlich aus einer Canüle, in welcher sich zwei bewegliche, an ihrem Blasenende feilenartig gestaltete Arme befinden, womit man den Stein fassen, und durch abwechselnde Einwirkung denselben zerstören wollte; das im geschichtlichen Theile angeführte Instrument von *Amussat* und der Briseco-que von *Heurteloup* gehören hierher; da sie jedoch nie in die Praxis eingeführt wurden, so werden wir sie hier gänzlich unberücksichtigt lassen.

Um spätere Wiederholungen zu vermeiden, wird es am zweckmäfsigsten sein, das Allgemeine der Operation, da es bei allen 3 Methoden ziemlich dasselbe ist, hier genauer zu betrachten.

Hat man sich nach reiflicher Ueberlegung aller Umstände für die Lithotritie entschieden, so entsteht die Frage, ist bei dem Kranken eine Vorbereitung nöthig oder nicht? Bei vielen wird man keiner weiteren bedürfen, als dafs man denselben einige Bäder nehmen läfst, und sie zu wiederholten Malen untersucht, um sich mit allen Verhältnissen der Blase und des Steines bekannt zu machen. Eine Erweiterung der Harnröhre, wenn keine Stricturen vorhanden sind, ist nur selten nothwendig; wohl ist es bei grofser Empfindlichkeit dieser Theile nützlich, dieselben abzustumpfen. Hierzu dienen, je nachdem sie mehr entzündlicher oder nervöser Natur ist, bald der Gebrauch antiphlogistischer bald narkotischer Mittel; von besonderem Nutzen sind hier warme Bäder. Um Harnröhre und Blase an die Durchführung und das längere Verweilen der Instrumente zu gewöhnen, ist es in manchen Fällen gut, von Zeit zu Zeit gehörig starke Bougies einzuführen. *Amussat* bedient sich zu diesem Zwecke starker solider Zinnbougies, die er anfangs einen Tag um den andern, später aber alle Tage einführt, und einige Minuten liegen läfst. Kann die Blase nur eine geringe Quantität Urin fassen, so mufs man ihre Capacität durch Einspritzungen dann zu vermehren suchen.

Schreitet man nun zur Operation selbst, so ist das erste, was man zu berücksichtigen hat, eine passende Lagerung des Kranken, indem durch sie das Auffinden und Fassen des Steines im hohen Grade erleichtert wird. Wenn es beim Steinschnitt erwünscht ist, den Stein in der Nähe des Blasenhalses zu finden, und man den Kranken zu diesem Zwecke so lagert, dafs das Becken niedriger als die Brust zu liegen kommt, so findet bei der Lithotritie das entgegengesetzte Verhältnifs Statt. Hier ist es nämlich erwünscht, den Stein im Grunde und auf der hintern Wand der Blase zu finden; um dies zu bewirken mufs das Becken höher als der obere Theil des Körpers gelagert werden. Zu diesem Zwecke lagert man den Kranken entweder der Länge nach auf eine hinreichend feste und hohe Matratze, und erhöht das Becken durch untergelegte Kissen; der Operateur stellt sich nun auf die rechte Seite des Kranken, oder man läfst denselben quer über eine hinreichend breite Matratze legen, so dafs das Becken sich am Rande derselben befindet; dieses erhöht man noch durch untergelegte Kissen, den Kopf unterstützt man ebenfalls, die Füfse stellt man auf 2 Stühle, der Operateur stellt sich vor den Kranken, die Assistenten zu beiden Seiten. Zu demselben Zwecke sind von mehreren Chirurgen eigene Betten angegeben worden; das bekannteste ist das von *Heurteloup* (Lit rectangle); so nützlich und bequem auch diese Betten in Hospitälern sind, so erfüllt die eben angegebene Lage in der Privatpraxis im Wesentlichen denselben Zweck.

Eine Abbildung des Bettes von *Heurteloup* befindet sich in *Leroy* l. c. pag. 18., in *Civiale's* Therapeutik der Steinkrankheit von *Ed. Graefe* Berl. 1837, und *Froriep's* chirurgischen Kupfertafeln Tab. 247. Fig. 26.; aufserdem haben noch *Bancal, Tanchou* und *Meyrieux* Betten angegeben, die aber dem erwähnten nachstehen.

Bevor man das Instrument, gleichviel bei welcher Methode, einführt, ist es nothwendig, dafs in die Blase eine hinreichende Quantität lauwarmen Wassers eingespritzt werde; über die Menge desselben läfst sich nichts Allgemeines bestimmen; man spritzt so viel ein, als der Kranke ohne grofse Unbequemlichkeit ertragen kann. Diese Injection ist von der gröfsten Wichtigkeit; ihr Hauptzweck ist die Blase gehörig ausgedehnt zu erhalten, um den Instrumenten freien Spielraum zu gewähren, und die Blasenwände vor dem Mitfassen oder jeder sonstigen, unnöthigen Reizung zu schützen.

Hierauf schreitet man zur Einführung des Instrumentes, dem Fassen und Zertrümmern des Steines; es fragt sich nun, wie lange darf jede einzelne Sitzung fortgesetzt, und in welchen Zwischenräumen kann sie wiederholt werden. Beides hängt vom Reizvertrag des Kranken ab; diesen mufs man aber aus den Folgen der früheren Untersuchungen mit der

Sonde, aus dem Verhalten des Kranken bei der Operation selbst, und den etwanigen Zufällen nach derselben beurtheilen; sobald der Kranke lebhaften Schmerz äufsert, beendigt man die Sitzung. Als Regel gilt, die erste stets sehr kurz zu machen, die späteren können dann nach Umständen verlängert werden. Nach denselben Grundsätzen verfährt man in Hinsicht der Wiederholung der einzelnen Sitzungen; den gröfsten Zwischenraum läfst man zwischen der ersten und zweiten, um etwaige Zufälle nach derselben abzuwarten und zu beseitigen, die spätern rückt man immer mehr und mehr zusammen. Im Verlaufe der Operation gewöhnen sich die Organe an den mit derselben verbundenen Reiz; daher die späteren Sitzungen stets weniger schmerzhaft sind, als die früheren; wird hingegen der Kranke trotz aller Vorsicht und passender Behandlung mit jeder Sitzung empfindlicher, wird die Reaction immer bedeutender, so mufs man von der Lithotritie abstehen.

In den ersten 24 bis 48 Stunden nach jeder Sitzung gehen mit dem Urine die kleineren Steintrümmer ab; mitunter geschieht es, dafs sich auch gröfsere in der Harnröhre festsetzen, ein Uebelstand, auf den wir weiter unten zurückkommen werden. — Eine eigentliche Nachbehandlung ist in der Regel nicht nothwendig; man empfiehlt dem Kranken Ruhe und Diät, und beobachtet ihn sorgfältig. Nach der ersten Sitzung ist es der Vorsicht gemäfs, ihn unmittelbar darauf in ein lauwarmes Bad, und dann ins Bett zu bringen; später kann er, wenn es seine Umstände sonst erlauben, ohne Schaden herumgehen; nur mufs er sich vor allen heftigen Bewegungen hüten. Nicht so selten ist der erste Urin nach der Sitzung mit etwas Blut vermischt; diese geringe Blutung ist ohne alle Bedeutnng, sie ist die Folge der Reizung der turgescirenden Schleimhaut durch die Instrumente, und keineswegs ein Zeichen von Verletzung derselben. Mitunter entsteht aus derselben Ursache eine krampfhafte Verschliefsung des Blasenhalses; der Kranke kann sodann bei der gröfsten Anstrengung den Urin nicht lassen. Weicht dieser Zustand nicht bald von selbst, so entleert man den Urin durch den Catheter; von grofsem Nutzen sind in diesem Falle warme Umschläge, ein allgemeines Bad, so wie Klystiere mit einigen Tropfen Laudanum. Bei manchem Kranken tritt nach der ersten Sitzung ein leichter Fieberanfall ein, der sich nach 24 Stunden durch Schweifs endet; er ist die Folge der durch die Operation bewirkten Aufregung, und bedarf keiner weitern Behandlung. Hält das Fieber hingegen länger an, und kehrt es öfter wieder, so ist es meist das Symptom einer entstehenden Entzündung, und verdient daher alle Aufmerksamkeit; derselben sind am meisten ausgesetzt in Folge der directen Reizung, Blase und Harnröhre, in Folge der indirecten, Nieren, Prostata, und Hoden; diese Zufälle werden nach bekannten Regeln behandelt. Um die nicht so seltne Anschwellung des Hodens und Samenstranges wo möglich zu vermeiden, ist es am zweckmäfsigsten den Kranken während der ganzen Dauer der Behandlung ein Suspensorium tragen zu lassen. Einige Beobachter sprechen von nervösen Zufällen nach der Operation; es ist leicht möglich, dafs sich bei Personen von reizbarem Nervensystem Zufälle dieser Art gezeigt haben; die Behandlung derselben hat nichts Eigenthümliches. Noch führt man in der Regel als mögliche üble Ereignisse bei der Lithotritie bedeutende Verletzungen der Blase und Harnröhre nebst allen ihren Folgen an; bereits oben wurde erwähnt, dafs ein vorsichtiger Operateur sie stets vermeiden wird; sollten sie aber dennoch Statt gefunden haben, so müfste man dabei nach den allgemeinen Vorschriften der Chirurgie verfahren. Abbildungen der Instrumente befinden sich in *Civiale's* chirurg. Therapeutik der Steinkrankheit von *Ed. Graefe* etc. u. in *Froriep's* chirurg. Kupfertafeln Tab. 188 u. 189.

Methode der Perforation. Als Hauptrepräsentant dient das Verfahren von *Civiale.* Sein Instrument besteht aus folgenden Stücken:

1) aus einer äufsern Canüle (Canule gaine); sie ist in der Regel von Silber, 11 Zoll lang, $1\frac{1}{2}$ bis $3\frac{1}{2}$ L. stark; an ihrem Blasenende befindet sich ein stählerner Ring von gleicher Dicke, am andern Ende eine vierseitige mit Seitenfalzen versehene Ausbauchung, die zur Befestigung des Instruments im Schraubstocke dient; aufserdem eine kleine Schraube und eine Lederkapsel, um das Abfliefsen des Urins während der Operation zu verhüten;

2) einer innern Canüle (Litholabe, Canule pince). Der Steinfasser, 2—3 Zoll länger als erstere, an seinem Blasenende in 3 elastische, vorn gekrümmte, ungleich lange Arme

getheilt; an dem entgegengesetzten Ende befindet sich eine Scala, um die Gröfse des Steines anzugeben, ein Scheibchen, das abgeschraubt werden kann, und als Griff zur bessern Handhabung dieses Theils dient, so wie noch eine Lederkapsel;

3) dem Bohrer (Lithontriptor, Mandrin perforateur); er besteht aus einem soliden 10 Linien längern Schaft, als der Steinfasser; an seinem Blasenende befindet sich die Krone, deren Zähne verschiedenartig gestaltet sind; am andern Ende ist die Scala, und eine kleine Rolle, welche abgeschraubt werden kann; um sie wird die Sehne des Bogens bei der Perforation geschlungen; zugleich verhindert sie auch, dafs der Bohrer nicht über die Arme des Steinfassers dringen kann.

Das Instrument fügt man so zusammen, dafs, nachdem alle Theile gehörig beölt worden sind, man den Steinfasser durch das obere Ende der äufsern Canüle in dieselbe einführt, und befestigt sodann an dessen äufserm Ende die als Griff dienende Scheibe; hierauf bringt man den Bohrer auf dieselbe Weise in die Röhre des Steinfassers ein, befestigt die Rolle, und schliefst sodann das Instrument.

An demselben sind mannigfaltige Abänderungen vorgenommen worden, von denen sich jedoch nur die wenigsten in der Praxis behaupten konnten; sie betreffen

1) den Steinfasser, bei welchem man in der Absicht, den Stein besser festhalten zu können, die Zahl der Branchen vermehrt hat; so haben einige 4 Arme angebracht, und selbst *Civiale* bedient sich ausnahmsweise eines solchen Instruments; *Amussat* hat 5 vorgeschlagen, *Meyrieux* 12, *Tanchou* 10, der Steinfasser von *Recamier* besteht aus 2 Hälften, jede von 5 Branchen, die, indem sie sich um ihre Achse drehen, sich öffnen und schliefsen. Das Instrument von *Meyrieux* hat noch das Eigenthümliche, dafs an den Enden der Branchen Löcher angebracht sind, durch welche ein starker Seidenfaden gezogen ist, dessen beide Enden zwischen der äufsern Canüle und dem Steinfasser nach aufsen geführt sind; nachdem der Stein gefafst ist, soll man durch Anziehern der Fadenenden die Arme zusammenhalten, welche nun eine Art von dichtem Netz um den Stein bilden, und so dessen Entweichen verhindern. Diese Modificationen sind sämmtlich

verlassen, bis auf die vierarmigen Instrumente, die mitunter gebraucht werden, ohne dafs sie jedoch einen wesentlichen Vorzug vor den dreiarmigen hätten. Eine andere Modification ist, dafs man dem gewöhnlichen dreiarmigen Steinfasser noch einen vierten für sich beweglichen Arm zugefügt hat, um die Lage des Steines nach seiner Durchbohrung leichter ändern zu können; *Civiale* bedient sich in seltenen Fällen dieser Vorrichtung, desgleichen *Wattmann.* Noch ist zu erwähnen, dafs *Heurteloup* in früherer Zeit ein Instrument von 4 Armen construirt hat, von denen jeder derselben für sich beweglich ist (Evideur à forceps);

2) den Bohrer; um ein gröfseres Loch in den Stein zu bohren, gab man ihm zuerst eine geringe seitliche Ausbauchung; später erfand man zusammengesetzte Bohrer; mit diesen wollte man den Stein entweder ebenfalls auf einer gröfsern Fläche angreifen (grugement), oder man wollte ihn von dem Centrum nach der Peripherie zu einer zerbrechlichen Schale aushöhlen (évidement), oder man beabsichtigte denselben, nachdem er angebohrt war, durch Vergröfserung der Bohrerkrone zu zersprengen (éclatement). Zu diesem Zwecke hat man den Bohrern die mannigfaltigste Gestalt und Zusammensetzung gegeben; die meisten derselben bezeugen das grofse mechanische Talent ihrer Erfinder, gewähren aber wegen ihrer zu grofsen Complication nicht die gehörige Sicherheit, daher sie auch jetzt selbst von ihren Erfindern verlassen sind; nur das Zersprengen des Steines hat sich in manchen Fällen bewährt, und ist daher noch im Gebrauch.

Bohrer dieser Art sind angegeben worden von *Rigal, Meyrieux, Tanchou, Leroy, Heurteloup, Amussat, Pachioli Benevenuti* etc.; einige derselben sind in *Froriep's* chirurg. Kupfertafeln, die meisten aber im Atlas zu *Velpeau's* médecine operatoire Pl. 14. abgebildet.

Zu dem vollständigen Apparat gehört noch eine Uhrmacherdrehbank und ein Bogen.

Ist man zur Operation entschlossen, so ist die Vorbereitung die oben erwähnte; zur Operation selbst sind aufser dem so eben beschriebenen Instrument von passender Stärke noch ein kleines zweiarmiges, um kleine Stücke aus der Harnröhre zu entfernen, ein Catheter und eine Injectionsspritze nothwendig; Gehilfen sind 2 erforderlich.

Nachdem man den Kranken auf ein hinreichend hohes und festes Bett mit erhöhtem Becken und leicht gebogenen Knieen gelagert hat, stellt sich der Operateur an dessen rechte Seite, führt den Catheter ein, und macht eine hinreichend starke Injection; hierauf entfernt man denselben, und führt an dessen Stelle das gehörig beölte und gut geschlossene Instrument ein; hierbei verfährt man am zweckmäfsigsten folgender Mafsen: man hält es an seinem äufsern Ende wie eine Schreibfeder, und führt es langsam und ohne Gewalt in den fast in einem rechten Winkel zur Achse des Körpers gehaltenen Penis ein; ist man bis an den untern Rand der Symphysis oss. pub. gekommen, so senkt man den Talon des Instruments langsam, während man dasselbe ohne Gewalt vorwärts schiebt, bis man so ziemlich mit den Schenkeln parallel ist; bei gesunder Prostata dringt man in dieser Richtung in die Blase, ist sie aber angeschwollen, so mufs man den Talon noch mehr senken.

Bereits oben wurde erwähnt, dafs hoher Stand des Blasenhalses und bedeutende Anschwellung der Postata die Einführung und Handhabung der geraden Instrumente schwierig, ja unmöglich mache. Zu der Zeit, als man sich ausschliefslich der Perforationsinstrumente bediente, gab man sich Mühe, diesem Uebelstande abzuhelfen; zu diesem Zweck gab *Tanchou* seine Sonde à rédresser an, eine gegliederte Sonde, die gekrümmt eingeführt und nachher gestreckt werden konnte (eine Abbildung derselben befindet sich im Atlas zu *Velpeau* médec. operat. Pl. 19. Fig. 21.). So sinnreich dieses Instrument ist, so erfüllt es doch keineswegs seinen Zweck vollkommen. — In derselben Absicht wandte man auch mitunter krumme Instrumente an; hier war die Hauptschwierigkeit, dem Bohrer bei freier Beweglichkeit hinreichende Festigkeit zu geben. *Rigal* und *Pravaz* haben dies auf eine sehr sinnreiche Weise gethan; trotz dem werden diese Instrumente jetzt nicht mehr angewendet.

So wie man in die Blase gelangt ist, läfst man den Kranken einige Augenblicke ruhen, und schreitet sodann zur Aufsuchung des Steins. Dies geschieht in der Regel mit geschlossenem Instrumente; nur ausnahmsweise ist es bei kleinen Steinen gestattet, die Blase mit geöffnetem zu durchsuchen, was jedoch stets mit einer gröfseren Reizung derselben verbunden ist.

Hat man den Stein aufgefunden, so ist es am günstigsten, wenn er sich im Grunde der Blase befindet. Liegt er in der Nähe des Blasenhalses, so mufs man ihn auf sanfte Weise zurückzustofsen suchen; man öffnet das Instrument, während man es mit der Linken unverrückt über den Stein hält, indem man mit der Rechten die äufsere Canüle zurückzieht. Hierdurch spreizen sich die Arme des Steinfassers auseinander. Jetzt zieht man den Bohrer vorsichtig zurück, und braucht das Instrument blofs fallen zu lassen. (Man mufs stets den Zwischenraum zwischen den beiden kurzen Branchen nach unten richten; um sich von dessen Stellung zu überzeugen, ist an dem äufseren Theile des Instruments ein Merkmal angebracht.) Um dies nun schliessen zu können, und zu gleicher Zeit zu sehen, ob sich der Stein wirklich innerhalb der Branchen befinde, schiebt man den Bohrer vorsichtig vor, bis man den Stein berührt, ohne jedoch dessen Lage zu verändern. Jetzt schliefst man das Instrument, indem man die äufsere Canüle vorschiebt, wodurch die Arme des Steinfassers den Stein umfassen und fixiren.

Ist der Stein gröfser ($1 - 1\frac{1}{2}$ Zoll im Durchmesser), und liegt er zugleich in der Höhe des Blasenhalses, so gelingt dieses Manövre in der Regel nicht; man stöfst sodann, sobald man in die Blase gelangt ist, stets auf den Stein. Hier schiebt man die Steinfasser vorsichtig aus der äufseren Canüle; je mehr sich nun die Arme desselben entwickeln, desto mehr drängen sie die Steine nach dem Grunde. Ist das Instrument hinreichend geöffnet, so gleiten sie an demselben vorbei, und umfassen ihn; dafs dieses geschehen sei, überzeugen wir uns durch vorsichtiges Vorschieben des Bohrers. Bei grofsen Steinen kann man noch die Zangenarme durch starkes Anziehen des Bohrers möglichst auseinander zu treiben suchen. — Bevor man das Instrument fest schliefst, überzeugt man sich, indem man es um seine Achse dreht, dafs die Blase nicht mitgefafst sei.

Jetzt versucht man durch einige leichte Drehungen des Bohrers, ob sich dessen Krone frei auf dem Stein dreht; ist dieser klein und von keiner bedeutenden Härte, so kann man ihn mitunter durch einen raschen Stofs des Bohrers zertrümmern. Gelingt dieses nicht, so mufs man ihn anbohren. Zu diesem Zweck schlingt man die Sehne des Bogens um die an dem Bohrer befindliche Rolle, und bringt das Instrument in die Uhrmacherdrehbank, an der sich eine Druckvorrichtung befindet, die den Bohrer stets gegen den Stein antreibt. Diese Drehbank wird durch einen Gehilfen mit beiden Händen unverrückt gehalten; während der Operateur das hervorragende Ende der äufseren Röhre des Instruments mit der linken Hand fafst, bewegt er mit der rechten den Bogen hin und her, anfangs langsamer, dann immer schneller und schneller.

Dieser Drehstuhl gleicht vollkommen dem Drehstuhl der Uhrmacher, nur fehlt die mittlere verschiebbare Docke, die hier ohne Nutzen sein würde. Am oberen Ende des beweglichen Reitstockes (Docke) ist ein cylindrisches Federhaus angebracht, in dem sich eine Spiralfeder befindet, die den Bohrer, während er vorwärts wirkt, gegen den Stein antreibt.

Um den Bohrer in Bewegung zu setzen, bediente man sich früher einer auf ein Räderwerk einwirkenden Kurbel. Der Bogen verdient aber den Vorzug, indem er eine gröfsere Freiheit des Gefühls zuläfst. Mitunter jedoch, z. B. bei Ankylose im Hüftgelenk, mufs man sich der Kurbel oder eines einfachen Griffs, ähnlich dem eines Handtrepans, bedienen, indem man hier weder die Drehbank noch den Bogen brauchen kann.

Ist der Stein durchbohrt, was man daraus sieht, dafs die Rolle des Bohrers das untere Ende des Steinfassers berührt, so zieht man denselben zurück, und mufs nun die Lage des Steins verändern. Zu diesem Zweck lüftet man die äufsere Canüle etwas um den Stein beweglich zu machen; jetzt sucht man durch einige rasche, rotirende Bewegungen, oder indem man an den äufseren Theil des Instruments klopft, oder durch wiederholtes Verschieben des Bohrers, die Lage desselben zu verändern. Dafs dies geschehen sei erkennt man daran, dafs der Bohrer auf eine frische Fläche des Steins stöfst. Zu demselben Zweck haben Einige (*Civiale* und *Wattmann*) noch einen vierten, für sich beweglichen Arm angebracht. Ist alles umsonst, so läfst man den Stein fallen, und faſst ihn von neuem. Fängt der Kranke an lebhaft über Schmerz zn klagen, so beendigt man die Sitzung. Die Dauer einer jeden einzelnen hängt von den bereits oben angegebenen Umständen ab; in der Regel kann man etwa 10 Minuten fortfahren. Will man das Instrument entfernen, so zieht man die äuſsere Canüle zurück, damit sich die Zangenarme weiter öffnen. Fällt der Stein nun nicht von selbst heraus, so suche man ihn mittelst des Bohrers herauszustoſsen; sonst kann man dieses auch noch durch einige rotirende Bewegungen des Instruments unterstützen. Hierauf schlieſst man das Instrument vollkommen, wovon man sich an der am unteren Ende des Steinfassers befindlichen Scala überzeugt. Hierbei verfährt man vorsichtig, um die Blasenwände nicht mitzufassen, obgleich dieses schon wegen der ungleichen Länge der Arme nicht so leicht geschehen kann. Befinden sich noch Steinfragmente innerhalb der Zangenarme, die das gänzliche Schlieſsen verhindern, so muſs man sie mittelst des Bohrers zerdrücken. Die Nachbehandlung ist die bereits oben angegebene. — Mitunter geschieht es, daſs während der Sitzung die eingespritzte Flüssigkeit neben dem Instrument ausgetrieben wird. In diesem Falle muſs man, wenn es die Reizbarkeit der Blase zuläſst, von Neuem einspritzen; zu diesem Zweck hat man an der äuſseren Canüle eine Vorrichtung angebracht, durch welche dieses geschehen kann.

2) Methode der Percussion. Das erste hierzu dienliche Instrument ist von *Heurteloup* angegeben worden; die Art seiner Wirkung ist Druck und Stoſs. Letzteren wandte der Erfinder dieser Methode anfangs allein an, daher der Name des Instruments percuteur courbe à marteau.

Das Instrument selbst gleicht einem Schuhmachermaſs, und ist aus 2 Theilen zusammengesetzt, deren ersterer, welchen man den weiblichen Arm nennen kann, aus einem cylindrischen Stabe besteht, der an seinem Blasenende gekrümmt, an seinem entgegengesetzten mit einer vierkantigen, gerinnten Ausbauchung versehen ist, die zur Befestigung des Instruments im Schraubstock dient. An der, der Convexität des Schnabels entsprechenden Seite dieses Theils befindet sich in seiner ganzen Länge eine tiefe, im Inneren weitere Furche, die zur Aufnahme des zweiten Theils dient. An dem

dem gekrümmten Blasenende wird die Furche weiter, und ihre Wände sind mit Zähnen versehen. Der zweite Theil, den man den männlichen Arm nennen kann, ist ein solider Stab von Stahl, dessen Form der Furche des anderen Theils entspricht. Sein gekrümmtes Ende ist ebenfalls mit Zähnen versehen, welche denen am weiblichen Arm entsprechen und sich gegenseitig decken. Das untere Ende ragt um etwa 2 Zoll über den weiblichen Arm hervor, und es befinden sich an demselben 2 Scheibchen, von denen die eine dazu dient, den Stein besser in den Branchen zu fixiren, die andere, um einen kräftigen Druck mittelst der Hand ausüben zu können; aufserdem befindet sich an dessen Ende noch eine Scala, an welcher man genau den gefafsten Durchmesser des Steins sehen kann. Die Veränderungen, welche man an diesem Instrumente vorgenommen hat, betreffen theils die Zähne am Schnabel, denen man eine sehr verschiedene Gestalt und Stellung gegen einander gegeben hat, theils den äufseren Theil des Instruments. Um eine desto gröfsere Gewalt ausüben zu können, verlängerte man ihn, und brachte eine Druckschraube an, wie an den Instrumenten von Sir *Henri*, *Segalas*, und einem früheren von *Amussat*; oder die Druckvorrichtung bestand abgesondert vom Instrument, mit dem sie nöthigenfalls verbunden werden konnte, wie die Vorrichtungen von *Touzay*, *Clot-Bey*, *Heurteloup* und *Leroy*. Will man sich des Druckes mittelst der Schraube bedienen, so scheint es am zweckmäfsigsten, wenn die Druckvorrichtung vom Instrument abgesondert ist; denn befindet sie sich an demselben, so wird sein äufserer Theil zu schwer, was der Feinheit des Gefühls beim Untersuchen und Fassen des Steins Eintrag thut. In der Regel dürfte der Druck mit der Hand vorzuziehen sein, und reicht dieser nicht aus, die Percussion.

Zu dem vollkommenen Apparat gehört noch Hammer und Schraubstock; letzterer soll der Wirkung des Instruments bei der Anwendung der Percussion als fester Punct dienen. An dem Bette von *Heurteloup* befindet sich eine derartige Vorrichtung. *Leroy* hat einen Schraubstock angegeben, der an jedes Bett oder jeden Tisch angeschraubt werden kann. Bei dem Gebrauch des Hammers ist allerdings ein fester Punct für die Wirksamkeit des Instruments von Wichtigkeit; jedoch reicht in der Mehrzahl der Fälle die linke Hand des Operateurs aus, was noch den Vortheil hat, dafs derselbe den Bewegungen des Kranken, die nicht immer vermieden werden können, folgen kann, und man so jede Verletzung oder Reizung der Blase leichter vermeidet. Ist der Stein sehr hart, so kann man sich mit Vortheil des von *Amussat* angegebenen Schraubstocks bedienen, den man durch 2 Gehilfen halten läfst.

Abbildungen des Instruments befinden sich in *Froriep's* chirurg. Kupfertafeln Tab. 331. Fig. 18. 19., in *Velpeau's* médecine opérat. Pl. 19. Fig. 3. et 4.; in *Leroy's* l. c. pag. 138. Fig. 30 et 31. pag. 142. Fig. 35.; Abbildungen u. Beschreibung des Schraubstocks von *Leroy*. S. l. c. p. 294., so wie des Schraubstocks von *Amussat* pag. 140. Fig. 38.

Nachdem der Kranke zweckmäfsig gelagert, und eine hinreichend starke Injection gemacht worden ist, wozu man sich einer eigenen Canule nebst Sprütze bedient, welche erstere sehr zweckmäfsig durch *C. v. Gräfe* modificirt worden (S. *E. Gräfe* Therapeut. etc. Taf. 4. Fig. 4.), so führt man das wohlbeölte Instrument wie einen Catheter ein; eine etwanige Anschwellung der Prostata verursacht hier wegen der Krümmung des Schnabels selten Hindernisse. So wie man in die Blase gelangt ist, durchsucht man dieselbe mit dem geschlossenen Instrument nach allen Richtungen. Hat man den Stein gefunden, so lagert man sich mit dem Schnabel an der einen oder anderen Seite desselben, öffnet es, indem, während die linke Hand den weiblichen Arm unbeweglich hält, die rechte den männlichen zurückzieht. Man neigt nun das geöffnete Instrument gegen den Stein, und schliefst es. Mitunter wird das Fassen durch hohen Stand des Blasenhalses und Lage des Steins hinter demselben sehr erschwert. Gelingt es hier nicht, dieselbe durch Erhöhung des Beckens zu verändern, so kann man folgenden Handgriff anwenden: Man kehrt das Instrument so um, dafs man den Stein mit der Spitze des Schnabels berührt, öffnet es in dieser Lage und fafst den Stein; von Nutzen ist auch in diesem Fall das Einbringen eines Fingers in den Mastdarm, um den Stein dem Instrument entgegen zu heben. Beim Schliefsen verfahre man mit Vorsicht, um nicht zu gleicher Zeit die Blasenwand mit einzuklemmen. Eine Hauptregel ist, dafs man das Instrument nie eher öffne, als bis man den Stein gefunden hat; denn nichts ist gefährlicher, als wenn man dasselbe auf das Gerathewohl öffnet, um alles in der Blase befindliche zusammenzuraffen. Hat man den Stein gefafst und fixirt, so erhebt man das Blasenende des Instruments ein wenig, damit es frei in der von Flüssigkeit ausgedehnten Blase schwebe. Hierauf sucht man den Stein in der Blase zu zerdrücken, oder befindet sich am Instrument eine Druckvorrichtung, so bedient man sich dieser. Ist der Stein hart, so wendet man den Hammer an, indem man kurze Schläge gegen das hervorstehende Ende des männlichen Armes führt, während man mit der linken Hand oder einem der oben angegebenen Schraubstöcke den weiblichen Arm festhält. Das Aufsuchen und Zerstören des Steines wird so oft wiederholt, als es der Zustand des Kranken erlaubt; hierüber, so wie über die Wiederholung der einzelnen Sitzungen und die Nachbehandlung gilt das bereits oben Gesagte. Mitunter setzen sich in dem Schnabel des Instruments eine Menge Steintrümmer fest, so dafs man dasselbe nur mit grofser Gewalt zu öffnen vermag; in diesem Fall kann man sich mit Vortheil der von *Leroy* angegebenen Druckvorrichtung (Gouttière) bedienen. Sie besteht aus einer hinreichend grofsen und festen Rinne von Argentan; an dem einen Ende befindet sich eine vierkantige Aushöhlung, die zur Aufnahme der Ausbauchung des Instruments dient. Am anderen Ende ist eine Schraube angebracht, mittelst welcher man den Druck auf den männlichen Arm ausübt. Man verbindet sodann den männlichen Arm durch einen Doppelhaken mit der Schraube des Gouttière, und öffnet das Instrument durch Zurückdrehen derselben.

Will man die Sitzung beendigen, so überzeugt man sich an der an dem Instrument befindlichen Scala, dafs dasselbe völlig geschlossen sei, damit nicht etwa in demselben befindliche Steintrümmer die Harnröhre verletzen. Hierauf entfernt man es wie jeden gekrümmten Catheter.

3) Methode von *Jacobson* (methodus lithoclastica, écrasement.) Sie wirkt allein durch Druck. Abbildungen in *Froriep's* chirurg. Kupfertafeln Tab. 131. Fig. 15. 16. 17. *Velpeau* médécine operat. Pl. 19. Fig. 1. 2., *Leroy* l. c. pag. 131. Fig. 21. 22. 25.

Das Instrument von *Jacobson* besteht aus einer geraden Röhre, in welcher sich 2 halbcylindrische Stäbe befinden, deren Blasenenden, so weit sie aus der Röhre hervorragen ($2\frac{1}{2}$ Zoll) catheterförmig gekrümmt und oben durch ein Gelenk verbunden sind. Der obere Stab ist solid und unbeweglich; der untere hingegen in 2 unter sich durch Charniere verbundene Hälften gebrochen, kann durch eine am äufseren Theile des Instruments befindliche Flügelschraube vorgeschoben und zurückgezogen werden.

Die an diesem Instrument vorgenommenen Abänderungen beziehen sich 1) auf die Zahl der Articulationen. *Dupuytren* hatte, um eine gröfsere Oeffnung des Instruments zu erhalten, 5 statt 3 machen lassen; 2) auf die Schraube. Diese hat man vielfach und nicht ohne Glück verändert, um das Oeffnen und Schliefsen des Instruments schneller und leichter ausführen zu können (*Leroy* l. c. 13.). Die Vorbereitung ist wie bei den übrigen Methoden. Sehr nützlich ist es auch hier, eine Injection in die Blase zu machen; jedoch kann man sie allenfalls bei dieser entbehren. Die Einführung des Instruments geschieht wie die jedes gekrümmten Catheters. Ist man in die Blase gelangt, und hat man den Stein aufgefunden, so lagert man sich wo möglich an die Seite desselben, und öffnet das Instrument, indem man den beweglichen Arm vorschiebt. Hierdurch bildet der Blasentheil eine dreieckige Schlinge, welche man gegen den Stein neigt. Das Schliefsen des Instruments und Zertrümmern des Steins geschieht, indem man den beweglichen Arm mittelst der Flügelschraube anzieht, wodurch der Stein zersprengt wird. Dies wird so oft wiederholt, als es der Kranke verträgt. — Bei der Entfernung des Instruments hat man besonders darauf zu sehen, dafs sich keine Steintrümmer in demselben befinden, welche die Harnröhre bei ihrem Durchgange verletzen könnten.

Verhältnifs dieser 3 Methoden zu einander. Die Anwendbarkeit der ältesten derselben ist durch *Civiale's* und Anderer glückliche Resultate hinreichend erwiesen worden. Einige Zeit schien sie die einzige bleiben zu wollen; bald aber wurde sie durch die beiden anderen, namentlich die Percussion, in ihrem Wirkungskreise eingeschränkt; ja es scheint sogar, als würde sie von letzteren gänzlich verdrängt werden. Die Vorzüge der Percussion sind: 1) ihr Wirkungskreis ist ausgedehnter, indem mehrere Umstände, welche die Anwendung der Perforationsinstrumente gänzlich verbieten oder doch sehr schwierig machen, hier nicht in Betracht kommen; so können z. B. gröſsere und härtere Steine durch sie bezwungen werden. Die Form desselben, hoher Stand des Blasenhalses, Anschwellung der Prostata etc. legen der Percussion weniger Hindernisse in den Weg als der Perforation; 2) wirkt sie rascher und kräftiger, ohne bei schonender Anwendung den Kranken einer gröſseren Gefahr auszusetzen; 3) ist sie in der Mehrzahl der Fälle weniger schmerzhaft als die Perforation; 4) hat sie noch die gröſsere Einfachheit der Instrumente sowohl als des ganzen Verfahrens für sich.

Amussat hat vorgeschlagen, beide Methoden so zu verbinden, daſs man harte Steine zuvor anbohrt, um später die Percussion zu erleichtern. *Civiale* macht den umgekehrten Vorschlag; er will nämlich Steine, deren Gröſse die Anwendung der Perforation verbietet, zuvor mittelst der Percussion in mehrere Stücke sprengen, und diese sodann mit seinem Instrument zerstören. Beide Vorschläge sind als Versuche zu betrachten, die Lithotritie über die ihr angewiesene Grenze auszudehnen, und somit zu verwerfen; denn ist im ersten Falle der Stein so hart, daſs die Percussion keinen Erfolg verspricht, so wird man mit der Perforation noch viel weniger dagegen ausrichten. Hat man dagegen im zweiten Falle mit derselben angefangen, so kommt man auch viel rascher zum Ziel, wenn man mit derselben fortfährt.

Die Methode von *Jacobson* hat unter allen den eingeschränktesten Wirkungskreis, indem 1) selbst bei möglichst groſser Entwickelung der Schlinge diese doch nur das Fassen eines Steins von mittlerer Gröſse erlaubt; 2) das Instrument nicht Kraft genug besitzt, gröſsere und härtere Steine zu zerstören; dagegen setzt sie die Blase am wenigsten der Gefahr der Verletzung und Reizung aus. Diese Methode würde daher in allen denjenigen Fällen den übrigen vorzuziehen sein, wenn bei sehr reizbarer Blase ein nicht zu grosser Stein von geringer Härte vorkommt.

Steine in der Harnröhre und deren Behandlung. Einer der unangenehmsten, und leider auch häufigsten Zufälle nach der Lithotritie ist das Festsitzen gröfserer Stücke in der Harnröhre. Dies kann zwar an allen Stellen derselben geschehen, am häufigsten jedoch an der Pars membranacea, besonders an ihrer Uebergangsstelle in die Pars bulbosa und in die Fossa navicularis. Die Gründe hiervon liegen in den anatomischen Verhältnissen der Harnröhre. Bald verursachen solche Steine nur geringe, bald die heftigsten Zufälle, als Urinverhaltung, heftige Entzündung der Harnröhre, Ulceration und Perforation derselben mit allen ihren Folgen, besonders wenn fruchtlose und zu lange fortgesetzte Versuche den Stein auszuziehen, gemacht worden sind. In anderen Fällen gesellt sich hierzu Entzündnng der Prostata und Hoden. Bleibt ein solcher Stein längere Zeit, besonders in der Pars membranacea liegen, so erweitert sich die Harnröhre an dieser Stelle nach und nach, und bildet einen eignen Divertikel. Selbst wenn keine dringenden Zufälle eintreten, so ist wenigstens die Fortsetzung der Operation, so lange als der Stein daselbst liegt, gehindert. — Von dem Vorhandensein desselben überzeugt man sich in der Regel leicht durch die Sonde, und oft fühlt man ihn auch von aufsen. Die gewöhnlichste Ursache dieses Uebelstandes liegt in der zu grofsen Reizung der Blase durch die Operation und unpassendes Verhalten des Kranken nach derselben, daher es am sichersten durch möglichste Schonung vermieden wird (S. *E. Gräfe* l. c. den Anhang).

Befindet sich ein solches Fragment noch im Blasenhals oder in der Pars prostatica, so stöfst man es am zweckmäfsigsten mittelst eines hinreichend starken Catheters zurück. Ist es hingegen bereits in die Pars membranacea oder bulbosa vorgerückt, so gelingt dies nicht mehr; man mufs es sodann ausziehen, oder durch den Schnitt entfernen. Letzterer ist angezeigt 1) wenn der Stein dringende Zufälle veranlafst, und auf dem natürlichen Wege nicht entfernt werden kann, z. B. Verletzungen der Harnröhre, Urininfiltration, Urinverhaltung etc.; 2) bei sehr grofsen Steinen, besonders wenn sie sich in einem Divertikel der Harnröhre befinden.

Ist man genöthigt einen in der Pars membranacea befindlichen Stein durch den Schnitt zu entfernen, und befindet sich noch ein Stein in der Blase, so ist es am besten, zu gleicher Zeit den Seitensteinschnitt zu machen, da nach der Vernarbung nicht viel von der Lithotritie zu hoffen ist.

Das Ausziehen der Steine ist eine der schwierigsten Operationen für den Arzt, und der schmerzhaftesten für den Kranken. Es ist nicht zu leugnen, dafs, so viel Instrumente auch dazu angegeben worden sind, doch keins derselben seinem Zwecke vollkommen entspricht. Schon vor Erfindung der Lithotritie war man mitunter zu dieser Operation genöthigt, und hatte daher mehrere Instrumente und Verfahrungsarten angegeben. Hierher gehören die Zangen von *Sanctorius*, *Severinus*, *Hildanus*, *Episcopus* und die Zange von *Hales*, die unter dem Namen der Hunter'schen bekannt und noch im Gebrauch ist; die Veränderung dieses Instruments von *Cooper*, der gespaltene Catheter von *Bell*, das Verfahren von *Marinus*, der sich einer Drahtschlinge zum Ausziehen bediente. Nach Einführung der Lithotritie wurden zu demselben Zwecke noch mehrere Instrumente angegeben, von denen jedoch einige ihre Vorbilder an den älteren haben. Die noch jetzt gebräuchlichen sind, aufser denen von *Hunter*, *Bell* und *Cooper*:

1) Eine Modification der Zange von *Hunter*, an der jede der beiden Branchen für sich beweglich ist.

2) Die Pince uréthrale à trois branches; ein in allen seinen Verhältnissen verkleinertes Perforationsinstrument mit einfachem und zusammengesetzten Bohrer, um den Stein nöthigenfalls zu zersprengen. Seine Anwendung erfordert eine grofse Uebung. Man führt es geschlossen bis an den Stein, und sucht nun, indem man die Zangenarme vorsichtig und unter einer rotirenden Bewegung vorschiebt, zwischen demselben und den Wänden der Harnröhre vorbeizukommen. Dies ist in der Regel mit grofsen Schwierigkeiten verbunden, da sich die Zangenarme, während sie sich ausbreiten, in den Wänden der Urethra fangen. Ist der Stein gefafst, so zieht man ihn entweder ganz aus, oder zerstückelt ihn zuvor mittelst des Bohrers.

3) Ein Instrument von *Cloquet*, bestehend aus einer Schlinge von Metalldraht, die durch eine Röhre geht, und an dem äufseren Ende mittelst einer Schraube angezogen werden kann. Der Erfinder wollte den Stein nicht nur aus-

ziehen, sondern ihn auch nöthigenfalls durch scharfes Anziehen der Schlinge gegen die Canüle zersprengen.

4) Die Curette articulée von *Leroy* (*Leroy* l. c. p. 300.) besteht aus einer platten Canüle, an deren oberem Ende mittelst eines Charniers eine kleine Platte von der Gröfse und Form des oberen Theils eines Ohrlöffels angebracht ist. Von dieser aus geht durch die Canüle ein hinlänglich starker Draht, durch welchen man mittelst einer am unteren Theile desselben befindlichen Schraube den löffelförmigen Theil krümmen und strecken kann. Man führt dieses Instrument gerade an dem Stein vorbei, was seiner glatten Form wegen sehr leicht gelingt. So wie man hinter denselben gelangt ist, krümmt man den löffelförmigen Theil, bis er einen rechten Winkel mit der Achse des Instruments bildet, und sucht nun den Stein so auszuziehen.

5) Zu dem so eben beschriebenen Instrument (*Leroy* l. c. pag. 302.) setzte ein russischer Chirurg, *Dubowitzky*, noch einen in einer Röhre befindlichen Bohrer. Er wollte den Stein zwischen dem löffelförmigen Theil des Instruments und der Röhre fixiren, und ihn sodann mittelst des Bohrers zerstören.

6) Curette-pince von *Leroy* (*Leroy* l. c. pag. 304.) ist eine Verbindung der oben beschriebenen Curette mit einer zweiarmigen Zange, in welcher sich ein Bohrer befindet. Dieses Instrument wird folgendermafsen angewendet: Man schiebt die Curette etwa einen Zoll über die geschlossene Zange hinaus, führt erstere an dem Stein vorbei, krümmt den löffelförmigen Theil, und sucht ihn auszuziehen. Gelingt dieses nicht, so führt man die Zange geschlossen bis an denselben, öffnet sie, indem man die äufsere Canüle zurückzieht, und sucht nun den Stein mittelst der Curette in die Arme hineinzuziehen, wo man ihn sodann anbohrt.

7) Neuerdings hat *v. Ammon* ein Instrument angegeben, das aus einer doppelten Metallschlinge besteht, die sich beide um ihre Achse drehen.

Von den genannten Instrumenten sind am meisten im Gebrauch die dreiarmige Zange (Pince uréthrale à trois branches) und die einfache Curette von *Leroy*. — Bevor man zum Ausziehen des Steines schreitet, ist es nothwendig, dafs man zuvor alle etwanigen, entzündlichen Zufälle durch passendes antiphlogistisches Verfahren beseitigt. Bei der Operation selbst verfahre man so schonend als möglich; gelingt es das eine Mal nicht, so ist es besser, sie auf ein anderes Mal zu verschieben, als den Kranken durch hartnäckige Versuche zu quälen, und die Gefahr drohender Zufälle zu vermehren. Sitzt ein Fragment am Ausgang der Harnröhre fest, und verhindert dessen Gröfse seine Entfernung, so kann man es nicht selten mittelst einer hinreichend starken Pincette zerbrechen; oder gelingt dieses nicht, so erweitert man die Mündung der Harnröhre etwas nach unten.

Literatur:

Nouvelles considerations sur la rétention d'urine, suivies d'un traité sur les calcules urinaires etc. et la possibilité d'en opérer la déstruction sans l'opération de la taille par *Civiale*. Paris 1823. — De la lithotritie où broiement de la pierre dans la vessie, par *Civiale*. Paris 1826. 1 Vol. in 8vo avec 7 planches. — Dasselbe Werk, übersetzt von *E. Gräfe*. Berlin 1827. — *Civiale*, première lettre sur la lithotritie à Mr. *Vincent Kern*. Paris 1827. — *Desselb.* deuxième lettre. Par. 1828. — *Desselb.* troisième lettre. Lithotritie uréthrale. Paris 1834. — *Desselb.* quelques remarques sur la lithotritie par *Civiale*. Paris 1835., dans les mémoires de l'Academie royale de médecine. Tom IV. — *Desselb.* Parallèle des divers moyens de traiter les calculeux. Paris 1836. Deutsch von *E. Gräfe*. Berlin 1837.; mit Zusätzen und einer geschichtlichen Tabelle über die Lithotritie, von den ältesten (250 ante Chr.) bis auf die neuesten Zeiten (1837). — *Leroy d'Etiolle's* exposé des divers procédés employés jusqu'à ce jour pour guérir de la pierre sans avoir recours à l'opération de la taille. Paris 1825. in 8vo avec 5 planches. — *Desselb.* Tableau historique de la lithotritie. Paris 1830. — *Desselb.* de la Lithotripsie. Paris 1836. Deutsch v. *Baswitz*. Trier 1837. — *Heurteloup*, Lettre à l'academie des sciences. Examen de l'ouvrage du Dr. *Civiale*: „de la lithotr. etc." appreciation des faits présentés par ce médecin. Par. 1827. — *Desselb.* mémoires sur la lithotripsie. Paris 1833. — *Amussat*, Table synoptique de la lithotripsie et de la Cystotomie hypogastrique où mieu postéro-pubienne. Paris 1832. — *Percy* et *Chaussier*, Rapport fait à l'academie royale de médecine sur le nouveau moyen du Dr. *Civiale*. Paris 1824. — Analyse du rapport etc.; in d. Bulletin des sciences médicales. Avril 1824. p. 344. — *Delattre*, quelques mots sur le broiement de la pierre dans la vessie par des procédés mécaniques. Par. 1825. — *Fournier de Lempdes*, Lithotritie perfectionnée, sondes droites et injections forcées etc. Par. 1829. — *Rigal*, de la déstruction mécanique de la pierre dans la vessie où considérations nouvelles sur la lithotritie. Paris 1829. — *Bancal*, manuel pratique de la lithotritie. Paris 1829. — *Jacobson*, in *Gerson* und *Julius* Magazin d. ausländischen Heilkunde. 1830. Novbr.

und Dcbr., und 1833. Jan. und Febr. — *Tanchou*, nouvelle méthode pour détruire la pierre dans la vessie sans operation sanglante. Paris 1830. — *Benevenuti*, essai sur la lithotritie, mémoire présenté à l'institut. Paris 1833. — *Blandin*, Parallèle entre la taille et la lithotritie. Paris 1834. — *Segalas*, Essai sur la gravelle et la pierre considérés sous le rapport de leurs causes etc. Paris 1835. — *Desselb.* Opérations de la lithotritie pratiquées avec un brise-pierre à pression et percussion. Paris 1835. — *Desselb.* Mémoires de l'Academie royale de médécine. Tom. IV. — Rapports et discussions sur la lithotritie et la taille à l'academie royale de médecine. Paris 1835. — *Velpeau*, nouveaux élémens de médecine opératoire. III. Tome pag. 860 sq. — Manuel des operations chirurgicales par *Coster*. Paris 1829. pag. 287. — *Civiale*, lettres sur la lithotritie. Quatrième lettre. Paris 1833. — *Malgaigne*, manuel de médecine operatoire. Paris 1834. pag. 715. — *Froriep's* chirurgische Kupfertafeln Tab. 156. 158. 163. 188. 189. 246. 247. 254. 255. 281. 282. 294. 295. 331. — *Bierkowsky*, chirurg. Kupfertaf. 156. 158 etc. — Theoretisch-practisches Handbuch der Chirurgie, herausgegeben von *Rust*. Berlin 1837. Bd. XI. pag. 233 sq. — *Blasius*, Handwörterb. der gesammt. Chirurg. 1836. Bd. III. p. 365 sq. — *v. Wattmann*, über die Steinzerbohrung und ihr Verhältnifs zum Blasenschnitt. Wien 1835. — *Leroy d' Etiolle's* Operation der Lithotripsie. Deutsch von *Baswitz*. Trier 1836. — *Hecker*, die Indicationen der Steinzertrümmerungsmethode. Freiburg 1836. — *E. Gräfe*, Krankheiten des uropoëtischen Systems. In *v. Gräfe's* und *v. Walther's* Journ. Bd. 27. u. 28. — *Civiale*, lettres sur la lithotritie; cinquième lettre. Paris 1838. — *Desselb.* traité de l'affection calculeuse. Paris 1838. S—n.

LIVIDUS MUSCULUS. S. Pectineus.

LOBI HEPATICI. S. Leber.

LOBULI DES KLEINEN GEHIRNS. S. Encephalon.

LOBULUS AURICULAE. S. Gehörorgan.

LOBULUS SPIGELII. S. Leber.

LOCH DER NETZHAUT. S. Augapfel.

LOCHBACHBAD. Dieses Bad im Canton Bern liegt 1810 F. über dem Meere, am rechten Ufer der Emme und am Ausgang einer Seitenschlucht, welche der Lochbach durchströmt, von Burgdorf nur zwanzig Minuten, von Bern drei Stunden entfernt. *Scheuchzer* gedenkt schon desselben, und *Morell* untersuchte das Mineralwasser. Gegenwärtig ist das Bad mit den erforderlichen Einrichtungen zu Wasserbädern versehen.

Das Wasser der 150 bis 200 Schritt vom Bade entfernten, 15 bis 20 Schritte weit in den Felsen gewölbt eingehauenen Heilquelle, welche besonders gegen Gliederschmerzen empfohlen wird, und neben welcher, nur durch eine Bretterwand getrennt, gewöhnliches Quellwasser fliefst, zeigt eine Temperatur von + 9° R. bei + 6,5° R. der Atmosphäre und hat weder Geruch, Geschmack noch Farbe.

Sechszehn Unzen desselben enthalten 5,1428 Kubikzoll kohlensaures Gas; — an festen Bestandtheilen 9,7140 Gr., unter diesen wenig Eisen, als vorwaltend kohlensaure Kalkerde, Chlornatrium und schwefelsaures Natron.

O — n.

LOCHIEN. Unter Lochien oder Kindbett-Wochenflufs, Kindbett-, Wochenbett-, oder Kindbeterinnen-, Wöchnerinnenreinigung ist eine nach der Ausschliefsung des Eies an der inneren Oberfläche der Gebärmutter, zum Theil auch wohl an der Schleimhaut der Scheide eintretende Absonderung von anfangs mehr blutigen, dann mehr serösen, und endlich milchähnlichen Flüssigkeiten zu verstehen.

Erscheinungen. In den ersten 3 bis 4 Tagen des Wochenbettes entleert sich aus der Scheide anfangs (etwa die ersten 24 Stunden), eine rein blutige, oft mit geronnenem Blute gemischte, dann eine sehr dunkle, schwarze Flüssigkeit von sehr übelem, fast fauligem Geruche (Lochia rubra, primaria, sanguinolenta: rothe, primäre, blutige Lochien). Dann wird die Farbe allmählig heller, röthlich, die Flüssigkeit wird blutwasserähnlich, ist scharf, nicht selten die Weichtheile corrodirend, an Menge nach und nach abnehmend (Lochia serosa: seröse Lochien). Wenn diese Absonderung bis zum 8. oder 10., 12. Tage gedauert hat, verwandelt sich die Flüssigkeit in eine milde, wenig riechende, gelbliche, eiterähnliche oder weifsliche, milchähnliche (Lochia secundaria, alba, lactea: secundäre, weifse, milchige Lochien). Auch diese Absonderung nimmt allmählig ab, und verschwindet nach und nach in der 3. oder 4. Woche nach der Geburt, oder auch erst in späterer Zeit gänzlich.

Das Mafs und die Dauer dieser Absonderung sind nicht genau für alle Fälle zu bestimmen (gleich wie bei der Menstruation). Constitution und frühere Lebensweise, Affectionen der Gebärmutter bei und nach der Geburt, Verlauf derselben, Verhalten der übrigen Wochenabsonderungen und zufällige Umstände, namentlich das Verhalten der Wöchnerin, äufsern ihren Einflufs in dem Grade, dafs *Stahl's* Satz: Lochia mensium praegressorum indolem imitantur, nur bedingter Weise seine Richtigkeit hat.

Vollblütige, starke Frauen haben im Wochenbett meistens bedeutenden Blutverlust, schwächliche gewöhnlich einen geringeren; doch ist die blutige Absonderung bei jenen meistens von kürzerer Dauer, während bei diesen die seröse Absonderung oft ziemlich lange fortdauert. — Der Genufs kräftiger Nahrungsmittel während der Schwangerschaft begünstigt den Wochenflufs; Mangel an guter Nahrung, oder häufiges Erbrechen während der Schwangerschaft, läfst reichliches Fliefsen der Lochien nicht erwarten. — Manche Affectionen der Gebärmutter sind anfangs mit Verminderung, später nicht selten mit Vermehrung der Absonderung verbunden, wovon weiter unten näher die Rede sein wird. — Je schwieriger die Geburt war, und je mehr Blutabgang bei derselben Statt fand, desto weniger Blut pflegt im Wochenbette abgesondert zu werden, so dafs die rothen Lochien oft nur 24—36 Stunden dauern. Die seröse Absonderung, auch die eiterähnliche, dauert oft nach schwieriger Entbindung lange. Nach schnell und leicht beendigten Geburten pflegt der Wochenflufs nur kurze Zeit zu dauern. — Gehen die übrigen Wochensecretionen regelmäfsig von Statten, so ist die Absonderung des Uterus verhältnifsmäfsig gering und von kurzer Dauer. Bei geringer oder bald gehemmter Milchabsonderung pflegen die Lochien überhaupt länger (oft 6 Wochen lang), besonders aber auch die rothen über die gewöhnliche Zeit fortzudauern. Frauen, die nicht selbst stillen, haben darum meistens einen sehr langdauernden Lochienflufs. Auch bei verminderter Hautthätigkeit ist die Absonderung der Gebärmutter nicht selten vermehrt. — Der Genufs kräftiger Nahrungsmittel, besonders auch reizender Speisen und Getränke, z. B. Wein-, Biersuppen, veranlafst starken, lang dauernden Blutabgang. Erhöhte Zimmerwärme, warme Bedeckung, zu frühe und zu starke Bewegungen, erzeugen starken und langdauernden Blutabgang im Wochenbette. Unter den entgegengesetzten Umständen zeigen sich die Lochien vermindert.

Entstehung. Dafs in den ersten Tagen des Wochenbettes an der Stelle, wo früher der Mutterkuchen ansafs, offene Venenmündungen das Blut ergiefsen, ist aufser allem Zweifel. Die Nachwehen, welche die Contraction der Gebärmutter vervollständigen, die Schliefsung der Gefäfse bewerkstelligen sollen, bewirken anfangs die vermehrte Ausleerung flüssigen, wie geronnenen, in der Wehenpause in der Gebärmutterhöhle und in der Mutterscheide angehäuften Blutes. Aufserdem werden aber die Flocken der hinfälligen Haut, auch Reste der Fötalplacenta, theils völlig aufgelöst, theils in Form von Fasern ausgeschieden. Aufser dieser Quelle giebt es noch eine dritte in der Absonderung der ganzen inneren Oberfläche der Gebärmutter. Dieselbe mag jedoch an manchen Stellen deutlicher hervortreten, wie dieses die hier und da nicht selten aufzufindenden Ulcerationen vermuthen lassen. Dafs aber die ganze innere Oberfläche beim Lösen der hinfälligen Haut des Mutterkuchens auch allgemein absondert, und dadurch die Wochenreinigung mit erzeugt, ist so wenig zu läugnen, als dafs auch die Mutterscheide im Wochenbett absondert, und auf die Beschaffenheit der Lochien nicht geringen Einflufs hat.

Physiologische und pathologische Bedeutung. Die Absonderung der Gebärmutter ist im Wochenbette von der höchsten Bedeutung. Sie ist nämlich diejenige Erscheinung, welche hauptsächlich die Zurückbildung der Gebärmutter und des ganzen übrigen Körpers aus dem schwangeren in den nicht schwangeren Zustand zu bewirken bestimmt ist. Die bildenden Stoffe, welche während der Schwangerschaft zur Entwickelung und Ernährung der Frucht verwendet werden, und im Wochenbette hauptsächlich von den Brüsten verbraucht werden sollen, werden zum Theil durch den Uterus ausgeschieden, um dieses Organ von dem Uebermafse der Säfte zu befreien, und dadurch die Zusammenziehung desselben möglich zu machen, anderentheils aber auch um den Uebergang der Säfte von dem Uterus auf die Brüste nicht zu plötzlich von Statten gehen zu lassen. Es ist daher nicht zu verkennen, dafs irgend eine Störung in dieser Function einen sehr bedeutenden Einflufs auf das Befinden der Wöchnerin hat, und eine sehr häufige Krankheitsursache ist. Wenn dieses sich durch eine Menge von Thatsachen bestättigt, so findet man doch auch bisweilen diese

Absonderung ohne wesentlichen Nachtheil auffallend vermindert, so dafs sie schon am ersten Tage, oder in 2 bis 3 Tagen beendigt oder gänzlich gehemmt ist, wie *Storch* einen solchen Fall anführt, in welchem, ohne Störung der Gesundheit, im Wochenbette gar kein Blut abging. Solche Ausnahmen heben aber die Regel nicht auf, nach welcher, wenn nicht ein gewisses, den individuellen Stimmungen und Verhältnissen entsprechendes Mafs von Säften durch den Uterus ausgeleert wird, eine Störung der Gesundheit zu fürchten ist. Hierbei ist jedoch nicht zu übersehen, dafs nicht blofs überhaupt (m. vergl. vorher), sondern auch bei einzelnen Frauen das Mafs der auszuleerenden Stoffe nach zufällig wirkenden Ursachen bald zu-, bald schnell wieder abnehmen kann, und dafs eben dadurch diese Absonderung zu einem Hülfsmittel wird, die Wirkung mancher Schädlichkeiten zu vermindern oder gänzlich zu beseitigen; die Absonderung der Gebärmutter ist daher für den Verlauf des physiologischen wie des pathologischen Wochenbettes von der gröfsten Wichtigkeit. Bei dem sehr wichtigen Einflufs, welchen der Uterus auf den übrigen Körper hat, und bei der sympathischen Affection desselben durch gleichzeitige, im übrigen Organismus entstehende Krankheiten kann die Entstehung der Abnormitäten der Lochien unter den verschiedensten Verhältnissen, so dafs dieselben bald die Ursache, bald die Folgen allgemeiner und örtlicher Krankheiten sind, nicht zweifelhaft sein. Sehr verfehlt wäre es daher, wenn man diese Abnormitäten als selbstständige Krankheiten betrachten wollte. Die Erforschung dieses verschiedenen Verhältnisses der Störungen der Lochienfunction ist aber oft mit vielen Schwierigkeiten verbunden, da die Entstehung mancher Wochenbettkrankheiten, besonders der ursächliche Zusammenhang zwischen vorausgegangenen und nachfolgenden Erscheinungen oft sehr dunkel ist. Zur Beurtheilung dieses Verhältnisses, nämlich ob die Störung der Uterinabsonderung im Wochenbette idiopathisch oder sympathisch sei, ist aber die Ergründung des ursächlichen Verhältnisses nöthig. In manchen Fällen bewirkt dieselbe Ursache, welche ein bestimmtes Leiden hervorruft, gleichzeitig die Störung der Lochien, ohne dafs diese die Ursache oder Folge der gleichzeitig entstandenen Krankheit genannt werden kann. Um in allen diesen Fällen wo möglich ein richtiges Urtheil zu fällen, mufs man auf die Art der Krankheit und deren Sitz, ob im Uterus selbst, oder in einem, von demselben leicht consensuell zu erregenden Organe, auf die Eigenthümlichkeit der Schädlichkeit, auf den Ort der Einwirkung u. s. w. achten.

So wie bei Krankheiten der Gebärmutter und anderer Organe die Lochien nicht selten gestört, und dadurch in ihrem regelmäfsigen Gange gehindert werden, so zeigen sie sich nicht selten auch bei der Entscheidung der Krankheiten von bedeutendem Einflufs, so dafs, wenn sie nach erfolgter Verminderung oder gänzlicher Hemmung vermehrt werden oder wieder eintreten, die Krankheit entweder schnell eine gute, oder in manchen Fällen eine ungünstige Wendung nimmt. — Wenn bei mehrtägiger Dauer einer entzündlichen Wochenbettkrankheit die verminderten oder gänzlich gehemmten Lochien wieder zum Vorschein kommen, so wird dieselbe oft rasch entschieden. Bei solchen aber, welche den nervösen oder fauligen Charakter haben, nehmen die üblen Erscheinungen der Krankheit oft sehr zu, wenn die schon verschwundene Blutausschwitzung wiederum eintritt, während vielleicht die jauchigen Absonderungen ununterbrochen fortdauern. Die Menge des ausgeleerten Blutes ist oft nicht so bedeutend, dafs man ihr die üble Wirkung zuschreiben kann; denn schon auf geringe Mengen tritt nicht selten ein unbesiegbares Sinken der Kräfte ein. Das Blut ist bisweilen geronnen, bisweilen flüssig; in manchen Fällen entleert sich flüssiges und geronnenes Blut zu gleicher Zeit. Diese verschiedene Beschaffenheit hat auf die Wirkung keinen Einflufs. Das Blut ist meistens dunkel, doch wird auch wohl helleres unter ähnlichen, ungünstigsn Erscheinungen ausgesondert. Auch da, wo der Blutabgang ohne allen Einflufs auf die örtliche oder allgemeine Krankheit ist, kommen quantitative und qualitative Verschiedenheiten des Blutes vor.

Will man die Fehler oder Anomalieen der Lochien betrachten, so mufs man auf die allgemeinen Verschiedenheiten, die auf Quantität und Qualität sich beziehen, Rücksicht nehmen.

Hinsichtlich der **quantitativen Fehler** unterscheidet man die **zu stark und zu lange fliefsenden** und die **zu schwachen oder ganz unterdrückten Lochien.**

1) Die zu starken, zu lange anhaltenden Lochien sind da anzunehmen, wo gleich nach der Geburt des Kindes eine gröfsere Menge Blutes, oder viele Tage nach der Geburt noch Blut, oder auch die seröse oder eiter- und milchähnliche Flüssigkeit in zu grofser Menge, oder zu lange Zeit, oder auch wohl mit Blut gemischt, und mit dem Erfolge ausgeleert wird, dafs eine deutliche Störung des Allgemeinbefindens eintritt, namentlich grofse Schwäche des ganzen Körpers, und besonders der Sinneswerkzeuge, des Gesichts, des Gedächtnisses, Schwindel, Ohnmachten, Bleichwerden des Gesichts, Glanzlosigkeit der Augen, Appetitmangel, Widerwillen vor Speisen, Erbrechen, Fieberbewegungen, Abnahme der Milchsecretion, grofse Muskelschwäche, hydropische Erscheinungen, phthisische Zufälle. Die örtlichen Folgen sind: langwieriger weifser Flufs, grofse Schwäche, welche Unfruchtbarkeit hinterläfst, oder zur Bildung von Molen oder Polypen, oder auch zu Abortus Veranlassung giebt, Neigung zu Vorfällen, Schieflagen, auch Umstülpung der Gebärmutter; auch zu Vorfällen der Mutterscheide.

Die nächste Ursache ist nur selten in eine übermässige Steigerung der Lebensthätigkeit der Gebärmutter, meistens aber in einen hohen Grad von Schwäche zu setzen. In jenen Fällen zeigt sich diese Abnormität bei vollsaftigen, starken, zu Blutcongestionen geneigten Personen nach dem Genufse stark reizender Speisen und Getränke (oft schon des starken Camillen- oder Fliederthees, der Bier- oder Weinsuppen) nach dem Unterlassen oder plötzlichen Aussetzen des Selbststillens, nach erregenden Gemüthsbewegungen; in diesen: bei schwächlichen, durch vorausgegangene oder noch fortdauernde Krankheiten in hohem Grade erschöpften, auch durch zu häufig und zu schnell einander folgende Schwangerschaften oder durch Abortus geschwächten Personen, nach dem Genusse erschlaffender Speisen und Getränke, nach unvorsichtigem, zu frühem und zu starkem Bewegen, Aufstehen und Umhergehen, nach zu warmem Verhalten, nach zu starkem Pressen beim Stuhlgange, bei Lagestörungen der Gebärmutter, bei in der Gebärmutter zurückgebliebener Placenta, bei Gebärmutterpolypen, bei Entzündung der Gebärmutter, namentlich wenn mehr die äufsere Haut, das Peri-

Peritonäum, doch bisweilen auch, wenn das Parenchym leidet.

Die Vorhersage ist nach den Umständen verschieden. Robuste, vollblütige Wöchnerinnen ertragen starken Blutabgang leichter als schwächliche. Bei jenen dient ein starker Lochienflufs zur Verhütung mancher Krankheiten. So lange daher der Lochienflufs den activen Charakter zeigt, ist die Prognose nicht ungünstig; doch mufs man stets deshalb besorgt sein, weil er nicht selten rasch in den passiven Charakter übergeht. Die serösen Lochien können, wenn sie mehr als gewöhnlich fliefsen, bei Frauen, welche in der Schwangerschaft an Bauch- oder Hautwassersucht litten, zur Verminderung der Symptome beitragen, und gleichsam critisch sein. — Grofse Schwäche und krankhafte Anlagen, z. B. zu Phthisis, Wassersucht, machen die Prognose stets ungünstig. Sonst gesunde Frauen ertragen bedeutende Säfteausleerungen, welche im Wochenbette durch den Uterus erfolgen, leichter. Je gröfser die Menge der ausgeleerten Stoffe ist, desto ungünstiger ist die Vorhersage. Ein starker Blutabgang (Hämorrhagie) erschöpft die Kraft oft schnell, so dafs selbst Lebensgefahr eintreten kann. Ein schleimiger Ausflufs bringt zwar nicht leicht augenblickliche Gefahr, doch wird diese nicht selten durch die lange Dauer des Uebels, durch den Uebergang in chronische Leucorrhoe erzeugt. Ueberhaupt schliefst sich das Uebermafs der milch- und eiterähnlichen Lochien der Leucorrhoe an. Je länger überhaupt die Absonderung dauert, desto schwieriger ist sie zu beseitigen, weil sie selbst die Schwäche, die Ursache der vermehrten Absonderung begünstigt. Besonders bedenklich erscheint der Umstand, wenn die scheinbar schon beendigten Lochien wieder von neuem blutig werden, weil dieses immer ein bedeutendes örtliches oder allgemeines Leiden voraussetzt. Uebrigens ist die Vorhersage besonders von dem Zustande der Gebärmutter abhängig. Ungewöhnliche Schlaffheit derselben läfst einen beträchtlichen Blutabgang erwarten. Reste der Placenta lassen nur dann eine günstige Vorhersage zu, wenn sie entfernt werden können. Sind sie nicht zu entfernen, so entsteht bisweilen tödtlicher Blutflufs. Die von Lagestörungen der Gebärmutter herrührenden Anomalieen der Lochien sind verschieden zu beurtheilen, je nach dem die Lagestörungen leichter oder schwieriger zu beseitigen sind u. s. w.

Die Behandlung darf nicht direct auf Verminderung der Lochien gerichtet, sondern mufs die Ursachen zu entfernen, den zum Grunde liegenden Krankheitszustand zu beseitigen bemüht sein. — Bei starken, vollblütigen Frauen, welche das Selbststillen unterlassen, verordnet man eine kühlende Diät, und sorgt für vermehrte Darmausleerungen durch kühlende Mittel, Natrum oder Kali sulphuricum, oder Kali tartaricum oder Tartarus natronatus, in dem Zwecke entsprechenden Gaben gereicht. Auf gleiche Weise verfährt man kühlend in jenen Fällen, in welchen active Blutcongestionen zum Uterus, Genufs erhitzender Speisen und Getränke an der Entstehung dieser Anomalie Schuld sind. Erforderlichen Falls werden selbst Blutegel an den Unterleib gesetzt, auch wohl Einspritzungen und Umschläge von Wasser und Essig gemacht. Bei zu früher Bewegung der Wöchnerin sorgt man für ein ruhiges Verhalten, namentlich auch für Beruhigung eines ängstlichen Gemüths. Grofse Empfindlichkeit des Körpers fordert den Gebrauch narcotischer Mittel, namentlich solcher, welche nicht erhitzen, z. B. Kirschlorbeer-, Bittermandelwasser, Extractum hyoscyami. Ist der Blutabgang sehr stark, so ist der Gebrauch der Mineralsäuren angezeigt, namentlich auch, um den Uebergang in den passiven Zustand zu verhüten. — Etwanige Entzündung der Gebärmutter behandelt man ihrer Natur gemäfs. — Bei dem passiven Charakter der abnorm zu starken Lochien empfiehlt man ebenfalls Ruhe, berücksichtigt die Ursachen, und gebraucht solche Mittel, welche die Zusammenziehung der schlaffen Gebärmutter bewirken. Man sucht z. B. die Nachgeburtsreste, die Polypen, wenn es ohne bedeutenden Eingriff geschehen kann, zu entfernen, die normale Lage wiederherzustellen u. s. w. Die Zusammenziehung wird durch Zimmt im Infusum oder in Form der Tinctur, durch Ratanhia im Decoct oder in Tinctur, durch Schwefel-, Phosphorsäure, auch wohl durch Sabina und Secale cornutum unterstützt. Aeufserlich gebraucht man Einreibungen von flüchtigem Liniment, von Naphtha in den Unterleib, bei sehr schlaffen Personen eine passende Leibbinde, auch wohl mit tonischen (China-, Eichen-, Weidenrinde) oder mit aromatischen Kräutern gefüllt, Einspritzungen und Ueberschläge von einem Infusum oder Decoctum von Salbei, rothen Rosen, Rosmarin, Raute, China, Eichen, Weiden, Tormentilla u. s. w. mit rothem Wein etc. Aufserdem nützen auch stärkende tonische Bäder, zur Nachkur insbesondere auch Eisenbäder. Die Diät ist entsprechend einzurichten. Zur Nachkur werden oft noch stärkende Mittel nöthig. Besondere Rücksicht erfordern noch Nachkrankheiten oder die Anlage zu Krankheiten, um deren Entstehung zu verhüten, z. B. Lungenschwindsucht, Wassersucht.

2) Die zu schwachen und unterdrückten Lochien sind da anzunehmen, wo das Mafs der durch den Uterus auszuscheidenden Flüssigkeiten überhaupt im Verhältnifs zu dem individuellen Gesundheitszustande zu gering ist, oder diese Absonderung in Folge besonderer Einwirkungen plötzlich verschwindet. Man findet sowohl bei den zu schwachen, als auch bei den unterdrückten Lochien Krankheitserscheinungen, welche bald mehr, bald weniger hervortreten, je nachdem die übrigen Wochensecretionen weniger oder mehr die Stelle der Lochien vertreten, die Secretion der Milch und die Hautthätigkeit gleichzeitig vermindert oder vermehrt sind. Die Personen klagen in gelinden Fällen über Schwere und Vollsein des Unterleibes, Schmerzen in demselben und in der Kreuzgegend, namentlich über ziehende Schmerzen in derselben; über Kolik, Dysurie, Strangurie, Tenesmus, Kopfschmerzen, Brustbeengung, Unruhe, Schlaflosigkeit, Appetitmangel, Durst. Man findet das Gesicht geröthet, die Haut oft trocken und heifs, den Unterleib empfindlich und gespannt, oft auch ausgedehnt; die Geschlechtstheile heifs und trocken, die Symptome solcher Krankheiten, welche durch die Unterdrückung der Lochien zu Stande kommen, nämlich der Entzündung der Gebärmutter, der Eierstöcke, Mutterröhren, des Bauchfells und der verschiedenen Unterleibsorgane, auch der Lungen und des Brustfells, auch der beträchtlichen Anschwellung oder selbst der Entzündung der Brüste; ferner der Entzündung der Gehirnhäute und des Gehirns, auch convulsivischer Zufälle, selbst des Wahnsinns und anderer Formen der Nervenkrankheiten; auch des Frieselausschlages nebst den unter solchen Umständen nicht leicht zu vermissenden Fieberbewegungen.

Die Ursachen sind äufserst mannigfaltig. Oft ist die Unterdrückung der Lochien nur scheinbar, indem das Blut in der Gebärmutter, die sich noch nicht gehörig zusammengezogen hat, gerinnt und angehäuft wird, woran bisweilen Nachgeburtsreste oder in der Scheide oder im Muttermunde liegende Blutklumpen schuld sind. Gelegenheitsursachen sind solche, welche Congestionen zu anderen Organen oder zu dem Uterus selbst bewirken, so dafs in jenem Falle das Blut vom Uterus abgeleitet, in diesem aber in einem solchen Grade zu demselben zugeleitet wird, dafs es zu einer normalen Ausscheidung nicht kommt. Zu jenem gehört z. B. die Reizung des Darmcanals durch gastrische Sordes, des Bauchfells, zu diesem der Entzündungszustand der Gebärmutter. Sehr häufig liegt Erkältung der unteren Extremitäten (bei zu frühem Aufstehen) oder der Geschlechtstheile (beim Vernachläfsigen der Reinigung oder beim Abwaschen mit kaltem Wasser) zu Grunde. In anderen Fällen ist eine krampfhafte Zusammenziehung der Gefäfse schuld, z. B. bei excitirenden und deprimirenden Gemüthsbewegungen. Auch leiten andere physiologische oder pathologische Absonderungen (z. B. vermehrte Milchabsonderung, profuse Schweifse, Absonderung in der Bauchhöhle, Blutflüfse aus anderen Organen) von dem Uterus so ab, dafs zur normalen Lochienaussonderung der Stoff mangelt, oder die erhöhte Thätigkeit des einen Organs die Absonderung im Uterus nicht gehörig von Statten gehen läfst. Mechanisch kann der Lochienflufs auch bei Lagestörungen, namentlich bei der Zurückbeugung der Gebärmutter im Wochenbette gehemmt werden.

Prognose. Diese richtet sich hauptsächlich nach den vicariirenden Thätigkeiten, welche in anderen Organen zur Ausgleichung des Mifsverhältnifses entstehen, und nach den Krankheitsprocessen, welche in Folge der Unterdrückung der Lochien sich ausbilden. Man beobachtet als günstige Ausleerungen Blutabgang durch Magen und Darmcanal, Lungen, Nase, allgemeine profuse Schweifse, übermäfsige Harnabsonderung, Durchfall. Je edler und wichtiger das ergriffene Organ ist, desto bedenklicher ist die Vorhersage, z. B. wenn Lunge oder Magen das Blut ausleert. Verschwindet der Lochienflufs in Folge anderer Krankheiten, so findet er sich gewöhnlich mit dem Nachlasse derselben wieder ein, so dafs dieses als Zeichen der Entscheidung angesehen werden kann. Treten aber nach der Unterdrückung der Lochien andere Krankheiten ein, so würde die Art der Krankheit, wie die Wichtigkeit des Organs und die etwanigen Nachkrankheiten zu berücksichtigen sein. Zufälle von Apoplexie, Encephalitis, Convulsionen verrathen stets grofse Gefahr. Als günstige Erscheinungen können angesehen werden: Abnahme der Hitze der Geschlechtstheile, Feuchtwerden derselben, Abnahme der Dysurie oder Strangurie, und des Tenesmus. Oft kommt die blutige Absonderung nicht wieder zum Vorschein, sondern blofs die seröse oder schleimige. Sehr günstig ist es, wenn nach Unterdrückung der Lochien diese nach dem Typus der Menstruation unter Erscheinungen, als wenn dieselbe eintreten wollte, erscheinen, und sich von der Menstruation nur durch den Abgang einer serösen oder schleimigen Flüfsigkeit unterscheiden.

Behandlung. Man hat bei dieser zu bedenken, dafs das Ausbleiben der Lochien sehr oft Folge anderer Krankheiten, und dafs daher die Wiederherstellung dieser Absonderung nicht die allein zu lösende Aufgabe ist. In solchen Fällen ist die Behandlung der vorhandenen Krankheit, z. B. der Gebärmutterentzündung, des Kindbettfiebers, die Hauptsache; doch wird es für diese nicht ohne Nutzen sein, wenn man durch den erneuerten Eintritt dieser Secretion eine günstige Ableitung von dem kranken Organe bewirkt. Was die Unterdrückung selbst betrifft, so mufs man bei der Lösung der Aufgabe, die Lochien wieder herzustellen, ebenfalls auf die Ursachen sehen. Werden die Lochien durch den Genufs stark reizender Speisen und Getränke unterdrückt, so gebraucht man kühlende und ausleerende Mittel, und empfiehlt eine entsprechende Diät. Selbst Blutentziehungen am Fufse können hier nützlich werden; ebenso Blutegel an den Unterleib, an die Schamlippen, Oberschenkel gesetzt, auch wohl Schröpfköpfe. Zuleitend wirken erweichende Umschläge aus Spec. emoll., Camillen, Malven, in Verbindung mit narkotischen Kräutern, Cicuta, Hyoscyamus; auch Dampfbäder von solchen Kräutern, auch Halb- und Fussbäder, so wie Senfteige an die Waden und die innere Seite der Schenkel gelegt. Alle nafsen Mittel erfordern die Vorsicht, dafs Erkältung vermieden wird. — Ist solche an der Unterdrückung der Lochien schuld, so vermeidet man jede Gelegenheitsursache, welche Erkältung bewirken könnte, auf das Sorgfältigste, und empfiehlt warmes Verhalten, gebraucht aber die Diaphoretica nur mit grofser Vorsicht, um Blutcongestionen, besonders bei jungen vollblütigen Wöchnerinnen zu verhüten. — Bei gastrischen Anhäufungen können, nach den Umständen näher zu bestimmende, Ausleerungen erfordert werden. — Gehen heftige Gemüthsbewegungen voraus, und ist der ganze Zustand ein krampfhafter, so sind krampfstillende Mittel innerlich und äufserlich angezeigt. Wird der Lochienflufs mechanisch zurückgehalten, so wird das Verfahren zunächst gegen das mechanische Hindernifs gerichtet sein. Dahin gehören besonders in der Mutterscheide oder im Muttermunde befindliche Blutklumpen, die nicht selten heftigen Schmerz erregen. Hier sind bei mangelhaften Zusammenziehungen der Gebärmutter, wenn man nicht unmittelbar die Klumpen entfernen kann, Reibungen des Gebärmuttergrundes, reizende Einreibungen und Einspritzungen u. s. w. angezeigt.

Die qualitative Fehlerhaftigkeit der Lochien besteht in der übeln (schmutzigen, bräunlichen, selbst grünlichen) Farbe, in dem starken, fauligen, sehr scharfen Geruche, in der jauchigen, eiterähnlichen und corrodirenden Beschaffenheit des Ausflufses, so dafs die Scheide, die Schamlippen, die Oberschenkel wund werden.

Die Ursachen sind meistens in der Gebärmutter, Mutterscheide und in den äufseren Geschlechtstheilen zu suchen, namentlich in der Verletzung, Quetschung, Entzündung und Eiterung. Nicht selten sind das Zurückbleiben der ganzen Placenta oder eines Theiles derselben, die faulende Decidua, geronnenes Blut, scharfe übelriechende Einspritzungen, auch wohl Unreinlichkeit der Wöchnerin schuld. Auch Unterdrükkung anderer Absonderungen, z. B. der Fufsschweifse, chronischer Hautausschläge oder die Complication des Wochenbettes mit syphilitischen oder carcinomatösen Geschwüren können die Ursache sein. Bisweilen ist der üble Geruch der Lochien davon herzuleiten, dafs auch andere Absonderungen, z. B. das Menstruationsblut oder der Schweifs einen übeln Geruch verbreiten, oder dafs scrophulöse oder arthritische Kachexie zu Grunde liegt.

Die **Prognose** richtet sich nach den Ursachen, insbesondere darnach, ob dieselben leicht, schwierig oder gar nicht zu entfernen sind, und nach den Folgen, namentlich nach den Degenerationen der innern Haut, und den daraus hervorgehenden Degenerationen der Gebärmuttersubstanz selbst.

Die **Behandlung** ist nach den Ursachen einzurichten; doch wird, weil diese nicht immer schnell genug zu beseitigen sind, stets eine Palliativbehandlung angezeigt sein. Diese besteht in der gehörigen Reinigung der Geschlechtstheile mit Aqua oxymuriatica, oder Camillenthee, oder anderen Kräuteraufgüssen, die man auch zu Injectionen in die Mutterscheide benutzt, um die Absonderung zu verbessern. Man wechselt mit Vorsicht die Unterlagen, oder fängt die Lochien mit Sorgfalt auf, um die Unterlagen so viel als möglich selbst rein zu halten.

Ist die fehlerhafte Beschaffenheit der Lochien Folge der zurückgebliebenen Nachgeburt oder Blutklumpen, so sorgt man für die Entfernung derselben, und für den Gebrauch antiseptischer Mittel: namentlich China, Mineralsäure, besonders Salzsäure, auch Sabina, um eine kräftige Contraction der Gebärmutter hervorzurufen; auch wohl aromatisch flüchtig reizender Mittel, z. B. Calamus aromat. Serpentar. Angelica u. s. w.; auch wohl der Harze, Asa foetid., Myrrhe. Aeufserlich gebraucht man Umschläge und Bähungen aus aromatischen Kräutern, und macht Injectionen in die Scheide aus einem Infusum von Camillen, Cicuta, Serpillum, Absynth., oder Decoct. Salviae, Chinae, Querc., Salic. frag. oder Torment. Bistort., wo es geschehen kann, mit Rothwein versetzt; auch aus Rosenhonig, wohl mit Liquam. myrrh., so wie aus einer Auflösung von Alaun, kohlensaurem Eisen; auch aus Chlorwasser, Kalkwasser u. s. w.

Ist Unterdrückung der Hautthätigkeit, z. B. der Fufsschweifse, an diesem Uebel schuld, so giebt man diaphoretische Mittel, z. B. Spirit. Minder., Salmiak, Vin. stib., Tart. stibiat. u. s. w., und legt Senfpflaster, Blasenpflaster an die betreffenden Stellen. Bei zurückgetretenen chronischen Ausschlägen giebt man innerlich die auf die Säfte wirkenden, Blut reinigenden Mittel, und bringt äufserlich die zweckmässigen Ableitungen an. — Syphilis, Krebs fordern die den Umständen angepafste Behandlung.

Literat.: *Chr. Ludw. Mursinna's* Abhandl. v. d. Krankh. der Schwangern, Gebärend. u. Wöchner. 2 Bde. Berlin 1786. p. 27. — *Brefeld* Fortsetzung einiger Beobachtungen und Reflexionen über die Kindbetterinnenkrankheiten in *Hufeland's* Journ. d. pract. Heilk. 24. Bd. 2. St. p. 130. — *J. A. Schmidtmüller's* Handb. d. med. Geburtsh. 2. Thl. Von den Krankh. der Wöchnerinnen u. Neugeborenen. Frankfurt a. M. 1812. p. 20. — *A. E. v. Siebold's* Handb. zur Erkenntniss und Heilung der Frauenzimmerkrankkeiten. 2 Bde. 3. Abschn. Frankfurt a. M. 1826. p. 127. Hü—r.

LÖFFEL, zum Eingeben der Arzneien, Cochlear; wird unterschieden hinsichts seiner Capacität in den Esslöffel, Cochlear majus, den Desert- oder Kinderlöffel, Cochlear medium, und in den Caffee- oder Theelöffel Cochlear parvum s. minus; wir rechnen (als Normalmafs) auf den ersteren 4, auf den mittleren 2, und auf den kleinsten Löffel 1 Drachme.

Wenngleich eine zu grofse Aengstlichkeit auf die genaueste Löffelcapacität zu weit führen würde, so mufs der Arzt doch immer, namentlich bei flüssigen, intensiv wirkenden Arzneien auf die Gröfse der Löffel überhaupt aufmerksam sein, da die zum häuslichen Gebrauche bestimmten nur zu sehr in ihrer Gröfse abweichen, so zwar, dafs z. B. manche Esslöffel oft ein Viertel mehr oder weniger von der durch den Arzt bestimmten Dosis in sich fassen. Bei Pulvern, Latwergen etc. kann man diesem Uebelstande dadurch entgehen, dafs man sie durch den Apotheker in die respect. Dosen abtheilen läfst. Sehr zweckmäfsig sind nun die, so viel uns bekannt, zuerst in London und Paris verfertigten, mensurirten Löffel, bei welchen das Mafs für 4, 2 und 1 Drachme durch Striche angegeben ist. — Aufserdem aber beachte man auch den Stoff, aus welchem dergleichen Löffel bestehen, denn metallene werden durch manche aus Säuren, Salzen etc. bestehende Arzneien sehr leicht angegriffen, ebenso auch hölzerne und aus Horn verfertigte Löffel. Am zweckmäfsigsten sind porcellane Löffel, die mit einem Schnabel (namentlich für unruhige Fieberkranke und Kinder) versehen sind; sie sind nämlich beinahe zur Hälfte nach vorn zu bedeckt, und haben an ihrem vordern Ende eine gehörig grofse Oeffnung, durch welche die Arznei ausfliessen kann.

E. Gr—e.

LÖFFEL, der Davielsche. S. Davielscher Löffel.

LÖFFELKRAUT. S. Cochlearia.

LÖSCHPAPIER benutzt man in der Chirurgie zu kleinen Kügelchen bei Blutungen aus der Nase und aus der Alveolarhöhle nach dem Zahnausziehen. Man bringt sie entweder trocken oder in ein flüssiges Haemostaticum getränkt, ein Kügelchen nach dem andern, in die Nasenhöhle oder in die Alveole ein (S. Blutung). Aufserdem gebraucht man dies Papier auch zum Filtriren (S. d. A.). E. Gr—e.

LÖSERDÜRRE. S. Rinderpest.

LÖVETE. Der Säuerling von L. oder Hámor, beim Dorfe L. im Districte Udvarhelly in Siebenbürgen, hat ein specifisches Gewicht von 1,00166, und enthält nach *Pataki* in sechszehn Unzen:

Schwefelsaures Natron	1,80	Gr.
Salzsaures Natron	2,80	—
Kohlensaures Natron	4,00	—
Kohlensaure Kalkerde	2,80	—
Kohlensaure Talkerde	1,60	—
Kohlensaures Eisen	0,64	—
Kieselerde	0,664	—
	14,304	Gr.
Kohlensaures Gas	27,20	Kub. Z.

Literat.: *Sam. Pataki*, descriptio physico-chemica aquarum mineralium M. P. Transylvaniae iussu excelsi Regii gubernii. Pestini, 1820. p. 42. O—n.

LÖWENAUSSATZ. S. Elephantiasis.

LOGADITIS. S. Inflammatio scleroticae.

LOIMOS (λοιμός) bezeichnet bei den Alten jede pestartige, d. h. fieberhafte und rasch tödtliche, epidemische Seuche; in den hippokratischen Schriften kömmt das Wort nur einmal (de flatibus) vor, und es ist um so sonderbarer, wenn *Galen* (de theriaca ad Pisonem) erzählt, *Hippokrates* habe die aus Aethiopien gekommene Pest durch Veränderung der Luft, Anzündung von Feuern und Räucherungen geheilt; *Soranus* erzählt dagegen, er habe die Stadt Abdera von derselben befreit, und da er durch die Gesandten der Königin der illyrischen, päonischen und (anderer) barbarischer Völker um Hülfe angerufen, diese zwar abgewiesen, dagegen aber aus der erforschten Richtung der Winde geschlossen, dafs die Pest nach Attica kommen werde, und demgemäfs seine Sorgfalt auf die Städte und Schüler verwendet. *Soranus* meint also nicht, wie *Galenus*, die Pest des *Thucydides*, die einzige, von welcher uns das Alterthum eine genaue Beschreibung hinterlassen hat, aus der wir den Schlufs ziehen müssen, dafs es nicht die orientalische Pest, sondern ein Kriegstyphus gewesen sei.

Dieser Loimos, den das Orakel mit zweideutiger Aussprache (λιμός Hungersnoth) vorherverkündigt hatte, entstand im 2. Jahre des peloponnesischen Krieges kurz nach dem Einbruche der Spartaner in das attische Feld, nachdem er schon vorher in Lemnos und anderen Orten, obwohl in geringerer Heftigkeit gewüthet hatte. Nach dem *Thucydides* (II. 5.) soll er sich aus Aethiopien über Libyen und Persien ausgebreitet haben; *Diodor* (Bibl. 2.) beschuldigt dagegen verderbte Luft und Nahrung, so wie den Mangel der Jahreswinde (Etesien). Die Krankheit brach zuerst im Hafen aus, und verbreitete sich von da in die obere Stadt. Andere Krankheiten gab es gleichzeitig wenige, und die fast immer in die Seuche übergingen. Zuerst entstand heftige Hitze im Kopfe, Röthe und Entzündung der Augen. Zunge und Rachen erschienen blutroth, die Athmung war beschwert, übelriechend. Hierauf entstand Niesen und Catarrh; das Uebel ergriff alsbald die Brust mit starkem Husten, und, sobald es die Präcordien eingenommen, wendete es sich, und es entstanden allerlei gallige Ausleerungen mit vielen Schmerzen, leerem Schlucken (ohne Erbrechen) und Krämpfen. Die Hitze war nicht sehr fühlbar, die Haut blauröthlich, voll von kleinen Pusteln und Geschwüren; die innerliche Hitze war aufserordentlich, so dafs die Kranken sich ins Wasser stürzten. Dabei grofse Angst, Schlaflosigkeit, Tod am 7. oder 9. Tage, oder, wenn dieser überlebt wurde, scharfe Verschwärung im Darme mit Gallausleerungen, oder brandiges Absterben der Geschlechtstheile, Hände und Füfse, Verlust der Augen, auch wohl gänzlicher Verlust des Gedächtnisses. Die Krankheit befiel auch Thiere; sie verbreitete sich durch Ansteckung. Mittel helfen nicht: weder Aerzte noch Götter.

In den Pesten, deren *Galen* erwähnt, empfiehlt er den rothen armenischen Bolus, vor allem aber seinen Theriak, besonders auf Autorität seines Lehrers *Elianus Meccius*, der davon sagt, dafs während der Pest in Italien viele dadurch genasen, keiner aber erhalten worden sei, der ihn nicht genossen. (Ad *Pamphiliam* lib.). Das Recept nach dem *Andromachus* und Anderen findet man an mehreren Stellen; namentlich ad *Pisonem* cap. 10. Der Name Loimos ist gegenwärtig aufser Gebrauch; doch nennt man die Lehre von den Pestseuchen insgesammt Loimologie. V—r.

LONGISSIMUS DORSI. S. Rückenmuskeln.

LONGUETTE, eine längliche Compresse. S. Compresse.

LONGUS COLLI MUSCULUS. S. Halsmuskeln.

LOQUENS NERVUS. S. Hypoglossus.

LORGNETTE. S. Augengläser.

LORDOMA, LORDOSIS. S. Krümmung der Gliedmafsen.

LORIPES. S. Krummfufs.

LOTIO. S. Fomentatio.

LOSDORF. Eine Viertelstunde nordwestlich über dem Dorfe L. liegt das Bad gleiches Namens, im Amte Gösgen des Cantons Solothurn in der Schweiz, in einer Bergschlucht, mit welcher das von der Alp Burg und dem Dottenberge herabsteigende Schwandenthal sich endigt. Der Hintergrund dieses von einer Verzweigung des Jura gebildeten Thales hat die Gestalt eines Dreiecks, und bietet mehrere romantische Punkte dar.

Die 840 Fufs über die Aar, und 2030 Fufs über den Spiegel des Meeres sich erhebende Badeanstalt ist 1½ Stunden nordöstlich von Olten, zwei Stunden westlich von Aarau, 8 Stund. südöstlich von Basel, 8½ Stund. nordöstlich von Solothurn, und 12¼ Stund. nordwestlich von Luzern entfernt. Hinter derselben nördlich ist ein mehrere hundert Morgen bedeckender Wald, und unweit davon ein Marmorbruch. Auf den üppigen benachbarten Wiesen erheben sich contrastirend kahle Felsenwände; nach allen Seiten hin eröffnen sich schöne Spaziergänge auf guten Pfaden.

Gegen die Nordwinde ist das Bad durch den hohen Rücken des Jura geschützt; gegen die Sommerhitze durch die Nähe der Aar. Die gesunde, keinem plötzlichen Temperaturwechsel ausgesetzte Lage, vermöge welcher während der Curzeit der mittlere Thermometerstand + 17,5° R. beträgt, ist daher schwächlichen Personen sehr zu empfehlen, um so mehr, da man hier auch Molken gebrauchen kann, welche man jeden Morgen frisch von der nur eine halbe Stunde entfernten schönen Alp Burg erhält.

Man kennt die Heilquellen von Losdorf seit dem Jahre 1412; die ersten Badegebäude waren nur armselig, und das Land seufzte unter dem Joche der Freiherren *von Falkenstein* auf Wartenfels. Als aber im Jahre 1444 diese Feste von den Bauern Berns und Solothurns zerstört, und 1458 durch Kauf an Solothurn gelangte, erfreute sich das Bad wesentlicher Verbesserungen. Eine neue Quelle wurde 1484 entdeckt, später noch einige andere; durch die Beschreibung, welche 1608 *Epipon* und 1666 *Hafner* von den Quellen gaben, wurde die öffentliche Aufmerksamkeit mehr auf sie gelenkt, und im Jahre 1810 wurde durch die Aufführung eines neuen Badehauses, gegenüber dem älteren, die ganze Badeanstalt erweitert und verschönert. — Die neueste Monographie über das Bad von L. ist von Dr. *Schmutziger* in Aarau vom J. 1819.

Die Einrichtungen zu Bädern und zu Wohnungen für Curgäste sind gut; auch befinden sich hier Douchebäder.

Das Bad, welches seit mehreren Jahren zahlreich besucht wird, erfreut sich einer sehr schönen Aussicht, besonders auf das Hochgebirge der Cantone Schwyz, Unterwalden und Bern. Man unterscheidet vom Badehause sehr genau den Rigi, Pilatus, Uri-Rothstock, Titlis, Wetter-, Schreck-, Finsteraar- und Jungfrauhorn, die beiden Eiger und die übrigen Eiscolosse des Berner Oberlandes. — Den Vorgrund dieses Fernblicks füllt das Aarthal, so wie ein grofser Theil der Cantone Solothurn, Aargau, Bern und Luzern. Die Aussicht ist noch entzückender von dem leicht ersteiglichen Schlosse Wartenfels, oder von der schönen Alp Burg, und vom Dottenberge.

Das Wasser der in der Nähe des Badehauses entspringenden, und sich in einem wohlverwahrten Reservoir, aus welchem das Wasser in den Wärmekessel gepumpt wird, vereinigenden Mineralquellen ist klar, perlend, ohne Geruch, von einer Temperatur von + 8° R. bei + 15° R. der Atmosphäre, und enthält nach einer von *Bauhof* im J. 1818 angestellten Analyse in sechszehn Unzen:

Schwefelsaure Kalkerde	9,4	Gr.
Kohlensaure Kalkerde	1,3	—
Kohlensaure Magnesia	1,3	—
Salzsaure Magnesia	0,4	—

Schwefelsaure Magnesia	2,5	Gr.
Schwefelsaures Natrum	3,5	—
	18,2	Gr.
Kohlensäure	0,6	Kub.-Z.

Gekocht, wird das Mineralwasser weifs, überzieht den Kessel mit einer weifsen Kruste, welche enthält:

Kohlensaure Kalkerde	15,7	Theile
Kohlensaure Talkerde	36,0	—
Schwefelsaure Kalkerde	4,0	—
Salzsaure Kalk- u. Bittererde	3,0	—
	58,7	Theile.

Das Mineralwasser wird als Getränk und Bad benutzt. Man beginnt die Trinkkur mit einem Glase, und steigt allmälig bis auf 7 oder 8 Gläser, wornach man die Zahl wieder vermindert. — Man badet sowohl Morgens als Nachmittags, Anfangs nur eine Stunde täglich, und steigt bis zu fünf Stunden, wobei die Temperatur des Bades nicht über 25° und nicht unter 18° R. sein darf.

Das Mineralwasser von L. wirkt auflösend, eröffnend, gelinde, stärkend, und wird empfohlen bei Stockungen im Leber- und Pfortadersystem, so wie bei Leiden der Schleimhäute, — Hypochondrie, Hämorrhoiden, gichtischen und rheumatischen Krankheiten, Blasenhämorrhoiden, Stockungen im Uterinsystem, Fluor albus und Anomalieen der Menstruation.

O — n.

Der LOUISENBRUNNEN, nahe bei Berlin, mit Einrichtungen zu Bädern versehen, ist eine kalte sehr schwache Eisenquelle, und enthält nach *Rose* in sechszehn Unzen:

Kohlensaures Natron	1,400	Gr.
Salzsaure Kalkerde	0,066	—
Schwefelsaure Kalkerde	0,700	—
Kohlensaure Kalkerde	0,902	—
Kohlensaures Eisenoxydul	0,021	—
Thonerde	0,050	—
Kieselerde	0,363	—
	3,502	Gr.
Kohlensaures Gas	1,0	Kub.-Z.

Literat.: *E. Osann,* phys.-med. Darstellung der vorzügl. Heilquellen Europas. Th. II. S. 501. O — n.

LOXARTHRUS. S. Krümmung der Gliedmafsen.

LUBIÉN. Die Mineralquelle zu L., im Samborer Kreise des Königreichs Gallizien, drei Meilen von Lemberg entfernt, gehört zu der Classe der eisenhaltig-salinischen Schwefelquellen, wird zahlreich besucht, und besitzt aufser den nöthigen Einrichtungen zu Wannenbädern auch die Apparate zu Douche-, Tropf- und Dampfbädern.

Das Mineralwasser ist klar, farblos, von einem starken Schwefelgeruch und Geschmack; seine Temperatur beträgt 8,2° R., sein spec. Gew. 1,005023; sechszehn Unzen enthalten nach *Th. v. Torosiewicz*:

Schwefelsaures Natron	0,5634 Gr.
Chlornatrium	0,3400 —
Kohlensaures Lithion	0,0105 —
Kohlensauren Strontian	0,0182 —
Schwefelsaure Kalkerde	15,5722 —
Schwefelsaure Talkerde	0,1060 —
Kohlensaure Kalkerde	2,1373 —
Kohlensaure Talkerde	0,0760 —
Chlortalcium	0,2325 —
Kohlensaures Manganoxydul	0,0073 —
Kohlensaures Eisenoxydul	0,0320 —
Schwefel	0,0362 —
Kieselerde	0,0426 —
Schwefelhaltiges Harz	0,0349 —
Humusextract	0,3666 —
	19,5757 Gr.
Kohlensaures Gas	1,226 Kub.-Z.
Schwefelwasserstoffgas	2,401 —
Stickgas	0,426 —
	4,053 Kub.-Z.

Als Getränk und Bad benutzt, wird das Schwefelwasser zu L. empfohlen: 1) bei Stockungen im Unterleibe, Anschwellungen der Leber und Milz, Gelbsucht, Hämorrhoidalbeschwerden, Hypochondrie; 2) bei Verschleimungen und Schleimflüssen; 3) Rheumatismen und Gicht; 4) chronischen Hautausschlägen; 5) chronischen Mercurialvergiftungen; 6) verschiedenen Formen degenerirter Syphilis; 7) Krankheiten der Harnwerkzeuge.

Literat.: *C. Kroczkiewicz*, allgemeine Baderegeln für Lubién. Lemberg. 1798. — Physicalisch-chemische Analyse der mineralischen

Schwefelquelle zu Lubién im Königr. Galizien von *Th. v. Torosiewicz.* Wien, 1828. — *E. Osann,* phys.-med. Darstellung der vorzügl. Heilquellen Europas. Th. II. S. 282. O — n.

LUBRICANTIA, geschmeidig machende, erweichende Mittel. S. Emollientia.

LUCCA, die Hauptstadt des Herzogthums Lucca. Funfzehn Miglien von der Stadt, in einer der schönsten Gegenden Italiens, befinden sich nach dem Gebirge hin die durch ganz Italien berühmten, heifsen Bäder von L., zu welchen eine sehr gute Strafse auf einem reizenden Wege hinführt, welche sich an dem Flusse Linna entlang zieht. Der Gebrauch der Bäder ist sehr alt; sie scheinen schon im vierzehnten Jahrhundert zahlreich besucht gewesen zu sein. Erwähnung geschieht ihrer zuerst von *Gentili da Foligno* im J. 1340. Gegenwärtig gehört das Etablissement zu den besteingerichteten und besuchtesten in ganz Italien.

Der Badeort, Ponte Seraglio genannt, liegt halbzirkelförmig an dem Berge, wo die Hauptquelle entspringt, und ist mit Wohnungen für Curgäste und den erforderlichen Einrichtungen versehen. Aufserdem wohnt eine grofse Zahl der Curgäste in dem freundlichen Dorfe la Villa, und in anderen benachbarten Dörfern.

Die Hauptquelle versorgt die drei hauptsächlichsten Badehäuser mit ihren Badezimmern:

1) Die Bagni Caldi, von 43° R., mit 15 Badezimmern, worunter 2 Armenbäder, einem Dampfbade, 2 Zimmern für verschiedene Geschlechter mit 8 Douchen;

2) Bagno Bernabò, von 35° R. (*Horn* fand nur 31° R.), mit 10 Badezimmern;

3) die Bagni alla Villa, die ältesten, auf der andern Seite des Berges, und auch tiefer gelegen, mit 9 Zimmern. Ausserdem sind noch zu erwähnen:

4) das Bad S. Giovanni, von 31° R.;

5) delle Docce basse;

6) del nuovo Spedale di bagni. Dies für Arme errichtete Spital ist erst in der neuern Zeit theils aus der Staatscasse, theils aus Beiträgen reicher Fremden, besonders des Grafen *Demidoff*, erbaut. Das zweistöckige Gebäude ist sehr elegant im Innern und Aeufsern, mit 25 Betten für jedes Geschlecht versehen. Die Bäder sind im untern Stockwerk, und

enthalten auch ein Zimmer mit Douchen der verschiedensten Art. Neben den Badezimmern stehen kleine Feuerheerde zur Erwärmung der Badewäsche.

Man zählt im Ganzen 10 Quellen:

1) die Quelle von la Villa, von 33—34° R.;

2) die Quelle von Bernabò oder Barnabe, von 35° R.;

3) die rothe Quelle, von 38° R.;

4) die Quelle Trastullina, von 30—32° R.;

5) die Quelle Disperata, von 36° R., welche, wie ihr Name sagt, in den verzweifeltsten Fällen angewendet zu werden pflegt;

6) die Quelle Coronale, von 35° R., die als besonders heilsam bei Kopfaffectionen angesehen wird;

7) die Quelle della Maria oder dell' Inamorata, von 34° R., vorzüglich bei Krankheiten des Uterinsystems angewendet;

8) die Quelle Doccione, von 43° R., die beträchtlichste und heifseste; sie versorgte sonst das berühmte Bad di Corsena, welches jetzt ein leeres Reservoir ist, speist dagegen gegenwärtig die bagni caldi;

9) die Quelle del Fontino, von 37° R.;

10) die Quelle San Giovani, von 31° R.

Analysirt wurden diese Quellen früher von *Fallope* und *Donati*, später von *Moscheni*; sie unterscheiden sich nur durch das Verhältnifs der Mischung ihrer an Quantität gleichen Bestandtheile, woraus man mit Recht vermuthen kann, dafs sie alle aus einem und demselben Reservoir herkommen.

Das Thermalwasser ist farblos, hell und geruchlos, und hat einen schwach alkalischen, und besonders in der heifsesten Quelle einen metallischen Nachgeschmack. Sein spec. Gewicht ist = 42183 : 42028. Die Hauptbestandtheile desselben sind: schwefelsaure Kalkerde, Chlorcalcium, Chlortalcium, kohlensaure Kalkerde und kohlensaure Magnesia, Kieselerde, Thonerde, Eisen, Extractivstoff und kohlensaures Gas.

Angewendet wird das Thermalwasser, aufser zu Bädern, deren man sich gewöhnlich von Juni bis September bedient, auch als Getränk, zu 3 bis 4 Gläsern täglich, an der Quelle selbst. Zur Verstärkung der abführenden Wirkung bedient man sich auch eines aus dem Thermalwasser gewonnenen Salzes.

Die

Die Bäder werden vorzüglich empfohlen gegen chronische Rheumatismen, Gicht, Hautaffectionen, hartnäckige Geschwüre, Leucorrhoe, Chlorose, Scropheln, Schwäche der Digestionsorgane, Obstructionen und Krankheiten des Uterinsystems.

Zur Heilung hartnäckiger Hautausschläge bedient sich *Franceschi* eines gelinden Aetzmittels, wodurch er die kranke Oberfläche vorher zerstört, um alsdann mit desto gröfserem Erfolge das warme Bad gebrauchen zu können.

Literatur:

Gentili da Foligno, de balneis nos circumstantibus. 1340. — *Ugolino de Montecatino*, de baln. 1420. - *Gio. Michele Savonarola*, de baln. et therm. naturalib. omnib. Ital. 1498 — 1503 — 1517 — 1543 — 1552 — 1561 — 1592). — *Matthei Bendinelli*, tractatus de balneo villae Lucensi. 1483. — *Laurentii Bertolini* epistola cum tractatu de balneo Corsenae. 1504. — *Mengo Blanchello*, de balneis. Venet. 1536. *Derselbe*: consil. de baln. villae ad dominos Lucenses. — *Franciotti*, tractatus de balneo Villensi. 1552. — *Bartolommeo Torinese*, de balneorum naturalium viribus. (Gleichzeitig mit *Franciotti*). — *Ranieri Solenandro*, de caus. calor. font. medicat. Lugd. 1558. — *Fallopii*, de medic. aquis atque de fossilib. 1569 — 1577 — 1668. — *Bacci*, de therm. 1571 — 1578. — *Fortunato Serafini*, de baln. Cors. et Villae. 1588. (Als Manuscript). — *Donati*, de aquis Lucensibus. 1590. — *Ludovico Martini*, brevi discorsi della natura ed effetti dei bagni di Corsena. 1614. — *Fabrizio Ardizzone*, discorso dimostrativo sopra l' essenza, cosa, ed effetti delle acque minerali singolarmente del monte di Corsena. 1680. — *Giuseppe Duccini*, de' bagni di Lucca trattato. 1711. Wiederaufgelegt 1738. — *Zambeccari*, breve trattato de' bagni di Pisa e di Lucca. Padova. 1712. 4. — *Matteo Regali*, lezione intorno all' uso dell' acque della Villa. 1713. — *Sebastiano Paoli*, rara paralysis usu thermarum Lucensium plane sanata. 1772. — *Giuseppe Benvenuti*, lettera indirizz. al sig. dott. *Paolo Ant. Agostini*. 1757. — *Ejusd.*, de Lucensium thermarum sale. Lucae. 1758. — *Ejusd.*, de Lucensium thermarum atmosfera, in: Comment. dell' Istit. di Bologna. — *D. L. Moscheni*, trattato de' bagni di Lucca. Lucca. 1792. 8. — *E. Auber*, coup-d'oeil rapide sur les eaux minérales et thermales de Lucques, ou Précis historique, chron. et bibliogr. de ces eaux. Lucques. 1801. 8. — Verhandlungen der vereinigten ärztlichen Gesellschaften der Schweiz. Jahrgang 1829. Erste Hälfte. Zürich. 1829. S. 111. — *G. Franceschi*, Igea de' bagni, e più particolarmente di quelli di Lucca. Lucca. 1820. 8. — Igea dei Bagni di Lucca riprodotta con molte illustrazioni ed aggiunte da *Giacomo Franceschi*. Lucca. 1832. — *W. Horn*, Reise durch Deutschland, Ungarn, Holland, Italien, Frankreich, Grossbritannien und Irland. Bnd. II. S. 164. Berlin. 1831.

O—n.

LUDUS HELMONTII, *Paracelsi*; *van Helmont's* Würfel, ist ein lederbrauner Mergelstein in Würfeln, welche von einander durch Kalksinter getrennt sind, und die in grofsen, plattgedrückten Klumpen in England, um Antwerpen herum, und in Franken vorkommen. *van Helmont* und auch *Paracelsus* empfahlen diesen Stein gegen Steinschmerzen, und gegen Lithiasis; Letzterer fand in ihm ein bittersaures Salz, das er Erdgalle, Fel terrae nannte. Gegenwärtig gebraucht man dieses Mineral nicht mehr in der Medicin.

Synon. *Franz.* Jeu s. Dés de van Helmont. *Engl.* Waxen vein.

E. Gr—e.

LUDWIGSBRUNNEN. Derselbe liegt in dem Friedberger Kreise der Provinz Oberhessen, im Grofsherzogthum Hessen, eine Viertelstunde vom Dorfe Grofskarben, auf der linken Seite der Nidda, 2½ Stunde von Schwalheim. Die Temperatur des Mineralwassers ist 9° R. bei 13° R. der Atmosphäre, besitzt, frisch geschöpft, einen starken kohlensäuerlichen Geschmack; — sein spec. Gew. = 1,0049.

Sechszehn Unzen dieses Mineralwassers enthalten:

	nach *G. Osann* (1836):
Kieselerde	0,7258 Gr.
Quell- u. Quellsatzsäure	0,0738 —
Kohlensauren Kalk	12,4230 —
Kohlensaure Talkerde	5,2613 —
Schwefelsaure Talkerde	0,9705 —
Schwefelsaures Kali	0,2630 —
Schwefelsaures Natron	0,3776 —
Chlornatrium	16,0469 —
Chlormagnium	0,4529 —
	36,5948 Gr.
Kohlensaures Gas	40,9 Kub.-Z.
Atmosphärische Luft	eine Spur.

	nach *Tünnermann*:
Kohlensäure in Wasser aufgelöst	11,9778 Gr.
Doppeltkohlensaure Kalkbittererde	26,0274 —
Kochsalz	15,0683 —
Salzsaures Bittererdennatron	1,9355 —
Schwefelsaures Bittererdennatron	0,5109 —
Schwefelsaures Kali	0,4819 —

Kieselerde	0,1675 Gr.
Extractivstoff	Spur
	56,1693 Gr.
Kohlensäuregas	38,9614 Kub.-Z.
Atmosphärische Luft	0,4979 —
	39,4593 Kub.-Z.

Seinem chemischen Gehalte nach gehört das Mineralwasser zu den kräftigsten erdig-muriatischen Säuerlingen, erfreut sich gegenwärtig schon eines beträchtlichen Absatzes, und wird gewiſs in der Folge einen noch ausgebreiteteren Ruf in allen den Krankheiten erwerben, gegen welche erdig-muriatische Säuerlinge indicirt sind.

Literat.: Analyse des Mineralwassers vom Ludwigsbrunnen bei Grosskarben. Von *Jacob Tünnermann.* Frankfurt a. M., 1834 — Analyse des Mineralwassers vom Ludwigsbrunnen zu Grosskarben in Oberhessen. Von *G. Osann.* 1836. O — n.

LÜNEBURG. Die als Soolbad benutzte und sehr kräftig auf die äuſsere Haut und das Nervensystem wirkende, mit Apparaten zu Douchebädern versehene, Saline zu L. im Königreich Hannover, enthält nach ***Keferstein*** in 100 Theilen:

Chlornatrium	25,1692
Schwefelsaure Talkerde	0,4687
Schwefelsaures Kali	0,3515
Schwefelsaure Kalkerde	0,1400
Kohlensaure Kalkerde	0,0195
Bituminöse Substanz	0,0163
	26,1625.

Literat.: *E. Osann*, phys.-med. Darstellung der vorzügl. Heilq. Europas. Th. II. S. 802. O — n.

LUES, Seuche, bezeichnet im Allgemeinen eine jede ansteckende und epidemische Krankheit der Menschen, vorzüglich aber der Thiere (Viehseuche); auſserdem versteht man gewöhnlich unter Lues die Syphilis.

LUES GUTTURIS EPIDEMICA, epidemisch vorkommende, bösartige Halsbräune. S. Angina maligna.

LUES MOROVICA s. PANNONICA. S. Febris Ungarica.

LUES SARMATICA. S. Plica Polonica.

LUES SYPHILITICA s. VENEREA. S. Syphilis.

LUFT. S. Atmosphäre.

LUFTBAUCH. S. Tympanites.

LUFTBRUCH. S. Hernia.

LUFTBRUST. S. Pneumatothorax.

LUFTGESCHWULST. (Emphysema. Pneumatosis. Empneumatosis. Inflatio. Sarcites flatuosus. Tympanites universalis. Hautwindsucht. Windgeschwulst). Hiermit bezeichnet man im Allgemeinen die widernatürliche Ansammlung von atmosphärischer Luft oder anderen Gasarten in den zelligen Räumen oder gröfseren Cavitäten des thierischen Körpers, wodurch eine Volumensvergröfserung des afficirten Gebildes erzeugt wird. Es kann sich z. B. Luft in den Zellschichten unter der Tunica serosa der Eingeweide (Pneumatosis entero-physoides); in den Zellräumen zwischen den Luftbläschen der Lunge (Lungenemphysem); in den Gedärmen (Meteorismus); in der Bauchhöhle (Tympanites, Tympania); in der Brusthöhle (Physothorax); in der Scheidenhaut des Hodens und des Samenstranges (Pneumatocele); in der Gebärmutter (Physometra); in der Harnblase (Aedoeopsophia vesicalis); in der Vagina (Aedoeopsophia vaginalis); in den Blut- und Herzgefässen (Emphysema vasorum); unter der innern Haut des Rectums (Emphysema intestini recti); im Omentum (Tympanites omentalis) u. s. w. ansammeln, welche abnorme Zustände (man vergleiche diese Art.) sämmtlich zur Classe der Luftgeschwülste gehören.

Insbesondere aber versteht man unter Luftgeschwulst, Emphysem (von ἐμφυσάω, ich blase auf) die widernatürliche Ansammlung von atmosphärischer Luft oder anderen Gasarten unter der allgemeinen Hautbedeckung, wodurch sich dieselbe mehr oder weniger über die unten liegenden Gebilde emporhebt. Der Sitz der Luftgeschwulst ist gewöhnlich im Zellgewebe unter der Haut, und zwar in jenen Zellräumen (Tissu lamineux), welche neben und um die Fettzellchen der Tela cellulosa gelagert sind, indem diese letzteren weder von Luft, noch von Wasser angefüllt werden können. Aus diesem Grunde sind fettlose Stellen der Luftgeschwulst mehr als fettreiche unterworfen.

Diese stellt sich als eine schmerzlose, blasse, glänzende, gespannte, ungefärbte, elastische Geschwulst und Emporhebung der Haut dar, welche beim Drucke keine Grube hinterläfst, und von einer Stelle weggestrichen werden kann, wobei man ein eigenthümliches, zischendes oder knisterndes

Geräusch wahrnimmt, welches man am besten mit der Crepitation, die beim Drucke einer trockenen und mit Luft gefüllten Blase, oder wenn man Puder mit den Fingern drückt, sich erzeugt, verglichen werden kann. Eine Fluctuation, ein Sinken der Geschwulst nach abhängenden oder unteren Körpertheilen ist nicht zugegen; der afficirte Theil nicht schwer, und seine Temperatur entweder gar nicht oder nur um ein Geringes vermindert. Die Luftgeschwulst entsteht gewöhnlich plötzlich, wächst schnell, und verbreitet sich nur auf gewisse Stellen in gröfserem und geringerem Umfange, oder sie erstreckt sich, mit Ausnahme der Fufssohlen und der Handteller, über alle Theile des Körpers, wodurch der Kranke ein fürchterliches Aussehen bekömmt. Die partiellen Luftgeschwülste, welche gewöhnlich mit keinen bedeutenden Erscheinungen auftreten, und sich an ihrer Grenze theils umschrieben, theils an die übrigen Hautpartieen sich verlierend darstellen, kommen an der Brust, an den Augenlidern, am Hodensacke, an der Nasen- und Stirngegend, am Kopfe und an den weiblichen Brüsten am öftersten vor. Bei weiter verbreiteten oder totalen Luftgeschwülsten hingegen treten bedeutendere und selbst lebensgefährliche Erscheinungen auf. Die Functionen der Muskeln sind gestört, der afficirte Theil mehr oder weniger theils durch Schwäche, theils durch die Anschwellung an seinen Bewegungen gehindert, die Se- und Excretionen der Haut aufgehoben, und die oberflächlichen Gefässe mehr oder minder comprimirt, weshalb sich plethorische Zustände gegen innere Organe und Behinderungen der Respiration und der Blutcirculationen erzeugen. Gewöhnlich ist die Respiration in diesen Fällen, besonders bei Brustverletzung und Physotorax sehr erschwert; Erstickungsanfälle stellen sich ein, der Kranke kann nicht mehr liegen, mufs sich, nach vorne gebeugt, im Bette aufsetzen, wobei das Gesicht sich röthet, aufschwillt, der Puls klein und zusammengezogen sich anfühlt, die Extremitäten kalt werden, und die Kranken unter den Erscheinungen der Oppression, wie bei den Ergiessungen in die Brusthöhle zu Grunde gehen. Eben so treten mitunter stürmische Erscheinungen auf, wenn die Luftgeschwülste an den natürlichen Oeffnungen, z. B. Nase, Mund, After und Harnröhre bedeutend sich gestalten, auf die Schleimhäute dieser Oeffnungen sich verbreiten, wodurch der

Zugang der atmosphärischen Luft oder die normale Excretion behindert oder aufgehoben wird.

Die ursächlichen Momente der Luftgeschwulst sind theils innere, gröfstentheils aber äufsere. Zu den inneren rechnet man einen allgemeinen oder örtlichen Schwächezustand, und die Entmischung der Säfte. — Auf diese Weise beobachtet man Luftgeschwülste nach Erfrierungen, beim Scorbute, nervösen Fiebern, bösartigen Blattern, hohem Grade der Lungenschwindsucht, todten Früchten in der Gebärmutter, unterdrückter Hautthätigkeit, nach dem Genusse gewisser narcotischer Gifte, dem Vipernbisse, dem Stiche gewisser Insecten, und in der Umgebung fauliger Geschwüre. *W. Dumbreck* (Transact of the med. chirurg. Society of Edinburgh Vol. III. P. 2.) theilt einen Fall eines Emphysems in Folge zurückgetretener Masern mit, so wie einen anderen Dr. *Schäfer* in Warschau (Med. Zeit. v. V. für Heilk. in Preus. 1834. Nr. 10.), welcher ohne alle Veranlassung nach einem vollkommen zur Heilung gebrachten Petechialtyphus ein allgemeines Emphysem im heftigsten Grade ausbrechen sah. Spontane Luftgeschwülste beobachtete man auch als Symptom eines Wechselfiebers, oder selbst als Intermittens larvata nach dem schädlichen Einflusse feuchter Wohnungen. Hierher gehören auch die bei Hysterischen und Hypochondern sich plötzlich bildenden, aber nach einigen Stunden schnell wieder verschwindenden Luftgeschwülste (Anathymiasis. Pneumatosis hysterica), welche auf gröfsere oder geringere Strecken, besonders an den Füfsen und am Halse, sich bilden.

Zu den äufseren Ursachen gehören mechanische Einwirkungen, nämlich Quetschungen und Wunden an den verschiedenen Körpertheilen. Die Luftgeschwülste des Scrotums, der weiblichen Geschlechtstheile, des Kopfes, der Brüste und der Augenlider verdanken gröfstentheils ihre Entstehung einer Quetschung an diesen oder den benachbarten Stellen, wobei eine locale Erschlaffung der Gefäfse und Zersetzung der Säfte sich erzeugt, daher auch die Quetschungen mehr auf mechanisch-dynamische Weise wirksam sind. Bei Verwundungen dringt entweder die Luft von inneren Gebilden oder von Aufsen durch die Wunde in das Zellgewebe. In tiefe und lange Wunden, welche Höhlen und Gänge, besonders unter der allgemeinen Hautbedeckung bilden, dringt leicht die atmosphärische Luft ein, welche, wenn sie durch Verbände oder eine Verengerung der angeschwollenen Wundränder eingeschlossen wird, leicht das fragliche Leiden erzeugt. *Rust* sah selbst nach einfachen Aderlafswunden weit sich verbreitende Luftgeschwülste entstehen. Sehr leicht und häufig kommen dieselben bei Wunden der Brust und des Unterleibes, ohne dafs ein inneres Gebilde verletzt ist, zu Stande, wenn durch die kleine Wundöffnung bei dem Zurücksinken der hinter der Wunde gelegenen Organe das Eindringen der Luft gestattet, der Austritt aber behindert oder aufgehoben ist. Die häufigsten Veranlassungen zur Luftgeschwulst bilden aber die Verletzungen der Luftwege, und zuweilen kann auch der gasförmige Inhalt der Gedärme bei ihrer Verletzung eine Luftgeschwulst erzeugen. Im ersteren Falle, besonders wenn die Wunde nach Aufsen für den Austritt der Luft nicht hinreichend offen ist, durch Verbände alsbald geschlossen wird, einen schiefen Gang bildet, mit der Lungenwunde nicht correspondirt, oder die Haut sich verschiebt, dringt die eingeathmete Luft bei der Exspiration in das der Wunde zunächst gelegene Zellgewebe, und verbreitet sich von hier aus über die übrigen Körpertheile. Aber nicht immer ist bei den Verletzungen der Luftwege eine äufsere Wunde gegeben, indem Rippenbrüche mit Dislocationen die Pleura durchstofsen, und die Lungen verletzen können, worauf sich ein Physotorax und eine Luftgeschwulst im Zellgewebe neben dem Bruche gestaltet. Ein Gleiches findet Statt, wenn bei Fracturen der Nase, des Siebbeines, der Thränen- und Stirnhöhlenbeine, die Schleimhaut durchstochen, und die Luft beim Ausschnauben durch die Schleimhautwunde in das benachbarte Zellgewebe sich drängt. Ebenso hat man die Luftgeschwulst nach Einrenkung luxirter Glieder beobachtet, indem in diesen Fällen die Gelenkkapseln wahrscheinlich getrennt waren, und der Dunst der Gelenkhöhlen in das Zellgewebe getrieben wurde. Selbst bei einfachen Contusionen der Brust und Rippenbrüchen, und zwar, ohne dafs eine Ruptur der Pleura und eine Verletzung der Lungensubstanz zugegen waren, hat man Luftgeschwülste, und unter andern derartige Fälle *Nannoni* (Tratt. delle malatt. chirurg. Bd. II.), *Rognetta* (Révue méd. Mars.

1834), *Jahn* (*Rust's* Magaz. Bd. XXVIII. Hft. 1.) beobachtet. Nach *Rognetta* kann nämlich ein fremder Körper die Pleura und Lungen heftig quetschen, ohne sie zu zerreissen oder die Rippen zu verletzen. Diese durch Stöfse zerquetschten, zermalmten und geschwächten Theile lassen durch die Maschen ihres Gewebes etwas Luft durchgehen, welche sich infiltrirt, und ohne dafs eine Perforation bemerkbar ist, die Luftgeschwulst erzeugt. *Jahn*, bei dessen angeführtem Falle ein allgemeines Emphysem nach Prügeln mit der Faust und einem Klotze entstanden war, wobei man keine Spur einer äufsern Brustverletzung, und nur an den Lenden Suggillationen entdeckte, glaubt hingegen, dafs in Folge der Mifshandlung, Stückchen der Lunge und des Lungenfelles geborsten seien. Dr. *Reiche* (*Rust's* Magaz. Bd. XXVII. H. 1.) beobachtete ein Emphysem über der ganzen Fläche des Halses und der Brust bei einem 2½jährigen Kinde, welchem ein Stück eines Wallnufskerns in die Luftröhre gelangt war. Als Ursache der Luftgeschwülste hat man auch Lungengeschwüre, wiewohl mit Unrecht, bezeichnet, indem der Uebergang der Luft aus den Lungenzellen, besonders bei Adhäsionen der Pleura mit den Geschwürstellen, in die mit einem dickwandigen Sacke versehene Vomica, so wie in die Brusthöhle nicht wohl möglich ist. Oefters wurden Luftgeschwülste durch künstliches Einblasen der Luft (Insufflatio) in das Zellgewebe durch kleine Hautwunden, und zwar zu betrügerischen Zwecken, z. B. um einen Hodensackbruch oder eine Hydrocele zu simuliren, erzeugt. *Aspyretes* und *Hierocles* sollen bei Schulterschmerz in heilsamer Absicht in dieser Gegend Luft unter der Haut eingeblasen haben, und *Achard* hat die Insufflation mittelst Kohlensäure zum Heilzwecke vorgeschlagen.

Die Luftgeschwulst unterscheidet sich leicht von jeder anderen Geschwulst und Anschwellung durch ihre plötzliche und schnelle Gestaltung, durch ihre Elasticität, welche keine Grube nach dem Fingerdrucke zuläfst, durch das eigenthümliche Geräusch beim Befühlen, durch die Möglichkeit, die Geschwulst zu verschieben, durch das Leichterwerden des an Volumen sehr vergröfserten Gliedes, durch den Mangel an Fluctuation, durch das Nichtherabsinken der Anschwellung nach abhängenden und unteren Körpertheilen, und besonders auch durch das ursächliche Moment, die Verletzung.

Die Vorhersage bei Luftgeschwülsten ist im Allgemeinen nicht ungünstig, und richtet sich nach der Schnelligkeit und Gröfse der Verbreitung, den veranlassenden Momenten, und den durch diese, als auch die Luftgeschwulst bedingten Störungen wichtiger Organe. Schnell und über den ganzen Körper sich verbreitende Luftgeschwülste können durch Sistirung der Hautthätigkeit und Lähmung der Hautnerven, welche letztere sich alsdann gegen die Centralgebilde überträgt, gleich den ausgebreiteten Verbrennungen, einen schnellen Tod herbeiführen. Ebenso kann die peripherische Blutcirculation behindert, eine Plethora gegen innere Gebilde erzeugt werden, welche, vorzüglich bei hiezu disponirten Individuen, durch Congestionen gegen Lunge, Herz und Gehirn gefahrdrohend sich gestalten kann.

Die Luftgeschwülste in Folge von inneren Ursachen sind nicht nur an und für sich, sondern wegen des veranlassenden Momentes in den meisten Fällen als gefährliche Erscheinungen zu betrachten. Bei Verletzungen der Unterleibsorgane, der Luftwege und der Lungen erhöht das hinzukommende Emphysem die ursprüngliche Gefahr, welche bei Verletzungen der Luftwege um so gröfser wird, wenn sich der Physothorax hinzugesellt. Ist die Hautbedeckung beträchtlich ausgedehnt und in zu grofse Spannung versetzt, so kann sie sich entzünden, und, wie bei der Hautwassersucht, gangränös werden. Partielle, nicht weit verbreitete Luftgeschwülste, welche von keinen bedeutenden Störungen innerer Organe begleitet werden, sind ohne alle Gefahr, und werden leicht, selbst ohne Zuthun der Kunst, durch die Natur beseitigt. Immerhin und auf längere Zeit hinterlassen die Luftgeschwülste eine Schwäche und Erschlaffung des Zellgewebes, eine Neigung zur Fettbildung, und zuweilen auch zur Wassersucht.

Bei der Behandlung sind insbesondere die Bedingungen, unter welchen sich die Luftgeschwülste bildeten, genau zu erforschen und zu beseitigen. Ist Schwächezustand des ganzen Körpers, eine Neigung zur Zersetzung der Säfte vorhanden, so sind stärkende, reizende oder fäulnifswidrige Mittel innerlich und äufserlich, je nach dem Bestande der die Luftgeschwulst veranlassenden Krankheit und der Individualität des Kranken, anzuwenden. Dringt die Luft von Aufsen in das Zellgewebe, und wird sie durch Verband und Verklebung der Wunde zurückgehalten, so mufs ersterer entfernt, die Wunde selbst wieder geöffnet, und nach Umständen erweitert und offen gehalten werden, wobei man hierauf durch Streichen die Luft aus der Wunde und dem benachbarten Zellgewebe auszutreiben versuchen soll. Entstand die Luftgeschwulst in Folge einer Lungenwunde, so mufs man durch Erweiterung und Offenhaltung der Brustwunde für den freien Austritt der Luft aus der Brusthöhle Sorge tragen, und wenn dieses auf solche Weise nicht geschehen kann, eine neue Oeffnung in der Brust bewerkstelligen. Ist eine Brustwunde nicht zugegen, und hat z. B. eine gebrochene Rippe nur das Brustfell durchstochen und die Lunge verletzt, so läfst sich zuweilen durch einen von Aufsen angebrachten Druck die Weiterverbreitung des Emphysems verhindern. *Abernethy* (Surgical Works. Vol. II.) hält überhaupt das Anlegen einer breiten Brustbinde bei Luftgeschwülsten nützlich, um hierdurch die Bewegungen des Thorax zu verhindern. Führt der Druckverband zu keinem günstigen Resultate, verbreitet sich die Luftgeschwulst weiter, bildet sich der Physothorax, und droht Erstickungsgefahr, so mache man eine gerade Oeffnung in die Brust, damit die aus der Lunge tretende Luft frei nach Aufsen gehen kann. Hierbei hat man angerathen, durch Saugen, Pumpen (*Anel*, l'art de sucer les plaies sans se servir de la bouche d'un homme. Amsterdam 1707. *Ludwig*, Progr. de suct. vulner. pect. Lips. 1768.), Aufsetzen der Schröpfköpfe die in der Brusthöhle angehäufte Luft herauszubringen. Dieses Verfahren ist aber schädlich und gänzlich zu verwerfen; denn so lange die Lungenwunde noch nicht geheilt ist, wird sich schnell die Luft wieder ansammeln, eine kaum gestillte Blutung sich sogleich wieder erneuern, so wie auch dieses Verfahren zum Vorfalle der Lungen Veranlassung geben kann. Sobald die Entzündung in der Wunde lebhaft wird, hört gewöhnlich die Luftgeschwulst in der Umgebung auf, indem der Zugang zu den Zellen durch die entzündliche Anschwellung verschlossen wird, so wie auch die Luft nur so lange aus den Lungen in die Brusthöhle tritt, bis durch die Entzündung die Lungenwunde sich schliefst.

Sind die ursächlichen Momente, und mit ihnen die grössere Verbreitung der Geschwulst und die gefahrdrohenden Erscheinungen beseitigt, so tritt die eigentliche Behandlung der Luftgeschwulst an die Stelle. Ist diese nicht bedeutend, und erstreckt sie sich nur auf den Umfang der Wunde, so kann man dieselbe der Natur überlassen, oder durch Ueberschlagen von zertheilenden Mitteln beseitigen. Nach Umständen, besonders wenn ein Schwächezustand gegeben ist, oder Contusionen, faulige Geschwüre, Brand, Bifswunden und Insectenstiche die Veranlassung waren, werden reizende, stärkende und zusammenziehende Mittel erforderlich, wozu kalte geistige Fomente und Einreibungen, trocknes Reiben, Räucherungen u. s. w. sich vorzüglich eignen. Kann hierdurch die Luftgeschwulst nicht entfernt werden, ist diese bedeutend und weit verbreitet, und erhebt sich die Haut sehr über die Muskeln, so mufs man an verschiedenen Stellen tiefe Scarificationen und Einschnitte machen, und die Luft durch Streichen und Drücken auszutreiben suchen. Als Nachkur bediene man sich zur Stärkung der erschlafften Theile nach Umständen kalter und aromatischer Waschungen, geistiger Einreibungen und Räucherungen.

Literat.: *Ruysch*, de Emphysemate. Halle 1773., in Halleri Disput. chirurg. Vol. II. — *Waltz*, de Emphysemate. Lips. 1804. — *Halliday*, Observat. on Emphys. Lond. 1807. — *Brechet*, Art. Emphysème, im Dict. des Scienc. méd. Tom XIII. — *Palm*, in *v. Gräfe's* und *v. Walther's* Journal. Bd. IX. H. 4. St — b.

LUFTGESCHWULST DER AUGENLIDER. S. Augenlidergeschwulst.

LUFTKROPF. S. Struma.

LUFTREINIGENDE MITTEL. Häufig wird die atmosphärische Luft im normalen Mischungsverhältnisse ihrer Bestandtheile, oder durch Aufnahme anderer, schädlicher Gasarten so umgeändert, dafs sie für das organische Leben nicht mehr taugt, sondern Krankheiten hervorbringen, ja selbst auch auf Menschen und Thiere tödtlich einwirken kann. Diese Luftbeschaffenheit (Luftverderbnifs, Aërophthora) kann nun in der allgemeinen oder in der speciellen Atmosphäre Statt finden. Was nun die erstere betrifft, deren Erzeugung ganz vorzüglich von tellurischen Einflüssen abhängig ist, so verweisen wir bezüglich derselben auf die Artikel Atmosphäre und Miasma, und wollen uns hier nur mit derjenigen, entweder im Freien und in bestimmten Gegenden oder in geschlossenen Räumen befindlichen, für das organische Leben nicht passenden, verdorbenen Luft, und vorzüglich mit den Mitteln beschäftigen, durch welche wir ihrem Entstehen vorbeugen, sie selbst aber reinigen können.

Die uns umgebende Atmosphäre kann nämlich durch Effluvien des Bodens, durch Zersetzungen, schädliche Ausdünstungen, Exhalationes nocivae etc. (S. Miasma) verdorben werden, und es ist ein sehr zu beachtender, wichtiger Gegenstand, dafür zu sorgen, dafs 1) alle die Ursachen, wodurch jene Luftverderbnifs zu Wege gebracht wird, möglichst entfernt werden, und 2) dafs die einmal verdorbene Luft auf's Beste gereinigt werde.

Es kann nun sowohl die freie, uns umgebende Luft in einer gewissen Strecke durch Ausdünstungen etc., als auch diejenige verdorben sein, welche sich in unseren Wohnungen oder in anderen geschlossenen Räumen, als: in Brunnen, Höhlen etc. vorfindet. Die Ursachen der Verderbnifs der freien Atmosphäre sind mannigfach, und, wie wir bereits erwähnt, meist begründet in der örtlichen Beschaffenheit des Bodens, in Effluvien desselben etc., in allen solchen Momenten, wodurch eine vegetabilische und animalische Zersetzung veranlafst, und eine Ausdünstung schädlicher Gasarten hervorgebracht werden. Es gehören hierher:

1) Sümpfe, aus welchen sich die sogenannte, höchst schädliche und mannigfaltige Krankheiten hervorbringende Sumpfluft (S. d. A.) entwickelt. Um nun das letztere zu vermeiden, mufs der Staat für die Entfernung der Sümpfe Sorge tragen, welches wiederum durch Austrocknen und Ableiten derselben zu Wege gebracht wird. Allein diese Aufgabe kann vollständig nur bei Sümpfen geringeren Umfanges gelöst werden; bei gröfseren Sümpfen aber treten Schwierigkeiten dagegen auf, welche schwer oder gar nicht zu überwinden sind. Dies zeigt uns z. B. die Geschichte der 40 Miglien langen und zwischen 4 und 10 Miglien breiten Pontinischen Sümpfe, deren Austrocknung schon 312 vor Christi Geburt durch *Appius Claudius* angefangen, durch

Cornelius Cethegus, *Augustus*, *Nero*, vorzüglich aber durch *Trajan* u. A., späterhin durch die Päpste *Bonifacius* VIII., *Martin* V., *Sixtus* V., *Clemens* XIII., und in dem vorigen Jahrhunderte mit vielem Eifer durch *Pius* VI. fortgesetzt, aber nur theilweise zu Stande gebracht wurde, so dafs die Pontinischen Sümpfe noch jetzt in so grofser Masse Ausdünstungen entwickeln, dafs die wenigen Bewohner auf der Via Appia siech aussehen, und ebenso die zur öffentlichen Sicherheit daselbst stationirten Soldaten, dort angelangt, bald (am Wechselfieber) erkranken, und daher oft schon nach 6—8 Tagen von Anderen abgelöst werden müssen; auch jetzt wirken jene Sümpfe nicht allein auf die ihnen nächstliegenden Städte, als z. B. Velletri, Terracina etc. nachtheilig ein, sondern sogar auch auf Rom, wohin die ungesunden Ausdünstungen durch Südwinde getrieben werden.

Wie bekannt wird das Austrocknen der Sümpfe dadurch bewerkstelligt, dafs man durch sie Canäle zieht, die so eingerichtet sein müssen, dafs das in ihnen angesammelte Wasser abfliefsen kann. Befinden sich in der Nähe der Sümpfe Waldungen, welche das Eindringen der Sonnenstrahlen zu ihnen hindern, so müssen diese Waldungen gelichtet werden, wodurch auch ein Bestreichen der Sümpfe durch Winde möglich gemacht wird. Wo aber alles dies unausführbar ist, da sorge der Staat wenigstens dafür, dafs sich die Landbewohner nicht in der Nähe derselben anbauen, und warne dafür durch öffentliche Bekanntmachungen, in welchen die schädlichen Einwirkungen der Sumpfausdünstungen auseinandergesetzt werden müssen. Eben so wichtig ist es für das Militair, dafs dasselbe bei Feldübungen, Manoeuvres etc. nicht in der Nähe der Sümpfe ihr Lager aufschlägt, oder ihre Bivouacqs bezieht; gestatten es aber die Umstände nicht anders, so sorge man für Unterhaltung zahlreicher Wachtfeuer, gestatte den Soldaten das Tabackrauchen, empfehle ihnen den mäfsigen Genufs des Wachholderbeerbranntweins; bei längerem Aufenthalt in dergleichen Lagern lasse man Waffenübungen vornehmen, sorge für gesunde Nahrung, gute Kleidung und dafür, dafs, wenn die Soldaten die Nächte in Zelten zubringen können, diese von ihnen dicht verschlossen werden (Vergl. *Montfalcon* über die Sümpfe und die durch die Sumpfausdünstungen hervorgebrachten

Krankheiten. A. d. Fr. durch *Heyfelder*. Leipz. 1825. — *Orfila* sur l'air non renouvelé in médec. légale. T. III. p. 519. — *Baumé* Abh. üb. d. Satz, dafs durch Beobachtungen zu bestimmen sei, was das für Krankheiten sind, welche von den Ausdünstungen stehender Wasser und sumpfiger Gegenden entspringen. A. d. Fr. Leipzig 1792.). — Ebenso beachtenswerth ist das Reinigen der in manchen alten Städten noch befindlichen, sumpfigen Stadtgräben.

2) Ueberschwemmungen veranlassen nicht minder wie Sümpfe die Entwickelung eben so schädlicher Ausdünstungen, sowohl im Freien, als auch in den überschwemmt gewesenen Wohnungen, Ställen etc., und zwar dadurch, dafs sie Schlamm etc. hinterlassen, dafs die Wohnungen feucht werden, und sich so durch Zersetzungen schädliche Ausdünstungen entwickeln. Ebenso wie auf die Schädlichkeit der Sümpfe, und noch mehr wie auf diese, müfsten die Regierungen auf die höchst üblen Einwirkungen der Ueberschwemmungen ihre gröfste Aufmerksamkeit richten, wie dies auch schon von Seiten mehrerer Staaten geschehen ist, vorzüglich von Preufsen, das mehrere desfallsige Verordnungen bekannt machen liefs, so z. B. im Jahre 1785 durch sein Obercollegium medicum, ferner durch die Regierungen zu Coblenz (1820), zu Düsseldorf (1824), zu Breslau (1826), zu Minden, Merseburg und Danzig (1827), zu Liegnitz und Marienwerder (1829), und durch die Regierungen zu Potsdam und Posen (1830). — (S. *Augustin* Medicinalverordnungen etc. Bd. 3. pag. 709., und Bd. 4. pag. 907., und vergl. *Nicolai's* Grundr. der Sanitätspolizei. Berlin 1835.). Auch andere Staaten, wie namentlich Baden (*v. Eiseneck* Samml. gesundheitspolizeilicher Gesetze. Baden 1830.) und Schleswig-Holstein (*Dohm*, die Schleswig-Holsteinsche Medicinalverfassung etc. Leipz. 1834.) etc. haben nicht minder dem fraglichen, wichtigen Gegenstande ihre ganze Aufmerksamkeit geschenkt.

Bevor überschwemmt gewesene und feucht gewordene Wohnungen ausgetrocknet werden, mufs man sie erst von etwanigem Schlamme etc. sorgfältigst reinigen. Das Austrocknen selbst geschieht durch fleifsiges Lüften (Oeffnen der Fenster und Thüren, Anbringen von Luftlöchern etc. S. weiter unten). Ferner mufs ein starkes Feuer in denselben unterhalten werden, durch Anzünden von Wachholderbeergesträuch u. s. w. — Man lasse sämmtliche Gemächer mit Sand bestreuen, oder noch besser mit Kalk. Diese Stoffe müssen, nachdem sie die Feuchtigkeit an sich gezogen, durch frisch aufgestreute ersetzt werden. Dabei veranstalte man zur Entfernung der verdorbenen Luft Räucherungen mit Essig, salpetersauren Dämpfen etc., besprenge die Zimmer mit Aqua oxymuriatica, oder stelle an einzelne Stellen mit Chlorkalk gefüllte Becken (S. weiter unten), und lasse Thüren und Fenster etc. mit Laugen reinigen.

Nächstdem aber sorge man auch für das Reinigen der Viehställe, der Brunnen etc., streue in die ersteren Sand oder Asche, lasse aus den letzteren etwanigen Schlamm etc. entfernen, und das Sumpfwasser auspumpen etc. Besonders richte man aber auch sein Augenmerk auf das Vieh selbst. Man gebe ihm öfters frisches Streustroh, trocknes Futter, treibe es nicht eher auf die überschwemmt gewesenen Wiesen aus, bevor dieselben nicht vom Schlamme etc. befreit sind, überhaupt gebe man ihm so lange trockenes Futter, bis jegliche Spur der Ueberschwemmung verschwunden ist (S. *Henke's* Zeitschr. für Staatsarzneik. 6. Ergänzungsheft. pag. 190., und *Orfila* médecine légale. T. 3. pag. 519.).

3) Kann die atmosphärische Luft verdorben werden, durch Entwickelung schädlicher Dünste in Cloaken, in Pfützen, aus Moder auf ungepflasterten Strafsen, aus Rinnsteinen, aus Düngerhaufen, aus Thiercadavern, welche unbegraben umherliegen, auf Kirchhöfen, vorzüglich dann, wenn dieselben sich auf sumpfigem Boden befinden, in Schlachthäusern und manchen Fabrikgebäuden etc.; daher sorge man dafür, dafs Cloaken, Abtritte, Rinnsteine etc. öfters gereinigt, Pfützen verschüttet werden, untersage das Anlegen der Schlachthäuser innerhalb der Stadt in stark bewohnten engen Strafsen, leide eben so wenig Düngerhaufen auf Höfen und Strafsen, überhaupt in der Nähe der Wohnungen. Sehr zweckmäfsig ist in manchen Städten die (gleichwohl nicht überall anzubringende) Einrichtung, dafs statt der offenen Strafsenrinnsteine bedeckte Canäle angebracht sind, welche stets durch Flufswasser, das man durch sie leitet, gereinigt werden. — Endlich müfsten auch seichte, wenig Abfall habende, durch Städte etc. fliefsende Flüsse, deren Bett schlammig ist, und

wodurch, namentlich bei niederem Wasserstande, sich schädliche Dünste entwickeln, berücksichtigt werden. Wo es irgend thunlich ist, sorge man für einen besseren Abfall des Wassers, ordne Ausschlämmen des Flusses an, und untersage streng, dafs in denselben nicht todte Thiere, Unrath etc. hineingeworfen werden. — Das Reinigen der Cloaken, Abtritte etc. mufs nach gewissen Vorschriften geschehen (S. weiter unten und vergl. die Regierungsbekanntmachungen: zu Bromberg, wegen Reinerhaltung der Luft, im Amtsblatte genannter Regier. 1824. Stück 39. pag. 385., und St. 42 pag. 429.; das Triersche Amtsblatt, betreffend die Luftreinigung in unterirdischen Gewölben. 1830. St. 6. pag. 48.; das Münstersche Amtsblatt. 1830. St. 13. pag. 175.; das Mindensche. 1831. pag. 346. und das Amtsblatt der Regierung zu Coblenz. 1831. pag. 500., so wie *Marc* nouvelles récherches sur les secours à donner aux noyés et asphyxiés. Par. 1835., worin vortreffliche Regeln enthalten sind, welche man bei der Reinigung der Cloaken zu beobachten hat; ferner auch: *Portal*, über die Wirkung mephitischer Dünste etc. auf den menschlichen Körper. Frankfurt und Leipzig 1778. Vergl. übrigens die Artikel Scheintod und Vergiftungen).

Wir werden auf diesen Gegenstand wieder zurückkommen, und wollen hier nur noch bemerken, dafs wir eine verdorbene Luft überhaupt, welche aufser ebenso viel Azot, aber mehr Kohlensäure als die reine Atmosphäre, noch den Dunst aus den Lungen, Vapeur pulmonaire (*Orfila* l. c.) enthält, daran erkennen, dafs darin brennende Körper erlöschen, dafs Lakmuspapier durch sie schwach geröthet wird, und dafs sie, mit Kalkwasser vermischt, einen reichlichen, weifsen Niederschlag erzeugt.

Wir kommen nun auf die Entwickelung schädlicher Dünste in ganz oder nur theilweise geschlossenen Räumen, und fangen:

1) mit gewissen natürlichen Höhlen an, in welchen sich schädliche und giftige Gase entwickeln, die sich der atmosphärischen Luft mittheilen, und so Menschen und Thieren gefährlich werden können, wie z. B. in der Hundsgrotte bei Puzzuoli, in der Dunsthöhle bei Pyrmont (*v. Gräfe's v. Walther's* Journ. Bd. 20. p. 52. u. f.), in der Gifthöhle bei Calcutta u. a. m. O. Einer beiläufigen Erwähnung verdient

das

das Giftthal Guepoupas auf der Insel Java, worin Menschen und Thiere ihren Tod finden und an keine Vegetation zu denken ist (S. *v. Gräfe's* und *v. Walther's* Journ. l. c. pag. 58. Anmerk.). Gegen dergleichen Luftvergiftungen vermögen Menschenkräfte wenig oder gar nichts; nichts bleibt uns hier zu thun übrig, als den Zutritt zu solchen Orten zu untersagen (Vergl. die Artikel Scheintod und Vergiftungen).

2) Cloaken und Abtritte, so wie mit allerhand Unrath angefüllte Abzugscanäle, in welchen sich sehr leicht mephitische Luft, Cloakengas entwickelt, dessen Bestandtheile Ammoniak, Kohlen- und Schwefelwasserstoffgas und Kohlenoxydgas sind. Auch gehören hierher Kothgruben, in welchen sich faulige Dünste erzeugen. Mit der gröfsten Vorsicht Seitens der Arbeiter müssen dergleichen Cloaken gereinigt werden; denn zu häufig sind die Beispiele vorhanden, dafs Menschen, welche in solche Canäle, Gruben etc. herabgestiegen, durch die Gase daselbst getödtet wurden. Sehr trefflich sind die Rathschläge, welche *Marc* (l. c.) bei Reinigung jener Cloaken etc. giebt, worüber im Artikel Scheintod ausführlicher gesprochen werden soll. Hier wollen wir nur der Gosse'schen Schwammmaske (Journ. de médec. chir. et Pharmacie. Paris 1817. T. 38. Avril) erwähnen, welche mit säuerlichem Wasser (da wo man faulige, thierische Ausdünstungen vermuthet), oder mit einer Auflösung essigsauren Bleies (3 Loth) in (2 Pfund) Wasser (bei Dünsten aus Kothgruben) befeuchtet, und beim Hinabsteigen in die erwähnten Räume vor's Gesicht gelegt wird. Gegen die Einwirkung der schädlichen Ausdünstungen aus Abtritten hat man verschiedene Vorrichtungen an letztere angebracht, worunter die von *Frigerio*, unter dem Namen Selline hygienique (*Froriep's* Notiz. 1829. No. 11. Bd. 26. pag. 176.) bekannt, wegen ihrer einfachen und zweckmäfsigen Einrichtung zu den vorzüglicheren gehört. Bevor man in Cloaken, Abtrittsgruben etc. hinabsteigt, sollte man erst durch Hineinwerfen von Chlorkalk, Kalk etc. die respect. Gasarten unschädlicher machen, und auch nach geschehener Reinigung dieselben Substanzen hinein schütten, oder sie auch, nach *Borries*, mit einer Mischung aus 4 Unzen schwefelsaurem Kalk, 2 Unzen Schwefelsäure und 2 Pfund Wasser besprengen (S. *E. Gräfe's* Abhandl. über den Chlorkalk und seine me-

dicinische Anwendung, auch in lateinischer Sprache, de calcariae chlorinic. natura et usu medico. Berlin 1831., und vergl. *Parent-Duchatelet* hygiène publique. Paris 1836., so wie den Artikel Scheintod).

3) Keller, Bergwerke, Lohgruben und Brunnen (S. hierüber Scheintod). In allen diesen Räumen können sich äufserst schädliche Gase etc. entwickeln, so z. B. in Kellern Weinmostdünste, welche *Hauenschild* anräth, mittelst auf die Spundlöcher zu legender Blechröhren zu entfernen (*Erhart's* Zeit. Bd. 1. pag. 365. 1824.); ferner in Bergwerken, namentlich in Steinkohlengruben, die schlagenden Wetter, welche nach *Fincham* (Journ. de pharmac. 1827. Octbr.) am besten durch Chlorkalk zu beseitigen sind, und endlich in Lohgerbergruben, gegen deren schädliche Ausdünstungen man sich nach *Poppe* (allgem. Rettungsbuch. Eine gekrönte Preisschrift. Pyrmont 1808. 1. Nachtrag) durch Vorhalten von Ammoniak vor die Nase schützen kann.

Wir haben nun noch von der Reinigung derjenigen verdorbenen Luft zu sprechen, welche sich in Krankenhäusern, Waisen- und Findelhäusern, Gefängnissen, Schiffsräumen etc. entwickeln kann. Wie in Hospitälern dergleichen Luftentwickelungen vermieden werden sollen, so ist bereits darüber sowohl, als auch über die zweckmäfsige Einrichtung der Hospitäler etc. im Artikel Hospital gesprochen worden. Was nun die Einrichtung der Armen-, Waisenhäuser etc., so wie der Gefängnisse betrifft, so müssen die Gemächer derselben nicht feucht, sondern trocken, luftig, geräumig, nicht mit Menschen überfüllt sein, rein gehalten werden u. s. w. (S. *Julius* Jahrb. der Straf- und Besserungsanstalten, Erziehungshäuser etc. 1829—1833., in 10 Bänden).

Um die Entwickelung schädlicher Ausdünstungen in Wohnungen überhaupt zu vermeiden, entferne man alles das, was hierzu Anlafs geben kann. So z. B. ist eine grofse Anzahl von Blumen in Zimmern, vorzüglich in Schlafzimmern, höchst nachtheilig; die letzteren müssen geräumig sein, nicht etwa gleichzeitig zu Vorrathskammern dienen, am Tage häufig gelüftet, so wie auch das Nachtgeschirr ausgeleert und gereinigt werden etc.

Nichts ist so schädlich, als neue Häuser eher zu beziehen, bevor die Wohnungen darin nicht völlig ausgetrocknet sind (S. oben). Eben so nachtheilig ist es für die Gesundheit, in frisch überweifsten Zimmern zu wohnen, wenn sie noch feucht sind, und wenn man noch den Geruch der Kalkausdünstungen wahrnimmt.

Wir wollen nun die vorzüglichsten Mittel angeben, wodurch wir die verdorbene Luft reinigen können, und die entweder rein mechanisch wirken, oder auf chemischem Wege. Zu den ersteren gehören, aufser dem einfachen Lüften der Zimmer, Luftlöcher, Ventilatoren, und verschiedene Luftreinigungsapparate. Luftlöcher, die sich vorzüglich für Krankenhäuser und andere öffentliche Anstalten eignen, in welchen viele Menschen zusammenwohnen, haben den Zweck, der verdorbenen (Zimmer-) Luft einen Austritt, und der atmosphärischen, freien Luft einen Zutritt zu gestatten. Sie werden am besten an dem unteren Theil des Zimmers (nach *Günther* in Krankenhäusern unter den Bettstellen) und an ihrem oberen Theil, über den Fenstern angebracht (*Günther*, über die Luftreinigung in den Zimmern und Krankensälen. Aachen 1826.). — Die Ventilatoren, welche 1711 von dem Maschinendirector *Bartels* in Zellerfeld erfunden, und vorzüglich von *Hale's* in England und *Triewald* in Schweden verbessert wurden, sind Vorrichtungen, durch welche aus einem verschlossenen Raume die verdorbene Luft abgeleitet, und dafür reine hineingeführt wird. Die Einrichtung der Ventilatoren ist sehr verschieden, und die vorzüglichsten derselben sind *Hale's* und *Wallbaum's* Ventilatoren (*Kopp* Jahrb. d. Staatsarznk. Bd. 5.), der blasende Ventilator von *Boswell*, für Krankenhäuser und Bergwerke (*Boswell* Beschreib. und Abbild. einer Blasmaschine. A. d. Engl. von *J. E. H.* Leipz. 1801.), die Luftreinigungsapparate von *Robert* (*Erhart's* med. Zeit. 1825. Bd. 2. pag. 416.), von *Strack*, in einem Einhaucher, Durch- und Aushaucher bestehend, von *van Marum* (*Günther* l. c.); ferner die Apparate von *Römershausen* (über einen Luftapparat zur Verhütung der Ansteckungen in Lazarethen etc. Halle 1815.), von *Wuttig* (*Henke's* Zeitschr. f. Staatsarznk. 1827. Ergänzungsheft. 8. p. 36., und *Günther* l. c.), *Wallace's* Desinfections- und Räucherungsapparat (*Froriep's* Notiz. Bd. 34. No. 1. 1832.), der Luftreiniger *White's* (extracts of the reports of the roy. human. Soc. Lond. 1798.),

Sutton's, letzterer vorzüglich für Schiffsräume bestimmt (*Sutton* an histor. account of a new meth. for extract. the foul aier etc. Lond. 1745.); endlich auch *Desagulière's* Centrifugalmaschine für Hospitäler, Gefängnisse, Steinkohlengruben etc. (*Desagulière* nouvelle méthode pour pomper le mauvais air etc. par *Levirotte*. Paris 1749.). Hierher gehört wohl auch *White's* Luftpumpe für Schiffe (*Henke* l. c. 1827. Ergänzungsheft. 8. p. 21.), *Ventura's* Aërophile (*Henke* l. c. pag. 34.), und *Bartel's* Feuerwettermaschine (*Henke* l. c. pag. 30.).

Aufserdem hat man Rauchfängen und Oefen eine solche Construction zu geben gesucht, wodurch die verdorbene Zimmerluft nach Aufsen geleitet wird; es gehören hierher der Lütticher Ofen (Philosoph. transact. 1665. No. 5.), *Meissner's* Mantelofen (med. Jahrb. des K. K. Oesterreich. Staats. Neue Folge. Bd. 5. Stück 3. pag. 336.) u. m. A. Auf Schiffen benutzt man zur Luftreinigung Windsegel (*Günther* l. c.), oder nach *van Marum* (*Scherer's* allgem. Journ. d. Chemie. Leipz. 1801. Bd. 3.) eine Argand'sche Lampe, über welche sich ein Rohr befindet, wodurch die Schiffsluft nach Aufsen geleitet wird.

Grofs ist die Zahl derjenigen Mittel, welche auf chemischem Wege die Luft zu reinigen vermögen, indem sie die schädlichen Bestandtheile derselben zersetzen. Die vorzüglichsten dieser Mittel sind nachstehende:

a) *Guyton-Morveaux's* oxydirt-salzsaure Räucherungen. Man nimmt hierzu 4 Theile Kochsalz und einen Theil Braunsteinoxyd, mischt beides in einem irdenen Gefäfse, giefst darauf eine Mischung von Schwefelsäure (66°) und Wasser, von jedem 2 Theile, und rührt das Ganze mittelst eines Glasstäbchens fleifsig um (*Guyton-Morveaux* traité des moyens de désinfecter l'air. Paris an IX., und *Erhart's* med. Zeit. 1815. Bd. 1. pag. 14.).

b) *Knox's* Räucherpulver, eine Zusammensetzung aus 3 Theilen übersaurer, salzsaurer Kalkerde, und aus 8 Th. gepulverter, salzsaurer Soda. Man nimmt hiervon zum jedesmaligen Gebrauche, nach Umständen, 1—2 Unzen, schüttet diese Quantität in ein grofses, mit Wasser gefülltes Glas, und rührt das Ganze um, worauf sich oxygenirtes, kohlensaures Gas entwickelt (*Cadet de Gassicourt*, form. magistr. et mémoire pharmac. etc. Paris 1814.). Eine sehr zweckmäſsige Zusammensetzung eines luftreinigenden Pulvers hat uns der Oberstaatsapotheker *Kleist* geliefert, nämlich: Rec. Kali sulphurici acid. Unc. 18., Plumb. acetic. Unc. 5., Mangan. oxydat. nativ. Unc. 3. et Drachm. 2. M. f. Pulv. Man schüttet hiervon eine beliebige Menge in ein Gefäſs, und alsobald erfolgt die Entwickelung der Essigsäure und des Sauerstoffs, welche erstere mehre Tage hindurch andauert (*v. Gräfe's* und *v. Walther's* Journ. Bd. 17. p. 514.).

c) Chlorkalk und andere Chlorpräparate. Man nimmt eine beliebige Quantität Chlorkalk, thut ihn in ein irdnes Gefäſs, gieſst darauf bis zur Breidicke Wasser, und stellt das Gefäſs an passenden Orten, nach *Massuyer* (*E. Gräfe* l. c.) unter das Krankenbett. — *Labarraque* nimmt zu 1 Th. Chlorkalk 150—200 Th. Wasser, und *Hünefeld* empfiehlt die Anwendung des Chlors überhaupt in solchen Räumen, wo sich sehr viel Schwefelwasserstoffgas entwickelt (*Horn's* u. *Nasse's* Archiv. Berlin 1829. Septbr. u. Octbr.). Der Chlorkalk, über dessen medicinische Anwendung Referent auf seine bereits mehrmals angeführte, den betreffenden Gegenstand ausführlich behandelnde Abhandlung hinweisen kann, wirkt deshalb als luftreinigendes Mittel ausgezeichnet gut, weil er die Eigenschaft besitzt, aus der Luft Kohlensäure aufzunehmen, Chlor zu entwickeln, und auf diese Weise, jedoch nur so allmählig die Kohlensäure aus ihrer Verbindung zu treiben, daſs es der animalischen Oekonomie durchaus nicht schadet (*Gaultier de Chaubry* in *Arcet's* Annal. de chimie et phys. T. 33. Vergl. auch *Wetzler*, über d. Nutzen und Gebr. des nach *Stahl's* Vorschrift entwick. oxydirt. salzsaur. Gases. Augsburg 1825.).

d) Gebrannter Kalk, besonders von *Hauenschild* und *Monheim* bei Weinmostdünsten in Kellern als ganz vorzüglich (*Erhart's* medic. Zeitschr. 1824. Bd. 1. pag. 364.), so wie von *Kopp*, *Günther* (l. c.) u. A. zur Reinigung der Zimmerluft empfohlen, indem man denselben darin bloſs zu löschen nöthig hat.

e) Salpetersaure Dämpfe, empfohlen von *Carmichael* (*Wetzler* l. c.), und zwar nach *Stahl's* Methode anzuwenden, indem man 2 Theile gereinigten Salpeter mit 3 Theilen säuerlich schwefelsauren Kalk vermischt.

f) Hydrothionsäure, von *Pleischl* angerathen (*Froriep's* Notiz. 1826. No. 6. Bd. 15. p. 96.).

g) Flufsborsaures Gas, von *Ferari* (Journ. de pharmac. 1833. Januar.) empfohlen, zur Entfernung des Schimmelgeruchs und übelriechender Dünste, vorzüglich in feuchten Wohnungen.

h) Dämpfe des kochenden Wassers empfiehlt *Reid* (Transact. of the assoc. of Fellows and lic. of the Kings and Queens Colleg. of Phys. in Ireland. Dublin 1820. Vol. 3.) als ein eben so einfaches wie zweckmäfsiges Luftreinigungsmittel.

i) Aromatische und sauere Räucherungen, so wie Weingeistdämpfe. Vorzüglich empfehlungswerth sind die sauern Räucherungen, zu welchen man guten Weinessig mit Gewürznelken benutzen kann, oder auch eine Mischung aus Schwefelsäure, mit essigsaurem Blei; ebenso eine Mischung von gleichen Theilen essigsauren Kalkes und säuerlich schwefelsauren Kali's (*Wetzler* l. c.); letzteres ist auch als Riechmittel zu empfehlen, so wie auch Weingeist, auf Zucker innerlich genommen, gute Dienste thut.

k) Luftreinigende Kugeln sind vorzüglich ihrer bequemen Anwendungsweise wegen, und in so mancher anderen Hinsicht zu empfehlen. Zu den vorzüglicheren derartiger Kugeln gehören unter anderen die von *Siegel* und *Borries* angegebenen, deren Zusammensetzung folgende ist: Rec. Pulv. sal. culinar., Pulv. vitriol. commun., Pulver. terr. limi tenac., singul. Libr. 1½, Mangan nigr. Unc. 3., seorsim pulver. m. et c. Aq. calid. s. q. f. pasta spissa statim in glob. formanda et l. sicc. DS. *Siegel's* luftreinigende Kugeln, auf glühende Kohlen zu legen. — *Borries's* Desinfectionskugeln bestehen aus 1 Pfd. Geigenharz, ebensoviel geröstetem Kochsalze, 1½ Loth gereinigten Holztheers, 6 Loth gereinigten Salpeters und 4 Loth Camphor (S. *Borries's* Relation über die Natur der asiat. Cholera. Hamburg 1832.).

l) Holzkohle (*Froriep's* Notiz. 1834. Bd. 42. No. 9. pag. 144.), und das Abbrennen des Schiefspulvers und Salpeters (*Günther* l. c.), sind eben so einfache als zweckmäfsige luftreinigende Mittel, besonders bei üblen Ausdünstungen in Wohnungen, und in Ermangelung anderer, hier genannter, besprochener Mittel.

m) Brennendes Feuer, in Krankenzimmern herumzutragen, empfiehlt *Hildenbrand* (*Richter's* Therapie. 1. Abth. Bd. 1. 2. Aufl. pag. 247. Berl. 1817.), vorzüglich wo viele Faulfieberkranke liegen. So soll auch das Anzünden von grofsen Holzstöfsen in Gegenden, wo bösartige, putride Fieber vorhanden sind (*Richter* l. c.), sehr nützlich sein.

n) Noch müssen wir des präparirten Theerwassers (*Borries* l. c.), so wie der kalischen Lauge (*Günther* l. c.) Erwähnung thun, womit Krankenzimmer etc. besprengt werden, und wozu man auch benutzen kann:

o) Aromatische Essige, wovon mannigfaltige Compositionen vorhanden sind, und von denen wir hier nur *Maravalli's* Pestessig nennen wollen, welcher nach folgender Vorschrift bereitet wird: Rec. Succi inspissat. allii sativi Unc. 2., Camphor., Sal. ammon. rud. pulver. singul. Unc. 2. et Drachm. 1., Acet. limpidiss. ex Coco nucifer. Lin. parat. libr. 52.; diger per octid. vel ultra in Amphora bene obtur. postea usui serv. liq. DS. In Krankenstuben, Waisenhausstuben, Gefängnissen, Findelhäusern, Abtritten etc. auf glühenden Kohlen verdunsten zu lassen (*Griot* Diss. med. inaug. sistens examen aceti antimephit. *Maravallini*. Harderwik 1794.). E. Gr—e.

LUFTRÖHRE. S. Aspera arteria.

LUFTRÖHRENÄSTE. S. Aspera arteria.

LUFTSTREIFSCHÜSSE (wind-contusions, plaies a vent) nennt man überhaupt solche, die, ohne auf der äufseren Körperoberfläche eine Verwundung zu erzeugen, Zerstörungen der tieferliegenden Gebilde bewirken. Es ist auf dem Schlachtfelde eine gar nicht seltene Erscheinung, dafs Menschen plötzlich todt niederstürzen, oder Brüche und Splitterungen der Knochen, Zerreifsungen der Eingeweide und Gefäfse, Zermalmung der Muskeln u. s. w. erleiden, während man jedoch äufserlich an ihrem Körper, wie auch an ihren Kleidern, keine Continuitätsstörung bemerkt, und nur aus dem Niederfallen einer Kanonenkugel, dem Platzen einer Bombe u. dgl. in der Nähe des Verletzten einen Schufs als veranlassende Ursache vermuthet. Dergleichen Fälle glaubte man auf keine Weise erklären zu können, als durch die Annahme, dafs die Luft, welche durch das rasche Hindurchfahren einer Kugel von bedeutenderem Kaliber in der Nähe des Verletzten, stark comprimirt wird, einen so bedeutenden Druck ausübt, dafs resistirende Theile, wie Knochen, parenchymatöse Eingeweide, Muskeln u. s. w. zermalmt werden, die nachgiebige Haut dagegen ganz unverändert bleibt. Diese Idee wurde namentlich im vorigen Jahrhundert von *Ravaton* (*Ravaton*, Abhandlung von Schufs-, Hieb- und Stichwunden. A. d. Franz. Strasburg 1767. Abschn. III. S. 5.), *Bilguer* (*Bilguer*, Anweisung zur ausübenden Arzneikunst in Feldlazarethen. Glogau 1763. §. 492.), und *Tissot* ausgesprochen, und *Plenk* gab dieser Art von Verletzung zuerst den Namen Luftstreifschüsse, zum Unterschiede von den sonst als Streifschüsse bezeichneten, die durch wirkliches Vorüberstreifen einer Kugel an einer Körperstelle, wobei sie jedoch nur mit einem gewissen Segment auf dieselbe einwirkt, erzeugt wird. Dieser Name ist nun auch später beibehalten worden, obgleich man nicht nur von der ursprünglichen Ansicht, in wie fern die Luft bei dieser Art von Verletzung betheiligt ist, zurückkam, sondern derselben allen Einflufs absprach, und ein wirkliches Berühren der Körperoberfläche durch eine auftreffende Kugel, indefs durch besondere Umstände modificirt, annahm. Uebrigens ist dieser Gegenstand, trotz dem, dafs die ausgezeichnetsten Wundärzte zu seiner Aufklärung das Ihrige beizutragen versuchten, wozu die reichlichen Erfahrungen in den letzten Kriegen gewifs nicht wenig Material darboten, trotz der zu diesem Behufe angestellten Experimente, trotz der mannigfachen Bemühungen, Erklärungsweisen dieser Erscheinung aufzustellen, noch keineswegs in's Reine gebracht, und die Ansichten darüber sind noch sehr getheilt.

Der erste, welcher gegen jene erwähnte Theorie der Luftstreifschüsse auftrat, war *Le Vacher*, der mit schlagenden Gründen in einem 1768 in den Memoiren der Pariser Königlichen Academie der Chirurgie abgedruckten Aufsatze die Unmöglichkeit nachwies, dafs der blofse Luftdruck, welcher durch eine sich fortbewegende Kugel erzeugt wird, solche Zerstörungen, wie sie bei jenen sogenannten Luftstreifschüssen wahrgenommen werden, bewirken könnte. Nach einem physikalischen Gesetze ist die Kraft, mit der ein bewegter Körper auf einen anderen, auf den er trifft, einwirkt, gleich dem Producte aus seiner Masse und Geschwindigkeit; es käme also blofs darauf an, diese beiden Gröfsen zu bestimmen. Nun ist aber bekannt, dafs ein solider Körper, der in einer Flüssigkeit fortbewegt wird, nur auf einen Cylinder derselben wirkt, dessen Basis der Peripherie jenes Körpers gleichkommt; demnach müfste eine Kanonenkugel, die in der Luft fortrollt, so oft sie einen Raum von der Länge ihres Durchmessers durchläuft, gerade eine Quantität Luft, die ihrem eigenen Volumen entspricht, verdrängen. Da die Kugel indefs nach allen Seiten gleichmäfsig wirkt, so wird die verdrängte Luft eben so nach rechts und links, als nach oben und unten ausweichen, folglich die nach der betheiligten Körperoberfläche, in welcher der vier Richtungen diese sich auch befindet, hingeprefste Luft höchstens nur einem Viertel des Volumens der Kugel gleichkommen. Ferner aber ist die Dichtigkeit der metallenen Kugel wenigstens 1200 Mal gröfser als die der Luft, und folglich die Masse der durch die Kugel gegen den Körper hin comprimirten Luft wenigstens 4800 Mal kleiner als die der einwirkenden Kugel. Da nun endlich die Geschwindigkeit, mit der die fortgeschobene Luft sich bewegt, unmöglich gröfser sein kann, als die der sie fortstofsenden Kugel, so ist klar, dafs die Kraft, mit der jene auf die Körperfläche einwirken kann, schon nach dieser einfachen Berechnung fast 5000 Mal kleiner sein mufs, als die der Kugel selbst. Wie wäre es demnach irgend erklärlich, dafs das Vorüberfahren der Kugel in Distanz Verletzungen der Theile zu erzeugen vermöchte, wie kaum die Kugel selbst stärkere erzeugt?

An diese rein physikalischen Gründe reihen sich aber auch andere, die jene Hypothese sehr in Zweifel stellen. Man macht sehr häufig die Beobachtung, dafs eine Kugel einen Soldaten fortreifst, während sein Nebenmann ganz unversehrt stehen bleibt, dafs das Rofs unter dem Reiter, oder der Reiter auf dem Pferde von einer Kugel getroffen wird, während im ersten Falle der Reiter, im zweiten das Pferd durchaus keinen Schaden nimmt, dafs endlich in den Fällen, wo man das Vorübersausen einer Kugel deutlich wahrgenommen hat, sehr häufig dadurch nicht die geringste körperliche Verletzung beobachtet worden ist. Auch müfsten ja in der That die Verheerungen des Geschützes noch bei Weitem entsetzlicher sein, wenn eine jede Kugel, sie mag treffen oder nicht, sobald sie nur in eine gewisse Sphäre eines Lebenden kommt, schon so vernichtend einwirkte; namentlich aber müfsten jene sogenannten Luftstreifschüsse, die doch immer nur zu den Ausnahmsfällen gehören, unendlich häufiger vorkommen, als es wirklich der Fall ist.

Obgleich diese gewichtigen Gründe im Allgemeinen jener ursprünglichen Ansicht über die Natur der Luftstreifschüsse bedeutenden Eintrag thaten, so fand diese doch noch bis in die neueste Zeit Anhänger, wozu namentlich die irrthümliche Auffassung mancher Phänomene und angestellter Experimente Vieles beitrug. Dahin gehört besonders jener Versuch, dafs man eine Kugel gegen einen Haufen lockerer Thonerde, den sie ungefähr auf zwei Drittheil ihrer Bahn treffen mufste, abschofs, und nun bemerkte, dafs in jenem sich kein, dem Durchmesser der Kugel entsprechend, grosses Loch, sondern eine 2—3 Mal gröfsere, ovale Oeffnung vorfand. Dies hielt man für unerklärlich, ohne die Annahme, die Kugel habe die Luft von allen Seiten auseinandergeschoben, und diese wiederum das Erdreich fortgedrängt und zusammengedrückt, ganz wie man es sich von der Einwirkung der Kugel auf den Körper dachte. Allein ist es nicht viel einfacher und natürlicher, dieses Phänomen aus der Axenbewegung zu erklären, die die Kugel während ihres Laufes um sich selbst macht, und die um so mehr verlangsamt wird, je näher jene an das Ende ihrer Bahn kommt, oder je mehr ihre Kraft durch widerstrebende Hindernisse erschöpft ist! Denn mit dieser Verlangsamung ist zugleich ein Ueberwiegen der Erdanziehung gegen die Kugel über ihre Wurfbewegung verbunden, und folglich mufs die sich um ihre Axe rollende und vorwaltend nach abwärts strebende Kugel in der lockeren Erdwand eine ovale, ihren Durchmesser weit übertreffende Oeffnung erzeugen.

Ein neuerer Schriftsteller über diesen Gegenstand, *Buck*, sucht jene verlassene Theorie der Luftstreifschüsse wiederum zu vertheidigen, beschränkt ihre Annahme jedoch nur auf sehr grofse Kugeln und auf die Mitte ihrer Bahn. Er denkt sich die Sache so, dafs Anfangs, beim Austritt der Kugel aus der Kanone, die vor ihr befindliche Luft allerdings in Form eines Cylinders fortgetrieben wird, dieser aber nach und nach, indem nun aufser der Kugel auch noch dieser Luftcylinder auf die vorgefundenen Luftschichten einwirkt, sich zu einem Kegel erweitert, dessen Spitze man sich in der Kugel, und dessen Basis in der Luft ausgebreitet denken mufs, ähnlich wie eine Figur, die der Finger in eine Schneefläche beschreibt, Anfangs nur die Breite des Fingers hat, allmählig jedoch durch den sich anhäufenden Schnee nach vorn breiter wird, und einen Kegel bildet. Dieser Luftkegel nun wird freilich den stärksten Druck in seinem Centrum erleiden, in der eigentlichen Kugelbahn, einen schwächeren hingegen nach der Seite hin ausüben; befindet sich seitlich aber ein fester, resistirender Körper, wie z. B. ein Mensch, Thier, so wird dieser beengend, gleichsam als eine die Expansion beschränkende Röhre auf den Luftkegel einwirken, und es wird sich daher das physikalische Gesetz geltend machen, „dafs ein elastisches Fluidum auf das Hindernifs seiner Expansion mit derselben Kraft wirke, mit der es zusammengedrückt wird", so dafs durch den Druck dieses Luftkegels eine ähnliche Wirkung entstehen könne, wie durch die Kugel selbst.

Gegen dieses Raisonnement indefs läfst sich zuvörderst einwenden, dafs jene supponirte Einwirkung des Druckes der Kugel auf einen Luftkegel etwas völlig Unerwiesenes ist, da der Vergleich mit einer im Schnee aufgethürmten Figur, beim Fortschieben des Fingers, ganz unpassend ist. In letzterem Falle nämlich handelt es sich um einen soliden Körper, der immer nur nach vorn von dem drückenden Körper getrieben wird, wo also ein Molekul das andere immer fortstöfst, und die Masse also mit dem fortschreitenden Drucke zunehmen mufs, während dagegen die elastische und flüssige Luft, welche zwar leicht nach allen Seiten weicht, aber eben so schnell auch wiederum in den frei gewordenen Raum zurückkehrt, im Momente wo die Kugel fortrückt, sogleich in das von ihr erzeugte Vacuum zurücktritt, mithin stets nur ein sich ziemlich gleich bleibender Luftcylinder von dieser fortgeschoben wird. Wäre aber auch wirklich jene Annahme richtig, und pflanzte sich jener Druck in der Form eines Kegels durch die Luft fort, so entsteht immer noch die Frage, woher die kräftige Wirkung der äufseren Schichte des Kegels? Denn die Angabe, der seitlich berührte Körper sperre die Luft wie eine Röhre ab, und es finde daher hier das physikalische Gesetz von der Gleichheit des Druckes und

Gegendruckes elastischer Flüssigkeiten seine Anwendung, erscheint als völlig unzulässig, da dieses nur auf Fluida pafst, die von allen Seiten eingeschlossen sind, nicht aber wie hier nur auf einer Seite, und also eben so viel als gar nicht.

Von der Unhaltbarkeit jener Theorie des Luftdrucks bei der Erklärung der sogenannten Luftstreifschüsse überzeugt, aber befangen von der Ansicht, die Luft müsse dabei eine Hauptrolle spielen, kam man auf eine andere Hypothese, die sich zuerzt von *Forbes* (Edinburgh med. and surgic. Journal. Juli 1812. No. 31. p. 310.) ausgesprochen findet, und die auch noch in neuester Zeit Anhänger zählte. Man behauptete nämlich ebenfalls, die Kugel berühre die Körper nicht, allein der eigentlich gefährliche Moment sei nicht derjenige, wo sie an demselben vorüberfährt, sondern wenn sie eben vorübergefahren ist; ferner, es sei nicht der verstärkte äufsere Luftdruck, der die Theile von Aufsen nach Innen zusammendrücke, sondern im Gegentheil der aufgehobene atmosphärische Luftdruck, welcher ein Streben der im Körper enthaltenen Luft, das Gleichgewicht wieder herzustellen, demzufolge ein Drängen der Theile von Innen nach Aufsen, und eine Ruptur derselben erzeuge.

Rust, der sich ebenfalls für diese Ansicht erklärt, spricht sich darüber folgendermafsen aus (in dessen Magazin für die gesammte Heilkunde. 1820. Bd. 7. H. 3. S. 345.). „Die Kugel, indem sie mit Schnelligkeit die Luft durchstreicht, treibt eine Luftschicht vor sich her, und verursacht dadurch auf Augenblicke, unmittelbar hinter sich, einen luftleeren Raum. Um nun das Gleichgewicht herzustellen, tritt die Luftschicht, die sich seitwärts der Kugel befindet, mit Schnelligkeit in diesen Raum ein. Auf diese Weise kann es nun geschehen, dafs, wenn die Kanonenkugel nahe an einem Theile vorbeistreift, und die Luftschicht, welche zwischen ihr und dem Theile sich befindet, nicht gröfser ist, als zur Ausfüllung des leeren Raumes unmittelbar hinter der Kugel erfordert wird, vor dem Theile selbst ein luftleerer Raum auf Augenblicke, oder wenigstens ein bedeutend verminderter Luftdruck erzeugt werde. Ist dieses aber der Fall, so wird das Gleichgewicht zwischen der im Theile befindlichen und der äufseren atmosphärischen Luft aufgehoben, die Gefäfse turgesciren nach Aufsen, bersten, ergiefsen sich, und es entstehen alle jene Verwüstungen der Weichgebilde, die wir bei Verletzungen dieser Art antreffen, und die sich nicht so leicht durch eine von der Kugel selbst veranlafste Quetschung immer herleiten lassen."

Busch, der ebenfalls eine solche Art von Luftstreifschüssen annimmt, sie jedoch für höchst selten erklärt, und als unerläfsliche Bedingung eine Kugel von wenigstens 48 Pfunden und eine von Kleidung entblöfste und mit einer sehr feinen Haut versehene Körperstelle festsetzt, glaubt sie deutlich zu versinnlichen, indem er ihre Wirkung mit der eines trocknen Schröpfkopfes im Grofsen vergleicht. Er erzählt ein Beispiel von einem Artillerieoffizier, in dessen Batterie bei der Belagerung einer Festung eine von dieser ausgeschleuderte Bombe von 170 Pfd. hintraf, und im Niederfallen nahe an seinem Gesichte vorbeiflög, worauf derselbe augenblicklich niederstürzte. Bei der Untersuchung fand sich das Gesicht sehr geschwollen, besonders die Augenlider, welche schwarz und unterlaufen waren, und deren Geschwulst so bedeutend war, dafs die Augen nicht geöffnet werden konnten. Aus den Augen, den Ohren und der Nase drang Blut hervor, und durch den Husten wurde auch etwas Blut ausgeworfen. — Ein anderer Fall ereignete sich bei einem Soldaten, der mit ausgespreizten Beinen dastand, als eine Stückkugel plötzlich zwischen den Beinen durchfuhr. Augenblicklich schwollen die Schenkel, das Scrotum und der Unterleib an, das Scrotum war schwarz von Farbe, und die unteren Extremitäten momentan gelähmt. In beiden Fällen, wo übrigens beide Male die Herstellung gelang, glaubt der Verfasser unzweifelhaft die Wirkung des luftleeren Raumes zu erkennen, der hinter den abgeschossenen Stücken entstand, und wodurch das Blut gewaltsam nach der Oberfläche gezogen ward.

Abgesehen davon, dafs bei dieser Erklärungsweise überhaupt nur jene leichteren Fälle berücksichtigt sind, wo blofs auf der äufseren Körperoberfläche Quetschungen und Sugillationen wahrgenommen werden, jene schwereren, und eben deshalb völlig unerklärlichen dagegen, wo ohne Veränderung der äufseren Körperoberfläche plötzlich der Tod erfolgt, oder doch Fracturen bedeutender Knochen, breiartige Zermalmung der Muskeln u. s. w. beobachtet werden, gänzlich aufser Acht bleiben, scheint auch für jene Fälle die Erklärung unbefriedigend. Ein eigentlicher luftleerer Raum kann als existirend nur dann gedacht werden, wenn er abgesperrt ist, wenn durch die sorgfältigste Begrenzung jeder Zutritt von Luft abgehalten wird; findet dieses nicht Statt, so ist der von den älteren Physikern sogenannte horror vacui so bedeutend, dafs im Moment, wo sich die Luftleere nur zu bilden beginnt, dieselbe sogleich durch die von allen Seiten hineinstürzende Luft ausgefüllt wird. Der Vergleich mit einem Schröpfkopfe ist also insofern ganz unzulässig, als eben das, was die Wirkung des Schröpfkopfes als solchen bedingt, nämlich das allseitige, dichte Anschliefsen an die Haut, indem schon eine geringe Lüftung desselben an einer Stelle seine ganze Wirkung aufhebt, in dem vorliegenden Falle ganz und gar fehlt. Die Kugel fliegt vorüber; beim Durchschneiden der Luft verdrängt sie natürlich den Theil derselben, der ihr im Wege liegt; dadurch entsteht aber keinesweges ein luftleerer Raum von ähnlichem Umfange wie der der Kugel, sondern fast gleichzeitig mit dem Fortrücken eines jeden noch so dünn gedachten Kugeldurchschnittes erfolgt ein Ersatz der verdrängten Luftschicht durch die umgebende Atmosphäre, und zwar nicht nur von der Seite her, wo das als dabei afficirt vermuthete Individuum sich befindet, sondern von Rechts, Links, Oben, Unten, Hinten, mit einem Worte aus allen Richtungen, aufser von vorn. — Freilich bleiben die von *Busch* erzählten Fälle, wenn kein wirkliches Auftreffen der Kugel oder Auffallen der Individuen auf harte Körper Statt gefunden hat, unerklärlich; indefs kann uns der Mangel eines hinreichenden Grundes einer Erscheinung nicht zur Annahme irgend einer, wenn auch noch so geistreichen Hypothese berechtigen. Uebrigens haben directe Versuche, indem man einen leichten Körper frei aufhing, und eine Kugel an demselben dicht vorbeischofs, gezeigt, dafs derselbe dadurch nicht in Bewegung gesetzt wurde, was wenigstens nicht zum Vortheil jener Ansicht spricht.

Fast dieselbe Bewandnifs hat es mit einer anderen Theorie, wobei die Electricität als Hauptfactor zur Erzeugung der Luftstreifschüsse betrachtet wird. Der um die Chirurgie so hochverdiente *Plenk* war der erste, der diese Ansicht aussprach, und sich zu derselben durch die analoge Wirkung des Blitzes auf den Organismus veranlaſst fühlte. Auch der Blitz tödtet oft plötzlich, ohne äuſserlich an dem Körper irgend eine Spur zurückzulassen; oft wiederum erzeugt er Zerschmetterungen der Knochen, Sugillationen unter der Haut u. s. w., ganz wie die sogenannten Luftstreifschüsse. Die Entwickelung der Electricität sollte nun, nach *Plenk*, im Rohr der Kanone selbst vor sich gehen, und durch die starke Reibung bei dem gewaltsamen Heraustreiben der Kugel aus demselben entstehen. Als vorzüglich guter Leiter führt nun die eiserne Kugel die Electricität mit sich fort, und entladet sie gegen irgend einen ihr aufstoſsenden Körper, ähnlich dem Blitze. Die Einwendungen, daſs alsdann auch die Kugel leuchten müsse, daſs unmöglich eine so kurze Reibung, wie hier Statt finde, einen solchen Grad von Electricität erzeugen könne, daſs beim Dahinrollen der Kugel auf dem Boden, dieselbe ihre Electricität diesem mittheilen müſste u. m. a. sucht *Plenk* möglichst durch Gegengründe zu beseitigen. Indeſs konnte seine Theorie deſshalb keinen Anklang finden, weil sie einen Punct unerörtert lieſs, der nach den damaligen physikalischen Ansichten ganz besonders auffallend erscheinen muſste, wie nämlich die Kugel electrisch werden könne, da ja Metalle durch Reiben nicht electrisch werden (*Richter's* Anfangsgründe d. Wundarzneikunst. B. 1. S. 184.). Später wurde diese Idee aufgefaſst von *Dupont* und *Ellis* (Edinburgh med. and surgic. Journal. 1812. Januar), die ein Electrischwerden der Kugel beim Durchgange durch die Luft annehmen, und neuerlich wieder von *Ritter*, der, fussend auf die physikalische Entdeckung, daſs Metalle allerdings durch Reiben electrisch werden, sich ganz an *Plenk's* Vorstellung anschlieſst. Dem Einwurfe, daſs, da doch eine jede gröſsere abgeschossene Kugel auf diese Weise electrisch werden müſste, die Beobachtung von Luftstreifschüssen viel zu selten sei, begegnet *Ritter* dadurch, daſs er auf die Umstände aufmerksam macht, die zusammentreffen müssen, um eine Anhäufung der Electricität zu gestatten. Ist z. B. die Luft feucht, so kann dieses nicht geschehen, indem diese gegen die Kugel als Entlader wirkt. Desgleichen wird die Entwickelung von Electricität in der Kugel unmöglich, wenn die Wände des Rohrs der Kanone feucht geworden sind, was nach einem jeden Schusse geschieht, und durch das gewöhnliche oberflächliche Reinigen mit dem Wischer nicht beseitigt wird, so dafs eigentlich nur jeder erste Schufs aus einem ganz trocknen Geschütz im Stande sei, einen Luftstreifschufs zu erzeugen.

In allerneuester Zeit hat dieser Gegenstand wiederum Veranlassung zu Debatten zwischen Amerikanischen Aerzten gegeben (*Fricke* und *Oppenheim* Zeitschrift f. d. ges. Med. 1839. Bd. X. H. 3. S. 419.). Gestützt auf die Beobachtung *de Butt's*, Professors der Chemie an der Maryland's Universität, dafs viele Körper bei der Bewegung durch die Luft die Electricität derselben anziehen, und sie bei Gelegenheit wieder entladen, glaubt *Purdie* dieses zur Erklärung der Luftstreifschüsse anwendbar, und beruft sich dabei auf folgende Wahrnehmung. Häufig bemerkte er und seine Neger, dafs bei Bombardements die Kugeln, nachdem sie ein Drittel ihrer Bahn durchlaufen hatten, leuchtend wurden, ferner fand er nicht selten auf der Jagd Frösche erschossen, ohne dafs eine Wunde vorhanden war, wie er auch plötzliche Todesfälle ohne Verletzung ganz in der Nähe platzender Bomben beobachtete, wo also eben so wenig in den ersteren Fällen die Rede von einem Abprallen der Kugel, wie in den anderen von bereits in ihrer Kraft geschwächten und matten Kugeln die Rede sein konnte. Mit Recht wurden diese Beobachtungen und Gründe von *Annan* für ungenau und mangelhaft erklärt, da das Leuchten der Kugel überhaupt nur höchst selten vorkommt, und dann von anhängenden brennenden Substanzen herrühren kann, da ferner der Tod der Frösche auch durch Wassercontusion, vermittelst welcher ja auch Fische durch Schüsse getödtet werden können, erklärlich ist, endlich der plötzliche Tod der Soldaten in der Nähe platzender Bomben gar am wenigsten ein Electrischwerden beim Durchstreichen durch die Luft wahrscheinlich macht.

Noch so manche andere Hypothese ist zur Erklärung dieser Art von Verletzung aufgestellt worden. So glaubten Einige, alle Wirkung der Luftstreifschüsse liefse sich einfach aus der Erschütterung und dem Schrecken erklären, den das plötzliche Vorüberfahren einer grofsen Stückkugel erzeuge, in deren Folge Commotion und Apoplexie wichtiger Organe entstehen. Andere wiederum supponirten ein wirkliches mechanisches Auftreffen auf den Körper, nicht der Kugel selbst,

son-

sondern der von derselben hinweggerissenen Balken, Bäume, Waffen, Tau- und Segelwerk u. dgl. die, da sie stumpf sind, und mit ihrer Länge über den Körper hinausragen, bei ihrem Auftreffen auf die grofsen Körperhöhlen, wohl bedeutende Verletzungen innerer Organe ohne Ruptur der Haut möglich machen. Die meisten, und im Gebiete der Feldchirurgie erfahrensten Wundärzte indefs haben alle jene Annahmen zum gröfsten Theil verworfen, und der bereits von *Le Vacher* ausgesprochenen Ansicht gehuldigt, dafs alle jene Verletzungen, die man unter dem Namen der Luftstreifschüsse begreift, lediglich durch die auf den Körper selbst auftreffende Kugel erzeugt werden, deren volle Wirkung aber durch mancherlei Umstände modificirt worden. Dafür erklären sich bereits *Richter* (a. a. O.) und *Mursinna* (Neue medicinisch-chirurg. Beobachtungen. Berlin 1796. S. 221.), *Richerand* (Nosographie chirurgicale. T. I. p. 73.), *Boyer* (sur les maladies chirurg. T. I. p. 417.), *Larrey*, *Percy* (Dict. des sc. méd. Art. Plaie p. 62.), *Thomson* (Beobachtungen aus den Brittischen Militairhospitälern in Belgien, übersetzt von *Buek*. Halle 1820. p. 26.); *Guthrie*, *Dupuytren*, *v. Gräfe* u. v. A. sind derselben Ansicht.

Sie gehen alle von dem Grundsatze aus, es sei wohl möglich, dafs eine Kugel wirklich den Körper treffe, und in ihm bedeutende Zerstörungen erzeuge, ohne dabei die äufsere Haut zu verletzen. Dies könne entweder dadurch geschehen, dafs die Kugel sich bereits am Ende ihres Laufes befinde, oder durch überwundene Hindernisse schon ihre volle Kraft verloren habe, wo sie alsdann nicht mehr durch die Wurfbewegung, sondern lediglich durch ihre mechanische Schwere wirke, und daher dehnbare Theile, oder die Haut nicht zerreisse; spröde und renitirende dagegen, wie Knochen, Muskeln, Sehnen durchbreche; oder die Kugel treffe in sehr schiefer Richtung auf den Körper auf, und pralle wiederum in einem dem stumpfen Einfallswinkel entsprechenden Ausfallswinkel zurück, wobei ebenfalls nur ein sehr geringer Theil ihrer Kraft auf den getroffenen Körpertheil einwirkt. Allerdings müssen nun hierbei noch besondere Umstände coincidiren, da ja die Beobachtung gar nicht selten ist, dafs auch matte, an der Erde hinrollende Kugeln, indem sie mit dem Fufse aufgefangen wurden, diesen mit fortrissen, eben so wie ricochetirende Kugeln öfters ähnliche zerstörende Wirkungen erzeugen. Diese Umstände aber mögen zum Theil in der Beschaffenheit der afficirten Gewebe liegen, indem eine sehr schlaffe, laxe Haut über fettlosem, lockerm Zellgewebe sich eher, ohne Ruptur zu erleiden, eindrücken läfst, als eine sehr gespannte und pralle; zum Theil in der zufälligen Stellung des getroffenen Körpertheils, indem die vorwaltende Action gewisser Muskeln das feste Aufstützen langer Röhrenknochen gegen harte Gegenstände u. dgl., ja auch in anderen Fällen das Entstehen von Fracturen, Luxationen, Zerreissungen von Muskeln und Bändern durch leichte Veranlassung begünstigt. — *Spangenberg* glaubt mit *Dubar* (in *Kluyskens* Annales de literature médic. étrangère T. XVIII. Mars 1804. p. 250.), dafs hierbei ganz besonders die Centrifugalkraft in Betracht komme, und äufsert sich darüber in folgender Weise: Jede Kugel drehet sich nach dem Abfeuern des Geschützes sehr rasch um ihre Achse; jeder Punkt des Umfanges eines in Umschwung versetzten Körpers hat das Bestreben, sich vom Centrum zu entfernen, loszureissen; dies ist die Centrifugalkraft. Bei einer gröfseren Kugel wird diese Kraft sich in einem gröfseren Strahl, wie die Kugel, ausdehnen, weil deren Umschwung gröfser ist; diese Wirkungen wird die Kugel dann mit mehr Kraft auf die Theile, die sie streift, äufsern, je mehr Schnellkraft und frischere Schwungkraft in ihr noch liegt. Diese Kraft wirft weit um und von sich alle Körper, die ihrem Einflusse ausgesetzt sind, daher das weite Umherschleudern von Holzsplittern, Zerspalten und Eintreiben von Knochensplittern in die weichen Theile, das Zerreissen und Verdrehen der Muskelfibern und Gefäfse. Hieraus folgt, dafs, wenn die Kugel die Oberfläche des Körpers schräg trifft, die Haut nach Verhältnifs ihrer Zähigkeit und Dehnbarkeit ausweicht, allein die Centrifugalkraft wirkt über diese hinaus, indem ein Theil vom andern zurückgeprefst wird, und solche, deren Gewebe weniger elastisch und härter sind, werden zermalmt, zerrissen und zerbrochen, und das Ganze in eine Art Mufs verwandelt, indem das Capillargefäfssystem total zerstört ist, und seine Säfte sich der Masse beimischen (*Guthrie* a. u. a. O. S. 274).

Alle diese Untersuchungen und Discussionen über die

Natur der Luftstreifschüsse haben übrigens, genau genommen, nur wissenschaftliches Interesse, indem es sich um die Erklärung eines der auffallendsten Phänomene handelt; für die eigentliche Praxis sind sie von minderer Wichtigkeit. Die Behandlung solcher Verletzungen, die Art ihrer Entstehung sei, welche sie wolle, mufs nach den allgemein bestehenden Vorschriften, und nach der jedesmaligen individuellen Beschaffenheit geschehen. Da sie indefs jedenfalls stets mit bedeutender Quetschung verbunden sind, so wird man dies nie aufser Acht lassen, und den Gebrauch antiphlogistischer Mittel nicht zu sehr ausdehnen dürfen, im Gegentheil aber die grofse Geneigtheit solcher Verletzungen, in Brand überzugehen, stets im Auge behalten. Bietet sich daher unter der Haut das Gefühl, wie von einem starken Blutextravasat oder einer breiartigen Zermalmung der Muskeln dar, so wird die Anwendung hinreichender Incisionen, um die zerstörten, zur Gangrän hinneigenden Massen wegzuschaffen, nicht lange aufgeschoben werden dürfen. Erkennt man einen Splitterbruch der Röhrenknochen, insbesondere mit Zerreissung der Muskeln, Gefäfse oder Sehnen, so wird in den meisten Fällen die Amputation bald möglichst zu unternehmen sein, da die Integrität der Haut die Gefahr des Uebels keineswegés vermindert, und daher die Regeln für die frühe Amputation bei Schusswunden ihre volle Anwendung finden. Zeigen sich die grofsen Körperhöhlen von der vorbeistreifenden Kugel afficirt, was sich, bei der Brusthöhle, durch blutigen Auswurf und Kurzathmigkeit, bei der Unterleibshöhle durch besondere Auftreibung und Schmerzhaftigkeit einer Stelle, bei der Kopfhöhle durch apoplectische Erscheinungen zu erkennen giebt, so werden kräftige Blutentziehungen und ein streng antiphlogistisches Verfahren für den Anfang nöthig sein, und der Fall stets als ein sehr bedenklicher betrachtet werden müssen. — Uebrigens ist bei der Feststellung der Diagnose dieser sogenannten Luftstreifschüsse, da die Verletzungen oft nur schwierig durchzufühlen sind, grofse Vorsicht anzuwenden; namentlich aber darf man sich nie von der Aussage des Verletzten allein bestimmen lassen, da dieser sich leicht, durch den Schreck übermannt, getäuscht haben kann, oder auch absichtlich das, was er über Luftstreifschüsse gehört, zu Simulationen benutzt, wovon *Mursinna* (a. o. a. O. S.

222.) einige interessante Beobachtungen mittheilt: dafs man die Fälle, wo Soldaten blofs in Folge des Eindrucks der Explosion, oder durch die Einwirkung der Strapazen oder durch gemüthliche Aufregungen u. dgl. besinnungslos hinstürzen, sorgfältig und umsichtig untersuche und beurtheile, um sie nicht, was bisweilen geschah, irrig für einen Luftstreifsschuss auszugeben, versteht sich von selbst.

Literatur.

Le Vacher, Mémoire sur quelques particularités concernant les plaies faites par armes à feu; in Mém. de l'Acad. Roy. de Chirurgie. Paris 1768. T. IV. p. 22. — *Plenk*, Versuch einer neuen Theorie, die Wirkung der Luftstreifschüsse zu erklären, in dessen Sammlung von Beobachtungen u. s. w. Wien 1769. Th. I. S. 99. — Edinburgh med. and surg. Journal 1812 u. 1813 (mehrere interessante Aufsätze). — *Larrey*, Mémoires de Chirurgie militaire et campagnes. Paris 1812. T. II. p. 459. — *Spangenberg*, in einer der Societät der Wissenschaften zu Göttingen vorgelegten Abhandlung. S. Göttinger gelehrte Anzeig. 1820. S. 1343. — *Guthrie*, über Schusswunden in den Extremitäten u. s. w., übersetzt von *Spangenberg*. Berl. 1821. S. 272. — *Busch*, von den Luftstreifschüssen; in *Rust's* Magaz. f. d. ges. Heilk. 1821. Bd. X. H. 3. S. 378. — *Ritter*, Reflexionen über die Luftstreifschüsse; in *v. Gräfe's* u. *v. Walther's* Journal 1822. B. IV. H. 1. S. 120, — *Buck*, noch einige Worte über Luftstreifschüsse; ebendas. II. 4. S. 641. — *Streicher*, diss. in. quaedam de laesionibus ictu glandis sclopetariae sic dicto aëréo exortis. Berol. 1824. 8. — R. *Tohlifree*, Bemerkungen über plötzliche Todesfälle durch Luftstreifschüsse; in Baltimore Journal. N. III. 1834. — *Dupuytren*, theoret. prakt. Vorlesungen über die Verletzungen durch Kriegswaffen. Berlin 1836. S. 196 u. 619. — *Behr*, über den sogenannten Luftstreifschuss und seine Folgen; in Hamburger Zeitschrift f. d. ges. Med. 1836. B. II. H. 2. — American, med. Libr. and Intell. 1838. Vol. II. Nr. 6 u. Nr. 9.

Ho — n.

LUHATSCHOWITZ. Die Trink- und Badeanstalt zu L. liegt von dem Dorfe dieses Namens eine Viertel Stunde entfernt, im Hradischer Kreise Mährens, 1600 F. über dem Meere, in einem freundlichen Thale, das, von einem Nebenzweige der mittleren Carpathen gebildet, sehr reich an Mineralquellen ist, die fast überall, wo man nur einige Fufs in den Boden eindringt, zu Tage kommen. Man unterscheidet: 1) den Vincenzbrunnen, 2) den Amandibrunnen, 3) den Johannesbrunnen, und 4) den Luisenbrunnen, deren Wasser kalt, farblos, klar und hell (mit Ausnahme der Amandiquelle, deren Wasser weniger klar als das der übrigen ist), geruchlos, von einem säuerlich-salzigen-, prickelnden, später etwas laugenhaften Geschmack ist, und nie, auch bei dem kältesten Winter, zufriert. — Das Mineralwasser wird versendet.

Nach der neuesten von *Planiava* 1832 unternommenen Analyse enthalten in 10,000 Gran Wiener Medicinalgewicht

		1) die Vincenziquelle:		2) die Amandiquelle:	
Freie Kohlenstoffsäure		13,354941	Gr.	11,679054	Gr.
Chlorkalium		2,585157	—	1,446454	—
Chlorsodium		23,985407	—	29,562675	—
Bromsodium		0,549466	—	0,629691	—
Jodsodium		0,086773	—	0,084221	—
Fluorkalium		0,029600	—	0,028200	—
Kohlenstoffsaur.	Sodiumoxyd	45,039680	—	48,630560	—
—	Magniumoxyd	0,620226	—	0,546125	—
—	Strontiumoxyd	0,072733	—	0,116757	—
—	Bariumoxyd	0,087152	—	0,095464	—
—	Calciumoxyd	8,762750	—	8,796239	—
—	Eisenprotoxyd	0,137946	—	0,144030	—
—	Manganprotoxyd	0,032715	—	0,037503	—
Siliciumoxyd		0,480000	—	0,360000	—
		95,824546	Gr.	102,156973	Gr.

		3) die Johannesquelle:		4) die Luisenquelle:	
Freie Kohlenstoffsäure		12,423119	Gr.	12,296460	Gr.
Chlorkalium		0,477022	—	2,769803	—
Chlorsodium		38,520728	—	41,456666	—
Bromsodium		0,015385	—	6,008683	—
Jodsodium		0,073757	—	0,095706	—
Fluorkalium		0,020500	—	0,066000	—
Kohlenstoffsaur.	Sodiumoxyd	47,634180	—	57,394300	—
—	Magniumoxyd	0,571504	—	0,973388	—
—	Strontiumoxyd	0,153988	—	0,135768	—
—	Bariumoxyd	0,088596	—	0,098841	—
—	Calciumoxyd	9,531945	—	8,448275	—
—	Eisenprotoxyd	0,176489	—	0,263721	—
—	Manganprotoxyd	0,054857	—	0,025933	—
Siliciumoxyd		0,340000	—	0,329000	—
		110,882043	Gr.	124,362544	Gr.

Ausgezeichnet durch seinen Gehalt an Chlorsodium, kohlensaurem Sodiumoxyd, Brom und Jod, wirkt dasselbe erregend auf das Gefäfs- und Nervensystem, specifik auf die Schleimhäute, die Harnwerkzeuge und das Drüsensystem, eröffnend, diuretisch, auflösend; — als Bad angewendet, die Thätigkeit der äufsern Haut verbessernd, belebend, stärkend, die Resorption befördernd, — und wird besonders empfohlen: bei Schwäche und Störungen der Organe der Digestion und Assimilation, — Verschleimungen, Flatulenz, Appetitlosigkeit, Stockungen in der Leber, Milz und dem Pfortadersystem; chronischen Leiden des Drüsen- und Lymphsystems, namentlich scrophulösen Geschwülsten und Verhärtungen, Kröpfen; Gries- und Steinbeschwerden; chronischen Brustbeschwerden und chronischen Hautausschlägen.

Literat.: *E. Osann*, phys. med. Darstellung der vorzügl. Heilquellen Europas. Th. II. S. 116. — K. *Chr. Hille*, die Heilquellen Deutschlands u. der Schweiz. Th. I. Heft 2: die Bäder u. Heilq. in Böhmen u. Mähren. Leipz. 1837. S. 203. — Darstellung der Luhatschowitzer Mineralquellen in Mähren als Bade- und Trinkheilanstalt, von Dr. *J. M. Winkler*. Brünn 1835. O—n.

LUMBAGO. Lendenweh. Lendenschmerz (von lumbi, die Lenden, und ἄλγος, der Schmerz). Den verschiedenartigsten Krankheiten kann der Lendenschmerz als Symptom beigegeben sein, aber als Krankheit bezeichnet Lumbago den Rheumatismus der Lendengegend. In dieser Bedeutung wurde der Lendenschmerz von den meisten Aerzten, besonders von ***Bailou, Sydenham, Bagliv, Morgagni, Latour, Bricheteau*** und ***Chomel*** u. s. w. abgehandelt, und es würde zur Verwirrung führen, wenn man, wie dieses zuweilen geschehen, den Begriff von Lumbago auch auf jene Krankheiten, welchen der Schmerz in den Lenden als Symptom beigegeben ist, übertragen wollte.

Die Erscheinungen beim Lumbago sind folgende: Plötzlich oder nach vorausgegangenem Frösteln und herumziehenden Schmerzen in verschiedenen anderen Stellen des Körpers, wird der Kranke auf einer oder den beiden Seiten der dickfleischigen Lumbargegend von einem, meistens sehr heftigen Schmerz befallen, der sich theils bohrend oder reissend, theils einem electrischen Schlage ähnlich, manifestirt, und besonders beim Beugen, Ausstrecken und Drehen des Rumpfes, so wie beim Aufheben und Anziehen eines Gewichtes gegen sich, sehr vermehrt, wobei der Kranke gewöhnlich die Empfindung hat, als wollten die Lenden zerreissen. Der Schmerz sitzt mehr oder weniger tief, ist nur auf die Lendengegend, öfters aber auch über das ganze Kreuzbein verbreitet. In den meisten Fällen entdeckt man an der afficirten Stelle keine Veränderungen, so wie auch die äufsere Berührung und der Fingerdruck die Schmerzen nicht vermehren. Ist hingegen der Rheumatismus entzündlicher Natur und oberflächlich, so ist die Lumbargegend angeschwollen, bei Berührung schmerzhaft, heifser und geröthet, wobei selten Fieberbewegungen fehlen. Im mäfsigen Grade kann der Kranke in halbgebeugter Stellung, aber ohne sich bücken oder ausstrecken zu können, noch umhergehen; in höherem Grade ist er jedoch an das Bett gefesselt, in welchem er unbeweglich auf den Rücken oder der kranken Seite liegen mufs, und ohne fremde Beihülfe und Vermehrung der heftigsten Schmerzen seine Lage nicht verändern kann. Der Schmerz ist zuweilen permanent und remittirend, zuweilen intermittirend und mit rheumatischen Affectionen an anderen Körperstellen abwechselnd vorhanden. In *Johnson's* med. chirurg. Review. April 1834 wird selbst ein Fall von Lumbago mit Metastase nach den Hoden angeführt.

Die Krankheit, welche leicht und öfters Rückfälle macht, dauert gewöhnlich einige bis 60 Tage an, und endigt sich, wenn sie nicht complicirt auftritt, durchgängig und meistens unter critischen reichlichen Schweissen und sedimentösem Urin in Zertheilung, und nur in seltenen Fällen bei entzündlicher Complication in Eiterung oder blutiger Infiltration zwischen den Muskelschichten. In hartnäckigen und lange dauernden Fällen, insbesondere wenn sich die rheumatische Affection mehr auf Seite des Nervensystems wendet, beobachtete man als Folgen eine ancylotische Verkrümmung der Wirbelsäule, eine grofse Schwäche und selbst Lähmung der unteren Gliedmafsen. Die Sacrolumbar- und langen Rückenmuskeln scheinen beim Lumbago vorzüglich afficirt zu sein; öfters leidet auch die tiefer und seitwärts gelagerte Muskulatur, und nur in seltenen Fällen, wenn nämlich das Leiden von rheumatisch-arthritischer Natur ist, sind auch die Lendengelenke (Lumbago arthritica) ergriffen.

Im Ganzen hat der Lendenschmerz die ätiologischen Momente mit dem Rheumatismus gemein; insbesondere aber entsteht er gern nach ungewohnten lange andauernden Anstrengungen der Sacrolumbar- und langen Rückenmuskeln, z. B. beim Reiten, Aufheben von Lasten, bei gewissen Körperbewegungen, um einen Fall zu verhüten, bei Arbeiten mit vorgebeugtem Körper, besonders wenn hierbei die erhitzten und schwitzenden Lenden der Nasskälte, Zugluft oder dem Regen ausgesetzt sind, oder die Arbeiter in nassem Grase ausruhen. Lastträger, Landleute, Weinbauer, Gärtner und Professionisten, welche in gebeugter Stellung arbeiten, leiden am häufigsten am Lendenschmerz, und nach *Bricheteau* (Dict. des scienc. médic. T. XXIX. art. Lumbago) ist derselbe in der französischen Provinz le Poitou unter dem Namen le renard so häufig und heftig, dafs die Kranken oft mehrere Monate aufser Stande sind, zu arbeiten, und das ganze Leben hindurch sehr schwach bleiben. Nach *Tissot* soll sich nach Ausschweifungen in der Liebe eine Art Lendenschmerz erzeugen, der sich jedoch mehr auf eine Affection des Rükkenmarks basirt.

Der Lendenschmerz kann mit Lumbago vor dem Ausbruche exanthematischer Fieber mit Peritonitis, Nierenleiden, Aneurysmen der Bauchaorta, mit Rückenmarksleiden, scorbutischen Rückenmarksschmerzen, Psoitis, Psoasabscess, Notalgie, besonders bei Hämorrhoidal- und Menstrualleiden, organischen Veränderungen des Uterus und der Eierstöcke, Erkrankungen der Lendenwirbel, tiefliegenden Abscessen in der Lumbargegend verwechselt werden; aber eine genaue Analyse der den benannten Leiden zukommenden, der Lumbago rheumatica hingegen fremden Erscheinungen sichern leicht die Diagnose.

Bei der Behandlung des Lendenschmerzes kommen unter Berücksichtigung des Krankheitscharakters und der individuellen Verhältnisse, so wie der Theilnahme des Gesammtorganismus, und der vorhandenen Complicationen alle bei dem Rheumatismus (man vergleiche diesen Artikel) indicirten Mittel in Anwendung. Vorzügliche Erwähnung verdienen: Blutegel am After und an den Lenden; trockene und blutige Schröpfköpfe, und alsbaldige Einreibung der Brechweinsteinsalbe auf den wunden Stellen; örtliche und allgemeine Bäder, erweichende, narcotische Ueberschläge, erweichende und beruhigende Linimente, Rubefacientien, Vesicatore und Bestreuen der wunden Stellen mit narcotischen Alcaloiden, trocknes Reiben und Kneten der afficirten Stelle, das Einreiben des Terpenthins, einer Euphorbiumsolution, der Canthuridentinctur, heifse Wasser- und Weingeistdämpfe, welche man durch eine Röhre an den erkrankten Theil gehen läfst, die Electricität, Cauterien, und insbesondere die Moxa. Bei chronischem Lumbago, wenn alle diese Mittel fruchtlos blieben, hat sich zuweilen die Arnica *(Barthez)*, öfters aber die einfache oder schwefelhaltige Dampfdouche nützlich erwiesen. St—b.

LUMBARES s. LUMBALES ARTERIAE, die Lendenpulsadern. Man findet auf jeder Seite 5, von denen gewöhnlich 4 aus der Aorta entspringen, und die fünfte aus der Arteria sacralis media, oder der Art. iliolumbaris. Sie entsprechen den Zwischenrippenpulsadern der Brust, sind aber etwas stärker, etwa 1 bis $1\frac{1}{2}$ Linie dick, und entspringen im Unterleibe aus der hinteren Seite der Aorta, den einzelnen Lendenwirbeln gegenüber. Sie wenden sich von ihrem Ursprunge an nach aufsen, laufen quer über die Mitte der Wirbelkörper, wobei die rechten hinter der untern Hohlader durchgehen, werden alle von dem Fleische der runden Lendenmuskeln bedeckt, dem sie Zweige geben, gelangen zu den Seiten der Wirbelsäule, und spalten sich, den Zwischenwirbellöchern gegenüber, jede in einen vorderen und hinteren Ast.

1) Die vorderen Aeste (Rami anteriores s. abdominales) sind stärker, geben dem viereckigen Lendenmuskel Zweige, dringen in die Bauchdecken ein, verzweigen sich an die Muskeln und die Haut, und anastomosiren mit den unteren Zwischenrippenpulsadern, der Arteria mammaria interna, epigastrica und circumflexa ossis ilium;

2) die hinteren Aeste (Rami posteriores s. dorsales) sind kleiner, schicken zuerst, jeder einen Rückenmarkszweig (Ramus spinalis) in die Zwischenwirbellöcher zu den Wurzeln der Lendennerven und den Häuten des Rückenmarks, der mit den Rückenmarkspulsadern anastomosirt, wenden sich hierauf zwischen den Querfortsätzen um den Bogentheil der Wirbel nach hinten, und verzweigen sich zu den Muskeln und der Haut in der Lendengegend des Rückens.

Gewöhnlich sind die 3te und 4te stärker, als die anderen; zuweilen entspringen zwei derselben Seite aus einem gemeinschaftlichen Stamme, zuweilen theilt sich ein gemeinschaftlicher Stamm hinter der Aorta in eine linke und rechte Lendenpulsader, was bei einigen Thieren immer geschieht.

S—m.

LUMBARES GLANDULAE. S. Glandulae lumbares.

LUMBARES s. LUMBALES NERVI, die Lendennerven oder Bauchwirbelnerven. Man findet auf jeder Seite eben so viel, als es Lenden- oder Bauchwirbel giebt, also gewöhnlich fünf, selten sechs, oder vier. Sie nehmen von oben nach unten an Gröfse zu, entspringen, jeder mit zwei Wurzeln, von der Lendenanschwellung des Rükkenmarks, und bilden in dem Sacke der Rückenmarkshäute, gemeinschaftlich mit den Nn. sacrales, den Pferdeschweif (Cauda equina) des Rückenmarks. Sie treten durch die Zwischenwirbellöcher aus der Wirbelsäule in der Ordnung hervor, dafs der erste zwischen dem 1sten und 2ten Lendenwirbel, der 5te zwischen dem 5ten Lendenwirbel und dem Heiligbein sich befindet. Ihre Spinalknoten liegen gerade in den Zwischenwirbellöchern, neben welchen sich auch jeder Nerv sogleich in einen vorderen, gröfseren und hinteren kleineren Ast spaltet.

Die hinteren oder Rückenäste (Rami posteriores s. dorsales) nehmen an Gröfse von dem ersten bis zum fünften Lendennerven beträchtlich ab, und theilen sich alsbald wieder in einen inneren und äufseren Zweig. Die inneren Zweige gehen, von Sehnenfasern befestigt, dicht am Bogen der Wirbel nach hinten und innen, und verzweigen sich an den vieltheiligen Muskel und die Zwischendornmuskeln der Bauchwirbel. Die äufseren Zweige, etwas stärker als die inneren, durchbohren die Lendenzwischenquermuskeln, denen sie kleine Zweige geben, und verästeln sich in dem gemeinschaftlichen Bauche des M. longissimus dorsi und sacrolumbaris. Sie haben unter einander Verbindung, und schicken Zweige, die über den Darmbeinkamm herablaufen, zur Haut des Gesäfses (Nervi cutanei clunium superiores).

Die vorderen Aeste der Lendennerven (Rami anteriores s. abdominales) nehmen, wie die Stämme selbst, von oben nach unten an Stärke zu, wenden sich sogleich im Absteigen nach vorn und aufsen, sind neben den Wirbeln, mit

Ausnahme des fünften, von dem runden und zum Theil von dem viereckigen Lendenmuskel bedeckt, verbinden sich, jeder durch zwei bis sieben Zweige, mit den Lendenknoten des N. sympathicus, fliefsen alsbald durch Spaltung in einen aufsteigenden und absteigenden Ast miteinander und mit den benachbarten, dem zwölften Rücken- und dem ersten Heiligbeinnerven zusammen, und geben gemeinschaftlich dem viereckigen und runden Lendenmuskel kurze Zweige.

Durch neue Spaltung und Vereinigung entsteht aus dem ersten bis vierten vordern Aste der Lendennerven das Lendengeflecht (Plexus lumbaris), was theils hinter, theils zwischen den Bündeln des runden Lendenmuskels sich befindet, und aus welchem, aufser kleineren Aesten für die Hüft-, Scham- und Leistengegend und die Haut des Schenkels, der Nervus cruralis (S. Cruralis nervus) und Obturatorius (S. Obturatorius nervus) entspringen. Kleinere aus dem Plexus lumbaris entspringende Nerven:

1) Der Hüftbeckennerv (Nervus iliohypogastricus) entspringt hauptsächlich vom ersten Lendennerven, durchbohrt den runden Lendenmuskel, dem er Zweige giebt, geht über den viereckigen Lendenmuskel nach aufsen und unten, durchbohrt den queren Bauchmuskel, läuft längs der Crista des Darmbeins nach vorn, giebt zuweilen einen Hautast zum vorderen Theile der äufsern Hüftgegend, läuft hierauf zwischen dem M. transversus und obliquus internus abdominis, ihnen Zweige gebend, bis zum Anfange des Leistencanals herab, verbindet sich mit dem untersten Muskelnerven der Bauchmuskeln und dem N. ilioinguinalis, und endigt sich durch Verästelung in der Haut der Scham- und Leistengegend.

2) Der Hüftleistennerv (N. ilioinguinalis) ist veränderlich in seinem Ursprunge, schwächer als der vorige, von dem er auch zuweilen ersetzt wird; er entspringt gewöhnlich vom ersten Lendennerven, durchbohrt den runden Lendenmuskel, geht über die Fascia iliaca hinweg gegen den Darmbeinkamm, durchbohrt über dem Schenkelbogen die Fascia transversa, und den Musculus transversus, verbindet sich mit dem vorigen, läuft neben dem Samenstrange durch den Leistencanal herab, gelangt zur Schamgegend, und verästelt sich an die Haut des Schambergs, der Wurzel des Penis und des

vorderen Theils des Hodensackes, oder der grofsen Schamlippen.

3) Der äufsere Schamnerv oder Schamschenkelnerv (N. spermaticus externus s. genitocruralis) entspringt aus der Ansa des ersten und zweiten Lendennerven, tritt zwischen den Bündeln des runden Lendenmuskels durch zur vordern Seite desselben, geht gegen die Leistengegend herab, spaltet sich in einen inneren und äufseren Ast, von denen jener durch den Leistenring mit den Samengefäfsen geht, und sich beim Manne im Hodenmuskel und den Häuten des Hodens, beim Weibe längs dem runden Mutterbande verzweigt; der äufsere Ast durchbohrt die Fascia transversa, geht unter dem Schenkelbogen durch, durchbohrt verschiedentlich die Blätter der Fascia lata, und verzweigt sich in die Haut aufsen neben der eiförmigen Grube der Leiste.

Zuweilen sind der innere und äufsere Ast des Nerven bereits hoch oben getrennt, und laufen nebeneinander herab. In diesem Falle nennt *Schmidt* den inneren Ast N. spermaticus externus, und den äufseren N. lumboinguinalis.

4) Der äufsere Hautnerv des Oberschenkels (N. cutaneus femoris externus) entspringt von der zweiten oder auch von der ersten und zweiten Ansa lumbaris, geht durch den runden Lendenmuskel und vor der Fascia iliaca herab, durchbohrt nahe unter der Spina anterior superior des Darmbeinkammes den Schenkelbogen und die Fascia lata, läuft vor dem M. vastus externus herab, und verzweigt sich zur Haut an der äufsern und vordern Seite des Oberschenkels bis zum Knie.

Literat.: *Joh. Leonh. Fischer*, descriptio anatomica nervorum lumbalium. Lips. 1791. Fol. — *J. Ad. Schmidt*, Commentarius de nervis lumbalibus eorumque plexu. Vindobonae 1794. 4. S—m.

LUMBARES s. LUMBALES VENAE, die Lendenvenen, die Lendenblutadern. Sie sind etwas gröfser als die Lendenpulsadern, denen sie im Allgemeinen in Hinsicht des Verlaufes und der Ausbreitung entsprechen (Vergl. d. Art. Lumbares arteriae), sammeln das von diesen den Theilen zugeführte Blut, und ergiefsen es in die untere Hohlvene.

Man findet auf jeder Seite drei, oder vier, selten fünf. Die linken sind, wegen der Lage der unteren Hohlvene, etwas länger als die rechten. Ihre Rami spinales stehen mit dem Venengeflecht der Bauchwirbel (Plexus vertebralis lumbaris) in Verbindung, welches vor den Rückenmarkshäuten die hintere Seite der Wirbelkörper bedeckt, oben in den Plexus vert. dorsalis, und unten in den Plexus sacralis übergeht.

An der Seite der Körper der Bauchwirbel, vor den Querfortsätzen derselben, werden die Lendenvenen jeder Seite unter einander verbunden durch eine aufsteigende Lendenvene (Vena lumbaris adscendens), welche neben dem Promontorium pelvis aus dem Kreuz- und Darmbeingeflechte entsteht, unter geflechtartigen Verbindungen von einer Lendenvene zur andern aufsteigt, oben zwischen den Schenkeln des Lendentheiles vom Zwerchfell durchgeht, und an der rechten Seite mit der Vena azygos, an der linken mit der Vena hemiazygos sich verbindet. Oft verbinden an der linken Seite eine oder zwei Lendenvenen sich mit der Nierenvene.

Literat.: *G. Breschet*, Récherches anat. phys. et pathol. sur le système veineux. Paris 1829. Fol. m. Abb. S—m.

LUMBARIS MUSCULUS. S. Psoas.

LUMBARIS s. LUMBALIS REGIO, die Lendengegend des Körpers. Sie macht die hintere Wand des Unterleibes aus, ist unpaarig, und wird durch die Mittellinie in zwei symmetrische Hälften getheilt. Die Grenzen der Lendengegend sind: nach oben der letzte Brustwirbel und die beiden untersten Rippen; nach unten das Kreuzbein und das hintere Drittheil jedes Darmbeinkammes; an jeder Seite der äufsere, vortretende Rand des Rückgrathsstreckers, welcher diese Gegend von der Weiche (Regio iliaca) trennt.

Die hintere Seite der Lendengegend ist von oben nach unten concav, mehr im weiblichen als im männlichen Geschlecht, enthält in der Mitte die Darmfortsätze der Lenden wirbel, und, diesen zur Seite, die eigentlichen Rückenmuskeln.

Die vordere Seite der Lendengegend ist convex, bildet die hintere Wand der Bauchhöhle, ist von dem Bauchfell bekleidet, und dient den meisten Baucheingeweiden zur Stütze.

S—m.

LUMBRICALES MUSCULI. S. Handmuskeln.

LUMBRICUS ist der lat. Name für allerlei Würmer, beim *Celsus* für Eingeweidewürmer (L. teres, L. latus). Die neueren Aerzte bezeichnen damit die Spulwürmer, Ascaris lumbricoides.

Was man auch über die Entstehung und die Bildungsursache der Eingeweidewürmer und der Spulwürmer insbesondere urtheilen mag, so ist es gewifs, dafs ihr Vorkommen im Organismus stets mit einer gewissen krankhaften Verdauungsschwäche, mit übermäfsiger Schleimanhäufung und der hierauf beruhenden Dyscrasie zusammenhängt; dafs es einen Zustand von Reizlosigkeit des Darmcanals voraussetzt, welcher meist aus Ueberreizung hervorgegangen ist, und dafs man die Spulwürmer nicht mit Glück bekämpfen kann, wenn man nicht zugleich diese, ihnen Schutz und Nahrung gewährende, und ihre Wiedererzeugung stets begünstigende Krankheitsform vor Augen hat.

Der gewöhnliche Aufenthaltsort der Spulwürmer ist der Tractus intestinorum, namentlich aber der Dünndarm, von wo er jedoch häufig in den Magen und Dickdarm hinabsteigt. Man findet ihn nach dem Tode bald einzeln, bald in grösseren Klumpen zusammengeballt in den dünnen Eingeweiden, stets mit einer reichlichen Menge thierischen Schleims überzogen, und oft in so grofsen Massen, dafs er den Darmcanal anfüllt und verstopft (S. Ascaris lumbricoides Bd. III. S. 482. d. Encyl.). Steigt er in den Magen herauf, so erzeugt er Erbrechen, bei welchem er ausgeleert wird. Er gelangt auf diese Art bisweilen in die Nasenhöhle, erregt auch durch seine Bewegungen heftigen Husten und Ekel, der sogar in Convulsionen übergehen kann, namentlich bei durch Wurmreiz krankhaft reizbaren Individuen. Gefährlicher erscheint sein Eindringen in den Gallengang und den pancreatischen Gang, wo seine Anwesenheit sehr böse Symptome erzeugen kann.

Im Allgemeinen bringen die Spulwürmer weder so heftige Symptome der primären und consensuellen Reizung hervor, als die wurmförmigen Ascariden oder die Bandwürmer, noch sind sie so schwer als diese zu vertreiben. Nur wo sie sich in gröfseren Mengen angehäuft haben, sind sie durch sich selbst gefährlich, theils indem sie, durch ihre Lebenskraft jeder digestiven Thätigkeit, wenigstens im Darme, widerstehend, in Klumpen zusammengeballt das Lumen des Darms verengern, die Nahrungssäfte hinwegnehmen, die bestehende Schleimabsonderung durch den mechanischen Reiz ihrer Anwesenheit steigern, und somit die aufsaugenden Gefäfse von der Berührung und Aufnahme des Chylus abhalten, schlimme Verstopfungen und Atrophie erregen, theils auch durch Ausübung eines allgemeinen Reizes, welcher consensuelle Symptome nervöser Art hervorruft, so wie endlich durch Begünstigung organischer Entartungen des Darms, Geschwürbildungen und Durchlöcherungen, welche zwar diese Thiere nicht durch ihre Saugwerkzeuge direct hervorzubringen vermögen, die aber durch den Reiz, welchen sie ausüben, gefördert werden.

Symptomatologie und Diagnostik. Unter dem Artikel Helminthiasis sind bereits die Symptome, welche auf die Anwesenheit von Würmern hindeuten, aufgezählt, und es ist bemerkt worden, dafs dieselben nur in ihrem Complex hinreichende Sicherheit gewährten, und der Abgang von Würmern das einzige vollkommen untrügliche Zeichen sei. Die Anwesenheit von Spulwürmern wird oft gar nicht bemerkt, und erregt so wenig abweichende Zufälle, dafs man erstaunt ist, einmal bei Gelgenheit eines Erbrechens, oder beim Stuhlgange, den Abgang solcher Thiere wahrzunehmen. Und es ist dies nicht immer blofs da der Fall, wo eine unbedeutende Menge Würmer, oder ein einzelner sich vorgefunden hatte, sondern wo schon eine gröfsere Anzahl vorhanden ist. Die allgemeinen Zeichen einer krankhaften Vegetation, eines lymphatischen Habitus, fehlen freilich hierbei nicht, und machen eben nur durch den Torpor des Darmcanals die ganze Erscheinung erklärlich; aber diese Zeichen finden sich auch ohne Eingeweidewürmer vor, und die heftigsten, allgemeinen, nervösen Symptome kann man oft mit der höchsten Wahrscheinlichkeit nur einer sehr geringen Anzahl von Würmern zuschreiben.

Die Würmer des lebenden Organismus sind sowohl pathologisches Product, als veranlassende Krankheitsursache. In der ersteren Beziehung sind die Symptome, welche Berücksichtigung verdienen, solche, die auf eine lymphatische Dyspepsie, auf die Möglichkeit von Wurmnestern und krankhaften Schleimanhäufungen hindeuten. Denn es mögen nun diese Würmer sich, wie es die Meinung Einiger ist, durch unmerkliche Eier von Individuum zu Individuum fortpflanzen, oder sich, was uns wahrscheinlicher gilt, durch eine ursprüngliche Entwickelung aus pathologischen, organischen Substanzen bilden; jedenfalls setzt ihre Anwesenheit diesen abweichenden Zustand der Ernährung voraus, und nur der Bandwurm möchte vielleicht später auch in einem normal fungirenden Darmcanale eine Zeitlang verharren. Diese allgemeinen Symptome einer abweichenden, mit reichlicher Schleimabsonderung und träger peristaltischer Bewegung verbundenen Thätigkeit des Darmcanals sind zu bekannt, und an vielen anderen Orten dieses Werkes geschildert, um hier noch näher betrachtet zu werden. Sie sind vorzugsweise dem jugendlichen Lebensalter eigen, und bilden hier, bei vorherrschender Wurmerzeugung, die als eigene Krankheitsform bezeichnete Helminthiasis.

Die Symptome, welche von den Spulwürmern herrühren, sind die allgemeinen der Anwesenheit von Würmern (S. Helminthiasis). Jedoch erzeugen die ersteren seltener die heftigen consensuellen Reizungen der Schleimhaut, welche durch die kleinen Bewohner des Dickdarms hervorgebracht werden, das Jucken der Nase, der Geschlechtstheile, und namentlich des Afters; und eben so rufen sie selten die heftigen Koliken und Schmerzen hervor, welche von den Bandwürmern herrühren. Ekel, Würgen und Wasserbrechen, Heifshunger, Erweiterung der Pupille, Verstopfungen, Muskelkrämpfe aller Art, von leichten Zuckungen bis zum Veitstanze, werden von ihnen erregt. Ihre Anhäufung in gröfseren Massen begründet Auftreibung des Unterleibes mit Ekel, Ructus, Blähungen und Verstopfungen, welche in einzelnen Fällen unter Krämpfen tödtlich werden. Bei leichten Schleimhautentzündungen steigern die Spulwürmer alle Krankheitssymptome sehr bedeutend; sie bilden eine unangenehme Complication bei Exanthemen, wo sie in Folge des Consensus der Schleimhaut unruhig werden, nicht selten in den Magen treten, Würgen, Erbrechen und Krämpfe hervorrufen, die mit Zähneknirrschen und selbst mit Delirium verbunden sind.

B e h a n d l u n g. Die causale Beseitigung der Spulwürmer beruht auf Verbesserung des Digestionsprocesses, Herstellung der normalen Reizbarkeit des Darmcanals, Beseitigung

gung des vorhandenen Torpors und der Erschlaffung in der Schleimhaut nach allgemeinen Regeln. Diese causale Behandlung wird aber in den meisten Fällen eingeleitet durch directe Entfernung der Würmer auf dem natürlichen Wege. Man bedient sich hierzu solcher Mittel, welche die Schleimhaut reizen, damit die Bildung einer flüssigeren, leichter beweglichen Secretion hervorrufen, und so die Würmer nöthigen, den peristaltischen Bewegungen des Darmes nachzugeben, indem sie zugleich in ihrem Fortschreiten durch den Darmcanal die mit ihnen erfüllten Excremente den Thieren widerwärtig machen, und diese so nach dem Mastdarm hinabzugehen zwingen. Zu diesen Mitteln gehören insbesondere die Mittelsalze, vorzüglich die schwefelsauren, aber auch das Kochsalz, das Chlorcalcium und andere; ferner die Säuren die auf eine entgegengesetzte Weise dasselbe bewirken, indem sie die Schleimhaut von ihrem schleimigen Ueberzuge entblöfsen, und ebenso das Wurmnest zerstören. Die nackten Würmer sind nun empfindlicher gegen die Einwirkungen der Stoffe, und weichen leichter. Der Essig und die verdünnte Schwefelsäure sind hierzu vorzugsweise passend. Die metallischen alterirenden Mittel, die Antimonialien, und unter ihnen vorzüglich der Goldschwefel, wirken theils nach Art der Mittelsalze, theils indem sie durch ihre Beziehung zu den vegetativen Nerven energischere Zusammenziehungen des Darmcanals hervorrufen, den vorhandenen Torpor beseitigen, und vielleicht auch direct den Würmern zuwider sind.

Als eigentliche Wurmmittel werden nun alle solche bezeichnet, von denen man annimmt, dafs sie die Würmer durch einen widerwärtigen Eindruck vertreiben, oder dieselben tödten, oder doch so lähmen, dafs sie der anderweitig erregten peristaltischen Bewegung keinen Widerstand entgegensetzen können. Einige Pflanzenstoffe, wie das Polypodium, Tanacetum, die Cina, die Laucharten, der Asand, die Artemisien, das Terpenthinöl wirken in dieser Beziehung kräftig genug; ihnen nahe steht das Thieröl, welches einen Bestandtheil des Oleum Chaberti ausmacht. Alle diese Mittel erweisen sich bisweilen sehr wirksam, besonders wenn ein gleichzeitiger Gebrauch von Drasticis, Calomel mit Jalappa, Scammonium, Gummi guttae, Aloë u. dgl. möglich und indicirt ist. Jedoch ist es fast immer nöthig, durch vorgängige Anwendung der Mucum incidentia die Thiere mehr blofs zu legen.

Das kalte Wasser, welches dieselben in Erstarrung versenkt, und dessen niedrige Temperatur man durch Genufs kleiner Stückchen Eis unterhalten kann, ist oft ein für sich allein wirksames Mittel; in der Regel aber dient es zu palliativen Zwecken und zur Beruhigung der, von lebhafter Bewegung der Würmer herrührenden, allgemeinen und krampfhaften Symptome. Noch unentbehrlicher sind in dieser Beziehung die blausäurehaltigen Mittel, besonders in Fiebern mit Wurmcomplicationen, und sie sind selbst geeignet, Tödtung und Abtreibung der Würmer zu erzeugen.

Die beste Behandlung, welche gegen Spulwürmer zu richten ist, besteht in einer Verbindung der schleimeinschneidenden und wurmwidrigen mit den abführenden Mitteln da, wo von der hierbei entstehenden Aufregung weniger zu besorgen ist; oder der schleimeinschneidenden, wurmlähmenden und abführenden Mittel im anderen Falle. Als Hülfsmittel bedient man sich der Einreibungen des Rainfarrnöles, des thierischen Oeles, des Asands u. s. w. auf den Unterleib, besonders bei Kindern; ferner der Klystire aus versüfster Milch und des Sitzens in einem lauwarmen Milchbade (Bidet) zur Zeit der Wirkung der abtreibenden Mittel. —

Sind die Würmer entfernt, so tritt die allgemeine Behandlung ein.

Durch eine vorsichtige Auswahl in den oben genannten Mitteln kann man leicht für alle Fälle die etwa obwaltenden Gegenanzeigen beseitigen. Wo keine solchen obwalten, bedient man sich anfänglich der gelinderen Mittel, des Bitterwassers, oder einer stärkeren Solution abführender Salze, des Calomels mit Jalappa, einer nach meinen Erfahrungen höchst wirksamen Verbindung, des blofsen Ricinusöls, das bisweilen hinreicht. Im Nothfalle jedoch mufs selbst eine starke und tief eingreifende Alteration nicht gescheut werden, und die heftigen Symptome, welche man bisweilen beobachtet, verschwinden mit dem Abgange der Würmer von selbst.

Palliative Behandlung. Diese bezieht sich auf Beruhigung der Würmer, wenn man die durch sie erregten Zufälle wegen anderer Ursachen momentan zu beseitigen wünscht. Das kalte Wasser und Eis, so wie die blausäurehaltigen Mittel, sind in dieser Beziehung schon genannt worden. Bei rein krampfhaften Affectionen kann man sich ferner der Milch, bei fieberhaften Zufällen des Zuckerwassers, der süfsen Emulsionen und Pflanzenschleime mit Nutzen bedienen.

Die Diät bei Wurmkranken sei möglichst animalisch, wechselnd, qualitativ kräftig und quantitativ mäfsig, mit besonderer Vermeidung der mehlhaltigen Speisen, nach den allgemeinen, gegen scrophulöse Diathese gültigen Regeln.

V—r.

LUNATICI, Mondsüchtige, werden im Allgemeinen alle Geisteskranken (Maniaci, von μήνη, Mond), im Besonderen aber diejenigen Individuen genannt, welche mit dem Eintritte des Vollmonds in der Nacht schlafwachend, oder doch zu heftigen, bewufstlosen Träumen angeregt werden. Es ist dies eine eigene Art des Somnambulismus, und deren Wesen uns eben so sehr, als das anderer Arten dieser gangliösen Krampfformen, mit dem Schleier des Geheimnisses verhüllt ist. Das vom Monde ausstrahlende Licht ist in den meisten Fällen die Ursache der Erregung, so dafs ein Schlafwandeln in verdunkelten Zimmern nicht eintritt; bisweilen aber scheint die Ursache der seltsamsten Erscheinungen des Traumlebens nur in der Periode und Phase selbst, oder in einem, lediglich eigenthümlich gestimmten Nerven bemerkbaren Einflusse des Mondes zu liegen; denn es ist Thatsache, dafs auch bewölkte Nächte und verdunkelte Schlafzimmer das Schlafwachen beim Vollmond nicht immer abhalten. In den bei Weitem häufigsten Fällen thut sich dieser Einflufs nur durch gestörten, unruhigen Schlaf, oder durch sehr lebhafte und mit grofser Muskelerregung, Umherschlagen, Rufen, Schreien u. s. w. verbundene Träume dar. In den selteneren Fällen sehen wir den Mondsüchtigen seine Geschäfte aufnehmen, bald auch wohl Dinge verrichten, die er im wachenden Zustande, und bei einer mehr allseitigen Wirkung seines geistigen Vermögens, nicht würde haben ausrichten können. Die Physiologie erläutert uns täglich näher die Ursache, wie das Wesen solcher Vorgänge, insofern sich das Verhältnifs eigenthümlicher Reizungen zu ihren Reizen immer deutlicher als analog demjenigen der besonderten Fasern zu motorischer und Sinnesthätigkeit u. s. w. darthut. Bei der Mondsucht sehen wir vornehmlich Unthätigkeit des höheren Seelenorgans, bei Andauer, nicht blofs der vegetativen Verrichtungen, wie im Schlafe, sondern auch der animalischen, wie selbst einzelner Seiten des Seelenlebens. Der Mondsüchtige handelt nicht allein, er handelt auch zweckmäfsig, und bisweilen sogar wie mit voller Ueberzeugung; nur das Erinnerungsvermögen ist immer unthätig. Doch giebt es eine Art von Mondsucht, die der Manie zunächst steht, und sich als wahre nächtliche Tobsucht ausspricht. Ueber alles dieses sind die Art. Incubus, thier. Magnetismus, Noctambulatio, Somnambulismus und Traum zu vergleichen.

V — r.

LUNATUM OS. S. Handknochen.

LUNGEN (Pulmones), eine rechte und linke, liegen zu beiden Seiten des Herzens und der grofsen Gefäfse desselben, der Speise- und Luftröhre in den Seitenhälften der Brusthöhle, jede in einem geschlossenen, von dem serösen Brustfelle (Pleura) gebildeten Sacke, dessen äufsere Wand die innere Fläche der Rippen, die untere das Zwerchfell bekleidet, die innere aber sich an die Theile lehnt, welche, wie oben bemerkt, zwischen beiden Lungen, in der Mitte der Brust sich befinden. Von dieser inneren Wand aus biegt sich das Brustfell scheidenförmig im Umfange des Luftröhrenastes und der Lungengefäfse gegen die Lunge hin um, bekleidet diese sehr genau und fest, glättet und feuchtet ihre Oberfläche, so dafs sie, wie das Herz, ringsum lose und frei wird. Eine dreieckige Falte des Brustfelles, welche an jeder Lunge unter dem scheidenförmigen Ueberzuge der Lungengefäfse, zwischen ihnen, dem Zwerchfelle und der Lunge selbst sich befindet, wird das Lungenband (Ligamentum pulmonale) genannt.

Gestalt der Lungen. Die Gestalt der Lungen gleicht der eines unregelmäfsigen Kegels, dessen Grundfläche nach unten, die Spitze nach oben gerichtet ist. Die Grundfläche (Basis) jeder Lunge ist ausgehöhlt, von einem scharfen, kreisförmigen Rande umgeben, und ruht auf der Wölbung des Zwerchfells. Die Spitze der Lunge ist abgerundet, steht nach oben unter den Schlüsselblutgefäfsen, und überragt die erste Rippe etwas. Die äufsere, gegen die Rippen gewandte

Fläche ist stark gewölbt, doch vorn weniger als hinten; die innere, gegen das Herz und die grofsen Gefäfsstämme gerichtete Fläche ist flach ausgehöhlt, etwas stärker an der linken wie an der rechten Lunge. Zwischen diesen Flächen, der äufseren und inneren, ist der hintere Rand der Lunge abgerundet, stumpf und länger, der vordere dünn, ungleich ausgeschnitten und kürzer. Die innere Fläche jeder Lunge hat in der Nähe des hinteren Randes eine längliche Vertiefung oder Einkerbung, woselbst die Bronchien der Luftröhre, die Gefäfse und Nerven der Lungen ein- und austreten. Weil nun diese Gegend die einzige ist, wo die Lunge mit anderen Theilen verbunden ist, oder vielmehr dieselben aufnimmt, so wird sie die Lungenwurzel (Radix pulmonis), oder auch der Gefäfsausschnitt der Lunge (Incisura vasorum pulmonalium) genannt.

Die rechte Lunge ist überhaupt gröfser als die linke, nach *Krause* im Verhätnifs wie 10 zu 9 im männlichen, wie 8 zu 7 im weiblichen Geschlecht. Die rechte Lunge übertrifft die linke an Breite und Umfang gerade um so viel, als das Herz mehr in der linken als in der rechten Brusthälfte liegt. Die linke Lunge hingegen übertrifft an Länge um so viel mehr die rechte, als die Wölbung des Zwerchfelles wegen der unterliegenden Leber rechts höher ist als links.

Jede Lunge ist durch einen schräge von oben und hinten nach vorn und unten laufenden Einschnitt (Incisura interlobularis), welcher durch ihre ganze Dicke dringt, in einen oberen kleineren und unteren gröfseren Lappen (Lobus pulmonis superior et inferior) getheilt. Von dem oberen Lappen der rechten Lunge wird unten und vorn durch einen weniger tiefen, fast horizontalen Einschnitt ein kleiner, dreieckiger, keilförmiger Lappen abgetheilt, der seine Basis nach vorn, die Spitze nach hinten kehrt. Somit hat die rechte Lunge drei Lappen, von denen der mittlere der kleinste, der untere der gröfseste ist. Dagegen ist der vordere Rand am oberen Lappen der linken Lunge, gegen sein unteres Ende hin, bogenförmig ausgeschnitten und um die Spitze des Herzens gelegt.

Farbe der Lungen. Die Farbe der Lungen ist bei Kindern blafsroth oder schmutzig fleischfarben, bei Erwachsenen rothgrau, mehr oder weniger schwarz gefleckt. Enthalten die Lungen wenig Blut, so ist ihre Grundfarbe blafs, meistens gelblich grau.

Gröfse und Gewicht der Lungen. Das Gewicht und die Gröfse der gesunden Lungen variirt nach dem Grade ihrer Anfüllung mit Blut und Luft, und überhaupt auch nach der verschiedenen Beschaffenheit der Körper; indessen sind die Lungen im Allgemeinen bei Erwachsenen im männlichen Geschlecht gröfser und schwerer als im weiblichen.

Nach *C. Fr. Th. Krause* verhalten sich im Mittel die Dimensionen der Lungen wie folgt:

Die Höhe an der äufsern Fläche, rechte Lunge 10 Zoll männl., 8 Zoll weibl., linke Lunge 11 Zoll männl., $8\frac{1}{2}$ Zoll weibl.; die Höhe an der inneren Fläche, rechte Lunge 6 Zoll männl., 5 Zoll weibl., linke Lunge $6\frac{1}{2}$ Zoll männl., $5\frac{3}{4}$ Zoll weibl.; der Durchmesser von vorn nach hinten, rechte Lunge $7\frac{1}{2}$ Zoll männl., $6\frac{1}{2}$ Zoll weiblich, linke Lunge $6\frac{1}{2}$ Zoll männl., 6 Zoll weibl.; der Querdurchmesser an der Lungenwurzel, rechte Lunge $3\frac{1}{2}$ Zoll männl., $3\frac{1}{4}$ Zoll weibl., linke Lunge 3 Zoll männl., $2\frac{3}{4}$ Zoll weibl.; der Querdurchmesser an der Basis, rechte Lunge 5 Zoll männl., $4\frac{1}{2}$ Zoll weibl., linke Lunge $4\frac{3}{4}$ Zoll männl. 4 Zoll weibl.

Das absolute Gewicht der mäfsig mit Blut angefüllten Lungen beträgt im Mittel beim männlichen Geschlecht $3\frac{1}{2}$ Pfd., beim weiblichen $2\frac{3}{4}$ Pfd., selten mehr, oft weniger.

Die Lungensubstanz ist an und für sich specifisch schwerer als Wasser; nach geschehenem Athmen, oder nach einer Anfüllung mit Luft durch Aufblasen aber leichter, weil die einmal eingedrungene Luft niemals vollkommen wieder ausgetrieben wird.

Substanz der Lungen. Die Lungen sind auf ihrer ganzen Oberfläche von einer dünnen, durchsichtigen, serösen Haut, dem Lungenbrustfelle (Pleura pulmonalis s. Membrana pulmonum externa bekleidet, welche durch zartes Zellgewebe innig mit der Lungensubstanz verbunden ist, die Einschnitte zwischen den Hauptlappen der Lungen auskleidet, und an der Lungenwurzel, Gefäfse, Nerven und Luftröhrenast scheidenförmig umfassend, in die innere Wand jedes Brustfellsackes übergeht. Durch diesen Ueberzug wird die Oberfläche der Lunge glatt, frei und feucht.

Das Gewebe einer gesunden, von Luft erfüllten Lunge ist sehr weich, schwammig, elastisch, knistert unter dem Druck der Finger, wobei auf Schnittflächen, in Gestalt einer schaumigen Masse, ein Gemenge von Luft, Blut, Schleim und wässriger Feuchtigkeit hervorquillt, von welchem unter Wasser die Luft sich trennt, und in Form von Bläschen zur Oberfläche aufsteigt.

Die Theile, welche die Substanz der Lungen zusammensetzen, sind folgende:

1) Die Luftröhre (Vergl. d. Art. Aspera arteria). Sie leitet die Luft ein und aus, bildet durch ihre Verästelung die Grundlage des Lungengewebes, so dafs die übrigen Theile der Lunge alle entweder zu ihr gehen, oder ihre Umgebung ausmachen. Jeder Luftröhrenast zertheilt sich in seiner Lunge fortwährend dichotomisch in an Durchmesser abnehmende und an Anzahl zunehmende Aeste, welche, nachdem sie den Durchmesser kaum einer halben Linie haben, alle Knorpelsubstanz ablegen, und so blofs häutig, endlich blasenförmig sich endigen, so dafs ihr Endtheil im ganzen Umfange von Häufchen dicht zusammengelagerter, rundlich eckiger Lungenbläschen oder Luftzellchen (Vesiculae s. Cellulae pulmonales) umsetzt ist, deren Durchmesser von $\frac{1}{18}$ bis $\frac{1}{6}$ Linie variirt. Alle sind von einander getrennt, und stehen nur mit dem Aestchen der Luftröhre, von dem sie ausgehen, in Verbindung.

Mehrere Häufchen solcher Lungenbläschen bilden im Umfange der Luftröhrenzweige ein Lungenläppchen (Lobulus pulmonis). Die Zahl der Lungenläppchen ist daher sehr grofs, ihre Form sehr verschieden, was man schon auf der Oberfläche der Lunge erblickt. Sie hängen durch zwischenliegenden Zellstoff und durch Gefäfse zusammen, und werden nicht einzeln, wie die Lungenlappen (Lobi pulmonis), von der Pleura umkleidet.

2) Blutgefäfse der Lungen. Sie werden eingetheilt in Vasa pulmonalia und bronchialia.

Die ersteren sind bei Weitem gröfser, und führen das Blut durch die Lunge, damit es beim Athmen durch Einwirkung der Luft von venösem zu arteriellem umgewandelt werde; die letzteren, viel kleineren, führen dagegen den Lungen nur so viel Blut zu, als zu ihrer Ernährung erforderlich ist.

A. Vasa pulmonalia. Sie bestehen aus der Lungenpulsader und den Lungenblutadern.

a. Die Lungenpulsader (Art. pulmonalis s. Vena arteriosa), ein unpaariger Stamm für beide Lungen, gewöhnlich etwas enger als die Aorta, entspringt aus der arteriellen Mündung der rechten oder vorderen Herzkammer, bedeckt von vorn den Anfang der Aorta, wendet sich im Aufsteigen nach links und hinten, gelangt zur linken Seite des Bogens der Aorta, und spaltet sich in den linken dünneren und kürzeren und den rechten dickeren und längeren Lungenast (Ramus sinister et dexter pulmonalis), die fast unter einem rechten Winkel auseinanderweichen, und von denen der linke sogleich seine Lunge erreicht, der rechte aber erst in querer Richtung hinter der aufsteigenden Aorta und der oberen Hohlader durchgehen mufs, um zu seiner Lunge zu gelangen. Beide senken sich vor den Aesten der Luftröhre in die Lungenwurzel ein, wobei der linke in zwei, der rechte in drei Aeste wiederum zerfällt, so dafs jeder Hauptlappen der Lungen seinen Ast erhält, dessen Dicke in Beziehung zu der Gröfse des Lappens steht.

Alle Aeste spalten sich bald wieder, und treten mit den Luftröhrenästen (Bronchia) in das Lungengewebe, begleiten diese unter oftmaligen Spaltungen, bis sie endlich als Capillargefäfse zu den Endbläschen oder Luftbläschen der Luftröhre gelangen, woselbst sie durch ein anastomotisches Gefäfsnetz mit den meisten Wurzeln der Lungenblutadern verbunden werden.

Die Lungenarterie führt den Lungen venöses Blut zu, was, indem es durch die Capillargefäfse der Lungenbläschen rinnt, in arterielles umgewandelt wird (Vergl. den Art. Respiratio).

Beim Fötus anastomosirt die Lungenpulsader mit der Aorta vermittelst des Botallischen Ganges. S. d. Art. Botalli ductus.

b. Die Lungenblutadern (Venae pulmonales s. Arteriae venosae) entspringen mit ihren feinsten Wurzeln aus dem Netze der Lungenarterie auf dem Lungenbläschen; ferner auch aus den Capillargefäfsen der Bronchialarterien, und haben auch mit den Bronchialvenen Verbindung. Sie vereinigen sich gewöhnlich von jeder Lunge zu zwei Stämmen, einem oberen gröfseren und einem unteren kleineren, welche ohne Klappen sind, und sich in die vier Winkel der hinteren oder linken Vorkammer des Herzens einsenken. Die beiden Venen von der rechten Lunge sind etwas weiter als die von der linken, und werden von vorn durch die obere Hohlader und die rechte Vorkammer des Herzens bedeckt. Die obere Vene der rechten Lunge entsteht von dem oberen und mittleren Lappen derselben.

B. Vasa bronchialia. Sie bestehen ebenfalls aus Puls- und Blutadern, sind aber sehr viel kleiner als die Vasa pulmonalia.

a. Die Bronchialpulsadern (Arteriae bronchiales), zwei bis vier an jeder Lunge, sind $\frac{1}{2}$ bis 1 Linie dick, und werden in obere und untere getheilt. Die oberen Arteriae bronchiales superiores s. anteriores) sind kleiner, und entspringen aus der Art. subclavia, oder der Art. mammaria interna; die unteren (Aa. bronchiales inferiores s. posteriores) sind gröfser, und entspringen aus dem oberen Ende der absteigenden Aorta, oder aus den oberen Zwischenrippenpulsadern. Alle treten im geschlängelten Verlaufe mit den Bronchien in das Gewebe der Lunge ein, geben den Bronchien, dem Zellstoff und der Pleura der Lunge Zweige, erstrecken sich also so weit, wie die Luftröhre, und ernähren nicht nur diese, sondern alle Theile der Lungen. An den kleineren Bronchien, und in dem Gewebe der Lunge, anastomosiren sie mit den capillaren Anfängen der Lungenvenen; an den gröfseren Bronchien gehen sie in die Bronchialvenen über.

b. Die Bronchialvenen (Venae bronchiales befinden sich nur an den gröfseren Bronchien, anastomosiren daselbst mit den Lungenvenen, treten an den Bronchien aus der Lungenwurzel hervor, gelangen in dem hinteren Mittelwandraume in die Vena azygos, in die Venae intercostales, und zuweilen auch in die Vena cava superior.

3) Lymphgefäfse der Lungen.

Die Lymphgefäfse der Lungen sind theils oberflächliche, welche unter der Pleura pulmonalis dichte Netze bilden, theils tiefere, welche längs der Verzweigung der Bronchien das Lungengewebe durchlaufen. Erst an den gröfseren Aesten der Bronchien treten sie in Lymphdrüsen, welche anfangs klein, linsenförmig sind, nach und nach an den Aesten der Luftröhre aber bedeutend gröfser werden. Diese Lymphdrüsen (Glandulae bronchiales) sind gelbbraun, braun und oft schwarz von Farbe. Vergl. d. Art. Glandulae bronchiales.

4) Nerven der Lungen. Die Nerven der Lungen entspringen gröfstentheils aus dem N. vagus, nur ein kleiner Theil kommt vom N. sympathicus. Verbunden unter einander stellen sie ein hinteres grofes und vorderes kleines Lungengeflecht (Plexus pulmonalis posterior et anterior) dar, aus welchen die Fäden auf den Bronchien und auf den Gefäfsen tief in das Lungengewebe eindringen. Ihr Ende läfst sich durch unsere Hülfsmittel nicht erreichen, sondern nur vermuthen durch Fortsetzung der nämlichen Structur der Theile, mit denen sie verlaufen.

5) Zellstoff der Lungen. Ein sehr weicher, dehnbarer Zellstoff umschliefst und vereinigt alle Theile der Lungen unter einander, findet sich am meisten an der Lungenwurzel, enthält niemals Fett, aber bei Erwachsenen gewöhnlich einen schwarzen Färbestoff in gröfserer oder geringerer Menge, wodurch die schwarzen Flecken des Lungengewebes entstehen.

Die Function der Lungen ist das Athmen, welches das venöse Blut durch Ausstofsung von Kohlensäure und Aufnahme von Sauerstoff in arterielles verwandelt. Vergl. d. Art. Respiratio.

Die erste Entwicklung der Lungen hat man bei dem Menschen und den Säugethieren noch nicht beobachtet. Bei menschlichen Embryonen, die noch nicht $\frac{3}{4}$ Zoll lang sind, findet man die Lungen schon gebildet. Bei Vögeln ist die Entwickelung der Lungen von *Rolando*, *Rathke* und *v. Baer* beschrieben worden. Sie entwickeln sich durch einen Auswuchs oder Ausstülpung der Speiseröhre in der Gegend des Herzens, wovon die erste Spur am 3. Tage der Bebrütung sichtbar wurde.

Literatur:

J. Cocus, diss. de corde, arteriis et pulmonibus. Viteb. 1604. 4. — *H. Fabr. ab Aquapendente*, de respiratione et ejus instrumentis. Lib. II. Patavii 1615. 4. — *J. Sperling*, Dissert. de pulmone. Viteb·

1655. 4. — *Marc. Malpighii*, de pulmonibus epist. duae ad Borellam. Bonon. 1661. fol. et in *Malpighii* Oper. omnib. Lond. 1686. — *Thom. Bartholini*, de pulmonum substantia. Hafn. 1663. 8. — *Th. Willis*, de respirationis organis et usu, in Opp. omn. Gen. 1676. 4. et in Manget. Bibl. Vol. II. — *Fr. Hildebrandt*, Diss. de pulmonibus. Götting. 1783. 4. — *Franc. Dan. Reisseisen*, Dissert. de pulmonum structura. Argent. 1803. — *S. Th. Sömmering* und *F. D. Reisseisen*, über die Structur, die Verrichtung und den Gebrauch der Lungen. Zwei Preisschriften. Berlin 1808. 8. — *Franc. Dan. Reisseisen*, de fabrica pulmonum comment. praemio ornata c. tab. VI. Berolini 1822. Fol. — *F. Magendie*, Mém. sur la structure du poumon de l'homme etc. In dessen Journ. de physiol. exper. V. 1. p. 78. — *Ev. Home*, an examination into the structure of the cells of the human lungs etc.; in Phil. Transact. 1827. — *H. Rathke*, über die Entwickelung der Athemwerkzeuge u. s. w., mit 2 Kpfr. Nova acta phys. med. Acad. caes. Leop. T. XIV. Bonnae 1828. — *K. E. v. Baer*, über die Entwickelungsgeschichte der Thiere. Königsberg 1829. 4. mit 3 Kpft. S. 61.

S—m.

LUNGENARTERIE. S. Lungen.

LUNGENBLÄSCHEN. S. Lungen.

LUNGENBRAND. S. Milzbrand.

LUNGENBRUCH. S. Hernia.

LUNGENDRÜSEN. S. Lymphdrüsen.

LUNGENENTZÜNDUNG. Vergl. Pleuritis und Pneumonia.

LUNGENENTZÜNDUNG BEI THIEREN. Bei den sämmtlichen Hausthieren sind die Entzündungen der Lungen fast die häufigsten aller innerlichen Krankheiten, und selbst bei den im freien Zustande lebenden Thieren findet man diese Entzündungen oder deren Folgen nicht selten. Unter den Hausthieren leidet das Pferd an ihnen am meisten. Die Art, der Sitz, die Ausbreitung, der Charakter, der Verlauf und die Ausgänge dieser Entzündungen sind hier aber so verschiedenartig wie bei dem Menschen; denn man findet reine, arterielle, venöse, nervöse, traumatische, rheumatische, catarrhalische, mit gastrischen und anderen Zuständen complicirte Entzündungen, und zwar im Lungengewebe, in der Pleura und in der Bronchialschleimhaut, bald mehr ausgebreitet, oder in mehreren Geweben zugleich, bald wieder sehr begränzt; mit dem activen, sthenischen, irritabeln, oder mit dem passiven, asthenischen, torpiden Charakter; mit sehr acutem, mit mäſsig acutem und mit chronischem Verlauf u. s. w.

Sehr oft herrschen Lungen- und Brustfellentzündungen bei einer oder bei mehreren Thiergattungen seuchenartig, so z. B. bei der sogenannten Pferdeseuche und der Lungenseuche des Rindviehs u. s. w. Es wäre hier nicht am Orte, alle diese Verschiedenheiten einzeln ausführlich zu beschreiben, sondern es genüge ein gemeinschaftliches Bild der Krankheitserscheinungen, der Ausgänge, der Ursachen und der Kur.

Acute Lungenentzündungen sind bei sämmtlichen Hausthieren stets mit Fieber begleitet. Die Thiere bekommen plötzlich einen Frostschauder; sie zittern, ihre Ohren, die Hornwurzeln, Lippen und Füſse sind kalt; später werden diese Theile abwechselnd wieder sehr warm, und das Zittern hört gänzlich wieder auf; der Puls ist hart, mehrentheils klein, bei Pferden in einer Minute 50 bis 90, bei Rindern 60 bis 100, bei Schafen 70 bis 120, bei kleineren Thieren noch häufiger. Der Herzschlag ist bei Pferden meist unfühlbar, bei den übrigen Thieren weniger deutlich zu fühlen als im gesunden Zustande. Das Athmen geschieht mit stärkerer Erweiterung der Nasenlöcher und mit stärkerer Bewegung der Flanken und der Bauchmuskeln, dabei kürzer, schneller, bei Pferden 20 bis 70, bei Rindern 20 bis 60, bei Schafen bis 80 Mal; die ausgeathmete Luft ist heiſs, das Innere des Maules, namentlich unter der Zunge, ist sehr heiſs, das Haar gesträubt und glanzlos, die Haut trocken (bei groſser Gefahr zuweilen an einzelnen Stellen mit kaltem Schweiſs bedeckt); die Bindehaut der Augen, die Schleimhaut der Nase und des Maules, bei Rindern auch der sogenannte Nasenspiegel, ist wenig feucht, oder ganz trocken, dabei dunkler geröthet; die Schleimhaut der Nase erscheint sogar zuweilen bläulich oder bleifarbig. Der Blick ist stier, ängstlich. Die Thiere sind sehr matt und traurig; sie senken den Kopf und Hals, stellen die Vorderfüſse weit auseinander, die Hinterfüſse aber gewöhnlich mit den Sprunggelenken enger als gewöhnlich zusammen; sie stehen von der Krippe zurück, bewegen sich ungern, der Gang ist wankend, und nach einer kleinen Bewegung werden die Herzschläge unfühlbar, die Pulse und Athemzüge viel schneller, und letztere auch mit noch grösserer Anstrengung ausgeführt. Hebt man den Thieren den

Kopf in die Höhe, so stöhnen oder husten sie. Manche husten auch von selbst, jedoch sehr kurz, trocken und schmerzhaft. Bei den meisten ist der Husten auch durch einen gelinden Druck gegen den Kehlkopf leicht zu erregen, wenn das Uebel nur in einem mäfsigen Grade besteht; aber bei einem hohen Grade desselben suchen sie das Husten, wegen des damit verbundenen Schmerzes, ganz zu unterdrücken. Pferde legen sich in der Regel gar nicht nieder, und wenn sie dies ja thun, so geschicht es stets nur für einen kurzen Moment, nach welchem sie ängstlich wieder aufspringen. Widerkäuer legen sich etwas häufiger, stets mit unter den Leib gezogenen Füfsen, und auch immer nur für kurze Zeit; aber Schweine, Hunde und Katzen liegen fast anhaltend. — Der Appetit ist bei allen sehr vermindert, besonders zu den kräftigeren Nahrungsmitteln, z. B. zu Körnerfutter. Das Widerkäuen hat ganz aufgehört, dagegen trinken die Thiere oft, und zwar am liebsten reines, kaltes Wasser, aber gewöhnlich nur kleine Quantitäten, und in kurzen abgebrochenen Zügen. Die Darmexcremente werden seltener, kleiner, fester, gewöhnlich auch dunkler gefärbt, entleert, und zuweilen besteht für einige Zeit gänzliche Verstopfung. Der Urin geht ebenfalls seltener und in kleineren Quantitäten ab, er ist dunkelroth, aber durchsichtig, und bildet beim Auffallen auf den Boden keinen Schaum. Bei milchenden Thieren wird auch die Milchsecretion sehr vermindert, und die Milch mehr wässerig. Das aus einer Vene entleerte Blut ist dunkel, zuweilen fast ganz schwarz, zähe, und gerinnt sehr schnell zu einem gleichförmigen Kuchen, ohne Bildung einer sogenannten Speckhaut, und mit sehr geringer oder gänzlich fehlender Ausscheidung von Serum.

Die asthenische Lungenentzündung beginnt mit einem weniger heftigen Fieber, bei welchem der Frostschauder oft ganz fehlt, oder so gering ist, dafs er unbeachtet bleibt. Der Puls ist weich, der Herzschlag deutlich fühlbar, zuweilen sogar doppelschlägig, die Schleimhaut in der Nase und im Maule, so wie die Bindehaut der Augen sind in manchen Fällen blafsroth oder bläulich roth, dabei aber mit zähem Schleim bedeckt. Der Koth ist grofsgeballt, locker, feucht, der Urin röthlich, etwas dickflüssig. Das Blut erscheint dunkel, zähe, es gerinnt aber langsamer als das bei sthenischen

Entzündungen, und beim Gerinnen scheidet es Serum und auf der Oberfläche eine Speckhaut aus. Die übrigen Erscheinungen verhalten sich wie bei sthenischen Lungenentzündungen.

Die Unterscheidung der Lungenentzündung von der des Brustfells ist zuweilen sehr schwierig. Bei der ersteren werden beim Athmen die Rippen mitbewegt, bei der letzteren stehen sie mehr oder weniger fest, und die Respiration geschieht mehrentheils nur mit Bewegung der Bauchmuskeln und der Flanken. Bei Pleuritis stehen die Thiere mit den Vorderfüfsen möglichst breit auseinander; sie setzen einen Vorderfufs (den der am meisten leidenden Seite) mehr vorwärts, zeigen bei mäfsigem Druck mit der Hand gegen die Brust sogleich Schmerz, indem sie ausweichen und stöhnen; sie sind auch zuweilen, besonders wenn Menschen sich ihnen nähern, etwas munterer als bei der Lungenentzündung. Bei der letzteren hört man bei unmittelbarer Auscultation das Respirationsgeräusch an der leidenden Seite (je nach den Umständen auch an beiden Seiten) sehr matt und undeutlich, zuweilen auch gar nicht. Beim Anklopfen an die Brustwand der leidenden Seite entsteht bei Lungenentzündung ein dumpfer, matter Ton, der aber auch bei Pleuritis in der späteren Zeit, wenn plastische Exsudate eingetreten sind, mehrentheils wahrgenommen wird. Das Stethoscop ist bei Thieren schwierig anzuwenden, und hat bisher fast gar keine Resultate für die Diagnose gegeben.

Der Verlauf der sthenischen Lungenentzündungen kann in Zeit von 24 Stunden bis zu 8 Tagen erfolgen. Asthenische Lungenentzündungen sind im Allgemeinen weniger acut, doch erreichen auch sie zuweilen ihr Ende innerhalb 3 bis 4 Tagen, oft aber erst nach 14 Tagen. Die acutesten Lungenentzündungen kommen bei Pferden, bei Schweinen und bei weiblichen Hunden (bei letzteren während der Periode des Säugens) vor, die langwierigsten dagegen bei dem Rindvieh.

Der Ausgang dieser Entzündungen in Zertheilung und in vollkommene Genesung erfolgt bei allen Thiergattungen gleichmäfsig oft, wenn frühzeitig eine zweckmäfsige therapeutische und diätetische Behandlung eingeleitet wird, und wenn die Lungen nicht schon vorher in einem desorganisirten Zustande sich befanden. Fast immer bemerkt man bei diesem Ausgange deutliche Crisen, besonders durch den Darmcanal oder durch die Nieren, zuweilen auch durch die Schleimhaut der Respirationsorgane selbst, seltener durch die äufsere Haut. Dabei mindert sich das Fieber und die Anzahl der Athemzüge, die Pulse werden voller, der Appetit und die frühere Munterkeit kehren wieder, und die Thiere legen sich längere Zeit nieder, um zu ruhen, wobei sie gewöhnlich auf einer Seite des Leibes liegen. — Der Uebergang in seröse und in plastische Exsudationen tritt häufig ein, wenn die Pleura, sei es an den Lungen oder an den Brustwänden, mitleidet. Es ist bemerkenswerth, sowohl in physiologischer wie auch in forensischer Hinsicht, wie aufserordentlich schnell dieser Uebergang oft erfolgt; denn bei den hierüber angestellten Versuchen waren gewöhnlich schon in ungefähr 16 Stunden nach Einwirkung der Ursachen (z. B. nach Injectionen einer reizenden Flüssigkeit in die Brusthöhle) die Exsudate deutlich erkennbar vorhanden. Bei dem Pferde bilden sich solche Ergiefsungen in den freien Raum der Brusthöhle sehr häufig, bei den übrigen Thieren kommen dagegen plastische Exsudate ins Lungengewebe gewöhnlicher vor. Es werden hierdurch, wie bei Menschen, acuter Hydrothorax, Hydrops Pericardii, gegenseitige Verwachsungen der Lungen mit den Brustwänden, Indurationen und Hepatisationen, und in Folge dieser Umstände oft Kurzathmigkeit (Dämpfigkeit, Herzschlägigkeit) und selbst der Tod herbeigeführt. Besondere Zeichen dieses Ueberganges giebt es in der ersten Zeit seines Bestehens gar nicht, und später sind die Erscheinungen von der speciellen Art des secundären Leidens und von dem Grade der noch fortbestehenden Entzündung abhängig. Exsudate in der Brusthöhle verursachen ein sehr angestrengtes, sogenanntes plumpendes Athmen mit dem Bauche und mit den Flanken. Dabei entstehen Oedeme unter der Brust, unter dem Bauche und an den Füfsen; der Herzschlag wird doppelschlägig gefühlt; in der Brusthöhle hört man ein fluctuirendes Geräusch; das Fieber dauert gleichmäfsig anhaltend über die gewöhnliche Zeit des Bestehens der Lungenentzündung fort. — Plastische Ergiefsungen in die Lungensubstanz sind fast mit derselben Anstrengung des Athmens begleitet; auch das Fieber verhält sich so, es fehlen aber die Oedeme unter der Brust und das fluctuirende Geräusch in ihr. Adhäsionen der Lunge an die Brustwände geben sich durch keine bestimmten Symptome zu erkennen. — Der Uebergang in Eiterung findet bei Pferden und Rindern häufig Statt, bei den übrigen Thieren wird er dagegen selten beobachtet. Es ist bemerkenswerth, dafs er am häufigsten in den Fällen beobachtet wird, wo die Lungenentzündung durch Eindringen reizender Substanzen in die Bronchien erzeugt worden ist, z. B. bei dem ungeschickten Eingeben flüssiger Arzneimittel (besonders nach alter Weise durch die Nase), und auch da, wo die Lungenentzündung als secundäres Leiden zu einer anderen Krankheit hinzutritt, namentlich zu heftigen Hufentzündungen, die einen üblen Ausgang nehmen, eben so zu brandigen, jauchigen, selbst zu eiternden Wunden und Geschwüren u. dgl. Die Zeit, innerhalb welcher die Eiterung sich entwickeln kann, ist oft sehr kurz, auf kaum 3 Tage beschränkt; es bilden sich bald kleinere, bald gröfsere Eitersäcke, welche man bei der Section immer noch mit etwas mehr entzündeter Lungensubstanz, die derber und mit mehr Blut infiltrirt ist, als die übrige Masse, umgeben findet. Bei Lungentuberkeln ist dies nicht so; sie liegen mehr frei in fast gesunder Substanz, und ausserdem unterscheiden sie sich durch die Beschaffenheit ihres Inhalts. Die Eiterbildung am lebenden Thiere giebt sich oft gar nicht deutlich, oft aber durch einen neuen Fieberanfall mit Frostschauder zu erkennen. Auch wird der in den Lungen gebildete Eiter zuweilen beim Husten ausgeworfen; doch ist dies bei Thieren weit seltener der Fall als bei Menschen. Wenn aber Tuberkel in Auflösung und Verjauchung übergehen, was besonders bei Pferden oft vorkommt, so wird stets eine sehr stinkende, bräunliche Flüssigkeit durch die Nase, und zum Theil auch durch das Maul entleert. Sowohl bei Lungenabscessen, wie auch bei verjauchenden Tuberkeln, ist immer grofse Lebensgefahr, indem nur wenige Thiere hierbei wieder genesen, die meisten aber theils unmittelbar an diesen Zuständen, theils mehr langsam am Zehrfieber sterben. — Brand entsteht bei Entzündungen der Lungen höchst selten, und stets nur an begränzten Stellen. Die Thiere zeigen sich dabei im hohen Grade matt, ihr Blick drückt grofse Angst aus; der Puls ist sehr klein und sehr schnell; das

Ath-

Athmen geschieht mit grofser Anstrengung; es treten partielle Schweifse ein, Ohren und Füfse sind andauernd kalt, und zuletzt findet sich aus der Nase ein Ausflufs von schwärzlicher, sehr stinkender Jauche. Dieser Uebergang ist fast immer schnell tödtlich.

Als prädisponirende Ursachen der Lungenentzündung sind zu betrachten: zu warme, dumpfige Ställe, zu reichliches und stark nährendes Futter, warmes Getränk und warmes Futter, z. B. heifses Brantweinspülig, sogenanntes Brühfutter u. dgl.; veranlassende Ursachen sind: Zugluft in den Ställen, sehr kalte, nafskalte, rauhe Luft, besonders starke Ost- und Nordwinde; schneller Wechsel in der Temperatur, unvorsichtiges Waschen und Baden bei erhitztem Zustande des Körpers, starke Anstrengungen, plötzliche Unterdrückung gewohnter Ausleerungen, mechanische Verletzungen der Brust, die Einwirkung der atmosphärischen Luft auf die Pleura bei eindringenden Brustwunden, das Eindringen reizender Substanzen in die Luftröhre und in die Bronchien, und in manchen Fällen auch die Resorption von Eiter oder Jauche aus suppurirenden oder ulcerirenden Flächen bei verschiedenen Krankheiten. (Siehe oben). — Bei seuchartig verbreiteten oder bei sehr zahlreich vorkommenden Lungenentzündungen erscheint eine, bis jetzt nicht näher ermittelte Constitution der Atmosphäre, und zuweilen eine Verderbnifs der Nahrungsmittel, z. B. die sehr reichliche Bedeckung mancher Gräser und anderer Pflanzen mit Rost, Brand, Honig- und Mehlthau u. dgl. als die wahrscheinlichste Ursache.

Die Prognosis ist, mit Rücksicht auf die Dauer, auf den Grad und Charakter des Leidens, zum Theil auch nach der Möglichkeit, die Ursachen zu beseitigen, im Allgemeinen nach den, bei den Ausgängen der Lungenentzündung im Vorhergehenden angegebenen Verhältnissen, einzurichten.

Die Kur beruht im Wesentlichen auf denselben Indicationen, welche die Therapie zur Heilung der Lungenentzündung bei dem Menschen vorschreibt. Nach Beseitigung der etwa noch vorhandenen Ursachen richtet sich die Behandlung hauptsächlich nach dem Charakter und dem Grade des Leidens. Sthenische Lungenentzündungen verlangen bei den sämmtlichen Hausthieren durchaus die antiphlogistische Methode.

Der Aderlafs kann hier im Allgemeinen ziemlich reichlich, oft sogar sehr reichlich, Statt finden, so dafs man Pferden von mittlerer Gröfse 6 bis 12 Pfund, Rindern 8—15 Pfund, Schafen und Schweinen $\frac{3}{4}$ bis $1\frac{1}{2}$ Pfd., Hunden $\frac{1}{8}$ bis 1 Pfd. Blutes auf einmal entzieht; in sehr heftigen Fällen aber dasselbe so lange fliefsen läfst, bis der Puls etwas freier, der Herzschlag fühlbarer, das Maul im Innern feucht wird. Mindern sich die Zufälle nach dem ersten Aderlasse nicht, oder verstärken sie sich nach einiger Zeit wieder, so kann ein zweiter, und nach diesem unter ähnlichen Umständen selbst ein dritter Aderlafs unternommen werden. Fast immer und am besten benutzt man hierzu die Drosselvene, bei Schweinen aber oft die Vena sublingualis, weil jene wegen des Fettes am Halse dieser Thiere schwieriger zu erreichen ist. Innerlich giebt man bei diesem Charakter das Kali nitricum, den Pferden zu $\frac{1}{2}$ — 1 Unz., Rindern 1 — 2 Unz., Schafen und Schweinen 2 Drach. bis $\frac{1}{2}$ Unc., Hunden $\frac{1}{2}$ Scrup. bis $\frac{1}{2}$ Drachm. pro Dosi, alle 2 — 4 Stunden, in Verbindung mit der doppelten Menge von Natr. oder Kali sulphuric., oder mit der dreifachen Quantität von Magnesia sulphurica. Dabei sind äufserlich Sinapismen oder Einreibungen des Ung. Cantharid., oder 1 — 2 Fontanelle, letztere an der vordern und untern Fläche der Brust, oder 2—4 Haarseile an den Seitenwandungen derselben, bald nach dem Aderlassen zu appliziren. Bei catarrhalischen und rheumatischen Lungenentzündungen kann nach dem ersten Tage der obigen Behandlung (bei einem mäfsigen Grade des Uebels auch sogleich) der Tartar. stibiat. täglich 4—6 Mal den Pferden zu $\frac{1}{2}$ — 1 Drachm., Rindern $\frac{1}{2}$ bis $1\frac{1}{2}$ Drachm., Schafen u. Schweinen $\frac{1}{2}$ — 1 Scrup. pr. Dosi gegeben werden; Hunde ertragen dieses Mittel nicht gut, weil sie beständig sich erbrechen. Ist zugleich Pleuritis mit der Pneumonie verbunden, so leistet das Calomel die besten Dienste, wenn man es Pferden zu $\frac{1}{2}$ Drachm., Rindern zu 1 Scrup. bis $\frac{1}{2}$ Drachm., Schafen 6 — 8 Gr., Schweinen 6 — 12 Gr., Hunden 1— 5 Gr. pr. D., täglich 4 Mal, in Verbindung mit Natr. sulphuricum giebt. — Bei den asthenischen Lungenentzündungen ist der Aderlafs nur in halb so grofsen Quantitäten wie oben angegeben, zu unternehmen, oder er ist, wenn der asthenische Charakter sehr entwickelt erscheint, auch gänzlich zu unterlassen. Man applicirt die genannten äufserlichen Reizmittel, und giebt innerlich, je nach dem Grade des Leidens, mäfsige Gaben von Tartar. stibiat., oder von Calomel, oder auch das Ammon. muriaticum (letzteres Pferden und Rindern von ½ bis 1½ Unz., Schafen und Schweinen von 1 bis 2 Drachm., Hunden 10 Gr. bis 1 Drachm. pr. D. täglich 4 Mal); bei heftigen Schmerzen kann auch Sacchar. saturn (in Gaben wie der Tart. stibiat.) in Verbindung mit Herb. hyoscyami (wie Ammonium) gegeben werden. Bei anhaltendem heftigem Fieber, so wie bei wahrscheinlich erfolgender seröser Exsudation hat sich Herb. digital. purp. (in Gaben wie Calomel) oft nützlich gezeigt, und bei Erschlaffung und Auflockerung der Schleimhaut mit Torpor erscheint, besonders zur Zeit der Crisen, die Anwendung der gelind aromatischen Mittel, z. B. des Fenchels, Anies, der Wachholderbeeren, selbst der Terebinthin. cocta und des Ol. terebinthinae nützlich. — Alle innerlichen Mittel werden bei dieser Krankheit am zweckmäfsigsten nur in Latwergen oder in Pillen angewendet, weil bei dem beschwerlichen Athmen das gewaltsame Eingeben flüssiger Medicamente, wobei der Kopf in die Höhe gehoben werden mufs, leicht Husten erregen, und dieses wieder das Eindringen der Flüssigkeit in die Luftröhre veranlassen kann. — In diätetischer Hinsicht müssen die kranken Thiere ohne Unterschied strenge Ruhe, und einen reinen, trockenen, mit reiner Luft versehenen Stall erhalten, der mehr kühl als warm, aber ohne Zugluft ist; sie müssen Getränk in hinreichender Menge zum beliebigen Stillen des Durstes vor sich haben, und zwar, bei sthenischen Lungenentzündungen reines, etwas überschlagenes Wasser, bei asthenischen Entzündungen Kleientrank, Leimkuchentrank u. dgl. schleimige Flüssigkeiten. Zur Nahrung erhalten bei dem erstern Charakter der Entzündung die pflanzenfressenden Thiere blofs angefeuchtete Kleie, etwas Gras, frische Kartoffeln oder Mohrrüben, — die fleischfressenden Thiere aber verdünnte Milch, abgekochte Hafergrütze und dgl.; bei asthenischen Lungenentzündungen können dagegen die Thiere ihre sonst gewöhnlichen, kräftigeren Nahrungsmittel erhalten.

Veterinär-polizeiliche Mafsregeln sind, selbst wenn Lungenentzündungen als Seuchen herrschen (ausgenommen die Lungenseuche des Rindviehes) nicht erforderlich; dagegen wird durch die Uebergänge dieser Entzündungen in Eiterung, in Hepatisation der Lungen, und in Brustwassersucht sehr oft eine Veranlassung zu Processen und zu thierärztlichen Beurtheilungen in rechtlicher Hinsicht gegeben; weil die genannten pathologischen Veränderungen, wenn sie sich an gestorbenen Thieren finden, welche erst vor einiger Zeit gekauft worden sind, gewöhnlich als sogenannte alte Fehler betrachtet werden. Erst die neuere Zeit hat eine richtige Würdigung dieser Zustände gelehrt. (Siehe Lungenfäule).

He — g.

LUNGENFÄULE DER THIERE. Mit diesem Namen wird a) in thierärztlichen Schriften sehr häufig, aber völlig unpassend, die Lungenseuche des Rindviehes (S. dies. Art.) bezeichnet; noch häufiger aber wird dieselbe b) von Laien und von Pseudothierärzten zur Bezeichnung fast aller in Exsudationen, in Eiterung, in Ulcerationen oder in Brand bestehenden Desorganisationen der Lungen und selbst der ganzen Brusthöhle in mehrerlei Hinsicht mifsbraucht. Denn aufserdem, dafs für diese verschiedenen pathologischen Zustände ein Wort allein nicht ausreichend zur Bezeichnung sein kann, und abgesehen davon, dafs das Wort Lungenfäule hierzu ganz unrichtig gewählt ist, indem diese Zustände mit der Fäulnifs nichts gemein haben, so verbinden die Nichtthierärzte mit diesem Namen fast allgemein den Begriff eines sogenannten alten Fehlers, d. i. einer solchen Krankheit, die seit längerer Zeit, aber wo möglich noch vor dem Ankaufe des betreffenden Thieres existirt haben soll. Auf diese Ansicht wurden früher unzählige Processe wegen angeblicher Lungenfäule gegründet, und nach derselben Ansicht ungerecht entschieden. Die in der neuern Zeit über die Krankheiten der Respirationsorgane durch richtige Beobachtungen und Versuche gewonnenen Erfahrungen der Thierärzte haben auch in dieser Hinsicht dem Publicum grofsen Nutzen gebracht.

He — g.

LUNGENKAMMER. S. Cor.

LUNGENMAGENNERVE. S. Vagus.

LUNGENPROBE. S. Athemprobe.

LUNGENROTZ. S. Rotz.

LUNGENSCHWINDSUCHT. S. Phthisis pulmonum.

LUNGENSEUCHE, THYPHOESE LUNGENSEUCHE,

die LUNGENFÄULE (hitzige, trockene, nasse, krebartige Lungenfäule); rheumatisch exsudative Brustfellsentzündung, enzootische oder epizootische Lungenentzündung (Pneumonia pecorum epizootica, Peripneumonia pecorum enzootica etc.), ist eine dem Rindviehe eigenthümliche Lungen- und Brustfellentzündung, die sich im Allgemeinen durch ihre immer eintretende plastische Ausschwitzung im Lungengewebe und hierdurch bedingte eigenthümliche Desorganisation der Lungen, durch ihre langsame Entwickelung, so wie durch die Erzeugung eines Ansteckungsstoffes, und durch ihr mehrentheils seuchenartiges Herrschen wesentlich charakterisirt. Sie ist unter den einheimischen Krankheiten des Rindviehs eine der gefährlichsten, indem sie in manchen Gegenden von Zeit zu Zeit wiederkehrt, und grofse Verluste herbeiführt.

Die Krankheit durchläuft nach neueren Beobachtungen zwei Stadien, nämlich a) ein chronisches, und b) ein acutes Stadium. Das erstere, welches jedoch sehr häufig übersehen wird, ist nach der Individualität der betreffenden Thiere, nach den veranlassenden Ursachen u. s. w. bald länger, bald kürzer, und im Ganzen auf eine Zeit von ungefähr 6 bis 12 Wochen ausgedehnt; das zweite Stadium hat eine Dauer von etwa 5 bis 8, höchstens 14 bis 18 Tagen. Ehedem nahm man auch ein drittes Stadium, nämlich das der fauligen Colliquationen an; allein dies Stadium ist entweder nur eine Veränderung des Charakters der Krankheit, oder es besteht in dem Eintreten colliquativer Ausleerungen in der letzten Periode der Krankheit, welche aber häufig ganz fehlen.

Die Kennzeichen in dem ersten Stadium sind sehr gering, und fast allein auf einen eigenthümlichen, hellklingenden, aber etwas heiseren, und kurz abgestofsenen, trockenen Husten, dessen Ton nicht aus der Tiefe der Brust, sondern nur durch den Kehlkopf gebildet wird, beschränkt. Dieser Husten erfolgt am häufigsten des Morgens, besonders wenn die Thiere getränkt, oder wenn sie aus dem Stalle getrieben werden. Die Thiere erscheinen, aufser diesem Symptom, in jeder andern Hinsicht völlig gesund; ihr Puls, das Athmen, die Temperatur der ausgeathmeten Luft, so wie der Ohren, der Hörner etc., eben so der Appetit, das Wiederkauen, die Munterkeit, bei Kühen die Milchsecretion u. s. w. sind unverändert, und es gehört somit eine grofse Uebung dazu, den bezeichneten Husten als eine Erscheinung der beginnenden Lungenseuche zu erkennen; um so mehr, da auch bei Catarrh, und bei der reichlichen Fütterung mit sogenannter Brantweinschlempe die Rinder häufig einen ähnlichen Husten durch längere Zeit hören lassen. Manche Thierärzte bezweifeln daher die Existenz der Lungenseuche, wenn kein anderes Symptom derselben, als der bezeichnete Husten wahrzunehmen ist; die Erfahrung zeigt jedoch, dafs bei Rindern auch andere Desorganisationen der Lungen durch lange Zeit ohne Fieber und ohne andere allgemeine Krankheitserscheinungen bestehen können, und aufserdem haben Sectionen dieser Thiere, die an jenem Husten litten, die beginnende Entartung der Lunge, wie sie der Lungenseuche eigenthümlich ist, dargethan. — Nachdem der Husten 2 bis 3 Wochen gleichmäfsig bestanden, nimmt er allmählig mehr zu, so dafs er jetzt auch aufser der Zeit des Tränkens und des Austreibens erfolgt. Die Zahl der Pulse und der Athemzüge wird jetzt etwas vermehrt, und die Haut fühlt sich etwas derber und fester auf den unter ihr befindlichen Theilen aufliegend an. Uebrigens erscheint auch jetzt noch das Allgemeinbefinden der Thiere vom Normalzustande kaum abweichend. In derselben Weise schreitet die Krankheit langsam vor, und erst nach 6 bis 8 Wochen, häufig sogar erst nach 3 bis 6 Monaten, bemerkt man folgende Erscheinungen: das Athmen ist sichtbar angestrengt, und um 6 bis 9 Züge in der Minute vermehrt; nach einer Bewegung und nach dem Husten erscheint es, im Vergleich mit der gehabten Anstrengung des Thieres, sehr vermehrt, und mit deutlich sichtbarer Bewegung der Nasenflügel. Der Husten erfolgt sehr häufig, noch mehr keuchend und mehr heiser; die Thiere strecken dabei den Kopf und Hals lang nach vorwärts. Die Zahl der Pulse ist auf 65 bis 70 in einer Minute erhöht. Zuweilen bemerkt man auch, besonders gegen die Abendzeit, wechselnde Temperatur an den Hörnern und Ohren, gelindes Zittern, gesträubtes Haar, etwas trägeres Wiederkäuen und verminderte Munterkeit. Diese Zufälle sind jedoch mehrentheils so gering, dafs sie oft ganz übersehen werden, was um so leichter geschieht, da die Thiere noch nicht abgemagert sind, auch ihr Appetit und der Milchertrag fast noch derselbe ist, wie früher.

Nachdem auch diese Erscheinungen bald durch einen bald durch mehrere Tage bestanden haben, tritt das zweite Stadium der Krankheit unter den Symptomen einer Lungenentzündung oder einer Lungenbrustfellsentzündung ein. Die Thiere stehen mit gesenktem Kopfe von der Krippe zurück, und stellen mehrentheils die Vorderfüſse breit auseinander, und zeigen durch 1 bis 3, 4 Stunden einen mäſsigen Fieberschauder, während dessen Bestehen die Ohren, die Hörner bis zum Grunde und die Füſse kalt, späterhin aber wieder sehr warm sind. Zuweilen fehlt der eigentliche Frostschauder, aber der Wechsel in der Temperatur ist im Anfange dieser Periode, und mehrentheils auch im weiteren Verlaufe der Krankheit, deutlich wahrzunehmen. Der Puls ist voll, in der Regel hart, auf 80 bis 90 Schläge in der Minute vermehrt. Das Athmen wird sehr beschleunigt und angestrengt, 30 bis 50 Mal in einer Minute ausgeübt; die Nasenläppchen werden dabei stark bewegt, aber die Rippenbewegung erscheint häufig an einer Seite der Brust schwächer, als an der andern. Der Husten erfolgt jetzt selten und mit kurzem, matten Ton; er wird von den Thieren gern unterdrückt, weil er ihnen Schmerz macht. Beim Drucke gegen die Brust zeigen die Thiere bald an einer, bald an beiden Seiten, und oft an verschiedenen Stellen derselben, Schmerz, indem sie ausweichen und stöhnen; legt man ein Ohr an die schmerzhafte Seite der Brust, so hört man ein schwächeres Respirationsgeräusch, als bei gesunden Thieren, dafür ist aber zuweilen ein rasselndes Geräusch unmittelbar unter der Brustwand wahrzunehmen. Die Bindehaut der Augen, und eben so die sichtbaren Schleimhäute, sind dunkler geröthet; die ausgeathmete Luft, und der ganze Körper ist vermehrt warm, der Appetit und das Wiederkäuen fast gänzlich verschwunden, der Durst dagegen vermehrt, die Milchsecretion sehr gemindert, der Mist geht seltener ab, ist dunkel gefärbt, derber, zuweilen sogar geballt; der Urin wird sparsam entleert, die Thiere legen sich zuweilen nieder, jedoch nur für kurze Zeit, mehrentheils stehen sie; beim Liegen legen sie die Füſse unter die Brust, und halten den Kopf und Hals in die Höhe. Der Gang ist matt, und mit den Hinterfüfsen zuweilen schwankend. Dieser Zustand besteht durch einige Tage, wobei gewöhnlich die Zufälle noch mehr zunehmen, und die Thiere sichtbar abmagern. Das Wiederkäuen und die Milchabsonderung hören gänzlich auf; das Fieber besteht in einem hohen Grade fort, es erfolgen 80 — 100 Pulse in 1 Minute; die Arterie wird jedoch kleiner und weicher, das Athmen geschieht mit noch gröfserer Anstrengung, und sehr oft ist jeder Athemzug mit einem schmerzhaften, stöhnenden Tone begleitet; die eine Seite der Rippen wird zuweilen ganz fest gestellt; durch die unmittelbare Auscultation findet man an dieser Seite kein Respirationsgeräusch; beim Anklopfen mit den Fingern entsteht kein hohler, sondern ein matter, dumpfer Ton, bald an der ganzen Seite, bald nur an einzelnen Stellen. In diesem Zustande sterben manche Rinder an eingetretener Erstickung. Ist dieses aber nicht der Fall, so finden sich im weitern Verlaufe des Uebels nach und nach Erscheinungen von grofser Erschöpfung, und selbst zuweilen eines typhösen Leidens hinzu. Der Puls wird immer weicher, kleiner; die Augen sind mit Thränen und Schleim bedeckt, sehr matt, und mehr in die Augenhöhle zurückgezogen; aus den Nasenlöchern fliefst eine schleimige, zuweilen eine mehr wässerige Feuchtigkeit aus; das Gemeingefühl ist vermindert, der Leib treibt auf. Noch weiter hin wird das Athmen immer beengter, mit heftiger Bewegung der Flanken ausgeführt, und laut röchelnd; die ausgeathmete Luft ist weniger warm als früher, mehrentheils übelriechend; die Thiere magern noch mehr ab, die Zahl der Pulse steigert sich bis 120 und darüber; der Herzschlag wird (wenn er überhaupt bei den vorhandenen Desorganisationen in der Brust gefühlt werden kann), pochend oder prallend; es tritt stinkende Diarrhoe ein, und bei manchen Thieren bilden sich auf dem Rücken Luftgeschwülste, und unter der Brust, besonders am Brustlappen, ödematöse Anschwellungen. Die Thiere legen sich aus übergrofser Mattigkeit oft nieder, und strecken dabei den Kopf und Hals auf dem Erdboden gerade aus. Der Tod erfolgt endlich unter diesen Erscheinungen in der Regel sanft und ohne Convulsionen.

Der Charakter der Krankheit ist bei gut genährten kräftigen Rindern wenigstens im Anfange sthenisch, was sich aus dem harten, vollen Pulse, aus der anhaltenden bedeutenden Hitze der Hornwurzeln, der Ohren, und der ausgeathmeten Luft, aus der dunklen Färbung und der Trockenheit der Schleimhaut im Maule, in der Nase, und der Bindehaut, aus dem unfühlbaren Herzschlage, und aus den sehr consistenten Darmexcrementen ergiebt. Im Verlaufe des zweiten Stadiums kann jedoch, wenn die Thiere auf der Höhe der Krankheit nicht sterben, der asthenische Charakter sich aus dem erstern entwickeln, und bei magern, unkräftigen Thieren ist derselbe mehrentheils schon vom Anfange des Krankseins vorhanden. Man erkennt diesen letztern Charakter des Leidens aus dem kleinen, weichlichen Pulse, aus dem fühlbaren Herzschlage, den blafsen, mit mehr zähem Schleim bedeckten Schleimhäuten u. s. w.

Die Section bietet an den gestorbenen Thieren immer sehr bestimmte, charakteristische Veränderungen der Lungen dar. Man sieht nämlich die Oberfläche der Lungen, die Pleura costalis, und das Mittelfell fast immer mit einer gelblichen, lockern, faserstoffigen Substanz in verschiedener Menge bedeckt, und in den Zellen dieser Substanz findet sich etwas gelbliches Wasser. Die Lungen, und zwar bald beide Flügel, bald aber nur einer derselben, sind mit den Rippenwandungen oder mit dem Zwerchfell verwachsen; ihr Volumen ist, ebenfalls bald nur an einem, bald an beiden Flügeln, bedeutend vergröfsert, und beim Anfühlen zeigen sie sich leberartig derb, oft sogar hart, und ihr Gewicht ist bedeut endvermehrt, so dafs zuweilen ein Lungenflügel über 60 Pfd. wiegt. Die Oberflächen der kranken Lungen sind mehrentheils mit der bezeichneten, faserstoffigen Masse bedeckt; ihr seröser Ueberzug ist an verschiedenen Stellen zwei bis zehnmal dicker, als im normalen Zustande, dabei von schmutzig weifser, oder stellenweise auch von bräunlicher Farbe. Beim Durchschneiden leistet die Lungensubstanz starken Widerstand; sie knistert nicht, und fällt auch nicht zusammen; auf den Schnittflächen zeigt sie ein verschiedenfarbiges, dem bunten Marmor ähnliches Colorit, indem hellrothe oder dunkelrothe, selbst braune Flecke von verschiedener Gröfse und Form mit blafsgelben Streifen von zwei bis vier Linien Breite begrenzt, und in verschiedenen Richtungen durchzogen sind. Jene dunkleren Flecke erscheinen bei genauerer Untersuchung als desorganisirtes Lungengewebe mit infiltrirtem, zum Theil zersetztem Blute, die gelblichen Streifen aber sind exsudirter Faserstoff, und verdickte Pleura zwischen den einzelnen Lungenläppchen. Diese besondere Form der Entartung, welche man in anderen Thieren bei Entzündung und hiernach erfolgter Hepatisation der Lungen nicht, oder nur in etwas ähnlicher Art findet, ist in dem eigenthümlichen Bau der Rindslungen begründet. Bei den übrigen Thieren bildet nämlich das Lungengewebe fast durchaus eine gleichmäfsige zusammenhängende Masse, während die Lunge des Rindes aus lauter Läppchen besteht, die tiefe Furchen neben sich lassen, in welche letztere die Lungenpleura eindringt, und eine Menge Scheidewände bildet. — Neben jener plastischen Ausschwitzung in der Brusthöhle findet sich sehr oft auch eine Quantität von gelblichem Serum. In den meisten Fällen ist, wenn der Charakter der Krankheit sthenisch, und der Verlauf acut war, die Lungensubstanz in der bezeichneten Art sehr viel verändert, aber wenig wässerige Ergiefsung in der Brusthöhle; wogegen diese Ergiefsung sehr reichlich, und die Veränderung der Lungensubstanz geringer ist, wenn die Krankheit den asthenischen Charakter an sich trug. — Ausser den bezeichneten wesentlichen Veränderungen der Lunge sieht man zuweilen auch Eitersäcke und Hydatiden in ihnen, die jedoch beide nicht der Lungenseuche angehören. — Der Herzbeutel ist äufserlich fast immer mit plastischer Lymphe bedeckt, im Innern enthält er viel Serum; das Herz ist ausgedehnt, welk und blafs. In der Bauchhöhle, und am übrigen Körper, findet man keine wesentlichen Veränderungen; doch sind die Cadaver nach längerer Dauer der Krankheit, wie bereits oben bemerkt, sehr abgemagert, fettarm, die Muskeln blafs, und unter der Haut finden sich in der Gegend des Brustlappens wässerige Ergiefsungen, in seltenen Fällen auch an verschiedenen Stellen Emphyseme.

Tödtet man ein an der Krankheit leidendes Rind gleich nach dem Eintritte des acuten Stadiums, so zeigt sich bei der Section die eine oder die andere Lunge stellenweise mit den Brustwänden verwachsen, oft auch etwas Ausschwitzung von Faserstoff daselbst, und die Lungensubstanz ebenfalls stellenweise derber, und beim Durchschneiden von marmorirtem Ansehen.

Die Lungenseuche kommt hauptsächlich in flachen oder in tiefliegenden, feuchten Gegenden vor; doch sind auch höherliegende Gegenden, und selbst hohe Gebirge, von ihr nicht befreit; sie soll jedoch nach den Ansichten mancher Thierärzte, z. B. *Rychner's*, in den letzteren Gegenden nicht ursprünglich sich entwickeln, sondern nur in dieselben eingeschleppt worden sein. Sie findet sich in allen Jahreszeiten ein, am häufigsten und am ausgebreitetsten herrscht sie jedoch im Spätherbst, und im Anfange des Sommers, wogegen sie im Winter und in der Mitte des Sommers seltener beobachtet wird. Sie kommt bei jeder Raçe, bei jedem Geschlecht, und in jedem Alter der Thiere vor, und selbst bei neugeborenen Kälbern will man sie beobachtet haben. Diese Beobachtungen beziehen sich aber eigentlich nur auf das Vorfinden ähnlicher kranker Stellen in den Lungen, wie sie bei der Lungenseuche gefunden werden, aber nicht auf lebende Thiere. Die Krankheit tritt oft in einzelnen Fällen als sporadisches Leiden auf; mehrentheils aber herrscht sie unter dem Rindvieh eines Ortes als eine Seuche, welche zuweilen 4 bis 6 Monate, und noch länger dauert. Sie nimmt im Anfange immer einen schleichenden Gang, indem sie bald in gröſseren, bald in kleineren Intervallen ein Stück ergreift; nach einiger Zeit werden die Erkrankungen zahlreicher, bis zuletzt der gröſste Theil einer Heerde von ihr ergriffen ist. Häufig kann man hierbei beobachten, daſs diejenigen Stücke, die nebeneinander, oder mit den Köpfen gegen einander standen, vorzüglich oder in einer gewissen Reihenfolge erkranken; in anderen Fällen läſst sich dies jedoch nicht nachweisen, sondern die Erkrankungen finden bei den einzelnen Stücken ohne alle gegenseitige Verhältnisse statt. Selten breitet sich die Krankheit über mehrere nebeneinander liegende Ortschaften aus; doch kömmt dies zuweilen vor.

Die Ursachen der Lungenseuche sind noch nicht für alle Fälle genügend bekannt. Sehr oft bestehen sie in Erkältungen, welche besonders leicht Statt finden, wenn die Thiere mit warmer Branntweinschlempe oder mit sogenanntem Brühfutter genährt, und dabei der Zugluft oder naſskalter Witterung, und rauhen Winden ausgesetzt werden, oder wenn sie Wasser von frisch geschmolzenem Schnee oder Eis saufen müssen. Auſserdem tragen überschwemmte und sumpfige

Weiden, der Genuſs von mit Schlamm bedecktem und verfaultem Grase, von solchem Heu, von dumpfigem Heu auch die längere Zeit fortgesetzte Fütterung mit erfrorenen oder verfaulten Kartoffeln, Rüben, Kohl u. s. w.; auch Wassermangel auf der Weide bei groſser Hitze; der Genuſs von fauligem, stinkenden Wasser aus Gruben und Pfützen u. s. w. zum Entstehen der Krankheit bei. Sehr häufig beschuldigt man auch den Genuſs der Branntweinschlempe als eine wichtige Ursache dieser Krankheit. Da jedoch dieses Nahrungsmittel in der neuern Zeit in den meisten groſsen Landwirthschaften als das Hauptsächlichste durch einen groſsen Theil des Jahres benutzt wird, die Lungenseuche aber häufig durch viele Jahre bei den so gepflegten Thieren nicht vorkömmt; so erscheint wohl diese Beschuldigung als nicht erwiesen. Wenigstens kann die Branntweinschlempe nicht für sich allein, sondern nur durch Nebenumstände bedingt, wie namentlich, wenn sie in unmäſsiger Menge, ohne gleichzeitig gegebenes anderes Futter, oder wenn sie zu heiſs, oder ohne Verdünnung mit Wasser, oder im sauren und faulenden Zustande gereicht wird, zur Erzeugung der Lungenseuche Veranlassung geben.

Die wichtigste Ursache der Lungenseuche ist in vielen Fällen ein Contagium, welches in dieser Krankheit erzeugt wird, und welches sowohl flüchtig, wenigstens dunstförmig, in der von den kranken Thieren ausgeathmeten Luft enthalten, wie auch an andere Substanzen, vorzüglich an die aus der Nase flieſsende, schleimige Feuchtigkeit, und, wie es scheint, auch an das Blut gebunden ist. Dieses Contagium ist, so lange als man die Krankheit kennt, fast allgemein angenommen, in der neueren Zeit aber von mehreren Thierärzten, namentlich von *Bojanus* und *Dieterichs* geläugnet, und von *Wagenfeld* als höchst zweifelhaft betrachtet worden, wogegen Andere, namentlich *Sauter*, die Wirksamkeit und die Dauer gröſser bezeichnen, als es der Fall ist. Nach richtiger Würdigung aller besseren Beobachtungen ergiebt es sich, daſs ein solches Contagium in den meisten Fällen der Krankheit wirklich erzeugt wird, daſs es aber viele Fälle giebt, wo es nicht entwickelt wird. Denn man hat in vielen Fällen beobachtet, daſs die Krankheit in der ersten Zeit nur diejenigen Rinder ergreift, die vorher mit Erkrankten in

Berührung gekommen sind, — dafs die Krankheit ohne alle weitere Veranlassung entstanden ist, wenn andere, an der Lungenseuche leidende Kühe von fremden Orten her in den Stall gebracht wurden, dafs dieses auch bei solchen Rindern sich ereignete, welche mit anderen in jeder Hinsicht gleichmäfsig gepflegt wurden, wobei die letzteren aber völlig gesund verblieben, wenn sie mit den Kranken in keine Berührung kamen. Dagegen hat man aber auch oft beobachtet, dafs einzelne Stücke mitten in einem grofsen Viehstalle oder in einer grofsen Heerde an der Lungenseuche erkrankten, und starben, ohne dafs die übrigen Thiere, die mit ihnen in beständiger Gemeinschaft verblieben waren, in der Folge eine Spur des Uebels zeigten. Hin und wieder ist die Krankheit auch bei absichtlichen Impfversuchen durch Uebertragung von Nasenschleim und von Blut aus Erkrankten auf gesunde Rinder fortgepflanzt worden, während viele andere Versuche der Art ein negatives Resultat lieferten. Die letzteren Versuche können jedoch gegen das Ansteckungsvermögen wenig beweisen, da man auch hier die Bedingungen nicht kennt, unter welchen die Ansteckung Statt findet. Zweifelhaft ist es noch, ob das Contagium schon im chronischen Stadium der Krankheit entwickelt ist; im acuten ist dies hinlänglich erwiesen.

Die Prognosis ist hinsichtlich des Ausganges der Krankheit bei den einzelnen Thieren nach dem Habitus derselben, nach dem Grade, nach dem Charakter und der Dauer des Uebels etwas verschieden, im Allgemeinen aber mehr ungünstig, als günstig. Es giebt einzelne Seuchen, in denen die Krankheit einen mehr langsamen Verlauf im zweiten Stadium macht, und wo daher die Desorganisation der Lunge weniger schnell erfolgt, und die Hilfe daher von mehr günstigem Erfolge begleitet ist. Ebenso bemerkt man, sowohl bei einzelnen Thieren, so wie auch bei der Mehrzahl der ergriffenen Thiere in ganzen Seuchen, dafs nur partielle Entartungen der Lungen in der oben bezeichneten Weise eintreten, und dafs hier ein grofser Theil der kranken Thiere die Krankheit glücklich übersteht. Unter solchen günstigen Umständen sterben ungefähr 20 bis 30 Procent. Dagegen findet sich zuweilen bei der Mehrzahl der erkrankten Thiere ein sehr acuter Verlauf, und eine, in der ganzen Lunge bestehende

Disposition zur Entartung, und hier sterben gewöhnlich mehr als die Hälfte der sämmtlichen erkrankten Thiere. Inwiefern die Witterung, die Pflege und Wartung dabei von Einflufs sind, ist noch nicht gehörig ermittelt. Der Erfolg der therapeutischen Behandlung hat sich in verschiedenen Seuchen sehr verschieden gezeigt, so dafs sich auf keine Methode derselben eine sichere Prognosis gründen läfst. Je früher die Kur eingeleitet wird, um desto günstiger pflegt der Erfolg zu sein. Bei dem einzelnen Erkranken läfst sich die Vorhersagung einigermafsen günstig machen, wenn im acuten Stadium die Symptome durch mehrere Tage in einer mäfsigen Höhe fortbestehen, wenn die Thiere noch auf beiden Seiten liegen können, und wenn das Fieber und die Athembeschwerden nach angeweudeten Heilmitteln sich mindern; unter entgegengesetzten Umständen ist der Ausgang sehr zweifelhaft und mehrentheils ungünstig. Aber selbst bei günstigem Erfolge findet mehrentheils keine ganz radicale Heilung Statt, sondern es bleiben bald gröfsere, bald geringere Structurveränderungen in der Lunge zurück, und hierdurch werden verschiedene Nachkrankheiten bedingt. Während der Krankheit abortiren die tragenden Kühe fast sämmtlich. Findet dies vor der Höhe der Krankheit Statt, so überstehen die Thiere dieselbe meistens; erfolgt aber der Abortus im schon eingetretenen asthenischen Zustande, so gehen sie fast immer verloren. Die Verhütung des Uebels wird durch Vermeidung der oben genannten Ursachen, so wie auch hauptsächlich durch Vermeidung jeder Gelegenheit zur Ansteckung durch fremde Rinder bewirkt. Bei gutgenährten Thieren haben sich auch Aderläfse von 6 bis 10 Pfd. Blut, und in Zwischenzeit von 8 zu 8 Tagen wiederholt, so wie auch Laxanzen von Natrum sulphuricum oder Kali sulphuricum, ferner Fontanelle und Haarseile, magere Diät, und Vermeidung erhitzender Bewegungen nützlich gezeigt.

Die Kur der Lungenseuche wird nach denselben Indicationen, wie jede andere Lungen- und Brustfellentzündung ausgeführt, mit Berücksichtigung des Charakters des Fiebers, und der Constitution der Thiere. Bei kräftigen gutgenährten Thieren, und wenn die Krankheit einen sthenischen Charakter zeigt, sind reichliche Blutentziehungen das Hauptmittel; man macht den ersten Aderlafs von 10 bis 20 Pfd., und wiederholt nöthigenfalls denselben nach 12 bis 16 Stunden, etwa in der reichlichen Hälfte der eben angegebenen Quantität. Innerlich giebt man hierbei zuerst das Nitrum mit Natrum oder Kali sulphuricum, von dem erstern 1 Unze, von dem letztern 3—4 Unz. pro Dosi, und in Zwischenzeiten von drei Stunden wiederholt, am besten in flüssiger Form. Am zweiten und dritten Tage kann man das Calomel $\frac{1}{2}$ Drach. pro Dosi in Zwischenzeiten von 6 Stunden wiederholt, und mit mäfsigen Gaben von den vorigen Salzen, auch mit gelind bittern Mitteln verbunden anwenden. Man mufs jedoch mit diesem Mittel sehr vorsichtig sein, und es nur so lange fortgebrauchen, bis die Darmexcremente anfangen weicher zu werden, weil sonst sehr schnell eine erschöpfende Diarrhöe eintritt. Das Calomel scheint daher bei trockener Fütterung im Stalle mehr passend zu sein, als bei Grünfütterung und bei Weidegang. Ist der sthenische Charakter des Fiebers gemindert, so kann man auch den Tartarus stibiatus, oder nach *Lux* das Kali carbonicum, beide in schleimigen Flüssigkeiten, anwenden. Das erstere Mittel giebt man pro Dosi zu $\frac{1}{2}$ — 1 Drachm. des Tages vier bis sechs Mal; es scheint besonders da nützlich, wo die Krankheit durch Erkältung entstanden ist; das Kali carbonicum wird pro Dosi zu 1 Unz. des Morgens und Abends wiederholt gegeben; es scheint besonders der übermäfsigen Plasticität des Blutes entgegen zu wirken, und theils hierdurch, theils durch Auflösung der plastischen Exsudate in den Lungen heilsam zu sein; wenigstens hat es sich sehr häufig nützlich gezeigt. Aeufserlich sind Haarseile an beiden Seiten der Brust und am Triel applicirt, oder Einreibungen einer verstärkten Cantharidensalbe oder der Brechweinsteinsalbe an jeder Seite der Brust, in der Gröfse eines Quadratfufses stets sehr nützlich. Weniger zweckmäfsig hat sich die Application des Glüheisens an denselben Stellen gezeigt. In diätetischer Hinsicht müssen die Thiere ruhig in einem kühlen Stalle, und bei ganz magerem Futter gehalten werden. — Sind die Thiere sehr mager, tritt die Krankheit aber dennoch zuerst mit sthenischem Charakter auf, so bleibt der Aderlafs weg, die übrige Behandlung aber dieselbe.

Hat die Lungenseuche einen deutlich ausgesprochenen asthenischen Charakter, so kann man in der ersten Zeit, und bei gutgenährten Thieren innerlich zuerst das Calomel, und den Tartarus stibiatus mit mäfsigen Gaben der schwefelsauren Salze, und mit bittern oder mit gelind aromatischen Brustmitteln verbunden anwenden. Wird hiernach der Darmkoth weicher, so ist der Salmiak, das Kali carbonicum, und der Schwefel mit stärker bitteren und aromatischen Mitteln angezeigt. Bei anhaltend sehr hohem Fieber kann auch die Digitalis 1 Drachm. pro Dosi des Tages drei Mal gegeben werden. Die äufserlich ableitenden Reizmittel sind hier eben so nützlich, wie bei dem sthenischen Charakter der Krankheit. Der Stall mufs hier mehr mäfsig warm gehalten werden, und die Thiere können mäfsig nährendes Futter, namentlich süfse Wurzeln, und dergleichen erhalten.

Die Lungenseuche mufs in medicinisch-polizeilicher Hinsicht immer als eine contagiöse Krankheit betrachtet werden, weshalb gegen ihre weitere Verbreitung folgende Mafsregeln zu nehmen sind: 1) der Ausbruch der Krankheit ist der Ortsbehörde und dem Landrath anzuzeigen. — 2) Das gesunde Vieh mufs, es mag im Stalle oder auf der Weide sich befinden, sogleich von den Erkrankten abgesondert, und wo möglich in einen besondern Stall des Besitzers gebracht werden. — 3) Ebenso ist das genesene Vieh von dem kranken und dem gesunden separirt zu halten. — 4) Auf der Weide mufs das kranke Vieh auf seinen besonderen Hütungsplätzen durch einen Zwischenraum von 4 — 500 Schritt von dem gesunden Vieh entfernt gehalten werden. — 5) Zwischen dem Rindvieh des Ortes, wo die Krankheit besteht, so wie zwischen den Utensilien, die bei dem erkrankten Vieh benutzt worden sind, und zwischen allem Rindvieh eines jeden andern Ortes mufs die Gemeinschaft für die Dauer der Krankheit unterbrochen werden. — 6) Es darf weder Rindvieh, noch Raufutter oder Dünger aus dem Orte, wo die Lungenseuche herrscht, verkauft, oder unter einem andern Vorwande über die Grenze des Ortes gebracht werden; auch aus anderen Orten darf kein Rindvieh durch den inficirten Ort, und über dessen Hütungen geführt werden. — 7) Es darf kein genesenes Vieh ohne vorherige Besichtigung eines Thierarztes, und ohne Genehmigung des Landraths unter die gesunde Heerde wieder aufgenommen werden. — 8) Das von der Krankheit genesene Vieh soll an den Hörnern mit den Buchstaben L. K. (Lungenkrank) gebrannt, und es darf erst 3 Monate

nate, nachdem die Krankheit im Orte ganz aufgehört hat dessen Verkauf in fremde Orte nachgelassen werden. — 9) Der Transport und das Vergraben der Cadaver soll auf einem für diesen Zweck im Orte gehaltenen Karren geschehen. Der letztere bleibt so lange als die Krankheit dauert, im Orte stehen. Der zum Verscharren der Cadaver bestimmte Platz soll 6 — 800 Schritte vom Orte entfernt liegen, und die Cadaver müssen in 6 Fuſs tiefe Gruben geworfen, und mit Erde vollständig und fest bedeckt werden. Das Abledern der Cadaver ist dem Abdecker erlaubt; er darf jedoch nichts anderes, als die Haut mitnehmen. — 10) Viehmärkte dürfen an dem Orte, wo die Lungenseuche ausgebrochen ist, nicht gehalten werden. — 11) Die Ställe müssen gründlich gereinigt; der Mist aus denselben, und vom Hofe soll sogleich durch Pferde auf das Feld geschafft, dort untergepflügt, und der Platz, wo dies geschehen, vier Wochen lang mit keinem Rindvieh betrieben werden. Nach der Reinigung der Ställe werden dieselben noch durch einige Tage nacheinander mit Chlordämpfen desinficirt. — 12) Der Ausbruch der Krankheit, der befohlene Anfang der Sperre des Ortes für Rindvieh und Rauhfutter, und ebenso zu seiner Zeit das Aufhören der Krankheit seit 3 Monaten, muſs von dem Landrathe und den Regierungsbehörden in den öffentlichen Blättern bekannt gemacht werden. Hinsichtlich der Gesundheitserhaltung der Menschen ist nur zu bemerken, daſs das an der Lungenseuche im chronischen Stadium leidende Rindvieh geschlachtet, und der Genuſs des Fleisches, so wie der Genuſs der Milch in dieser Periode als unschädlich nachgegeben werden kann. Diese Artikel dürfen jedoch nur auf dem Hofe des Besitzers oder in dem inficirten Orte verbraucht werden. Von Thieren, welche bereits im acuten Stadium der Krankheit leiden, ist dagegen das Fleisch und der Milchgenuſs gänzlich zu untersagen.

Literatur:

Kausch, Original-Bemerkungen über Milzbrand u. Lungenseuche. Grottkau und Leipz. 1790. 8. — *Chabert*, Instruction sur la peripneumonie etc. Paris 1794. — oder deutsch im „Vollständ. Handb. d. Thierarzneik. von *Chabert*, *Flandrin* und *Huzard*, 2. Bd. Cap. 8. Berlin 1799. — *Huzard*, de la Peripneumonie chronique etc. Paris, an VIII. — *Kölpin*, Unterricht über die Lungenkrankheit des Rindviehes. Stettin 1800. — *Ammon*, über die Lungenseuche des Rindviehes.

Ansbach 1808. — *Lappe*, über die Lungenseuche des Rindviehes. Götting. 1818. — *Bojanus*, Anleitung zur Kenntniss und Behandlung der wichtigsten Seuchen etc. 2. Aufl. Wilna und Leipz. 1820. — *v. Am-Pach*, über die Lungenfäule. Pesth 1819. — *Havemann*, über die Lungenseuche, in *Andree's* öconom. Neuigkeiten 1819. Nr. 33. — — *Tscheulin*, die Kunst, die Rindviehseuchen zu erkennen etc. Carlsruhe 1821. — *Dieterichs*, über die Lungenseuche. Berlin 1821. — *Wagenfeld*, die Lungenseuche, mit 3 color. Tafeln. 4. Danzig 1832. — *Franque*, Geschichte der Seuchen im Herzogthume Nassau. Frankfurt a. M. 1834. — *Sauter*, die Lungenseuche des Rindviehes, ihr Wesen u. s. w. Winterthur 1835; — nebst vielen Anderen, die von weniger Wichtigkeit sind. He — g.

LUNGENSTEINE. S. Enterolithen.

LUNGENSUCHT. Vergl. Phthisis pulmonum.

LUNGENTUBERKELN. S. Tuberkeln.

LUNGENVENEN. S. Lungen.

LUNGENVENENSACK. S. Cor.

LUNGENWEGENNERV. S. Stimmnerv.

LUNGENWUNDEN. Penetrirende Brustwunden, welche die Continuität des Lungengewebes in gröfserer oder geringerer Ausdehnung verletzen, können entweder durch scharfe Körper (als Dolch-, Messer- oder Degenklingen) oder durch Kugeln bewirkt sein, und sind demnach **Stichwunden** oder **Schufswunden**. Auch Unterleibswunden, welche eine aufsteigende Richtung nehmen, können, nachdem durch sie das Zwerchfell getrennt ist, die Lungen treffen, in welchen Fällen aber die Verwundung der Lungen stets nur ein untergeordnetes wundärztliches Interesse in Anspruch nimmt.

Bei den Schwierigkeiten, von denen eine zuverlässige Erkenntnifs der Lungenwunden in vielen Fällen gedrückt wird, darf die Voraussetzung gelten, dafs eine Lungenwunde in gröfserer und geringerer Tiefe und in einer der äufseren Hautwunde entsprechenden Ausdehnung in allen denjenigen Fällen zugegen sei, in welchen es sich bei der Untersuchung herausstellt, dafs die Pleura verletzt, und das verwundende Instrument in die Säcke des Brustfelles der einen oder der anderen Seite eingedrungen ist, indem jede gewaltsame Trennung der Pleura ohne gleichzeitige Verwundung der Lunge bei Stichwunden zu den seltenen Ereignissen gehört, bei den Schufswunden dagegen weniger selten vorkommt. — Die von der Chirurgie aufgestellten diagnostischen Kennzeichen der Lungenwunden sind sämmtlich unzuverlässig und mehr oder weniger trüglich. Dahin gehören: 1) das Ausfliefsen eines hellrothen, schaumigen Blutes aus der äufseren, in den Wandungen des Thorax befindlichen Wunde (wenn aber die äufsere Wunde eng, und die Lungenwunde nicht tief ist, kann dieses Zeichen eine sehr geringe Deutlichkeit darbieten, und bei der Ankunft des Arztes zu bestehen bereits aufgehört haben, nachdem sich die enge Hautwunde in Folge der in den Wundrändern eingetretenen Geschwulst geschlossen hat); 2) das Auswerfen eines gleichfalls hellrothen und schaumigen Blutes durch den Mund (dieses Zeichen kann fehlen, und dennoch die Lunge verletzt, und es kann zugegen sein ohne Verletzung der Lunge, namentlich bei Schufswunden in Folge einer durch diese bewirkten Commotion des Lungengewebes); 3) die Gegenwart eines lebhaften, fixen Schmerzes im Innern der Brust, welche aufser der Lungenverwundung von manchen anderen Ursachen ausgehen kann. Die übrigen, bei den Lungenwunden selten oder nie fehlenden Erscheinungen, namentlich ein erschwertes Athemholen, und besonders eine mühsame und schmerzhafte Inspiration, die Zeichen einer Blutergiefsung in das Cavum pleurae, und die Folgen der Compression der Lungen mittelst der durch die äufsere Wunde eingedrungenen Luft sind nicht ausschliefslich den Lungenwunden eigen; sie können bei penetrirenden Brustwunden auch ohne Verletzung der Lunge zugegen sein, und gestatten daher auf die Existenz von Lungenwunden nur eine sehr bedingte Anwendung.

Der Verlauf, die Gefahr, und die Behandlung der Lungenwunden ist von zwei Zufällen abhängig, die mit jeder Continuitätsverletzung des Lungengewebes nothwendig verbunden sind, aber in sehr verschiedener und ungleicher Intensität bestehen können. Diese beiden Zufälle sind die Blutung aus den getrennten Lungengefäfsen, und die durch traumatische Reaction bedingte Entzündung des Lungenparenchyms. In manchen Fällen gesellt sich zu ihnen noch die Gegenwart fremder Körper in der Lungenwunde, welche auf ihren Verlauf, ihre Gefahr und Behandlung verändernd und bestimmend einzufliefsen vermögen. Die Verwundung des Lungengewebes, abgesehen von den eben genannten Zufällen, ist weder gefährlich an und für sich, noch bedingt und erfordert sie besondere Rücksichten für die Behandlung, da nach der Stillung der Blutung, nach der Zertheilung der Entzündung, und nach der Entfernung etwa vorhandener fremder Körper die Heilung und Vernarbung der Lungenwunden durch die Natur selbst bewirkt wird, und die Kunst zu deren Beförderung unmittelbar nichts zu thun vermag.

1) Die mit jeder Lungenwunde nothwendig verbundene Blutung ergiefst in denjenigen seltenen Fällen, in welchen an der Stelle der Verwundung die Lunge mit der Pleura zufällig verwachsen war, das aus den durchschnittenen Lungengefäfsen strömende Blut frei nach aufsen; da aber in der größeren Zahl aller Fälle eine solche Verwachsung nicht Statt findet, so ergiefst sich das Blut gewöhnlich zunächst in das Cavum pleurae, und dringt aus diesem durch die äufsere Wunde reichlich hervor, wenn diese äufsere Wunde eine senkrechte Richtung hat, und wenn sie verhältnifsmäfsig weit und klaffend ist; im entgegengesetzten Falle aber, und wenn dieselbe eine schräge Richtung zeigt, wenn sie eng ist, und wenn die Wundränder dicht auf einander liegen, bleibt das ergossene Blut in dem Brustfellsacke, und dringt nur in sehr geringer Menge nach aufsen.

Dafs der seltene und günstige Fall einer Verwachsung der Lunge mit der Pleura an der Stelle der Verwundung Statt finde, davon überzeugt uns leicht die vorsichtige Untersuchung mittelst des, in die Wunde gebrachten, beölten Fingers, die frühe Bildung eines Propfes von geronnenem Blute an der äufseren Wunde, und die Abwesenheit der eine innere Blutergiefsung begleitenden Erscheinungen.

Wenn das in das Cavum pleurae ergossene Blut durch eine verhältnifsmäfsig weite Wunde frei nach aufsen dringt, so ist es zunächst in prognostischer und therapeutischer Beziehung von Wichtigkeit, zu bestimmen, ob das ausströmende Blut wirklich aus den verletzten Lungengefäfsen, oder ob es aus der Arteria intercostalis oder mammaria interna, oder ob es aus grofsen Gefäfsstämmen aufserhalb des Lungengewebes an denjenigen Stellen hervorquille, wo diese Gefäfsstämme ihren Eingang in das Lungenparenchym oder ihren Ausgang aus demselben nehmen. Die Blutung aus der verletzten Arteria intercostalis oder mammaria interna wird theils aus der Stellung und Richtung der Wunde, theils aus dem bekännten Experimente mittelst eines in die Wunde schräg aufwärts eingeschobenen und hinter die genannten Arterien gebrachten Kartenblattes erkannt, und von der Lungenblutung durch den Umstand unterschieden, ob nicht schäumiges Blut in einem starken Strahle oberhalb des Kartenblattes, oder schäumiges Blut unterhalb desselben hervordringt. — Blutungen aus den Lungenvenen und der Lungenarterie, bevor diese Gefäfse sich in die Lungen zerästelt haben, lassen sich nur aus der Richtung und Tiefe, mit welcher das verletzende Instrument eindrang, aus der Abwesenheit der, auf Verletzung der A. intercostalis und mammaria interna deutenden Zufälle, so wie aus der fehlenden schäumigen Beschaffenheit des Blutes vermuthen.

Wenn aber das in das Cavum pleurae ergossene Blut wegen der Richtung und des Umfanges der äufseren Wunde keinen Ausflufs nach aufsen findet, und in dem Pleurasacke der einen Seite angehäuft wird, so ist es wichtig, auf die Erscheinungen dieses inneren Blutergusses aufmerksam zu achten, da durch ihn die Prognose so wie die Behandlung eigenthümlich modificirt werden (Diese Erscheinungen sind in dem Artikel „Brustwunden“ VI. Bd. S. 417. angegeben und dort nachzulesen).

Jede bei Lungenwunden aus verletzten Lungengefäfsen stattfindende Blutung mufs ohne Zeitverlust gestillt werden. Diese Blutstillung ist sehr leicht in denjenigen seltenen Fällen, wo die verwundete Lunge mit der Pleura adhärirt. Hier bedarf es nur einer festen und sicheren Verschliefsung der äufseren Wunde um den Blutverlust zu hemmen, und ob eine allgemeine, die Blutbewegung deprimirende Einwirkung aufserdem erforderlich sei, hängt allein von den Zufällen ab, welche nach geschehener Verschliefsung der äufseren Wunde vorliegen oder eintreten. In allen anderen Fällen ist aber eine unmittelbare Einwirkung auf die blutenden und verletzten Lungengefäfse nicht ausführbar; der mittelbare Weg aber, dessen man sich zur Stillung der Blutung bedient, ist zwiefach verschieden. Er besteht in einer allgemeinen deprimirenden Einwirkung auf die Blutbewegung überhaupt, so wie in dem festen Verschliefsen der äufseren Wunde.

Die deprimirende Einwirkung auf die gesammte Blutbewegung geschieht in der Absicht, den Zuflufs des Blutes zur Wunde zu vermindern, den Andrang desselben gegen die offenen Gefäfsmündungen zu schwächen, und die Bildung eines diese Gefäfsmündungen verschliefsenden Blutpfropfs zu befördern. Man verfolgt diese Absicht durch reichliche Aderlässe, die man bis zur möglichsten Kleinheit des Pulses fortsetzt, und so oft wiederholt, als eine lebhafte Blutbewegung von Neuem erwacht, und sich durch kräftigeren und volleren Pulsschlag verräth (wobei man inzwischen nicht versäumen darf, auf denjenigen Blutverlust Rücksicht zu nehmen, welcher vielleicht schon vor Anstellung der Aderlässe Statt gefunden hatte), — ferner durch kalte Umschläge über die kranke Seite der Brust (jedoch unter Berücksichtigung und Vermeidung desjenigen Einflusses, welchen diese Umschläge oft auf die Erregung oder Vermehrung des Hustens ausüben), — desgleichen durch die Darreichung von verdünnten Mineralsäuren, Alaun und Salpeter, in Verbindung mit der strengsten körperlichen und Gemüthsruhe des Verwundeten, unter Vermeidung des Sprechens und unter Beachtung einer kühlenden, kargen und nüchternen Diät. Man setzt dieses Verfahren bis zum Ende des dritten Tages nach der Verwundung fort, damit durch seine frühere Unterbrechung nicht die Abstofsung des etwa gebildeten Blutpfropfes begünstigt werde.

Durch die feste Verschliefsung der äufseren Wunde befördert man freilich die Bildung eines blutigen Extravasats in dem Pleurasacke der kranken Seite (auf dessen Vermeidung die ältere Chirurgie auf Kosten der Blutstillung ein vorwaltendes Gewicht legte); man erreicht aber dadurch unbezweifelt einen diesen Nachtheil überwiegenden und doppelten Gewinn, indem eines Theils das in dem Pleurasacke zurückgehaltene Blut die Lungenwunde verstopft, den fortdauernden Blutflufs aus ihr verhindert, und die Bildung eines Blutpfropfes begünstigt, anderen Theils aber durch die feste Verschliefsung der Wunde der Eingang der atmosphärischen Luft in die Höhle der Pleura verhütet wird. Dieser Eingang der Luft wirkt aber nicht allein reizend auf die Pleura und die Entzündung derselben begünstigend ein, sondern er befördert auch die Zersetzung und Gerinnung des in ihre Höhle ergossenen Blutes, und beide Umstände verhindern die spätere Resorption desselben. Deshalb kann man bei Lungenwunden mit der Verschliefsung der äufseren Wunde nie genug eilen, und sie mufs in der Praxis selbst den auf den Kreislauf deprimirend einwirkenden Mitteln und deren Anwendung vorangehen. Die von manchen Seiten, namentlich von *Vering*, gegen das Verschliefsen der äufseren Wunde erhobenen Gründe und Bedenken (vergl. die unten angeführte Schrift S. 32.) sind durch die Beobachtungen von *Larrey*, *v. Gräfe*, *Chelius*, *Spiess* u. A. hinlänglich widerlegt (Vergl. den Artikel „Brustwunden" VI. Bd. S. 421.). Diese Verschliefsung selbst wird entweder dadurch ausgeführt, dafs man die Wundränder mit Heftpflasterstreifen zusammenzieht und vereinigt, darüber eine Compresse legt, und diese mit einer passenden Binde befestigt (*v. Gräfe*), oder indem man mittelst Hasenschartnadeln die Wunde luftdicht verschliefst. — Mit dem besten Erfolge hat *v. Gräfe* mehrere Fälle von penetrirenden Brustwunden durch die Compression behandelt; er legte nämlich über die mit Heftpflasterstreifen genau geschlossene Wunde eine graduirte Compresse, und drückte diese mittelst einer in mehrfachen Zirkeltouren um den Brustkasten geführten Binde kräftig an; auch bedient er sich einer eigenen elastischen, den Bewegungen des Brustkastens nachgebenden Brustbinde. Die nach absichtlicher Verschliefsung der äufseren Wunde, oder auch ohne diese Verschliefsung und vor ihr bei einer schrägen Richtung und engen Beschaffenheit der Wunde in dem Pleurasacke zurückgehaltene Blutmasse kann in einzelnen Fällen so bedeutend werden, und durch ihren Druck die Lungen so entschieden comprimiren, dafs dadurch für den Verwundeten die Gefahr der Erstickung und des Todes entsteht. Dann wird es nothwendig, dem Blute Ausflufs zu geben, und zu diesem Ende die verschlossene Wunde zu öffnen, eine zu enge Wunde zu erweitern, oder nach den Grundsätzen der Operation der Paracentesis thoracis einen neuen Einschnitt in die Wandungen des Brustkorbes zu machen, und durch die wieder hergestellte, erweiterte, oder neu gebildete Oeffnung das Blut nach aufsen zu entleeren (Vergl. „Brustwunden" VI. Bd. S. 421.). So lange aber die Zufälle des Extravasats nicht so bedeutend werden, dafs sie dem Leben des Verwundeten Gefahr drohen, darf es als zweckmäfsiger erscheinen, die Entfernung des ergossenen Blutes durch die Resorption abzuwarten, selbst wenn diese einen langen Zeitraum erfordern sollte. Denn wenn auch die in neuerer Zeit aufgestellte Ansicht, dafs die Resorption selbst grofser Blutmassen **sicher** zu erwarten stehe, so lange das Blut durch seine Berührung mit der atmosphärischen Luft noch nicht geronnen ist, und so lange es seine flüssige Beschaffenheit bewahrt hat, durch hinlängliche Erfahrungen noch nicht über jeden Zweifel erhaben ist, so ist es doch auf der anderen Seite unbezweifelt, dafs ein geronnenes und verdicktes Blut nur auf eine sehr unvollkommene Weise entleert werden kann.

2) **Die durch traumatische Reaction** fast in allen Fällen von Lungenwunden **entstehende Lungenentzündung**, an welcher in den mehrsten Fällen auch die Pleura einen mehr oder weniger entschiedenen Antheil nimmt, ist nach der Individualität des Verwundeten und der Verwundung mehr oder weniger heftig, und sie steht nicht immer mit der Ausdehnung und der Tiefe der Lungenwunde in einem geraden Verhältnifs. Seltener erreicht diese Entzündung bei Stichwunden einen hohen Grad von Heftigkeit, da meistens das zur Stillung der Blutung eingeschlagene Heilverfahren die Ausbildung der späteren Entzündung mäfsigt und beschränkt; anders aber verhält es sich bei Schufswunden, die theils durch sich selbst, theils durch die mit ihnen oft verbundene Gegenwart fremder Körper die Lungenentzündung sehr begünstigen. Obgleich die traumatische Pneumonie sich durch dieselbe Symptomengruppe manifestirt, welche auch der selbstständigen Lungenentzündung zukommt, so ist doch ihr Bild oft so verworren, und die Symptome sind durch die gleichzeitige Gegenwart eines Extravasats oder eingedrungener fremder Körper oft so verwickelt, dafs eine sichere Erkenntnifs der Lungenentzündung bei Lungenwunden oft in einem hohen Grade schwierig ist. Es ist deshalb Grundsatz der chirurgischen Schule geworden, die auf Lungenentzündung bei Lungenwunden deutenden Symptome entweder einem Extravasat oder dem Reize fremder Körper dann zuzuschreiben, wenn die entzündungswidrige Behandlung diese Symptome zu beseitigen nicht vermag. — Der Ausgang der traumatischen Lungenentzündung ist bei Stichwunden in der Regel Zertheilung, bei Schufswunden dagegen häufig Eiterung und Abscefsbildung. — Die Behandlung

weicht nicht von denjenigen Grundsätzen ab, welche die specielle Therapie für die Heilung der Pneumonie überhaupt aufstellt; nur bei Schufswunden mufs das antiphlogistische Heilverfahren eingreifender und entscheidender sein, um trotz der geringen Neigung, welche dieselben zur Zertheilung haben, diesen Ausgang dennoch wo möglich herbeizuführen.

3) Fremde, in das Lungengewebe eingedrungene Körper pflegen nur bei Schufswunden vorzukommen. Es ist freilich nicht unmöglich, dafs auch bei Stichwunden die abgebrochene Spitze des verwundenden Instrumentes in den Lungen zurückbleiben kann; doch sind Fälle dieser Art aufserordentlich selten. Häufiger dagegen soll es sich ereignet haben, dafs die nach den Grundsätzen der älteren Chirurgie zum Offenhalten der äufseren Wunde angewendeten Wieken zufällig in die Brusthöhle gedrungen, in die Lungenwunde aufgenommen, und später durch Expectoration ausgeworfen worden sind. — Die bei Schufswunden in die Lungensubstanz eindringenden fremden Körper sind entweder die Kugel selbst, oder Stücke von der Bekleidung des Verwundeten, oder Splitter zerschmetterter Rippen. Sie vermehren und unterhalten durch ihren Reiz die traumatische Entzündung und die Fortdauer eines fixen, lebhaften Schmerzes; sie vereiteln den Erfolg der antiphlogistischen Behandlung und geben zum Uebergange in Eiterung und Abscefsbildung Veranlassung. Die Bestimmung, ob diese fremden Körper in die Lunge wirklich eingedrungen sind, ist oft in einem hohen Grade schwierig. Hat man bei Schufswunden Grund, solche Körper in der Lunge zu vermuthen, so kann nur die Untersuchung über ihre Gegenwart und über ihre Lage Gewifsheit geben. Diese Untersuchung stellt man entweder mit einer dicken metallenen oder elastischen Sonde, mit ungleich gröfserer Zweckmäfsigkeit und Sicherheit aber, wenn die äufsere Wunde dazu irgend weit genug ist, mittelst des beölten Fingers an. Am mifslichsten sind die Knochensplitter der Rippen, weil sie den heftigsten Reiz auf die Lungensubstanz ausüben; daher ist auch ihre Entfernung am dringendsten. Diese ist aber nicht gut anders ausführbar als dann, wenn man entweder die Knochensplitter mit dem Auge erreichen kann, oder wenn man die Fingerspitze durch die Wunde bis zu ihnen führt, auf dem Finger die Zange

zu den Splittern leitet, sie hier faſst und auszieht. Das Eindringen von Kugeln in das Lungenparenchym ist freilich allezeit gefährlich, aber keinesweges immer tödtlich. Sie können mit coagulabler Lymphe umgeben und unbeschadet der relativen Gesundheit in der Lunge zurückbleiben; aber sie können auch durch Expectoration, und oft erst nach langer Zeit entfernt werden. Viele angesehene Wundärzte, z. B. *Boyer*, *Le Dran* u. A. rathen, eingedrungene Kugeln aus der Lunge nur dann herauszuziehen, wenn eine Verwachsung der Lunge mit der Pleura Statt findet, in allen anderen Fällen sich aber um die Kugel gar nicht zu kümmern, — und dieser Rath scheint um so mehr beachtenswerth, als die Lage des Verwundeten auf der kranken Seite die spontane Entfernung der Kugel (wenigstens aus der Lunge), allezeit begünstigt. — Ob übrigens die Ausziehung dieser fremden Körper aus Lungenwunden gleich zu Anfang der Behandlung, oder ob sie später unternommen werden soll, dieses hängt theils von dem Zeitpuncte ihrer gewissen Erkenntniſs, theils von der Heftigkeit der Blutung und der obwaltenden Nothwendigkeit ab, diese zunächst unter Hintenansetzung aller sonstigen Rücksichten zu stillen. In der Regel erfordert die Ausziehung vorher die Erweiterung der äuſseren Wunde.

Auſser den bisher genannten kommen nicht selten noch zwei andere Zufälle bei Lungenwunden vor, die jedoch keinesweges bei jeder Lungenwunde nothwendig sind, und eben so leicht auch bei penetrirenden Brustwunden ohne Verletzung der Lungen sich ereignen können. Diese Zufälle sind das Emphysem (Vergl. diesen Art. und den Art. „Brustwunden“ VI. Bd. S. 422.) und der Vorfall eines Theiles der Lunge durch die äuſsere Wunde. Der vorgefallene Theil ist in der Regel der Rand des einen oder des anderen Lungenlobus, welcher beim Eingange und Ausgange der atmosphärischen Luft durch die Wundspalte in diese hin eingeschoben und hier eingeklemmt wird. Durch die Einwirkung der äuſseren Luft auf den prolabirten Theil, und durch den gehinderten Blutumlauf in ihm geschieht es, daſs derselbe trocken wird, zusammenschrumpft und ein miſsfarbiges Ansehen gewinnt, wodurch man leicht bewogen werden kann, die vorgefallene Lungenportion für brandig und abgestorben zu halten, während ihre Restitution zur Norm

Statt finden kann. — Vorgefallene Theile, welche wirklich brandig sind, werden entweder an ihrer Basis unterbunden, und vor der Ligatur abgeschnitten, oder es wird durch dieselben ein Faden gezogen (um das freiwillige Zurücktreten zu verhindern), und die Abstofsung des Brandigen durch Auflegen von Terpenthinöl befördert. — Gesunde Portionen des Lungengewebes, oder auch solche, deren Restitution man zu hoffen berechtigt ist, müssen mit leichter Hand mittelst der Finger oder einer stumpfen Sonde zurückgedrückt werden. Einer solchen Reposition mufs oft eine vorsichtige Erweiterung der Wunde vorangehen.

Synon.: *Franz.* Plaies des poumons. *Engl.* Wounds of the lungs. *Ital.* Piaghe dei pulmoni. *Holl.* Longenwonden.

Literatur:

Vering, über die eindringenden Brustwunden. Wien 1801. 4. — *Herhold*, über die Behandlung tiefer Wunden der Brust. Kopenhagen 1801. 8. — *Larrey*, Mémoires de Chirurgie militaire. Vol. II. pag. 150 ff. — *E. Rumebe*, sur les plaies d'armes à feu pénétrantes dans la poitrine. Paris 1814. 4. — *J. Hennen*, Bemerkungen über einige wichtige Gegenstände über die Feldwundarznei und über die Einrichtung und Verwaltung der Lazarethe. Aus dem Engl. von *W. Sprengel.* Halle 1820. 8. S. 390. — *C. Mayer*, Tractatus de vulneribus pectoris penetrantibus. Petropoli 1823. 4. — *G. A. Spiess*, Dissertatio de vulneribus pectoris penetrantibus, imprimis cum haemorrhagia conjunctis. Heidelbergae 1823. 4. Heidelberger klinische Annalen. Bd. I. Hft. 3. S. 365. — *J. F. Reybard*, Mémoires sur le traitement des anus artificiels, des plaies des intestins et des plaies penétrantes de poitrine. Paris 1827. 8. — *Larrey*, in Mémoires de l'academie royale de Médecine. Paris 1828. Vol. I. — *Boyer*, traité des maladies chirurgicales. Tome VII. Paris 1824. pag. 262 ff. — *Chelius*, Handbuch der Chirurgie. Heidelberg und Leipzig. 4. Aufl. 1833. Bd. I. S. 234. — *v. Gräfe* in Desselb. und *v. Walther's* Journal. Bd. X. p. 369., u. Bd. XIII. p. 20., worin sich interessante, an Thieren gemachte, hierher gehörige Experimente vorfinden. S — rt.

LUNULA SCAPULAE. S. Scapula.

LUNULA UNGUIUM. S. Nagel.

LUPIA. S. Balggeschwulst.

LUPUS, Wolf, nennen wir eine eigenthümliche Krankheit der Haut und der Schleimhäute, welche gewöhnlich mit bald kleineren, bald gröfseren, lividen, unschmerzhaften, einzeln oder gruppenweis vorkommenden Tuberkeln, oder mit veilchenblauen Flecken, oder auch mit Pusteln beginnt, die sich in eine ichoröse, um sich fressende Ulceration umwandeln, welche wiederum eine entschiedene Neigung hat, entweder oberflächlich, oder in der Tiefe gelegene Theile zu ergreifen und zu zerstören, und die endlich mit einer festsitzenden Kruste bedeckt wird. — Ueber das Wesen dieser bösartigen Krankheit herrschen noch immer verschiedene Meinungen und grofses Dunkel; ehedem zählte man den Lupus zum Krebse, daher die Benennung fressender Krebs; allein derselbe unterscheidet sich von dieser Krankheit sowohl hinsichts seiner Entstehungsweise, seines Verlaufes etc., als vorzüglich auch dadurch, dafs er nicht die beim Krebse nie fehlende Eigenschaft besitzt, Afterbildungen zu erzeugen. Von Andern ward der Lupus zu den herpetischen Krankheiten gezählt, von welchen er sich jedoch wesentlich dadurch unterscheidet, dafs er nicht wie sie vesiculös auftritt. In den neueren Zeiten zählte ihn *Rayer* erst zu den tuberculösen Krankheiten, späterhin aber nannte er den Lupus eine chronische Entzündung (*Rayer* traité théoret. des maladies de la peau. Par. 1826 u. Encyclograph. des Sciences méd. Bruxelles 1813. T. 18. p. 160), und *Blasius* endlich sagt: das Wesen des Lupus bestehe in einer qualitativen Anomalie der vegetativen Thätigkeit der Haut. Wenngleich gegen *Rayer's* Behauptung sich so Manches einwenden läfst, namentlich, dafs der Lupus durchaus nicht den Verlauf nimmt wie die Entzündung, so ist auf der andern Seite *Blasius's* Ausspruch über das Wesen der besprochenen Krankheit nicht minder ungenügend, indem solche qualitative Anomalieen, wie derselbe hier annimmt, auch anderen Hautkrankheiten eigen ist. — Wir werden weiter unten auf diesen Punct bei der Aetiologie des Lupus wieder zurückkommen, und bemerken hier nur noch, dafs unsere Vorfahren den Lupus genau beschrieben haben, jedoch unter verschiedenen Benennungen, wie z. B. *Forest* unter Herpes estiomenos (Obs. chirurgic. Lib. II. Cap. 1.), *Amatus Lusitanus* unter Herpes ulcerosus (Curat. med. Cent. 2. Curat. 37) und *Bonet* unter Lupus vorax (Opera chirurgica T. II. Lib. 6) u. s. w.

Der Lupus erscheint am gewöhnlichsten im Gesicht, seltener am Halse, Nacken, an der Brust und sehr selten an den Extremitäten und kann entweder blos an einer oder auch an mehren Stellen zugleich vorkommen. Man unterscheidet ihn entweder nach seinen Ursachen oder Symptomen u. s. w. So nimmt z. B. *Alibert* einen scrophulösen, syphilitischen und idiopathischen Lupus an; *Biett* und *Plumbe* (pract. Darstell. der Hautkrankh. Herausg. v. *Cazenave* und *Schedel* Weimar 1835) unterscheiden ihn in einen zerstörenden, oberflächlichen und in einen Lupus mit Hypertrophie, und *Blasius* endlich theilt ihn 1) bezüglich seiner Anfangsform ein: in den tuberkulösen, pustulösen und maculösen, und 2) hinsichtlich seines Fortganges: in den ulcerativen, exfoliativen und hypertrophischen (S. *Rust's* Chirurgie Artikel Lupus, so wie *Blasius* chir. Handwörterbuch, Berlin 1838. Bd. III. Art. Lupus). Practischer als alle diese Eintheilungen und für die Therapie des Lupus am wichtigsten, ist die Unterscheidung des Lupus nach *Rayer* (Encyclographie l. c.) in Lupus exedens, tief zerstörender Lupus und in Lupus non exedens, serpiginosus, oberflächlich zerstörender Lupus.

1) Lupus exedens. Derselbe entwickelt sich entweder in Form kleiner, schmutzig rother Tuberkeln, wobei die Haut anschwillt, und eine violette Röthe annimmt, oder in Form äufserst kleiner, weicher und glatter Tuberkeln ohne alle Röthung der Haut, nimmt vorzüglich die Nasenspitze und die Nasenflügel ein, an welchen Stellen sich eine Geschwulst bildet und welche nach und nach die ganze Nase einnimmt; nun entwickelt sich eine Ulceration, die anfänglich oberflächlich ist, und mit einer Kruste überdeckt wird, unter welcher sich jene immer weiter, sowohl in die Tiefe als auch an der Oberfläche fort erstreckt, so zwar, dafs jedes Mal, wenn man die Kruste entfernt, ein gröfserer Substanzverlust wahrnehmbar wird. Zuweilen können auf diese Weise sowohl die Nasenflügel als auch die Nase vollkommen zerstört werden, vorzüglich dann, wenn der Lupus die Schleimhäute erreicht. Häufig wird zuerst der Nasenrücken ergriffen; es erfolgt eine oberflächliche, gleichartige, nur die Haut einnehmende Ulceration; die Haut wird dermassen contrahirt, dass die Nase eine andere Gestalt erhält, spitzer und viel dünner erscheint als sie gewesen. Sehr übel ist es, wenn die Nasenlöcher exulceriren, weil sie alsdann immer eine Neigung haben sich zu verschliefsen. Oft glaubt man schon Herr dieser bösen Krankheit geworden zu sein; allein plötzlich zeigen sich neue Tuberkeln wieder, auf den Narben oder

neben und zwischen denselben; oder die Narben röthen sich plötzlich, es entwickelt sich eben so rasch eine äufserst schmerzhafte und in die Tiefe greifende Ulceration, welche oft schon nach 10—12—14 Tagen die ganze Nase sammt ihren Knochen und Knorpeln zerstören kann, Lupus exedens vorax. In nicht gar so seltenen Fällen werden eher die Nasenlöcher zerstört, bevor der Lupus die Nase selbst ergriffen hat; in diesem Falle kann sich die Zerstörung blos über die inneren Theile verbreiten, und sich bis nach dem Gaumen oder nach dem Zahnfleische erstrecken. In allen Fällen ist die Nase entzündet und geschwollen, und die Nasenlöcher alsdann mehr oder weniger verengt; zuweilen entwickeln sich bei diesem hohen Grade des Lupus entzündliche Affectionen des Magens, der Eingeweide, der Bronchien; es kann eine colliquative Diarrhöe entstehen und der Ausgang tödtlich werden.

Zuweilen zeigt sich der Lupus zuerst an den Lippen, und zwar an der einen oder andern Commissur derselben, auf welcher sich Geschwüre bilden, welche mit dicken Krusten bedeckt werden; anfänglich schwellen die Lippen so stark an, dafs der Kranke nicht im Stande ist, den Mund zu öffnen; allmälig entstehen nun Geschwüre, welche häufig die Lippen theilweise oder gänzlich zerstören können.

Entsteht der Lupus an grösseren Gesichtsflächen, z. B. an den Backen, so beginnt er mit sehr kleinen, schmutzig rothen Tuberkeln, welche allmälig gröfser werden, und an ihrer Basis in einander verschmelzen; die Haut schwillt in den Zwischenräumen dieser Tuberkeln ödematös an, worauf sich eine bösartige Exulceration entwickelt; bald wird dieselbe mit schwärzlichen Krusten überdeckt, und kann dermafsen um sich greifen, dafs sie das ganze Gesicht zerstört. Zuweilen werden durch die Tuberkeln kleine, rothe, weiche und fungöse, stark vorstehende Geschwülste gebildet, Lupus cum hypertrophia, wodurch das Gesicht ein widriges Ansehen erhält; in diesem Falle bleiben, wenn es glückte der Krankheit Einhalt zu thun, immer starke, härtliche und weifsliche Narben zurück.

Sehr traurig kann es werden, wenn die Augenlider vom Lupns ergriffen werden; er zeigt sich alsdann, unter den eben geschilderten Erscheinungen, meistens an dem untern

Augenlide; sehr leicht leidet symptomatisch der Bulbus, indem sich die Conjunctiva desselben stark entzündet und verdickt, die Cornea ihre Durchsichtigkeit verliert, und am Ende völlige Blindheit eintreten kann; auch wird alsdann sehr leicht durch die Ulceration das ganze Augenlid zerstört oder, wenn es auch gelang, der Weiterverbreitung der Verschwärung Einhalt zu thun, so bleiben immer starke und härtliche Narben zurück, welche zu Ektropien Anlafs geben.

2) Lupus non exedens serpiginosus. Auch diese Art des Lupus beginnt gewöhnlich mit Tuberkeln, welche in einzelnen oder in mehren kleinen Gruppen stehen, sehr wenig über die Hautoberfläche vorragen, vielmehr flach, abgeplattet, und von Gestalt linsenförmig sind. Auch der oberflächlich zerstörende Lupus kommt am häufigsten im Gesicht vor, entweder an den Backen, blofs an der einen oder an beiden zugleich, ferner am Kinne, an der Stirn, hinterm Ohre oder am Ohre selbst; er kann aber auch das ganze Gesicht einnehmen; seltener hat man ihn am Nacken, Halse, an den Schultern und der Brust, und am seltensten an den Extremitäten gesehen. Die Ulceration beginnt mehrentheils an den Spitzen der Tuberkeln, seltener bricht sie an ihrem Umfange aus; immer sieht man neben den älteren Tuberkeln neue entstehen, und hat sich der Lupus über eine grössere Fläche verbreitet, dann schwillt erst die Haut beträchtlich an, und späterhin auch das unter derselben gelegene Zellgewebe; die ganze Fläche, auf welcher die Tuberkeln stehen, entzündes sich; drückt man auf die letzteren, so werden sie weifs, nehmen jedoch ihre rothe Farbe bald wieder an; sie sind dabei sehr empfindlich, sonst aber, bei Vermeidung der Berührung, ganz schmerzlos. Die Ulcerationen werden mit einer kleienartigen Kruste überzogen, welche sich schwer löst, und worunter die Ulceration sich immer weiter, aber nur oberflächlich verbreitet, und blofs die Haut zerstört; hat man sie zum Stillstand und zur Heilung gebracht, so hinterläfst sie glänzende, mit kleinen, rothgelblichen Pustelchen übersäete, mit dazwischen liegenden Hautbrücken versehene Narben, welche denen sehr ähnlich sind, die nach Verbrennungen vorzukommen pflegen; dabei schwillt das Gesicht ödematös an, oft so bedeutend, dass es das Ansehen eines Wassersüchtigen oder eines an

Elephantiasis Leidenden hat; die Wangen werden bleich, sehen wie verwelkt aus und hängen herab, behalten den Fingerdruck, und lassen sich gleichsam kneten; alle von diesem Lupus befallenen Theile sind gleichsam hypertrophisch. Manche haben blofs dieses Folgesymptoms wegen diesen Lupus für eine besondere Varietät angenommen; als z. B. ***Biett***, ***Cazenave***, ***Plumbe***, ***Blasius*** u. A. Auch in dem günstigsten Falle erhält der ergriffene Theil niemals seine normale Gestalt wieder; immer bleiben Narben zurück, und die Haut behält ein geröthetes Ansehen bei, bleibt glänzend, glatt, und erscheint wie verdünnt.

Bei beiden Formen des Lupus ist in der Regel das Allgemeinbefinden wenig getrübt; höchstens tritt beim weiblichen Geschlechte eine Alteration des Monatflusses ein; sehr häufig aber erschien während des Verlaufes des Lupus der Rothlauf, als intercurrente Krankheit, und in diesem Falle können oft sehr bedenkliche Zufälle erfolgen.

Was die Aetiologie des Lupus betrifft, so haben wir bereits gezeigt, wie noch immer Dunkel und Ungewifsheit über das Wesen desselben herrscht. Ausgemacht ist es nur, dafs es Dispositionen zum Lupus giebt, dafs vorzüglich das jugendliche Alter hieher gehört; nach ***Rayer's*** Erfahrungen zeigt sich der Lupus am häufigsten im Lebensalter zwischen dem 16—25. Jahre; selten kömmt er bei Individuen vor, die über 40 Jahre alt sind; auch befällt er häufiger das weibliche als das männliche Geschlecht, vorzüglich gern scrophulöse Individuen. Ferner scheint auch die Lebensweise grofsen Einflufs auf die Entwickelung des Wolfes zu haben; denn alle Beobachter stimmen darin überein, dafs er herrschender ist in der niedern, ärmeren Volksklasse, als in der höheren, dafs er daher bei dürftig lebenden Landleuten weit öfter vorkömmt, als bei Stadtbewohnern, dafs man ihn daher häufig sieht bei Armen, die sich mit schlechter Nahrung begnügen müssen, bei solchen die viel alten Käse, schlechtes, halbverdorbenes Fleisch geniefsen, sich unrein halten, in schlechten Wohnungen mit Thieren zusammen leben. ***Rayer*** erzählt, dafs der Lupus bei den dürftig lebenden Bewohnern der Oberauvergne gleichsam endemisch ist. Nicht selten ergreift die besprochene Krankheit auch Personen, welche häufig an Syphilis leiden, eben so, wie wir bereits bemerkten,

Scro-

Scrophulöse; daher nehmen Mehrere einen Lupus syphiliticus als eigene Species an; so beschreibt diesen letzteren unter Andern *Albers* (*v. Graefe's* und *v. Walther's* Journal, Bd. XXVII. pag. 173. Taf. II.) und rechnet ihn zu den Syphiliden; ebenso *Fuchs*, *Alibert*, *Biett* und *Humbert* (des letzteren traité des maladies syphilit. de la peau Par. 1826); *Piutti* (über d. scrophul. Hautk. Gött. 1836) beschreibt als eigene Art den Lupus scrophulosus, den er in Lupus exulcerans und laevis, so wie den ersteren dieser beiden wiederum in Lupus exulcerans und in Lupus exulcerans cum hypertrophia theilt. Allein, mag der Lupus bei der einen oder andern der genannten Dyscrasieen vorkommen, so bleiben dabei immer die Form und der Verlauf sich gleich. Nicht zu leugnen ist es jedoch, dafs eine eigenthümliche Dyscrasie beim Lupus wahrscheinlich vorhanden ist, die wir aber noch nicht ergründet haben. — Als Gelegenheitsursachen nennt *Rayer* mechanische Einwirkungen, als Schlag, Stofs, Fall etc.

Schwerlich wird man den Lupus, wenn man ihn nur ein Mal beobachtet hat, mit andern Krankheiten verwechseln, mit welchen derselbe allerdings einige Aehnlichkeit hat, wie z. B. mit den Syphiliden, mit dem Krebse, Impetigo, mit der Kupferrose und den bösartigen Geschwüren.

Prognose. Der Lupus gehört zu den hartnäckigsten Hautkrankheiten; monatlange Behandlung ist öfters nicht im Stande ihn zu bekämpfen; manchmal verschwindet er, bricht aber nach kurzer Zeit wieder auf; übel ist er wegen seiner grofsen Neigung zur Zerstörung, und hat man ihn auch unterdrückt und zur Heilung gebracht, so hinterlässt er stets starke Narben. Die Prognose ist um so ungünstiger, je länger der Lupus angedauert, wenn dabei Hypertrophie im hohen Grade vorhanden ist, wenn die Narben immer wieder aufbrechen, blau aussehen, sich weich, gleichsam wie fluctuirend anfühlen lassen, und wenn sich immer wieder neue Tuberkeln bilden. Selten ist Lebensgefahr zu befürchten, welche aber doch zuweilen eintreten kann, wenn nämlich z. B. eine Gesichtsrose dazu tritt, und der Lupus über das ganze Gesicht verbreitet ist, die Augenlider ergriffen und dadurch eine Ophthalmie verursacht hat, welche in Ophthalmitis übergehen, und auf diese Weise, durch Propagation, sogar Gehirnentzündungen veranlassen kann.

Behandlung. So lange wir nicht das Wesen des Lupus genau kennen, so lange sind wir auch nicht im Stande ihm eine rationelle Kurmethode entgegen zu stellen; die Erfahrung hat uns jedoch gelehrt, dafs er eingreifender, sowohl innerer als äufserer Mittel bedarf; durch sanfte Topica dagegen rasch zunimmt. Immer müssen wir zuerst die allgemeinen Ursachen berücksichtigen, namentlich die scrophulöse und syphilitische Dyscrasie. Gegen die erstere hat sich der Chlorkalk nützlich gezeigt, nach *Rayer* eine Drachme auf 1 Pfund Wasser, und davon jeden Morgen einen Löffel zu geben, und allmälig bis zu 10 Löffeln zu steigen; ferner salzsaure Schwererde, eine Mischung aus kohlensaurem Eisen, China und Zimmetpulver, der Graphit, das kohlensaure Eisen, das *Peyrilhe*'sche Elixir (Rec.: Radic. gentian. contus. Unc. 1, Natr. carbon. Drachm. 3, digere simul per dies 4 in Alcoh. Libr. 2, col. et expr. dein per chart. trajic.). Dabei verordne man Schwefelbäder, und sorge für passende Diät und zweckmäfsiges Regimen. — Gegen die syphilitische Dyscrasie haben viel geleistet das Decoctum *Zittmanni*, *Felzii*, Mercurialia, worunter der Sublimat etc. Wo sich keine Dyscrasie entdecken liefs, wirkten am besten das Ferrum carbonicum nach *Key* (S. weiter unten); ferner der rothe Quecksilbersublimat nach *Stark* und *Succow* (Jahresbericht etc. über die im Jahre 1829 behandelten Kranken, Jena 1831) und vorzüglich Arsenik, namentlich die *Fowler*'sche Tinctur, *Cooper's* Mischung (aus Kali arsenicatum Gr. 2, Aq. menth. Unc. 4, und Spiritus lav. Unc. 1, täglich 3 Mal 2 Drachmen zu nehmen), ferner Mercurialia, die Cantharidentinctur, das Oleum animale Dippelii, ganz vorzüglich aber das Deuto-joduretum mercurii, wovon man pro Dosi $\frac{1}{14}$—$\frac{1}{10}$ bis $\frac{1}{5}$ Gran giebt. *Rayer* sah von diesem Mittel noch den gröfsten Nutzen; man soll es nach ihm einen bis zwei Monate ununterbrochen gebrauchen lassen, wonach in der Regel die betreffenden Stellen sich entzünden, und schmerzhaft werden, Fiebererscheinungen eintreten, die Tuberkeln zusammensinken und verschwinden. Sieht man diese günstige Erscheinung nicht nach zwei Monaten erfolgen, und ist man gezwungen das erwähnte Mittel noch länger fortzusetzen, so geschehe dies erst nach einer Intermission von wenigstens zwei Wochen. Vom Jod sah *Lugol* beim Lupus hartnäckiger Art sehr guten Erfolg, und er verordnete es in folgender Form: Rec.: Jod. gr. 4, Kali hydroiodic. gr. 8, Aq. dest. Unc. 8. M. D. S. binnen acht Tagen zu verbrauchen (*Lugol* trois mém. sur l'emploie de l'iode dans les malad. scrophul. Par. 1831, p. 61). *Cooper* empfiehlt nachstehende Pillenmasse, die in manchen Fällen von günstigem Erfolge war: Rec. Hydrargyr. submur., Sulphur. antimon. praecipit., singul. gr. 12. Guajac. gr. 24, Sapon. q. s. ut f. pilul. No. 12. Sollten die Menstrua unterdrückt sein, so rufe man sie durch passende Mittel wieder hervor. Nächst dieser allgemeinen Behandlung tritt nun die örtliche ein, welche ebenso wichtig wie jene ist, und sich nach den verschiedenen zwei Lupusarten richtet.

1) Oertliche Kur des Lupus exedens. Hier sind als Topica reizende und kräftig umstimmende Mittel angezeigt. Sehr selten bekommen wir am Lupus leidende Kranke in Behandlung, bei welchen die Tuberkeln noch nicht aufgebrochen wären, sondern gewöhnlich wenden sie sich an uns erst dann, wenn sie bereits in Geschwüre übergegangen sind. Wenn ja die Fälle vorkommen, wo die Tuberkeln noch ganz sind, so befinden sie sich zwischen kleinen Geschwüren, welche man nach *Rayer* ätzen soll, damit sie nicht weiter um sich greifen; man bediene sich hierzu des Dippel'schen Oeles, des Chlornatrums, Höllensteins, Lapis causticus, der Spiefsglanzbutter, des Arseniks, Sublimats, des Cooper'schen Waschwassers (Rec. Kali arsenicat. Gr. 4., Aq. menth. sativ. Unc. 4., Spirit. Vin. tenuior. Unc. 1.), womit man der Reihe nach alle Geschwüre ätzt, nachdem zuvor die darauf befindliche Kruste entfernt worden ist. — Ist die Nase der Sitz der Krankheit, und ist dieselbe dabei angeschwollen, die Nasenhaut blau gefärbt, löst sich die Epidermis ab, so empfiehlt *Rayer* als höchst wirksam zuerst die ganze Nasenfläche mit *Dippel's* Oel, oder mit Höllenstein zu bestreichen, oder in schlimmen Fällen vorher mehrere Male das Cosme'sche Aetzmittel oder das salpetersaure Quecksilber, und dann erst jene Mittel anzuwenden. Das ebengenannte Mercurialpräparat hat sich auch bei den Tuberkeln selbst und bei solchen Narben der verheilten Geschwüre derselben bewährt, welche livide aussehen und wieder aufzubrechen drohen. Man trägt auf die kranken Theile das salpetersaure Quecksilber mittelst ei-

nes Pinsels auf, und legt darüber Charpie; der Kranke spürt bald darauf heftigere Schmerzen, wornach die Haut weifsgrau wird, und sich eine gelbliche Kruste bildet, welche sich zwischen dem 8. bis 10. Tag löst. Zuweilen bildet sich dabei eine oberflächliche, erysipelatöse Entzündung, die jedoch vorübergeht. In leichteren Fällen kann man aufserdem noch mit Nutzen anwenden: das Cajeputöl oder das Liniment von *Key* (Rec. Ung. merc. Unc. 1½, Camphor. Drachm. 1., Spirit. Terebinth. Drachm. 1½, Axung. porc. Unc. ½. M. f. Liniment.). Vergl. *Gerson* und *Julius* Magaz. 1828. Septbr. und Octbr. p. 206. Referent bediente sich mehrere Male bei dem Lupus exedens an der Nase mit dem besten Erfolge des v. Gräfe'schen Aetzmittels (S. Artikel Caustica Bd. VII. pag. 294. d. Encyclop.), welches wegen seiner intensiven Wirkung, und deshalb auch vor mehreren anderen Aetzmitteln den Vorzug verdient, weil es nicht wie diese überläuft, und gesunde Theile ergreift. *Lisfranc* empfiehlt als sehr wirksam das Natrum chloratum als Umschlag und dauernd anzuwenden (*Hecker's* Annal. 1827. Decbr. pag. 364.); auch sahen *Paillard* und *Richerand* günstige Erfolge vom Liquor hydrarg. nitric. (*Hecker* l. c. 1828. Septbr. p. 69.).

Bei sensiblen Individuen, bei Kindern und Frauen empfiehlt *Rayer* das Dupuytren'sche Aetzpulver, welches aus 99 Theilen Calomel und aus einem Theile weifsen Arsenik besteht, und das auf die vorher von ihren etwanigen Krusten mittelst Cataplasmen befreiten und mit Charpie abgetrockneten Geschwüre einen Millimeter stark gestreut wird. Sind bei diesen Personen übel aussehende Narben (S. oben) zurückgeblieben, so zerstöre man sie erst mittelst eines Causticum, und wende 24 Stunden darauf *Dupuytren's* Aetzpulver an. Auch kann man sich desselben als Paste durch Zusatz von Gummi arabicum und Wasser, oder auch mit Rosensalbe vermischt, bedienen, in welchem Falle man 1—2 Theile mehr Arsenik nimmt. Bei sehr indolentem altem Lupus wende man zuvor ein Blasenpflaster, und dann erst das fragliche Aetzmittel an, und wo der Lupus über eine sehr grofse Fläche verbreitet ist, da ätze man eine Stelle (von zwei Zoll im Umfange) nach der anderen. Es hat das Dupuytren'sche Causticum den Vortheil, dafs es keine erysipelatöse Entzündung erzeugt, und dafs man es sehr leicht, nach Beschaffenheit des Uebels, in seinem Mischungsverhältnisse ändern (dasselbe also stärker oder schwächer wirkend zusammensetzen) kann.

Eine Hauptregel bei der Anwendung der Aetzmittel im Lupus überhaupt ist die, dafs man damit so lange fortfährt, als noch irgend etwas Krankhaftes wahrzunehmen ist, und bis die Wunde sich ganz rein zeigt. Ferner sorge man auch dafür, dafs alles Krankhafte von dem Aetzmittel berührt werde. Erst dann höre man mit dem Cauterisiren auf, wenn die Geschwürsfläche ein gutes Aussehen hat, und wenn sich Neigung zur Vernarbung zeigt; allein zu diesem Resultate kommt man zuweilen erst nach sehr oft wiederholten (30maligen, *Rayer*) Anwendungen der Caustica. Häufig hat der Lupus die Nasenlöcher ergriffen, und dann haben diese die Neigung sich zu schliefsen; man vermeidet dies durch Einbringen eines Stückes Schwamm in die Nase.

Schliefslich bemerken wir (mit *Alibert*, *Rayer* u. A.), dafs das Glüheisen sich beim Lupus unwirksam zeigt (S. d. Artikel Caustica).

2) Lupus non exedens serpiginosus.

Im Allgemeinen erheischt diese Art des Lupus dieselbe Behandlung wie der Lupus exedens. Wie dort, so auch hier, und auf dieselbe Weise, berücksichtigen wir die Dyscrasieen; aufser den beim Lupus exedens angegebenen, inneren Mitteln, dem Oleum *Dippelii* zu 20—25 Tropfen, der Fowlerschen Arseniktinctur etc., zeigten sich hier wirksam die Pearson'sche Solution (1 Gran krystallisirtes Arseniksalz auf 1 Unze Wasser), und die asiatischen Pillen (Rec. Arsenic. alb. Gr. 66., Piper. nigr. Unc. 11. et Gr. 68 tere in mortar. ferreo per dies 4 et per intervalla, tunc c. Aq. et Gumm. Arab. sing. q. s. form. pilul. octingentas); letztere hatten oft mals die Fortschritte der Krankheit gehemmt; ferner der Sublimat, zu $\frac{1}{12}$, $\frac{1}{10}$ bis $\frac{1}{8}$ Gr. u. s. w. Unter den topischen Mitteln rühmt *Rayer* bei Tuberkeln Schwefeljodüre (18 Gr. auf 1 Unze Fett), oder Quecksilberjodüre ($\frac{1}{2}$ Scrupel auf 1 Unze Fett), welche man auf die Tuberkeln einreibt, wodurch sich die letzteren röthen, und die Haut heifs wird. Zuweilen zertheilen sich die Tuberkeln; in anderen Fällen erfolgt anfänglich blofs eine erysipelatöse Entzündung, und erst späterhin verschwinden häufig sowohl die damit bestrichenen, als auch die entfernt liegenden Tuberkeln.

Bateman (Synops. of cutaneous Diseases pag. 296. Edit. 8.) heilte einen bösartigen Lupus dadurch, dafs er die kranke Partie ausschälte, und darauf ein Causticum anwendete, und *v. Vering* (med. Zeit. vom Vereine für Heilk. in Preufsen. No. 11. 1833.) empfiehlt beim Lupus der Nasenflügel, Aderlässe, Blutegel, nicht weit von der krankhaften Stelle, Eiter erregende Caustica zwischen den Schultern, täglich eine Friction aus Unguent. Neapolit., und innerlich Sublimat. Neuerdings hat man jodinhaltige Mineralbäder, den Adelheidsbrunnen, die Mineralquelle zu Salzhausen in Hessen (*Graft* in *Froriep's* Notiz. Bd. XX. No. 3.) etc. empfohlen.

Synon. Lupus esthiomenos, vorax, herpeticus, Herpes exedens, phagedaenicus, esthiomenos, ferus, depascens, Noli me tangere; Impetigo rodens; der Wolf, fressende, offene Krebs, die fressende Flechte; le loup, Dartre rongeante.

Literatur:

Aufser den bereits erwähnten Werken nennen wir hier noch: *Bochelet de Lindry*, Diss. sur le dartre rong. Par. 1803. — *Biett*, sur l'emploie de la pomade de deutojodure de mercure. Im Journ. hebdom. T. 4. pag. 76. — *Hannemann*, pract. Darstell. der Hautkrankh., nach *Willan's* Syst. A. d. Engl. Halle 1815. — *Alibert*, Beschreib. und Abbild. der Hautkrankh. A. d. Fr. von *Müller*. Tübing. 1806. — Pract. Darstell. d. Hautkr. nach *Biett, Cazenave* und *Schedel*. Weimar 1829. 1835. — *Paillard*, in nouv. Biblioth. méd. 1826. -- *Lemusson*, sur l'emploie de l'opium associé à l'iode. Im Journ. hebd. T. 4. 2de Serie. — *Schiess*, Diss. de lupo. Hal. 1831. — *Wolff*, Diss. de lupo. Berol. 1839. E. Gr — e.

LUSCITAS (Luscities, Lusciositas, Visus obliquus, das Schiefsehen, la vue louche), ist derjenige krankhafte Zustand des Augapfels, wobei derselbe in einem schiefen und unbeweglichen, weder einer willkührlichen noch unwillkührlichen Einwirkung unterworfenen Stellung sich befindet, und durch die letztere ein Schiefsehen bewirkt. Diese anomale Fixirung des Augapfels unterscheidet die Luscitas vom Strabismus oder dem Schielen, welches letztere zwar auch in einer falschen, aber doch beweglichen Richtung des Augapfels begründet ist. Zuweilen ist die Luscitas eine Folge des Schielens. Bei dem letzteren nämlich werden gewisse Augenmuskeln in einer steten und gleichmäfsigen Anstrengung erhalten, wie z. B. der Musculus rectus externus (unter andern bei grofsen Hornhautflecken, die gerade in der Richtung der Sehaxe liegen, und wobei der Augapfel sich bemüht, eine jenes Hindernifs vermeidende Stellung anzunehmen); andere (die entgegengesetzten) Muskeln dagegen bleiben unthätig, und gerathen in einen Zustand der Atonie, wodurch ein dauernder Schiefstand des Bulbus bewirkt wird. Nach *Makenzie* kann jene Atonie zuletzt auch auf die zu stark und anhaltend wirkenden Muskeln übergehen, und hier einen überreizten Zustand (indirecte Asthenie) und Paralyse erzeugen, in Folge dessen der Augapfel wieder in die Sehaxe tritt. Aufserdem sind die Ursachen der Luscitas sehr verschieden, und es gehören hierher aufser Hornhautflecken und Hornhautnarben, amaurotische Flecken, Lähmung oder Zerreifsung eines Augapfelmuskels oder Augapfelnervs, Geschwülste in der Augenhöhle. Auch kann die Luscitas eine Folge sein von Apoplexie, Hydrocephalus, von convulsivischen Krankheiten, Helminthiasis, Arthritis und Rheumatismus.

Was nun die Prognose betrifft, so ist keine Heilung zu erwarten, wenn die Luscitas durch unheilbare oder grofse Hornhautflecken und Narben erzeugt wird, oder von Zerreifsung eines Muskels oder Nervs herrührt; eben so ist wenig Hoffnung bei paralytischen, apoplectischen und hydrocephalischen Veranlassungen des Uebels.

Sind Geschwülste in der Orbita die Ursache, so hat man, insofern dieselben nicht rein localen Ursprungs und alsdann unheilbar, sondern in einer allgemeinen Dyscrasie, z. B. einer syphilitischen, begründet sind, nur insofern etwas zu hoffen, als bei der generellen Kur einer solchen dyscrasischen Affection mit ihr vielleicht auch zugleich die Orbitalgeschwulst, als Product der Dyscrasie, beseitigt wird. Die günstigste Aussicht zur Heilung des Schiefsehens bieten convulsivische, verminöse, arthritische und rheumatische Ursachen dar; so z. B. finden wir einen Fall von geheilter Luscitas in *v. Gräfe's* und *v. Walther's* Journal. Band X. Heft IV. S. 639.

Was nun die Behandlung des besprochenen Augenübels

betrifft, so richten wir unser Hauptaugenmerk auf die dasselbe begründenden Ursachen; ist eine Möglichkeit ihrer Beseitigung vorhanden, so nehmen wir sie vor; die Art und Weise wie dies geschieht, finden wir in denjenigen Artikeln angegeben, welche die in dieser Abhandlung genannten, die Luscitas veranlassenden Krankheiten abhandeln.

M—r.

Verzeichnifs

der

im einundzwanzigsten Bande enthaltenen Artikel.

Verzeichnifs

der

im einundzwanzigsten Bande enthaltenen Artikel nach ihren Autoren.

Andresse. Leberabscess.

Baumgärtner. Lipothymie.

Berndt. Lenta febris.

Fest. Lebensfähigkeit der Kinder.

E. Gräfe. Längenmesser. Lambdacismus. Lancinirend. Lancette. Lapis nephriticus. Leberanschwellung. Leder. Leistenabscess. Lendenabscess. Lenticulairmesser. Ligatura. Lippen, aufgesprungene. Lippenanschwellung. Lippenbrennen. Lippenflechte. Lippengeschwülste. Lippengeschwüre. Lippenhalter. Lippenhorn. Lippenknoten. Lippenpomade. Lippenräude. Lippenschwamm. Lippenwarze. Lippenwunden. Lippitudo. Lithoprione. Löffel. Löschpapier. Ludus Helmontii. Luftreinigende Mittel. Lupus

Gurlt. Lithopädion.

Hecker. Lehranstalten, klinische, (der erste Theil davon).

Hedenus. Lähmung der Harnblase.

Hertwig. Lähme der Füllen. Lähme der Kälber. Lähme der Lämmer. Leberentzündung bei Thieren. Lungenentzündung bei Thieren. Lungenfäule der Thiere. Lungenseuche.

Hollstein. Lagerung. Laparoenterotomie. Laparogastrotomie. Laparonephrotomie. Lehranstalten, klinische. Lichtscheu. Luftstreifschüsse.

Hüter. Lochien.

Lehfeldt. Lebensdauer. Lebenskraft. Lebensreiz. Lebensturgor. Lebergeschwülste.

Maier. Luscitas.

R. Marchand. Leim. Leimgebende Gewebe. Leucin.

Neumann. Lienteria. Lithiasis.

Osann. Lalliaz. Lamotte. Lamscheid. Landeck. Langenau. Langenbrücken. Langensalza. Laszina. Lauchstädt. St. Laurent. Lausigk.

Lavey. Leamington. Leensingen. Leuk. Leutstetten. Levisticum. Liebenstein. Liebenzeller Bad. Liebwerda. Lienzmühler Sauerbrunnen. Limmer. Limpach. Linaria. Lindenholzen. Linum. Lochbachbad. Lövete. Losdorf. Louisenbrunnen. Lubien. Lucca. Ludwigsbrunnen. Lüneburg. Luhatschowitz.

v. Schlechtendal. Lagöcia. Lamium. Lampsana. Laserpitium. Lathraea. Lathyrus. Laurus. Lavandula. Lawsonia. Ledum. Leguminosae. Leontice. Leonurus. Lepidium. Levisticum. Lichenes. Lilium. Linaria. Linctus. Linimentum. Linum. Liquidambar. Liriodendron Lithium. Lithospermum.

Schlemm. Leber. Leiste. Leistendrüsen. Leistenkanal. Levator anguli oris. Levator labii superioris alaeque nasi. Levator labii superioris proprius. Levator menti. Levator palati mollis. Levator scapulae. Levatores costarum. Linea alba abdominis. Linea semicircularis s. semilunaris Douglasii. Linea semicircularis s. semilunaris Spigelii. Linea semicircularis temporum. Lippen des Mundes. Lumbares s. Lumbales arteriae. Lumbares s. Lumbales nervi. Lumbares s. Lumbales venae. Lumbaris s. Lumbalis regio. Lungen.

Seifert. Lethalitas. Lungenwunden.

Staub. Liparoscirrhus. Luftbrust. Lumbago.

v. Stosch. Lethargus.

Vetter. Lähmung. Laparoscopia. Latica febris. Laurus. Laxantia. Leontiasis. Leuce. Leucomoria. Leucophlegmatia. Lingua. Lipyria. Loimos. Lumbricus. Lunatici.

Warnatz. Lithotritie.

Gedruckt bei Julius Sittenfeld.

Kolibri 360 GmbH
Ferdinand-Jühlke-Straße 7
99095 Erfurt, Deutschland
produktsicherheit@kolibri360.de